第五届中国建筑学会建筑设计奖(给水排水)优秀设计工程实例

中国建筑学会建筑给水排水研究分会　主编

中国建筑工业出版社

图书在版编目（CIP）数据

第五届中国建筑学会建筑设计奖（给水排水）优秀设计工程实例/中国建筑学会建筑给水排水研究分会主编．北京：中国建筑工业出版社，2020.9
ISBN 978-7-112-25370-8

Ⅰ．①第…　Ⅱ．①中…　Ⅲ．①建筑-给水工程-工程设计②建筑-排水工程-工程设计　Ⅳ．①TU82

中国版本图书馆CIP数据核字（2020）第149283号

由中国建筑学会主办的建筑设计奖，是经国务院办公厅、监察部与有关部门组成联席会议，规范评比达标表彰确认的保留项目，是我国建筑领域最高荣誉奖之一，该奖每两年举办一次。

本书为中国建筑学会建筑给水排水研究分会组织的“第五届中国建筑学会建筑设计奖（给水排水）优秀设计工程”的评奖展示。本书共分三篇，即公共建筑篇、居住建筑篇、工业建筑篇，其中包括了无锡市火车站北广场综合交通枢纽项目、上海自然博物馆、南京牛首山文化旅游区一期工程——佛顶宫、佛顶寺、百度云计算（阳泉）中心项目、大连市体育馆、上海市质子重离子医院、星海广场、奥林匹克公园瞭望塔等目前国内技术先进的大型公共建筑，博世北京力士乐新工厂、柬埔寨威尼顿（集团）有限公司易地技术改造项目等工业生产基地等。这些工程的规模、设计水平以及给水排水专业的创新技术、节能减排、绿色建筑给水排水设计等应用都代表了近年国内目前最高水平，有的项目已达到国际领先水平。

本书可供从事建筑给水排水设计的专业人员参考。

责任编辑：于　莉
责任校对：姜小莲

第五届中国建筑学会
建筑设计奖（给水排水）优秀设计工程实例
中国建筑学会建筑给水排水研究分会　主编
*
中国建筑工业出版社出版、发行（北京海淀三里河路9号）
各地新华书店、建筑书店经销
霸州市顺浩图文科技发展有限公司制版
北京中科印刷有限公司印刷
*
开本：880×1230毫米　1/16　印张：62　字数：1908千字
2020年9月第一版　2020年9月第一次印刷
定价：**259.00**元
ISBN 978-7-112-25370-8
（36039）

编委会

前言

由中国建筑学会主办的建筑设计奖，是经国务院办公厅、监察部与有关部门组成联席会议，规范评比达标表彰确认的保留项目，是我国建筑领域最高荣誉奖之一，该奖每两年举办一次。

为了进一步鼓励我国广大建筑给水排水工作者的创新精神，提高建筑给水排水设计水平，推进我国建筑给水排水事业的繁荣和发展，受中国建筑学会委托，由中国建筑学会建筑给水排水研究分会组织开展第五届中国建筑学会建筑设计奖（给水排水）优秀设计工程的评选活动。

中国建筑学会建筑设计奖（给水排水）优秀设计工程突出体现在如下方面：设计技术创新；解决难度较大的技术问题；节约用水、节约能源、保护环境；提供健康、舒适、安全的居住、工作和活动场所；体现“以人为本”的绿色建筑宗旨。

第五届中国建筑学会建筑设计奖（给水排水）优秀设计工程自2016年5月6日发出通知后，得到了全国设计院热烈响应，截止到本奖项申报工作的规定时间2016年6月30日，建筑给水排水研究分会秘书处共收到来自全国16个省市47家设计单位按规定条件报送的135个工程项目，其中，公共建筑118项、居住建筑10项、工业建筑7项。第五届中国建筑学会建筑设计奖（给水排水）优秀设计工程的专家评审会于2016年8月18日至19日在上海举行。

评审会由建筑给水排水研究分会理事长赵锂主持，评审委员会由19位建筑给水排水界著名专家组成。评审委员会推选中国建筑设计研究院有限公司顾问总工程师、教授级高级工程师赵世明担任评选组组长，华东建筑集团股份有限公司华东建筑设计研究总院顾问总工程师、教授级高级工程师冯旭东担任评选组副组长。

评审组专家有中国建筑设计研究院有限公司副院长、总工程师、教授级高级工程师赵锂；中国中元国际工程公司副总工程师、教授级高级工程师黄晓家；北京市建筑设计研究院副总工程师、教授级高级工程师郑克白；中国五洲工程设计有限公司教授级高级工程师刘巍荣；华东建筑集团股份有限公司上海建筑设计研究院副总工程师、教授级高级工程师徐凤；同济大学建筑设计研究院（集团）有限公司副总工程师、教授级高级工程师归谈纯；广东省建筑设计研究院顾问总工程师、教授级高级工程师符培勇；广州市设计院副总工程师、教授级高级工程师赵力军；华南理工大学建筑设计研究院有限公司副总工程师、研究员王峰；悉地国际（深圳）设计顾问有限公司总工程师、教授级高级工程师郑大华；福建省建筑设计研究院有限公司副总工程师、教授级高级工程师程宏伟；中国建筑西北建筑设计研究院有限公司副总工程师、教授级高级工程师王研；中南建筑设计研究院有限公司副总工程师、教授级高级工程师栗心国；浙江大学建筑设计研究院有限公司副总工程师、研究员王靖华；中国建筑东北设计研究院有限公司顾问总工程师、教授级高级工程师崔长起；中国建筑西南设计研究院有限公司副总工程师、教授级高级工程师孙钢；深圳华森建筑与工程设计顾问有限公司副总工程师、教授级高级工程师周克晶。

评审工作严格遵照公开、公正和公平的评选原则。每位主审专家对申报书、计算书和相关设计图纸进行了认真的审阅，对申报的135项工程进行了逐一的集中讲评，最后通过无记名投票的方式，确定出入围工程名单和此次评选最终结果。经专家评选出的结果，一等奖16项、二等奖21项、三等奖37项。获奖工程名录在中国建筑学会网站 www. chinaasc. org 以及建筑给水排水研究分会网站 www. waterorg. cn 和相关专业媒体上公示一个月，确定最终获奖名单。

第五届中国建筑学会建筑设计奖（给水排水）优秀设计工程的组织和评审过程在总结以往四届评奖工作的基础上，对报奖文件、评优细则、评审流程等都作了更加深化、细化的要求，并增加了评审专家的数量，力求做到高标准、严要求，以达到并符合国家级单项奖评选的要求，使“第五届中国建筑学会建筑设计奖（给水排水）优秀设计奖”成为名副其实的中国建筑给水排水设计行业的最高荣誉奖。

第五届中国建筑学会建筑设计奖（给水排水）优秀设计工程的评审工作得到了上海熊猫机械集团有限公司的大力支持。颁奖仪式在2016年10月21日于昆明举行的中国建筑学会建筑给水排水研究分会第三届第一次全体会员大会暨学术交流会上隆重举行。为增进技术交流，推进技术进步，由中国建筑工业出版社出版获奖项目，并向全国发行。在获奖项目设计人员和建筑给水排水研究分会秘书处的共同努力下，完成了本书。

本届优秀设计奖包括无锡市火车站北广场综合交通枢纽项目、上海自然博物馆、南京牛首山文化旅游区一期工程——佛顶宫、佛顶寺、百度云计算（阳泉）中心项目、大连市体育馆、上海市质子重离子医院、星海广场、奥林匹克公园瞭望塔等目前国内技术先进的大型公共建筑，博世北京力士乐新工厂、柬埔寨威尼顿（集团）有限公司易地技术改造项目等工业生产基地等。工程规模、设计水平以及给水排水专业的创新技术、节能减排、绿色建筑给水排水设计等应用都代表了近年国内目前最高水平，有的项目已达到国际领先水平。申报工程的技术水平很高，在学术、工程应用中均具有很高的参考价值。由于我国建筑给水排水技术的高速发展，相关标准规范也在修订完善中，设计时应根据工程所在地的具体情况、工程性质、业主要求、造价控制等合理选用系统，本书中的系统不是唯一的选择，在参考使用时应具体情况具体分析。本书行文中也可能有一些疏漏，请各位读者指正。

目录

公共建筑篇

公共建筑类　一等奖

公共建筑类　二等奖

居住建筑篇

居住建筑类　一等奖

居住建筑类　二等奖

工业建筑篇

工业建筑类　一等奖

公共建筑篇

公共建筑类　一等奖

无锡市火车站北广场综合交通枢纽项目

设计单位： 浙江大学建筑设计研究院有限公司
设 计 人： 陈激　陈周杰　张钧　王靖华　王小红
获奖情况： 公共建筑类　一等奖

工程概况：

本工程坐落于无锡市火车站和高铁站北侧兴源北路以北，由南面跨越兴源北路与无锡市火车站、高铁站相连的B2地块交通枢纽，跨越锡沪路的BF地块高架天桥及地下连接空间和锡沪路以北的F2地块长途汽车客运站共3个地块组成。项目总用地约14万m^2，各类建筑面积达38.6万m^2。基地内两条地铁线十字贯穿，并设有地铁站出入口在地下空间实现便利换乘。

南区的B2地块是交通枢纽的中心，由商业空间、人流干线通道、下沉绿化广场组合的地下一层地下空间和地上二层的城市大平台作为连接各功能体的纽带，通过南侧、北侧和西侧的三个地下通道和三座天桥实现与邻地的无缝衔接。地块南面和北面通过地下连接空间及高架天桥分别跨越兴源北路和锡沪路与火车站、高铁站及长途汽车站衔接；地块内设有地铁站出入口、出租车换乘中心、公交中心站，从而达到长途汽车、火车、城际高铁、城市公交和出租车在这里能够一站式换乘。B2地块东南角由一栋100m高22层的酒店办公综合塔楼和5层的商业裙房综合体构成，西北角为一栋独立的5层商业楼，南区和北区由二层城市大平台和地下室从地上和地下连成一体。

BF地块连接B2地块交通枢纽和F2地块长途汽车站，地下一层为穿越锡沪路地下空间，功能为商业和人流干线通道，地上二层为跨越锡沪路的高架天桥。

北区的F2地块为一座设计最高日发送8万人次，满足最大6400人候车规模，和包括近郊农工线和旅游观光巴士在内共80个发车位的大型立体长途汽车客运站。

无锡市火车站北广场综合交通枢纽项目交通流线及区块关系如图1所示。

工程说明：

一、给水排水系统

（一）给水系统

1. 生活用水量：最高日用水量：1754.2m^3/d（包括冷却塔补水量801m^3/d），最大时用水量：189.9m^3/h（包括冷却塔补水量80.1m^3/h）。主要用水项目及其用水量详见表1：

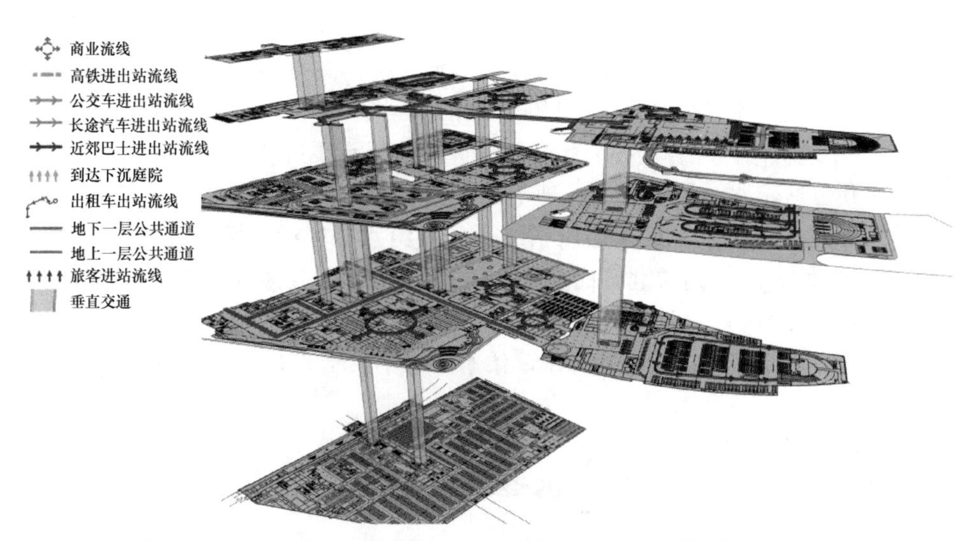

图1　无锡市火车站北广场综合交通枢纽项目交通流线及区块关系图

主要用水项目及其用水量　　　　**表1**

项目	序号	名称	数量	最高日用水定额	平均日用水定额	不均匀系数 K	用水时间(h)	全年用水天数(d)	用水量				备注
									最高日(m^3/d)	最大时(m^3/h)	平均日(m^3/d)	全年(m^3/d)	
生活用水量	1	办公	1000人	50 L/(人·d)	25 L/(人·d)	1.2	8	251	50.0	7.50	50.0	12550.0	
	2	酒店客房	528床	400 L/(床·d)	220 L/(床·d)	2	24	365	211.2	17.60	232.3	84796.8	按2场/d计
	3	酒店员工	370人	100 L/(人·d)	70 L/(人·d)	2	24	365	37.0	3.08	51.8	18907.0	
	4	餐饮	4095人次	60L/人次	35L/人次	1.2	10	365	245.7	29.48	143.3	52313.6	按每天3次/座计
	5	公共商业	26950 m^2	6L/人次	25 L/(m^2·d)	1.5	12	365	161.7	20.21	673.8	245918.8	
	6	冷却补水量	5340 m^3/h	1.5%	1%	1	10	180	801.0	80.10	534.0	96120.0	按循环冷却水量的2%计
	7	地下车库	26000m^2	2 L/(m^2·次)	2 L/(m^2·次)	1	6	30	52.0	8.67	52.0	1560.0	
	8	道路广场浇洒	9000m^2	2 L/(m^2·次)	2 L/(m^2·次)	1	6	30	18.0	3.00	18.0	540.0	
	9	绿化用水量	9070m^2	2 L/(m^2·d)	0.28 m^3/(m^2·a)	1	6	365	18.1	3.02		2539.6	
	10	小计用水量							1594.7	172.67	1755.2	515245.8	
	11	不可预见水量							159.5	17.27	175.5	51524.6	按总用水量的10%计
	12	合计用水量							1754.2	189.94	1930.7	566770.4	

2. 水源

本工程给水水源取自城市自来水，市政给水管网供至本地块的给水压力为0.20MPa。

3. 系统竖向分区

生活给水采用分区域供水，B2 地块和 F2 地块分设给水系统，其中 B2 地块的各个不同区域和不同使用功能单位分设给水系统。生活给水共分 4 个给水区域，F2 地块汽车站、B2 地块北区商业楼、B2 地块南区公共区域及综合楼宾馆、B2 地块南区综合楼办公区分别设区域生活水泵房。

各给水区域给水采用分区给水：①地下室～地上二层为市政管网直供区由市政给水管网压力直接供水；②地上三层及以上楼层采用加压供水，给水加压系统采用各给水分区设置并联变频给水加压泵组的方式供水。三～六层（F2 地块汽车站、B2 地块北侧商业楼、B2 地块南侧公共区域）为给水加压低区，七～十八层（宾馆客房楼层）为给水加压中区，十九～二十二层（办公楼层）为给水加压高区，分别由低区、中区和高区变频给水泵组加压供水。各给水分区控制底部最高给水压力不大于 0.35MPa，其中中区底部楼层设支管减压阀减压。

4. 供水方式及给水加压设备

生活给水采用市政给水管网直供、变频加压供水结合的供水方式。

（1）F2 地块汽车站

在地下一层设生活水泵房，内设 $30m^3$ 不锈钢生活水箱 2 个，设生活水泵 4 台、3 用 1 备、变频控制，单台 $Q=18m^3/h$、$H=50m$、$N=5.5kW$，供 F2 地块汽车站三层及以上楼层给水。

（2）B2 地块交通综合体

B2 地块各个不同区域和不同使用功能单位分设给水系统。北区商业楼、南区公共区域及综合楼宾馆、南区综合楼办公区分别设区域生活水泵房。

1）北区商业楼

在北区地下二层设生活水泵房，内设 $40m^3$ 不锈钢生活水箱 2 个，设生活水泵 4 台、3 用 1 备、变频控制，单台 $Q=42m^3/h$、$H=60m$、$N=15kW$，供 B2 地块北区商业楼三层及以上楼层给水。

2）南区商业及宾馆

在南区地下二层设生活水泵房，内设 $75m^3$ 不锈钢生活水箱 2 个，设低区生活水泵 4 台、3 用 1 备、变频控制，单台 $Q=72m^3/h$、$H=63m$、$N=18.5kW$，供 B2 地块南区裙房宾馆商业楼三～六层给水；设宾馆塔楼生活水泵 4 台、3 用 1 备、变频控制，单台 $Q=20m^3/h$、$H=102m$、$N=11kW$，供 B2 地块南区宾馆塔楼楼七～十八层给水。

3）南区塔楼办公

在南区地下二层单独设生活水泵房，内设 $6m^3$ 不锈钢生活水箱 2 个，设生活水泵 3 台、2 用 1 备、变频控制，单台 $Q=9.5m^3/h$、$H=128m$、$N=5.5kW$，供 B2 地块南区宾馆塔楼楼十九～二十二层办公区楼层给水。

4）循环冷却水补水

在北区地下二层生活水泵房设循环冷却水补水专用给水加压系统，内设 $15m^3$ 不锈钢生活水箱 1 个，设循环冷却水补水泵 4 台、3 用 1 备、变频控制，单台 $Q=42m^3/h$、$H=72m$、$N=15kW$，供设于 B2 地块北区商业楼屋顶的区域冷却塔补水。

5. 管材

给水管采用给水内衬不锈钢复合钢管，管径小于 $DN100$ 为丝扣连接，管径大于或等于 $DN100$ 为沟槽式连接。

（二）热水系统

1. 热水用水量

生活热水的供应范围为宾馆、餐饮，热水量见表 2：

热水用水量 **表 2**

	序号	名称	数量	最高日用水定额	平均日用水定额	不均匀系数 K	用水时间 (h)	全年用水天数	用水量			
									最高日 (m^3/d)	最大时 (m^3/h)	平均日 (m^3/d)	全年 (m^3/d)
热水用水量	1	酒店客房	528 床	160 L/(床·d)	110 L/(床·d)	4.97	24	365	84.5	17.49	58.1	21199.2
	2	酒店员工	370 人	100 L/(人·d)	35 L/(人·d)	2.5	24	365	37.0	3.85	13.0	4726.8
	3	餐饮	4095 人次	20 L/(人·d)	15 L/(人·d)	1.5	12	365	81.9	10.24	61.4	22420.1
	4	地下室员工淋浴	14 淋浴器	360 L/淋浴器	14L/淋浴器	1	1	365	5.0	5.04	0.2	71.5

2. 热水供应方式

热水采用热媒为蒸汽的容积式热交换器进行加热制备生活热水，热水系统分区与给水系统一致，酒店客房热水管道采用全日制同程机械循环，餐饮和员工淋浴热水管道采用定时定温干管机械循环。

3. 加热设备选型

(1) 酒店客房

在地下二层热交换间设 RV-04-3.5 (0.4/1.6) D 不锈钢热交换器 3 台，设热水循环泵 2 台、1 用 1 备，单台 $Q=6.6m^3/h$、$H=9m$、$N=0.55kW$。

(2) 餐饮

在地下二层热交换间设 RV-04-3.5 (0.4/1.0) D 不锈钢热交换器 2 台，设热水循环泵 2 台、1 用 1 备，单台 $Q=4.4m^3/h$、$H=9m$、$N=0.55kW$。

(3) 地下室酒店员工淋浴

在地下二层热交换间设 RV-04-2.0 (0.4/0.6) D 不锈钢热交换器 1 台，淋浴房定时开放使用，且与热交换间贴邻布置，不设热水循环泵。

4. 热水管材

热水管道采用国标 A 型薄壁无缝紫铜管，钎焊连接。

(三) 排水系统

1. 排水系统的形式

排水体制采用雨、污水完全分流制。

室内采用雨、污、废分流，汽车站洗车废水、餐饮厨房含油废水与其他污废水分流；室外雨污分流，有污染的污废水均经局部处理后排放。地上部分污废水采用重力排水，地下室卫生间设一体化污水提升装置提升排水、厨房含油废水经一体化新鲜油脂分离器隔油处理后由一体化污水提升装置提升排水，地下室地面排水经集水井收集后用潜污泵排出室外。

雨水采用有组织排水，其中 A、B 区商业楼大型屋面采用压力流（虹吸）排水，其余采用重力流排水，屋面雨水设计重现期为 10 年，下沉式广场雨水设计重现期为 50 年。

2. 通气管的设置方式

室内污、废水管均设专用通气管，以保证污、废水管均能形成良好的水流状况。

3. 采用的局部污水处理设施

排水采用分流制，室内雨、污、废分流，厨房含油废水经新鲜油脂分离器进行隔油除渣处理，汽车洗车污水及停车场冲洗污水经污水隔油沉淀池处理，生活污废水经化粪池处理后排放，其中 B2 地块整个用地满铺设置地下室，而地块污水经通江大道污水管网纳入城北污水处理厂，经与市政部门沟通室外生活污水与生活废水合流排入城市污水管不设化粪池，排入市政污水管网前设排水管理井。

4. 管材

生活污废水管均采用离心浇铸铸铁排水管，柔性接口，承插法兰连接；塔楼屋面重力流排水雨水管采用钢塑复合给水管（热镀锌钢管内衬 PE 聚乙烯，工作压力 2.0MPa），管径小于或等于 *DN*100 为丝扣连接，管径大于 *DN*100 为沟槽式连接；裙房屋面虹吸排水雨水管采用 HDPE 塑料承压排水管；地下室潜污泵压力流排水管管径小于或等于 *DN*100 为丝扣连接，管径大于 *DN*100 为沟槽式管件连接。室外排水管采用 HDPE 双壁波纹管。

二、消防系统

本工程 B2 地块交通综合体和 F2 地块汽车站分别采用集中设置消防水池及消防水泵房确保消防给水。

（一）B2 地块交通综合体

1. 消防水量

本工程采用集中设置消防水池及消防水泵房确保消防给水，整个区块按同一时间的火灾次数为 1 次设计，消防水量按整个区块最不利一栋建筑高层办公综合楼计，消防水量为：室外消防水量为 30L/s，持续时间 3h；室内消火栓系统用水量为 40L/s，持续时间 3h；自动喷淋灭火系统用水量为 52L/s，持续时间 1h。

2. 室外消火栓

室外消防采用生活消防合一的低压制，在建筑物周围以不超过 120m 的间距布置室外消火栓，其水量、水压由市政管网保证。

3. 室内消火栓

室内消火栓系统竖向分两个给水分区。低区为地下二层～地上五层，高区为六～二十二层。消防给水高区由室内消火栓泵直接供水，低区由室内消火栓泵经减压后供水，每个分区最低处消火栓口静水压力均不超过 1.0MPa，栓口压力大于 0.50MPa 的均采取减压措施。室内消火栓布置保证任何一处火灾时都有两股水柱同时到达。

在宾馆办公塔楼屋顶设 18m^3 屋顶消防水箱，供火灾初期 10min 消防用水，并设消防稳压设备（消防稳压水泵 2 台，1 用 1 备，单台性能 Q=5L/s、H=30m、n=1450r/min、N=3kW，ϕ1200 气压罐 1 台，有效调节容积 450L，与自动喷淋系统合用）一套，以保证火灾初期最不利点消火栓所需的压力。

4. 自动喷淋系统

本工程自动喷水灭火系统商业按严重危险Ⅰ级、汽车库按中危险Ⅱ级设计，其余均按中危险Ⅰ级设计，设计用水量为 52L/s。层高大于 12m 的高大空间和中庭设一体式大空间智能灭火装置，由自动喷淋给水系统供水。

自动喷水灭火系统竖向分两个给水分区。低区为地下二层～地上五层，高区为六～二十一层。高区由自动喷淋泵直接供水，低区由自动喷淋泵经减压后供水，本项目共设 40 组湿式报警阀，分设于 10 处报警阀间，由喷淋环状干管供水。

5. 消防设施

本工程在高层宾馆办公楼地下室设区域集中的消防水池和水泵房，内设 640m^3 消防蓄水池（贮存 3h 消火栓用水量和 1h 自动喷淋用水量，分两格设置）及消防水泵房；另设 18m^3 屋顶消防水箱（贮存 10min 火灾初期消防水量）。

消防水泵房内设 XBD40-130-HY 恒压切线消火栓泵（单台性能 Q=40L/s，H=130m，n=2970r/min，

N=90kW）2台，1用1备；设XBD30-140-HY恒压切线自动喷淋泵（单台性能Q=30L/s，H=140m，n=2970r/min，N=75kW）3台，2用1备。

6. 其他

根据规范要求，在建筑物内按规范配备手提式磷酸铵盐干粉灭火器，变配电室设置无管网气体灭火系统。

（二）F2长途汽车站

1. 消防水量

本工程总建筑面积约12万m^2，消防按一类综合楼设计，消防水量为：室外消防水量为30L/s，持续时间3h；室内消火栓系统用水量为30L/s，持续时间3h；自动喷淋灭火系统用水量为60L/s，持续时间2h。

2. 室外消火栓系统

室外消防采用生活消防合用的低压制，在建筑物周围以不超过120m的间距布置室外消火栓，保护半径为不大于150m，同时满足水泵接合器的需要。其水量、水压由市政管网保证。

3. 室内消火栓系统

室内消火栓给水由地下室消防泵房内消防水池、消火栓泵加压供给，消防水池容量750m^3，其中贮存3h室内消火栓用水量和2h自动喷水灭火系统水量。室内消火栓布置保证任何一处火灾时都有两股水柱同时到达。

在地下室消防水泵房内设恒压切线消火栓泵2台（1用1备）单台水泵Q=30L/s、H=50m、N=30kW。

火灾初期10min消火栓用水量由设在屋顶消防水箱和稳压装置供给，屋顶消防水箱容积为18m^3，消火栓稳压水泵2台，1用1备，单台性能Q=4.17L/s、H=36m、N=4kW，Φ1000气压罐1个，有效调节容积300L。另在室外设有两套消防水泵接合器。

4. 自动喷水灭火系统

本工程设自动喷水灭火系统，商业、办公、汽车库按中危险Ⅱ级设计，仓库按仓库危险Ⅱ级设计，设计用水量为60L/s。层高大于12m的高大空间和中庭设标准型自动扫描射水高空水炮智能灭火装置替代自动喷淋，水量与自动喷淋不叠加计算，由自动喷淋给水系统供水。

自动喷水灭火系统由消防水池、自动喷淋泵加压供水，在水泵房内设恒压切线自动喷淋泵3台，2用1备，单台水泵Q=30L/s、H=100m、N=55kW。

地下一层停车场、汽车库采用闭式自动喷水－泡沫联用系统，自喷水至喷泡沫的转换时间按4L/s流量不大于3min到达系统最不远处计算，持续喷泡沫的时间不小于10min，采用洒水喷头，每组湿式报警阀组控制的喷头数不超过800只。

一～三层停车场因为是半封闭式，采用干式自动喷水灭火系统，采用直立型喷头，每组干式报警阀组控制的喷头数不超过500只。

其余均采用湿式自动喷水灭火系统，每组湿式报警阀组控制的喷头数不超过800只。

火灾初期10min喷淋用水量由设在屋顶消防水箱和稳压装置供给，屋顶消防水箱容积为18m^3，喷淋稳压水泵2台，1用1备，单台性能Q=0.83L/s、H=80m、N=2.2kW，Φ1000气压罐1个，有效调节容积150L。另在室外设有4套消防水泵接合器。

5. 其他

根据规范要求，在建筑物内按规范配备手提式磷酸铵盐干粉灭火器，变配电室设置无管网热气溶胶气体灭火系统。

三、工程特点及设计体会

本工程是无锡市对外交通的集散换乘枢纽，是无锡市的重要对外窗口，建筑面积庞大、涉及单位众多、使用功能繁多、内部交通流线复杂、外来人员密集，对给水排水和消防设计的安全性有较高的要求，特别是整个工程的各个地块由地下室和二层城市平台连成一个整体，南北长600m、东西宽近300m几乎均为满铺地下室和架空城市平台，对给水和排水的组织带来很大的挑战。

1. 生活给水分功能分区域分区给水

生活给水根据项目规模大、涉及单位和使用功能多的特点，采用分功能分区域分区给水。

生活给水采用分区域给水，B2地块和F2地块分设给水系统，其中B2地块的南区和北区分设给水系统。合理控制给水加压系统的供水半径，避免过长距离给水管道输水引起的能耗，同时避免给水加压系统供水范围过大，提高供水可靠性。

同时生活给水采用分功能给水，生活给水共分4个给水区域，F2地块汽车站、B2地块北区商业楼、B2地块南区公共区域及综合楼宾馆、B2地块南区综合楼办公区分别设区域生活水泵房，另外整个地块集中设置的空调冷却塔设置专用补水泵房，便于各功能区域分别计量、维护、管理。

各给水区域给水分别均采用分区给水，各给水分区控制底部最高给水压力不大于0.35MPa，其中各给水分区底部楼层设支管减压阀减压，避免用水点给水压力过高造成用水浪费；各给水分区并联加压供水避免给水过度减压造成的无效提升并提高给水安全性。

综上所述，生活给水采用分功能分区域分区的给水系统，力求在确保给水安全的条件下，通过采用分区域和合理分区供水，以达到系统经常性能耗尽量降低到最小限度并便于日常维护管理，给水系统安全可靠，经济合理，系统运行高效节能。

2. 消防给水集中加压辐射供给

室内消防给水采用分区域集中加压供水系统，B2地块和F2地块分设消防给水加压泵房。

B2地块交通综合体：根据本地块建筑规模庞大、整个地块满铺地下室的特点，室内消防给水采用集中加压，由环状消防给水管网辐射供给各个区域的理念设计消防系统。①自动喷水灭火系统根据建筑物地下室、裙房面积庞大的特点，采用集中加压环状供水的方式供各个区域自动喷淋消防用水。在地下二层设置环状的自动喷淋管网，各个区域分别设湿式报警阀组从喷淋环状管网接管供区域喷淋消防用水，大大减少了喷淋配水管的数量和长度，地下室内管线简单明了，每个区域消防供水安全可靠，本地块共设40组湿式报警阀，分10处设置报警阀间，由喷淋环状干管接管就近接各个保护区域喷淋。②室内消火栓采用分区供水，高区采用室内消火栓泵直接供水，低区由室内消火栓泵经减压后供水，消防水泵房设于最高的塔楼底部地下室，可有效兼顾较远处较低建筑高度的建筑消防给水。

F2地块：根据本地块建筑形态及使用功能的多样性，不同区域采用不同的消防形式，满足建筑消防需求。①室内消火栓给水不分区，室内消火栓布置确保建筑物内任何一点均有两股充实水柱同时到达。②根据不同性质场所设有自动喷水灭火系统：a. 湿式自动喷水灭火系统：按全保护设置，所有适合水灭火的室内空间均设自动喷淋；b. 闭式自动喷水一泡沫联用系统：地下室为长途汽车站下客区和封闭的集中大客停车区，采用闭式自动喷水一泡沫联用系统；c. 干式自动喷水灭火系统：二、三层外围为半开放的长途汽车上客区和停车区，外围设陶板百叶和室外空间直接相连，为防止管道冻裂，该区域采用干式自动喷水灭火系统；d. 高大空间自动扫描射水高空水炮：候车大厅层高大于12m，采用自动扫描射水高空水炮。

本项目属大型复杂人员密集场所，消防系统设计确保室内空间任何一处均有有效的消防保护，以确保工程消防安全。

3. 生活排水采用重力排水和压力排水相结合

根据项目面积大且为满铺地下室，设于中心区域卫生间难以排放的特点，设计采用了重力排水和压力排水相结合方式克服中心区域排水难题。①地下室卫生间和部分一层卫生间排水采用一体化污水提升装置，每套污水提升装置均设双泵并设于地下二层专用污水泵房内，提高排水安全性，便于管理并可以较长距离提升至合适部位排至室外；②餐饮厨房含油废水均采用新鲜油脂分离器处理结合一体化污水提升装置提升外排，不论地上楼层的餐饮厨房还是设于地下楼层的厨房排水均就近引至地下室隔油间或一层靠建筑物外墙隔油间，经新鲜油脂分离器隔油除渣处理后提升或重力外排至方便接入室外污水管网的部位。

4. 多种雨水排水形式力求排水安全

本工程除具有大面积满铺地下室的特点还有多处大面积裙房屋面、大范围城市架空平台、多个大面积下沉广场和相对封闭的一层室外空间，并且地铁站进出口设于本工程地下室，雨水排水不畅甚至进入地下室空间将可能带来灾难性后果，雨水的合理组织和安全排放也是本项目设计的重点。

本工程采用以下措施保证雨水排放安全：①雨水组织尽量避免大流量雨水排入内部广场：B2 地块南北两侧为建筑，东西两侧为大型下沉广场，中部公交车站和广场呈围合状，南北两侧建筑大面积裙房屋顶采用压力流（虹吸）排水均长距离单面排水引至外围市政道路一侧，同样大型下沉式广场雨水采用雨水提升泵排水也长距离排水引至外围市政道路一侧，避免大流量雨水排入内部广场；②本工程设有多处下沉广场，每个下沉广场设两处以上雨水泵站（雨水池），其中设于东侧和西侧的 $5000m^2$ 和 $6400m^2$ 的超大下沉广场，采用多点排水的方式，分别设置 3 处和 4 处雨水泵房站（雨水池），每个雨水泵房站（雨水池）之间采用排水沟相连互为连通备用，雨水泵房站（雨水池）容积储存最大雨水提升泵 30min 的水量，加大雨水池的蓄水量以调蓄极端气候下的瞬时大流量雨水，有效组织和排除下沉广场雨水；③采用安全合理的雨水设计重现期，地面排水雨水设计重现期采用 5 年，屋面雨水设计重现期采用 20 年，下沉式广场和地下室出入口雨水设计重现期采用 100 年，确保雨水设计安全；④屋面雨水采用重力流排水和压力流（虹吸）排水相结合，小面积屋面采用重力排水，裙房大面积屋面采用压力流排水；区域和场地排水采用排水沟组织排水，排水沟除收集场地雨水外还收纳区域内二层架空平台和周围建筑物屋面重力流排水雨水。

本项目经近 5 年的运行，屋面、平台、场地和下沉广场雨水排水顺畅，无积水现象。

5. 注重与市政管理部门沟通及区内管线与市政管线的合理衔接

本工程作为城市交通枢纽项目，有其安全性要求高、城市公共功能强、广场面积大、雨水径流系数大的特点，而本工程实施阶段恰值周边道路规划改造，注重与市政管理部门沟通和市政管线衔接，更有利于项目安全可靠运行。

给水管道衔接：本工程 B2 地块室外广场作为连接城市公交车站、地铁站、火车站、长途汽车站的城市集散广场，具有较强的社会公益性质和城市公共广场功能，经与当地自来水公司协商，将市政给水管网引入 B2 地块，接入 *DN*300 城市给水管，总接入管不设水表，将地块内室外给水管作为市政给水管网的其中一环与城市给水管连成环状，地块内分各个功能区域、生活、消防、绿化浇洒各类用水分别设计量水表直接从给水管网接管，有效提高整个区域给水可靠性。

雨水管道衔接：提高接纳地块雨水的市政雨水管网的排水能力。根据原有周边市政道路改造规划设计，提供本地块雨水排水按径流系数 0.65，雨水设计重现期为 2 年，根据本项目的特点无法满足雨水排放要求。根据本工程的项目特征和重要性，经协商市政接纳雨水管设计重现期由原设计的 2 年提高至不小于 5 年并要求按本城市交通枢纽的满铺地下室且广场硬地面积较大较大的特点，雨水径流系数采用 0.8，经修改后的市政雨水管网，满足本工程雨水排放要求。

6. 根据地块地势确定室外给排水形式

本项目 B2 地块设有超大面积满铺地下室，B2 地块用地面积 $76183m^2$，单层满铺地下室面积约

71800m^2，地下室几乎覆盖整个地块，给室外管线敷设带来极大的困难。

根据本项目整个地块南高北低的地势及建筑地下室顶板由南往北逐步降低设置多个不同标高台地的做法特点，室外区域给水排水管道有效结合排水采用沿地势和地下室顶板标高的变化组织区域排水，整个地块雨水采用排水沟形式组织并排放雨水，有效减少地下室顶板覆土厚度（地下室顶板覆土控制在 1.2～1.5m），大大减少室外排水管用量，很好地降低整个工程造价，整个区域排水组织的效果良好。

地块内引入市政给水管，各个功能区域、生活、消防、绿化浇洒就近从管网接管，避免按常规生活、消防、绿化浇洒管网分设造成管网繁复，众多管道交叉打架，使室外给水管网简单化，大大减少管网投资，并便于管道维护管理。

地块内给水管等压力管道南北走向与排水沟、污水管道平行，东西走向沿不同标高地下室顶板台地交界处的下沿敷设，避免与排水沟垂直交叉设打架碰撞，充分利用地下室顶板覆土厚度。

7. 以人为本的设计理念

生活给水采用分功能分区域分区给水，各个给水区域泵房和给水泵组独立设置，便于不同单位分别计量和维护管理；地下室卫生间排水采用一体化污水提升装置，避免产生异味；厨房含油废水采用油脂分离器，油脂和渣料清除方便，油脂分离器设于专用隔油间内便于日常管理，有效提高卫生条件和物业品质；从设计的角度为大型综合体项目设备日常管理和维护提供最大的便利，体现以人为本的设计理念。

四、工程照片及附图

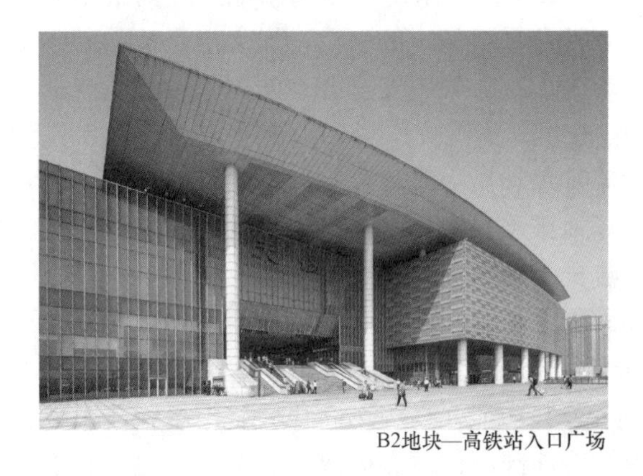

B2地块—高铁站入口广场

B2 地块二层架空广场主入口

B2地块—晨曦中的交通综合体

B2 地块南区综合体

B2地块—中央下沉广场与商业楼

B2 地块北区商业楼

F2地块—长途汽车客运站与站前广场

F2 地块长途客运站及站前广场

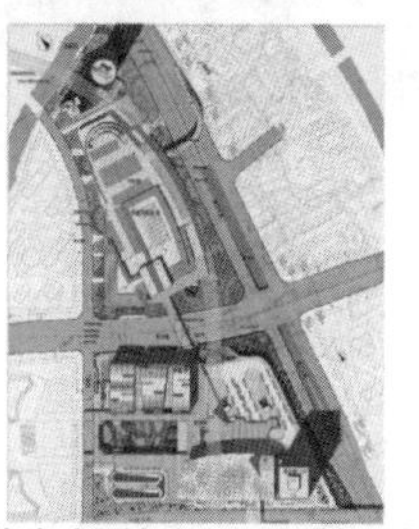

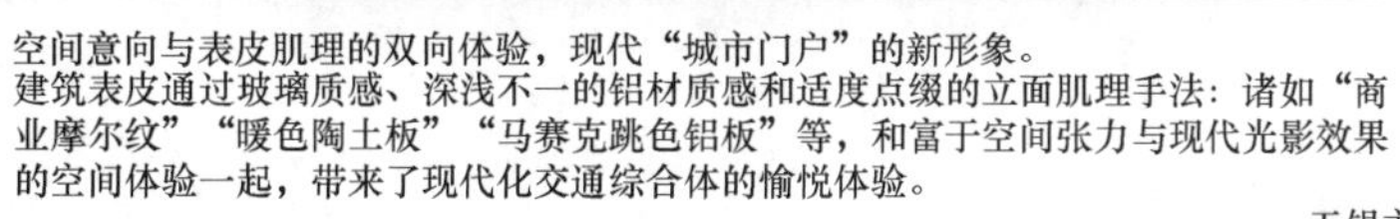

空间意向与表皮肌理的双向体验，现代“城市门户”的新形象。
建筑表皮通过玻璃质感、深浅不一的铝材质感和适度点缀的立面肌理手法：诸如“商业摩尔纹”“暖色陶土板”“马赛克跳色铝板”等，和富于空间张力与现代光影效果的空间体验一起，带来了现代化交通综合体的愉悦体验。

无锡市综合交通枢纽项目设计理念

大型架空广场

生活给水泵房（一）本工程根据不同区域与使用功能共设 4 处生活水泵房

生活给水泵房（二）

消防水泵消防水泵房

干式报警阀及配套空压机

泡沫液罐，用于汽车站地下层下客区停车库泡沫喷淋系统

汽车站二、三层半开放的上客区采用干式喷淋系统

F2地块—长途汽车客运站进站大厅1

高大空间采用高空水炮

高大空间采用高空水炮

空调冷却水泵

工作中的污水泵房内设一体化污水提升装置

设于地下室带提升功能的新鲜油脂分离器

设于地上重力排水的新鲜油脂分离器

二层大面积集散广场采用排水沟组织排水

贯穿南北的排水沟用于组织地面雨水排水并接纳排放整个地块雨水

屋顶、二层平台、下沉广场雨水均排至一层区域排水沟

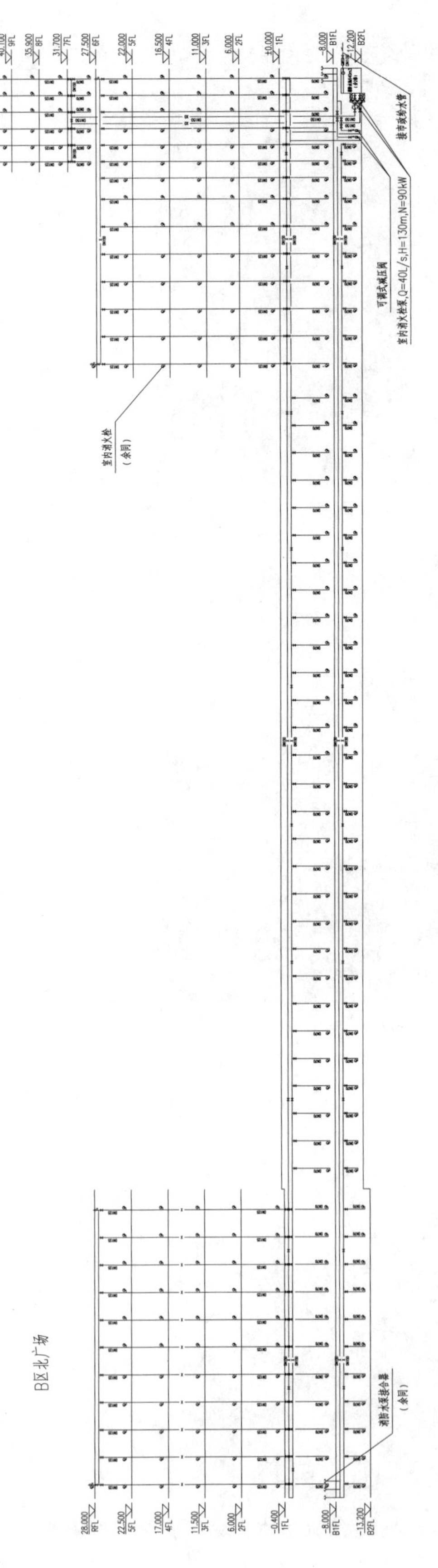

B2地块室内消火栓给水系统图

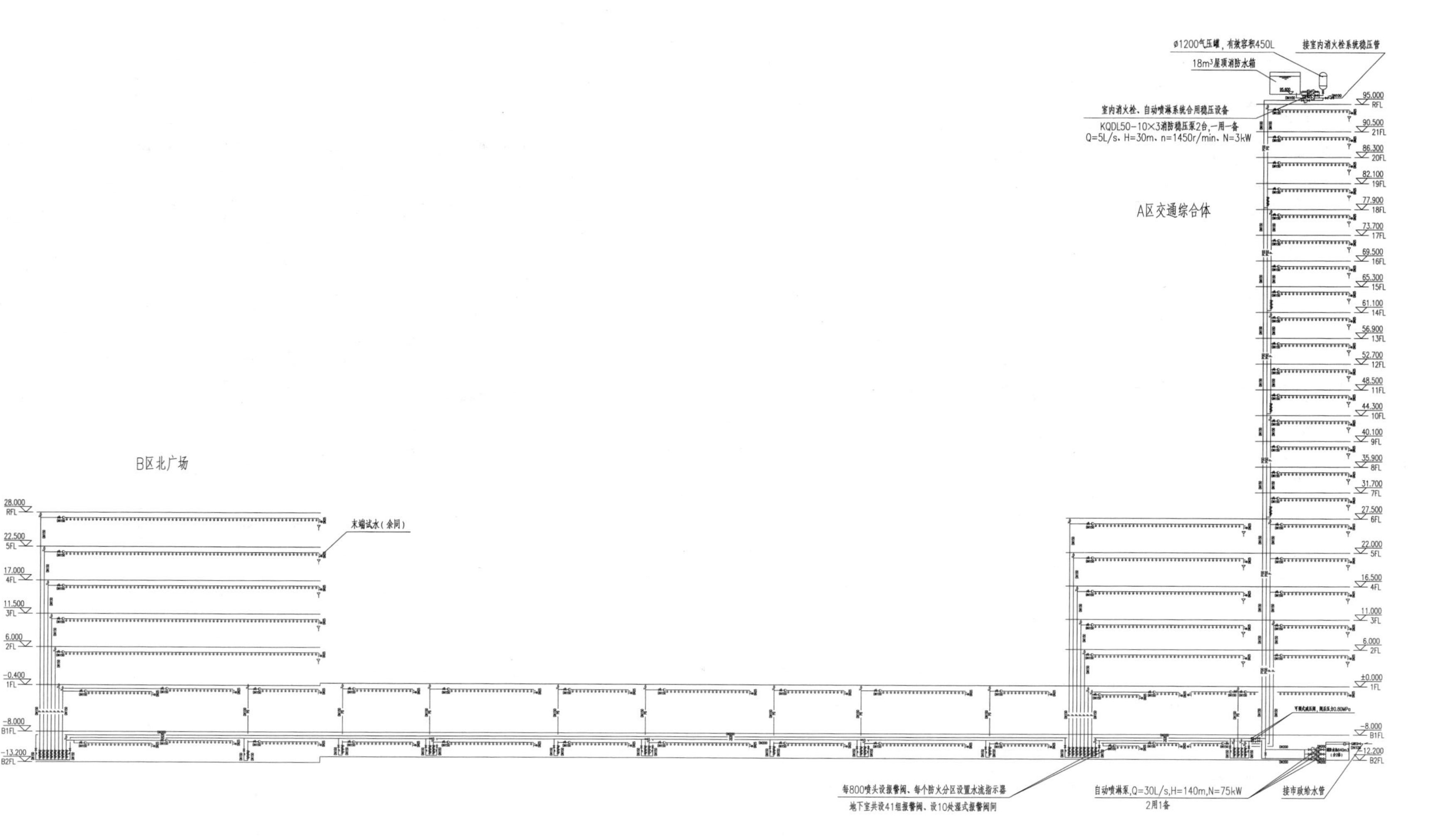

B2地块自动喷淋给水系统图

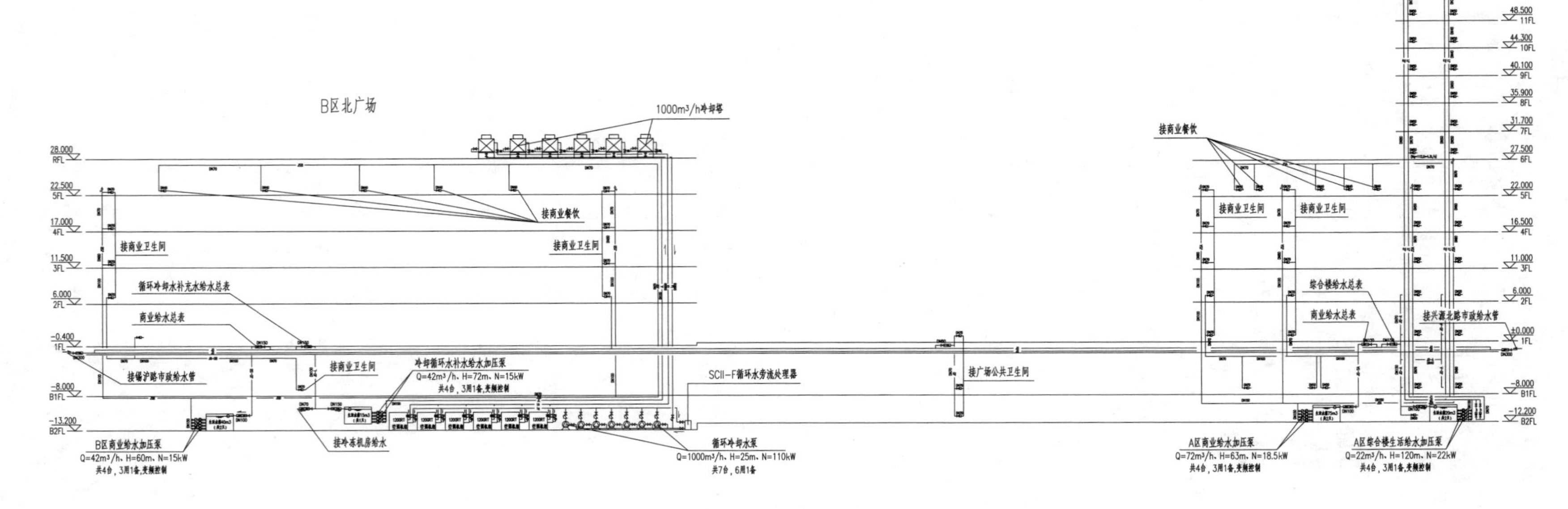

B2地块生活给水系统图

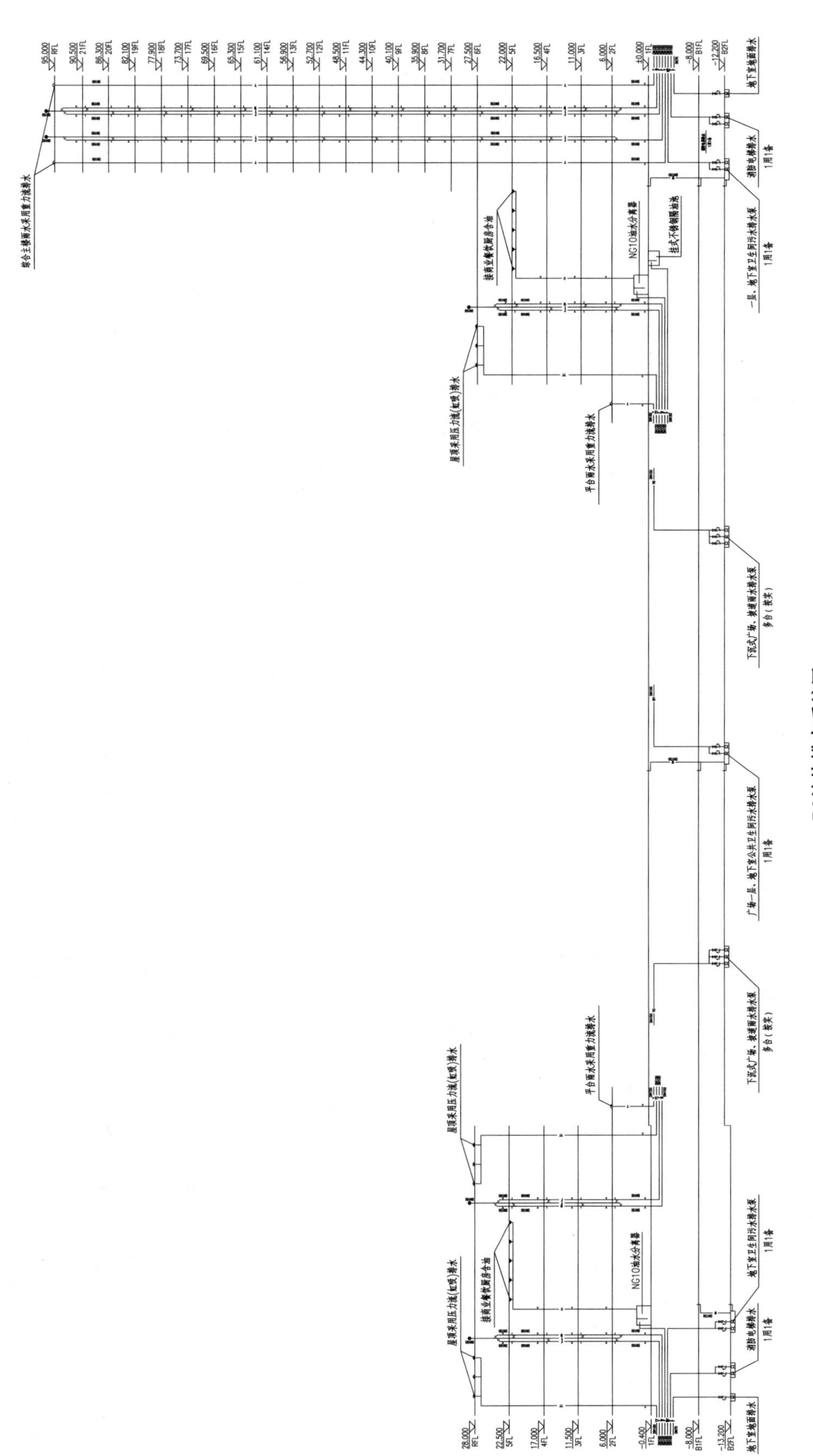

B2地块排水系统图

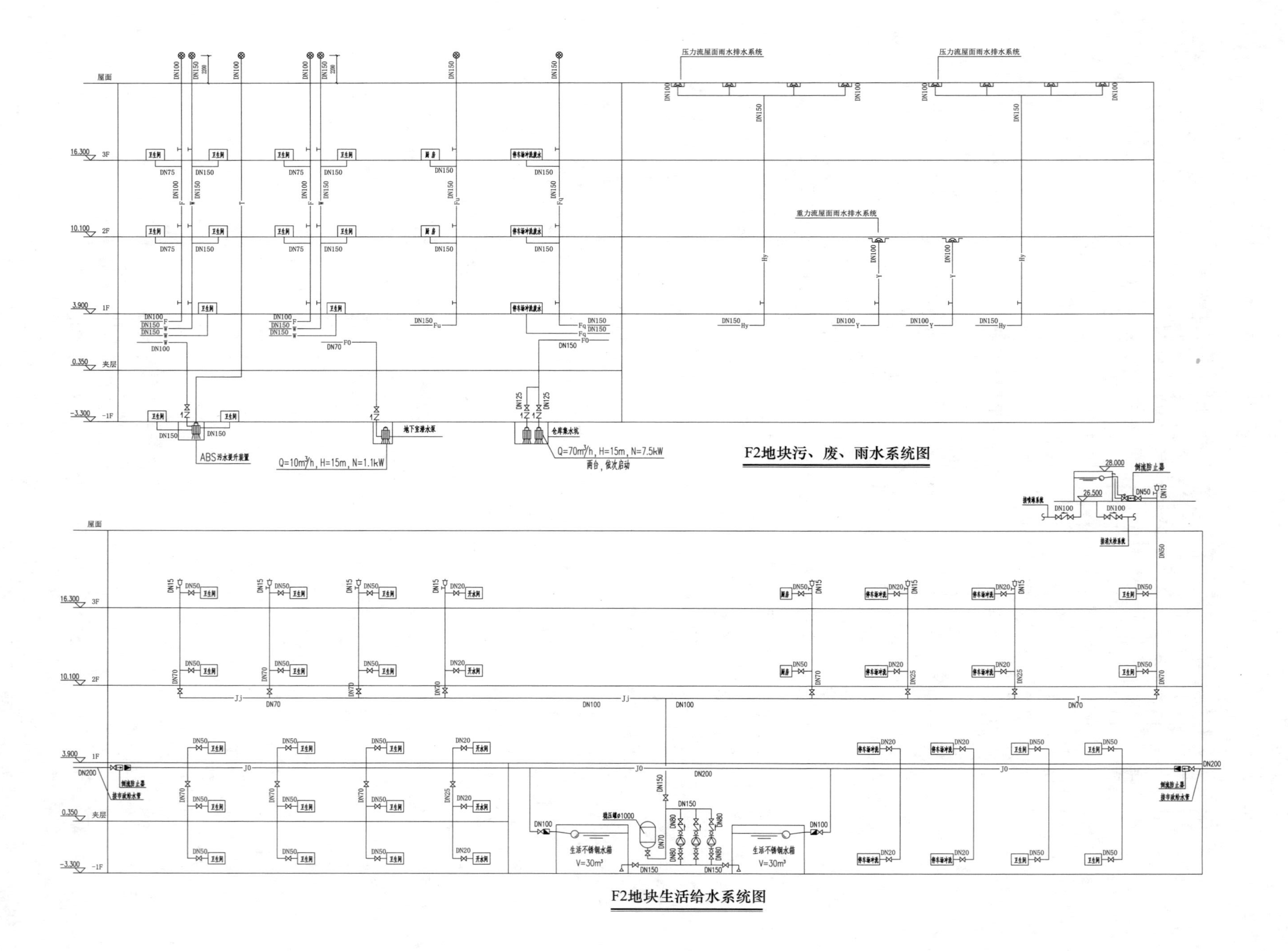

F2地块污、废、雨水系统图

F2地块生活给水系统图

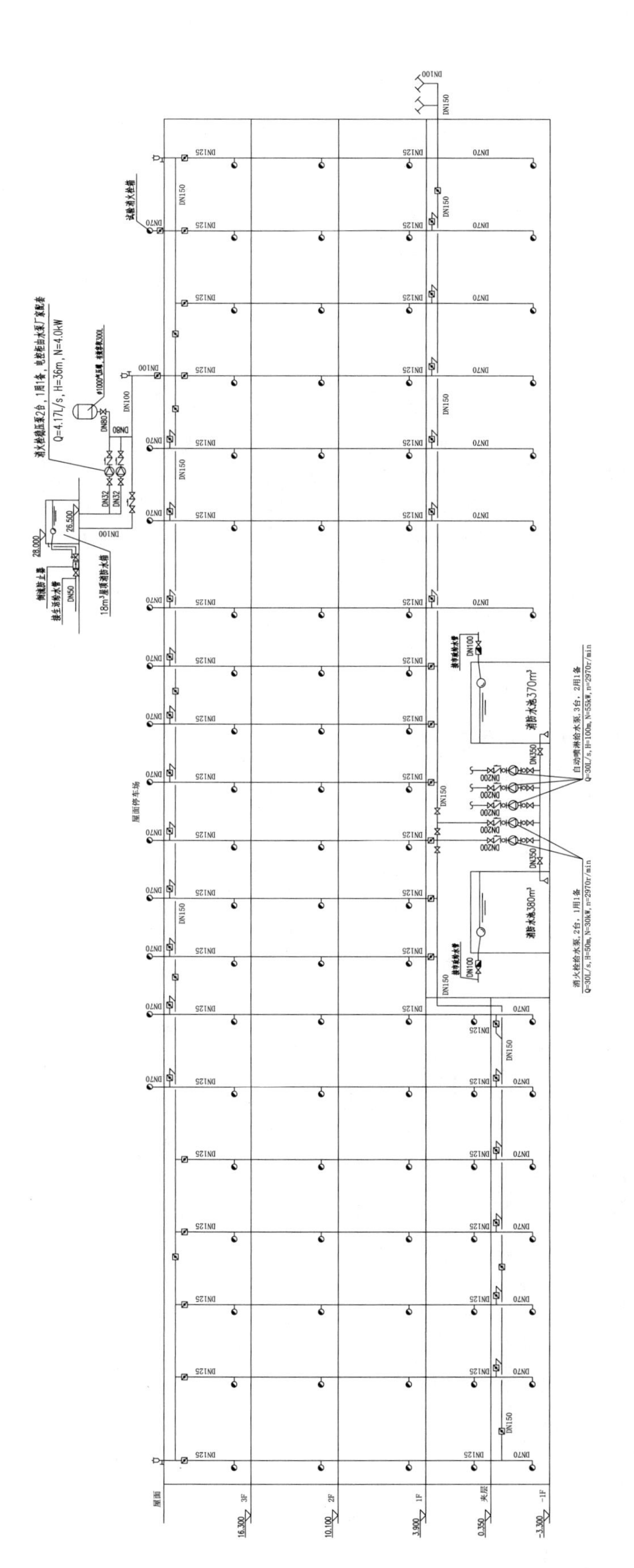

F2地块消火栓给水系统图

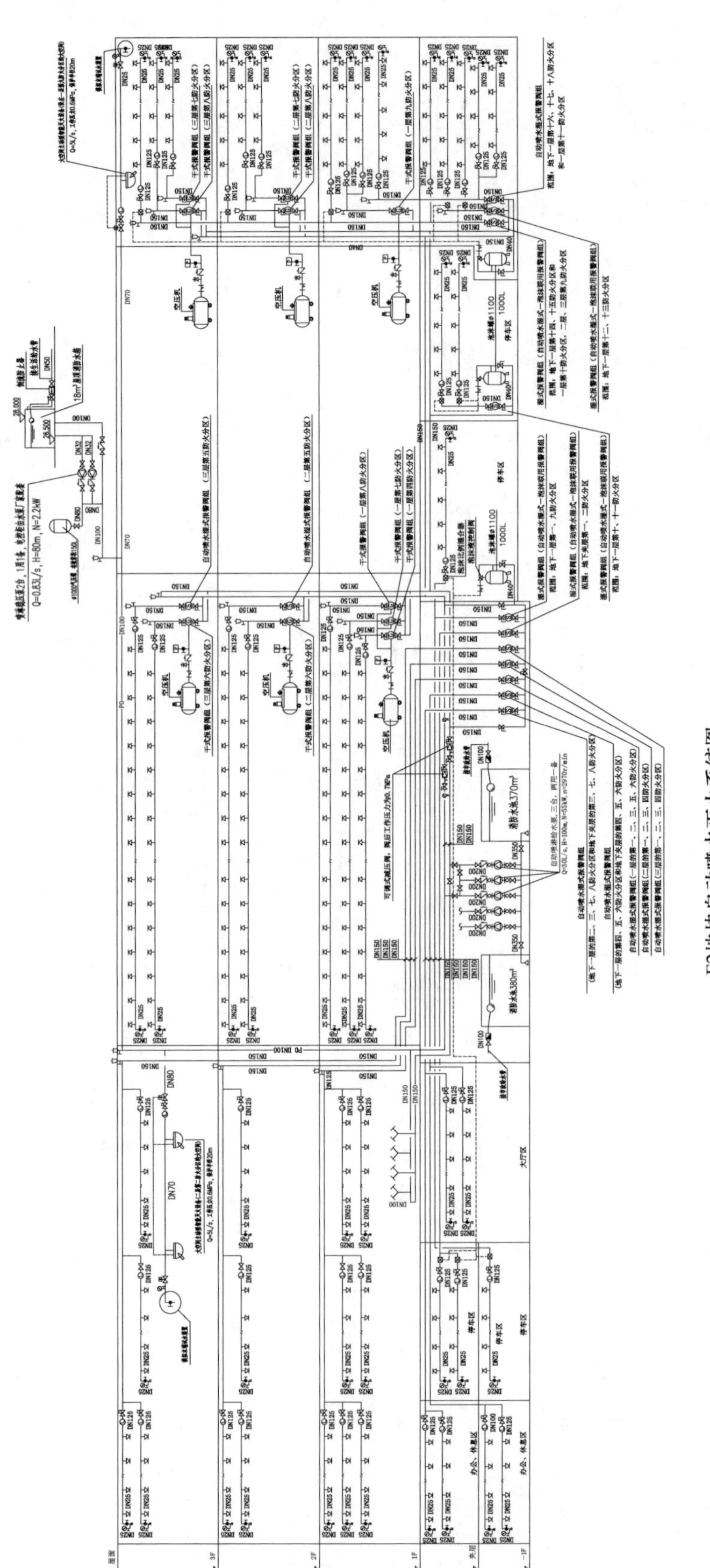

F2地块自动喷水灭火系统图

上海自然博物馆（上海科技馆分馆）

设计单位： 同济大学建筑设计研究院（集团）有限公司
设 计 人： 杨民　秦立为　龚海宁　归谈纯
获奖情况： 公共建筑类　一等奖

工程概况：

上海自然博物馆位于静安区，北临山海关路，南临静安雕塑公园，西临育才中学，东临大田路。西北口与地铁13号线接壤。

基地面积约 $12000m^2$，总建筑面积约 $45300m^2$，其中地上建筑面积约 $12700m^2$，地下建筑面积 $32600m^2$。建建筑总高度18m，地上3层，地下2层。主要功能区域包括：展示及公共服务、行政管理办公、周转库房、设备用房、地下车库等。

上海自然博物馆采取建筑与自然一体化设计，并用现代的技术和永续性的结构加以新的诠释。建筑的整体形状灵感来源于螺的壳体形式。本建筑以提高公众科学素养为使命，是融展示与教育、收藏与研究、合作与交流一体的现代化综合性自然博物馆。其定位是成为具有代表性和知名度的现代化自然博物馆，引领科普事业的发展，并为国内其他博物馆的建设提供学习和借鉴的样板。

工程说明：

一、给水排水系统

（一）给水系统

1. 冷水用水量（表1）

冷水用水量　　**表1**

用途	用水量定额	用水单位数	最高日用水量(m^3/d)	用水时间(h)	小时变化系统 K	最大时用水量(m^3/h)
餐厅	20L/人次	300	6	4	1.5	2
咖啡厅	6 L/人次	600人	3.6	10	1.5	1
展厅	3L/(人·d)	6000人	18	10	1.5	3
报告厅	6L/人次	660人	4	10	1.5	0.6
工作人员	50L/(人·d)	300	15	10	1.5	2
空调补水			80	10	1	8
景观补水			10	10	1	1
绿化浇洒	1L/(m^2·d)	$14000m^2$	14	2	1	7
小计			150			24
不可预见	10%		15			3
合计			165			27

生活用水量：最高日用水量为 165m^3，最大小时用水量为 27m^3。

2. 水源

由市政给水管网供水。由基地北侧引入一根 DN100 的供水管，作为本工程生活用水，水压按 0.16MPa 设计。

3. 系统竖向分区

地下室、一层以及室外部分由市政水压供水，二层、三层由生活水池＋变频泵组加压供水。

4. 给水方式及给水加压设备

生活泵房在地下一层西北角设置。泵房内设 40m^3 不锈钢组合式生活水箱一座、生活变频水泵一组（Q＝23m^3/h，H＝35m，N＝3kW，2 用 1 备，配置隔膜气压罐）。生活水箱配置水处理器消毒处理。

5. 计量

除基地进水管上设总表外，其余按不同使用功能及管理要求设置分级水表，并采用远传式水表，数据收集至控制中心，统一用于能耗计量及监控。

6. 管材

室内给水管采用衬塑镀锌钢管，卡箍或丝扣连接；室外埋地给水管采用内壁涂塑的球墨铸铁给水管，法兰连接。

(二) 热水系统

1. 热源

根据建筑热水用水点少且分散的特点，因地制宜采用局部供热水的形式。其中，地下室职工淋浴间采用空调余热加热并辅助容积式电加热（利用夜间蓄热）提供热水；二层公共卫生间因靠近屋顶层，洗手盆热水采用太阳能系统提供热水；其余卫生间采用容积式电加热器提供洗手盆热水。

2. 供热方式

因本建筑内热水用水点相对分散、用水量较小，故设计采用了分散设置、局部加热的热水系统。就近由冷水系统提供补水。

地下室职工淋浴间采用空调余热加热并辅助容积式电加热，由一台导流型容积式热水器贮存一天热水。二层公共卫生间采用太阳能热水系统提供热水，太阳能集热器、储热罐、循环泵等设置在建筑屋面。其余卫生间在吊顶内设置容积式电热水器提供洗手盆热水。

3. 热水用水量

地下室职工淋浴间，日热水用量：1.5m^3/d（60℃）。

4. 供热设备

二层卫生间的太阳能热水系统，太阳能板结合建筑屋面设置，储热罐、循环泵等结合屋面设置。太阳能热水系统，采用自动控制系统，并配置防过热、防冻保护系统。

其余每个卫生间配置一台容积电热水器（V＝100L，N＝1.5kW）提供热水。

职工浴室的淋浴配置一台导流型容积式热水器（RV-04-2.0，换热面积 10.7m^2）、一台容积式电热水器（V＝300L，N＝24kW）、循环泵组（Q＝1.2m^3/h，H＝5m，N＝0.12kW，1 用 1 备）。

5. 冷热水压力平衡措施、热水温度的保证措施

局部热水系统，均有同一分区冷水系统管路提供冷水补水。热水管均采用保温措施。热水机组均在用水点附近设置，减少管路热量损耗，保证热水出水的温度及时间。

6. 管材

室内热水管采用铜管，焊接连接。

（三）雨水回用系统

1. 屋面雨水收集处理，提供室外道路冲洗、绿化浇灌、景观补水、二层卫生间冲厕等。

2. 水量平衡表（表2）

水量平衡表 **表2**

年平均产水量(m^3/年)	年平均用水量(m^3/年)				年平均产水量与用水量的差额(m^3/年)
雨水产水量	水景补水	绿地广场浇洒	二层卫生间冲厕	用水量合计	
5043	2652	1803	636	5091	48

3. 供水方式及给水加压设备

景观补水由清水池重力供水，室外绿化浇灌、道路冲洗等由一组变频泵组（$Q=6m^3/h$，$H=35m$，$N=2.2kW$，1用1备）供水。

4. 水处理工艺流程图

雨水处理工艺：弃流→蓄水调节沉淀池→提升→加药→过滤→清水池→消毒→加压供水。

雨水处理量：$10m^3/h$。

5. 管材

采用PPR塑料给水管。

（四）排水系统

1. 排水系统形式

室内污、废水合流，室外雨、污水分流。地上部分重力排放，配置通气管，并伸顶通气。地下室部分采用压力排放，其中污水采用密闭提升器提升，并设置透气管，减少废气污染，密闭提升器配置双泵，保证排水正常运行；废水采用集水坑＋潜水泵提升排放。基地排水经市政监测井，排至市政雨污合流管网。污水排放量：$43m^3/d$。

2. 通气管的设置方式

排水系统设置主通气管，与排水主立管由结合通气管连接，排水主立管伸顶通气。

3. 采用局部污水处理设施

厨房废水经地下室隔油装置处理达标后提升排放；车库地面冲洗废水经沉砂隔油池处理后提升排放。

4. 雨水系统

屋面主要采用虹吸雨水系统，以减少雨水立管的数量，局部小屋面采用重力雨水系统。屋面结合绿化设置明沟、滤水层等排水系统；结合坡向地面的斜屋面，作为超重现期的雨水溢流排放出路。地下室车库入口雨水、景观水池溢流雨水等，由雨水坑收集、潜水泵提升排放。

雨水设计重现期屋面为10年，结合溢流系统不小于50年；室外为2年。中央水景溢流排水按重现期100年计算。

室外地面雨水经绿地下渗，多余的雨水收集至市政雨污合流管网。

屋面雨水收集利用，由管道连接至室外埋地调蓄池，经处理后回用至景观补水、室外绿化浇灌、道路冲洗等。屋面为种植屋面，雨水经植被和土壤过滤后，减少了雨水中的杂质，也相应减少了对雨水后续处理工艺的负荷。雨水处理机房设在地下一层，内设一组提升泵、一套处理设备和一座清水池，室外设置一座弃流井和一座$250m^3$雨水调蓄池。

5. 管材

室内排水管采用聚丙烯静音塑料排水管；重力雨水立管为PVC-U塑料排水管，虹吸雨水管为HDPE管。

（五）景观、绿化系统

1. 中央水景采用仿生循环净化系统、种植水生植被、放养水生动物等措施，形成自然生物链系统，有效保证了水体的净化效果。仿生循环净化系统工艺是一种集成了人工干预措施以及自然净化能力的工艺，主要针对景观河道等水质的特点而开发研制的水处理系统。同时，水景由循环泵加压循环，制造出叠水的效果的同时，使得水的表层和底层有较好的交换，提高了水的溶解氧浓度，也在一定程度上抑制了藻类的繁殖，循环流动也使得水景具有灵性，更显自然。

2. 建筑外墙垂直绿化采用滴灌方式，屋面及室外地面绿化部分采用喷灌、人工浇灌的方式。

二、消防系统

（一）消防供水方式

由市政给水管提供两路 *DN*300 进水管，在基地内连成环管，供室内外消防用水，水压 0.16MPa。

本工程按多层建筑设计，室内消防水灭火系统采用稳高压系统。地下室消防泵房内设置消防泵、喷淋泵组，消火栓稳压泵组、喷淋稳压泵组一组，由消防环管抽水。

室外管网呈环状布置，管径为 *DN*300。沿建筑物四周均匀布置室外消火栓和消防水泵接合器。

（二）消防用水量（表 3）

消防用水量　　表 3

用　途	设计秒流量	火灾延续时间	一次灭火用水量
室外消防系统	30L/s	2h	216m^3
室内消防系统	20L/s	2h	144m^3
自动喷淋系统	129L/s	1h	465m^3
合计	179L/s		825m^3

（三）消火栓系统

室内设置消火栓系统，分为一个压力区。动压超过 0.5MPa 的消火栓采用减压稳压消火栓。

室内消火栓布置保证室内同层任何部位有两支水枪的充实水柱同时到达。消防箱内将同时配置消火栓、水龙带、水枪、消防卷盘、手提式灭火器以及报警按钮。

系统平时由稳压泵稳压，火灾时由压力开关连锁消防主泵启动供水。

消火栓泵组 1 用 1 备（Q=20L/s，H=40m，N=15kW），消火栓稳压泵组 1 用 1 备（Q=5L/s，H=50m，N=5.5kW）。

水泵接合器配置 2 套，结合室外场地布置。

管道采用内外壁热镀锌钢管，卡箍连接。

（四）自动喷水灭火系统

除电器设备用房等不宜用水扑救的场所以及面积小于 5m^2 的卫生间外，均设置自动喷水灭火系统保护，系统按一个压力分区设置，动压超过 0.4MPa 的楼层接入管，设减压孔板减压。

净高超过 8m 展区，按高大净空场所设计，喷水强度 12L/(min·m^2)；中庭部分，喷水强度 6L/(min·m^2)；地下室按中危险Ⅱ级设计，喷水强度 8L/(min·m^2)；其余按中危Ⅰ级设计，喷水强度 6L/(min·m^2)。

喷头均采用快速响应型喷头，公共区域采用吊顶型喷头，无吊顶区域采用直立型喷头。超过 8m 的展区，采用大空间智能灭火装置，中庭区域采用自动扫描射水高空水炮。湿式报警阀组，均设在地下室消防水泵房内。

系统平时由稳压泵稳压，火灾时由压力开关连锁喷淋主泵启动供水。

喷淋泵组 2 用 1 备（Q=70L/s，H=80m，N=110kW），喷淋稳压泵组 1 用 1 备（Q=1L/s，H=

94m，N=3kW）。

水泵接合器配置9套，采用侧墙式。

管道采用内外壁热镀锌钢管，卡箍连接。

（五）气体灭火系统

计算机房、藏品库房等设置七氟丙烷全淹没管网组合分配式气体灭火系统。

设计参数：

库房内，设计浓度10%，设计喷放时间10s，抑制时间10min；

弱电中心及计算机房，设计浓度8%，设计喷放时间8s，抑制时间5min。

联动控制：

自动状态下，系统由防护区内的火灾探测器发出信号，经控制器确认后，报警器即发出声光报警信号，同时发出联动指令，关闭联动设备，经过约30s延迟时间（此时防护区内人员必须全部撤离），发出灭火指令，电磁启动器动作打开启动瓶组，释放启动气体，通过启动管路打开相应的选择阀和灭火剂瓶组，释放灭火剂实施灭火。防护区入口的放气指示灯启动，任何人员不得进入防护区。

系统同时具有电气手动控制、机械应急启动方式。

（六）水喷雾系统

柴油发电机房、日用油箱间等设置水喷雾系统。

设计参数：

喷雾强度：20L/(min·m^2)，持续时间0.5h。

联动控制：

自动状态下，系统由防护区内的火灾探测器发出信号，经控制器确认后，报警器即发出联动指令，打开电磁阀，雨淋阀动作，压力开关联动启动喷淋泵喷水。

系统同时具有手动控制、应急机械启动方式。

（七）灭火器设置

灭火器按严重危险级设计；一般为A类火灾，电气设备用房为E类火灾，均配置手提式磷酸铵盐干粉灭火器；地下一层变电所内配置推车式磷酸铵盐干粉灭火器。

三、工程特点及设计体会

（一）室外空间紧凑，需要考虑室外场地布置、与周边已有建筑的协调、交通、管线综合布置等

为匹配周边的环境，控制地上建筑高度，因此本建筑地下空间较大，使得红线至地下室外墙的空间相当有限，而室外管线包括有给水管、排水管、雨水管等。为此，与建筑、结构专业协商沿建筑外墙结合设备走廊设置一条管沟，用于排水管道、排水井、部分消防管道的铺设，排水井采用塑料井，底部支座、井筒固定、井盖设置等均一并考虑。管沟可进人施工检修，并设计有检修口、预留排水措施；同时，室外市政消防管道也设在室内，环形布置，配置必要的检修阀，并涂色以区别室内消防管；雨水管则仍旧设在室外。

（二）室内空间错落、各展厅要求不同、防火分区的划分及分隔，需要采取有针对性的消防系统

针对本项目展厅的消防设计，需要有两个方面的考虑：一是不同空间大小对应的消防措施的选择，二是不同展区内的展品种类的不同，对消防参数的设置也不同。针对不同空间，主要采用普通闭式喷淋系统、大空间智能型主动喷水灭火系统等进行匹配，并结合展厅的吊顶形式布置喷头及装置。而对于展厅展品的种类、性质、设置间距等，则随着项目的推进，与展陈方进行多次的沟通后才确定，并据此对消防系统的设置进行复核，包括系统形式、喷水强度等关键因素。按照以上两个因素，对不同展区逐一复核，确定设计参数，并在设计图纸上标明。

（三）中央景观涉及跌水、生态水池、假山、绿化、人行步道等，需要在设计中实现其生态、绿色的特点及功能

中央景观是博物馆的一大亮点，涉及跌水、生态水池、假山、绿化、人行步道等。其中水景的循环和处理、水池溢流安全措施是需要重点考虑的内容。

中央水景采用仿生循环净化系统，包括仿生过滤设施、种植水生植被、放养水生动物等措施，形成自然生物链系统，有效保证了水体的净化效果。该系统是一项综合性的景观水处理技术，它既可以单独用作景观水体的处理，又可以结合生态法处理，达到净化和维持水质的目的。同时，水景另外由独立循环泵加压循环，制造出叠水效果的同时，使得水的表层和底层有较好的交换，提高了水的溶解氧浓度，同时也在一定程度上抑制了藻类的繁殖，循环流动也使得水景具有灵性，更显自然。

由于水池在地下，水池旁即是地下展区的中庭幕墙，所以需要加强对水池的溢流安全措施。根据水池大小，设置两个溢流集水坑及潜水泵，由液位控制多台泵依次启动，到达低液位时同时关泵。水池边设置溢流沟，引导溢流水进入集水坑。

（四）博物馆有地铁轨交线穿越，涉及地下空间、减隔震措施、地铁出入口与建筑的连接

由于有地铁13号线从自然博物馆下穿越，除涉及地下空间的配合、振动噪声的控制，还有施工周期的配合。在了解到地铁的地下空间及限制条件后，水专业主要考虑集水坑的设置不在地铁上方，加强水池的底板防水、控制水池的深度等措施避免有水渗漏的可能。

（五）基于绿建节能要求，采取针对建筑特点的措施，并智能实时监控，达到运行优化、集中管理、节能的目的，并为运行提供必要的手段

1. 屋面雨水回收利用，作为景观补水、道路和绿化的浇洒、部分卫生间的冲厕用水。

2. 职工淋浴采用空调余热、二层卫生间洗手盆采用太阳能提供热水。

3. 室外绿化采用滴灌、喷灌等形式。

4. 采用节水型洁具。

5. 市政压力供水区域以外的楼层，采用变频供水。

6. 景观水体采用循环处理的方式循环利用。

7. 室外雨水通过绿化、透水路面下渗，补充地下水。

8. 能耗监控：自然博物馆将各监测系统纳入统一的管理平台，在统一的人机界面环境下实现信息、资源和任务共享，完成集中与分布相结合的监视、控制和综合管理功能；同时通过集中显示终端向游客展示部分监控内容，宣扬节能环保、以人为本的理念。

集控管理平台包括以下几项内容：

1）能源分项计量管理平台：通过各种计量表、计量设备，量化节能技术的实际效果、进行系统性能耗诊断、不断优化运行管理策略。

2）智能照明系统监控平台、智能遮阳系统监控平台：可实现照明、采光的一体化设计，提高管理水准以减少不必要的照明能耗、降低用户运行费用。智能遮阳系统还可达到建筑围护结构的综合热工性能与室内采光综合平衡。

3）舒适环境营造监控平台：根据参观人数、室外气候状况等对空调系统进行动态控制。

以上各系统将纳入统一的管理平台，进行综合管理、有效运营，并将其向公众展示，宣传可持续发展的理念。

（六）项目设计总结

工程建设计规模、展品存量、展示手段，均名列国内各大自然博物馆前列，每年预计有超过120万人次的参观者造访。

设计从自然的基本元素中提炼出景观和建筑材料语汇，使建筑的外观形式和景观配置都反映出自然博物馆的展览主题和特色，使博物馆成为教育的载体，同时还形成了城市中结合展览、教育、社交和自然体验为一体的新型公共活动场所，更致力于在自身场馆建设上集成与博物馆建筑特点相适应的生态节能技术，成为人与自然和谐相处的典范，成为绿色、生态、节能、智能建筑的典范。

项目绿色生态技术运用的目标是国家绿色三星奖，达到国家可再生能源利用率65%以上高标准节能建筑示范项目。通过以下十二个生态节能技术体系实现上述目标：

系统一：建筑节能幕墙

系统二：绿化隔热外墙及绿化屋面一体化

系统三：地源热泵技术

系统四：热回收技术

系统五：太阳能综合利用

系统六：自然通风策略

系统七：自然光导光技术

系统八：雨水回收系统

系统九：绿色照明

系统十：绿色建材

系统十一：生态节能集控管理平台

系统十二：全寿命研究平台

上海自然博物馆从总体布局、建筑形态，到内部空间，无一不渗透着自然的灵感，建成后将成为一座国内领先的现代化综合性自然博物馆，并以其对可持续设计概念的贯彻成为绿色建筑的典范。

四、工程照片及附图

总体鸟瞰

主入口

下沉庭院鸟瞰

室内布展

室内布展

室内中庭

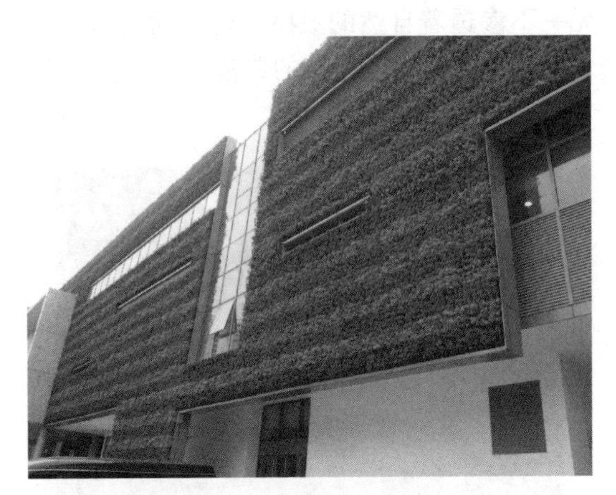

绿化墙

中庭

景观水处理机房

雨水处理机房

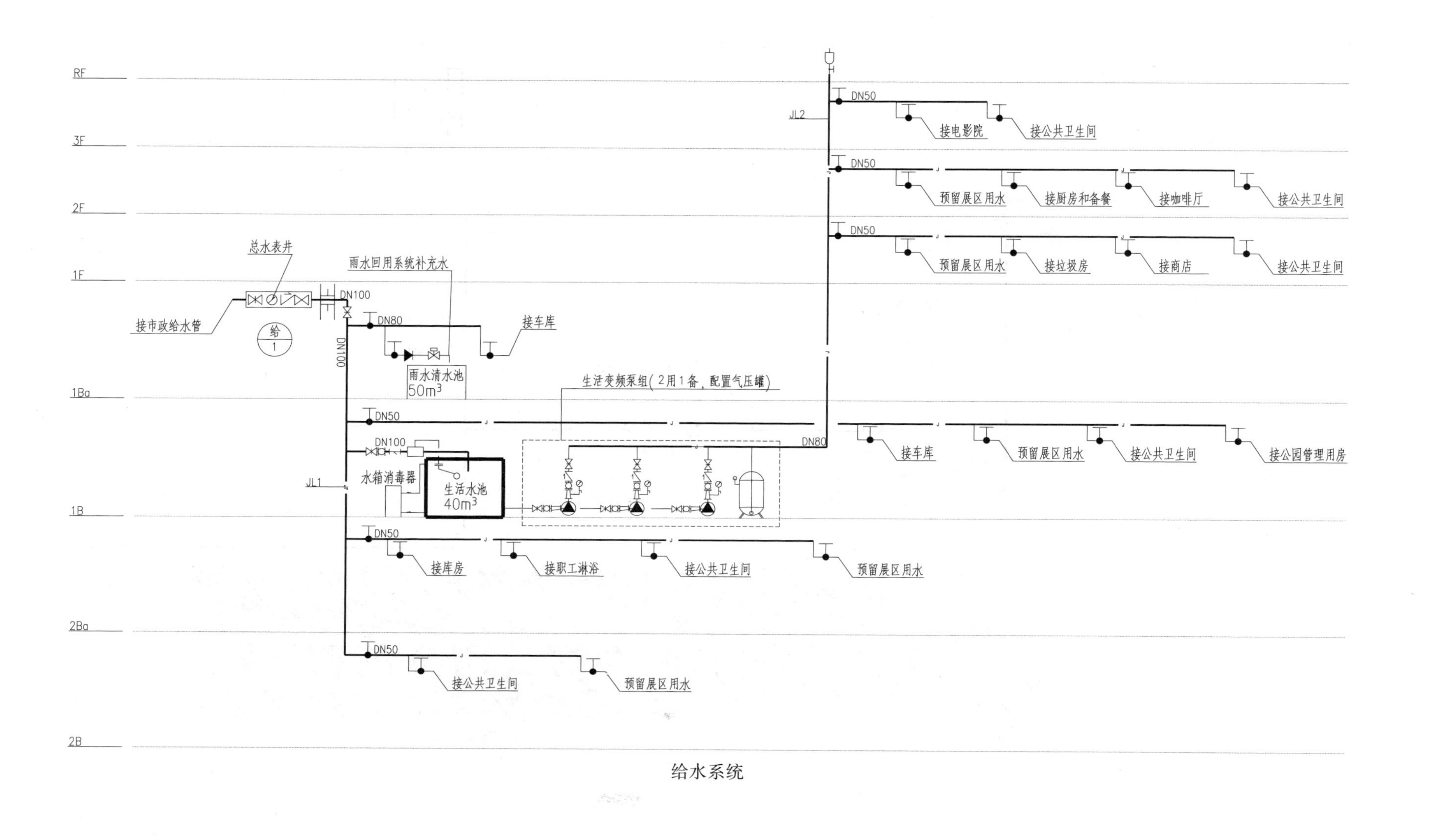
RF
3F
2F
1F
1Ba
1B
2Ba
2B
JL2
DN50
接电影院
接公共卫生间
预留展区用水
接厨房和备餐
接咖啡厅
接垃圾房
接商店
总水表井
雨水回用系统补充水
DN100
接市政给水管
给
1
DN80
接车库
雨水清水池
50m3
生活变频泵组（2用1备，配置气压罐）
DN80
接公园管理用房
水箱消毒器
JL1
生活水池
40m3
接库房
接职工淋浴

给水系统

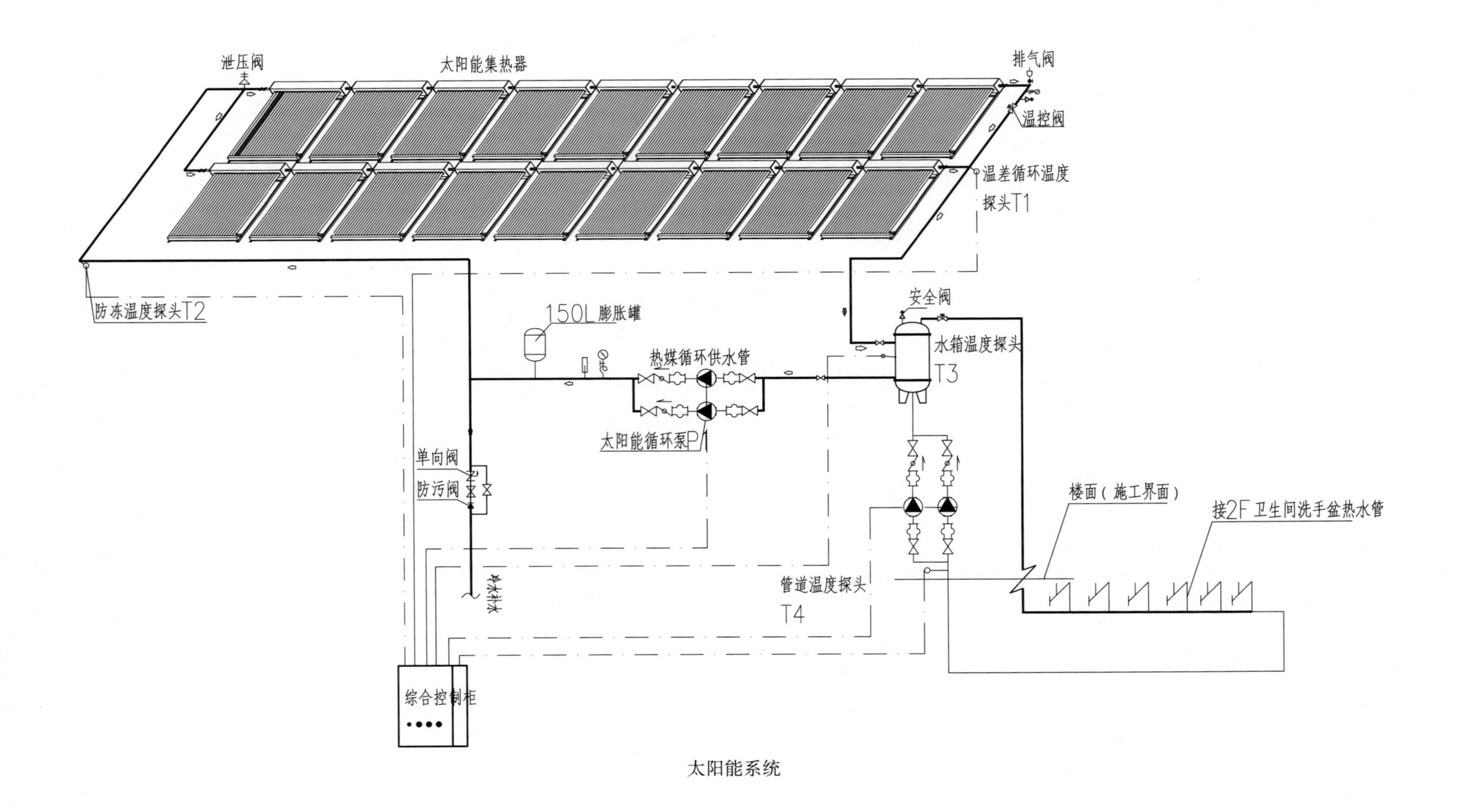

泄压阀
太阳能集热器
排气阀
温控阀
温差循环温度
探头T1
防冻温度探头T2
安全阀
150L膨胀罐
热媒循环供水管
水箱温度探头
T3
太阳能循环泵P1
单向阀
防污阀
楼面（施工界面）
接2F卫生间洗手盆热水管
冷水补水
管道温度探头
T4
综合控制柜

太阳能系统

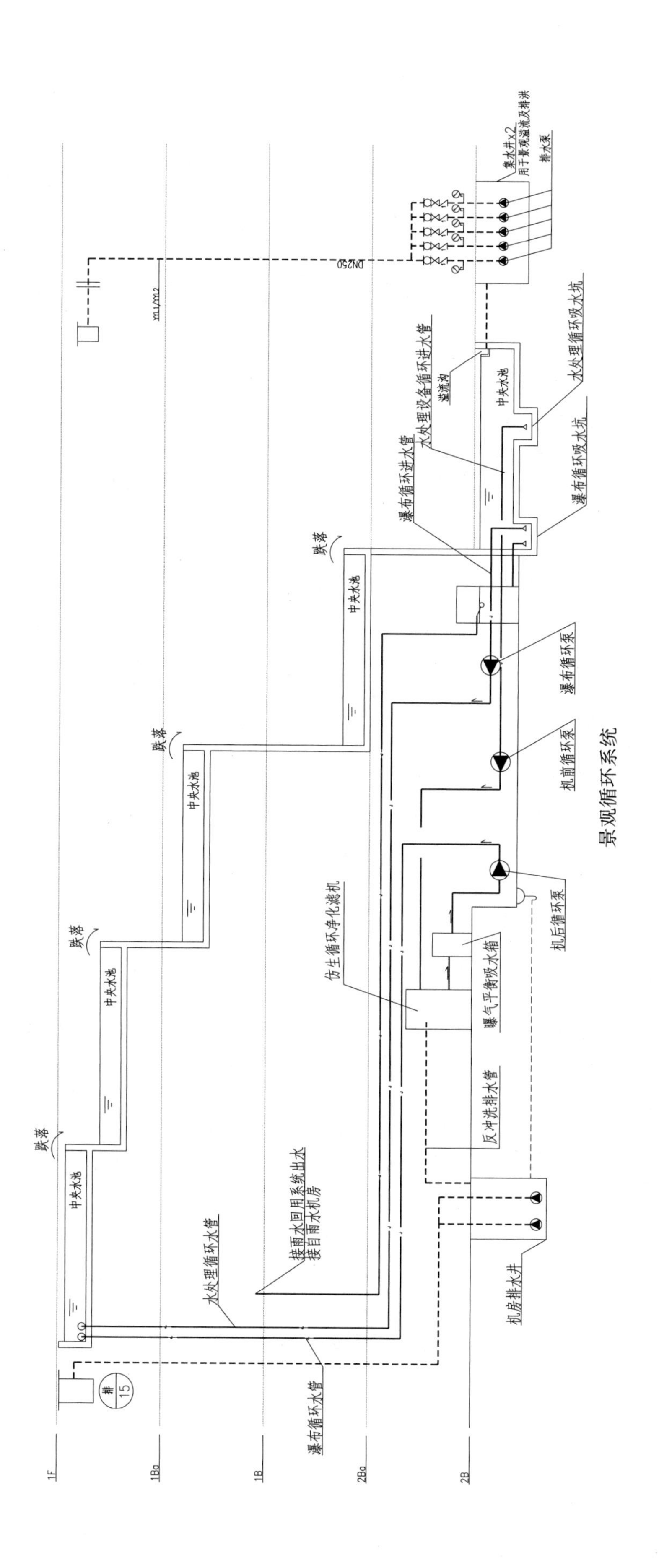
1F
1Ba
1B
2Ba
2B
中央水池
跌落
水处理循环水管
接雨水回用系统出水
接自雨水机房
瀑布循环水管
仿生循环净化滤机
曝气平衡吸水箱
反冲洗排水管
机房排水井
机后循环泵
机前循环泵
瀑布循环泵
瀑布循环进水管
水处理设备循环进水管
溢流沟
瀑布循环吸水坑
水处理循环吸水坑
集水井x2
用于景观溢流及排洪
排水泵
DN250
排
15

景观循环系统

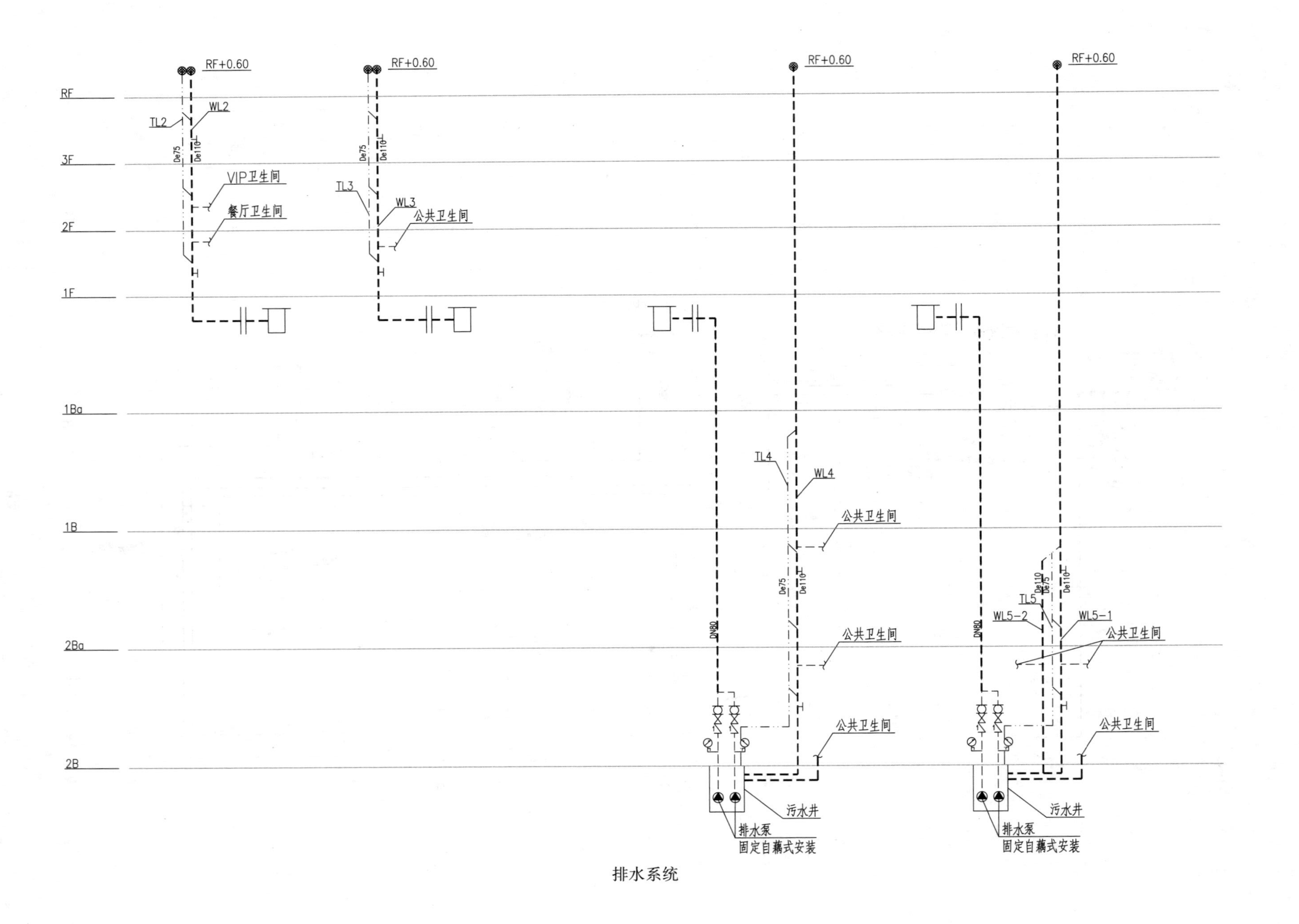
RF+0.60
RF
3F
2F
1F
1Ba
1B
2Ba
2B
TL2
WL2
De75
De110
VIP卫生间
餐厅卫生间
TL3
WL3
公共卫生间
TL4
WL4
DN80
TL5
WL5-2
WL5-1
污水井
排水泵
固定自耦式安装

排水系统

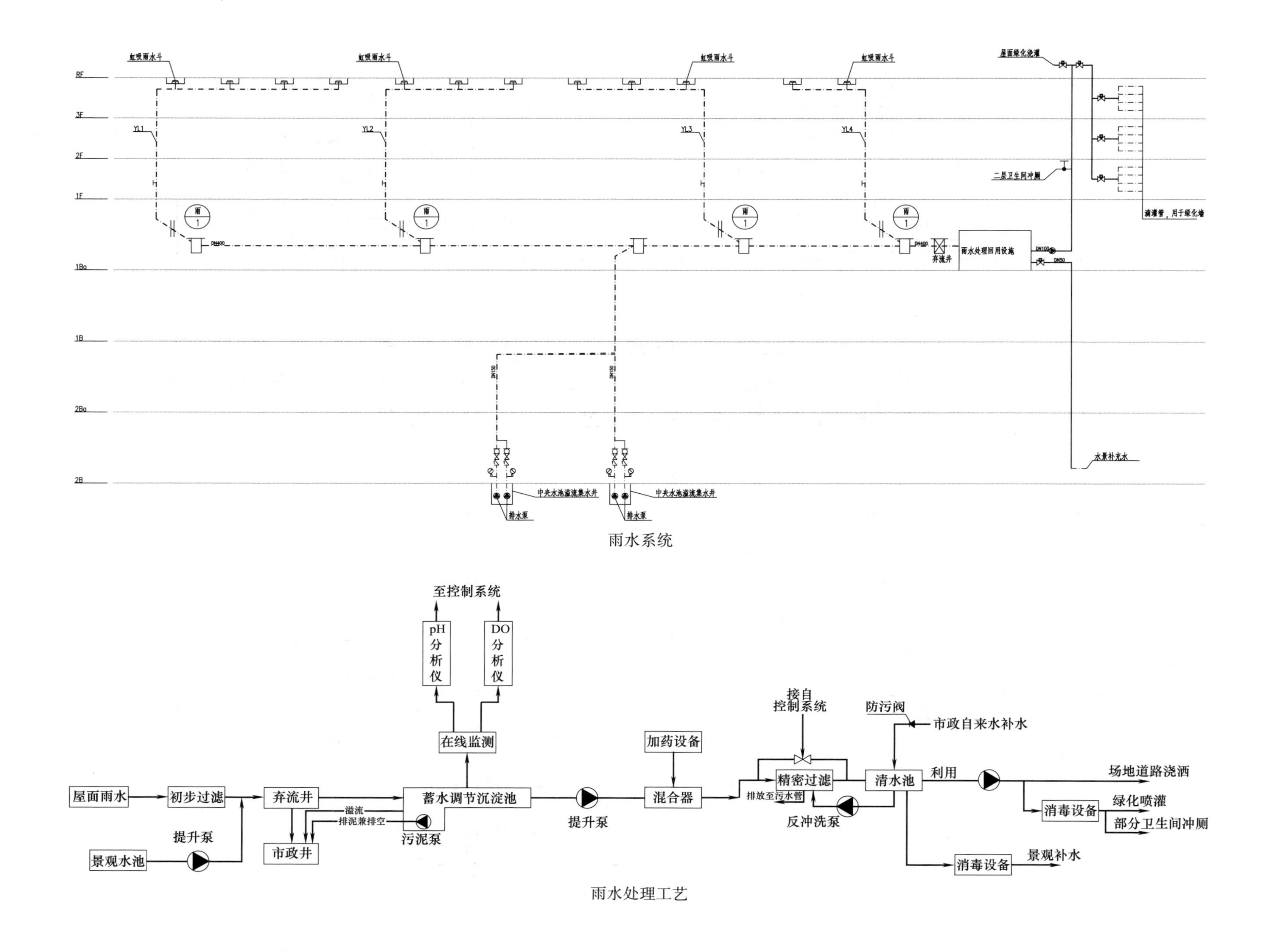
RF
3F
2F
1F
1Ba
1B
2Ba
2B
虹吸雨水斗
YL1
YL2
YL3
YL4
DN400
弃流井
雨水处理回用设施
DN100
DN50
屋面绿化浇灌
二层卫生间冲厕
滴灌管，用于绿化墙
水景补充水
中央水池溢流集水井
排水泵
屋面雨水
初步过滤
景观水池
提升泵
弃流井
市政井
溢流
排泥兼排空
蓄水调节沉淀池
污泥泵
在线监测
pH分析仪
DO分析仪
至控制系统
提升泵
加药设备
混合器
接自控制系统
精密过滤
排放至污水管
反冲洗泵
防污阀
市政自来水补水
清水池
利用
场地道路浇洒
消毒设备
绿化喷灌
部分卫生间冲厕
消毒设备
景观补水
雨水系统

雨水处理工艺

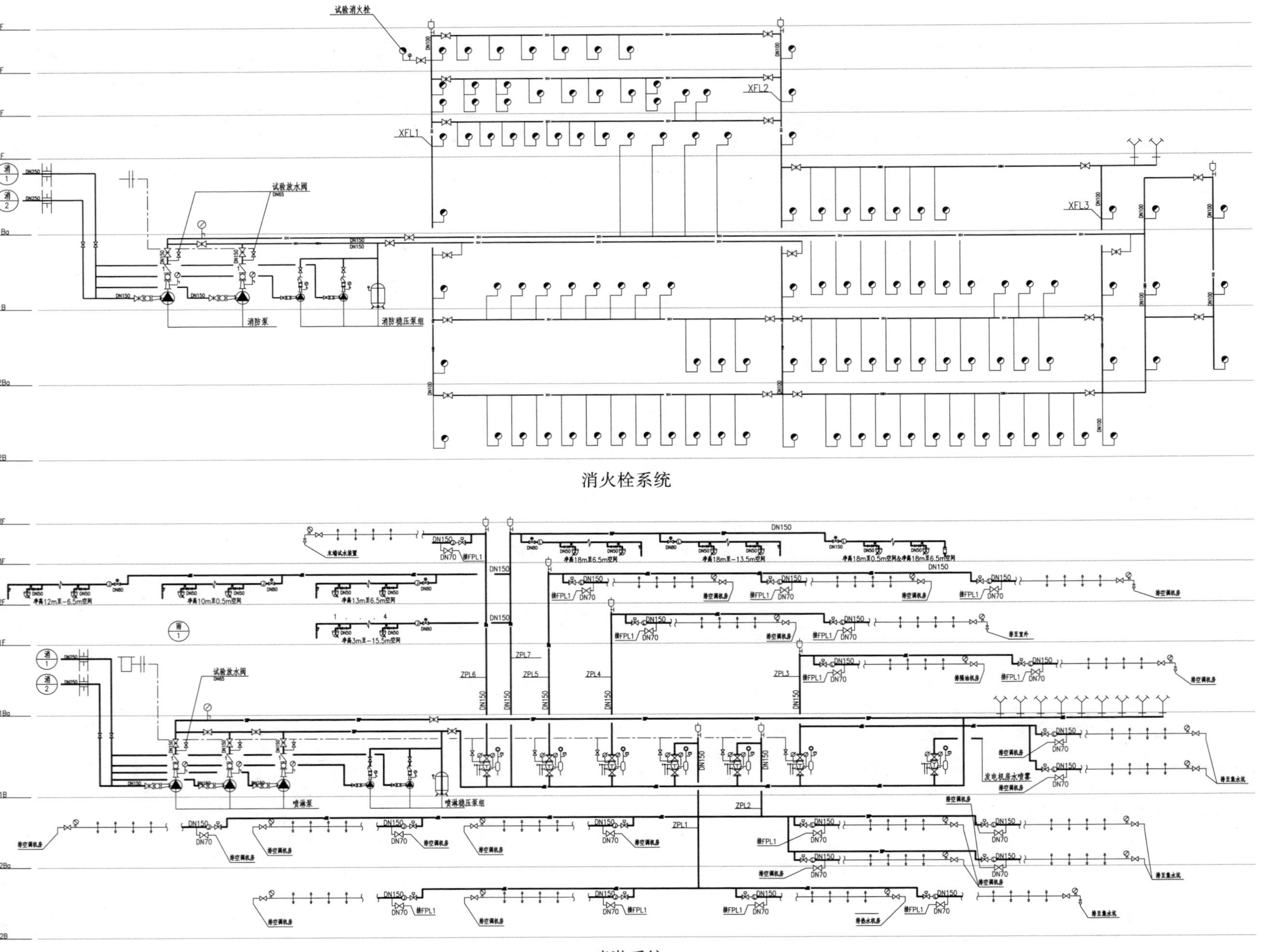
试验消火栓
RF
3F
2F
1F
1Ba
1B
2Ba
2B
XFL1
XFL2
XFL3
试验放水阀
消防泵
消防稳压泵组
DN150
DN100
DN250
试验放水阀
喷淋泵
喷淋稳压泵组
发电机房水喷雾
ZPL1
ZPL2
ZPL3
ZPL4
ZPL5
ZPL6
ZPL7
DN70
接FPL1

消火栓系统

喷淋系统

南京牛首山文化旅游区一期工程——佛顶宫、佛顶寺

设计单位：华东建筑设计研究院有限公司华东建筑设计研究总院
设 计 人：徐扬　李鸿奎　陈钢　王利　陶俊　许培　陈欣晔　徐霄月
获奖情况：公共建筑类　一等奖

工程概况：

项目位于江苏省南京市江宁区西南侧的牛首祖堂风景区的牛首山核心区域，其建设完成后将成为佛教释迦牟尼顶骨舍利（世界仅存唯一）日常供奉地，同时兼具文化、旅游、商业、宗教等多重功能及属性。建设用地面积 59215m^2，总建筑面积 121708m^2，包括地上 4 层，地下 6 层。地上建筑面积 25137m^2，地下建筑面积 96571m^2，绿化率 31.5%，建筑密度 20.2%，容积率 0.49，总建筑高度：45.50m。

地下：地下一层主要是餐饮厨房、机电设备机房；地下二夹层：网络机房、餐饮等；地下二层：消防水池及消防水泵房等设备机房、会议办公区等；地下三夹层：展厅、设备机房等；地下三层：舍利展示大空间、展厅等；地下四层：佛骨舍利藏馆及配套区域；地下车库：环形车道从上到下（地下一层～地下四层）车道两侧为停车位停车位约 160 辆，车道为半敞开式。

地上：地上部分主要是卧佛展示空间；一层：佛顶宫主入口，中间是展示卧佛的大空间（一～四层）；一夹层：观礼区及商业；二层：观礼区、商业、公共卫生间；三层：主要是商业（含简餐）、公共卫生间等；四层：设备机房层，包括暖通机房、生活水泵房。

工程说明：

一、给水排水系统

（一）给水系统

1. 冷水用水量：最高日：913m^3/d；最大时：118.25m^3/h（表 1）

冷水用水量　　**表 1**

序号	用水名称	人次、面积（m^2）	用水量标准（L/（人・d））	用水量		备注
				最高日（m^3/d）	最大时（m^3/h）	
1	中餐	5950 人次	60	357.00	53.55	T=10，K=1.5
2	快餐、职工食堂	1970 人次	25	50	6.25	T=12，K=1.5
3	展览	9358m^2	6	25.00	4.70	T=8，K=1.5
4	商业	7053m^2	8	56.42	7.05	T=12，K=1.5
5	办公	397 人次	50	20.00	3.00	T=10，K=1.5
6	员工	200	100	20.00	2.50	T=12，K=1.0

续表

序号	用水名称	人次、面积(m^2)	用水量标准(L/(人·d))	用水量		备注
				最高日(m^3/d)	最大时(m^3/h)	
7	冷却塔补充水		1.5%冷却水循环量	240.00	24.00	$T=10,K=1.0$
8	绿化(整个区域)	18652	2	37.30	7.50	$T=8,K=1.0$
9	景观用水	4795m^2	5.8mm	14.5	1.82	$T=8,K=1.0$
10	车库冲洗水	3000m^2	3L/(m^2·次)	9.00	1.13	$T=8,K=1.0$
	小计			830	107.5	
11	未预见水量		10%小计	83	10.75	
12	合计			913	118.25	

2. 水源

景区市政自来水公司管网供水，供水压力0.15MPa。

3. 系统竖向分区见表2。

系统竖向分区 表2

序号	区域层数	供水方式	系统最不利处 P 静水压(MPa)	系统供水压力 P(MPa)
1	地下一层～地下三夹层	市政自来水直接供水	0.15	0.45
2	地下二层～地上三层	变频给水组(减压阀分区)	0.20	0.45

4. 供水方式及给水加压设备

由景区市政自来水公司管网直接供水地下室地下一层生活用水池，供水方式为地下一层～地下三夹层市政自来水直接供水，地下三夹层以上层及地上部分均由变频压给水泵组供水。供水区域静水压力 $0.15\text{MPa} \leqslant P \leqslant 0.45\text{MPa}$，供水水压大于0.20MPa，采用设置减压阀方式减压。

5. 管材

室内部分

1) 生活冷、热水给水管采用薄壁不锈钢管，环压连接。

2) 冷却循环水管道采用螺旋焊接钢管，焊接阀门等活节处法兰连接。

室外部分

给水管、消防给水管：管径大于或等于 DN100 采用球墨铸铁给水管。

(二) 热水系统

1. 热水用水量：最高日：168.45m^3/d；最大时：25.35m^3/h（表3）

热水用水量 表3

建筑类型	60℃水用水定额(L/人次)	用水单数(人次)	最高日(m^3/d)	最大时(m^3/h)
中餐	25	5950	149.00	22.35
快餐、职工食堂	10	1970	19.70	3.00
合计			168.45	25.35

2. 热源

餐饮热水供应系统为集中热水供应系统，热媒采用太阳能＋热水锅炉，其余部分卫生间为局部热水供应系统，采用容积式电热水器供应热水。

3. 系统竖向分区：同冷水系统

4. 太阳能热水供水系统

由太阳能集热器、集热水罐、热媒循环泵、热水罐、热水循环泵及管道等组成，热水锅炉作为辅助热源设施供应职工餐厅热水，采用强制循环间接加热系统。

5. 冷、热压力平衡措施、热水温度的保证措施

冷、热水采用同源，热水、热回水管道设置为同程，为解决高低区压力差问题，设置温感控制阀，在回水温度不满足要求时，启开阀门；热水循环泵定时循环。

6. 管材

热水给水管、热回水管采用薄壁不锈钢管，环压连接。

(三) 排水系统

1. 排水系统形式及通气管设置方式

室内污、废合流，公共卫生间排水设排水主立管、支管，主通气立管和环形通气管。地上及地下三层以上重力排至室外污水管，地下四层压力排水排至室外污水管。

2. 采用的局部污、废水处理设施

在餐饮厨房区域排水就近排水下一层隔油装置机房，经新鲜油脂分离器隔油后重力排至地下三层室外污水管，室外污、废水管均通过项目垂直竖井排至下游区域污水处理站。

3. 管材

室内部分：排水管采用机制排水铸铁管，法兰连接；雨水管均采用 HDPE 塑料排水管及配件，卡箍连接。

4. 室外部分：HDPE 双壁缠绕塑料排水管，弹性密封圈承插连接；排水窨井：塑料排水检查井。

二、消防系统

(一) 消火栓系统

1. 消防用水量

室外消火栓消防用水量 30L/s，火灾延续时间 4h；室内消火栓消防用水量 40L/s，火灾延续时间 4h。

2. 消防水源

消防水市政自来水管道供至消防水池，消防水泵汲取消防水池内水源供至消防供水系统；室内、外消火栓系统、自动喷淋系统稳压装置设置在佛顶塔屋顶消防泵房内（两栋建筑物最高处）。消防水池有效容积：$1442m^3$，设置在地下一层消防泵房内；屋顶高位消防水箱：佛顶塔八层夹层消防水箱间内，有效容积：$18m^3$。

3. 系统分区及供水方式

本工程（包括佛顶宫、佛顶塔）室内、外消火栓均采用临时高压系统，为一个消防供水系统，室内、外消火栓水泵、消防稳压装置均设置在佛顶宫地下一层消防水泵内，室内消火栓消防稳压装置设置佛顶塔八层处。消火栓给水系统分区：分设高、低两个区。低区：佛顶宫地上部分、地下部分及佛顶塔基座层、一层（由低区减压阀减压分别供给）高区：佛顶塔二～九层。

4. 消火栓水泵等（参数）

室外消火栓系统水泵：Q=30L/s，H=45m，N=30kW（1 备 1 用）；

室外消火栓稳压装置（泵）：Q=5L/s，H=60m，N=5.5kW（1 备 1 用）、稳压罐有效容积 450L；

室内消火栓系统：Q=40L/s，H=110m，N=75kW（1 备 1 用）。

室内消火栓稳压装置（泵）：Q=5L/s，H=41m，N=4kW（1 备 1 用）、稳压罐有效容积 450L；

5. 水泵接合器

佛顶宫共 5 组：室内消火栓系统 DN150，P=1.6MPa，3 套，设置在西广场北侧。

6. 管材：消防给水管：管径大于或等于 $DN100$ 采用热浸镀锌钢管，机械沟槽式接口；管径小于 $DN100$ 采用热浸镀锌钢管，丝扣接口。

（二）自动喷水灭火系统

1. 用水量

自动喷水灭火系统的用水量 35L/s，火灾延续时间 1h。

喷水强度：

1）危险等级：非仓储类高大净空场所（佛顶宫地下二夹层）/其余部分（中危险Ⅰ级）；

设计喷水强度：6L/(min·m^2)，作用面积：260/160m^2，喷头工作压力：0.10MPa。

2）危险等级：汽车库、商场等（中危险Ⅱ级）

设计喷水强度：8L/(min·m^2)，作用面积：160m^2，喷头工作压力：0.10MPa，设计系统用水量 Q=35L/s。

2. 消防水源

同消火栓系统。

3. 系统分区及供水方式

本工程（包括佛顶宫、佛顶塔）自动喷水灭火系统采用临时高压系统，为一个消防供水系统，自动喷水灭火系统水泵设置在佛顶宫地下一层消防水泵内，消防稳压装置设置佛顶塔八层处，一个供水分区。部分室外停车库，设置预作用系统外，其余部分均为湿式系统。消防泵加压供水至自动喷水灭火系统供水环网接入分设各区域附近湿时报警阀间、预作用阀间的湿时报警阀或预作用阀供水管道。

4. 消防泵等参数

1）自动喷水灭火系统水泵：Q=0～35L/s，H=122m，N=90kW（1 备 1 用）

消防稳压装置：Q=1L/s，H=35m，N=1.1kW（1 备 1 用）、稳压罐有效容积 150L；

2）闭式喷头：除地下车库采用易熔合金闭式喷头外，其余部分均采用玻璃泡闭式喷头，所有喷头均为 K=80，快速响应喷头，不得采用隐蔽型吊顶喷头。地下汽车库及无吊顶设备用房采用直立型喷头，厨房部位采用上下喷式喷头或直立型喷头。

温级：喷头动作温度除厨房、热交换机房等部位采用 93℃级、小穹顶钢架保护喷头采用 141℃级外，其余均为 68℃级（玻璃球）或 72℃级（易熔合金）。

3）湿式报警阀组：$DN150$，P=1.0MPa，18 套；预作用报警阀组 $DN150$，P=1.0MPa，10 套。

5. 水泵接合器

自动喷淋系统 $DN150$，P=1.6MPa，2 组，设置在西广场北侧。

6. 管材

同室内消火栓系统。

（三）水喷雾灭火系统

锅炉房、柴油发电机房采用水喷雾灭火系统，就近设置雨淋阀站，由自动喷水灭火系统管网供水至雨淋阀站。喷雾强度采用 20L/(min·m^2)，持续喷雾时间为 0.5h，系统设计用水量 27L/s，水雾喷头工作压力大于等于 0.35 MPa。系统与自动喷水灭火系统合用消防水泵。系统控制方式：采用自动控制、手动控制和应急机械启动。

（四）气体灭火系统

地下一层变电所、地下二层网络机房、有线电视机房、无线覆盖机房、营运机房等均设置 IG-541 气体灭火系统。IG-541 气体灭火系统灭火设计浓度为 37.5%，当 IG-541 混合气体灭火剂喷放至设计用量的 95% 时，其喷放时间不应大于 60s，且不应小于 48s。灭火浸渍时间为 10min。系统控制方式：采用自动控制、手动控制和应急机械启动。

（五）消防炮灭火系统

1. 系统设置：本工程一层“禅境大观”为长度为112m、宽62m、高42m的特高大空间，设置自动消防炮灭火系统。消防专家论证会要求：固定消防水炮灭火系统在满足两门灭火的同时，加设两门喷雾冷却禅境大观空间。采用双波段光截面报警、影像监控及水炮红外定位技术的控制方法，来满足上述要求。

2. 设计流量及供水加压设施：80L/s，自动消防炮自带雾柱转化功能，单台流量：20L/s，工作压力：0.8MPa，射程50m，四门消防炮同时运行，全面积保护，独立消防系统供水。自动消防炮加压水泵设置在地下三层消防水泵房内两台（4用1备）Q=0～80L/s，H=130m，N=90kW/台。并设局部增压设备一套（包括稳压泵两台），1用1备，Q=5L/s，H=158m，N=15kW/台；隔膜式气压罐一只，有效容积600L。

（六）大空间智能型主动喷水灭火系统

系统设置：本工程地下五层至地下一层净高大于12.00m的大空间内，设置大空间智能型主动喷水灭火系统。单台流量：5L/s，工作压力：0.6MPa，射程20m，全面积保护，两行布置，同时开启水炮个数4个，设计流量20L/s，独立消防系统供水。大空间智能型主动喷水灭火系统水炮加压水泵两台（1用1备）Q=0～20L/s，H=105m，N=37kW/台，设置在地下三层消防水泵房内，采用高位消防水箱（佛顶塔）稳压，系统设置两组水泵接合器于西广场北侧。系统采用自动启动、控制室手动控制、现场控制三种方式。

三、工程特点及设计体会

（一）场地雨水排水

设计中对山地建筑的雨水排水策略及措施提出了建设性建议、具体的实施方法，对山地建筑中排洪沟、室外场地雨水排水重现期取值（包括相关规范、世界发达国家取值对比）、各种计算公式的选用以及管段计算方法进行了对比、剖析及探讨，充分证实在该项目中室外雨水排水设计和计算方法更优化、可靠及安全。

佛顶宫建筑在原有矿坑及山坳之中，周围山体高程250～140m，而建筑物在高程165～129m。由于广场挑空部分及建筑物东南侧与山体之间形成较大面积下沉空间，形成雨水汇水面积较大、自然排水条件较差等诸多不利因素，为确保主体的安全性、地下四层舍利藏宫释迦牟尼佛顶骨舍利万无一失，防洪、雨水排涝成为设计的重中之重。相关部分进行数次专家论证会，防洪设计标准也由原来的50年一遇调整为百年一遇，除考虑在不同标高设置排洪沟、雨水沟及利用原矿坑通道加设大口径排水外，同时，增加了全流量雨水排水泵站排出建筑物底部。

1. 标高165m以上雨水汇水面积考虑设置防洪沟排放雨水（由当地水利设计院负责设计），标高165m以下，建筑红线以内汇水面积由笔者单位负责设计。考虑本工程重要性，雨水量计算按南京市暴雨强度公式：屋面、汽车坡道入口、露天挑空部分设计降雨重现期采用100年，室外场地设计降雨重现期采用5年。室外广场（165m）设置雨水沟，雨水沿雨水沟汇集到集水槽，然后再经过两根DN900管子排至地下三层管道竖井。

2. 地下五层室外平地（128.4m）沿山体起坡线设置排水沟并设置有雨水蓄水池，雨水蓄水池里水通过重力排水管（两根DN700）接至管道竖井排入下游水库，同时还设置雨水泵站，在遇到几百年一遇的洪水时，可辅助雨水的排水，泵站通过提升雨水排至一层山体排洪沟系统，设计降雨重现期采用100年。

（二）禅境大观大空间消防系统设计

设计中对突破现行消防设计规范的“禅境大观”超大空间，利用空间“火灾场景”进行数据分析，从火灾控制机理角度，对失势的蔓延灾情的控制起到至关重要的作用的热释放速率，表征火灾增长快慢的程度的重要参数（有否设置水灭火设施等），进行的罗列、对比，更深层次的论证设置水灭火系统（消防炮）重要性、必然性。同样，小穹顶的防火、灭火措施的讨论及对各类水灭火系统对比、分析和最终依托《防火设计专项分析研究报告》中火灾场景分析方法，得出结论，并加以实施。

禅境大观位于佛顶宫一层，一层和二层回廊建筑面积为9160m^2，大大突破了防火分区4000m^{2}限定，建筑体量为105m（长）、62m（宽）、净高42m超大空间，且具有演出功能，火灾负荷较大，人员密集。经过江苏省消防部门组织的专家论证会，考虑本工程特殊性、重要性、安全性及偏离市区的因素，要求采取加强措施，固定消防水炮灭火系统在满足两门灭火同时，加设两门喷雾冷却禅境大观（小穹顶）空间。消防水池储存取同时使用水灭火设施最大值。在设计中，除满足专家意见外，消防水炮的布置需要充分考虑中央为荷花升降台莲花叶瓣升降遮挡因素，为消除整个保护区域的盲区，达到自动消防炮对建筑安全技术的要求，对消防水炮喷水灭火过程射流试验轨迹水力曲线图进行细致化分析，并同时满足两股水柱达到任何点的规范要求，水炮布置在弧形高空的 32m（离地）处，采用双波段光截面报警、影像监控及水炮红外定位技术，来满足上述要求。由于装修上的要求，水炮采用升降式（采取得相关消防部门认可的产品），以满足整个禅境大观效果的美轮美奂。

（三）雨水作为冷却水补充水设计

由于需要满足“绿色三星”评价加分项要求，加之其余用水量不能满足非传统水利用率 20％的要求，考虑冷却水补充水也采用雨水回用系统，对雨水回用水质，采取以下技术措施：

1. 雨水回用仅收集小穹顶的屋面雨水；

2. 在水处理工艺中除雨水调蓄池设置沉淀仓、设置机械过滤器、加絮凝剂、消毒外，增设活性炭、精密过滤器；

3. 设置水质在线监测与控制。

（四）室外排水管设置排水管沟

由于地下四层施工时开挖达 7～8m 深，导致回填土无法夯实至地下四层及整个建筑物与室外地坪产生不均匀沉降而引起排水出户管的断裂，无法正常使用，结构专业设置了排水管沟，敷设室外排水及检查井，同时管沟设置检查口与通风井，避免及克服了排水出户管沉降问题及日后的维护、便于清通及检修。

四、工程照片及附图

南京牛首山大鸟瞰

舍利藏宫

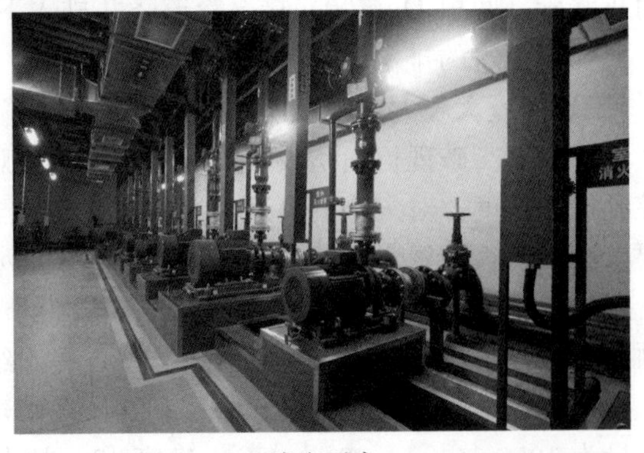

消防泵房

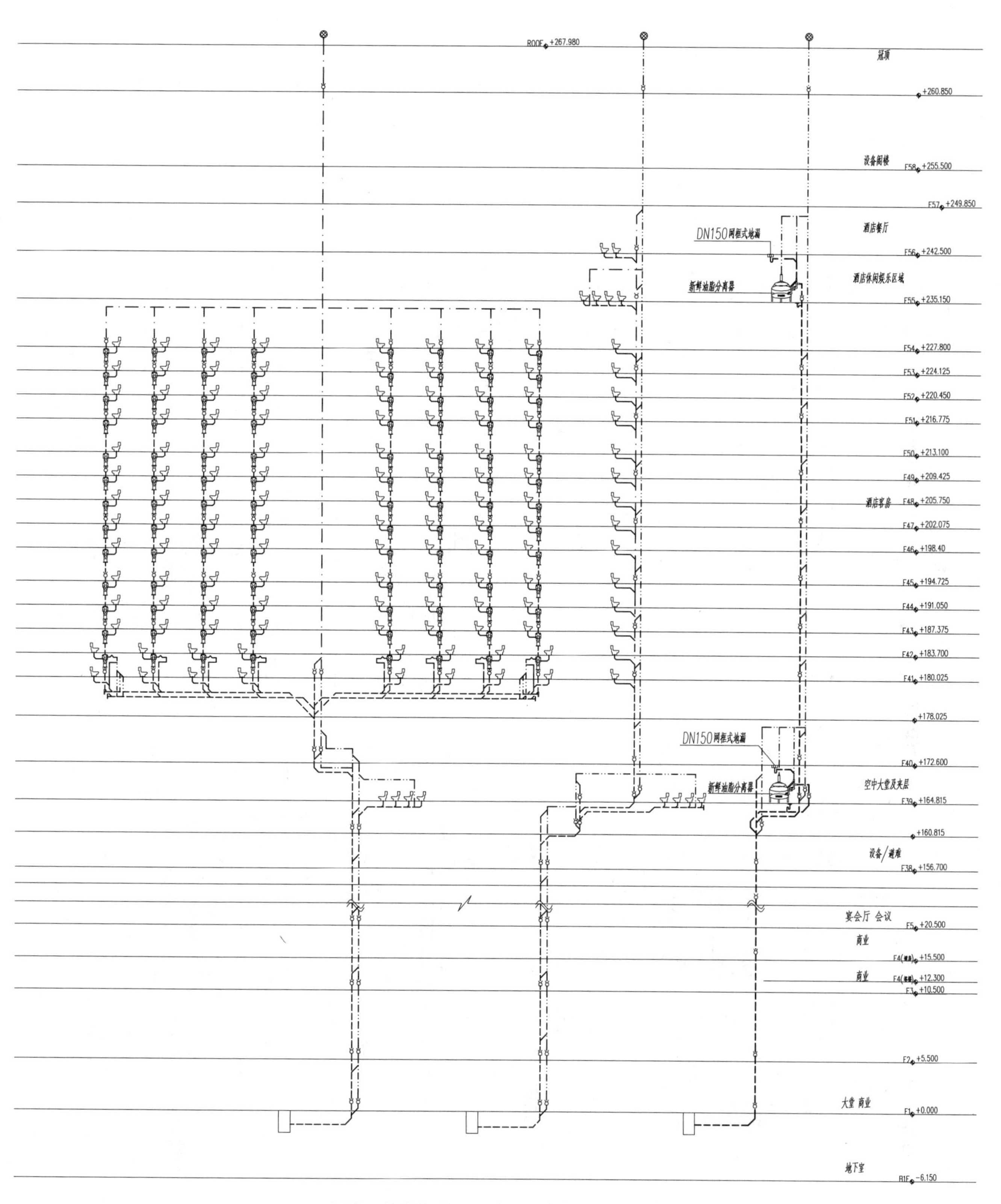

酒店（塔楼部分）污水、厨房排水系统简图

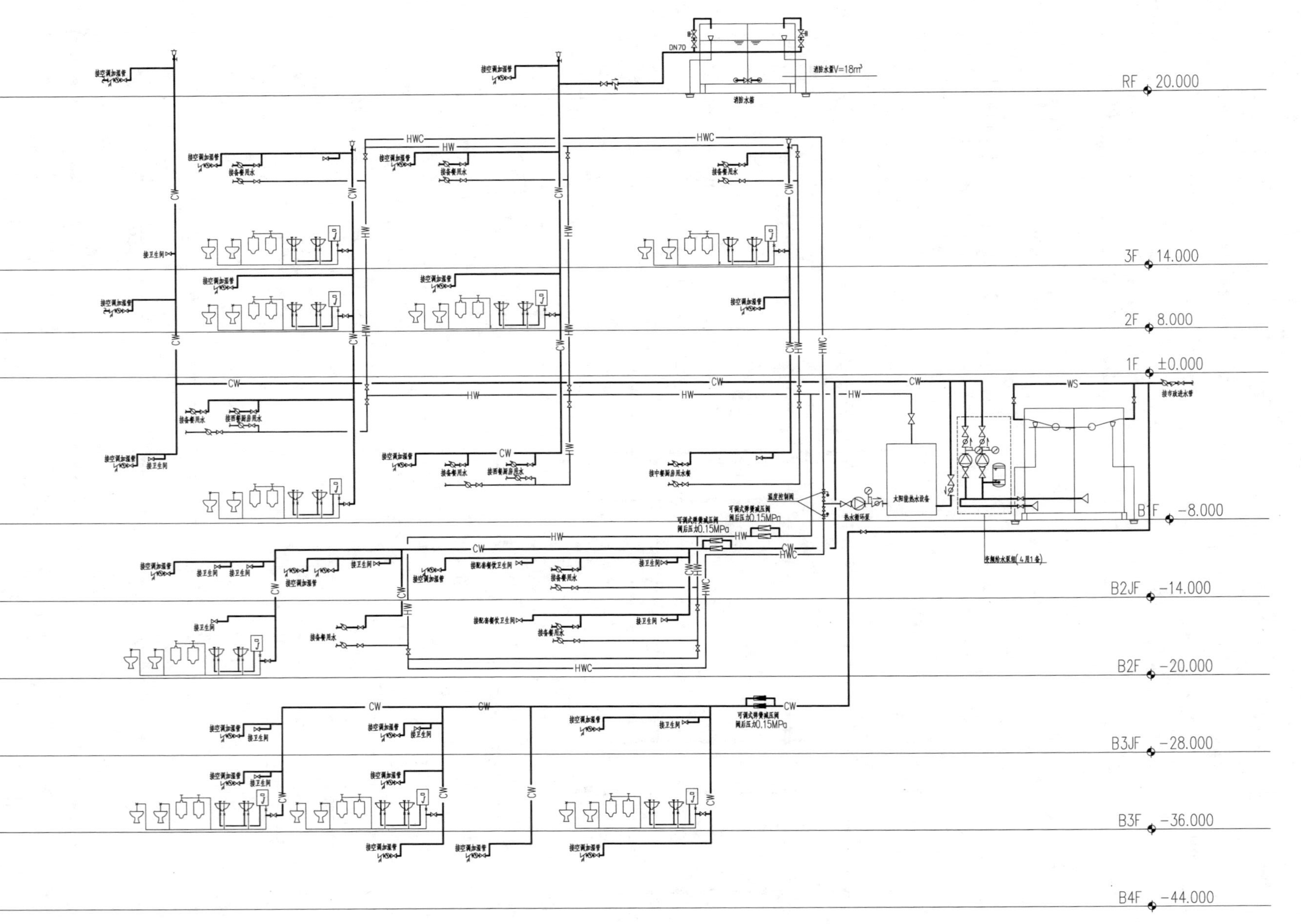
RF 20.000
3F 14.000
2F 8.000
1F ±0.000
B1F -8.000
B2JF -14.000
B2F -20.000
B3JF -28.000
B3F -36.000
B4F -44.000
消防水箱V=18m³
DN70
WS
CW
HW
HWC
可调式弹簧减压阀
阀后压力0.15MPa

冷、热水系统简图

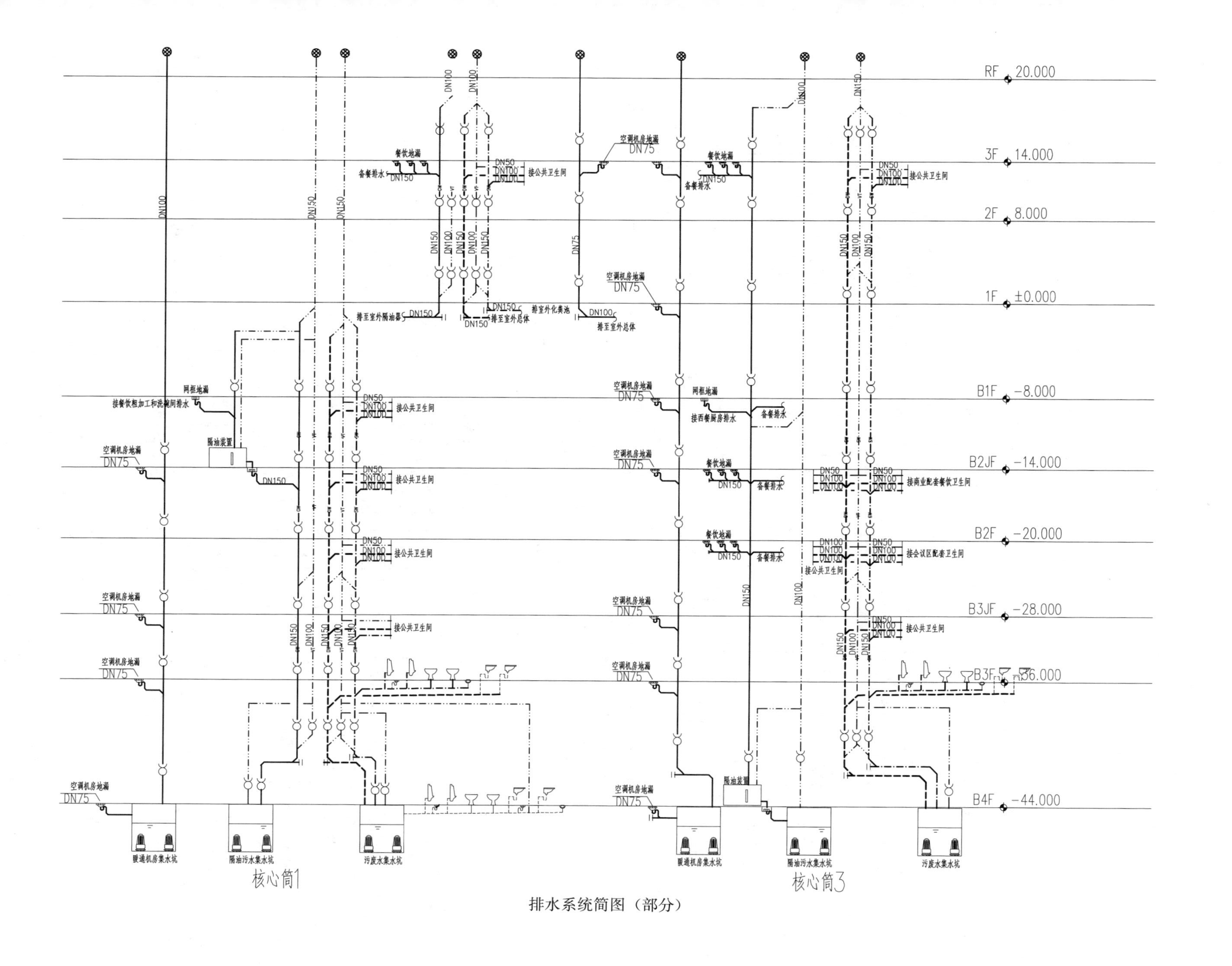
RF 20.000
3F 14.000
2F 8.000
1F ±0.000
B1F −8.000
B2JF −14.000
B2F −20.000
B3JF −28.000
B4F −44.000
接公共卫生间
接商业配套餐饮卫生间
接会议区配套卫生间
餐饮地漏
备餐排水
空调机房地漏
隔油装置
网框地漏
排至室外隔油器
排至室外化粪池
排至室外总体
暖通机房集水坑
隔油污水集水坑
污废水集水坑
核心筒1
核心筒3

排水系统简图（部分）

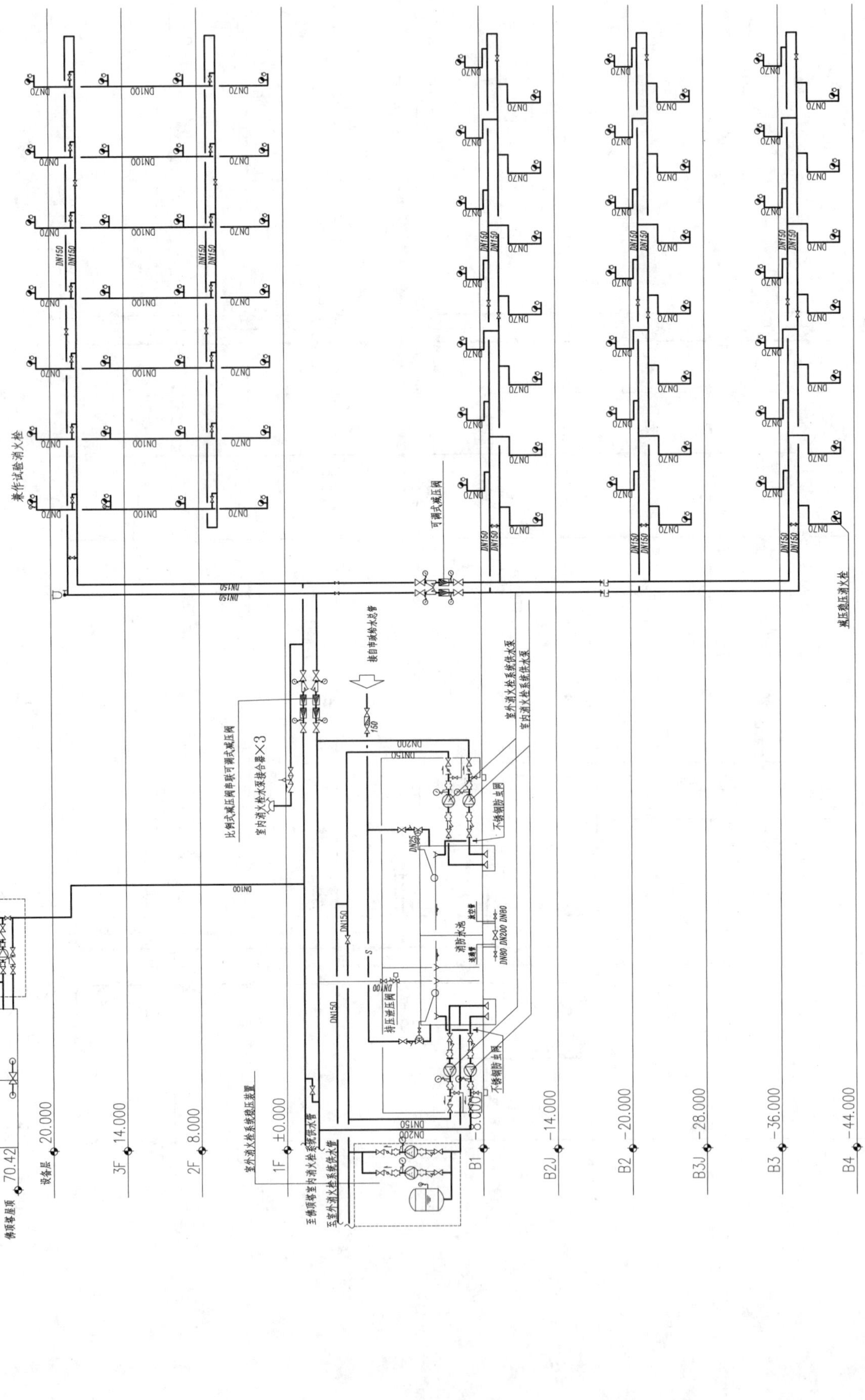

消火栓系统简图

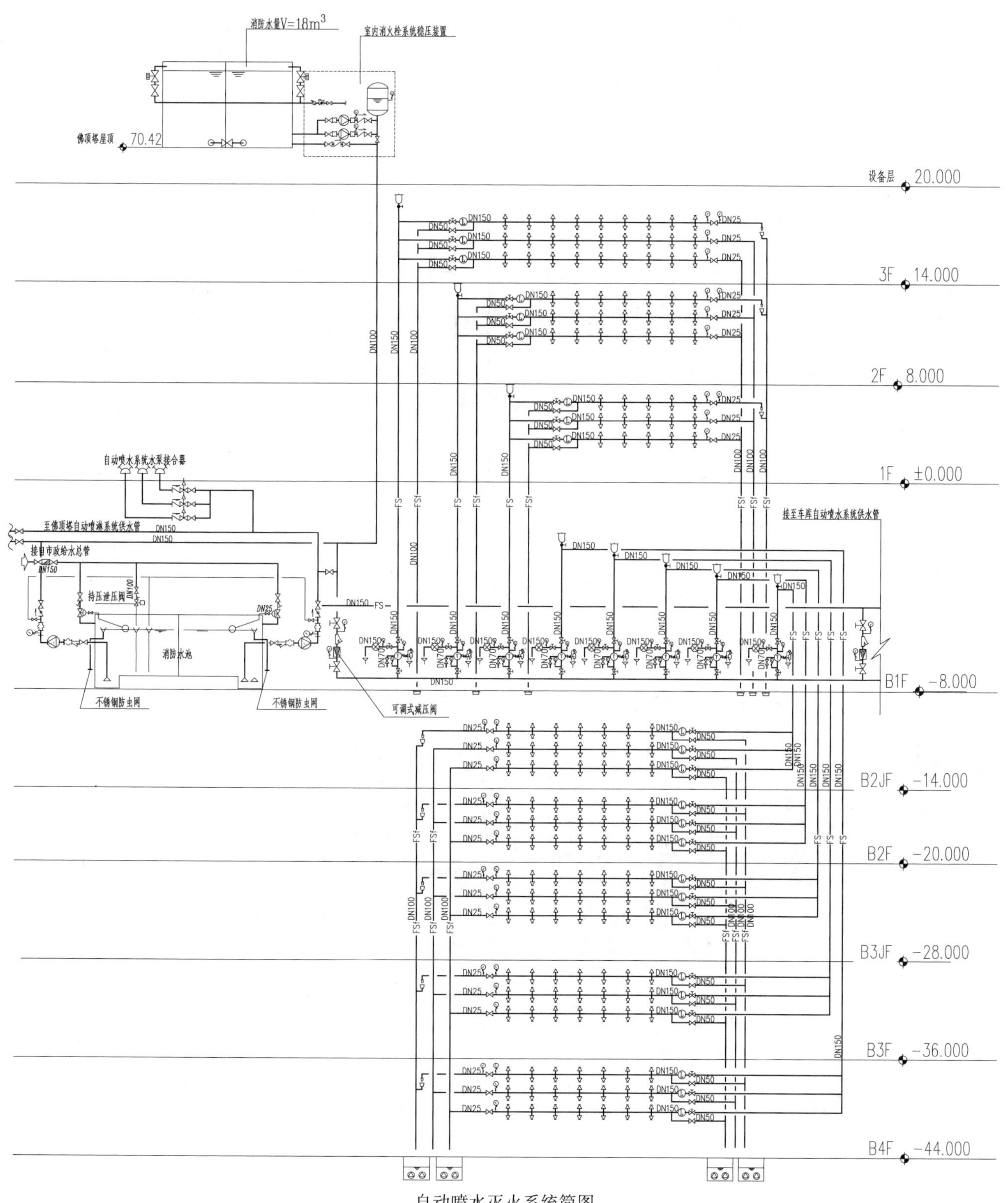
消防水量V=18m³
室内消火栓系统稳压装置
佛顶塔屋顶 70.42
设备层 20.000
3F 14.000
2F 8.000
1F ±0.000
自动喷水系统水泵接合器
至佛顶塔自动喷淋系统供水管
接自市政给水总管
持压泄压阀
消防水池
不锈钢防虫网
可调式减压阀
接至车库自动喷水系统供水管
B1F -8.000
B2JF -14.000
B2F -20.000
B3JF -28.000
B3F -36.000
B4F -44.000

自动喷水灭火系统简图

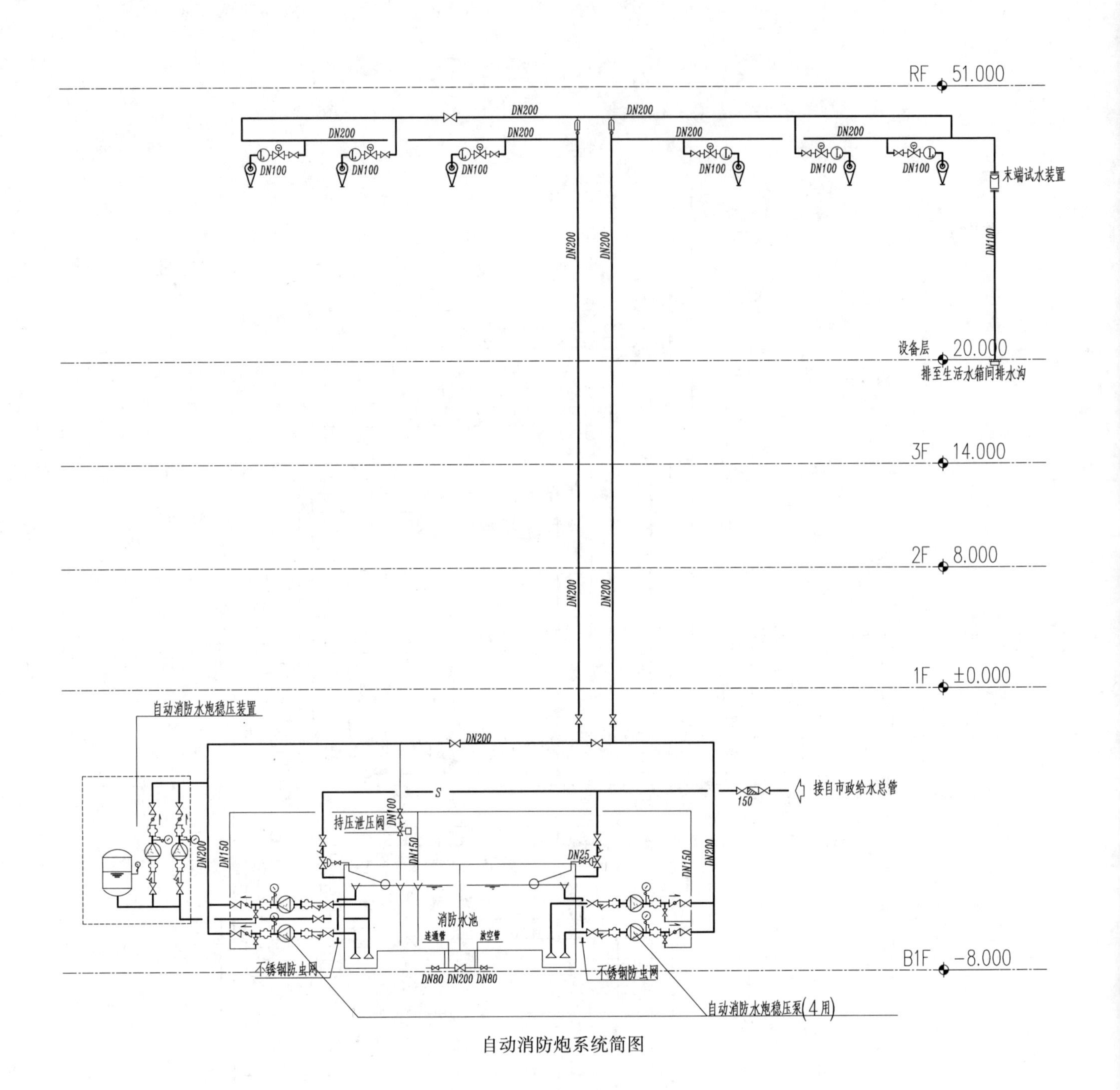
RF 51.000
DN200
DN200
DN200
DN200
DN200
DN200
DN100
DN100
DN100
DN100
DN100
DN100
末端试水装置
DN200
DN200
DN100
设备层 20.000
排至生活水箱间排水沟
3F 14.000
2F 8.000
DN200
DN200
1F ±0.000
自动消防水炮稳压装置
DN200
S
150
接自市政给水总管
持压泄压阀
DN100
DN150
DN200
DN150
DN25
DN150
DN200
消防水池
连通管
放空管
B1F −8.000
不锈钢防虫网
DN80 DN200 DN80
不锈钢防虫网
自动消防水炮稳压泵(4用)
自动消防炮系统简图

百度云计算（阳泉）中心项目

设计单位： 悉地国际设计顾问（深圳）有限公司
设 计 人： 刘春华　霍晓婷　刘东京　李妍　王培　张林欢　王楚瑶　武亦文　张鹏　田鹍　李路
获奖情况： 公共建筑类　一等奖

工程概况：

百度云计算（阳泉）中心项目位于山西省阳泉市开发区东区大连东路和义白路交口，基地西临义白路，北临大连东路，东侧、南侧临规划道路，规划用地面积356亩。项目为工业用地，建设分为近期及远期，近期总建筑面积119951m^2，地上建筑面积103615m^2，地下建筑面积16336m^2，包括数据中心、综合办公楼、局部连廊、总调度仓库、柴油发电机房、地下储油区、餐饮配套楼等（规模约12万m^2）。室外绿化面积41000m^2。

建筑包括：数据机房楼共8个机房模块，每两个机房模块和一个辅助办公组成一个机房楼单体，共4个机房单体：地上2层，地下1层，高度13.7m。

综合办公楼1栋：地上4层，高度23.8m（不含屋面装饰构架高度）；餐饮配套楼1栋：地上1层，高度6.4m；总调度仓库1栋：地上1层，高度6.8m。

柴油发电机楼2栋：地上2层，高度13.2m。门卫1栋：地上1层，高度4.4m。

结构形式为框架结构，地上2层，地下1层（含电缆夹层处相当于地下两层）；综合办公楼为4层框架结构用地高差剧烈，湿陷杂填，地质较差。

工程说明：

一、给水排水系统

1. 给水中水用水量（表1）

本工程最高日总用水量4640.05m^3/d。其中城市自来水用量4549.85m^3/d，中水用水量82.00m^3/d（中水用于绿化）。

用水量计算表　　**表1**

序号	用水项目	使用人次	用水量标准（L/人次）	小时变化系数	使用时间（h）	最高日用水量（m^3）	自来水所占比例	自来水最高日用水量（m^3/d）	平均时用水量（m^3/h）	最大时用水量（m^3/h）
1	机房楼	180	50	1.5	8	9	100%	9	1.13	1.69
2	综合办公楼	200	50	1.5	8	10	100%	10	1.25	1.88
3	总调度仓库	20	50	1.5	8	1	100%	1	0.13	0.19

续表

序号	用水项目	使用人次	用水量标准(L/人次)	小时变化系数	使用时间(h)	最高日用水量(m^3)	自来水所占比例	自来水最高日用水量(m^3/d)	平均时用水量(m^3/h)	最大时用水量(m^3/h)
4	餐饮配套	230	25	1.5	12	5.75	100%	5.75	0.48	0.72
5	绿化	41000	2	1	2	82	0%	0	0	0
6	模组冷却水补水(一期)			1	24	2016	100%	2016	84	84
7	模组冷却水补水(二期)			1	24	2016	100%	2016	84	84
8	模组冷冻水补水(一期)			1	12	39.24	100%	39.24	3.27	3.27
9	模组冷冻水补水(二期)			1	12	39.24	100%	39.24	3.27	3.27
10	未预见水量					421.82		413.62	0.3	0.45
11	合计					4640.05		4549.85	177.82	179.46

2. 本工程生活给水全部采用市政给水管网供给。拟从各建筑单体用地方向不同侧白公路、大连东路共接出 3 根 *DN*200 给水管进入用地红线，经总水表并通过低阻力倒流防止器后围绕各单体形成室外给水环网，环管管径 *DN*250。各建筑的入户管从室外给水环管上接出，市政供水引入点处压力 0.25MPa。从义白路上接出 1 根 *DN*100 中水管进入用地红线经总水表后用于园区绿化浇灌。

3. 根据建筑高度、水源条件、防二次污染、节能和供水安全原则，给水系统设计如下：餐饮配套楼、总调度仓库采用市政给水管网直接供给；综合办公楼分区供给，低区（一～二层）采用市政给水管网直接供给，高区（三～四层）采用加压方式供给，在餐饮配套楼内设置无负压设备加压供水，通过室外管线供给综合办公楼高区用水，各区最不利点的出水压力不小于 0.10MPa。

4. 给水系统采用无负压设备供水，无负压供水设备须满足项目当地关于无负压供水设备安装使用规定的要求。该设备的使用须有省级以上卫生部门及自来水集团的许可批件。

5. 给水管道采用钢塑复合管，管径小于或等于 *DN*100 采用丝扣接头 管径大于 *DN*100 采用沟槽连接。

（一）热水系统

1. 热水供应部位：办公楼层卫生间及地下公共卫生间、淋浴间。

2. 所有热水供应部位采用容积式或即热式电热水器分散供应热水。

3. 冷水计算温度取 4℃。分散供水电热水器的设计出水温度 55℃。

（二）污废水系统

每个单体建筑设总水表计量，建筑内按功能分区设水表计量。淋浴间、公共卫生间等采用分散式电热水器供应。本系统室内污水与废水分流，生活污水经室外化粪池处理后排入市政污水管网。厨房排水经二级隔油处理后排入市政污水管网。

（三）雨水系统

屋面雨水设计重现期为 10 年，降雨历时 5min。屋面排水与溢流设施总能力不小于 50 年重现期雨水量。屋面雨水采用外排水。雨水利用采用就地入渗，屋面雨水排至室外散水面，流入雨水检查井。

二、消防系统

（一）消火栓系统

1. 餐厅配套用房内设有消防水池、消防水泵，供给各单体的室内消火栓系统、自动喷淋系统、水喷雾系统。消防用水量见表 2。

消防用水量 表 2

消防系统	用水量标准(L/s)	火灾延续时间(h)	一次灭火用水量(m^3)
室外消火栓给水系统	30	2	216
室内消火栓给水系统	20	2	144
自动喷洒系统	30	1	108
水喷雾灭火系统	100	0.5	180
总设计用水量	175		648

2. 室外消火栓供水水源为城市自来水，与上述室外给水环状管网共用，按同一时间火灾次数 1 次计算，室外消防用水量 30L/s。在共用环状管上设室外地下式消火栓，并满足消火栓栓口处水压从室外设计地面算起大于 0.10MPa，消火栓间距不大于 120m，保护半径不大于 150m。

3. 场区内建筑共用一套室内消火栓系统。消防泵房内设消火栓泵设 2 台，1 用 1 备，系统竖向不分区。综合办公屋顶消防水箱贮存消防水量 $18m^3$，并设置室内消火栓增压泵组保证灭火初期的消防用水。屋顶消防水箱地面高度为 18.00m，最不利消火栓安装高度为 14.90m。

4. 消火栓管道、自动喷水灭火、水喷雾灭火管道采用内外热镀锌钢管，小于或等于 *DN*70 采用丝扣连接，大于 *DN*80 采用沟槽连接或焊接连接。

（二）自动喷水灭火系统

1. 场区内建筑共用一套自动喷水灭火系统。按中危险Ⅰ级设计，设计喷水强度 $6L/(min \cdot m^2)$，作用面积 $160m^2$，消防设计流量为 30L/s，火灾延续时间为 1h。

2. 最不利点处水压为 0.10MPa。消防泵房内设自动喷水灭火泵 2 台，1 用 1 备，系统竖向不分区。综合办公楼、餐饮配套楼采用湿式自动喷水系统。与消火栓系统共用的高位水箱保证火灾初期灭火用水，一组消防泵保证消防时加压供水。

3. 在机房楼走道、总控中心公共走道采用预作用自动喷水灭火系统。按中危险Ⅰ级设计，设计喷水强度 $6L/(min \cdot m^2)$，作用面积 $160m^2$。最不利点处水压为 0.10MPa。

（三）水喷雾灭火系统

1. 在柴油发电机楼油机房、日用油箱间采用水喷雾自动喷水灭火系统。场区内柴油发电机楼共用一套水喷雾系统灭火系统。

2. 消防泵房内设水喷雾系统灭火泵 3 台，2 用 1 备。设计参数：灭火设计喷雾强度 $20L/(min \cdot m^2)$，持续喷雾时间 0.5h，最不利点喷头工作压力取 0.35MPa，系统响应时间不大于 45s。水喷雾系统水量按同时保护 3 台柴油发电机和 3 个 $1m^3$ 油箱设计，水喷雾系统设计流量为 100L/s。与自动喷水系统共用室外管道。单独设置消防供水泵。水喷雾加压泵吸水管上过滤器的滤网应采用耐腐蚀金属材料，滤网的孔径应为 4.0～4.7 目$/cm^2$。

3. 喷头围绕柴油发电机四周立体布置，喷头的雾化角为 120°。采用自动、手动与应急操作三种控制方式。

（四）气体灭火系统

1. 下列部位采用IG541混合气体有管网灭火系统。柴油发电机楼：发电机并机室、模拟负载间。机房楼及辅助区域：核心机房、IT设备库房、测试区、变电站、电池室、拆包区、整机柜集成区、电缆夹层、加电测试区、IT维修室、介质室、运营商接入机房、基础设施仓库、弱电设备间、动力及基础设施监控。总调度仓库：基础设施仓库、IT设备库房、报废IT设备库房、报废IT设备暂存、化学制品仓库、预留库房、加电测试区。餐饮配套用房内变配电间采用七氟丙烷预制灭火系统。

2. 组合分配系统所保护的防护区不超过8个。组合分配系统的灭火剂贮存量，应按贮存量最大的防护区确定。基本参数：有管网混合气体灭火系统灭火浓度：28.1%，灭火设计浓度为灭火浓度的1.3倍；当IG541混合气体灭火剂喷放至设计用量的95%时。其喷放时间不应大于60s，且不应小于48s。七氟丙烷设计灭火浓度：9%，设计喷放时间不应大于10s。

3. 每栋机房模组共7套组合分配系统，气体防护区域共42个。4栋机房模组共防火区168个。

4. 有管网系统控制应包括自动、手动、应急操作三种方式。每一保护区门外明显位置，应装一绿色指示灯，采用手动灯亮。并装一告示牌，注明“入内时关闭自动。开启手动，此时绿灯亮”。施放灭火剂前，防护区的通风机和通风管道上的防火阀自动关闭。火灾扑灭后，应开窗或打开排风机将残余有害气体排除。气体灭火区域每层设置两个空气呼吸器。

5. 气体贮存压力低于2.5MPa时采用加厚镀锌钢管，贮存压力大于或等于2.5MPa时，采用相应承压等级的无缝钢管，内外镀锌。小于或等于*DN*80采用螺纹连接，大于*DN*80采用法兰连接。

三、工程特点及设计体会

1. 项目为Ⅱ级自重湿陷性黄土，且地质情况复杂。该项目场地属构造侵蚀低山区，地形北高南低，土层依次为压实填土、强风化泥岩、中风化泥岩、石灰岩，其中填土厚达8.0～40.0m，含有碎石，岩块、姜石、矿渣等建筑垃圾，且夯实极不均匀，具Ⅱ级自重湿陷性。因场地面积较大，规划用地面积356亩。无法实现全部管道做管廊、管沟。

因此设计中采用如下的解决办法：①建筑物进出管线处设置检漏沟、检漏井，方便检查，及时解决不均匀沉降带来的渗漏。②建筑物散水外设置雨水截水沟，接纳屋面雨水管道排至散水的雨水，避免建筑周边场地的湿陷。③室外连廊的雨水落水管采用有组织排水，避免管口处雨水对场地的湿陷影响。④场地内管线的连接采用柔性连接，避免管道接口的损坏。

2. 项目红线内高差较大，南北高差近20m。该项目所在地为山区，降雨量极不均匀，雨水冲刷较为严重，且场地的湿陷性，为外线设计带来了很大的难度。

设计中采用了如下解决办法：①高水高排、低水低排，在红线外（红线外竖向标高较高）设置雨水截水沟，防止外部的雨水进入场地内部，同时配合市政，规划周边市政的排水渠道。②场地内坡度较大的路面设置横向截水沟，以减小对低处路边造成的冲击。同时雨水管道坡度较大处设置雨水跌水井，以避免对管道的冲刷。③重要设备区域单独考虑雨水系统，如储油罐区，单独设置雨水截水沟，单独排水。

3. 数据机房面积较大、设计标准高。本项目数据机房由8个模块及配套用房相连，形成4个独立的单体。数据机房面积共72900m^2，可容纳5000多个机柜，数据存储量超过4000PB（可存储的信息量相当于20多万个国家图书馆的藏书总量），未来百度80%的搜索请求都会通过百度云计算（阳泉）中心解决。项目要求高度可靠性，设计按照国际A级、参考国际TIA-942标准T3-T4标准规划设计。可靠性达到99.997%。

数据机房的灭火问题一直是一个很重要的课题，在国外项目中可选择的方式很多，高压细水雾、气体灭火甚至采用水喷淋系统。但这么大的项目在国内尚属首例，高压细水雾系统当时造价较高，并没有可执行的规范。因此做过了许多方案比选，并结合国内对数据机房消防审查的习惯，还是采用了普遍认可度较高的气体灭火系统。由于通信机房、计算机房采用的都是精密设备，清洁性要求较高，考虑七氟丙烷在火场所产生的分解物可能对他们造成的危害。同时，机房面积较大，考虑到钢瓶间设置的个数不要过多，并满足管道输送距离的要求，在本项目中采用了有管网的 IG541 气体灭火系统。

4. 柴油发电机房面积较大。柴油发电机楼两栋，共设置了 64 台柴油发电机。如此大量集中的柴油发电机统一设置，也没有先例可以参考。现有的柴油发电机房，设置水喷雾系统、气体灭火系统、喷淋系统的项目都有现实的案例，只是由于设置的项目地区不同，采用了不同的灭火方式。综合该项目的柴发工艺，无法实现房间的密闭性，因此无法设置气体灭火系统。同时根据当地消防局的一般做法，还是单独做了水喷雾系统。柴油发电机楼油机房、日用油箱间采用水喷雾自动喷水灭火系统，但共用了喷淋系统的泵房和室外的管道。保证消防的安全，节省了造价。

四、工程照片及附图

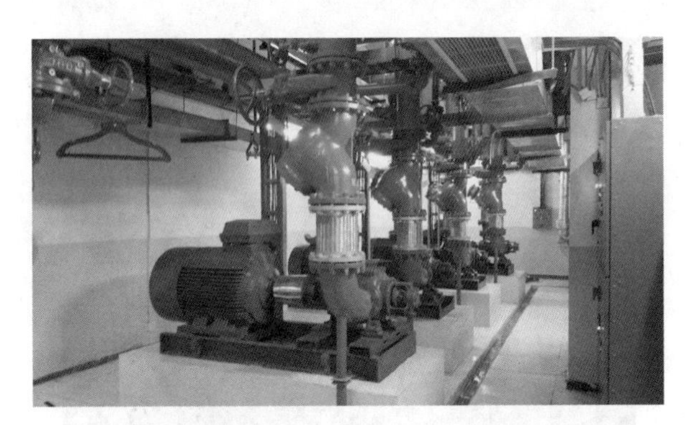

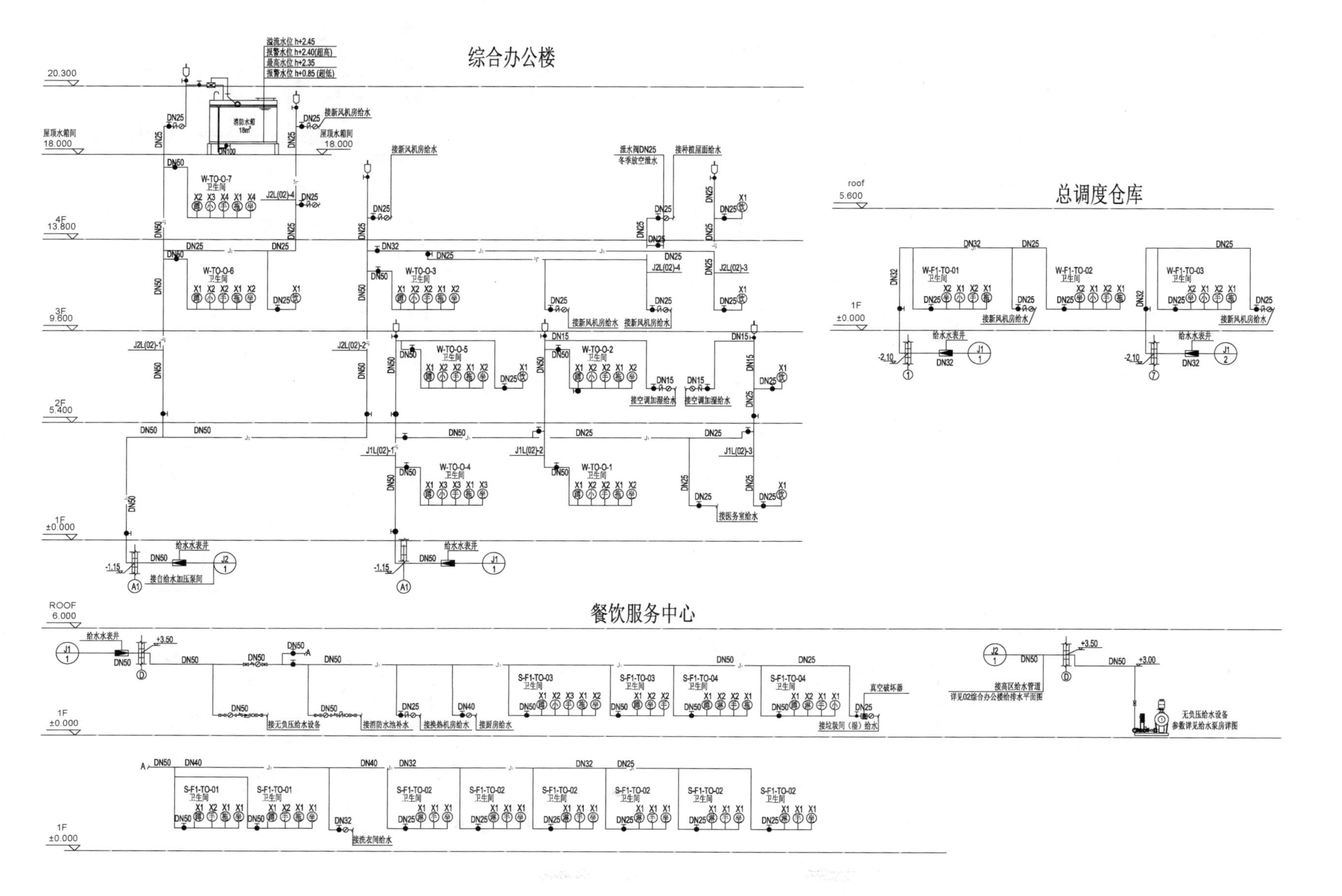

给水系统原理图

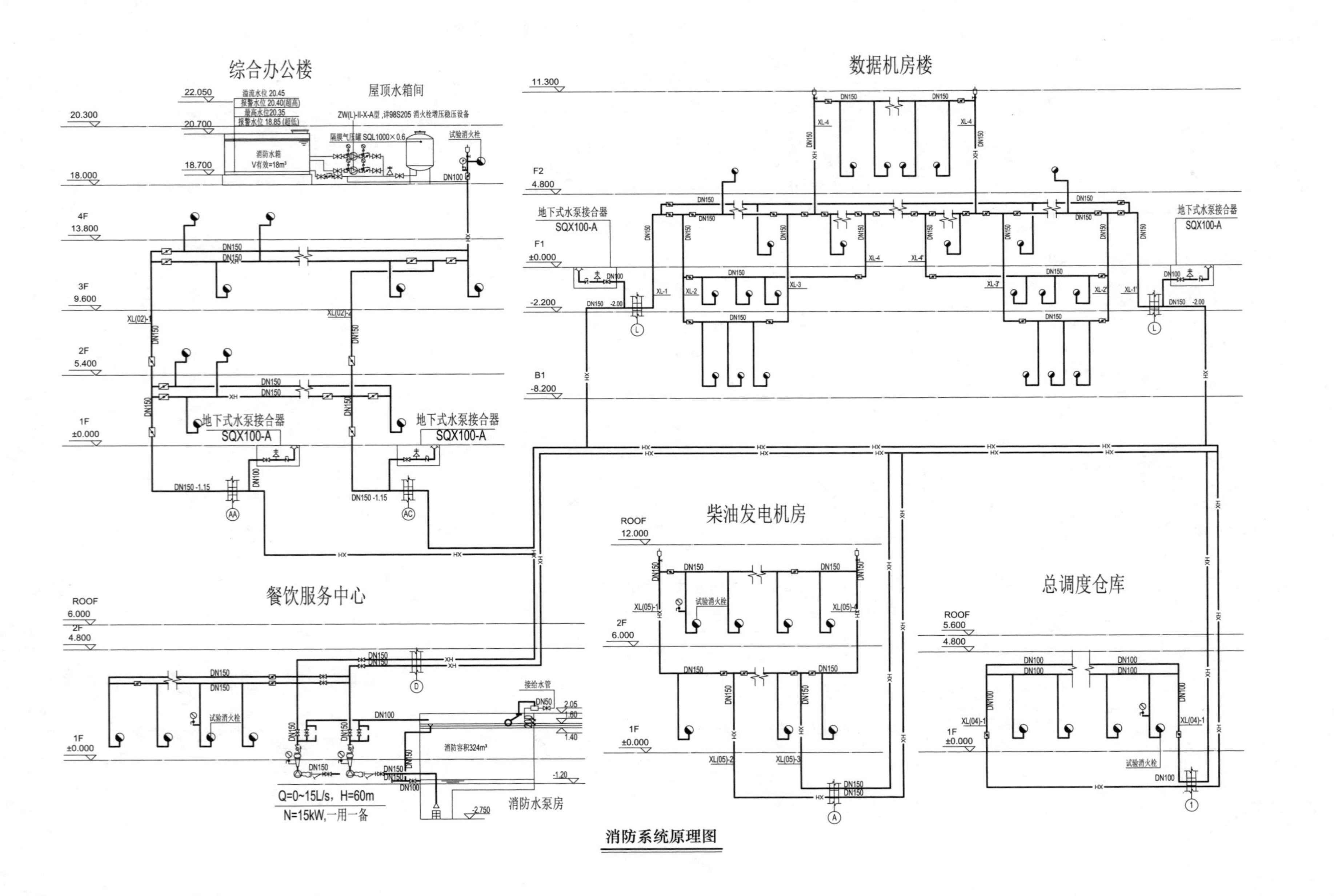
综合办公楼
屋顶水箱间
ZW(L)-II-X-A型，详98S205 消火栓增压稳压设备
隔膜气压罐 SQL1000×0.6
试验消火栓
消防水箱
V有效=18m³
数据机房楼
地下式水泵接合器
SQX100-A
柴油发电机房
餐饮服务中心
总调度仓库
接给水管
消防容积324m³
Q=0~15L/s，H=60m
N=15kW,一用一备
消防水泵房

消防系统原理图

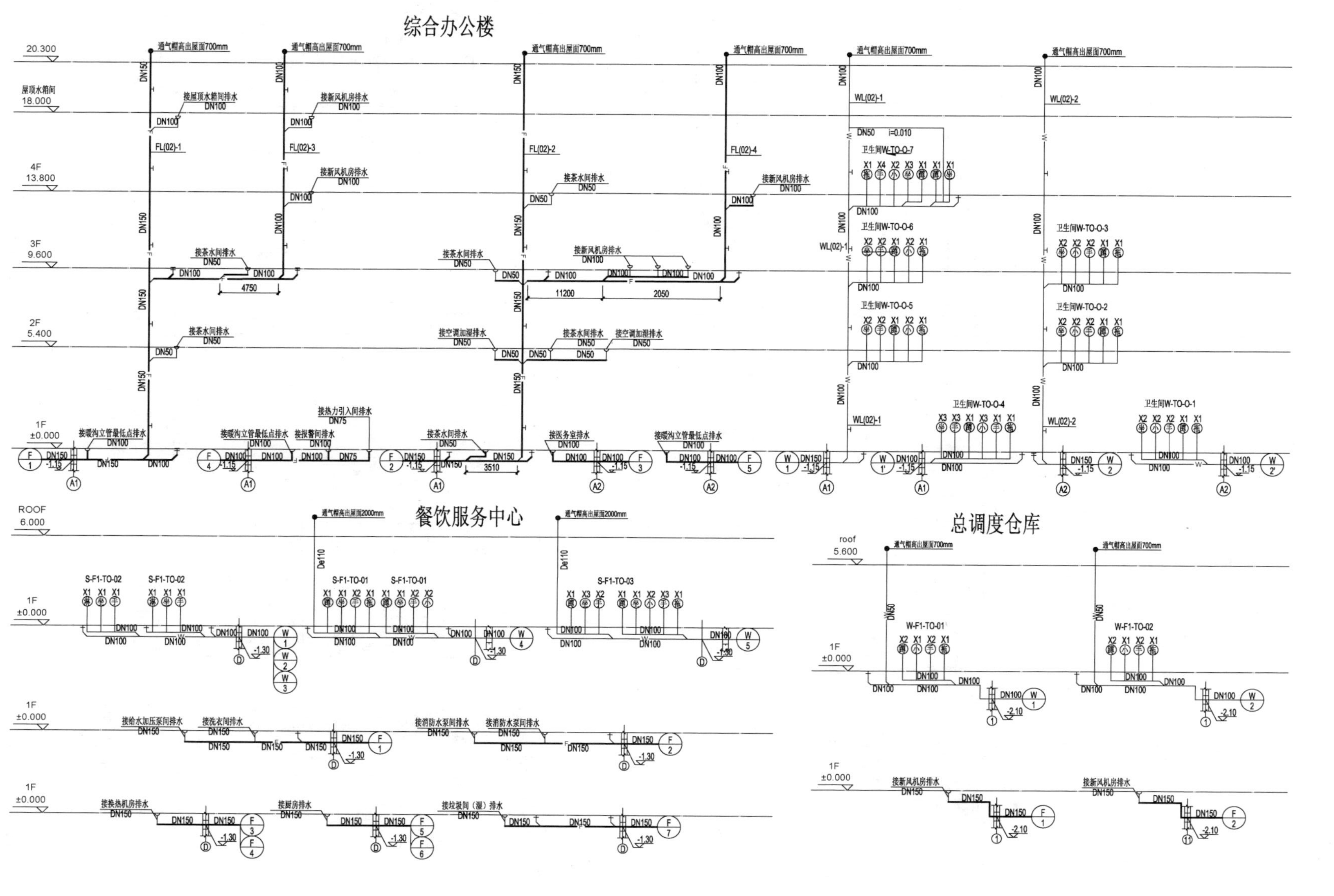
综合办公楼
餐饮服务中心
总调度仓库
20.300
屋顶水箱间
18.000
4F
13.800
3F
9.600
2F
5.400
1F
±0.000
ROOF
6.000
roof
5.600
通气帽高出屋面700mm
通气帽高出屋面2000mm
FL(02)-1
FL(02)-2
FL(02)-3
FL(02)-4
WL(02)-1
WL(02)-2
卫生间W-TO-O-1
卫生间W-TO-O-2
卫生间W-TO-O-3
卫生间W-TO-O-4
卫生间W-TO-O-5
卫生间W-TO-O-6
卫生间W-TO-O-7
S-F1-TO-01
S-F1-TO-02
S-F1-TO-03
W-F1-TO-01
W-F1-TO-02
接屋顶水箱间排水
接新风机房排水
接茶水间排水
接空调加湿排水
接暖沟立管最低点排水
接报警阀间排水
接热力引入间排水
接医务室排水
接给水加压泵间排水
接洗衣间排水
接消防水泵间排水
接换热机房排水
接厨房排水
接垃圾间（湿）排水

排水系统原理图

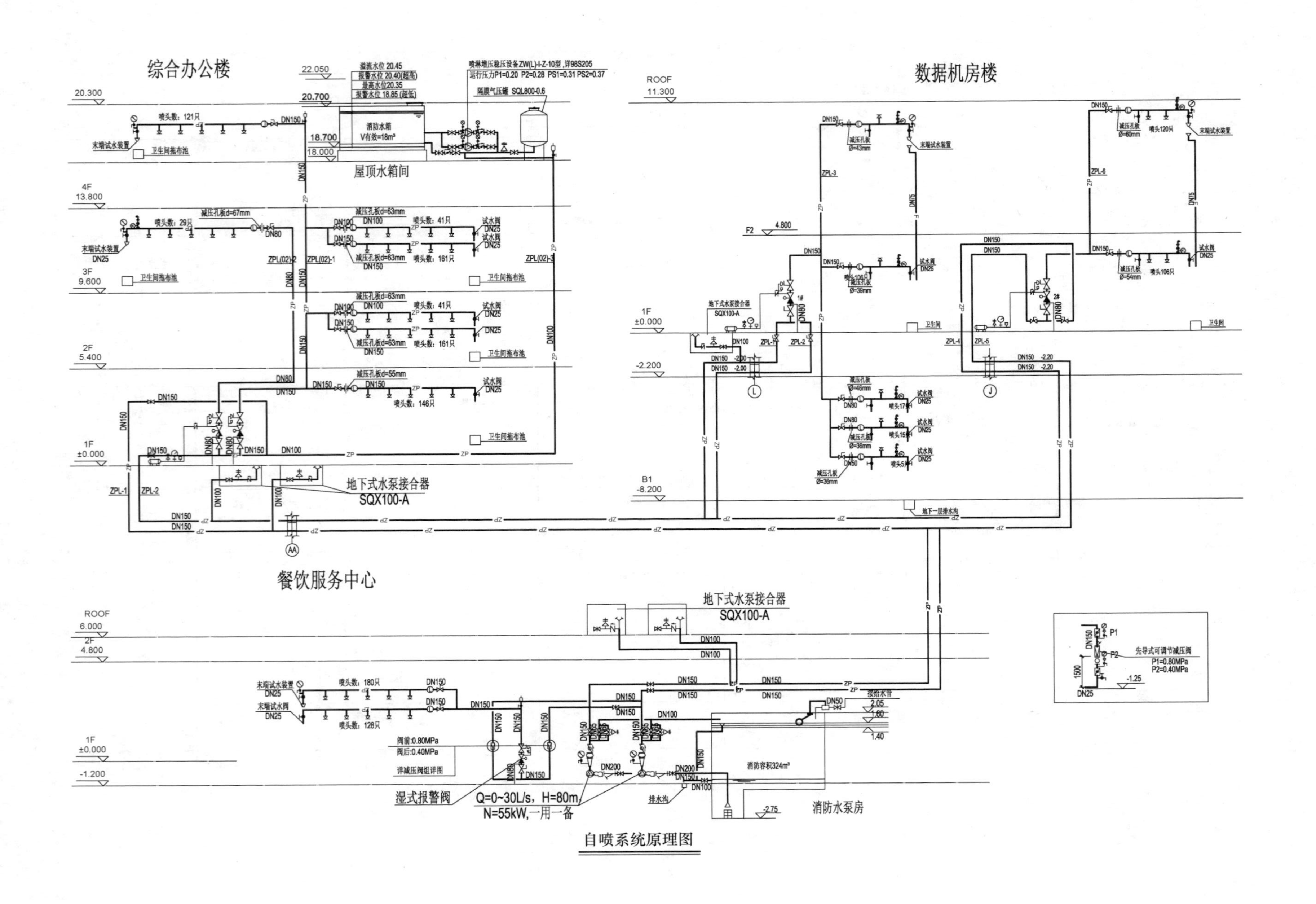
综合办公楼
数据机房楼
屋顶水箱间
地下式水泵接合器
SQX100-A
餐饮服务中心
消防水泵房
湿式报警阀
Q=0~30L/s，H=80m
N=55kW，一用一备
自喷系统原理图

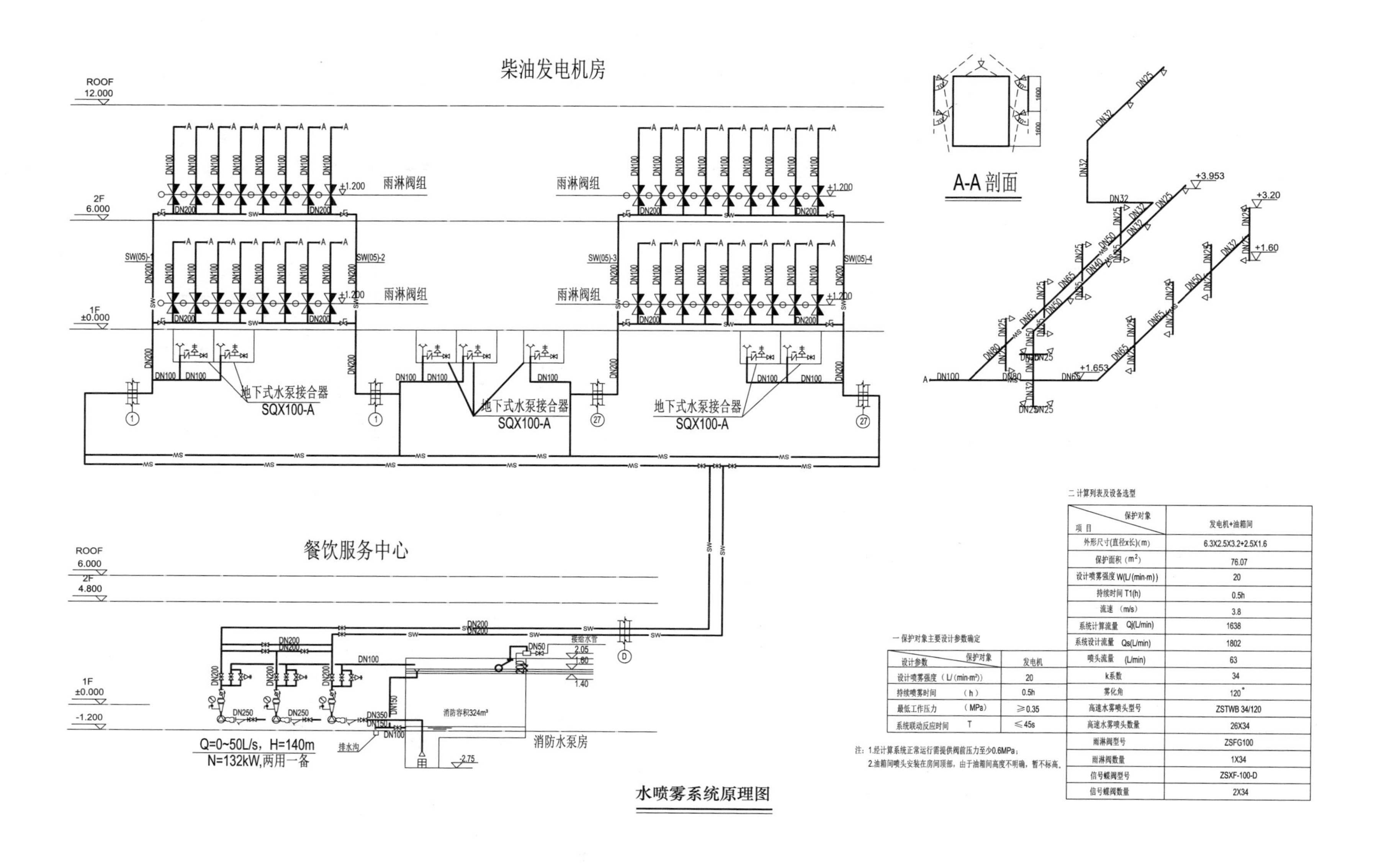

一 保护对象主要设计参数确定

设计参数 \ 保护对象	发电机
设计喷雾强度（L/(min·m²)）	20
持续喷雾时间（h）	0.5h
最低工作压力（MPa）	≥0.35
系统联动反应时间 T	≤45s

注：1.经计算系统正常运行需提供阀前压力至少0.6MPa；
2.油箱间喷头安装在房间顶部，由于油箱间高度不明确，暂不标高。

二 计算列表及设备选型

项目 \ 保护对象	发电机+油箱间
外形尺寸(直径x长)(m)	6.3X2.5X3.2+2.5X1.6
保护面积（m²）	76.07
设计喷雾强度 W(L/(min·m))	20
持续时间 T1(h)	0.5h
流速 （m/s）	3.8
系统计算流量 Qj(L/min)	1638
系统设计流量 Qs(L/min)	1802
喷头流量 (L/min)	63
k系数	34
雾化角	120°
高速水雾喷头型号	ZSTWB 34/120
高速水雾喷头数量	26X34
雨淋阀型号	ZSFG100
雨淋阀数量	1X34
信号蝶阀型号	ZSXF-100-D
信号蝶阀数量	2X34

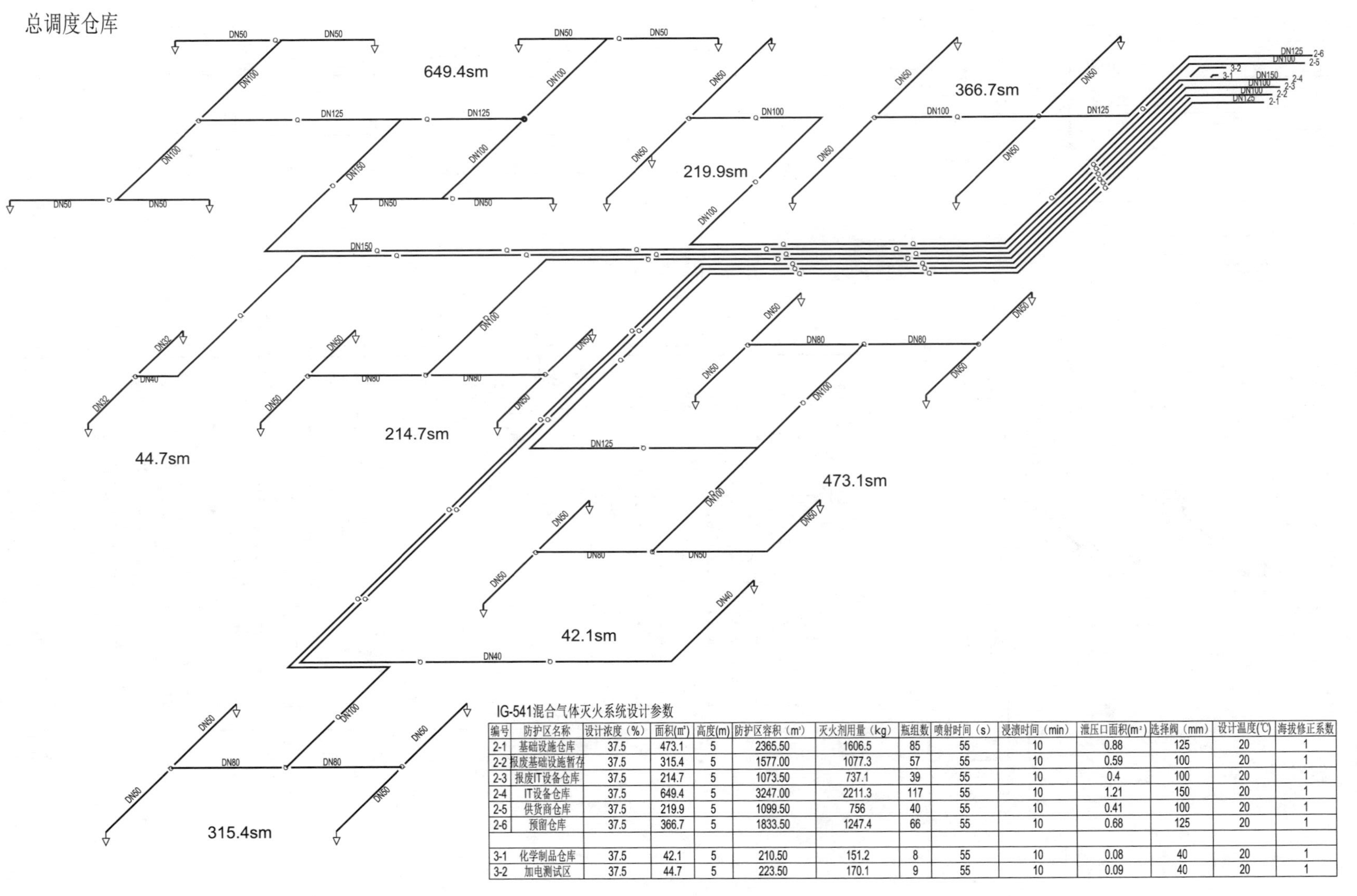

IG-541混合气体灭火系统设计参数

编号	防护区名称	设计浓度（%）	面积(m²)	高度(m)	防护区容积（m³）	灭火剂用量（kg）	瓶组数	喷射时间（s）	浸渍时间（min）	泄压口面积(m²)	选择阀（mm）	设计温度(℃)	海拔修正系数
2-1	基础设施仓库	37.5	473.1	5	2365.50	1606.5	85	55	10	0.88	125	20	1
2-2	报废基础设施暂存	37.5	315.4	5	1577.00	1077.3	57	55	10	0.59	100	20	1
2-3	报废IT设备仓库	37.5	214.7	5	1073.50	737.1	39	55	10	0.4	100	20	1
2-4	IT设备仓库	37.5	649.4	5	3247.00	2211.3	117	55	10	1.21	150	20	1
2-5	供货商仓库	37.5	219.9	5	1099.50	756	40	55	10	0.41	100	20	1
2-6	预留仓库	37.5	366.7	5	1833.50	1247.4	66	55	10	0.68	125	20	1
3-1	化学制品仓库	37.5	42.1	5	210.50	151.2	8	55	10	0.08	40	20	1
3-2	加电测试区	37.5	44.7	5	223.50	170.1	9	55	10	0.09	40	20	1

气体灭火系统图

大连市体育馆

设计单位：哈尔滨工业大学建筑设计研究院
设 计 人：常忠海　刘彦忠　张晓萌　孔德骞　冷润海　王晓　刘恒
获奖情况：公共建筑类　一等奖

工程概况：

大连体育中心（本工程—大连市体育馆所在的体育园区）用地位于大连市甘井子区，西临朱棋路，南临岭西路，占地 80 万 m^2，总建筑面积 46 万 m^2。大连体育中心核心建筑为体育馆及体育场，这两个单体建筑由“S”形空中平台连接成一体，体育馆为体育中心的标志性建筑之一。体育馆总用地面积：94703.5m^2，总建筑面积为 81446 m^2，建筑基底面积：39848m^2，建筑层数：单层大空间（地下 1 层，地上局部 5 层），建筑总高度 46.16m，容积率 0.86，总座席数 18000 座，规模属国内的超大型体育馆。场馆内除 15000 个固定座席外，还设有可伸缩座席 3000 个、包厢席、转播间、运动员热身区、地下停车场以及餐饮区等。

工程说明：

一、给水排水系统

（一）给水系统

1. 冷水用水量（表 1）

设计用水标准和用水量计算表　　　　表 1

序号	用水项目	使用数量	单位	用水量标准	单位	使用时间(h)	小时变化系数	用水量		
								最高日(m^2/d)	最大时(m^3/h)	平均时(m^3/h)
1	观众	18500×2	人次/d	3×40%	L/人次	8	1.2	44.40	6.66	5.55
2	运动员	200×2	人次/d	40×60%	L/人次	8	2.0	9.60	2.40	1.20
3	办公人员	200	人/d	40×60%	L/人	10	2.0	4.80	0.96	0.48
4	餐饮	400	人次/d	25	L/人次	10	1.5	10.00	1.50	1.00
	合计							68.80	11.52	8.23
5	不可预见的用水量 1～4 项总和的 10%							6.88	1.15	0.82
6	制冷站补水	循环量 2600m^3/h，补水量 1.5%				4	1.0	156.00	39.00	39.00
						合计		231.68	51.67	48.05

2. 水源

供水水源为城市自来水，从用地东侧规划路 *DN*300 给水管接出一根 *DN*200 的给水管进入用地红线，经总水表后接入本建筑。市政供水压力为 0.30MPa。

3. 管网竖向不分区，由城市自来水压直接供水。

4. 制冷站补水、餐饮厨房用水、洗衣房用水等均单设水表计量。

5. 给水干管采用内衬塑钢管，卫生间内的支管采用 PP-R 塑料管。

(二) 热水系统

1. 热水用水量（表 2）

设计热水标准和热水量计算表　　表 2

序号	用水项目	使用数量	单位	用水量标准	单位	使用时间(h)	小时变化系数	用水量		耗热量(kW)
								最高日(m^3/d)	最大时(m^3/h)	
1	运动员淋浴	200×2	人次/d	35	L/人次	12	2.00	14.00	2.33	76
2	办公人员	200	人次/d	10	L/人次	10	2.00	2.00	0.40	11
3	餐饮	400	人次/d	10	L/人次	10	2.00	4.00	0.80	22
						合计		20.00	3.53	109

2. 集中热水系统的热源为市政蒸汽管网，管网为压力为 0.60MPa 的饱和蒸汽。

3. 集中热水供应系统不分区。

4. 热交换器采用浮动盘管半容积热交换器，设置在地下一层的热水机房内。

5. 热水系统分区与冷水系统完全相同，采用全日制集中热水系统，采用干管机械循环，循环系统保持配水管网内温度在 50℃以上。温控点设在管网末端处，当温度低于 50℃，循环泵开启，当温度上升至 55℃，循环泵停止。

6. 热水干管采用内衬塑钢管，卫生间内的支管采用 PP-R 塑料管。

(三) 中水系统

1. 中水用水量（表 3）

设计用水标准和用水量计算表　　表 3

序号	用水项目	使用数量	单位	用水量标准	单位	使用时间(h)	小时变化系数	用水量		
								最高日(m^3/d)	最大时(m^3/h)	平均时(m^3/h)
1	观众	18500×2	人次/d	3×60%	L/人次	8	1.2	66.60	9.99	8.33
2	运动员	200×2	人次/d	40×40%	L/人次	8	2.0	14.40	3.60	1.80
3	办公人员	200	人/d	40×40%	L/人	10	2.0	7.20	1.44	0.72
	合计							88.20	15.03	10.85
4	不可预见的用水量 1～3 项总和的 10%							8.82	1.50	1.08
5	车库冲洗	6800	m^2	2	L/(m^2·d)	6	1.0	13.60	2.27	2.27
						合计		110.62	18.80	14.20

2. 中水水源

中水回用系统由市政中水供水管网供给，从用地东侧规划路 *DN*200 给水管接出一根 *DN*150 的给水管进入用地红线，经总水表后接入本建筑。市政中水系统的供水压力为 0.30MPa。

3. 中水管网竖向不分区，由城市中水管网直接供给。

4. 中水干管采用内衬塑钢管，卫生间内的支管采用 PP-R 塑料管。

(四) 排水系统

1. 室内污、废水合流排除。

2. 卫生间生活污废水采用专用通气立管排水系统。卫生间污水和厨房污水集水坑均设通气管。

3. 屋面雨水利用重力排除。

4. 室内重力管道采用柔性接口的机制排水铸铁管，屋面雨水管采用热浸镀锌钢管。

二、消防系统

（一）消火栓系统

室外消火栓系统用水量为30L/s，室内消火栓系统用水量为30L/s，供水水泵扬程为60m，系统不分区。消防水池470m^3，高位消防水箱设置在23.63m标高层，有效容积为18m^3。设置2套墙壁式消火栓系统水泵接合器。消火栓给水管道采用内外静电环氧喷涂钢塑复合管。

（二）自动喷水灭火系统

自动喷水灭火系统用水量为30L/s，供水水泵扬程为100m，系统不分区。包厢内采用ZSTB-20边墙型标准响应型玻璃球洒水喷头（$K=115$），其余均采用普通玻璃喷头（$K=80$）。共设置6个湿式报警阀，集中设置在地下一层的消防水泵房内。设置2套墙壁式自动喷水灭火系统水泵接合器。自动喷水灭火系统管道采用内外静电环氧喷涂钢塑复合管。

（三）固定消防炮系统

比赛厅、观众入口厅处设固定消防炮保护，系统用水量为40L/s，供水水泵扬程为150m，固定消防炮系统的控制：固定消防炮喷水，水流指示器动作，反映到区域报警盘和总控制盘，同时反映到消防中心，自动或手动启动任一台固定消防炮加压泵。消防中心能自动和手动启动固定消防炮加压泵，也可在泵房内就地控制。其运行情况反映到消防中心和泵房控制盘上。各水流指示器动作，均应向消防控制中心发出声光信号。

（四）气体灭火系统

在地下一层变配电室、柴油发电机房设置管网式七氟丙烷气体灭火系统；在地下一层通信机房、网络机房、一层公共广播机房、安防监控机房、CCTV机房、电视发送室、电视转播机房、关键用户机房、现场通信机房、成绩处理机房、计时记分机房、大屏控制室、23.650m层的现场解说、功放机房、升旗系统监控室、计时计分监控室、灯光配电控制室、安保观察室、灯光配电机房等处增设柜式七氟丙烷气体灭火系统。

三、工程特点及设计体会

本工程屋面是不规则曲面，屋面各天沟标高、汇水面积变化较大，设计时考虑在施工过程中会有调整，经综合考虑，选用重力流雨水排水系统。

金属屋面中标单位的施工方案图，根据屋面曲线及金属直立锁边走向，共有超过100道雨水天沟，每道天沟的汇水面积少则十几平方米，多则几百平方米，雨水系统管道按实际汇水量重新计算并进行了调整。实际施工中，对于坡度大的天沟，在每个雨水斗下游设置了挡水板。

四、工程照片及附图

鸟瞰照片一

鸟瞰照片二

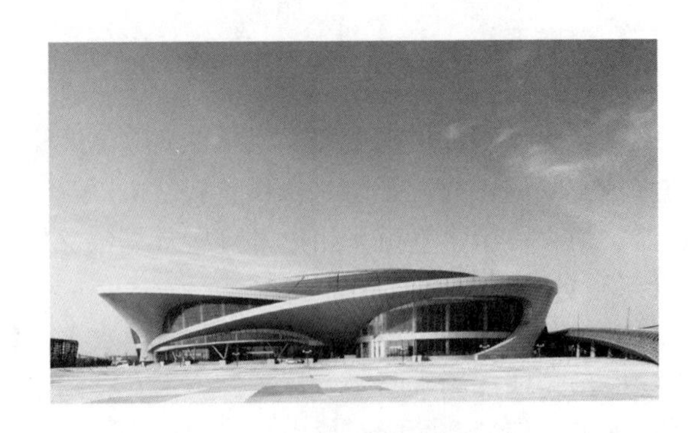

日景照片

夜景照片

场地照片一

场地照片二

观众厅照片

门厅照片一

门厅照片二

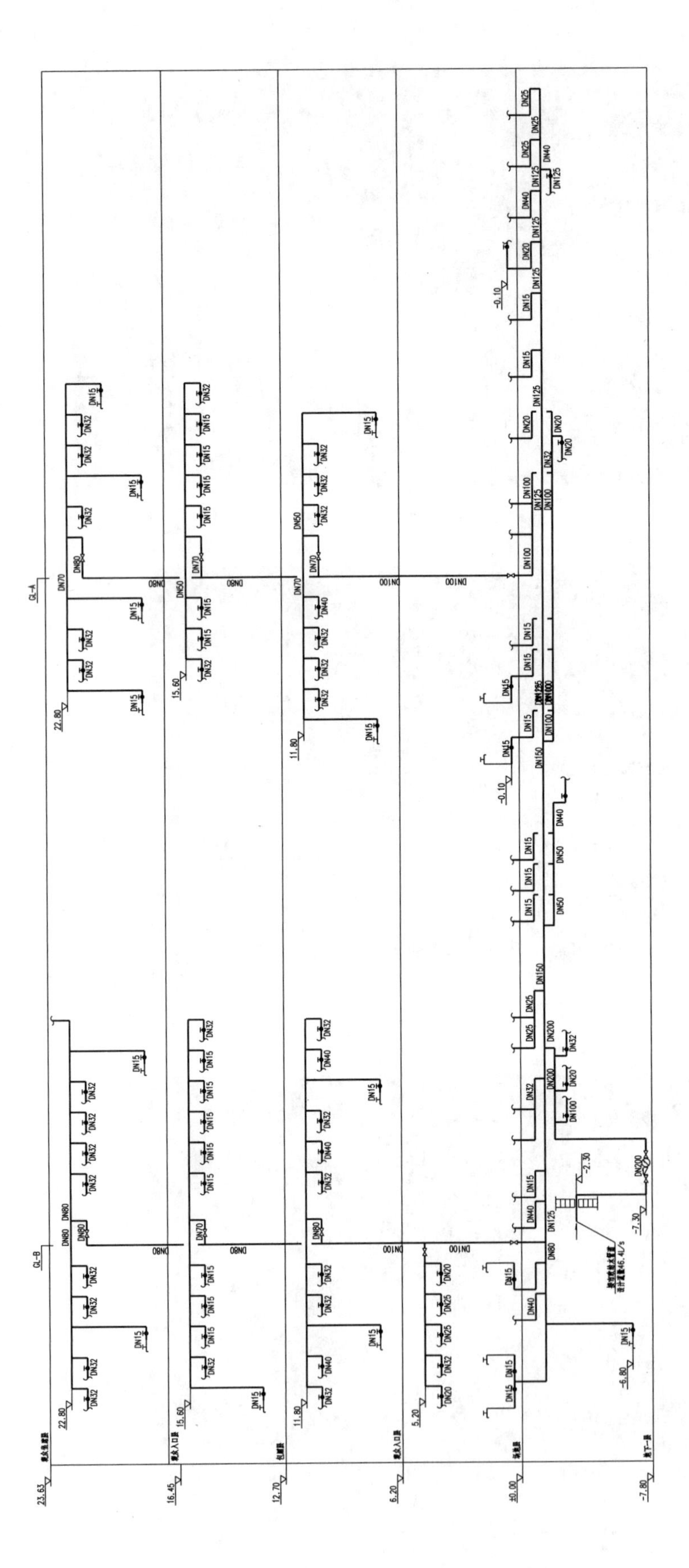

生活给水管道系统展开图

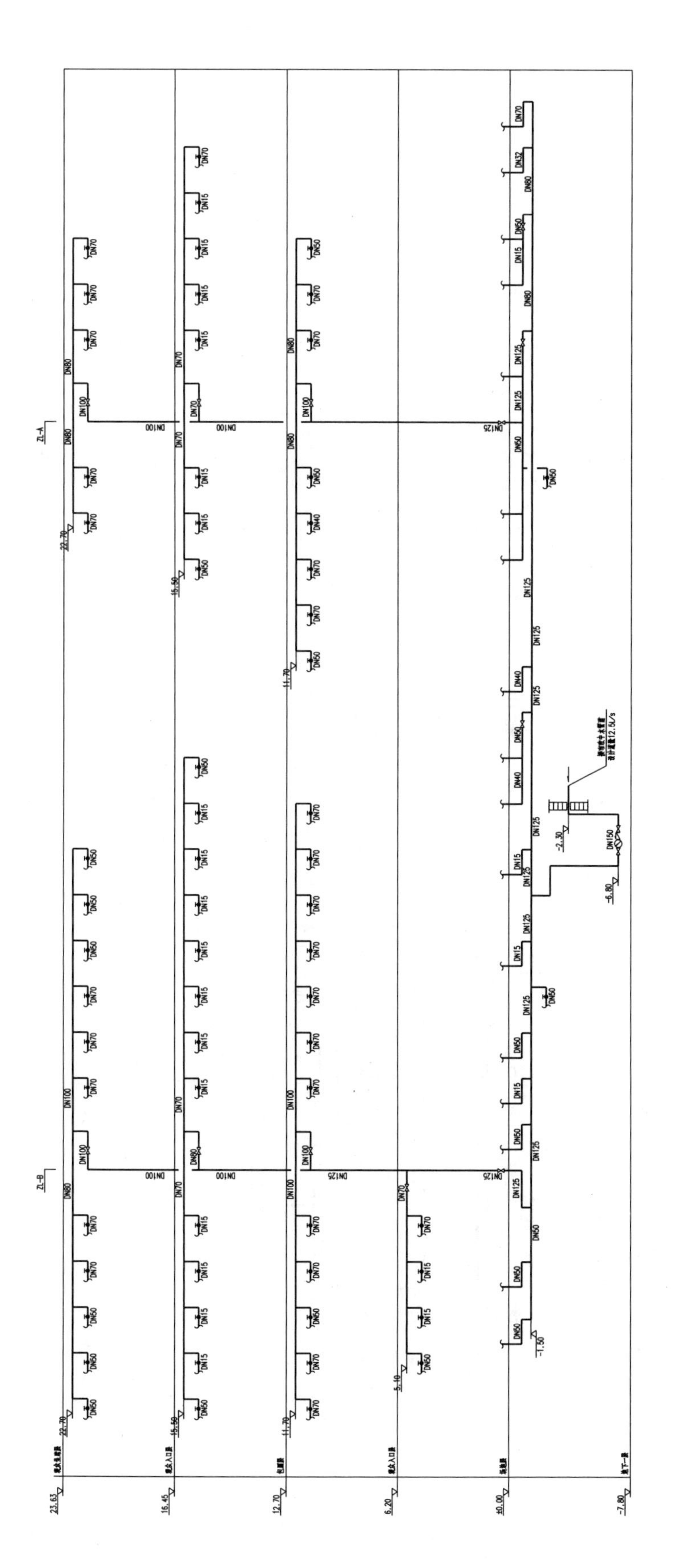

中水管道系统展开图

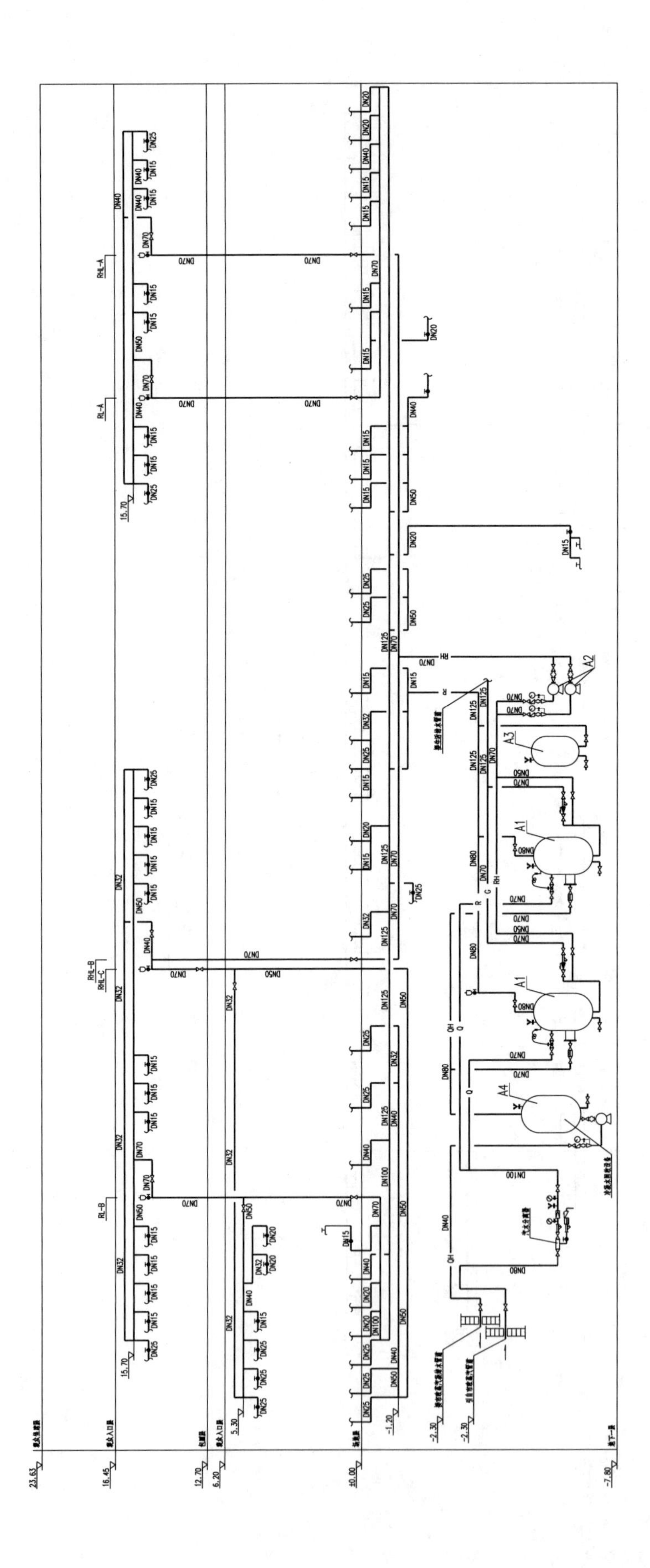

热水管道系统展开图

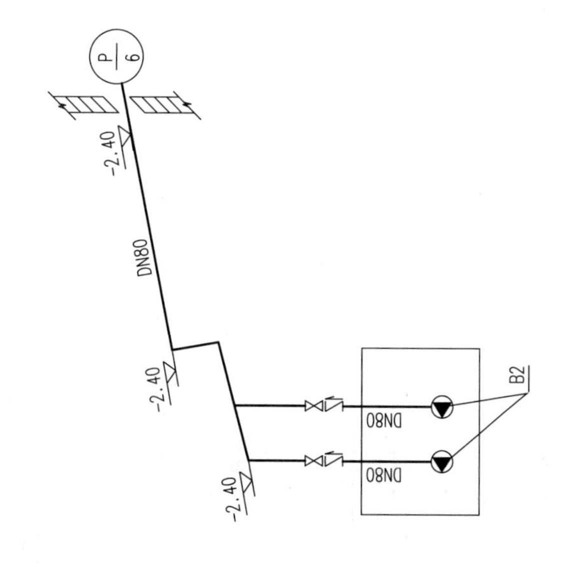
P
6
-2.40
DN80
-2.40
-2.40
DN80
DN80
B2

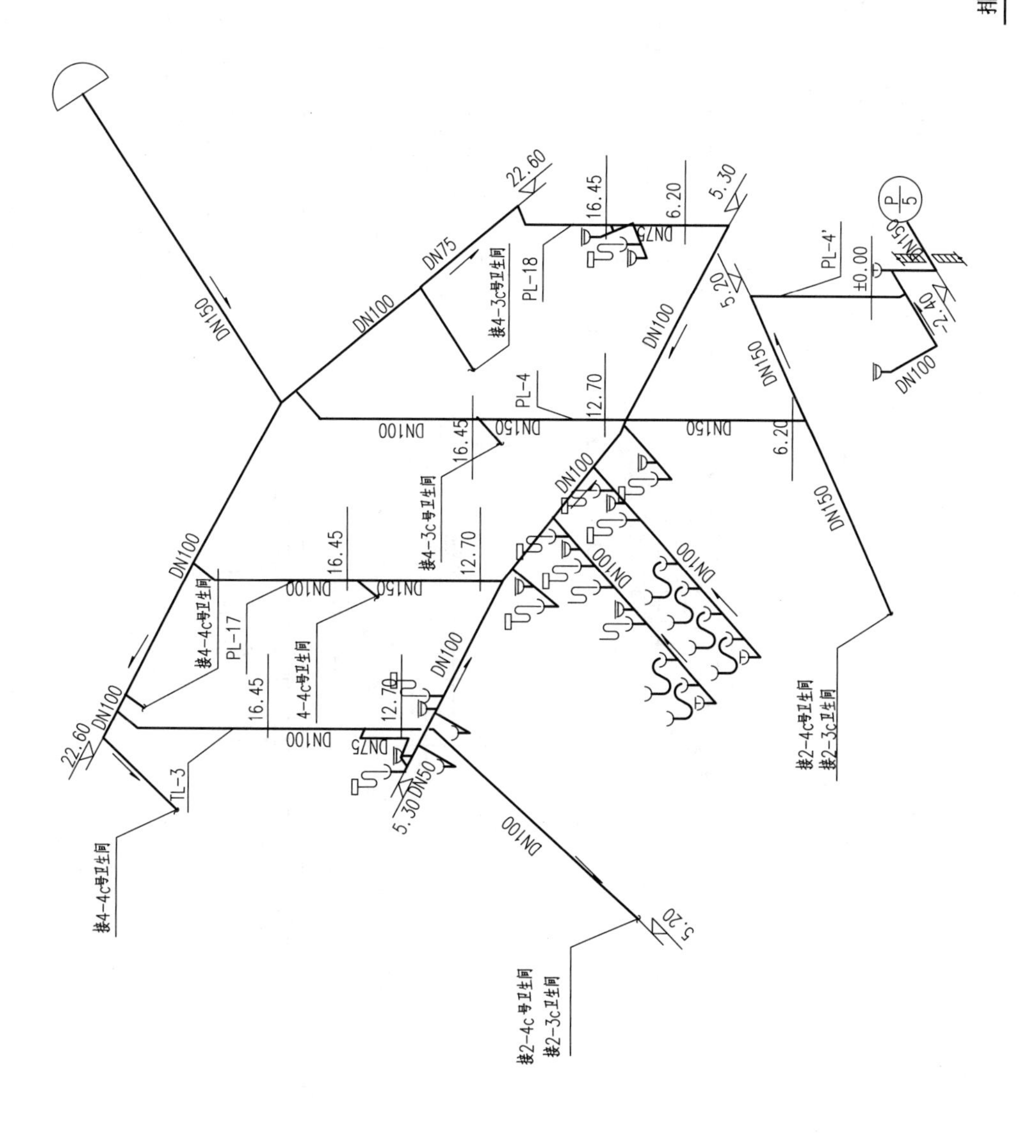
DN150
22.60
DN75
DN100
16.45
6.20
5.30
PL-18
DN100
PL-4
12.70
DN100
DN150
DN150
PL-4'
±0.00
5.20
DN150
6.20
DN150
DN100
P
5
DN100
PL-17
16.45
12.70
DN100
DN75
DN50
5.30
TL-3
22.60
DN100
5.20
接4-4c号卫生间
接2-4c号卫生间
接2-3c卫生间

排水管道系统图

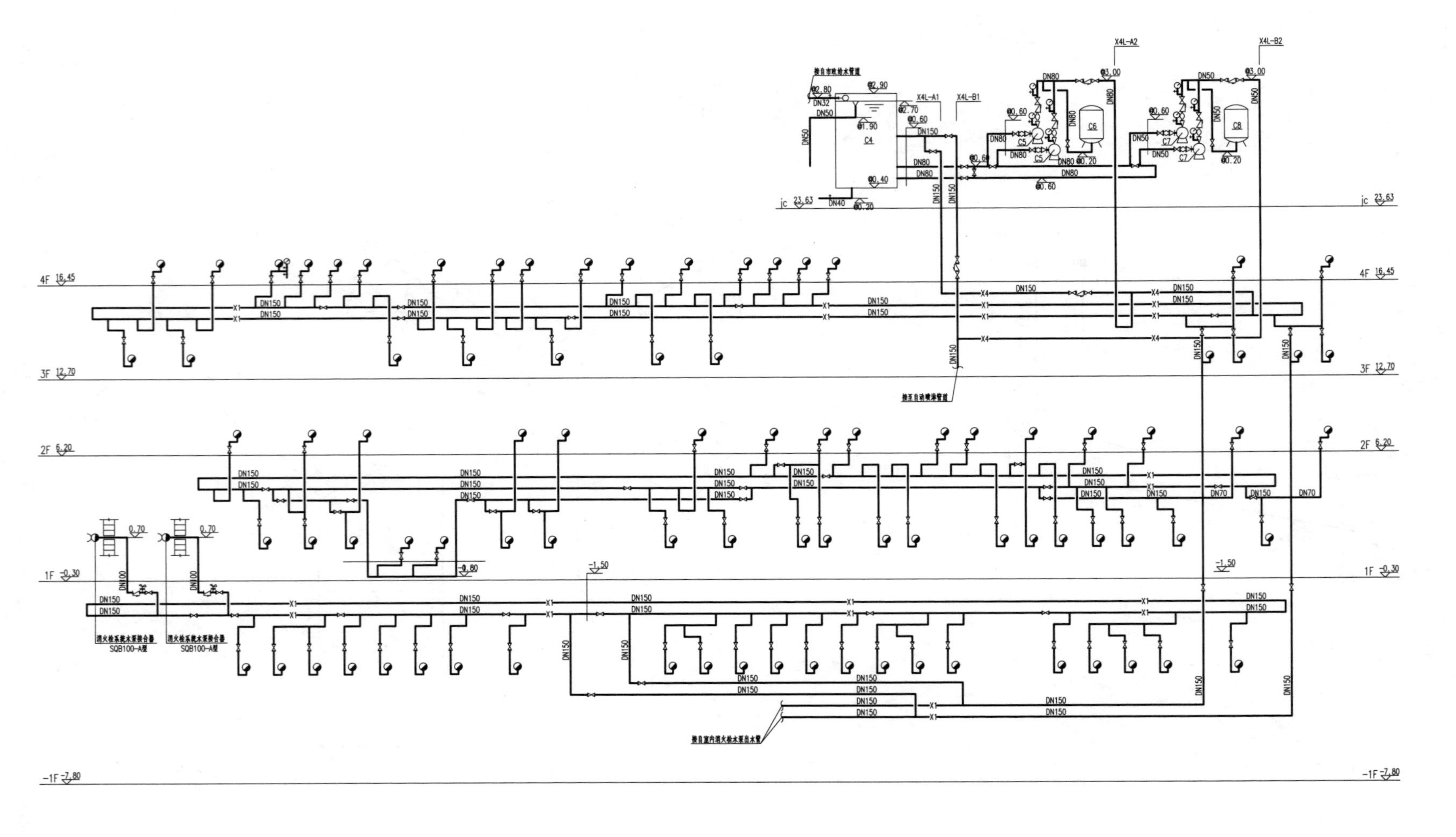

室内消火栓管道系统展开图

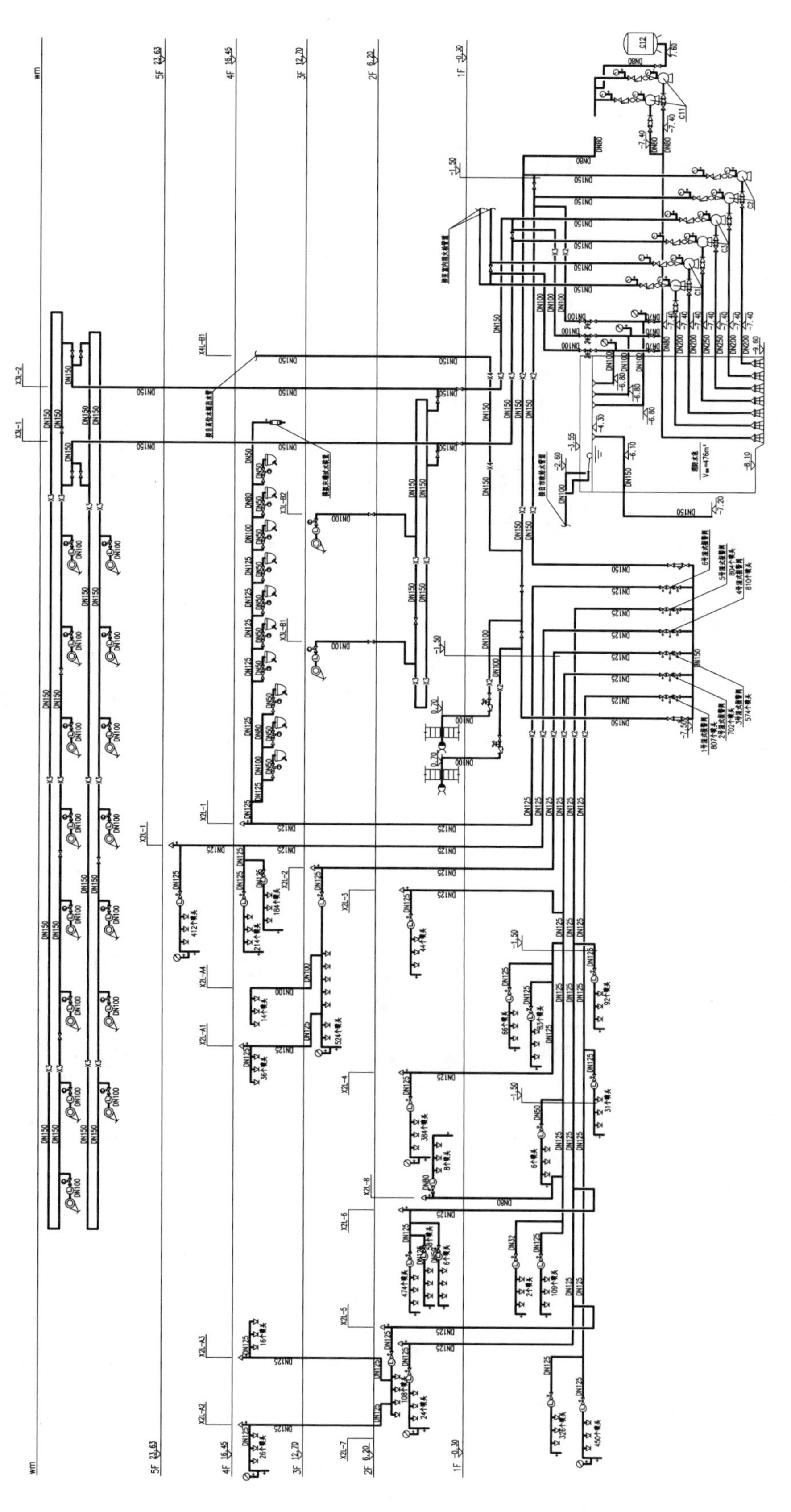

自动喷淋和固定消防炮管道系统展开图

南昌绿地紫峰大厦

设计单位：华东建筑设计研究院有限公司华东建筑设计研究总院
设 计 人：李鸿奎　江凯　楼睿竑　徐琴　胡明　张霞
获奖情况：公共建筑类　一等奖

工程概况：

本项目位于江西省南昌市高新区，基地南至紫阳大道，东至创新一路，为超高层综合体，包括一座58层268m高的多用途塔楼和5层的裙楼组成。地上总面积为145732m^2，地下总面积为65380m^2，总建筑面积211112m^2。塔楼里的甲级智能化办公部分面积占68965m^2，五星级酒店（洲际华邑酒店）部分占37475m^2。商业零售面积39292m^2。

地下室共2层，包括酒店后勤部、停车场、卸货和设备空间；一层为办公楼主大堂、酒店大堂及商业零售；二～五层商业、会议室及宴会厅等；六～三十七层为办公；三十八层为避难层兼设备转换层；三十九层及四十层包括酒店空中大堂及空中大堂夹层。四十一～五十四层为酒店；五十五～五十六层为酒店休闲娱乐设施及餐厅层；五十七～五十八层为设备机房层，为一类建筑。设计时间2010年1月 ～2013年1月。

工程说明：

一、给水排水系统

（一）给水系统

1. 冷水用水量见表1：最高日用水量＝2223.1m^3/d，最大时用水量＝242.80m^3/h。

冷水用水量　　表1

序号	用水类别	用水标准	数量	使用时间(h)	时变化系数	最高日用水量(m^3/d)	平均时用水量(m^3/h)	最大时用水量(m^3/h)	备注
1	办公	50L/(人·d)	5750人	10	1.5	287.5	28.75	43.13	
2	商业	6 L/(人·d)	7000人次	12	1.5	42	3.5	5.25	
3	餐饮	50/人餐	2000人次	12	1.5	100	8.50	12.45	
	酒店								
4	酒店客房	400L/(人·d)	640人	24	2.5	256	10.70	26.70	标准间320间
5	工作人员	100L/(人·d)	320人	24	2.5	32	1.35	3.50	1∶1
6	餐厅	50L/人次	1280人	12	1.5	64	5.50	8.00	
7	职工餐厅	25L/人次	640人次	12	1.5	16	1.35	2.00	
8	洗衣房								
9	酒店客房	60L/kg干衣	320间	8	1.5	105.6	13.2	19.8	90% 5.5kg/(d·间)

续表

序号	用水类别	用水标准	数量	使用时间 (h)	时变化系数	最高日用水量 (m^3/d)	平均时用水量 (m^3/h)	最大时用水量 (m^3/h)	备注
10	酒店餐厅	60L/kg 干衣	1280 人	8	1.5	15.36	1.92	2.88	20kg 干衣 /100 人
11	泳池补水	10%池容积	350m^3	10	1.5	35.00	3.5	5.25	0
12	空调冷却补充水	1.5%		16	1.0	1003.5	87.75	87.75	
13	锅炉房	0.50	8	16	1.0	64.00	4.0	4.0	
14	小计					2021	170.02	220.71	
					未预见水量 (10%)	202.10	17.02	22.10	
15	合计					2223.1	187.11	242.80	

2. 水源：基地由市政自来水公司管网供水，供水压力 0.15～0.20MPa。

3. 根据使用功能及竖向静水压的要求，供水分区见表 2。

供水分区 **表 2**

序号	区域层数	供水方式	最不利处 P 静水压(MPa)	最大处 P 静水压(MPa)	备注
裙房商业					
1	地下二层～裙房一层原水）	市政自来水直接供水	0.15	0.20	0.15≤P≤0.45
2	裙房二～五层（原水）	变频给水组	0.15	0.30	0.15≤P≤0.45
办公					
1	六～十一层	变频给水组＋减压阀	0.15	0.35	0.15≤P≤0.45
2	十二～十六层	变频给水组	0.15	0.31	0.15≤P≤0.45
3	十七～二十三层	变频给水组	0.15	0.42	0.15≤P≤0.45
4	二十四～三十层	变频给水组＋减压阀	0.15	0.396	0.15≤P≤0.45
5	三十一～三十七层	变频给水组	0.15	0.436	0.15≤P≤0.45
酒店					
1	地下一层	变频给水组＋减压阀	0.20	0.35	0.20≤P≤0.45
2	五层	变频给水组＋减压阀	0.20	0.35	0.20≤P≤0.45
3	三十九～四十层	变频给水组	0.20	0.28	0.20≤P≤0.45
4	四十一～四十五层	变频给水组	0.20	0.348	0.20≤P≤0.45
5	四十六～五十层	变频给水组	0.20	0.348	0.20≤P≤0.45

续表

序号	区域层数	供水方式	最不利处 P 静水压(MPa)	最大处 P 静水压(MPa)	备注
6	五十一～五十四层	变频给水组	0.20	0.31	0.20≤P≤0.45
7	五十五～五十八层	变频给水组	0.20	0.36	0.20≤P≤0.45

4. 供水方式及给水加压设备

(1) 供水方式（表 3）

本项目为超高层综合体，给水系统根据不同功能对用水水压、水质和物业管理等不同要求，分别设置独立且不同的供水系统。市政给水管经水表计量后直接供至地上一层～地下二层公共卫生间、车库、各设备机房等给水，其余生活用水进入地下二层生活水泵房生活贮水池（商业、办公和酒店分别设置），商业、办公和酒店分别设置独立给水系统，均由变频泵组供水，除办公二十三～十七层为重力供水。酒店用水经净化+软化处理后供至客房、洗衣房、厨房等，办公和酒店系统为串联供水。组供水。供水分区压力为 0.15MPa≤静压≤0.45MPa。各区内静水压力大于 0.20MPa 的低层分支管上或支供水管上加设支管减压阀。

供水方式 **表 3**

使用功能/供水分区(最不利处静水压≤P≤最大处静水压)	楼层	供水方式
酒店		
酒店高Ⅰ区	五十五～五十八层(酒店餐厅、健身中心、泳池)	由五十八层生活用水变频给水泵组从五十八层生活水箱汲水加压供水，三十八层(设备层)生活提升泵供水至五十八层高位水箱(与客房层给水泵组分别设置，以免影响客房供水水压)
酒店高Ⅱ区	五十四～五十一层(酒店客房)	由三十八层(设备层)生活水泵房酒店客房变频给水泵组从三十八层酒店中间(兼转输)净水水箱汲水加压后供水
酒店高Ⅲ区	五十～四十六层(酒店客房)	由三十八层(设备层)生活水泵房酒店客房变频给水泵组从三十八层酒店中间(兼转输)净水水箱汲水加压后供水
酒店高Ⅳ区	四十五～四十一层	由三十八层(设备层)生活水泵房酒店客房变频给水泵组从三十八层酒店中间(兼转输)净水水箱汲水加压后供水
酒店高Ⅴ区	四十～三十九层	由三十八层(设备层)生活水泵房酒店厨房、大堂变频给水泵组从三十八层酒店中间(兼转输)净水水箱汲水加压后供水
酒店低区	五～地下一层	由地下二层生活水泵房酒店厨房、洗衣房等变频给水泵组从地下二层酒店净水水箱汲水加压后供水，设转输水泵加压至三十八层酒店中间(兼转输)净水水箱
办公		
办公Ⅰ区	三十七～二十四层	由二十七层(设备层/避难层)生活水泵房办公变频加压泵组从二十七层中间办公水箱汲水加压后供水，三十～二十四层由减压阀供水
办公Ⅱ区	二十三～十七层	由二十七层(设备层/避难层)中间办公水箱中重力供水
办公Ⅲ区	十六～六层	由地下二层生活水泵房办公变频加压泵组从地下二层办公水池汲水加压后供水，十一～六层由减压阀供水
商业及地下室		
商业 区	五～二层	由地下二层生活水泵房商业变频加压泵组从地下二层商业水池汲水加压后供水
地下室区	一～地下二层	由市政自来水直接供水

（2）给水加压设备（表 4）

给水加压设备 **表 4**

供水系统(按使用功能)	供水设备设置楼层	供水设备
酒店		
酒店高Ⅰ区 五十五～五十七层	五十八层设备层	恒压变频加压泵组(一频一泵) Q=18m³/h,H=25m,N=3.0kW(2 用 1 备)(自带气压罐、控制柜)
酒店高Ⅱ区 五十四～五十一层	三十八层设备层	变频加压泵组(一频一泵) Q=15m³/h,H=105m,N=7.5kW (2 用 1 备)(自带气压罐、控制柜)
酒店高Ⅲ区 五十～四十六层	三十八层设备层	变频加压泵组(一频一泵) Q=15m³/h,H=90m,N=7.5kW (2 用 1 备)(自带气压罐、控制柜)
酒店高Ⅳ区 四十五～四十一层	三十八层设备层	变频加压泵组(一频一泵) Q=15m³/h,H=70m,N=5.5kW (2 用 1 备)(自带气压罐、控制柜)
酒店高Ⅴ区 四十～三十九层	三十八层设备层	变频加压泵组(一频一泵) Q=15m³/h,H=55m,N=4.0kW (2 用 1 备)(自带气压罐、控制柜)
酒店低区 五～地下一层	地下二层	变频加压泵组(一频一泵) Q=20m³/h,H=55m,N=7.5kW (3 用 1 备)(自带气压罐、控制柜)
酒店加压及 转输水泵	地下二层	酒店原水给水泵 Q=40.00m³/h,H=50m,N=11kW(1 用 1 备) 水处理反冲洗给水泵 Q=140m³/h,H=35m,N=30kW(1 用 1 备) 软化水给水泵组 Q=20m³/h,H=30m,N=4kW(1 用 1 备) 酒店(B1-B2 层)软化水变频给水泵组 Q=20m³/h,H=40m,N=5.5kW,X2(2 用 1 备)(自带气压罐、控制柜)
办公		
办公Ⅰ区 三十七～二十四层	二十七层(设备层/避难层)	生活变频给水组 Q=15m³/h,H=60m,N=5.5kW(2 用 1 备)(自带气压罐、控制柜)
办公Ⅲ区 十六～六层	地下二层	生活变频给水组 Q=10m³/h,H=105m,N=7.5kW(2 用 1 备)(自带气压罐、控制柜)
办公转输水泵 (地下二层～二十七层转输水箱)	地下二层	办公转输水泵 Q=30.00m³/h,H=140m,N=37kW(1 用 1 备)
商业		
商业(五～二层)	地下二层	生活变频给水组 Q=20m³/h,H=60m,N=11.0kW,X2(2 用 1 备)(自带气压罐、控制柜)

5. 管材

（1）室内部分：

1）生活冷、热水给水管采用薄壁不锈钢管，环压连接。

2）冷却循环水管道采用螺旋焊接钢管，焊接连接，阀门等活节处法兰连接。

（2）室外部分：给水管：管径大于或等于 *DN*100 采用球墨铸铁给水管，承插连接；管径小于 *DN*100 采用热浸镀锌钢管，丝扣连接，外设置防腐层。

（二）热水系统

1. 热水用水量见表 5：最高日用水量＝37.61m³/d，最大时用水量＝37.61m³/h

热水用水量　　表 5

建筑类型	60℃水用水定额 q_r		用水单位数 m	热水供应时间 T (h)	小时变化系数 K_h	最大时热水用量 Q (m³/h)	热水日用量 Q_d (m³/d)
	值	单位					
酒店客房	160	L/(人·d)	640	24	3.33	14.25	102.4
工作人员	50	L/(人·d)	320	24	3.33	4.45	16.00
洗衣房	30	L/(kg 干衣·d)		8	1.5	8.91	47.52
酒店餐厅	20	L/人次	1280	12	1.5	3.20	25.6
职工餐厅	10	L/人次	640	12	1.5	0.80	6.40
泳池						6.00	48.00
小计						37.61	245.92

2. 热源

办公、商业部分卫生间为局部热水供应系统，采用容积式电热水器供应热水，酒店部分为集中热水供应系统，热媒为高温热水（90～70℃）。

3. 系统竖向分区：同冷水系统。

4. 供水系统及热交换器

办公及商业卫生间用热水采用容积式电热水器就地供应。

酒店客房、餐厅厨房、泳池和 SPA 区域的附属设施、职工淋浴等生活热水均采用集中热水系统供应。泳池及温水池、按摩池热水由专业公司配合设计热水给水，本设计仅提供冷水水源及热媒。酒店部分热水系统的分区与给水系统相同。各区热交换器进水均由同区给水管提供。热交换器采用导流式容积式水一水热水器。酒店高Ⅰ区热交换器设于五十八层酒店屋顶水箱间，高Ⅱ、Ⅲ、Ⅳ、Ⅴ区热交换器设于三十八层酒店热交换器机房内。酒店低区（裙房＋地下室）及洗衣房用热交换器设于地下二层酒店热交换器机房内。

热交换器参数见表 6：

热交换器参数　　表 6

热交换器用途	热交换器设置楼层	热交换器型号及规格、数量
酒店高Ⅰ区	酒店屋顶水箱间	ϕ1200，V=2.0m³，F=8.9m²，2 台
酒店高Ⅱ区	三十八层酒店热交换器机房	ϕ1600，V=4.0m³，F=10.8m²，2 台
酒店高Ⅲ区	三十八层酒店热交换器机房	ϕ1600，V=5.0m³，F=13.1m²，2 台
酒店高Ⅳ区	三十八层酒店热交换器机房	ϕ1600，V=5.0m³，F=13.1m²，2 台
酒店高Ⅴ区	三十八层酒店热交换器机房	ϕ1200，V=1.5m³，F=8.9m²，2 台
酒店洗衣房、厨房(部分)	地下一层酒店热交换器机房	ϕ1200，V=3.0m³，F=10.9 m²，2 台
酒店职工淋浴、厨房	地下一层酒店热交换器机房	ϕ1200，V=2.0m³，F=8.9m²，2 台

5. 冷、热压力平衡措施、热水温度的保证措施

冷、热水采用同源，热水、热回水管道设置为同程，供水泵组采用恒压变频给水组，一频一泵控制，出水压力控制在0.011～0.02MPa；热水供水系统设置循环泵，客房部分采用24h循环，设温度传感器控制启停，公共部分为定时循环。

6. 管材

热水给水管、热回水管采用薄壁不锈钢管，环压连接，机房部分与加热设备、水泵连接处为法兰连接。

（三）排水系统

1. 排水系统形式及通气管设置方式

室内污、废合流。公共卫生间排水设排水主立管、支管，主通气立管和环形通气管；酒店客房排水采用WAB特殊单立管排水系统，其上部特殊管件采用WAB加强型旋流器，排水管底部采用WAB弯头及设置泄压管。地下室等无法用重力排水的场所，设置集水坑，采用潜水泵提升后排出。

2. 采用的局部污、废水处理设施

室内污水排至室外后经化粪池排与室外废水管合流；餐饮厨房含油废水设器具隔油和新鲜油脂分离器隔油处理后设单独排水管排出，与其他生活废水一起排入丰和大道市政污水管网。

3. 管材

（1）室内部分

1）排水管采用机制排水铸铁管，承插柔性接口连接；雨水管均采用HDPE塑料排水管及配件，卡箍连接。

2）裙房雨水排水采用HDPE塑料管，热熔连接；塔楼雨水排水采用热浸镀锌内涂塑或衬塑钢管及配件，管径大于或等于*DN*100采用优质沟槽式机械接头连接，管径小于*DN*100采用丝扣连接。

（2）室外部分

1）排水管采用HDPE双壁缠绕塑料排水管，弹性密封圈承插连接。

2）排水窨井：塑料排水检查井。

二、消防系统

（一）消火栓系统

1. 消防用水量

室外消火栓系统30L/s，火灾延续时间3h；室内消火栓系统40L/s，火灾延续时间3h；大空间智能型主动喷水灭火系统20L/s，火灾延续时间1h；防火玻璃防护冷却系统35L/s，火灾延续时间2h。

2. 消防水源

市政自来水管网路供水，满足室外消火栓低压制供水要求；市政自来水管道引入管供至消防水池，消防水泵汲取消防水池内水供至消防供水系统；消防水池有效容积：1080m^3，设置在地下二层消防泵房内。

3. 供水方式

（1）室外消火栓消防系统：室外消火栓消防系统采用低压制。由紫阳大道市政给水总管上引入一根*DN*250进水管，上设*DN*250倒流防止器和水表计量，同时由创新一路市政给水总管上引入一根*DN*250进水管，上设*DN*250倒流防止器和水表计量后，在基地内形成*DN*250供水环网，在总体适当位置和水泵接合器附近设置室外消火栓，供消防车取水。各消火栓间距不超过120m。

（2）室内消火栓消防系统

采用临时高压供水系统，串联供水方式供水。在地下室设置消防水池外，十五、二十七、三十八、五十八层均设置100m^{3}消防水箱，十五、二十七、三十八层为中间转输水箱，五十八层为屋顶消防水箱；地下二、十五、二十七、三十八、五十八层设消防泵供水各区域消火栓供水系统（见以下分区列表），十五、二十七、三十八层设转输水泵转输上一级水箱。供水分区供水压力不超过0.12MPa，静压高区不超过

0.10MPa，分区以不考虑设置减压阀为原则，除五～地下二层（地下室及裙房）供水区域外；各供水区域除三十八、五十八层设置消防稳压泵（1用1备）及稳压固罐300L供水该区域，其余部分均由上级中间水箱供水初期火灾用水；分区设置水泵接合器。

4. 系统分区（表7）

消防系统分区 **表7**

分区	供水设备设置楼层	供水方式	平时稳压设施
高Ⅰ区	五十八～四十九层	由高区室内消火栓供水泵从屋顶五十八层消防水箱汲水加压供水	屋顶消防水箱和局部增压设施
高Ⅱ区	四十八～三十八夹层	由高区室内消火栓供水泵从三十八层中间消防水箱汲水加压并经减压阀减压后供水	
高Ⅲ区	三十八～二十四层	由高区室内消火栓供水泵从二十七层中间消防水箱汲水加压并经减压阀减压后供水	三十八层高位消防水箱和局部增压设施
低Ⅰ区	二十三～十二层	由低区室内消火栓供水泵从十五层中间消防水箱汲水加压	二十七层高位消防水箱
低Ⅱ区	十一～二层（塔楼）	由低区室内消火栓供水泵从地下二层消防水池汲水加压供水	十五层高位消防水箱
低Ⅲ区	五～地下二层（地下室及裙房）	由低区室内消火栓供水泵从地下二层消防水池汲水加压并经减压阀减压后供水	

5. 消火栓水泵（或转输水泵）、稳压装置参数见表8。

消火栓水泵（或转输水泵）、稳压装置参数 **表8**

分区	设备设置楼层	消火栓水泵(或转输水泵)及其稳压装置设施
高Ⅰ区五十八～四十九层	五十八层(屋顶)	消防供水泵：Q=0～40L/s，H=30m，N=22kW 消火栓稳压泵组：Q=5L/s，H=30m，N=3kW 稳压罐 $V_{效}$=300L
高Ⅱ区四十八～三十八夹层	三十八层(设备/避难层)	消防供水泵：Q=0～40L/s，H=90m，N=75kW 四级消防转输泵：Q=0～40L/s，H=120m，N=90kW 消火栓稳压泵组：Q=5L/s，H=25m，N=3kW 稳压罐 $V_{效}$=300L
高Ⅲ区三十八～二十四层	二十七层(设备/避难层)	消防供水泵：Q=0～40L/s，H=85m，N=55kW(1用1备) 二级消防转输泵：Q=40L/s，H=60m，N=45kW(1用1备)
低Ⅰ区二十三～十二层	十五层(设备/避难层)	消防供水泵：Q=0～40L/s，H=75m，N=75kW(1用1备) 二级消防转输泵：Q=40L/s，H=65m，N=45kW(1用1备)
低Ⅱ区十一～二层(塔楼)	地下二层	消防供水泵：Q=0～40L/s，H=100m，N=75kW(1用1备) 一级消防转输泵：Q=0～40L/s，H=90m，N=75kW(1用1备)
低Ⅲ区五～地下二层(地下室及裙房)		

6. 水泵接合器

低Ⅱ、Ⅲ区：3套；低Ⅰ区：室外消火栓系统3套；一级转输水箱3套，P=1.6MPa，DN150。

7. 管材：室内、外消火栓、自动喷水灭火、大空间智能型喷水灭火、自动消防炮系统消防管：均采用热镀锌无缝钢管。管径小于DN100采用热镀锌钢管及配件，丝扣连接；管径大于或等于DN100采用热轧无缝钢管及配件，内外壁热浸镀锌，优质沟槽式机械接头接口，二次安装。

（二）自动喷水灭火系统

1. 用水量

自动喷水灭火系统的用水量 35L/s，火灾延续时间 1h。

喷水强度：

(1) 危险等级：中庭 /其余部分（中危险Ⅰ级）

设计喷水强度：6L/(min·m^2)，作用面积：260/160m^2，喷头工作压力：0.10MPa。

(2) 危险等级：地下车库部分、裙房商业等（中危险Ⅱ级）

设计喷水强度：8L/(min·m^2)，作用面积：160m^2，喷头工作压力：0.10MPa，设计系统用水量 Q=35L/s。

2. 消防水源：同消火栓系统。

3. 供水方式：系统同消火栓系统，各供水区域自动喷水灭火供水泵、转输水泵（备用泵与消火栓系统合用）从消防水池或中间消防水箱（转输）汲水加压，供给各区自动喷水灭火系统用水。各区自动喷水灭火供水泵。三十八、五十八层处自动喷水灭火稳压泵两台（1 用 1 备）及 150L 气压水罐满足该区域火灾初起时的系统水压要求，其余供水区域均由上一级中间水箱（转输）或屋顶水箱供水初期火灾用水，系统按配水管压力不超过 1.2MPa 分区。报警阀组前均为环状供水，每层配水管均支状供水。

4. 系统分区（表 9）

系统分区 **表 9**

分区	供水楼层	供水方式	平时稳压设施
高Ⅰ区	五十八～四十九层	由高区自动喷水灭火供水泵从五十八层中间消防水箱汲水加压供水	屋顶消防水箱和局部增压设施
高Ⅱ区	四十八～三十八层	由高区自动喷水灭火供水泵从三十八层中间消防水箱汲水加压供水	三十八层中间消防水箱和局部增压设施
高Ⅲ区	三十七～二十三层	由高区自动喷水灭火供水泵从二十七层中间消防水箱汲水加压供水	三十八层中间消防水箱和局部增压设施
低Ⅰ区	二十二～十一层	由低区自动喷水灭火供水泵从十五层中间消防水箱汲水加压供水	二十七层中间消防水箱
低Ⅱ区	十～地下二层	由低区自动喷水灭火供水泵从地下二层消防(冷却)水池汲水加压并经减压阀减压后供水	十五层中间消防水箱

5. 自动喷水灭火水泵（或转输水泵）、稳压装置参数（表 10）

自动喷水灭火水泵（或转输水泵）、稳压装置参数 **表 10**

分区	设备设置楼层	水泵(或转输水泵)及其稳压装置设施
高Ⅰ区	五十八层	消防泵 Q=0～35L/s,H=40m,N=30kW(1 用 1 备) 稳压装置 Q=1L/s,H=35m,N=3kW(1 用 1 备)稳压罐 $V_{效}$=150L
高Ⅱ区	三十八层	消防泵 Q=0～35L/s,H=100m,N=75kW(1 用 1 备) 四级消防转输泵:Q=0～35L/s,H=120m,N=75kW(1 用 1 备) 稳压装置 Q=1L/s,H=35m,N=3kW(1 用 1 备)稳压罐 $V_{效}$=150L
高Ⅲ区	二十七层	消防泵:Q=0～35L/s,H=90m,N=55kW(1 用 1 备) 三级消防转输泵:Q=0～35L/s,H=60m,N=37kW(1 用 1 备)
低Ⅰ区	十五层	消防泵:Q=0～35L/s,H=80m,N=55kW(1 用 1 备) 二级消防转输泵:Q=0～35L/s,H=65m,N=45kW(1 用 1 备)
低Ⅱ区	地下二层	消防泵 Q=35L/s,H=105m,N=75kW(1 用 1 备) 一级消防转输泵:Q=35L/s,H=95m,N=55kW(1 用 1 备)

6. 喷头选型：闭式喷头：除地下车库采用易熔合金闭式喷头外，其余部分均采用玻璃泡闭式喷头，所有喷头均为 $K=80$，快速响应喷头，不得采用隐蔽型吊顶喷头。地下汽车库及无吊顶设备用房采用直立型喷头，厨房部位采用上下喷式喷头或直立型喷头。

温级：喷头动作温度除厨房、热交换机房等部位采用93℃级外，其余均为68℃级（玻璃球）或72℃级（易熔合金）。

7. 湿式报警阀组：$DN150$，$P=1.2$MPa，31套。

8. 水泵接合器：自动喷淋系统2组，低Ⅱ区3套，一级转输水箱3套。规格：地上式，$P=1.6$MPa，$DN150$。

9. 管材：同室内消火栓系统。

（三）水喷雾灭火系统

锅炉房采用水喷雾灭火系统，就近设置雨淋阀站，由自动喷水灭火系统管网供水至雨淋阀站。喷雾强度采用20L/(min·m^2)，持续喷雾时间为0.5h，系统设计用水量27L/s，水雾喷头工作压力大于或等于0.35MPa。系统与自动喷水灭火系统合用消防水泵。系统控制方式：采用自动控制、手动控制和应急机械启动。

（四）气体灭火系统

地下室的变电器室、高低压配电间、UPS室、集控中心、电话机房、避难层的变配电间等以及信息机房、网络机房、自动化机房、消防安保主控中心、柴油发电机房等均采用气体灭火系统。气体灭火拟采用IG-541洁净气体，设计浓度为37.5%～43%，当IG-541混合气体灭火剂喷放至设计用量的95%时，其喷放时间不应大于60s，且不应小于48s。灭火浸渍时间为10min。系统控制方式：采用自动控制、手动控制和应急机械启动。

（五）大空间智能型主动喷水灭火系统

系统设置：本工程在商业裙房净高大于12m的中庭，设置大空间智能型主动喷水灭火系统。单台流量：5L/s，工作压力：0.6MPa，射程20m，全面积保护，两行布置，同时开启水炮个数4个，设计流量20L/s，与自动喷水灭火系统合用消防水泵，采用高位消防水箱稳压，系统采用自动启动、控制室手动控制、现场控制三种方式。

三、工程设计特点、难点

（一）设计特点：本工程为超高层综合体（主体高268m），功能较多，给水系统根据不同功能对用水水压、水质和物业管理等不同要求，分别设置独立且不同的供水系统。酒店给水考虑设置水质净化处理＋软化设施。商业裙房、办公、酒店各自独立给水系统：地下层～地上一层市政自来水直供：办公部分为采用串联供水，变频给水泵、重力混合供水方式；商业裙房部分为变频给水泵组供水；酒店部分为串联、变频给水泵组供水。商业、办公采用局部热水供应系统，卫生间选用电热水器；商业餐饮选用容积式燃气热水器；酒店客房、洗衣房和厨房采用集中热水供应系统，采用容积式热交换器及热水循环泵，热水供水管、热水回水管为同程管路。雨水收集、回用，雨水经简易水处理（机械过滤＋消毒），用于室外绿化用水。各供热水系统分区同冷水区域。太阳能热水作为预热系统，提高热水系统冷水进水水温，充分利用可再生能源。空调冷却水系统按冷水机组设置匹配，按商业、办公、酒店分别设置（采用开式冷却塔），办公另设24h用户冷却水系统（采用开式冷却塔＋板式热交换器），设置化学水处理及加药装置，保证冷却循环水水质。室内污、废分流；污水经化粪池后与废水合流排入市政污水管网；室外污、废水与雨水分流，雨水排入市政雨水管。酒店部分采用特殊单立管系统，办公、裙房商业设环形通气管。室外总体雨水接入市政雨水管前设雨水调蓄池及简易水处理，供室外绿化给水。消防给水：室外消火栓系统采用低压制（两路市政自来水管网供给）；室内消火栓系统、自动喷水系统为临时高压。根据相关公安部组织消防专家评审会建议：除地下室设置室内消防用水量贮水池外，在十五、二十七、三十八、五十八层均设置100m^{3}中间消防水箱（五十八层为屋顶消防水箱），且各消防给水分区不应设置减压阀分区，供水分区压力大于 1.2MPa，在裙房商业防火区内涉及疏散走道并设有耐火极限 1h 防火玻璃上方，应独立设置自动喷水系统冷却保护，历时 2h。以上两点均作为超出 250m 超高层建筑的加强措施要求。裙房商业、酒店大堂净高大于 12m 均设置自动扫描射水高空水炮灭火装置。地下室的变电器室、高低压配电间、UPS 室、集控中心、电话机房、避难层的变配电所、间等以及信息机房、网络机房、自动化机房、消防安保主控中心、柴油发电机房等均采用气体灭火系统。气体灭火系统拟采用 IG-541 组合分配式全淹没灭火系统，分别在地下一层、三个避难层设备机房等处设有钢瓶间。给水系统各供水系统均能满足不同的使用功能要求，同时对后期运行、管理极大的便利及效益。消防系统在公安部组织消防专家评审会建议下，消防给水系统采取了增强措施，由原设计传统室内消防供水系统为串联临时高压系统，改为了增加高位消防的容积（原 $60m^3$ 改为 $100m^3$），同时，取消减压阀的设置，大大增加了消防给水系统的可靠性、安全性。

由于建筑平、立面的需求及投资的控制，最终太阳能热水系统没有得以实施。

（二）设计难点

1. 管道综合及给排水管井优化

本工程为超高层综合体（主体高 268m），功能较多，建筑、结构均在使用功能转换层，需要转换层，其中有电梯井道的转换、结构形式的转换，造成给排水管道需要转换，结合其中机电专业管道综合因素敷设管道，同时甲方为充分利用各避难层使用面积，造成各机电设备机房设置面积不够，而引起大量的协调和调整，所以需要充分合理考虑机电机房楼层设置、管道综合优化，不仅需要考虑各机电专业的机房楼层设置、管道需要符合其自身设计规范要求，同时需要最终满足建筑装修等净高要求。在方案之初，在某些层高较为紧张的楼层区域，充分考虑管道敷设对建筑净高的影响，针对行布置给水排水管井时，尤其对给水管、消防管、排水管汇合成层，尽可能避让暖通风管外，有的放矢将给排水管井设置在避让大风管进、出管的部位，避免与其交叉，满足了给排水管道设计要求的同时，也符合室内装修设计净高的要求。

2. 大型超高层综合体排水管出户管之难点技术问题解决

目前大部分该类工程均为满堂地下室、裙房、主塔，往往裙房、主塔部分（地下一层顶部）排水横干管排至出户管距离较长，会严重造成排水管道敷设过长、坡降较大，严重影响地下一层商业等净高，大大增加的管道堵塞的几率，同时往往由于出户管排出标高过深，导致总体排水标高低于市政排水管标高。基于上述设计难点，设计人员在设计中，结合建筑平面图、外立面和结构梁板图，除考虑将排水立管分层转换敷设，减短本层敷设长度及其坡降，在排水立管转弯处的顶部设通气管，以释放其管道的正压值，改善排水通水能力；结合首层建筑平面、外立面综合因素，在距建筑外立面（墙）附近中设置排水管井，同时考虑对应的区域结构降板，排水管就近在降板区排出室外。在解决排水管的难题的同时，也减少了建筑、结构的降板区域，大大提高了地下一层商业的净高，在同样层高的情况下，为房产商带来了经济价值的增值。

3. 消防系统加强措施

由于公安部组织消防专家评审会后于施工进度（施工已到结构三十八层高度），原有设计均按照当时现行规范设计，水箱容积和消防给水形式等与专家意见大相径庭，造成了施工现实与修改设计的巨大差异。也造成了结构专业荷载、建筑机房、平面和避难层重大调整。各专业群策群力、排除万难，结构专业精心复核原计算，采用减小了部分区域找平层以减轻荷载，建筑专业调整相关避难层消防水泵房平面，已满足新增要求，消防水系统除调整原系统外，几次实地勘察，尽可能对已完成给水排水管道减小影响和返工，最终实施消防系统的调整能满足专家的意见要求，使这座超高层综合体消防灭火系统成为重中之重，消防水系统更加安全、可靠，大大提高了整个大楼消防设施的性能，为日后大楼的正常运行奠定坚实的基础。

四、工程照片及附图

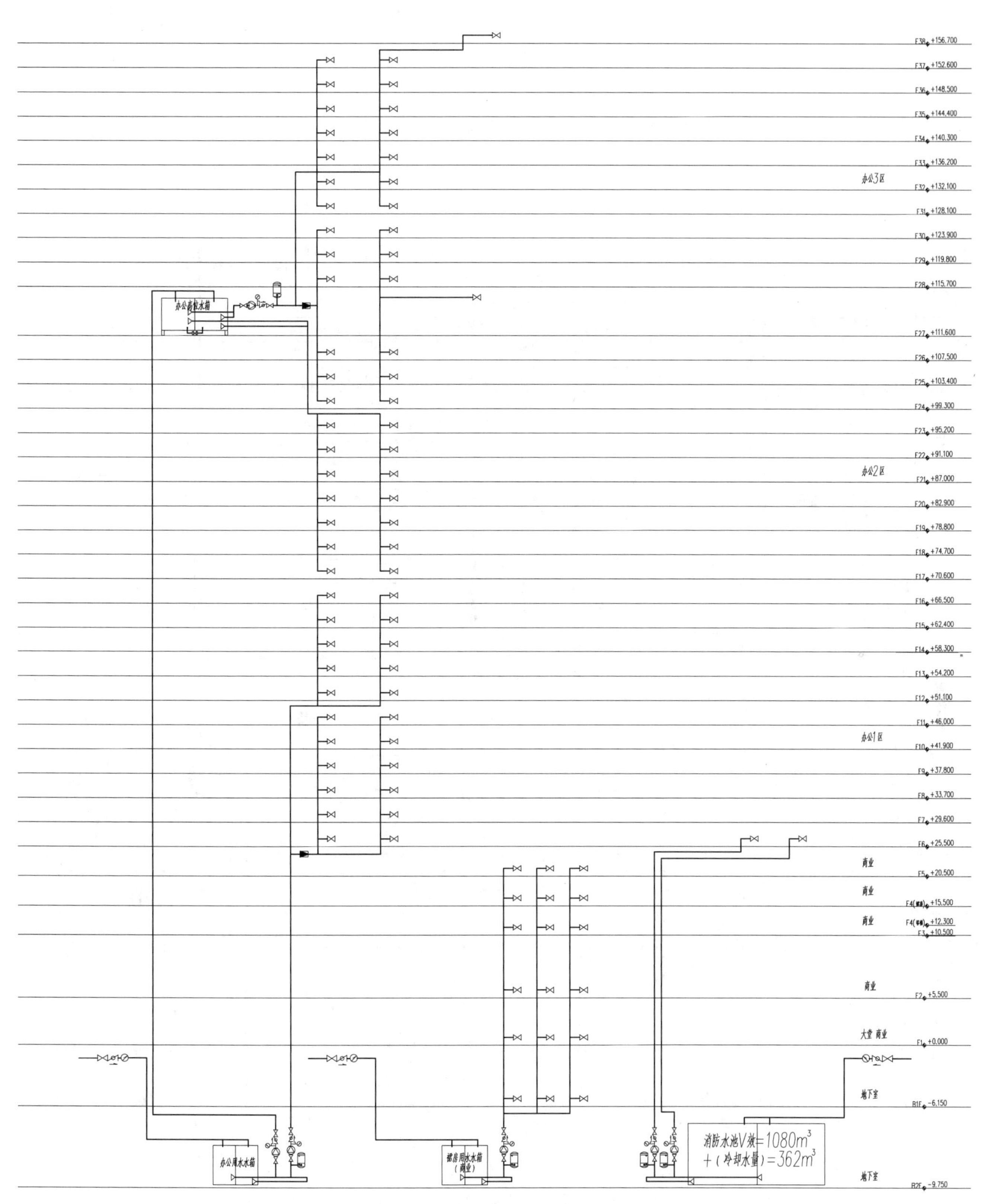

办公、商业、冷却水补充水给水系统简图

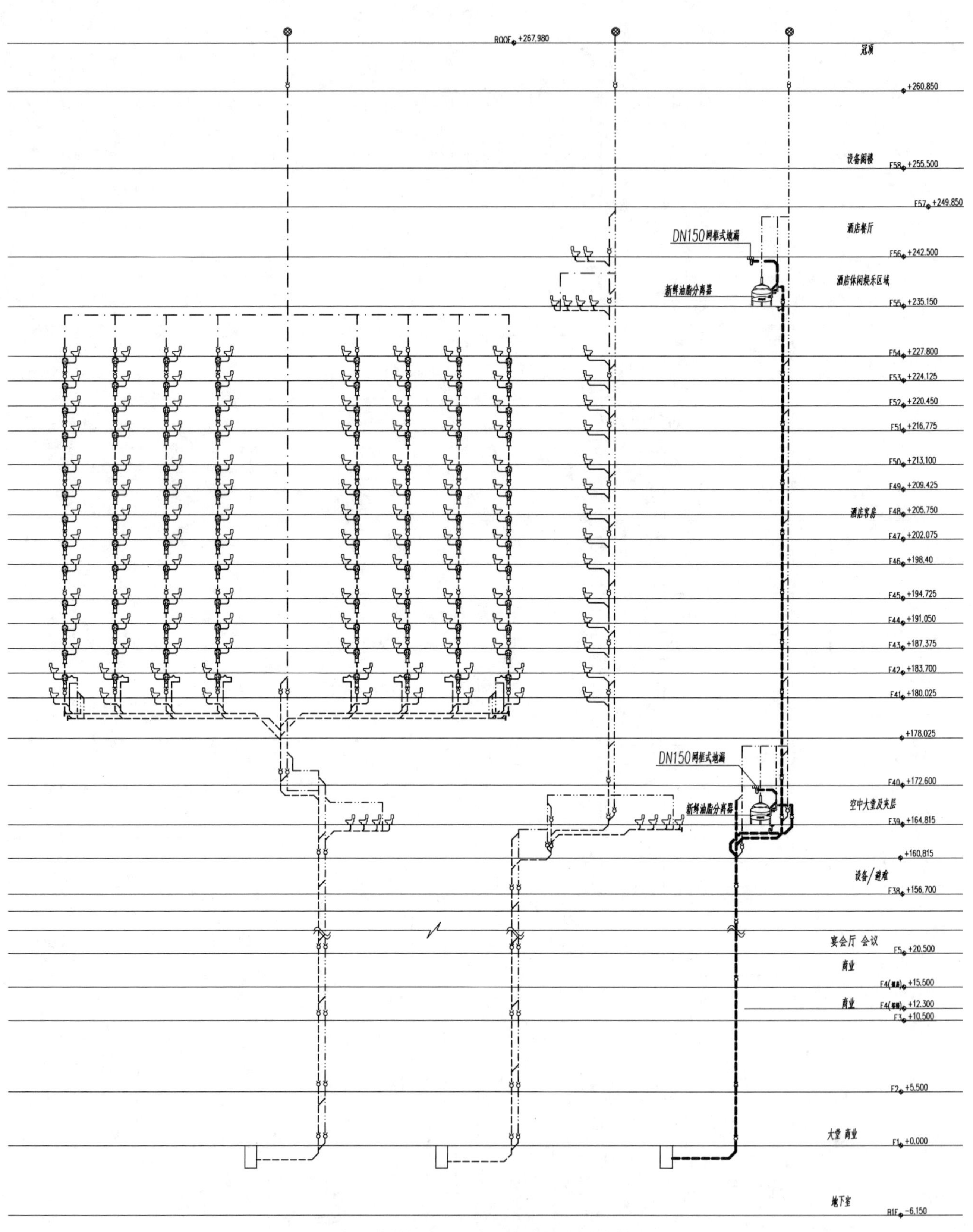

酒店（塔楼部分）污水、厨房排水系统简图

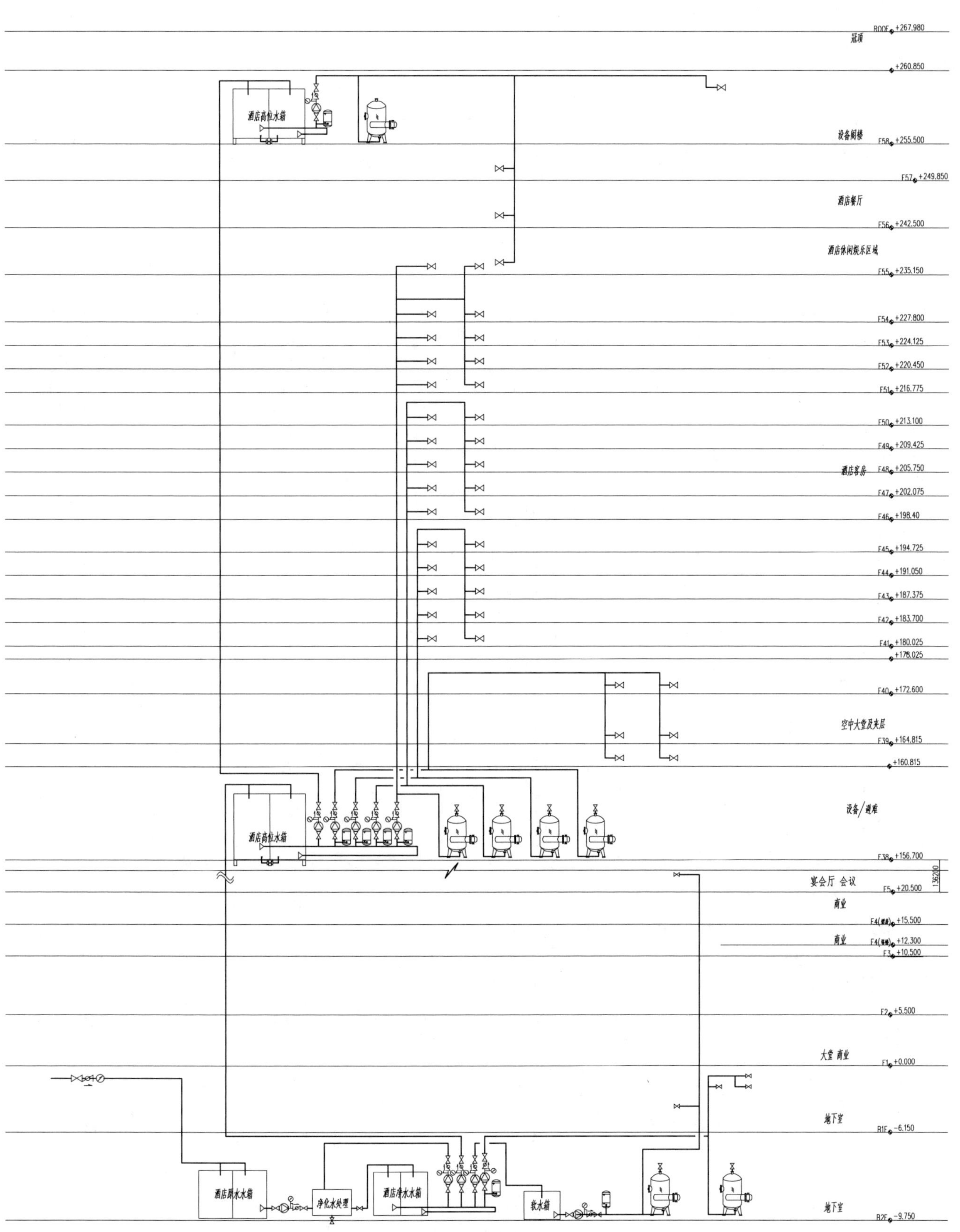
ROOF +267.980
冠顶
+260.850
酒店高位水箱
设备阁楼
F58 +255.500
F57 +249.850
酒店餐厅
F56 +242.500
酒店休闲娱乐区域
F55 +235.150
F54 +227.800
F53 +224.125
F52 +220.450
F51 +216.775
F50 +213.100
F49 +209.425
酒店客房
F48 +205.750
F47 +202.075
F46 +198.40
F45 +194.725
F44 +191.050
F43 +187.375
F42 +183.700
F41 +180.025
+176.025
F40 +172.600
空中大堂及夹层
F39 +164.815
+160.815
设备/避难
酒店高位水箱
F38 +156.700
136200
宴会厅 会议
F5 +20.500
商业
+15.500
商业
+12.300
F3 +10.500
F2 +5.500
大堂 商业
F1 +0.000
地下室
B1F -6.150
酒店原水水箱
净化水处理
酒店净水水箱
软水箱
地下室
B2F -9.750

酒店给水系统简图

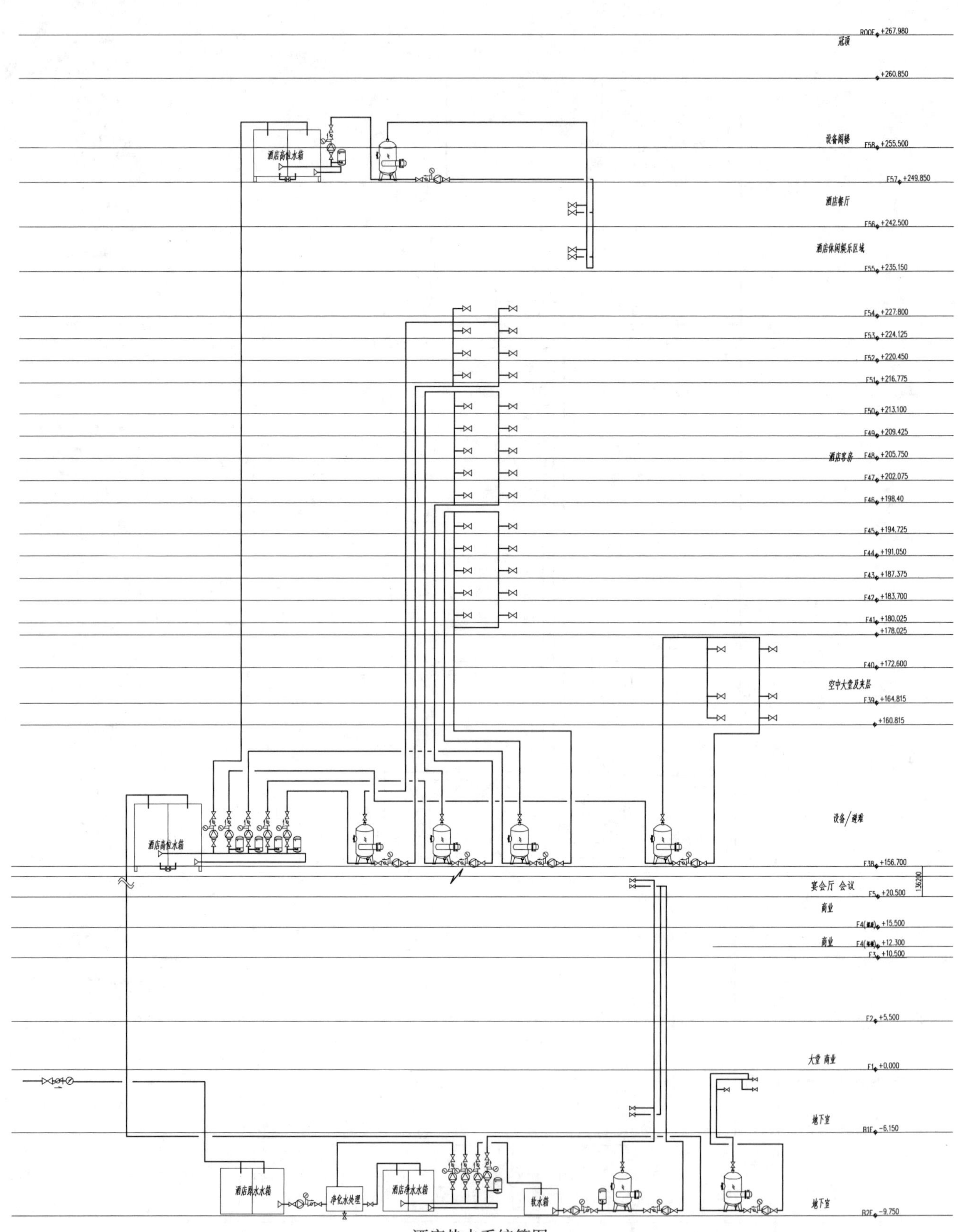
冠顶
ROOF +267.980
+260.850
设备阁楼
F58 +255.500
F57 +249.850
酒店餐厅
F56 +242.500
酒店休闲娱乐区域
F55 +235.150
F54 +227.800
F53 +224.125
F52 +220.450
F51 +216.775
F50 +213.100
F49 +209.425
酒店客房
F48 +205.750
F47 +202.075
F46 +198.40
F45 +194.725
F44 +191.050
F43 +187.375
F42 +183.700
F41 +180.025
+178.025
F40 +172.600
空中大堂及夹层
F39 +164.815
+160.815
设备/避难
F38 +156.700
宴会厅 会议
F5 +20.500
商业
F4 +15.500
商业
F4 +12.300
F3 +10.500
F2 +5.500
大堂 商业
F1 +0.000
地下室
B1F -6.150
地下室
B2F -9.750
酒店高位水箱
酒店高位水箱
酒店热水水箱
净化水处理
酒店净水水箱
软水箱

酒店热水系统简图

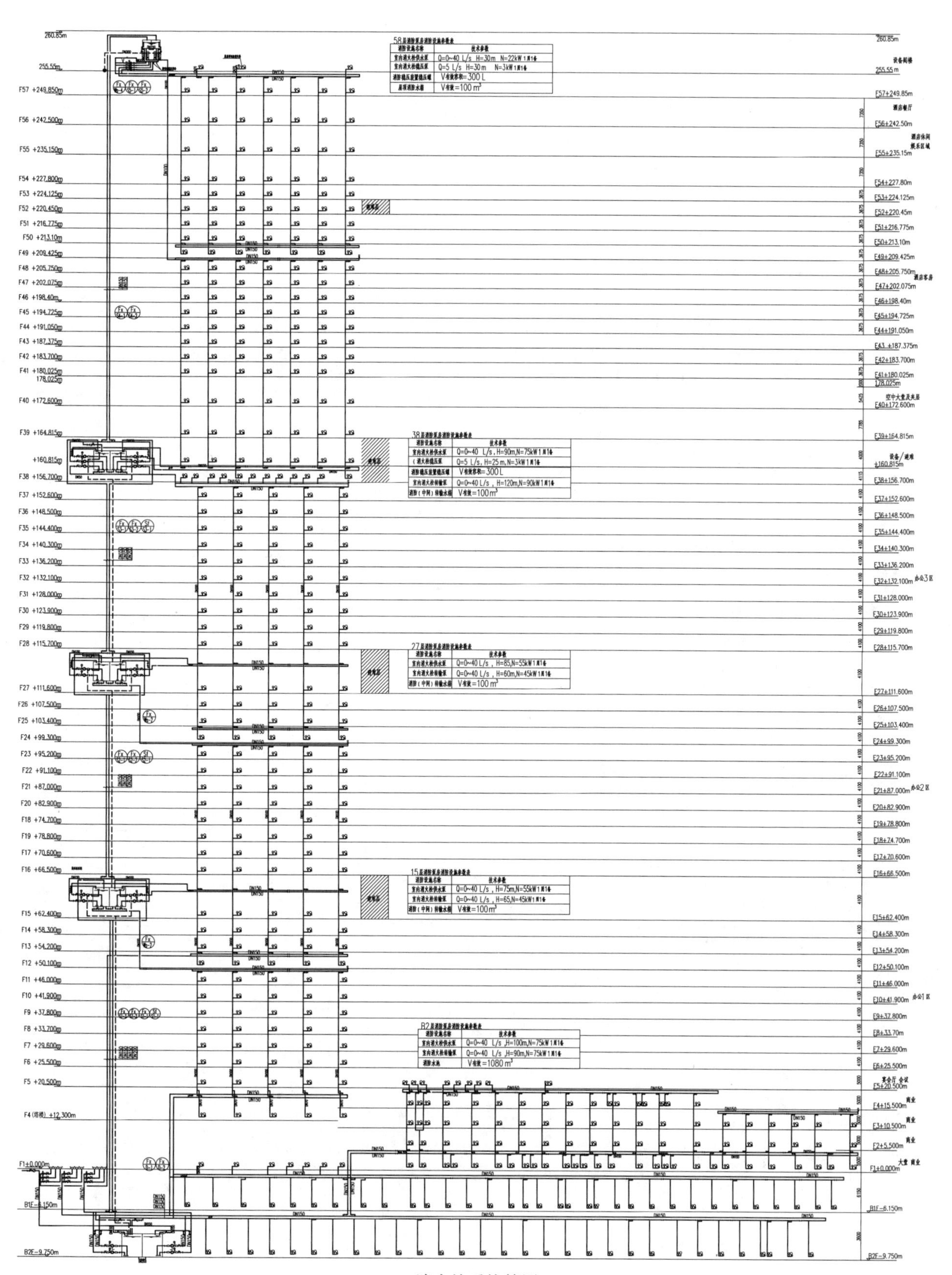

消火栓系统简图

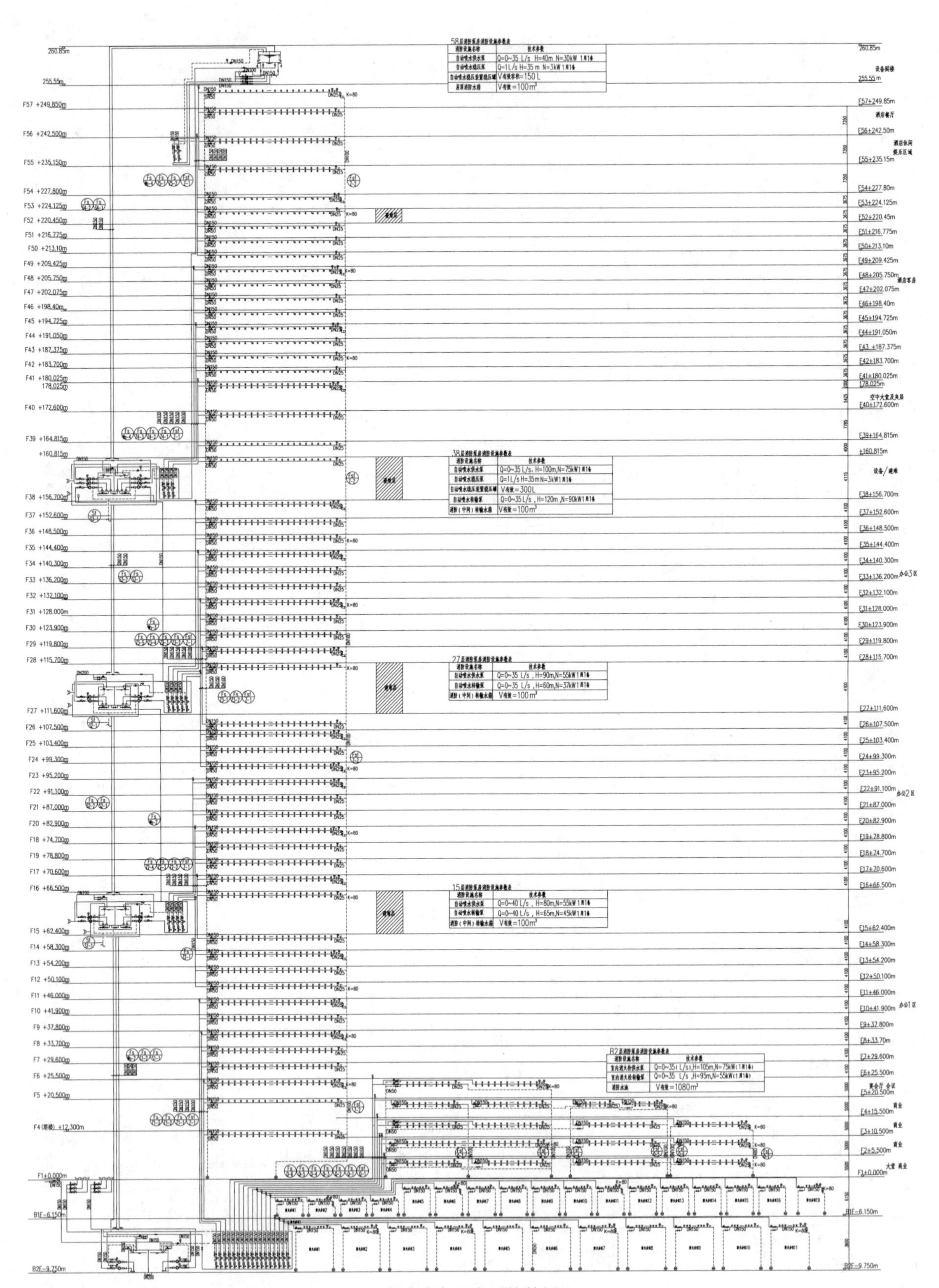

自动喷水灭火系统简图

上海市质子重离子医院

设计单位： 上海建筑设计研究院有限公司
设 计 人： 汤福南　俞超　吴圣滢　徐凤　栾雯俊
获奖情况： 公共建筑类　一等奖

工程概况：

基地位于上海南汇区A4七灶港以北，周邓公路商业带以南，一号河以东，横新公路以西，总占地面积约217亩。本次建设项目包括质子重离子放疗以及相配套的门诊、医技、病房、行政、科研及后勤等部分，基地面积53861m^2，总建筑面积52542m^2，地上6层，建筑面积29386m^2，地下一层建筑面积23156m^2。

工程说明：

一、给水系统

（一）给水系统

1. 冷水用水量见表1及表2。

冷水用水量（一）　　表1

序号	用水名称	单位	数量	最高日用水定额(L)	最高日用水量(m^3/d)	最高时用水量(m^3/h)
1	办公(人)	每人每日	50	50	2.5	0.47
2	会议(人)	每人每日	200	8	1.6	0.60
3	病员(人)	每人每日	266	300	79.8	8.31
4	病房医护(人)	每人每日	75	250	18.8	1.95
5	门诊病员(人)	每人每日	800	15	12.0	2.25
6	门诊医护人员(人)	每人每日	150	250	37.5	9.38
7	营养食堂(人)	每人每日	266	25	20.0	1.87
8	职工食堂(人)	每人每日	200	25	10.0	1.25
9	职工食堂(人)	每人每日	165	25	12.4	1.16
10	食堂员工(人)	每人每日	80	50	4.0	0.38
11	宿舍(人)	每人每日	20	200	4.0	0.50
12	宿舍员工(人)	每人每日	10	100	1.0	0.10
13	生活用空调补水1				75.0	7.50
14	生活用空调补水2				36.0	1.50
15	地下车库地面冲洗(m^2)	每1m^{2}每日	2400	2	4.8	0.80
16	绿化用水(m^2)	每1m^{2}每日	16158	2	32.3	5.39
17	景观用水(m^2)	每1m^{3}每日	150		15.0	0.63
18	水量预留				55.0	6.6
19	生活总水量				421.6	50.6

冷水用水量（二） 表2

序号	用水名称	单位	数量	最高日用水定额(L)	最高日用水量(m^3/d)	最高时用水量(m^3/h)
1	质子重离子治疗病员(人)	每人每日	200	15	3.0	0.19
2	质子重离子医护人员(人)	每人每日	90	250	22.5	2.34
3	生活用空调补水				36.0	1.50
4	工艺冷却塔补水				288.0	12.00
5	工艺冷却管道系统补水				84.0	3.50
6	水量预留	按15%预留			52.4	2.4
7	工艺总水量				485.9	21.9

2. 水源：从生命大道的市政环状管网上引入两路 $DN200$ 给水管供基地生活用水。

3. 系统竖向分区：给水系统竖向分为两个区，地下室为一区；一层以上为二区。

4. 供水方式及加压设备：地下室由市政管网直接供水，一层及一层以上均由恒压变频水泵机组、地下储水池联合供水。基地设置一座储水池及二组恒压变频水泵机组分别供水。泵组一（智能化箱式泵站）供病房楼、宿舍楼、行政楼、门诊楼及质子重离子区域用水。泵组二（智能化箱式泵站）供空调冷却补水。

按工艺要求，设置一次冷却水水处理系统，其出水水质分为三种，分别是供离子源房的高纯水，供直线加速器、同步加速器、高能束流传输系统及电源系统的纯水，供直线加速器房的防腐蚀抗氧化的普通自来水。

5. 管材：均采用薄壁不锈钢管（SUS304）。

（二）热水系统

1. 热水用水量见表3：

热水用水量 表3

序号	用水名称	单位	数量	最高日用水定额(L)	最大小时热水量(m^3/h)
1	病房病员(人)	每人每日	266	180	5.57
2	病房医护(人)	每人每日	75	130	1.02
3	宿舍(人)	每人每日	20	100	0.57
4	宿舍员工(人)	每人每日	10	50	0.05
5	门诊医护人员(人)	每人每日	150	130	4.88
6	营养食堂(人)	每人每日	266	10	1.09
7	职工食堂(一日二餐)(人)	每人每日	200	10	0.55
8	职工食堂(一日三餐)(人)	每人每日	165	10	0.68
9	食堂员工(人)	每人每日	80	10	0.11
10	质子病员(人)	每人每日	200	13	0.16
11	质子医护人员(人)	每人每日	90	130	0.98
12	预留(15%)				2.35
13	合计				18.0

2. 热源：热媒为设在地下锅炉房内的热水锅炉的90℃高温热水（由空调专业设计）；燃气发电机组余热回收系统供集中生活热水系统的一级预热使用，锅炉的高温热水供集中生活热水系统的二级加热使用。

3. 系统竖向分区：热水系统的竖向分区均同给水系统。

4. 热交换器：热水系统一设置一组（两台）容积式节能、导流型水-水换热器供病房楼、宿舍楼。热水系统二设置一组（两台）容积式节能、导流型水-水换热器供行政楼、门诊楼及质子重离子区域用水。热水系统均为全日供应。换热机组均设在地下室机房内。每个生活热水子系统均为机械循环系统，并配置热水循环泵两台（1用1备），为全日循环。

5. 冷热水压力平衡措施、热水温度的保证措施：热水系统采用集中热水供应系统，热水供水温度为60℃，冷水计算温度为5℃，换热器储水温度控制在60℃。热水机组的水源由恒压变频水泵机组供水，经容积式导流、节能型水-水换热器换热后送至各用水点。热水系统均为闭式系统，每个闭式系统均分别设置密闭式膨胀罐一台。

6. 管材：均采用薄壁不锈钢管（S30408）。

（三）排水系统

1. 排水系统形式：室内排水系统采用污、废水分流。室外排水系统采用污、废水合流；污、废水与雨水分流。

2. 透气管的设置方式：室内排水系统均设置专用通气管。

3. 采用的局部污水处理设施：

地下车库的地面排水排至设在地下层的沉砂隔油池经隔油处理后再由潜污泵提升排至室外污水检查井。

厨房废水经二级隔油（污水先经用水器具自带的隔油器处理后再排至油水分离器处理）处理后再排入室外污水管网。

地下室 PET/ CT（正电子发射计算机断层扫描/计算机体层显像）区域的卫生间排水至集水坑（含微量放射性核素 18F）再由潜污泵排至室外衰减池，经衰减处理达标后再排放至室外污水管网。

所有污、废水均排至污水处理站处理并经消毒灭菌达到《医疗机构水污染物排放标准》GB 18466—2005 中的排放标准后再排入城市污水管网。

4. 管材：采用聚丙烯静音排水管。

二、消防系统

（一）消火栓系统

1. 市政管网上引入两路 *DN*300 给水管供基地消防用水。市政管网的压力为 0.16MPa。

2. 室内、外消防用水均由市政管网供应，不设消防水池。

3. 室内消火栓系统采用临时高压系统，病房楼设置 $18m^3$ 的屋顶消防水箱。

4. 基地室外消防用水为 25L/s，室内消火栓用水量为 20L/s。

5. 室内消火栓为一个系统，为临时高压系统，系统竖向分为一区，由消火栓水泵直接供水。

6. 两台消火栓加压泵（1用1备）设在地下室的泵房内。系统设置两套 *DN*100 地上式水泵接合器。

7. 管材：采用内外壁热镀锌焊接钢管及无缝钢管。

（二）自动喷水灭火系统

1. 自动喷水灭火系统采用临时高压系统。

2. 本工程火灾危险等级：按地下车库计为中危险Ⅱ级；按地上建筑功能计为中危险Ⅰ级；按质子区域大于 $100m^2$ 的库房计，为仓库危险级Ⅰ级。按最不利情况确定建筑物为仓库危险级Ⅰ级，喷水强度为 12L/($min \cdot m^2$)，作用面积为 $200m^2$。自动喷水灭火系统的用水量为 56L/s。火灾延续时间按 2h 计。

3. 系统配备三台喷淋泵（2用1备）。设置在地下室机房内，由市政管网直接供水。系统设置四套 *DN*100 地上式水泵接合器。

4. 每个单体建筑均分别安装湿式水力报警阀，报警阀上的压力开关将信号传至消防中心报警并启动喷淋泵。供仓库的报警阀上压力开关发出信号启动两台喷淋泵，其余部位的报警阀上压力开关发出信号启动一台喷淋泵。

5. 管道系统中每层或每个防火分区设置水流指示器及监控蝶阀以发出信号至消防中心。

6. 地下室库房、病房、治疗区域等均采用快速响应喷头。

7. 喷头的公称动作温度：厨房为93℃级，其余为68℃级，易熔金属喷头为57℃级。

8. 管材：采用内外壁热镀锌焊接钢管及无缝钢管。

(三) 高压细水雾灭火系统

1. 设置高压细水雾开式灭火系统保护建筑物地下室的病史、档案、信息中心及质子区域底层的柴油发电机房。

2. 高压细水雾开式灭火系统主要由高压细水雾泵组（包括主泵、稳压泵、调节水箱和泵控制柜等）、高压细水雾开式喷头、过滤器、区域控制阀、不锈钢管道等组成。

3. 系统持续供水时间不小于30min，系统的响应时间不大于45s。

4. 高压细水雾开式喷头最不利点的工作压力为10MPa，柴油发电机房选用$K=0.95$，$q=9.5$L/min的开式细水雾喷头。

5. 地下室的病史、档案、信息中心选用$K=0.45$，$q=4.5$L/min的开式细水雾喷头。

6. 系统设计流量为172L/min，工作压力为11 MPa。

7. 系统由市政给水管网接出两路供水管道至高压细水雾泵组。泵组均设置在防护区外的机房内。

8. 在每个防护区域外就近设置区域控制阀组，包括电动阀、控水球阀、压力开关、压力表等。

9. 系统设置自动控制、手动控制和机械应急操作三种控制方式。

10. 在自动控制下，系统须同时接收到设置在防护区内的烟感及温感探头各自独立发出火灾信号，才能启动细水雾灭火系统。

(四) 气体灭火系统

1. 设置一套IG541混合气体灭火系统一，保护质子区域的地下一层离子源房、直线加速器房、安装竖井1，一层的安装竖井2、设备夹层一、设备夹层二，二层的安装竖井3加速器控制室、HEBT电源机房、SYNC/MEBT/LEBT电源机房等8个防护区。

2. 设置一套IG541混合气体灭火系统二，保护质子区域的一层直线电源机房、二层的加速器控制系统服务器房、二层的2个服务器房等4个防护区。

3. 设计灭火浓度采用38%，设计工作压力150bar。

4. 系统一的最大防护区一层设备夹层一的容积为2104m^2，层高为5.0m。

5. 系统二的最大防护区高能束流电源机房的容积为260m^2，层高为5.0m。

6. 系统一设计采用组合分配的系统形式，保护8个独立的区域；系统二设计采用组合分配的系统形式，保护4个独立的区域。

7. 灭火方式为全淹没，灭火浸渍时间为10min。

8. 系统设置自动控制、手动控制和机械应急操作三种控制方式。

9. 在自动控制下，系统须同时接收到设置在防护区内的烟感及温感探头各自独立发出火灾信号，才能启动气体灭火系统。

三、工程特点及设计体会

(一) 冷却水机房的防振动设计

病人在治疗过程中需要一个在毫米范围内的稳定束流，其对束流光学元件的位置稳定性提出了小于0.01mm的苛刻要求。冷却水机房因受条件限制，设置在工艺装置隧道的上方；设计中采用了机房内设置弹性地板的方式，弹性地板的下方设置若干个弹簧减振器安置在混凝土的楼板上，所有的振动源均设置在弹性地板上。这样做给机房内排水沟及排水管的设计带来了很大的难处；设计中采用了上、下两层排水沟间接排水的方法解决了这个难题。

（二）去离子水处理系统

工艺装置一次冷却水的水质要求有三种，供离子源的高纯水（＜2.0μs/cm）（电阻率：＞0.5MΩ・cm）；供直线加速器、同步加速器、束流传输系统、电源机房的纯水（＜10.0μs/cm）（电阻率：＞0.1MΩ・cm）；供直线加速器的软化水。设计中采用了分段取水、分别供水的供水方式。在预处理系统后取水供应软化水。在反渗透系统后取水供应纯水。在EDI及精处理系统后供应高纯水。

（三）管道敷设的辐射防护设计

所谓辐射防护工程，就是建造大型混凝土屏蔽墙的工程，以便对辐射（射线）实行阻挡（即屏蔽），使透过或漏过的辐射（射线）减少，从而达到使人和物不致受到辐射危害的目的。

屏蔽墙上的孔道设计与屏蔽墙的设计相结合才能达到整体辐射安全的目的。如果屏蔽墙上不进行较完善的孔道屏蔽设计，就会瓦解整个屏蔽墙的防护功能。屏蔽墙上有多种管道、孔洞和人行通道，均采用了迷宫的形式。

（四）含辐射区域的管材设计

工艺要求在有辐射区域内的所有管道均采用不锈钢管。其中气体灭火管道均采用满足气体灭火系统压力要求的厚壁不锈钢管。穿越工艺设备隧道的工艺冷却水管道、排水管道均预埋专用厚壁不锈钢管道，管道的壁厚均满足50年的防辐射腐蚀要求。气体灭火管道的壁厚须同时满足50年的防辐射腐蚀要求及系统压力等级的要求。

四、工程照片及附图

项目外部局部

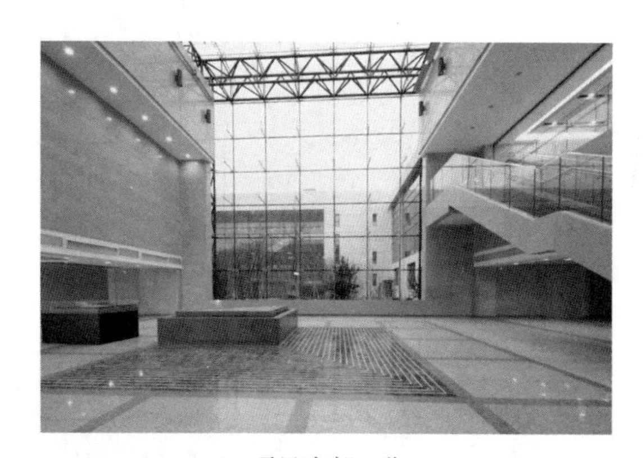

项目内部一览

去离子水处理机房内部

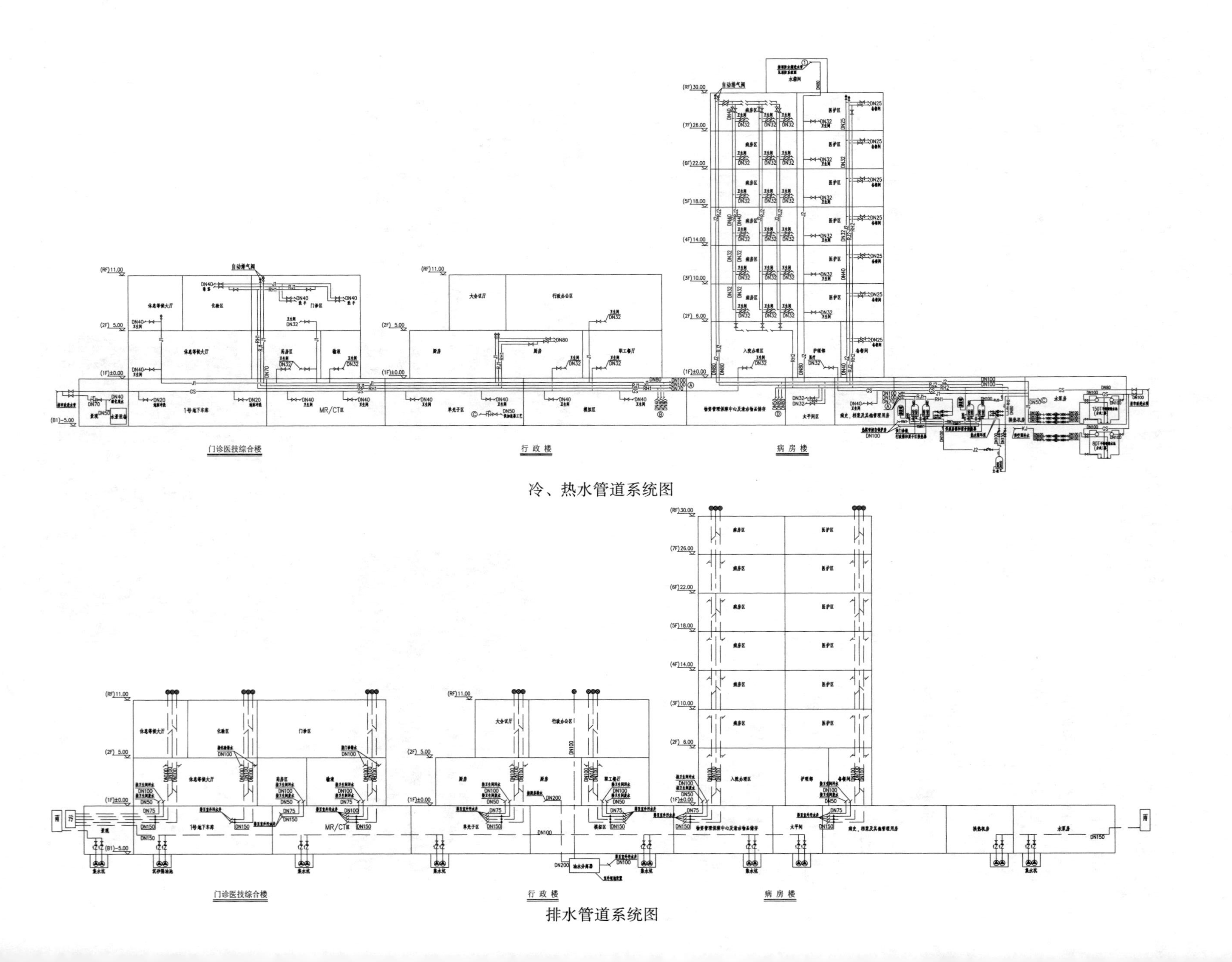

冷、热水管道系统图

排水管道系统图

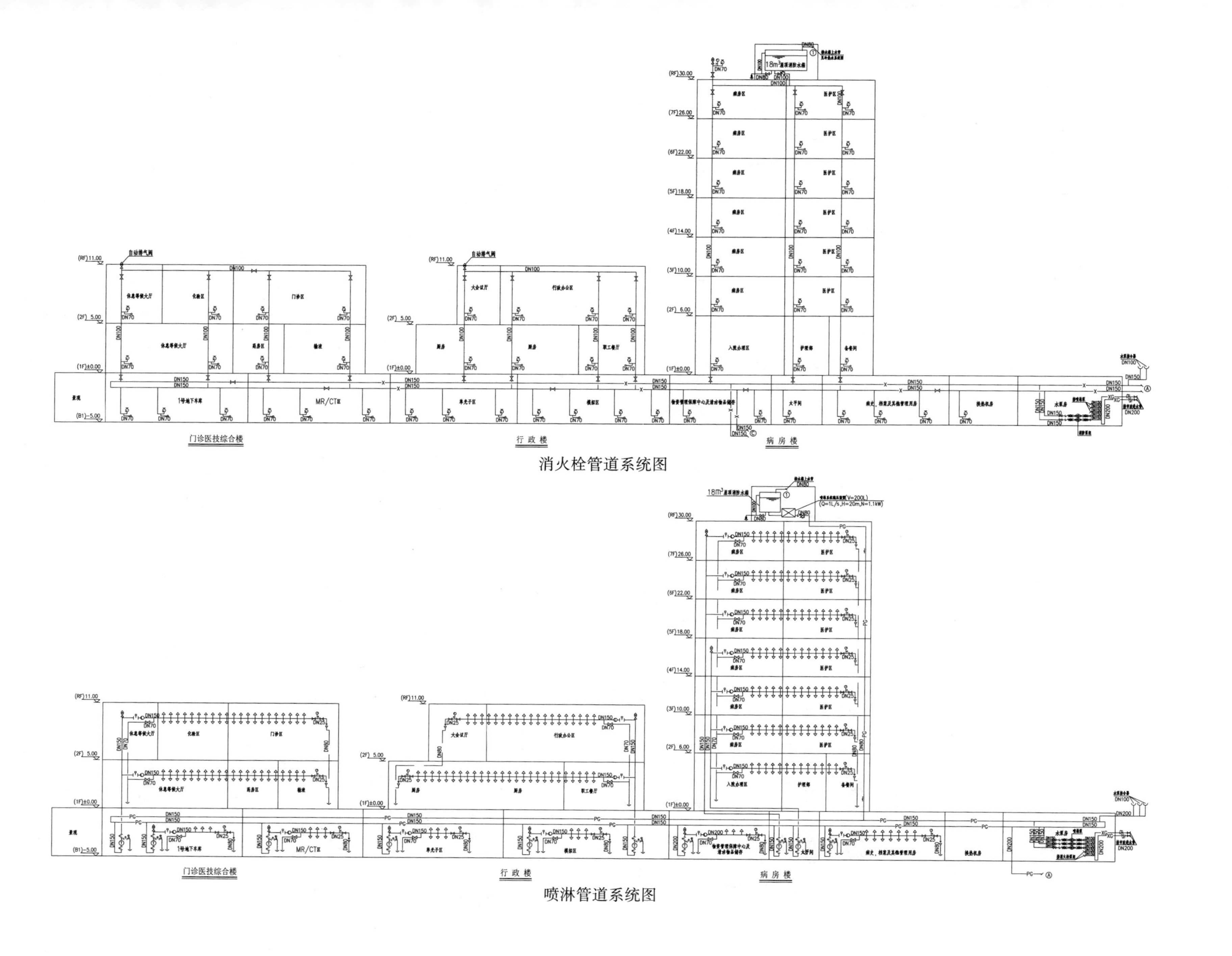

消火栓管道系统图

喷淋管道系统图

星海广场西侧、四号路以南地块C区26号楼及地下车库31号楼

设计单位： 中国建筑设计研究院有限公司
设 计 人： 赵锂 钱江锋 周博 贾鑫 刘旸 杨世兴 陈宁 张燕平
获奖情况： 公共建筑类 一等奖

项目概况：

星海广场西侧、四号路以南地块C区26号楼及地下车库31号楼（大连君悦酒店）位于大连市星海湾星海广场一号，地理位置德天独厚。场地西北侧为星海湾壹号住宅用地，东北侧隔现状路为星海广场，东侧隔规划路为规划商业用地，南侧隔滨海路即为星海湾浴场。用地成不规则多边形，南北最长约183m，东西最宽约115m，建设用地面积约1.5hm^2。

该酒店项目为五星级标准的豪华酒店和酒店式公寓，酒店共有客房377间，酒店式公寓84套。整个建筑由一栋可三面观海的高达199m的塔楼及四层裙房组成。裙房安排了酒店的配套空间，包括大型的宴会厅，商务会议，餐饮健身以及娱乐。其中二十九层以下为酒店客房区和配套空间，三十一～四十三层为酒店式公寓，四十四～四十六层为酒店空中餐厅区。

给水排水设计包括了生活给水系统、生活热水系统、冷却塔循环水系统、生活排水系统、雨水系统、消火栓系统、自动喷水灭火系统、气体灭火系统、大空间智能型主动喷水灭火系统、灭火器配置等。

一、给水排水系统

（一）给水系统

1. 用水量（表1）

生活用水量　　表1

用途	数目	人均密度	人数（人）	人次	用水量	小时变化系数	使用时间（h）	最高日用水量（m^3/d）	最大时用水量（m^3/h）	最高用水量（L/s）	生活用水百分率（%）	最大日生活用水量（m^3/d）	最高小时市政用水量	
													（m^3/h）	（L/s）
酒店客房	425房	1.5人/房	638		400L/（人·d）	2.0	24	255.0	21.3	5.9	100.0	255.0	21.3	5.9
服务式公寓	96房	2.5人/房	240		400L/（人·d）	2.0	24	96.0	8.0	2.2	100.0	96.0	8.0	2.2
酒吧	450m^2	1.5m^2/人	300	4	10L/人次	1.5	12	12.0	1.5	0.42	100.0	12.0	1.5	0.4
风味餐厅	660m^2	2m^2/人	330	3	45L/人次	1.5	12	44.6	5.6	1.55	100.0	44.6	5.6	1.5
中餐厅	1000m^2	2m^2/人	500	3	45L/人次	1.5	12	67.5	8.4	2.34	100.0	67.5	8.4	2.3
水疗中心淋浴	370m^2	10m^2/人	37	3	50L/人次	1.5	12	5.6	0.7	0.19	95.0	5.3	0.7	0.2
水疗池补水	50m^2	1.2m^2/人	60		5%	1.0	12	3.0	0.3	0.07	100.0	3.0	0.3	0.1
泳池淋浴	120m^2	5m^2/人	24	3	50L/人次	1.5	12	3.6	0.5	0.13	95.0	3.4	0.4	0.1
泳池补水	120m^2	1.2m^2/人	144		5%	1.0	10	7.2	0.7	0.20	100.0	7.2	0.7	0.2
健身中心	1230m^2	10m^2/人	123	2	50L/（人·d）	1.2	12	12.3	1.2	0.34	95.0	11.7	1.2	0.3
办公室	550m^2	10m^2/人	55	1	40L/人次	1.2	12	2.2	0.2	0.1	34.0	0.7	0.1	0.0
酒吧	350m^2	1.5m^2/人	233	4	10L/人次	1.5	12	9.3	1.2	0.32	93.3	8.7	1.1	0.3

续表

用途	数目	人均密度	人数（人）	人次	用水量	小时变化系数	使用时间（h）	最高日用水量（m^3/d）	最大时用水量（m^3/h）	最高用水量（L/s）	生活用水百分率（%）	最大日生活用水量（m^3/d）	最高小时市政用水量	
													（m^3/h）	（L/s）
小宴会厅	540m^2	2m^2/人	270	1	45L/人次	1.5	4	12.2	4.6	1.3	93.3	11.3	4.3	1.2
多功能厅1	940	2m^2/人	470	2	20L/人次	1.5	12	18.8	2.4	0.7	93.3	17.5	2.2	0.6
咖啡厅	410m^2	2m^2/人	205	5	10L/人次	1.5	12	10.3	1.3	0.4	93.3	9.6	1.2	0.3
三餐餐厅	830m^2	2m^2/人	415	3	45L/人次	1.5	12	56.0	7.0	1.95	93.3	52.3	6.5	1.8
多功能厅2	925	2m^2/人	463	2	20L/人次	1.5	12	18.5	2.3	0.6	93.3	17.3	2.2	0.6
宴会厅	1000m^2	2m^2/人	500	1	45L/人次	1.5	4	22.5	8.4	2.3	93.3	21.0	7.9	2.2
商务中心	140m^2	10m^2/人	14	1	40L/人次	1.2	12	0.6	0.1	0.0	34.0	0.2	0.0	0.0
KTV餐饮	3200m^2	2m^2/人	1600	3	25L/人次	1.5	12	120.0	15.0	4.17	93.3	112.0	14.0	3.9
生活用水小计								777.0	90.5	25.1		756.2	87.4	24.3
不可预见用水10%										0.0		75.6	8.7	2.4
总计（生活用水）										31.8		831.8	96.1	26.7
市政直接供水														
洗衣房用水	1250kg				40L/kg	1.5	8	50.0	9.4	2.6	100.0	50.0	9.4	2.6
冷却塔								395.0	24.0	6.7	100.0	395.0	24.0	6.7
酒店职员			425		100L/（人·d）	2.0	24	42.5	3.5	1.0	100.0	42.5	3.5	1.0
员工餐厅	— m^2	— m^2/人	425	3	20L/人次	1.5	16	25.5	2.4	0.7	100.0	25.5	2.4	0.7
小计												513.0	39.3	10.9
总用水量												1344.8	135.4	37.6
中水供水														

2. 水源

（1）生活用水供应从地块东现状道路和南侧道路的市政给水管道分别引入两路给水管在酒店外围形成环网，并接至地下二层生活用水池，市政供水压力约为0.3MPa。进水管采用*DN*200。

（2）供水范围为酒店、服务式公寓、商业、餐饮、健身房等生活用水点，最高日生活用水量为1345m^3，其中冷却塔用水395m^3，其余生活用水832m^3，市政直接供应为513m^3。

3. 给水特点

（1）该酒店为高标准的豪华商务酒店，在给水系统设计过程中，对供水的水质安全、水压稳定要求相应提高。

（2）该酒店为超高层建筑，地上建筑高度近200m，酒店客房区的高度达到了121m。根据酒店管理公司的要求，客房的最低供水压力为0.2MPa，高于规范要求，为了保证水压的相对稳定，每5～6层间隔后需要进行分区，使得酒店的供水系统相对复杂，竖向分区数量增加。

（3）根据酒店管理公司要求，为保证酒店供水的绝对可靠，酒店的生活用水需要贮存至少最高日一天的生活用水量，已经超出《建筑给水排水设计规范》GB 50015—2003（2009年版）的要求，增加了生活储水池的容积。我国目前大城市的市政供水一般比较安全，但因施工、管道老化造成的意外断水的可能性还是存在的。管理公司这一要求，在某些情况下还是合理的，本工程按贮存最高日一天用水量设置水池。由于水池容积增大，其位置的设置受到一定影响。

（4）酒店客房和公寓前期的基础投资资金来源于不同业主对象，需要分开计量收费，两套供水系统是独立的，这不仅造成管道、设备增加，也给设计增加了一定的工作量和需要注意的问题。

4. 给水系统

生活给水系统示意见图1。

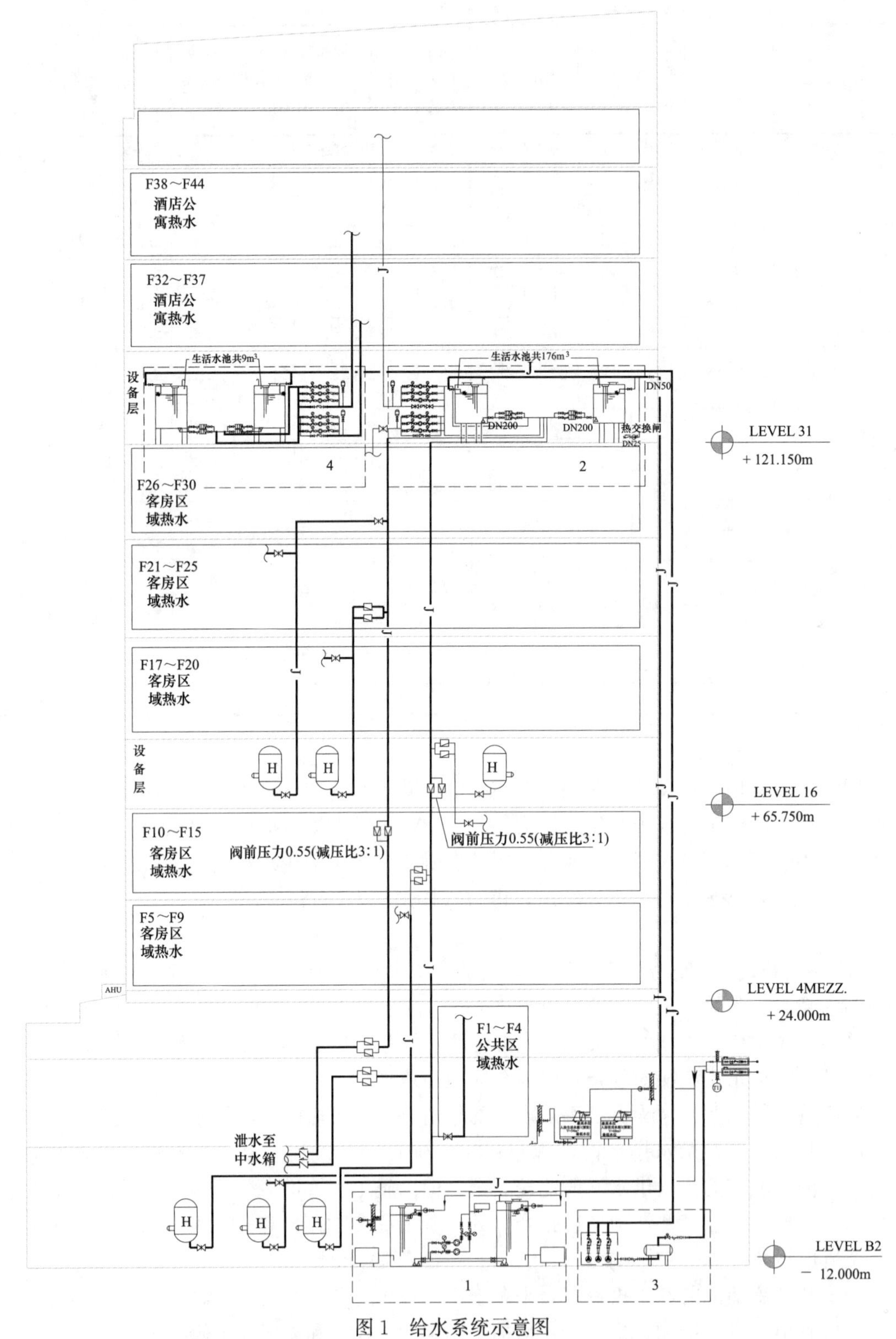

图1 给水系统示意图

注：1—酒店部分地下生活水池及加压设备；2—酒店部分高位生活水箱及高区加压设备；3—公寓部分地下加压供水设备；4—酒店部分高位转换水箱及加压设备。

5. 酒店部分给水系统

酒店部分的给水系统包括三十一层以下酒店客房、配套用房以及四十四～四十六层的空中餐厅用水。

（1）给水水质

酒店管理公司从保证客人用水的安全、舒适度、水量和减少水垢对管道的供水影响及减少管道系统的检修维护工作量等方面综合考虑，对不同部门用水的水质具体参数要求，见表2。大连市自来水公司提供的项目用地处水质硬度为82.1mg/L，可以满足酒店管理集团的要求，但业主方自测的两次自来水硬度均与该数值有较大差异。为了保证水质，在设计过程中预留了酒店进水软化处理的条件，以便于后期的整体软化处理。而对于餐厅等有更高水质要求的部位，由餐饮深化公司进行二次软化处理。

不同部门水质参数要求　**表2**

国家城市供水水质监测网大连监测站

检验结果

报告编号（Report ID）：200907-237

检验项目编号	检验项目名称和单位	GB 5749—2006限值	检验结果	君悦酒店要求的限值水平	结论
1	色度(度)	15	5	15	符合要求
2	浑浊度(NTU)	1	0.37		符合国标要求
3	臭味，嗅阈值	无异臭、异味	无异臭、异味	3	符合要求
4	肉眼可见物	无	无		符合国标要求
5	pH	6.5～8.5	7.59	6.5～8.5	符合要求
6	总硬度(mg/L，以 $CaCO_3$ 计)	450	82.1	120(冷水热水系统，包括酒店及机电房)	符合要求
				80(厨房及洗衣房区域)	基本符合要求
7	耗氧量(mg/L)	3	1.21		符合国标要求
8	铵(NH_4^+)(mg/L)	0.5	＜0.02		符合国标要求
9	亚硝酸盐(NO_2^-)(mg/L)	1	＜0.003		符合国标要求
10	铁(Fe)(mg/L)	0.3	＜0.12	0.10	基本符合要求
11	锰(Mn)(mg/L)	0.1	＜0.010	0.5	符合要求
12	硝酸盐(NO_3^-)(mg/L)	10	1.605	50	符合要求
13	氟化物(F^-)(mg/L)	1.0	0.157	1.5	符合要求
14	氯化物(Cl^-)(mg/L)	250	16.793	250	符合要求
15	硫酸盐(SO_4^{2-})(mg/L)	250	27.184		符合国标要求
16	溶解性总固体(mg/L)	1000	149	500	符合要求
17	游离性余氯(mg/L)	≥0.05(管网水)	0.20	0.20	符合要求
18	菌落总数(CFU/mL)	100	未检出		符合国标要求
19	总大肠菌数(MPN/100mL)	不得检出	未检出		符合国标要求

检测单位：国家城市供水水质监测网大连监测站

签发日期：2009年7月13日

注：经与Hyatt的要求进行比较，我们认为是基本符合Hyatt的要求，可以不对原水作特别的处理，不过建议由Hyatt管理方来确认。另外请注意，市政水的硬度为82.1mg/L，已满足Hyatt生活用水硬度要求120mg/L，亦接近洗衣房及厨房用水要求80mg/L，需请洗衣房及厨房顾问确认是否需软化处理。

(2) 系统分区及加压方式

酒店部分共分为8个分区，分别为1区～7区和第10区。

在酒店供水系统中，设置了地下、地上两组生活储水箱。市政供水进入地下二层贮水池后，通过两台工频水泵（1用1备）将生活用水加压至三十一层高区生活贮水箱。酒店顶部的餐厅即第10分区，依靠设置在三十一层设备层的高区加压泵组加压供水；而三十一层以下第2区～6区采用高位水箱重力供水；由于酒店客房最低用水压力为0.2MPa，第7分区只依靠重力供水，供水压力无法满足要求，在三十一层水泵房内单独设置了加压水泵向下供给第7分区，以满足使用压力要求。地下室所在的第一分区供水依靠市政供水直接供给。

(3) 生活水池（箱）设置

根据酒店管理公司的要求，酒店生活用水贮存了最高日用水量一天的生活用水，即714m^{3}的生活用水(其中不含市政直接供给部分的用水量)。

地下、地上两组生活贮水箱的容积如何分配对于供水的安全和节能都有重要意义。若地下生活贮水池1容积过大，地上生活贮水箱2容积很小，将会使得地下水泵房的加压设备启停频繁，造成了能源的浪费，同时也会降低设备的使用寿命；若地下生活贮水池1容积过变小，地上生活贮水箱2容积很大，设备层水泵房面积加大，同时上部水箱荷载加大，给建筑和结构专业带来不便。

根据《建筑给水排水设计规范》GB 50015—2003（2009年版）中的规定，"建筑物内的生活用水地位水池应符合下列规定：贮水池（箱）的有效容积应按进水量与用水量变化曲线经计算确定；当资料不足时，宜按建筑物最高日用水量的20%～25%确定"。在笔者看来，规范中规定的按最高日用水量20%～25%确定的出水量，应该是存储水量的最低要求，对于重要建筑，低位水池还应考虑事故水量，一般按最大小时用水量考虑，酒店管理集团的要求是加大了事故水量的存储。中间转输水箱的容积可按规范的要求设置。

结合设备层机房的大小，本设计中酒店部分高位储水箱2的有效容积为176m^3，为最高日用水量的24.6%。同时为了减少设置在1区域的工频加压水泵的启停次数和时间，在其选型过程中，按照设计秒流量选型。其目的在于即使储水箱2水位到达了最低水位才开始通过低区工频水泵起泵补水，能够保证水量的充足。如此设计，较好地避免了大功率工频水泵少量补水、多次频繁启停的问题。一天当中工频水泵启动不超过4次基本可以满足供水要求，运行时间也大大降低，相应的能耗也大幅度降低，设备寿命增加。

(4) 水质消毒

二次供水水质污染问题是普遍存在的。本设计中，首先在地下二层一部分的储水池中设置了外置式水箱自洁消毒器，进行第一次消毒处理；在高位水箱2的出水处设置紫外线消毒器，进行第二次消毒处理，使得供水的水质得到了双重保证，同时也满足了《二次供水工程技术规程》CJJ 140—2010的要求。

6. 酒店公寓给水系统

本建筑中，酒店式公寓共分为两个分区，分别为图中所示的第8区和第9区。因酒店公寓部分位于整个建筑的较高部分，若采用直接供水，则供水高度和压力接近200m，这样一来，不仅加压设备的扬程和电功率大大加大，同时整个公寓系统的管道承压等级需要加大，使得整个系统的基础造价和后期运行费用增加。

为降低成本，设计采用分区转输供水。设备和管道承压级别均大幅度降低，相应基础造价和后期运行费用成倍降低。

公寓供水的加压设备及储水池（箱）设置区域同酒店供水，但区别在于生活用水加压至高区储水箱后，仍需要变频泵组加压至上方供水至用户。此部分没有采用类似于酒店部分的加压至公寓顶部后再通过重力供水至用户，其原因主要有：①在公寓上方建筑构造上没有可以利用的设备层，若因为公寓的供水需要建筑单独划分设备层，并做隔层和降噪处理代价相对较大；而且重力供水系统会增加供水干管的长度，影响造价。②公寓的用水标准相对于酒店客房用水要求要低，且公寓的用水点处供水最低压力可以按照规范中规定的压力设计，使得公寓的两个压力分区的高低用户用水压力差距变小，仅为0.3MPa左右，故即使采用变频泵组加压，对本区用户造成的用水压力波动相对较小；同时为保证水质安全，公寓部分的供水采用了与酒店部分相同的紫外线消毒处理。

7. 节能节水措施

酒店大用水区域采用了屋顶水箱重力供水系统同时设置了二次消毒设施，有效地节约了电耗，同时保证了用水的稳定性。顶层公寓部分选用了变频设备加压。各层供水压力超过0.35MPa时，设置了减压阀减压，防止超压造成水量浪费。均采用满足节水规范的节水型器具。

（1）卫生间小便器、蹲便器采用自闭式冲洗阀；洗脸盆采用自动感应式龙头。

（2）水龙头采用陶瓷芯龙头。

（3）淋浴器采用单管恒温供水。

（4）利用中水冲洗厕所。

（5）不同部门及大用水点均装设计量水表计量。

（6）游泳池采用循环水处理设备，循环使用率达95%～90%。

8. 管材

水泵出水管及干管采用中厚壁不锈钢管焊接及法兰连接，耐压不小于2.5MPa，其他部位采用薄壁不锈钢管，承插焊接，嵌墙敷设、耐压不小于1.6MPa。

（二）热水系统

1. 热水水量计算（表3）

生活热水用水量计算 **表3**

分区	楼层	用水类别	房间面积（房，m^2）		人均面积（m^2/人，人/房）		人数个	用水定额		使用次数	用水时间（h）	小时变化系数 K_h	最高日用水量（m^3/d）	最大小时用水量（m^3/h）	分区最大小时热水量（m^3/h）
餐厅区	四十五～四十六层	酒吧	450	m^2	1.5	m^2/人	300	5	L/人次	4	12	1.5	6.00	0.8	6.98
		风味餐厅	660	m^2	2	m^2/人	330	20	L/人次	3	12	1.5	19.80	2.5	
		中餐厅	1000	m^2	2	m^2/人	500	20	L/人次	3	12	1.5	30.00	3.8	
公寓高区	三十二～三十七层	酒店公寓	38	房	2	人/房	76.0	79	L/(人·d)	1	24	3.64	21.85	3.3	
公寓低区	三十八～四十四层	酒店公寓	46	房	2	人/房	92.0	79	L/(人·d)	1	24	3.64	26.46	4.0	
中一区	二十六～二十九层	酒店	68	房	1.5	人/房	102	160	L/(人·d)	1	24	4.53	16.32	3.1	3.1
中二区	二十一～二十五层	酒店	85	房	1.5	人/房	128	160	L/(人·d)	1	24	4.53	20.40	3.9	3.9
中三区	十六～二十层	酒店	85	房	1.5	人/房	128	160	L/(人·d)	1	24	4.53	20.40	3.9	3.9
低一区	十～十五层	酒店	102	房	1.5	人/房	153	160	L/(人·d)	1	24	4.53	24.48	4.6	4.6
低二区	五～九层	酒店	85	房	1.5	人/房	128	160	L/(人·d)	1	24	4.53	20.40	3.9	3.9
												小计	206.1	33.6	

续表

分区	楼层	用水类别	房间面积（房，m²）		人均面积（m²/人，人/房）		人数个	用水定额		使用次数	用水时间（h）	小时变化系数 K_h	最高日用水量（m³/d）	最大小时用水量（m³/h）	分区最大小时热水量（m³/h）
裙楼	四层	水疗中心	890	m²	10	m²/人	89	25	L/人次	3	12	1.5	6.68	0.8	19.1
		游泳池淋浴	120	m²	5	m²/人	24	25	L/人次	5	12	1.5	3.00	0.4	
		健身中心	1230	m²	10	m²/人	123	25	L/人次	2	12	1.2	6.15	0.6	
		办公室	550	m²	10	m²/人	55	10	L/人次	1	12	1.2	0.55	0.1	
		酒吧	350	m²	1.5	m²/人	233	5	L/人次	4	12	1.5	4.67	0.6	
	三层	小宴会厅	540	m²	2	m²/人	270	20	L/人次	1	4	1.5	5.40	2.0	
	二层	多功能厅	940	m²	2	m²/人	470	10	L/人次	2	12	1.5	9.40	1.2	
	一层	咖啡厅	410	m²	2	m²/人	205	5	L/人次	5	12	1.5	5.13	0.6	
		三餐	830	m²	2	m²/人	415	20	L/人次	3	12	1.5	24.90	3.1	
		多功能厅	925	m²	2	m²/人	463	10	L/人次	2	12	1.5	9.25	1.2	
		宴会厅	1000	m²	2	m²/人	500	20	L/人次	1	4	1.5	10.00	3.8	
		商务中心	140	m²	10	m²/人	14	10	L/人次	1	12	1.2	0.14	0.0	
		KTV 餐饮	3200	m²	2	m²/人	1600	8	L/人次	3	12	1.5	38.40	4.8	
洗衣房	地下一层	洗衣房	1250	kg				20	L/kg		8	1.5	25.0	4.7	4.7
员工后勤	地下一层	酒店职员					425	40	L/(人·d)	1	24	2	17.00	1.4	1.4
	地下一层	员工厨房	—	—	—	—	425	10	L/(人·d)	3	16	1.5	12.75	1.2	1.2
												小计	178.4	26.4	52.7
												合计	384.5	60.0	

2. 热源

本项目热源为由大连市热力公司提供的高压蒸汽为热源，为保证市热力管网检修期间酒店不间断供热水，酒店设置了锅炉作备用。

3. 热水供水系统分区

热水分区同给水分区，每个分区单独设置半容积式换热器进行换热，热交换器贮存 30min 设计小时耗热量。本项目的体量大，生活热水的用水量大，为降低热水系统之间的影响，将换热设备进行了详细的区域划分，热水给水系统示意见图 2。

在地下换热机房内设置了一～四层及五～九层的两个预热换热器。由于热媒采用的是高温蒸汽，根据工程设计实际及文献参考，初次换热后的热媒回水为高温的汽水混合状态，仍含有大量的热水量，为了充分利用这些排放的热量，在工程设计过程中，尝试对部分热媒回水进行冷水预加热，这样充分、高效地利用了热媒热量，降低了外部热媒的消耗量。由于场地机房的限制，我们仅在地下机房内将热媒消耗量较大的客房区域进行回收预加热，根据现场实际运行的反馈，该系统得到了较好的使用效果，可以在类似的工程中加以推广。

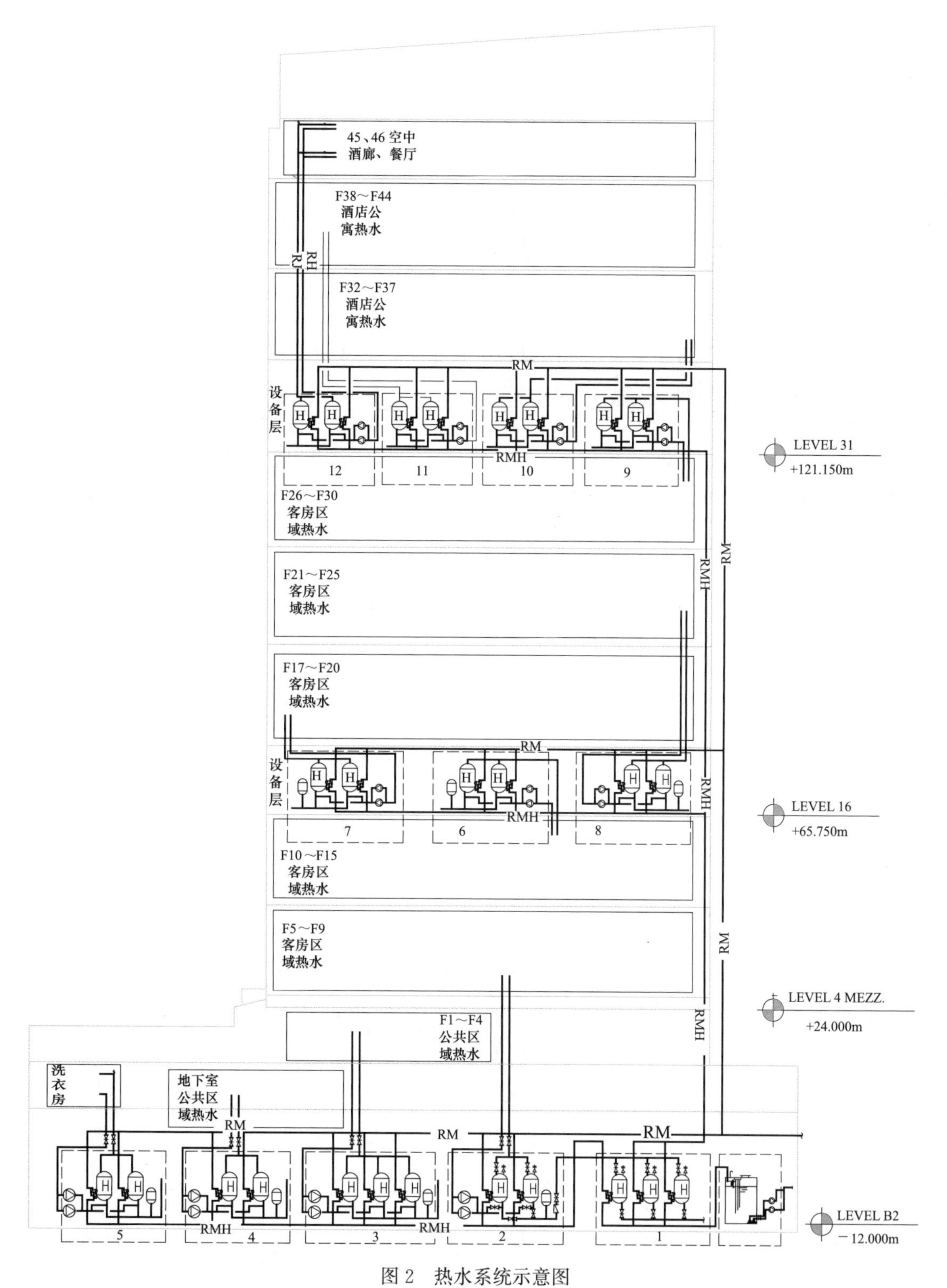

图2 热水系统示意图

注：1—一～四层预热换热器及五～九层预热换热器；2—五～九层热水换热器；3—一～四层热水换热器；4—地下一层员工餐厅热水换热器；5—洗衣房热水换热器；6—十～十五层（低一区）热水换热器；7—十六～二十层（中一区）热水换热器；8—二十一～二十五层（中二区）热水换热器；9—二十六～三十层（中三区）热水换热器；10—三十二～三十七层（公寓低区）热水换热器；11—三十八～四十三层（公寓高区）热水换热器；12—四十四～四十五层（空中餐厅区）热水换热器

热水供水温度：酒店区的集中热水系统换热器的出水温度和最不利配水点处的温差小于10℃，换热器出水温度为60℃：客房层热水供应点不低于（50℃）；厨房、洗衣房供应水温为（60℃），如厨房有更高水温要求时，由厨房工艺、洗衣房工艺设计进行二次加热。

4. 冷、热水压力平衡措施

热水供水系统的竖向分区同冷水供水系统分区，冷热水同源供水，保证冷热水供水压力的匹配、稳定。各分区采用单独的换热设备进行热水制备，防止不同分区的影响。对于洗衣房、裙房厨房及空中餐厅的热水均设置了单独的换热设备，保证客房及公寓热水系统的稳定性，防止大用水点用水时对其他区域造成不平衡的影响。

5. 保证循环效果措施

热水系统设置了回水管道和循环水泵，同时管道同程布置，除大的集中用水点（洗衣、厨房等）外，其他部分的热水用水均作了支管循环。保证了循环效果。

6. 节能节水措施

热水系统同给水，采用了重力供水系统，有效地节约了电耗。各层供水压力超过0.35MPa时，设置了减压阀减压，防止超压造成水量浪费。均采用满足节水规范的节水型器具。同时，一次换热的热媒为高温的汽水混合物，利用此高温汽水混合物的温度进行了热水系统的预热，充分利用了热量，避免了热量的浪费。

7. 管材

水泵出水管及干管采用中厚壁不锈钢管焊接及法兰连接，耐压不小于2.5MPa，其他部位采用薄壁不锈钢管，承插焊接，嵌墙敷设、耐压不小于1.6MPa。

（三）建筑中水系统

1. 水量表（表4、表5）

中水水源水量计算表 表4

用途	数目	人均密度	人数	给水定额	使用时间(h)	小时变化系数	最高日用水量(m^3/d)	最大小时用水量(m^3/h)	洗浴给水百分率(%)	β	α	中水水源(m^3/d)
酒店客房	187房	1.5人/房	281人	400L/(人·d)	24	2	112.2	9.4	60.0	0.9	0.85	51.5
市政蒸汽冷凝水	30.0										0.85	25.5
合计												77.0

中水水源的水量为中水回用水量的110%，中水回用日水量70m^3/d。设计中水回用日水量为70m^3/d。

中水用水量计算表 表5

用途	数目		人均		人数		人次	用水量		小时变化系数	使用时间(h)	最高日用水量(m^3/d)	最大时用水量(m^3/h)	中水给水百分数(%)	最高日中水分项比例	最大时用水量(m^3/h)
水疗中心淋浴	370	m^2	10	m^2/人	37	人	3	50	L/人次	1.5	12	5.6	0.7	5.00	0.3	0.03
泳池淋浴	120	m^2	5	m^2/人	24	人	3	50	L/人次	1.5	12	3.6	0.5	5.00	0.2	0.02
健身中心	1230	m^2	10	m^2/人	123	人	2	50	L/(人·d)	1.2	12	12.3	1.2	5.00	0.6	0.06
办公室	550	m^2	10	m^2/人	55	人	1	40	L/人次	1.2	12	2.2	0.2	66.0	1.5	0.15
酒吧	350	m^2	1.5	m^2/人	233.33	座	4	10	L/人次	1.5	12	9.3	1.2	6.7	0.6	0.08
小宴会厅	540	m^2	2	m^2/人	270	座	1	45	L/人次	1.5	4	12.2	4.6	6.7	0.8	0.31
多功能厅1	940		2	m^2/人	470	座	2	20	L/人次	1.5	12	18.8	2.4	6.7	1.3	0.16

续表

用途	数目		人均		人数		人次	用水量		小时变化系数	使用时间(h)	最高日用水量(m^3/d)	最大时用水量(m^3/h)	中水给水百分数(%)	最高日中水分项比例	最大时用水量(m^3/h)
咖啡厅	410	m^2	2	m^2/人	205	座	5	10	L/人次	1.5	12	10.3	1.3	6.7	0.7	0.09
三层餐厅	830	m^2	2	m^2/人	415	座	3	45	L/人次	1.5	12	56.0	7.0	6.7	3.8	0.47
多功能厅2	925		2	m^2/人	462.5	座	2	20	L/人次	1.5	12	18.5	2.3	6.7	1.2	0.15
宴会厅	1000	m^2	2	m^2/人	500	座	1	45	L/人次	1.5	4	22.5	8.4	6.7	1.5	0.57
商务中心	140	m^2	10	m^2/人	14	人	1	40	L/人次	1.2	12	0.6	0.1	66.0	0.4	0.04
KTV	3200	m^2	5	m^2/人	640	座	3	15	L/人次	1.5	16	28.8	2.7	15.0	4.3	0.41
车库冲洗	8000	m^2						3	L/(m^2·d)	1.0	8	24.0	3.0	100.0	24.0	3.00
绿化	3000	m^2						3	L/(m^2·d)	1.0	4	9.0	2.3	100.0	9.0	2.25
洗地	3000	m^2						3	L/(m^2·d)	1.0	8	9.0	1.1	100.0	9.0	1.13
生活用水量												242.6	38.8		59.1	8.90

2. 中水收集回用区域及分区

在酒店中合理地制定节约用水方案，同时不影响国际一线酒店的品质，设计过程中对于中水也作了充分的必选考虑。为了降低中水处理的难度和对酒店环境的影响，确定将优质、水源稳定的客房杂排水以及高品质的市政热媒回水冷却后进行有组织收集至地下中水机房后，处理达到《建筑中水设计规范》GB 50336的要求后，设一个供水分区供水，回用至裙房区域的公共卫生间、地下车库的地面冲洗、洗车以及室外绿化道路的浇洒等用途。

该方案可以将客房优质杂排水进一步的回收利用，用于降低传统市政自来水的用水量，体现了节约用水理念。同时也确保了国际一线品牌酒店客房内用水的品质保证。

3. 中水处理

经过水量平衡测算，废水收集区域的中水回水量为77m^3/d，设计日用水中水量70m^3/d。

中水处理流程为：中水源水⟶格栅⟶调节池⟶膜处理⟶沉淀⟶过滤⟶消毒⟶中水用户。中水系统示意见图3。

4. 管材

室内中水给水管，主干管采用衬塑钢管，配水支管采用PP-R给水管，热熔连接。

(四) 排水系统

1. 污废水系统

本建筑酒店区域的客房卫生间及SPA区域采用污废分流系统，单独收集该区域的优质杂排水至中水处理站进行处理回用，其他区域的卫生间采用污废合流制排水系统。在公共管井、存在排水的机房内均设置了废水立管，保证这些区域的积水及时排放。

2. 通气系统

酒店的客房及公共卫生间均设置了专用通气立管及器具通气，保证客房卫生间的排水顺畅。所有的地下污水坑均设置专用通气立管排出室外，保证了泵坑内的聚集污气的排放。酒店公寓设置专用通气立管。

3. 厨房隔油

五星级酒店的餐饮厨房较多，西式餐厨为主，其排油量大，为了保证厨房排水的隔油效果，排水达标，所有厨房的排水均在室内设置了高标准的成品油脂分离器进行集中隔油处理，同时对厨房内的排水器具做了器具隔油的要求，做到双重处理，保证了厨房排水的处理效果。

污、废水系统示意见图4、图5。

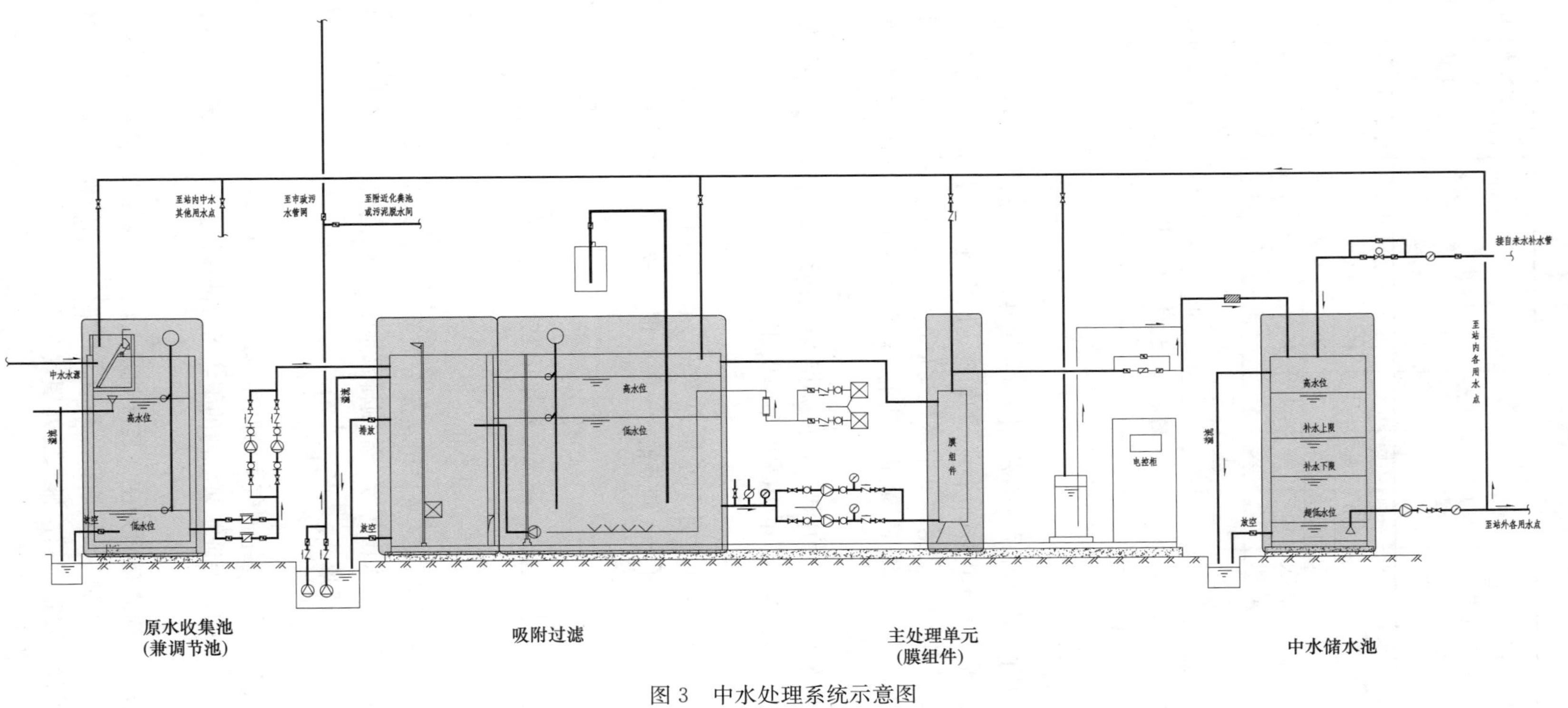

图3 中水处理系统示意图

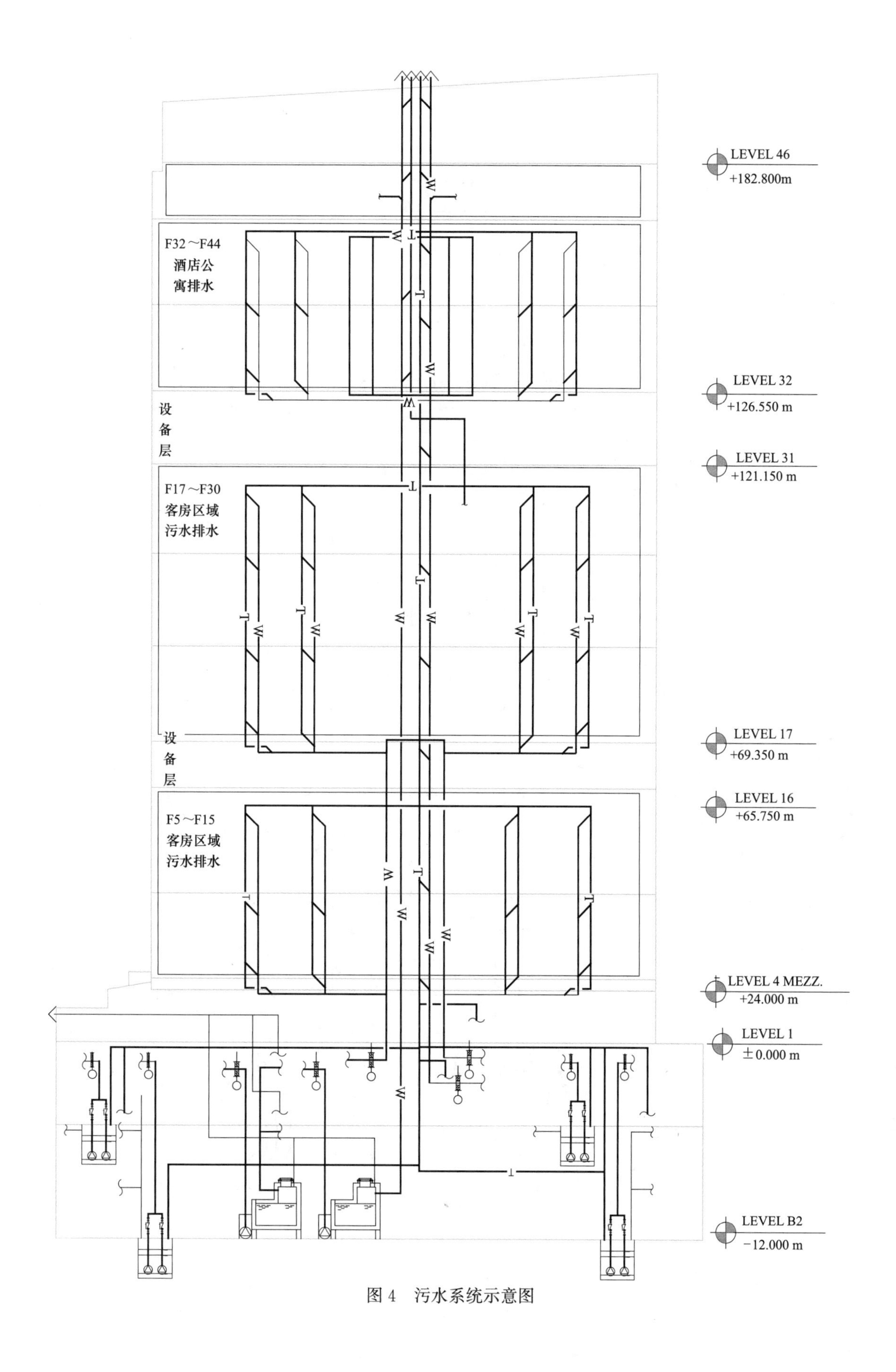
LEVEL 46
+182.800m
F32~F44
酒店公
寓排水
LEVEL 32
+126.550 m
设
备
层
LEVEL 31
+121.150 m
F17~F30
客房区域
污水排水
LEVEL 17
+69.350 m
设
备
层
LEVEL 16
+65.750 m
F5~F15
客房区域
污水排水
LEVEL 4 MEZZ.
+24.000 m
LEVEL 1
±0.000 m
LEVEL B2
-12.000 m

图4 污水系统示意图

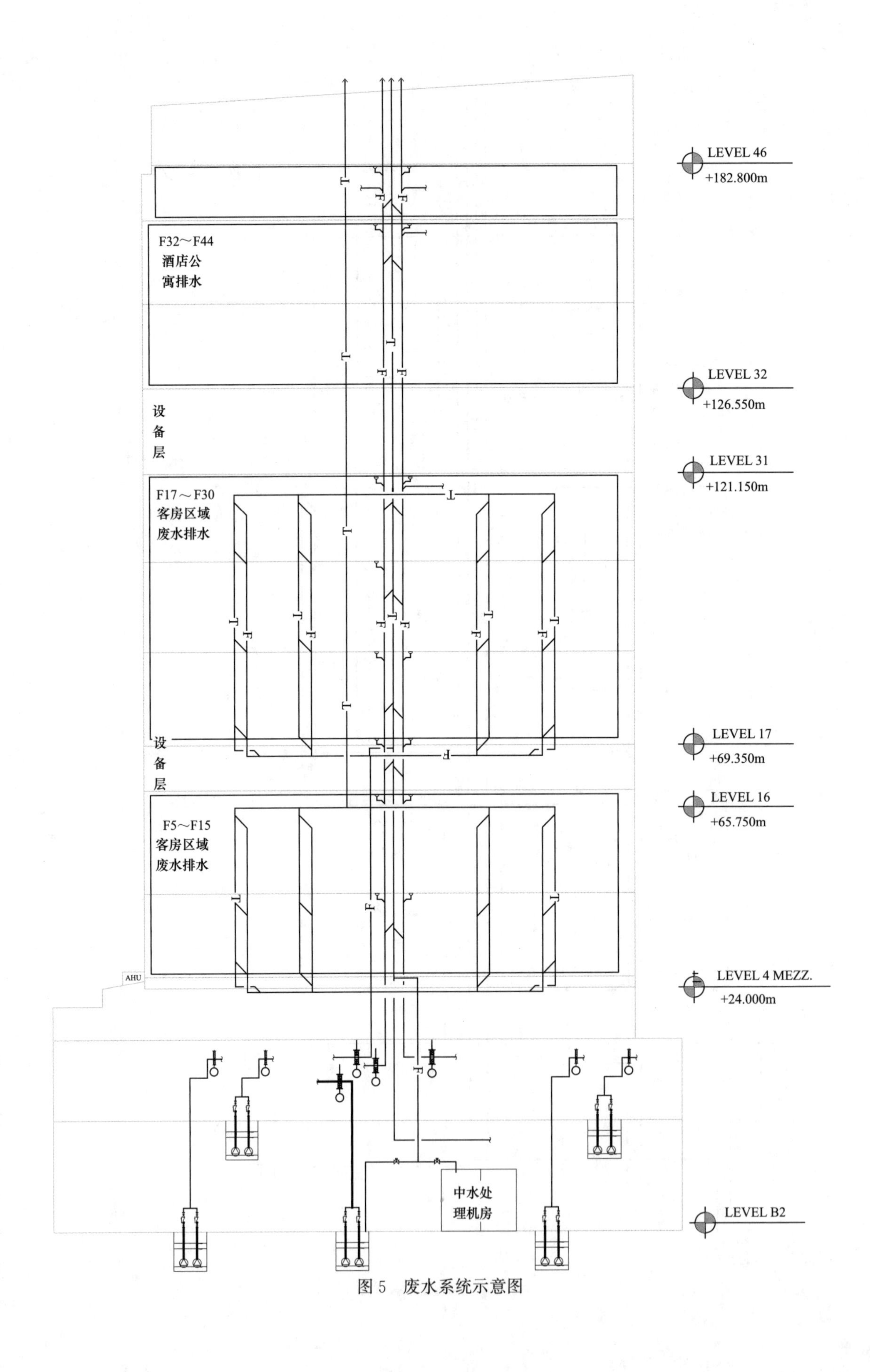
LEVEL 46
+182.800m
F32～F44
酒店公
寓排水
LEVEL 32
+126.550m
设
备
层
LEVEL 31
+121.150m
F17～F30
客房区域
废水排水
设
备
层
LEVEL 17
+69.350m
LEVEL 16
+65.750m
F5～F15
客房区域
废水排水
AHU
LEVEL 4 MEZZ.
+24.000m
中水处
理机房
LEVEL B2

图 5 废水系统示意图

4. 雨水排水系统

本项目属于超高层建筑，其塔楼顶部的屋面面积不大，在塔楼屋面雨水采用87型半有压流排水系统，避免由于虹吸系统管道压力过大而带来的风险。二层以上的裙房面积大，过多的雨水管道会对室内空间造成影响，在设计中考虑采用虹吸雨水斗排水，通过合理的管道布置减小设备管道对室内公共空间的影响。设计排水能力均按照10年重现期雨水流量考虑，溢流加排水总设计能力按照50年重现期暴雨考虑。

5. 管材

室内污废水管道采用铸铁管，橡胶圈密封，法兰连接。卫生间内排水管道敷设在吊顶内，埋设在垫层及土壤内时，采用承插式连接；室外埋地排水管采用HDPE双壁波纹管。室内雨水管采用HDPE塑料管，粘接。室外埋地雨水管采用HDPE双壁波纹塑料管道，承插接口。

二、消防系统

本项目的消防用水量：室外消火栓为30L/s，火灾延续时间3h；室内消火栓为40L/s，火灾延续时间3h；自动喷水灭火系统为45L/s，火灾延续时间1h，大空间消防系统为15L/s，火灾延续时间1h。本工程一次火灾设计总用水量（含室内消火栓系统、自动喷水灭火系统、大空间消防系统）为594m^3，贮存在地下二层消防泵房内，水池分为2座，其总有效储水容积不小于594m^3。

（一）消火栓系统

室外消防用水由城市自来水直接供给，从本工程的两侧分别接入两根*DN*200引入管。至建筑红线后经过水表井后，与小区内的室外给水环管相接，形成双向供水。

室内消火栓系统采用临时高压制，室内消火栓管道布置成环状管网。酒店室内消火栓泵供水高度差约209m，整个室内消火栓系统采用高、低区消防泵分两个区供水，低区为地下二～十六层，高区为十七～顶层，消火栓系统见图6。在地下二层酒店消防水泵房内设低区消火栓给水泵加压供给低区消火栓系统用水，水泵装配两台，1用1备。在地下二层酒店消防水泵房内设消火栓转输水泵加压供给31层的消防转输水箱，水泵设置1台（工作泵、备用泵与自动喷水系统合用）。在三十一层避难层/机电层设高区消火栓给水泵加压供给高区消火栓系统用水，水泵设置两台，1用1备。在屋顶消防泵房设室内消火栓增压稳压设备1套，以满足消防初期用水时系统最不利点处的压力要求。室外分别设置高、低区的水泵接合器，高区水泵接合器由设置在室内泵房的高区水泵接合器转输泵进行接力加压供水。

（二）自动喷洒系统

自动喷洒系统的机房及加压设备设置与室内消火栓系统设置类似。在地下二层酒店消防水泵房内设低区喷淋给水泵加压供给低区自动喷水灭火系统用水，水泵设置两台，1用1备。在地下二层酒店消防水泵房内设喷淋转输水泵加压供给三十一层的消防转输水箱，水泵设置1台。在三十一层避难层/机电层设高区喷淋给水泵加压供给高区自动喷水灭火系统用水，水泵设置两台，1用1备。在屋顶消防泵房设喷淋增压稳压设备1套，以满足消防初期用水时系统最不利点处的压力要求。酒店自动喷水灭火系统设置3个高区喷淋水泵接合器和3个低区喷淋水泵接合器，分别接驳至低区喷淋管网和高区转输水管，系统示意见图7。

（三）其他消防措施

1. 消防水炮

区域净高大于12m的场所，如四十四层中餐厅，按《大空间智能型主动喷水灭火系统技术规程》CECS 263：2009，设置大空间智能灭火装置（标准型）。设计灭火水量25L/s，工作压力0.25MPa。由于高空水炮设置位置与最大喷淋灭火水量的裙楼宴会厅（非仓库类高大净空场所）处于不同防火分区，与最大喷淋灭火水量不发生叠加，故与自动喷水灭火系统共享系统设备及管网，并在湿式报警阀前分开管道。

2. 建筑灭火器

（1）办公楼层、酒店的公共活动用房、多功能厅及厨房，按A类火灾严重危险级确定。

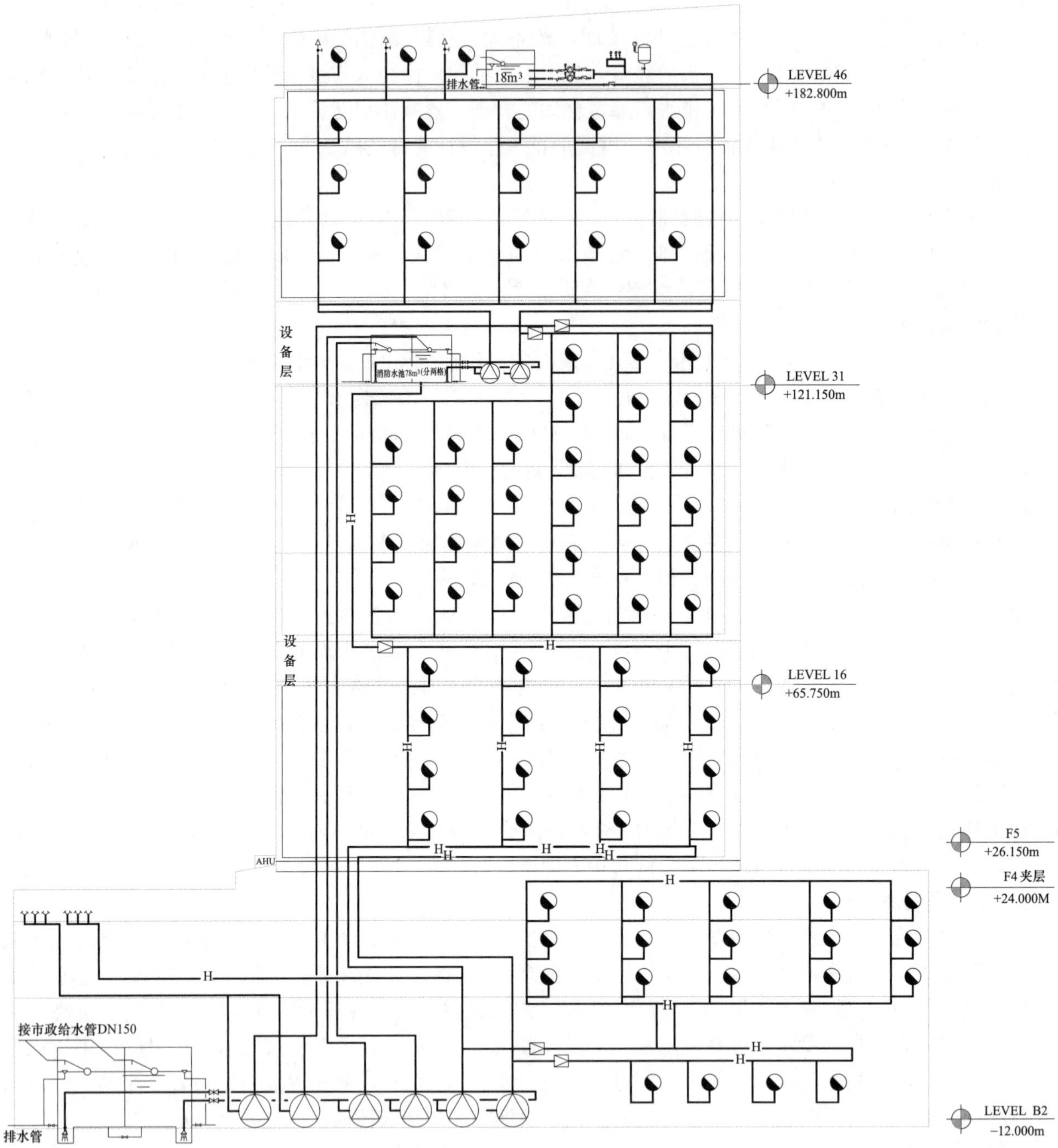

图 6 室内消火栓系统示意图

（2）地下停车库将按 B 类火灾中危险级确定。

（3）其他地区将按 A 类火灾中危险级确定。

（4）所有机电、设备用房均设有手提干粉式灭火器，每个室内消火栓内均设有 2 具干粉式灭火器；厨房将设有干粉式灭火器及防火毯；其他地方则按规范布置。

3. 气体灭火

发电机房、电话交换机房、计算机房将设置管网式七氟丙烷（FM200）全淹没气体灭火系统。

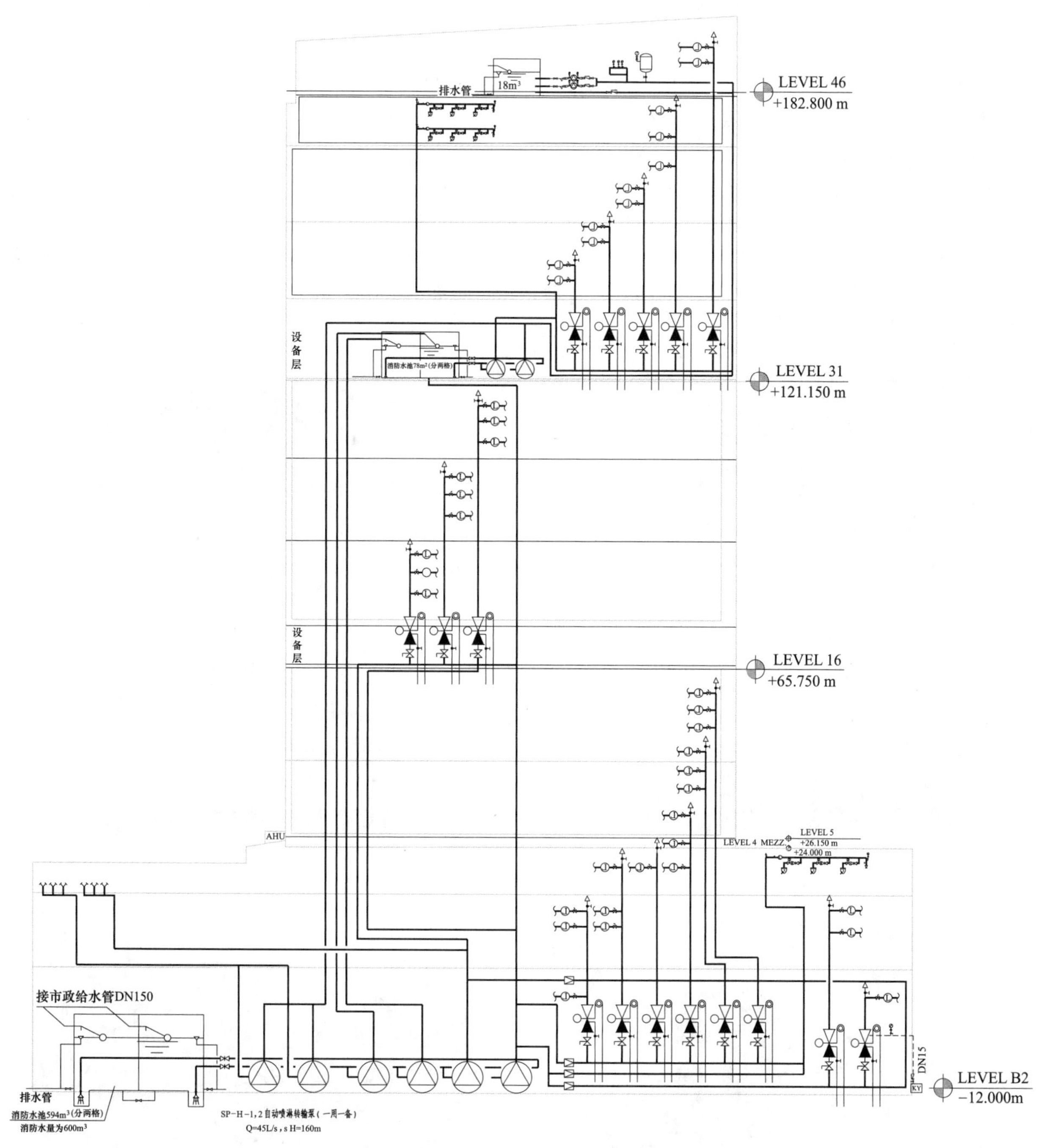

图7　自动喷洒系统示意图

三、工程特点及设计体会

对于超高层五星级酒店工程的给水、热水系统设计，其突出特点为用水量大、安全级别高、压力稳定要求高、用水规律性差、分区多、管路复杂。给水系统设计相对复杂。设计时应在保证供水安全可靠、满足规范的前提下，通过系统的优化，按照用水性质及压力等级详细划分，改善供水的条件，合理布置管路和设备；使供水设备利用率达到最高，保证各分区供水稳定性，最大程度地降低能耗。

在保证酒店品质的前提下，通过收集优质杂排水，降低了中水处理难度，同时合理的安排中水回用的地点，达到了水量平衡，合理利用水资源，节约传统水源，倡导了绿色可持续发展理念。

对于超高层排水系统的排水顺畅是整个给水排水设计过程中的一个主要部分。本工程是高端国际连锁酒店，保证排水顺畅、通气系统卫生，提供良好的室内环境尤其重要。本工程设计中充分结合中水回用系统，合理选择污废水的排水体系，设置通气系统，对于产生污染的厨房等区域进行单独的污水处理，保证了系统的排水顺畅、污水排放处理的达标。

室内消防设施对于超高层建筑是最重要的灭火设备，超高层在火灾发生时因建筑高度的影响，利用室外消防设施进行灭火难度较大，室内消防，包括室内消火栓、自动喷洒、气体灭火等设施在火灾前期控制火势是超高层防火的最重要手段。合理确定灭火系统分区，通过设置转输、分区加压设备水箱保证各个区域系统的水量及压力，保证超高层的灭火系统的高效、合理是建筑防火的重中之重。

四、工程照片

大连国际会议中心

设计单位： 大连市建筑设计研究院有限公司
设 计 人： 王可为　刘昕　赵莉　孔琦　张震　钱若颖　李宇波　马英辉
获奖情况： 公共建筑类　一等奖

工程概况：

大连国际会议中心基址位于大连市人民路东端，面向大海，背依城市核心，设计理念体现着“城市中的建筑，建筑中的城市”，项目建成后将成为具有国际标准的大型综合会议中心及演出中心，并满足达沃斯会议的使用要求。

项目占地面积 4.35hm^2、建筑面积 146819m^2，容积率 3.37。规模庞大、空间组合奇异、功能复杂。其中地下一层为车库和后勤服务空间；地上主要使用层共有 7 层，内设 3000m^2 可容纳 2000 人的多功能宴会大厅，可满足达沃斯会议和宴会餐饮要求。另有高标准的 1600 座剧场，可容纳包括大型歌舞剧演出在内的多种演出活动。中心内还设有 801 座、416 座、289 座等中小型会议厅 6 个，小型会议室 28 个及三个多功能贵宾厅。中心内配备现代化的会议服务设施，为与会者提供国际标准的使用空间。为了保证安全和便捷，参会者、嘉宾、媒体、演员等都有独立的进出流线及使用区域。结构形式体现在地下室钢筋混凝土结构，基础形式为桩筏；地上部分为钢结构，结构形式为多筒稀柱支承大跨长悬挑转换平台大型复杂空间组合结构体系。依据复杂程度产生了技术难点的攻克和创新成果。机电设计紧扣绿色、环保节能、以人为本的主题，采用了海水冷却系统、太阳能发电技术、固定外遮阳系统、CO_2 监控系统、自然采光措施、地板辐射供暖及制冷、可调新风比等技术，使其真正成为低耗能的绿色建筑。

在建筑建设过程中曾多次接受达沃斯会议技术组的巡视和考核，建成后成功地举办了达沃斯夏季会议，并成功举办了多次高水平的商业演出。

工程说明：

一、给水排水系统

（一）给水系统

1. 生活水量（表 1）

本工程最高日生活用水量 476.82m^3/d，最大时用水量 90.45m^3/h。

生活用水量　　**表 1**

序号	用水类别	用水量标准及用水单位数	最高日用水量 (m^3/d)	最大时用水量 (m^3/h)	平均时用水量 (m^3/h)	小时变化系数	用水时间 (h)
1	会议中心开会人员	15L/(人·d) 3247 人	48.70	7.31	6.09	1.2	8

续表

序号	用水类别	用水量标准及用水单位数	最高日用水量 (m^3/d)	最大时用水量 (m^3/h)	平均时用水量 (m^3/h)	小时变化系数	用水时间 (h)
2	职员办公及会议服务	50L/(人·d) 500人	25.00	3.75	3.13	1.2	8
3	媒体办公	15L/(人·d) 910人	13.65	4.10	3.41	1.2	4
4	剧场演职员	60L/(场·人) 2场·270人	32.40	10.80	5.40	2.0	6
5	观众厅观众	5L/(场·人) 2场·1822人	18.22	7.28	6.08	1.2	3
6	职工餐厅	15L/人次 500人	7.50	1.88	0.94	2.0	8
7	会议餐厅	25L/人次 2000人	50.00	12.50	6.25	2.0	8
8	空调补水	$4m^3$/h	40.00	4.00	4.00	1.0	10
9	汽车库冲洗地面	$3L/m^2$ $11000m^2$	33.00	4.13	4.13	1.0	8
10	屋面冲洗	$5L/m^2 \times 33000m^2$	165.00	27.50	27.50	1.0	6
11	1～10项合计		433.47	83.23	66.93		
12	未预见水量	1～10项总和的10%	43.35	8.32	6.69		
13	合计		476.82	90.45	73.62		

2. 水源

水源为城市自来水。有关部门提供的自来水压0.40MPa。本工程分别从建筑物东北和西南方向上各引自一根*DN*150的自来水管，经水表和倒流防止器接入生活用水点和消防水池。

3. 系统分区

城市市政管网不能完全满足室内各用水点的水量和水压要求。剧场内卫生间（15.30m标高及以上）采用无负压给水设备供水，其他部位生活用水均采用市政管网直接供水方式，即市政自来水直接供给各个用水点，给水方式为下行上给式。为保证建筑物外立面的清洁及景观用水，本工程专门设置了一套建筑冲洗及绿化给水系统，给水泵设在消防泵房内，绿化时该泵从消防水池取水通过室外管道供各用水点，手动控制启停水泵。

注：原设计中，政府提供该区域有市政中水，工程竣工使用后，市政中水管网仍未建成。

4. 供水方式及给水加压设备

经与本项目指挥部、自来水公司共同研究确定，达沃斯会议期间增设有效容积为$40m^3$水箱，4台微机控制变频调速水泵为本建筑全增压供水。

5. 管材

给水管材采用薄壁不锈钢管，环压连接。

（二）热水系统

1. 本工程最高日热水量$62.26m^3$/d，最大时用水量$17.55m^3$/h（表2）。

热水用水量　　表 2

序号	用水类别	用水量标准及用水单位数	最高日用水量 (m^3/d)	最大时用水量 (m^3/h)	平均时用水量	小时变化系数	用水时间 (h)
1	职工餐厅	10L/(人·d) 500 人	500.00	1.25	0.63	2.0	8
2	会议餐厅	15L/人次 2000 人	30.00	7.50	3.75	2.0	8
3	剧场演职员	40L/(场·人) 2 场·270 人	21.60	7.20	3.60	2.0	6
4	1～3 项总和		56.60	15.95	7.95		
5	未预见水量	1～3 项总和的 10%	5.66	1.60	0.80		
6	合计		62.26	17.55	8.75		

2. 热源、供热形式

厨房、剧场内淋浴用热水：热源为蒸汽，设备放置在冷水机房内。卫生间用热水针对建筑物的使用功能分析，认为洗手盆设置分散且耗热量不大，采用容积式电加热器供热水的方式，以最短的距离接到用水点，支管采用电伴热保温，以减少冷水放水量。

热水系统不分区、冷热水同源。

热交换器：60℃的热水量为 $12m^3/h$，耗热量为 700kW。

3. 管材

热水管材采用薄壁不锈钢管，环压连接。

(三) 排水系统

1. 排水系统形式

本工程生活污水与生活废水采用合流排水系统。

(1) 排水系统

本工程±0.00 以上（除部分卫生间采用真空排水系统外）均采用重力排水系统；±0.00 以下（除个别卫生间采用真空排水系统外）污废水汇集至集水池，用潜水泵提升排出室外。凡是收集卫生间污水的集水池，均选择全自动地下室污水排放专用设备。车库地面及其他位置选择带有自动耦合装置的潜污泵 2 台，1 用 1 备，互为备用。当一台泵来不及排水达到报警水位时，两台泵同时启动并报警，潜水泵由集水池水位自动控制。

(2) 真空排水系统

为减少排出管较长对地下室层高的影响，减少污水集水池及污水泵的数量，提高室内空气品质，节约坐便器冲洗水量，本工程部分卫生间排水设计采用了真空排水系统。本次设计仅为方案设计，待业主确定总承包商后由设计方配合深化设计。为此设计中提出以下要求：

1) 真空排水系统应采用符合相应的产品、施工安装及验收标准。

2) 整个系统应为一个供货商提供并负责安装调试，以免出现问题相互推卸责任。

3) 由于真空排水系统工程技术难度高，应采用成熟的计算软件和控制系统。

4) 真空排水系统控制方式采用感应、气动控制方式，真空坐便器采用静音型。

5) 对系统运行质量影响较大的部件，如真空坐便器、真空切断阀、水位控制器和传感器，采用质量稳定、性能可靠的产品。

(3) 雨水排水系统

本工程屋面面积约 3.3 万 m^2，屋面设计 7 条闭合环形水平天沟，天沟内设置多个雨水斗，雨水通过屋面板缝隙进入屋面天沟，由 4 个及 4 个以下相邻的雨水斗汇入一根悬吊管，各雨水汇流悬吊管顺坡而下至各核心筒内，核心筒各雨水立管经设备夹层、管井下至地下室，排到室外雨水检查井中。

1）屋面雨水采用内排水，设计重现期为 $P=50$ 年。

2）重现期 50 年暴雨强度按现行公式计算出的暴雨强度的 97%计（大连地区现无 50 年暴雨强度统计公式，此数据参照北京市标准）。

3）屋面雨水排放经管道，检查井收集后排入市政规划的雨水收集池。

4）在建筑周围设置雨水排水沟防止场地外的雨水进入。

2. 通气管设置方式

卫生间排水管设置专用通气管和环形通气管。卫生间污水和厨房污水集水池均设通气管。考虑该建筑屋面为直立金属锁边复合屋面，受建筑美观及施工条件的制约，部分卫生间（除真空排水卫生间外）难以设置伸顶通气管，为维持排水管内压力稳定，保证排水通畅，该部分卫生间排水立管顶部（高出筒体 500mm 处的大空间夹层内，该空间设通风排气）设置吸气阀。当排水管内为正压时，吸气阀关闭，防止有害气体进入室内；当排水管内为负压时，吸气阀开启，空气进入管内。为此设计中提出以下要求：

1）吸气阀应采用进口产品。

2）吸气量不小于 8 倍的排水设计秒流量。

3）吸气阀不得兼做排水检查口。

4）吸气阀应竖直安装。

5）当吸气阀采用胶接时，不得将胶粘剂碰到吸气阀的橡胶瓣上，以免破坏密封性。

3. 局部污水处理设施

厨房污水采用明沟收集，明沟设在楼板上垫层内，污水进入埋地式隔油强排箱。排至市政管道以前，需经室外隔油池二次处理。

4. 管材

污废水管采用排水塑料平管，胶接；雨水管采用厚壁不锈钢管，焊接。

（四）其他系统

1. 屋面融雪系统

根据国外提出的该系统适用条件：当地多年日最大降雪量的算术平均厚度在 5mm 以上，年平均最低温度低于−2℃，可以考虑屋面融雪系统。大连现有气象资料最冷月最低温度−8.2℃，春季二月平均气温最低−2.86℃。由于大连地区与北京地区纬度接近，气温差异较小，设计时参考了北京日最大降雪量与重现期关系曲线，得重现期为 1 年是最大降雪量可达 11mm，重现期为 10 年时最大降雪量可达 23mm，这为屋面设计融雪系统提供了参考依据。

本工程屋面面积 3 万多平方米，形状为中间高四周低的坡行屋面。屋面设计了 4 道两端封闭的环形排水天沟，为给屋面天沟冰雪融水提供通畅排水通道，避免天沟及雨水口因冻融导致屋面渗漏，防止融冰屋面滑下坠落致人伤害，天沟内设计了融雪系统，该系统由配电系统，融雪系统及控制系统组成。该系统关键部位的伴热电缆采用了 Raychem 的自调温融雪专用电缆，将 5 根伴热电缆明装铺设于沟内，每根间距为 0.15m，采用控制器应为融雪系统专用，并具有系统的状态显示和故障报警功能。伴热电缆之间的连接采用自身绝缘体的专用连接部件，伴热电缆在天沟内的固定采用专用的固定件。其他设计要求如下：

1）采用的伴热电缆应具有 UL、FM 国际认证，确保电气和消防安全使用。

2）伴热电缆为非防腐型，并具有良好的抗紫外线性能。速接附件应考虑对伴热电缆防绝缘级别的要求（表 3）。

伴热电缆材料性能　　表3

型号	GM-2X
工作电压	220V,50Hz
发热功率	33W/m
启动电流	0.25A(−10℃)
伴热电缆规格	宽14mm,厚6mm

3）鉴于目前没有设计出图相关规定，该项目图纸暂归给水排水专业出图。

2. 海水真空泵站设计

（1）泵房设计概况

为空调专业海水冷却系统的真空海水泵房。该泵房位于建筑物外400m，贴近大海40m处，泵房为地下式，绝对标高2.200m（泵房待土建工程完成后方可进行给水排水工艺施工）。取水口位置经国家海洋所环境评估确认，由中交天津港湾设计院设计完成。大连市建筑设计研究院有限公司设计范围：吸水管至泵房出水口。该泵房使海水冷却系统在夏季代替冷却塔，提供冷却水冷却空调主机；其他季节可根据需要为空调系统提供冷冻水（免费制冷）。实现节水节能。海水泵房内设计3台立式自吸水泵（$L=1200m^3/h$，$H=5m$，$N=37kW$，2用1备）。海水泵采用变频水泵，根据会议中心海水池液面高度启停，在主机房集中控制。因吸水管路较长和海水涨落潮引起的管内集气会对供水泵产生气蚀，影响启动前水泵充水。因此在水泵吸水管路上设计了缓冲罐，排水泵（各两台），以实现引水排气，利用水环式真空泵把泵内和吸水管（3根）中的空气抽出，使海水进入泵内。

（2）泵房设计控制

1）在海水泵房压出段母管及建筑物内海水排出母管设置超声波流量计。

2）会议中心冷水机组启动前，先启动一台海水泵。

3）海水泵启动前，水泵出口电动闸阀应关闭，排气阀打开；真空泵投入运行；当缓冲罐到达高水位时真空泵停止运行，排气阀关闭。同时启动海水泵，待运行10s后打开水泵出水口电动阀。

4）会议中心内海水排出母管设置的超声波流量计显示当前负荷下海水的用水量，若此用水量小于或等于$1200m^3/h$时，继续使用一台海水泵，并变频，匹配用水流量；若此用水量大于$1200m^3/h$时，应开启另一台海水泵，并变频，匹配用水流量。

5）海水池设置液位报警。当海水液面高于3.200m（黄渤海标高）时，停泵。

6）排水泵由罐上侧装型磁性浮子液位计控制，高水位启泵，低水位停泵。

缓冲罐进气口电动阀开关由真空泵控制，整个系统进程均为自动控制实施。

二、消防系统

（一）消防性能化概述

大连国际会议中心是一个功能复杂、体型奇特的大空间钢结构建筑，是大连市的标志性建筑之一，具有重要的经济和社会地位。同时该建筑规模体形庞大、形式独特、多功能复合、大小空间组合复杂，不但建筑和结构设计上面临诸多挑战，在消防设计上也存在诸多不能满足现行规范要求的地方，典型部位为共享大厅：本建筑主体由一个贝壳形状的屋顶以及在屋顶以下的一系列会议厅，多功能厅和演出空间形成的一个大空间，连接各功能空间之间的区域与大空间融为一体，形成大型共享大厅，面积$43156m^2$，依据现行国家标准《建筑防火设计规范》GB 50016难以对其划分防火分区。

针对建筑物这一特点，消防性能化报告对其火灾危险习惯和危害性进行了定量分析与评估。根据据消防性能化报告及现行消防设计规范要求，本工程采用的消防系统为：室内外消火栓给水系统，自动喷水灭火系统，雨淋灭火系统，水幕灭火系统，水喷雾灭火系统，消防水炮灭火系统，七氟丙烷气体灭火系统，超细干粉灭火系统。

(二) 消火栓系统

1. 消火栓系统用水量、水池、水箱、水泵参数（表 4）

一次火灾消防用水量最大为中心剧场部分，用水量为消火栓系统＋消防水炮系统＋湿式灭火系统＋水幕灭火系统＋雨淋灭火系统，合计用水量为 1468m^3，本工程地下室设一座有效容积为 1600m^3 消防水池，主剧场上部 H10 核心筒上设一组有效容积为 25m^3 的消防水箱。泵房贴临消防水池，设有两台（1 用 1 备）室内消火栓两台 Q=40L/s，H=105m。

消火栓系统用水量　　表 4

消防系统	用水量标准	火灾延续时间	一次灭火用水量
室外消火栓系统	30L/s	3h	324m^3
室内消火栓系统	40L/s	3h	432m^3

2. 室外消火栓系统

室外消火栓系统采用低压制，在红线内的市政环状给水管网上设置室外地下消火栓。地下消火栓距到路边不大于 2m，距建筑物外墙大于等于 5.0m。室外消火栓间距不大于 120m，与消防水泵接合器距离不大于 40m。

3. 室内消火栓系统

(1) 系统形式

室内消火栓系统不设分区，采用临时高压系统，平时由屋顶消防水箱内消火栓稳压装置保证消火栓系统最不利点静压大于 0.07MPa，火灾时保证充实水柱不小于 10m。当栓口出水压力大于 0.50MPa 时，采用减压稳压消火栓。消火栓布置于消防电梯前室、走廊等明显地点，其布置保证同层任何一处起火均有两股水柱同时到达。各消火栓箱内配置 DN65 消火栓一个，25m 长水带，口径 19mm 水枪，自救消防卷盘及启泵按钮及指示灯各一个。多功能消火栓内配置多功能消防水枪（射程 30m）一支。

消火栓地下一层，0.00m，10.200m 层和各会议厅（不含中心剧场）均采用减压稳压消火栓。

消火栓系统设地下室消防水泵接合器 3 套，每套流量为 15L/s。

(2) 系统控制

平时消火栓管网压力由屋顶水箱间内消火栓稳压泵维持。当管网压力下降到 0.35MPa 时启动消火栓稳压泵，压力达到 0.40MPa 时稳压泵停泵。起火时按下消防泵启泵按钮，启动消火栓泵，消火栓泵也可在消控中心和水泵房内手动启动，消防结束后手动停泵。

(3) 管材

消火栓系统管材采用内外涂塑钢管，卡箍连接。

(三) 自动喷水灭火系统

1. 自动喷水灭火系统用水量、水池、水箱、水泵参数（表 5）

一次火灾消防用水量最大为中心剧场部分，用水量为消火栓系统＋消防水炮系统＋湿式灭火系统＋水幕灭火系统＋雨淋灭火系统，合计用水量为 1468m^3，本工程地下室设一座有效容积为 1600m^3 消防水池，主剧场上部 H10 核心筒上设一组有效容积为 25m^3 的消防水箱。泵房贴临消防水池，设有两台（1 用 1 备）湿式自动喷水灭火系统泵 Q=40L/s，H=85m。雨淋泵三台（2 用 1 备）Q=40L/s，H=85m，水幕泵两台（一用一备）Q=50L/s，H=85m。

自动喷水灭火系统各部位火灾危险等级喷水强度及设计用水量 **表5**

部位	危险等级	喷水强度	作用面积	设计用水量
休息室、前厅、贵宾室、办公等(湿式)	中危险Ⅰ级	6L/(min·m^2)	160m^2	58m^3
服装、衣帽间(湿式)	中危险Ⅱ级	8L/(min·m^2)	160m^2	78m^3
舞台上部(湿式)	中危险Ⅱ级	8L/(min·m^2)	160m^2	78m^3
地下车库(湿式)	中危险Ⅱ级	8L/(min·m)	160m^2	78m^3
舞台葡萄架(雨淋)	严重危险级Ⅱ级	16L/(min·m^2)	260m^2	250m^3
布景道具间(雨淋)	严重危险级Ⅱ级	16L/(min·m^2)	260m^2	250m^3
主舞台与观众厅金属防火(水幕)	防护冷却	1L/(m·s)	16m	57.6m^3
主舞台与后舞台金属防火幕(水幕)	防护冷却	1L/(m·s)	20m	72m^3

2. 自动喷水灭火系统

(1) 湿式自动喷水灭火系统

自动喷水系统不设分区。屋顶消防水箱间设一套自动喷水系统稳压装置，平时管网压力由稳压装置保证，火灾时由加压泵向各系统供水。

1) 系统形式

除小于5m^2的卫生间、楼梯间、空间高度超过12m的房间及不能用水灭火的房间外，均设有湿式灭火系统。按不超过800只喷头设一个报警阀，本工程设置17套湿式报警阀。其中地下一层各防火分区报警阀设于消防泵房内。其他报警阀集中设于10.20m层报警阀间内。每层各防火分区均设置水流指示器及信号阀。在每个报警阀控制的最不利点设末端试水装置，其他每个防火分区最不利点处设放水阀。系统喷头选用，车库内采用74℃星级的直立型喷头（$K=80$），自动扶梯下采用装饰隐蔽型喷头（$K=80$），其他均采用玻璃球喷头。温级：厨房内灶台上93℃，厨房内其他地方79℃，其余均为68℃。根据性能化专家结论，钢结构涂防火涂料，不设自动喷水灭火系统保护。

湿式自动喷水灭火系统系统设3套地下式消防水泵接合器。

2) 系统控制

火灾时喷头喷水，水流指示器动作，同时相对应报警阀动作，敲响水力警铃，压力开关报警，直接连锁自动启动喷洒泵，并反映到消控中心，消控中心也可手动或自动启动喷洒泵。湿式喷洒系统管网平时压力由屋顶水箱间内自动喷洒稳压系统维持。当管网压力达到0.40MPa时，稳压泵停泵。当系统压力降到0.35MPa时，稳压泵启泵，当管网压力继续下降到0.33MPa时，地下一层自动喷洒泵启泵，同时稳压泵停泵。

(2) 雨淋系统

1) 系统形式

在中心剧场主舞台及后舞台葡萄架下部设置雨淋灭火系统。雨淋灭火系统采用开式喷头，其开启由火灾探测器控制。本工程共设置三组雨淋系统雨淋控制阀，各雨淋阀给水进口处采用雨淋报警阀及手动快开阀。雨淋报警阀设于舞台上部易于观察火灾情况的雨淋阀间内。雨淋阀在演出期间为防止误喷可设为手动，其余时间均为自动。

雨淋系统设6套地下式消防水泵接合器。

2) 系统控制

系统控制为自动控制、电手动控制、现场手动控制三种。

① 自动控制：起火时火灾探测器接收火灾信号，自动打开雨淋阀控制腔泄水管上的电磁阀，阀瓣在阀前

水压作用下被打开，雨淋阀上压力开关报警，启动自动喷洒泵。

② 电手动控制：接到着火部位火灾探测信号后，可现场和在消控中心手动打开相对应的电磁阀，启动喷洒泵。

③ 现场手动控制：人为现场操作雨淋阀组和喷洒泵。

(3) 水幕系统

1) 系统形式

在中心剧场主舞台与观众厅的金属防火幕，主舞台与后舞台金属防火幕以及1层侧卷帘，15.3标高层无法安装双轨双帘卷帘处设防护冷却系统。特级防火卷帘不设水幕保护。水幕系统进口处采用雨淋阀及手动快开阀。水幕系统喷头选用双缝隙水幕喷头。

水幕系统设3套地下式消防水泵接合器。

2) 系统控制：为自动控制，手动控制。

(4) 管材

湿式自动喷水灭火系统管材采用内外涂塑钢管，卡箍连接。

(四) 水喷雾灭火系统

1. 设置位置、系统设计参数

水喷雾灭火系统设于地下一层给水排水柴油发电机房内。水喷雾喷水强度：机房 10L/(m^2·s)，油箱 20L/(m^2·s)。系统雨淋阀组设于地下一层消防泵房内。水喷雾系统喷头选用中速水雾喷头。该系统供水泵与湿式自动喷水灭火系统合用。

2. 系统控制

系统控制为自动控制、电手动控制、现场手动控制三种。

(1) 自动控制：起火时火灾探测器接收火灾信号，自动打开雨淋阀控制腔泄水管上的电磁阀，阀瓣在阀前水压作用下被打开，雨淋阀上压力开关报警，启动自动喷洒泵。

(2) 电手动控制：接到着火部位火灾探测信号后，可现场和在消控中心手动打开相对应的电磁阀，启动喷洒泵。

(3) 现场手动：人为现场操作雨淋阀组和喷洒泵。

3. 管材：水喷雾灭火系统采用内外涂塑钢管，卡箍连接。

(五) 气体灭火系统

1. 设置位置、系统参数

地下一层及一层变电所采用组合分配灭火系统，地下一层通信机房、电视转播间，采用预置灭火系统。

灭火浓度：除通信机房为8%外，其余为9%；灭火剂喷放时间通信机房为8s，其他防护区为10s。

2. 系统控制

组合分配系统：设自动控制、手动控制、应急操作三种控制方式。预制灭火系统：设自动控制、手动控制。有人工作或值班时，采用电气手动控制；无人值班的情况下，采用自动控制方式。自动、手动控制方法的转换，可在灭火控制器上实现（在防护区的门外设置手动控制盒，手动控制盒内设有紧急停止和紧急启动按钮）。

在气体喷射前，切断防护区内一切与消防电源无关的设备。

防护区内通风管道上防火阀在喷放灭火剂前关闭。灭火后，防护区内通风设备及时将废气排尽后，指示灯显示，人员方可进入。

(六) 消防水炮灭火系统

1. 设置位置、系统参数

空间高度超过12m的位置，即中心剧场及15.30m标高以上大空间采用自动消防水炮灭火系统。同时对壳体与大空间之间自动消防炮难以保护区域设置微型自动扫描灭火系统。自动消防水炮选用参数为射程55m，额定压力0.80MPa，流量为20L/s。同时使用为2门。微型自动扫描装置选用参数为射程32m，流量为5L/s，工作压力为0.6MPa。消防水炮系统的平时系统压力由设于消防水箱间内的水炮稳压装置维持。泵房贴临消防水池，设有两台（1用1备）消防水炮灭火系统泵Q=40L/s，H=105m。

2. 系统控制

自动消防水炮系统控制：火灾时由火灾探测器获取火灾信息传输到控制中心，数控消防炮解码器是远程自动控制设备，可以在控制中心根据火灾探测器传输的图像信息自动或手动控制电磁阀开关及炮口定位，可对水炮进行上、下、左、右的方向控制，也可由信息处理主机与其通信实现远程自动控制。自动状态下，火灾初期，由于起火点可能不在消防炮定位范围内，软件控制消防炮以每次30°角自动从左到右，从上到下进行扫描，直到找准起火点，消防水炮自动对起火点进行精确定位，并在定位过程中进行火灾确认，自动启动电磁阀和消防泵进行喷水灭火。水炮可遥控，自控和手动控制。

微型自动扫描灭火系统控制：当探测到火灾发生，系统主机处理后启动相应微自动扫描灭火装置进行自动扫描并锁定火源后，开启消防泵及电磁阀进行灭火。同时前端水流指示器反馈信号在消防控制室操作台显示。当探测到无火时，系统自动关闭消防泵及电动阀，微型自动扫描灭火系统停止灭火。

消防水炮系统设3套地下式消防水泵接合器。

3. 管材：消防炮系统采用内外涂塑钢管，卡箍连接。

（七）超细干粉自动灭火系统

1. 设置位置、系统参数

所有强弱电间（室）均设置悬挂式超细干粉自动灭火装置，灭火方式采用全淹灭灭火方式。强弱电间（室）有效容积$V<15m^3$采用FZXA2.5型悬挂式超细干粉自动灭火装置；$15m^3<V<30m^3$采用FZXA5型悬挂式超细干粉自动灭火装置；$30m^3<V<50m^3$采用FZXA8型悬挂式超细干粉自动灭火装置；$V>50m^3$时，应视强弱电间（室）有效容积情况，如$50m^3<V<60m^3$设两具FZXA5悬挂式超细干粉自动灭火装置，$60m^3<V<90m^3$设三具FZXA5悬挂式超细干粉自动灭火装置，$90m^3<V<100m^3$设两具FZXA8悬挂式超细干粉自动灭火装置，$100m^3<V<150m^3$设三具FZXA8悬挂式超细干粉自动灭火装置时，布置两具及两具以上悬挂式超细干粉自动灭火装置时，应采用同型号的灭火装置，并自动联动启动。本工程音像室设置FZXA8型悬挂式超细干粉自动灭火装置，灭火方式采用局部应用灭火方式。

采用的悬挂式超细干粉自动灭火装置应为非贮压，非爆破型，并具有国家电网公司出具的电磁兼容报告。

2. 系统控制

悬挂式超细干粉自动灭火装置的电子自动感温器当探测到环境温度70℃（±5℃）时，向超细干粉灭火装置输出24V电压启动信号。此时装置内的固气转化剂被激活，壳体内气体迅速膨胀。压力增大，将喷嘴薄膜冲破，超细干粉迅速向保护区域喷射，火焰在超细干粉连续的物理化学作用下被扑灭。

（八）厨房灶台自动灭火系统

厨房灭火系统，系统流程如图1所示

三、工程设计特点及建议

1. 工程设计特点

（1）工程采用了BIM设计，有效地提高了工程质量和效率，降低了成本。

（2）本工程毗邻大海，为空调专业的冷却水源设计了海水真空泵站，因未设置冷却塔，夏季平时使用时，每日可节约自来水$300m^3$以上，达沃斯会议期间每日可节约自来水约为$500m^3$。其研究课题《大连国际

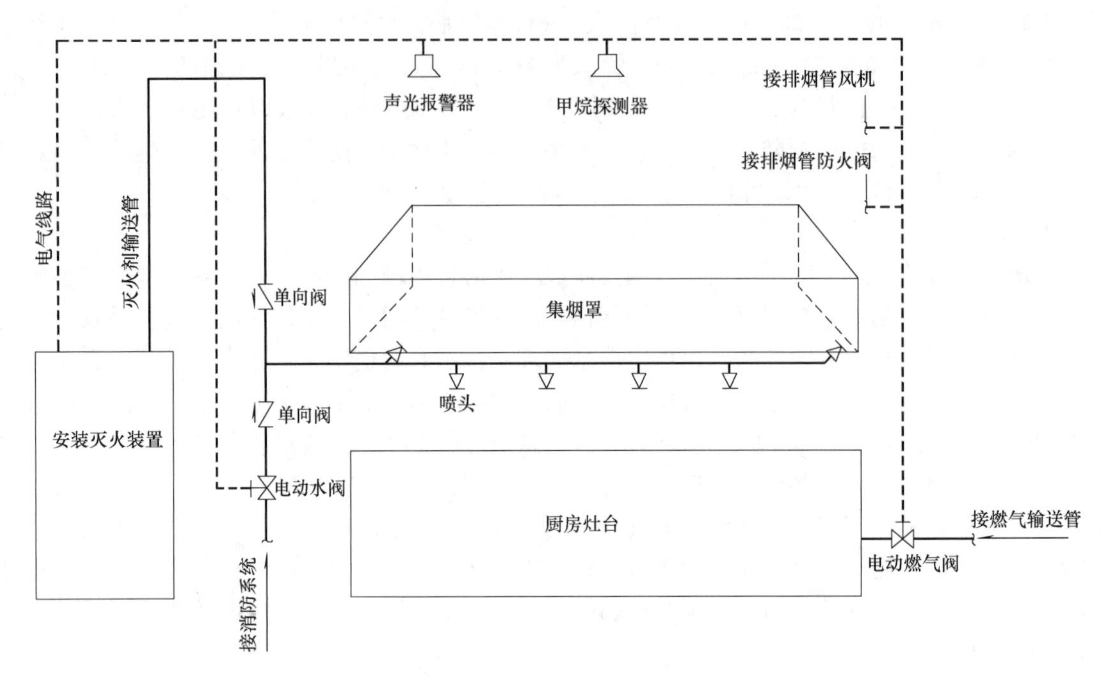

图1 厨房灶台自动灭火系统流程图

会议中心海水源冷却》已获省部立项。

(3) 建筑室外景观绿地用水采用市政中水，并为日后建筑使用中水预留了市政中水接口。建筑物附近设有市政雨水贮水池。

(4) 本工程部分卫生间排水设计了真空排水系统，有效解决了市政接入点标高较高的问题；减少了排出管较长对地下室层高的影响，减少了污水集水池和污水泵的数量，提高了室内空气品质，节约坐便器50%的冲洗水量。

(5) 屋面为直立金属锁边复合屋面，面积约3.3万多平方米，形状为中间高、四周低的坡型屋面。屋面设有4道宽800mm两端封闭的环形水平排水天沟。为使冰雪融水在天沟内保持有序的排放通道，减少积水因体积膨胀导致的屋面防水层和局部结构变形，防止雨水斗口部因冻融过程导致的漏水，本工程屋面天沟内设计了融雪系统。

(6) 受建筑美观及施工条件的制约，部分卫生间（除真空排水卫生间外）难以设置伸顶通气管，为维持排水管内压力稳定，保证排水通畅，此部分卫生间排水立管顶部（高出筒体500mm处的大空间夹层内，该空间设通风排气）设置吸气阀。

(7) 强弱电井采用悬挂式非贮压超细干粉灭火装置，全淹灭灭火方式；厨房灶台采用独立自动灭火系统。

(8) 高大空间采用自动消防炮和自动扫描射水高空水炮统一设为一个系统，大小水炮结合，并设置多功能消火栓，有效地解决了超大复杂空间的消防问题。

(9) 设计中因设置于地下室消防泵房内的报警阀与值班室距离较远，导致水力警铃与报警阀间的连接管总长度大于20m，故将水力警铃的动作调整为通过压力开关、模块、声光报警器转变为声光信号，该报警器安装在值班室附近。

2. 工程设计建议

(1) 建议海水泵站应选址在风浪小，水流平稳的海湾口，当送回水在湾口相距较近时要注意湾口的温度场热导效应，以免影响使用效果，海水泵站的安装高度和吸水管长度的确定需注意水泵出现气蚀的可能；海水泵吸水口处应采取消毒和防堵塞措施；泵站的闸阀除应选择耐腐蚀的刀型闸阀，还应注意吸真空时对阀门的反向密封性的要求；考虑泵房环境比较潮湿，阀门电动执行器应选用 IP68 防护等级。

（2）随着城市建设的发展，建筑工程中真空排水技术应用越来越广泛，但目前我国仍没有真空排水系统的设计、安装、验收及产品标准，因此建议有关部门尽快出台相关标准。

（3）关于利用吸气阀代替伸顶通气管的做法，《建筑给水排水设计规范》GB 50015—2003（2009 年版）没有提及，国外有应用实例，此阀可否在建筑排水系统上应用，如何应用、适用何种情况，技术要求等，建议在规范修订时予以明确。

（4）在我国北方寒冷地区，建筑屋面、屋面天沟、屋面雨水口部、地面坡道、车库坡道等融雪系统的设计应成为提高建筑安全等级的重要配置，由于目前融雪系统设计在国内技术法规层面上还缺乏依据，因此建议有关部门尽快出台相关的技术法规。

（5）在超高大空间即设置了自动消防炮（喷水量大于或等于 16L/s）又在小空间设置了标准型自动扫描射水高空水炮灭火装置（喷水量大于或等于 5L/s），两种类型的水炮是否可以同时设置，前者保护区域内是否需设置消火栓，二类水炮在边界处的设计限定条件等，建议在规范修订时予以明确。

（6）对建于城市边缘的工程项目，建筑专业应将排水重力接入市政管网作为确定建筑物设计标高的重要条件，为此在设计前期给水排水专业应与建筑专业相互配合。

（7）对于形体特异的建筑，前期设计时应注意管道设计对后期装修可能出现的美观、防冻及漏水影响。

（8）屋面融雪系统已成为建筑给水排水和建筑电气设计人员所面对的新设计领域，其工作界面、责任分工尚未明确，致使工程出图不便，借此一隅期待尽快出台相关规定。

四、工程照片及附图

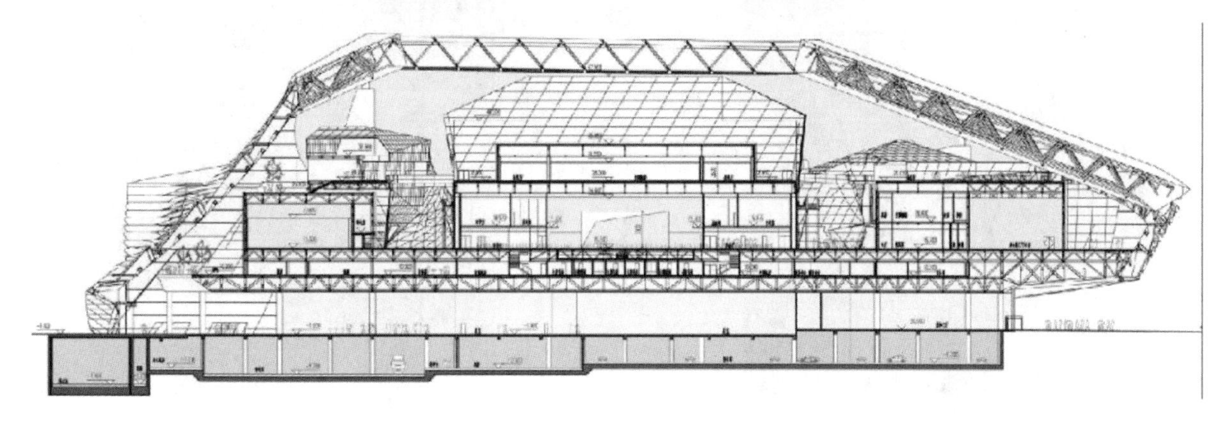

气体灭火

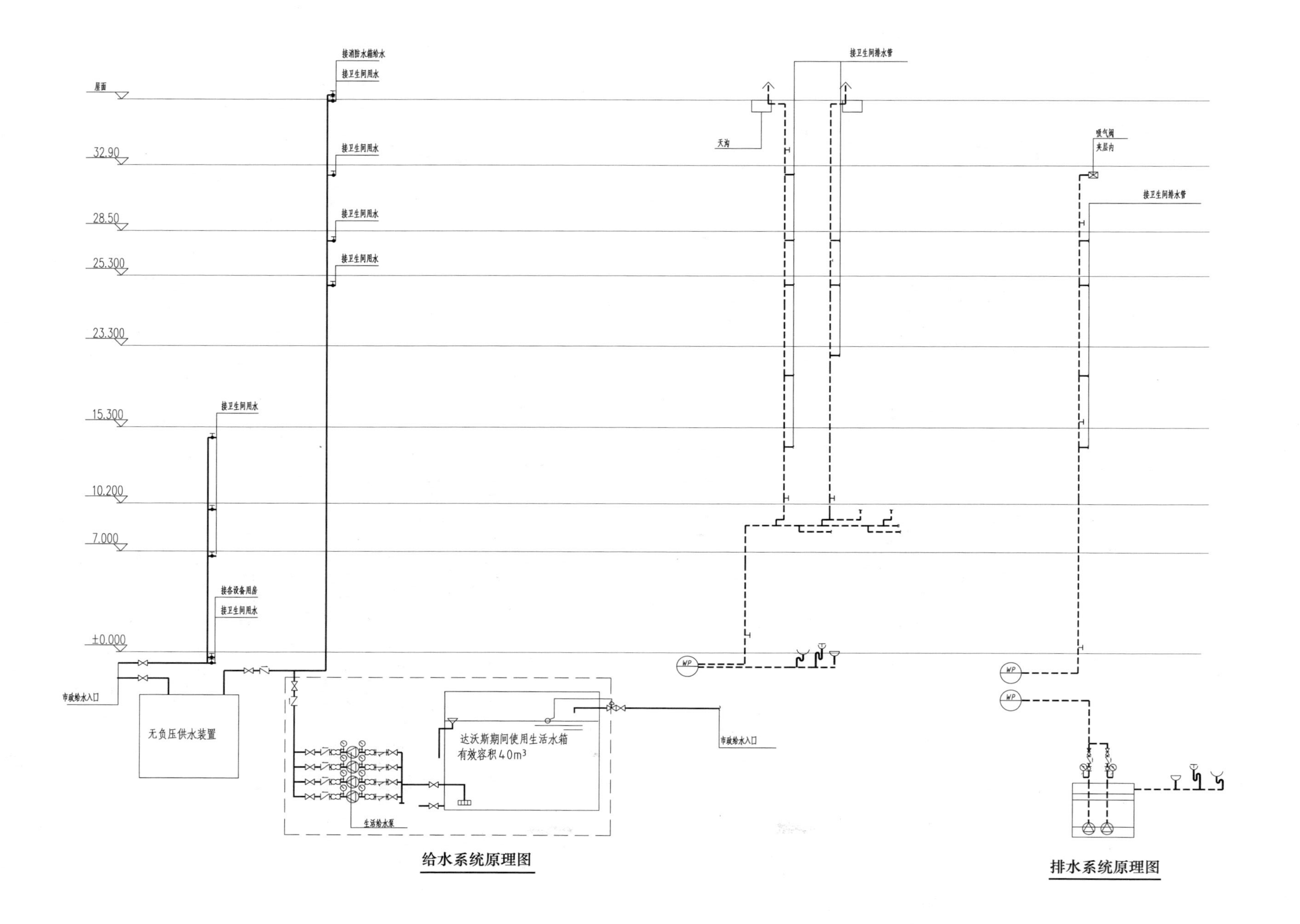

给水系统原理图

排水系统原理图

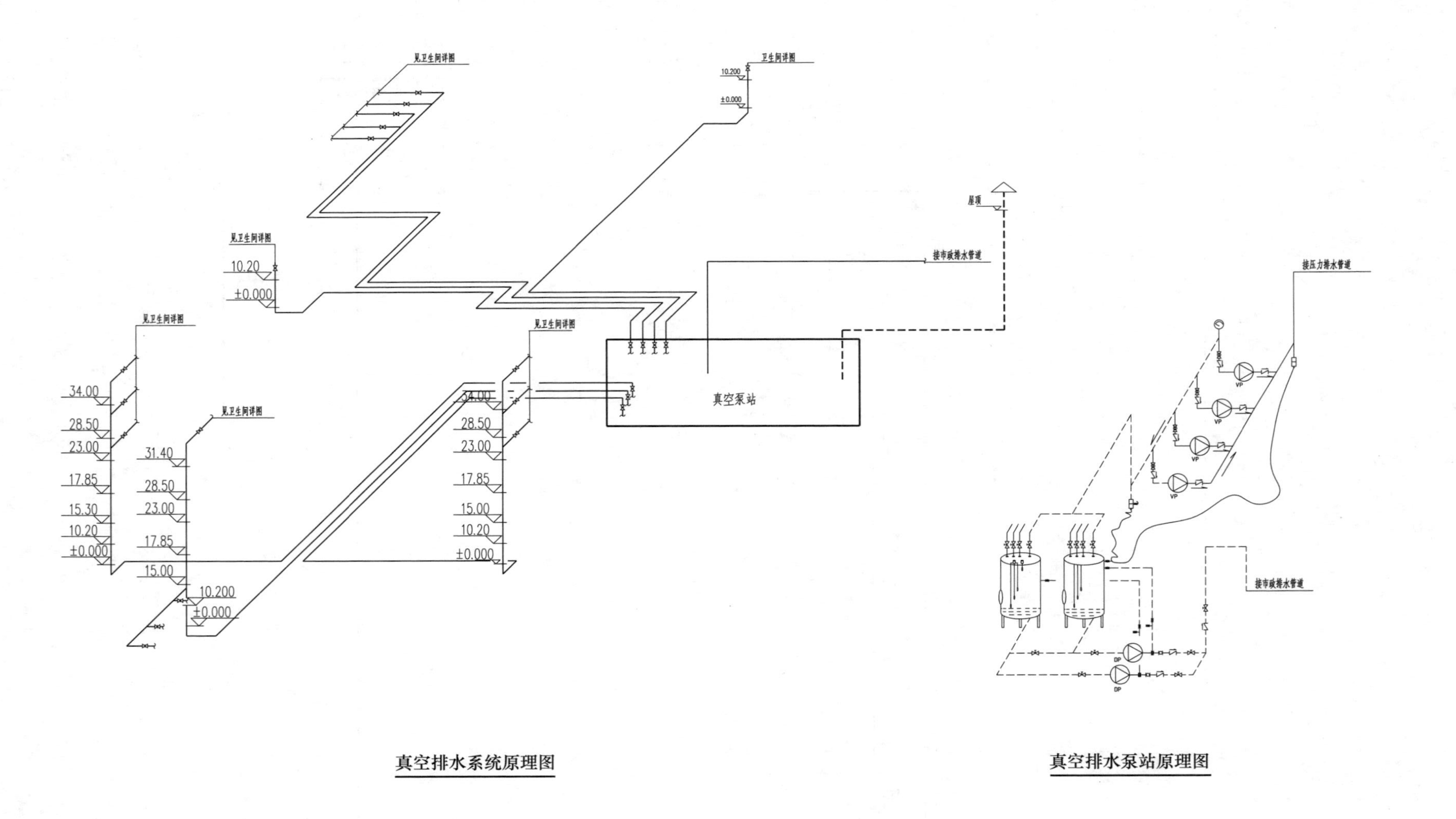

真空排水系统原理图

真空排水泵站原理图

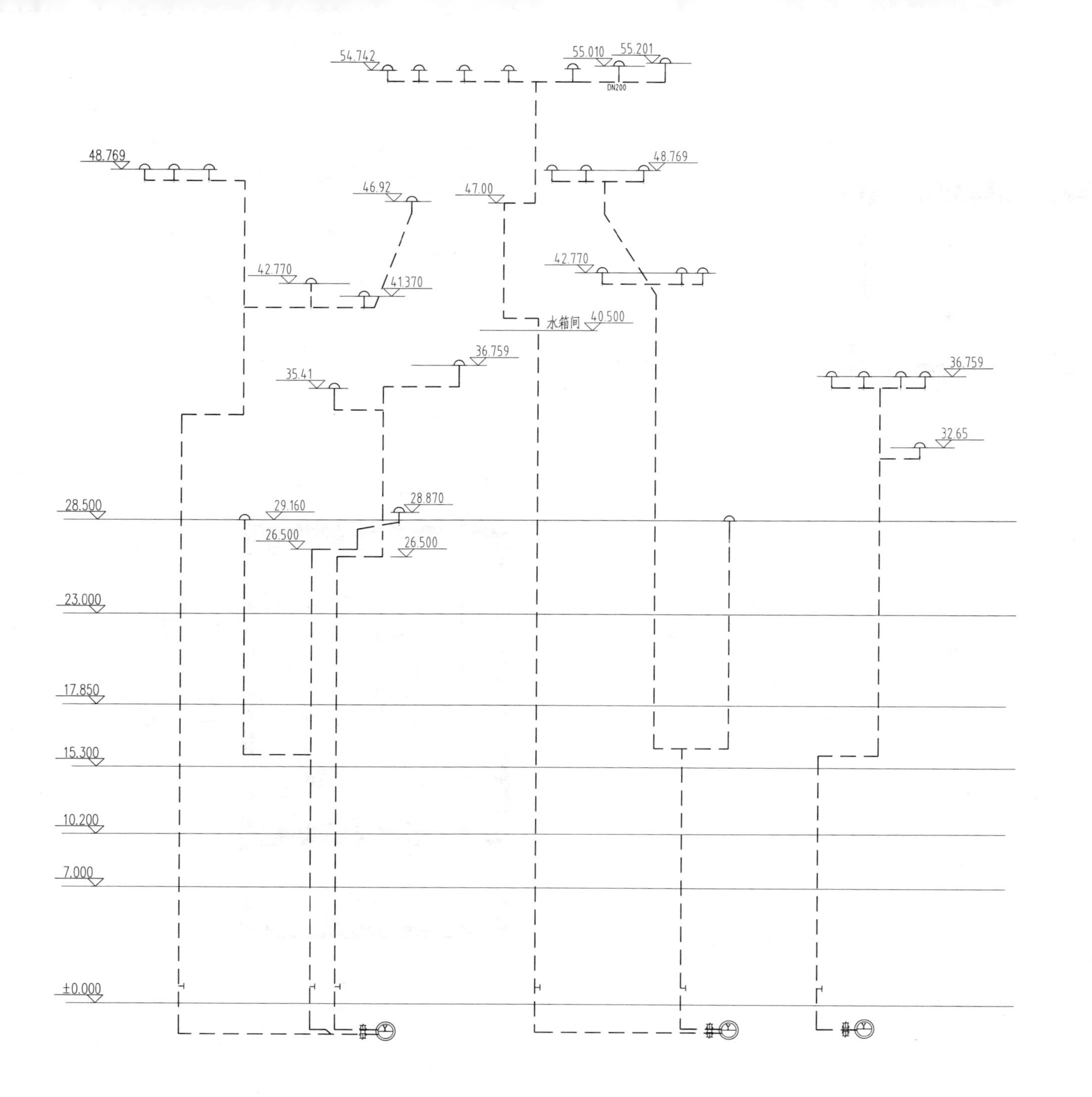
54.742
55.010
55.201
DN200
48.769
46.92
47.00
48.769
42.770
41.370
42.770
水箱间
40.500
36.759
35.41
36.759
32.65
28.500
29.160
28.870
26.500
26.500
23.000
17.850
15.300
10.200
7.000
±0.000

雨水排水系统原理图

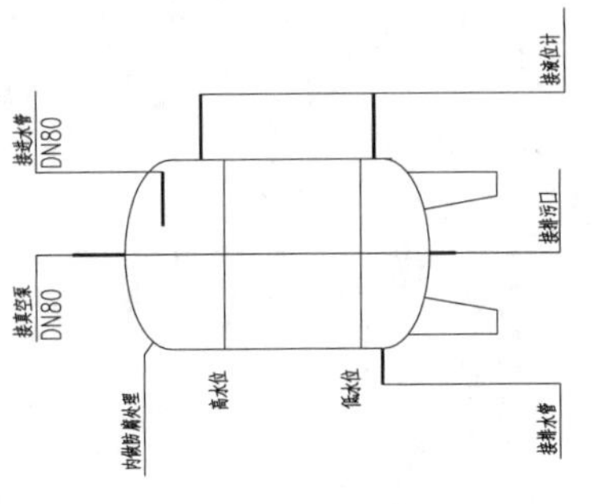

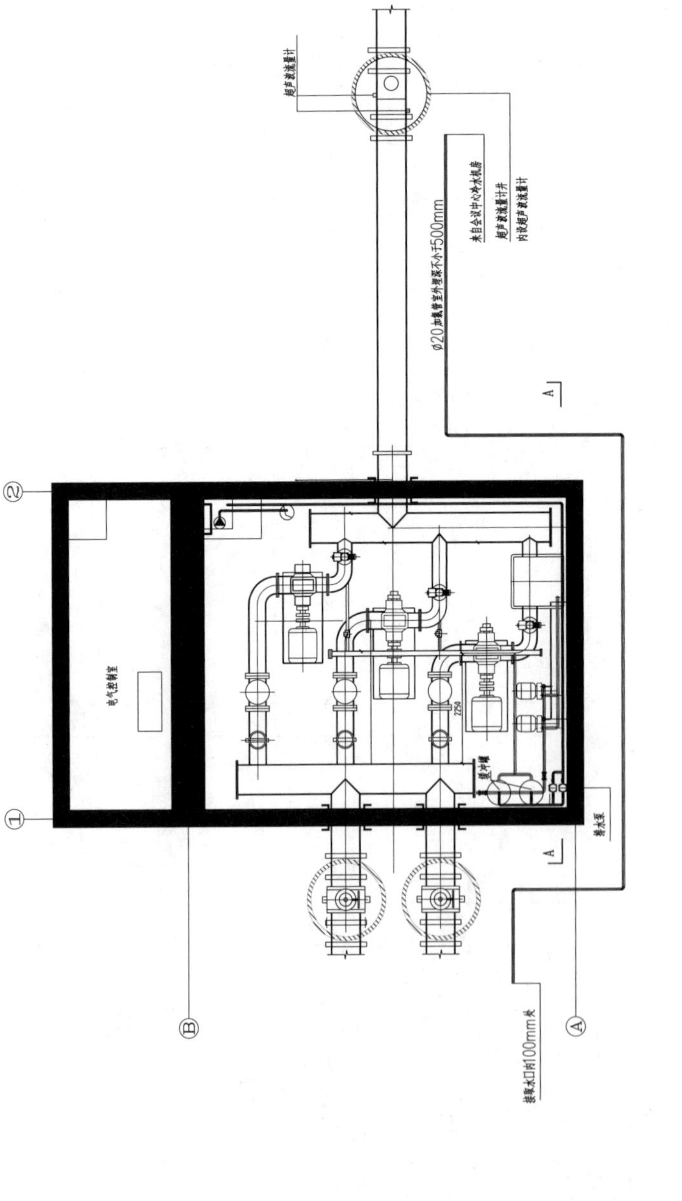

海水泵房管路平面布置图

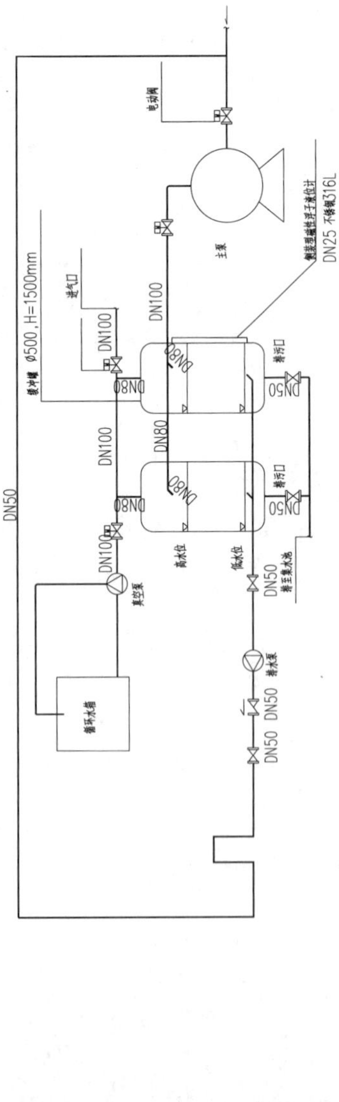

缓冲罐接管示意图

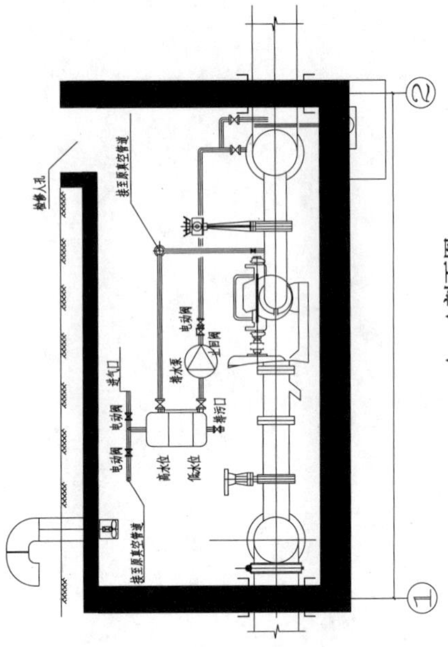

A—A剖面图

缓冲罐工作原理图

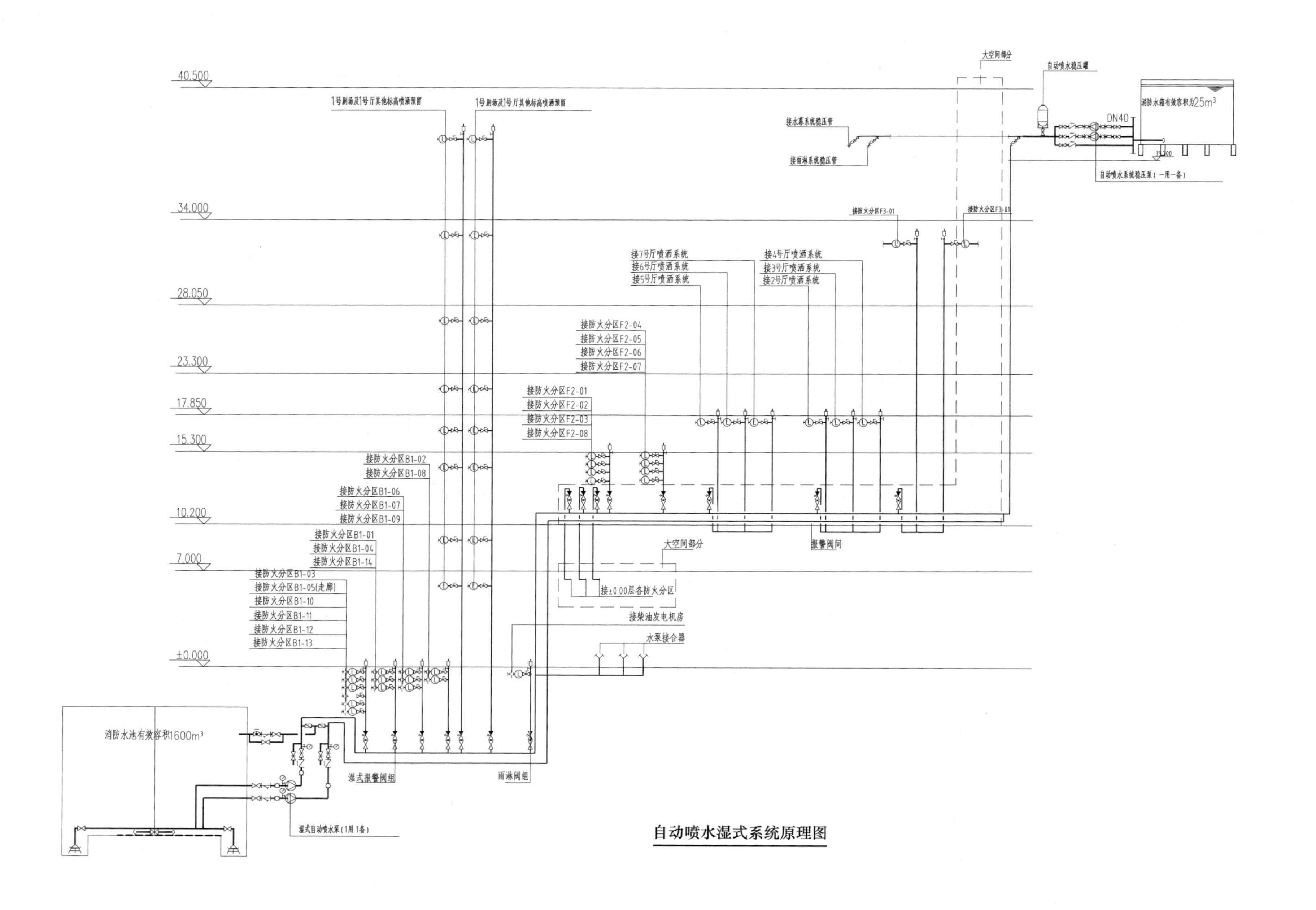
40.500
34.000
28.050
23.300
17.850
15.300
10.200
7.000
±0.000
1号剧场及1号厅其他标高喷洒预留
1号剧场及1号厅其他标高喷洒预留
大空间部分
自动喷水稳压罐
DN40
消防水箱有效容积为25m³
接水幕系统稳压管
接雨淋系统稳压管
自动喷水系统稳压泵（一用一备）
接防火分区F3-01
接防火分区F3-01
接7号厅喷洒系统
接6号厅喷洒系统
接5号厅喷洒系统
接4号厅喷洒系统
接3号厅喷洒系统
接2号厅喷洒系统
接防火分区F2-04
接防火分区F2-05
接防火分区F2-06
接防火分区F2-07
接防火分区F2-01
接防火分区F2-02
接防火分区F2-03
接防火分区F2-08
接防火分区B1-02
接防火分区B1-08
接防火分区B1-06
接防火分区B1-07
接防火分区B1-09
接防火分区B1-01
接防火分区B1-04
接防火分区B1-14
接防火分区B1-03
接防火分区B1-05(走廊)
接防火分区B1-10
接防火分区B1-11
接防火分区B1-12
接防火分区B1-13
报警阀间
大空间部分
接±0.00层各防火分区
接柴油发电机房
水泵接合器
消防水池有效容积1600m³
湿式报警阀组
雨淋阀组
湿式自动喷水泵(1用1备)
自动喷水湿式系统原理图

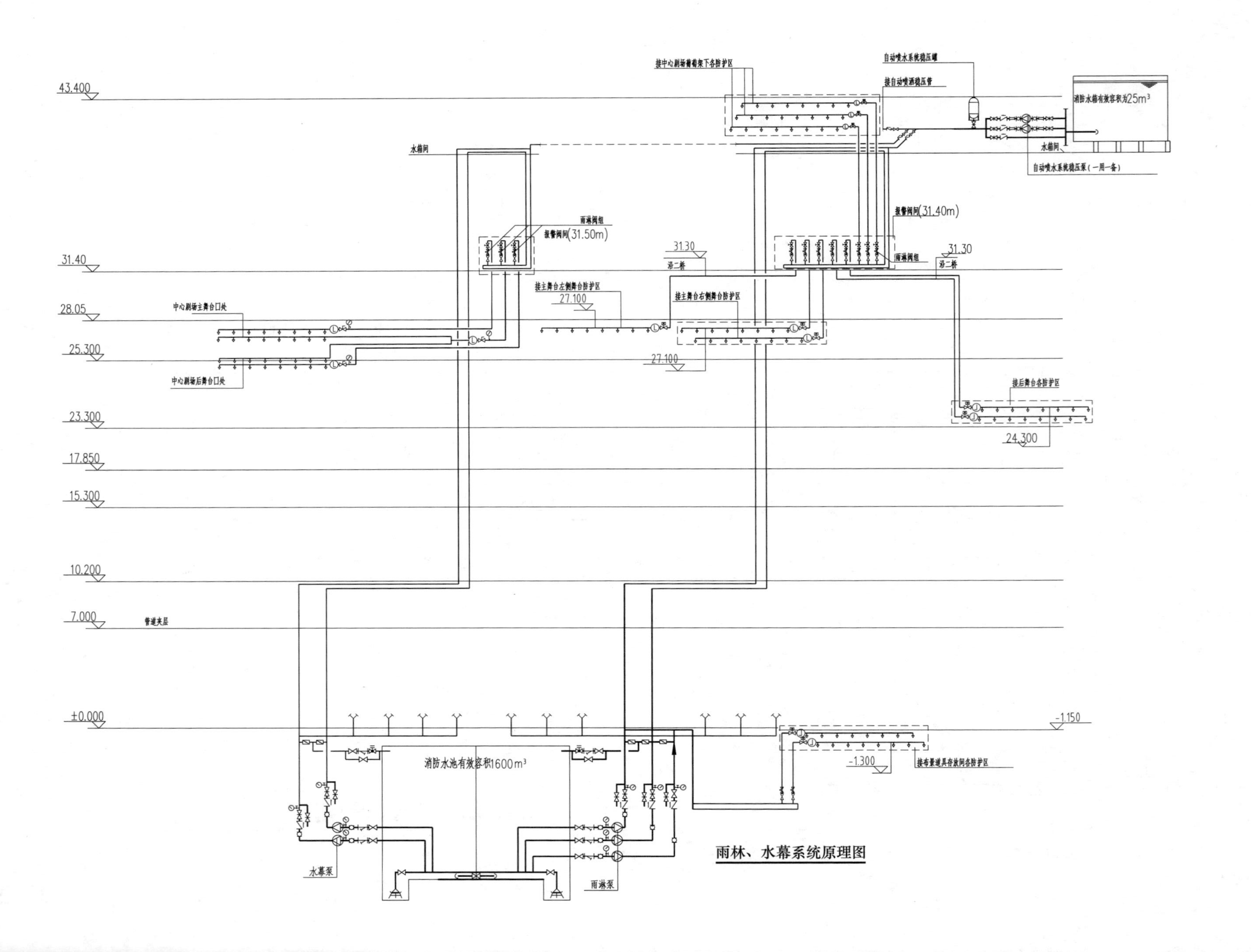
接中心剧场葡萄架下各防护区
自动喷水系统稳压罐
接自动喷洒稳压管
消防水箱有效容积为25m³
水箱间
自动喷水系统稳压泵（一用一备）
报警阀间(31.40m)
报警阀间(31.50m)
雨淋阀组
沿二桥
接主舞台左侧舞台防护区
接主舞台右侧舞台防护区
中心剧场主舞台口处
中心剧场后舞台口处
接后舞台各防护区
管道夹层
消防水池有效容积1600m³
接布景道具存放间各防护区
水幕泵
雨淋泵
43.400
31.40
28.05
25.300
23.300
17.850
15.300
10.200
7.000
±0.000
-1.150
-1.300
24.300
31.30
27.100

雨林、水幕系统原理图

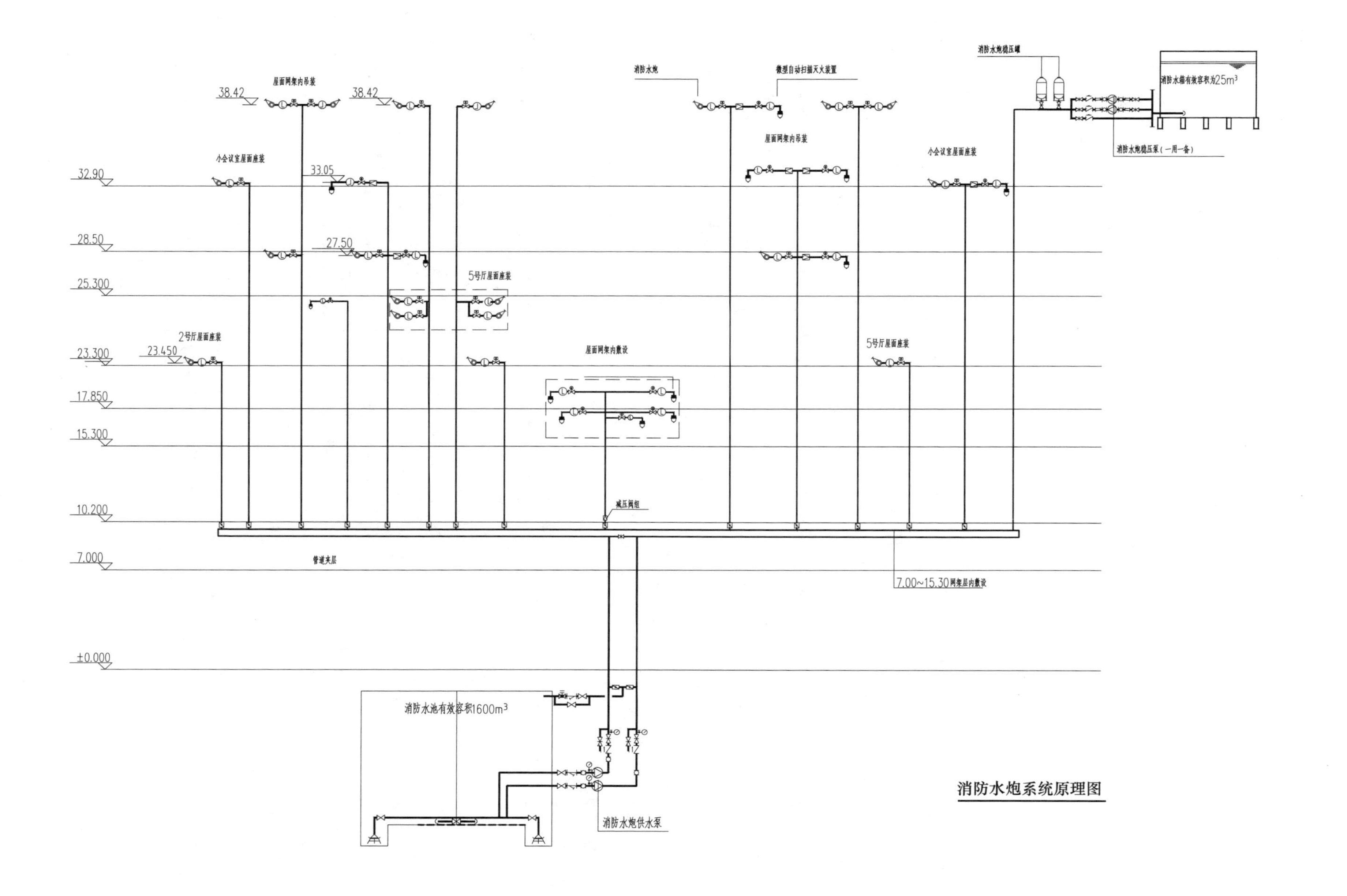
消防水炮稳压罐
消防水箱有效容积为25m³
消防水炮稳压泵（一用一备）
消防水炮
微型自动扫描灭火装置
屋面网架内吊装
小会议室屋面座装
5号厅屋面座装
2号厅屋面座装
屋面网架内敷设
减压阀组
管道夹层
7.00~15.30网架层内敷设
消防水池有效容积1600m³
消防水炮供水泵
38.42
33.05
27.50
23.450
32.90
28.50
25.300
23.300
17.850
15.300
10.200
7.000
±0.000

消防水炮系统原理图

南昌西客站

设计单位： 中南建筑设计院股份有限公司
设 计 人： 栗心国　涂正纯　余蔓蓉　莫孝翠　黄征羽　丁德才
获奖情况： 公共建筑类　一等奖

工程概况：

南昌西客站位于南昌都市区的西南部，距生米大桥以南约 1.5km，属大昌北新城，处于主城区西南。其北部为基本建成的大学城区，东部为南昌国际体育中心发展区，西部为外商投资工业区，南部为生米镇，区位条件十分优越。

南昌西站是向莆铁路和杭南长铁路上的重要客站，是国家铁路网中的重要枢纽，车场总规模为 12 台 22 条到发线、4 条正线，基本站台 2 座、中间站台 10 座，站房高峰小时聚集人数 8000 人。车站总建筑面积 257156.4m^2，站房建筑共 3 层，分别为地下出站层、站台层和高架层，站房建筑高度 41.7m，属于特大型铁路客运站房。实景如图 1 所示。

图 1　南昌西客站正立面实景图

（一）基础资料

根据甲方资料，南昌西客站近期由现有红谷滩牛行水厂（30 万 m^3/d）供水，远期与红角洲水厂（20 万 m^3/d）联网供水。供水干管沿学府南大道 *DN*400～*DN*1200、龙岗大道 *DN*300～*DN*400、站前北大道 *DN*300～*DN*600、站前南大道 *DN*300～*DN*600 敷设。规划红角洲水厂距西客站仅约 500m。市政管网压力按 0.2MPa 考虑。

南昌西客站站区雨水分散排放：东北 *DN*800/32.50m 排至赣江；东南 *DN*1000/31.00m 排至赣江；西北 *DN*1000/32.50m 排至前湖水系；西南 *DN*1000/32.00m 排至望城水系。污水排入正在建设的望城污水处理厂（18 万 m^3/d）。望城污水处理厂位于西客站西面，距西客站约 2.5km，东城大道东侧。西客站以北污水干管自东向西南，经污水提升泵站排入望城污水处理厂；西客站以南经过站前南大道自东向西经污水提升泵站排入望城污水处理厂。北边有两个接入口，管径 *DN*500，标高 32.00m；南边有一个接入口，管径 *DN*500，标高 30.50m。

（二）设计范围及内容

根据有关文件，南昌西站设计包括铁路红线范围内的所有室内外给水排水管线设计，由中南建筑设计院股份有限公司（简称中南院）与铁道第四勘察设计研究院（简称铁四院）、铁道第二勘察设计研究院（简称铁二院）及广州地铁设计院共同承担。地面铁路部分由铁路院进行设计，包括列车上水、站台消防、列车泄污（含污水处理）、污水管道穿越铁路、站场雨水等。列车上水加压站与站房本身加压站合建，铁路院提供所需最高日用水量、最大秒用水量、水压等技术参数。中南院承担站房内部给水排水及泵站、站台雨棚、室外给水排水等。其中室外排水主要是站房投影线外 2m 范围内的工程量，投影线 2m 以外的工程量由铁路院设计并统计。

中南院给水排水专业的设计内容为：室内外生活给水系统、室内外生活排水系统、饮用水供应系统、雨水排水系统（车站屋面、站台雨棚及高架平台范围）、冷却循环水系统、室内消火栓给水系统、自动喷水灭火系统、固定消防炮灭火系统、通号房气体灭火系统以及建筑灭火器的配置。

工程说明：

一、生活给水排水系统

（一）生活给水系统

1. 生活用水量计算

站房用水量标准按《建筑给水排水设计规范》GB 50015—2003（2009 年版）和《铁路旅客车站建筑设计规范》GB 50226—2007（2011 年版）取值，主要内容包含旅客用水、办公人员用水及列车上水等。具体参数及计算见表 1。

生活用水量计算表 **表 1**

用水对象	用水单位数	用水量标准	小时变化系数 K	用水时间（h）	用水量		
					最高日（m^3/d）	平均时（m^3/h）	最大时（m^3/h）
办公	400	50L/（人・d）	1.5	16	20	1.25	1.88
商业	12000	5L/m^2	1.5	16	60	3.75	5.63
站房旅客	88100	4L/人次	2.5	16	352.4	22.03	55.06
冷却循环补水	2400	1.5%	1.0	16	576.0	36.00	36.00
未预见水量		10%			100.8	6.30	10.00
总用水量					1109.2	69.33	108.4

注：未预见水量包括浇洒绿地等，按生活用水量的 10%计。

根据协作设计院提供的列车上水要求，按最高日用水量 1990m^3/d，最大秒流量 170L/s，栓口压力 0.25MPa 预留列车上水条件。

2. 系统设计

依据市政资料，本项目由站前北路城市给水管网上接入的 DN250 给水管供给，接管点水压资料为 0.20MPa。

经计算，除出站层、站台层及冷却塔补水采用市政水压直接供给外，其他全部设计二次增压供水系统，因建筑形式所限，设计成恒压变频给水系统。

通过计算水量表格，列车上水秒流量与站房本身生活用水秒流量相差过大，列车上水和站房生活用水增压系统分开设置，确保水泵运转于高效区，最大限度的节约能源。

根据以上设计，本工程生活给水系统工艺流程如图 2 所示：

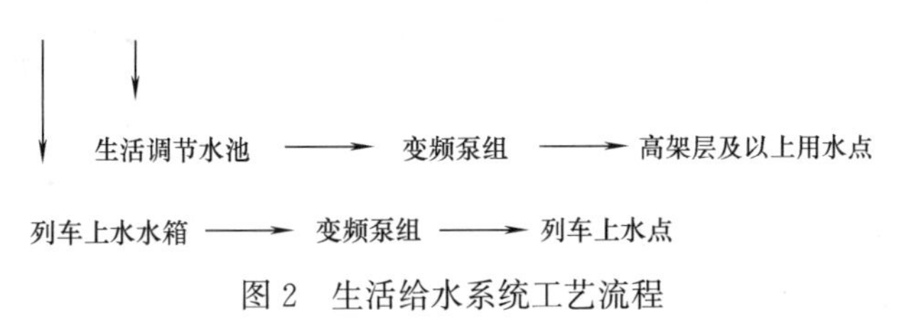

图 2　生活给水系统工艺流程

(二) 饮用水及热水系统

1. 直饮水用水量

设计参数及计算见表 2。

直饮水用水量计算 表 2

用水对象	用水单位数	用水量标准	小时变化系数 K	用水时间(h)	用水量		
					最高日(m^3/d)	平均时(m^3/h)	最大时(m^3/h)
站房旅客	88100 人	0.3L/人	1.0	16	26.43	1.65	1.65
工作人员	1000 人	2L/(人·d)	1.5	16	2	0.125	0.19
合计					28.43	1.8	1.84

2. 系统及设备选用

在高架层直饮水间（共四处）设置一体化直饮水机；在站台层贵宾厅、基本站台、办公区、售票厅等位置及夹层办公区设置一体化直饮水机。

3. 卫生热水供应

在贵宾候车室卫生间的洗脸盆供应热水。采用分散设置容积式电热水器的方式供应热水，选用 EWH-80D5 型电热水器，共两台，容量 80L，功率 3kW。

(三) 污水系统设计

最高日生活污水排水量经计算为 428m^3/d（不含冷却循环水排污）。

系统设计：室内标高为±0.000 以上卫生间生活污废水经重力流管道收集后，排至室外，化粪池处理后排至城市市政污水管网；对出站层及以下部分污水设计机械提升排放系统，生活污废水经污水提升设备抽排至室外，化粪池处理后排至城市市政污水管网。

(四) 雨水排水系统

1. 设计参数

南昌市暴雨强度公式：$q=1598(1+0.69\lg P)/(t+1.4)^{0.64}$(mm/min)

2. 雨水系统

站台雨棚、站房屋面均为大屋面，为了既可避免布置过多数量的雨水立管又能达到使屋面雨水迅速排放的目的，设计均采用压力流系统，屋面雨水由虹吸式雨水斗收集，经水平干管及立管排至室外。

站房屋面按重现期 $P=100$ 年降雨量设计，系统能够满足暴雨强度的雨水流量，未设溢流措施；站台雨棚按照重现期 $P=10$ 年降雨量设计，基本站台上的排水沟分别设了两套溢流系统，站台雨棚屋面雨水排水工程与溢流设施的总排水能力按重现期 $P=50$ 年设计；室外场地按照重现期 $P=5$ 年降雨量设计。

线上部分的雨水经过立管，引入线间雨水沟，雨水沟排水由铁二院负责排出；非线间部分屋面雨水经立管，排入站场雨水井，最后进入城市雨水管网。

(五) 冷却循环水系统

1. 南昌气象资料

海拔 46.7m，大气压力冬季 101.88kPa，夏季 99.91kPa，干球温度 35.6℃，湿球温度 27.9℃。夏季主导风向为西南风向。

2. 暖通专业资料

在地下出站层南北各设置一处冷冻机房。在每个冷冻机房内设置两台水冷离心制冷机组，共四台，单台制冷量为 2110kW，600 冷吨。进水温度 32.0℃，出水温度 37.0℃。

3. 循环水系统

根据现场实际情况，冷水机组位于−11.00m标高机房内，冷却塔位于基本站台远端，相对标高约为±0.00m。设计采用干管制机械通风湿式冷却塔，采用前置水泵式系统，即对冷水机组而言属于压入式。该系统的优点是冷却塔位置不受限制，不必需要冷却塔的位差能来克服冷水机组及其连接管的水头损失。

冷却循环水系统流程如图3所示：

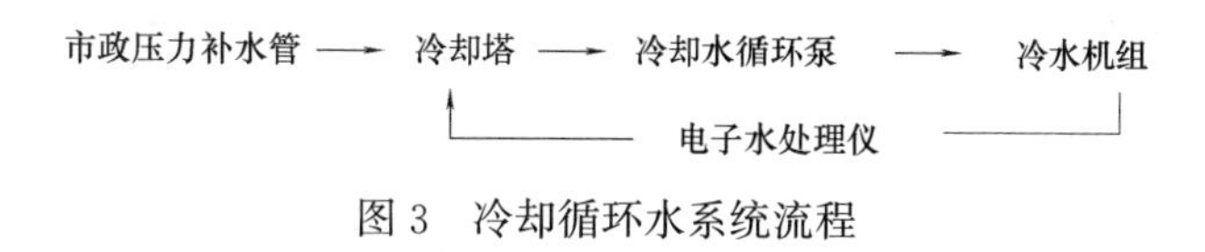

图3 冷却循环水系统流程

二、消防灭火系统

（一）室内消火栓给水系统

1. 用水量计算

按《建筑设计防火规范》GB 50016—2006，站房室内消火栓用水量为20L/s，火灾延续时间2h。但由于建筑限制，高架层和出站层按常规（充实水柱13m）布置消火栓时，其保护间距均不能满足规范要求，需采取加大充实水柱的方法。故本设计充实水柱为17m，每只水枪的出水流量为7.5L/s，4支水枪，此时室内消火栓用水量增大为q=30L/s。

室内消火栓灭火需存水量：$V=30\times2\times60\times60\div1000=216m^3$

出站层设有消防水泵房，消防水池内贮存室内消火栓用水量$216m^3$。

2. 室内消火栓水泵选型

室内消火栓给水系统为临时高压系统，在出站层消防泵房内设置型号为XBD30-70-HY（单泵参数为Q=30L/s，H=70m，N=37kW）水泵两台，1用1备。

在商业夹层卫生间顶设消防水箱贮存$18m^3$的消防用水量，供给火灾初期灭火用水。尺寸为3×2.5×3（m）。消火栓出口动压压力大于0.50MPa的消火栓采用减压稳压消火栓。

在室外设置地下式SQ×100型水泵接合器两套。

3. 信号与控制

火灾发生时按消防紧急按钮，信号传递至消防控制中心（显示火灾位置）及泵房，同时启动消火栓给水加压泵并反馈信号至消防控制中心及消火栓箱（亮指示灯）。

（二）高架层室外消火栓给水系统

按《建筑设计防火规范》GB 50016—2006，室外消火栓用水标准为30L/s，火灾延续时间2h。在高架进站部分设置室外消火栓标高10.00m（相对0.00），城市市政水压0.20MPa不能满足水压要求，故必须设置室外消火栓加压泵。室外消防设计为低压制：室外消火栓水泵只能由水泵房、消控中心进行控制，在站台消火栓处不设置启动按钮，仅在高架桥外廊定点设置启动按钮并加设锁具，由专业物业管理人员控制。

高架层室外消火栓给水系统为临时高压系统，在出站层消防泵房内设置型号为XBD30-50-HY（单泵参数为Q=30L/s，H=50m，N=30kW）水泵两台，1用1备。

出站层设有消防水泵房，消防水池内储存室外消火栓用水量$216m^3$。

（三）固定消防炮灭火系统

高架层、站台层等高大空间场所，设计采用固定消防炮灭火系统。

固定消防炮选用远控炮，炮接口口径为$DN65$，工作压力为0.8MPa，单炮流量20L/s，保护半径50m。按最不利点两门炮同时到达，则设计系统流量按40L/s。水平旋转角度360°，垂直旋转角度为−80°～65°，旋转速度9°/s。

固定消防炮给水系统为临时高压系统，在出站层消防泵房内设置型号为 XBD40-160-HY（单泵参数为 Q=40L/s，H=160m，N=110kW）水泵两台，1 用 1 备。高位消防水箱与室内消火栓给水系统共用。

信号与控制：消防控制中心的控制主机接到火灾探测器的报警信号后，向消防炮解码器发出指令，驱动消防炮扫描着火点，确定方向，调整消防炮的仰角指向着火点，值班控制人员确认后，系统自动（或手动或现场人工直接）开启相应电动阀，启动消防炮加压泵定点喷水灭火，水流指示器及水泵反馈信号至消防控制中心。火灾探测器探测到火灭后，自动（或手动或现场人工直接）关闭水泵及相应电动阀。

（四）自动喷水灭火系统

1. 用水量计算

按《建筑设计防火规范》GB 50016—2006，本工程除电气设备用房和不宜用水扑救的部位外，均设置自动喷火灭火装置。

自喷系统用水量按各不同区域进行危险等级考虑：

站房取中危险Ⅰ级，设计喷水强度 6.0L/(min·m^2)，作用面积为 160m^2。

商业取中危险Ⅱ级，设计喷水强度 8.0L/(min·m^2)，作用面积为 160m^2。

经计算设计流量为 27.8L/s。考虑到车站多采用网格吊顶，自喷水量应再考虑一个 1.3 的系数 1.3×27.8=36.1L/s。

火灾延续时间 1h，则自动喷水灭火需存水量 V=36×1×60×60÷1000=130m^3，出站层消防水池贮存自动喷水灭火系统用水量 130m^3。

2. 喷淋泵选型

自动喷水灭火系统为临时高压系统，在出站层消防泵房内设置型号为 XBD40-70-HY（单泵参数为 Q=30L/s，H=70m，N=55kW）水泵两台，1 用 1 备。

高位消防水箱与室内消火栓给水系统共用，并设置下置式稳压设备 ZW（L）-Ⅱ-XZ-D，供给火灾初期灭火用水及维持管网平时所需压力。

室外设 4 套地下式 SQ×150 型消防水泵接合器。

3. 信号与控制

火灾发生时喷头感温玻璃球破裂而喷水，水流指示器、压力开关动作，信号同时传递至消防控制中心（显示火灾位置）及泵房，启动自喷给水加压泵并反馈信号至消防控制中心。湿式报警阀前、后及水流指示器前阀门均采用信号阀，其阀门开启状态在消防控制中心应有显示。

（五）气体灭火系统

根据《铁路工程设计防火规范》TB 10063 要求，铁路项目需要设置气体灭火系统的房间，如 10kV 及以上变配电室的控制室、通信机械室、信号机械室、票务主机房、客运服务系统设备机房等房间，均采用七氟丙烷气体灭火系统（无管网）。

按照《气体灭火系统设计规范》GB 50370—2005 相关规定，电气设备间、通信机房、电子计算机房设计灭火浓度为 8%，变配电房设计灭火浓度为 9%。贮存压力 2.5MPa，气体喷放时间为 7s，灭火浸渍时间不小于 10min。

控制及信号：无管网柜式自动灭火装置由相应防护区内的感温、感烟探测器同时动作时启动，亦可在防护区外手动启动。

（六）建筑灭火器配置

本工程按《建筑灭火器配置设计规范》GB 50140—2005 要求配备灭火器。各旅客候车室、小件寄存处均按严重危险级 A 类火灾配置灭火器，四电用房按严重危险级 E 类火灾配置灭火器，配电所、发电机房、电源间按中危险级 E 类火灾配置灭火器，办公室等其他区域按中危险级 A 类火灾设置灭火器。

（七）消防水池

本项目钢筋混凝土消防水池位于出站层消防泵房内，消防储水量为706m^3。容积见表3。

消防标准、水量及火灾延续时间一览表 表3

类别	用水量标准(L/s)	用水时间(h)	用水量(m^3)	贮存方式
室内消火栓	30	2	216	防水池706m^3
自动喷淋	36	1	130	
固定消防炮	40	1	144	
室外消火栓	30	2	216	

三、工程特点及设计体会

1. 充分利用城市市政管网供水压力分区供水，并且分开设置列车上水和站房生活用水增压系统，确保水泵运转于高效区，最大限度地节约能源。

2. 由于热水用量少（仅供贵宾候车室卫生间洗脸盆），热水需求时间短，本设计采用小型电加热器及一体化直饮水机，降低了工程造价。

3. 地上、地下卫生间生活污废水分别采用重力排放系统、机械提升排放系统排至室外，即满足使用要求又节约能耗。

4. 站房屋面、站台雨棚均设计采用压力流虹吸雨水排放系统：站房屋面按重现期$P=100$年降雨量设计，未设溢流措施；站台雨棚重现期按$P=10$年降雨量设计，并设置两套溢流系统，使总排水能力满足重现期50年要求。

5. 工程中较多圆形钢柱，雨水立管如果贴柱子安装不仅影响建筑效果，而且局部还会影响轨道宽度，对线路运行造成隐患，为此，本项目雨水立管定位均与结构工种及钢柱生产厂家配合，采取钢柱定制，使立管设置于钢柱腔内。

6. 由于建筑限制，高架层和出站层按常规（充实水柱13m）布置消火栓时，其保护间距均不能满足规范要求，本设计采取加大充实水柱，增大室内消火栓用水量的方法满足要求。

7. 本设计采取设置室外消火栓加压泵、贮存室外消防水量，来解决市政水压无法满足高架进站部分室外消火栓的压力要求问题：室外消火栓加压泵只能由水泵房、消控中心进行控制，在站台消火栓处不设置启动按钮，仅在高架桥外廊定点设置启动按钮并加设锁具，由专业物业管理人员控制。

8. 针对高架层、站台层等高大空间场所，设计采用固定消防炮灭火系统，解决高大空间的建筑消防难点。

9. 根据建筑吊顶形式的不同，设置不同类型的喷头及布置方式：出站层中间通道采用钢板网吊顶，此区域自动喷淋仅设置上喷；正线桥区域吊顶紧贴结构梁底，此区域自动喷淋仅设置下喷；其余公共区域均为铝合金条板隔栅式通透性吊顶，为保证自动喷淋灭火效果，此区域自动喷淋设置上喷、下喷两层喷头。上层采用直立型喷头，喷头根据结构梁图布置；下层采用下垂型喷头，喷头根据建筑平面布置。

10. 在10kV及以上变配电室的控制室、通信机械室、信号机械室、票务主机房、客运服务系统设备机房等房间，设置七氟丙烷气体灭火系统（无管网）。

另外，与铁路设计单位、设备生产厂家及本单位其他相关专业的配合也是本工程给水排水设计的特点之一。例如与铁二院、铁四院配合列车上水及站台消防；与钢柱生产厂家配合立管进柱；与虹吸雨水厂家配合屋面雨水；为确保正线上方接触网不会因管道漏水引起线路事故，与相关专业配合管线走向及在接触网上方设置隔板；由于出户条件较紧张，与其他相关专业配合确定出户管的标高、方位等。

四、工程照片及附图

雨棚屋面

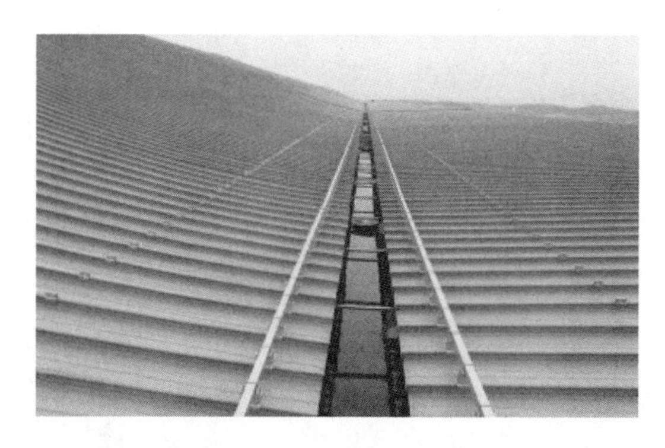

站台屋面虹吸雨水天沟

站台层雨棚

雨水进柱

高架层消防水炮布置

出站层消火栓布置

出站层喷头布置

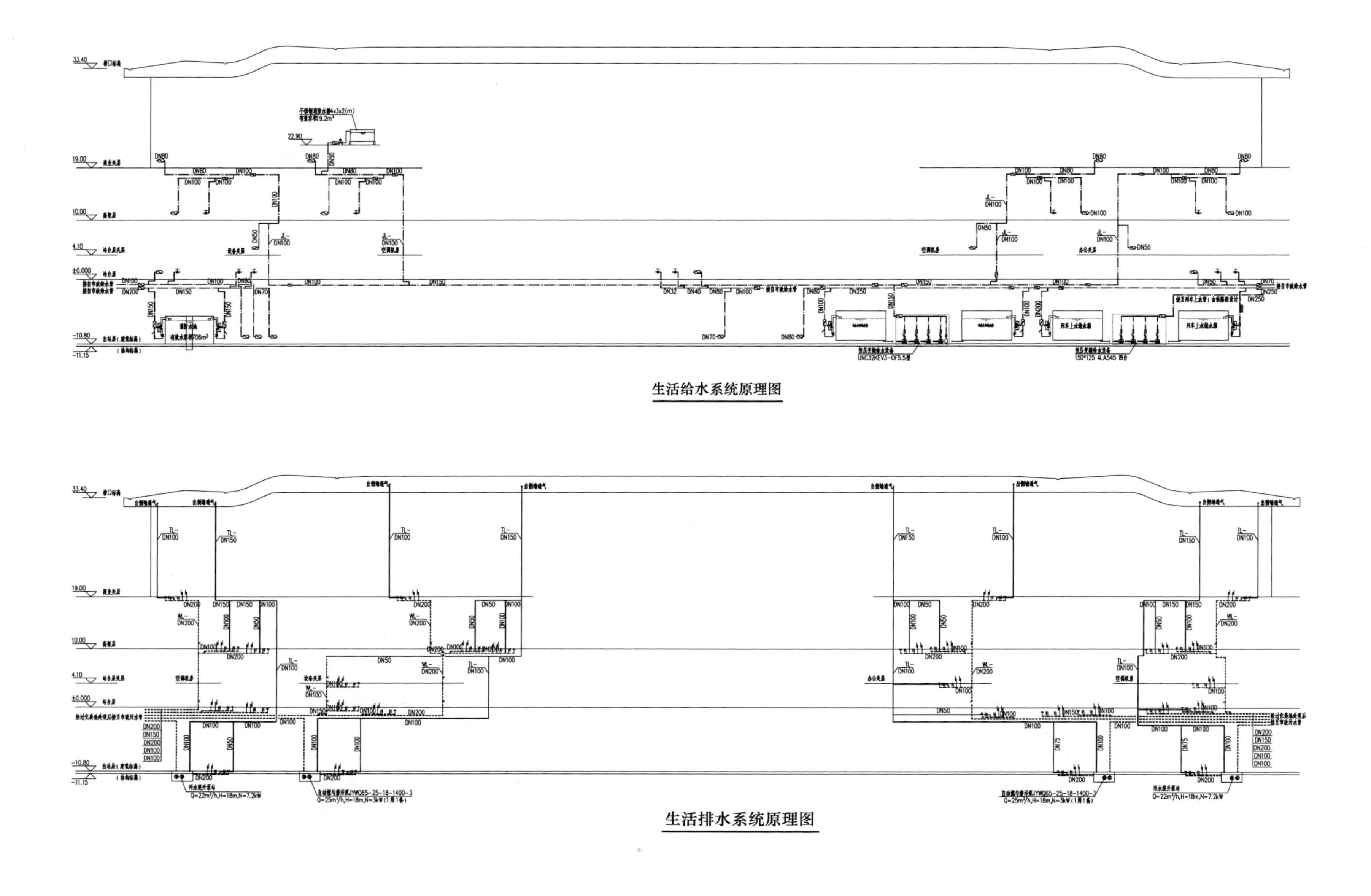

生活给水系统原理图

生活排水系统原理图

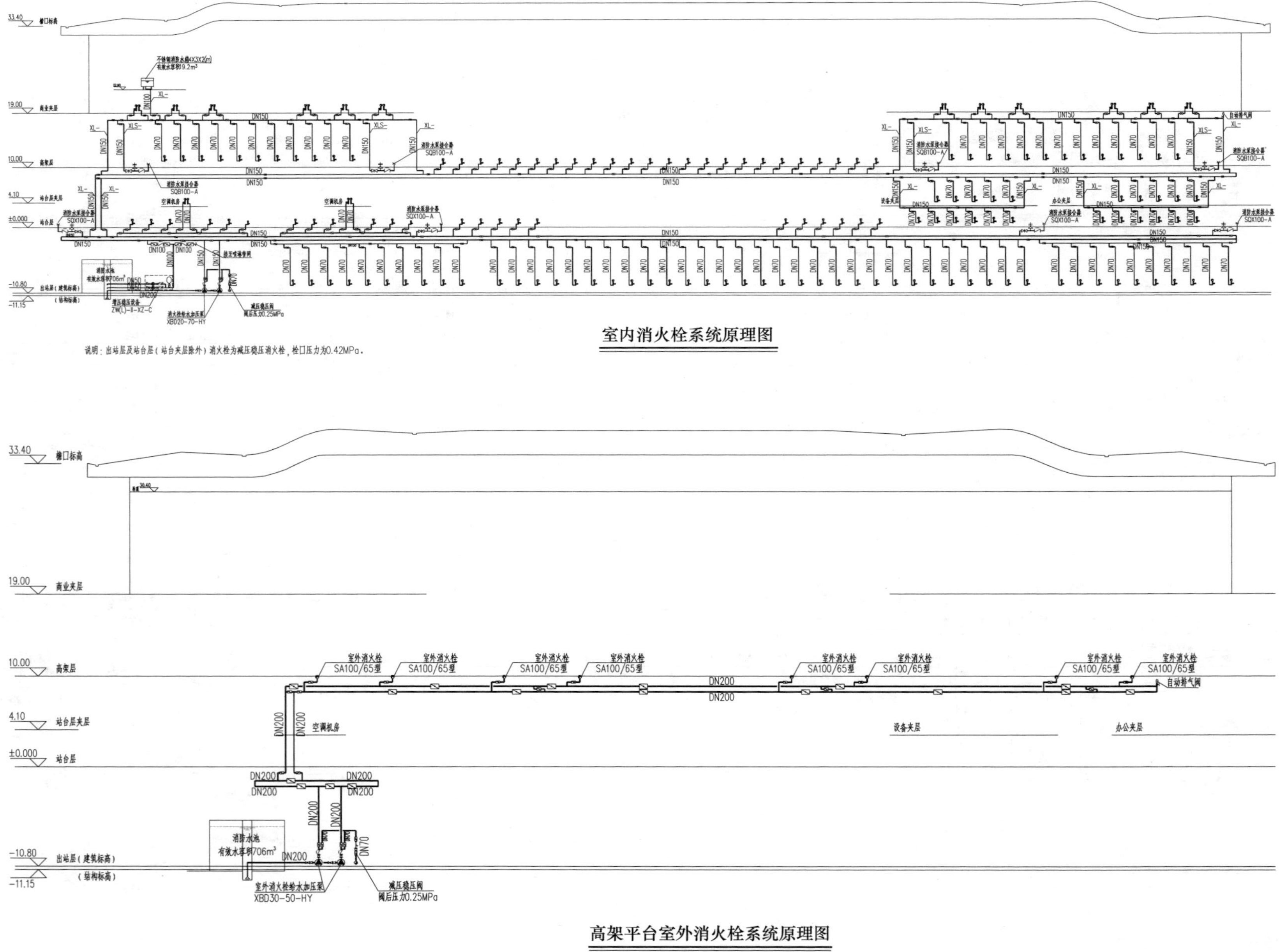

室内消火栓系统原理图

说明：出站层及站台层（站台夹层除外）消火栓为减压稳压消火栓，栓口压力为0.42MPa。

高架平台室外消火栓系统原理图

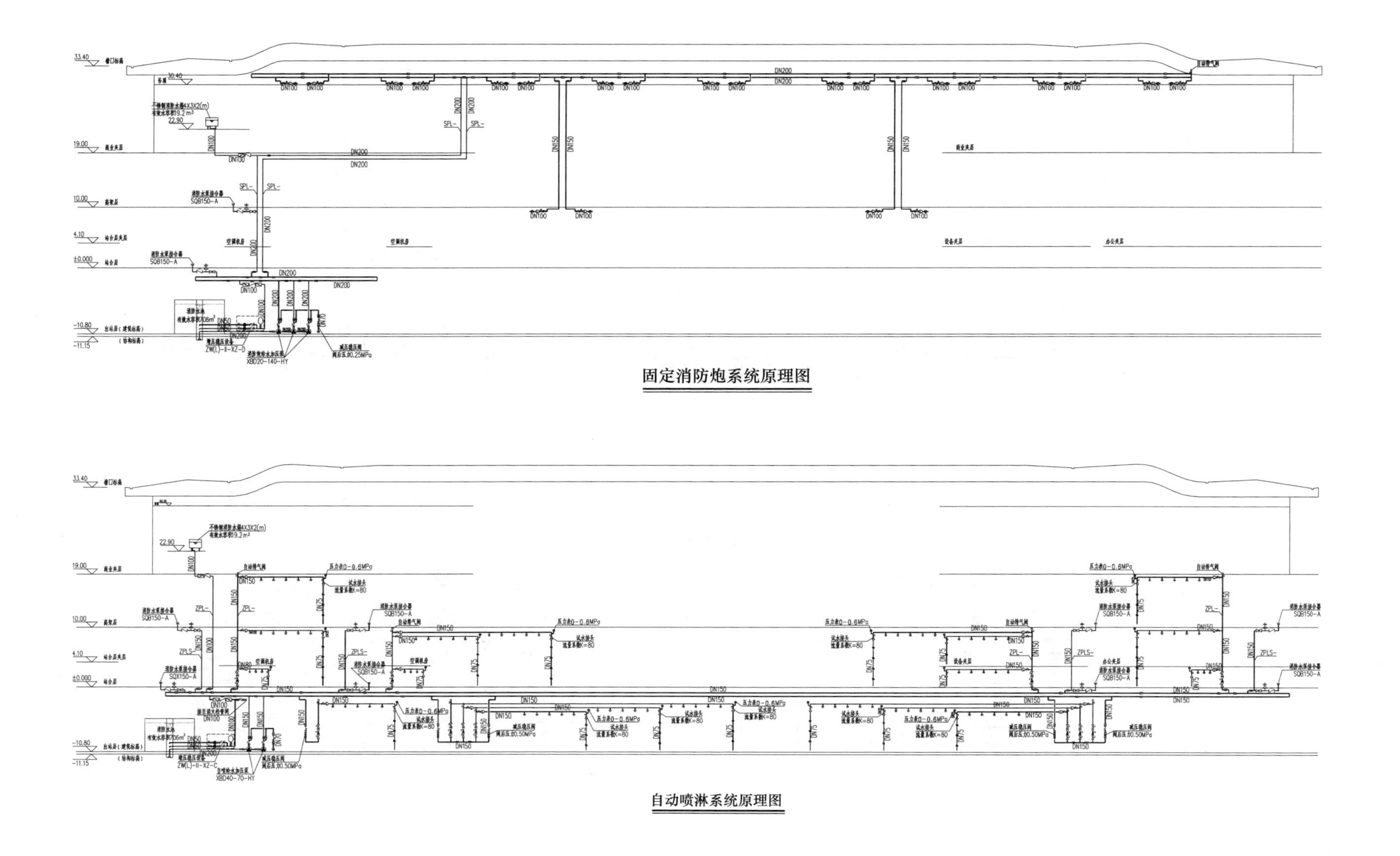

固定消防炮系统原理图

自动喷淋系统原理图

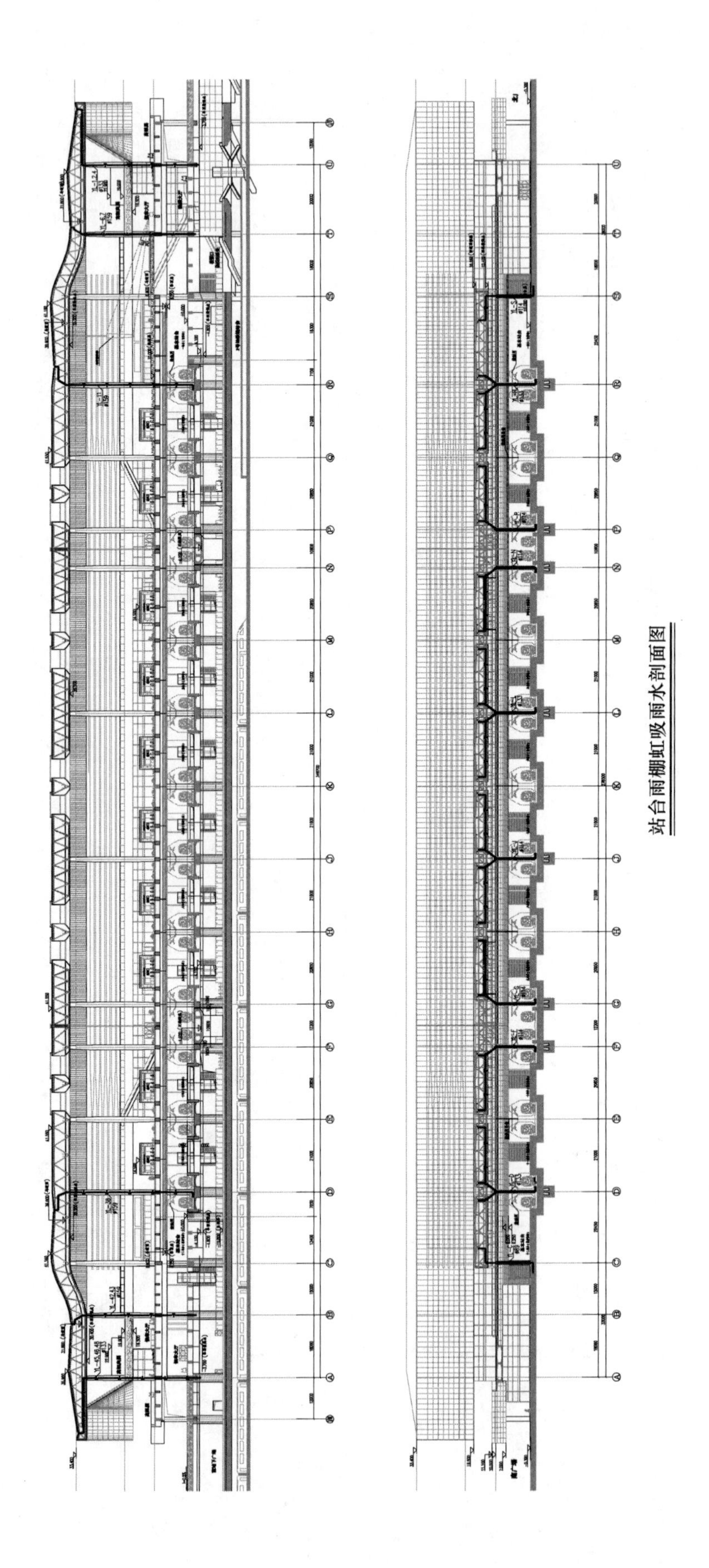

站台雨棚虹吸雨水剖面图

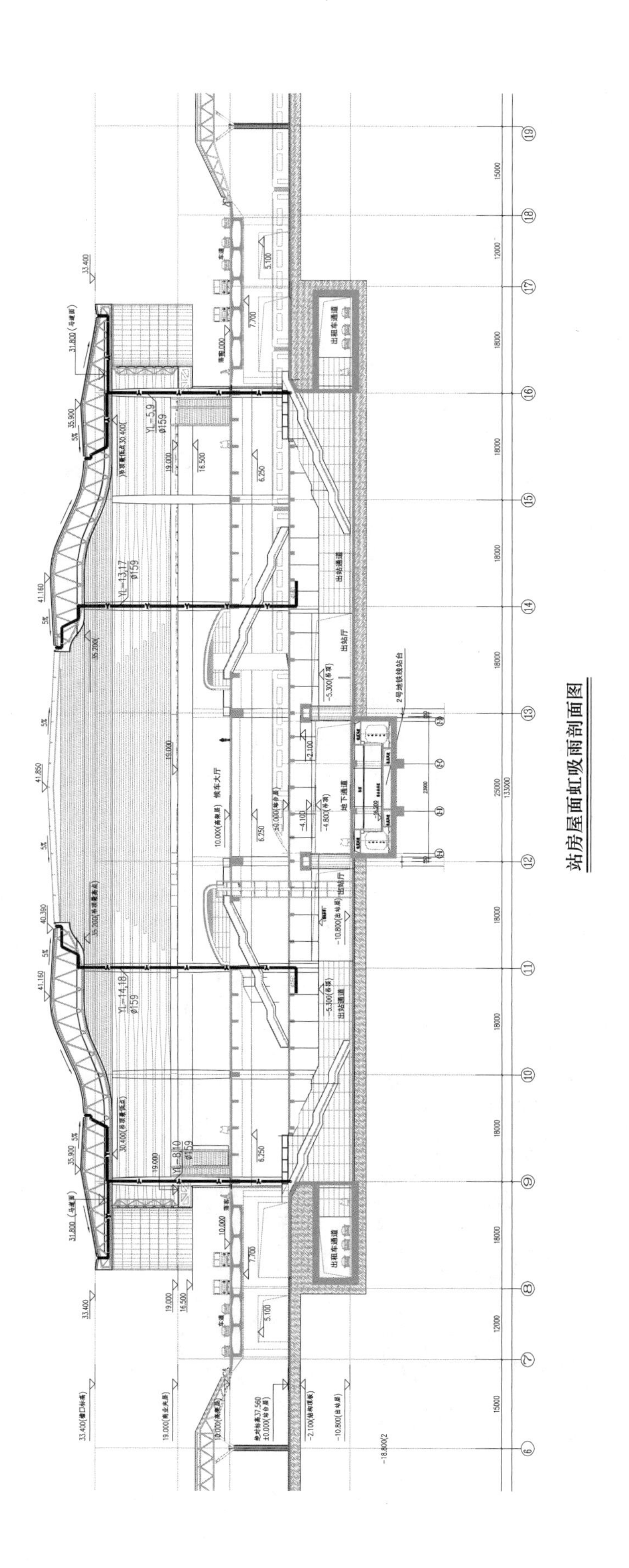

站房屋面虹吸雨剖面图

奥林匹克公园瞭望塔

设计单位：中国建筑设计研究院有限公司
设 计 人：郭汝艳　刘鹏　朱跃云
获奖情况：公共建筑类　一等奖

项目概况：

1. 项目背景

本项目从初步设计到完成施工图设计历时5年。最初的立项目的是为2008年奥运会观光及转播使用的。于2006年初步设计后，由于特殊原因，一度停止。奥运会后，再次启动，于2009年开始施工图设计，2011年完成施工图设计。2014年底试运行。

2. 项目规模及功能

奥林匹克公园瞭望塔（图1）位于奥林匹克公园中心区东北部，用地西侧与中轴景观大道相接，北临辛店村路，南临奥运规划中的北一路，东侧连接湖滨西路。规划用地面积81437m^2，建筑占地面积6900m^2。瞭望塔整个建筑由三部分组成：塔座、塔身、塔冠，总建筑面积为18687m^2，其中塔座建筑面积13430m^2（塔座休息大厅、展厅及商业面积9650m^2，塔座大厅设备用房面积3100m^2），塔身及塔冠建筑面积5257m^2（1号塔观景厅面积988.5m^2、2号塔餐厅及酒吧面积416.6m^2、3号塔纪念厅面积399m^2、4号塔观景厅面积326.1m^2、5号塔指挥厅面积277.3m^2，塔身及塔冠的设备用房及交通面积3742.5m^2）。塔座部分全部在场地以下，塔身入口标高与市政道路形成高差14m的坡地。1号塔最高点247.60m（相对于±0.000m）。

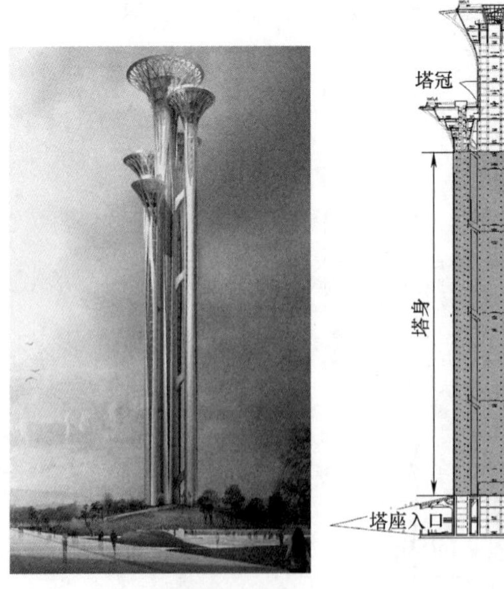

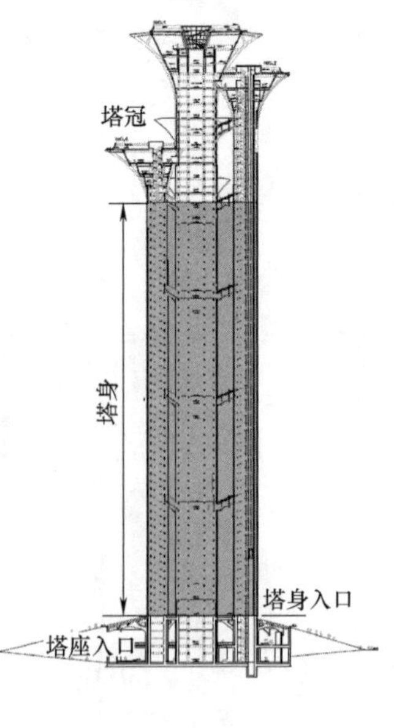

图1　奥林匹克公园瞭望塔

3. 项目特点

超高层塔式建筑，钢结构主体。功能区位于塔座及塔冠，由塔身连接竖向交通。基于其建筑功能，归为公共民用建筑，防火设计执行《高层民用建筑设计防火规范》GB 50045（以下简称“高规”）和《建筑设计防火规范》GB 50016（以下简称“建规”）。

工程说明：

一、给水排水系统

本工程设有给水系统、中水系统、生活排水系统、雨水排水系统。

（一）系统特点

本项目用水部位集中在塔座大厅和高度较高的塔冠游人观光活动区，12.00～168.00m 为竖向交通核，无用水部位，也无设置过多设备的条件。给水系统的特点是合理而安全地将水接力提升到塔冠区域。给水系统面临多个分区接力提升的问题，合理设置水箱和确定给水分区，对本项目供水稳定性至关重要。另外，塔顶观光人数受季节影响会出现淡、旺季，供水设备工作泵的配置要考虑最大、最小用水量时，均达到节水节能的效果，变频供水设备配置高扬程小流量泵配套工作。

排水系统的特点是解决 1～5 号塔冠的排水通过 1 号塔唯一的竖向出路排走，排水水流从 200 多米高度的地方流下，且 170 多米的高度无接入支管，高速水流会带来震动、噪声和巨大冲击力，所以不论排水系统或雨水系统，消能和防止冲击震荡都是要认真解决的问题。

（二）给水系统简述

1. 用水量：最高日 266.89m^3/d，最大时 44.79m^3/h。其中给水用水量 140.33m^3/d，15.60m^3/h；各部位用水定额见表 1。

主要建筑功能的给水定额取值 **表 1**

序号	用水项目	用水量标准	使用时间(h)	自来水分项比例
市政供水区：最高日 26.97m^3/d；最大时 2.96m^3/h				
1	商业	8L/(m^2·d)	12	35%
2	展厅	6L/(m^2·d)	12	35%
3	塔冠中餐厅	60L /人次	12	95%①
二次加压供水区：最高日 113.36m^3/d；最大时 12.64m^3/h				
1	咖啡厅	15L /人次	18	100%
2	参观	6L /人次	12	100%②

① 塔冠餐厅的厨房加工区位于塔座；

② 塔冠部分不供应中水系统。

2. 水源

沿西侧中轴大道景观广场设有 *DN*400 上水管线、沿南侧北一路设有 *DN*600 上水管线并在瞭望塔用地区域东侧预留 *DN*300 的管线接口。从用地范围的西侧和东侧接入红线内两路 *DN*150 的引入管，并在引入管的总水表后设置双止回阀型倒流防止器后，在红线内构成环状供水管网，环管管径 *DN*150。市政供水压力 0.25MPa。

3. 系统分区

塔座大厅区：大厅（12m 以下），利用市政自来水压力直接供水，该区最大时用水量为 2.96m^3/h。

塔冠区：1～5号塔顶部人群活动区域（168m以上），采用两级接力供水方式，第一级由设在塔座大厅地下生活泵房的生活供水泵（工频工作）将生活水送至设在塔身168m楼层的高区生活水箱，第二级在168m楼层设置变频供水设备供塔冠区域用水，该区最大时用水量为12.64m^3/h。

系统如图2所示。

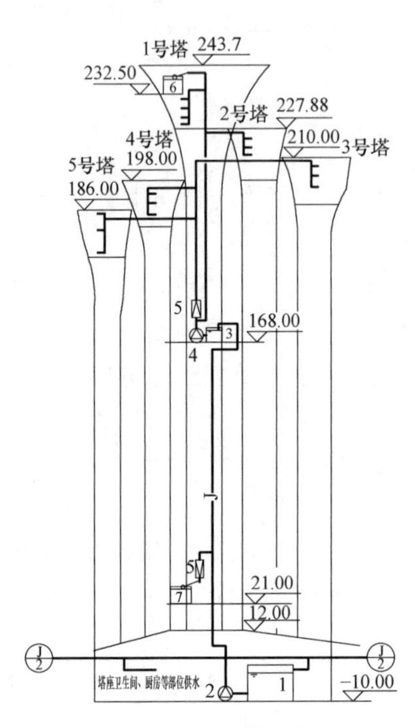

图2 给水系统图示

1—低位生活水箱；2—一级转输泵；3—转输水箱；4—塔冠变频供水区；5—减压阀；6—塔冠消防水箱；7—塔座消防水箱

（三）中水系统简述

1. 用水量：中水用量126.56m^3/d，29.19m^3/h。

各部位用水定额见表2。

主要建筑功能的中水定额取值　　表2

序号	用水项目	用水量标准	使用时间(h)	中水分项比例
市政供水区：最高日126.56m^3/d；最大时29.19m^3/h				
1	商业	8L/(m^2·d)	12	65%
2	展厅	6L/(m^2·d)	12	65%
3	塔冠中餐厅	60L/人次	12	5%
4	绿化	1L/(m^2·d)	4	100%
5	道路冲洗	2L/(m^2·d)	4	100%

2. 中水水源：市政中水管网。南侧北一路*DN*100市政中水管线为瞭望塔提供中水用水水源。

3. 用水部位：由于塔冠可以使用中水的部位用水量很少，且与室外用水量相比所占比例过小，通过经济技术比较，在室内投资建设一套中水供水加压系统不经济。因此本工程中水用于室外绿化、冲洗和塔座大厅以下部分的冲厕，由市政中水管网直接供水。

（四）排水系统简述

1. 排水量：最高日排水量：130.80m^3/d，最大时排水量：14.75m^3/h。

2. 塔身塔冠（12.00m）以上为重力流排水。2～4 号塔冠卫生间污水通过连接层汇合到 1 号塔污水立管，接入室外污水管道。2～4 号塔冠的机房和消防排水单独汇入 1 号塔的废水立管，接入室外雨水管道。塔座（12.00m）以下排入污、废水集水泵坑，经潜水排水泵提升排水。

（五）雨水系统简述

1. 设计参数：塔顶平台雨水系统的设计重现期为 10 年，1 号塔塔顶下沉庭院和场地下沉入口的雨水设计重现期为 50 年。设计降雨历时 5min。

2. 塔顶雨水：塔顶屋面雨水先由排水沟收集，在排水沟内采用 87 型雨水斗排除雨水，5 个塔顶屋面的雨水管道均汇到 1 号塔的雨水立管。为防止 1 根立管堵塞，整个雨水管系陷于瘫痪，1 号塔汇合雨水管设置 2 根。为防止塔顶屋面雨水系统的巨大动能对室外检查井的破坏，甚至会将井盖冲起，严重者会危及人身安全，排出管接入第一个设置为具有消能作用的检查井，用于消除雨水的动能和雨水系统内的空气。

3. 塔座入口雨水：塔座大厅西主入口为坡度近 10%的下沉坡道，为有效拦截强降雨时急速冲入室内的雨水，防止雨水灌入室内，除在最低处设截留沟外，在坡面上增设一道沟。截留沟接至入口两侧的雨水泵坑，坑内各设潜水泵 3 台，截留沟断面和潜水泵的总排水能力按设计重现期为 50 年的雨水量配置。潜水泵的运行受雨水泵坑内水位控制，根据雨水量的大小，依次运行一台、两台、三台泵。

4. 室外场地雨水和控制利用：瞭望塔用地场地的特点是大坡度、大绿化。塔身位于一片绿坡上。较大的场地坡度不利于雨水的控制，但绿化面积占总用地面积 70%的大面积绿地，为蕴含水资源创造了条件。草坪低于硬质路面，有利于充分吸纳雨水。硬质路面采用渗水砖铺砌，有利于雨水入渗，涵养地下水资源。场地周边设置雨水沟，一是拦截沿坡面快速流向市政道路的雨水，二是起到一部分雨水调蓄，削峰减排的作用。超出绿地和雨水边沟接纳能力的雨水排入市政雨水管道。室外雨水管道设计重现期 2 年，排入市政管道的雨水设计流量 550L/s。

二、消防灭火系统

（一）系统配置

奥林匹克公园瞭望塔设有室内外消火栓、自动喷水灭火系统、固定式消防炮灭火系统、气体灭火设施、移动灭火器。各部位消防灭火系统（设施）配置见表 3，水灭火系统主要设计参数见表 4，消防水池（箱）和消防泵配置见表 5、表 6。同一时间 1 次火灾设计。

消防灭火系统（设施）配置 **表 3**

灭火系统(设施)	设置场所	备注
室外消火栓	室外	由市政给水管网供水
室内消火栓	1～5 号塔冠室内功能性空间、塔座所有室内场所、1 号塔身观光电梯厅	
自动喷水灭火系统	塔座大厅净空高度不超过 8m 的部位(大厅±0.00m 层除外)、1 号塔身观光电梯厅、1～5 号塔冠室内功能性空间等公共活动场所除建筑面积小于 5m^2 的卫生间和不宜用水扑救的部位外	
固定式消防炮灭火系统	塔座大厅和展厅	局部死角设置自动扫描射水高空水炮灭火装置，与固定消防炮同一系统
气体灭火设施	塔座部分的安防监控中心机房、消防综合控制室、程控交换机房(有限电视机房、信息中心设备机房、网络机房)、柴油发电机房、移动通信机房、电缆小室、电缆夹层、主变配电室、智能化总控室，1 号塔身 180.00m，186.00m 的配电室	S 型热气熔胶预制灭火装置，壁挂式安装
移动灭火器	室内所有场所	

水灭火系统主要设计参数 表4

消防系统	用水量标准(L/s)	火灾延续时间(h)	一次灭火用水量(m^3)
室外消火栓系统	30	3	324
室内消火栓系统	40	3	432
自动喷水灭火系统	(喷水强度 6L/(min·m^2),作用面积 $160m^2$③)30	1	108
固定式消防炮系统	40	1	144
一次灭火总用水量			900①
消防贮水量			576②

① 按室内、外消火栓系统和固定式消防炮系统同时作用计算;
② 按室内消火栓系统和固定式消防炮系统同时作用计算;
③ 设有通透性吊顶,喷水强度加大 1.3 倍,为 7.8L/(min·m^2)。

消防水池(箱)配置 表5

水池(箱)名称	容积(m^3)	位置	备注
消防储水池	576	塔座－10.00m 层	实际容积 $589m^3$
塔座高位水箱	18	1号塔身 21.00m 层	为塔座系统重力稳压
塔冠高位水箱	18	1号塔冠 232.50m 层	设置稳压泵组

消防泵配置 表6

消防泵名称	设计参数	位置	备注
塔座消火栓系统加压泵	Q=40L/s,H=50m	塔座－10.00m 层	
塔身一级消火栓系统加压泵	Q=40L/s,H=150m	塔座－10.00m 层	
塔身二级消火栓系统加压泵	Q=40L/s,H=150m	1号塔身 102.00m 层	
塔身消火栓系统增压稳压设备	Q=1L/s,H=40m	1号塔冠 232.50m 层	
塔座自动喷水系统加压泵	Q=30L/s,H=60m	塔座－10.00m 层	
塔身一级自动喷水系统加压泵	Q=30L/s,H=155m	塔座－10.00m 层	
塔身二级自动喷水系统加压泵	Q=30L/s,H=160m	1号塔身 102.00m 层	
塔身自动喷水系统增压稳压设备	Q=1L/s,H=40m	1号塔冠 232.50m 层	
塔座消防炮系统加压泵	Q=40L/s,H=110m	塔座－10.00m 层	

(二)系统特点

塔座和塔身塔冠分别设置独立的消防供水系统,两个系统共用消防水池。塔身塔冠供水系统为一、二级加压泵直接串联加压方式,保证二级加压泵吸入口的压力大于 0.1MPa 且小于 0.4MPa。二级加压泵吸水管上设置倒流防止器,防止静压传递。

塔身塔冠系统的水泵接合器采用手抬泵串联接力方式向塔身消防系统供水。手抬泵设置在消防车或手抬泵供水能力接近极限的部位,管道上设止回阀,并在止回阀前后各设1套水泵接合器供接力手抬泵用作吸水和压水的接口。

(三)消火栓系统简述

1. 塔座:系统由塔座消火栓加压泵、塔座高位水箱、消火栓及管道等组成。系统竖向不分区,塔座大厅消火栓管网平时由塔座高位水箱保证系统最不利点的静压要求。

2. 塔身塔冠:系统由一级消火栓加压泵、二级消火栓加压泵、塔冠高位水箱、增压稳压设备、消火栓及管道等组成。一级加压泵向 102.00m 以下塔身消火栓供水,并作为二级加压泵的一级接力泵;二级加压泵向 132.00m 以上塔冠消火栓供水。塔身塔冠消火栓管网平时由塔冠高位水箱和增压稳压设备保证系统最不利点的压力要求,通过减压阀分为3个压力段,使每个压力段的消火栓栓口静压不超过 1.0MPa。系统如图3所示。

3. 联动控制：

塔座消火栓按钮启动塔座消火栓系统加压泵，塔身 102.00m 标高层以下消火栓按钮启动塔身一级消火栓系统加压泵，塔身 102.00m 标高层以上消火栓按钮启动塔身一级消火栓系统加压泵，延时 30S 联动塔身二级消火栓系统加压泵。

塔冠增压稳压装置的压力控制器自动控制稳压泵启停。

（四）自动喷水系统简述

1. 全部采用湿式自动喷水灭火系统。

2. 塔座：系统由塔座自动喷水加压泵、塔座高位水箱、湿式报警阀、水流指示器、信号阀、喷头、管道及其他附件组成。系统竖向不分区，平时由塔座高位水箱保证系统最不利点的压力要求。

3. 塔身塔冠：系统由一级自动喷水加压泵、二级自动喷水加压泵、塔冠高位水箱、增压稳压设备、湿式报警阀、水流指示器、信号阀、喷头、管道及其他附件组成。一级加压泵向 102.00m 以下塔身自动喷水管网供水，并作为二级加压泵的一级接力泵；二级加压泵向 132.00m 以上塔冠自动喷水管网供水。塔身塔冠自动喷水管网平时由塔冠高位水箱和增压稳压设备保证系统最不利点的压力要求，通过减压阀分为 4 个压力段，使每个压力段的配水管道的工作压力不大于 1.2MPa。系统如图 4 所示。

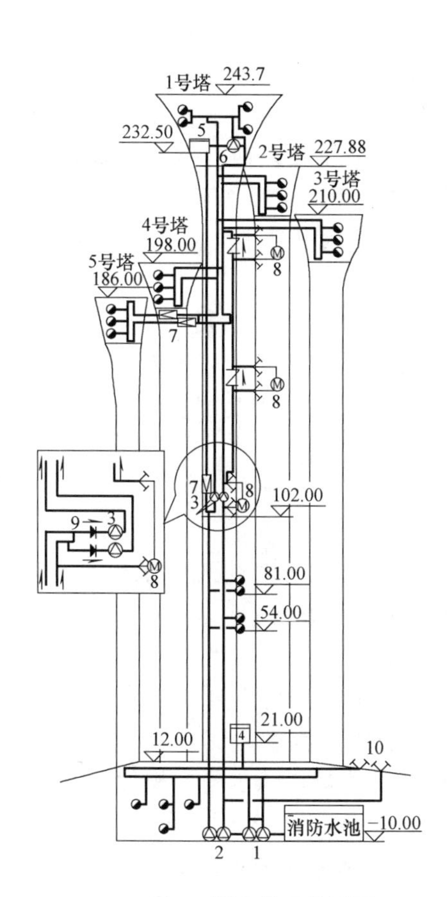

图 3　消火栓系统图示

1—塔座加压泵；2—塔冠塔身一级加压泵；3—塔冠塔身二级加压泵；4—塔座高位水箱；5—塔身塔冠高位水箱；6—增压稳压设备；7—减压阀组；8—手抬泵；9—减压型侧流防止器；10—接合器

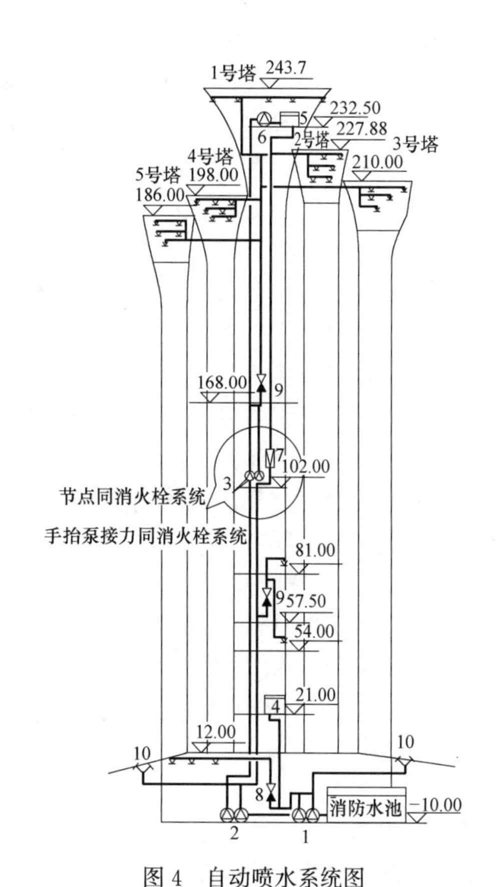

图 4　自动喷水系统图

1—塔座加压泵；2—塔冠塔身一级加压泵；3—塔冠塔身二级加压泵；4—塔座高位水箱；5—塔身塔冠高位水箱；6—增压稳压设备；7—减压阀组；8—塔座报警阀；9—塔身报警阀；10—接合器

4. 联动控制：

各部位报警阀上的压力开关自动启动相对应的自动喷水加压泵。对应关系为：－10.00m 标高层的报警阀控制塔座自动喷水系统加压泵；塔身 57.50m 标高层的报警阀控制位于－10.00m 标高层的塔身一级自动喷水系统加压泵；塔身 168.00m 标高层的报警阀启动塔身一级自动喷水系统加压泵，并延时 30s 联动塔身二级自动喷水系统加压泵。

塔冠增压稳压装置的压力控制器自动控制稳压泵启停。

（五）消防水炮系统简述

1. 消防炮参数：自动消防炮最大射程 50m，水平旋转角度 180°，竖向旋转角度－85°～＋60°，炮口入口压力 0.8MPa，流量 20L/s。自动扫描射水高空水炮灭火装置保护半径 32m，水平旋转角度 360°，竖向旋转角度－90°～0°，流量 5L/s，炮口入口压力 0.6MPa。

2. 管道系统：自动消防炮和自动扫描射水高空水炮灭火装置为同一管道系统，供水干管环状设置。火灾时，由火灾探测器或红外探测组件联动消防炮对准着火点并启动炮口电动阀和消防水炮系统加压泵加压供水。

3. 关于稳压系统：国家标准《固定消防炮灭火系统设计规范》GB 50338—2003 对高位水箱和稳压泵及接合器的设置均没有条文要求。从 4.1.2 条："……寒冷地区的湿式供水管道应设防冻措施，干式管道应设排除管道内积水和空气的设施。"和 4.1.3 条："消防水源的容量不应小于规定灭火时间内需要同时使用的水炮用水量及供水管网内充水量之和"理解，水炮管网系统平时可以是空管，不设稳压设施（高位水箱或稳压泵）。而协会标准《自动消防炮灭火系统技术规程》CECS 245：2008 对稳压泵及接合器的设置有了明确条文，5.4.3 条："……宜采用稳高压或高压消防给水系统。稳高压系统应设稳压泵、气压罐，并应与消防泵设在同一泵房内"；5.4.7 条、5.4.8 条："采用稳高压系统，可不设高位消防水箱和水泵接合器"。上述两本规范对系统平时是空管、湿管的要求不同，从执行约束力来说，"GB"应强于"CECS"；从个人理解来说，消防炮系统是局部场所的特殊系统，一般管网容积并不大，而且大流量、高压力的加压泵一旦启动，管网能快速充水并使炮口喷水，平时空管系统是不会延误救火战机的。接合本项目的实际情况并参考"CECS"，我们采取了稍严于"GB"的措施，而又能解释通"CECS"的做法：由设置在 21.0m 标高层的消防水箱维持管网内充水状态，并设置了水泵接合器。但未设置稳压泵。

三、工程特点及设计体会

（一）168m 层生活水箱容积的确定

该水箱只负担其上部塔冠的用水调节，其下部没有重力供水区，可以结合《建筑给水排水设计规范》GB 50015—2003（2009 版）（以下简称"建水规"）的有关条款分析三种计算方式。

1. 将该水箱定义为塔冠区域的中途转输水箱。"建水规" 3.7.8 条"中途转输水箱的转输调节容积宜取转输水泵 5min～10min 的流量"。本条条文说明对转输水泵流量的确定是"初级泵的流量大于或等于次级泵的流量"。意即：一级转输泵流量不小于高区加压泵流量。高区加压泵流量为变频泵组供水，其供水量为其供水区的设计秒流量，故一级转输泵流量为其服务区域的设计秒流量。该水箱容积计算值 $3m^3$，实际 $4m^3$。

此种计算水箱容积最小，但代价是较大的一级转输泵，节能效果没有第二种明显。但对于中间机房面积有限的塔式建筑，减小中间水箱容积就起了主导作用。

2. 将该水箱定义为塔冠区域的高位水箱。"建水规" 3.7.5 条 1 款"由水泵联动提升进水的高位水箱调节容积，不宜小于最大用水时水量的 50%"；3.8.3 条"建筑物内采用高位水箱调节的生活给水系统时，向水箱供水的水泵最大出水量不应小于最大小时用水量"。我们分析一下该水箱的进水和出水工况：一级转输泵以最大时流量向水箱补水，水箱出水以系统秒流量向系统供水，与 3.7.5 条 1 款和 3.8.3 条的补水和供水工况吻合，故该水箱定义为塔冠区域的高位水箱是合适的。据此计算水箱容积＝50％转输泵流量，计算值 6.3m^3。

此种计算，一级转输泵流量小于秒流量，水箱容积增加 57％，但节能效果优于第一种。

3. 将该水箱定义为塔冠区域的低位水箱。“建水规” 3.7.3 条“建筑物内的生活用水低位贮水池（箱）有效容积宜按建筑物最高日用水量的 20％～25％确定”；3.6.3 条 2 款“贮水调节池的设计补水量不宜大于建筑物最高日最大时用水量，且不得小于建筑物最高日平均时用水量”。通常低位水箱是由市政给水管补水，其管径按最高日平均时用水量确定。我们可以将一级转输泵设定为以平均时流量向 168m 层水箱补水，这样就与 3.7.3 条和 3.6.3 条的补水和供水工况吻合，故该水箱定义为塔冠区域的低位水箱是合适的。据此计算水箱容积＝25％最高日用水量，计算值 28m^3。

此种计算，一级转输泵流量最小，水箱容积却大大增加。

本项目塔冠区域用水量并不大，一级转输泵按其服务区域的设计秒流量确定，而设置最小的转输水箱，解决了机房面积有限的问题。

（二）室外消火栓的布置问题

室外消火栓的作用是供消防车取水，一是建筑物内消防用水不足时，向室内消防系统提供灭火用水，二是直接对建筑物补救灭火。第一种作用是通过消防接合器供水，接合器的设置只需满足与室外消火栓的安全服务距离；我们重点分析第二种作用，作用对象应该是建筑物地面以上部分，而瞭望塔塔座以下建筑外墙比地上部分延伸出近百米，如图 5 所示。

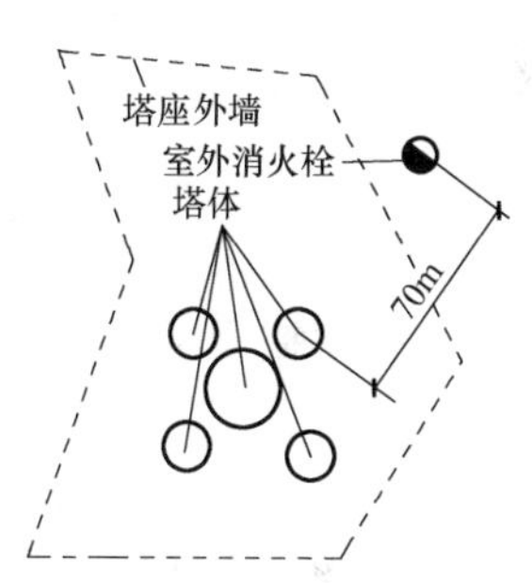

图 5　室外消火栓设置

而地下建筑顶面上仅有保温防水做法及绿植的覆土厚度，没有条件设置室外地下式消火栓，这样，消火栓距地上塔身的距离有 70 多米远。“高规”第 7.3.6 条“……室外消火栓距高层建筑外墙的距离不宜小于 5.00m，并不宜大于 40m”。“建规”第 82.8 条又对室外消火栓的保护半径有规定“室外消火栓的间距不应大于 120m……保护半径不应大于 150m……”该条文解释：“……消防车实际供水距离为 153m，由此计算出，消火栓的间距为 123m。室外消火栓是供消防车使用的，因此，消防车的保护半径即为消火栓的保护半径”。

可以理解，距消火栓 150m 范围以内的建筑物火灾，消火栓均可以保护到。那么，室外消火栓距建筑物外墙不大于 40m 的概念又是什么呢？“高规”条文说明对第 7.3.6 条的解释是“为便于使用，规定了消火栓距被保护的建筑物不宜超过 40m”。笔者理解，消火栓距建筑物过远，水带连接、铺设将会延误扑救时间。从以上分析来看，距建筑外墙 150m 范围内的室外消火栓都可以安全、可靠地对建筑物起到保护作用。规范条文的矛盾，使设计单位、审图单位及消防建审部门都没有统一的操作性。欣然的是，将要实施的“建规”“高规”合订本和已经实施的《消防给水和消火栓系统技术规范》已经没有“室外消火栓距建筑物外墙不宜大于 40m”的规定了。

APEC 会议期间，塔顶平台燃放烟花导致外饰铝钢通燃烧，200 多米高度的火源点，室外消火栓无力补救，紧急启动室内消防泵，室内消火栓又够不着，无法实施救火。从设计上来说，现行规范并没有要求室内消火栓具有扑灭室外火灾的作用，低压室外消火栓系统更无法施救，靠消防云梯登高 200 多米高处，不但危险，而且时间上来不及。这是规范的空白，还是设计考虑范围之外的百年不遇特例，值得深思。所幸的是，燃烧火焰并不大，只是烧坏了局部铝钢通构件。

（三）管道防冻问题

给水排水和消防系统的所有竖向管道均敷设在 1 号塔，而塔身仅是连接塔座和塔冠的竖向交通，没有供暖和空调。除连接 2～5 塔的电梯厅层和机房层外，其他均与室外相通。因此，解决好管道的防冻就至关重

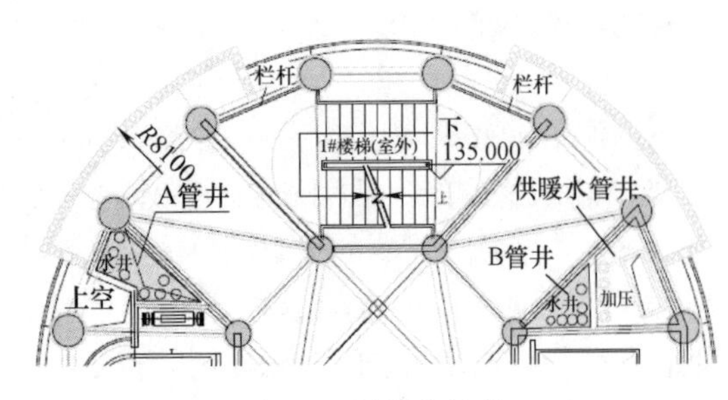

图6 1号塔身管井

要。A管井主要设置消防管，B管井主要设置给水、排水管，管井外墙按建筑外保温墙处理，B管井与供暖管井仅以内墙相隔，如图6所示。

设计中考虑给水管道内常年使用的流动水，排水立管中快速流下的水膜，造成解冻的可能性不大，从节省造价考虑，对B管井中的给水管作防冻保温，排水管不作保温，机房层及连接层配置了电暖气，A管井中的消防管全部作自调控电伴热防冻保温。

在冬期施工图中，临时供水，给水管出现了结冻情况，究其原因，管井外围护墙未完全做好保温，且相邻的供暖管中也未通水。又对将来的运行情况进行了分析，可能会由于瞭望塔的接待淡季，管道中的水静止不动，管井门密闭不严等因素导致结冻情况，为安全起见，B管井内及机房层及连接层的所有管道、水箱、水泵、气压罐均增设了电伴热，增加电伴热带3315m，增加造价约15万元。本工程仅消防系统电伴热带1万米左右，平均年电费10万多元。

(四) 塔身21.00m塔座高位消防水箱的补水问题

消防水箱补水常规是由生活给水系统自动补水。鉴于瞭望塔的21.00m消防水箱所处位置是无任何用水点的塔身部位，塔座、塔冠给水管网均不能向此水箱补水。单独设一套变频补水设备不值得，设计采取的是利用生活一级转输泵向该水箱补水，由浮球阀控制补水的开关，参见图2，转输泵仅受168m生活水箱容积水位控制启停，与该消防水箱水位没有联动关系。这样做的思路是：①生活水箱经常处于转输泵启动补水的水位，正常使用中，5～10min转输泵启动一次，而消防水箱正常情况下不会大量缺水，转输泵向生活水箱补水的频率完全能补充消防水箱的少量渗漏；②消防工况下，消防泵一旦启动，消防水箱的水也不会大量减少；③正常状态下，如消防水箱大量缺水，导致生活转输泵补水不及，由消防水箱低水位报警信号传送至消防控制中心，表明管网或消防水箱有非正常的漏水情况，则及时发现，及时组织抢修。

施工期间，由于非正常施工用水，导致该水箱经常亏水，由于未设联动补水信号，不能自动补水，需手动启停生活一级转输泵。系统调试及试运行中，联动运行趋于正常。

(五) 设备管道对结构变形的补偿措施

对于这种全钢结构的超高层塔式建筑，结构体系受风荷载和地震影响的晃动及变形量是很可观的，结构专业提供，塔的层间位移为：1/400＝0.0025m。所以，管材及连接、固定方式必须有一定的补偿措施来应对结构的变形。生活排水管采用承插法兰柔性接口抗震排水铸铁管，钢管采用挠性沟槽连接件补偿塔身的结构偏移。

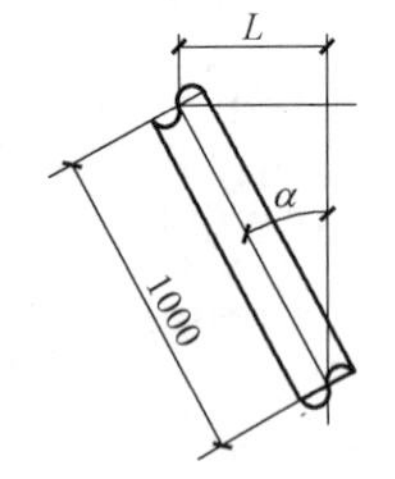

图7 允许偏转角

根据城镇建设行业标准《沟槽式管接头》CJ 156—2001，不同管径的挠性沟槽管接头有最大的允许偏转角，来复核竖向管道的横向允许偏移量。以$DN250$，PN2.5允许偏转角$\alpha=0.70$（见图7）计算单位长度偏移量：$L=1\times \sin 0.7=0.012$m，塔高250m的结构本身总偏移量：$250\times 0.0025=0.625$m，挠性沟槽管接头允许偏移量：$250\times 0.012=3$m，所以，采用挠性沟槽连接件可以补偿结构本体的横向偏移量。但需注意的是，挠性沟槽连接件具有径向的补偿功能，没有轴向补偿功能。

另外，利用增加塔冠高位消防水箱的重量兼做结构阻尼器，来减小塔体的晃动。根据结构计算，水箱基础由结构专业配置阻尼器，箱体采用90mm厚的钢板制作，管道与箱体通过橡胶软接头连接。

(六) 消防泵直接串联

如前所述塔式建筑的特点，在当时没有“规范”做依据的情况下，消防接力供水系统采用了消防泵直接串联的方式，需要解决以下三个技术问题：①通过串联泵传递静压，导致下部管网超压：泵出水管上虽然设有止回阀，但其稍有渗漏，静压就往下部传递，为解决这一问题，在二级泵吸水管上设置倒流防止器，见图 3。倒流防止器不只是有防污染的功能，其严密程度同时具有防止静压传递的作用。②保证二级泵吸水端的吸上水头：从水箱吸水的水泵其吸水端的吸上水头是由大气压和水位高度提供的，直接串联的二级泵吸水端的吸上水头由一级泵提供，也就是说，一级泵的计算压力除了要满足一级泵服务的最不利灭火设施的压力外，还要满足二级泵吸水端至少 0.1MPa 的压力，二级泵出水端的计算压力还要叠加吸水端的压力，所以，管网水力计算要精确，才能保证二级泵吸水端和出水端的压力，并选型合适。③一、二级消防泵联动问题：二级泵服务的灭火设施动作，必须由一级泵提供压力和水量，联动关系为：灭火设施动作→启泵信号→一级泵启动→二级泵启动（滞后 30s）。调试初期，一旦启泵，一级泵跳闸，分析原因是一、二级泵同时启动，导致一级泵星三角启动电流过大。改变联动关系调试后，运行正常。

已经实施的《消防给水及消火栓系统技术规范》GB 50974—2014 6.2.3 条 3 款、4 款“当采用消防水泵直接串联时，应采取确保供水可靠性的措施，且消防水泵从低区到高区应能依次顺序启动；当采用消防水泵直接串联时，应校核系统供水压力，并应在串联消防水泵出水管上设置减压型倒流防止器”。消防泵直接串联分区供水的方式已有据可依。与本设计不同的是，要求倒流防止器设于消防水泵出水管上，条文解释的原因是“倒流防止器因构造原因致使水流紊乱，如果安装在水泵吸水管上，其紊乱的水流进入水泵后会增加水泵的气蚀以及局部真空度，对水泵的寿命和性能有极大的影响，也能降低水泵扬程”。

随着我国经济的发展，建筑形式日新月异。在安全可靠、技术合理的前提下，做出适应不同建筑形式的系统，是每位给排水工程师必备的素质。

超高层转输水箱的容积，应根据建筑平面面积综合分析、合理确定，对于机房面积有限的特殊塔式建筑，宜尽量减小中间水箱容积，增大一级转输泵流量。

超高层塔式建筑的管道随结构体系的变形补偿，管道防冻耗能量不可小觑。

本项目虽然规模不大，但由于其特殊的建筑形式，设计组成员就遇到的问题进行了多次头脑风暴，并体现在设计中。

四、工程照片

武广高速广州南站

设计单位： 中铁第四勘察设计院集团有限公司
北京市建筑设计研究院有限公司

设 计 人： 郭旭晖　庄炜茜　王保国　蒋金辉　马征南　刘水生　吕紫薇　何晓东　黄丽娟　曹明　田利伟　郭辉

获奖情况： 公共建筑类　一等奖

工程概况：

广州南站为特大型旅客站房，主要承担着武广客运专线、广珠城际铁路、广深（港）客运专线、广茂铁路等旅客到发业务。候车室最高聚集人数 7000 人，高峰小时旅客发送量近期 2.11 万人/h，远期 2.84 万人/h。

站房位于广州市番禺区钟村镇石壁村建成区南部，距离市中心 17km，处于珠三角的核心地带。本工程总用地面积 25.74 万 m^2，建筑密度 64.93%，绿地率 22.1%。建筑屋面南北向 580m，东西向 475m；中央站房南北向 192m，东西向 398m；屋面最高点 52m，雨棚屋面最高点 41.8m，总建筑面积 48.6 万 m^2。共分 5 个基本层，包括：地下停车层（－4.00m）、地面出站层（0.00m）、站台层（＋12.00m）、高架候车层（＋21.00m）和高架夹层（＋27.00m）。轻钢屋面覆盖高架候车室及其两侧站台区域。

广州南站站房主体于 2009 年 12 月建成通车，消防系统于 2015 年 7 月顺利通过竣工验收。本工程的给水排水设计范围为车站两端桥梁和路基分界里程以内的区域，在新客站候车大楼的外围，形成地下环状给水管网，昼夜最大用水量为 6000m^3，供水主干管管径为 ϕ400，供水压力为 0.2～0.35MPa，全年每天 24h 连续保证，供给站房大楼生活用水，站房大楼消火栓、喷洒系统用水，空调冷冻水、冷却水的补水以及站房建筑屋面的清洗用水。

工程说明：

一、给水排水系统

（一）给水系统

1. 冷水用水量

生活给水平均日用水量 1201.7m^3/d。

2. 水源

本站水源采用城市自来水，在城市 *DN*600 的供水管上驳接 *DN*400 管，变频加压供水。整个广州南站区域设置有列车供水加压系统，围绕站房楼形成 *DN*400 的室外地下环状给水管网，供水压力为 0.2～0.35MPa。从室外地下环状给水管网，根据需要引出多路给水管进入候车大楼，每个分路均安装计量水表。

3. 系统竖向分区

站房楼生活给水系统分为高、低两区。供给地下层和一层（出站层）的生活用水，外网给水水压已满足各用水点水压要求，即可直接引至各用水点，包括各卫生间。

4. 供水方式及给水加压设备

供给高架候车层的生活用水，在地下层设置生活水泵房，对场外给水加压后，泵房内安装“无负压增压稳流供水装置”，根据外网供水压力和楼内用水点需求压力值，自动调节水泵运行工况，充分利用外网给水水压，节约能源。

各系统分别安装水表，单独计量。给水机房内配备生活给水系统紫外线消毒器。

（二）热水系统

在贵宾厅候车室的卫生间，采用小型电热式热水器提供生活热水。其他区域均不设置生活热水系统。电热水器选用不锈钢内胆，强度高，耐高温、抗腐蚀，性能稳定。电热水器具有接地保护、防干烧、防超温、防超压装置，具有漏电保护和无水自动断开以及附加断电指示功能。

（三）饮用水系统

在各候车大厅开水间，设置电开水器，供应旅客饮用开水。

饮用水系统采用纯净水管网系统独立设置，水管为不锈钢水管（439），环压式连接，机房设置在站房外。饮用水系统由无高位水箱的变频调速水泵组直接供水方式，设置全循环管道。取水点设置于按照建筑功能设计的饮用水供应点。可以提供（常温）直饮净化水。净化水的水处理设备，采用具有当地卫生检疫部门的合格产品证书的产品。

（四）屋面清洗给水

根据屋面设计方案，建筑屋面（标高 52.0m）设置清洗用水取水点，给水泵房预留变频加压水泵组位置。加压水管经综合管井到达高架层（标高 21.0m）板下，再沿钢结构柱子向上到达屋面结构下，布置水平管路到达各用水点。

（五）排水系统

1. 排水系统形式

排水系统采用污、废合流形式，站内生活污水及集便污水采用各自独立的收集系统，生活污水昼夜最大排放量为 1550m^3，广珠城际存车场昼夜最大排放量为 300m^3，集便污水昼夜最大排放量为 150m^3，昼夜最大污水排放总量为 2000m^3，处理达到国家二级排放标准后排入车站附近改移河道。

整个站房楼单层的面积巨大，候车层位置在站台轨道层之上，建筑特点造成排水系统的竖向管道在穿过轨道层的位置受到很大限制，造成水平排水距离大。根据原铁道部工程设计鉴定中心“站房平面布局调整专题讨论会”的精神，优化设计排水系统方案，高架候车层的排水系统采用“重力流与加压排水结合”的系统，不设置真空排水系统。在每个卫生间就近布置污水提升泵间，从卫生洁具到就近的提升泵之间为重力排水，利用自然坡度排水至水泵间。再经过提升装置有压排水，经过站台层上空至管道竖井，然后经过地下室排入室外污水管网。

污水提升装置包括储水箱、污水水泵、电控系统、报警系统。设有污水泵两台，1 用 1 备。均带有自动控制系统。

对于标高 18.5m 高架层下设备平台的空调机组凝结水排水，每台空调机组设置凝结水提升装置一套，内安装小水泵两台（1 用 1 备）。凝结水经过高度提升后，采用普通重力流系统，凝结水经排水管道从地下层的上空排出站房。

站台层贵宾室与出站层的卫生间，均采用重力排水。地下层的排水，均设置集水池，经污水泵提升排出室外。

为每个站台电梯在地下层均设置一个专用排水井，排水井有效水容积不小于 2m^3。每个排水井内设置潜水泵两台（1 用 1 备），每台潜水泵的流量不小于 10L/s。

2. 透气管的设置方式

高架层卫生间透气管道，通气口采用向下引至站台轨道层上空的方式，并适当加大透气管径。为防止有压排水管道形成负压，排水管系统安装了真空破坏器。

3. 采用的局部污水处理设施

排水处理达到国家二级排放标准后排入车站附近改移河道。

污水处理工艺流程为：

生活污水 ↓

污泥→污泥抽升井→污泥浓缩池→带式压滤机→泥饼外运

集便污水→化粪池→厌氧池→污水抽升井→SBR污水处理设备→消毒池→明渠流量计→排放

4. 管材

重力排水管道及通气管采用 HDPE 管材及配件，热熔连接；压力排水管道采用热镀锌钢管。

（六）雨水系统

广州南站屋面总排水面积约 21 万 m^2，屋面雨水采用内排水系统，为密闭式系统。雨水经管道收集后，引至室外。雨水设计流态采用压力流（虹吸式）的雨水系统，按照广州地区设计重现期 20 年的暴雨强 644L/(s·100m^2) 计算。“虹吸排水＋溢流系统”按设计重现期 100 年暴雨强度计算。

虹吸雨水系统包括由天沟内虹吸雨水斗开始，经虹吸排水悬吊管、立管、水平干管直至室外第一个检查井。虹吸雨水排系统出口流速大于 1.8m/s 时，出口处应设消能井或混凝土雨水井。

为满足建筑美观要求，利用大空间结构体系构造空间，雨水管走向为雨水管自屋面下进入结构钢管柱中，垂直进入混凝土柱中，在地下一层的上空高度，从混凝土柱中穿出并引至室外。虹吸雨水斗采用雨水泄水流量大、流态稳定、气水分离效果好的雨水斗，具备防水夹圈保证防渗漏效果；雨水管材质为 HDPE 材质，保证长期使用斗体不会产生锈腐蚀；虹吸式雨水排水系统全程采用进口高密度聚乙烯（HDPE）虹吸专用排水管。

二、消防系统

消防设计原则：广州南站工程为特殊功能的超大型建筑物，人员密度大，人员种类复杂，人员流动性高，而且大部分人员携带行李，造成可燃物多，人员疏散较慢。建筑物属于一类高层建筑，在设计施工期间，作为国内最大的交通换乘枢纽，按照交通建筑的特点，站房需要开阔的、开放性的大空间，并且为加强视觉引导需要尽可能减少隔断。由于该项目建筑类型及使用性质特殊，建筑设计有些内容已超出了当时的《高层民用建筑设计防火规范》GB 50045—95（2005 年版）及《铁路旅客车站建筑设计规范》GB 50226—2007 的条文要求，因此广州南站项目进行了消防性能化设计研究。借助消防安全工程学的方法和手段，对广州南站的火灾风险、火灾发展状况及主动和被动防火措施的实际效果进行研究评估，针对性地确定所适用的消防措施。

消防系统设计原则为当站房建筑满足国家现行规范的区域，按照消防规范设计；当站房建筑超出国家现行规范的区域，按照《广州站消防性能化设计专家评审意见》文件进行设计。

整个站房建筑消防用水系统，包括消火栓系统、自动喷水灭火系统、大空间主动智能型自动喷水灭火系统。各系统消防用水量标准见表 1：

按《高层民用建筑设计防火规范》GB 50045，本工程室外消火栓用水量为 30L/s，室内消火栓用水量 40L/s。室外消防用水量由室外站场环状给水管网供给，室内消防用水量由消防泵房内的消防水泵提供。

各系统消防用水量 表1

系统名称	用水量(L/s)	火灾延续时间(h)	一次灭火用水量(m^3)	供水方式
室外消火栓系统	30	3	324	由*DN*400列车供水环状管网供给
室内消火栓系统	40	3	432	从*DN*400列车供水环状管网上直抽,各系统消防泵加压供水
室内自动喷水灭火系统	32	1	115	
大空间主动智能型自动喷水灭火系统	15	1	54	

室内消火栓系统，每根竖管最小流量15L/s，每支水枪最小流量5L/s。自动喷水灭火系统，按中危险Ⅱ级设计，喷水强度8L/(min·m^2)，作用面积160m^2，设计流量32L/s。大空间主动智能型自动喷水灭火系统，设计流量15L/s。每个高空水炮设计流量5L/s。

由于围绕站房楼形成了管径*DN*400的列车供水系统的环状管网，其供水量及供水保障性均满足消防用水的需求，经消防性能化设计研究并报消防部门同意，本建筑物内不设置消防水池，各类消防水泵直接从给水环管*DN*400上抽水。从环状管网引出两条管线，引至位于南区地下一层的消防泵房。泵房内设室内消火栓泵（2台，1用1备）、自动喷洒泵（2台，1用1备）、小水炮泵（2台，1用1备），各类消防水泵直接从列车给水环管*DN*400上抽水。

由于建筑壳式大屋面的特点，无法在建筑最高的屋面上设置高位消防水箱。根据建筑布局，在室内最高的一个楼层即高架夹层（标高+27.0m）设置消防水箱间，安装贮存水量为18m^3消防水箱，并分别设置消火栓系统和自动喷水灭火系统的稳压泵和气压罐。稳压泵均为2台（1用1备）。消火栓系统稳压泵水量为5L/s，气压罐调节容积0.3m^3。自动喷水灭火系统稳压泵水量为1L/s，气压罐调节容积0.15m^3。水炮系统由消火栓系统稳压装置进行稳压。消防泵采用特性曲线平滑的消防专用水泵。

（一）消火栓系统

内消火栓给水管道布置成环状管网。消火栓的设置位置，保证同层相邻两个消火栓的水枪的充实水柱，同时达到被保护范围的任何部位。消火栓的栓口直径为65mm，水带长度25m，水枪口径19mm。每个消火栓箱内均设置消防水喉，消防卷盘栓口直径为25mm，长度为20m，配备的胶带内径19mm，消防卷盘喷嘴口径6mm。站台层消火栓根据建筑功能特点采用井内式消火栓。

（二）自动喷水灭火系统

按照《自动喷水灭火系统设计规范》GB 50084的要求，除高架层等高大空间外，在地下层和各层的办公室、商业用房等室内层高不大于12m的房间以及汽车库，均设置自动喷水灭火系统。按照《广州站消防性能化报告》的建议，在高架层采用“舱”概念设计的场所和办公室等房间设置自动喷水灭火系统；出站层因为结构梁的影响或共享高大空间而无法设置自动喷水灭火喷头的区域，设置大空间智能型自动喷水灭火系统，即高空水炮，例如出站层中央的东西广厅和绿化带处；出站层售票室的售票窗口玻璃，建筑采用耐火1.5h的防火玻璃，在售票室内侧设置侧喷型喷淋，对玻璃喷水降温；在高架层的软席候车室范围，采用大空间智能型自动喷水灭火系统。高架层夹层预留商业用房的区域自动喷水灭火系统；高架层夹层设置大空间智能型自动喷水灭火系统；出站层与站台层之间的楼梯、扶梯的自动挡烟垂帘采用加密喷淋保护。整个站房内的喷洒头，选用快速反应标准喷头。高度大于800mm的吊顶内的风管、保温材料等均采用不燃材料制作，电缆均为耐火或阻燃型，故不设置自动喷淋。自动喷水灭火系统的报警阀间分区域设置，共设置4个报警阀间，湿式报警阀共34个。报警阀前设置为环状供水管道。整个站房内的喷洒头，选用快速反应标准喷头。闭式玻璃喷头，公称动作温度为68℃。喷头流量系数$K=80$。喷头的响应时间指数RTI≤50（m·s）$^{0.5}$。喷头玻璃球直径3mm。

（三）消防水炮灭火系统

大空间智能型自动喷水灭火系统高空水炮采用 ZSS-25B 型，安装高度 8～32m。高空水炮自带摄像头，可在消防控制中心视频显示火灾现场情况，也可在消防中心手动调整水炮的射水位置。

三、工程特点及设计体会

本工程的给水排水设计内容包括站房建筑的空调冷冻水、冷却水系统；生活给水、局部生活热水、生活饮用水、污废水排水、屋面雨水系统；消火栓系统、自动喷水灭火系统、大空间智能型主动喷水灭火系统等。

地下层和出站层的给水系统由外网给水直供，高架候车层则由设置于地下层的生活水泵房供给，泵房内安装“无负压增压稳流供水装置”，根据外网供水压力和楼内用水点需求压力值，自动调节水泵运行工况，充分利用外网给水水压，节约能源；整个站房建筑排水系统采用污废合流系统，通过重力流和有压排水相结合，排入车站室外污水管网，经处理达到国家二级排放标准后排入车站附近改移河道。

四、工程照片及附图

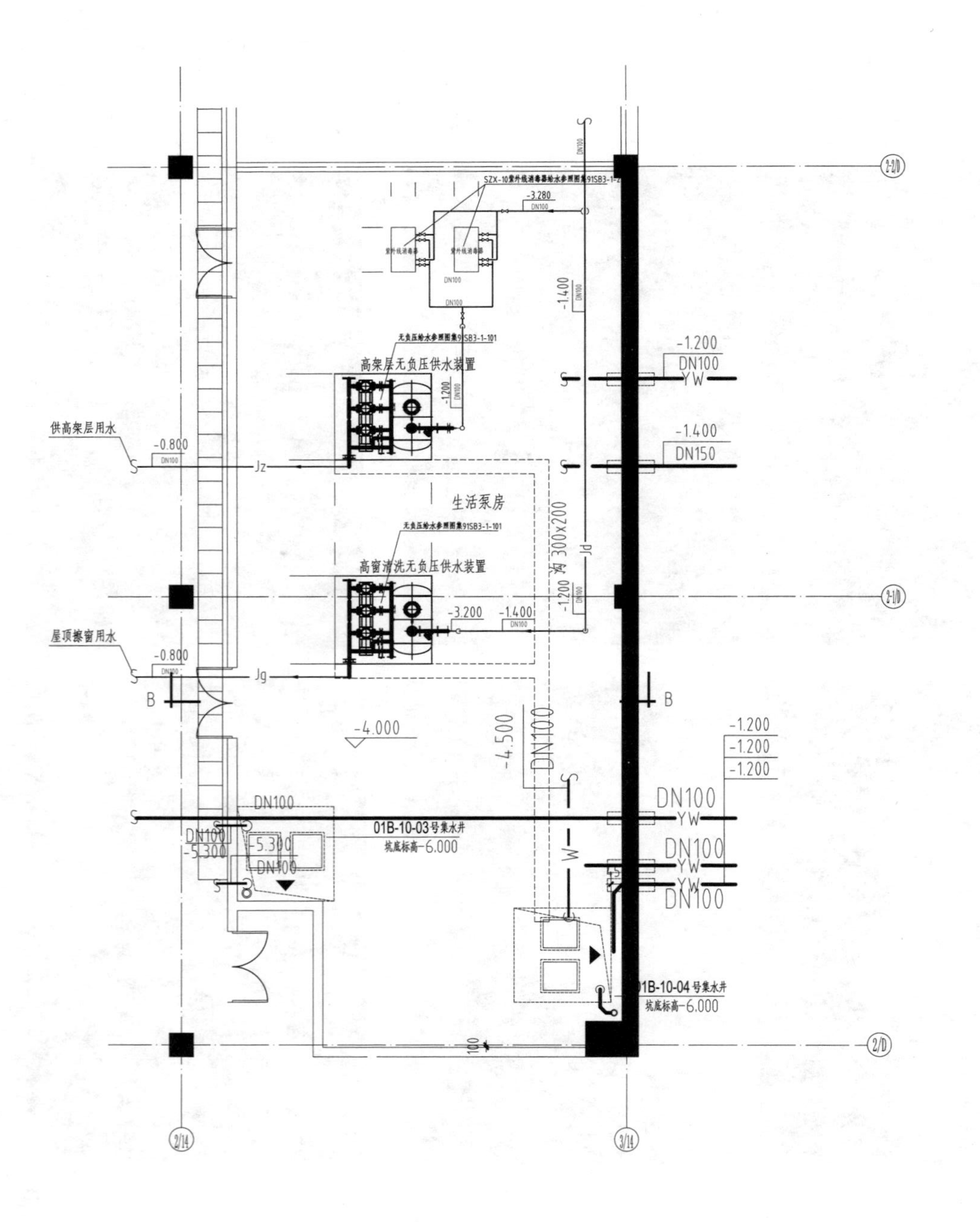

地下一层01B生活泵房大样图

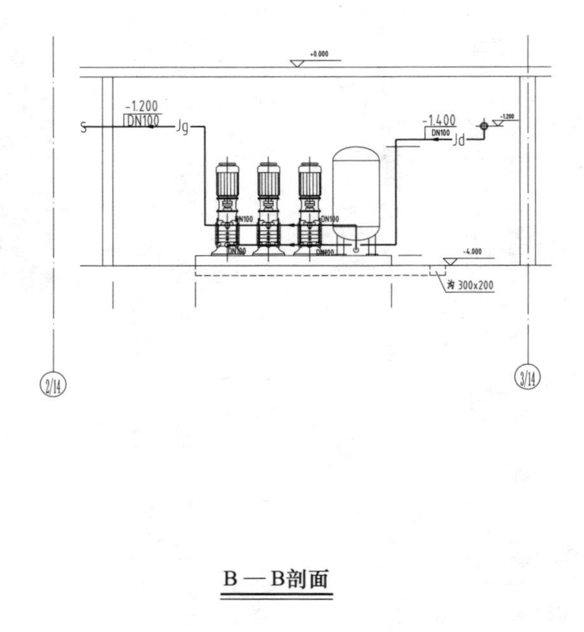

B—B剖面

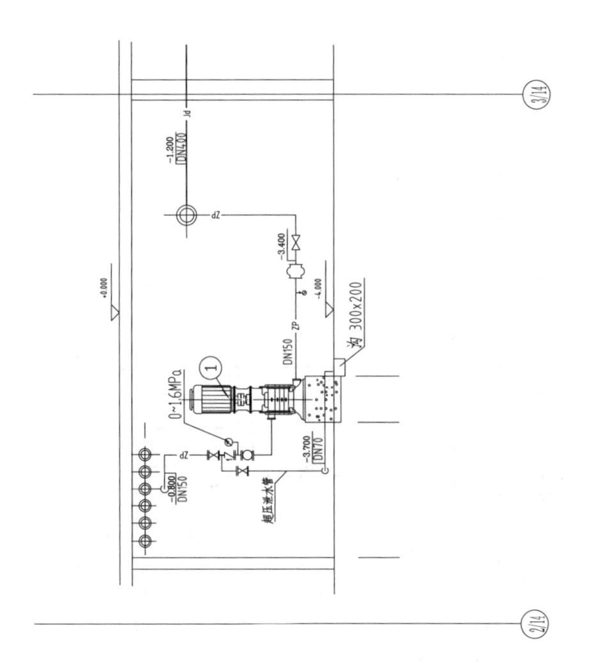

A—A剖面

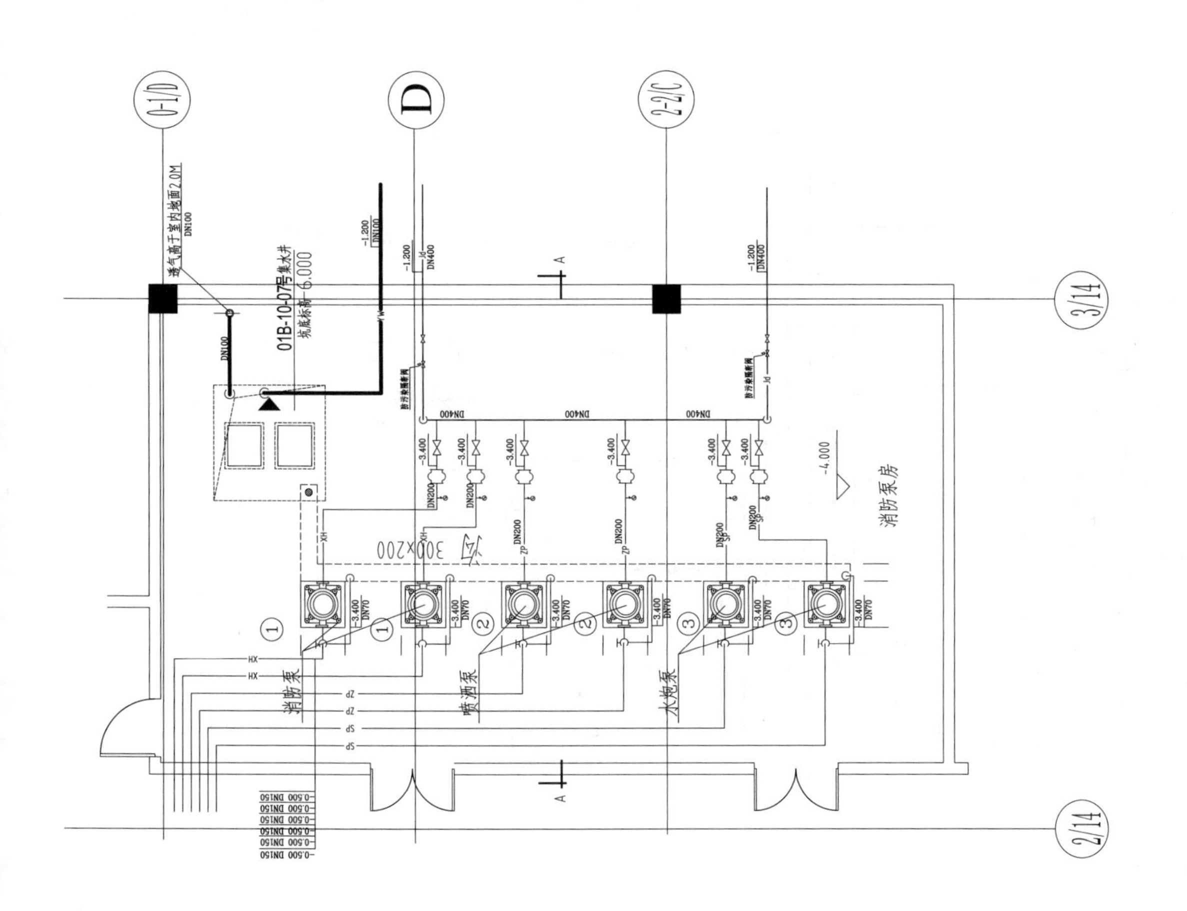

地下一层01B消防泵房大样图

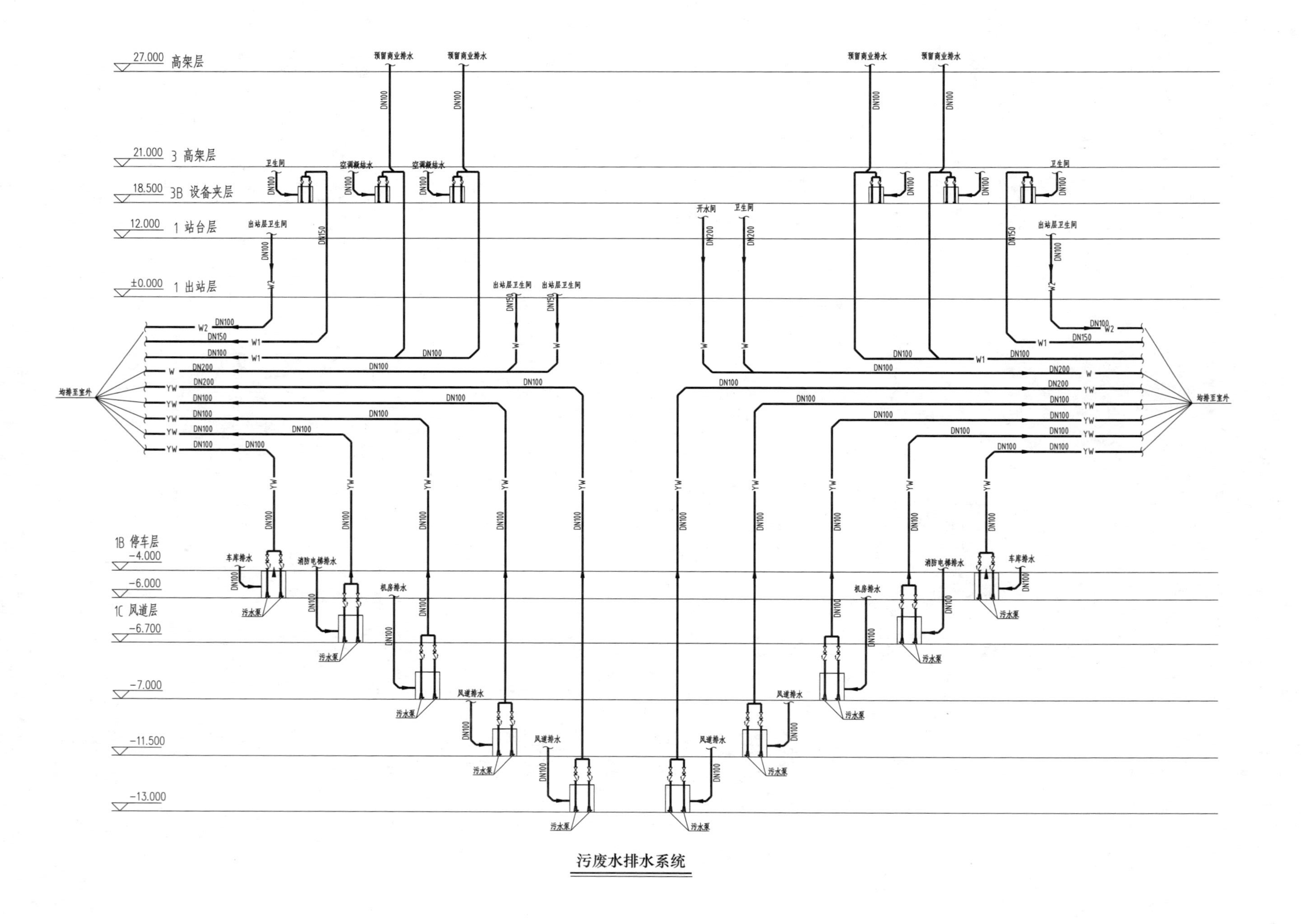

27.000 高架层
21.000 3 高架层
18.500 3B 设备夹层
12.000 1 站台层
±0.000 1 出站层
1B 停车层
-4.000
-6.000
1C 风道层
-6.700
-7.000
-11.500
-13.000
预留商业排水
卫生间
空调凝结水
出站层卫生间
开水间
车库排水
消防电梯排水
机房排水
风道排水
污水泵
均排至室外

污废水排水系统

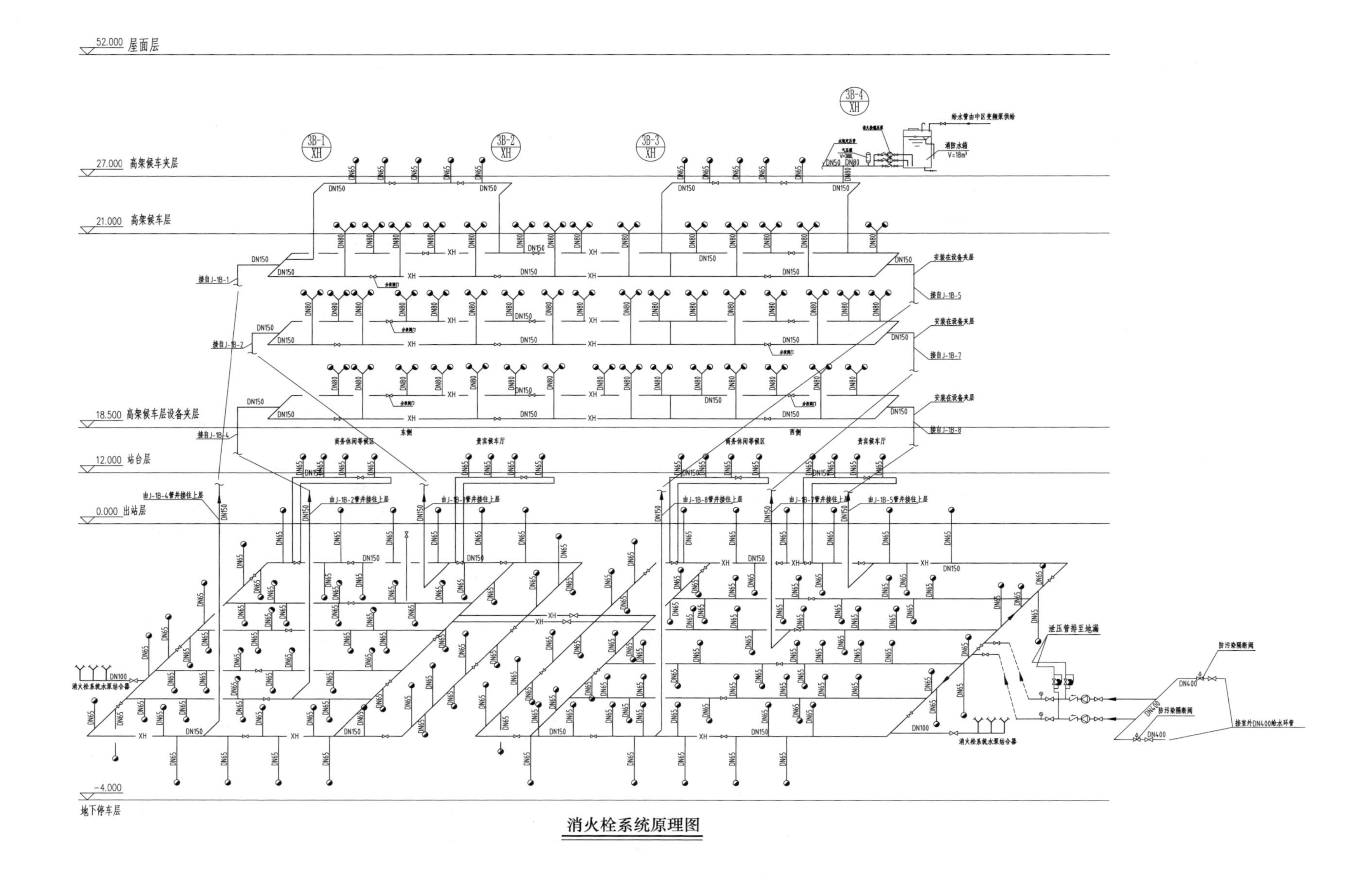
52.000 屋面层
27.000 高架候车夹层
21.000 高架候车层
18.500 高架候车层设备夹层
12.000 站台层
0.000 出站层
-4.000
地下停车层
消火栓系统水泵结合器
泄压管排至地漏
防污染隔断阀
接室外DN400给水环管
消防水箱
V=18m³
给水管由中区变频泵供给

消火栓系统原理图

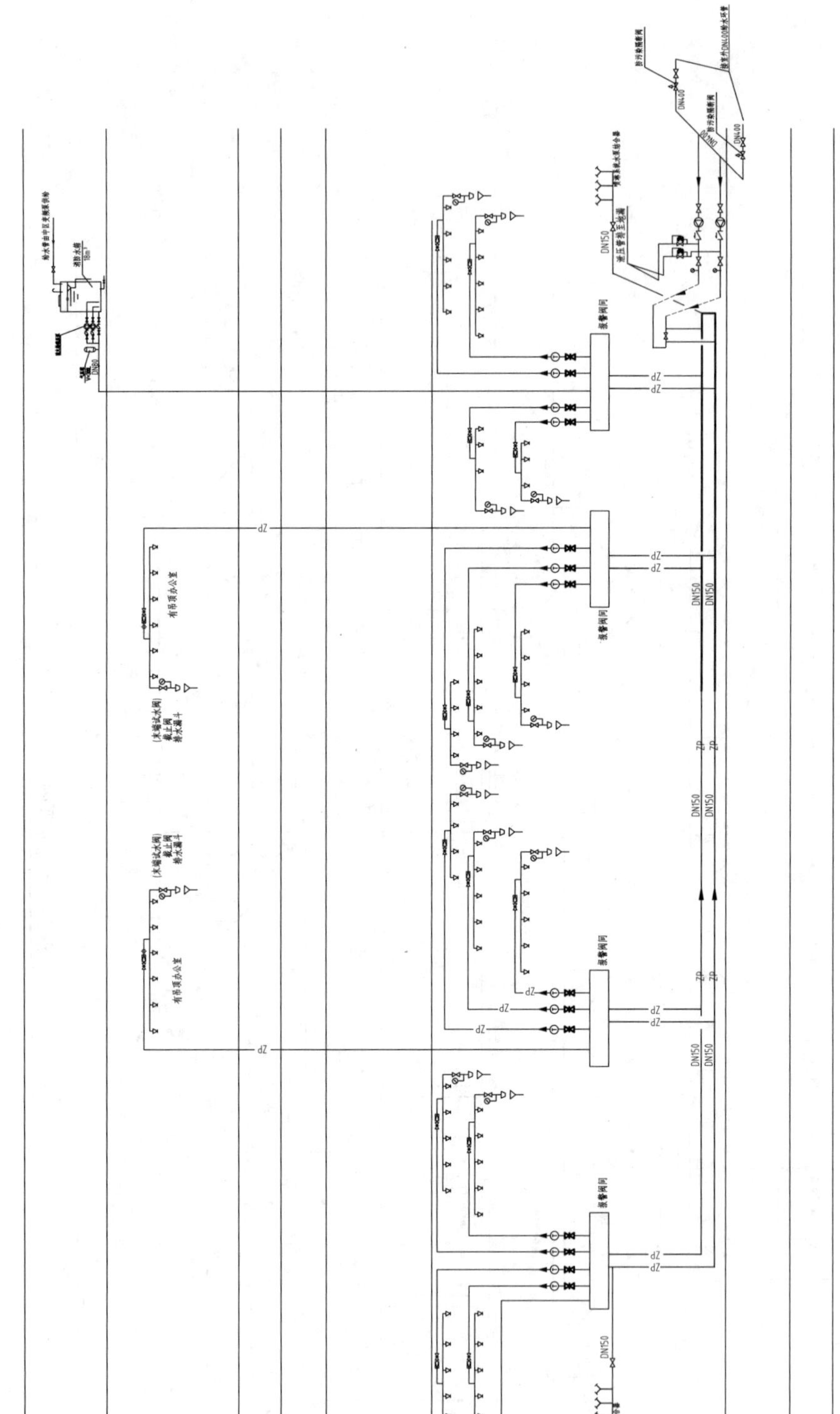

屋面最高点 52.000
27.000
高架候车夹层
3 高架层 21.000
2 站台层 12.000
1A 停车夹层
1 出站层 ±0.000
1B 停车层 -3.900
1C 风道层 -6.000
-8.100

给水管由中区变频泵供给
消防水箱
18m³
DN80
(末端试水阀)
截止阀
排水漏斗
有吊顶办公室
(末端试水阀)
截止阀
排水漏斗
有吊顶办公室
ZP
ZP
(末端试水阀)
截止阀
排水漏斗
报警阀间
报警阀间
报警阀间
报警阀间
喷淋系统水泵结合器
DN150
DN150
喷淋系统水泵结合器
泄压管排至地漏
防污染隔断阀
DN400
DN400
防污染隔断阀
DN400
接室外DN400给水环管
DN150
DN150
ZP
ZP
DN150
DN150
ZP
ZP
DN150
DN150

喷淋系统原理图

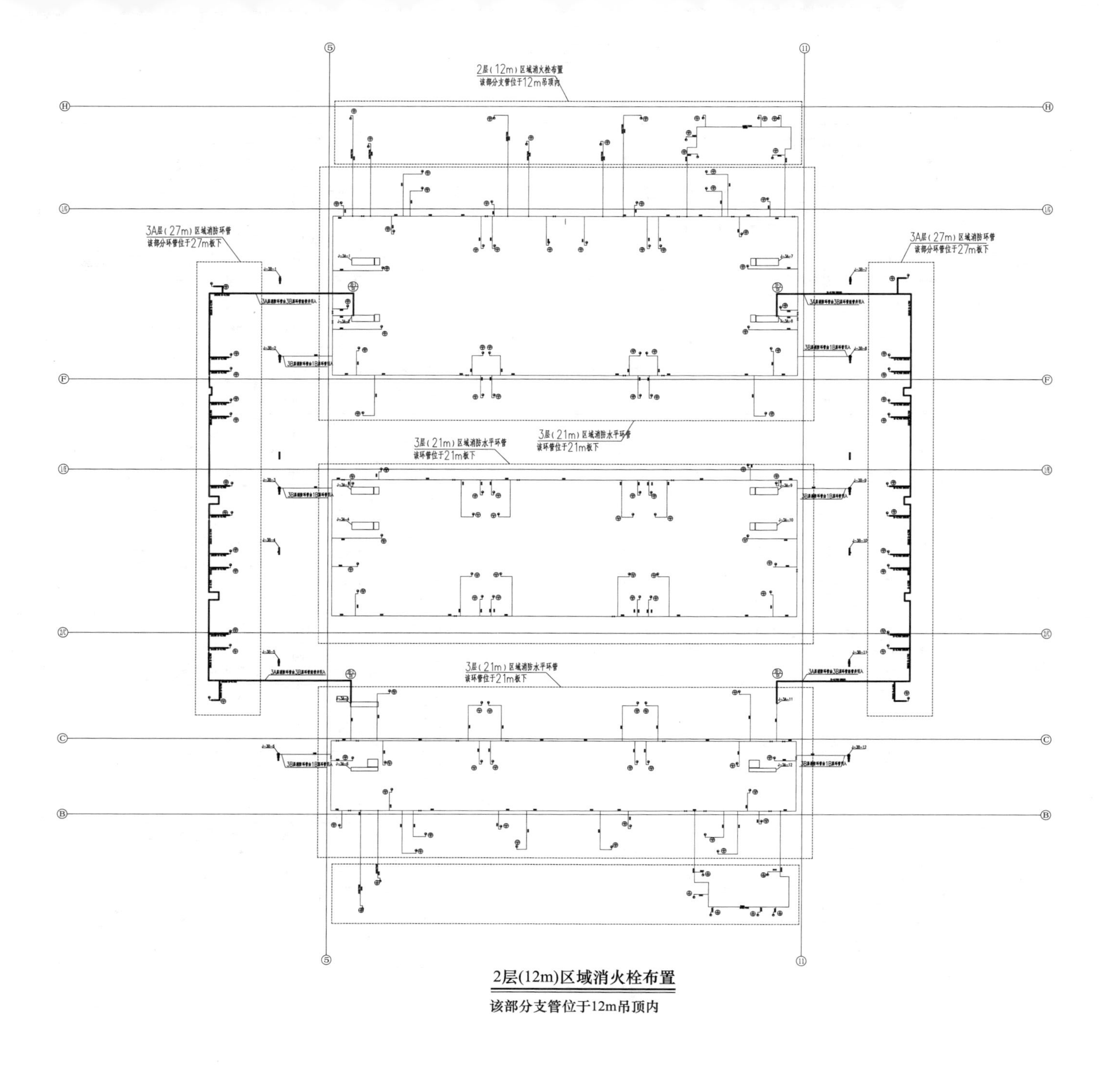

2层(12m)区域消火栓布置

该部分支管位于12m吊顶内

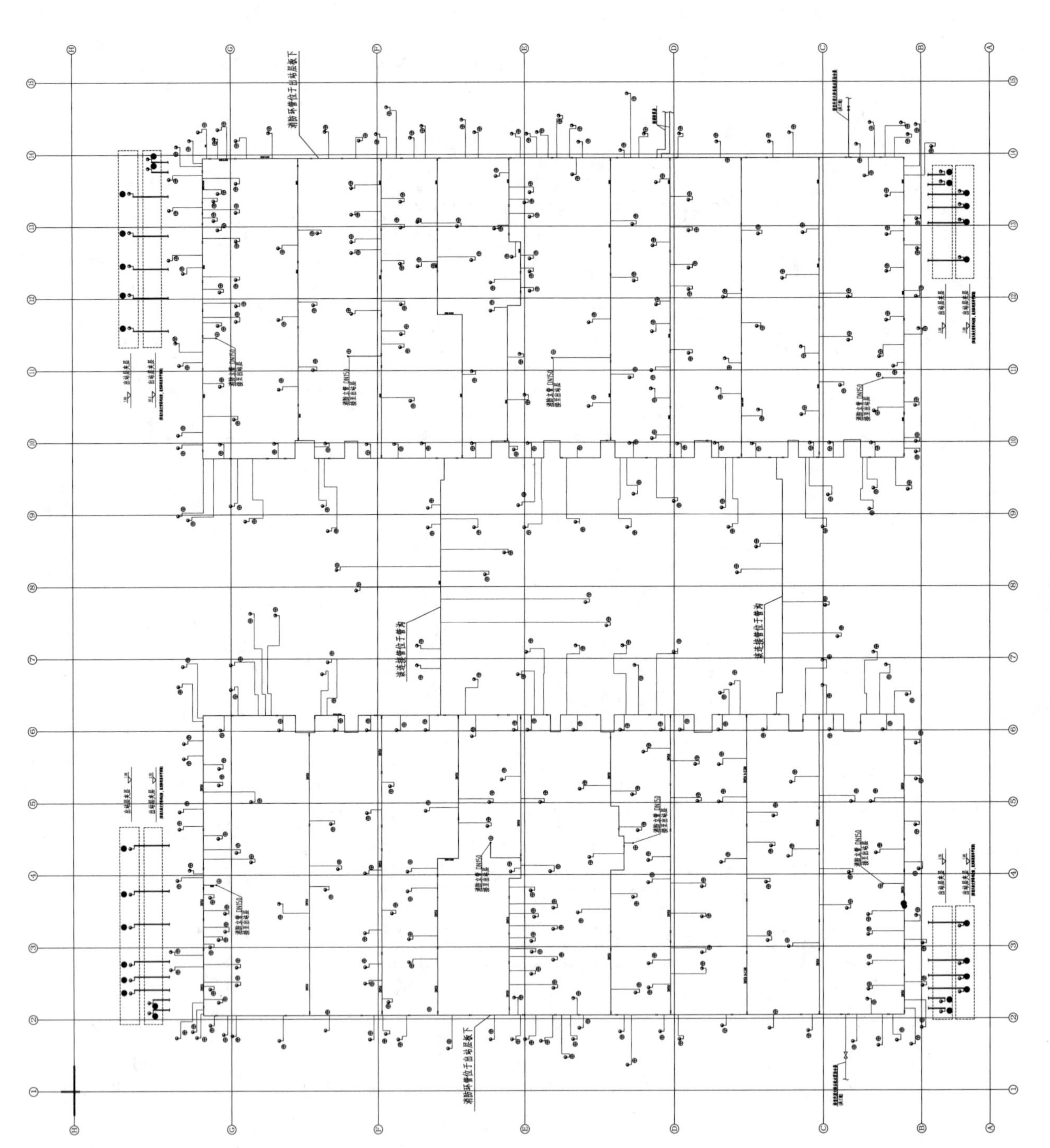

0.00M消火栓系统图

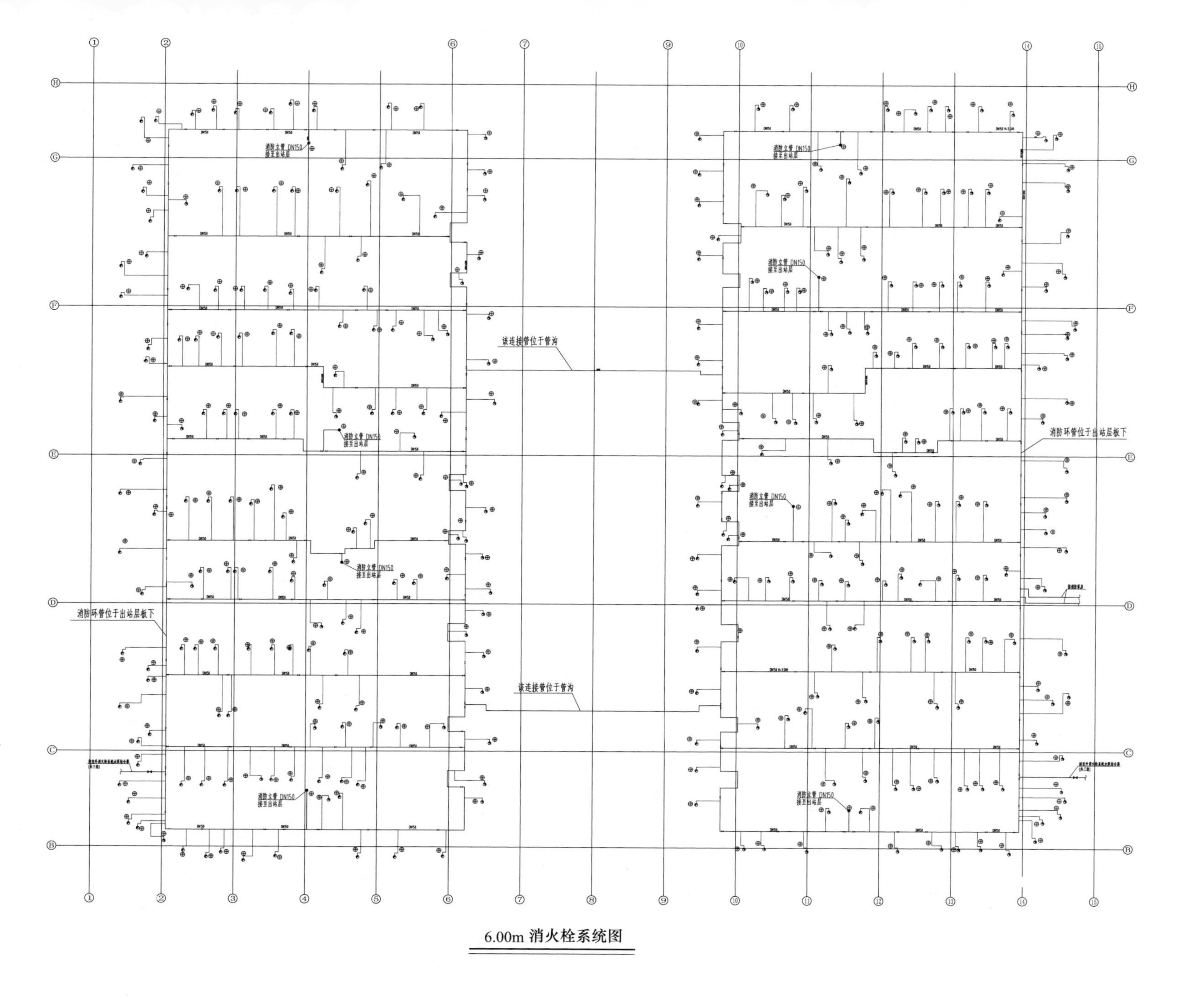
消防立管 DN150
接至出站层
该连接管位于管沟
消防环管位于出站层板下
该连接管位于管沟
消防环管位于出站层板下

6.00m 消火栓系统图

福建省立医院金山院区一期医疗综合楼

设计单位： 福建省建筑设计研究院有限公司
设 计 人： 陈耀辉　程宏伟　李剑敏　姚建智　李萍
获奖情况： 公共建筑类　一等奖

工程概况：

本工程是集医疗、急救、教学、科研、保健、康复为一体的综合性三级甲等医院。总体规模为病床 2000 张，门诊量 8000 人/d，急诊量 600 人/d，医院建筑用地面积 135481m^2，总建筑面积 32.6 万 m^2。拟分三期进行建设，其中：一期总建筑面积 64161m^2，其中地下 12897m^2，地上 51264m^2，地下 1 层，地上 13 层，建筑高度 56m，设 500 张医疗床位。

各层平面功能设置简介如下：

地下室为中心药库、病案中心、厨房餐厅、各类设备房、立体车库停车 99 辆（战时为核 5 级常 5 级甲类二等人员掩蔽所）等；一层为中西药房、急诊、门诊大厅、消防控制中心等；二层为检验科等；三层为出国体检中心、手术室、重症监护病房、行政办公等；四层为净化机房、供应中心、后勤办公区等；五层；六层为产房、NICU、产科病房等；七层为儿科病房；八～十三层为标准病房；屋面为水箱间、设备用房等。

本项目 2015 年竣工验收投入使用后，是一所集临床医疗、卫生急救、教学科研于一体的三级综合性医院，成为金山新区医疗卫生科研中心和急救中心，提高了地区医疗水平，满足群众医疗卫生的需求，增加金山新区对外来企业、高端人才的吸引力，促进当地社会发展和经济增长。

工程说明：

一、给水排水系统

（一）给水系统

1. 冷水用水量（表 1）

冷水用水量　　表 1

序号	用水部位	用水标准	数量	最高日用水量（m^3/d）	时变化系数	最大小时用水量（m^3/h）	日用水时间（h）	平均小时用水量（m^3/h）
1	普通病床	400L/(床·d)	500 床	200.0	2.0	16.7	24	8.3
2	门急诊病人	15L/(人次·d)	2200 人次	33.0	1.2	5.0	8	4.1
3	医务人员	200L/(人·d)	750 人	150.0	1.5	28.1	8	18.8

续表

序号	用水部位	用水标准	数量	最高日用水量（m^3/d）	时变化系数	最大小时用水量（m^3/h）	日用水时间（h）	平均小时用水量（m^3/h）
4	医院后勤职工	50L/(人·d)	100人	5.0	1.5	0.9	8	0.6
5	食堂	25L/人次	2350人次	58.8	1.5	7.3	12	4.9
6	中心供应室	25L/(人·d)	2700人	67.5	1.0	16.9	4	16.9
7	停车库地面冲洗	3L/(m^2·次)	5000m^2	15.0	1.0	3.8	4	3.8
	小计			529.3		78.6		57.4
	未预见用水量			52.9		7.9		5.7
	总计			582.2		86.5		63.1

2. 本楼给水采用城市市政水源。

3. 市政管网供水压力为0.25～0.30MPa，大楼三层及三层以下采用市政压力供水（有热水供应的用水器具除外），考虑用水安全性及冷热水压力平衡，四层及以上采用地下水池—水泵—屋面水箱联合供水。根据使用对象不同，有热水供应的用水点供水分成高中低三区，地下一～三层为低区，四～七层为中区，八～十三层为高区。

4. 本楼采用上行下给供水方式，低区经减压阀组减压后供水，地下一层、八层支管超压设减压阀减压。大楼手术部采用两路供水，三层手术室用水一路由市政给水管供给，另一路由屋面生活水箱设单独供水管减压后供给；五层手术室用水由屋面生活水箱设两根单独供水管减压后供给。

主楼大屋面设置26m^3不锈钢生活水箱（均分成独立两个），为了保证供水水质，屋面生活水箱设水箱灭藻杀菌设备；地下室设置一个240m^3生活水箱、加压给水泵。

给水泵：$Q=65m^3/h$，$H=85m$，$N=30kW$，共两台（1用1备）。

5. 人防冷水管采用钢塑复合管；其余冷水管采用薄壁不锈钢管。冷水嵌墙及埋地安装的支管采用覆塑薄壁不锈钢管。

（二）热水系统

1. 热水用水量（表2）

热水用水量 **表2**

序号	用水部位	用水标准	数量	最高日用水量（m^3/d）	小时变化系数	最大小时用水量（m^3/h）	日用水时间(h)	平均小时用水量（m^3/h）
1	普通病床	110L/(床·d)	500床	55.0	3.1	7.1	24	2.3
2	医务人员	70L/(人·d)	750人	52.5	2.5	16.4	8	6.6
3	医院后勤职工	10L/(人·d)	100人	1.0	2.5	0.3	8	0.1
4	小计			108.5		23.8		9
	未预见用水量			1.5		0.4		0.2
	总计			110		24.2		9.2

2. 本楼设置热水集中供应系统，根据建设单位要求，八～十三层普通病房淋浴采用定时供应，其余儿科、产科病房及医生工作区和手术部采用全天供应。热水贮存在屋面 72m^3 不锈钢生活热水箱。热水箱设置热水循环泵。

3. 主热源采用空气源直热式热泵热水机组，热泵热水机组位于屋面。由于医院夏季有较长的供冷期，从节能的角度考虑，生活热水系统采用暖通专业设在五层屋面的冷热两用螺杆热泵机组作为备用热源，在需要供冷的季节，利用冷热两用螺杆热泵机在制冷的同时释放出的热量通过板换加热生活热水，回收免费热量。

4. 热泵热水机组位于屋面。热水管道设置回水泵，当热水回水管温度低于 50℃时，回水泵启动，当热水回水管温度达到 55℃时，回水泵停止。热水箱设置热水循环泵，当热水箱温度低于 55℃时，循环泵启动，当热水箱温度达到 60℃时，循环泵停止。

5. 空气源直热式热泵热水机组：RSJ-770/S-820-C，输入功率 17.4kW/台，制热量 55.7kW/台，共 10 台。

板式换热器：BR005-1.0-4，共两台。

电热水器：DSE1-50-75，N=75kW，储水容量 200L，共两台。

热泵循环泵：65LGR25-15（I）×1，N=2.2kW，共两台（1 用 1 备）。

6. 热水管采用薄壁不锈钢管，热水嵌墙及埋地安装的支管采用覆塑薄壁不锈钢管。

（1）穿越洁净房间的管道、热水箱及热水供回水立管、干管、管道井内部分支管（明装）及热水箱通气管采用橡塑保温，外包铝板（铝箔）。

（2）空调冷凝水排水管外壁做厚橡塑保温，外包铝箔。

7. 冷热水箱均设于屋面水箱间内，水箱底高度一样，冷热水分区一样，保证冷热水压力平衡；热水管道同程布置，热水干管和立管均衡循环。

（三）纯水系统

本楼设置中央集中制备纯水、分质供水系统，用于生化检验用水、病理科用水、血透用水、中心供应水、手术冲洗用水、DSI 导管冲洗用水、制剂室用水等高质量的纯水。

二层口腔科、内镜洗消室和四层中心供应室高温蒸汽灭菌器等设有纯水供应系统，由四层纯水设备间内纯水设备供给。

（四）排水系统

1. 本楼采用污、废水分流的排水体制。

2. 病房卫生间的排水在转换层集中后排出；手术部分盥洗废水单独排出；一层污废水单独排出。地下室设置集水坑，由潜水排污泵加压排水至室外污水管网。

3. 本楼设主通气立管、环形通气管及结合通气管。

4. 生活污水由污水管网收集经化粪池预处理，医疗和生活废水由废水管网收集，厨房含油废水经隔油池隔油后排至院区污水管网，中心供应室高温废水经降温池降温后排至院区污水管网。所有污废水经医院污水处理站集中进行处理，处理后的水质应符合《医疗机构水污染排放标准》GB 18466—2005 才能排至市政污水管网。

5. 室内排水管均采用柔性排水铸铁管，地下排水管及加压排水管采用内外热镀锌钢管。

（五）雨水系统

1. 本楼采用雨污分流的排水体制。

2. 屋面雨水采用重力流排水系统，重现期采用10年，q_{10}=4.73L/(s·100m^2)。室外雨水重现期采用2年，q_{15}=2.82L/(s·100m^2)。

3. 雨水由雨水管网收集排至市政雨水检查井。部分空调机冷凝水排至专用排水管排放。

4. 雨水管采用柔性排水铸铁管。

二、消防系统

（一）总述

本楼按高规一类医院进行防火设计，室内消火栓用水量为30L/s，室外消火栓用水量为20L/s，火灾持续时间2h，自动喷淋用水量为40L/s，火灾持续时间1h，水喷雾系统用水量为28L/s，火灾持续时间0.5h。动力中心地下室设有800m^{3}消防水池，分为两格，本楼屋面设有20m^{3}消防专用水箱，满足本楼室内外消防水量要求。

（二）消火栓系统

1. 室内消火栓系统采用临时高压给水系统，最大静水压小于1.0MPa，系统不分区，消火栓充实水柱11.3m，均能保证两股水柱同时到达任何部位。

2. 大楼消火栓管道引自动力中心地下室室内消火栓泵出水管，大楼配水压力约为1.00MPa。

室内消火栓泵：XBD10/30-125G/6，Q=108m^3/h，H=100m，N=55kW，共两台（1用1备）。

3. 室外设3套地上式消防水泵接合器。

4. 消火栓管道采用内外热浸镀锌钢管。

（三）自动喷水灭火系统

1. 本楼设有自动喷水灭火系统，除地下室住院药局、中心药库、一层门诊药局采用预作用系统，其余采用湿式系统，地下车库按中危险Ⅱ级设计，作用面积160m^2，喷水强度8.0L/(min·m^2)，地下药库、住院药局、中心药库按仓库危险Ⅰ级设计（储物高度小于3.5m），作用面积160m^2，喷水强度8.0L/(min·m^2)，8m＜净空高度＜12m的一层大厅，作用面积260m^2，喷水强度为6.0L/(min·m^2)，其余场所按中危险Ⅰ级设计，作用面积160m^2，喷水强度6.0L/（min·m^2），除8m＜净空高度＜12m的一层大厅最不利点喷头压力为0.05MPa外，其余场所最不利点工作压力为0.10MPa。

2. 屋顶设置稳压设备满足最不利点水压要求，大楼喷淋管道引自动力中心地下室喷淋泵出水管，大楼配水压力约为1.11MPa。

喷淋泵：XBD12/40-150D/6，Q=144m^3/h，H=120m，N=75kW，共两台（1用1备）。

喷淋稳压泵：25LGW3-10x3，Q=3.0m^3/h，H=30m，N=1.1kW，共两台（1用1备）；配气压罐SQL800X0.6。

3. 一层休闲区净高超过12m设置大空间智能主动喷水灭火系统，采用标准型自动扫描射水高空水炮灭火装置，单个灭火装置标准流量5L/s，工作压力0.6MPa，标准圆形保护半径20m，最大安装高度20m，一个智能型红外探测组件控制一台水炮，末端设置模拟末端试水装置。

4. 本楼地下一层湿式报警阀室设13套DN150湿式报警阀，一套预作用阀供给本楼喷淋系统及预作用系统。每个报警阀供给喷头数小于800个。水力警铃设于一层外墙（消控中心附近）。喷淋系统分层分区分设水流指示器。

5. 喷头动作温度一般为68℃，厨房采用喷头动作温度为93℃，除地下室车库及其他无吊顶处采用直立型标准喷头，预作用系统采用干式喷头外其余均采用吊顶型快速响应喷头，其中手术部洁净区ICU和中庭及门厅采用隐蔽型喷头；吊顶内净距大于800mm均设置直立型喷头加以保护。无吊顶处大于1200mm的地下室风管、成排布置的管道、桥架下方增设下垂型喷头。

6. 室外设 3 套地上式喷淋水泵接合器。

7. 厨房灶台采用厨房灶台泡沫自动灭火设备。

8. 喷淋系统减压阀前管道及未设置减压阀的 3 层以下配水干管采用加厚镀锌钢管，其余喷淋管道采用内外热浸镀锌钢管。

（四）水喷雾灭火系统

1. 地下室柴油发电机房及油罐间采用水喷雾灭火系统，设计灭火强度 20L/(min · m^2)，响应时间小于 45s，灭火用水量 28L/s，最不利点工作压力不小于 0.35MPa。

2. 水喷雾系统接入自动喷淋系统，水雾喷头采用高速射流器，其工作压力为 0.35～0.50MPa，系统K＝43.8，雨淋阀的电磁阀阀前配过滤器。

3. 水喷雾系统当发电机房内烟感及温感探测器确定火灾时，反馈至消控中心，同时，启动喷淋加压泵，打开雨淋阀的电磁阀，压力开关信号反馈至消控中心雨淋阀采用电磁阀（1 用 1 备）自动和手动控制。

4. 水喷雾灭火系统采用内外热浸镀锌钢管。

（五）气体灭火系统

1. 本楼一层的肠胃、DR1、乳腺、CT、DR2、低压配电室及地下室的病历库 1、病历库 2 设置有管网组合分配式气体灭火系统。

系统一：一层的肠胃、DR1、乳腺、CT、DR2，设计浓度 8%，喷射时间小于 8s，灭火浸渍时间 5min。

系统二：一层低压配电室及地下室的病历库 1、病历库 2 为一套系统，钢瓶间分别设于一层及地下室。其中低压配电室设计参数设计浓度 9%，喷射时间小于 8s，灭火浸渍时间 10min；病历库 1、病历库 2 设计参数设计浓度 10%，喷射时间小于 8s，灭火浸渍时间 10min。

2. 本楼 4 层 UPS 间设置预制式七氟丙烷气体灭火系统，设计浓度 8%，喷射时间小于 8s，灭火浸渍时间 5min。

3. 本工程的灭火系统设计分为自动、手动、应急手动三种启动方式。

三、工程特点及设计体会

1. 医院生活给水系统的安全：在确定高区供水方案时，对变频供水和水泵－水箱结合的传统的供水方式进行了综合的比较，考虑医院供水的安全性及冷热水压力的平衡，所以仍采用水泵－水箱结合的传统的供水方式，为弥补生活水箱可能带来的二次污染，采用了水箱自动消毒装置，保证医院用水安全。

2. 热水供应系统热源的选择：根据医院热水实际使用情况，经与建设单位充分沟通后，确定病房热水采用定时供应，其余采用全天供应，主热源采用空气源直热式热泵热水机组，由于医院夏季有较长的供冷期，暖通专业选用了两台热回收型冷热两用螺杆热泵机组，在需要送冷的季节，利用冷热两用螺杆热泵机在制冷的同时释放出的热量（部分供给手术部，剩余热量通过板换加热生活热水），回收免费热量。通过一年的运行，节能效果明显。

3. 给水排水管道在一些特殊用房上的处理措施：由于医院建筑平面多变且复杂，上下层卫生间经常错位，使得排水管道在病房、ICU、贵重设备室等房间上方，为此上层采用降板处理，确保排水管道不穿过上述房间，为防止上层板防水处理不好时造成凹槽内积水，在下层楼板上增设地漏或侧排地漏，为保证地漏水封干涸，由附近的洗手盆给地漏水封补水。

4. 医院中的卫生安全措施：原设计中地漏采用无水封地漏加 P 型或 S 型存水弯，经过 SARS 风波后，为了防止地面不经常排水的场所地漏水封干涸，地漏改用多通道地漏，通过洗手盆排水对地漏水封的补水，保证地漏水封长期不失效，手术部地漏采用密闭地漏，为防止交叉感染和节水，医院公共部分的小便器、大便器、洗脸盆及医生办公室洗手盆采用感应器冲洗，手术部刷手池采用膝控式。

四、工程照片及附图

纯水间

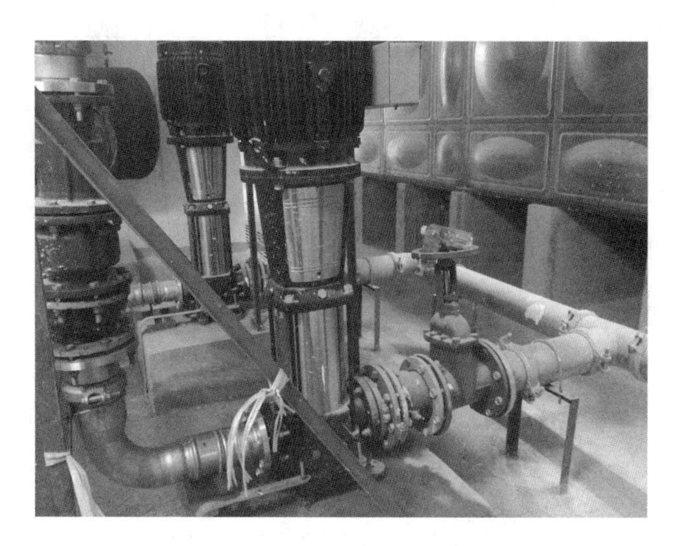

水泵房

屋面热泵

医院外观

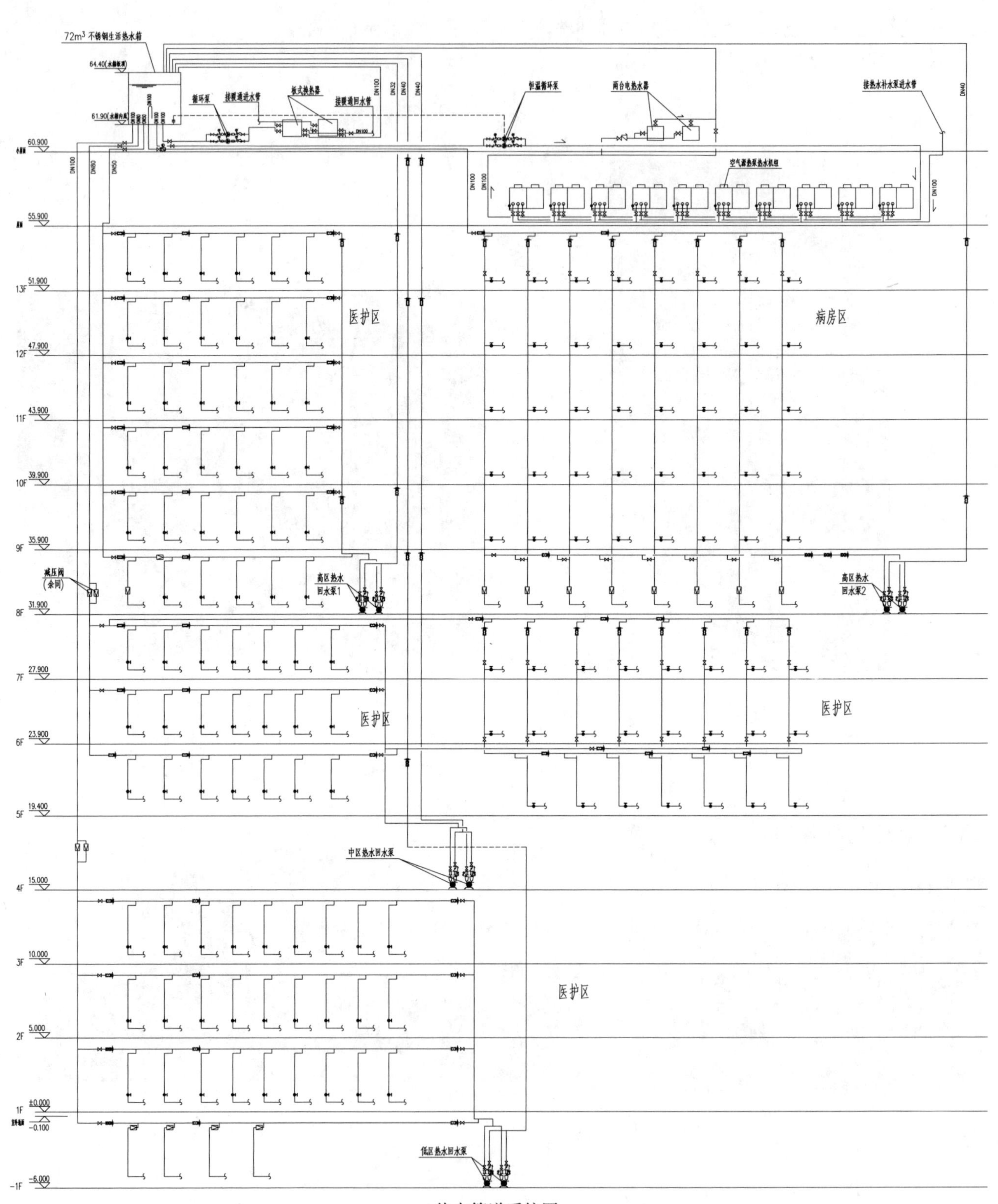
72m3 不锈钢生活热水箱
64.40(水箱板顶)
61.90(水箱内底)
循环泵
接暖通进水管
板式换热器
接暖通回水管
恒温循环泵
两台电热水器
接热水补水泵进水管
空气源热泵热水机组
DN100
DN32
DN40
DN80
DN50
60.900
55.900
51.900
13F
47.900
12F
43.900
11F
39.900
10F
35.900
9F
31.900
8F
27.900
7F
23.900
6F
19.400
5F
15.000
4F
10.000
3F
5.000
2F
±0.000
1F
-0.100
-6.000
-1F
医护区
病房区
减压阀
(余同)
高区热水
回水泵1
高区热水
回水泵2
中区热水回水泵
低区热水回水泵

热水管道系统图

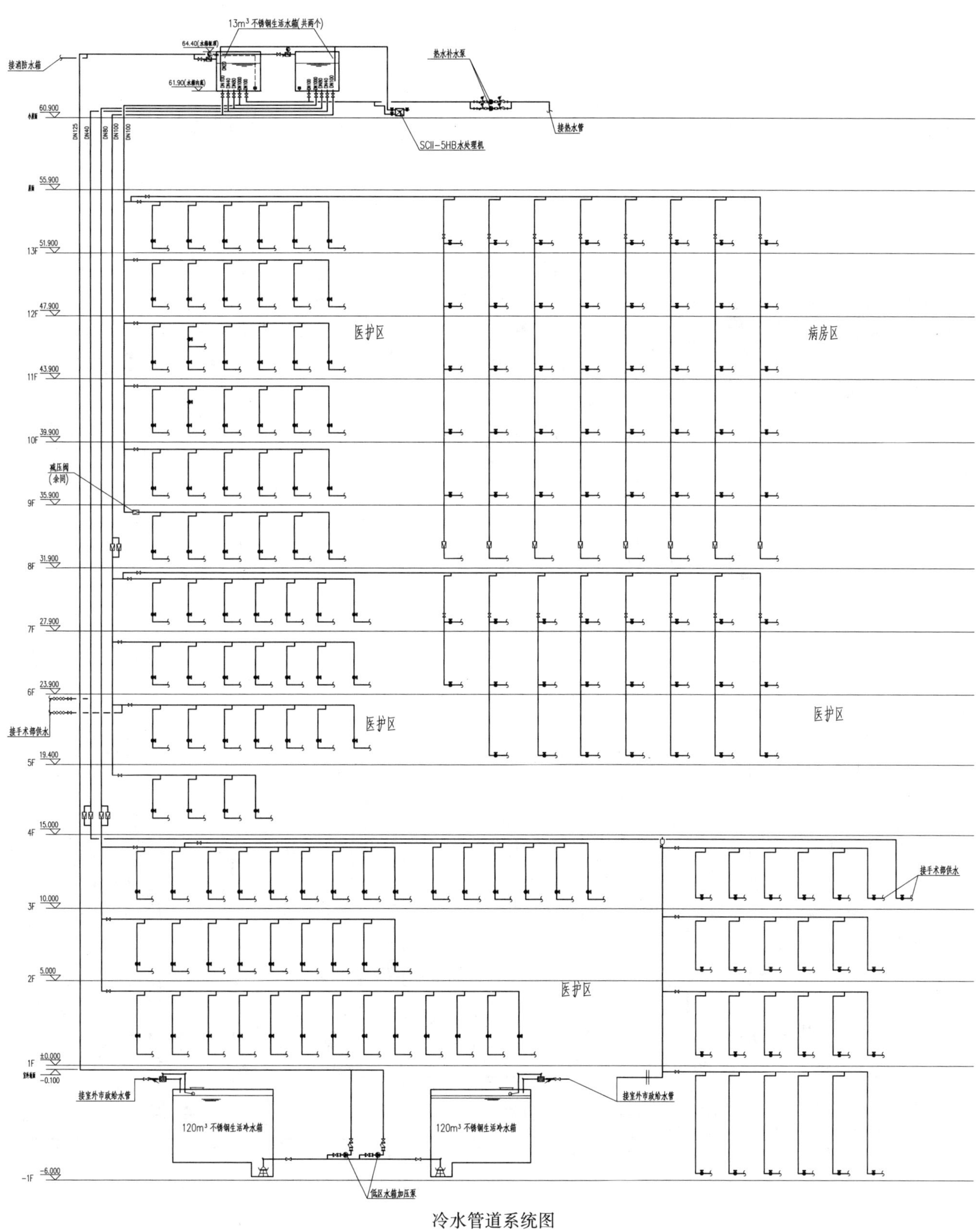

13m³ 不锈钢生活水箱(共两个)
接消防水箱
热水补水泵
接热水管
SCII-5HB水处理机
医护区
病房区
医护区
医护区
医护区
减压阀(余同)
接手术部供水
接手术部供水
接室外市政给水管
接室外市政给水管
120m³ 不锈钢生活冷水箱
120m³ 不锈钢生活冷水箱
低区水箱加压泵

冷水管道系统图

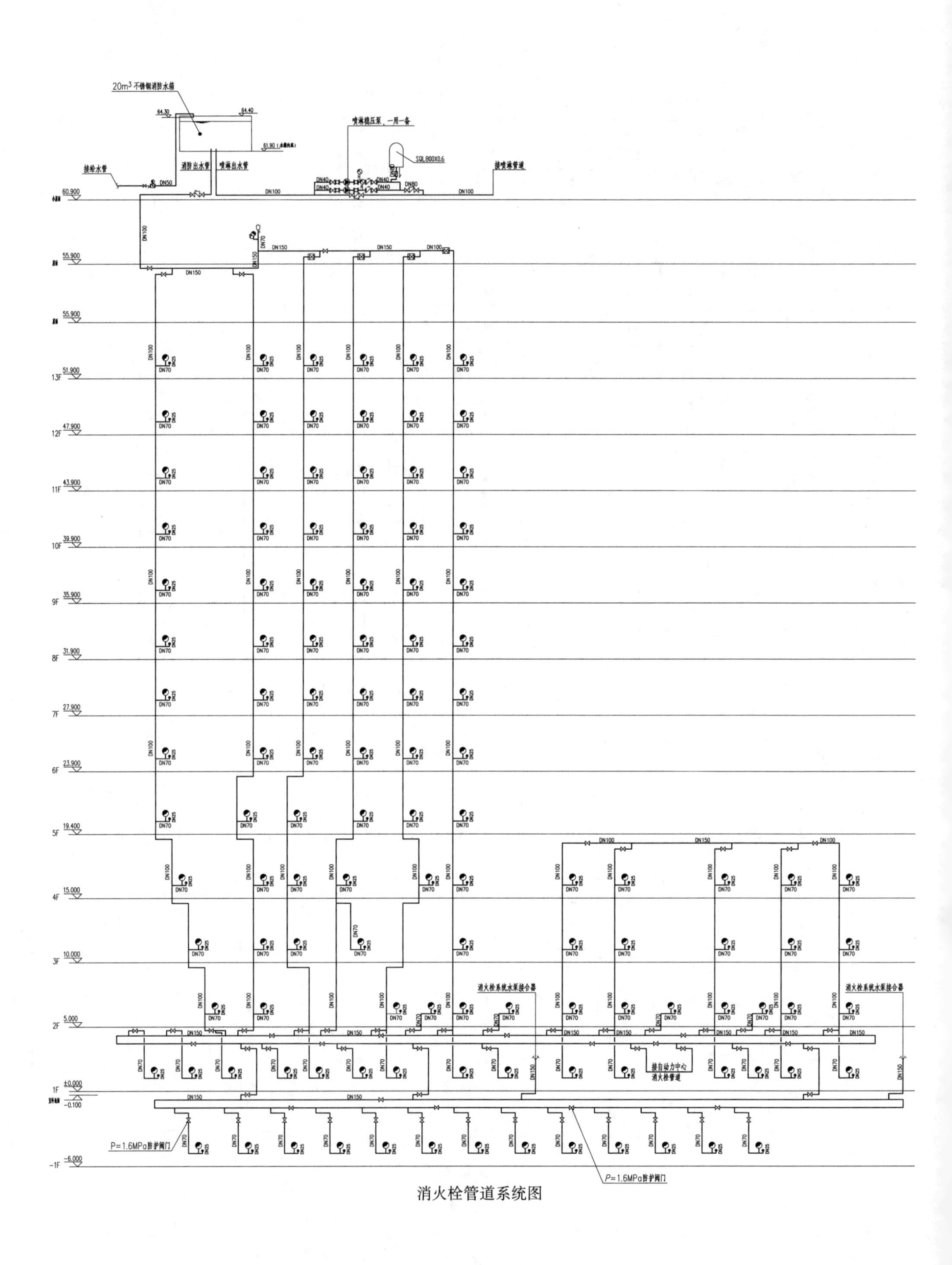
20m³不锈钢消防水箱
64.30
64.40
61.90
喷淋稳压泵，一用一备
SQL800X0.6
接给水管
消防出水管
喷淋出水管
接喷淋管道
DN50
DN100
DN40
DN80
DN150
DN70
DN25
60.900
55.900
13F 51.900
12F 47.900
11F 43.900
10F 39.900
9F 35.900
8F 31.900
7F 27.900
6F 23.900
5F 19.400
4F 15.000
3F 10.000
2F 5.000
1F ±0.000
-0.100
-1F -6.000
消火栓系统水泵接合器
接自动力中心消火栓管道
P=1.6MPa防护阀门

消火栓管道系统图

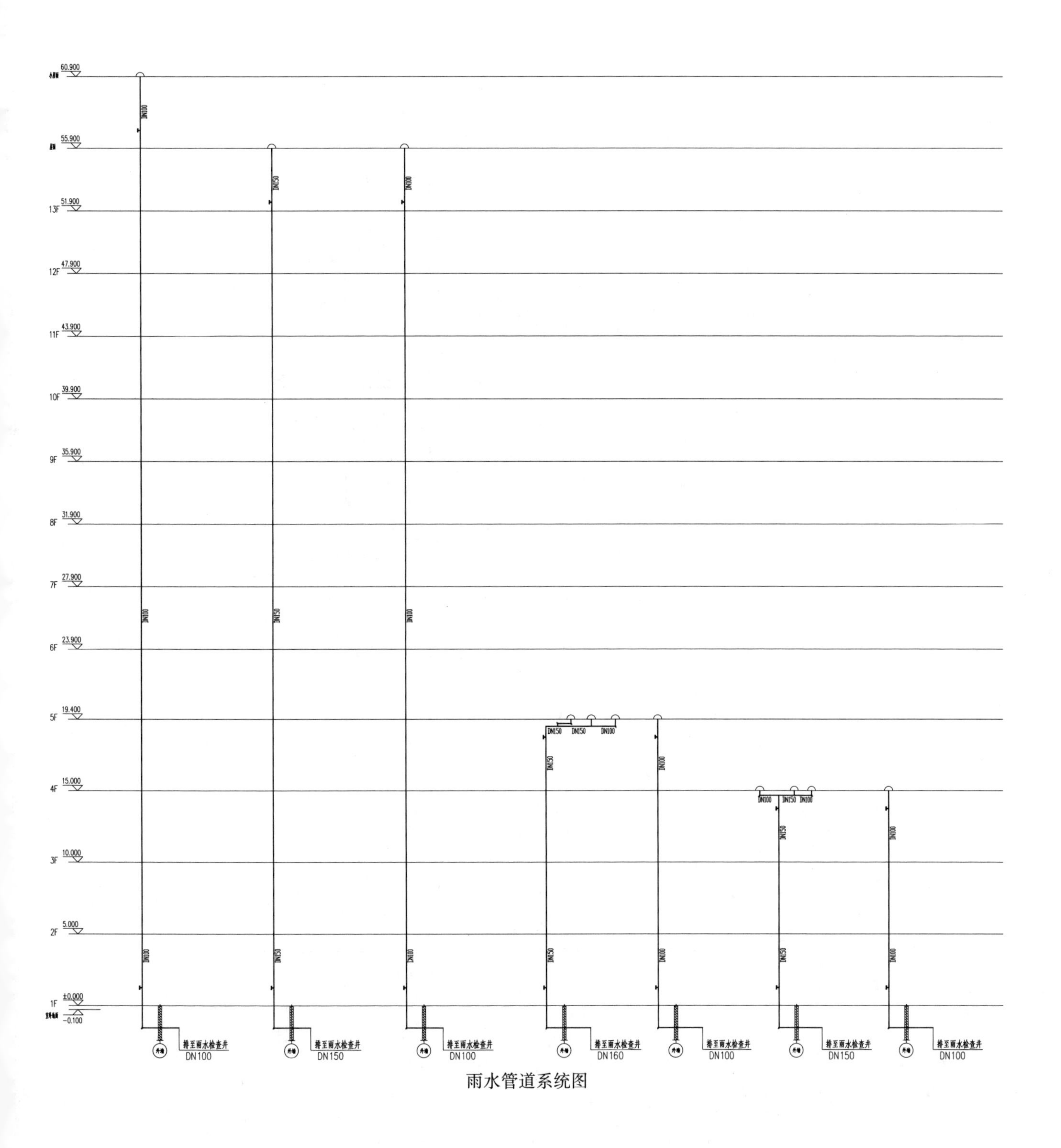

雨水管道系统图

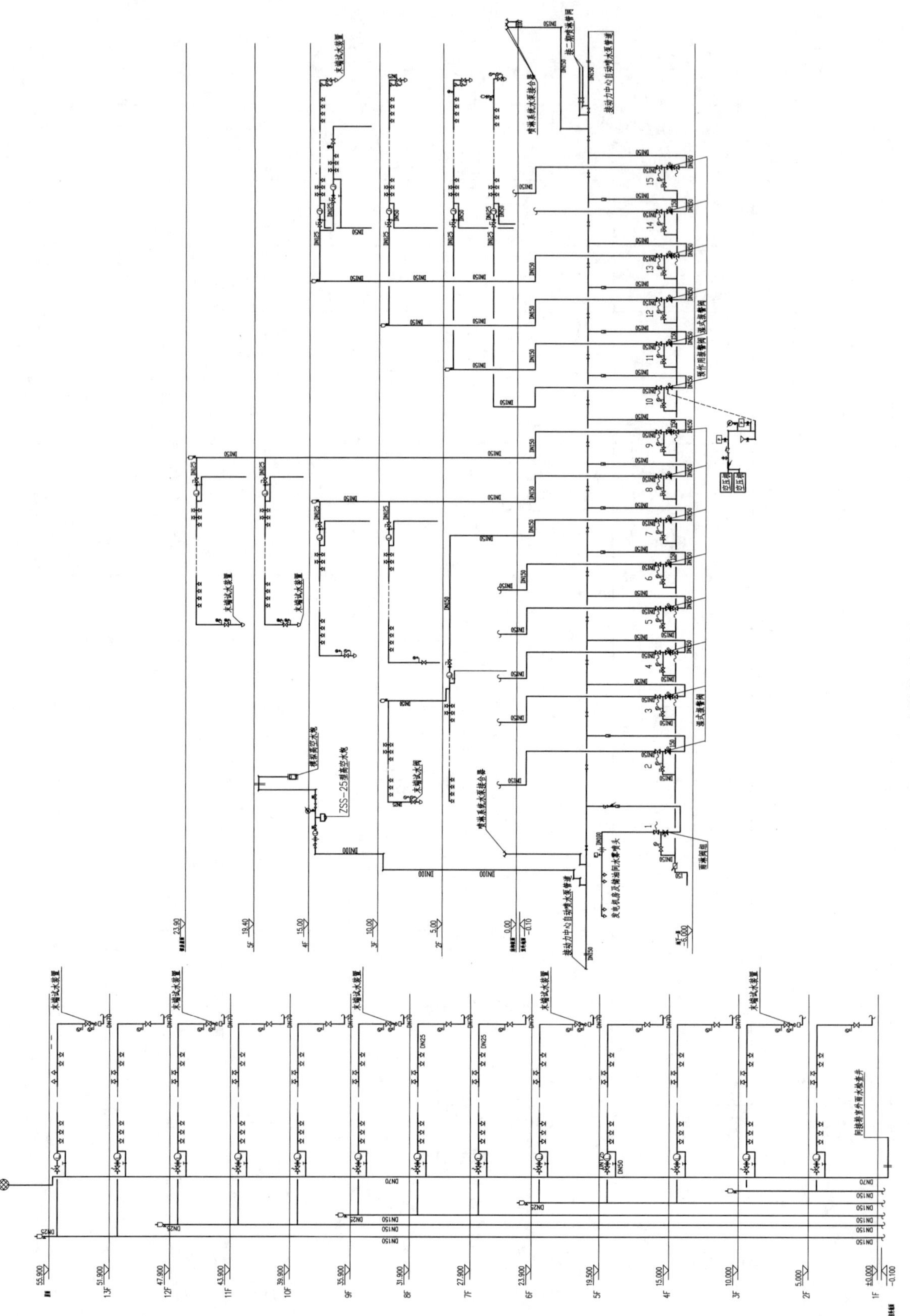

喷淋管道系统图

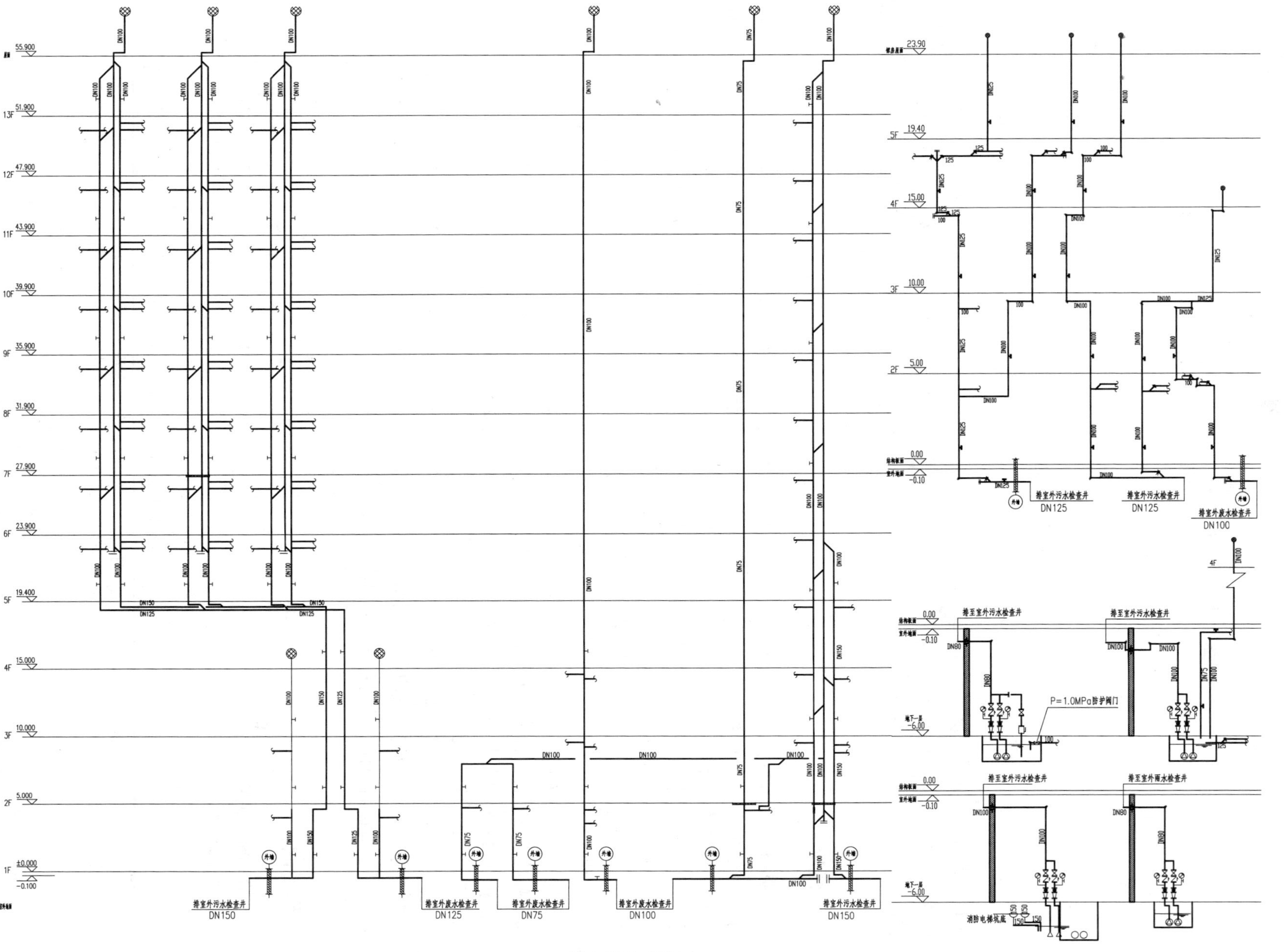
55.900
13F 51.900
12F 47.900
11F 43.900
10F 39.900
9F 35.900
8F 31.900
7F 27.900
6F 23.900
5F 19.400
4F 15.000
3F 10.000
2F 5.000
1F ±0.000
-0.100
排室外污水检查井
DN150
排室外废水检查井
DN125
排室外废水检查井
DN75
排室外废水检查井
DN100
排室外污水检查井
DN150
23.90
5F 19.40
4F 15.00
3F 10.00
2F 5.00
0.00
-0.10
排室外污水检查井
DN125
排室外污水检查井
DN125
排室外废水检查井
DN100
排至室外污水检查井
排至室外污水检查井
P=1.0MPa防护阀门
-6.00
排至室外污水检查井
排至室外雨水检查井
消防电梯坑底

排水管道系统图

公共建筑类　二等奖

凤凰中心

设计单位： 北京市建筑设计研究院有限公司
设 计 人： 张铁辉　杨扬　张健　俞振乾　王鲁鹏　张辰公　张亦凝　刘强　牛满坡
获奖情况： 公共建筑类　二等奖

工程概况：

凤凰国际传媒中心位于北京朝阳区朝阳公园西南角，总用地面积 18821.83m^2，总建筑面积 72478m^2，其中地上建筑面积 38293m^2，包含办公、演播、媒体制作体验；地下建筑面积 34185m^2，包含商场、地下车库及附属配套设施。建筑层数地下 3 层；地上裙房部分 4～5 层，主楼部分 10 层。建筑高度 54m，容积率 2.03。

建筑的整体设计逻辑是用一个具有生态功能的外壳将具有独立维护使用的空间包裹在里面，体现了楼中楼的概念，两者之间形成许多共享形公共空间。此外，建筑造型取意于"莫比乌斯环"，这一造型与不规则的道路方向、转角以及和朝阳公园形成和谐的关系。连续的整体感和柔和的建筑界面和表皮，体现了凤凰传媒的企业文化形象的拓扑关系。而南高北低的体量关系，既为办公空间创造了良好的日照、通风、景观条件，避免演播空间的光照与噪声问题，又巧妙地避开了对北侧居民住宅日照遮挡的影响。

由于独特的创意构思，凤凰中心具有复杂的三维形体，将这样的复杂形体在设计建造中实现具有很高的科技含量。设计团队通过长达 6 年的探索与挑战，利用数字化技术解决了大量前所未有的技术难题。

凤凰中心是国内首个完全由本土团队自主打造的地标建筑，也是首个全面应用数字信息技术的工程。2014 年 6 月，项目被美国建筑师协会（AIA）会刊《建筑师》杂志进行专题报道，文中充分认可凤凰中心的设计和建造成果，并认为它"证明了中国建筑师登上国际舞台""发出了'中国制造'向'中国创造'模式转变的信号""意味着现代建筑创新的接力棒已经传递到中国人手中"。

工程说明：

一、给水排水系统

（一）给水系统

1. 冷水用水量（表 1）

生活用水量　　**表 1**

分区	用水性质	最高日用水定额 q_d	用水单位数量 m	每日用水时间 T(h)	小时变化系数 K_h	最高日用水量 Q_d(m^3/d)	最大小时用水量 Q_h(m^3/h)	备注
低区（市政水直供）	办公	40L/人班	541 人	10	1.5	21.64	3.25	按 0.2 人/m^2 办公面积计
	演播室(观众)	5L/人日	1200 人	3	1.5	6.00	3.00	按 0.5 人/m^2 办公面积计

续表

分区	用水性质	最高日用水定额 q_d	用水单位数量 m	每日用水时间 T(h)	小时变化系数 K_h	最高日用水量 Q_d(m^3/d)	最大小时用水量 Q_h(m^3/h)	备注
低区（市政水直供）	演播室(演员)	40L/人日	240 人	3	1.5	9.60	4.80	按 0.1 人/m^2 办公面积计
	营业餐厅	50L/人餐	615 人餐	10	1.5	30.77	4.62	按 0.76 人/m^2 计
	职工餐厅	25L/人餐	392 人餐	12	1.5	9.81	1.23	
	商场职工及顾客	6L/m^2	9080m^2	12	1.5	54.48	6.81	
	车库冲洗地面	2L/(次·m^2)	8000m^2	8	1.0	16.00	2.00	按 1 日冲洗 1 次计
	绿化	4L/(m^2·d)	5645.4m^2/d	6	1	22.58	3.76	按 1 日浇洒 2 次计
	小计 1	/	/	/	/	170.88	29.46	
高区（变频泵加压供水）	办公	40L/人	3532 人	10	1.5	141.28	21.19	按 0.2 人/m^2 办公面积计
	会所	40L/人	643 人	10	1.5	25.73	3.86	按 0.3 人/m^2 办公面积计
	商场职工及顾客	6L/m^2	1000m^2	12	1.5	6.00	0.75	
	营业餐厅	50L/人餐	585 人餐	10	1.5	29.23	4.38	按 0.76 人/m^2 计
	小计 2	/	/	/	/	202.24	30.19	
合计	/	/	/	/	/	410.43	65.61	
平均日生活用水量(m^3/d)：328.35								按最高日用水量的 80%计

2. 水源：生活用水由两路 DN200 市政给水管供水，市政水压为 0.18MPa。

3. 系统竖向分区：竖向划分为 2 个分区。二层及以下为低区，三～十层为高区。

4. 供水方式及给水加压设备：二层及以下由市政自来水直接供水；三～十层采用叠压（无负压）供水装置供水；空调冷却水补水采用水池和变频调速泵联合供水。

5. 管材：生活给水管采用冷水型缩合式衬塑钢管。

(二) 热水系统

1. 热水用水量（表 2）

生活热水用量（供水温度 55℃） **表 2**

分区	用水项目	用水定额 q_r		使用单位数量 m		使用时间 T(h)	小时变化系数 K_h	平均小时热水量 q_{rhp}(m^3/h)	设计小时热水量 q_{rh}(m^3/h)	设计小时耗热量 Q_h(kW)	备注
低区	办公	10	L/人班	541	人班	10	1.5	0.54	0.81	/	
	观众	2	L/人	1100	人·d	3	1.5	0.73	1.10	/	
	演员	20	L/人	220	人·d	3	1.5	1.47	2.20	/	
	展示区员工及顾客	2	L/(顾客·次)	7264	顾客·次	12	1.5	1.21	1.82	/	
	职工餐厅	12	L/(顾客·次)	577	顾客·次	11	1.5	0.63	0.94	/	
	小计 1	/	/	/	/	/	/	/	6.87	399.60	

续表

分区	用水项目	用水定额 q_r		使用单位数量 m		使用时间 T(h)	小时变化系数 K_h	平均小时热水量 q_{rhp}(m^3/h)	设计小时热水量 q_{rh}(m^3/h)	设计小时耗热量 Q_h(kW)	备注
中区	办公	10	L/人班	3918	人班	10	1.5	3.92	5.88	/	
	会所	8	L/(顾客·次)	2308	顾客·次	18	1.5	1.03	1.54	/	
	小计 2	/	/	/	/	/	/	/	7.42	431.23	
合计										830.83	

2. 热源：集中生活热水热源为城市热网提供的高温热水，冬季水温为 125℃/65℃，夏季水温为 70℃/40℃。

3. 系统竖向分区：竖向划分为两个分区。两层及以下为低区，三～十层为高区。

4. 热交换器：生活热水加热设备采用导流型容积式热交换器。

5. 给水、热水采用相同供水分区，水加热器被加热侧的阻力损失不大于 0.01MPa，以保证配水点压力平衡。集中热水供应系统设干、立管或支管循环系统。生活热水供回水管道、水加热器、贮水罐等均保温。

6. 管材：生活热水管采用热水型缩合式衬塑钢管。

(三) 中水系统

1. 中水原水量（表 3）、用水量（表 4）

中水原水量 **表 3**

原水项目	最高日生活用水量 (m^3/d)	折减系数 $\alpha \cdot \beta$	分项给水百分率 b_i(%)	使用时间 T(h)	平均日原水量 Q_{Yd}(m^3/d)	平均时原水量 Q_{Yh}(m^3/h)	备注
演播室(观众)	6	0.68	37	3	1.51	0.63	
演播室(演员)	9.6	0.68	63	3	4.11	1.71	
办公盥洗	162.9	0.68	37	10	40.99	5.12	
会所盥洗	25.7	0.68	37	24	6.47	0.34	
商场盥洗	60.5	0.68	30	24	12.34	0.64	
合计	/	/	/	/	65.43	8.45	
设施小时处理量(m^3/h)	6.5						

中水用水量 **表 4**

分区	用水项目	最高日生活用水量 (m^3/d)	折减系数 α	分项给水百分率 b_i(%)	使用时间 T(h)	小时变化系数 K_h	平均日用水量 Q_d(m^3/d)	平均时用水量 Q_{ph}(m^3/h)	最大时用水量 Q_{dh}(m^3/h)	备注
高区	办公冲厕	141	0.8	63	10	1.5	71.21	8.9	13.35	
	会所冲厕	26	0.8	63	24	2	12.97	0.68	1.35	
	商场冲厕	6.0	0.8	70	8	1.2	3.36	0.53	0.63	
	餐厅冲厕	29.2	0.8	6	12	1.5	1.40	0.15	0.22	
	小计 1	/	/	/	/	/	88.94	10.25	15.55	
生活中水量合计		/	/	/	/	/	88.94	10.25	15.55	
总计		/	/	/	/	/	88.94	10.25	15.55	

2. 系统竖向分区：竖向划分为2个分区。二层及以下为低区，三～十层为高区。由于本工程中水原水量较少，中水仅供高区（三～十层）卫生间冲厕。低区（二层及以下）冲厕、车库冲洗等设单独的中水管线，近期由市政自来水管道供水，待用地周围有市政中水管线后，与市政中水接通并与自来水管道的接口断开。

3. 供水方式及给加压设备：中水供水采用中水贮水调节水箱、变频调速泵联合供水。

4. 水处理工艺流程：本工程收集化妆间、卫生间生活废水作为中水原水，用于冲厕，采用生化处理法工艺（图1），其中过滤单元中应考虑设置活性炭过滤装置。中水处理设施处理水量：6.5m^3/h。

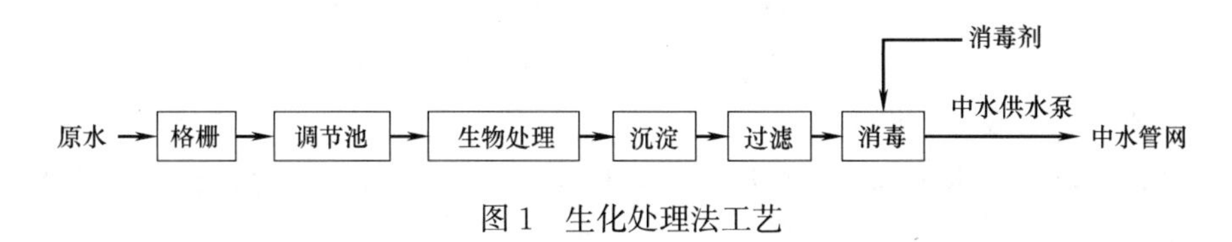

图1 生化处理法工艺

5. 管材：中水管采用内外壁热镀锌焊接钢管。

（四）排水系统

1. 排水系统的形式：室内采用污、废水分流的排水系统。室外生活污水和生活废水为合流排水系统。

2. 透气管的设置方式：采用污废水合用透气立管。

3. 采用的局部污水处理设施：粪便污水经化粪池排入市政管道。厨房污水处理采用全密闭式新鲜油脂分离器。

4. 管材：生活污、废水管、透气管采用机制排水铸铁管。

二、消防系统

（一）消防水源

由市政管网引入两根*DN*200给水管并在建筑红线内形成环状管网，供用地内生活及室外消火栓用水，并接至地下室消防贮水池。每根引入管均能满足全部生活和室外消防用水。

（二）消防用水量

消防用水量见表5。

消防用水量 **表5**

序号	系统名称	设计流量(L/s)	火灾延续时间(h)	用水量(m^3)	供水方式
1	室外消火栓	30	3	324	市政管网直供
2	室内消火栓	40	3	432	消防水池贮水
3	自动喷水灭火系统	40	1	144	消防水池贮水
4	雨淋系统	90	1	324	消防水池贮水
5	水喷雾灭火系统	30	1	108	消防水池贮水
6	微型自动扫描灭火装置系统(大空间自动跟踪定位射流灭火系统)	20	1	72	消防水池贮水
7	需贮存总水量(m^3)	/	/	900	/

注：1. 水喷雾灭火系统按与自动喷水灭火系统不同时使用考虑，贮水池贮水量按两个系统中大者确定，贮水池贮水量不叠加计算；
2. 微型自动扫描灭火装置系统按与自动喷水灭火系统不同时使用考虑，贮水池贮水量按两个系统中大者确定，贮水池贮水量不叠加计算；
3. 需贮存总水量：432＋144＋324＝900m^3。

（三）消防贮水池

地下3层消防水泵房设贮水池，由市政两路*DN*150自来水管供水。水池贮水量959m^3，其中贮存室内消防用水量900m^3。水池分为两格。

（四）消火栓系统

1. 室外消火栓系统

由市政管网引入两路 *DN*200 市政给水，水压为 0.18MPa，在本工程红线内布置成 *DN*200 环状管网，管网上设置地下式消火栓，消火栓井内设置 *DN*100 和 65mm 消火栓各一个。

2. 室内消火栓系统

（1）系统分区：系统竖向采用一个压力分区。

（2）系统形式：为临时高压系统，采用消防贮水池、消防泵和高位水箱联合供水形式。

（3）在地下三层消防水泵房设有两台消防水泵，1 用 1 备，可自动轮换启动和定期巡检。

（4）在室外设有地下式水泵接合器 3 套。

（5）在 9.5 层水箱间设高位水箱和增压稳压装置，用于保证火灾初期的消火栓系统的水压和水量。高位水箱有效贮水容积 $18m^3$。

（6）每层设置消火栓，消火栓箱内设 65mm 消火栓一个，水龙带长 25m，水枪喷嘴直径 19mm，均为单出口消火栓。工作压力超过 50m 的消火栓采用减压稳压消火栓减压。消火栓箱设消防按钮及指示灯各一个。消火栓箱内附设 *DN*25 消防卷盘，胶带内径 19mm，长 25m，喷嘴直径 6mm。）

（7）消火栓箱采用带灭火器箱的组合式消防柜，柜内设移动式灭火器。

（8）管材：采用焊接钢管。

（五）自动喷水灭火系统

1. 系统分区：系统竖向采用一个压力分区。

2. 系统形式：临时高压系统，采用消防贮水池、消防泵和高位水箱联合供水形式。

3. 在地下三层消防水泵房设有两台消防水泵，1 用 1 备，可自动轮换启动和定期巡检。

4. 本工程在除建筑面积小于 $5m^2$ 的卫生间和不宜用水补救的区域外，所有区域均设喷头。汽车库、小于或等于 $200m^2$ 的演播室、道具库按中危险Ⅱ级设计，其余均按中危险Ⅰ级设计。编辑机房、小于或等于 $200m^2$ 的演播室、导播室、导播室机房、总控机房、非编机房、调光器室采用预作用系统，汽车库采用设雨淋阀的预作用系统，其余均采用湿式系统。

5. 在室外设有地下式水泵接合器 3 套。

6. 在 9.5 层水箱间设有与消火栓系统合用的高位水箱和单独的增压稳压装置，用于保证火灾初期自动喷水灭火系统的水压和水量。高位水箱有效贮水容积 $18m^3$。

7. 喷头均为玻璃球喷头。喷头动作温度：厨房为 93℃，其余为 68℃。

8. 管材：采用内外壁热镀锌焊接钢管。

（六）水喷雾灭火系统

1. 系统分区：系统竖向采用一个压力分区。

2. 系统形式：临时高压系统，采用消防贮水池、消防泵和高位水箱联合供水形式。

3. 在地下三层消防水泵房设有两台消防水泵，1 用 1 备，可自动轮换启动和定期巡检。

4. 本工程在柴油发电机房及其贮油间设水喷雾系统。喷头采用水雾喷头。

5. 在室外设有地下式水泵接合器两套。

6. 在屋顶水箱间设有与消火栓系统合用的高位水箱，用于保证火灾初期水喷雾灭火系统的水压和水量。高位水箱有效贮水容积 $18m^3$。

7. 管材：采用内外壁热镀锌焊接钢管。

（七）雨淋系统

1. 系统分区：系统竖向采用一个压力分区。

2. 系统形式：为临时高压系统，采用消防贮水池、消防泵和高位水箱联合供水形式。

3. 在地下三层消防水泵房设有3台消防水泵，2用1备，可自动轮换启动和定期巡检。

4. 本工程在大于或等于600m^{2}的演播室设雨淋系统。系统按重危险Ⅱ级设计。喷头均为开式喷头。

5. 在室外设有地下式水泵接合器6套。

6. 在9.5层水箱间设有与消火栓系统合用的高位水箱，用于保证火灾初期雨淋系统的水压和水量。高位水箱有效贮水容积18m^3。

7. 管材：采用内外壁热镀锌焊接钢管。

（八）微型自动扫描灭火装置系统（大空间自动跟踪定位射流灭火系统）

1. 根据北京市公安局消防局会议纪要第23期附件《凤凰国际传媒中心工程消防性能化评估专家论证会专家意见》及北京市公安局消防局会议纪要第28期附件《凤凰国际传媒中心工程消防性能化补充设计专家论证会专家意见》，本工程在中庭（地上F1-1防火分区）和南侧高层办公楼10层设置微型自动扫描灭火装置系统（大空间自动跟踪定位射流灭火系统）。系统按中危险级设计，设计流量为20L/s。

2. 系统末端设备采用微型自动扫描炮。一旦发现火情，探测器即打开水炮前的电磁阀，并输出信号启动水泵喷水灭火。将火扑灭后，探测器发出信号关闭电磁阀及停止水泵。每个微型自动扫描炮流量为5L/s，同时开启数为4个。

3. 本系统与自动喷水灭火系统合用消防泵、消防水箱、报警阀前的管网及水泵接合器。每一个微型自动扫描炮前设置电磁阀，系统末端设有试水装置。

4. 微型自动扫描灭火装置具有远程自动控制、远程手动控制、现场应急手动三种方式。

5. 本系统按与自动喷水灭火系统不同时使用考虑，水泵水量、水压和贮水池贮水量按两个系统中大者确定，水量和贮水池贮水量不叠加计算。

6. 管材：采用内外壁热镀锌焊接钢管。

（九）灭火器

1. 车库灭火器按中危险级B类设计；变配电室、电气用房、工艺机房灭火器按中危险级E类设计；厨房灭火器按中危险级C类设计；其他区域按重危险级A类设计。

2. B类、C类、E类中危险级每具灭火器最小配置灭火级别为55B，最大保护面积为1m^2/B，手提式灭火器最大保护距离12m。重危险级A类每具灭火器最小配置灭火级别为3A，最大保护面积为50m^2/A，手提式灭火器最大保护距离15m。

3. 本工程灭火器均采用贮压式磷酸铵盐干粉型灭火器，主要设置在消火栓箱下部，并根据建筑物各区域的危险等级和灭火器保护距离，在其他合适位置补充设置灭火器箱。

4. A类火灾区域所有消火栓箱下部均设灭火等级为3A的灭火器3具，每具灭火器的灭火剂充装量为5kg。B、C、E类火灾区域所有消火栓箱下部均设灭火等级为55B的灭火器3具，每具灭火器的灭火剂充装量为4kg。

（十）其他消防系统

1. 在变配电、工艺机房等电气用房设置七氟丙烷洁净气体灭火系统。系统设有自动控制、手动控制和应急操作三种方式。

2. 在厨房灶台设厨房设备自动灭火装置。系统设有自动控制、手动控制和应急操作三种方式。

三、工程特点及设计体会

本项目建筑体形和建筑空间极其复杂，建筑功能多样，在设计中遵循安全可靠，先进适用，体现节能环保可持续发展的设计理念。给水排水专业设计主要特点如下：

1. 完善可靠的消防系统设置。设有消火栓系统、自动喷水灭火系统、雨淋系统、水喷雾灭火系统、大空间自动跟踪定位射流灭火系统、气体灭火系统、厨房灶台自动灭火装置及灭火器。在全楼设置消火栓系统、自动喷水灭火系统和灭火器。在汽车库、编辑机房、小于或等于 200m^2 的演播室、导播室、导播室机房、总控机房、非编机房、调光器室采用预作用系统，在 600m^2 演播室设雨淋系统，其余均采用湿式系统。在中庭和南侧高层办公楼十层设置微型自动扫描灭火装置系统（大空间自动跟踪定位射流灭火系统）。在变配电、工艺机房等电气用房设置七氟丙烷洁净气体灭火系统。在柴油发电机房及其贮油间设水喷雾系统。在厨房灶台设厨房设备自动灭火装置。有冻结危险的消防管道设电伴热防冻保温。

2. 消防系统设计除满足消防规范外还设有加强措施：

(1) 消火栓系统供水加压泵起泵方式：消火栓处启泵按钮、消防控制室和泵房直接启动的手动启动方式及通过管网低压压力开关和流量开关自动启泵方式（低压压力开关或流量开关均可自动启泵）。

(2) 自动喷水灭火系统供水加压泵起泵方式：由报警阀压力开关自动控制和消防控制室远动启动及通过管网低压压力开关自动启泵方式。

3. 采用屋面雨水沿壳体顺着主肋排至壳体与地面交接处的水景池的雨水排放方式。

4. 利用 BIM 进行机房和管线设计。

5. 采用特殊的角向型管道补偿器。

6. 雨水利用采用雨水入渗和收集回用方式。人行道、地面停车场、广场采用透水地面；绿地雨水就地入渗；壳体雨水经水景池收集后排入室外雨水收集回用设施，处理后的雨水用于水景池补水和绿化用水，提高水资源利用率。

7. 采用叠压供水装置，充分利用市政水压，节省水泵电能。

本项目建筑体形和建筑空间极其复杂，建筑功能多样，在设计中遇到许多常规设计手法无法解决的问题。给水排水专业设计中遇到的设计难点和采用的特殊设计方法如下：

1. 采用屋面雨水沿壳体顺着主肋排至壳体与地面交接处的水景池的雨水排放方式，解决了由于屋顶为不规则壳体，无法采用常规雨水排放方式的问题。

2. 利用 BIM 进行机房和管线设计，解决了由于空间复杂、场地不规则和空间狭小，无法采用传统的设计方法进行设备和管线排布问题。

3. 采用特殊的角向型管道补偿器，解决了由于场地形状特殊，受空间的限制，水管必须按照场地形状敷设，而非常规的直线敷设，无法采用常规的补偿方案问题。

4. 采用四角标注的方法，解决了由于场地形状特殊，设备、管道无法按常规方式定位问题。

5. 利用立管转角度、特殊角度弯头、柔性接头等，解决了由于场地形状特殊，管道走向不规则所带来的管道安装问题。

四、工程照片及附图

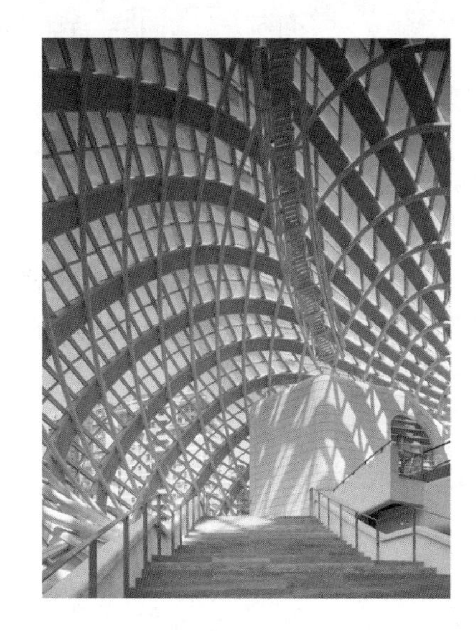

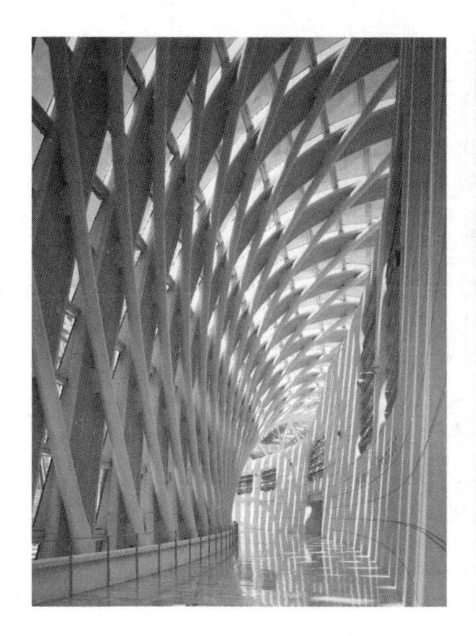

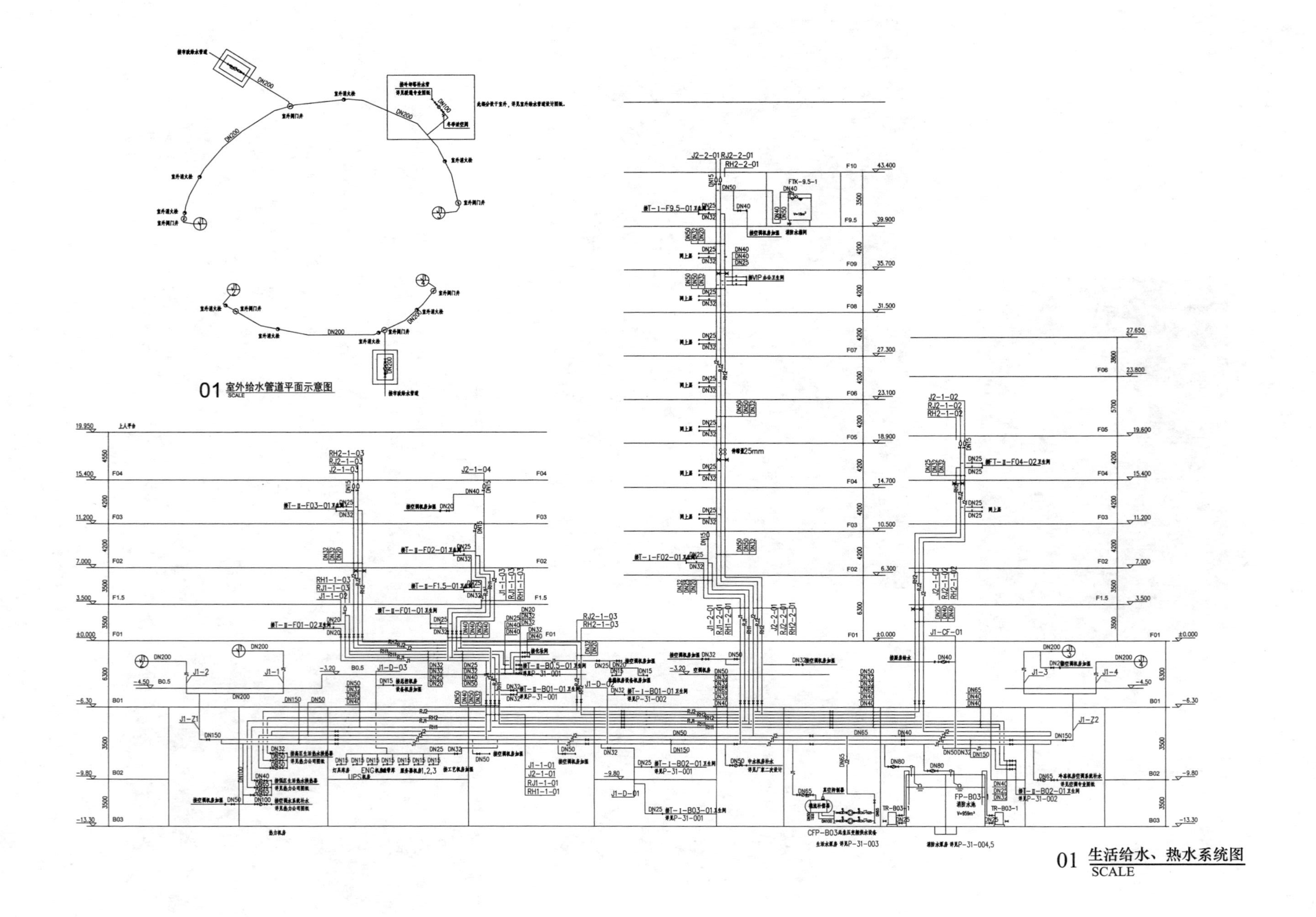

01 室外给水管道平面示意图 SCALE

01 生活给水、热水系统图 SCALE

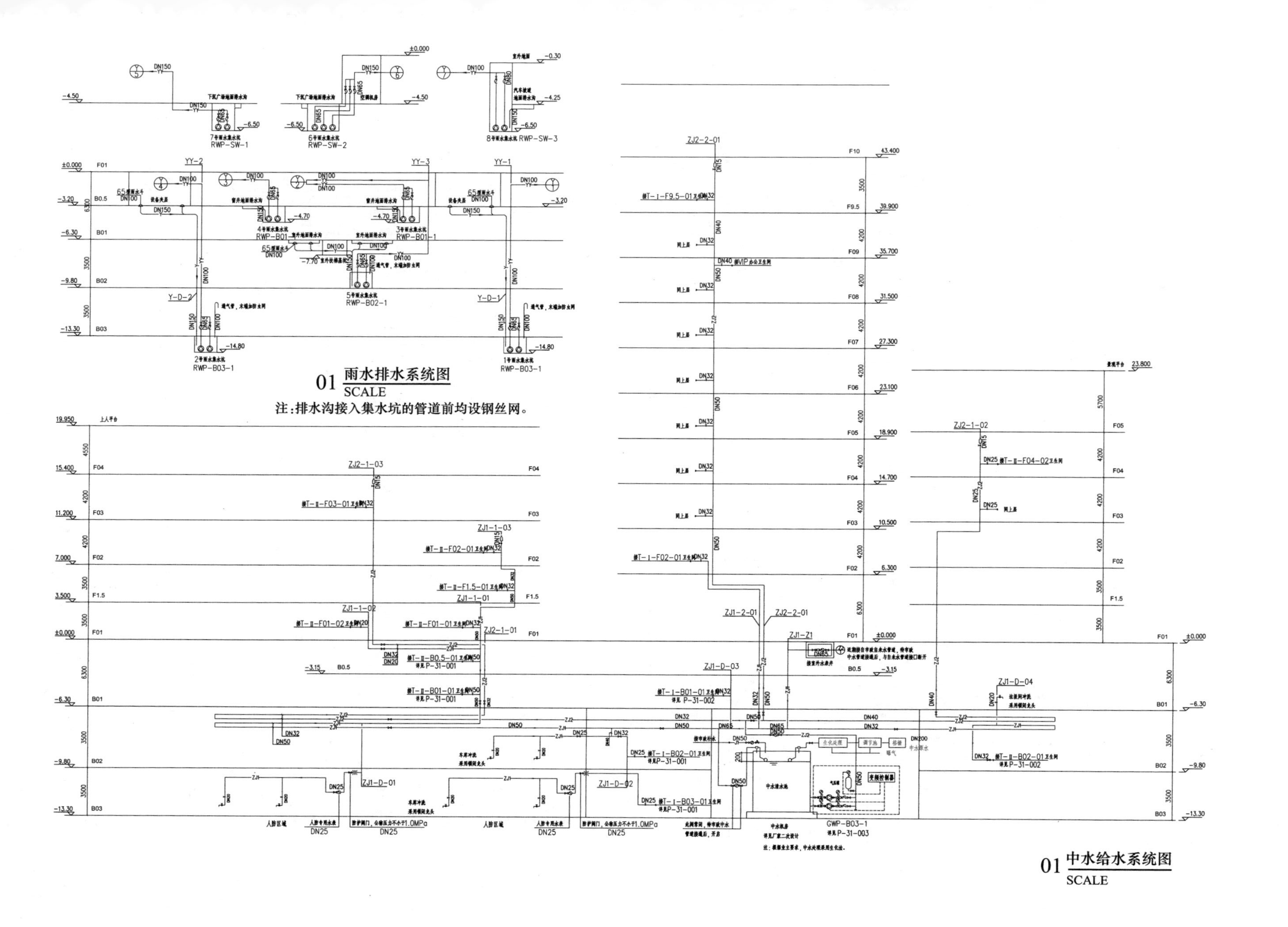

01 雨水排水系统图 SCALE

注：排水沟接入集水坑的管道前均设钢丝网。

01 中水给水系统图 SCALE

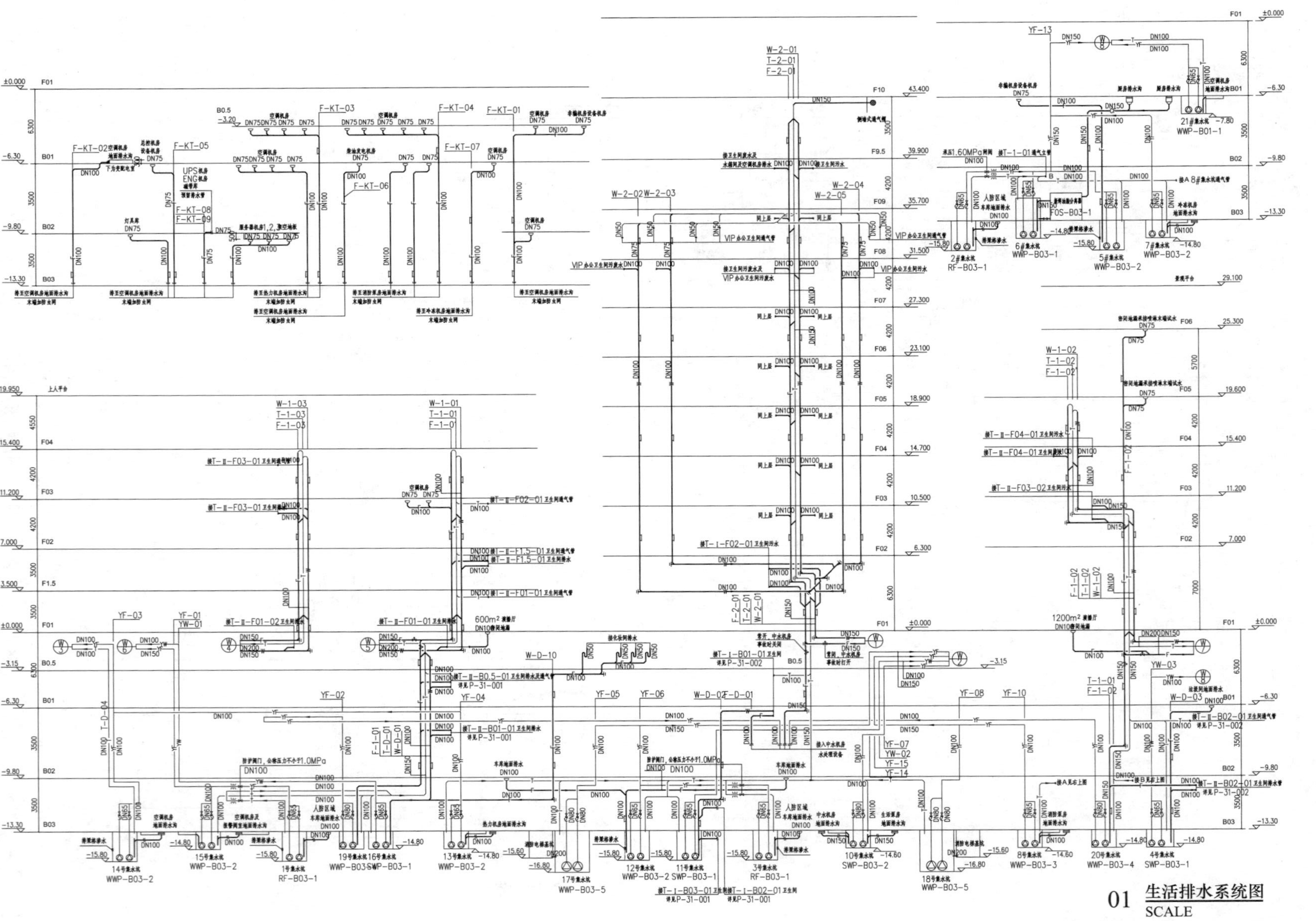

01 生活排水系统图
SCALE

注：排水沟接入集水坑的管道前均设钢丝网。

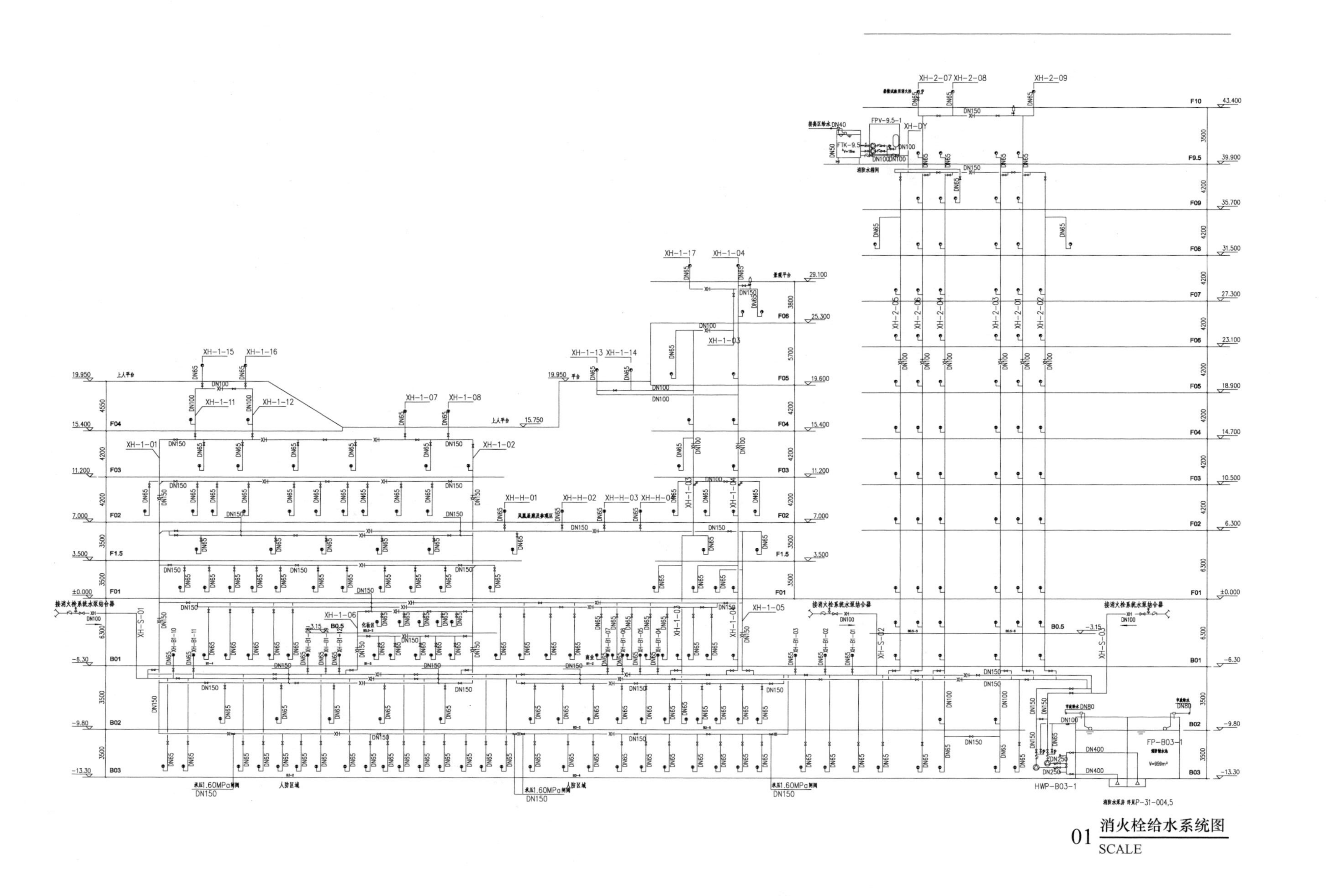

01 消火栓给水系统图
SCALE

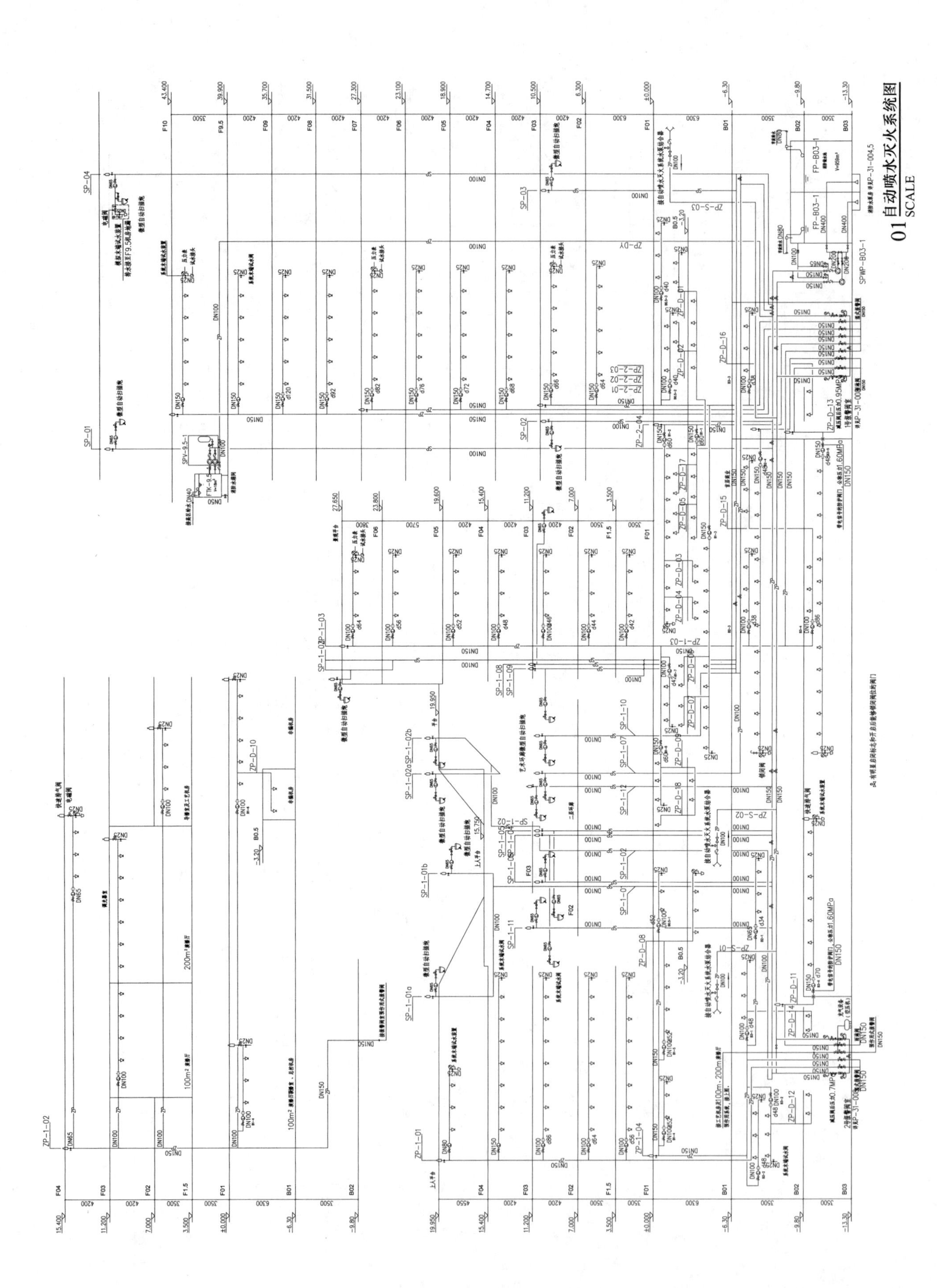
01 自动喷水灭火系统图
SCALE

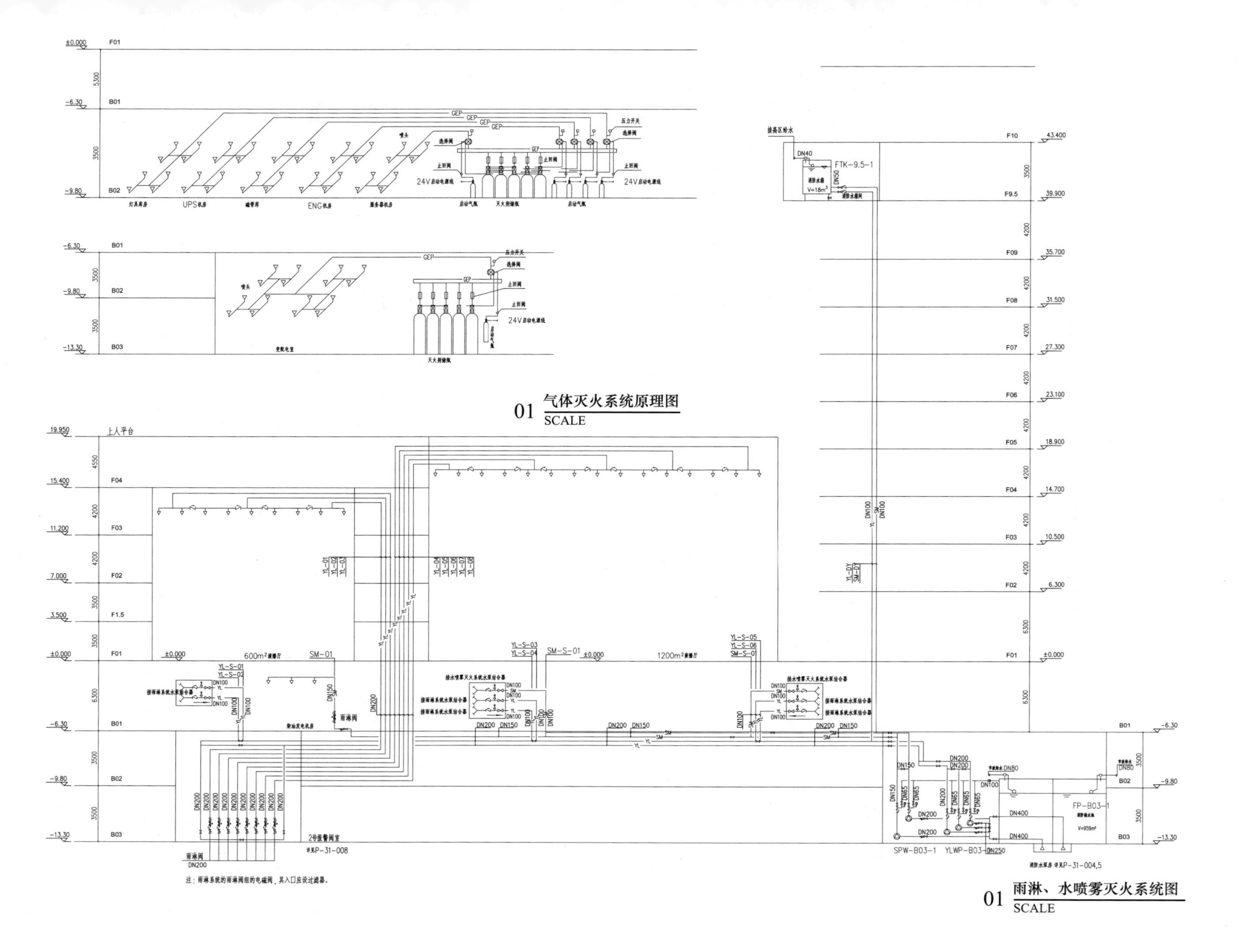

01 气体灭火系统原理图 SCALE

01 雨淋、水喷雾灭火系统图 SCALE

徐州市奥体中心游泳跳水馆

设计单位：中国建筑西南设计研究院有限公司
设 计 人：王建军　王勇　李大可　王宽伦　顾燕燕　孙钢
获奖情况：公共建筑类　二等奖

项目概况：

徐州市奥体中心位于徐州市新城中心区北侧，西邻汉源大道，东北为规划大道，南与体育路毗邻，由体育场、综合训练馆、球类馆、游泳跳水馆、地下车库及商业组成。游泳跳水馆为04子项，建筑面积约为31200m^2。建筑功能构成为：地下一层为游泳池水处理机房及暖通和电气专业相关的设备用房；一层为室内比赛游泳池、训练池、儿童戏水池、跳水池、比赛大厅及观众厅，观众席约为2000座，组委会会议室、裁判室、新闻采访功能房间及比赛需求的配套房间均设置于一层；一层室外设置有儿童戏水池和室外游泳池，其更衣和淋浴设置于一层；二层主要设置更衣室、淋浴室及卫生间和部分附属用房；三层设置有更衣淋浴功能房间及空调机房等附属功能房间；四层主要功能为太阳能集热水箱间及空调机房；屋面设置有太阳能集热器对集热罐内的水预热。

工程说明：

一、给水排水系统

（一）给水系统

1. 用水量（表1、表2）

（1）非赛时

非赛时用水量　　表1

用水对象	用水标准 (L/次,L/d,m^3/h)	使用单位数	最高日用水量 (m^3/d)	用水时间 (h)	小时变化系数	最大时用水量 (m^3/h)
顾客	40	3000	120	8	1.2	18
值班人员	80	50	4	12	1.5	0.5
室内游泳池补水	按每日补水量占池水容积5%	总容积8730	436.5	8	1	54.56
室外泳池补水	按每日补水量占池水容积15%	总容积2547.40	382.11	8	1	47.76
冷却塔补水	小时循环水量900	取用水量的1.5%	162	12		13.5
未预见用水	取以上用水量的10%		66.411			7.926
总计			1171.021			142.246

(2) 赛时

赛时用水量　表 2

用水对象	用水标准 (L/次,L/d,m^3/h)	使用单位数	最高日用水量 (m^3/d)	用水时间 (h)	小时变化系数	最大时用水量 (m^3/h)
游泳馆观众	3L/(人·场)	2000×2 人	12	8	1.2	1.8
裁判及运动员	30L/(人·场)	400×2 人	24	8	2	6
工作人员	100L/(人·d)	100×2 人	20	8	1.5	3.75
未预见用水			5.6			1.155
按每日两场比赛						
室内泳池补水	0.05	8730m^2	436.5	24	1	18.188
室外游泳池补水	0.15	2547.40m^3	382.11	24	1	15.921
冷却塔补水	小时循环水量 900	取用水量的 1.5%	162	12	1	13.5
总计			1042.21			60.314

2. 徐州市奥体中心整个园区统一考虑给水系统，项目周边市政水压较低，基于一层室内标高约为 0.20MPa。

3. 为了充分利用市政水压，设计上地下一层及一层采用市政管网压力直接供水；二层及以上采用二次加压供水方式，加压设备为变频供水机组，设置于体育场地下室；涉及热水的用水点位保证冷热水同源。

4. 游泳池岸边设置有取水栓，在泳池初次充水时可节约充水时间，取水栓前设置真空破坏器防回流污染。

5. 生活给水管大于 *DN*40 的管道采用 PSP 钢塑给水管，扩口式管件连接，管道公称压力为 1.6MPa，给水管小于或等于 *DN*40 的管道采用 PPR 塑料给水管，热熔连接，管道公称压力为 2.0MPa。

(二) 热水及开水系统

1. 游泳跳水馆设有集中供热水系统，提供运动员和群众健身淋浴用热水。运动员淋浴热水用水定额为 35L/人次，群众淋浴热水用水定额为 35L/人次，均按 60℃计。加热形式采用太阳能集热器预热后经过水—水换热式导流型容积式加热器加热到使用温度，热媒为市政高温热水，引入管上置热媒热量计，在热水用水点和导流型容积式加热器之间设置热水循环泵，热水循环泵根据泵前水温自动控制，确保使用者随时取得热水。

2. 本工程采用电开水器供应饮用开水系统，参数要求：V=90L，N=6kW，且必须带有安全保障的合格产品。

3. 本项目因为卫生热水用点位多且呈不对称分布，为保证热水的有效循环，采用热水出水进入分水器分水和回水进入回水器的办法，保证循环系统稳定性。

4. 热水管道采用同给水管道相同的材质，但是必须满足热水的使用温度和压力要求。

(三) 排水系统

1. 采用雨、污分流的排水体制，对生活污水和雨水分系统进行有组织排放。

2. 生活污水系统均设置专用通气管或环型通气管、伸顶通气管，通气管在建筑物顶端充分考虑对坡屋面、金属屋面等建筑造型的影响采用侧墙排气的方式。

3. 对设在地下室不能采用重力流方式排放的污废水，设置集水坑和潜污泵提升排出。

4. 厨房含油污水经厨房设备自带隔油器处理后排至隔油池（成品埋地型）二次处理后排至室外污水系统。

5. 空调机房废水采用间接排水的方式进行排放。

6. 生活污水排水系统采用 PVC-U 实壁排水管，粘接连接，对要求减小排水噪声的贵宾室、裁判室采用外包消音膜的实壁 PVC-U 排水管；压力废水管道采用焊接钢管，焊接连接；空调机房地面排水采用 PVC-U 排水塑料管，粘接连接。

（四）屋面雨水系统

1. 屋面雨水采用压力流虹吸雨水系统，减少管道数量，屋面雨水排水系统按 50 年设计重现期设计。

2. 溢流通过体育建筑自身屋面造型保证超重现期雨水安全溢流，避免溢流雨水通过墙面的孔洞进入室内。

3. 管道采用 HDPE 高密度聚乙烯管，电热熔连接，项目所在地冬季室外温度低，雨水斗采用不锈钢电加热虹吸雨水斗，避免冬季结冰带来的影响。

（五）循环冷却水系统

1. 本工程设置有循环冷却水系统，为空调制冷机组提供循环冷却水；为保证系统的运行工况稳定，其运行流程为：冷却塔集水盘→循环水泵→水处理器→制冷机组→冷却塔→冷却塔集水盘。

2. 循环冷却水泵设在地下一层，冷却塔设在室外地面上；由市政给水管补水，且设置计量水表及倒流防止器，冷却塔采用有风机低噪声横流式玻璃钢冷却塔。

3. 设计参数为：进塔水温度 T_1＝37.0℃，出塔水温度 T_2＝32.0℃，设计湿球温 27.6℃，基础应根据甲方选定产品说明二次浇筑，且应根据其水压要求及冷冻机组水头损失核实冷却循环泵的设计扬程。循环冷却水系统采用综合水处理仪处理循环冷却水，保证循环水水质。

4. 补水采用市政压力补水，补水引入管上设水表单独计量，并加倒流防止器防回流污染。

5. 循环冷却水系统的管道采用涂塑钢管，法兰或卡箍连接，工作压力为 0.6MPa，在转弯处作加强固定。

（六）游泳池净化处理系统

1. 本项目各类泳池数目较多，设计上根据其使用性质对比赛池、跳水池、训练池采用逆流式净化工艺，优点：布水口较多，补水均匀，不易形成死水；池子表面漂浮物及油膜、池体上部悬浮物容易去除；池底沉积物少，对吸污的维护管理方便；水面为满水式，可以消除游泳时的水波，减少游泳的阻力，这一点作为比赛或训练用比较合适。

2. 儿童、儿童训练池、戏水池等作为以游乐设施为主的水上娱乐设施，采用顺流式，其优点是管线布置少，不需要均衡水池、管理维护方便，投资较少；对土建结构要求较低，开洞较少；溢流水沟内的水含有漂浮物、痰液等污染物不被再使用，对水质较好。

3. 尽量减少以上两种净化工艺的负面因素，对于逆流式泳池合理布置机房设备，避免浪费空间，严格把控机房标高，有效组织管道标高，为了减少循环回水管对下部空间的影响，回水管采用多支并联方式，可以减少管道管径的截面大小，这样做的好处除了可以有效保证下部空间的标高外，安装也会方便很多，同时可以减少溢水口不同程进水带来的影响。对于顺流式工艺将进水和回水小对称设置，减少死水区，仔细核算水泵扬程以便于减少池底吸水产生的负压。

4. 池水消毒系统采用臭氧消毒和长效氯消毒结合的方式，臭氧是高效杀菌剂，能除味、除色、除臭，无二次污染，项目设计上采用将臭氧发生器产生的臭氧与分流的滤后水在反应罐内充分混合反应，所有设置有臭氧设备的水处理间均单独设置臭氧房间，电器均采用防爆电器，并保证排风次数，臭氧设备均采用带尾气处理的装置。臭氧消毒采用分流量全程式，可以减少臭氧的投加浓度，控制和减少池面滞留的臭氧的浓度降低对人体的伤害。设计上臭氧投加与循环水泵连锁，保证臭氧在水中的有效扩散和避免事故的发生，长效氯消毒采用自动投加装置，保证对水质的持久消毒功能。

5. 水处理机房设置单独的药品库和值班室，药瓶库由送排风系统保证其适宜的温度和湿度，避免药品发潮。

6. 设置单独的水处理配电间、投药间，方便控制和管理。

7. 为保证跳水池效果，减少对运动员的视觉影响，项目设计有水制波和气制波两种制波方式，气制波采用无油空压机加分气缸布气的方式，布气均匀、清洁无污染。

8. 池水处理设备相对比较大和重，设计阶段充分考虑其运输通道和重量。

9. 游泳池在设计阶段需要预留大量的孔洞，必须充分考虑好预留孔洞的位置和高度，需要在土建施工阶段准确地预留各种孔洞和预埋防水套管，减少使用过程当中渗水漏水现象。对于均衡水池等检修人孔做好防虫鼠的措施，设计上与建筑专业商议采用了可开启纱窗形式的检修门，保证了检修、增加了透气、避免了虫鼠进入水池，一举三得。

10. 太阳能布置的形式充分考虑日照和屋面的流线，保证效果同时与建筑造型一致，也是有效节能的方式之一。

11. 设计上充分注意与其他专业的配合，对于与土建的配合以及对有防爆要求、通风要求的房间保证相关专业落实到位。

12. 游泳池过滤器采用石英砂过滤器，单层滤料，中速过滤，罐体材质为不锈钢，压力等级 0.5MPa；臭氧发生装置采用成套装置，臭氧反应罐采用不锈钢材质；投药系统采用带加压装置的投药桶，并设置单独加药间，做好通风措施；毛发聚集器采用 304 不锈钢材质，提篮式过滤桶，孔眼直径 2～3mm，孔眼面积不小于吸水管道横截面积的 2.0 倍，带顶部不锈钢放气阀门及压力真空表；循环水泵采用游泳池专用卧式离心泵，不锈钢泵轴；管道混合器采用不锈钢材质；板式换热器采用不锈钢板片。

13. 游泳池给水管及回水管采用 ABS 塑料给水管，管道公称压力 1.0MPa，承插粘接或依照产品要求连接，喷气制波管道采用薄壁铜管，焊接连接。

二、消防系统

（一）消火栓系统

1. 徐州市奥体中心消防设计按同一时间一次火灾，按业态管理考虑设计本工程的消防：体育场、综合训练馆、球类馆、游泳跳水馆为一体统一考虑；游泳跳水馆的消火栓用水量：室内消火栓系统 20L/s、室外消火栓系统 30L/s、火灾延续时间 2.0h。

2. 系统采用不分区的临时高压消防系统，项目集中设置消防加压系统，在综合馆地下室设置消防水池和泵房，供体育场、综合训练馆、球类馆、游泳跳水馆消防用水。水池容积 $648m^3$，贮存室内外一次消防用水，在体育场东看台屋顶设有消防水箱，水箱底高度为 31.76m，有效容积不小于 $18m^3$，其设置高度不能满足最不利消火栓及喷头的静水压，故在水箱间下层设消防增压稳压设备一套，对消火栓及自喷系统分别增压。在车库和商业地下室设置一套消防系统，服务于商业和车库，水池容积 $504m^3$，满足一次火灾的室内外消防用水量，其屋顶消防水箱设在球类馆的 19.00m 夹层水箱间内，水箱底高度 19.70m，有效容积不小于 $18m^3$，其高度满足车库和商业的消火栓及自喷的水压要求。消防水池在室外均设有消防车取水口。

3. 从消防泵房接两根出水管至室内消火栓系统环管，室内消火栓系统在室内构成环状管网，并在该环网上设水泵接合器；消防水泵接合器采用地下式消防水泵接合器，型号为 SQX-150A 型，工作压力为 1.6MPa；配用阀门井为地面可过汽车型，水泵接合器处应设置永久性的标志。

4. 消火栓栓口充实水柱不小于 13m，本工程消火栓设置为 SN65 型消火栓。

5. 室外消火栓在室外消防环网上设置，间距不大于 120m，保护半径不大于 150m。

6. 消火栓系统给水管采用热浸镀锌钢管，当管径大于或等于 *DN*100 时，采用法兰或卡箍连接，当管径小于 *DN*100 时采用丝扣连接；室外埋地部分管道采用焊接钢管，焊接连接；埋地部分管道应加强防腐处理。

（二）自动喷水灭火系统

1. 项目设置湿式自动喷水灭火系统，体育场、综合训练馆、球类馆、游泳跳水馆设置一套自喷系统，消防泵房和消防水池、消防水箱设置位置同消火栓系统。

2. 系统采用不分区的系统，临时高压制。

3. 本馆湿式报警阀设置于地下室的报警阀间内。

4. 喷头布置按照中危险Ⅰ级，除不宜用水扑救的场所及泳池池体上方位置外均布置有喷头，采用 K80 标准喷头，喷头公称动作温度为 68℃，对于厨房、锅炉房、热水机房等温度较高的场所采用 93℃公称温度的喷头。

（三）建筑灭火器

项目设置有建筑灭火器，不同场所按相应的危险等级配置灭火器规格及数量，灭火器采用磷酸铵盐干粉灭火器。

三、工程特点及设计体会

本项目除了普通的给水排水设计，还涉及游泳池工艺设计及体育建筑的特殊性。设计是一个细致活，内容多，几乎涵盖了建筑给水排水设计的所有内容，在设计时不仅仅是要做一个可以顺利使用游泳跳水馆，同时要考虑使用方便、维护管理方便、工艺能保证长时间不落后，还需要考虑施工方便、造价节省、运行费用低等方面。游泳池设计也是需要与多专业配合最多的项目之一，在进出水口处理、池底池壁构造与进出水的关系、结构的板面、结构梁柱板对于本专业的影响、建筑的找坡、暖通电气专业配合等方面都很考究。项目设计阶段也致力于解决以下问题：

1. 游泳池循环回水管设置多路管道，减小管道直径，保证下方的检修空间，同时减少回水口不同程进水带来的影响。

2. 太阳能热水系统结合城市热力管网供应生活热水及泳池加热，环保节能，采用合理的系统，冷水进入闭式罐通过太阳能集热板循环加热后再通过导流型容积式换热器继续加热至使用温度，保证了热水温度的稳定性、清洁节能。热水供水采用分集水器分区的方式减少用水点不规格分散带来的影响，保证热水出水稳定，同时便于控制用水。

3. 泳池水质监测采用在线式实时监测，并根据水质变化确定投加相应的药剂保证水质，同时留有供实验室检测的取样口，保证水质检测的有效性。

4. 采用无油空压机气制波系统安全环保。

5. 设置单独的放空泵保证泳池放空管密闭通过地下室，降低放空系统对地下室的影响。

6. 仔细核算泳池配套淋浴器数量与泳池使用人数之间的关系，提供合理而不浪费的热量，保证系统运行的经济性。

7. 结合无面的形式采用少立管的虹吸雨水系统，在安全溢流的情况下经济地设置立管数量。

8. 冷热水系统采用同源供水系统，保证冷热水压力的均衡。

9. 采取小流量回流的措施避免放空管残存死水。

10. 园区室外设置有雨水回用系统用于浇洒及景观水体补水，节约用水，系统集中考虑奥体中心的水量平衡，充分利用再生水减少自来水的使用，绿色节能。

11. 循环冷却水采用开式系统，冷却塔设置于室外总坪，减少对建筑物的影响并远离人员密集场所，市政管网水压足以保证其补水，并设置倒流防止器防回流污染，环保节能。

项目施工过程中也得到了甲方、施工方及监理方的认可，建成后也承担了江苏省 2014 年省运会的主会场的功能，现在依然是当地人民最喜欢的健身游泳场所。

四、工程照片及附图

上图为项目实景图，其中体育场背后右二为游泳跳水馆，以下主要为游泳跳水馆部分施工后的效果照片：

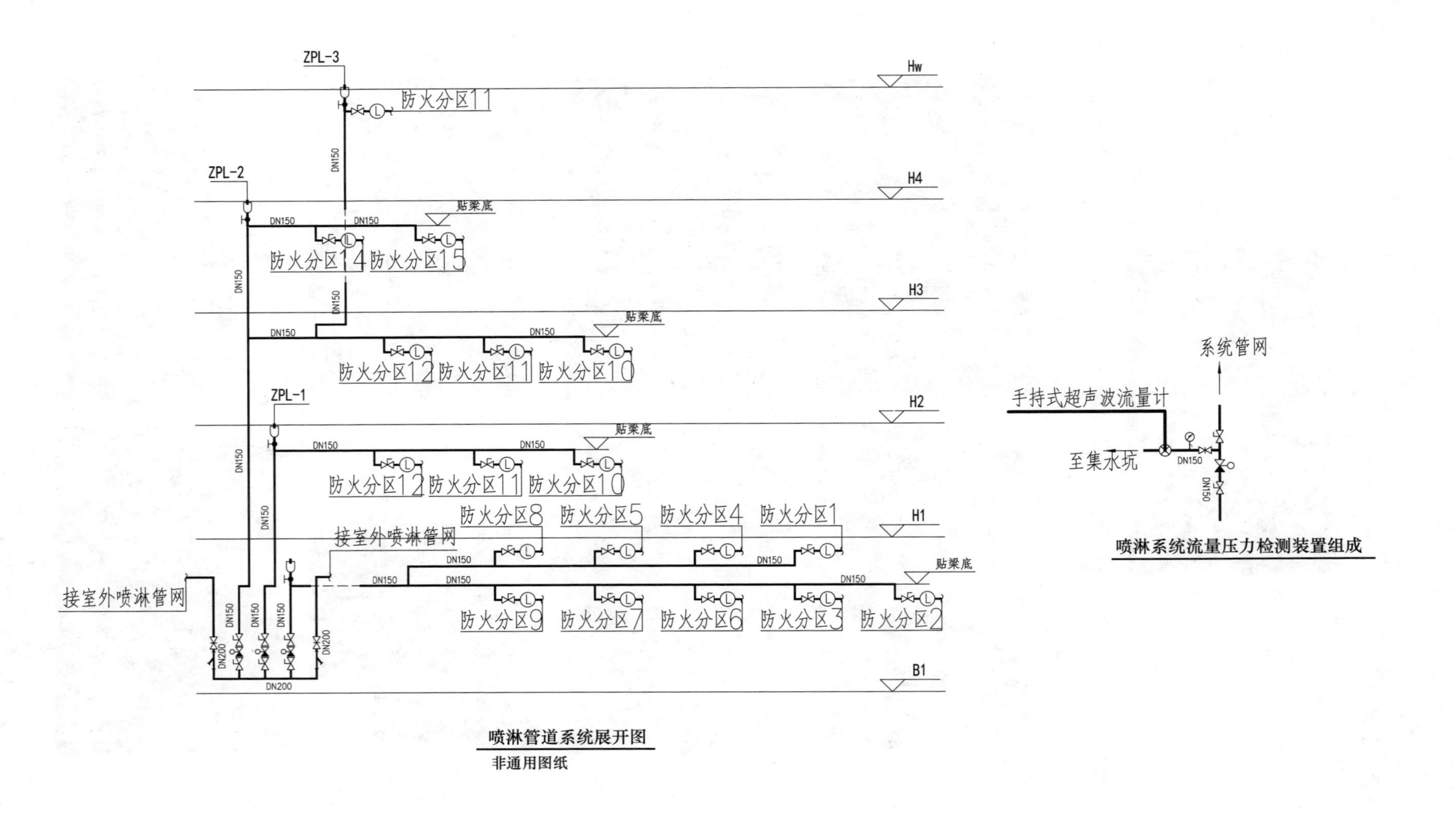

喷淋管道系统展开图

非通用图纸

喷淋系统流量压力检测装置组成

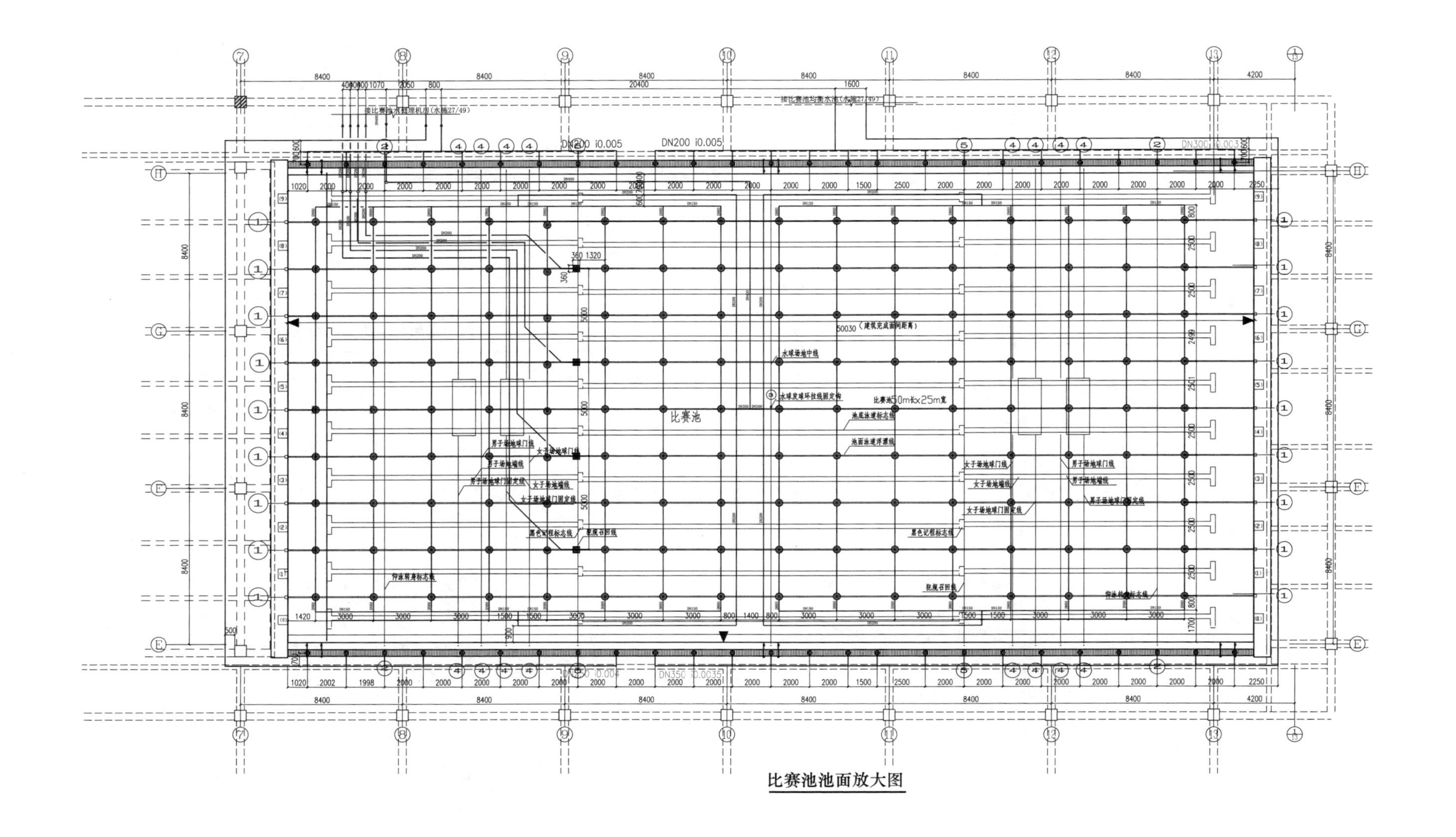
比赛池
比赛池50m长x25m宽
50030（建筑完成面间距离）
DN200 i0.005
DN200 i0.005
DN350 i0.0035

比赛池池面放大图

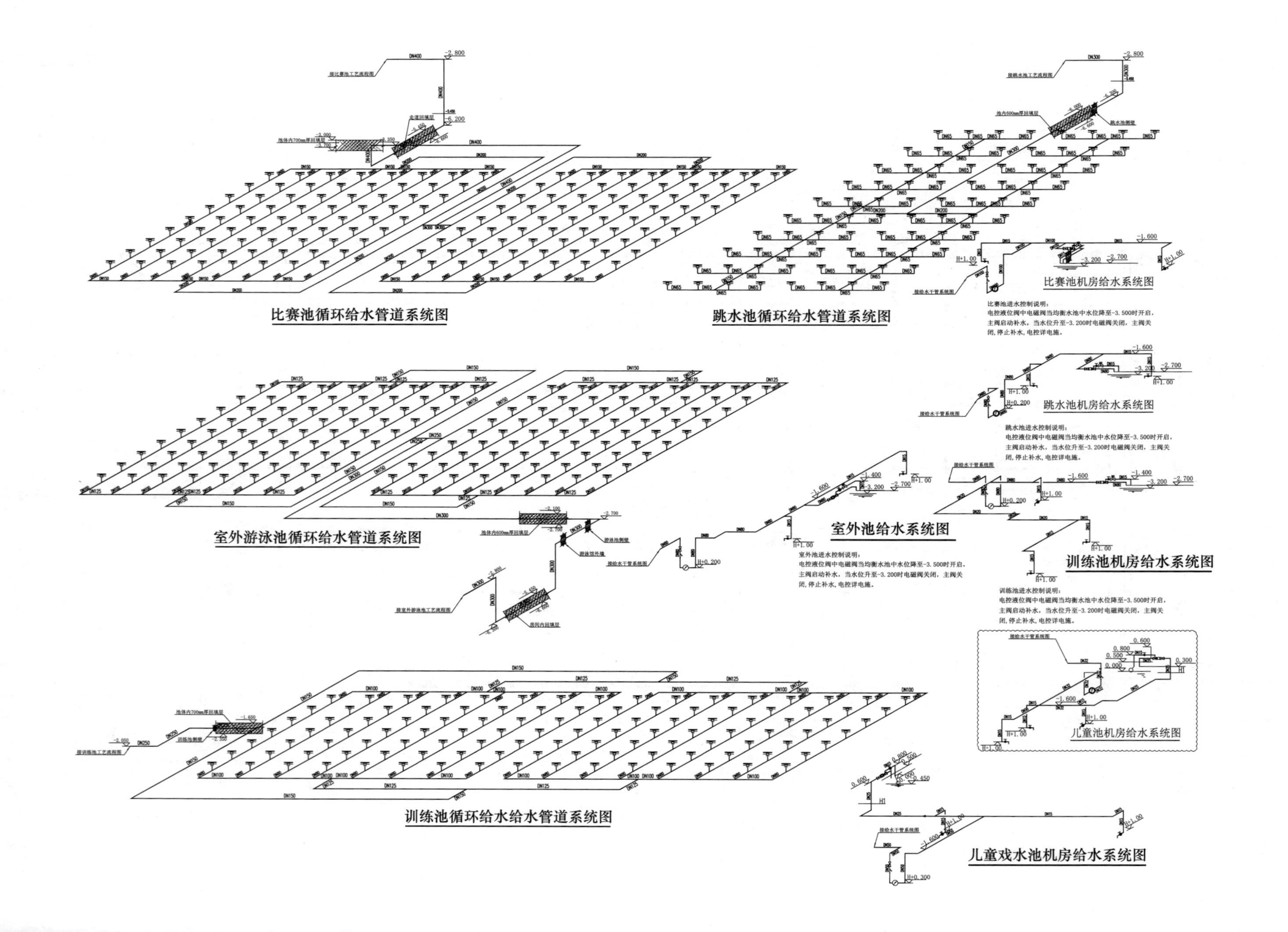
比赛池循环给水管道系统图
跳水池循环给水管道系统图
比赛池机房给水系统图
比赛池进水控制说明：
电控液位阀中电磁阀当均衡水池中水位降至-3.500时开启，
主阀启动补水，当水位升至-3.200时电磁阀关闭，主阀关
闭，停止补水，电控详电施。
跳水池机房给水系统图
跳水池进水控制说明：
电控液位阀中电磁阀当均衡水池中水位降至-3.500时开启，
主阀启动补水，当水位升至-3.200时电磁阀关闭，主阀关
闭，停止补水，电控详电施。
室外游泳池循环给水管道系统图
室外池给水系统图
室外池进水控制说明：
电控液位阀中电磁阀当均衡水池中水位降至-3.500时开启，
主阀启动补水，当水位升至-3.200时电磁阀关闭，主阀关
闭，停止补水，电控详电施。
训练池机房给水系统图
训练池进水控制说明：
电控液位阀中电磁阀当均衡水池中水位降至-3.500时开启，
主阀启动补水，当水位升至-3.200时电磁阀关闭，主阀关
闭，停止补水，电控详电施。
儿童池机房给水系统图
训练池循环给水给水管道系统图
儿童戏水池机房给水系统图

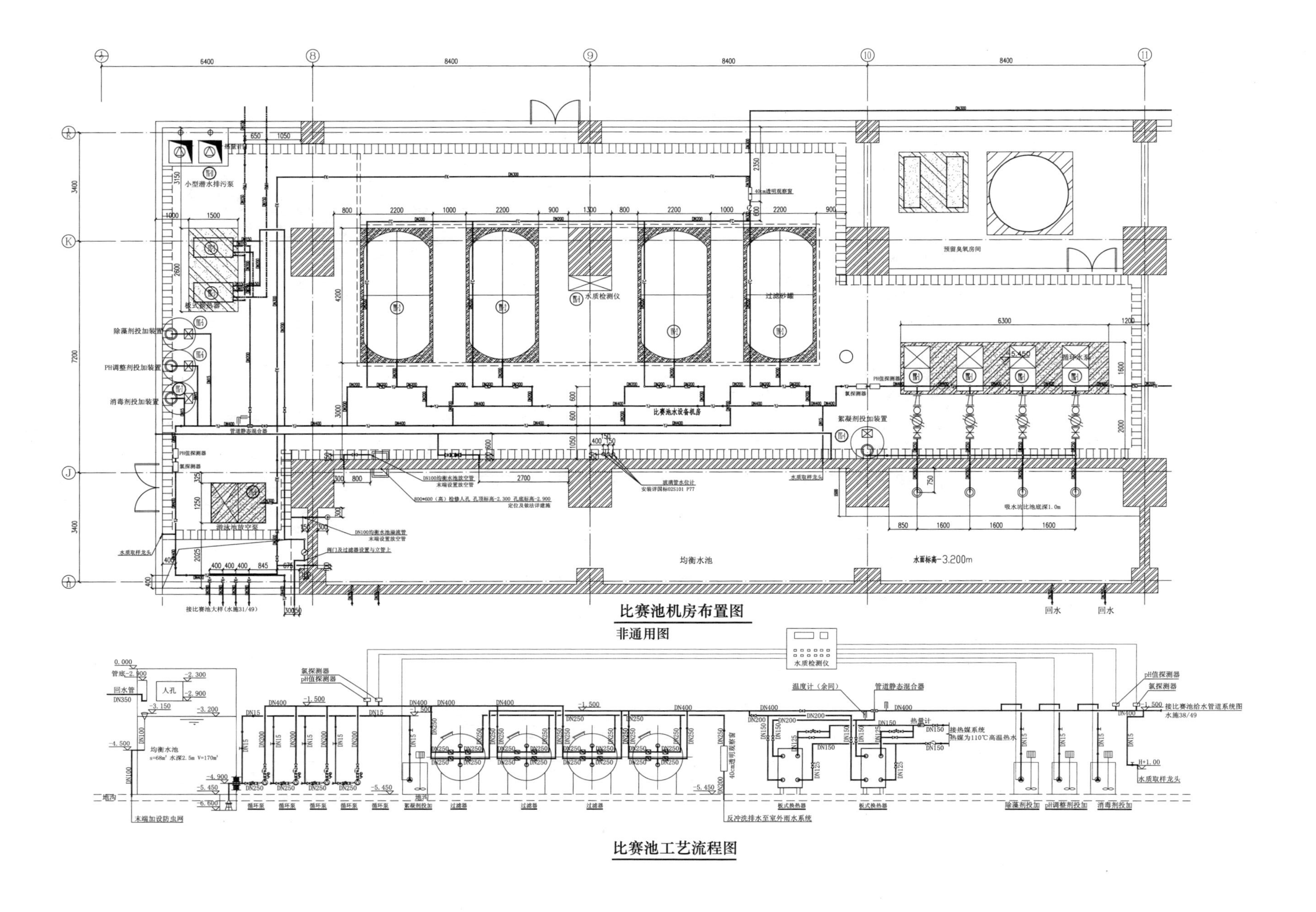

比赛池机房布置图

非通用图

比赛池工艺流程图

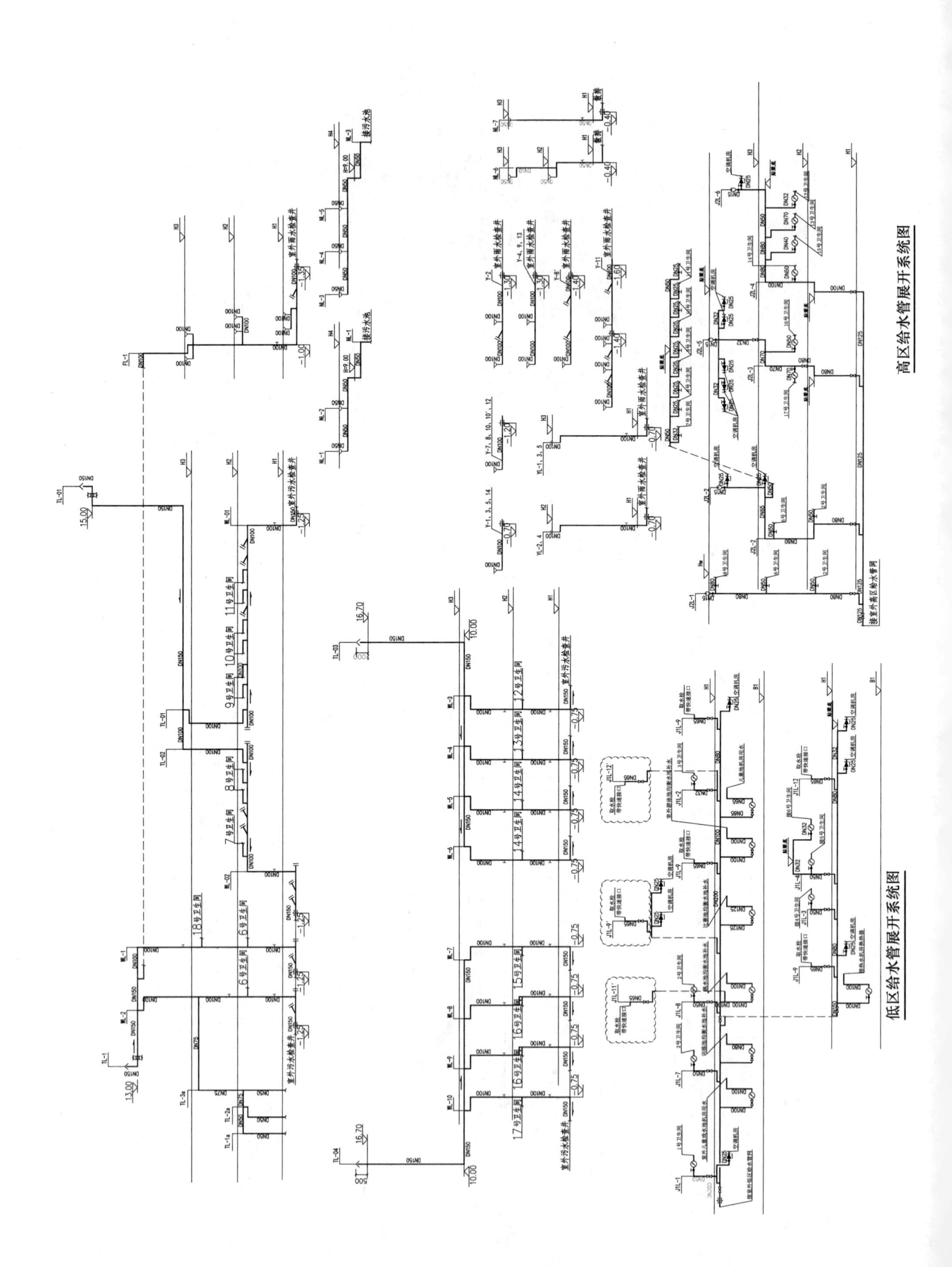

低区给水管展开系统图
高区给水管展开系统图

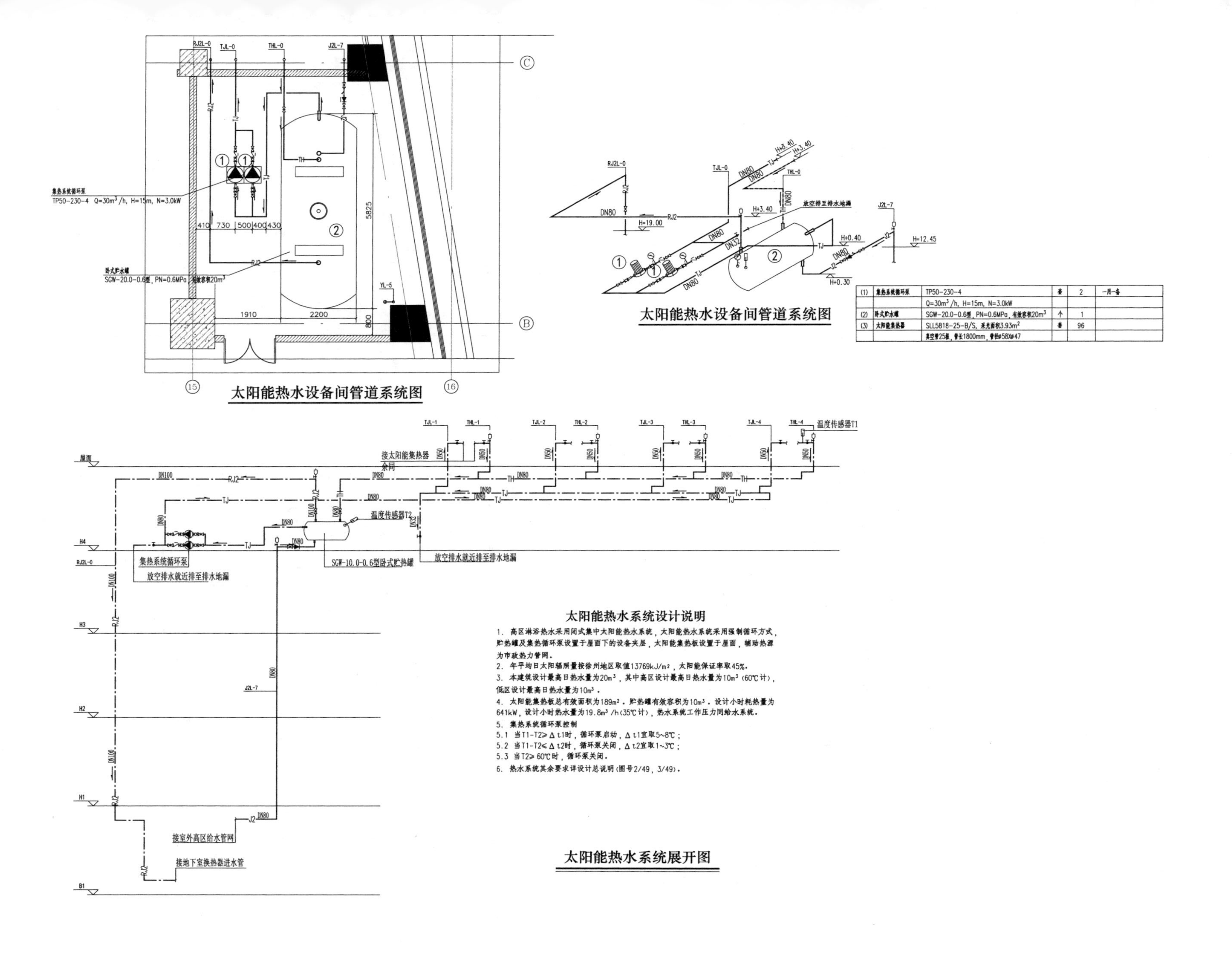

RJ2L-0
TJL-0
THL-0
J2L-7
集热系统循环泵
TP50-230-4 Q=30m³/h, H=15m, N=3.0kW
卧式贮水罐
SGW-20.0-0.6型, PN=0.6MPa, 有效容积20m³
410 730 500 400 430
5825
1910
2200
800
YL-5
H+3.40
H=19.00
H+0.40
H+0.30
H=12.45
放空排至排水地漏
TJL-1
THL-1
TJL-2
THL-2
TJL-3
THL-3
TJL-4
THL-4
温度传感器T1
温度传感器T2
接太阳能集热器
屋面
H4
H3
H2
H1
B1
集热系统循环泵
放空排水就近排至排水地漏
SGW-10.0-0.6型卧式贮热罐
接室外高区给水管网
接地下室换热器进水管
太阳能热水系统设计说明
1. 高区淋浴热水采用闭式集中太阳能热水系统，太阳能热水系统采用强制循环方式，贮热罐及集热循环泵设置于屋面下的设备夹层，太阳能集热板设置于屋面，辅助热源为市政热力管网。
2. 年平均日太阳辐照量按徐州地区取值13769kJ/m²，太阳能保证率取45%。
3. 本建筑设计最高日热水量为20m³，其中高区设计最高日热水量为10m³（60℃计），低区设计最高日热水量为10m³。
4. 太阳能集热板总有效面积为189m²。贮热罐有效容积为10m³。设计小时耗热量为641kW，设计小时热水量为19.8m³/h（35℃计），热水系统工作压力同给水系统。
5. 集热系统循环泵控制
5.1 当T1-T2≥Δt1时，循环泵启动，Δt1宜取5~8℃；
5.2 当T1-T2≤Δt2时，循环泵关闭，Δt2宜取1~3℃；
5.3 当T2≥60℃时，循环泵关闭。
6. 热水系统其余要求详设计总说明（图号2/49，3/49）。

太阳能热水设备间管道系统图

太阳能热水设备间管道系统图

(1)	集热系统循环泵	TP50-230-4	套	2	一用一备
		Q=30m³/h, H=15m, N=3.0kW			
(2)	卧式贮水罐	SGW-20.0-0.6型，PN=0.6MPa，有效容积20m³	个	1	
(3)	太阳能集热器	SLL5818-25-B/S，采光面积3.93m²	套	96	
		真空管25根，管长1800mm，管径ø58Xø47			

太阳能热水系统展开图

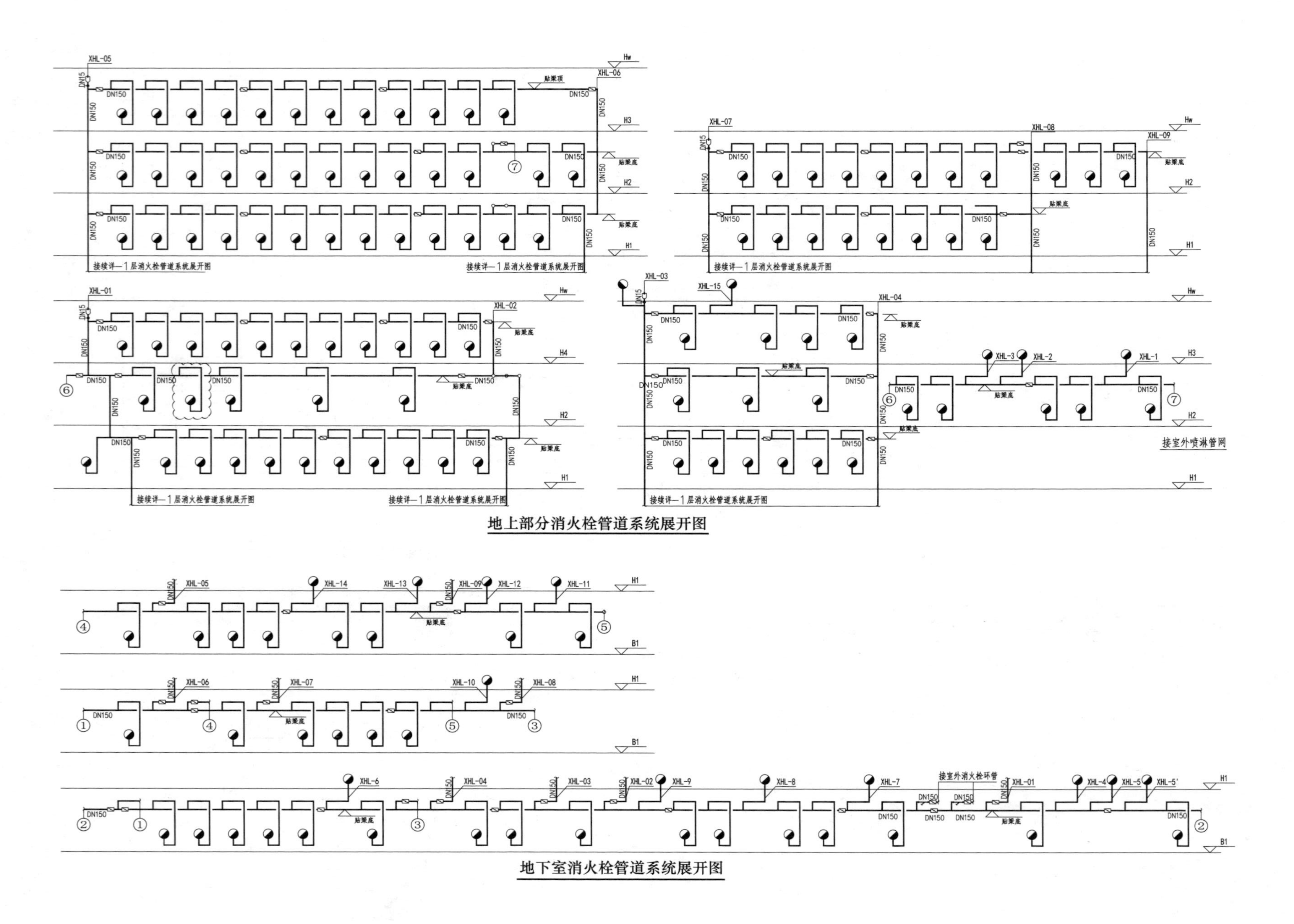

地上部分消火栓管道系统展开图

地下室消火栓管道系统展开图

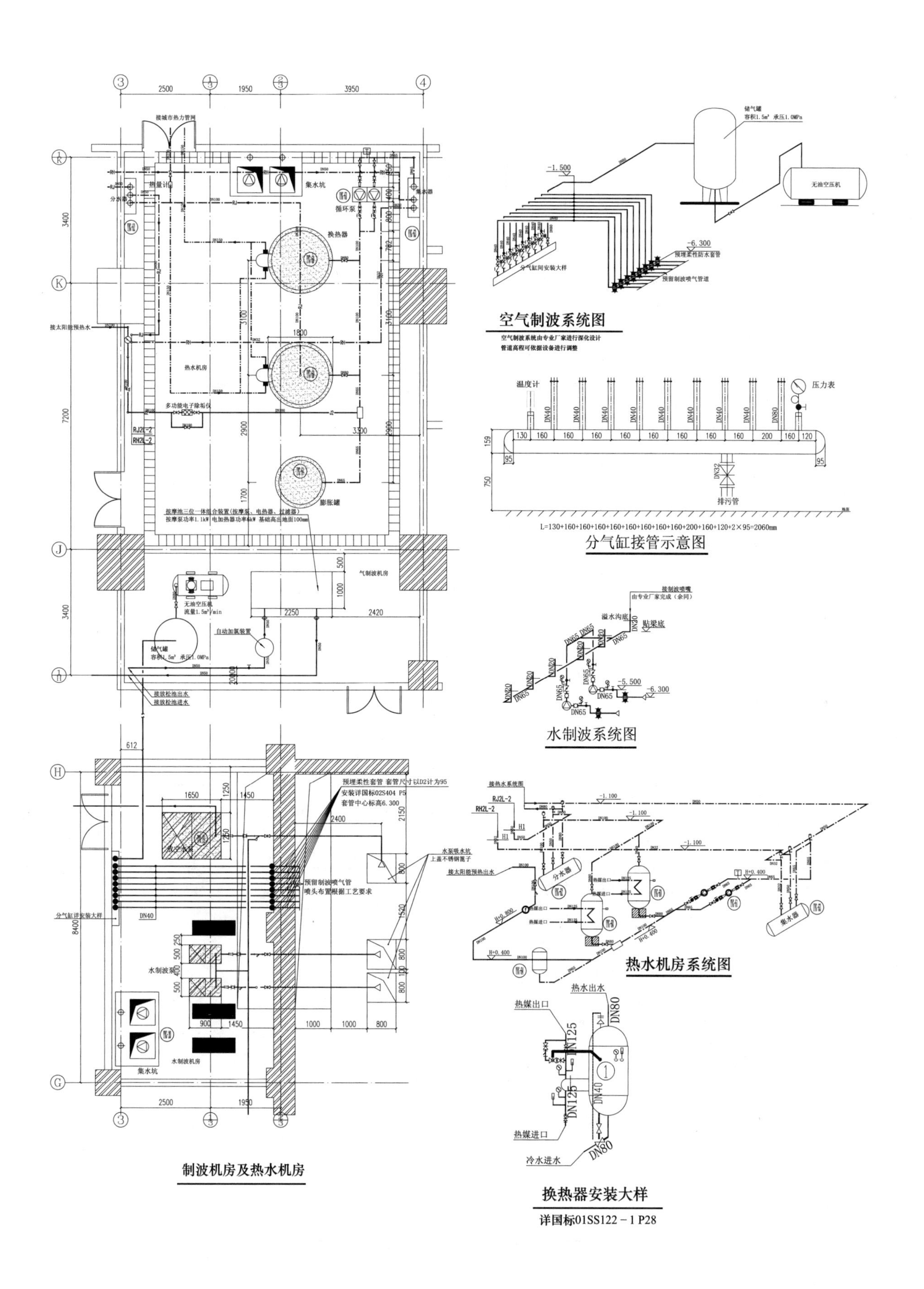
空气制波系统图
空气制波系统由专业厂家进行深化设计
管道高程可依据设备进行调整
储气罐
无油空压机
-1.500
-6.300
预埋柔性防水套管
预留制波喷气管道
分气缸间安装大样
温度计
压力表
DN40
DN80
130 160 160 160 160 160 160 160 160 200 160 120
159
95
750
DN32
排污管
L=130+160+160+160+160+160+160+160+160+200+160+120+2×95=2060mm
分气缸接管示意图
接制波喷嘴
由专业厂家完成（余同）
溢水沟底
贴梁底
DN65
DN20
-5.500
-6.300
水制波系统图
RJ2L-2
RH2L-2
-1.100
接太阳能预热水
分水器
热媒出口
热媒进口
集水器
H=0.400
H=0.800
热水机房系统图
热水出水
热媒出口
DN80
DN125
DN40
热媒进口
冷水进水
换热器安装大样
详国标01SS122－1 P28
2500
1950
3950
3400
7200
接城市热力管网
热量计
分水器
集水坑
循环泵
集水器
换热器
接太阳能预热水
热水机房
1800
3100
多功能电子除垢仪
2900
3300
1700
膨胀罐
按摩池三位一体组合装置（按摩泵、电热器、过滤器）
气制波机房
无油空压机
自动加氯装置
储气罐
2250
2420
接放松池出水
接放松池进水
612
预埋柔性套管 套管尺寸以D2计为95
安装详国标02S404 P5
套管中心标高6.300
1650
1450
2400
水泵吸水坑
上盖不锈钢篦子
预留制波喷气管
喷头布置根据工艺要求
分气缸详安装大样
DN40
8400
水制波泵
900
1000
800
集水坑
水制波机房
制波机房及热水机房

天津国际贸易中心

设计单位： 天津市建筑设计院
设 计 人： 杨政忠　翟晓红　姚鹏　陈军　赵炳君　翟加君　刘建华
获奖情况： 公共建筑类　二等奖

工程概况：

天津国际贸易中心位于天津市小白楼商务中心区，1997年进行首次设计施工，在完成了地下室、裙房和A塔楼32层主体施工后停工成为烂尾楼。2012年进行设计改造工程，总建筑面积为239600m^2。地下一层～地下三层为商业、车库和设备用房，高度12.3m；裙房地上一层～地上五层为商业和餐饮；六层及其以上为三座超高层塔楼，其中A塔楼为57层公寓，建筑高度235m；B塔楼为41层办公楼，建筑高度165m；C塔楼为45层公寓，建筑高度165m。

工程说明：

一、给水排水系统

（一）给水系统

1. 冷水用水量（表1）

冷水用水量　　表1

序号	用水部位	用水单位	用水量标准	时变化系数	用水时间(h)	最大时用水量(m^3/h)	最高日用水量(m^3/d)
1	A塔公寓楼	2625人	80L/(人·d)	2	24	17.5	210
2	B塔办公楼	4254人	16L/(人·d)	1.4	10	9.5	68.1
3	C塔公寓	1925人	80L//(人·d)	2	24	12.8	154
4	商业	32631m^2	2.4L/(m^2·d)	1.4	12	9.1	78.3
5	餐饮	9260人	46.7L/(人·d)	1.2	12	43.2	432.4
6	冷却塔补水	1.5倍冷却循环水量		1	10	29.4	294
未预见水量		10%总用水量				12.2	123.7
合计						133.7	1360.5

2. 水源

从本建筑相邻的两条市政道路各引入一条 *DN*200 的给水管道。

3. 系统竖向分区

地上一层及其以下为市政区，地上二层及其以上为加压区，分区如下：

裙楼 2 层～5 层为商业区；

A 塔楼分为低区（六～十一层）、中区（十二～二十七层）、高区（二十八～五十七层，另设四个分区）；

B 塔楼分为低区（六～九层）、中区（十～二十五层）、高区（二十六～四十一层，另设三个分区）；

C 塔楼分为低区（六～十三层）、中区（十四～二十九层）、高区（三十～四十五层，另设三个分区）。

4. 供水方式及加压设备

地上一层及其以下由市政水压直接供水，二层及其以上加压供水，设以下供水设备：

商业给水泵房：位于地上三层，为裙楼商业餐饮供水；

公寓给水泵房：位于地下三层，为 A、C 塔楼公寓供水；

办公给水泵房：位于地下三层，为 B 塔楼办公供水。

以上泵房各设两座不锈钢水箱，互相连通，分设为低区用户、中区用户和高区转输泵房供水的变频给水泵。

A 塔楼给水转输泵房：位于二十八层避难层，为高区的四个分区供水；

B 塔楼给水转输泵房：位于二十六层避难层，为高区的三个分区供水；

C 塔楼给水转输泵房：位于三十层避难层，为高区的三个分区供水。

以上三座泵房为高区的每个分区设一组气压供水设备，由气压罐和变频给水泵组成。

5. 管材

给水干管为钢衬塑管，支管为冷水型 PP-R 管。

（二）热水系统

本工程商业、餐饮、公寓和办公的热水供应采用分散式电热水器。

（三）中水系统

1. 水源

从建筑相邻的两条市政道路各引入一条 *DN*50 的市政中水管道。

2. 中水用水量（表 2）

中水用水量 **表 2**

序号	用水部位	用水单位	用水量标准	时变化系数	用水时间 (h)	最大时用水量 (m^3/h)	最高日用水量 (m^3/d)
1	A 塔公寓楼	2625 人	40L/(人·d)	2	24	8.8	105
2	B 塔办公楼	4254 人	24L/(人·d)	1.4	10	14.3	102.1
3	C 塔公寓	1925 人	40L/(人·d)	2	24	6.5	77
4	商业	32631m^2	3.6L/(m^2·d)	1.4	12	13.7	117.5
5	餐饮	9260 人	3.3L/(人·d)	1.2	12	3.1	30.6
6	绿化浇洒	8888m^2	2L/(m^2·d)	1	2	8.9	17.8

续表

序号	用水部位	用水单位	用水量标准	时变化系数	用水时间(h)	最大时用水量(m^3/h)	最高日用水量(m^3/d)
7	未预见水量	10%总用水量				5.5	45
8	合计					60.8	495

中水系统的竖向分区、供水方式、加压设备和管材与给水系统相同。

(四）排水系统

1. 排水系统的形式

采用污、废合流的排水方式。

2. 透气管的设置方式

污水排水立管设置专用通气立管，每层通过结合通气管与排水立管连接，支管长度超过12m时设置环形通气管。

3. 采用的局部污水处理设施

地下室隔油间设置全封闭式含油污水处理设备。

4. 管材

重力流污废水管道采用柔性接口离心机制排水铸铁管，压力排水管道采用镀锌钢管。

二、消防系统

(一）消火栓系统

1. 系统用水量

室外消火栓系统用水量为30L/s，室内消火栓系统用水量为40L/s。

2. 系统分区

地下3层至地上5层为低区；A塔楼：六～十二层为中一区，十二～二十七层为中二区，二十八～四十三层为高一区，四十四层以上为高二区B塔楼：六～十二层为中区，十一～二十五层为高一区，二十六层及其以上为高二区；C塔楼：六～十二层为中区，十三～二十九层为高一区，三十层及其以上为高二区。

3. 消火栓系统供水和增压设备

地下三层消防泵房：设中低区消火栓加压泵，为全楼的中低区消火栓系统供水；设A、C塔楼高区转输泵，为A塔楼二十八层和C塔楼十四层的消防转输水箱供水；A塔楼二十八层（避难层）消防泵房：设A塔楼高区消火栓供水泵，为A塔楼高区供水；设增压泵和气压罐，为中区顶部几层增压；C塔楼十四层（避难层）消防泵房：设B、C塔楼高区消火栓供水泵为B、C塔楼高区供水；A塔楼屋顶消防水箱间：设A塔楼消火栓增加泵和气压罐，为高二区的顶部几层增压；C塔楼屋顶消防水箱间：设B、C塔楼消火栓增压泵和气压罐，为高二区顶部几层增压。

系统减压阀的设置详见系统图（后附图）。

4. 水池、水箱的容积和位置

地下三层消防水池容积640m^3，A塔楼二十八层消防转输水箱容积为96m^3，C塔楼十四层消防转输水箱容积为85m^3，A、C塔楼屋顶消防水箱容积均为63m^3。

5. 水泵接合器的设置

低区消火栓系统设三套水泵接合器，每座塔楼的高中区各设三套消防水泵接合器。

6. 管材

消火栓系统管道采用热镀锌钢管。

（二）自动喷水灭火系统

1. 系统用水量

自动喷水灭火系统用水量为40L/s。

2. 系统分区

5层及以下层为低区；A塔楼：六～二十七层为中区，二十八～四十三层高一区，四十四层及其以上为高二区；B塔楼：六～二十一层为中区，二十二层及其以上为高区。C塔楼：六～二十四层为中区，二十五层及其以上为高区。

3. 自动喷水加压和增压设备

地下三层消防泵房：设中低区自动喷水加压泵，为全楼的中低区供水；A塔楼二十八层（避难层）消防泵房：设A塔楼自动喷水供水泵，为A塔楼高区供水；设增压泵和气压罐为A塔楼中区顶部几层增压；C塔楼十四层（避难层）消防泵房：设B、C塔高区自动喷水供水泵，为B、C塔楼高区供水；设增压泵和气压罐，为B、C塔楼中区顶部几层增压；A塔楼屋顶消防水箱间：设增加泵和气压罐，为A塔楼高二区顶部几层增压；C塔楼屋顶消防水箱间：设增压泵和气压罐，为B、C塔楼高区顶部几层增压。

减压孔板的设置详见系统图（后附图）。

4. 喷头选型

地下车库、设备用房等无吊顶部位采用直立型闭式喷头，湿式系统有吊顶部位采用吊顶型闭式喷头，预作用系统有吊顶部位采用干式下垂型闭式喷头，商业、中庭环廊、地上高度50m以上楼层和地下商业采用快速响应式喷头。

5. 报警阀的数量和位置

地下三层消防泵房和地下层的报警阀室分设7套预作用报警阀和8套湿式报警阀；A塔楼各避难层的报警阀室共设4套预作用报警阀和18套湿式报警阀；B塔楼的各避难层的报警阀室共设3套预作用报警阀和7套湿式报警阀；C塔楼各避难层的报警阀室共设3套预作用报警阀和8套湿式报警阀。

6. 水泵接合器的设置

低区设三套水泵接合器，每座塔楼的高、中区各设三套水泵接合器。

（三）气体灭火系统

1. 设置位置

地下一层变电站、配电间和开闭站设置IG541气体灭火系统。

2. 设计参数

灭火设计浓度为36.5%。

3. 系统控制

系统具有自动控制、手动控制和应急机械式启动三种方式。保护区域设置灭火控制器，配备感烟火灾探测装置和定温式感温火灾探测器，当控制器选择锁置于自动位置时，处于自动控制状态，火灾时两种探测器同时发出声光报警信号，并发出联动指令，关闭风机和防火阀，经过一段时间的延时后发出灭火剂释放指令，打开电磁阀和气体启动瓶组，灭火剂贮存钢瓶释放灭火剂，由管道输送到发生火灾的防护单元喷头，实施灭火。当控制器选择锁位于手动位置时即可采用手动控制方式。当控制器失效时，值守人员判定火灾后，撤退人员，关闭联动设备，切断电源，打开相应的启动瓶组，实施灭火。

（四）消防水炮灭火系统

1. 设置位置

在高度大于12m的中庭设置自动扫描射水高空水炮灭火系统。

2. 设计参数

系统用水量为15L/s。单台水炮流量为5L/s，保护半径为30m，保护高度为35m，工作压力为0.6MPa。在地下三层消防泵房设三台水炮系统供水泵（2用1备），智能控制。A塔楼二十八层消防转输水箱的出水管接到水炮系统进行稳压。系统设一套水泵接合器。

3. 系统控制

中庭设置自动火灾探测器，火灾时能够自动探测确定火源，输送信号到控制盘和消防控制中心，开启地下三层消防泵房的水炮供水泵为系统加压供水，同时打开水炮前的电磁阀为管道送水，水炮自带的定位器扫描定位，驱动水炮对准火源喷射灭火。

4. 管材

系统采用内外壁热镀锌钢管。

三、工程特点及设计体会

1. 给水和中水系统供水分区合理，裙房供水管道在各层呈环状布置，既保证了供水安全，又方便商铺精装时用水点的接驳。

2. 排水系统设置了环形通气管和专用通气立管，保证排水通畅，防止异味产生。在避难层采取了消能措施，确保排水系统安全，降低噪声。

3. 裙房中庭的建筑造型复杂多变，经过空间分析合理布置水炮，确保全方位保护。

4. 在消防水池的设计中，经现场勘查发现原有水池与图纸要求不符，通过优化水池形状予以解决。吸水管道布置时利用原有池壁的预留套管，减少开孔，降低改造成本，减少漏水风险。

5. 塔楼公寓的水表分设于套外若干集中管井内，表后入户管道设于吊顶，管线较为密集，并受到原有楼层层高的限制。经过各专业协调，优化了管线综合排布，部分管道穿钢梁敷设，保证了吊顶高度要求。

6. A塔楼为钢结构，位于避难层的钢结构斜撑较多，同时要保证人防的避难面积，设备和管道的布置难度较大。设计中合理选择设备用房位置，优化管线排布，满足了净高要求。

7. 本项目地处繁华地段，受地铁及周边其他构筑物影响，管道进出户受到极大限制，设计中对地下一层的管道进行了合理优化，确保排水管道顺畅，使用效果良好。

四、工程照片及附图

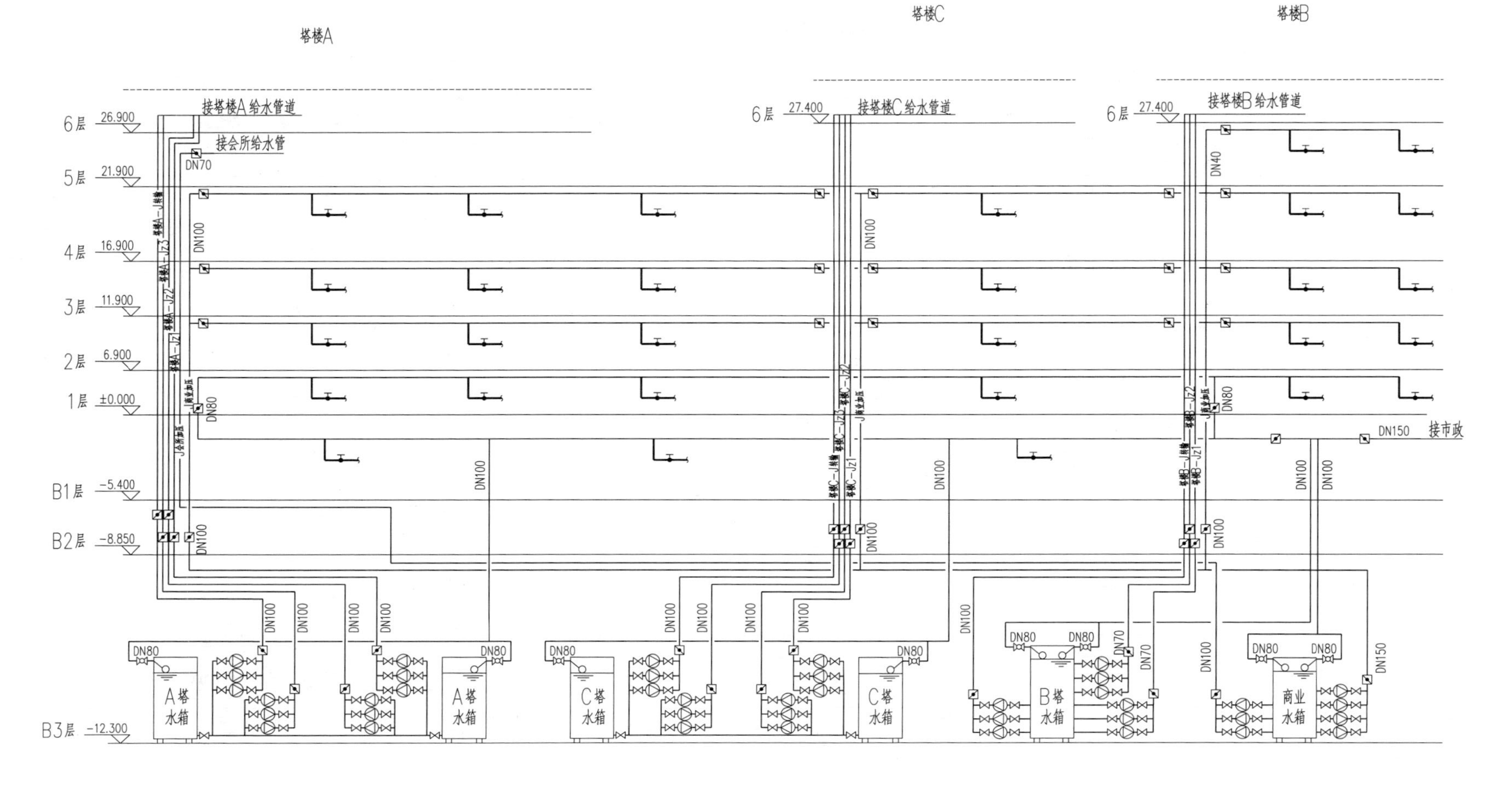

地下层和裙房给水系统图

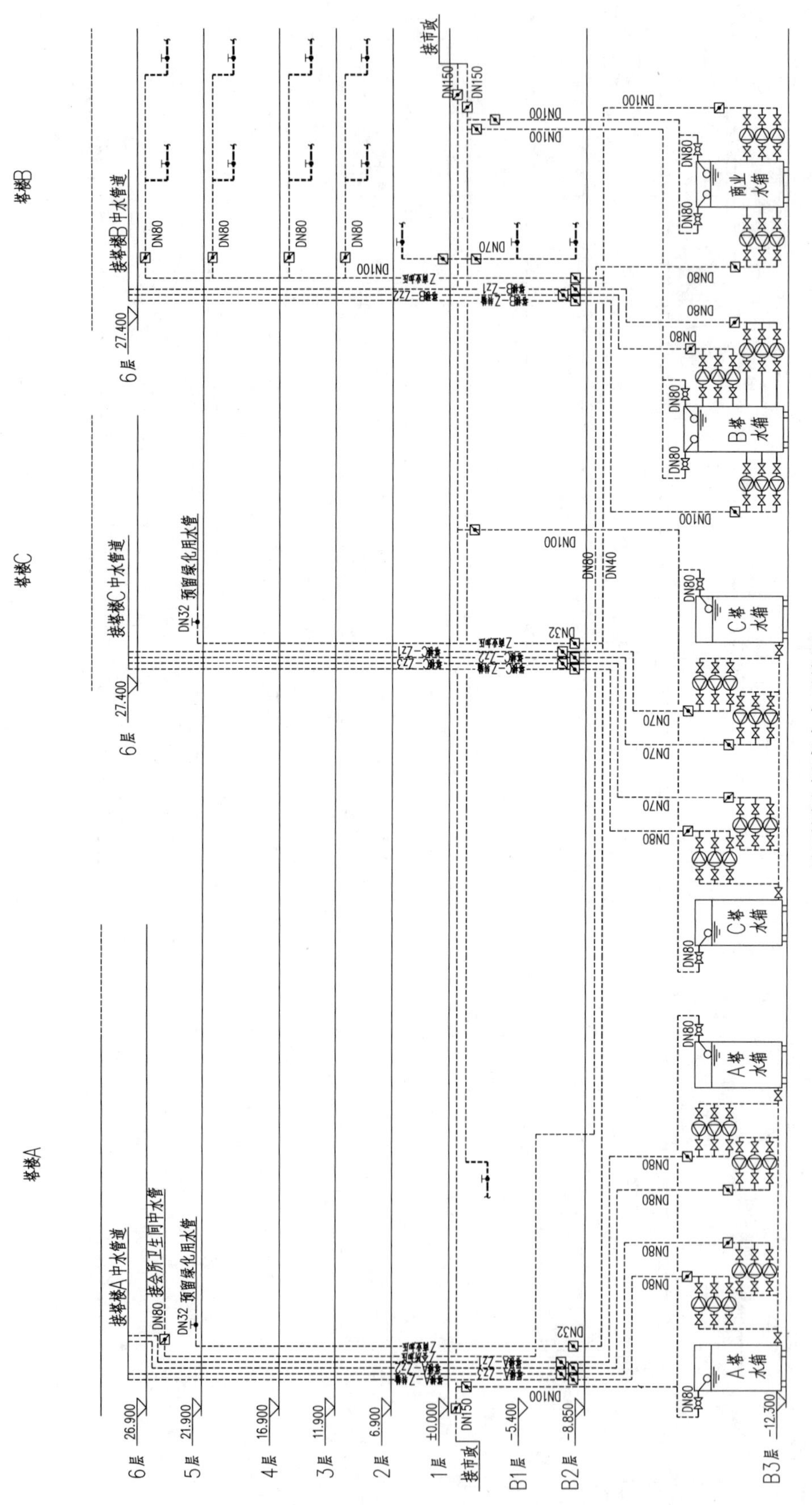

地下层和裙房中水系统图

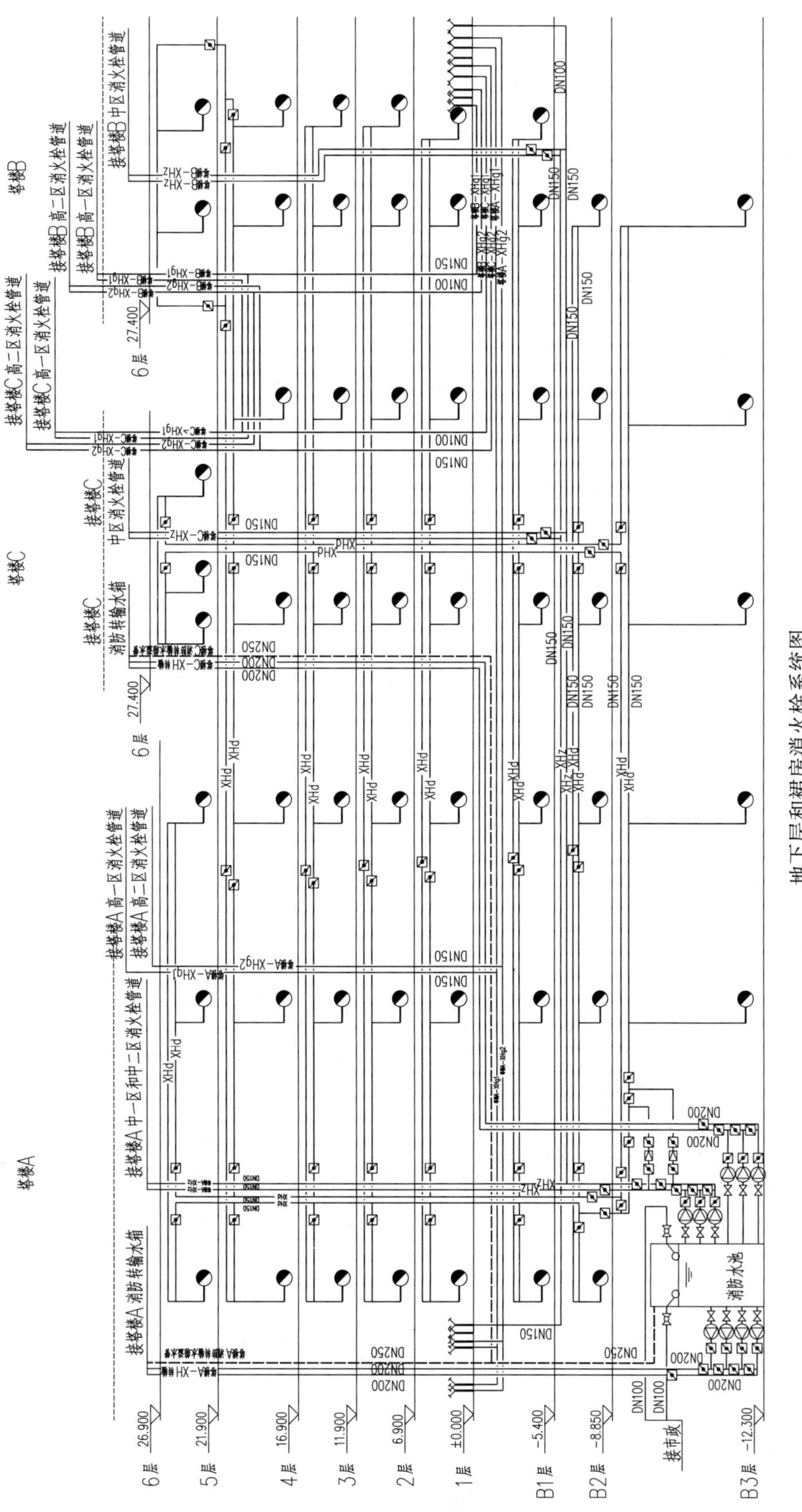

地下层和裙房消火栓系统图

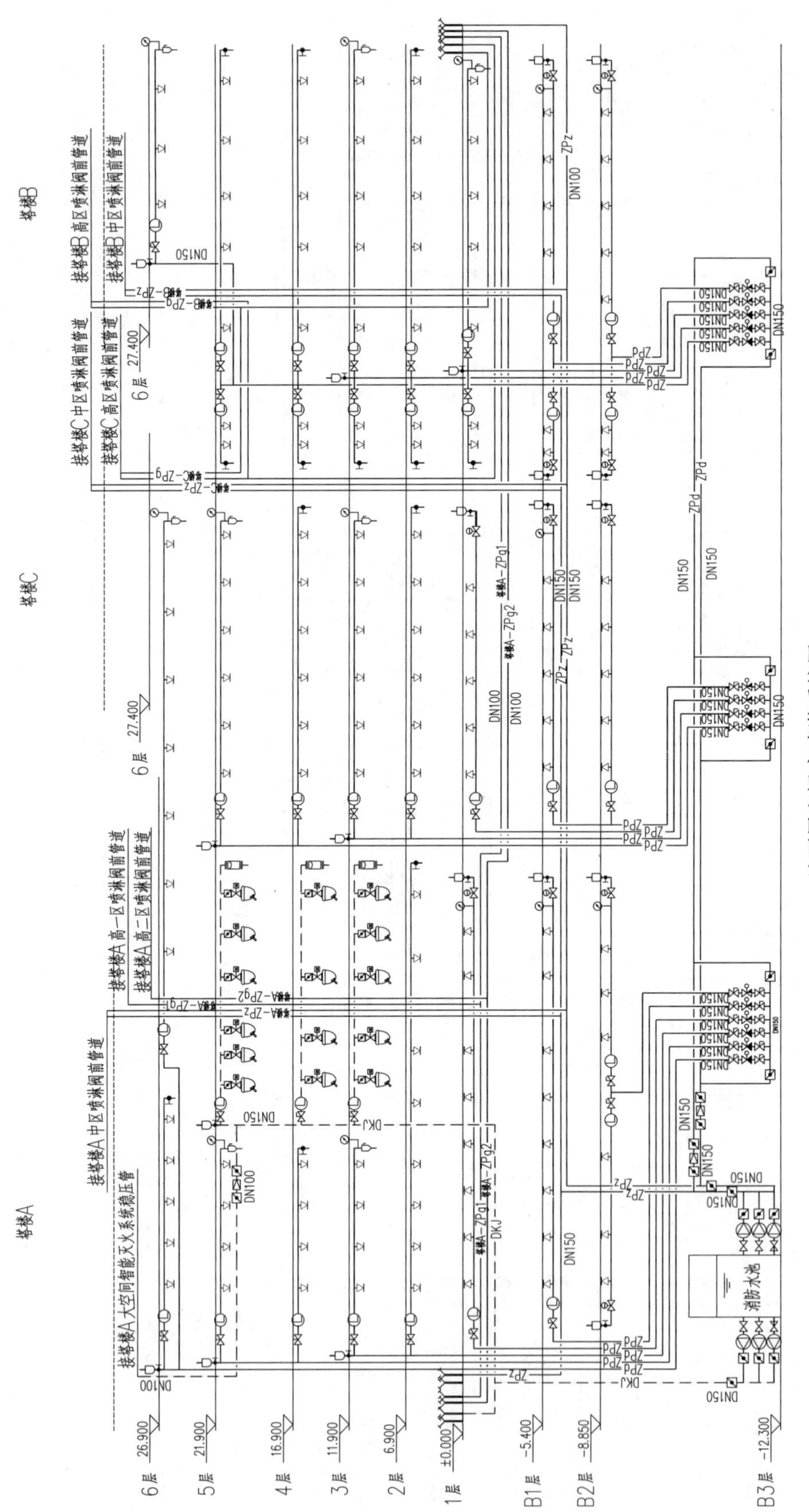

地下层和裙房喷淋系统图

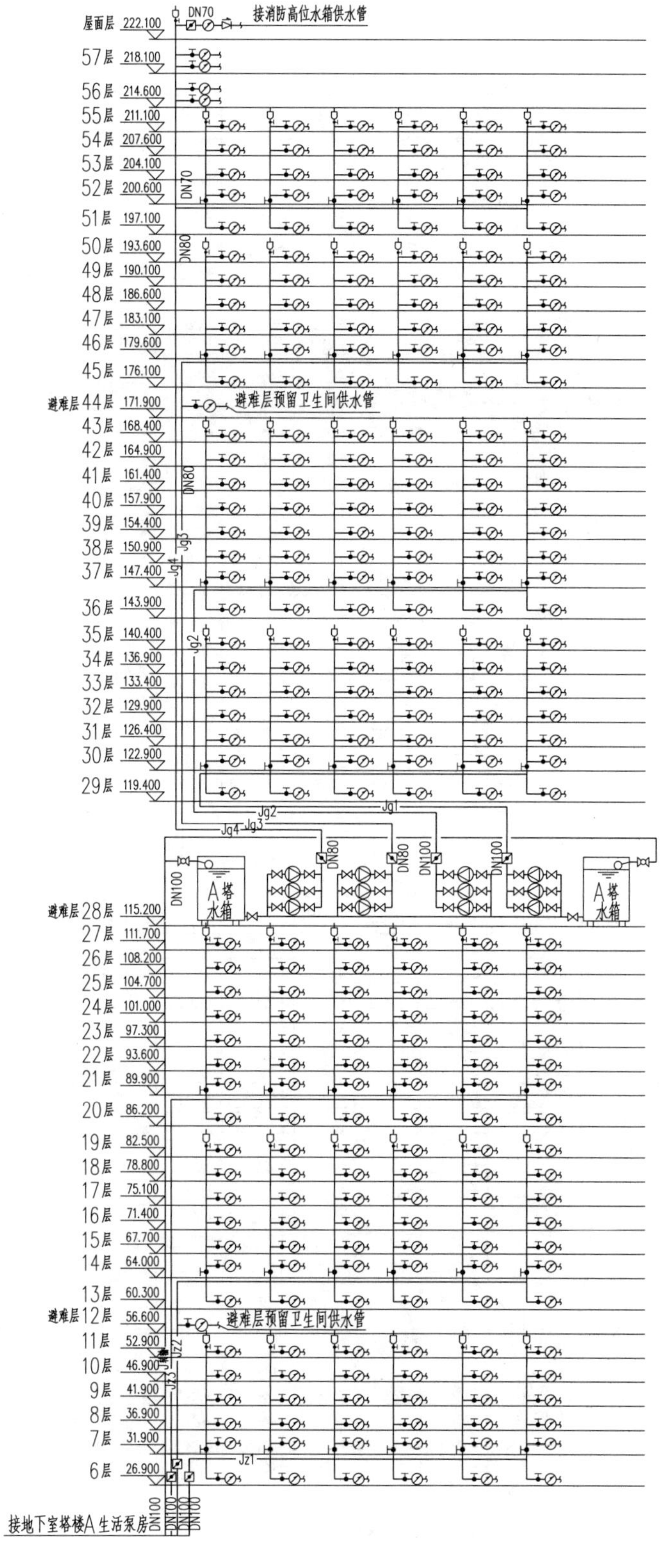

屋面层 222.100

DN70 接消防高位水箱供水管

57层 218.100

56层 214.600

55层 211.100

54层 207.600

53层 204.100

52层 200.600

51层 197.100

50层 193.600

49层 190.100

48层 186.600

47层 183.100

46层 179.600

45层 176.100

避难层44层 171.900 避难层预留卫生间供水管

43层 168.400

42层 164.900

41层 161.400

40层 157.900

39层 154.400

38层 150.900

37层 147.400

36层 143.900

35层 140.400

34层 136.900

33层 133.400

32层 129.900

31层 126.400

30层 122.900

29层 119.400

Jg1 Jg2 Jg3 Jg4 DN70 DN80 DN100

A塔水箱 A塔水箱

避难层28层 115.200

27层 111.700

26层 108.200

25层 104.700

24层 101.000

23层 97.300

22层 93.600

21层 89.900

20层 86.200

19层 82.500

18层 78.800

17层 75.100

16层 71.400

15层 67.700

14层 64.000

13层 60.300

避难层12层 56.600 避难层预留卫生间供水管

11层 52.900

10层 46.900

9层 41.900

8层 36.900

7层 31.900

6层 26.900

Jz1 Jz2 Jz3

接地下室塔楼A生活泵房 DN100 DN100 DN100

塔楼给水系统图

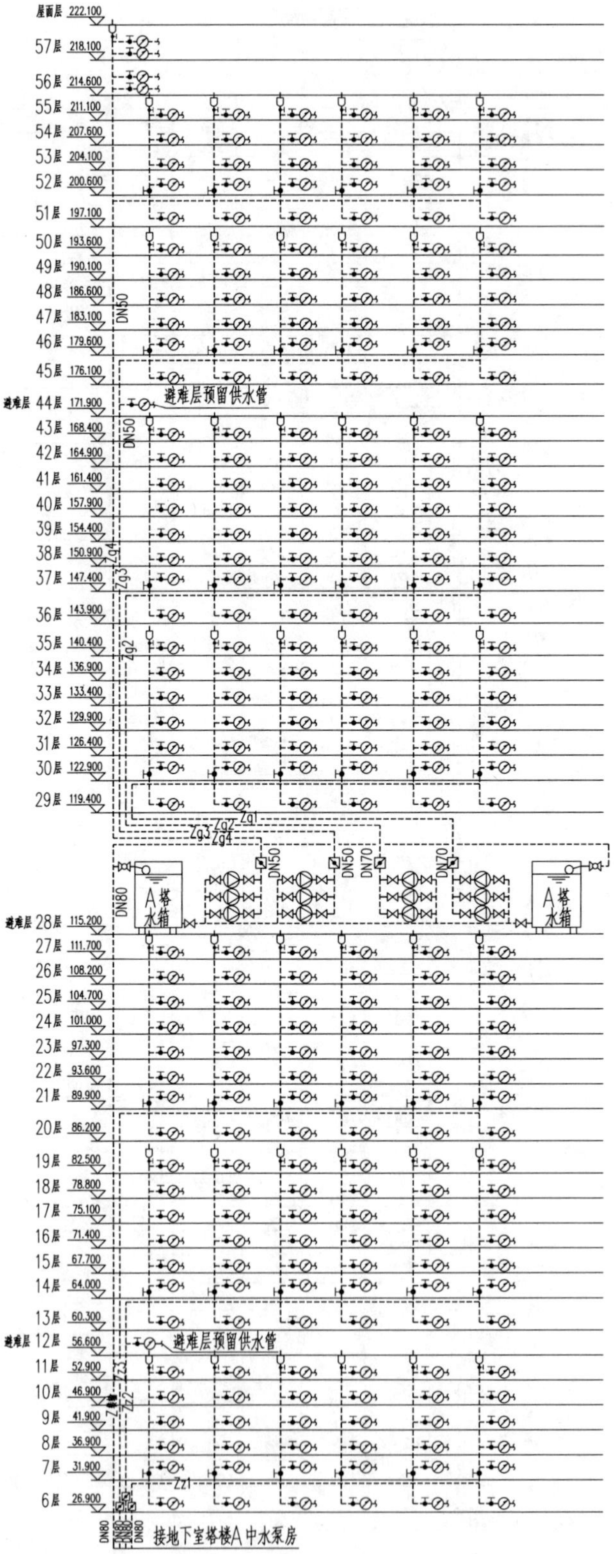

屋面层 222.100
57层 218.100
56层 214.600
55层 211.100
54层 207.600
53层 204.100
52层 200.600
51层 197.100
50层 193.600
49层 190.100
48层 186.600
47层 183.100
46层 179.600
45层 176.100
避难层 44层 171.900
43层 168.400
42层 164.900
41层 161.400
40层 157.900
39层 154.400
38层 150.900
37层 147.400
36层 143.900
35层 140.400
34层 136.900
33层 133.400
32层 129.900
31层 126.400
30层 122.900
29层 119.400
避难层 28层 115.200
27层 111.700
26层 108.200
25层 104.700
24层 101.000
23层 97.300
22层 93.600
21层 89.900
20层 86.200
19层 82.500
18层 78.800
17层 75.100
16层 71.400
15层 67.700
14层 64.000
13层 60.300
避难层 12层 56.600
11层 52.900
10层 46.900
9层 41.900
8层 36.900
7层 31.900
6层 26.900

DN50
避难层预留供水管
DN50
Zg4
Zg3
Zg2
Zg1
Zg2
Zg3
Zg4
DN50
DN50
DN70
DN70
DN80
A塔水箱
A塔水箱
避难层预留供水管
Zz3
Zz2
Zz1
DN80
DN80
DN80
DN80
接地下室塔楼A中水泵房

塔楼中水系统图

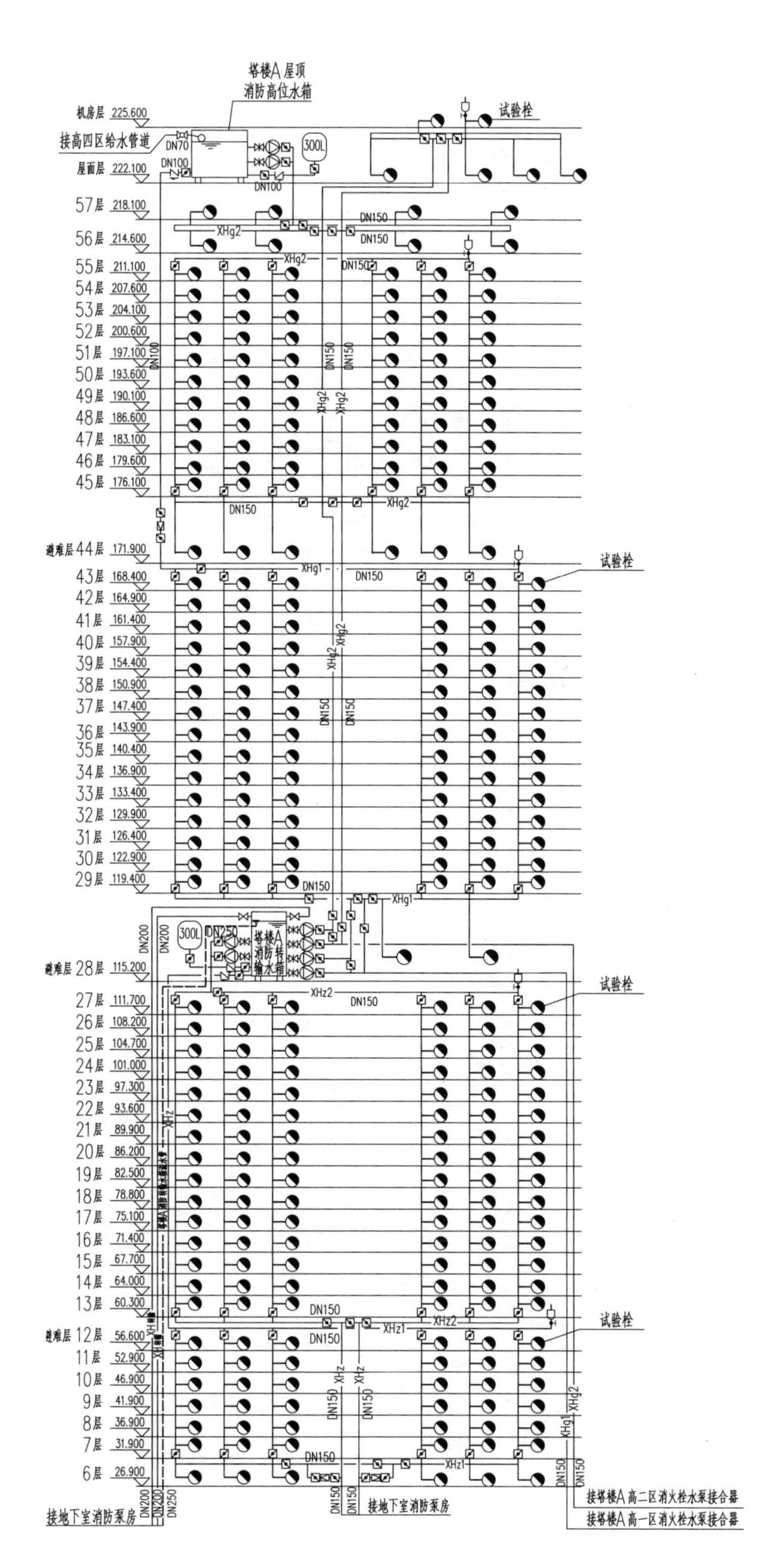
塔楼A屋顶
消防高位水箱
试验栓
机房层 225.600
接高四区给水管道
屋面层 222.100
57层 218.100
56层 214.600
55层 211.100
54层 207.600
53层 204.100
52层 200.600
51层 197.100
50层 193.600
49层 190.100
48层 186.600
47层 183.100
46层 179.600
45层 176.100
避难层 44层 171.900
43层 168.400
42层 164.900
41层 161.400
40层 157.900
39层 154.400
38层 150.900
37层 147.400
36层 143.900
35层 140.400
34层 136.900
33层 133.400
32层 129.900
31层 126.400
30层 122.900
29层 119.400
避难层 28层 115.200
27层 111.700
26层 108.200
25层 104.700
24层 101.000
23层 97.300
22层 93.600
21层 89.900
20层 86.200
19层 82.500
18层 78.800
17层 75.100
16层 71.400
15层 67.700
14层 64.000
13层 60.300
避难层 12层 56.600
11层 52.900
10层 46.900
9层 41.900
8层 36.900
7层 31.900
6层 26.900
接地下室消防泵房
接地下室消防泵房
接塔楼A高二区消火栓水泵接合器
接塔楼A高一区消火栓水泵接合器

塔楼消火栓系统图

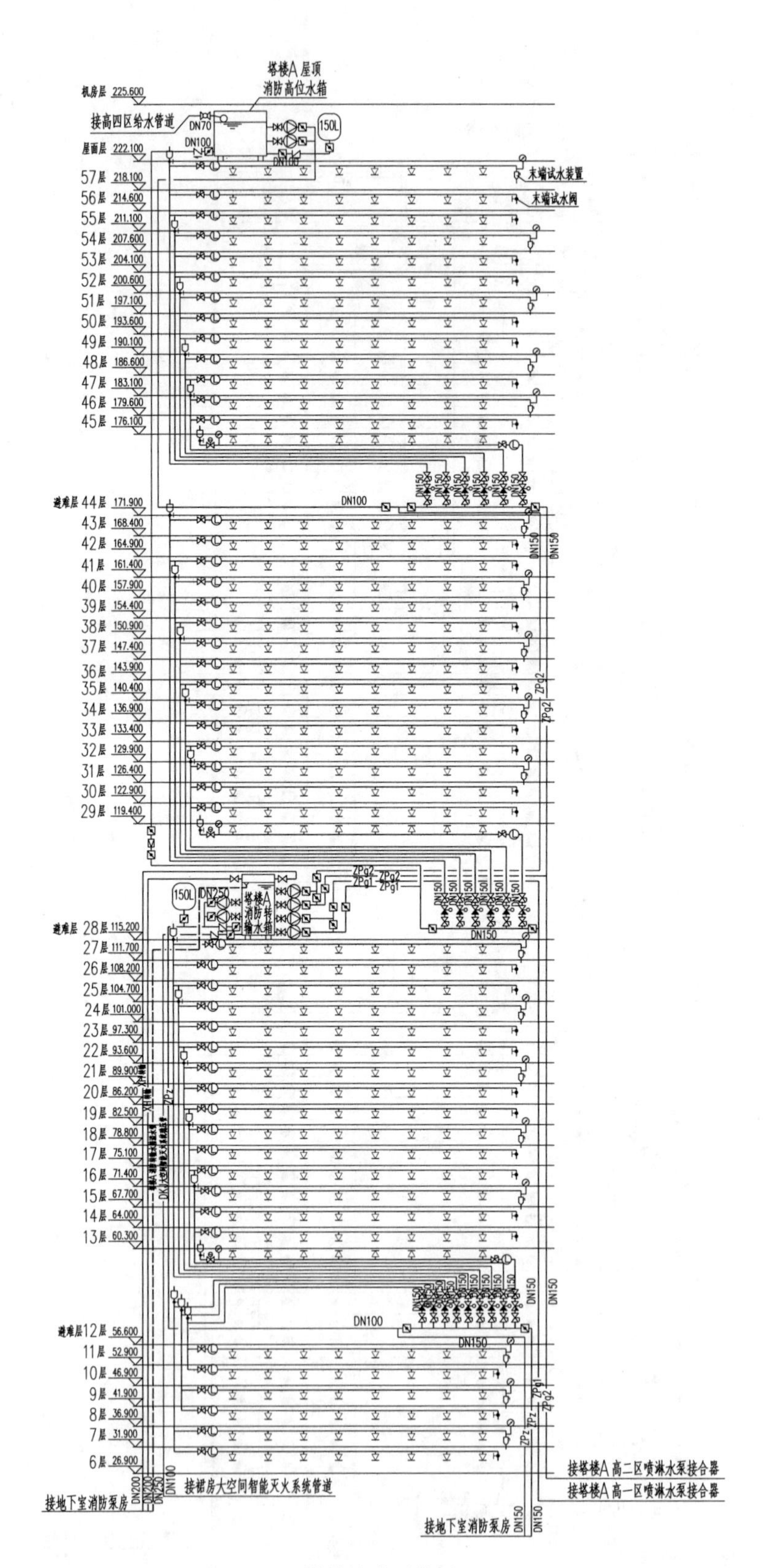
塔楼A屋顶
消防高位水箱
机房层 225.600
接高四区给水管道
屋面层 222.100
末端试水装置
末端试水阀
避难层 44层 171.900
避难层 28层 115.200
避难层 12层 56.600
接塔楼A高二区喷淋水泵接合器
接塔楼A高一区喷淋水泵接合器
接地下室消防泵房
接裙房大空间智能灭火系统管道

塔楼喷淋系统图

武汉电影乐园

设计单位： 同济大学建筑设计研究院（集团）有限公司
设 计 人： 秦立为　杨民　归谈纯　赵鑫
获奖情况： 公共建筑类　二等奖

工程概况：

武汉电影乐园位于武汉东湖 K-8 地块，基地总占地面积约 3.34 公顷。项目总建筑面积 103500m²，地下二层，地面三层（地上二层、三层带夹层），建筑高度约 60m，属于一类高层建筑（图 1）。作为一个室内电影文化公园，容纳多个娱乐主题，包括 4D 影院、5D 影院、飞行影院、互动影院、太空影院、体验影院，以及电影主题购物、餐饮等服务设施，见下图剖面所示。是以电影体验为主，集娱乐、商业、餐饮与一体的建筑综合体。本工程设计工作开始于 2012 年，已于 2014 年年底建成开业。

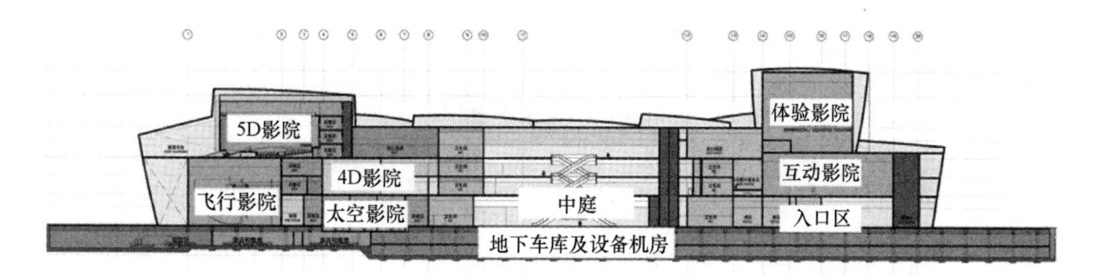

图 1　武汉电影乐园

工程说明：

一、给水排水系统

（一）给水系统

1. 冷水用水量（表 1）

最高日用水量 673.3 m^3/d，最高时用水量 103.2m^3/h。

2. 水源

水源由市政给水管网提供两路进水，进水管径 DN200，在基地内成环，作为生活消防合用管网，管网最小压力 0.16MPa。

3. 系统竖向分区

生活供水系统竖向分为两个区，地下二层～地上一层为低区，二层及以上为高区。

4. 供水方式及给水加压设备

低区由市政供水管网直接供水，高区由水池＋变频水泵加压供水。在地下二层水泵房内设有 131m^3 的生活水池，以及变频泵组。在三层设有工艺水处理机房，设有以反渗透为核心的二次处理装置和 $5m^3$ 的清水池，由变频泵供至各工艺用水点。

冷水用水量 表1

序号	用水项目	用水单位	用水标准	时变化系数 K	用水量	
					最高日(m^3/d)	最高时(m^3/h)
1	游客用水	12000	10L/人次	1.5	120	30
2	后勤人员用水	1000	30L/(人·d)	1.5	30	4.5
3	餐饮用水(游客)	7200	25L/人次	1.5	180	27
4	餐饮用水(员工)	1000	25L/人次	1.5	25	3.8
5	空调补水	/	/	/	200	20
6	工艺用水	/	/	/	30.5	4.5
7	未预见水量	15%			87.8	13.5
8	总和				673.3	103.2

5. 管材

生活给水管除卫生间采用PPR（S3.2系列）外，其余均采用衬塑钢管。

(二) 热水系统

1. 热水用水量

本项目热水量主要为餐饮热水以及员工淋浴热水。

1）餐饮热水见表2所示：

餐饮热水用水量 表2

餐厅位置	就餐人数(人次/d)	就餐人数(人次/h)	用水定额(L/人次)	热水量 Q_h(m^3/h)
一层餐厅	2032	207	5	1.0
二层快餐厅	730	152	15	2.3
二夹层快餐厅1	2952	615	7	4.3
二夹层快餐厅2	2384	497	7	3.5
二夹层快餐厅3	664	138	7	1.0
二夹层快餐厅4	664	138	7	1.0
地下一层餐厅	1250	280	7	2.0
地下二层厨房	2442	453	7	3.2
总计				18.3

2）员工淋浴热水见表3所示：

员工淋浴热水用水量 表3

淋浴器数量	14只
每天使用时间	4h
用水定额	167L/h,60℃
最大时用水量	2.3m^3/h

2. 热源

员工淋浴热水采用太阳能集中加热＋辅助电加热，集热板设于屋顶，太阳能热水机房设于淋浴间附近。

餐饮厨房热水全部采用商用容积式燃气热水器、电热水器制备。

3. 系统竖向分区

同冷水系统一致。

4. 热交换器

(1) 太阳能热水系统：屋顶设置有效集热面积160m^{2}的太阳能集热板，地下室热水机房的供热水罐内配有110kW的电加热设备。

(2) 燃气及电热水器（表4）：

燃气及电热水器 **表4**

餐厅位置	耗热量（kW）	热水器选用型号	功率	数量
一层餐厅	65.1	电	30kW	2台
二层餐厅	143.4	燃气	73kW	2台
二夹层快餐厅1	270.7	燃气	99kW	3台
二夹层快餐厅2	218.8	燃气	73kW	3台
二夹层小快餐厅3	60.7	电	30kW	2台
二夹层小快餐厅4	60.7	电	30kW	2台
地下一层餐厅	123.2	燃气	73kW	2台
地下二层厨房	199.2	燃气	99kW	2台

5. 冷热水压力平衡措施、热水温度的保证措施

本项目的冷热水同源，确保压力平衡。

太阳能热水系统的供回水管上设有温度传感器，根据设定的供、回水温度自动启闭热水循环泵；系统中还设有冷却器，防止系统过热。

6. 管材

热水管需采用热水型衬塑钢管。

(三) 雨水回用系统

1. 可收集的雨水量及可用雨水量表、水量平衡表

(1) 本工程设有雨水回用系统，收集汇水面积5072m^{2}的屋面雨水，经弃流、过滤、消毒处理后，回用于绿化浇灌、道路浇洒、车库冲洗等。

可收集的雨水量及可用雨水量见表5：

可收集雨水量及可用雨水量 **表5**

序号	项目	年均降雨量(mm)	径流系数	汇水面积(m^2)	集蓄效率	收集雨水量(m^3/年)
1	建筑屋面	1269	0.9	5072	75%	4345
2	折减系数					0.8
3	年平均产水量					3476

(2) 水量平衡（图2）

2. 系统竖向分区

雨水回用系统竖向不分区。

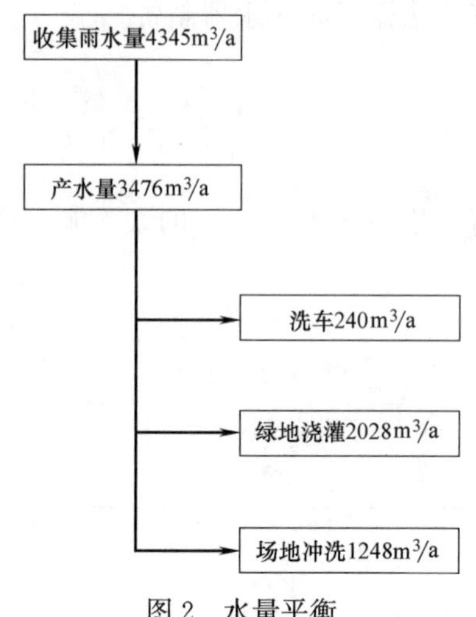

图2 水量平衡

3. 供水方式及给水加压设备

回用雨水由变频泵加压供水。地下一层再生水机房内，设有 $100m^3$ 的雨水调节池、雨水处理装置、$40m^3$ 的清水池、恒压供水泵组等。

4. 水处理工艺流程（图3）

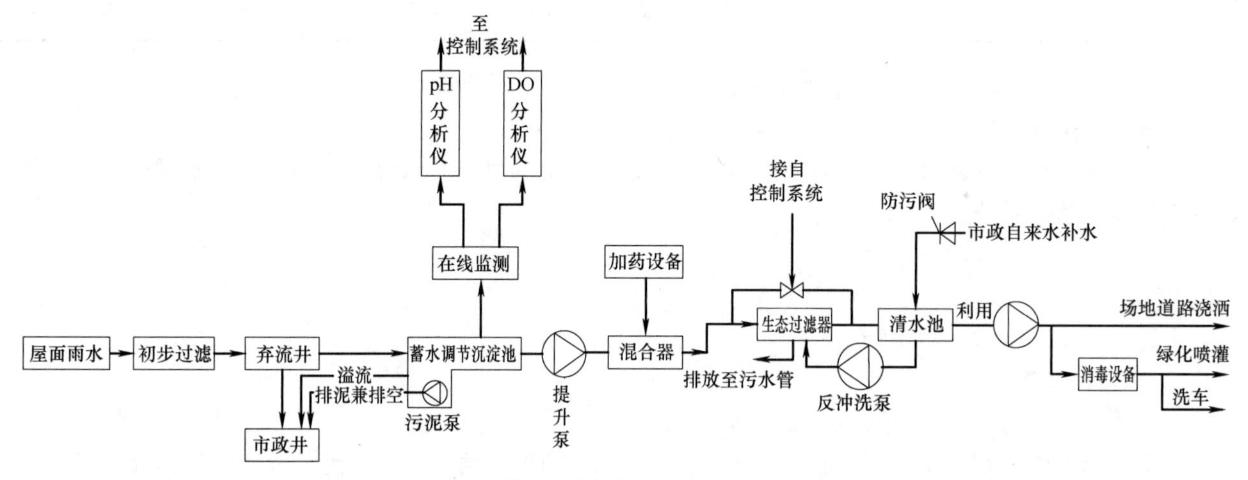

图3 雨水收集处理系统

5. 管材

回用雨水管采用 PVC-U 管。

（四）排水系统

1. 排水系统的形式

室内排水采用污、废合流，室外雨、污分流。

2. 透气管的设置方式

排水立管设置专用通气立管，各个卫生间及用水末端设置环形通气管。

3. 采用的局部污水处理设施

（1）厨房废水经地下室隔油设施处理后排放。

（2）地下室洗车区的含油废水经室外隔油沉淀池处理后排放。

4. 管材

(1) 室内重力排水管，除空调机房冷凝水管，重力雨水立管及悬吊管采用镀锌钢管，虹吸雨水管采用HDPE管以外，其余室内重力排水管均采用柔性接口排水铸铁管。

(2) 室外排水管采用双壁螺旋塑料管。

(3) 与潜水排污泵连接的管道，均采用内涂塑镀锌钢管。

(4) 溢、泄水管采用热浸镀锌钢管，丝扣或法兰连接。

二、消防系统

(一) 消火栓系统

1. 消火栓用水量：室内消火栓 40L/s，室外消火栓 30L/s。

2. 系统分区：消火栓系统不分区。

3. 消火栓泵参数：地下二层消防泵房内设有消火栓泵两台（Q=40L/s，H=100m，N=55kW，1用1备）；屋顶消防水箱高度可满足系统静压要求，故不设稳压泵。

4. 水池、水箱参数：地下二层消防水池贮水 720m^3，包括 3h 室内消火栓、2h 喷淋；屋顶消防水箱贮水 100m^3。

5. 水泵接合器：室外设置 3 套水泵接合器。

6. 管材：采用热浸镀锌钢管。

(二) 自动喷水灭火系统

1. 自动喷水灭火系统用水量：40L/s。

2. 系统分区：喷淋系统不分区。

3. 喷淋泵参数：地下二层消防泵房内设有喷淋泵两台（Q=40L/s，H=110m，N=55kW，1用1备）；屋顶消防水箱贮水 100m^3，三层稳压设备间设有喷淋稳压泵两台（Q=1L/s，H=39m，N=1.5kW，1用1备）、100L 稳压罐。

4. 喷头选型：

(1) 普通喷头全部采用快速响应式喷头；其中在有吊顶部位为 K=80、DN15 隐蔽型 68℃闭式喷头；在无吊顶部位设 K=80、DN15、68℃直立式喷头；宽度大于 1200mm 的风管底部需设置下垂型喷头；

(2) 车库入口采用易熔合金喷头；

(3) 厨房灶台上部为 93℃喷头，厨房内其他地方为 79℃喷头。

5. 报警阀：报警阀设在地下二层的消防泵房及报警阀室内，共设有 19 个报警阀。

6. 水泵接合器：室外设置 3 套水泵接合器。

7. 管材：采用热浸镀锌钢管。

(三) 水喷雾灭火系统

1. 系统设置位置：地下室柴油发电机房、燃气锅炉房采用水喷雾系统。

2. 系统设计参数：设计喷雾强度 20L/(min·m^2)；持续喷雾时间 0.5h；设计水量 20L/s（柴发 20L/s，锅炉房 15L/s）；设计存水量 36m^3。

3. 系统控制：

(1) 当事故发生时，保护对象上方感烟、感温探测器组将火灾或事故信号送至控制室火灾报警盘，火灾报警盘判断确认后，发出声光报警信号，并指示事故地点，经延时后向该保护对象对应的雨淋阀发布动作指令（遥控打开电磁阀）。雨淋阀动作，同时雨淋阀组的压力开关将系统启动的信号送至火灾报警盘，喷淋完毕后手动关闭电磁阀。

(2) 手动操作时，当事故发生，探测器将事故信号送至控制室火灾报警盘，经值班人员确认，在控制室手动打开雨淋阀组电磁阀，从而启动雨淋阀，同时雨淋阀组的压力开关将该系统启动的信号送至火灾报警盘。喷淋完毕手动关闭电磁阀。

（3）除控制室操作外，雨淋阀在阀门室可手动应急启动。

4. 加压设备选用：同自动喷水灭火系统合用一套加压设备。

5. 管材：采用热浸镀锌钢管。

（四）气体灭火系统

1. 系统设置位置：地下室变配电间、高压室等采用全淹没式七氟丙烷气体灭火系统。共划分为3套系统，系统一、系统三均采用组合分配全淹没式灭火方式，系统二采用单元独立全淹没式灭火方式。

2. 系统设计参数：设计浓度9%，喷放时间10s，各系统设计用量见表6～表8：

系统一设计参数 **表6**

保护区	体积(m^3)	设计浓度	喷放时间(s)	设计用量(kg)	钢瓶数	泄压口面积(m^2)
变配电室1	781.0	9%	10	563	7套120L	0.27
变电所值班室	170.5	8%	10	108	2套120L	0.08
变配电室2	3597.0	9%	10	2594	30套120L	1.17

系统二设计参数 **表7**

保护区	体积(m^3)	设计浓度	喷放时间(s)	设计用量(kg)	钢瓶数	泄压口面积(m^2)
高压室	1039.5	9%	10	750	9套120L	0.34

系统三设计参数 **表8**

保护区	体积(m^3)	设计浓度	喷放时间(s)	设计用量(kg)	钢瓶数	泄压口面积(m^2)
控制室	382.2	8%	10	242	3套120L	0.11
冷冻机房变电所	940.8	9%	10	678	8套120L	0.31

3. 系统控制

气体灭火系统的控制，要求同时具有气动启动、电气手动启动及应急机械手动启动三种方式：

（1）当某个防护区两火灾探测器同时发出火灾信号时，自动灭火控制器立即发出信号指令，打开该区启动钢瓶，瓶中高压氮气分为两路，一路经气路单向阀打开该区选择阀，另一路直接打开灭火剂储瓶组，施行该防护区灭火。

（2）将灭火控制柜面板上启动方式转换开关置于半自动位置，手动按动灭火系统启动按钮，使相应保护区的选择阀及灭火剂储瓶组瓶头阀打开，便可实施电气手动启动灭火功能。其优点是，可根据火灾现场及人员撤退情况，适时释放灭火剂。

（3）当气动启动及电气手动启动功能失效时，工作人员可在设备现场实施应急手动打开相应保护区域的选择阀及瓶头阀，进行灭火。

（五）消防水炮灭火系统

1. 设置位置：净空超过12m的中庭、5D影院、体验影院上空，设置消防水炮系统。

2. 系统设计参数：单个水炮射水流量5L/s，标准工作压力0.6MPa，保护半径30m。同时开启个数4个，系统设计流量20L/s。

3. 系统控制：水炮为探测器、水炮一体化设置。当水炮探测到火灾后发出指令联动打开相应的电磁阀，启动消防水泵进行灭火，驱动现场的声光报警器进行报警。并将火灾信号送到火灾报警控制器。扑灭火源后，若有新火源，则系统重新上述动作。

三、工程特点及设计体会

（一）给水排水设计

本项目为电影主题乐园，包含购物、餐饮、娱乐等功能。由于不同于一般的电影院，故在用水量定额选用时，采用了一般电影院定额的2倍，取10L/人次。本项目内包含众多娱乐设备，其中一些需要提供工艺特效用水，如水喷雾特效等。为此特别设计了工艺特效水处理设备一套，将工艺用水集中处理后，通过水泵加压供到各个影院，再由影院承包深化设计单位自行连接到工艺用水点。根据业主要求，本项目需要达到绿建两星的标准，对地下室的员工淋浴采用太阳能制备热水，并且达到占建筑总热水量10%的要求。本项目屋面采用虹吸式雨水系统，屋面雨水经收集处理后回用，主要用于地面冲洗和室外绿化浇灌。

（二）消防系统设计

本项目内部构造复杂，空间造型不规则，影院内由于工艺需要，设有众多特殊造型的马道。这为消防喷淋布置带来难度。在消防设计时仔细研究各个复杂构造，对马道下方、夹层内、坡道下方等大量隐蔽区域设计了喷淋。此外，还对个别影厅内、中庭上空等净空超过12m的区域，设计了大空间智能灭火装置。而地下室变配电间、高压室等采用全淹没式七氟丙烷气体灭火系统。柴油发电机房、燃气锅炉房采用水喷雾灭火系统。强弱电间采用悬挂式超细干粉自动灭火装置保护。

四、工程照片及附图

（一）施工过程照片

（二）竣工照片

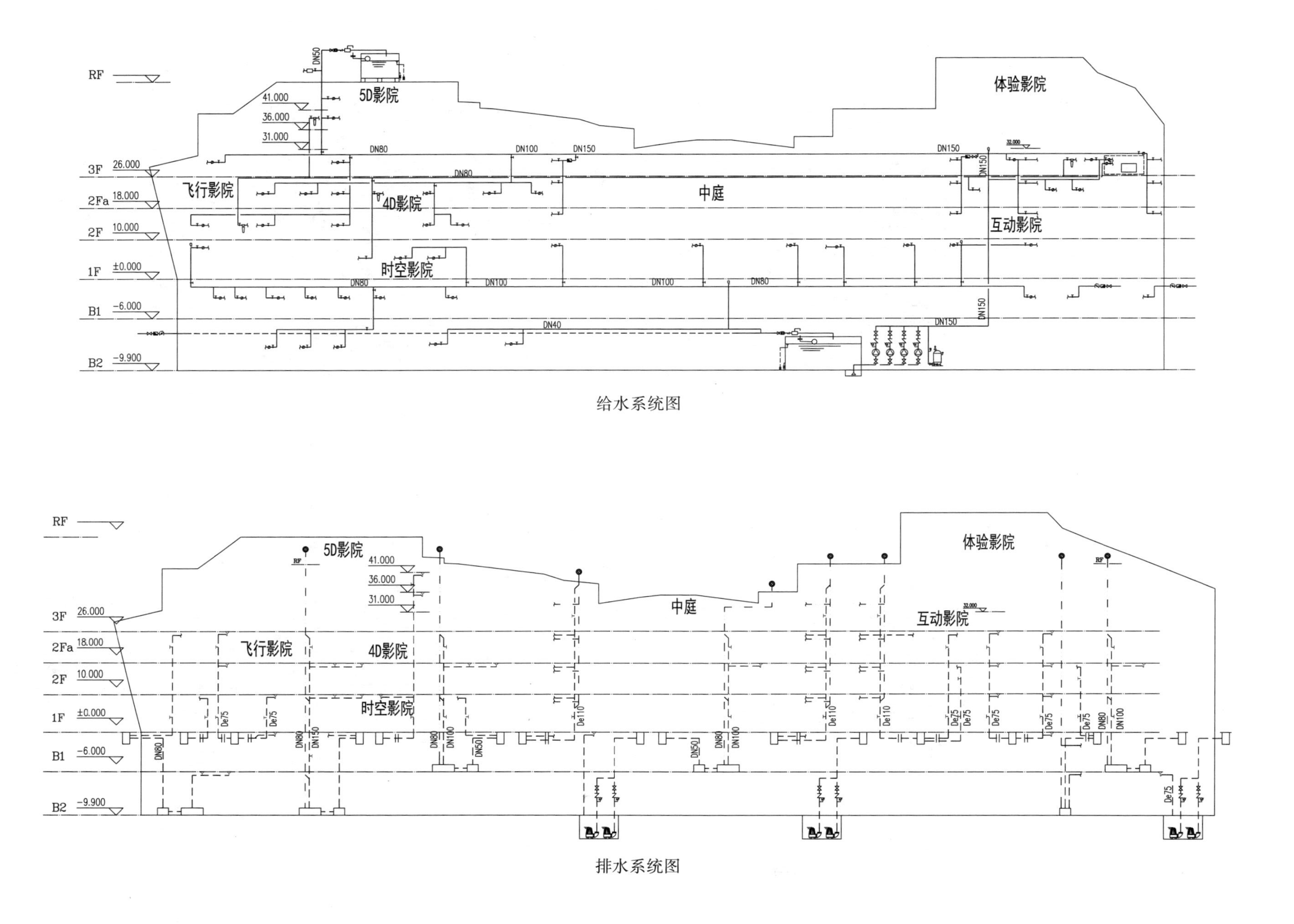
RF
3F
2Fa
2F
1F
B1
B2
26.000
18.000
10.000
±0.000
-6.000
-9.900
41.000
36.000
31.000
5D影院
飞行影院
4D影院
时空影院
中庭
互动影院
体验影院
DN50
DN80
DN100
DN150
DN40
RF
3F
2Fa
2F
1F
B1
B2
26.000
18.000
10.000
±0.000
-6.000
-9.900
41.000
36.000
31.000
5D影院
飞行影院
4D影院
时空影院
中庭
互动影院
体验影院
De75
De110
DN80
DN100
DN150
DN50

给水系统图

排水系统图

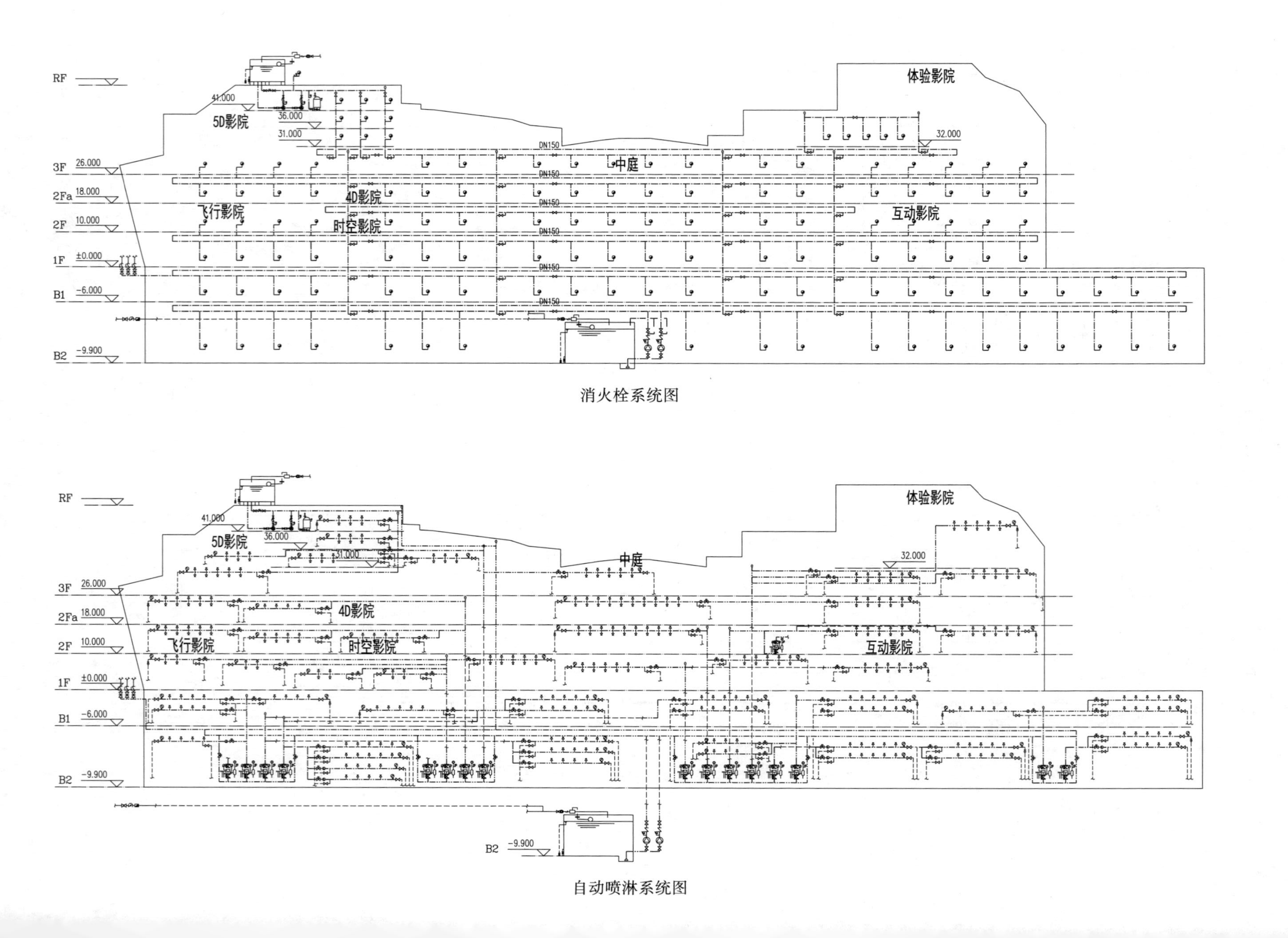

消火栓系统图

自动喷淋系统图

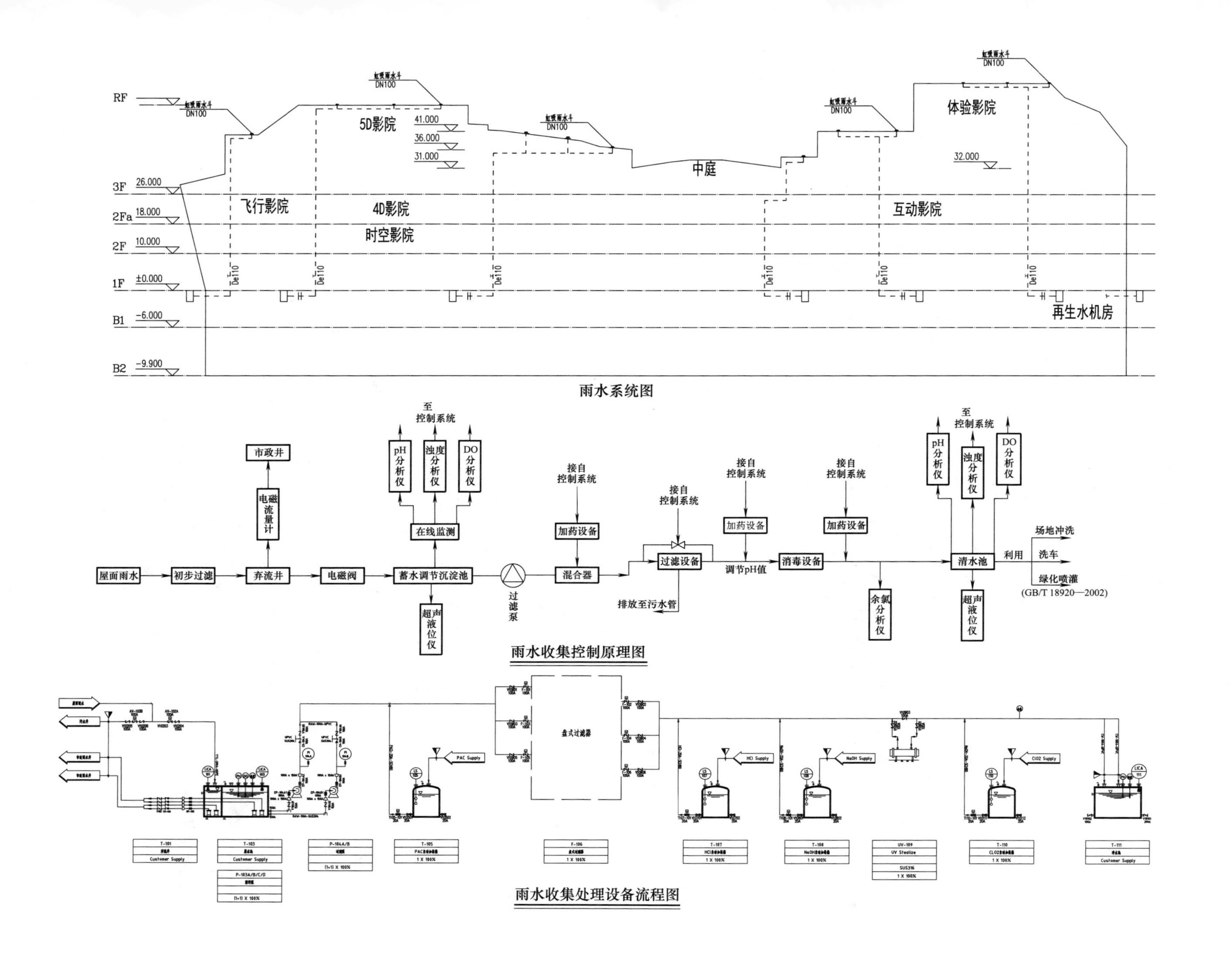

RF
3F 26.000
2Fa 18.000
2F 10.000
1F ±0.000
B1 −6.000
B2 −9.900
虹吸雨水斗 DN100
5D影院
41.000
36.000
31.000
飞行影院
4D影院
时空影院
中庭
互动影院
体验影院
32.000
De110
再生水机房
雨水系统图
屋面雨水
初步过滤
弃流井
电磁流量计
市政井
电磁阀
蓄水调节沉淀池
超声液位仪
在线监测
pH分析仪
浊度分析仪
DO分析仪
至控制系统
过滤泵
混合器
加药设备
接自控制系统
过滤设备
排放至污水管
调节pH值
消毒设备
余氯分析仪
清水池
利用
场地冲洗
洗车
绿化喷灌
(GB/T 18920—2002)
雨水收集控制原理图
盘式过滤器
PAC Supply
HCl Supply
NaOH Supply
ClO2 Supply
T-101
T-103
Customer Supply
P-103A/B/C/D
P-104A/B
T-105
F-106
T-107
T-108
UV-109
UV Sterilize
SUS316
T-110
T-111
雨水收集处理设备流程图

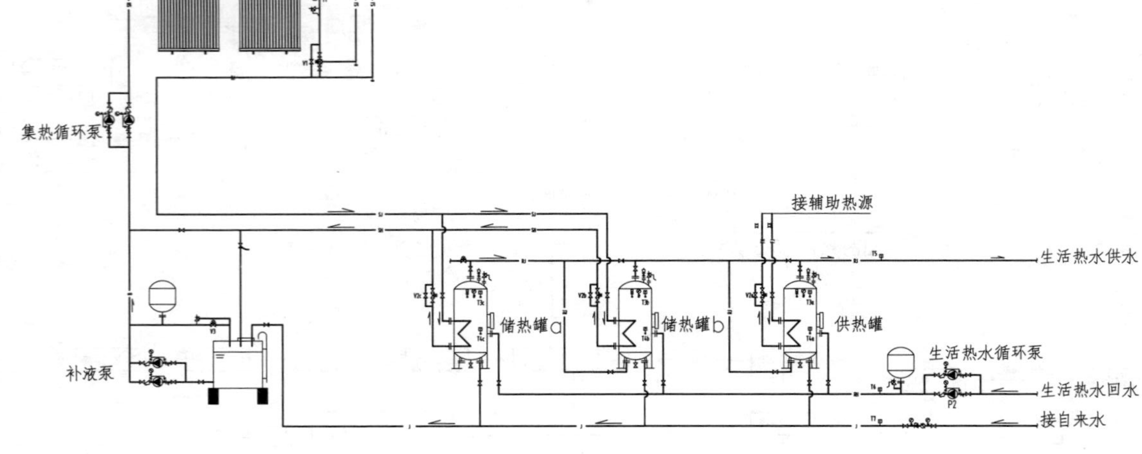

热水系统图

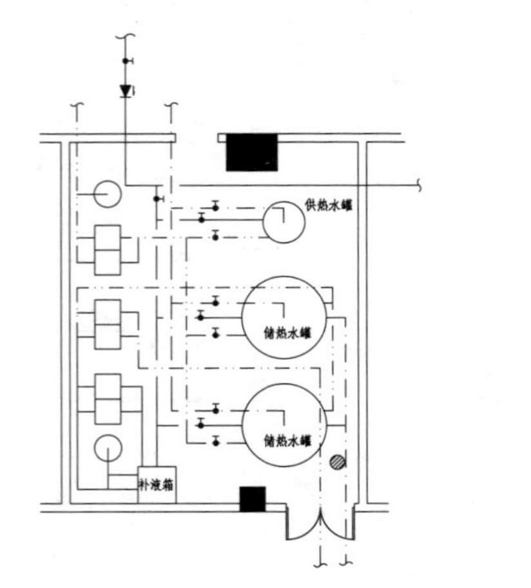

太阳能系统运行原理

1. 初始条件

阀门 V1 朝 ab 向常开，V2b、V2c 时刻保持一个阀门开启，每次启动下一个阀门前关闭上一次开启的阀门。所有水泵均处于关闭状态。

2. 集热系统

（1）当集热器出口温度 T0-T4b≥10℃且 T3b<65℃时，阀门 V2c 及太阳能热水循环泵 P1 开启，T0-T4b≤5℃或 T3b>65℃或 T6-T3a≤5℃时，P1 关闭；系统永远优先加热储水罐 a，当储水罐 a 达到设定值时，停止换热；

（2）当集热器出口温度 T0-T4C≥10℃且 T3C<70℃时，阀门 V2b 开启同时关闭阀门 V2c。T0-T4C≤5℃或 T3C>65℃时，P1 关闭；当集热器与储水罐 a 之间的温差达到设定值时，集热器热量优先加载储水罐 b，当温差小于设定值时，停止换热。

（3）在加热储水罐 a 的过程中，系统每隔 20min 检测罐 b 是否符合条件，若符合则切换至罐 b。

3. 防过热系统

当 T3b>65℃，T3C>70℃，T0>90℃同时成立且维持 10min 时，阀门 V1 切换至 ac 向，P1 开启，冷却器开启，系统进入放过热保护状态。若 T0≥90℃持续超过 10min，则系统进入报警状态，报警方式须能足够引起维护人员注意。当 T0≤80℃时，退出防过热保护。

4. 辅助加热控制

当 T3a<60℃时（此温度可以设定），开启电加热功能，加热供热罐。当 T3a>60℃，停止电加热。

5. 防军团菌功能

系统探测 T3a 一周内是温度是否达到过 60℃，如果没有，则启动电加热功能，将供热水箱的水加热至 60℃，电加热器停止，从而达到杀菌作用。

6. 系统即开有热水功能

当 T6≤40℃（可设定），且 T3a≥55℃时，控制系统热水回水循环泵 P2，当 T6≥45℃（可设定）时，P2 停止。确保系统即开有热水。

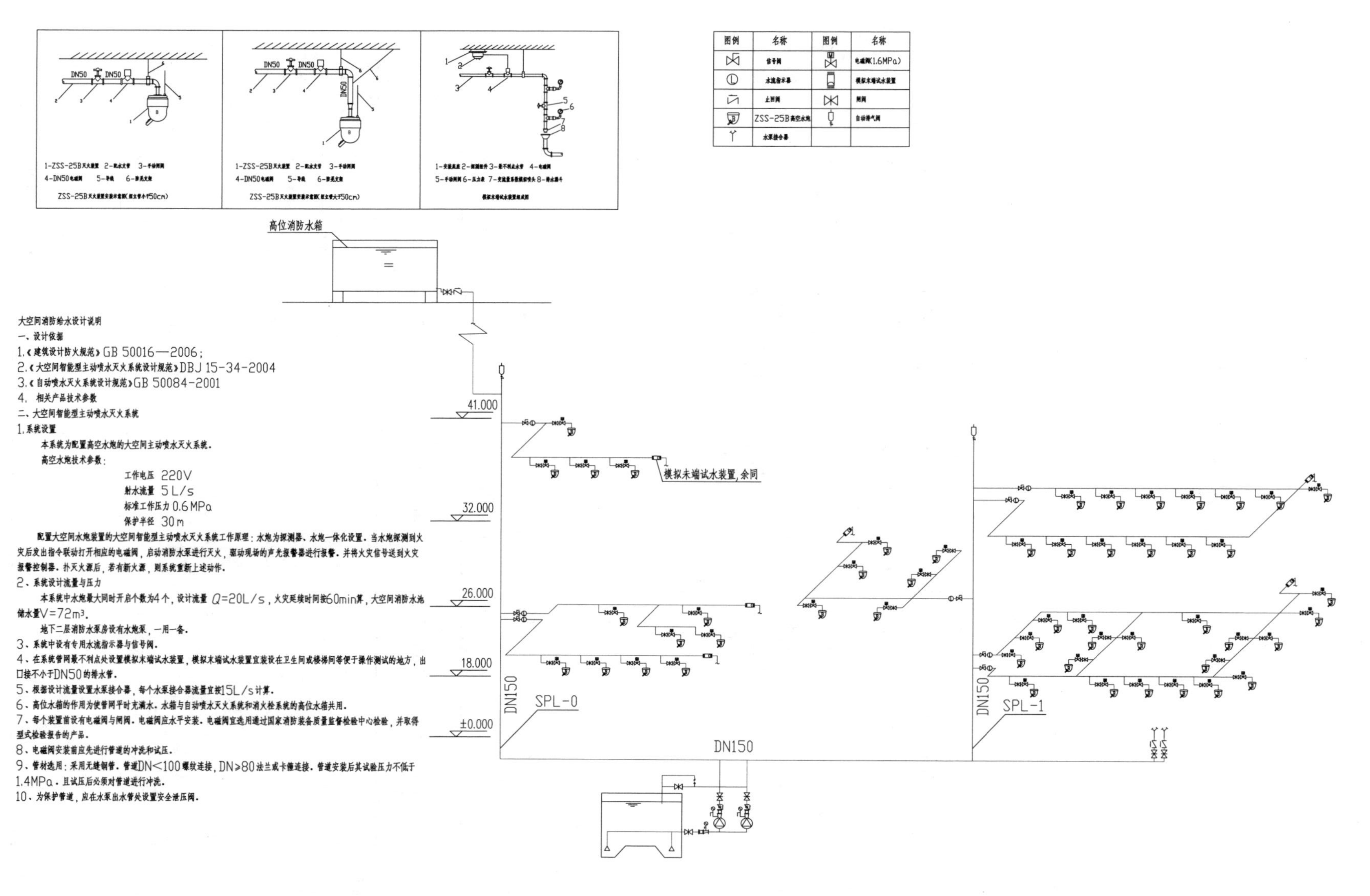
1-ZSS-25B灭火装置 2-配水支管 3-手动闸阀
4-DN50电磁阀 5-导线 6-防晃支架
ZSS-25B灭火装置安装示意图(配立管小于50cm)
1-ZSS-25B灭火装置 2-配水支管 3-手动闸阀
4-DN50电磁阀 5-导线 6-防晃支架
ZSS-25B灭火装置安装示意图(配立管大于50cm)
1-安装底座 2-探测组件 3-最不利点水管 4-电磁阀
5-手动闸阀 6-压力表 7-变流量系数模拟喷头 8-排水漏斗
模拟末端试水装置组成图
图例
名称
信号阀
水流指示器
止回阀
ZSS-25B高空水炮
水泵接合器
电磁阀(1.6MPa)
模拟末端试水装置
闸阀
自动排气阀
高位消防水箱
41.000
32.000
26.000
18.000
±0.000
DN150
SPL-0
SPL-1
模拟末端试水装置，余同
大空间消防给水设计说明
一、设计依据
1.《建筑设计防火规范》GB 50016—2006；
2.《大空间智能型主动喷水灭火系统设计规范》DBJ 15-34-2004
3.《自动喷水灭火系统设计规范》GB 50084-2001
4. 相关产品技术参数
二、大空间智能型主动喷水灭火系统
1.系统设置
本系统为配置高空水炮的大空间主动喷水灭火系统。
高空水炮技术参数：
工作电压 220V
射水流量 5L/s
标准工作压力 0.6MPa
保护半径 30m
配置大空间水炮装置的大空间智能型主动喷水灭火系统工作原理：水炮为探测器、水炮一体化设置。当水炮探测到火灾后发出指令联动打开相应的电磁阀，启动消防水泵进行灭火，驱动现场的声光报警器进行报警。并将火灾信号送到火灾报警控制器。扑灭火源后，若有新火源，则系统重新上述动作。
2、系统设计流量与压力
本系统中水炮最大同时开启个数为4个，设计流量 Q=20L/s，火灾延续时间按60min算，大空间消防水池储水量V=72m3。
地下二层消防水泵房设有水炮泵，一用一备。
3、系统中设有专用水流指示器与信号阀。
4、在系统管网最不利点处设置模拟末端试水装置，模拟末端试水装置宜装设在卫生间或楼梯间等便于操作测试的地方，出口接不小于DN50的排水管。
5、根据设计流量设置水泵接合器，每个水泵接合器流量宜按15L/s计算。
6、高位水箱的作用为使管网平时充满水。水箱与自动喷水灭火系统和消火栓系统的高位水箱共用。
7、每个装置前设有电磁阀与闸阀。电磁阀应水平安装。电磁阀宜选用通过国家消防装备质量监督检验中心检验，并取得型式检验报告的产品。
8、电磁阀安装前应先进行管道的冲洗和试压。
9、管材选用：采用无缝钢管。管道DN<100螺纹连接，DN≥80法兰或卡箍连接。管道安装后其试验压力不低于1.4MPa。且试压后必须对管道进行冲洗。
10、为保护管道，应在水泵出水管处设置安全泄压阀。

水炮系统原理图

圆融星座

设计单位： 中衡设计集团股份有限公司
设 计 人： 薛学斌　陈寒冰　程磊　倪流军　殷吉彦　朱小方　李军　詹新建
获奖情况： 公共建筑类　二等奖

工程概况：

圆融星座项目位于苏州工业园区金鸡湖东岸一苏州 CBD 与环湖商业文化区的核心部位，北临旺墩路，西靠钟园路。基地东侧为大面积绿地，北、西、南侧分别为时代广场，星罗酒店及预留商业用地。总基地面积为 30257m^2。总建筑面积（包括地下部分）为 269507.81m^2，其中地上建筑面积 196658.0m^2，地下建筑面积为 72849.81m^2，容积率 6.41。项目将发展成一个综合性多功能的超大型单体公共建筑。主要功能是综合性商业、餐饮、办公、酒店式公寓。地下室用作商业、停车库和设备用房。本项目设计中 3 幢塔楼依据城市规划条件，分别放置在城市的 3 个街角。基地东北角为办公楼，34 层，建筑高度约为 149.9m，建筑面积约为 8.5 万 m^2；另外两幢均为酒店式公寓，28 层，建筑高度均为 99.9m，建筑面积约为 5.9 万 m^2。

工程说明：

一、给水排水系统

（一）给水系统

1. 冷水用水量见表 1。

冷水用水量统计　　表 1

序号	用水性质	用水定额	使用单位数量	使用时间(h)	小时变化系数	最高日用水量(m^3/d)	最大时用水量(m^3/h)
一	商业区						
1	顾客	3L/人/次	7500 人	8	1.5	22.5	4.2
2	员工	50L/(人·d)	4000 人	10	1.5	200	30
3	餐饮	25L/人/次	5000 座	8	1.5	300	56
	注：餐饮按每座使用次数 0.8 次/(座·h)，6h/d，同时使用系数 0.5						
二	主楼办公区						
1	办公人员	50L/(人·班)	6000 人	10	1.5	300	45
三	酒店式公寓						
1	住户	300L/(人·d)	1567 人	24	2.5	470	49
	绿化	2.0L/(m^2·d)			水量计入未预计部分		

续表

序号	用水性质	用水定额	使用单位数量	使用时间(h)	小时变化系数	最高日用水量(m^3/d)	最大时用水量(m^3/h)
	道路场地	1.0L/(m^2·d)			水量计入未预计部分		
	商业区生活用水量统计					550	94
	主楼办公区生活用水量统计					300	45
	酒店式公寓生活用水量统计					470	49
	商业区冷却循环补水	1.2%	1800m^3/h	10	1.0	216	21.6
	主楼办公区冷却循环补水	1.2%	1750m^3/h	10	1.0	210	21
	商业区小计					766	115.6
	主楼办公区小计					510	66
	公寓区小计					470	49
	未预计水量	10%				76.6/51/47	11.6/6.6/4.9
	商业区合计					842.6	127.2
	主楼办公区合计					561	72.6
	酒店式公寓合计					517	53.9
	用水量总计					1920.6	253.7

2. 水源

本工程以市政自来水为水源，供水水压0.15MPa，可满足本工程用水量及水质要求。由北侧旺墩路和西侧钟园路市政供水管分别引一路*DN*250接入管，分别设生活和消防水表。室外管网在红线内形成环状，为生活及消防提供水源。

3. 给水系统竖向分区及供水方式

(1) 商业及地下室（表2）

商业及地下室给水分区 **表2**

分区名称	分区范围	分区水箱	供水方式	供水设备
Ⅰ区	地下二层～地下四层	/	市政直供	/
Ⅱ区	地下一层～四层	地下三层，150m^3	变频供水	给水泵共6台，其中小泵2台两用Q=5.0L/s，H=58m，N=5.5kW；大泵4台，3用1备Q=14L/s，H=58m，N=15kW
Ⅲ区	五～六层		变频供水	给水泵，3台，2用1备Q=5L/s，H=63m，N=5.5kW
冷却水补水	裙房屋顶	地下三层，80m^3	变频供水	给水泵，3台，2用1备Q=6.0L/s，H=50m，N=5.5kW

（2）主楼办公区（表 3）

主楼办公区给水分区 **表 3**

分区名称	分区范围	分区水箱	供水方式	供水设备
Ⅰ区	地下二层～地下四层	/	市政直供	/
Ⅱ区	七～十一层	二十层，$25m^3$	重力供水（设置减压阀组）	/
Ⅲ区	十二～十七层		重力供水	/
Ⅳ区	十八～二十四层	屋顶机房，$15m^3$	重力供水（设置减压阀组）	/
Ⅴ区	二十五～三十一层		重力供水	/
Ⅵ区	三十二～三十四层		变频供水	给水泵，2 台，1 用 1 备 $Q=3L/s$，$H=15m$，$N=1.1kW$
冷却水补水	裙房屋顶	地下三层，$80m^3$	变频供水	给水泵，3 台，2 用 1 备 $Q=5.5L/s$，$H=50m$，$N=5.5kW$

地下三层设 $90m^3$ 低位生活水箱，设工频提升泵两台，1 用 1 备，$Q=12.5L/s$，$H=112m$，$N=30kW$；二十层避难层设生活转输水箱，设工频提升泵两台，1 用 1 备，$Q=8.0L/s$，$H=78m$，$N=11kW$。

（3）酒店式公寓（表 4）

公寓区给水分区 **表 4**

分区名称	分区范围	分区水箱	供水方式	供水设备
Ⅰ区	六～十三层	地下三层，$140m^3$	变频供水	给水泵，4 台，3 用 1 备 $Q=4.0L/s$，$H=81m$，$N=5.5kW$
Ⅱ区	十四～二十一层		变频供水	给水泵，4 台，3 用 1 备 $Q=4.0L/s$，$H=107m$，$N=7.5kW$
Ⅲ区	二十二～二十八层		变频供水	给水泵，4 台，3 用 1 备 $Q=3.5L/s$，$H=129m$，$N=7.5kW$

（4）各分区用水点压力控制在 0.15～0.45MPa 之间，用水点压力大于或等于 0.20MPa 设减压阀。各水箱均并设水箱水处理消毒设施，防止水质二次污染措施。

4. 供水方式及给水加压设备

供水方式及给水加压设备详见表 2～表 4。

5. 管材

埋地管（至室内第一个法兰前）采用钢丝网骨架 HDPE 复合管（*PE*100，PN1.6），电热熔连接。室内 *DN*100 以上采用不锈钢管，焊接法兰连接；*DN*100 及以下采用薄壁不锈钢管，卡压式连接；不锈钢材质不低于 SUS304L。

生活水箱均采用耐氯不锈钢材质，不锈钢材质不低于 SUS304L。

（二）热水系统

1. 热水用水量

（1）商业区及办公区卫生间洗手盆热水由独立式电热水器供应，每个卫生间吊顶内设置 $V=40L$，

N=1.5kW 电热水器一台。

（2）应绿色二星要求，办公区顶部三层采用集中—分散式太阳能热水系统，各层卫生间另设电热水器辅助加热，选用平板型太阳能集热器，共36套，集热面积为72m^2，产水量3.5m^3，热水用水量见表5；其余楼层卫生间洗手盆热水由独立式电热水器供应，每个卫生间吊顶内设置V=40L，N=1.5kW 电热水器一台。

（3）酒店式公寓每户独立设置壁挂式两用燃气炉及150L热水罐，与暖通专业地暖系统共用。

（4）地下二层员工餐厅及员工淋浴采用集中热水系统，热水用水量见表6。

局部办公热水（60℃）用水量统计 **表5**

序号	用水性质	用水定额	使用单位数量	使用时间(h)	小时变化系数	最高日用水量(m^3/d)	最大时用水量(m^3/h)	设计小时耗热量(kW)
1	办公	10L/(人·d)	350人	8	1.5	3.5	0.66	43

冷水温度取5℃，设计小时耗热量取43kW。

员工热水（60℃）用水量统计 **表6**

序号	用水性质	用水定额	使用单位数量	使用时间(h)	小时变化系数	最高日用水量(m^3/d)	最大时用水量(m^3/h)	设计小时耗热量(kW)
1	员工食堂	10L/(人·餐)	400人,2餐	8	1.5	8.0	1.5	96
2	员工淋浴	300L/h	20个	2	1.5	7.6	3.8	243
3	用水量总计					15.6	5.3	339

冷水温度取5℃，设计小时耗热量取350kW。

2. 热源

顶部三层办公热水热源以太阳能作为预热，另每个卫生间单独设置电热水器作为辅助热源。

员工热水热源以暖通专业的蒸汽凝结水废热（70℃）作为预热，另以蒸汽作为辅助热源。

3. 系统竖向分区

同生活冷水分区。

4. 热交换器

集中热水系统各区热交换参数见表7。

热交换器参数 **表7**

分区名称	区域范围	使用功能	设计小时耗热量(kW)	热交换器	数量
地下室员工区	地下三～地下四层	员工餐厅及员工淋浴	350	不锈钢筒体，浮动盘管，导流型（水水交换）RV-04-5.0-(1.6/1.0)	1
				不锈钢筒体，浮动盘管，导流型（汽水交换）RV-04-5.0-(1.6/1.0)	1
顶部三层办公区	三十二～三十四层	卫生间洗手盆	43	不锈钢筒体，浮动盘管，导流型（水水交换）RV-04-3.5-(1.6/1.0)	1

5. 冷热水压力平衡措施、热水温度的保证措施

（1）集中热水均采用机械循环方式，保证热水配水点热水温度不低于45℃；员工餐厅及员工淋浴热水管网成环状布置，保证出水稳定，出水时间不大于10s。

（2）顶部三层办公集中热水系统均采用支管循环，保证出水时间不大于10s。

(3) 由于公寓定位较高，为高档酒店式公寓，每户的局部热水系统采用支管循环方式，保证出水时间不大于 10s。

6. 管材

室内 *DN*100 以上采用不锈钢管，焊接法兰连接；*DN*100 及以下采用薄壁不锈钢管，卡压式连接；不锈钢材质不低于 SUS304L。

(三) 雨水收集回用系统

1. 雨水可收集量见表 8。

雨水收集水量 **表 8**

序号	名称	收集面积(m^2)	径流系数	年平均降雨量(mm)	年收集雨量(m^3)
1	地下一层峡谷区	3000	0.9	1018.6	2750.3
2	部分裙房屋面	6600	0.9	1018.6	6050.5
3	收集量总计				8800.8

2. 杂用水用水量见表 9。

杂用水用水量 **表 9**

序号	名称	用水定额(m^2)	面积(m^2)	最高日用水量(m^3/d)	用水天数	年用水量(m^3/年)
1	道路及广场浇洒	2.0L/(m^2·d)	11000	22.0	每 3 天 1 次	2750.3
2	地下车库地面冲洗	2.0L/(m^2·d)	60000	12.0	每 10 天 1 次	6050.5
3	室外绿化浇洒	1.0L/(m^2·d)	30257	3.0	每天 1 次	
4	收集量总计			37.0		8800.8

3. 水量平衡见表 10。

逐月水量平衡表 **表 10**

月份	月平均降雨量(mm)	可收集雨水总量(m^3)	道路及广场浇洒(m^3)	绿化浇洒(m^3)	车库地面冲洗(m^3)	月盈亏水量(m^3)	连续补水量(m^3)
1	39.93	345.0	223.1	92.1	365	−335.2	−335.2
2	56.79	490.7	223	92.0	365	−189.3	−189.3
3	70.83	612.0	223.1	92.1	365	−68.2	−68.2
4	96.13	830.6	223	92.0	365	150.6	/
5	111.46	963.0	223.1	92.1	365	282.2	/
6	144.08	1244.9	223	92.0	365	564.9	/
7	121.69	1051.4	223.1	92.1	365	371.2	/
8	114.26	987.2	223.1	92.0	365	307.1	/
9	136.47	1179.1	223	92.0	365	499.1	/
10	45.46	392.8	223.1	92.0	365	−287.3	−287.3
11	44.38	383.4	223	92.0	365	−296.6	−296.6
12	37.12	320.7	223.1	92.0	365	−359.4	−359.4
合计	1018.60	8800.8	2676.7	1104.4	4380	751.2	−1536

由表 10 可以看出，一年中除 1、2、3、10、11、12 月份需要自来水补水，其余月份收集的雨水量能够完全满足绿化浇灌、道路广场浇洒及地下车库冲洗用水，不需要市政补水。本项目全年室外杂用水需水量共计 8161.1m^3，其中利用雨水替代市政供水的水量共计 8161.1－1536＝6625.1m^3。

4. 系统分区、供水方式及给水加压设备

本工程杂用水供水为一个区，设置一组变频供水泵，给水泵 4 台，3 用 1 备 Q＝10.0L/s，H＝55m，N＝9.0kW。

5. 雨水处理工艺流程（图 1）

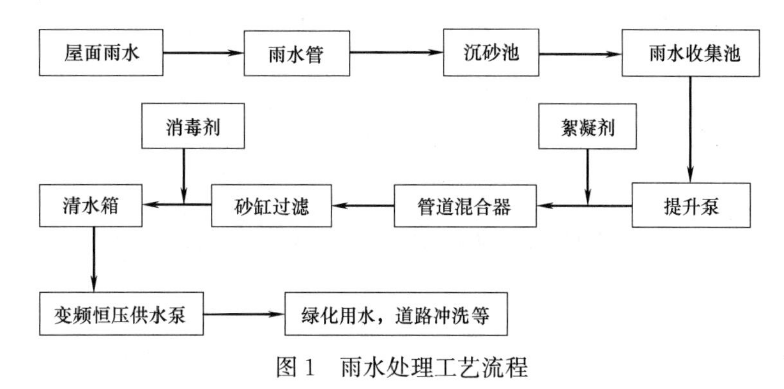

图 1　雨水处理工艺流程

6. 管材

机房及室内杂用水管采用不锈钢管，室外浇洒管采用钢丝网骨架 HDPE 复合管。

（四）排水系统

1. 排水系统的形式

本工程室外排水采用雨、污分流；室内污水采用污废合流。

2. 透气管的设置方式

本工程设置专用通气立管、环形通气管。

3. 采用的局部污水处理设施

（1）商业餐饮区厨房含油废水经两级隔油处理（隔油池设备设置于地下室专用隔油间）；处理后废水提升排至污水管网。

（2）地下车库的地面冲洗废水经隔油沉砂池处理后提升排至污水管网。

4. 管材

（1）室外雨、污水管采用 HDPE 双壁缠绕管，弹性密封承插连接。

（2）室内污水管采用抗震柔性（法兰连接）离心排水铸铁管；污、废水提升泵出水管采用镀锌内衬塑钢管，卡箍连接。

（3）室内重力雨水管采用热镀锌内涂塑钢管，丝接和卡箍连接；主楼采用镀锌无缝钢管，卡箍连接；虹吸雨水系统采用 HDPE 给水管。

（五）空调冷却循环水系统

1. 中央空调系统分两个部分，其中商业区共有制冷机 3 台，循环冷却水量 600×3m^3/h；主楼办公区共有制冷机 4 台，循环冷却水量（500×3＋250）m^3/h。

2. 空调循环冷却水系统采用开式循环系统，总循环水量 3550m^3/h，其中商业区循环水量 1800m^3/h，共设置 Q＝300m^3/h 的方形逆流冷却塔 6 座；主楼办公区循环水量 1750m^3/h，共设置 Q＝250m^3/h 的方形逆流冷却塔 7 座；湿球温度 28.3℃，冷却塔进口水温 37℃，出口水温 32℃；冷却塔置于五层裙房顶及主楼五层北侧，循环水泵分设于两个制冷机房内。

3. 主楼办公区各层机房恒温恒湿机的冷却，按预留一套 $Q=100m^3/h$ 闭式冷却塔处理，主楼管井内预留立管，每层预留冷却水接口。地下冷却机房内设置变频冷却循环泵组；于避难层预留板换分区及变频冷却循环泵组，供高区机房冷却。

4. 为防止经多次循环后的水质恶化影响冷凝器传热效果，在冷却循环水泵出口处设全自动自清过滤器，并设冷却循环旁流器连续处理一部分循环水以去除冷却过程中带入的灰尘及除垢仪产生的软垢。系统还设有杀菌消毒投药装置。

5. 冷却循环水补充水：通过变频加压泵组，从冷却补水箱处抽水提升软化后直接供至冷却塔集水盘补水；本设计中冷却塔集水盘为深水型集水盘。

二、消防系统

（一）消火栓系统

1. 消火栓系统用水量

本工程属于超高层建筑，室外消防用水量为 30L/s，室内消火栓用水量为 40L/s，火灾延续时间 3h，室内外一次灭火用水量 $756m^3$ 室内消防水量。

2. 系统竖向分区

（1）本工程采用两路市政管网进水，室外消火栓系统采用低压制，由市政管网直接供水。室外消防管网沿建筑物形成环状，管网上设置多个 $DN100$ 室外消火栓，间距不大于 120m。

（2）本工程室内消火栓系统采用临时高压制，其中主楼及商业区消防采用水泵直接串联供水方式，竖向分为 3 个区：1 区（地下三层～四层）；2 区（五～十九层）（办公主楼）；3 区（二十～三十四层）（办公主楼）；1 区消火栓管道上设可调式减压阀组。

酒店式公寓竖向分为 1 个区（五～二十八层）。竖向分区静水压不超 1.0MPa，消火栓口压力超过 0.50MPa 时采用减压稳压消火栓。

3. 消火栓泵（稳压设备）的参数

（1）主楼及商业区下区（1，2 区）一级消火栓泵设于地下四消防水泵房内，$Q=40L/s$，$H=138m$，$N=90kW$，（1 用 1 备）；上区（3 区）二级消火栓泵设于二十层避难层消防水泵房内，$Q=40L/s$，$H=100m$，$N=75kW$，当上区发生火灾时，须先启动下区消防泵，上下区消防泵连锁启动的时间间隔不大于 20s。

酒店式公寓消火栓泵设于地下四层消防水泵房内，$Q=40L/s$，$H=152m$，$N=110kW$，（1 用 1 备）。

（2）消火栓的设置保证室内任何部位有两股充实水柱同时到达，消火栓箱内设置消防卷盘，室内消火栓管道水平、竖向均呈环状，消防电梯前室设置专用消火栓，屋顶设试验消火栓。

（3）本工程主楼 20 层避难层消防泵房设下区（1、2 区）稳压设备，稳压泵型号 $Q=5L/s$，$H=30m$，$N=3.0kW$，另设气压罐一个（$\phi1000\times2500h$），有效调节容积 $V=300L$；主楼屋顶水箱间设上区（3 区）稳压设备，$Q=5L/s$，$H=30m$，$N=3.0kW$，另设气压罐一个（$\phi1000\times2500h$），有效调节容积 $V=300L$；酒店式公寓北楼屋顶水泵房消防水箱旁设消火栓稳压装置一套，$Q=5L/s$，$H=23m$，$N=3.0kW$。气压罐一个（$\phi1000\times2500h$）。

4. 水池、水箱的容积及位置

（1）地下四层设置 $1080m^3$ 消防水池，包括室内消火栓 3h 的用水量 $432m^3$，自动喷淋灭火系统 2h 的用水量 $504m^3$ 以及消防炮系统 1h 的用水量 $144m^3$；消防水池分为两格，供本工程室内消防用水。

（2）办公塔楼 20 层避难层设备房设置 $30m^3$ 高位消防水箱，办公塔楼屋顶设置 $18m^3$ 屋顶高位消防水箱，作为火灾初期 10min 的消防用水。

(3) 酒店式公寓北楼屋顶设置 18m^3 屋顶高位消防水箱，作为火灾初期 10min 的消防用水。

5. 水泵接合器的设置

主楼及商业区室内消火栓管网设置 3 套室外水泵接合器；酒店式公寓区室内消火栓管网设置 3 套室外水泵接合器。

6. 管材

(1) 室外消火栓系统采用球墨给水铸铁管，内搪水泥外浸沥青，橡胶圈接口；喷淋系统室外部分采用热镀锌无缝钢管（Sch30），卡箍连接。

(2) 室内管径小于 $DN100$ 的管道采用热浸镀锌无缝钢管，丝接连接；管径大于或等于 $DN100$ 的管道采用热镀锌无缝钢管（Sch30），卡箍连接。

(二) 自动喷水灭火系统

1. 自动喷淋灭火系统用水量

本工程属于超高层建筑，除面积小于 5m^2 的卫生间及不宜用水扑救的部位外，均设置自动喷水灭火系统。

地下车库、商场按中危险Ⅱ级，设计喷水强度 8L/(min·m^2)，作用面积为 160m^2，持续喷水时间 1h；办公门厅 8～12m 区域按非仓库类高大净空场所单一功能设计，计喷水强度 6L/(min·m^2)，作用面积为 260m^2，持续喷水时间 1h；商业区净空高度不超过 8m，物品高度超过 3.5m 的自选超市按严重危险Ⅰ级，设计喷水强度 12L/(min·m^2)，作用面积为 260m^2，持续喷水时间 1h；考虑商业仓储区按堆垛仓库危险Ⅱ级设计，计喷水强度 16L/(min·m^2)，作用面积为 200m^2，持续喷水时间 2h；其余场所按中危险Ⅰ级，设计喷水强度 6L/(min·m^2)，作用面积为 160m^2。

系统用水量取 70L/s，持续喷水时间取 2h。

2. 系统竖向分区

本工程自动喷水系统采用临时高压制，湿式系统，其中主楼及商业区消防采用水泵直接串联供水方式，竖向分为 3 个区：1 区（地下三层～四层）；2 区（五～十九层）（办公主楼）；3 区（二十～三十四层）（办公主楼）；酒店式公寓竖向分为 1 个区（五～二十八层）。竖向分区静水压不超过 1.2MPa，配水管道静水压力不超过 0.40MPa。1 区喷淋管道上设可调式减压阀组。

3. 自动喷水泵加压泵（稳压设备）的参数

(1) 主楼及商业区下区（1、2 区）一级喷淋泵（2 用 1 备），设于地下四层消防水泵房内，Q=35L/s，H=147m，N=90kW，1 区喷淋报警阀前管道上设可调式减压阀组；上区（3 区）二级喷淋泵（1 用 1 备）设于二十层避难层消防水泵房内，Q=35L/s，H=102m，N=75kW；当上区发生火灾时，须先启动下区喷淋泵，上下区喷淋泵连锁启动的时间间隔不大于 20s。

酒店式公寓喷淋泵（1 用 1 备）设于地下四层消防消防水泵房内，Q=30L/s，H=155m，N=75kW。

(2) 本工程主楼二十层避难层消防泵房设下区（1、2 区）稳压设备，以保证最不利点处喷头工作压力，稳压泵型号 Q=1L/s，H=30m，N=2.2kW，另设气压罐一个（ϕ800×2500h），有效调节容积 V=150L；主楼屋顶水箱间设上区（3 区）稳压设备，Q=1L/s，H=30m，N=2.2kW，另设气压罐一个（ϕ800×2500h），有效调节容积 V=150L；酒店式公寓北楼屋顶水泵房消防水箱旁设消火栓稳压装置一套，稳压泵型号 Q=1L/s，H=23m，N=2.2kW，气压罐一个（ϕ800×2500h）。

4. 喷头选型

(1) 本工程均采用快速响应喷头，有吊顶区域采用隐蔽式装饰型喷头；无吊顶区域采用直立型喷头。

(2) 厨房采用 K80，93℃玻璃球型喷头；8～12m 高大净空区域采用 K115，68℃玻璃球型喷头；自选超市及仓储间采用 K161，68℃玻璃球型喷头；避难层及地下一层车库入口采用感温级别 K80，72℃易熔金属喷头，并设置电伴热保温；其余区域均采用K80，68℃玻璃球型喷头。

5. 报警阀的数量及位置

（1）根据每个报警阀控制的喷头数不超过800只的原则设置报警阀；每层每个防火分区均设置信号阀、水流指标器、泄水阀、末端试水装置。所有控制信号均传至消控中心。

（2）主楼及商业区在B4层分4个报警阀间共设置32套报警阀供1区（地下三层～四层）喷淋，2区（五～十九层）在办公塔楼隔层设置报警阀，共8套；3区（二十～三十四层）在办公塔楼隔层设置报警阀，共7套。

（3）酒店式公寓分别在南、北五层报警阀间各集中设置5套报警阀，共10套。

6. 水泵接合器的设置

主楼及商业区室内喷淋管网设置5套室外水泵接合器；酒店式公寓区室内喷淋管网设置2套室外水泵接合器。

7. 管材

（1）喷淋系统室外部分采用热镀锌无缝钢管（Sch30），卡箍连接。

（2）室内小于*DN*100的管道采用热浸镀锌无缝钢管，丝接连接；大于或等于*DN*100的管道采用热镀锌无缝钢管（Sch30），卡箍连接。

（三）气体灭火系统

1. 气体灭火系统设置的位置

地下室和避难层的变电所、开闭所、弱电机房、电信机房、平时应急电站均设置管网式全淹没IG-541气体灭火系统。

2. 系统设计的参数

（1）IG-541系统设计灭火浓度为37.5%；其喷放时间小于60s，灭火浸渍时间10min。

（2）管网式灭火系统一个防护区的面积不大于800m^2，且容积不大于3600m^3；防护区围护结构承受内压的允许压强不低于1200MPa；防护区外墙设置泄压口。

（3）系统分区见表11。

气体灭火系统分区 **表11**

序号	气瓶间位置	系统形式	防护分区	
			楼层	防护区名称
1	地下一层	组合分配	地下一层	SS1变电所(办公)、开闭所、电信机房、平时应急电站
2	地下一层	组合分配	地下一层	弱电机房
3	地下一层	组合分配	地下一层	SS5变电所(北公寓)
4	地下一层	组合分配	地下一层	SS6变电所(南公寓)
5	地下一层	组合分配	地下一层	SS2变电所(商业)
6	地下二层	组合分配	地下二层	SS3变电所(商业)
7	二十层	组合分配	二十层	SS4变电所(办公)

3. 系统控制

气体灭火系统具有自动控制、手动控制及机械应急操作3种启动方式；

（1）自动控制：保护区均设两路独立探测回路，当防护区任一路探测器报警时，气体主机显示其报警信息，并发出声响提示，防护区内消防警铃动作，提示工作人员注意；当防护区内两路探测器都探测到火警时，气体主机确认火警，并在30s延时阶段内联动声光报警器，并切断非消防电源，关闭防火阀等设备，延时期后气体主机发出驱阀指令打开储存瓶向保护区进行灭火，同时压力信号发生器接收气体喷放信号点亮保护区门外放气指示灯。

（2）手动控制：自动灭火控制器内控制方式处于手动状态，当防护区发生火情，由值班人员确认火警后按下自动灭火控制器内手动启动按钮或防护区门外的紧急启动按钮，即可启动灭火系统，实施灭火；手动控制实施前防护区内人员必须全部撤离。

（3）机械应急操作：当防护区发生火情，但由于电源发生故障或自动探测系统，控制系统失灵不能执行灭火指令时，在气体储瓶间内直接开启选择阀和瓶头阀，即可释放气体灭火剂进行灭火；应急手动控制时，必须提前关闭影响灭火效果的设备，并确认防护区内人员已全部撤离。

（四）消防水炮系统

1. 系统设置的位置

本工程商业有 6 个共享中庭大于 12m 净高，采用固定消防炮系统。

2. 系统设计的参数

本系统 6 个中庭共设置 16 门消防炮，单门消防炮流量 20L/s，额定压力 0.8MPa，保护半径 50m，每个保护区任意一点均有 2 股水柱保护。地下四层消防水泵房内设置 2 台消防炮泵，Q＝40L/s，H＝130m，N＝90kW（1 用 1 备）。

3. 系统控制

（1）本系统由消防炮装置、电动阀、水流指示器、信号阀、末端模拟试水装置、红外线探测组件组成。

（2）当红外探测组件探测到火灾后向消控中心的控制器发出报警信号，驱动现场的声光报警器进行报警，报警信号在控制室被主机确认后，控制室主机向消防炮控制盘发出灭火指令，消防炮按设定程序搜索着火点，锁定目标，启动电动阀和消防泵进行灭火。该系统同时具有自动控制、手动控制及应急操作控制功能。

三、工程特点及设计体会

1. 设计及施工体会

（1）本项目从 2008 年启动，本专业从方案的配合到施工图审查完成历经一年半的时间，水专业近 10 人参与整个设计工作；2013 年全部竣工并于当年 9 月 28 日开业。

（2）本项目体量大且功能多样，集商业、五星级办公、酒店式公寓于一体，按照设计院的工作流程采用分平台分工合作，给水排水图纸按照平面图、喷淋图、卫生间大样、系统图分专人制图，大大地提高了工作效率。

（3）在施工阶段，本工程分为地库及商业、办公塔楼、酒店式公寓 3 个施工标段，涉及施工单位多，设计院由专人负责对接现场，参加工地例会并及时反馈现场情况做好设计与现场施工的无缝对接，及时处理现场问题，得到了业主及施工单位的认可。

（4）本项目采用的 BIM 设计，现场施工严格按照 BIM 模型实施，避免了管线碰撞，保证了各功能区的净高要求。

2. 工程特点

（1）本工程为超高层建筑，最高 149.8m，经过几种方案分析必选后最终选用了水泵直接串联消防供水方式，简化系统，节约能耗及成本。

（2）办公楼（149.8m）采用工频水泵＋高位水箱联合供水，设重力水箱加减压阀供水，供水节能，且压力稳定。对于重力水箱供水，早前有个认识误区，以为重力水箱供水不节能，根据最近的文献资料，大家基本统一了认识，即常规的高位水箱加减压阀供水比设置低位水箱加变频泵供水反而节能。

（3）本工程将暖通专业 70℃的废弃蒸汽凝结水回收，作为热媒用于员工食堂及洗浴生活热水预热，凝结水经过换热后温度降至40℃后排放，充分利用了废弃热量及水量，降低能耗，最大时可回收热量313kW。

（4）本工程地下一层峡谷雨水本身需提升排放，结合这一地势特点将峡谷雨水及部分裙房屋面雨水经沉淀、过滤、消毒后作为绿化浇灌及车库冲洗用水；年节约用水8.2万元。

（5）本工程由于场地受限，办公塔楼冷却塔设于办公楼七层与裙房屋面之间，高度仅10.2m，故设计采用逆流式冷却塔，在冷却塔两侧设置挡流板，常规风机顶部设置拔风筒，以保证冷却塔气流顺畅，至今使用效果良好。

（6）地下室地面排水采用自带隔油池的集水坑，去除地下车库废水中的油渍及沉沙后提升排放至市政雨水管网。并且在项目设计后申请了实用新型专利，专利号：ZL 2012 2 0496777.8。

（7）绿化灌溉采用喷灌、滴灌等高效节水灌溉方式，节约了人工成本。

四、工程照片及附图

东南立面夜景

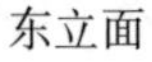

东立面

裙房屋顶花园

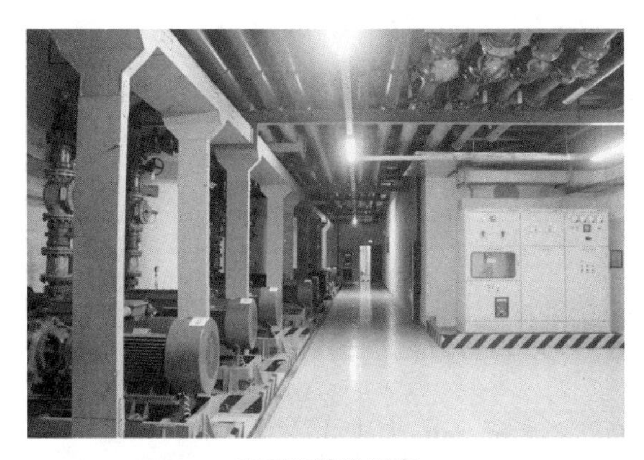

地下室消防泵房

办公塔楼二十层消防泵房

地下室生活泵房

地下室冷却水泵房

地下室雨水收集处理机房

报警阀间

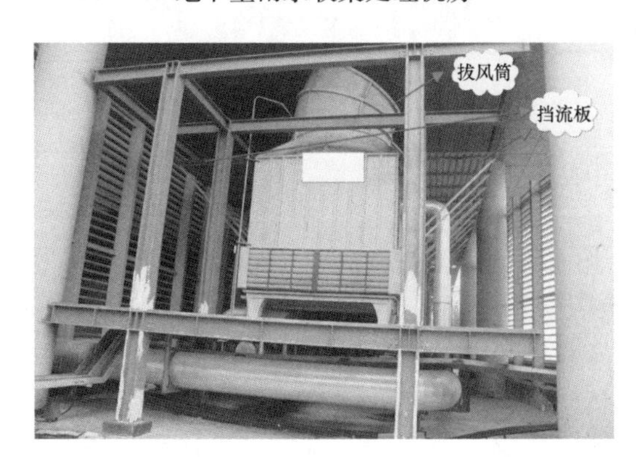

冷却塔

屋顶太阳能板

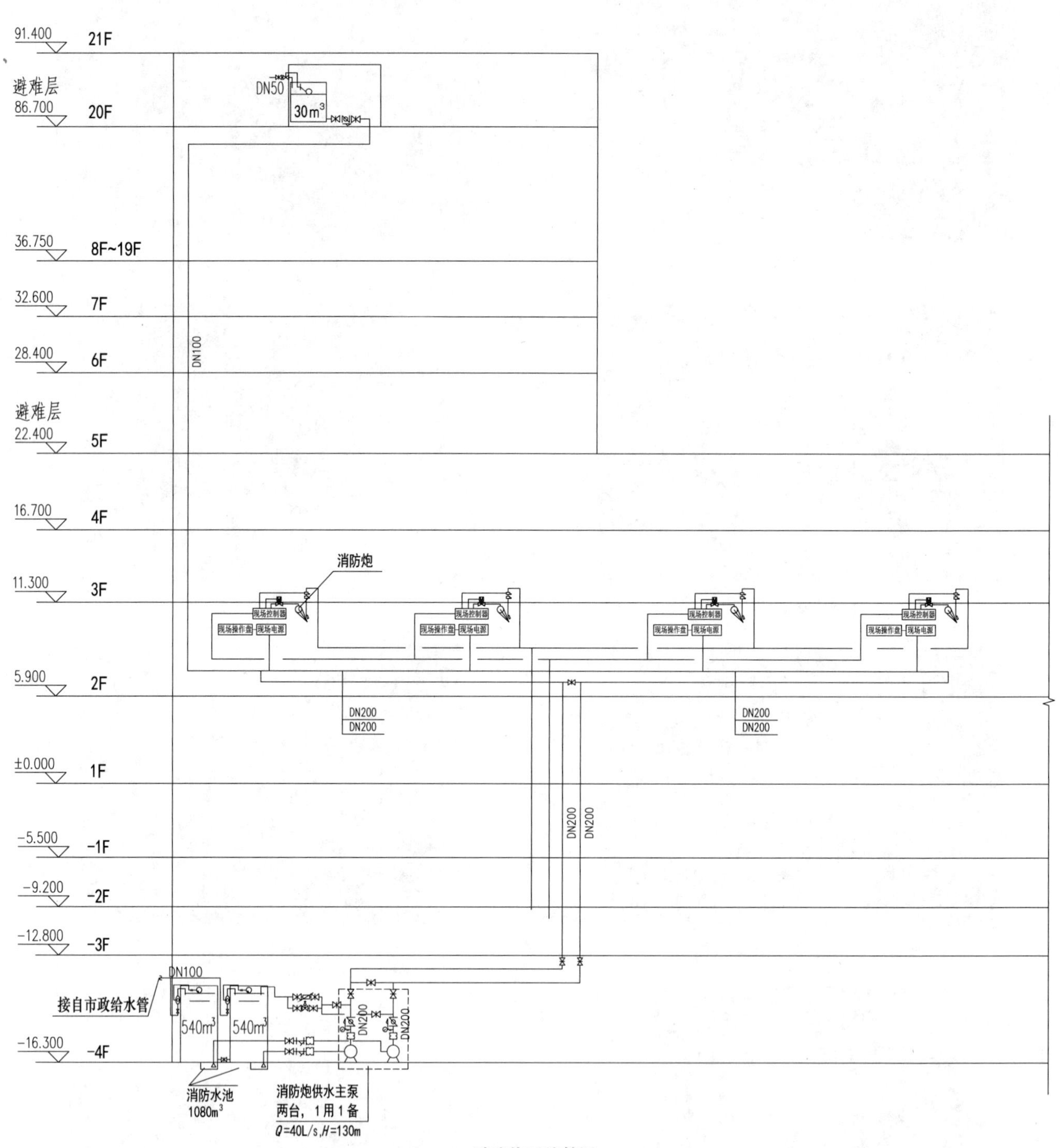
91.400 21F
避难层
86.700 20F
DN50
30m³
36.750 8F~19F
32.600 7F
28.400 6F
DN100
避难层
22.400 5F
16.700 4F
消防炮
11.300 3F
现场控制器
现场操作盘
现场电源
5.900 2F
DN200
DN200
±0.000 1F
-5.500 -1F
-9.200 -2F
-12.800 -3F
DN100
接自市政给水管
540m³
540m³
DN200
DN200
-16.300 -4F
消防水池
1080m³
消防炮供水主泵
两台，1用1备
Q=40L/s，H=130m

消防炮系统简图

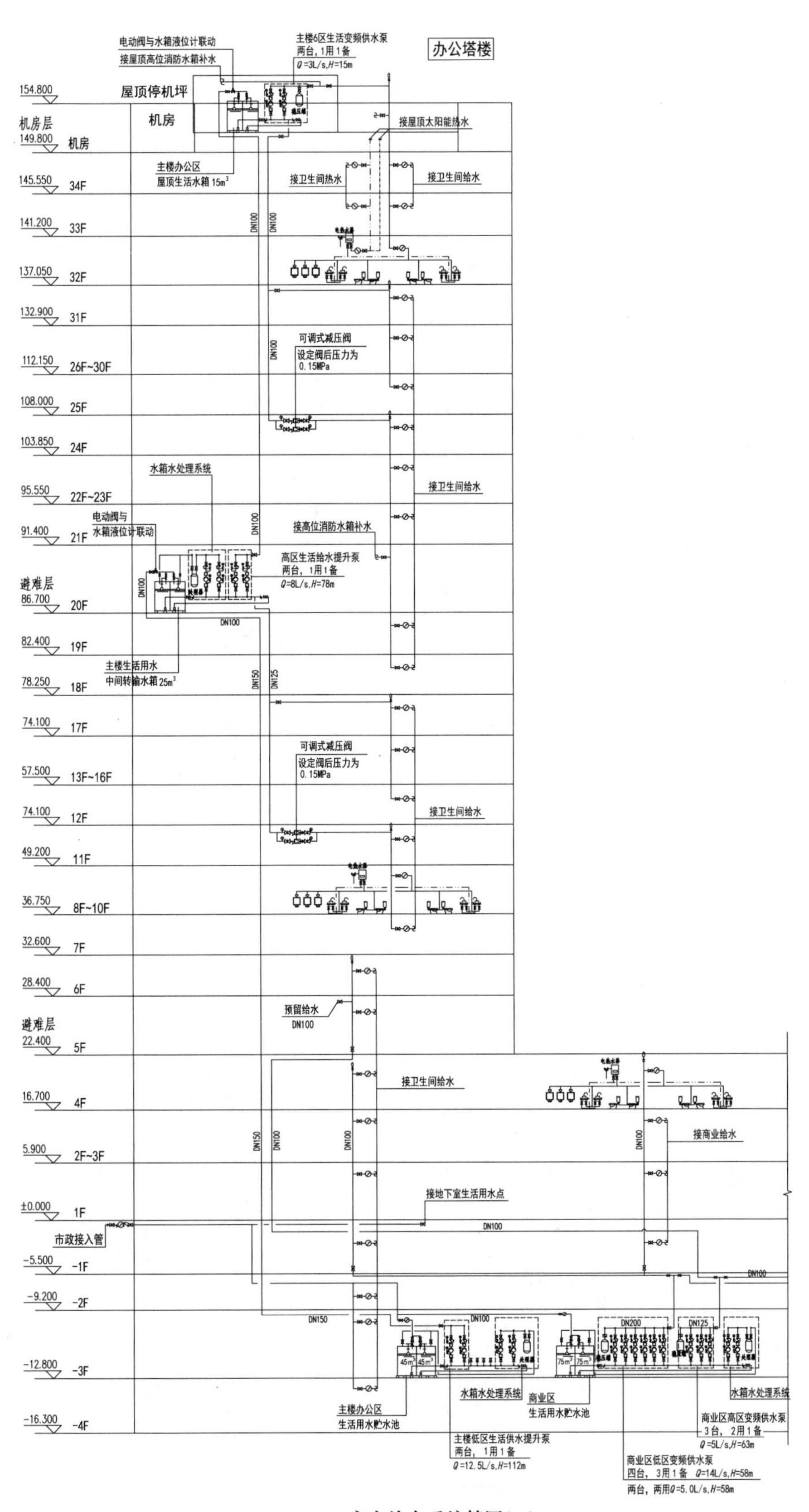

电动阀与水箱液位计联动
接屋顶高位消防水箱补水
主楼6区生活变频供水泵
两台，1用1备
Q=3L/s,H=15m
办公塔楼
154.800
屋顶停机坪
机房层
机房
149.800 机房
接屋顶太阳能热水
主楼办公区
屋顶生活水箱 15m³
145.550 34F
接卫生间热水
接卫生间给水
141.200 33F
137.050 32F
132.900 31F
可调式减压阀
设定阀后压力为
0.15MPa
112.150 26F~30F
108.000 25F
103.850 24F
水箱水处理系统
接卫生间给水
95.550 22F~23F
电动阀与
水箱液位计联动
接高位消防水箱补水
91.400 21F
高区生活给水提升泵
两台，1用1备
Q=8L/s,H=78m
避难层
86.700 20F
82.400 19F
主楼生活用水
中间转输水箱 25m³
78.250 18F
74.100 17F
可调式减压阀
设定阀后压力为
0.15MPa
57.500 13F~16F
接卫生间给水
74.100 12F
49.200 11F
36.750 8F~10F
32.600 7F
28.400 6F
预留给水
DN100
避难层
22.400 5F
接卫生间给水
16.700 4F
接商业给水
5.900 2F~3F
接地下室生活用水点
±0.000 1F
市政接入管
-5.500 -1F
-9.200 -2F
-12.800 -3F
水箱水处理系统
商业区
生活用水贮水池
水箱水处理系统
主楼办公区
生活用水贮水池
商业区高区变频供水泵
3台，2用1备
Q=5L/s,H=63m
-16.300 -4F
主楼低区生活供水提升泵
两台，1用1备
Q=12.5L/s,H=112m
商业区低区变频供水泵
四台，3用1备 Q=14L/s,H=58m
两台，两用Q=5.0L/s,H=58m

室内给水系统简图(一)

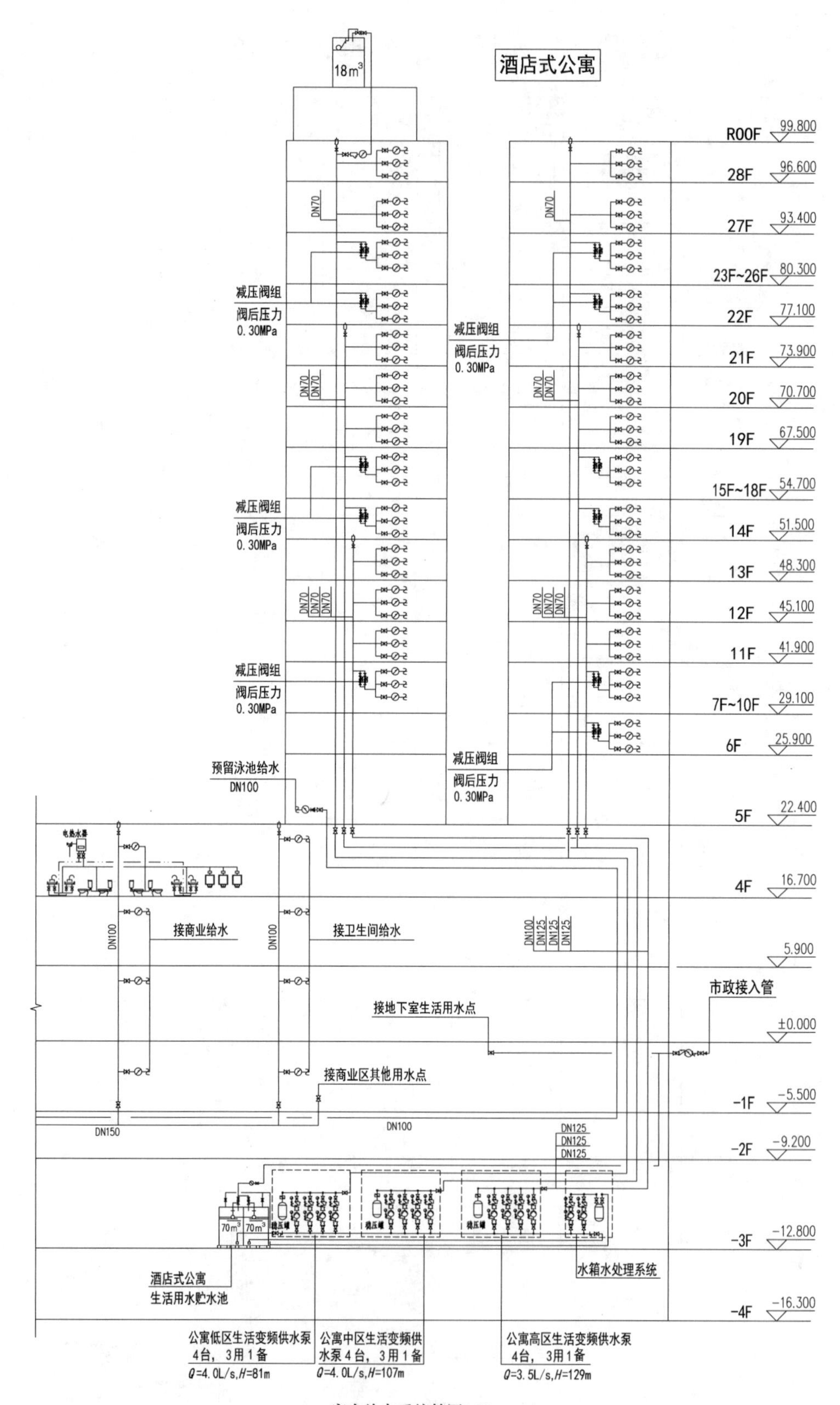

18m³
酒店式公寓
ROOF 99.800
28F 96.600
27F 93.400
23F~26F 80.300
22F 77.100
21F 73.900
20F 70.700
19F 67.500
15F~18F 54.700
14F 51.500
13F 48.300
12F 45.100
11F 41.900
7F~10F 29.100
6F 25.900
5F 22.400
4F 16.700
5.900
市政接入管
±0.000
-1F -5.500
-2F -9.200
-3F -12.800
-4F -16.300
减压阀组
阀后压力
0.30MPa
DN70
预留泳池给水
DN100
接商业给水
接卫生间给水
接地下室生活用水点
接商业区其他用水点
DN150
DN125
70m³
酒店式公寓
生活用水贮水池
水箱水处理系统
公寓低区生活变频供水泵
4台，3用1备
Q=4.0L/s,H=81m
公寓中区生活变频供
水泵4台，3用1备
Q=4.0L/s,H=107m
公寓高区生活变频供水泵
4台，3用1备
Q=3.5L/s,H=129m

室内给水系统简图(二)

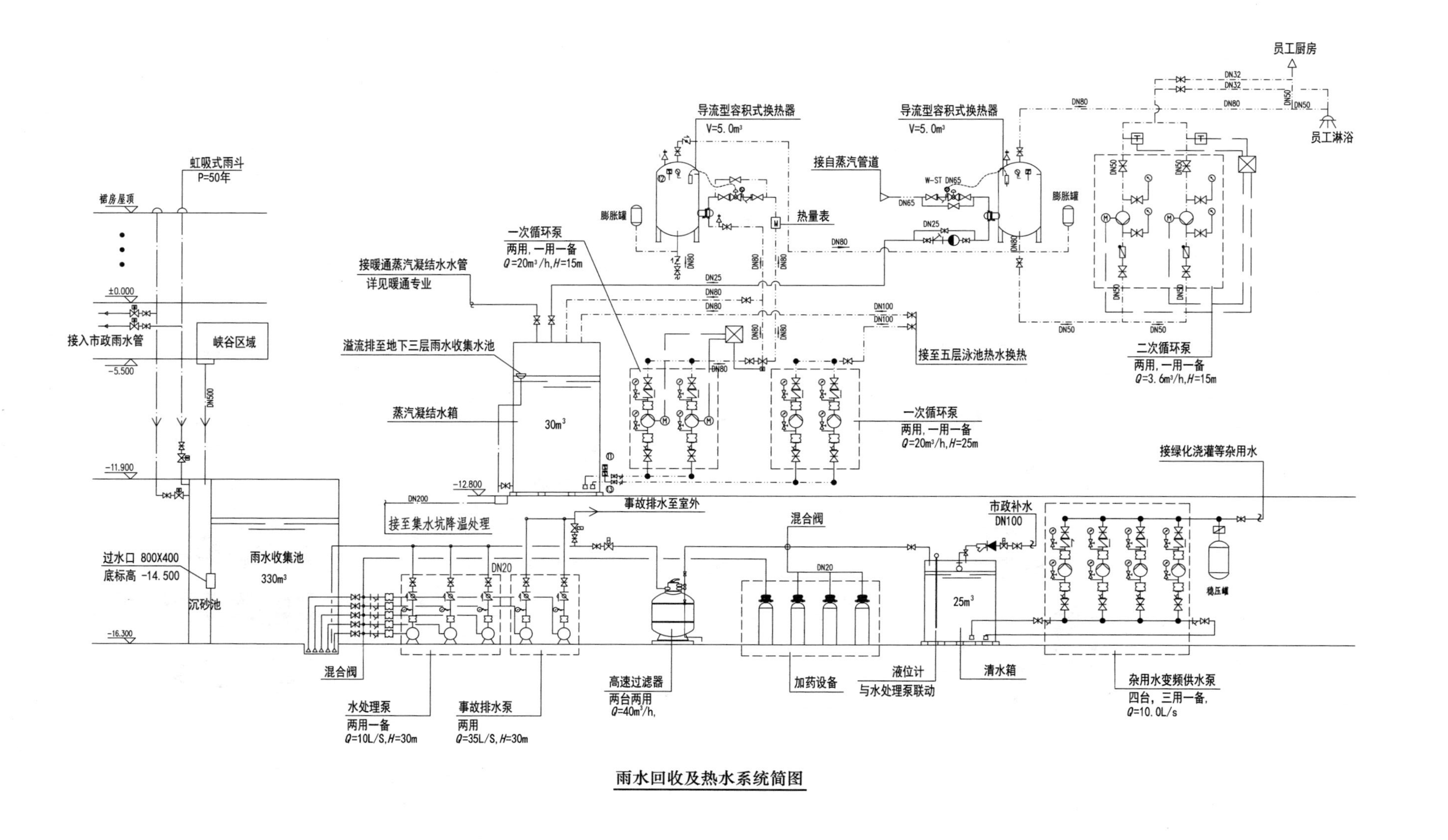
员工厨房
员工淋浴
导流型容积式换热器
V=5.0m³
导流型容积式换热器
V=5.0m³
接自蒸汽管道
热量表
膨胀罐
膨胀罐
二次循环泵
两用，一用一备
Q=3.6m³/h，H=15m
虹吸式雨斗
P=50年
裙房屋顶
±0.000
接入市政雨水管
-5.500
峡谷区域
一次循环泵
两用，一用一备
Q=20m³/h，H=15m
接暖通蒸汽凝结水水管
详见暖通专业
溢流排至地下三层雨水收集水池
蒸汽凝结水箱
30m³
接至五层泳池热水换热
一次循环泵
两用，一用一备
Q=20m³/h，H=25m
接绿化浇灌等杂用水
-11.900
-12.800
接至集水坑降温处理
事故排水至室外
混合阀
市政补水
DN100
过水口 800X400
底标高 -14.500
雨水收集池
330m³
沉砂池
25m³
稳压罐
-16.300
混合阀
水处理泵
两用一备
Q=10L/S，H=30m
事故排水泵
两用
Q=35L/S，H=30m
高速过滤器
两台两用
Q=40m³/h，
加药设备
液位计
与水处理泵联动
清水箱
杂用水变频供水泵
四台，三用一备，
Q=10.0L/s

雨水回收及热水系统简图

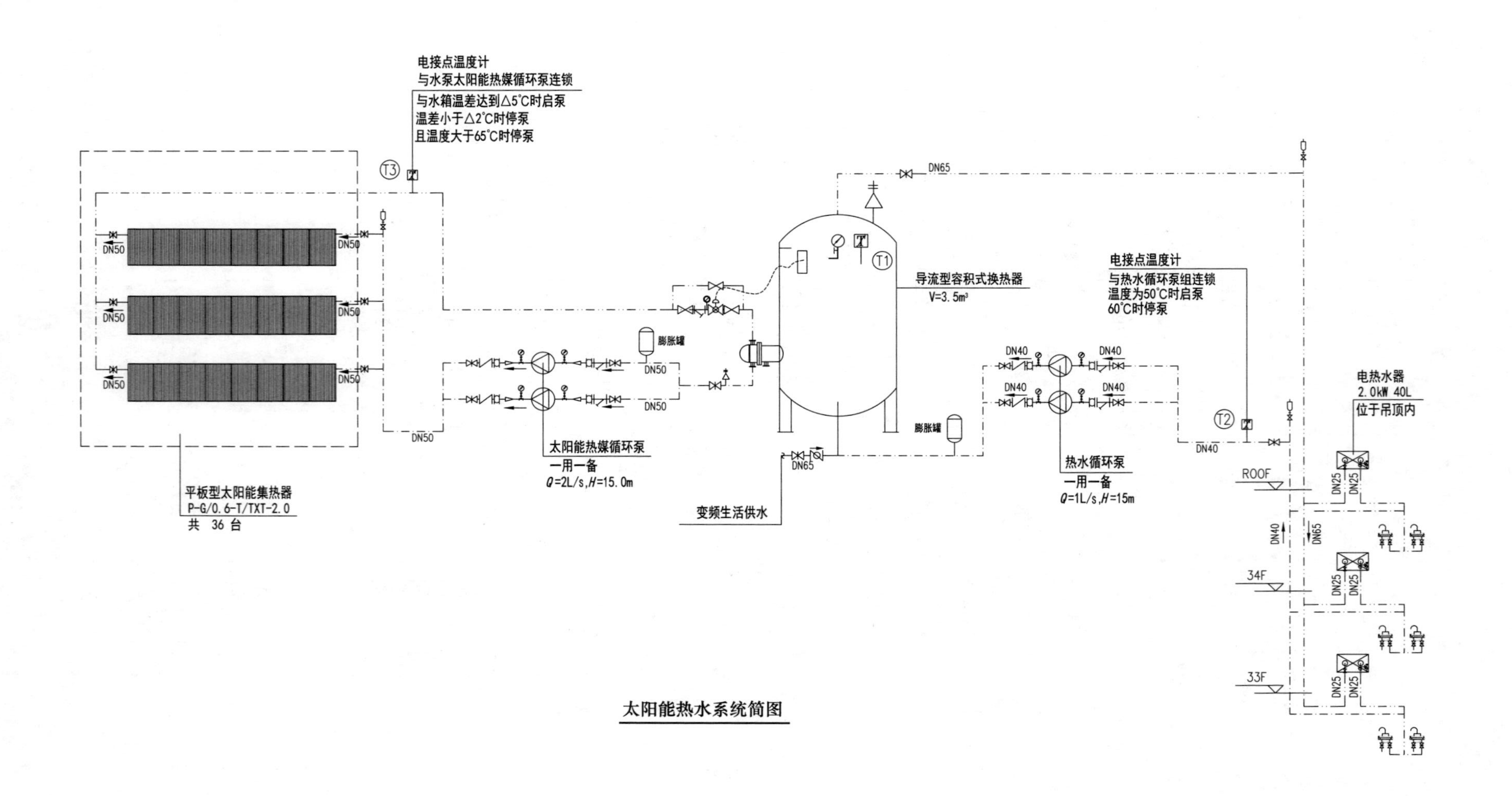
电接点温度计
与水泵太阳能热媒循环泵连锁
与水箱温差达到△5°C时启泵
温差小于△2°C时停泵
且温度大于65°C时停泵
T3
DN50
DN65
T1
导流型容积式换热器
V=3.5m³
电接点温度计
与热水循环泵组连锁
温度为50°C时启泵
60°C时停泵
膨胀罐
DN40
T2
电热水器
2.0kW 40L
位于吊顶内
太阳能热媒循环泵
一用一备
Q=2L/s,H=15.0m
DN65
膨胀罐
热水循环泵
一用一备
Q=1L/s,H=15m
ROOF
DN25
34F
33F
平板型太阳能集热器
P-G/0.6-T/TXT-2.0
共 36 台
变频生活供水

太阳能热水系统简图

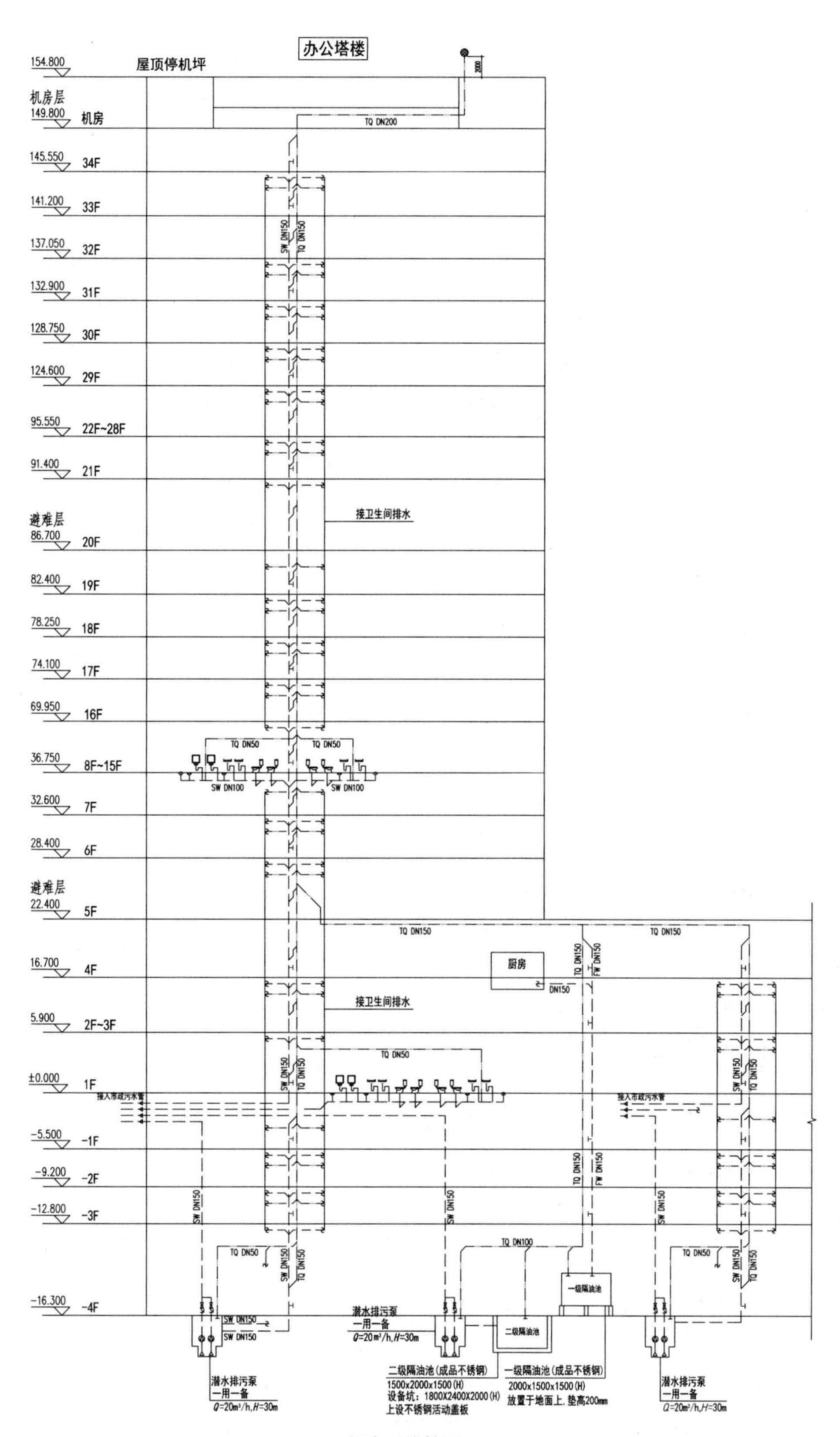
办公塔楼
154.800
屋顶停机坪
机房层
149.800
机房
TQ DN200
145.550
34F
141.200
33F
SW DN150
TQ DN150
137.050
32F
132.900
31F
128.750
30F
124.600
29F
95.550
22F~28F
91.400
21F
接卫生间排水
避难层
86.700
20F
82.400
19F
78.250
18F
74.100
17F
69.950
16F
TQ DN50
36.750
8F~15F
SW DN100
32.600
7F
28.400
6F
避难层
22.400
5F
TQ DN150
16.700
4F
厨房
FW DN150
DN150
5.900
2F~3F
±0.000
1F
接入市政污水管
-5.500
-1F
-9.200
-2F
-12.800
-3F
TQ DN100
一级隔油池
二级隔油池
-16.300
-4F
潜水排污泵
一用一备
Q=20m³/h, H=30m
二级隔油池（成品不锈钢）
1500X2000X1500 (H)
设备坑：1800X2400X2000 (H)
上设不锈钢活动盖板
一级隔油池（成品不锈钢）
2000x1500x1500 (H)
放置于地面上，垫高200mm

污水系统简图(一)

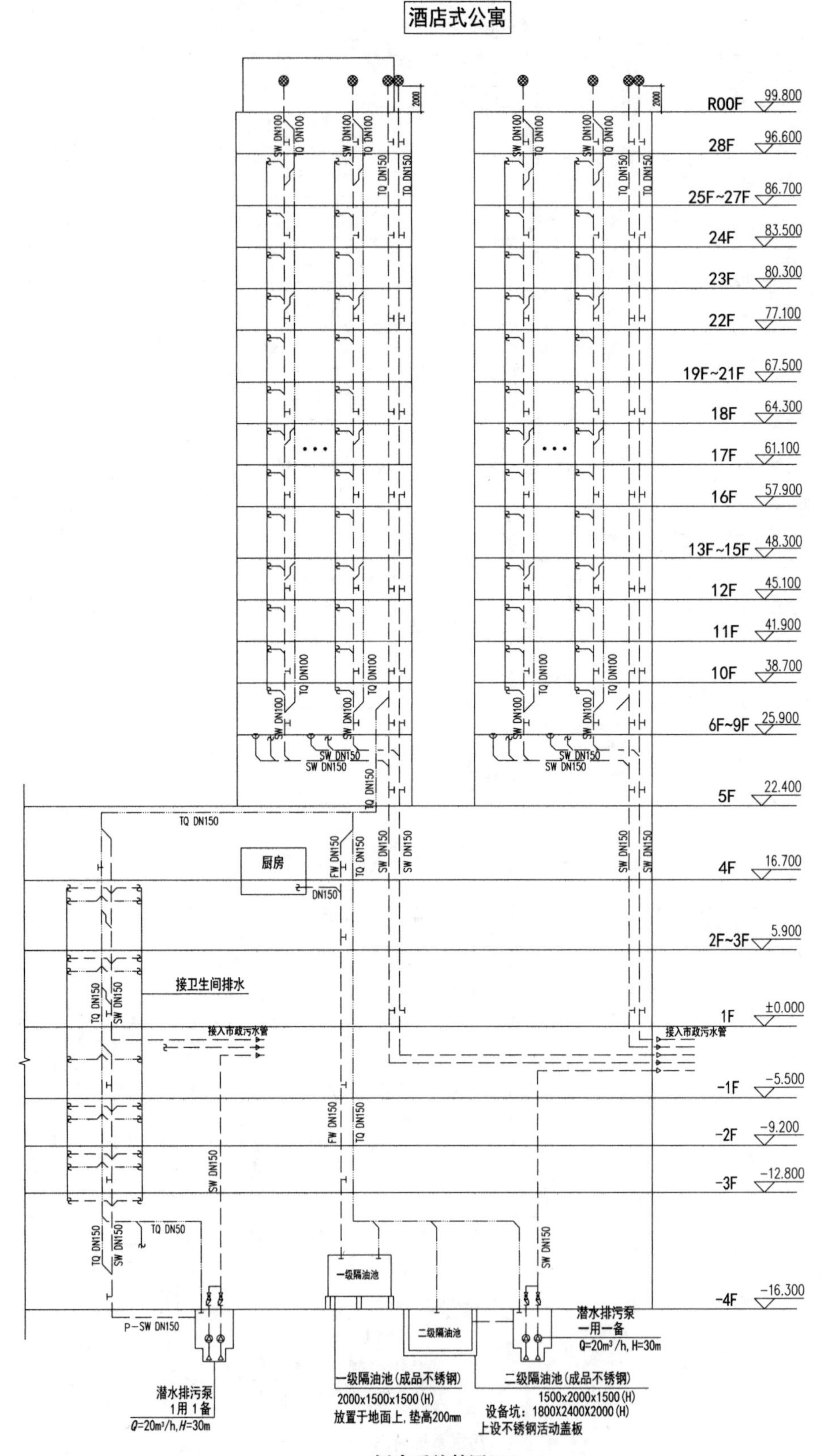

酒店式公寓
ROOF 99.800
28F 96.600
25F~27F 86.700
24F 83.500
23F 80.300
22F 77.100
19F~21F 67.500
18F 64.300
17F 61.100
16F 57.900
13F~15F 48.300
12F 45.100
11F 41.900
10F 38.700
6F~9F 25.900
5F 22.400
4F 16.700
2F~3F 5.900
1F ±0.000
-1F -5.500
-2F -9.200
-3F -12.800
-4F -16.300
SW DN100
TQ DN100
TQ DN150
SW DN150
FW DN150
厨房
DN150
接卫生间排水
接入市政污水管
TQ DN50
P-SW DN150
一级隔油池
二级隔油池
潜水排污泵
1用 1备
Q=20m³/h, H=30m
一级隔油池(成品不锈钢)
2000x1500x1500(H)
放置于地面上，垫高200mm
二级隔油池(成品不锈钢)
1500x2000x1500(H)
设备坑：1800X2400X2000(H)
上设不锈钢活动盖板
潜水排污泵
一用一备
Q=20m³/h, H=30m
2000

污水系统简图(二)

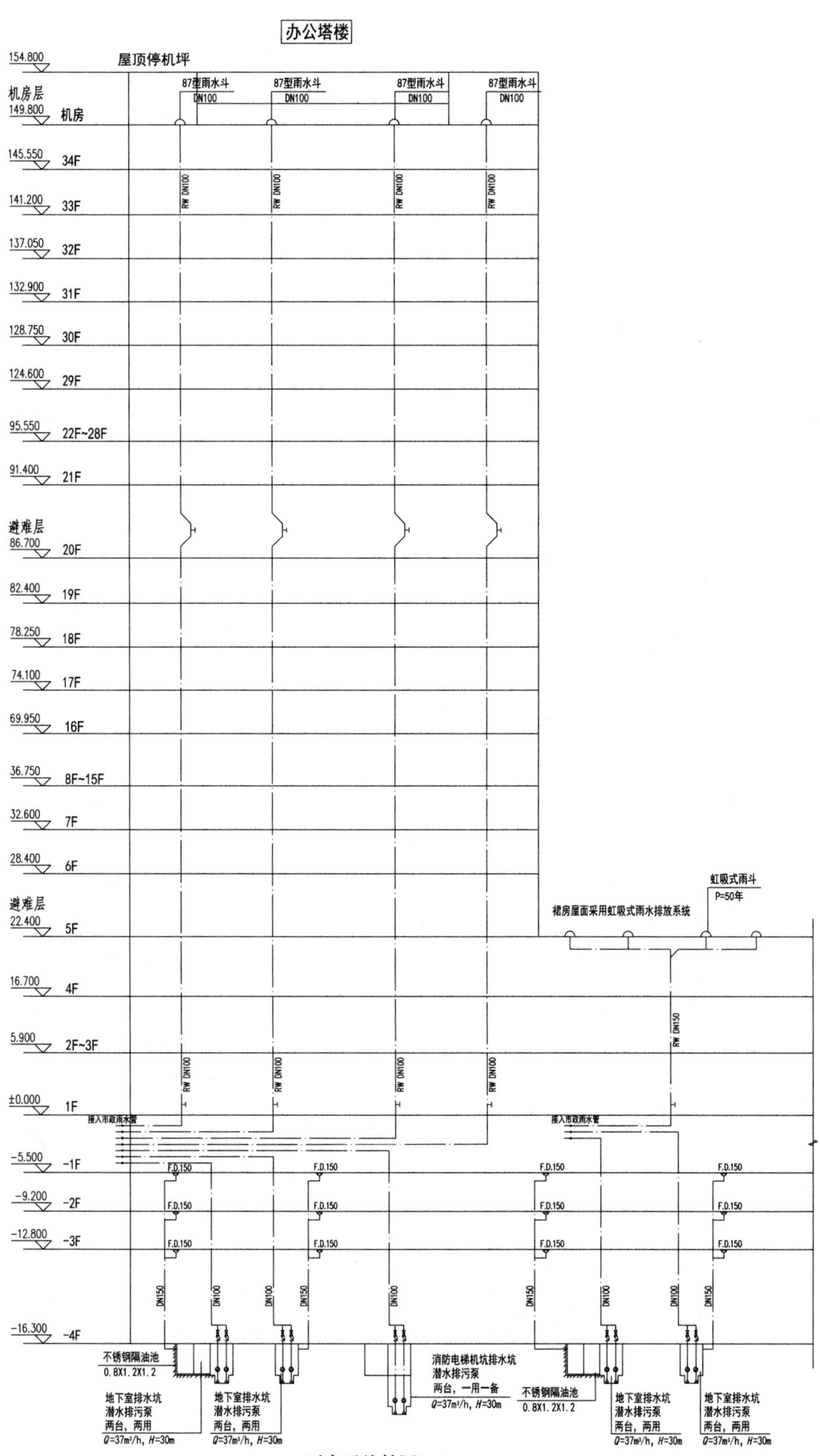
办公塔楼
154.800
屋顶停机坪
机房层
149.800 机房
87型雨水斗
DN100
145.550 34F
141.200 33F
137.050 32F
132.900 31F
128.750 30F
124.600 29F
95.550 22F~28F
91.400 21F
避难层
86.700 20F
82.400 19F
78.250 18F
74.100 17F
69.950 16F
36.750 8F~15F
32.600 7F
28.400 6F
避难层
22.400 5F
16.700 4F
5.900 2F~3F
±0.000 1F
-5.500 -1F
-9.200 -2F
-12.800 -3F
-16.300 -4F
RW DN100
RW DN150
虹吸式雨斗
P=50年
裙房屋面采用虹吸式雨水排放系统
接入市政雨水管
F.D.150
DN150
DN100
不锈钢隔油池
0.8X1.2X1.2
地下室排水坑
潜水排污泵
两台，两用
Q=37m³/h, H=30m
消防电梯机坑排水坑
潜水排污泵
两台，一用一备

雨水系统简图(一)

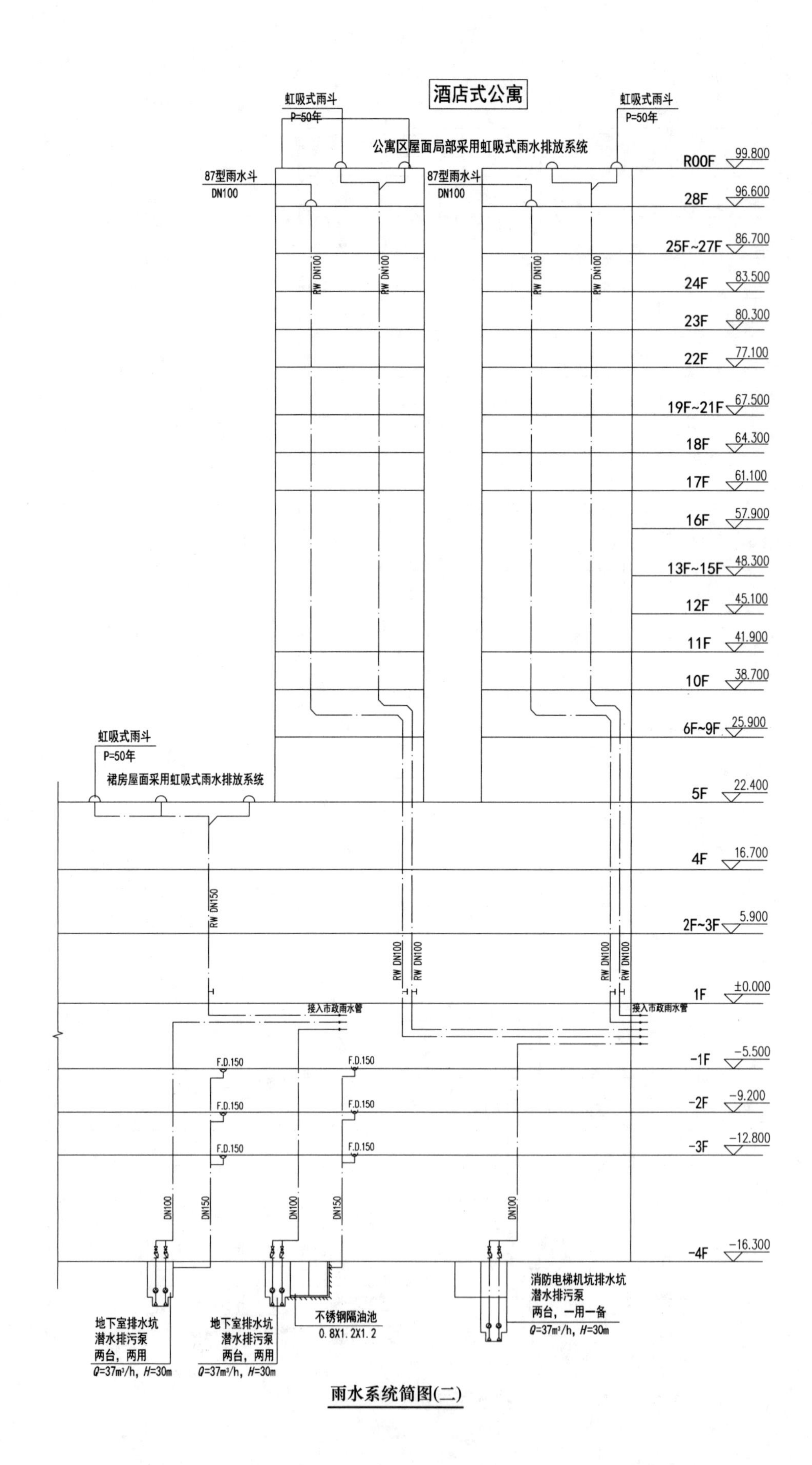
酒店式公寓
虹吸式雨斗
P=50年
公寓区屋面局部采用虹吸式雨水排放系统
87型雨水斗
DN100
RW DN100
RW DN150
虹吸式雨斗
P=50年
裙房屋面采用虹吸式雨水排放系统
ROOF 99.800
28F 96.600
25F~27F 86.700
24F 83.500
23F 80.300
22F 77.100
19F~21F 67.500
18F 64.300
17F 61.100
16F 57.900
13F~15F 48.300
12F 45.100
11F 41.900
10F 38.700
6F~9F 25.900
5F 22.400
4F 16.700
2F~3F 5.900
1F ±0.000
-1F -5.500
-2F -9.200
-3F -12.800
-4F -16.300
接入市政雨水管
F.D.150
DN100
DN150
地下室排水坑
潜水排污泵
两台，两用
Q=37m³/h，H=30m
不锈钢隔油池
0.8X1.2X1.2
消防电梯机坑排水坑
潜水排污泵
两台，一用一备
Q=37m³/h，H=30m

雨水系统简图(二)

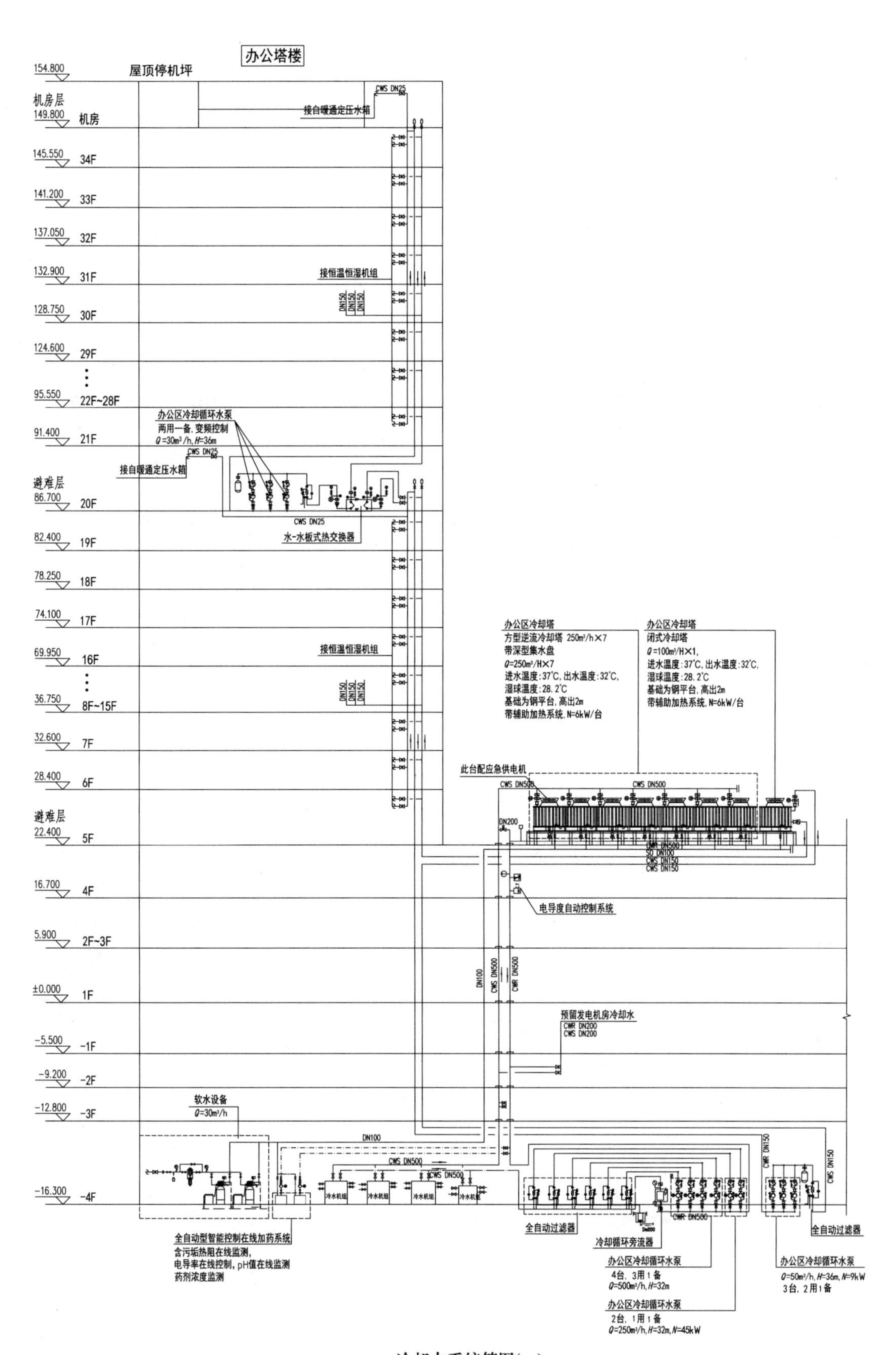
办公塔楼
屋顶停机坪
154.800
机房层
149.800 机房
145.550 34F
141.200 33F
137.050 32F
132.900 31F
128.750 30F
124.600 29F
95.550 22F~28F
91.400 21F
避难层
86.700 20F
82.400 19F
78.250 18F
74.100 17F
69.950 16F
36.750 8F~15F
32.600 7F
28.400 6F
避难层
22.400 5F
16.700 4F
5.900 2F~3F
±0.000 1F
-5.500 -1F
-9.200 -2F
-12.800 -3F
-16.300 -4F
CWS DN25
接自暖通定压水箱
接恒温恒湿机组
办公区冷却循环水泵
两用一备，变频控制
Q=30m³/h，H=36m
水-水板式热交换器
办公区冷却塔
方型逆流冷却塔 250m³/h×7
带深型集水盘
Q=250m³/H×7
进水温度：37℃，出水温度：32℃，
湿球温度：28.2℃
基础为钢平台，高出2m
带辅助加热系统，N=6kW/台
办公区冷却塔
闭式冷却塔
Q=100m³/H×1，
进水温度：37℃，出水温度：32℃，
湿球温度：28.2℃
基础为钢平台，高出2m
带辅助加热系统，N=6kW/台
此台配应急供电机
CWS DN500
电导度自动控制系统
预留发电机房冷却水
CWR DN200
CWS DN200
软水设备
Q=30m³/h
DN100
冷水机组
全自动型智能控制在线加药系统
含污垢热阻在线监测，
电导率在线控制，pH值在线监测
药剂浓度监测
全自动过滤器
冷却循环旁流器
办公区冷却循环水泵
4台，3用1备
Q=500m³/h，H=32m
办公区冷却循环水泵
2台，1用1备
Q=250m³/h，H=32m，N=45kW
办公区冷却循环水泵
Q=50m³/h，H=36m，N=9kW
3台，2用1备

冷却水系统简图(一)

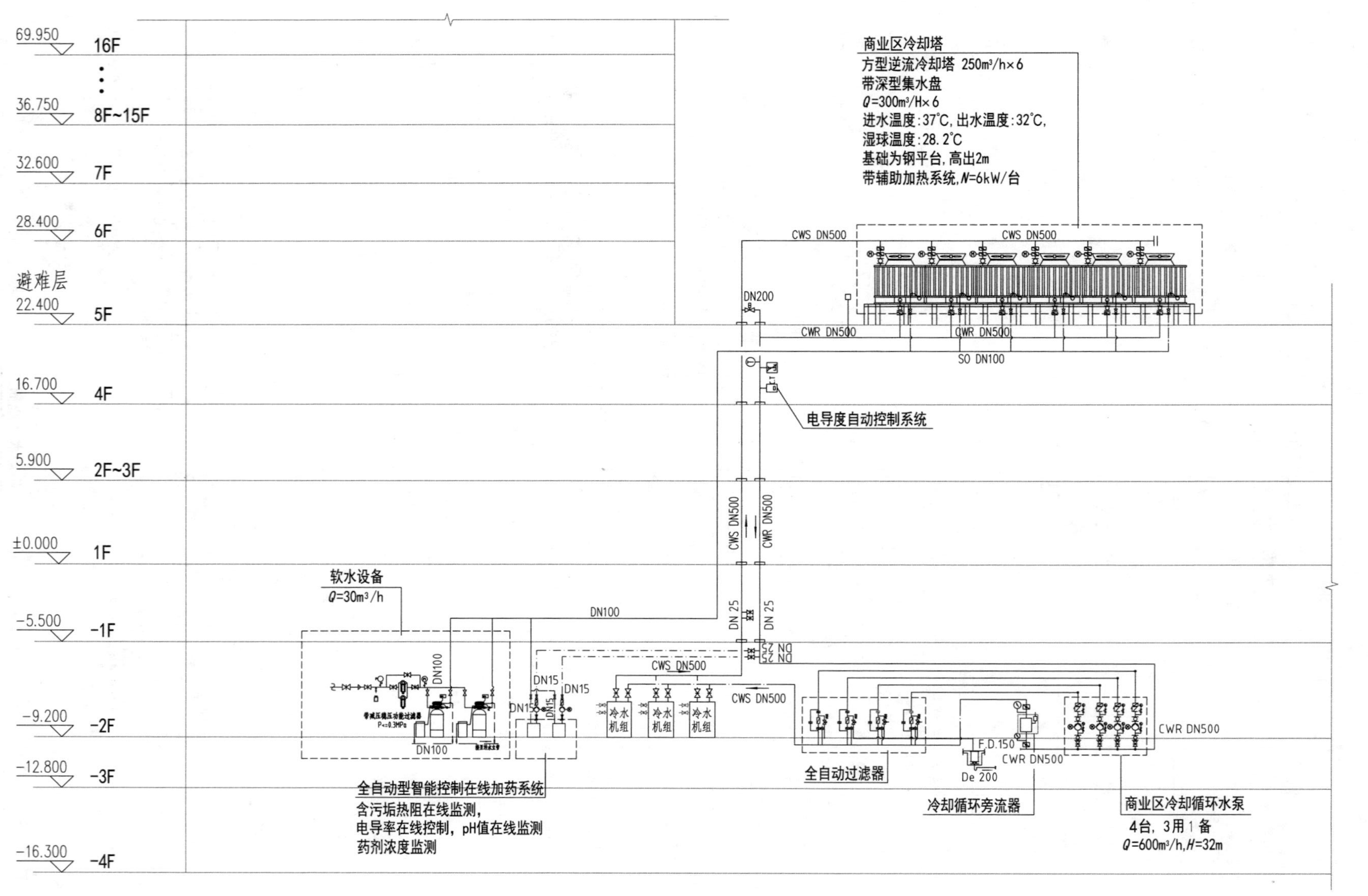

69.950
16F
36.750
8F~15F
32.600
7F
28.400
6F
避难层
22.400
5F
16.700
4F
5.900
2F~3F
±0.000
1F
-5.500
-1F
-9.200
-2F
-12.800
-3F
-16.300
-4F
商业区冷却塔
方型逆流冷却塔 250m³/h×6
带深型集水盘
Q=300m³/H×6
进水温度:37°C,出水温度:32°C,
湿球温度:28.2°C
基础为钢平台,高出2m
带辅助加热系统,N=6kW/台
CWS DN500
CWS DN500
DN200
CWR DN500
CWR DN500
SO DN100
电导度自动控制系统
CWS DN500
CWR DN500
DN 25
DN 25
软水设备
Q=30m³/h
DN100
DN100
DN100
DN15
DN15
DN15
CWS DN500
CWS DN500
冷水机组
冷水机组
冷水机组
F.D.150
De 200
CWR DN500
CWR DN500
全自动型智能控制在线加药系统
含污垢热阻在线监测,
电导率在线控制，pH值在线监测
药剂浓度监测
全自动过滤器
冷却循环旁流器
商业区冷却循环水泵
4台，3用1备
Q=600m³/h,H=32m

冷却水系统简图(二)

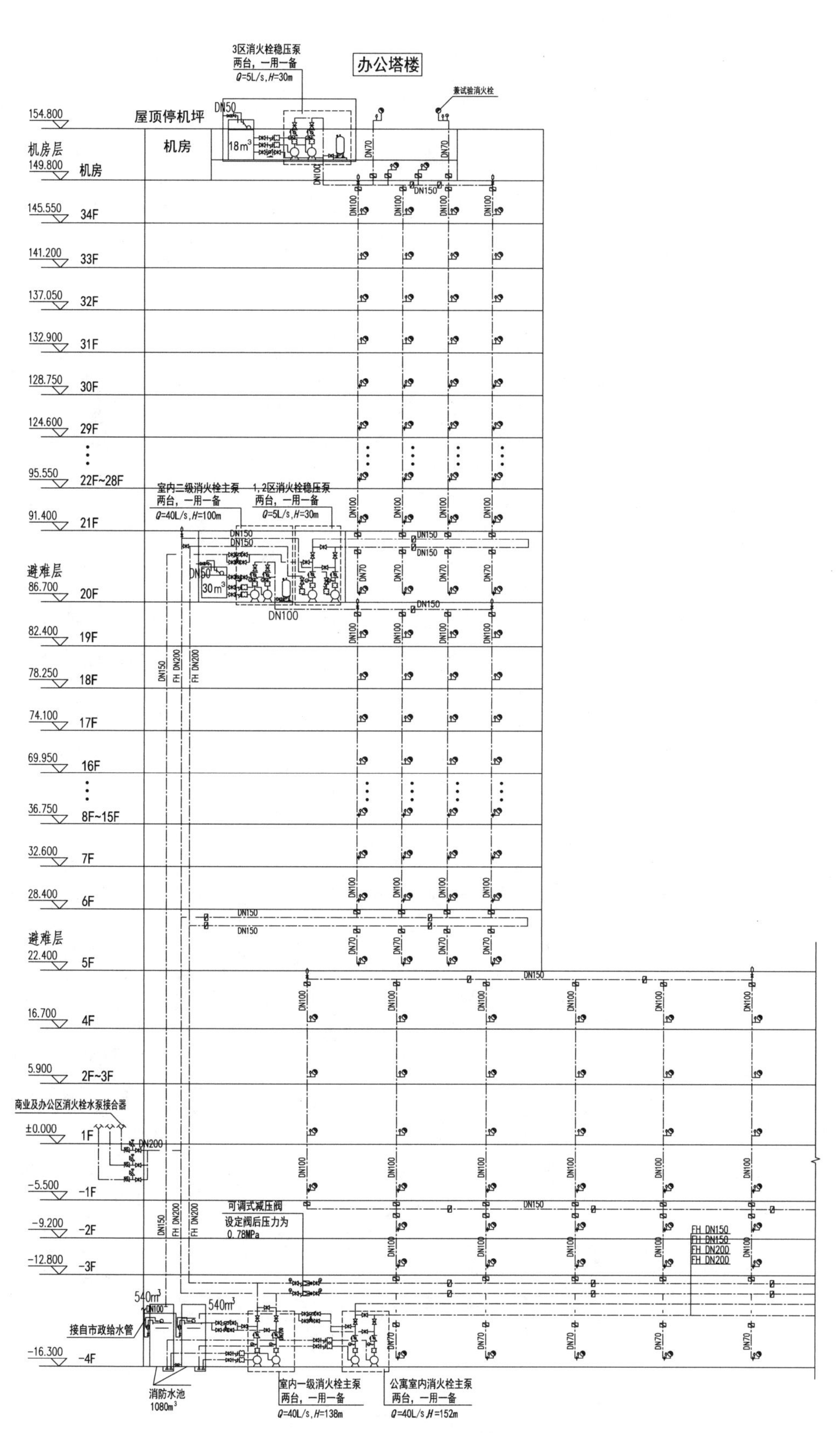
3区消火栓稳压泵
两台，一用一备
Q=5L/s, H=30m
办公塔楼
兼试验消火栓
154.800
屋顶停机坪
机房层
机房
149.800 机房
18m³
145.550 34F
141.200 33F
137.050 32F
132.900 31F
128.750 30F
124.600 29F
95.550 22F~28F
室内二级消火栓主泵
两台，一用一备
Q=40L/s, H=100m
1,2区消火栓稳压泵
两台，一用一备
Q=5L/s, H=30m
91.400 21F
避难层
86.700 20F
30m³
82.400 19F
78.250 18F
74.100 17F
69.950 16F
36.750 8F~15F
32.600 7F
28.400 6F
避难层
22.400 5F
16.700 4F
5.900 2F~3F
商业及办公区消火栓水泵接合器
±0.000 1F
−5.500 −1F
−9.200 −2F
可调式减压阀
设定阀后压力为
0.78MPa
−12.800 −3F
540m³
540m³
接自市政给水管
−16.300 −4F
消防水池
1080m³
室内一级消火栓主泵
两台，一用一备
Q=40L/s, H=138m
公寓室内消火栓主泵
两台，一用一备
Q=40L/s H=152m

室内消火栓系统简图(一)

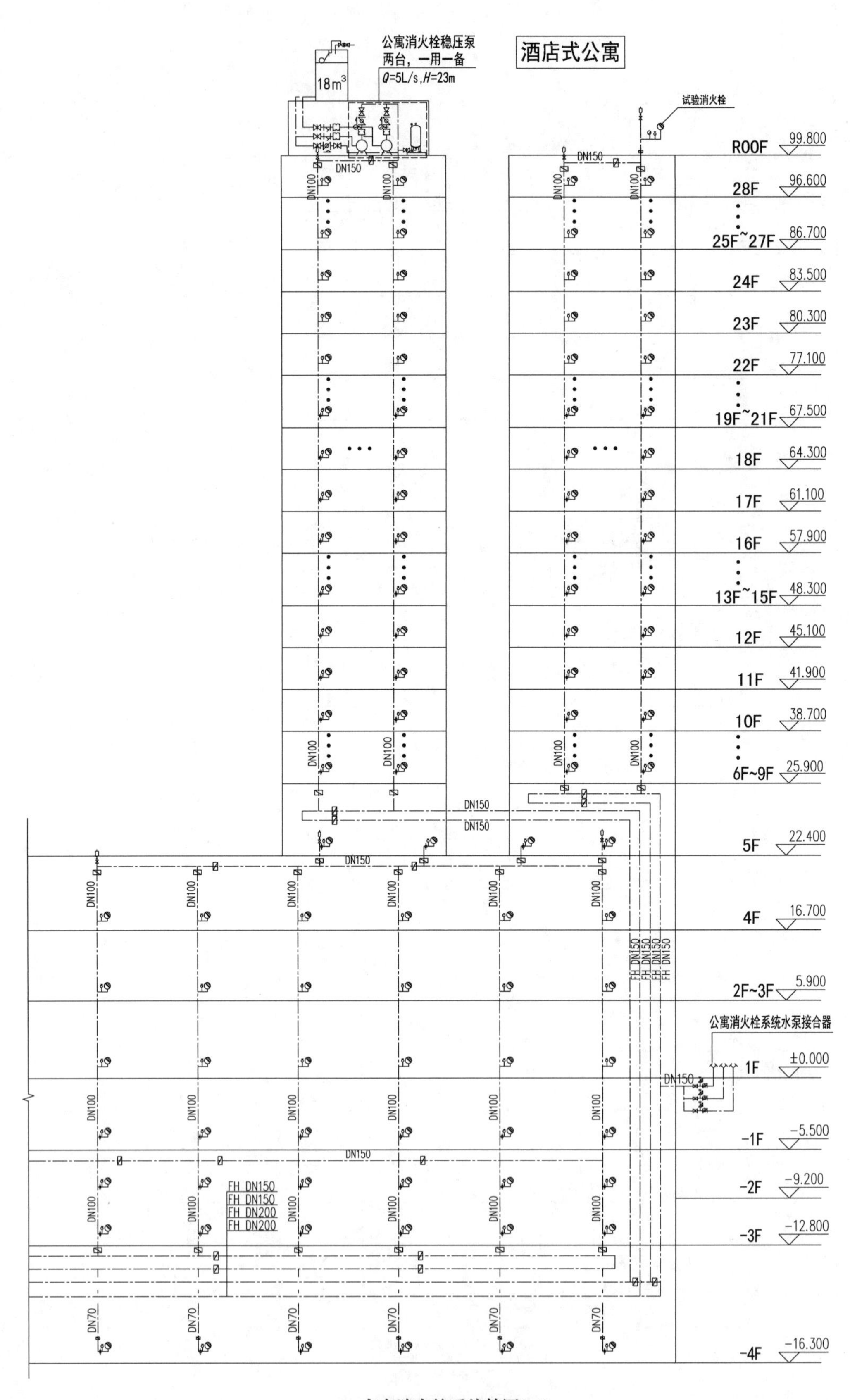

公寓消火栓稳压泵
两台，一用一备
Q=5L/s,H=23m
18m3
酒店式公寓
试验消火栓
ROOF 99.800
28F 96.600
25F~27F 86.700
24F 83.500
23F 80.300
22F 77.100
19F~21F 67.500
18F 64.300
17F 61.100
16F 57.900
13F~15F 48.300
12F 45.100
11F 41.900
10F 38.700
6F~9F 25.900
5F 22.400
4F 16.700
2F~3F 5.900
公寓消火栓系统水泵接合器
1F ±0.000
-1F -5.500
-2F -9.200
-3F -12.800
-4F -16.300
DN150
DN100
DN70
FH DN150
FH DN150
FH DN200
FH DN200

室内消火栓系统简图(二)

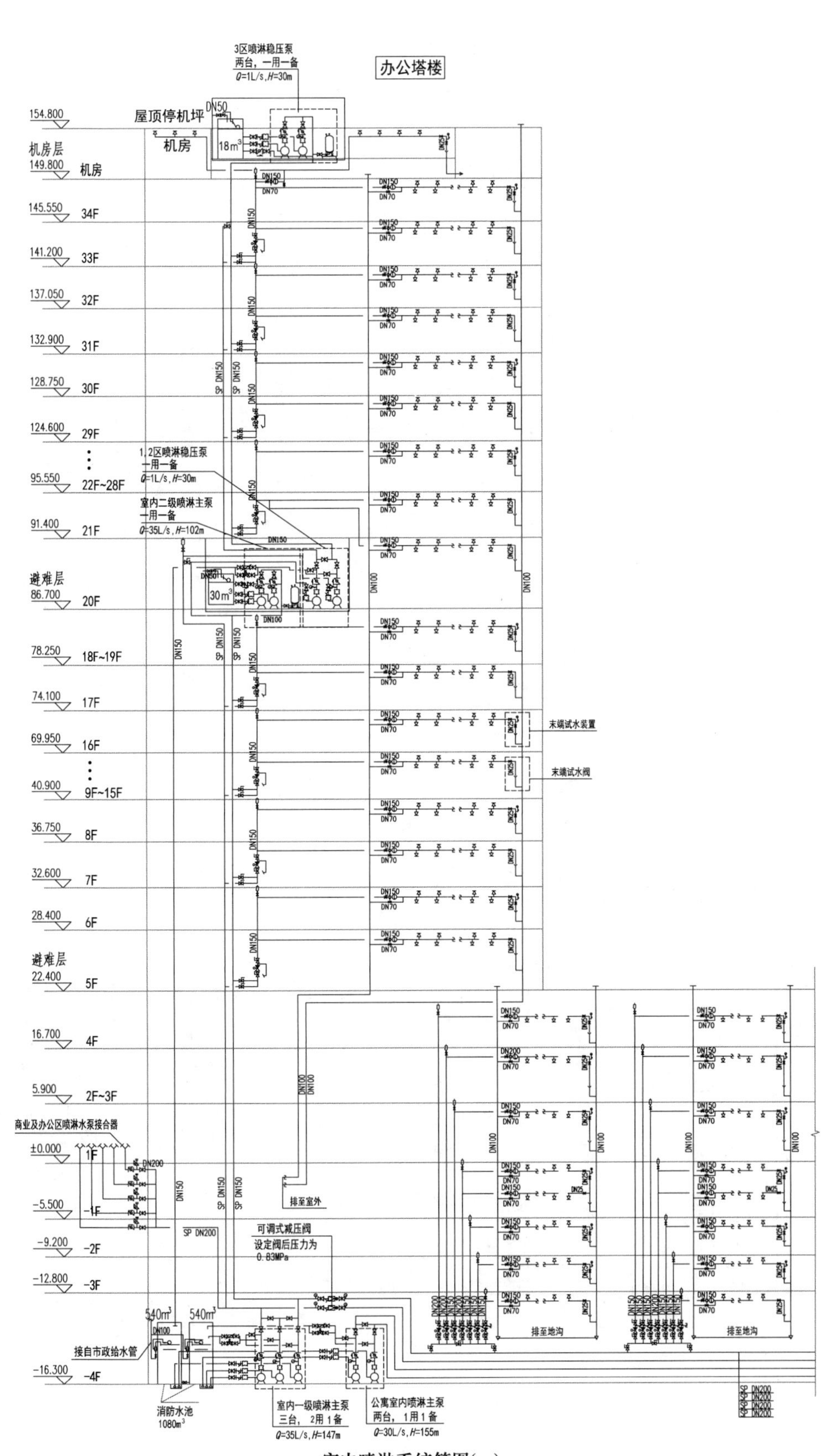
3区喷淋稳压泵
两台，一用一备
Q=1L/s,H=30m
办公塔楼
屋顶停机坪
机房
18m³
机房层
机房
避难层
30m³
1,2区喷淋稳压泵
一用一备
Q=1L/s,H=30m
室内二级喷淋主泵
一用一备
Q=35L/s,H=102m
末端试水装置
末端试水阀
排至室外
商业及办公区喷淋水泵接合器
可调式减压阀
设定阀后压力为
0.83MPa
接自市政给水管
540m³
540m³
消防水池
1080m³
室内一级喷淋主泵
三台，2用1备
Q=35L/s,H=147m
公寓室内喷淋主泵
两台，1用1备
Q=30L/s,H=155m
排至地沟
排至地沟

室内喷淋系统简图(一)

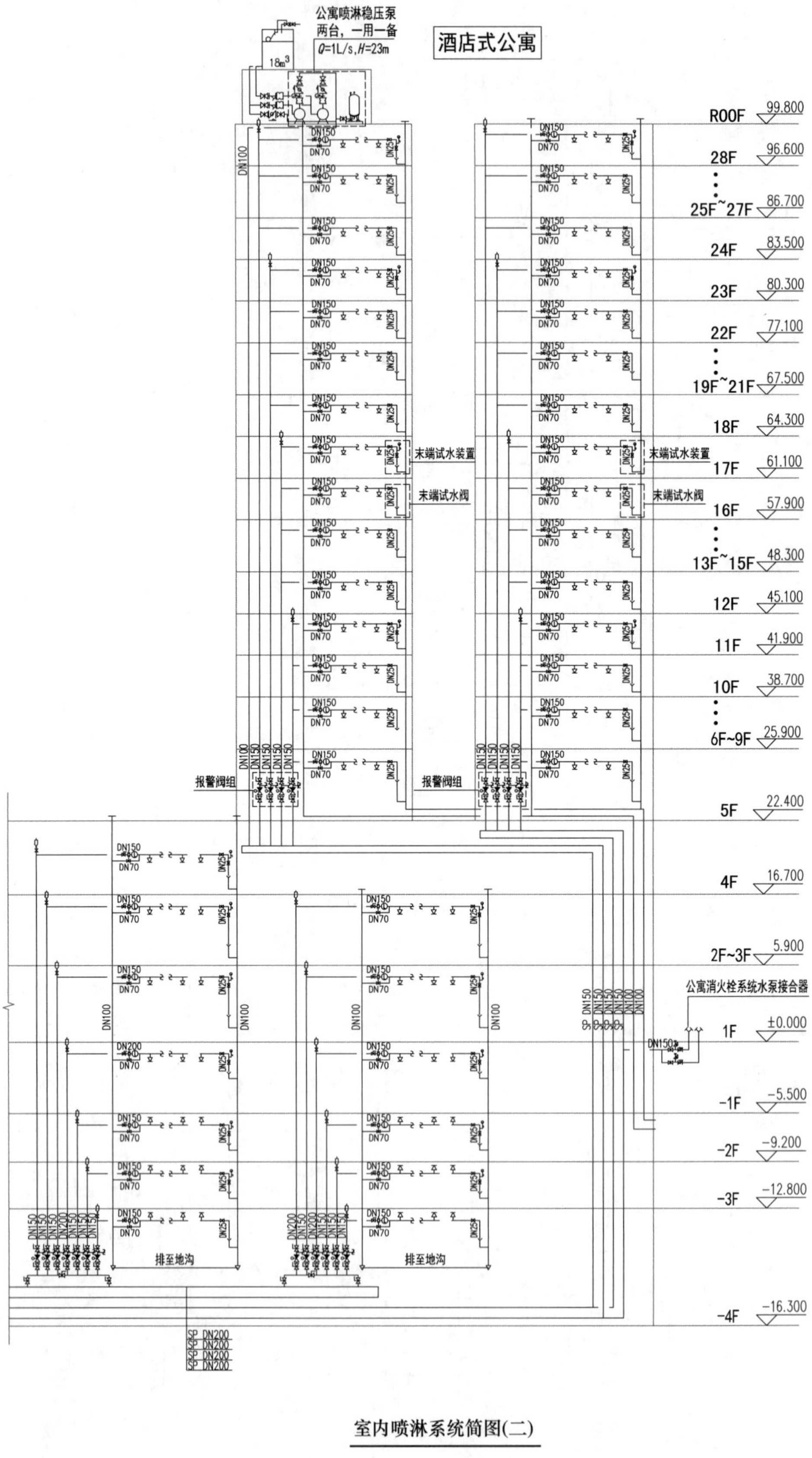

公寓喷淋稳压泵
两台，一用一备
Q=1L/s,H=23m

18m³

酒店式公寓

ROOF 99.800
28F 96.600
25F~27F 86.700
24F 83.500
23F 80.300
22F 77.100
19F~21F 67.500
18F 64.300
17F 61.100
16F 57.900
13F~15F 48.300
12F 45.100
11F 41.900
10F 38.700
6F~9F 25.900
5F 22.400
4F 16.700
2F~3F 5.900
1F ±0.000
-1F -5.500
-2F -9.200
-3F -12.800
-4F -16.300

末端试水装置
末端试水阀
报警阀组
公寓消火栓系统水泵接合器
排至地沟

DN150 DN70 DN25 DN100 DN200
SP DN200

室内喷淋系统简图(二)

中国保护大熊猫研究中心灾后重建项目

设计单位： 四川省建筑设计研究院有限公司
设 计 人： 王家良　王瑞　车伍　李建琳　唐先权　陈锐　金璇　梁东
获奖情况： 公共建筑类　二等奖

工程概况：

中国保护大熊猫研究中心灾后重建项目，位于四川卧龙国家级自然保护区内，是 2008 年四川省汶川大地震后，由香港特区政府出资援建的项目。

该项目规划用地面积 150.76hm^2，总建筑面积 19844.53 m^2，按使用功能，规划建设用地分为三区建设（图 1）：

一区：人工繁殖饲养研究与环境教育区，用地规模为 26.33hm^2，包括迎宾广场、游客服务中心、科普教育中心、办公综合楼、兽医院、能源中心、猫舍及其运动区、配套服务用房、动植物多样性展示园（见附图）；

二区：野化培训区，用地规模为 28.33hm^2，包括 6 个野化放养圈舍、配套管理用房（野化区管理中心）；

三区：野化放养区，用地规模为 46.00hm^2，包括 4 个野化放养圈舍、配套管理用房（观测站点）。

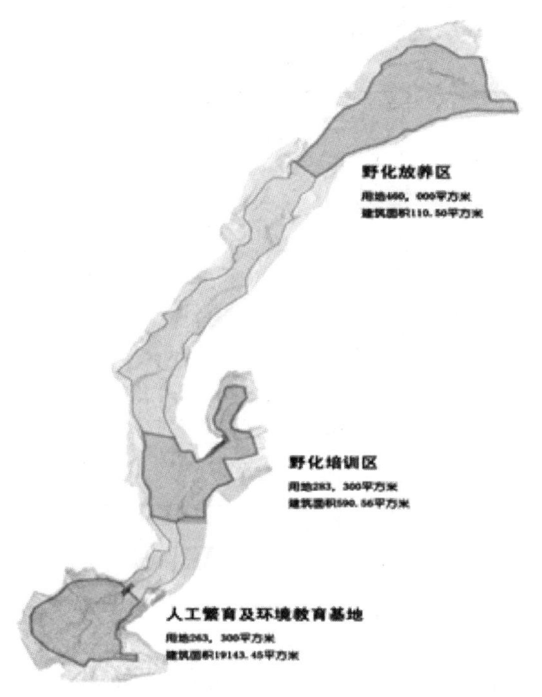

图 1　总平面功能分区

为了更好地保护和修复汶川大地震后大熊猫的生存环境，提升园区防洪、防地质灾害的能力，兼顾景观效果，实现区域水生态、水环境的多重目标，建成国际一流自然保护科研园区，中国保护大熊猫研究中心灾后重建项目在节水和水资源利用、生态敏感区自然海绵功能的保护与利用、灾后重建工程实践方面作出了重要贡献，为我国绿色建筑设计和低影响开发设计起到了很好的示范作用。

工程说明：

一、给水排水系统

(一) 给水系统

1. 冷水用水量

本项目的盥洗、淋浴和食堂用水由市政自来水供给，设计水量计算见表 1。冲厕、屋面绿化、室外绿化、道路浇洒用水由经处理后回用的雨水供给，设计水量计算见表 2。由于大熊猫圈舍冲洗、饮用、兽食加工和兽医院等用水量，属工艺用水范畴，不参与项目水量平衡分析计算，按每个大熊猫圈舍的大熊猫专用饮水器设置点，分别供应一股 *DN*10 长流水。

市政给水用水量 **表 1**

项目	用水量标准	使用单位数	用水时间	小时变化系数	平均时用水量 (m^3/h)	最大时用水量 (m^3/h)	最高日用水量 (m^3/d)
管理和科研办公盥洗	142L/(人·d)	120 人	24h	2.5	0.71	1.78	17.04
游客盥洗	4.8L/人次	2500 人次	8h	1.5	1.50	2.25	12.00
小计					2.21	3.85	29.04
未预见水量	以上各项之和的 10%				0.22	0.39	2.90
合计					2.43	4.24	31.34

回用雨水用水量 **表 2**

用水单元	用水量标准	使用单位数	用水时间	小时变化系数	平均时用水量 (m^3/h)	最大时用水量 (m^3/h)	最高日用水量 (m^3/d)
管理和科研办公盥洗	38 L/(人·d)	120 人	24h	2.5	0.19	0.48	4.56
游客盥洗	7.2L/人次	2500 人次	8h	1.5	2.25	3.38	18.00
绿化灌溉	2L/(m^2·d)	18000 m^2	8h	1	4.50	4.50	36.00
小计					6.94	8.36	58.56
未预见水量	以上各项之和的 10%				0.69	0.84	5.86
合计					7.63	9.20	64.42

2. 水源

(1) 本项目水源分传统水源和非传统水源。

(2) 传统水源：传统水源为城市自来水，本工程为山地建筑，自来水厂所在位置绝对高程约 1770.00m，本工程水压标高按 1745.00m 设计。拟从市政水源引入一根 *DN*150 进水管，进入用地红线，供地块内生活和工艺（熊猫圈舍、医疗等）用水。

（3）非传统水源（雨水经处理后的回用水）系统：根据城市杂用水水质标准，非传统水源按水质分为两类：冲厕用水（A类）和绿化浇洒、道路冲洗用水（B类）。

3. 系统竖向分区

（1）游客服务中心、科普教育中心、办公科研楼、兽医院、能源中心由市政管网直接供水。

（2）熊猫圈舍和配套服务用房由变频增压供水设备提供。

4. 供水方式及供水加压设备

室外传统水源（自来水）给水管道，根据地势高差和室内供水压力，分区设置；低区由市政管道直接供水，高区采用变频增压供水设备供水；变频增压供水设备设于能源中心设备用房。

5. 管材

室外传统水源及非传统水源管材均采用“管中管”供水方式（薄壁不锈钢管外套大一号的PE塑料管）。其中薄壁不锈钢管采用环压式连接或氩弧焊连接，PE塑料管（100级）采用热熔粘接。室外管道均埋设于冻土层以下，室内管道根据设置场所需求设置保温措施。

（二）热水系统

1. 热水用水量（表3）

热水用水量 **表3**

用水单元	用水单位数量	用水指标	小时变化系数	用水时间(h)	平均小时用水量(m^3/h)	最大小时用水量(m^3/h)	最高日用水量(m^3/d)
管理和科研办公	120人	80L/(人·d)	4.7	24	0.4	1.88	9.60
游客	2500人次	2L/人次	1.5	8	0.63	0.94	5.00
小计	—				1.03	2.82	14.60
未预见水量	以上各项之和的10%				0.10	0.28	1.46
合计	—				1.13	3.10	16.06

2. 热源

（1）本项目通过燃气热水器和电热水器两种热源形式制备生活热水，供管理人员、科研办公人员和游客盥洗、淋浴和厨房使用。

（2）燃气热水器的燃料为沼气，本工程采用完全混合式中温生物厌氧消化技术，处理大熊猫吃剩和废弃的竹子、粪便和生活垃圾，生产沼气，达到污染治理、能源回收与资源再生利用的目的。

3. 系统竖向分区

各子项热水系统采用局部热水供应系统，竖向不分区。

4. 管材

室内热水管采用薄壁不锈钢管，环压式连接或氩弧焊连接，材质为OCr18Ni9（S30408）。

（三）雨水回用系统

1. 场地地势和水系分析

建设场地被幸福沟自然分隔为东、西两片汇水区域（图2）。幸福沟西侧地势起伏大，山体环绕西侧区域，由西北部最高处经场地向幸福沟逐渐降低，场地西部因多年雨水冲刷而形成一条斜向冲沟，自然形成西部山区的排洪通道。

幸福沟西侧地势较低区域（位置见图2“洼地”）适合设置调蓄水体。幸福沟东侧区域面积较小，有一条小溪沿东侧山势顺流而下。小溪汇水区域较大，潺流不断，且水质好，可作为小型景观补水。

区域内水文条件：幸福沟为皮条河的支流，发源于海拔4140m的火烧坡，自北东流向南西，于耿达镇汇入皮条河，全长 18km，流域面积 $38km^2$，沟床平均比降 113‰，沟内流域自上而下发育数条支流。幸福沟及其支沟没有水文观测资料，据地质部门 2006 年 3 月在沟口采用简易方法进行流量测量，幸福沟为 $1.6m^3/s$，可作为降雨较少季节，雨水回用系统的补充水源。

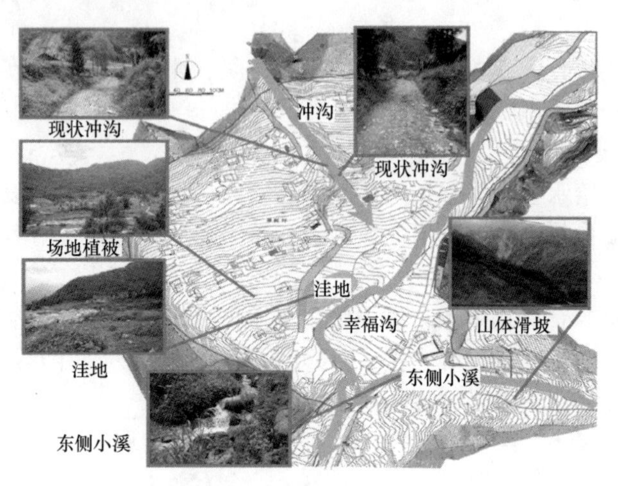

图 2 场地条件及水系

2. 雨水利用设施布置

按以上雨水利用设计思路和场地条件分析，雨水利用设施总平面布置，详见图 3。

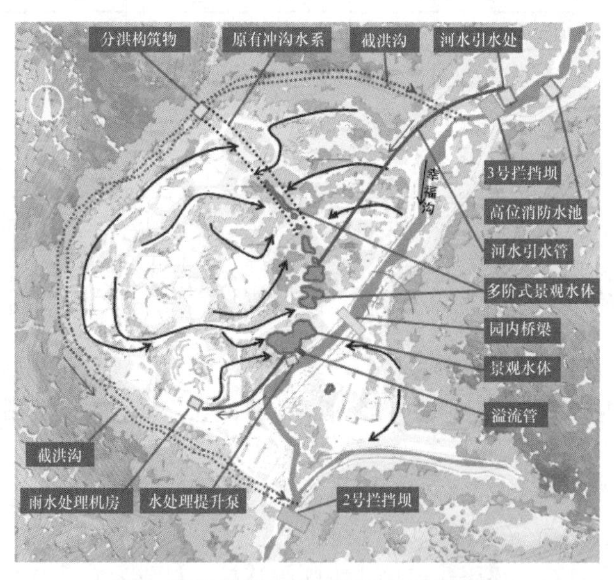

图 3 雨水控制和利用设施总平面布置

3. 雨水收集水量、雨水回用水量表、水量平衡

(1) 本项目雨水收集系统尽量保护原有水文特征，利用建设用地内雨水植草沟和原有山洪排水冲沟等水系收集雨水，汇入设置于低洼处的景观水体（兼作雨水调蓄储存设施），再经能源中心水处理设备机房，净化处理后，供绿化、冲厕等使用。

根据当地 1990～1999 年降水资料，得出年平均降水和蒸发图，详见图 4。参照国家标准《建筑与小区雨水利用工程技术规范》GB 50400—2006 雨水设计径流总量公式，计算出本项目室外雨水月均收集量为 $1911.3m^3$，日均收集量为 $63.7m^3$。

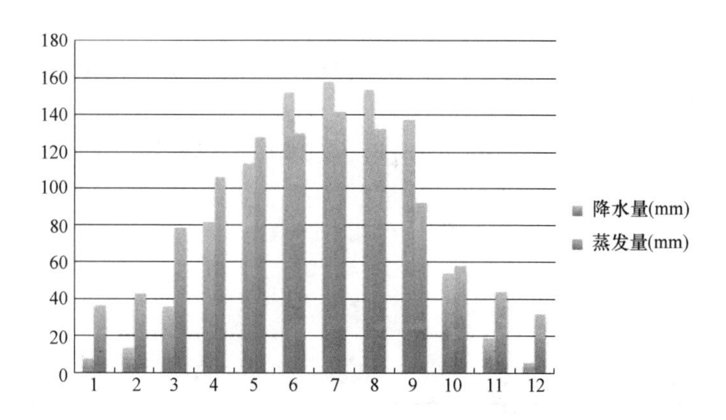

图 4　年平均降水、蒸发量分布

（2）雨水回用水量详见表 2。

（3）本项目用水规划及水量平衡详见图 5。

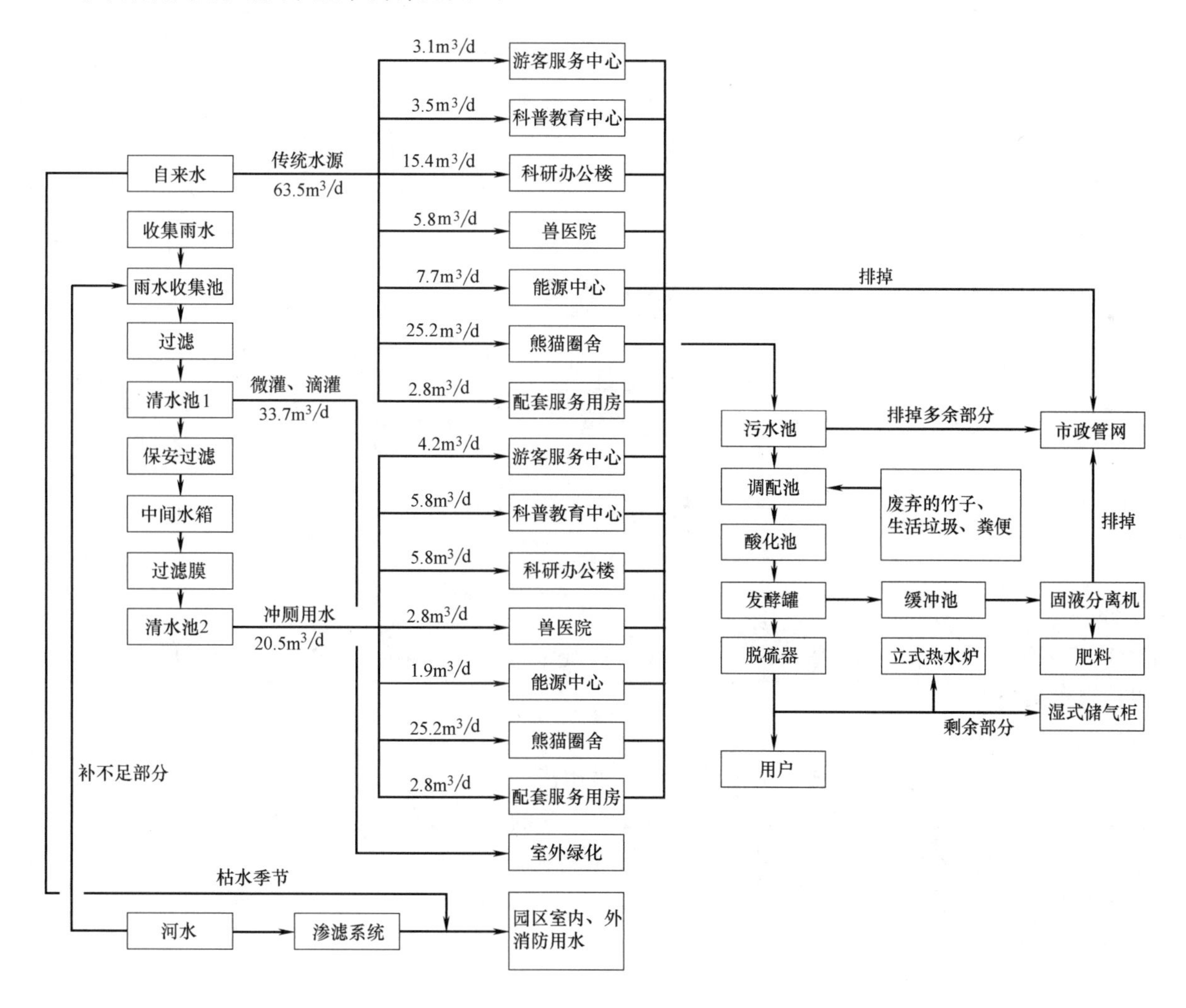

图 5　用水规划和水量平衡图

4. 竖向分区系统

（1）室外非传统水源给水系统，按地势条件和用水类别分区设置：冲厕用水，仅供应低区建筑；绿化浇洒、道路冲洗用水，按地形高差分为高低两区。

（2）各子项室内非传统水源给水系统，竖向不分区，由相应位置室外非传统水源给水管道直接供水；并按不同使用功能，分别设置水表计量。

5. 水处理工艺流程图（图 6）

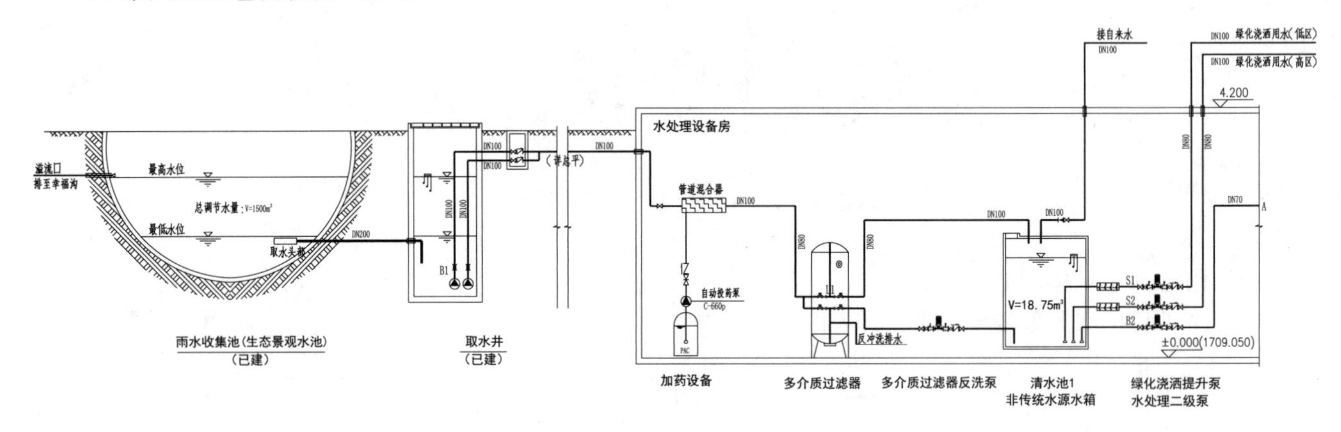

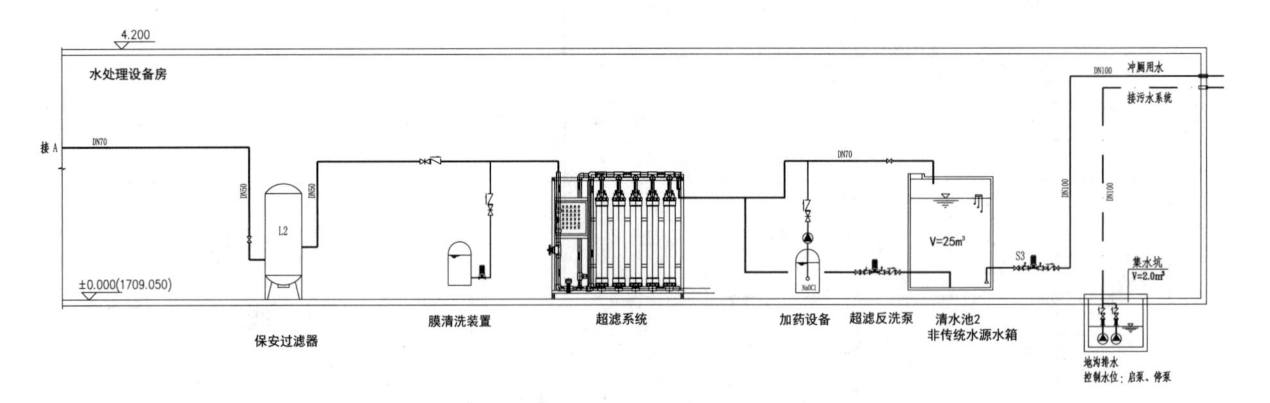

图 6　雨水处理工艺流程

6. 管材

雨水回用系统采用薄壁不锈钢管，环压式连接或氩弧焊连接，材质为 OCr18Ni9（S30408）。

（四）排水系统

1. 排水系统形式

（1）本工程室外采用雨、污（废）分流制；室内采用污、废合流制。

（2）本项目市政污水接口位于幸福沟西侧，幸福沟东侧的室外污水经过沉砂池初步处理后，经幸福沟河底的倒虹管排至市政污水系统，由耿达镇的市政污水处理站统一处理。

2. 透气管的设置方式

卫生间生活污、废水采用专用通气立管排水系统或伸顶通气排水系统。

3. 采用的局部污水处理设施

（1）兽医院医疗区污、废水排放，执行《医疗机构水污染物排放标准》GB 18466—2005。本项目拟采用成套地埋式污水处理设备，处理达标后排放。

（2）野化培训区配套服务用房，市政污水管道不能覆盖，其污、废水经成套地埋式污水处理设备，处理达标后排入自然水体。

（3）厨房污、废水经隔油池，处理后排放。

4. 管材

（1）室内排水管采用 PVC-U 硬聚氯乙烯塑料管，粘接。

（2）室外排水管采用硬聚氯乙烯双壁波纹管，承插粘接。

二、消防系统

（一）消火栓系统

1. 消火栓系统用水量

该项目分 1 区、2 区和 3 区建设用地。主要建筑均设于 1 区，2 区和 3 区属大熊猫野化培训用地，因此仅 1 区需设置室内外消防给水系统。整个项目室内外消防给水系统统一设置，消防用水量按最不利建筑考虑。各建筑室内外消火栓系统用水量详见表 4。

消火栓系统用水量　　表 4

序号	消火栓系统用水量	游客服务中心	科普教育中心	办公科研综合楼	兽医院
1	室内(L/s)	10	15	15	5
2	室外(L/s)	20	20	20	20
3	按最不利建筑考虑，该项目消火栓系统设计用水量，室内 15L/S，室外 20L/s				

2. 系统分区

本项目为山地建筑，地势高差较大，室外消防给水系统结合建筑和地势高差分区设置。低区室内外消防给水系统，采用高压制，常高压供水。高区建筑未设置室内消防给水系统，室外消防给水采用低压制。

3. 水池、水箱的容积及位置

高位消防水池（两座）设于该项目 2 区山坡上，水池底绝对标高 1784.00m，有效容积 $500m^3$。高位消防水池水源平时由幸福沟河道水补充，枯水期或山洪造成水质恶化期，由自来水通过室外增压系统补充。

4. 水泵接合器的设置

各建筑按室内消火栓水量分别设置水泵接合器，位于每座建筑附近，共设置 5 组 SQS100 型地上式水泵接合器。

5. 管材

（1）室内消火栓系统管材采用内外热镀锌钢管，采用螺纹和沟槽式卡箍连接。

（2）室外消火栓系统管材采用衬塑钢管，卡箍式连接。

（二）自动喷水灭火系统

1. 自动喷水灭火系统的用水量

按规范本工程游客服务中心、科普教育中心和办公科研综合楼，均采用湿式自动喷水灭火系统，各建筑自动喷水灭火系统用水量详见表 5。

2. 系统分区

整个自动喷水灭火系统为一个压力分区，自动喷水系统供水管与室外消防给水系统合用，由高位消防水池提供水源，于环网前设置可调式减压阀进行减压。

自动喷水灭火系统用水量 **表5**

序号	喷水系统参数	游客服务中心	科普教育中心	办公科研综合楼
1	危险等级	中危险Ⅰ级	中危险Ⅰ级	轻危险级
2	喷水强度(L/(min·m^2))	6	6	4
3	作用面积(m^2)	160	160	160
4	系统设计流量(L/s)	30	30	20
5	本项目喷水系统设计用水量30L/s			

3. 喷头选型、报警阀的数量、位置

(1) 自动喷水灭火系统喷头为闭式玻璃球喷头、流量系数为K80，动作温度为68℃。在大厅、走道等有吊顶部位，选用隐蔽式喷头。

(2) 报警阀组分设于各建筑内。每组报警阀负担喷头数不超过800个。报警阀前的管道布置成环状。水力警铃设于报警阀处的通道墙上。

4. 水泵接合器的设置

各建筑按自动喷水灭火系统水量分别设置水泵接合器，位于每座建筑附近，共设置4组SQS150型地上式水泵接合器。

5. 管材

系统管材采用内外热镀锌钢管，采用螺纹和沟槽式卡箍连接。

三、工程特点及设计体会

(一) 工程设计特点

1. 低影响开发设计和雨水系统规划

(1) 因地制宜利用建筑特点、地形地貌、降雨特征、自然水系等因素，设置屋顶绿化、植草沟、透水铺装、雨水花园、生态调蓄池等措施，开展低影响开发设计。

(2) 合理制定雨水净化、入渗、调蓄、利用和安全排放规划。

2. 节水、节能和水资源利用

(1) 按照《绿色建筑评价标准》GB/T 50378—2006三星级绿色建筑标准，因地制宜制定绿色策略，选择绿色技术，开展节水系统设计。

(2) 结合项目的用水需求，给水系统分质供水“低质低用，高质高用”，利用雨水资源作为非传统水源，替代自来水作为室内冲厕、绿化灌溉、道路浇洒等杂用水。

(3) 给排水系统设备选型全面贯彻节水、节能的理念，全面采用节水器具和设备。

3. 水资源利用和景观效果相结合

(1) 景观水池采用多级、阶梯式景观水池。景观水池兼作雨水收集和调蓄水池，同时多级、阶梯式景观水池有利于水体复氧，丰富的水草增加水体自净能力，以达到较好的景观和雨水资源利用效果双重效果。

(2) 配合景观大量采用乡土植物，既达到景观效果，又减少人工浇灌和后期维护。一区建设用地（人工繁殖饲养研究与环境教育区，用地规模26.33hm^2）大部分区域、二区建设用地（培育科研区，地规模为28.33hm^2）和三区建设用地（物种多样展示区，用地规模为46.00hm^2），原生植被现状良好，不需设置人工灌溉措施。对于滨水植物恢复区，水量丰沛不设置人工灌溉措施。对于原生植被恢复区仅设置临时性节水灌溉措施，一年后拆除。

4. 大熊猫保护研究供水系统

(1) 按大熊猫习性和工艺要求，合理配置大熊猫保护研究工艺用水，主要保护研究功能房间包括：各类大熊猫圈舍、繁殖中心、熊猫幼儿园、熊猫厨房、兽医院等。

(2) 大熊猫医院和隔离病房污、废水采用专门处理，再汇合其他污水统一排放。

5. 高压消防给水系统

(1) 本项目建设用地偏远，场地高差大，气候寒冷，电力供应安全性低，消防设备维护力量薄弱；但当地雨水丰沛、溪流清澈。结合项目特点、总平面特征、气候条件、消防用水需求等因素，因地制宜、创新性地设置了消防分区供水系统，减少了消防供水设备，又解决了项目的消防用水需求。

(2) 本项目建设用地为规划建设用地一区。规划建设用地二区为野化培训区，规划建设用地三区为野化放养区。建设用地一区中，主要建筑均布置在海拔高度较低的幸福沟东侧和西侧，该区域建筑需要设置室内消火栓系统、自动喷水灭火系统和室外消火栓系统。而建设用地一区中海拔高度较高的位置，仅布置有大熊猫圈舍，该区域仅需设置室外消火栓系统。

(3) 结合项目的消防用水需求和建设用地的地形特点，在地势较高且交通便利的山地设置了高位消防水池（500m^3，两格），全额贮存本项目一起火灾的消防用水量，设置位置的高度满足消防给水系统供水压力的要求。消防水池埋设于冻土层以下，避免水池结冻；消防水池临近溪流，利用更高位置的溪流低的潜水补充，并设置市政水源补水管，保证水源安全。高位消防水池设置临近进山道路，便于日常检修和维护。

(4) 结合项目的消防用水需求，本项目在建设用地一区的海拔较低区域，设置了室内外合用的消火栓供水系统和自动喷水灭火系统，且均为高压消防给水系统保证消防用水安全。在建设用地一区的海拔较高区域，按大熊猫圈舍消防用水需求，仅设置了低压室外消火栓系统。整个消防供水系统，未设置消防水箱、消防泵房和消防电力设施，简化了消防供水系统，既节约投资、降低后期维护成本，又降低了消防电源要求、减少了消防供水系统产生故障的环节。

6. 沼气利用系统

(1) 本项目采用完全混合式中温生物厌氧消化技术，处理竹子、粪便和生活垃圾，生产沼气。沼气供基地厨房和科研办公楼区使用。沼液存放在沼液贮存池中，经适当处理后，作为液态有机肥灌溉周边的竹林和树木。

(2) 经初步处理后的污、废水，通过倒虹管穿过幸福沟河底后，最终排至耿达镇污水处理厂统一处理。

(二) 设计体会

1. 雨水作为非传统水源，替代自来水作为园区杂用水，日均雨水回用量64.42m^3/d，雨水年总用量13998m^3。当不考虑景观水体用水时，非传统水源利用率可达59.1%；当考虑景观水体用水时，非传统水源利用率可达70.4%。节水效果明显，取得了良好的经济效益。

2. 利用建设用地的地势高差，设置高位消防水池，采用高压消防给水系统，既减少了消防泵房、消防水泵和消防控设备等的初期投资和后期运营维护费用，又解决了消防电源和消防水源不足的问题。

3. 沼气利用系统，回收利用园区垃圾和熊猫粪便等废弃物的生物质能。

4. 本项目是一项集科研、保护、旅游等多项目标为一体的项目。在大熊猫保护研究和旅游开发等方面，倡导人和自然的和谐相处，用低影响开发理念，修复和改善生态环境，兼顾园区的景观效果，具有多重的环境效益和生态效益。

四、工程照片及附图

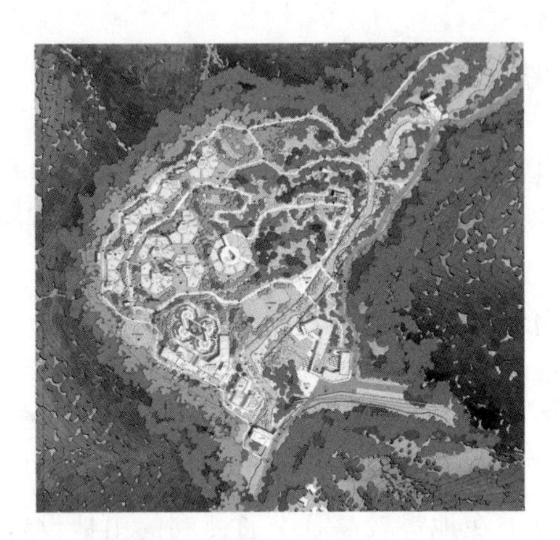

一区建筑总平面图

一区建筑方案规划图

科研办公楼入口

游客服务中心入口

成体猫舍

熊猫幼儿园

生态湿地

绿色屋顶

生态雨水调蓄池

多阶式生态雨水调蓄池

雨水原水提升泵站

雨水回用处理机房

沼气处理池

1—1 给水和消防总平面图

1—2 给水和消防总平面图

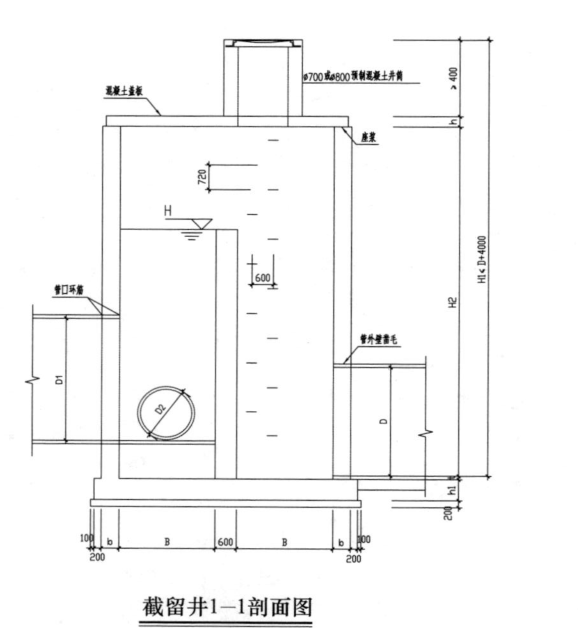

截留井1—1剖面图

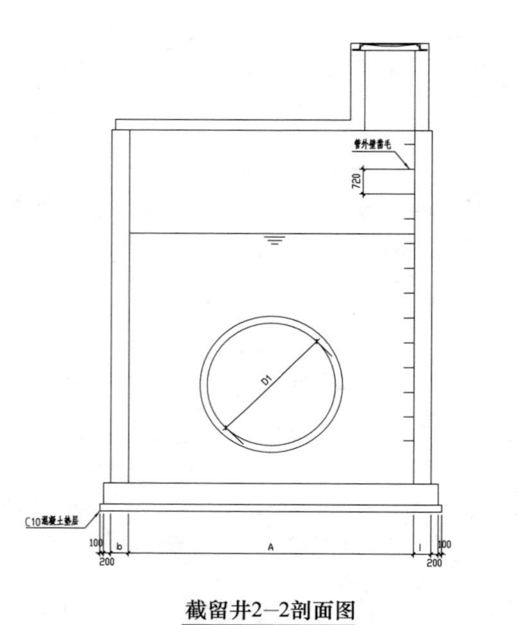

截留井2—2剖面图

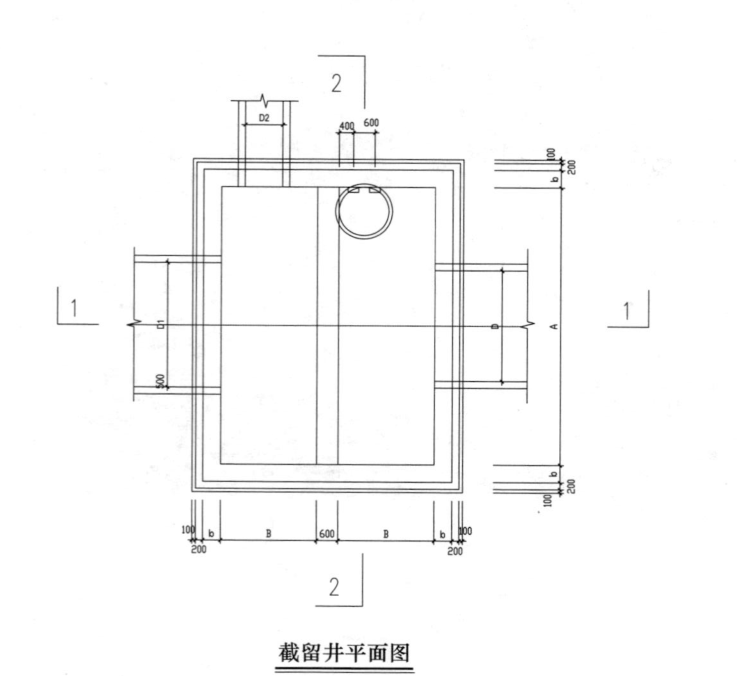

截留井平面图

截流井井室尺寸及溢流口标高

管径		各部尺寸				溢流口标高
D1	D	A	B	b	h1	H
500	500	1100	1100	250	250	494.70

注：截留井壁做法参照矩形检查井(06MS201-3-32)

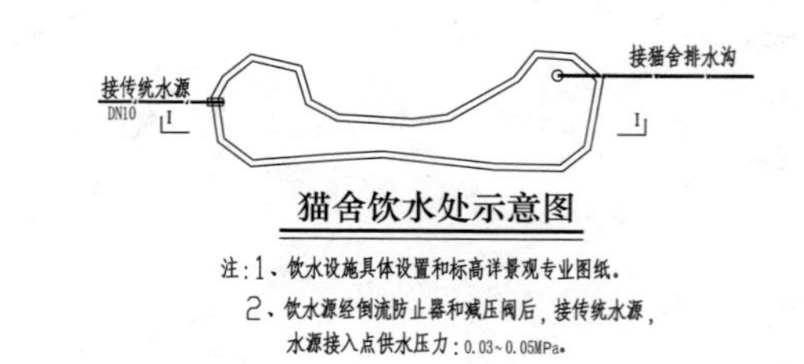

猫舍饮水处示意图

注：1、饮水设施具体设置和标高详景观专业图纸。

2、饮水源经倒流防止器和减压阀后，接传统水源，水源接入点供水压力：0.03~0.05MPa。

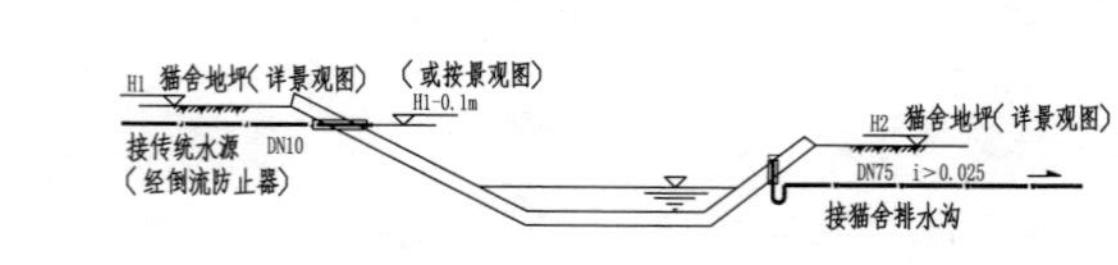

猫舍饮水处 I—I 剖面

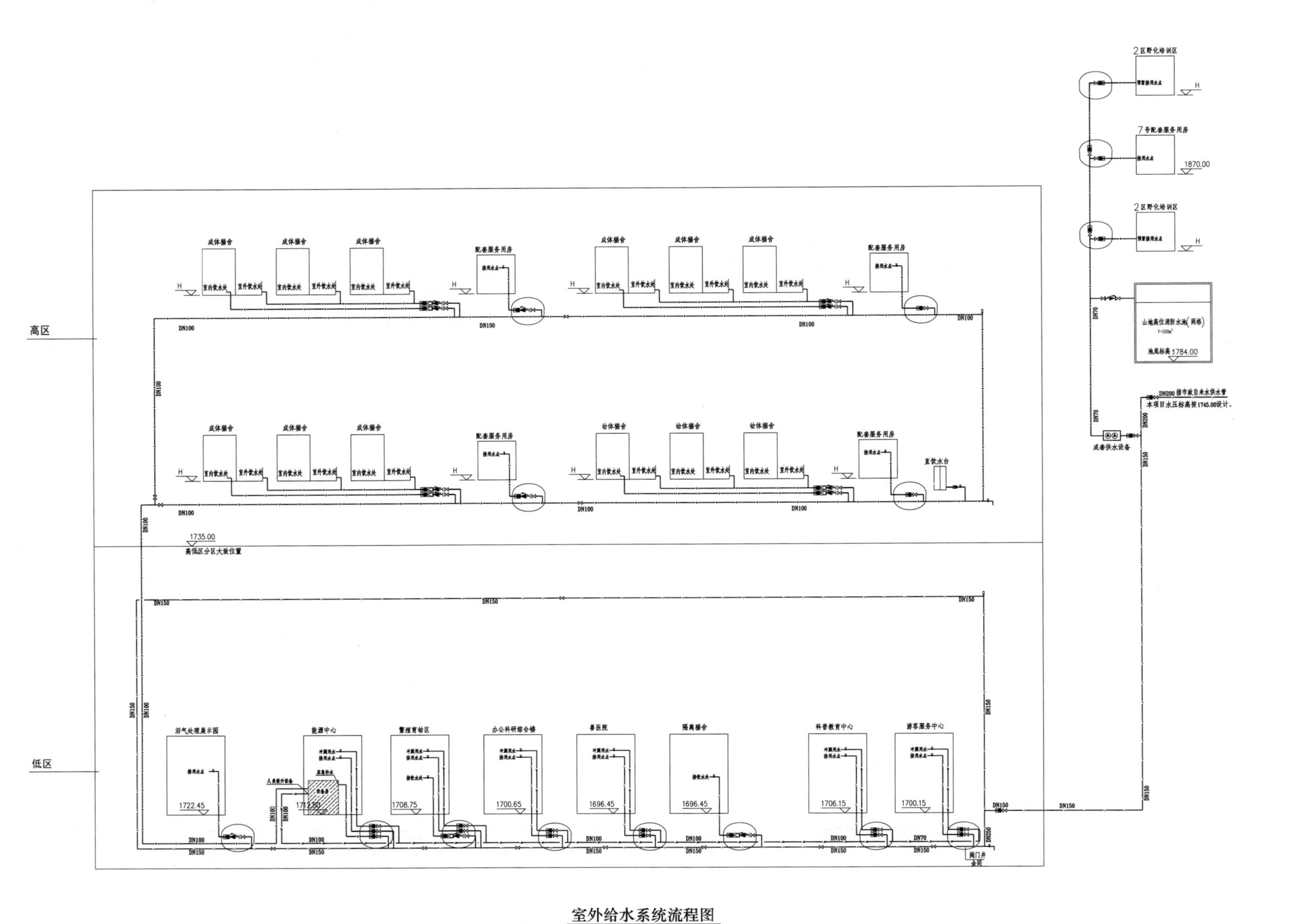

室外给水系统流程图

注：本图仅表示各类给水系统关系，具体做法详见相应部分施工图。

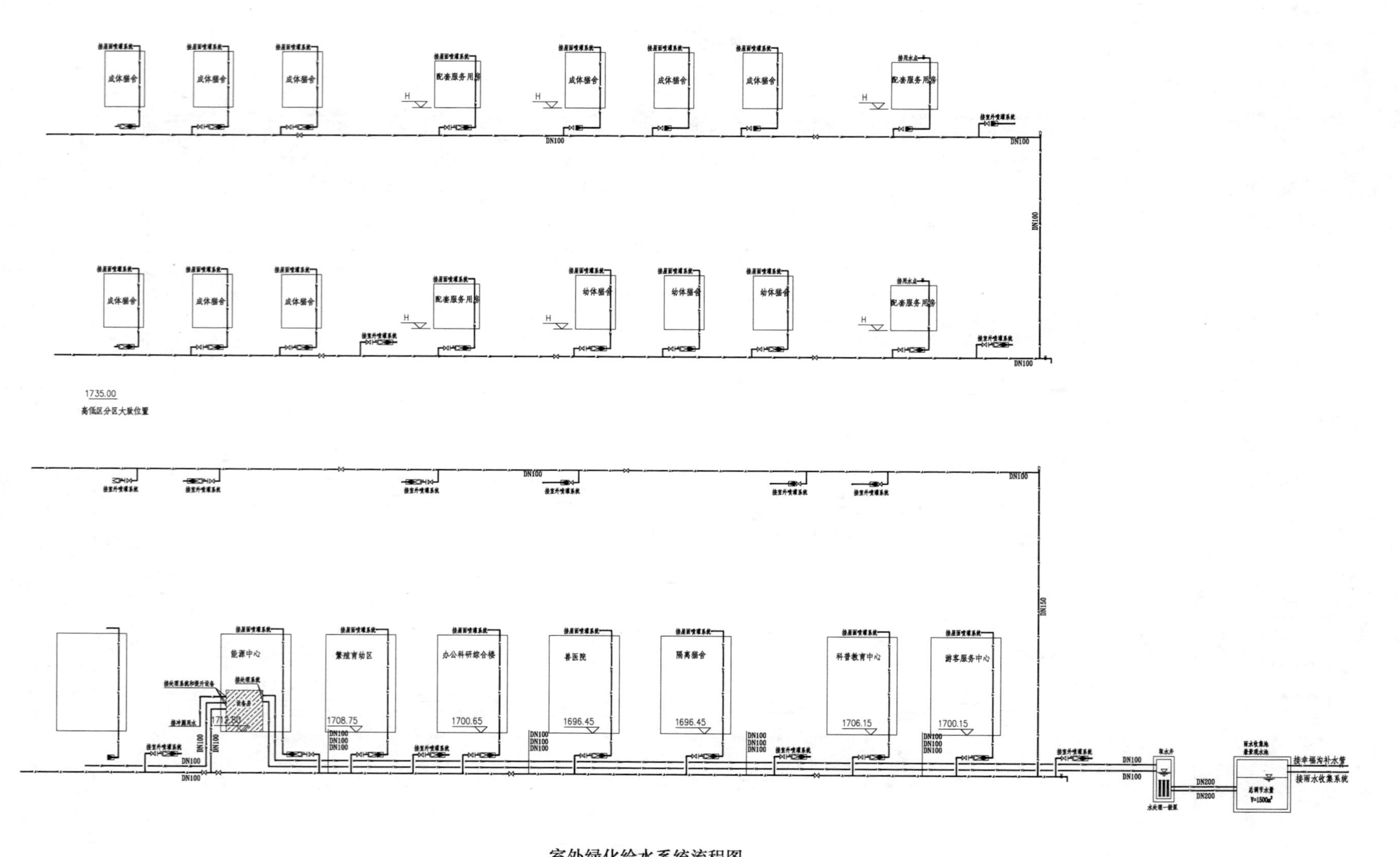

室外绿化给水系统流程图

注：本图仅表示雨水收集利用系统关系，具体做法详见相应部分施工图。

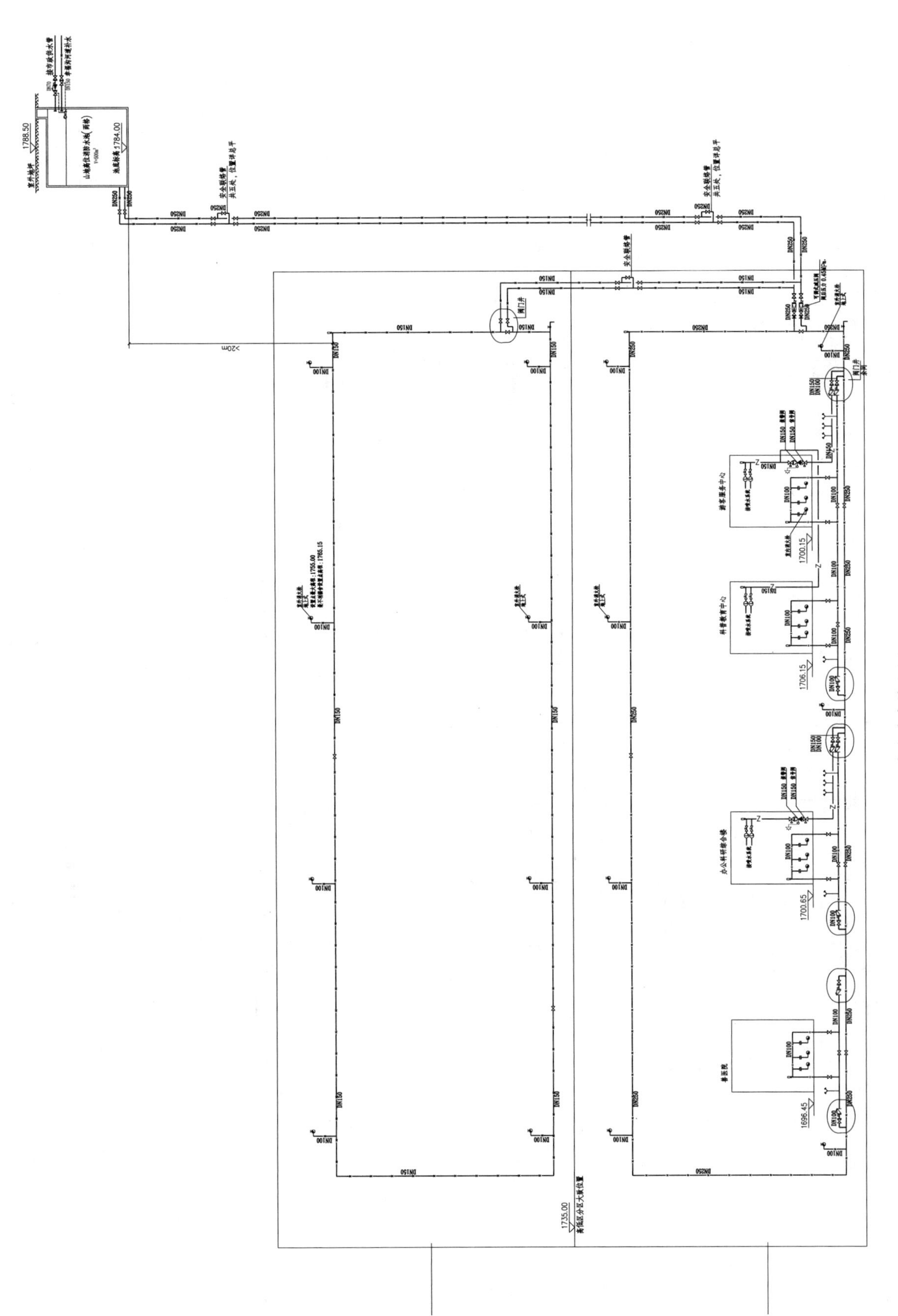
1788.50
1784.00
DN250
DN150
DN100
>20m
1735.00
1700.15
1706.15
1700.65
1696.45

消防给水流程图

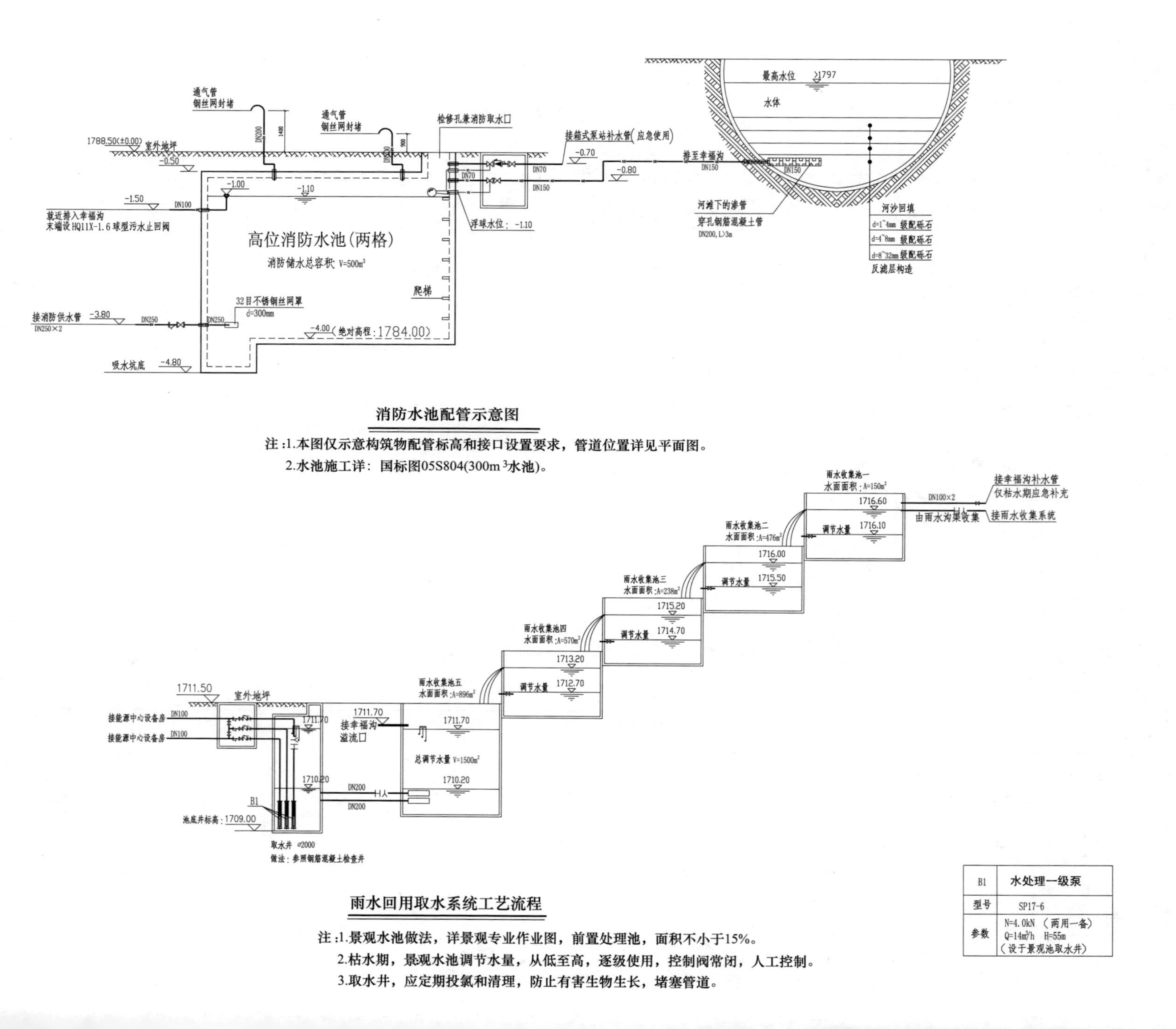

消防水池配管示意图

注:1.本图仅示意构筑物配管标高和接口设置要求，管道位置详见平面图。

2.水池施工详：国标图05S804(300m³水池)。

B1	水处理一级泵
型号	SP17-6
参数	N=4.0kN （两用一备） Q=14m³/h H=55m （设于景观池取水井）

雨水回用取水系统工艺流程

注:1.景观水池做法，详景观专业作业图，前置处理池，面积不小于15%。

2.枯水期，景观水池调节水量，从低至高，逐级使用，控制阀常闭，人工控制。

3.取水井，应定期投氯和清理，防止有害生物生长，堵塞管道。

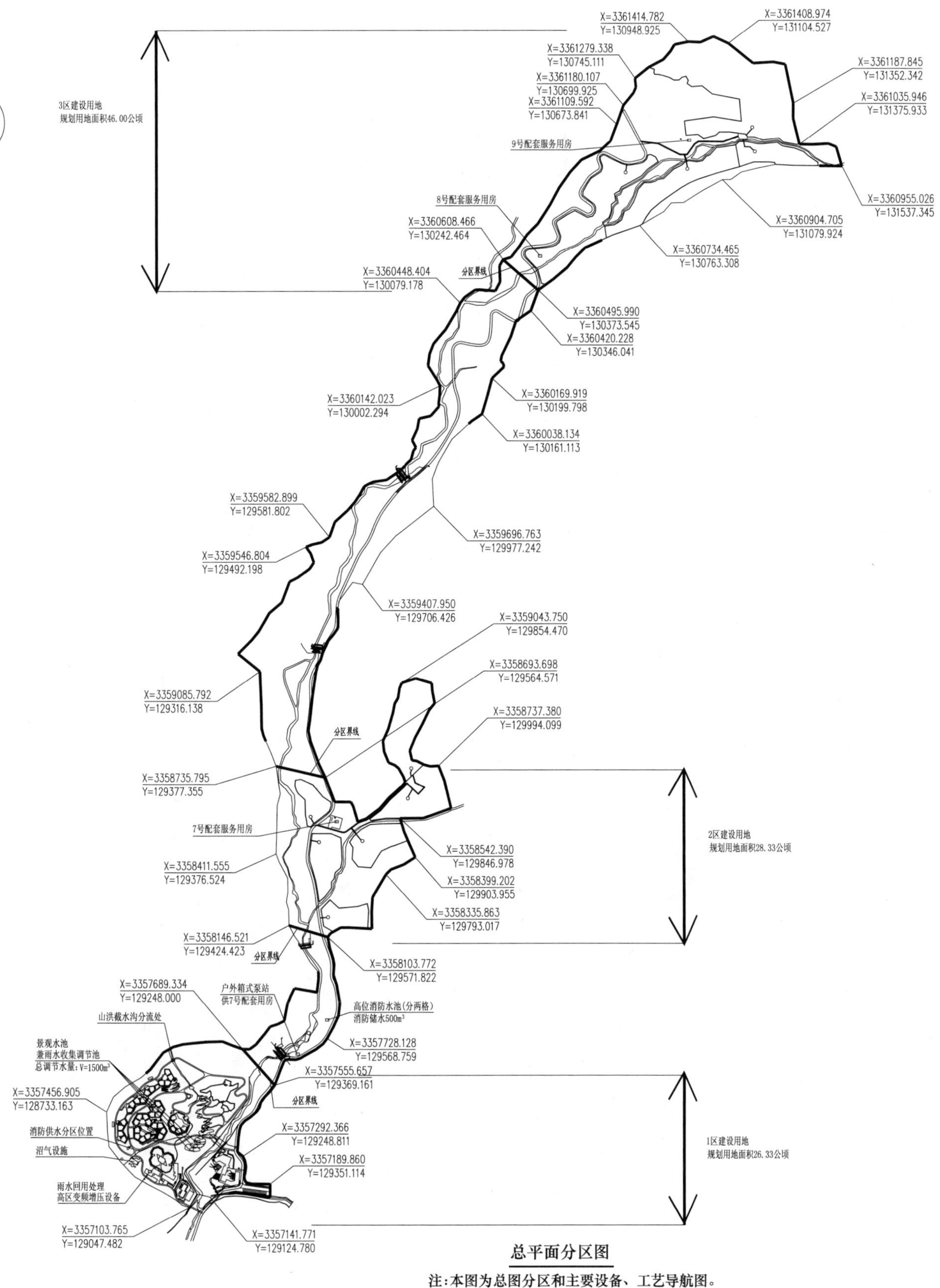
北
3区建设用地
规划用地面积46.00公顷
X=3361414.782
Y=130948.925
X=3361408.974
Y=131104.527
X=3361279.338
Y=130745.111
X=3361187.845
Y=131352.342
X=3361180.107
Y=130699.925
X=3361109.592
Y=130673.841
X=3361035.946
Y=131375.933
9号配套服务用房
X=3360955.026
Y=131537.345
8号配套服务用房
X=3360608.466
Y=130242.464
X=3360904.705
Y=131079.924
X=3360734.465
Y=130763.308
X=3360448.404
Y=130079.178
分区界线
X=3360495.990
Y=130373.545
X=3360420.228
Y=130346.041
X=3360142.023
Y=130002.294
X=3360169.919
Y=130199.798
X=3360038.134
Y=130161.113
X=3359582.899
Y=129581.802
X=3359696.763
Y=129977.242
X=3359546.804
Y=129492.198
X=3359407.950
Y=129706.426
X=3359043.750
Y=129854.470
X=3358693.698
Y=129564.571
X=3359085.792
Y=129316.138
X=3358737.380
Y=129994.099
分区界线
X=3358735.795
Y=129377.355
2区建设用地
规划用地面积28.33公顷
7号配套服务用房
X=3358542.390
Y=129846.978
X=3358411.555
Y=129376.524
X=3358399.202
Y=129903.955
X=3358335.863
Y=129793.017
X=3358146.521
Y=129424.423
分区界线
X=3358103.772
Y=129571.822
X=3357689.334
Y=129248.000
户外箱式泵站
供7号配套用房
高位消防水池(分两格)
消防储水500m³
山洪截水沟分流处
X=3357728.128
Y=129568.759
景观水池
兼雨水收集调节池
总调节水量：V=1500m³
X=3357555.657
Y=129369.161
X=3357456.905
Y=128733.163
分区界线
消防供水分区位置
X=3357292.366
Y=129248.811
1区建设用地
规划用地面积26.33公顷
沼气设施
X=3357189.860
Y=129351.114
雨水回用处理
高区变频增压设备
X=3357103.765
Y=129047.482
X=3357141.771
Y=129124.780

总平面分区图

注：本图为总图分区和主要设备、工艺导航图。

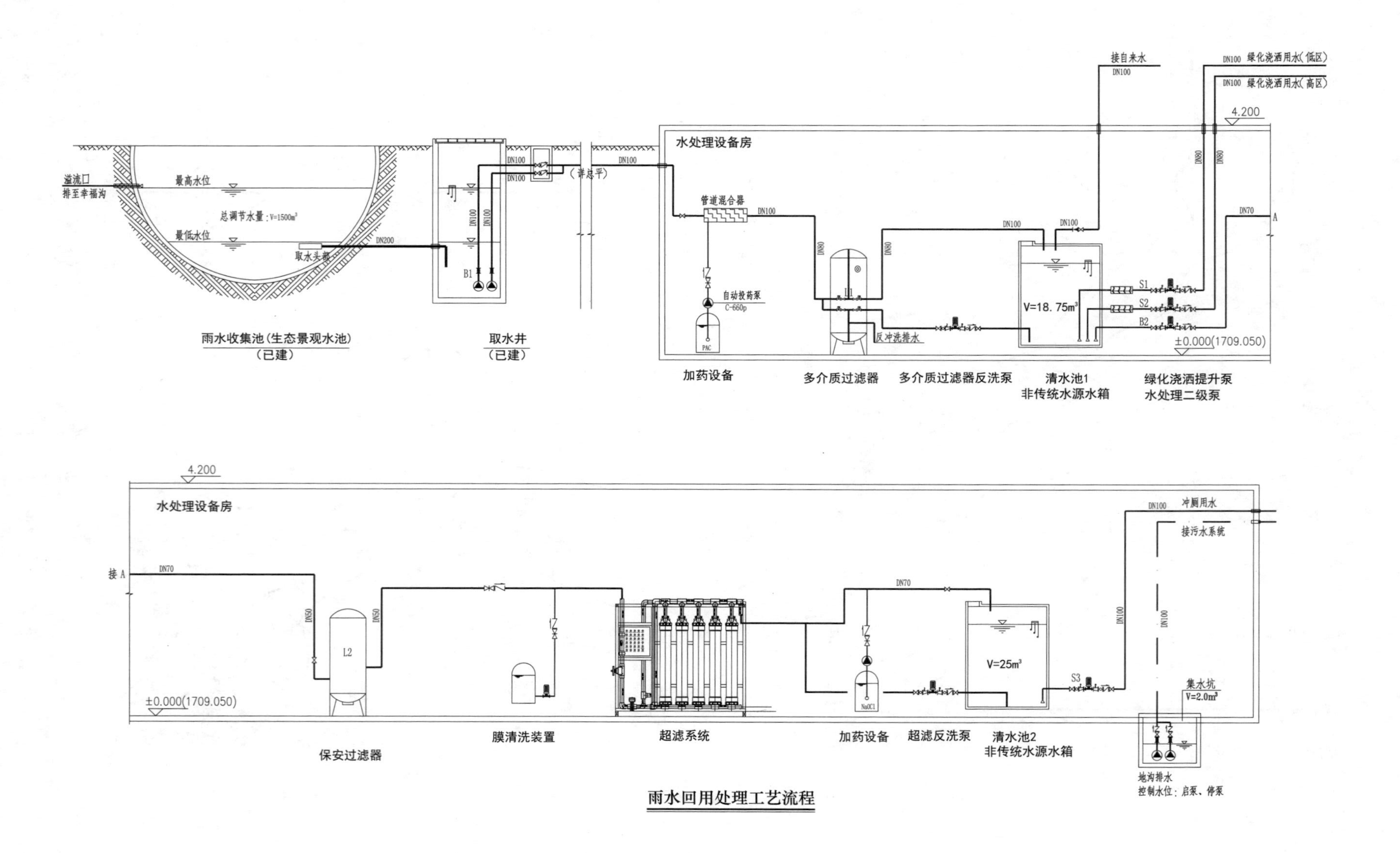

接自来水
DN100 绿化浇洒用水(低区)
DN100 绿化浇洒用水(高区)
4.200
水处理设备房
溢流口
排至幸福沟
最高水位
总调节水量：V=1500m³
最低水位
取水头部
DN200
B1
(详总平)
管道混合器
自动投药泵
C-660p
PAC
反冲洗排水
V=18.75m³
S1
S2
B2
±0.000(1709.050)
雨水收集池(生态景观池)
(已建)
取水井
(已建)
加药设备
多介质过滤器
多介质过滤器反洗泵
清水池1
非传统水源水箱
绿化浇洒提升泵
水处理二级泵
4.200
水处理设备房
接A
冲厕用水
接污水系统
L2
V=25m³
S3
集水坑
V=2.0m³
±0.000(1709.050)
保安过滤器
膜清洗装置
超滤系统
加药设备
超滤反洗泵
清水池2
非传统水源水箱
地沟排水
控制水位：启泵、停泵

雨水回用处理工艺流程

普利中心

设计单位： 华东建筑设计研究院有限公司华东建筑设计研究总院
设 计 人： 李洋　胡晨樱　杨凤伟
获奖情况： 公共建筑类　二等奖

工程概况：

项目位于山东省济南市普利街南侧、共青团路北侧、顺河高架路东侧地块，是济南城区中心点及城市商业核心区域。用地总面积 3.3257hm^2，包括容纳办公与商务公寓的超高层塔楼、配套商业裙房、地下车库及城市绿地等功能，总建筑面积约 19.7 万 m^2，其中地上建筑面积约 14.6 万 m^2，地下建筑面积约 5.1 万 m^2，建筑高度 249.70m。其中超高层塔楼地上 60 层，附属高层裙房 5 层，地下 3 层；东侧裙房组群地上 3 层，地下 2 层；北侧裙房组群地上 4 层，地下 1 层。

地下室为地下停车库、设备机房、后勤服务用房。一层为入口大堂、商业及主题专卖店及大型形象店等；二～五层为主题专卖店、餐饮、KTV、健身等及影城。主体塔楼为办公区和公寓式办公区及顶部会所、观光区。其中：首层为办公大堂、公寓式办公大堂及消防安保控制中心等；二层为大堂上空及部分商业区，三～五层为办公及商业区；六～十八层为办公低区，其中十五层为避难层及设备层；十九～三十层为办公高区；三十层为避难层及设备层；三十一层为管道转换层；三十二～五十六层为公寓式办公区，其中四十五层设局部避难区；五十七～六十层为会所观光层；顶部设屋顶机房。

工程说明：

一、给水排水系统

（一）给水系统

1. 冷水用水量（表 1）

冷水用水量　　表 1

序号	用水名称	用水量标准	用水量		备注
			最高日(m^3/d)	最大时(m^3/h)	
1	公寓用水量	214L/(人·d)	189	20	K_h=2.5
2	办公区用水量	40L/(人·d)	267	50	K_h=1.5
3	商业用水量	6L/(m^2·d)	314	39	K_h=1.5
4	餐饮用水量	40L/(人·d)	334	50	K_h=1.5
5	绿化用水	2L/(m^2·d)	20	2.5	K_h=1.0
6	停车库地面冲洗水量	2L/(m^2·d)	102	12.75	K_h=1.0
7	小　计		1226	174.25	
8	未预见水量	10%Q_d	123	18	
9	冷却循环水补水	1.5%$Q_循$	929	83	K_h=1.0
10	总计		2278	275	

2. 水源

水源利用城市管网的给水管，从共青团路和普利街分别引入 1 根给水管，进水管管径 1 根为 *DN*300，1 根为 *DN*200，在基地内形成 *DN*200 环网。生活用水管从 *DN*300、*DN*200 的给水管上各接出 1 根，管径为 *DN*200、*DN*150。总体上设 *DN*150 生活水表 6 只，设 *DN*200 消防水表 2 只。

3. 系统竖向分区及供水方式

裙房商业、办公合用生活水池，三十二层以上高区办公单独设置生活水池。一层及以下的除冲厕水之外的洗手用水利用市政给水管压力直接供给。为了减少减压阀的使用，裙房商业和低区办公采取变频给水系统。其余用水采取水池、水泵和水箱的系统。三十二层以上高区办公采用二级串联供水系统，在避难层设置串联水池和串联水泵。当给水支管压力大于 0.2MPa 时，设置支管减压阀减压。

一层及以下采用市政直供，二～五层裙房采用变频供水，六～九层低区办公采用变频减压供水，十～十四层低区办公采用变频供水，十五～二十层高区办公由三十一层中间生活水箱减压供水，二十一～二十六层高区办公由三十一层中间生活水箱重力供水，二十七～三十一层高区办公（公寓）由变频泵增压供水，三十一～三十八层高区办公（公寓）、三十九～四十四层高区办公（公寓）、四十五～五十一层高区办公（公寓）均由屋顶生活水箱减压供水，五十二～五十六层高区办公（公寓）由屋顶生活水箱重力供水，五十七层及以上高区办公（公寓）由变频泵增压供水。

4. 加压设备

裙房商业变频给水泵：$Q_{总}$=13.2L/s，H=66m，N=7.5kW，4 台，3 用 1 备。

低区办公变频生活给水泵：$Q_{总}$=3L/s，H=103m，N=7.5kW，3 台，2 用 1 备。

高区办公变频生活给水泵：$Q_{总}$=1.75L/s，H=16m，N=0.37kW，3 台，2 用 1 备。

高区办公生活给水泵：Q=37.5m^3/h，H=168m，N=37kW，3 台，2 用 1 备。

高区办公（公寓）一级串联生活给水泵：Q=22m^3/h，H=163m，N=30kW，2 台，1 用 1 备。

高区办公（公寓）二级串联生活给水泵：Q=22m^3/h，H=137m，N=22kW，2 台，1 用 1 备。

5. 管材

采用 304 薄壁不锈钢管，小于或等于 *DN*80 采用卡压连接，大于 *DN*80 采用焊接连接。

(二) 热水系统

1. 热水方式及热源

裙房商业、办公热水均采用分散式热水加热方式。办公采取电加热热水器，裙房商业采用局部太阳能与电辅助加热相结合的加热方式。

2. 管材

采用 304 薄壁不锈钢管，管径小于或等于 *DN*80 采用卡压连接，管径大于 *DN*80 采用焊接连接。

(三) 中水系统

1. 中水源水量、中水回用水量（表 2）

中水回用水量 **表 2**

序号	用水名称	用水量标准	用水量		备注
			最高日(m^3/d)	最大时(m^3/h)	
1	办公区用水量	40L/(人·d)	173.55	32.5	K_h=1.5
2	商业用水量	6L/(m^2·d)	15.7	1.95	K_h=1.5
3	餐饮用水量	40L/(人·d)	16.7	0.25	K_h=1.5
4	绿化用水	2L/(m^2·d)	20	2.5	K_h=1.0

续表

序号	用水名称	用水量标准	用水量		备注
			最高日(m^3/d)	最大时(m^3/h)	
5	停车库地面冲洗水量	$2L/(m^2 \cdot d)$	102	12.75	$K_h=1.0$
6	小计		328	50	
7	未预见水量	$10\%Q_d$	32.8	5	
8	总　计		361	55	

由于本项目市政污水管网容量为零，所以所有污废水均需要处理后排入市政雨水管网。中水源水量为$2050m^3/d$。

2. 系统竖向分区及供水方式

综合考虑节能、节水的因素，主楼的三十二层以上高区办公（公寓）产生的废水（会所的厨房含油废水除外）经过三十一层的中水机房处理后供给办公公共卫生间冲厕用水。其余所有的污、废水（厨房含油废水先经过全自动油脂分离器处理）进入地下三层的污水处理机房，经过三级处理后的中水供商业冲厕水、餐饮冲厕水、绿化用水、车库冲洗水和景观用水。多余部分经过二级处理后排放到市政雨水管网。

地下一层～地下三层的车库冲洗水由地下三层变频泵减压供水，一～五层由地下三层变频泵供水，六～九层由三十一层中间生活水箱二级减压供水，十～十四层由三十一层中间生活水箱二级减压供水，十五～二十层由三十一层中间生活水箱一级减压供水，二十一～二十六层由三十一层中间中水水箱重力供水，二十七～三十层由变频泵增压供水。

3. 加压设备

变频中水给水泵：$Q_{总}=5L/s$，$H=66m$，$N=4kW$，3台，2用1备。

高区办公中水变频增压泵：$Q_{总}=1.53L/s$，$H=16m$，$N=0.37kW$，3台，2用1备。

4. 管材

内外涂塑（环氧树脂）钢管，中水支管采用PPR管。

（四）排水系统

1. 排水方式及透气方式

三十二层以上高区办公污、废水采用分流制，其余采用合流制。设主通气立管、环形通气管。公共卫生间设置环形通气管。

2. 污水处理设备

（1）地下三层的污水处理机房处理三级流程如图1所示：

（2）三十一层设置中水处理机房处理高区办公（公寓）废水。工艺流程如图2所示：

（3）营业性餐厅的厨房含油废水经全自动油脂分离器处理后与生活污、废水一并进入污水处理机房处理。在地下室根据建筑物功能的要求设置车库及机房排水集水井，由排水泵排到污水处理机房处理。地下室卫生间采用污水密闭式一体化提升设备。

3. 管材

采用柔性接口铸铁管及管件，卡箍连接。

二、消防系统

（一）消火栓系统

室外30L/s，室内40L/s。本项目的消防水池、水泵等设备均放置在地下三层消防泵房，两根消火栓低区总管线减压后通过地下二层的设备廊道引至东区。各分区管网均为环状，以保证供水的可靠性。

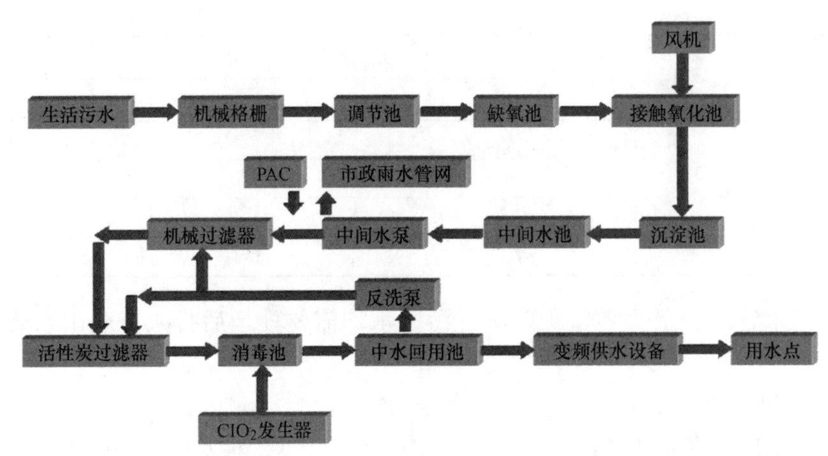

图 1 地下三层的污水处理机房处理三级流程

图 2 高区办公废水处理工艺流程

地下三层的消防水池与冷却塔补水合用，$V=718m^3$，31F 设置 $V=70m^3$ 的中间消防水箱，屋顶层设置 $V=18m^3$ 的屋顶消防水箱。

B3F 设置消火栓转输泵：$Q=40L/s$，$H=182m$，$N=132kW$，2 台，1 用 1 备、消火栓一级串联泵：$Q=40L/s$，$H=168m$，$N=132kW$，2 台，1 用 1 备。31F 设置消火栓二级串联泵：$Q=40L/s$，$H=165m$，$N=132kW$，2 台，1 用 1 备。屋顶层设置屋顶消火栓增压泵：$Q=5L/s$，$H=31m$，$N=4kW$，2 台，1 用 1 备，配 $V=300L$ 气压罐。

西区为二级串联的临时高压制系统，中间消防水箱由单独的消火栓转输泵供水。地下三层～二十五层为低区，二十六～六十层为高区。消火栓布置间距应保证有两个消火栓的水枪充实水柱同时到达同层室内任何部位，水枪充实水柱不应小于 13m。

避难层水泵吸水口处预留消防手抬泵接口。设 $DN150$ 的水泵接合器 3 套。

(二) 自动喷水灭火系统

系统流量为 30L/s。消防水池、水泵等设备均放置在地下三层消防泵房，两根喷淋总管线减压后通过地下二层的设备廊道引至东区。西区为二级串联的临时高压制系统，中间消防水箱由单独的喷淋转输泵供水。系统竖向分为 2 个分区，地下三层至二十五层为低区；二十六～六十层为高区。

B3F 设置喷淋转输泵：$Q=30L/s$，$H=179m$，$N=90kW$，2 台，1 用 1 备。喷淋一级串联泵：$Q=30L/s$，$H=182m$，$N=110kW$，2 台，1 用 1 备。31F 设置喷淋二级串联泵：$Q=30L/s$，$H=183m$，$N=110kW$，2 台，1 用 1 备。屋顶层设置屋顶喷淋增压泵：$Q=1L/s$，$H=15m$，$N=0.75kW$，2 台，1 用 1 备，配 $V=150L$ 气压罐。

避难层水泵吸水口处预留消防手抬泵接口。设 $DN150$ 的水泵接合器 2 套。

(三) 高压细水雾系统

所有不宜用火扑救的部位均根据规范要求设置高压细水雾系统。在三十一层设置消防水箱和高压细水雾主泵和稳压泵。

(四) 消防水炮灭火系统

裙房中庭采用大空间智能型主动喷水灭火系统。系统所需的消防水池、泵组设置在地下三层。系统流量

10L/s。

三、工程特点及设计体会

(一) 技术难点

由于市政污水管网的容量为零，本项目的所有污、废水均需要进入地下三层的污水处理机房进行接触氧化法来进行三级处理。而由于污水处理工艺在建筑给水排水中比较少见，一般出现在污水处理厂。由于工艺池采用钢筋混凝土结构，管道都需要预埋。

建筑高度远远超出城市消防的扑救高度，要求给水系统的压力很大，建筑功能复杂，考虑的灭火设施比较齐全。

(二) 设计合理性及其与建筑功能相匹配的适用性特点

由于东西区的交付时间不同且项目所处老城区的中心地段，总体余留大量电缆，管线复杂，管位紧张，在总体管线连接排布上都需要未雨绸缪，充分考虑。在东、西区及2号裙房之间设有管道连廊，所有专业的管道均通过此管道连廊，进入各自区域。便于检修与管理。

虽然项目并未达到绿建评星的要求，还是尽可能在节能上为业主考虑：收集标准层的空调冷凝水用以冷却塔补水；裙房商业采用局部太阳能与电辅助加热相结合的加热方式；当给水支管压力大于0.2MPa时，设置支管减压阀减压。

由于本项目的厨房废水最终要进入地下三层的污水处理机房进行处理，考虑管道的合并以及建筑的层高要求，所有分布的各个厨房废水进行隔油处理后，均设置提升泵装置进行提升，使得厨房处理过的废水均为压力流。

考虑到地下室的面积比较大，且地下室的污水最终需要汇合进入B3F的污水处理机房进行处理，采用各个污水密闭式一体化提升设备的出水管道接力串联的方式，即第一个污水密闭式一体化提升设备的出水管道排到第二个污水密闭式一体化提升设备内，第二个污水密闭式一体化提升设备的出水管道排到第三个污水密闭式一体化提升设备内，以此类推。而每一级的污水密闭式一体化提升设备的流量也以此叠加。这样可以避免管道过长，污水容易积在管道内的现象。

所有不宜用火扑救的部位设置高压细水雾系统，并且一起考虑了楼层配电间。和其他灭火系统相比，大大节约机房面积。

四、工程照片及附图

全景

幕墙

裙房

裙房连廊

办公大堂

大堂闸机

办公区公共走道

低区电梯厅

夜景

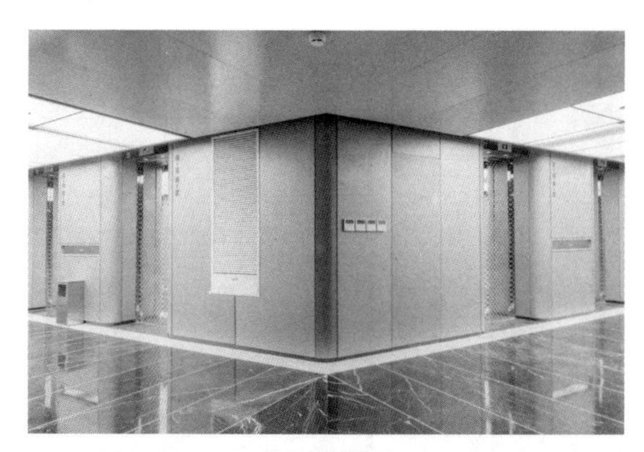

高区电梯厅

地下室管道

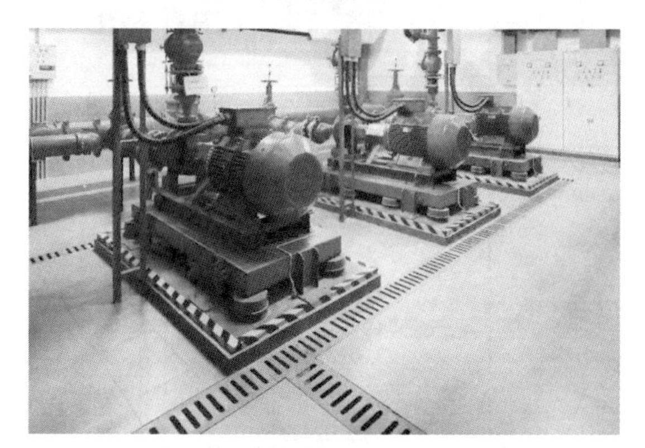

消防水泵

中水机房

冷却塔

塔楼屋顶

夜景

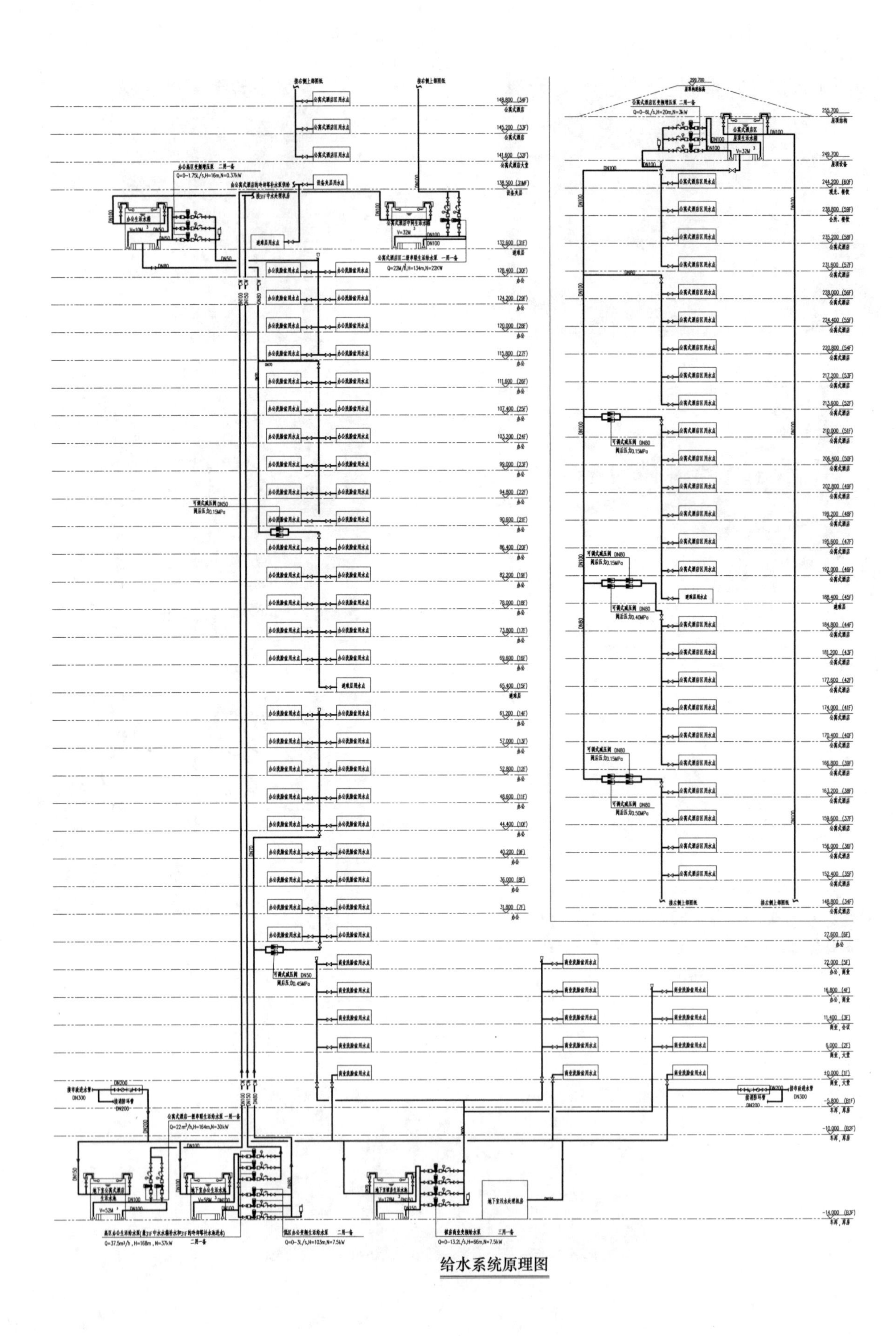

给水系统原理图

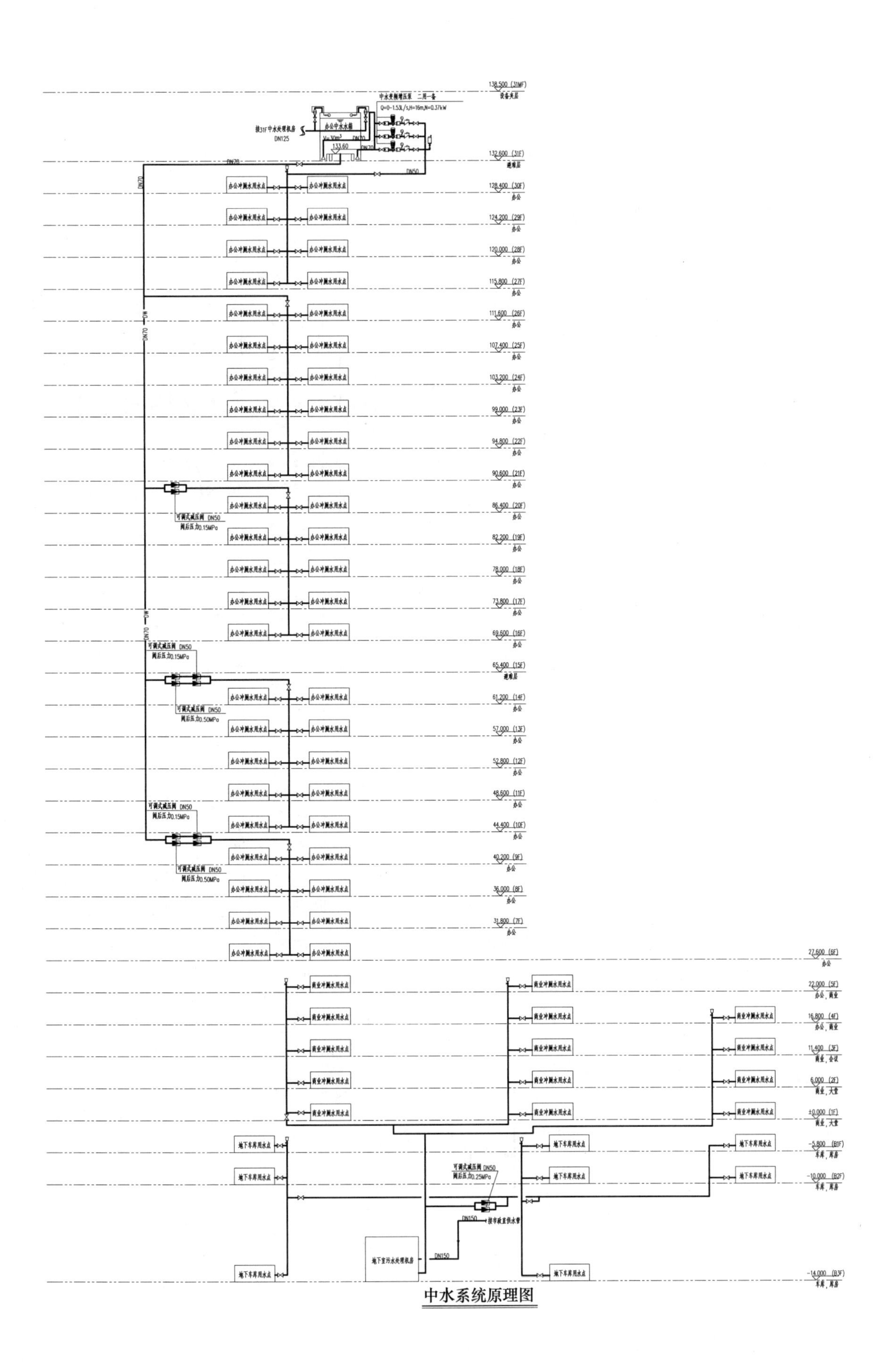

中水系统原理图

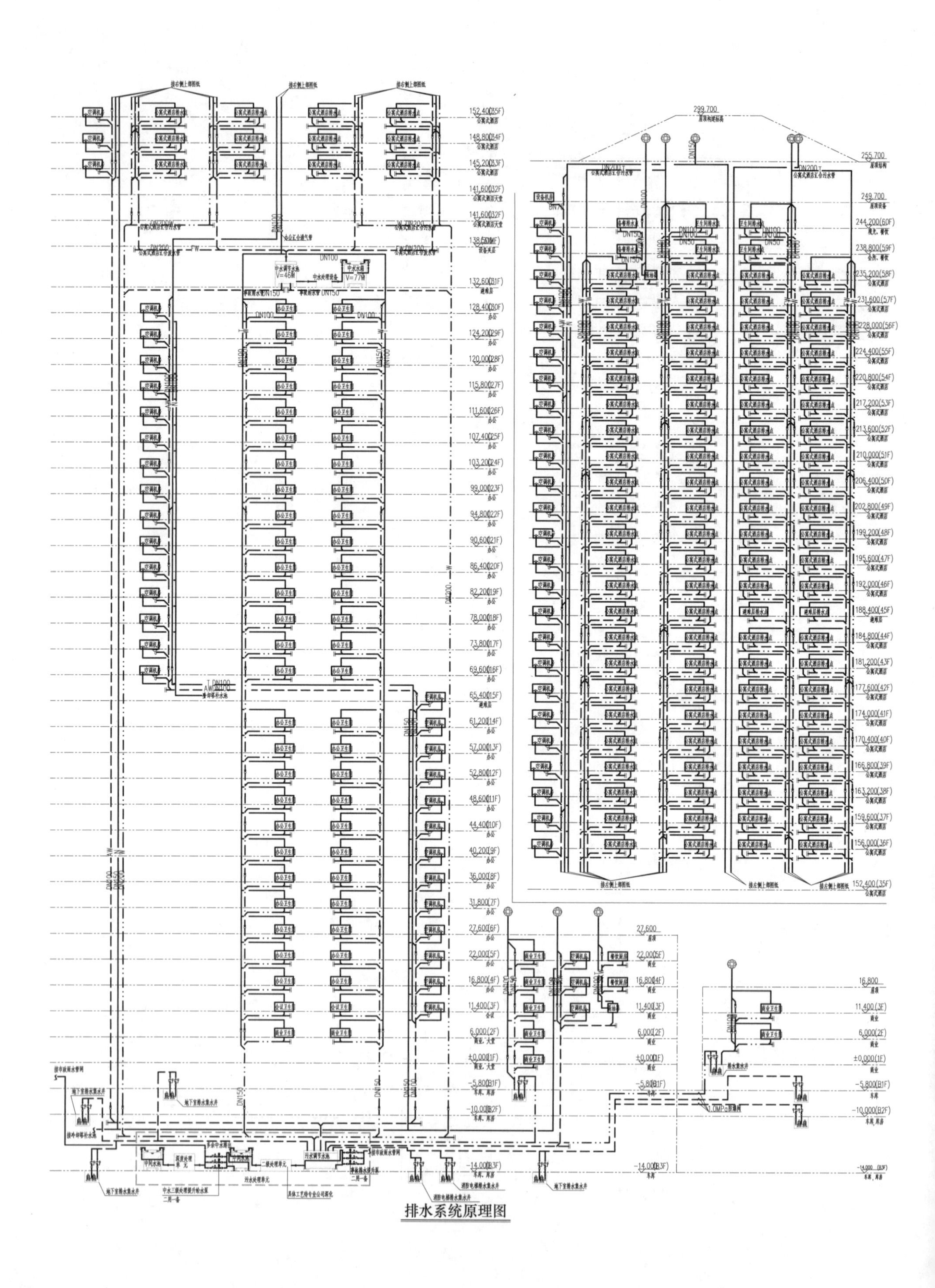

排水系统原理图

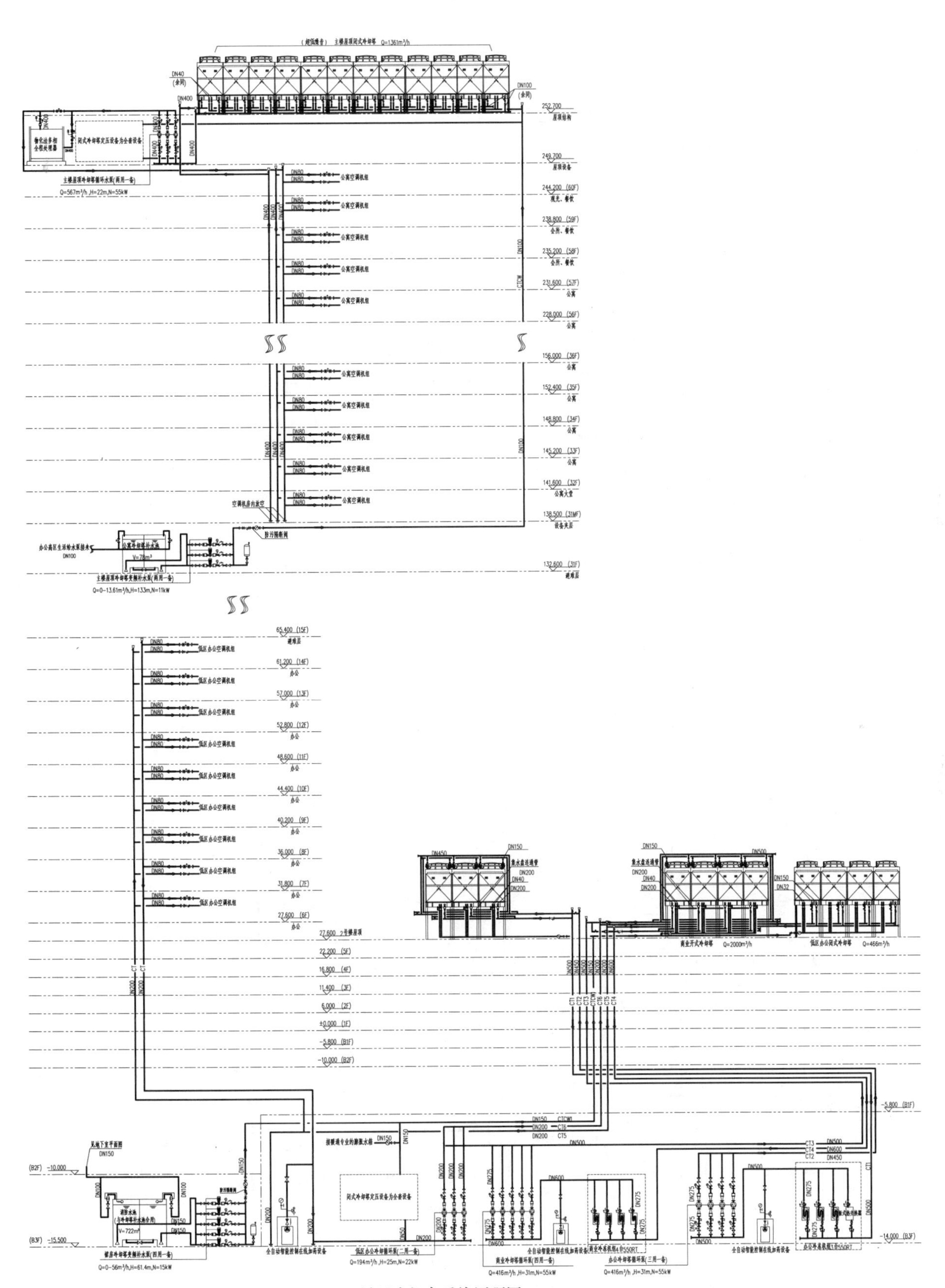
主楼屋顶闭式冷却塔 Q=1361m³/h
公寓空调机组
低区办公空调机组
商业开式冷却塔 Q=2000m³/h
低区办公闭式冷却塔 Q=466m³/h
Q=567m³/h ,H=22m,N=55kW
Q=0-13.61m³/h ,H=133m,N=11kW
Q=0-56m³/h ,H=61.4m,N=15kW
Q=194m³/h ,H=25m,N=22kW
Q=416m³/h ,H=31m,N=55kW
Q=416m³/h ,H=31m,N=55kW

循环冷却水系统原理图

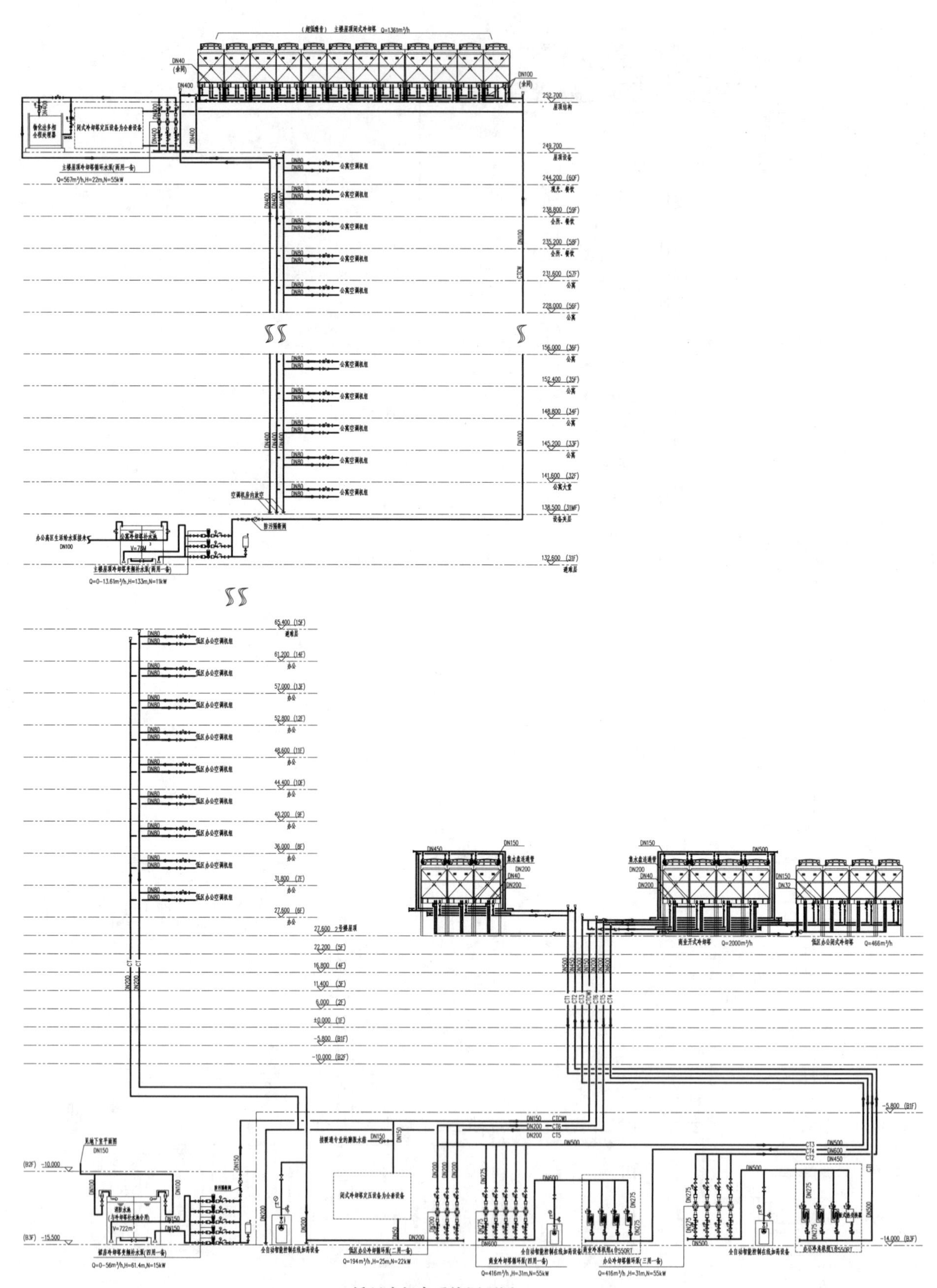

循环冷却水系统原理图

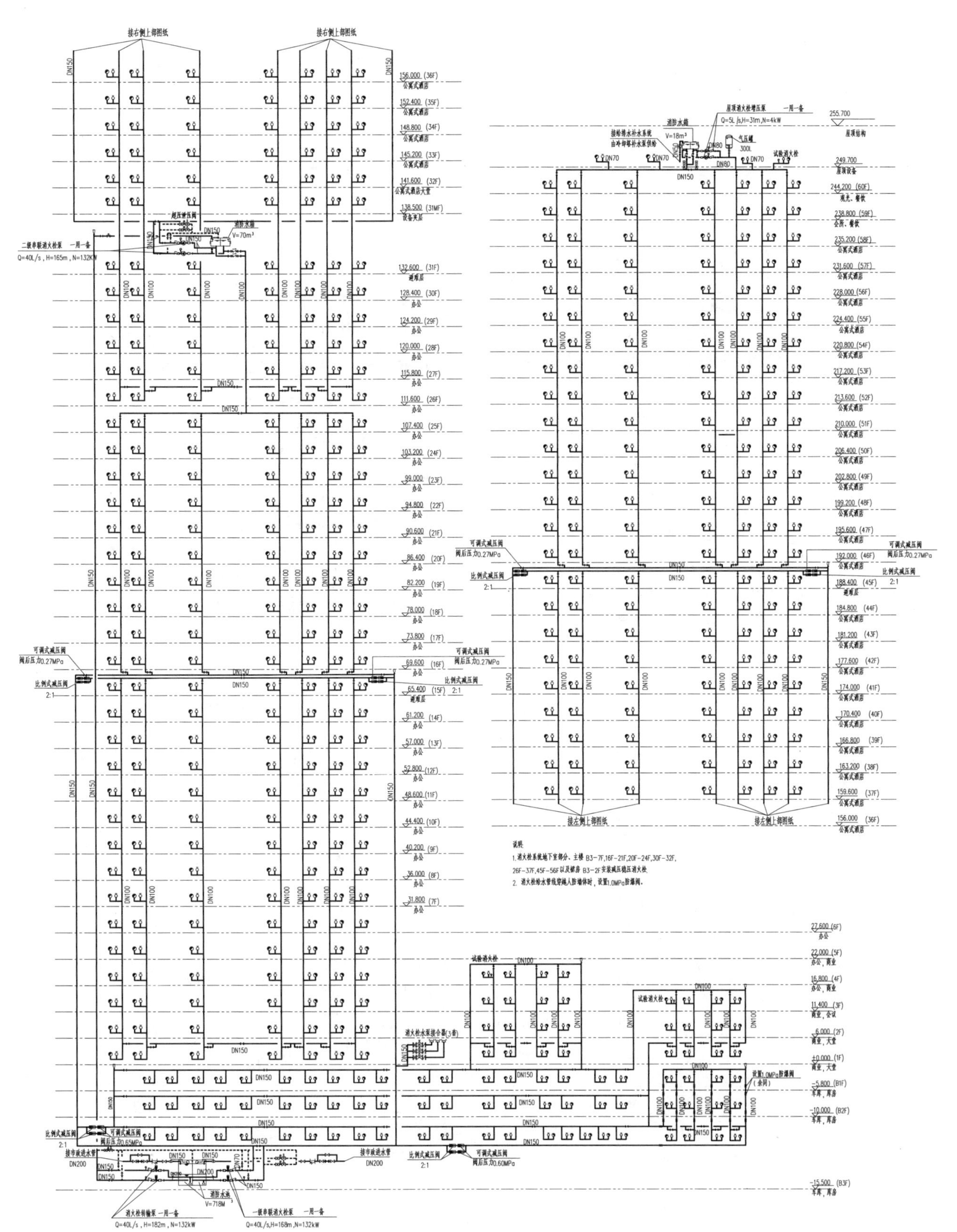

接右侧上部图纸
接左侧上部图纸
屋顶消火栓增压泵 一用一备
Q=5L/s,H=31m,N=4kW
消防水箱
V=18m³
气压罐
300L
试验消火栓
二级串联消火栓泵 一用一备
Q=40L/s，H=165m，N=132KW
消防水箱
V=70m³
可调式减压阀
阀后压力0.27MPa
比例式减压阀
2:1
消火栓水泵接合器(3套)
设置1.0MPa防爆阀
接市政进水管
DN200
消防水池
V=718M³
消火栓转输泵 一用一备
Q=40L/s，H=182m，N=132kW
一级串联消火栓泵 一用一备
Q=40L/s，H=168m，N=132kW
阀后压力0.65MPa
阀后压力0.60MPa
说明
1.消火栓系统地下室部分、主楼 B3-7F,16F-21F,20F-24F,30F-32F,
26F-37F,45F-56F以及裙房 B3-2F安装减压稳压消火栓.
2. 消火栓给水管线穿越人防墙体时，设置1.0MPa防爆阀.

消火栓系统原理图

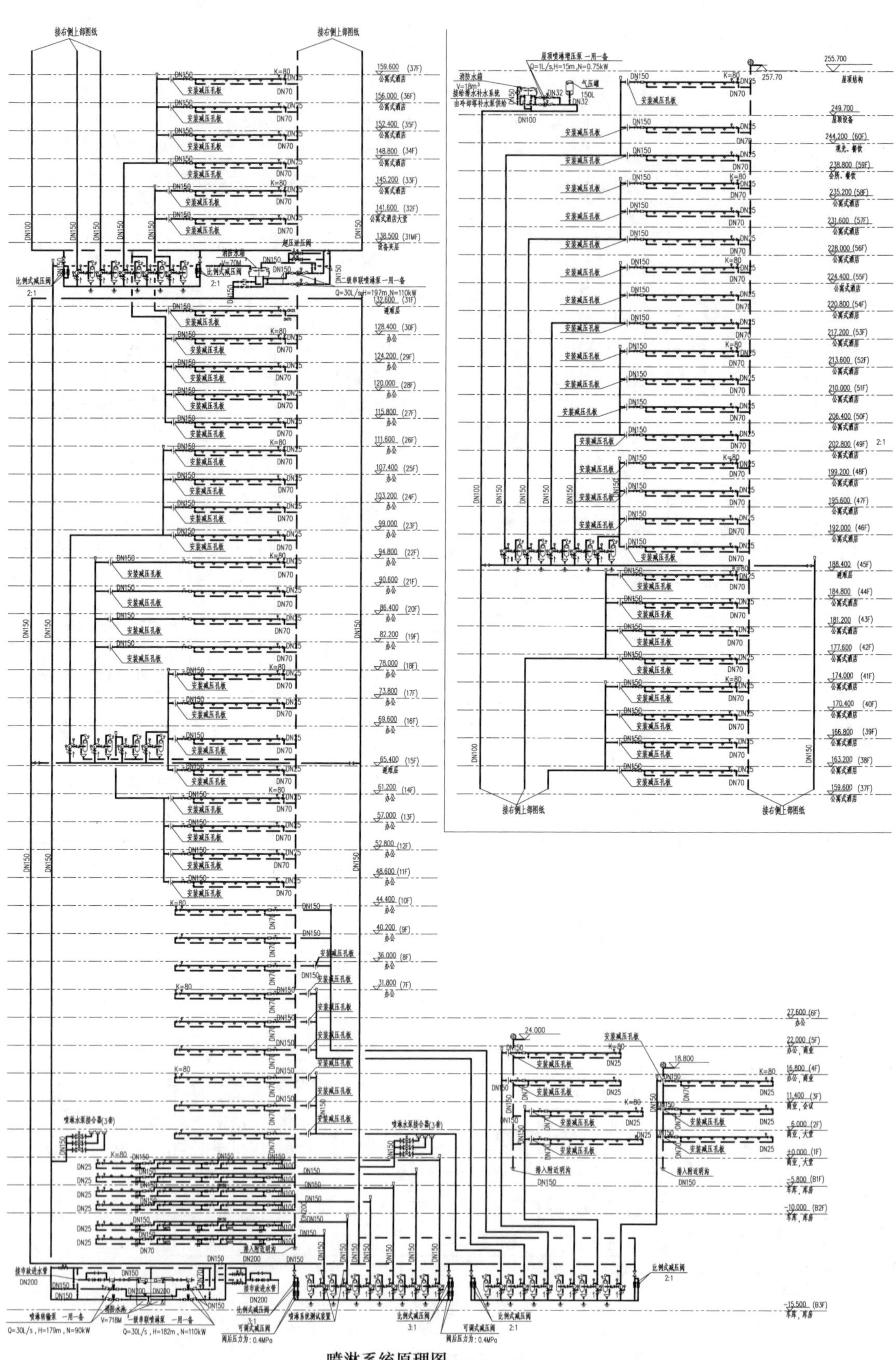

喷淋系统原理图

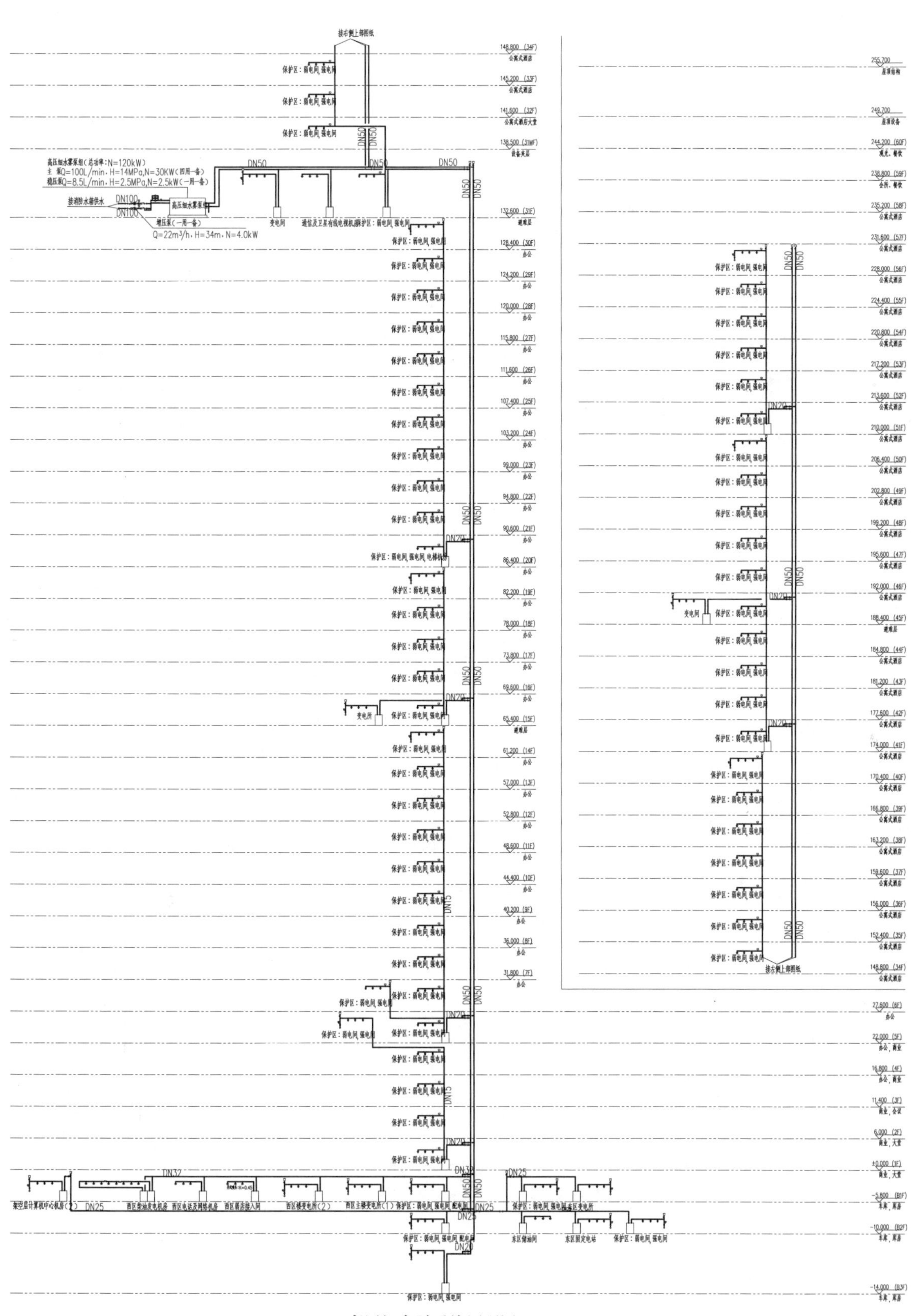

高压细水雾系统原理图

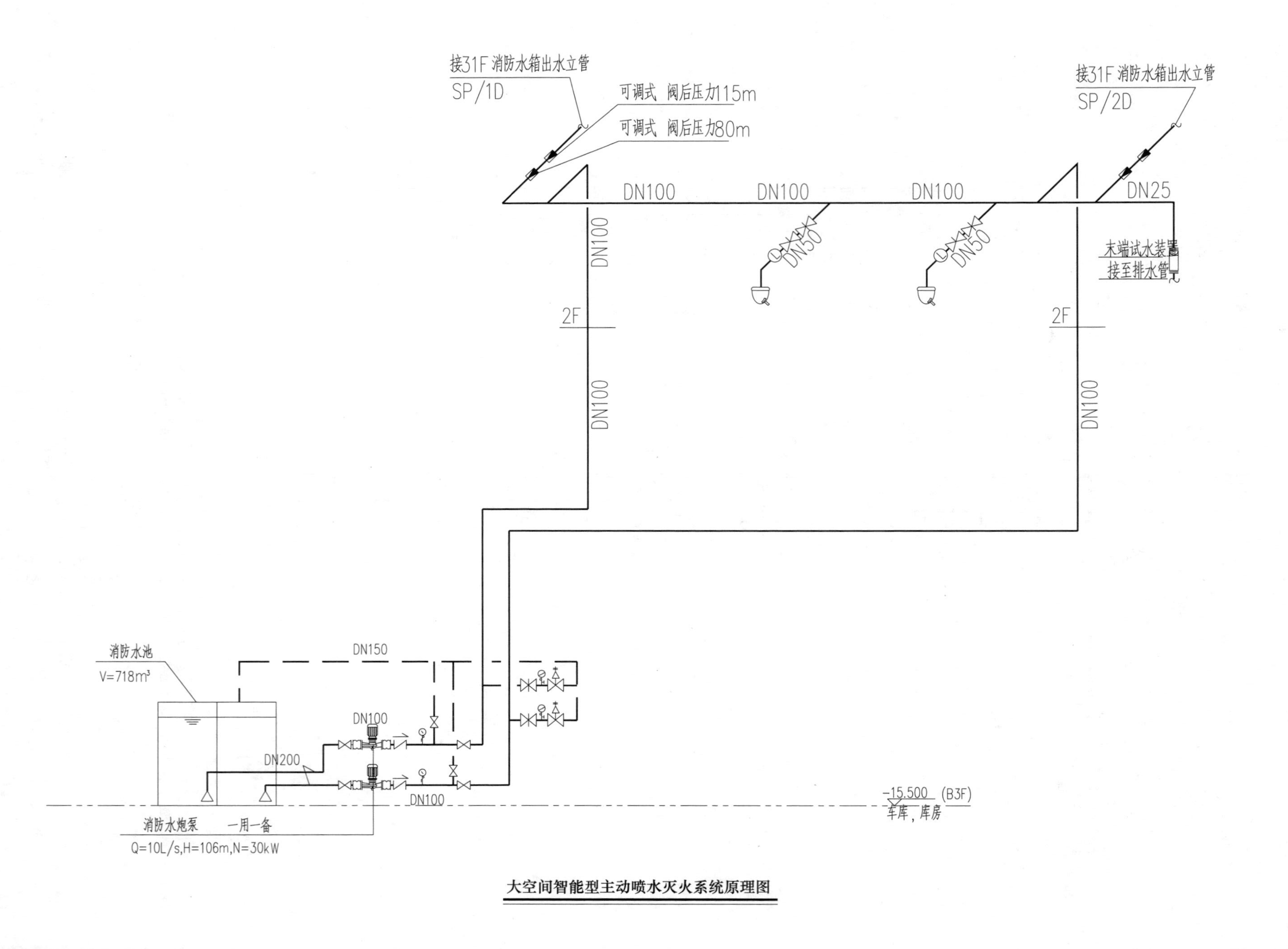

大空间智能型主动喷水灭火系统原理图

瑞丽市景成地海温泉度假村

设计单位：昆明市建筑设计研究院股份有限公司
设 计 人：余广鹓　沈荣　白立黎　杨一农
获奖情况：公共建筑类　二等奖

工程概况：

1. 建筑概况

本工程为云南德宏州瑞丽市景成地海度假村，内设有酒店、会所、国宾馆、温泉 SPA 和娱乐中心，为当地档次最高的酒店度假村。酒店毗邻瑞丽江，隔江相望是缅甸木姐市。当地气候属南亚热带季风性气候，年平均气温 21℃，最高气温 36℃，年温差小，冬无严寒，夏无酷暑。度假村总用地面积 19.78hm^2，绿地面积 8.28hm^2，总建筑面积 59236.97m^2，地块中心设有景观湖，水面面积 42000m^2，总注水量约 100000m^3。沿岸设有浅滩并种植有水生植物。湖内有大量的野生鱼和放养的观赏鱼。

2. 本工程地块内有一口天然高温泉水出流，出水量为 1000m^3/d，经水质检测，含有多种矿物质，对人体理疗极为有利，是一处不可多得的天然温泉水，井口温度达到 120℃，泉水压力较大，自然喷出地面。

3. 本工程生活用水水源采用城市自来水，并由姐勒水库引入一根给水管。一部分经处理达到生活饮用水标准后作为生活用水水源，另一部分作为度假村景观湖的备用补水水源。经水质检测，水库水满足国家《地表水环境质量标准》Ⅱ类标准，可作为饮用水水源。

工程说明：

一、给水排水系统

(一) 给水系统

1. 冷水用量（未包含温泉用水量）（表 1）

冷水用量　　**表 1**

用水部位名称	用水标准	单位	数量	用水时间(h)	变化系数 K	最大日用水量(m^3/d)
宾馆客房	300	L/(床·d)	670 床	24	2.0	201
国宾馆	400	L/(床·d)	20 床	24	2.0	8
别墅	350	L/(床·d)	104 床	24	2.5	36.4
娱乐中心	15	L/(人次·d)	600 人次	8	1.5	9
会堂(含工作餐)	40	L/(人次·d)	450 人次	12	1.5	18
接待大堂	6	L/(人次·d)	300 人次	24	1.5	1.8

续表

用水部位名称	用水标准	单位	数量	用水时间(h)	变化系数 K	最大日用水量 (m^3/d)
管理用房	30	L/(人·d)	500人	24	1.5	15
SPA区	180	L/(人次·d)	500人次	12	2.0	90
未预见用水	按总用水量的10%计					37.9
总计						417.1

注：客房用水量中包括洗衣、餐厅等用水量。

2. 水源

生活用水采用市政自来水，SPA泡池采用地热温泉水。

3. 系统竖向分区

根据市政水压情况及场地内建筑单体的用水水压要求，将场地内的生活冷水供水分为高、低两个区。

4. 供水方式及给水加压设备

低区供水由市政管网直接供水，高区供水由变频加压供水设备加压供给。

5. 管材

室外冷水给水管（含消防管）均采用钢丝网骨架聚乙烯复合管，热熔连接。室内采用薄壁不锈钢管，卡压连接。

(二) 热水系统

1. 热水用量（表2）

热水用量 **表2**

用水部位名称	用水标准	单位	数量	变化系数 K	最大日用水量 (m^3/d)	最大时用水量 (m^3/h)	设计小时耗热量 (kJ/h)
宾馆客房	160	L/(床·d)	670床	2.95	107.2	13.3	2729179
国宾馆	160	L/(床·d)	10床	1.5	3.2	0.4	91390
别墅	160	L/(床·d)	104床	2.5	16.64	23.1	475227
SPA淋浴	100	L/(人次·d)	500人次	3.45	50	14.4	2960278
总计					177	30.4	6256073

注：1. 冷水计算温度取10℃，热水器出口温度取60℃；

2. 中包括洗衣、餐厅等热水用水量。

2. 热源

地热能源，所需的生活热水系统均采用高温温泉热水作为热源。

3. 系统竖向分区

热水系统由热交换站热水箱经变频泵组加压供水，竖向分区与冷水统一，每栋建筑低区由高区管网减压后供给。

4. 热交换器

本工程地块内有一口高温热水井，井水出口温度达到120℃。本工程设计在热水井附近修建一座高温热水泵房，将高温热水抽送至热水供应中心，通过供热中心5座箱式热交换器，采用水—水换热方式制备生活热水。

5. 冷、热水压力平衡措施、热水温度的保证措施等冷、热水系统管网竖向分区一致，均采用变频恒压泵组进行供水设备，泵组采用一对一变频器进行控制。

热水供水及回水管均需保温处理，保温绝热材料采用橡塑绝热材料，外覆铝箔保护层，粘接。

6. 管材

室内外热水供水及回水管均采用薄壁不锈钢管，管径小于或等于 *DN*100 采用卡压式连接，管径大于 *DN*100 采用沟槽式连接。

(三) 中水系统

1. 本工程中水水源采用生活污水，根据最高日生活给水量的 90%计算，本工程最高日生活污水量为 $368m^3/d$。

中水用水量计算见表 3。

中水用水量 **表 3**

用水部位名称	中水用水标准	单位	数量	用水时间(h)	变化系数 *K*	最大日用水量 (m^3/d)	最大时用水量 (m^3/h)
绿地浇洒	3	L/d	$82800m^2$	8	1.5	248.4	46.58
景观湖补水	2	m^2/d	$42000m^2$	12	1.0	84	7
道路及硬地冲洗	2	m^2/次	$17000m^2$	8	1.5	34	6.38
未预见用水	按以上用水量的 10%计					36.64	6
总计						403.04	66

注：景观湖补水主要包含旱季及雨季非雨天的水面蒸发以及漏损水量。

2. 系统及供水方式

本工程在景观湖边上设置取水泵站，经水泵加压对中水管网进行供水。

3. 水处理工艺图

根据该工程排水水质情况，本工程采用 MBR 膜-生物反应器工艺。该工艺具有处理效果好、出水水质稳定、运行费用低等特点。中水水质能够稳定达到国家标准《城市污水再生利用 城市杂用水水质》GB/T 18920 的要求。工艺流程如图 1 所示：

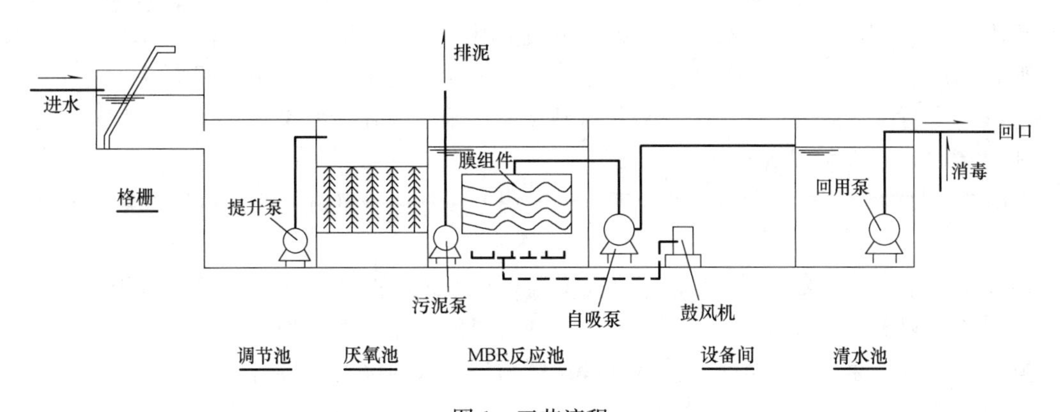

图 1 工艺流程

(四) 排水系统

1. 项目排水采用雨、污分流。

2. 室内设置卫生间设置升顶通气管和环形通气管。

3. 本工程生活污水排水量按生活用水量的90%计算，为368m^3/d，全部经度假区中水处理站进行处理（处理规模400m^3/d），处理达到《城市污水再生利用 城市杂用水水质》GB/T 18920—2002中景观用水标准。中水用水量Q_S=403.04m^3/d大于中水站处理规模，本工程生活污水达到“零排放”。

4. 利用景观湖对中水进一步进行净化处理。

中水站处理后的中水达到《城市污水再生利用 城市杂用水水质》GB/T 18920—2002中景观用水标准后，排入中心景观湖作为中水水源。景观湖周边设有浅滩，种植了许多水生植物，对水体具有到一定的净化作用。

5. 管材

室外排水管管材采用高密度聚乙烯（HDPE）中空壁缠绕管。

二、消防系统

本项目设置区域性消防系统，消防泵房沿湖岸设置，水源采用景观湖水自灌吸水，吸水口处设置过滤装置。项目内最高点景观塔上设置一座30m^{3}高位消防水箱。室外沿道路设置室外消防给水环网。

（一）消火栓系统

1. 室外消火栓系统设计流量为30L/s，火灾延续时间2h，消防给水采用低压给水系统，水源为市政水源。

2. 室内消火栓系统设计流量为20L/s，火灾延续时间2h，消防用水量为144m^3，由消防泵房供水。

（二）自动喷水灭火系统

本项目自动喷淋系统设计流量为30L/s，火灾延续时间1h，消防用水量为108m^3，由消防泵房供水。

三、工程特点及设计体会

（一）热水系统

1. 充分利用地热能源，所需的生活热水系统均采用高温温泉热水作为热源。

（1）本工程地块内有一口高温热水井，井水出口温度达到120℃。本工程设计在热水井附近修建一座高温热水泵房，将高温热水抽送至热水供应中心，通过供热中心5座箱式热交换器，采用水-水换热方式制备生活热水。

（2）高温温泉热水经过换热后，出水温度降至70℃左右，贮存在温泉贮水池中，直接作为SPA区泡池用水，不需要加入冷水进行降温，保证了顾客在SPA泡池享受纯正温泉水，并且节约冷却用水资源。

（3）生活热水水源采用市政自来水，贮存在换热水箱内，经高温井水间接加热至60℃左右，经热水变频泵组对供度假村酒店生活热水系统进行供水。经度假村目前营运反馈，除旺季高峰期几天外，可不增加辅助热源就能满足整个度假村生活热水的供应。一年可减少能耗约400吨标准煤。

2. 高温热水系统与度假村景观相结合。

（1）本工程热水站的位置充分考虑技术合理，少占用地，不影响景观，所以设置在度假村景观塔塔基地下室内。

（2）高温水井设置成“大滚锅”景点，作为高温温泉水系统的调节水池。还可以作为除垢设施之一。经查阅国内外相关资料和水质分析报告，经过分析该地热温泉的结垢是由于地热水出地面后温度和压力（特别是压力）骤降后引起的。经过大滚锅和高温水池降温滞留后会大为缓解。目前已成为度假村一个景观亮点。

3. 高温热水井口除垢设计

高温热水井内及出口处结垢严重，对高温、高压水的除垢处理，目前国内外均无成熟可靠的技术。针对这个情况，本工程主要采用两种方式：

（1）利用“大滚锅”作为缓冲，大多数水垢留在水池中，在水池中水垢清除比较方便。

（2）针对高温热水井口的特点，利用井口高压，设计了一个专门除垢设备，该设备制作简单，操作方便，从使用至今5年左右时间，业主已经完全掌握了使用方法，此除垢装置得到了业主肯定。

4. 换热水箱的设计创新

本工程高温井水含有大量矿物质，会产生大量水垢，传统换热器无法长时间使用。本工程针对高温井水的特点，专门对换热器进行改造设计，并定制了5座换热水箱，经过后期业主的使用感受，本工程换热水箱造价较低，除垢操作简单，换热效果好。热水供水方案见附图。

（二）再生水系统

1. 生活污水“零排放”

由于本工程临近中缅边境的瑞丽江，且周边市政管网还不完善，为了保护周边环境，本工程设置一座 $400m^3/d$ 的中水处理站，所有污水经过收集后排入中水处理站处理，达标后进行回用。本项目污水达到“零排放”。

2. 利用景观湖对中水进一步进行净化处理

中水站处理后的中水达到《城市污水再生利用　城市杂用水水质》GB/T 18920—2002中景观用水标准后，排入中心景观湖。景观湖周边设有浅滩，种植了许多水生植物，对水体具有到一定的净化作用。

（三）雨水收集利用设施

1. 中心景观湖结合雨水系统进行收集、调蓄，实现LID低影响开发。

（1）道路及广场的地面雨水排入道景观湖堤岸边的植被过渡区，初期雨水经植被和堤岸浅滩的鹅卵石碎石层过滤后排入景观湖；建筑单体的雨水经雨水斗、排水沟收集后就近排入景观水体。

（2）中心景观湖预留有调蓄容积，保证项目建成后的雨水径流量小于建设前规模，使本项目的雨水设计达到了低影响（LID）开发。

2. 结合景观设计和场地设计设置下凹绿地

因为本工程为度假酒店项目，绿化面积较大，在设计时结合场地竖向和景观设计，在道路周边和建筑单体周边设置一些下凹绿地，作为雨水调蓄和雨水入渗设施。

3. 对中水的补充

由于景观湖预留调蓄容量较大，除了雨水调蓄、中水贮水和消防用水外，多余部分可对中水用水进行补充。

（四）消防水源采用非传统水源

1、消防泵房沿湖岸设置，水源采用景观湖水自灌吸水，吸水口处设置过滤装置。

2、中心景观湖设置最低水位，水位满足消防吸水水位要求。

（五）给水排水系统与建筑、景观一体化

1. 消防水箱与景观塔相结合

本工程建筑外观结合当地民族特色，大部分建筑屋面为坡屋面且为多层建筑，对消防水箱设置造成了一定困难，在设计时，建议甲方结合热水加热站设置一座景观塔，在塔顶设置高位消防水箱。这样既隐藏了热水站，保证了景观效果，又解决了高位消防水箱的设置问题，而且还增加了一个观景平台，一举三得。

2. 泵房、中水站等构筑物结合景观设置

（1）本工程给水泵房、消防泵房和中水站都结合室外景观进行设计，大多数采用地下或半地下形式，并设置在游客不经常到达的地方，做到与景观相协调。

（2）高温热水调蓄池设计成“大滚锅”景点样式，增加了酒店的特色。

四、工程照片及附图

瑞丽景成地海温泉度假村全景
宾馆区
景观湖

瑞丽江
SPA区
大滚锅

翡翠泉(大滚锅)景点
景成地海温泉度假中心
翡翠泉
JADE SPRING

翡翠泉(大滚锅)实景

高温水泵房控制室

净水车间及生活泵房

净水车间室内

生活加压泵
房室内

热水供应中
以心内景1
换热水箱

热水供应中
心内景4
热水系统
加压泵组

消防泵房

中水处理站

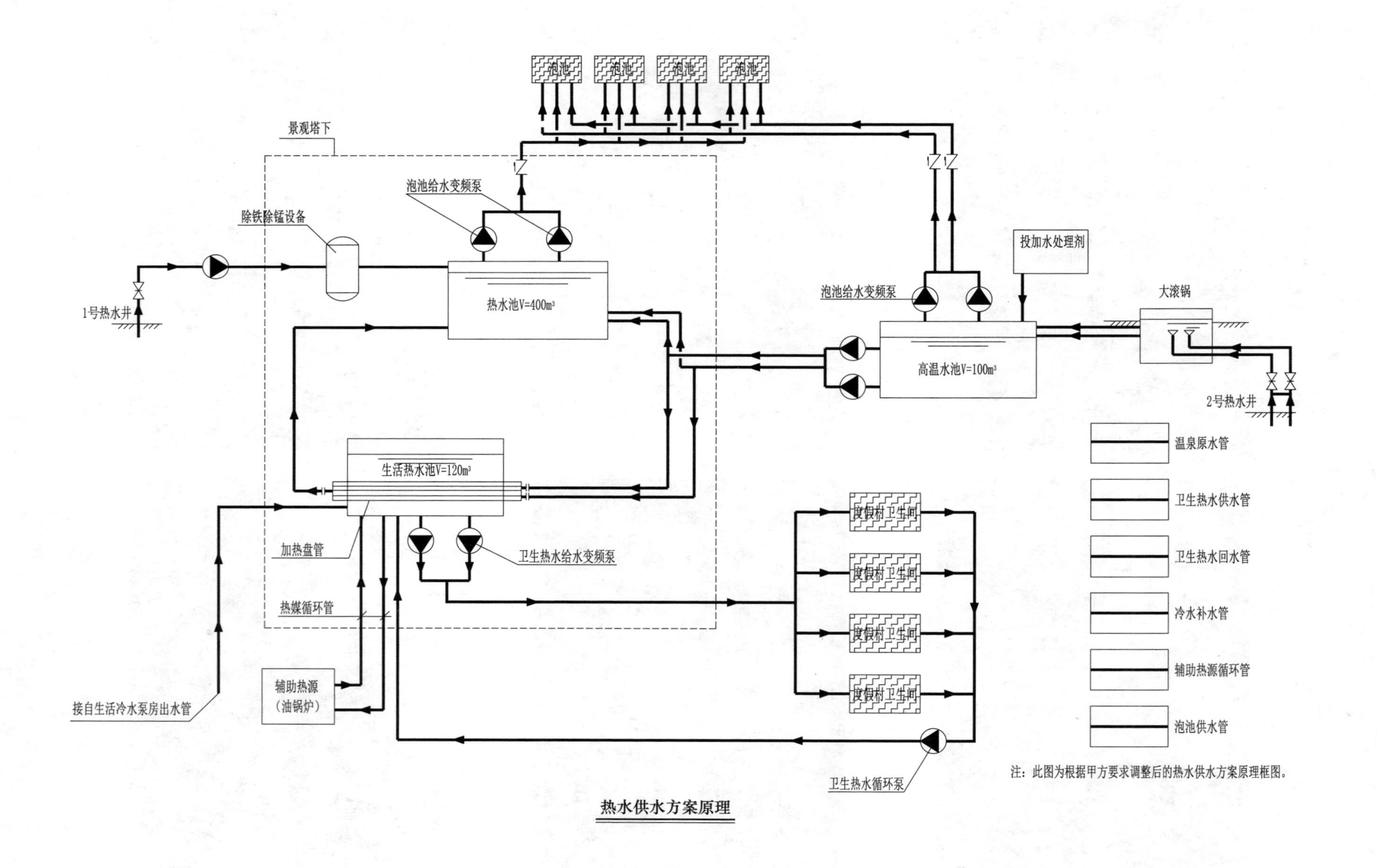

注：此图为根据甲方要求调整后的热水供水方案原理框图。

热水供水方案原理

无锡阖闾城遗址博物馆

设计单位： 同济大学建筑设计研究院（集团）有限公司
设 计 人： 茅德福　冯玮　黄倍蓉
获奖情况： 公共建筑类　二等奖

工程概况：

无锡阖闾城遗址博物馆位于无锡市滨湖区马山风景区十八湾，南临太湖，依山而建。

无锡阖闾城遗址博物馆建设用地面积 63557.8m^2，建筑高度 24m，总建筑面积为 26412m^2。其中地上部分 20753m^2，地下部分 5659m^2。容积率 0.42。

无锡阖闾城遗址博物馆由遗址博物馆主体和学术交流中心两部分组成。博物馆主体通过平面和垂直分区划分为以下主要功能区域：地下一层为文物库房、车库及设备用房。一层是主陈列厅，贵宾接待室、报告厅、文物商店等。二层是情景模拟园展厅及小展厅。两个夹层分别为机动陈列区。三层为咖啡厅、茶室，办公区及会议室。学术交流中心：一层是多功能厅、餐厅及厨房，二层是各种规模的会议室及接待室，三层是多功能厅及办公用房。

图 1 为无锡阖闾城遗址博物馆总平面图。

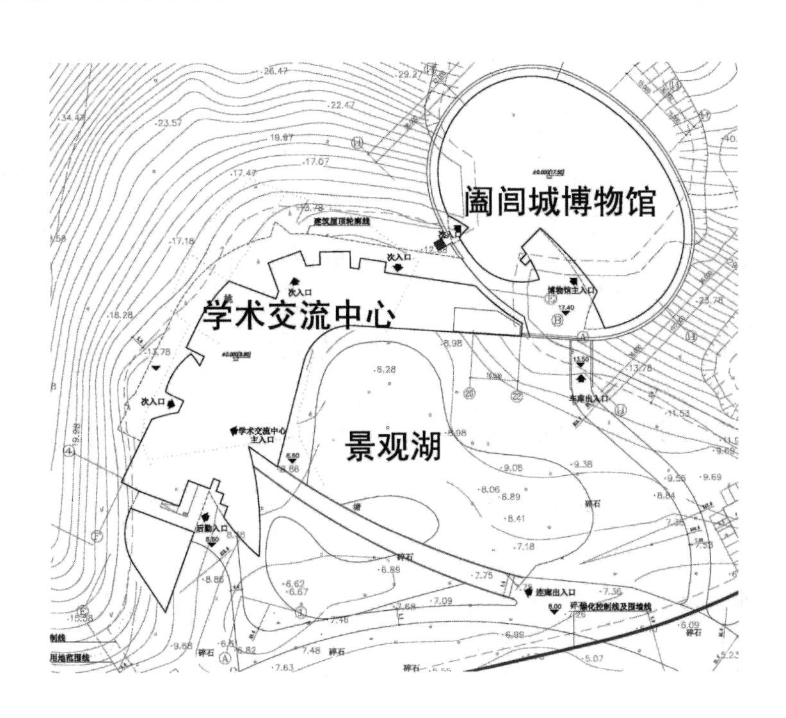

图 1　无锡阖闾城遗址博物馆总平面图

工程说明：

一、给水排水系统

（一）给水系统

1. 冷水用水量（表1、表2）

阖闾城博物馆冷水用水量 表1

用水项目	单位数		用水标准		最高日用水量 (m^3/d)	用水时间 (h)	时变化系数	平均时用水量 (m^3/h)	最大时用水量 (m^3/h)
展厅用水	3209	m^2	6	L/m^2	19.25	8	1.5	2.41	3.61
工作人员	200	人	50	L/d	10.00	8	1.5	1.25	1.88
空调冷冻水补水			5.5	m^3/h	44	8	1.2	5.50	6.60
绿化洒水	24000	m^2	1.5	$L/(m^2 \cdot d)$	36.00	4	1.0	9.00	9.00
未预见水量	总用水量	×10%			10.93			1.82	2.11
小计					120.18			19.97	23.19

学术交流中心冷水用水量 表2

用水项目	单位数		用水标准		最高日用水量 (m^3/d)	用水时间 (h)	时变化系数	平均时用水量 (m^3/h)	最大时用水量 (m^3/h)
职工餐厅	200	人次	20	L/(人次·d)	4.00	12	1.5	0.33	0.50
对外餐饮	500	人次	60	L/(人次·d)	30	10	1.5	3.00	4.50
客房	58	人	120	L/d	6.96	24	2.5	0.29	0.73
空调冷冻水补水			2.8	m^3/h	22.4	8	1.2	2.8	3.36
绿化洒水	24000	m^2	1.5	$L/(m^2 \cdot d)$	36.00	4	1.0	9.00	9.00
未预见水量	总用水量	×10%			9.94			1.54	1.81
小计					109.30			16.97	19.89

2. 水源

从环太湖大道市政给水管上引入1条 *DN*200 给水管作为生活、消防水源。

给水压力：供水压力0.20MPa。

给水水质：满足《生活饮用水卫生标准》GB 5749—2006。

3. 系统竖向分区

学术交流中心一层采用市政压力直接供水，学术交流中心二层、三层以及博物馆全部采用变频恒压供水设备供水。

4. 供水方式及给水加压设备：

(1) 给水系统形式：市政供水、水池-变频泵供水。

(2) 市政供水：学术交流中心一层（除卫生间淋浴）由市政压力直接供给。

(3) 变频供水：学术交流中心二层、三层（除热水用水点）以及博物馆全部，设置水池—变频恒压供水系统供水，作为1区供水区域。地下二层生活泵房内设置30m^3生活水池和1区变频恒压设备，供水能力为

$Q=32m^3/h$，$H=50m$。为了保证冷热水压力平衡，本单体三层客房和一层卫生间淋浴的冷水由本单体屋顶生活水箱和2区变频恒压供水设备供给，2区变频恒压供水设备参数为$Q=22m^3/h$，$H=20m$，屋顶生活冷水箱有效容积为$6m^3$。

(4) 二次供水水质：水池均设置自洁装置处理。

5. 管材：室内生活给水干管采用钢塑复合管，卫生间内支管采用PPR管道；室外埋地市政压力给水管采用球墨铸铁管，内覆PE。

(二) 热水系统

1. 热水用水量（60℃）（表3）

热水用水量 **表3**

用水项目	单位数		用水标准		最高日用水量 (m^3/d)	用水时间(h)	时变化系数	平均时用水量 (m^3/h)	最大时用水量 (m^3/h)
职工餐厅	200	人次	7	L/(人次·d)	1.4	12	3.84	0.12	0.45
厨房淋浴	20	人次	50	L/(人次·d)	1.0	12	3.84	0.08	0.32
对外餐饮	500	人次	15	L/(人次·d)	7.5	12	3.84	0.63	2.40
客房	58	床	100	L/(床·d)	5.8	24	3.84	0.24	0.93
小计					15.7			1.07	4.10

2. 热源

(1) 主热源：太阳能，76块平板式集热器，总集热面积$152m^2$。

(2) 辅助热源：空气源热泵，单台制热量38.5kW，共3台。

3. 系统竖向分区

热水系统为一个分区。热水系统分区与冷水系统保持一致。

4. 热交换器

屋顶设一个$8m^3$热水箱和一套热水变频恒压供水设备向各热水用水点供水，热水变频恒压供水设备参数为$Q=20m^3/h$，$H=20m$。

5. 冷、热水压力平衡措施、热水温度的保证措施

为保证冷热水压力平衡，有热水供应的用水点，其冷水由设在屋顶的$6m^3$生活水箱经变频泵加压后供给，与热水系统保持一致。

热水系统采用干管及立管机械循环，以保证热水使用的舒适性。热源与热水箱之间设一次循环泵循环；各区供回水设二次循环泵循环；一次热水循环泵的启、闭由设在热水箱内的温度计自动控制：启泵温度为55℃，停泵温度为60℃；二次热水循环泵的启、闭由设在热水循环泵之前的热水回水管上的电接点温度计自动控制：启泵温度为50℃，停泵温度为55℃。

6. 管材：室内生活热水干管采用钢塑复合管，卫生间内支管采用PPR管道。

(三) 排水系统

1. 排水系统形式：室内生活污、废水合流；厨房含油废水单独收集。

2. 透气管设置方式：污废水立管设置伸顶通气；在连接4个及4个以上卫生器具且横管长度大于12m的排水横管、连接6个及6个以上大便器的污水横管均设置环形通气管。

3. 采用的局部污水处理措施

(1) 厨房含油废水经隔油池处理后排入基地污水管，设置一个Ⅳ型隔油池。

(2) 生活粪便污水经污水井汇合后，排入化粪池，设置一个砖砌7号化粪池。

4. 管材：室内污水管采用PVC-U排水管，粘接；地下室排水泵管道采用钢塑复合管，管径小于$DN100$

采用丝扣连接，管径大于或等于 $DN100$ 采用沟槽式连接；室外总体埋地排水管采用 HDPE 双壁缠绕排水管。

（四）雨水系统

1. 室外雨、污水分流。

2. 根据上海地区暴雨强度经验公式，屋面雨水系统按满足重现期 $P=5$ 年的雨水量设计，按重现期 $P=10$ 年设置溢流口；下沉式广场按重现期 $P=100$ 年设计。

3. 屋面采用内排水系统、重力雨水排放，屋面雨水经雨水斗和室内雨水管排至室外雨水井。

4. 室外地面雨水经雨水口，由室外雨水管汇集，排至市政雨水管。

5. 本项目室外设置雨水回用设施，收集屋面雨水，用于景观水补水。雨水回用设施处理水量为 $20m^3/h$，雨水回用的流程为：汇流雨水→雨水收集自动分流站→雨水收集池→深度处理→绿化用水、景观补水。经自动分流站弃流的雨水排入市政雨水管网。

6. 管材：屋面雨水管 PVC-U 排水管，粘接；室外总体埋地雨水管采用 HDPE 双壁缠绕排水管。

二、消防系统

（一）消防水量、水源

1. 水源：从环太湖大道市政给水管上引入 1 条 $DN200$ 给水管作为生活、消防水源。

2. 消防水量（表 4）

消防水量 **表 4**

	系统形式	用水量标准(L/s)	火灾延续时间(h)	消防用水量(m^3)
1	室内消火栓系统	20	2	144
2	室外消火栓系统	30	2	216
3	自动喷水灭火系统	78	1	281
4	大空间智能型主动喷水灭火系统	10	1	36
5	室内外消防同时作用最大用水量(1+2+3+4)	90		677

（二）消火栓系统

1. 室内消火栓系统采用临时高压系统。学术交流中心一层消防泵房内设置 $690m^3$ 消防水池和两台消火栓泵，参数为 $Q=20L/s$，$H=80m$，1 用 1 备。两台水泵从消防水池吸水，供室内消火栓用水。阖闾城博物馆屋顶水箱设置 $18m^3$ 消防贮水，保证初期消防用水，屋顶设置喷淋增压设备，并保证本单体最不利喷头所需要压力。

2. 按规范设置室内消火栓，以满足每个防火分区、同层有两股充实水柱到达任何部位，高层建筑及车库保证间距不大于 30m。每层均设置带灭火器组合式消火栓箱，内设 $DN65$ 消火栓一只，$DN65$ 长度为 25m 衬胶龙带一条，QZ19 型直流水枪一支，$DN25$ 消防卷盘、磷酸铵盐干粉手提灭火器 2 具及水泵启动按钮；消火栓栓口离地 1.10m。

3. 为保证消火栓栓口出水压力不超过 0.5MPa，学术交流中心全部和博物馆的地下一层～地上二层采用减压稳压消火栓。

4. 室外设置 2 套消火栓系统水泵接合器，并在 15～40m 内有室外消火栓。

5. 系统控制：消火栓给水加压泵由设在各个消火栓箱内的消防泵启泵按钮和消防控制中心直接开启消防给水加压泵；消火栓水泵开启后，水泵运转信号反馈至消防控制中心和消火栓处。该消火栓和该层或防火分区内的消火栓的指示灯亮；消火栓给水加压泵在泵房内和消防控制中心均设手动开启和停泵控制装置；消火栓给水备用泵在工作泵发生故障时自动投入工作。

6. 管材：采用内外壁热镀锌钢管，小于 *DN*100 采用丝扣连接；大于或等于 *DN*100 采用沟槽式连接；需法兰连接的特殊部分，须镀锌，二次安装。

（三）自动喷水灭火系统

1. 本工程除卫生间、不宜用水扑灭的变电所、电气机房、设备间外的所有部位均设置自动喷水灭火系统。

2. 均设置湿式灭火系统，各区域喷淋设计参数见表 5：

各区域喷淋设计参数 **表 5**

设置场所	火灾危险等级	净空高度（m）	喷水强度(L/(min·m^2))	作用面积(m^2)
地下车库	中危险Ⅱ级	≤8	8	160
地下室库房(丙戊类)	仓库危险Ⅱ级	≤8	10	200
报告厅等	非仓库类高大净空	10	6	260
部分陈列厅	非仓库类高大净空	10	12	300
其余	中危险Ⅰ级	≤8	6	160

系统设计流量满足最不利点处作用面积内喷头同时喷水总流量，经计算为 78L/s。

3. 喷淋系统采用临时高压系统，在地下二层消防水泵房内设置 690m^3 消防水池和 3 台喷淋泵，参数为 Q=50L/s，H=100m，2 用 1 备，从室外消防管直接吸水。屋顶水箱贮存 18m^3 消防用水，保证喷淋系统初期用水，屋顶设置喷淋增压设备，并保证本单体最不利喷头所需要压力。

4. 系统控制

湿式系统控制：火灾发生后喷头玻璃球爆碎，向外喷水，水流指示器动作，向消防控制中心报警，显示火灾发生位置并发出声光等信号；系统压力下降，报警阀组的压力开关动作，并自动开启自动喷水灭火给水加压泵。与此同时向消防控制中心报警。并敲响水力警铃向人们报警。给水加压泵在消防控制中心有运行状况信号显示。

5. 每套报警阀组担负的喷头不超过 800 个。在配水管入口处设置减压孔板，以控制配水管入口压力不大于 0.40MPa。

6. 每层、每个防火分区分设水流指示器。为了保证系统安全可靠，每个报警阀组的最不利喷头处设末端试水装置，其他防火分区和各楼层的最不利喷头处，均设 *DN*25 试水阀。普通场所喷头动作温度均为 68℃，厨房喷头动作温度均为 93℃。

7. 室外设置 6 套喷淋系统水泵接合器，并在 15～40m 内有室外消火栓。

8. 管材：采用内外壁热镀锌钢管，管径小于 *DN*100 采用丝扣连接；大于或等于 *DN*100 采用沟槽式连接；需法兰连接的特殊部分，须镀锌，二次安装。

（四）大空间智能型主动喷水灭火系统

1. 设置场所：大厅中庭顶部玻璃顶棚区域。

2. 灭火装置的特点：大空间智能灭火装置的特点是将红外探测技术、计算机技术、光电技术、通信技术等有机地结合在一起，通过程序编制集于一身。该装置可 24h 全方位进行红外扫描探测火源，火情发现早，火源早判定，灭火效果好，灭火及时，是高智能灭火装置。

3. 灭火装置的灭火工作原理：灭火装置的探测器 24h 检测保护范围内火情，装置场所一旦有火情，火灾产生的红外信号立即被探测器感知，确定火源后，探测装置打开相关的电磁阀并同时输出型号给联动柜启动水泵，射水进行灭火。火灾扑灭后，探测器再次发出信号，关闭电磁阀，停止射水。如再有新火源，装置重复上述动作。

4. 灭火装置的型号、规格的选定：采用自动扫描射水高空水炮装置，为探测器与喷头一体化的装置。灭火装置技术参数：射水流量 5L/s，工作水压 0.6MPa，保护半径 32m，工作电压 AC220V，启动时间不超过 25s，安装高度 15m。

5. 灭火系统组成：由灭火装置、信号阀组、水流指示器、供水加压设备及管网、模拟末端试水装置等组成。

6. 灭火系统设计：系统设计水量为 10L/s，火灾延续时间 1h。

7. 系统供水：系统供水接自自动喷水灭火系统，并满足本系统水量、水压。

8. 管材：采用内外壁热镀锌钢管，小于 $DN100$ 采用丝扣连接；大于或等于 $DN100$ 采用沟槽式连接。

三、工程特点及设计体会

（一）充分考虑室外消防的特殊性，保证消防系统安全可靠

如图 2 所示，本项目为市政一路供水且建筑跨度很大，超出了消防泵房 150m 的保护范围，因此设置室外压力消防系统。

在消防泵房内设室外消火栓系统稳高压设备，采用压力控制，当室外发生火情时，水泵自动启动，反应迅速。由于是山体建筑，消防取水井特意设在消防车方便到达的地点，以利于救火。消防水池和消防取水井之间设两根连通管，提高可靠度。室外消防系统设置水泵接合器，在室外消防泵故障时，消防车可以通过水泵接合器为系统供水。

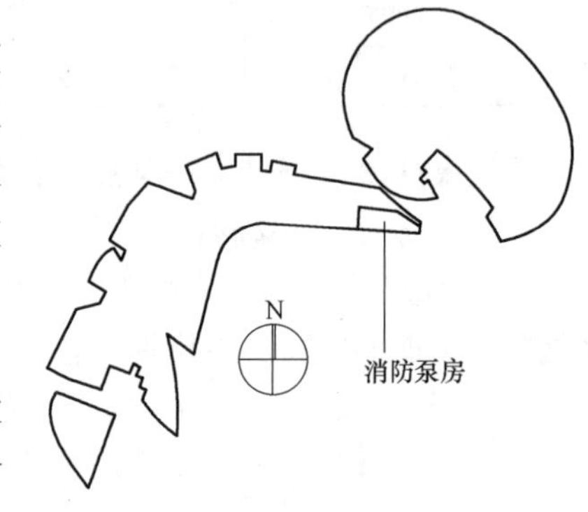

图 2　室外消防

（二）充分利用可再生能源，积极采用各项建筑节能节水措施

根据江苏省《公共建筑节能设计标准》，本项目作为甲类建筑，设置太阳能热水系统，供给学术交流中心客房区域 50%的热水量，充分利用了大自然的馈赠，大大减少了电、燃气等常规能源的使用。值得一提的是，由于本项目位于江南地区，因此太阳能热水系统的辅助加热设备选择了空气源热泵，这也是一种可再生能源的利用。

除此之外，本项目设计中还采用了多种建筑节能节水措施。例如，学术交流中心一层采用市政供水，充分利用市政给水管网的压力；另有各个公共卫生间设置支管减压阀，控制最低卫生器具静压不大于 0.20MPa。

（三）合理规划基地内雨水系统，控制年径流总量，体现海绵城市设计理念

本项目设置雨水回用系统，收集雨水，经处理后用于绿化浇灌、道路浇洒及景观湖补水。雨水回用系统缓解了由于新建建筑径流系数变化导致的雨水径流量和外排总量的增加，使得本工程如同海绵一般，在面对自然灾害时具有良好的“弹性”，暴雨时蓄水、净水，需要时将贮存的水“释放”并加以利用。

虽然本项目设计于 2010 年，但已经贯彻了“海绵城市理念”和“绿色建筑雨洪控制理念”。

（四）充分考虑展览区域的空间变化，选择合适的自动灭火系统

本项目博物馆区域空间非常复杂。净空高度在 8～12m 之间的展厅，按照非仓库类高大净空（会展中心）设计。大厅部分区域净空高度大于 12m，且设有玻璃顶，因此采用自动扫描射水高空水炮灭火装置。通过上述措施，使得展览空间既满足消防安全要求，又达到美观的效果。

（五）设置山体截水沟，排除山体雨水，保证基地安全

根据江苏省无锡市暴雨强度公式，按照 50 年重现期，20min 集水时间，根据等高线算出山体汇水面积，得出雨水量。设置 1000×400H 截水沟，排除山体雨水。

四、工程照片及附图

阖闾城遗址博物馆全景

阖闾城遗址博物馆中庭

学术交流中心

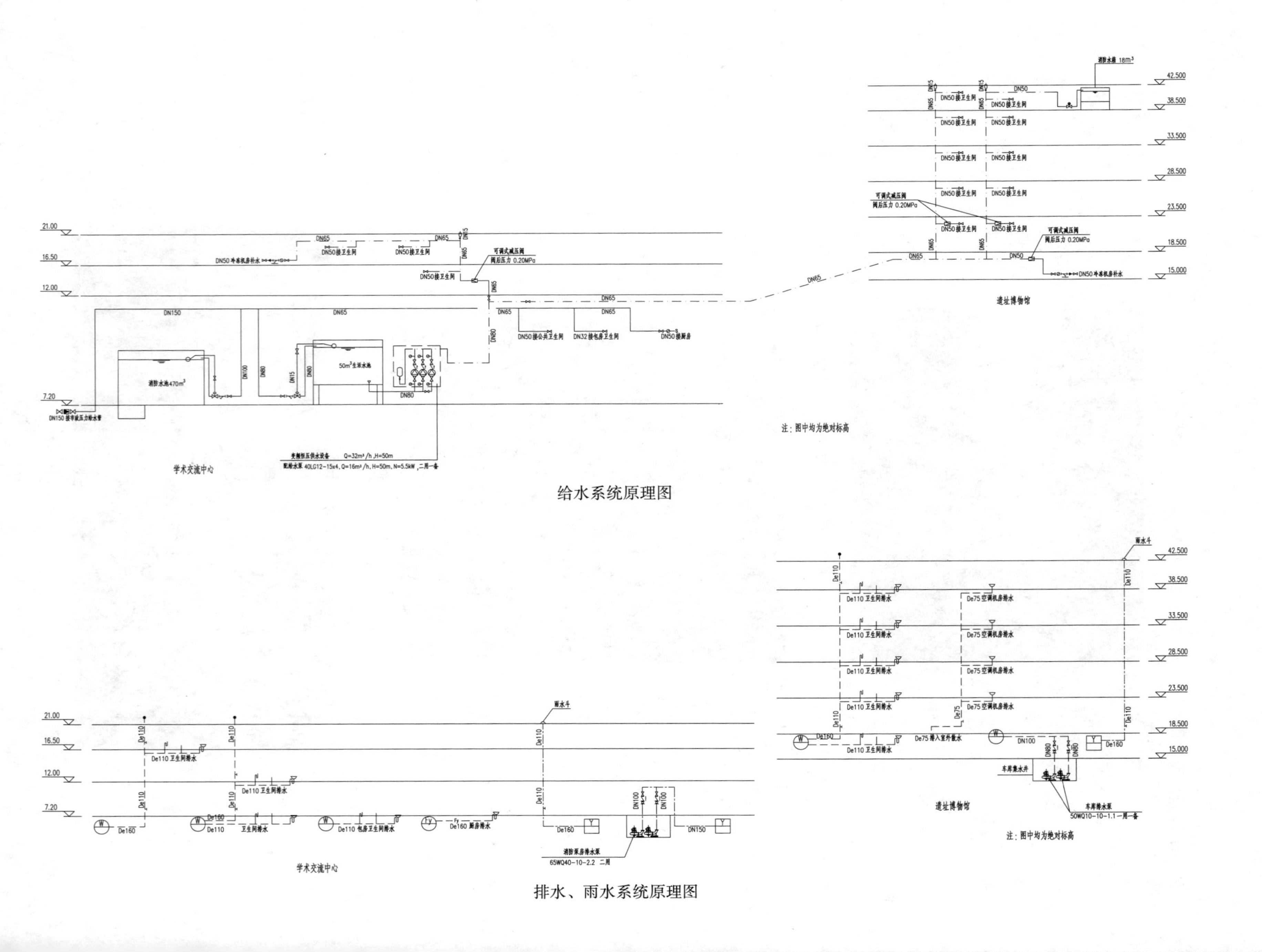

给水系统原理图

排水、雨水系统原理图

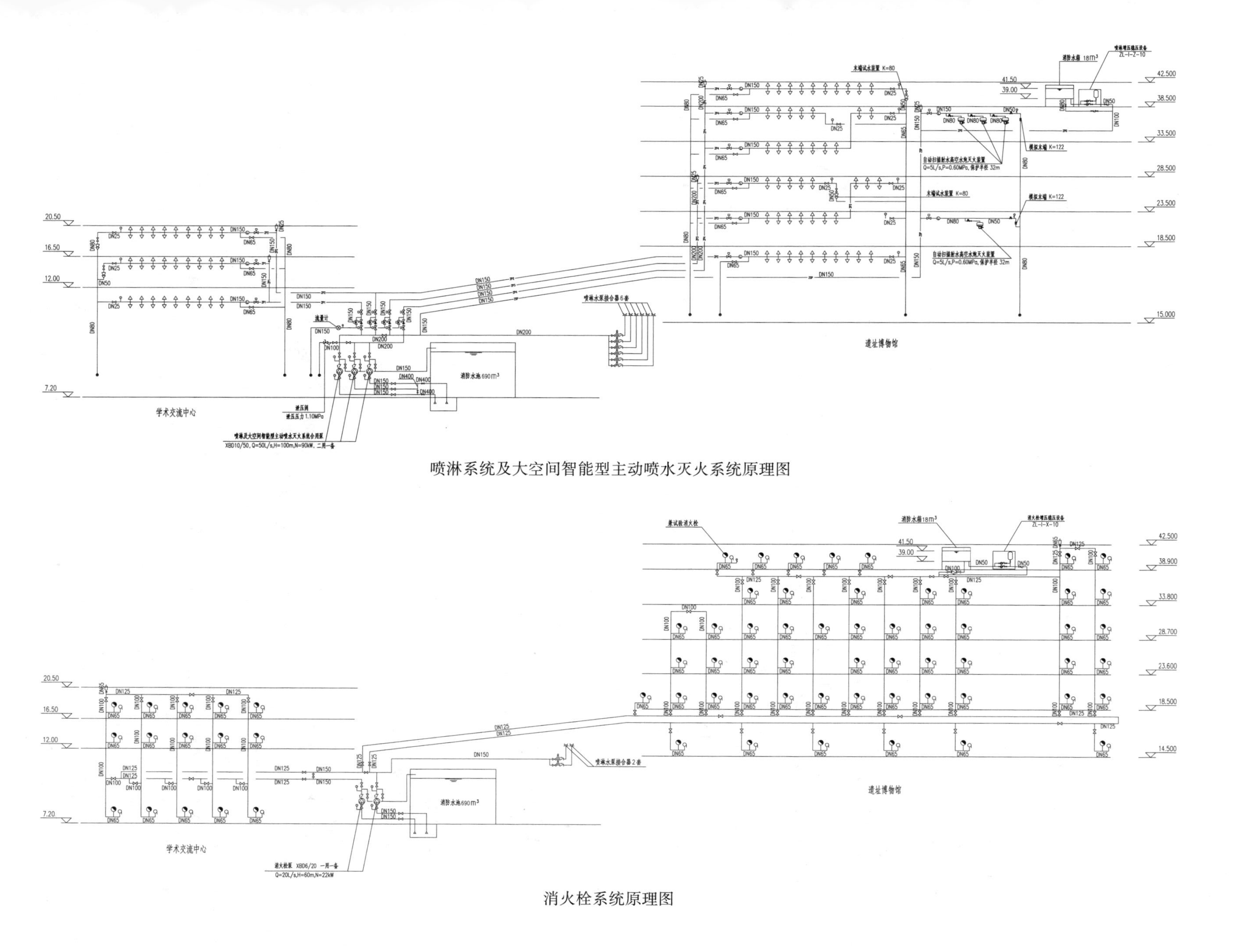

喷淋系统及大空间智能型主动喷水灭火系统原理图

消火栓系统原理图

望京SOHO中心1号塔楼、2号塔楼、3号塔楼等8项工程

设计单位： 悉地（北京）国际建筑设计顾问有限公司
设 计 人： 刘春华　沈玥　潘国庆　王培　李路　刘静　刘文镔　马敏　杨澎　田子京　姚立人　王燕霞
获奖情况： 公共建筑类　二等奖

工程概况：

望京SOHO项目位于北京市朝阳区望京B29地块，基地东北侧为阜通西大街，东南侧为阜安东街，西南侧为望京街，西北侧为阜安西街。由世界著名建筑师扎哈·哈迪德（Zaha Hadid）担纲总设计师，占地面积115392m^2，规划总建筑面积521265m^2。

项目由三栋集办公和商业一体的高层建筑和三栋低层独栋商业楼组成。

一、二号塔楼主体高为119m、128m，T3主体高178.97m，檐口高度200m。项目处北京8°高烈度抗震区，外形呈扁筒椭圆椎体，酷似“鱼”形，各个方向的收进尺度不一致，其不规则、不对称、竖向逐层内收渐变、无标准层。

一号办公塔楼（T1）地上建筑面积135925m^2，建筑高度120m；二号办公塔楼（T2）地上建筑面积124712m^2，建筑高度130m；三号办公塔楼（T3）地上建筑面积125713m^2，建筑高度200m。三个小商业裙房建筑面积分别为2996m^2、2594m^2、205m^2。地下建筑面积129000m^2。

三个塔楼在首层和二层除办公入口大堂外，均为商业店铺，此外T1东南端三～五层和T2北端的三～五层也是商业面积。各塔楼的其余部分及楼层为中档办公。

工程说明：

一、给水排水系统

(一) 给水系统

1. 给水中水用水量详见表1。

2. 供水水源为城市自来水。根据甲方提供的本建筑物周围的给水管网现状，拟从用地东侧望京东路、西侧阜安西路、阜通东大街、望京中二路市政给水管上各接出一根$DN200$给水管，共4路给水进入用地红线，经总水表并加倒流防止器后，围绕本楼形成室外给水环网，环管管径$DN300$。建筑的入户管从室外给水环管上接出。市政供水压力0.18MPa。

3. 塔1、塔2管网竖向分三个压力区。地下四～一层为低区，由城市自来水水压直接供水。二～二十五层为中区，其中二～十四层为中Ⅰ区，塔1十五～二十五层为中Ⅱ区，塔2十五～二十六层为中Ⅱ区，中区由中区变频调速泵装置供水。由于管理需求，其中商业部分一层及地下一层商业由市政直供，二～五层商业由商业变频调速泵装置供水。分区范围内设置干管及支管减压阀。

塔3管网竖向分四个压力区。地下四～一层为低区，由城市自来水水压直接供水。二～二十八层为中区，其中二～十六层为中Ⅰ区，十七～二十八层为中Ⅱ区，中区由中区变频调速泵装置供水。由于管理需求，

给水、中水用水量计算表

表1

序号	用水项目	数量	单位	用水量标准	单位	使用时间(h)	小时变化系数	最高日生活用水量(m^3/d)	自来水所占比例	自来水最高日用水量(m^3/d)	自来水平均时用水量(m^3/h)	自来水最大时用水量(m^3/h)	中水所占比例	中水最高日用水量(m^3/d)	中水平均时用水量(m^3/h)	中水最大时用水量(m^3/h)
1	办公															
2	办公 塔1	8455.2	人	40	L/(人·d)	10	1.3	338.2	0.40	135.3	13.5	17.6	0.60	202.9	20.3	26.4
3	办公 塔2	7596.4	人	40	L/(人·d)	10	1.3	303.9	0.40	121.5	12.2	15.8	0.60	182.3	18.2	23.7
4	办公 塔3	7501.3	人	40	L/(人·d)	10	1.3	300.1	0.40	120.0	12.0	15.6	0.60	180.0	18.0	23.4
5	塔楼3F～5F商业															
6	塔1:I类商铺 顾客	2759	人	50	L/人次	12	1.3	46.0	0.95	43.7	3.6	4.7	0.05	2.3	0.2	0.2
7	塔1:I类商铺 员工	276	人	40	L/人次	12	1.3	3.7	0.95	3.5	0.3	0.4	0.05	0.2	0.0	0.0
8	塔2:I类商铺 顾客	4288	人	50	L/人次	12	1.3	71.5	0.95	67.9	5.7	7.4	0.05	3.6	0.3	0.4
9	塔2:I类商铺 员工	429	人	40	L/人次	12	1.3	5.7	0.95	5.4	0.5	0.6	0.05	0.3	0.0	0.0
10	塔1商业															
11	L2:I类商铺 顾客	2513	人次	50	L/人次	12	1.3	41.9	0.95	39.8	3.3	4.3	0.05	2.1	0.2	0.2
12	L2:I类商铺 员工	84	人	40	L/人次	12	1.3	3.4	0.95	3.2	0.3	0.3	0.05	0.2	0.0	0.0
13	L1:I类商铺 顾客	3228	人次	50	L/人次	12	1.3	53.8	0.95	51.1	4.3	5.5	0.05	2.7	0.2	0.3
14	L1:I类商铺 员工	108	人	40	L/人次	12	1.3	4.3	0.95	4.1	0.3	0.4	0.05	0.2	0.0	0.0
15	B1:I类商铺 顾客	2900	人次	50	L/人次	12	1.2	48.3	0.95	45.9	3.8	4.6	0.05	2.4	0.2	0.2
16	B1:I类商铺 员工	97	人	40	L/人次	12	1.2	3.9	0.95	3.7	0.3	0.4	0.05	0.2	0.0	0.0
17	塔2商业															
18	L2:I类商铺 顾客	2116	人次	50	L/人次	12	1.3	35.3	0.95	33.5	2.8	3.6	0.05	1.8	0.1	0.2
19	L2:I类商铺 员工	71	人	40	L/人次	12	1.3	2.8	0.95	2.7	0.2	0.3	0.05	0.1	0.0	0.0
20	L1:I类商铺 顾客	2721	人次	50	L/人次	12	1.3	45.4	0.95	43.1	3.6	4.7	0.05	2.3	0.2	0.2
21	L1:I类商铺 员工	91	人	40	L/人次	12	1.3	3.6	0.95	3.4	0.3	0.4	0.05	0.2	0.0	0.0
22	B1:I类商铺 顾客	1300	人次	50	L/人次	12	1.2	21.7	0.95	20.6	1.7	2.1	0.05	1.1	0.1	0.1
23	B1:I类商铺 员工	43	人	40	L/人次	12	1.2	1.7	0.95	1.6	0.1	0.2	0.05	0.1	0.0	0.0
24	塔3商业															
25	L2:I类商铺 顾客	1623	人次	50	L/人次	12	1.3	27.1	0.95	25.7	2.1	2.8	0.05	1.4	0.1	0.1
26	L2:I类商铺 员工	54	人	40	L/人次	12	1.3	2.2	0.95	2.1	0.2	0.2	0.05	0.1	0.0	0.0
27	L1:IA类商铺 顾客	1465	人.次	50	L/人次	12	1.3	24.4	0.95	23.2	1.9	2.5	0.05	1.2	0.1	0.1

续表

序号	用水项目	数量	单位	用水量标准	单位	使用时间(h)	小时变化系数	最高日生活用水量(m^3/d)	自来水所占比例	自来水最高日用水量(m^3/d)	自来水平均时用水量(m^3/h)	自来水最大时用水量(m^3/h)	中水所占比例	中水最高日用水量(m^3/d)	中水平均时用水量(m^3/h)	中水最大时用水量(m^3/h)
28	L1:IA类商铺 员工	49	人	40	L/人次	12	1.3	2.0	0.95	1.9	0.2	0.2	0.05	0.1	0.0	0.0
29	B1:I类商铺 顾客	2200	人次	50	L/人次	12	1.2	36.7	0.95	34.8	2.9	3.5	0.05	1.8	0.2	0.2
30	B1:I类商铺 员工	73	人	40	L/人次	12	1.2	2.9	0.95	2.8	0.2	0.3	0.05	0.1	0.0	0.0
31	物业															
32	物业办公	200	人	40	L/(人·d)	12	1.2	8.0	0.40	3.2	0.3	0.3	0.60	4.8	0.4	0.5
33	淋浴	996	人次	100	L/人次	12	2.0	99.6	0.95	94.6	7.9	15.8	0.05	5.0	0.4	0.8
34	其他															
35	塔1冷冻水补水		m^3/h	1.50%	按循环冷却水量的1.5%计	12	1	103.2	1.00	103.2	8.6	8.6	0.00	0.0	0.0	0.0
36	塔1冷却水补水		m^3/h	1.50%	按循环冷却水量的1.5%计	12	1	378.0	1.00	378.0	52.5	52.5	0.00	0.0	0.0	0.0
37	塔1冷却水补水(租户)		m^3/h	1.50%	按循环冷却水量的1.5%计	24	1	77.8	1.00	77.8	5.4	5.4	0.00	0.0	0.0	0.0
38	塔2冷冻水补水		m^3/h	1.50%	按循环冷却水量的1.5%计	12	1	88.2	1.00	88.2	7.4	7.4	0.00	0.0	0.0	0.0
39	塔2冷却水补水		m^3/h	1.50%	按循环冷却水量的1.5%计	12	1	279.7	1.00	279.7	38.9	38.9	0.00	0.0	0.0	0.0
40	塔2冷却水补水(租户)		m^3/h	1.50%	按循环冷却水量的1.5%计	24	1	62.6	1.00	62.6	4.4	4.4	0.00	0.0	0.0	0.0
41	塔3冷冻水补水		m^3/h	1.50%	按循环冷却水量的1.5%计	12	1	349.2	1.00	349.2	29.1	29.1	0.00	0.0	0.0	0.0
42	塔3冷却水补水		m^3/h	1.50%	按循环冷却水量的1.5%计	12	1	269.3	1.00	269.3	37.4	37.4	0.00	0.0	0.0	0.0
43	塔3冷却水补水(租户)		m^3/h	1.50%	按循环冷却水量的1.5%计	24	1	63.4	1.00	63.4	4.4	4.4	0.00	0.0	0.0	0.0
44	地下车库地面冲洗水	66287	m^2	2	L/(m^2·d)	6	1	132.6	0.0	0.0	0.0	0.0	1.00	132.6	22.1	22.1
45	洗车	271		40	L/辆次	12	1	10.8	0.0	0.0	0.0	0.0	1.00	10.8	0.9	0.9
46	绿化用水 广场、道路浇洒用水	58321	m^2	2	L/(m^2·d)	6	1	116.6	0.0	0.0	0.0	0.0	1.00	116.6	19.4	19.4
47	景观水池补水	500	m^3/d	3%	按循环水量的3%计	24	1	15.0	0.0	0.0	0.0	0.0	1.00	15.0	0.6	0.6
48	未预见水量			10%				173.5		130.5	13.6	15.1		43.0	5.1	6.0
49	合计							3657.6		2740.14	286.04	317.46		917.48	107.53	126.45

其中商业部分一层及地下一层商业由市政直供，二～五层商业由商业变频调速泵装置供水。三十一～四十三层为高区，由设在二十九层避难层的高区生活水箱及变频调速泵装置供水。分区范围内设置干管及支管减压阀。

4. 塔1、塔2、塔3分别在地下四层设置给水机房，内设贮存及加压设备，各塔生活贮水箱有效容积均为60m^3，不低于水泵供水系统最高日用水量的25%。塔1、塔2、塔3中区变频调速泵装置分别设置在各自的给水机房内。塔3高区生活贮水箱有效容积为10m^3。中、低区生活储水箱为方便清洗，均考虑分成两个。水箱材质为不锈钢板。

5、高区给水水箱补水：给水水箱补水管的电动阀由高位水箱水位控制，当水箱水位下降至开泵水位时，电磁阀开启，水位上升到停泵水位时，电磁阀关闭。如发生故障，水位继续上升到报警水位时，在泵房值班室内有音响及灯光报警，人工停泵，水箱各水位标高见给水排水系统原理图。

6、给水管道采用钢塑复合管，管径100mm及以下管道采用丝扣接头，管径100mm以上采用沟槽连接。

（二）中水系统

1. 中水原水为办公区域内及公共区域内的脸盆排水、淋浴水、空调冷却系统排污水、冷凝水。中水原水收集进入中水机房调节水池，经处理后的中水用于全部的卫生间大小便器冲洗、洗车、车库地面冲洗、室外景观补水、室外绿化等。中水不足部分、市政中水未开通前由自来水补给，市政中水开通后由市政中水补给。在小市政内实现切换，市政中水开通后，中水系统与给水系统彻底断开。

2. 中水原水平均日收集水量538.67m^3/d，中水设备日处理时间取10h/d。分别在地下四层中水机房内设塔1、塔2、塔3中水处理设施。

3. 中水原水回收量计算明细见表2。

中水原水回收量计算 表2

序号	用水项目	最高日生活用水量(m^3/d)	折减系数α	折减系数β	淋浴(盥洗)用水给水百分率b	中水原水水量Q_y(m^3/d)
	办公					
1	办公 塔1	338.21	0.9	0.9	40%	109.6
2	办公 塔2	303.86	0.9	0.9	40%	98.4
3	办公 塔3	300.05	0.9	0.9	40%	97.2
4	淋浴 塔1	69.7	0.9	0.9	95%	53.6
5	淋浴 塔2	29.9	0.9	0.9	95%	23.0
6	冷凝水量 塔1	75.0	1.00	0.9	1.0	67.5
7	冷凝水量 塔2	57.0	1.00	0.9	1.0	51.3
8	冷凝水量 塔3	42.2	1.00	0.9	1.0	38.0
9	合计					538.67

分别在地下四层中水机房内设塔1、塔2、塔3中水处理设施。中水原水平均日收集水量538.67m^3/d，中水设备日处理时间取10h/d。处理设备明细详见表3。

处理设备一览表 表3

序号	中水机房	收集的水量(m^3/d)	调节池(m^3)	中水池(m^3)	处理时间(h)	处理水量(m^3/h)	处理规模(m^3/h)
1	塔1	230.7	115.4	80.8	10.0	23.1	25
2	塔2	172.7	86.4	60.5	10.0	17.3	20
3	塔3	135.2	67.6	47.3	10.0	13.5	15
4	合计	538.7				53.9	

中水处理工艺流程：原水—隔栅—调节池—生物接触氧化—沉淀—过滤—消毒—中水。中水用贮水水箱内设置臭氧自洁消毒器，进行二次消毒。

4. 中水系统分区同给水系统。

5. 塔1、塔2、塔3调节池容积分别为115m^3、90m^3、70m^3，为日中水处理量的50%。塔1、塔2、塔3中水池容积分别为80m^3、60m^3、50m^3，为中水供应系统最高日用水量的35%。塔3高区中水贮水箱有效容积为15m^3。

6. 中水泵的控制同给水系统。塔3中水机房内中水转输泵由位于二十九层中水水箱水位控制，水箱水位标高见中水系统图。中区、高区中水变频调速泵组、绿化灌溉补水变频泵组由设在出水干管上的电接点压力开关控制。

7. 室外绿化喷灌在非用水高峰时进行，采用湿度传感器或根据气候变化的调节控制器等，微喷灌溉。

8. 室内中水管道管材同给水。

(三) 热水系统

1. 热水供应部位：办公楼层卫生间及地下公共卫生间、淋浴间。

2. 所有热水供应部位采用容积式或即热式电热水器分散供应热水。

3. 冷水计算温度取4℃。分散供水电热水器的设计出水温度55℃。

(四) 污废水系统

1. 本系统室内污、废分流，室外污、废水合流，经室外化粪池或隔油池处理后排入市政污水管网。

2. 最高日污、废水量按用水量计，冷却及绿化水量为1803.0m^3/d，办公回用水量为474.0m^3/d，实际排水量为1553.4m^3/d。

二、消防系统

(一) 消火栓系统

消防水源为市政自来水。室外消防用水由市政管道直接供给。室内消防用水（主要）由内部贮水池供给，贮水池设在地下四层，消防水池贮水约900m^3。其中消防贮水量576m^3（用于室内消火栓系统、湿式自动灭火系统）。消防贮水池另贮存一部分冷却水，冷却水贮水量324m^3，用于塔1、塔2、塔3冷却塔补水并使消防水池池水循环。消防储水池全部水量9h全部循环一次。消防用水标准和用水量见表4。

消防用水标准和用水量 **表4**

用水名称	用水量标准(L/s)	一次灭火时间(h)	一次火用水量(m^3)
室外消火栓系统	30	3	324
室内消火栓系统	40	3	432
湿式自动灭火系统	40	1	144
总设计用水量	110		900

(二) 自动喷水灭火系统

1. 设计参数：办公部分系统按中危险Ⅰ级要求设计，设计喷水强度6L/(min·m^2)，作用面积160m^2，建筑内设有通透性吊顶，系统的喷水强度采用设计喷水强度的1.3倍，为7.8L/(min·m^2)；建筑内八～十二层的中庭，设计喷水强度6L/(min·m^2)。作用面积260m^2；地下车库中危险Ⅱ级，设计喷水强度8L/(min·m^2)，作用面积160m^2。根据以上设计参数，系统最不利点喷头工作压力取0.10MPa，系统设计流量约40L/s。

2. 供水系统：根据最高层与最低层喷头高差不大于50m，各报警阀前的设计水压不大于1.2MPa要求。

塔1、塔2管网竖向分成3个区，地下四～地下一层为低区，一～二十五层为中区，其中一～十三层为中Ⅰ区，塔1十四～二十五层为中Ⅱ区，塔2十四～二十六层为中Ⅱ区，自动喷洒水泵设2台，1用1备。中Ⅱ区喷淋泵直接供给，低区、中Ⅰ区经减压阀减压供给。

塔 3 管网竖向分成 4 个压力区，地下四～地下一层为低区，一～二十五层为中区，其中一～十二层为中Ⅰ区，十三～二十七层为中Ⅱ区，二十八～四十五层为高区。中Ⅱ区喷淋泵直接供给，低区、中Ⅰ区经减压阀减压供给。在二十九层设备层设高区消防水箱，有效贮水容量 $90m^3$，并设自动喷洒水泵设 2 台，1 用 1 备。塔 3 屋顶水箱间设稳压泵稳压。同时为满足分期建设的需求（塔 1、塔 2 为一期，塔 3 为二期），塔 2 屋顶水箱间设稳压泵稳压。稳压泵供水能力为 1L/s。

3. 地下车库等处设自动喷水预作用—泡沫联用系统。采用直立式喷头，喷头布置要求同湿式系统。系统采用预作用报警阀，每个报警阀控制喷头数量不超过 800 个。配水管道设快速排气阀，充水时间小于或等于 2min，快速排气阀入口前设电动阀，此电动阀与自动喷洒系统泵联动。泡沫液选用 3%的抗溶性水成膜泡沫液，持续喷泡沫的时间不应小于 10min，作用面积 $160m^2$，泡沫液储罐消防水压大于或等于 0.6MPa。

（三）气体灭火系统

1. 变配电间及电缆夹层采用 IG541 混合气体灭火系统。柴油发电机房、电信模块局 1、电信模块局 2 等处设七氟丙烷预制灭火系统。

2. 基本参数：七氟丙烷预制灭火系统灭火浓度：柴油发电机房灭火浓度 9.0%，灭火剂喷放时间不大于 10s，灭火浸渍时间 10min；电信模块局 1、电信模块局 2 灭火浓度 8.0%，灭火剂喷放时间不大于 8s，灭火浸渍时间 5min。有管网气体灭火系统灭火浓度：28.1%，灭火设计浓度为灭火浓度的 1.3 倍；当 IG541 混合气体灭火剂喷放至设计用量的 95%时，其喷放时间不应大于 60s，且不应小于 48s。

3. 管网系统控制应包括自动、手动、应急操作三种方式。每一保护区门外明显位置，应装一绿色指示灯，采用手动灯亮。并装一告示牌，注明“入内时关闭自动。开启手动，此时绿灯亮”。施放灭火剂前防护区的通风机和通风管道上的防火阀自动关闭。火灾扑灭后，应开窗或打开排风机将残余有害气体排除。气体灭火区域每层设置两个空气呼吸器。

4. 气体贮存压力低于 2.5MPa 时采用加厚镀锌钢管，贮存压力高于或等于 2.5MPa 时，采用相应承压等级的无缝钢管，内外镀锌。小于或等于 *DN*80 者螺纹连接，大于 *DN*80 者法兰连接。

三、工程特点及设计体会

（一）超高层异弧形建筑屋面、幕墙及地面雨水的排除和规划利用

本项目的平面层层变化，自下而上层层渐退的平面轮廓毫无规律，如何考虑雨水的排除是一大难题。充分研究外立面及幕墙关系，同建筑师协调讨论，最后只在屋面及退台较大的“鱼头”和“鱼尾”部分考虑了室内设置雨水立管排除。幕墙雨水则沿幕墙进入室外地面线性排水沟。排水沟排水的一个好处就是，不需要很深的覆土厚度，对面积很大地下室范围的项目还是比较经济的。在场区雨水接入市政雨水管道处共设置 3 处雨水收集池。对暴雨时场区内及市政道路起到了“减压”的作用，同时也为绿化用水作了储备。

（二）办公楼层符合现代办公特色的安全环保直饮水方案

一般除高档自用办公楼外，很少设置管道直饮水系统。尤其出租及出售办公采用终端水处理装置的也很有限。但随着商业办公地产的发展，办公楼内设置直饮水间越来越普遍。以终端水处理装置取代桶装直饮水，不仅是办公建筑品质的提升，节能节水的需求，更是商家的一个销售的卖点。因此在设计之初，设计人员就同业主营销策划充分沟通此部分设计，确定每层直饮水间服务的面积、人数，并预留排水、用电条件。终端直饮水机一般所需要的压力为 0.1～0.35MPa。如果不把给水的压力预留充足，后期增加终端直饮水机就没有可能。同时，直饮水设备的排水在高层建筑里设置也是必须考虑的问题。面对有限的核心筒管井面积，后期增加排水立管往往很难。

（三）高效的大型车库预作用自动喷水—泡沫联用系统设计

预作用自动喷水—泡沫联用系统适用于车库的原因在于，有 B 类易燃液体火灾时，可以预防因易燃液体的沸腾、溢流而把火灾引到邻近区域。并且在不能扑灭火灾时，控制火灾燃烧，减少热量的传递，使暴露在火灾中的其他物质避免受损。该系统提高了灭火效率的同时，又节约了用水量。平时预作用报警阀后充满低压空气，当发生火灾时，火灾探测器报警，消防控制中心自动打开着火区域管网末端电磁阀，通过快速排气阀排气。管道系统充满消防水，系统由干式系统变为湿式系统。上述过程中，输出信号自动打开着火区域电磁阀后，经 120s 的延迟，打开泡沫供液管道上的电磁阀，当着火点温度达到开启闭式喷头的温度时，喷头爆破，系统一部分水流向控制阀组的加压开启阀，加压开启阀开启，使减压阀失效。管网内水经加压开启阀进入泡沫液贮罐，挤压胶囊，使得胶囊内的泡沫液通过泡沫输送管道，在流经信号阀、比例混合器的消防水的引射作用，将泡沫液掺进消防水中形成泡沫混合液。泡沫混合液从喷头喷出，在遇空气后自动生成灭火泡沫，实施灭火，10min 后自动转为湿式系统喷水灭火。

四、工程照片及附图

SOHO CHINA PROVIDES HEALTHY WORKING ENVIRONMENT FOR BETTER LIVING

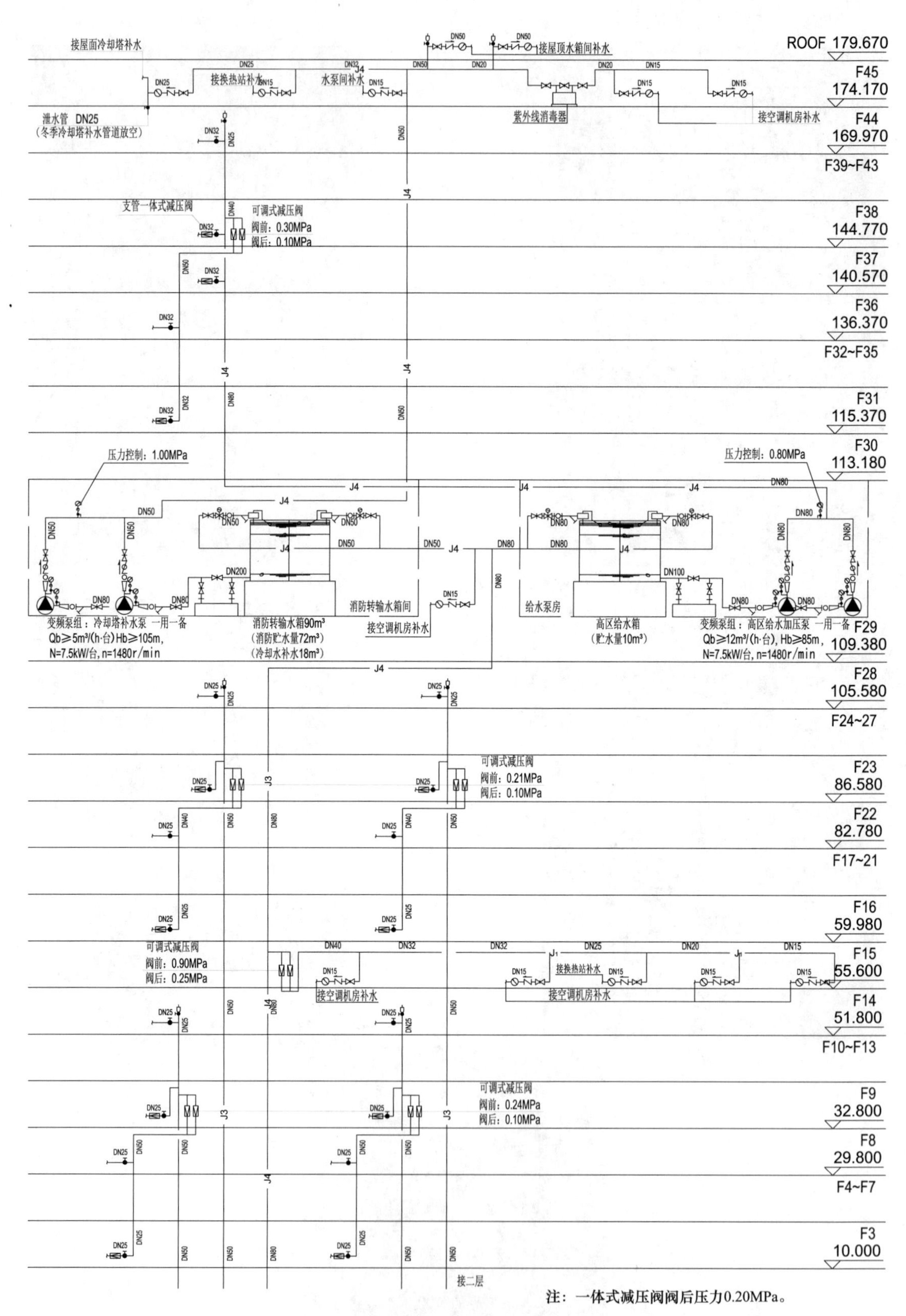

注：一体式减压阀阀后压力0.20MPa。

给水系统原理图一

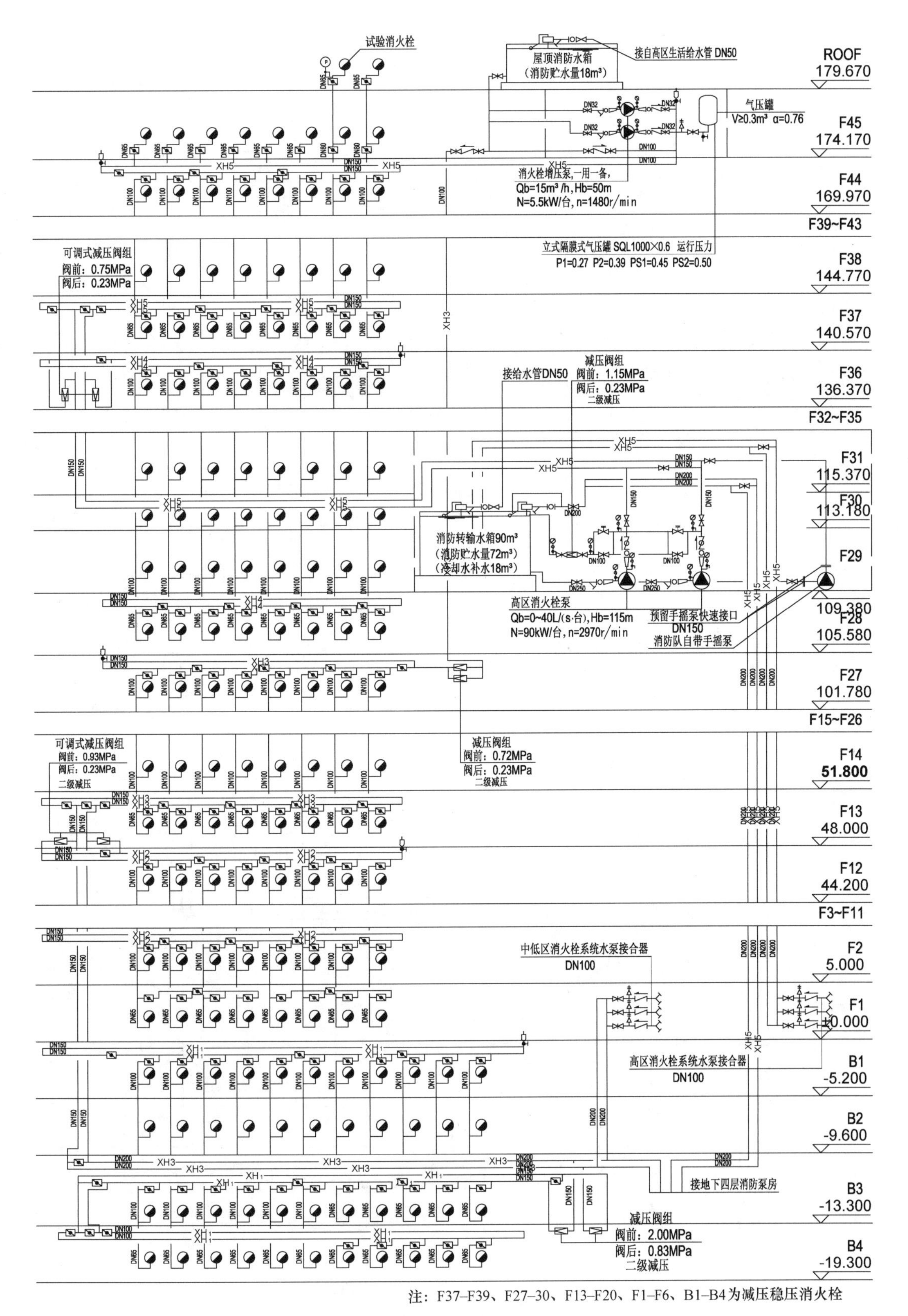

注：F37–F39、F27–30、F13–F20、F1–F6、B1–B4为减压稳压消火栓

消火栓系统原理图

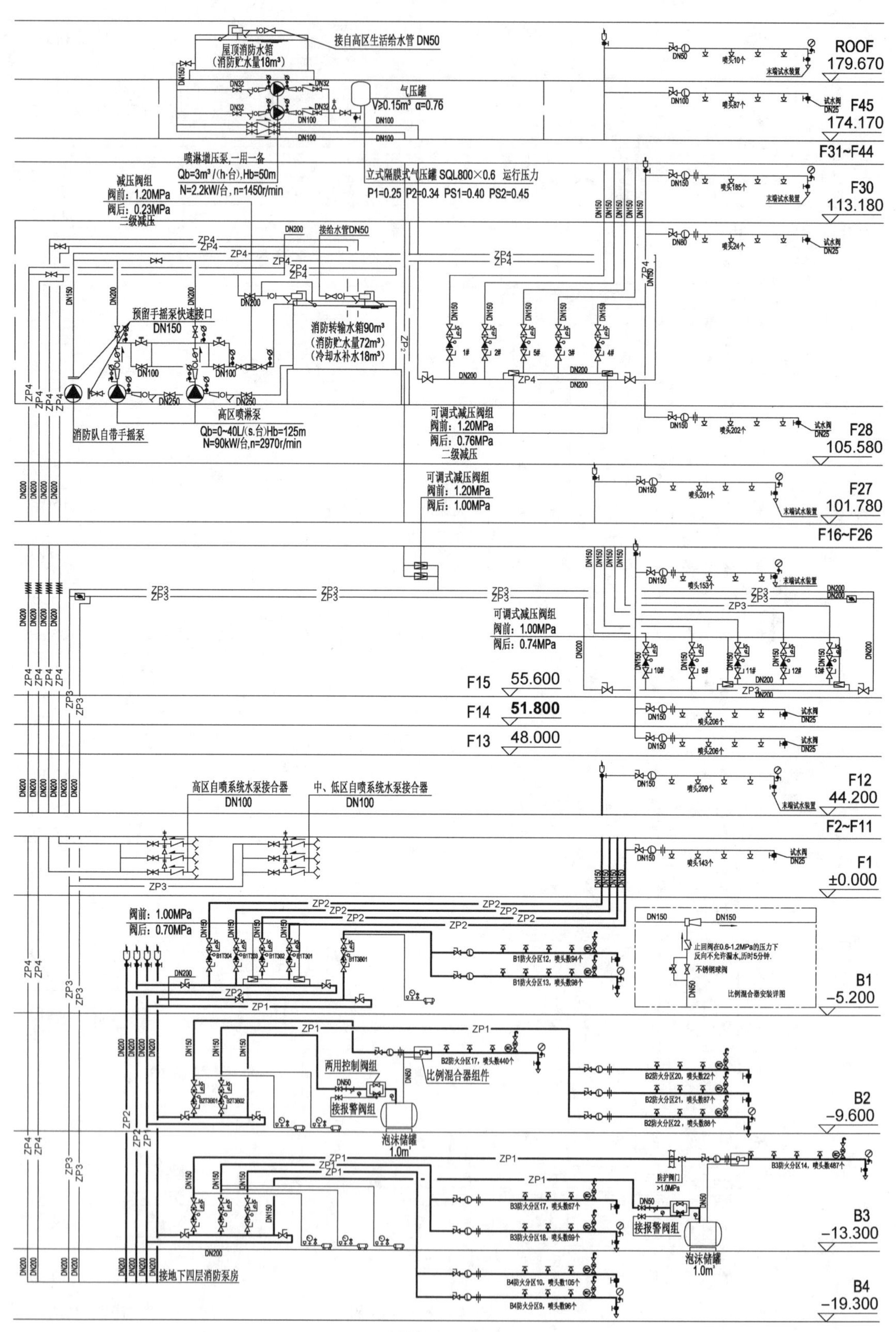
接自高区生活给水管 DN50
屋顶消防水箱
（消防贮水量18m³）
气压罐
V≥0.15m³ α=0.76
ROOF
179.670
F45
174.170
F31~F44
喷淋增压泵，一用一备
Qb=3m³/(h·台),Hb=50m
N=2.2kW/台，n=1450r/min
立式隔膜式气压罐 SQL800×0.6 运行压力
P1=0.25 P2=0.34 PS1=0.40 PS2=0.45
F30
113.180
减压阀组
阀前：1.20MPa
阀后：0.23MPa
二级减压
接给水管DN50
预留手摇泵快速接口
DN150
消防转输水箱90m³
（消防贮水量72m³）
（冷却水补水18m³）
高区喷淋泵
Qb=0~40L/(s.台)Hb=125m
N=90kW/台,n=2970r/min
消防队自带手摇泵
可调式减压阀组
阀前：1.20MPa
阀后：0.76MPa
二级减压
F28
105.580
可调式减压阀组
阀前：1.20MPa
阀后：1.00MPa
F27
101.780
F16~F26
可调式减压阀组
阀前：1.00MPa
阀后：0.74MPa
F15 55.600
F14 51.800
F13 48.000
F12
44.200
高区自喷系统水泵接合器
DN100
中、低区自喷系统水泵接合器
DN100
F2~F11
F1
±0.000
阀前：1.00MPa
阀后：0.70MPa
比例混合器安装详图
B1
-5.200
两用控制阀组
比例混合器组件
接报警阀组
泡沫储罐
1.0m³
B2
-9.600
B3
-13.300
接报警阀组
泡沫储罐
1.0m³
接地下四层消防泵房
B4
-19.300

喷淋系统原理图

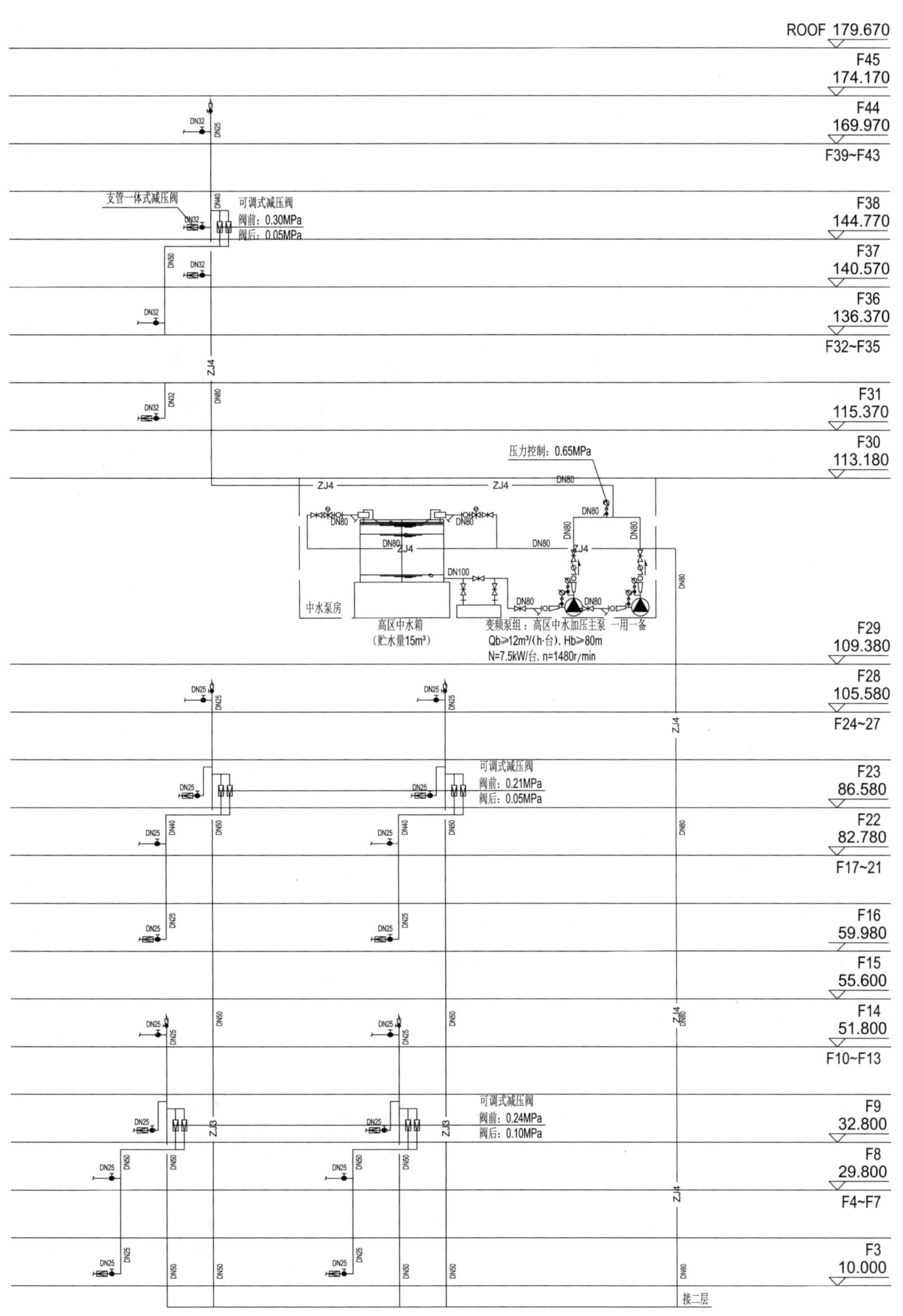

注：一体式减压阀阀后压力0.20MPa。

中水系统原理图一

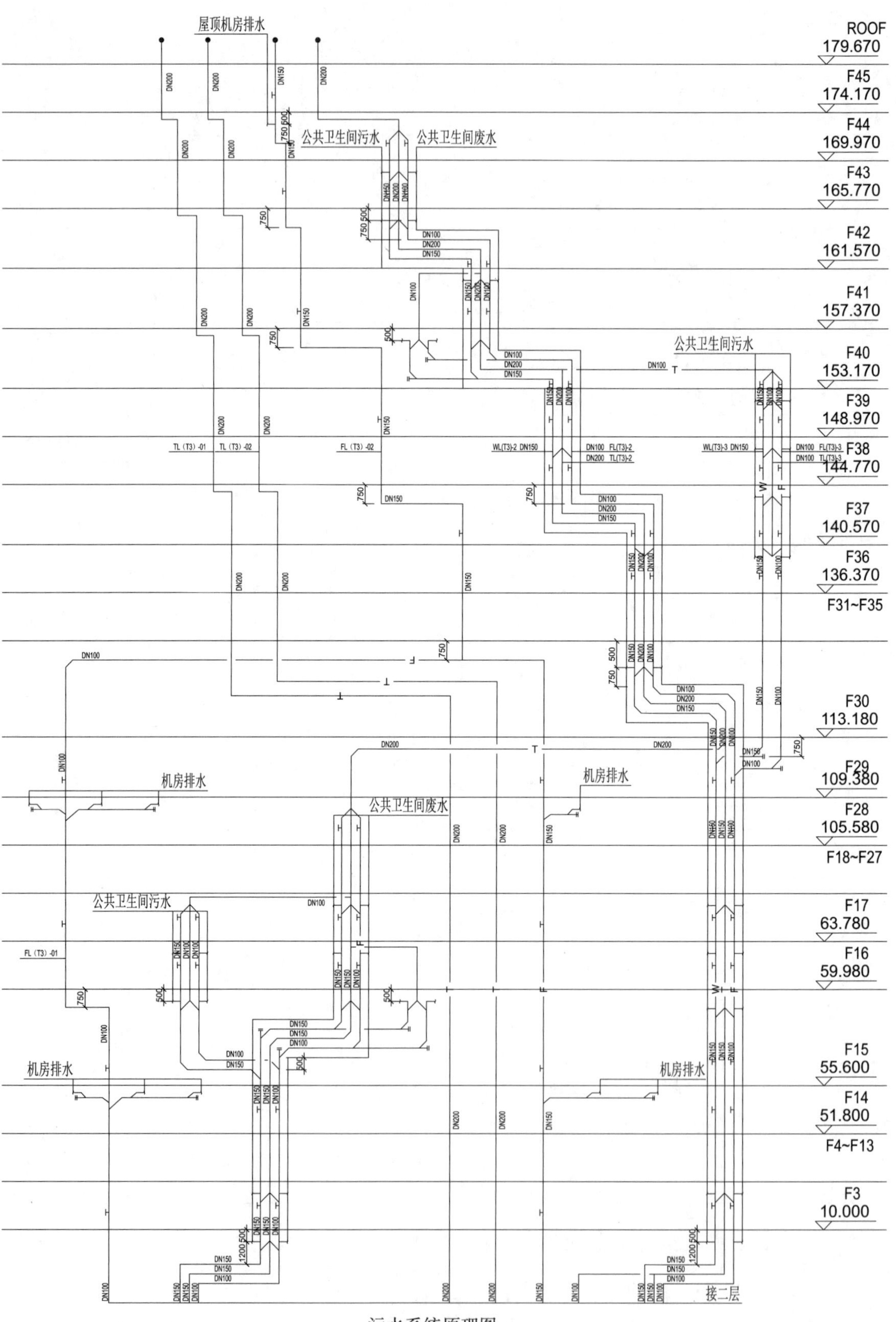

屋顶机房排水
公共卫生间污水
公共卫生间废水
ROOF
179.670
F45
174.170
F44
169.970
F43
165.770
F42
161.570
F41
157.370
F40
153.170
F39
148.970
F38
144.770
F37
140.570
F36
136.370
F31~F35
F30
113.180
F29
109.380
F28
105.580
F18~F27
F17
63.780
F16
59.980
F15
55.600
F14
51.800
F4~F13
F3
10.000
机房排水
接二层

污水系统原理图一

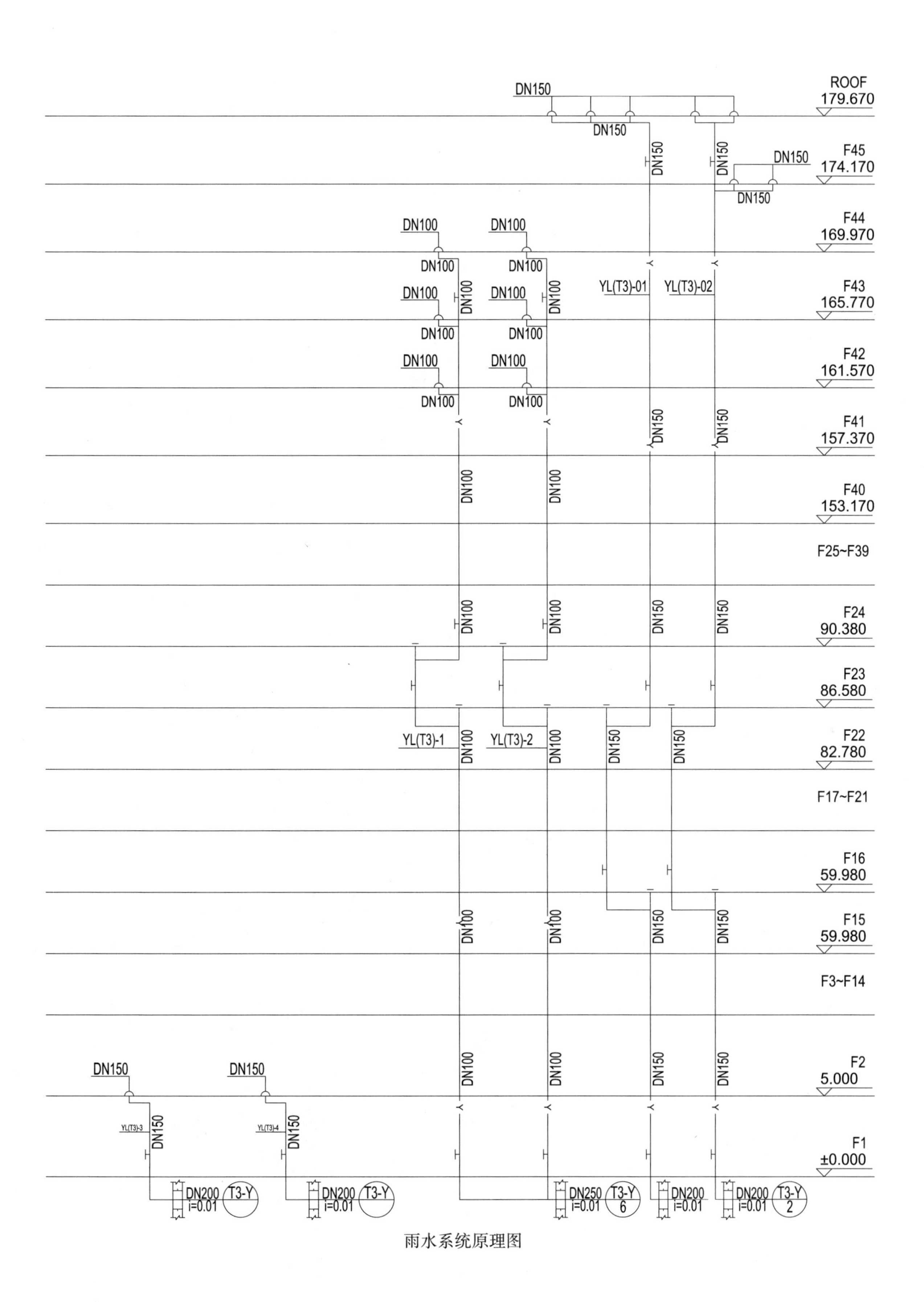
ROOF
179.670
F45
174.170
F44
169.970
F43
165.770
F42
161.570
F41
157.370
F40
153.170
F25~F39
F24
90.380
F23
86.580
F22
82.780
F17~F21
F16
59.980
F15
59.980
F3~F14
F2
5.000
F1
±0.000
DN150
DN100
DN200
DN250
YL(T3)-01
YL(T3)-02
YL(T3)-1
YL(T3)-2
YL(T3)-3
YL(T3)-4
i=0.01
T3-Y
T3-Y 6
T3-Y 2

雨水系统原理图

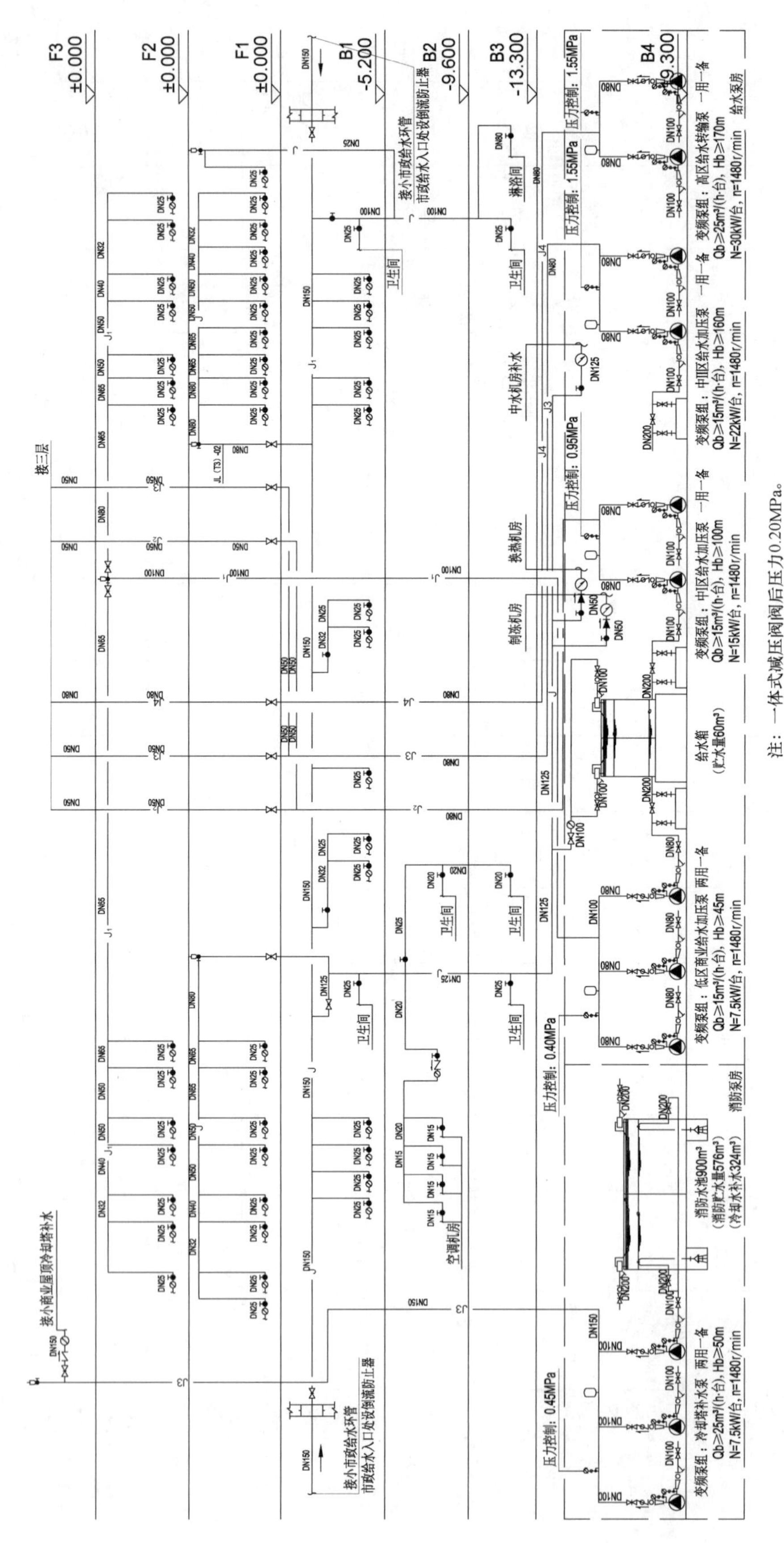

注：一体式减压阀阀后压力0.20MPa。

给水系统原理图二

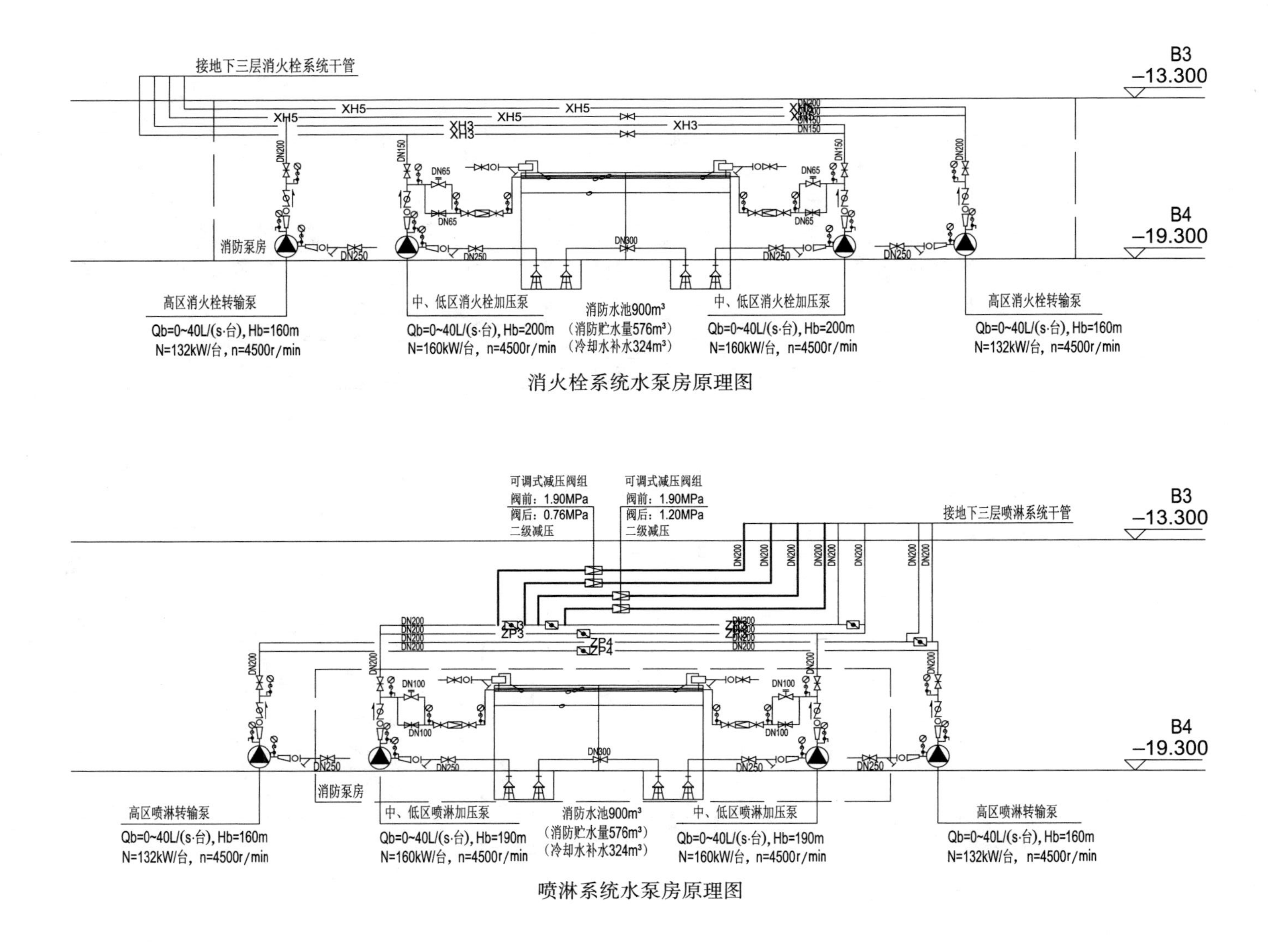

消火栓系统水泵房原理图

喷淋系统水泵房原理图

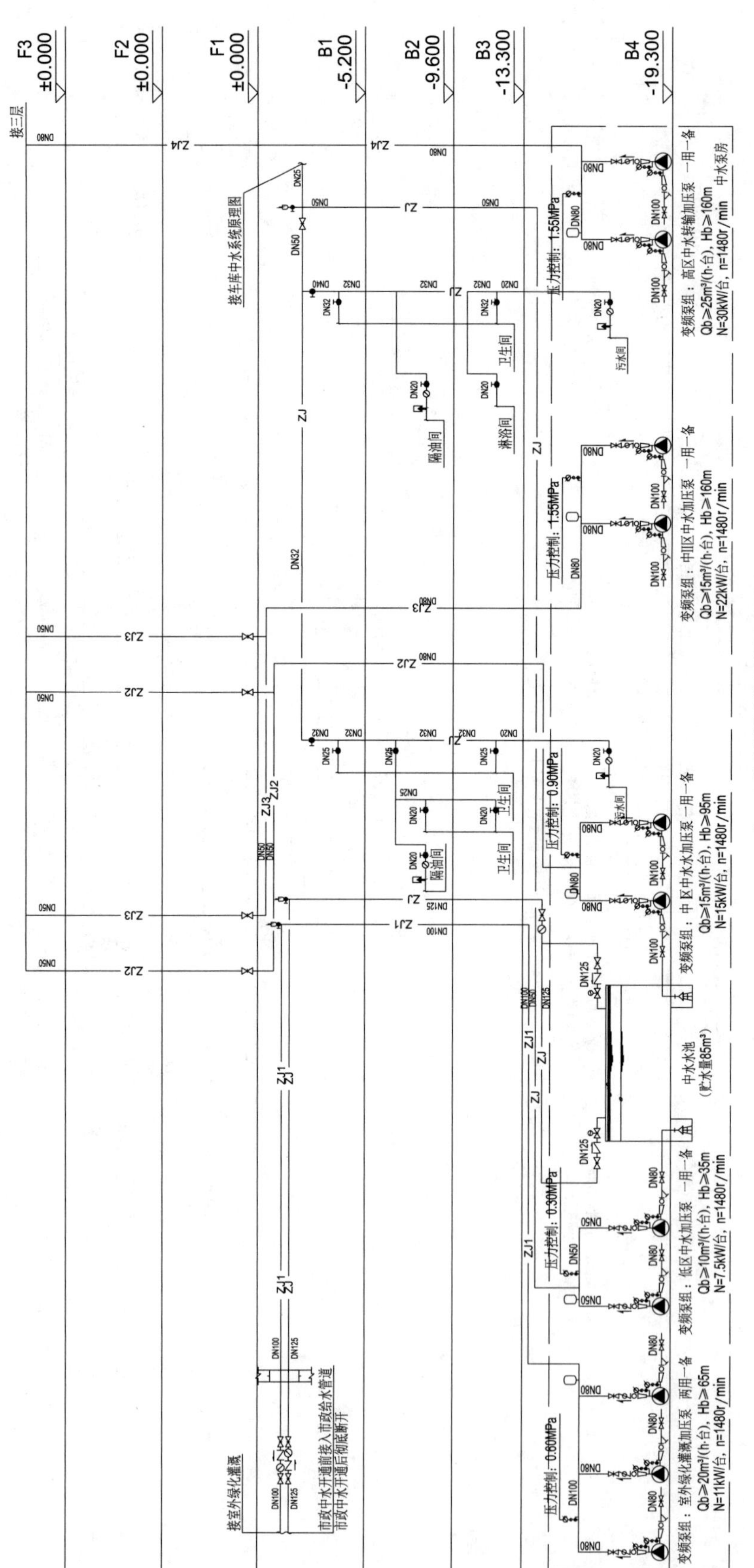

注：一体式减压阀阀后压力0.20MPa。

中水系统原理图二

序号	名称	序号	名称
1	自动格栅	9	反冲洗水泵
2	水下曝气器(射流式)	10	混凝剂投药设备
3	毛发聚集器	11	消毒剂投药设备
4	原水提升泵	12	管道混合器
5	水下曝气器(泵式)	13	液位计
6	滤前加压泵	14	电气控制柜
7	石英砂过滤器	15	变频供水机组
8	活性炭吸附器	16	水质检测仪

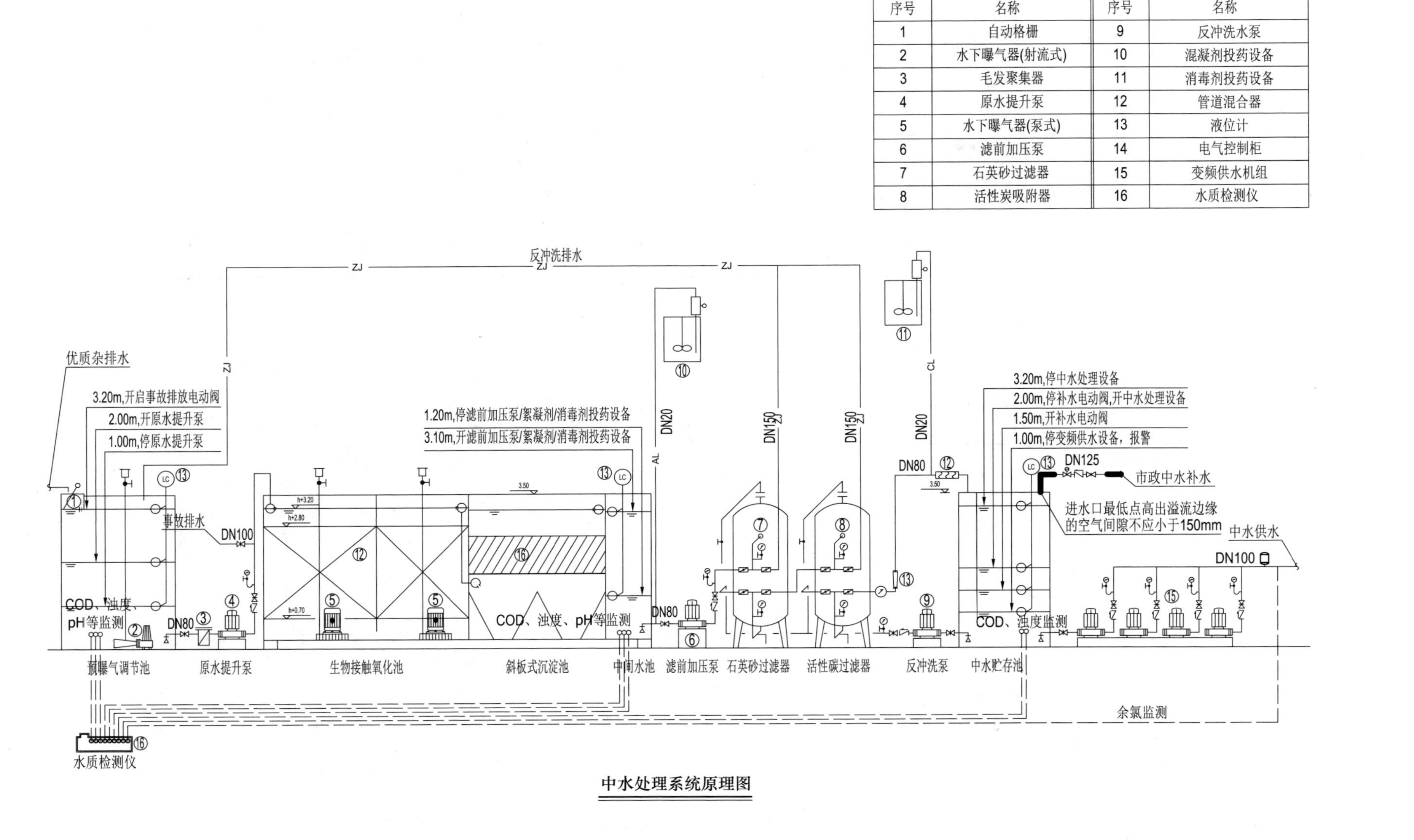

中水处理系统原理图

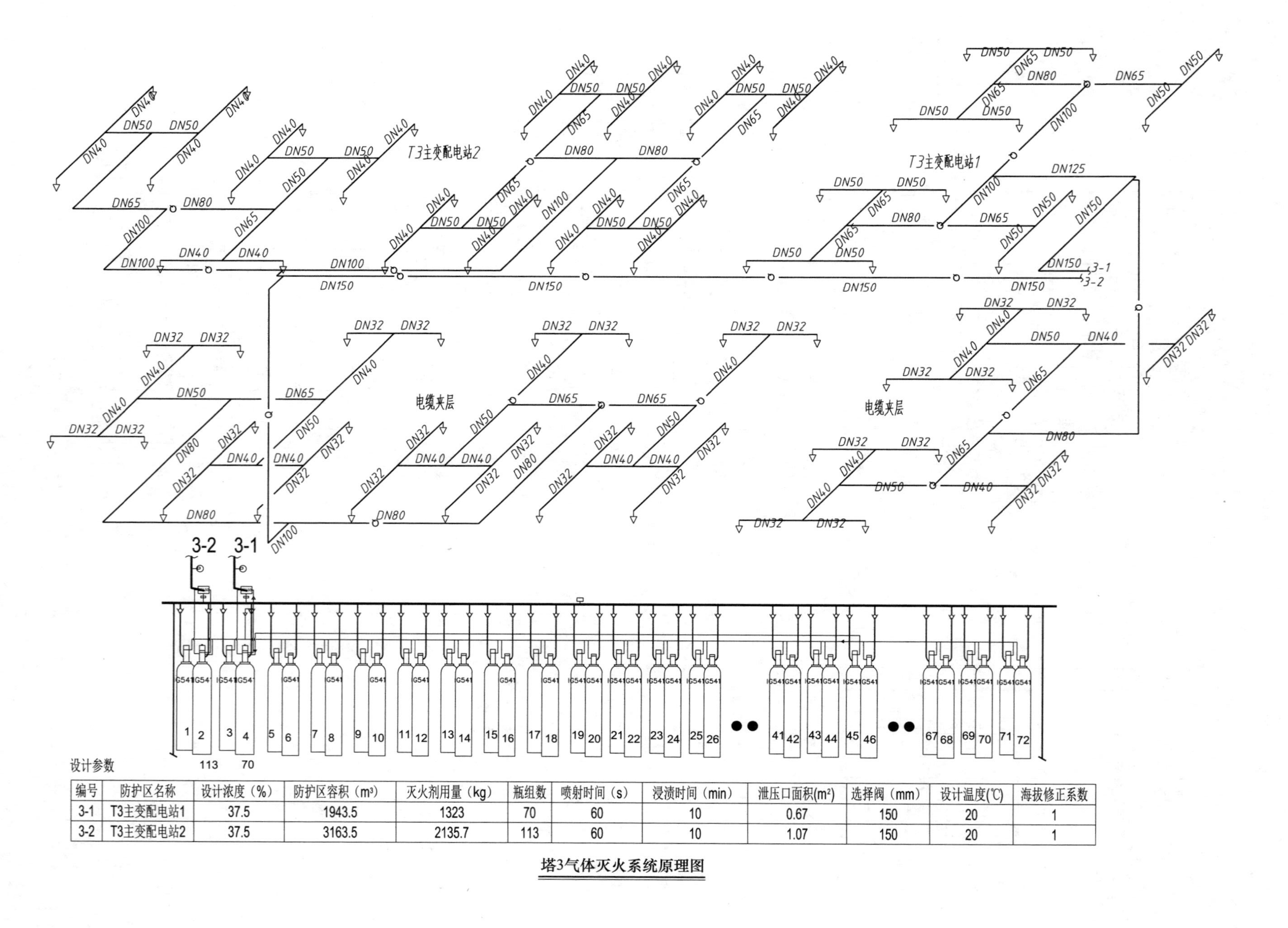

设计参数

编号	防护区名称	设计浓度（%）	防护区容积（m³）	灭火剂用量（kg）	瓶组数	喷射时间（s）	浸渍时间（min）	泄压口面积(m²)	选择阀（mm）	设计温度(℃)	海拔修正系数
3-1	T3主变配电站1	37.5	1943.5	1323	70	60	10	0.67	150	20	1
3-2	T3主变配电站2	37.5	3163.5	2135.7	113	60	10	1.07	150	20	1

塔3气体灭火系统原理图

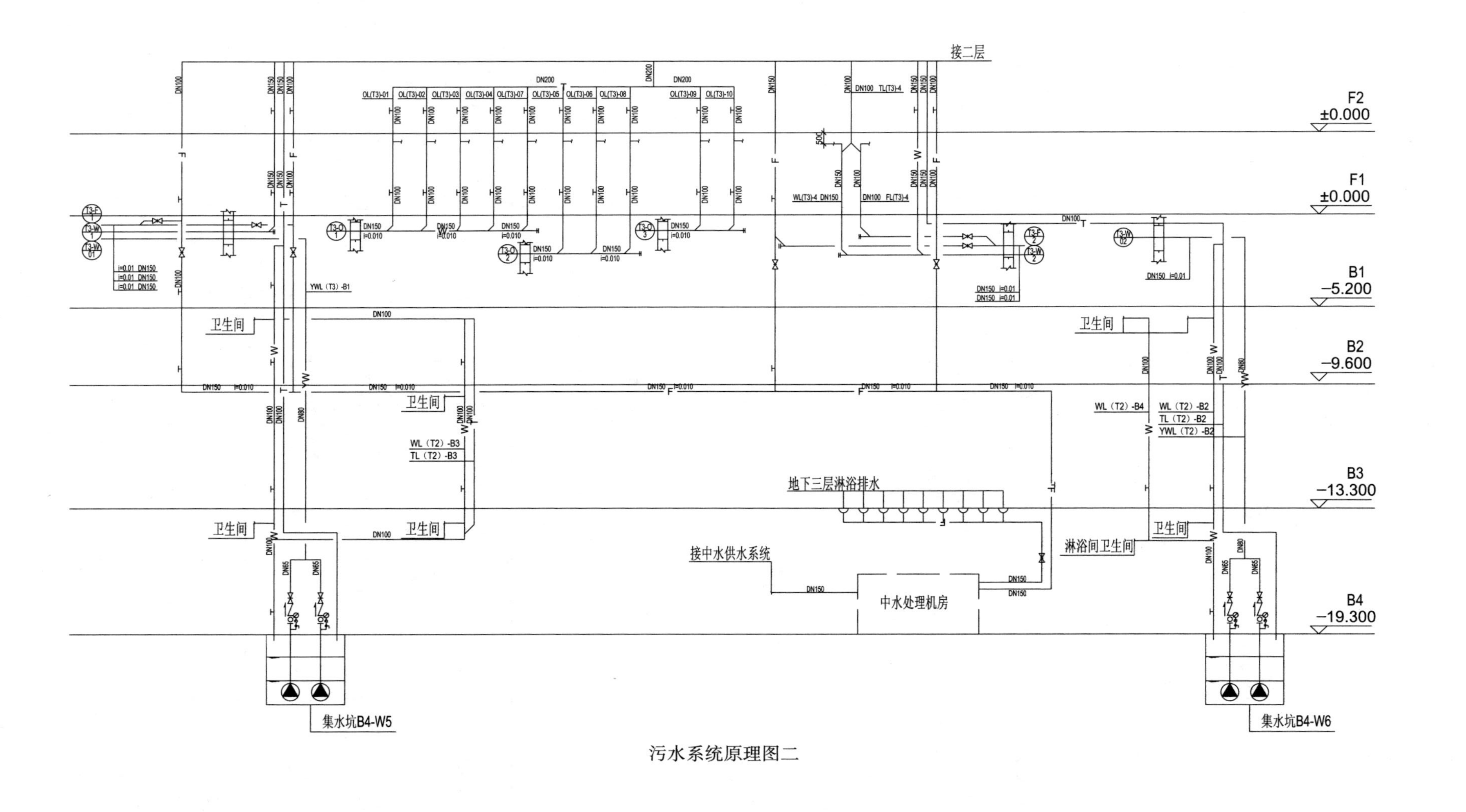
接二层
F2
±0.000
F1
±0.000
B1
-5.200
B2
-9.600
B3
-13.300
B4
-19.300
YWL（T3）-B1
卫生间
卫生间
WL（T2）-B3
TL（T2）-B3
卫生间
卫生间
WL（T2）-B4
WL（T2）-B2
TL（T2）-B2
YWL（T2）-B2
卫生间
地下三层淋浴排水
接中水供水系统
淋浴间卫生间
卫生间
中水处理机房
集水坑B4-W5
集水坑B4-W6

污水系统原理图二

广州市天河区珠江新城商业、办公楼一幢B2-10地块（财富中心）

设计单位： 华南理工大学建筑设计研究院有限公司
设 计 人： 陈欣燕　王琪海　王峰　李宗泰　刘莹莹　曾银波　韦宇　李广松
获奖情况： 公共建筑类　二等奖

工程概况：

本工程位于广州市天河区珠江大道东与金穗路交界处，总用地面积10837m²，总建筑面积210620m²，地上68层，地下4层，建筑高度295.2m，为超高层公共建筑。地上部分主要功能为甲级写字楼、会议室和少量辅助性的配套设施。地下部分主要功能为汽车库和设备用房。

工程说明：

一、给水排水系统

（一）给水系统

1. 用水量计算

用水量计算见表1。

用水量计算表　　**表1**

序号	用水项目名称	使用人数或单位数	用水量标准	小时变化系数 K_h	使用时间 (h)	用水量			备注
						平均时 (m^3/h)	最大时 (m^3/h)	最高日 (m^3/d)	
1	办公用水	16900人	50L/(人·d)	1.5	10	84.50	126.75	845.00	
2	汽车库地面冲洗	20231m²	2L/(m²·次)	1.0	8	5.10	5.10	40.50	
3	绿化浇洒	2194m²	3L/(m²·次)	1.0	4	1.65	1.65	6.60	按每日1次计
4	餐厅用水	350人	60L/人次	1.5	10	6.30	9.45	63.00	按每日3餐计
5	冷却塔补水		52m³/h	1.0	10	52.00	52.00	520.00	暖通专业提供
6	小计					149.55	194.95	1475.10	
7	未预见用水量	按本表1至5项之和的10%计				14.96	19.50	147.51	
8	合计					164.51	214.45	1622.61	

2. 水源

水源为市政自来水。本工程从西面珠江东路和南面金穗路分别引入一根$DN200$的给水管，给水管在室外成环状布置。室外共设水表3个，分别为生活兼消防用水水表2个，绿化景观水表1个。

3. 系统竖向分区及供水方式

（1）生活给水系统

生活给水系统采用串联水箱供水方式供水，共分为以下 12 个分区：

J0 区：地下四层～二层

J1-1 区：三～五层

J1-2 区：六～十一层

J2-1 区：十二～十七层

J2-2 区：十八～二十三层

J2-3 区：二十四～二十九层

J3-1 区：三十～三十五层

J3-2 区：三十六～四十一层

J3-3 区：四十二～四十七层

J4-1 区：四十八～五十五层

J4-2 区：五十六～六十一层

J4-3 区：六十二层～天面层

（2）冷却塔补水系统

空调冷却塔设于天面，独立设置供水系统进行补水。

4. 供水方式及给水加压设备

（1）生活给水系统

在地下三层设总容积为 196m^3 的生活水箱，在十六层、三十四层分别设置容积 40m^3 的中间水箱，五十二层设容积 60m^3 的生活水箱。三～四十七层用水分别由十六层、三十四层、五十二层的中间水箱重力供水，四十八层～屋面由设于五十二层的生活水箱及五十一层的变频给水设备供水。各分区供水方式见表 2。

给水分区及供水方式 **表 2**

分区	供水方式	分区	供水方式
J0 区	市政直供	J3-1 区	五十二层水箱重力供水，设减压阀减压
J1-1 区	十六层水箱重力供水，设减压阀减压	J3-2 区	五十二层水箱重力供水，设减压阀减压
J1-2 区	十六层水箱重力供水	J3-3 区	五十二层水箱重力供水
J2-1 区	三十四层水箱重力供水，设减压阀减压	J4-1 区	五十二层水箱及五十一层变频供水设备供水，设减压阀减压
J2-2 区	三十四层水箱重力供水，设减压阀减压	J4-2 区	五十二层水箱及五十一层变频供水设备供水，设减压阀减压
J2-3 区	三十四层水箱重力供水	J4-3 区	五十二层水箱及五十一层变频供水设备供水

（2）冷却塔补水系统

空调冷却塔补水采用串联水箱供水方式。在地下三层设总容积 100m^3 的补水水箱，通过转输泵供至十六层容积 40m^3 的中间水箱，再通过转输泵供至五十二层补水水箱，由变频给水设备供给天面冷却塔用水。本工程收集空调冷凝水至各补水水箱及中间水箱，冷凝水接入水箱前设置水表进行计量。

（3）给水计量

办公用水、绿化用水、冷却塔用水、热水补水及各层公共卫生间均设水表计量用水，水表采用远传式水表。

5. 管材

室内生活冷水给水管、冷却塔补水管均采用薄壁不锈钢管 S30408（0Cr18Ni9），卡压连接。转换层的给水管道、吊顶内的冷水管均做防结露保温。室外生活给水管采用 PE80 级聚乙烯塑料给水管。

(二) 热水系统

1. 热水用水量

热水用水量计算见表 3。

热水用水量计算表 **表 3**

序号	用水项目名称	使用人数或单位数	用水量标准	小时变化系数 K_h	使用时间 (h)	用水量			备注
						平均时 (m^3/h)	最大时 (m^3/h)	最高日 (m^3/d)	
1	办公用水	16900 人	8L/(人·d)	1.5	10	13.52	20.28	135.20	
2	小计					13.52	20.28	135.20	
3	未预见用水量	按本表 1 项的 10%计				1.35	2.03	13.52	
4	合计					14.87	22.31	148.72	

2. 热源

首层～六十一层淋浴间及洗手盆热水由电热水器供给。六十一层以上淋浴间及洗手盆热水由集中太阳能热水系统供给，电热水器辅助加热。

3. 系统竖向分区

集中热水系统竖向为一个分区。

4. 热交换设备

结合本工程屋面造型，在屋面造型构架上设置 120 组太阳能集热板，太阳能集热板内插 U 形铜管真空管型集热器。系统共设置两个 $5m^3$ 容积式换热器。

5. 冷、热水压力平衡措施及热水温度的保证措施

为保证冷、热水压力平衡，热水系统分区与生活给水系统分区一致，系统采用机械循环。热水系统为闭式系统，设置一个容积式电热水器作为辅助热源。

6. 管材

热水给水管采用薄壁不锈钢管 S30408 (0Cr18Ni9)，卡压连接。热水干管、立管保温材料采用泡沫橡塑制品，卫生间支管采用覆塑薄壁不锈钢管。

(三) 中水系统

收集部分屋面和铺装地面雨水，经处理后用于本工程绿化、路面广场浇洒、汽车库冲洗地面用水及 11 层及以下冲厕用水。

1. 中水用水量

中水用水量计算见表 4，水量平衡计算见表 5。

中水用水量计算表 **表 4**

序号	用水项目名称	使用人数或单位数	用水量标准	小时变化系数 K_h	使用时间 (h)	用水量			备注
						平均时 (m^3/h)	最大时 (m^3/h)	最高日 (m^3/d)	
1	办公用水	1756 人	30L/(人·d)	1.5	10	5.27	7.90	52.68	
2	汽车库地面冲洗	$20231m^2$	2L/(m^2·次)	1.0	8	5.10	5.10	40.50	
3	绿化浇洒	$2194m^2$	3L/(m^2·次)	1.0	4	1.65	1.65	6.60	按每日 1 次计

续表

序号	用水项目名称	使用人数或单位数	用水量标准	小时变化系数 K_h	使用时间(h)	用水量			备注
						平均时 (m^3/h)	最大时 (m^3/h)	最高日 (m^3/d)	
4	小计					12.02	14.65	99.78	
5	未预见用水量	按本表1至3项之和的10%计				1.20	1.47	9.98	
6	合计					13.22	16.12	109.76	

中水水量平衡表 **表5**

雨水收集量				中水用水量		其他损失水量 (m^3/年)	总用水量 (m^3/年)	雨水富余量 (m^3/年)
汇水区域	汇水面积 (m^2)	径流系数	收集量 (m^3/年)	用水	用水量 (m^3/年)			
绿化地面	1929.5	0.15	13233.17	绿化	540.26	1323.32	12337.16	−427.31
屋面	2283	0.9		道路	46.61			
绿化屋面	408	0.2		景观补水	1642.5			
透水地面	144	0.37		车库冲洗	1213.86			
级配石地面	634	0.4		冲厕	8893.93			
硬质路面	3884.5	0.9						
景观水池	362	1						

2. 系统竖向分区

中水系统竖向共分为以下3个分区：

ZS-0区：地下四层～一层

ZS-1区：三～五层

ZS-2区：六～十一层

3. 供水方式

雨水经处理后由工频泵提升至十六层的总容积$10m^3$的中水水箱，由中水水箱重力供水至各用水点。

4. 水处理工艺流程（图1）

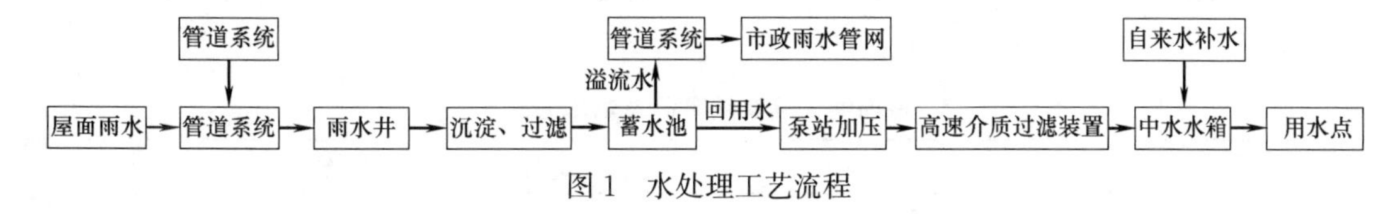

图1 水处理工艺流程

5. 管材

中水给水管采用薄壁不锈钢管S30408（0Cr18Ni9），卡压连接。

（四）排水系统

1. 排水系统形式

（1）室外采用雨、污分流制。室内生活排水污、废合流，茶水间、空调机房单独设置废水立管。

（2）卫生间均采用同层排水。地上生活污水采用重力排放，地下室卫生间设一体化污水提升设备提升排出。

（3）地下室的设备机房排水、电梯井排水及地面排水均设置集水井，所有集水井配置两台潜污泵和水位感应装置。为保证电梯的正常运行，在电梯井基坑旁设有有效容积不小于 $2m^3$ 的集水井，井内设置两台排水量不小于 10L/s 的潜污泵。潜污泵的控制，均采用高水位时开一台泵，超高水位时启动两台泵，低水位时停泵的方式。

(4) 雨水排水系统采用重力流排水系统，屋面雨水排水系统设计重现期取 10 年，与溢流设施的总排水能力大于 50 年重现期的雨水量。

2. 通气管的设置方式

污、废水立管均设有主通气立管，公共卫生间根据规范要求设置环形通气管。

3. 采用的局部污水处理设施

按排水咨询意见，本工程不设化粪池，生活污水经格栅井后直接排至市政污水处理厂进行处理。厨房含油污水在地下室设一体化隔油处理设备预处理后排至室外污水管网。

4. 管材及检查井

室内生活排水立管采用机制离心铸铁排水管，卡箍连接；卫生间支管采用静音 HDPE 排水管，热熔连接；压力排水管采用内衬塑钢管，卡箍连接；冷凝水排水管采用镀锌钢管；雨水排水管采用内衬塑钢管，卡箍连接。室外排水管采用聚乙烯双壁波纹管，承插或套筒连接，弹性橡胶圈密封。室内生活、雨水排水出户管均在室外设置钢筋混凝土消能井，其余室外检查井采用成品塑料检查井。

二、消防系统

(一) 消火栓系统

1. 消火栓系统用水量

室外消火栓用水量 30L/s，室内消火栓用水量 40L/s，火灾延续时间 3h。

2. 室外消火栓系统

室外消防栓由市政给水管网供水，本工程可利用的市政消火栓有 2 个，在本工程室外给水环网上另设 5 个室外消火栓。

3. 室内消火栓系统

室内消火栓系统以高压消防给水系统为主，由屋顶消防水池和设备层减压水箱供水。消防水池设于屋顶，有效容积为 $532m^3$，在五十二、三十四、十六层分别设容积为 $30m^3$ 的减压水箱。水池有效水位不能满足系统压力要求的局部楼层，设置全自动消防气压供水设备供水，为临时高压消防给水系统。

在屋顶消防水泵房内设置消火栓系统全自动气压供水设备一套，配备主泵两台（1 用 1 备），单台性能参数为：Q=40L/s，H=40m，N=30kW；增压稳压泵两台（1 用 1 备），单台性能参数为：Q=4.17L/s，H=45m，N=5.5kW；隔膜式气压罐 SQL1000 一个。室内消火栓系统竖向共分为 5 个分区，各分区管网均呈环状布置，分区及供水方式见表 6。

室内消火栓系统分区及供水方式 **表 6**

分区	楼层	供水方式
X1 区	地下四层～九层	十六层减压水箱重力供水
X2 区	十～二十七层	三十四层减压水箱重力供水
X3 区	二十八～四十五层	五十二层减压水箱重力供水
X4 区	四十六～六十四层	屋顶消防水池重力供水
X5 区	六十五层～停机坪	屋顶消防水池及消防加压设备供水

4. 水泵接合器

广州市消防车供水覆盖高度约为 200m，X1～X3 区在消防车供水范围内，水泵接合器直接供水至各区室内消防环状管网。X4～X5 区消防车供水压力不能到达，共设 6 套水泵接合器接至十六层消防转输水箱，由十五层的转输泵提升至五十二层消防转输水箱，再通过五十一层的转输泵向屋顶消防水池供水。十六层及五十二层转输水箱有效容积均为 45m^3。转输系统室内消火栓系统与自动喷水灭火系统合用。

5. 消防水泵的控制

（1）X5 区临时高压全自动消防气压给水设备由碎玻按钮控制开启，也可由消防控制中心和泵房手动启动。

（2）十五、五十一层转输泵：火灾时可在消防控制中心内手动启泵，或在接入地下室消防水池的水泵接合器附近设置启泵按钮启泵，转输泵由上至下依次启动。转输泵停泵只能在消防控制中心或泵房手动控制。

6. 管材

室外消防给水管采用 PE100 级聚乙烯塑料给水管。室内消防重力供水干管及转输系统采用加厚热浸镀锌钢管，卡箍连接。室内消火栓管道采用内衬不锈钢外镀锌钢管，管径 *DN*80 及以上采用卡箍连接，管径 *DN*80 以下采用丝扣连接。

（二）自动喷水灭火系统

1. 设置部位

本工程除变压器房、高低压配电室、弱电机房、消防控制中心等不宜用水扑救的部位和建筑面积小于 5.00m^2 的卫生间外，均设置自动喷水灭火系统。

2. 设计参数

地下车库按中危险Ⅱ级设计，喷水强度 8L/(min·m^2)，作用面积 160m^2，设计流量 27.7L/s，火灾延续时间 1h；其余场所按中危险Ⅰ级设计，喷水强度 6L/(min·m^2)，作用面积为 160m^2，设计流量为 20.8L/s，火灾延续时间 1h。

3. 系统设置及竖向分区

系统采用湿式自动喷水灭火系统。

自动喷水灭火系统以高压消防给水系统为主，由屋顶消防水池和设备层减压水箱供水。消防水池设于屋顶，有效容积为 532m^3，在五十二、三十四、十六层分别设容积为 30m^3 的减压水箱。水池有效水位不能满足系统压力要求的局部楼层，设置全自动消防气压供水设备供水，为临时高压消防给水系统。

在屋顶消防水泵房内设置自动喷水灭火系统全自动气压供水设备一套，配备主泵两台（1 用 1 备），单台性能参数为：Q=20.8L/s，H=40m，N=15kW，增压稳压泵两台（1 用 1 备），单台性能参数为：Q=0.667L/s，H=45.5m，N=0.75kW，隔膜式气压罐 SQL1000 一个。自动喷水灭火系统竖向共分为 5 个分区，各分区管网均呈环状布置，分区及供水方式见表 7。

自动喷水灭火系统分区及供水方式 **表 7**

分区	楼层	供水方式
ZP1 区	地下四层～七层	十六层减压水箱重力供水
ZP2 区	八～二十五层	三十四层减压水箱重力供水
ZP3 区	二十六～四十三层	五十二层减压水箱重力供水
ZP4 区	四十四～六十二层	屋顶消防水池重力供水
ZP5 区	六十三层～屋面层	屋顶消防水池及消防加压设备供水

4. 水泵接合器

广州市消防车供水覆盖高度约为 200m，ZP1～ZP3 区在消防车供水范围内，水泵接合器直接供水至各区室内消防环状管网。ZP4～ZP5 区消防车供水压力不能到达，由转输系统供水，转输系统与室内消火栓系统合用。

5. 自动喷水水泵的控制

自动喷水系统主泵可通过湿式报警阀后压力开关控制其启动，现场手动或通过控制中心可关闭其运行。

6. 喷头选用

有装修吊顶的部位，喷头采用隐蔽型喷头，$K=80$，玻璃泡直径 5mm，喷头动作温度 68℃；当装修吊顶至楼板的净距大于 800mm 时，在吊顶内设上喷喷头，$K=80$，玻璃泡直径 5mm，喷头动作温度 79℃。无装修吊顶部分，喷头采用直立型喷头，$K=80$，玻璃泡直径 5mm，喷头动作温度 68℃。厨房炉灶部位喷头采用直立型喷头，$K=80$，玻璃泡直径 5mm，喷头动作温度 93℃。厨房排油烟管道内水平段采用直立型喷头，向下安装，$K=80$，玻璃泡直径 5mm，喷头动作温度 260℃。喷头设置间距为 3m。厨房排油烟管道顶部（屋面层）采用边墙型标准喷头，$K=80$，玻璃泡直径 5mm，喷头动作温度 260℃。

7. 管材

室内消防重力供水干管及转输系统采用加厚热浸镀锌钢管，卡箍连接。室内自动喷水管道采用内衬不锈钢外镀锌钢管，管径 *DN*80 及以上采用卡箍连接，管径 *DN*80 以下采用丝扣连接。

（三）气体灭火系统

1. 通信机房、网络机房、UPS 间、通信机房采用七氟丙烷气体灭火系统，系统采用管网式灭火系统，防护区灭火设计浓度为 8%，设计喷放时间不大于 8s。

2. 低压配电房、变压器房采用 S 型气溶胶灭火系统，系统设计密度大于 130g/m^3。灭火喷放时间小于 90s。

（四）大空间智能型主动喷水灭火系统系统

1. 设置部位

首层办公楼大堂净空大于 12m，采用大空间智能型主动喷水灭火系统。

2. 设计参数

系统选用智能型高空水炮灭火装置，单个水炮的流量为 5L/s，保护半径为 20m，工作压力 0.6MPa。系统按最不利启动进行 2 套高空水炮设计，系统设计流量 10L/s，灭火持续时间为 1h，系统由三十四层的减压水箱供水。

3. 系统控制

系统由智能高空水炮装置、电磁阀、水流指示器、信号闸阀、末端试水装置和 ZSD 红外线探测组件等组成，全天候自动监视保护范围内的一切火情；发生火灾后，ZSD 红外线探测组件向消防控制中心的火灾报警控制器发出火警信号，启动声光报警装置报警，报告发生火灾的准确位置；并将灭火装置对准火源，打开电磁阀，喷水扑灭火灾；火灾扑灭后，系统可以自动关闭电磁阀停止喷水；系统同时具手动控制、自动控制和应急操作功能。

（五）灭火器配置

按严重危险级配置灭火器。主要火灾种类为 A 类，地下车库为 B 类火灾，电气设备用房为带电类。选用磷酸铵盐干粉手提式灭火器，每个消火栓箱内配置 3 具灭火器，其他部位最大保护距离大于 15m（车库为 9m）处增加独立的手提式灭火器存放箱及灭火器，地下车库增设推车型磷酸铵盐干粉灭火器。

（六）移动式泡沫灭火装置

直升机平台层设置移动式泡沫灭火装置。

三、工程特点及设计体会

（一）给水排水设计

1. 节水节能设计

多年来，“高能耗、低效率”是超高层建筑的标签，本工程在设计中采取了多项节水节能的手段，对降低能耗、提高资源使用率有一定的意义。

（1）节水型卫生洁具选用

所有给水配件或卫生洁具均采用节水型，满足《节水型生活用水器具》CJ/T 164 的要求。水龙头采用节水型水龙头：水龙头流量不大于 1.9L/min，节水率为 78.8%。大便器采用 3L/4.5L 两档节水虹吸式排水坐便器，以每次 4.5L 计算其节水率为 25%。淋浴器阀流量不超过 6.75L/min。小便器流量不大于 1L/次，相对于常规节水型小便器 4.5L，节水率为 77.8%。本项目节水器具的综合节水率按照最低值 25%进行计算，本项目节水器具节水量达 19090.5m^3/年。

（2）雨水收集及利用

考虑雨水回用用途对水质要求，将屋面雨水和铺装地面雨水进行收集，再经过初期弃流后进入 PP 模块组合水池进行储存，经加药和雨水过滤器过滤后，再经过消毒回用。可回用于本工程绿化、路面广场浇洒、汽车库冲洗地面用水及 11 层及以下冲厕用水，以节约宝贵的水资源，同时，可减少地面径流量，降低对市政雨水管网的冲击负荷。本工程年可用雨水量约为 10909.85m^3/年。

（3）空调冷凝水回收及冷却塔补水系统

收集裙房及主塔的空调冷凝水，经过加压设备加压后向冷却塔补水。既利用了冷凝水温较低的特点，又提高冷却塔的供热效率及减少冷却塔补水的费用。年收集冷凝水总量为 11993m^3/年。

综合第（1）～（3）点，本工程总节水率达 26.45%。

（4）给水系统设计

生活给水系统采用高位水箱串联的供水方式为主，由高位水箱水位控制转输泵启、停，可使给水系统供水水泵处于高效段运行，降低水泵能耗。

（5）充分利用自然能源—太阳能

61 层以上淋浴间及洗手盆热水由太阳能热水系统供给，电热水器辅助加热，机械循环。水箱采用定温补水方式，合理利用太阳能使其热利用达到最大。热水箱始终保持满水位，通过集热定温或温差循环加热水箱内的水。当水箱水温高于设定温度时，贮热水箱自动补充自来水使水箱内的水温达到设定温度。此时集热系统与贮水箱又存在温差，启动集热系统定温或温差循环，周而复始不断加热水箱中的水直到水温达到设定温度止。充分利用自然能源，达到了节能的目的。太阳能热水系统所产生的热水占生活热水用水量的 19.6%。

2. 采用同层排水技术

卫生间采用同层排水，其优点为：①渗透几率小：卫生洁具排水支管不穿越楼板，减少了渗透几率。②排水管布置在楼板上，被回填的垫层覆盖或在衬墙内敷设，有较好的隔音效果。③采用同层排水，洁具均为挂墙式，地面不再有卫生死角。④管道维护时不影响下层租户。所有管道均敷设在墙体或地面下，视觉上有很强的整体感，品味有质的提高。

3. 水景水循环系统

室外水景水池采用循环水处理系统，水池内的水经加药过滤消毒处理后循环使用，水池由收集的雨水补水。水景水循环使用，达到了节水的目的。

4. 响应海绵城市的发展策略，充分应用低影响开发技术。

本项目采用的低影响开发技术主要有：屋顶绿化、室外透水铺装、雨水蓄水池等。通过“滞、渗、净、蓄、用、排”等措施，下雨时吸水、蓄水、渗水、净水，需要时将贮存的水“释放”并加以利用。既美化了项目与周边的环境，也有效降低了本项目的雨水峰值流量对城市雨水管网的冲击负荷，净化了雨水水质，缓解城市内涝，对于改善建筑周边生态环境具有一定意义的同时，避免了水资源浪费，充分利用非传统水源，节约了自来水。

5. 避难层水泵房浮筑地台与设备抗震措施

本工程避难层水泵房下方楼层为办公楼层，为避免设备振动与噪声对办公楼层造成影响，采用了多项措施：水泵房地面设置浮筑地台减少设备在结构楼板上的振动和噪声的传递污染。卧式水泵底座设于混凝土惰性块上，混凝土惰性块上与结构楼板之间设有限位式弹簧隔振器。水泵进出水管均设有减振降噪不锈钢波纹补偿器。

6. 绿色建筑和 LEED 标识

本工程于 2013 年初通过评审，获绿色建筑设计标识（公建三星级）和 LEED 金级认证，为国内第一个获绿建三星级的建筑高度在 300m 左右的超高层建筑，并在 2018 年以全球最高分获 LEED EBOM V4 铂金级认证。

（二）消防给水设计

1. 高压消防给水系统

办公塔楼建筑高度 295.2m，将消防水池置于屋顶，结构专业认为对投资影响不大。而消防水系统除最顶几层外，对绝大多数楼层而言，为高压给水系统，且减少消防加压设备及转输供水设备，节省投资；高位屋顶水池接下的给水干管相当于消防水源的延伸，保证了消防用水的可靠及安全。

2. 超高层建筑消防加强措施

直升机停机坪层设置移动式泡沫灭火装置，对控制和扑灭由直升机油箱引起的火灾有较好的作用。

3. 管材选用

采用了防腐性能好、使用寿命长的内衬不锈钢外镀锌钢管替代传统的镀锌钢管，使消防给水系统管道更安全可靠。

（三）施工技术应用

1. 成品综合支吊架的应用

本工程地下车库管道支吊架采用成品综合支吊架，即将给水排水管道、空调风管、强弱电桥架综合布置，采用同一支吊架系统。相比传统的支吊架，综合支吊架可充分利用空间，有效控制净高，施工后管线整齐、美观、大方，也减少了钢材的用量，节约了成本。

2. BIM 技术的应用

本工程应用了 BIM 技术，对建筑、结构和机电管线进行了全方位的建模。BIM 技术的应用，有效地减少了结构与机电管线的碰撞，同时也对机电管线布置进行了优化，确保了在标准层层高只有 4.2m 的情况下，管线与装修安装完成后净高达到 3m。

四、工程照片及附图

地下室生活转输泵及生活水箱

地下车库管线综合支吊架安装

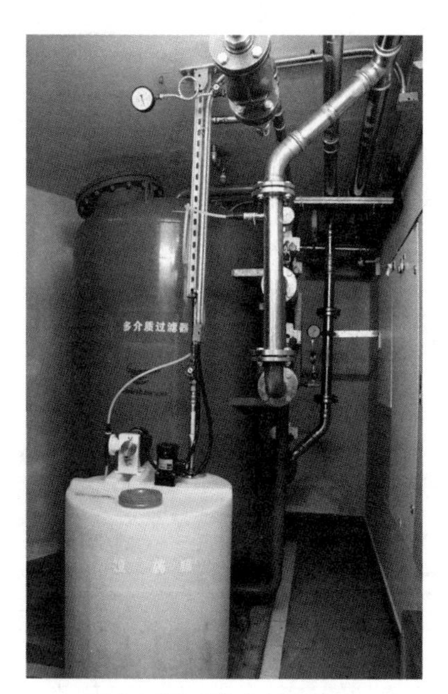

雨水回用系统水处理设备

避难层卧式水泵安装

天面消防水泵房

天面直升机停机坪移动泡沫灭火装置

天面真空管太阳能集热器

室外绿化及透水（碎石）铺装

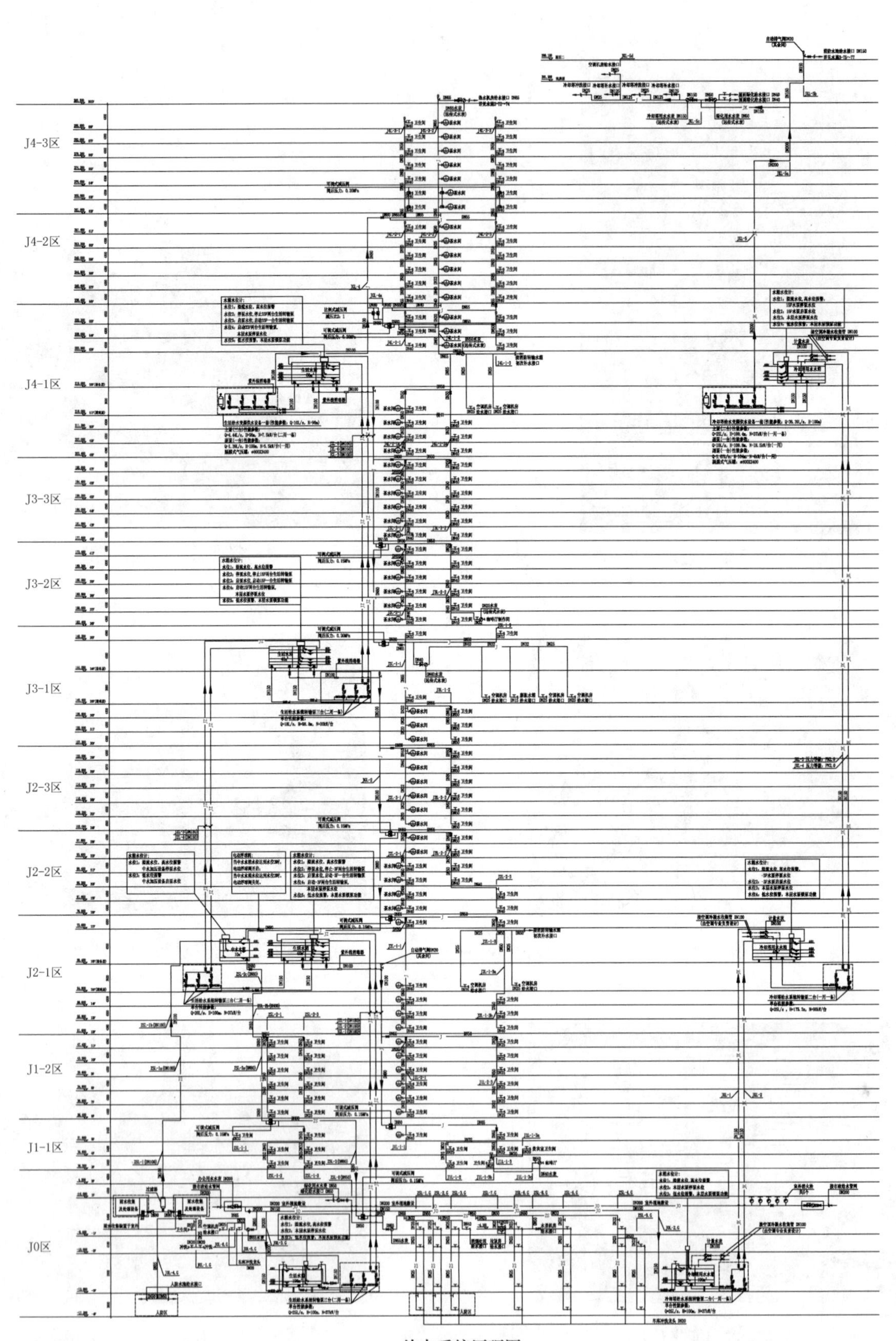

给水系统原理图

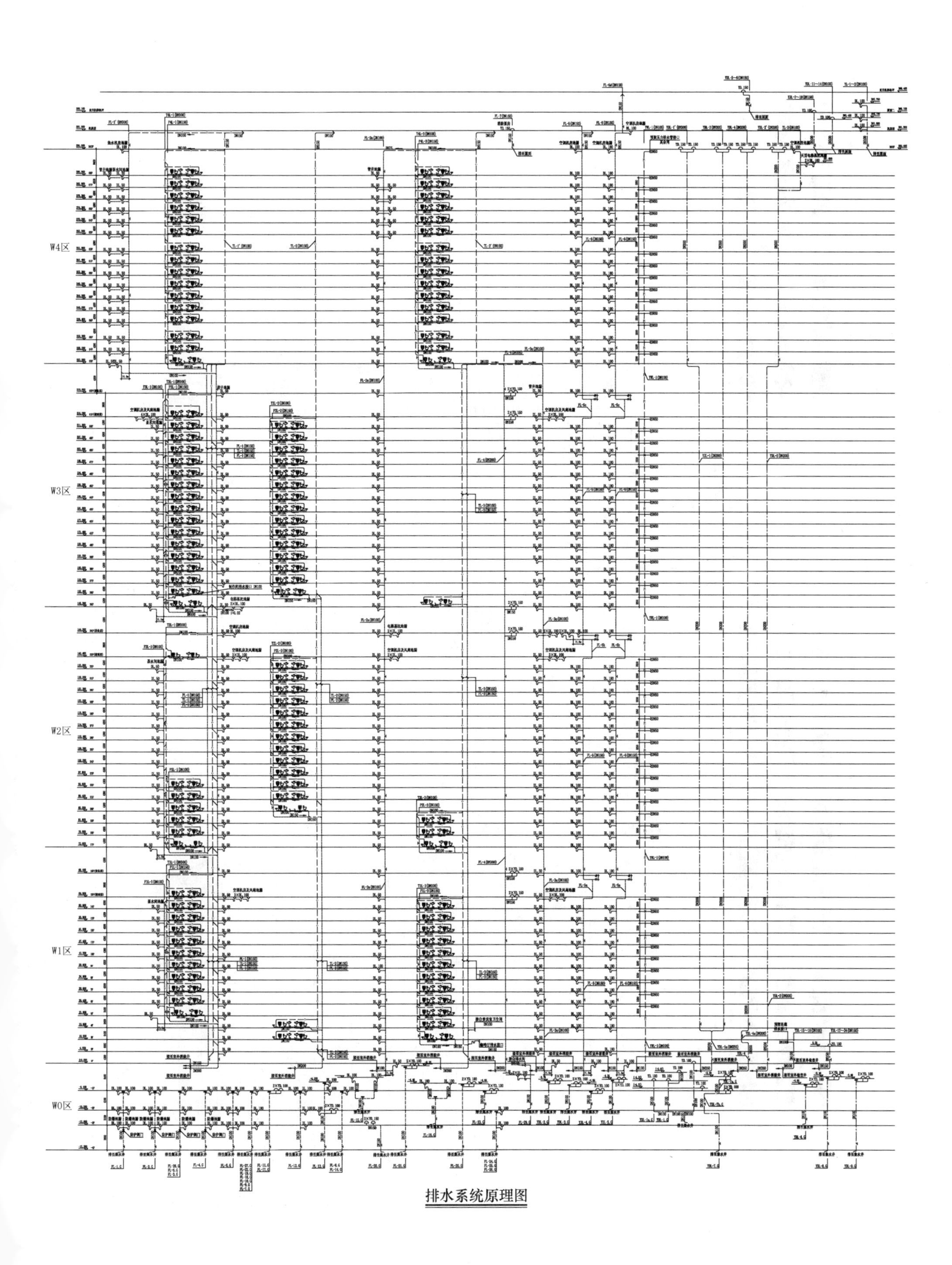

排水系统原理图

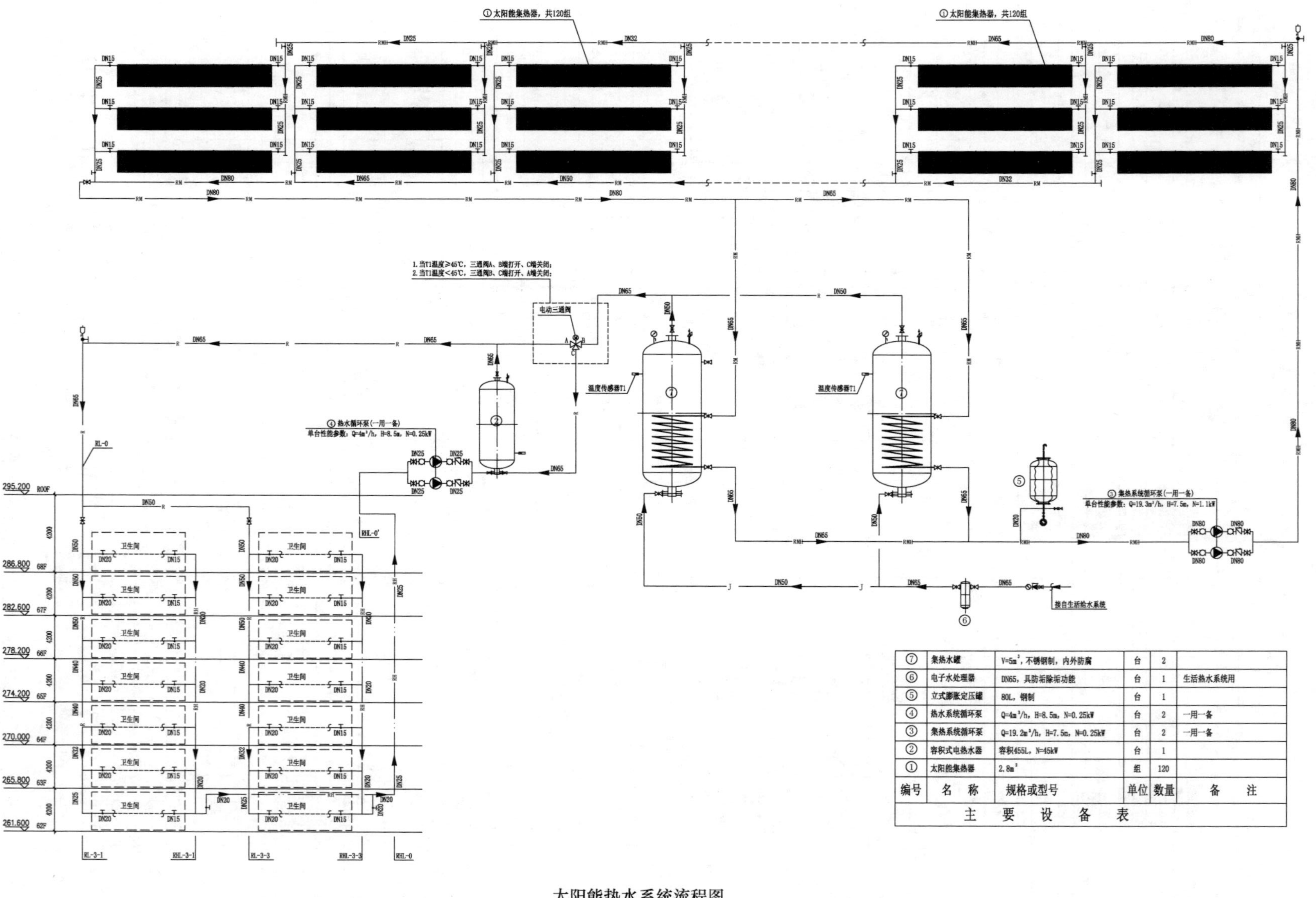

⑦	集热水罐	V=5m³，不锈钢制，内外防腐	台	2	
⑥	电子水处理器	DN65，具防垢除垢功能	台	1	生活热水系统用
⑤	立式膨胀定压罐	80L，钢制	台	1	
④	热水系统循环泵	Q=4m³/h，H=8.5m，N=0.25kW	台	2	一用一备
③	集热系统循环泵	Q=19.2m³/h，H=7.5m，N=0.25kW	台	2	一用一备
②	容积式电热水器	容积455L，N=45kW	台	1	
①	太阳能集热器	2.8m³	组	120	
编号	名称	规格或型号	单位	数量	备注

主要设备表

太阳能热水系统流程图

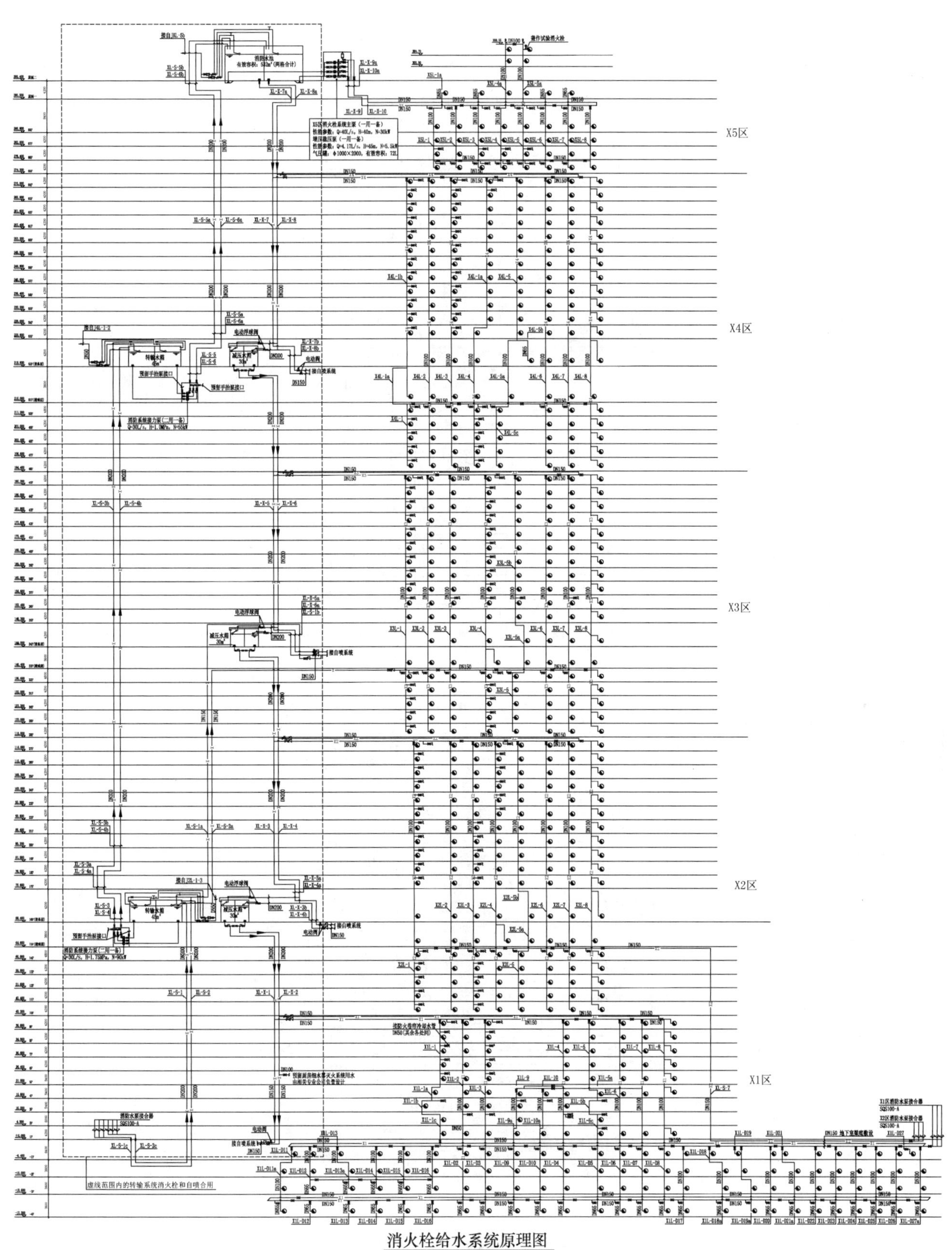

消火栓给水系统原理图

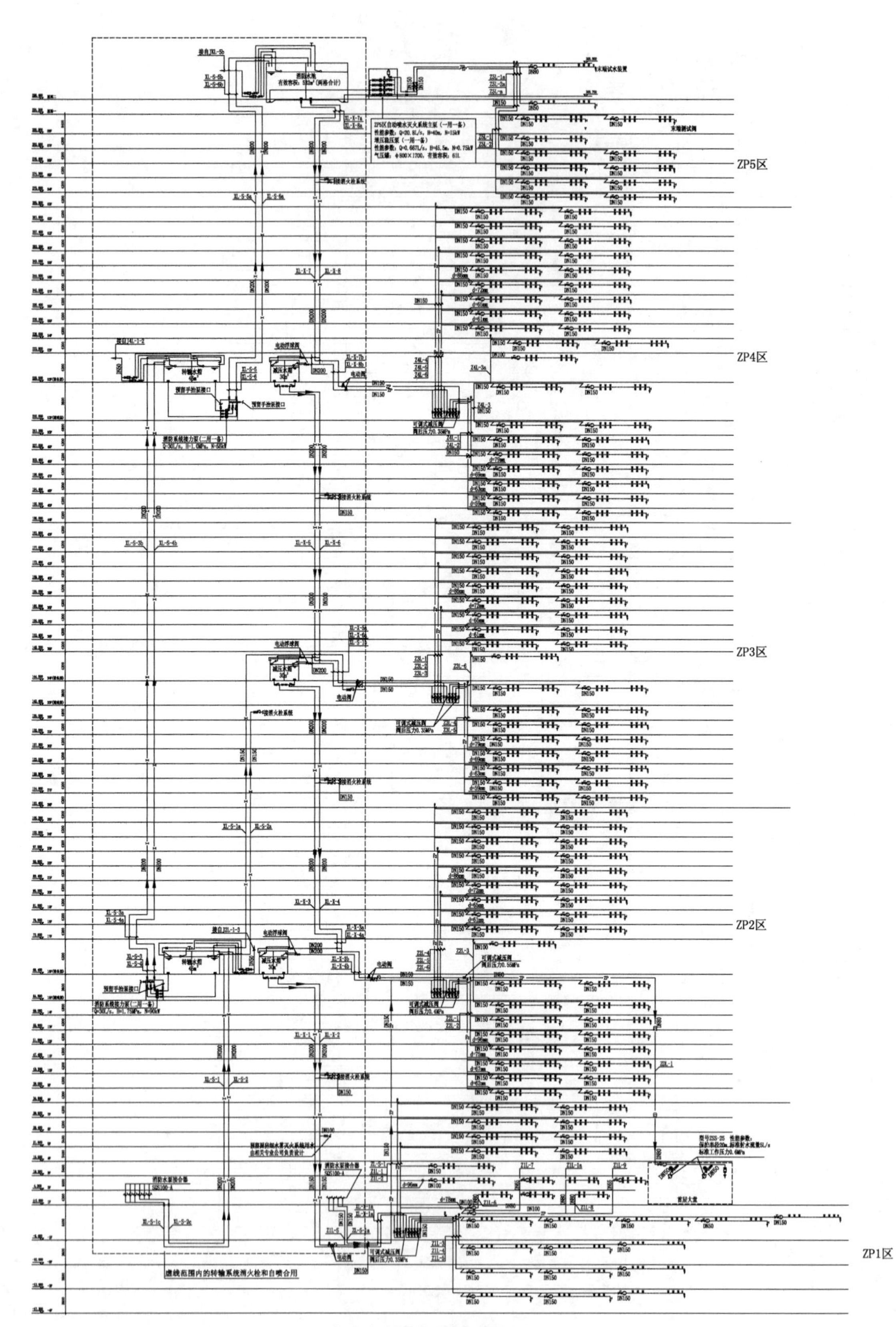

自动喷水灭火系统原理图

侵华日军南京大屠杀遇难同胞纪念馆扩容工程（三期）

设计单位：华南理工大学建筑设计研究院有限公司
设 计 人：陈欣燕　王峰　李宗泰　曾银波　左鸣
获奖情况：公共建筑类　二等奖

工程概况：

本工程位于南京市建邺区江东中路以东、江汉路以西、茶亭东街以北，是已建南京大屠杀纪念馆一、二期工程之后的第三期工程。项目总用地面积 29582m^2，总建筑面积 53191m^2，为多层公共建筑。地上主要功能为纪念馆、纪念品商店以及纪念广场；地下主要功能为纪念馆、停车场、库房及设备用房。

工程说明：

一、给水排水系统

（一）给水系统

1. 用水量计算

用水量计算见表 1。

用水量计算表　　　　**表 1**

序号	用水项目名称	使用人数或单位数	用水量标准	小时变化系数 K_h	使用时间(h)	用水量			备注
						平均时(m^3/h)	最大时(m^3/h)	最高日(m^3/d)	
1	展厅	10110m^2	6L/(m^2·d)	1.5	10	6.07	9.10	60.66	
2	办公	100 人	50L/(人·d)	1.5	10	0.50	0.75	5.00	
3	商业	2935m^2	8L/(m^2·d)	1.5	10	2.35	3.52	23.48	
4	空调风冷热泵补水	3m^3/h		1.0	8	3.00	3.00	24.00	设于二期研究办公楼天面
5	车库地面冲洗	29435m^2	3L/(m^2·次)	1.0	8	10.04	10.04	88.31	
6	绿化浇灌用水	13000m^2	3L/(m^2·次)	1.0	8	4.88	4.88	39.00	
7	小　计					26.84	31.29	240.45	
8	未预见水量	按本表 1 至 6 项之和的 10%计				2.68	3.13	24.05	
9	合　计					29.52	34.42	264.50	

2. 水源

水源为市政自来水，市政供水压力为 0.30MPa。从东侧江汉路和南侧茶亭东街的市政给水管上各驳接一根 *DN*150 给水管形成双向双路供水。室外设 *DN*100 生活总水表 1 个、*DN*150 消防总水表 2 个和 *DN*80 景观绿化用水水表 1 个。

3. 系统竖向分区及供水方式

生活给水系统利用市政压力直供，竖向不分区。

车库冲洗用水、绿化用水、空调用水及消防用水均设水表计量，水表采用远传式水表。

4. 管材

室内生活给水管采用薄壁不锈钢管 S30408（0Cr18Ni9），卡压连接。室外生活给水管采用双密封钢丝增强聚乙烯复合管，胶圈电熔连接。

（二）中水系统

收集部分屋面和铺装地面雨水，经处理后用于本工程绿化、路面广场浇洒、汽车库冲洗地面用水。

1. 中水用水量

中水用水量计算见表 2，水量平衡计算见表 3。

中水用水量计算表 **表 2**

序号	用水项目名称	使用人数或单位数	用水量标准	小时变化系数 K_h	使用时间(h)	用水量			备注
						平均时(m^3/h)	最大时(m^3/h)	最高日(m^3/d)	
1	车库地面冲洗	29435m^2	3L/(m^2·次)	1.0	8	10.04	10.04	88.31	
2	绿化浇灌用水	13000m^2	3L/(m^2·次)	1.0	8	4.88	4.88	39.00	
3	小计					14.92	14.92	127.31	
4	未预见用水量	按本表 1～2 项之和的 10%计				1.49	1.49	12.73	
5	合计					16.41	16.41	140.04	

中水水量平衡表 **表 3**

雨水收集量				中水用水量		其他损失水量(m^3/年)	总用水量(m^3/年)	雨水富余量(m^3/年)
汇水区域	汇水面积(m^2)	径流系数	收集量(m^3/年)	用水区域	用水量(m^3/年)			
绿化屋面	6575	0.45	7832.23	绿化	6500.00	783.22	7265.31	−216.30
硬化屋面	1550	0.90						
室外绿化	1625	0.15						
透水铺装	435	0.45		车库冲洗	765.31			
级配石地面	155	0.40						
硬质铺装	2732	0.90						

2. 系统竖向分区

中水系统竖向共分为以下 2 个分区：

1 区：地下三层～地下二层车库

2 区：首层～天面层绿化

3. 供水方式

雨水经处理后贮存于中水水箱内，由变频调速供水设备供至各用水点。

4. 水处理工艺流程（图 1）

5. 管材

中水给水管采用钢塑复合管，丝扣连接。

（三）排水系统

1. 排水系统形式

（1）室外采用雨、污分流制。室内生活排水污、废合流。

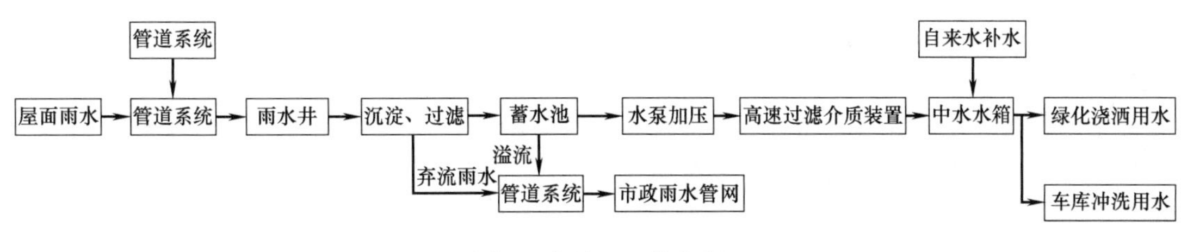

图1 水处理工艺流程

(2) 地上生活污水采用重力排放，地下室卫生间设一体化污水提升设备提升排出。展馆参观人流量较大，为避免设备检修时影响地下卫生间的正常使用，地下室每个卫生间均单独设置一套污水提升设备。

(3) 地下室的设备机房排水、电梯井排水及地面排水均设置集水井，所有集水井配置两台潜污泵和水位感应装置。为保证电梯的正常运行，在电梯井基坑旁设有有效容积不小于 $2m^3$ 的集水井，井内设置两台排水量不小于 10L/s 的潜污泵。潜污泵的控制，均采用高水位时启动一台泵，超高水位时启动两台泵，低水位时停泵的方式。

(4) 屋面雨水排水系统采用虹吸雨水排水系统，屋面虹吸雨水排水系统设计重现期取 10 年，并按设计重现期 50 年设置溢流排水管道系统。下沉庭院设计重现期取 100 年。平台、露台雨水采用重力流排水系统，设计重现期取 10 年。

2. 透气管的设置方式

污水立管均设有主通气立管，公共卫生间根据规范要求设置环形通气管。

3. 采用的局部污水处理设施

生活污水经化粪池预处理后排至市政污水管，在室外共设置两座钢筋混凝土化粪池。

4. 管材及检查井

室内生活排水立管采用机制离心铸铁排水管，卡箍连接；压力排水管采用内外涂塑钢管，卡箍连接；冷凝水排水管采用镀锌钢管；虹吸雨水管采用 HDPE 虹吸专用排水管，热熔连接；平台、露台雨水管采用 PVC-U 排水管。室外排水管采用中空缠绕 HDPE 管，热熔连接。虹吸雨水排水出户管均在室外设置钢筋混凝土消能井，其余室外检查井采用成品塑料检查井。

二、消防系统

（一）消防水池、消防水泵房及高位消防水箱

在地下二层设置消防水池及消防水泵房。消防水池内贮存室内消火栓系统、自动喷水灭火系统用水和大空间智能型主动喷水灭火系统用水的水量，有效容积为 $461m^3$。在首层 4.2m 标高处（楼梯间顶部）设有效容积 $18m^3$ 的消防水箱。

（二）消火栓系统

1. 消火栓系统用水量

室外消火栓用水量 30L/s，室内消火栓用水量 20L/s，火灾延续时间 2h。

2. 室外消火栓系统

室外消火栓由市政给水管网供水，本工程可利用的市政消火栓有 2 个，在本工程消防水表后的室外消防环网上另设 3 个室外消火栓。

3. 室内消火栓系统

室内消火栓系统为临时高压消防给水系统，由设于地下二层的消防水池及消防水泵房内的室内消火栓全自动气压供水设备供水。供水设备配备主泵两台（1 用 1 备），单台性能参数为：Q=20L/s，H=50m，N=18.5kW；增压稳压泵两台（1 用 1 备），单台性能参数为：Q=3.0L/s，H=54.9m，N=3kW；隔膜式气

压罐 SQL1000 一个。室内消火栓系统竖向不分区，管网在建筑内呈环状布置。

4. 水泵接合器

室内消火栓系统在室外设置两套消防水泵接合器，考虑南京冬季气温在 0℃以下及与周边广场环境相协调，水泵接合器采用地下式，水泵接合器处设有明显的标识。

5. 消防水泵的控制

室内消火栓由主泵出水管上的压力开关、消防控制中心遥控或泵房现场手动任一种方式启动消防主泵。停泵只能在消防控制中心或泵房手动控制。

6. 管材

室外消防给水管采用双密封钢丝增强聚乙烯复合管，胶圈电熔连接。室内消火栓系统管道采用内外壁热浸镀锌钢管，管径 *DN*50 及以上采用卡箍连接，管径 *DN*50 以下采用丝扣连接。

(三) 自动喷水灭火系统

1. 设置部位

本工程除电气用房以及不宜用水扑救的部位外均设置自动喷水灭火系统。

2. 设计参数

地下车库按中危险Ⅱ级设计，喷水强度 8L/(min・m^2)，作用面积 160m^2，设计流量 27.7L/s，火灾延续时间 1h；净空 8～12m 的场所喷水强度 6L/(min・m^2)，系统作用面积为 260m^2，设计流量为 33.8L/s，火灾延续时间 1h；地下二层藏品储存间按多排货架储物仓库设计，储物高度喷水强度 12L/(min・m^2)，作用面积为 200m^2，设计流量为 52L/s，火灾延续时间 1.5h；设计其余场所按中危险Ⅰ级设计，喷水强度 6L/(min・m^2)，作用面积为 160m^2，设计流量为 20.8L/s，火灾延续时间 1h。

3. 系统设置及竖向分区

考虑到南京冬季环境温度可能低于 4℃及展厅的展品怕水渍损失，自动喷水灭火系统采用预作用系统。

自动喷水灭火系统为临时高压消防给水系统，由设于地下二层的消防水池及消防水泵房内的自动喷水全自动气压供水设备供水，供水设备配备主泵 3 台（2 用 1 备），单台性能参数为：Q=35L/s，H=65m，N=37kW；增压稳压泵两台（1 用 1 备），单台性能参数为：Q=1.0L/s，H=73.6m，N=2.2kW；隔膜式气压罐：ϕ2000×3750（卧式）一个。自动喷水灭火系统竖向不分区，管网在报警阀前内呈环状布置。

4. 水泵接合器

自动喷水灭火系统在室外设置四套消防水泵接合器，考虑南京冬季气温在 0℃以下及与周边广场环境相协调，水泵接合器采用地下式，水泵接合器处设有明显的标识。

5. 自动喷水主泵的控制

预作用阀组包括两个电触点信号阀，一台空压机和一台空气维护装置，一个气路压力控制器，一个低气压报警开关，一个水路报警压力开关。平时阀组后管道充有低压气体，0.03MPa＜压力＜0.05MPa。阀组前水压由屋顶消防水箱和稳压泵组保证。阀组后管道内气压由压力控制器和空气维护装置组成的连锁装置控制。当管路发生破损或大量泄漏时，空压机的排气量不能使管路系统中的气压保持在规定范围内，低气压报警开关发出故障报警信号。火灾时，由同一报警区域内两只及以上独立的感烟火灾探测器或一只感烟火灾探测器与一只手动火灾报警按钮的报警信号，作为预作用阀组开启的联动触发信号。由消防联动控制器控制预作用阀组的开启，系统转为湿式系统，同时联动控制排气阀前的电动阀的开启。系统继续充水过程中，消防中心接到报警阀上压力开关的报警信号后，自动启动自动喷水加压泵，向系统快速充水，同时水力警铃报警。在喷头未动作之前，如消防中心确认是误报警，则手动停泵。

6. 喷头选用

有装修吊顶的部位，喷头采用隐蔽型喷头，K=80，玻璃泡直径 5mm，喷头动作温度 68℃；当装修吊顶至楼板的净距大于 800mm 时，在吊顶内设上喷喷头，$K=80$，玻璃泡直径 5mm，喷头动作温度 79℃。无装修吊顶部分，喷头采用直立型喷头，$K=80$，玻璃泡直径 5mm，喷头动作温度 68℃。

7. 管材

自动喷水灭火系统管道采用内外壁热浸镀锌钢管，管径 $DN50$ 及以上采用卡箍连接，管径 $DN50$ 以下采用丝扣连接。

（四）气体灭火系统

网络中心和 UPS 间设置七氟丙烷气体灭火系统，系统采用预制式灭火系统，防护区灭火设计浓度为 8%，设计喷放时间不大于 8s。系统的控制同时具有自动控制和手动控制两种控制方式。

（五）大空间智能型主动喷水灭火系统

1. 设置部位

首层中庭净空大于 12m，采用大空间智能型主动喷水灭火系统。

2. 设计参数

系统选用智能型高空水炮灭火装置，单个水炮的流量为 5L/s，保护半径为 20m，工作压力 0.6MPa。系统按最不利启动进行 2 套高空水炮设计，系统设计流量 10L/s，灭火持续时间为 1h。

3. 加压设备

大空间智能型主动喷水灭火系统由设于地下二层的消防水池及消防水泵房内的大空间智能型主动喷水灭火系统全自动气压供水设备供水，供水设备配备主泵两台（1 用 1 备），单台性能参数为：$Q=10$L/s，$H=100$m，$N=22$kW；增压稳压泵两台（1 用 1 备），单台性能参数为：$Q=1.0$L/s，$H=96$m，$N=3$kW；隔膜式气压罐 SQL1000 一个。

4. 系统控制

系统由智能高空水炮装置、电磁阀、水流指示器、信号闸阀、末端试水装置和 ZSD 红外线探测组件等组成，全天候自动监视保护范围内的一切火情。发生火灾后，ZSD 红外线探测组件向消防控制中心的火灾报警控制器发出火警信号，启动声光报警装置报警，报告发生火灾的准确位置。并将灭火装置对准火源，打开电磁阀，喷水扑灭火灾。火灾扑灭后，系统可以自动关闭电磁阀停止喷水。系统同时具手动控制、自动控制和应急操作功能。

（六）灭火器配置

按严重危险级配置灭火器。主要火灾种类为 A 类，地下车库为 B 类火灾，电气设备用房为带电类。选用磷酸铵盐干粉手提式灭火器，每个消火栓箱内配置 3 具灭火器，其他部位按最大保护距离大于 15m（车库为 9m）处增加独立的手提式灭火器存放箱及灭火器，地下车库增设推车型磷酸铵盐干粉灭火器。

三、工程特点及设计体会

（一）室内给水排水设计

1. 生活给水系统

（1）生活给水系统充分利用市政管网压力直接供水，不但节省了设备投资，还大大节省了管理方的运行费用。

（2）公共卫生间内的大便器采用容积为 3L/6L 的冲洗水箱，配备 3L/6L 双按键；洗手盆采用感应式水龙头、感应式小便器冲洗阀，以达到节水、安全和卫生的目的。供水水压大于 0.20MPa 的用水点均设有减压阀，避免水压过高造成浪费用水。

2. 虹吸雨水排水系统

项目屋面以坡屋面为主，且为种植屋面，屋面形状及坡向均不规则，结构反梁密布，雨水排水具有汇水分区多、汇水时间短、瞬时流量大的特点，雨水排水系统为本项目的设计难点。结合项目特点，屋面雨水排水采用虹吸雨水排水系统。设计中通过分析屋面结构图纸、屋面造型模型划分雨水汇水区域和设置排水沟。

土建完工后设计师实地勘察不规则的坡屋面，多次修改雨水沟和雨水斗位置。为避免屋面陡坡段雨水对低位的冲击，在屋面陡坡段的坡底均设有截流沟。雨水经屋面绿化滞留和净化后排入屋面雨水沟，排水沟内结合汇水面积的划分设置虹吸雨水斗，在虹吸雨水斗下游设有挡水挡板，确保虹吸雨水斗排水效果。本项目共设置虹吸雨水系统 19 套。

本工程建成后，针对本工程屋面雨水排放系统的设计难点进行总结，并在《给水排水》2015 年第 10 期发表论文《南京大屠杀遇难同胞纪念馆三期工程屋面排水系统》。

（二）室外给排水设计

1. 高效、节水的绿化浇灌系统

结合项目特点，采用自动喷灌为主、局部设置人工取水口作补充的绿化浇灌方式。按绿化区域面积大小和植物需水量配置喷灌喷头。喷头选用高效、节水的喷头，为达到与景观相协调的效果，喷头均为地埋式。单个喷头工作压力 0.175～0.375MPa，流量 0.08～0.96m^3/h，喷头均按照喷洒范围设置喷洒角度。喷灌支管、干管均在低位设有泄水阀，在冬季不喷灌时打开泄水阀放水，以防管道冻坏。

2. 响应海绵城市的发展策略，充分应用低影响开发技术

本项目采用的低影响开发技术主要有：屋顶绿化、室外下沉式绿地、室外透水铺装、雨水蓄水池等。通过“滞、渗、净、蓄、用、排”等措施，下雨时吸水、蓄水、渗水、净水，需要时将贮存的水“释放”并加以利用。既美化了项目与周边的环境，也有效降低了本项目的雨水峰值流量对城市雨水管网的冲击负荷，净化了雨水水质，缓解城市内涝，对于改善建筑周边生态环境具有一定意义的同时，避免了水资源浪费，充分利用非传统水源，节约了自来水。

本项目绿化屋面面积约 7563m^2，室外下沉式绿地及雨水花园面积约 292m^2，集中绿化面积约为 10168.5m^2，室外碎石及透水铺装面积约 1973m^2。本项目全年入渗实现的降雨控制总量为 19272.01m^3。

部分屋面及室外铺装经收集后排至室外西侧的雨水收集池，雨水收集池有效容积 216m^3，雨水排入雨水收集池前设初期雨水弃流装置。雨水经沉淀过滤单元预处理后，在雨水蓄水池内贮存，再由潜水泵提升至地下室的设备间，经加药过滤器处理后，进入中水水箱，通过变频供水设备供至绿化浇灌用水和车库冲洗用水。本项目非传统水源利用率为 11.9%，有效节约了水资源。

3. 室外管沟设计

本项目建筑与用地红线之间距离较近，管线敷设空间较少，项目东南侧与已建纪念馆二期工程之间有大量连接管线。为解决管线敷设空间、提高土地利用率，在室外局部设置综合管沟，管沟内敷设有消防、电力、电信、有线电视、空调冷冻水供、回水等管道，管沟截面尺寸为 2m×2m。

（三）消防给水设计

考虑展厅展品严禁系统误喷，以及南京的冬季气温有可能在零度之下，因此选用预作用自动喷水灭火系统。

四、工程照片及附图

工程鸟瞰

室外碎石铺地与绿地

室外雨水花园

室外透水混凝土

绿化自动喷灌喷头

室外可填充井盖

绿化层面

消防供水设备

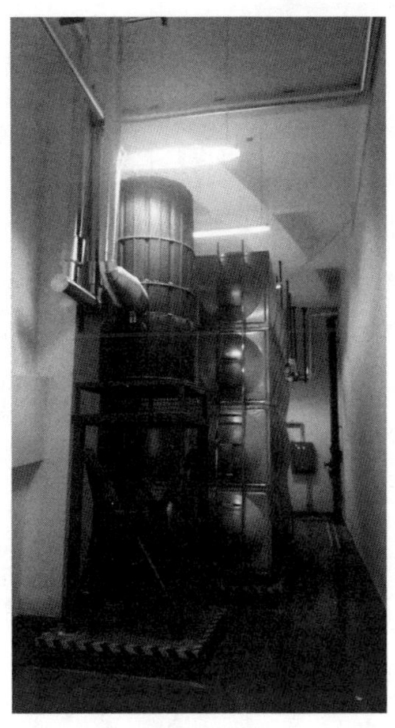
雨水回用系统过滤设备及中水箱

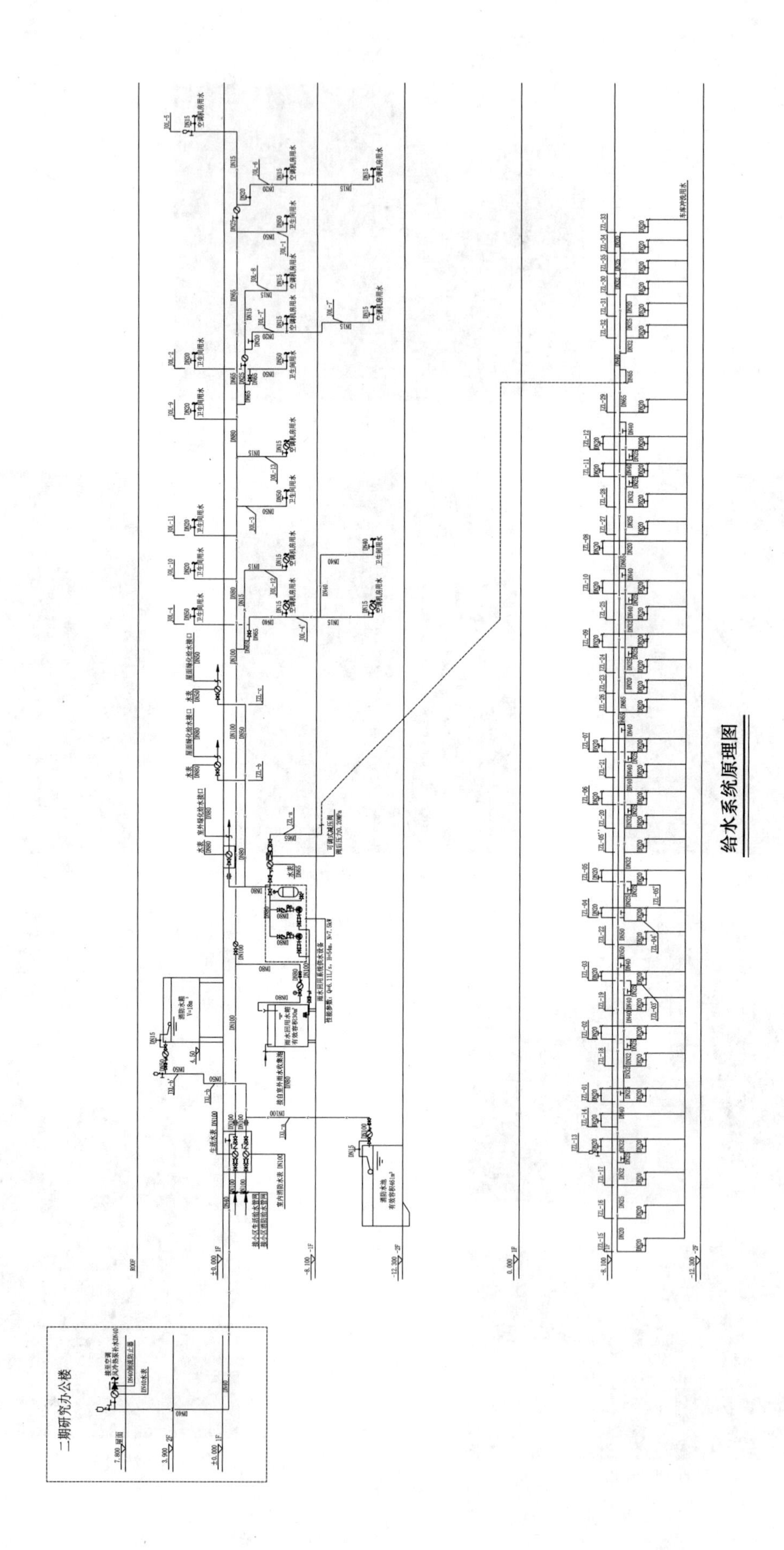

给水系统原理图

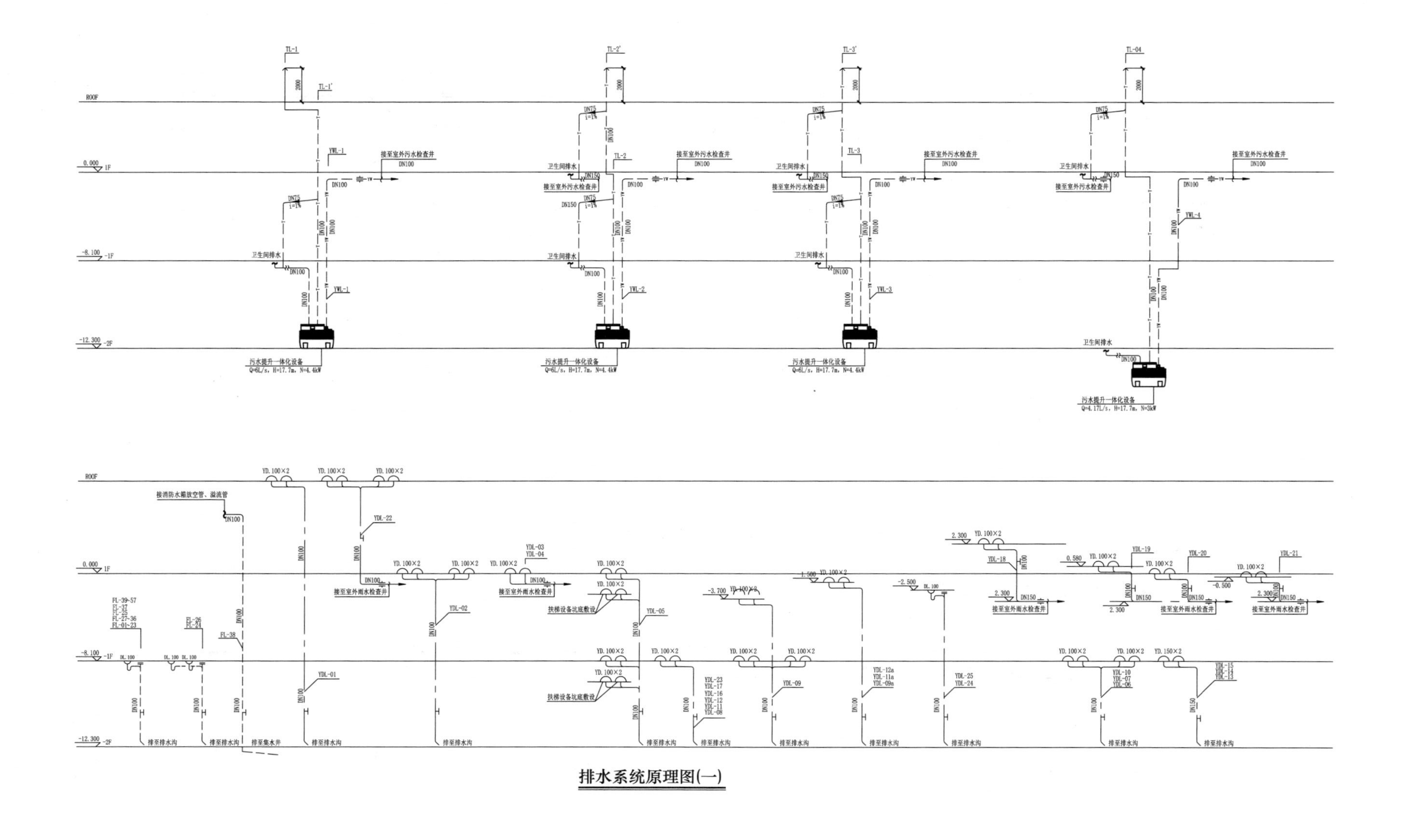

排水系统原理图(一)

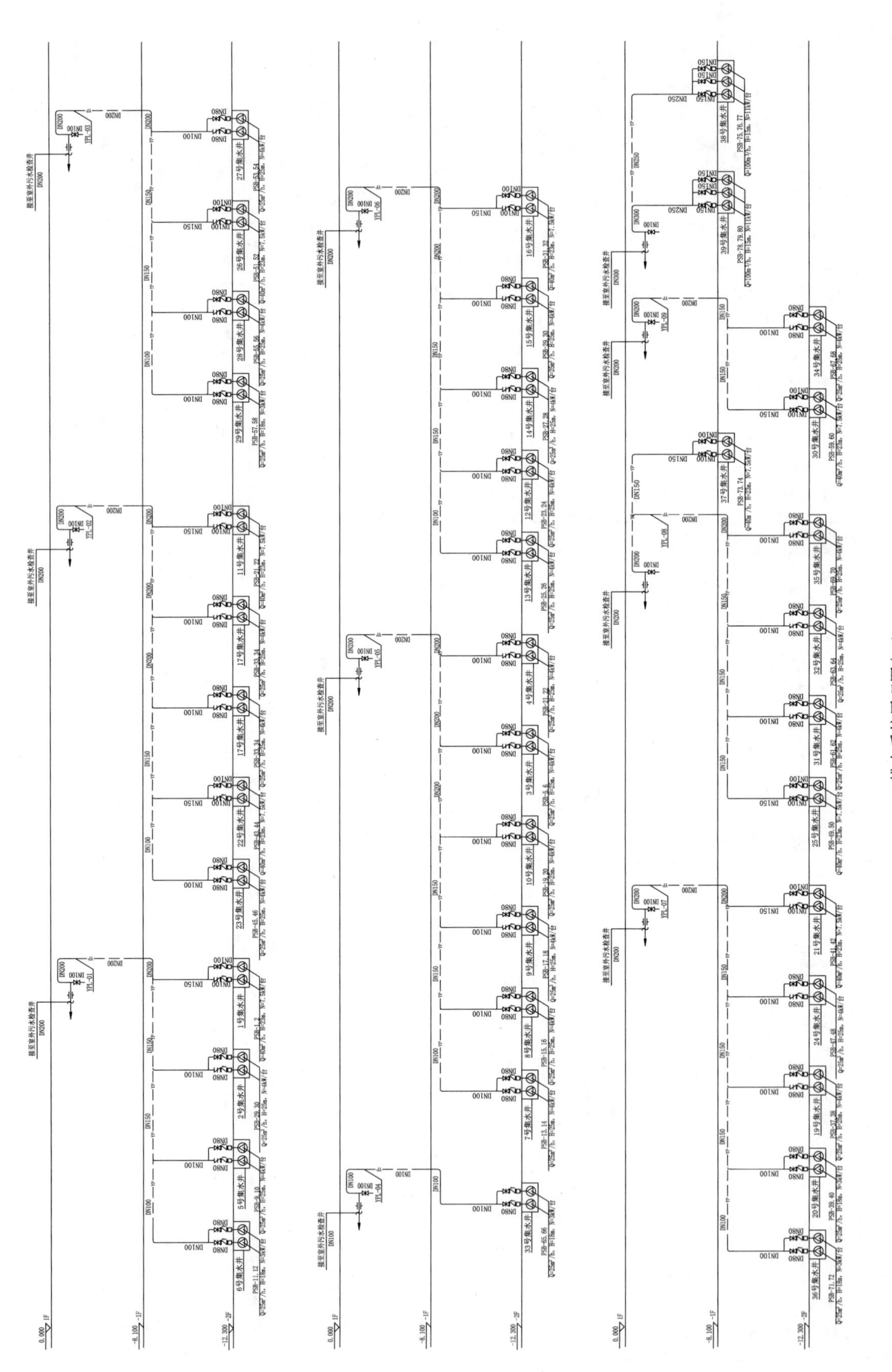

排水系统原理图(二)

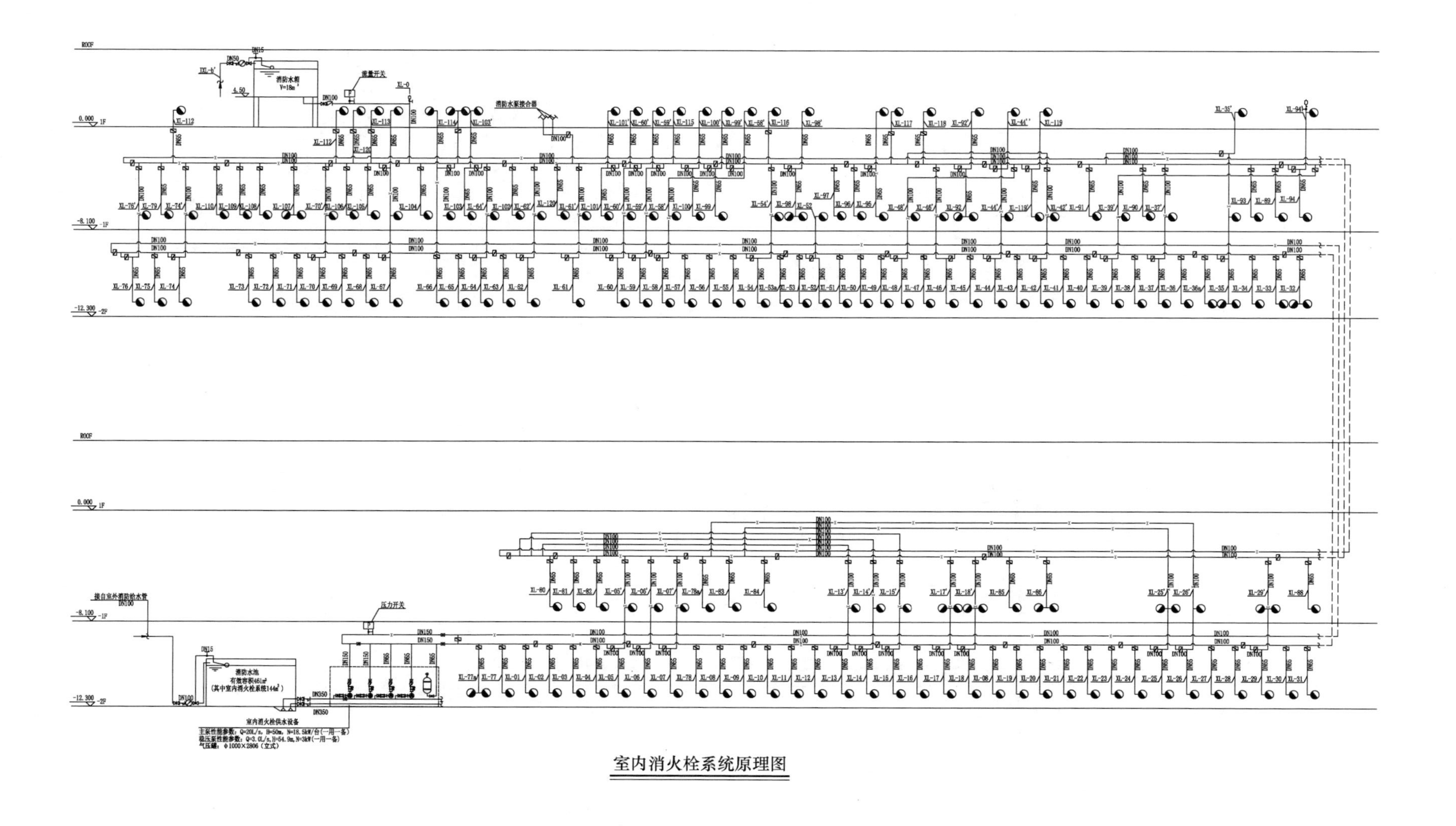
ROOF
0.000 1F
-8.100 -1F
-12.300 -2F
消防水箱
V=18m³
消防水泵接合器
接自室外消防给水管
DN100
压力开关
消防水池
有效容积461m³
(其中室内消火栓系统144m³)
室内消火栓供水设备
主泵性能参数：Q=20L/s，H=50m，N=18.5kW/台(一用一备)
稳压泵性能参数：Q=3.0L/s,H=54.9m,N=3kW(一用一备)
气压罐：φ1000×2806（立式）

室内消火栓系统原理图

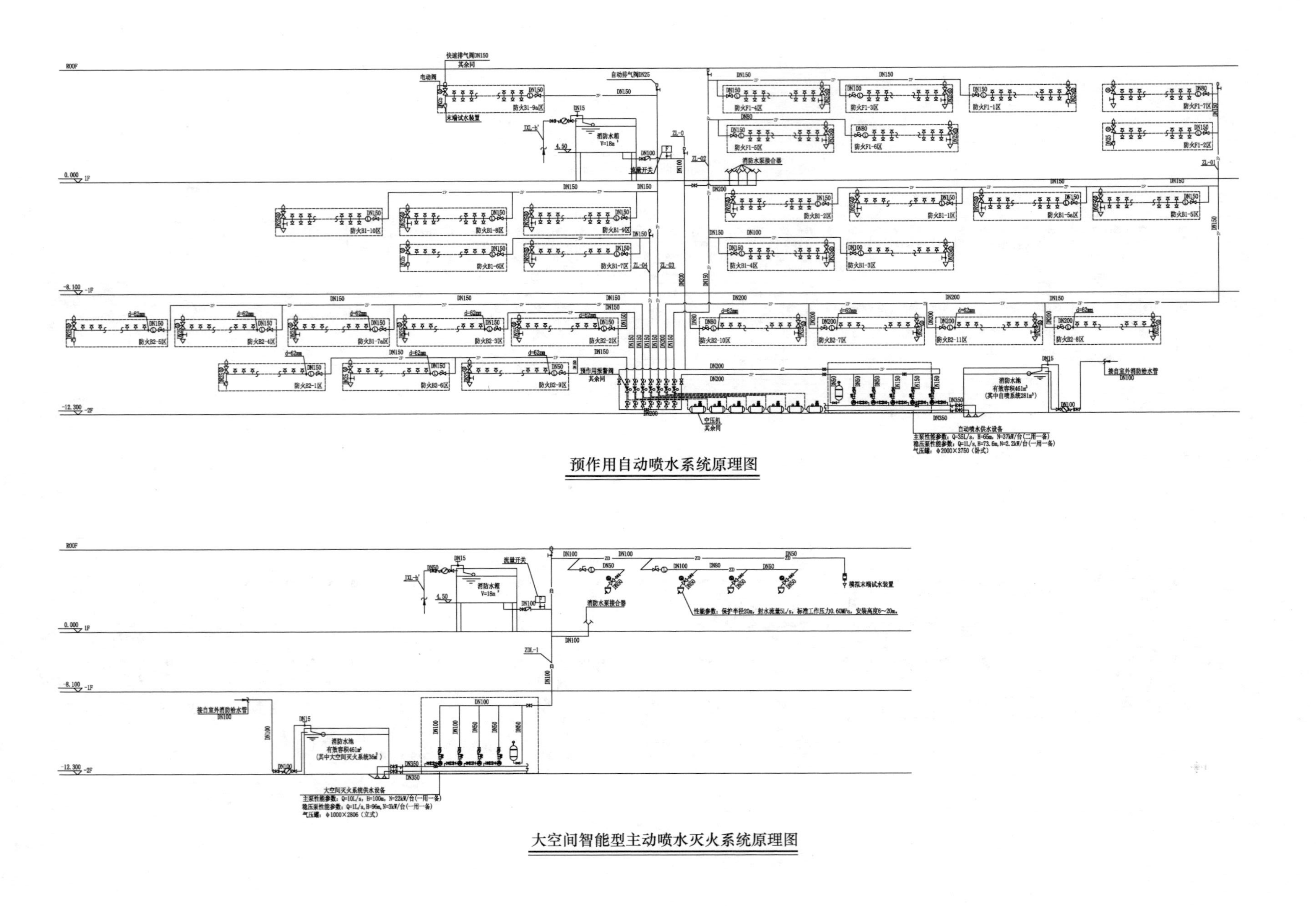

预作用自动喷水系统原理图

大空间智能型主动喷水灭火系统原理图

青岛国际贸易中心

设计单位：北京市建筑设计研究院有限公司
设 计 人：黄涛　胡萍　曾丽娜
获奖情况：公共建筑类　二等奖

工程概况：

本项目位于青岛市市南区香港中路与山东路转角地段，地理位置十分优越，堪称“钻石地段”，用地北面为香港中路，东面为山东路。东南有已建华仁大厦，西接项目二期及规划路，南面地界达东海路，有已建多层凯莱商务酒店、香格里拉大酒店隔香港中路与本项目遥相呼应。本地段属于青岛市中心，是市委、市政府所在地，也是青岛市的政治、文化、商贸中心。项目包括高端写字办公楼、国际标准五星级酒店、高档住宅公寓及商业、餐饮、休闲娱乐场所等，设计的指导思想是将青岛国际贸易中心设计成综合性、现代化、高品质、国际标准的“城市综合体”，成为市南区香港路地区的标志性建筑和新的城市亮点。本项目建筑功能复杂，A塔楼为办公楼，高度为237.9m，45层，其中首层至四层为裙房商业和大堂区域，5a层至四十五层为办公区域。B塔楼为五星级酒店及酒店式公寓楼，其中首层至四层为裙房商业，5a层至二十层为酒店部分。酒店部分设置有空中大堂、附属的餐厅、2个400人大宴会厅及游泳健身中心等设施。二十二～五十层为酒店式公寓。C塔楼为公寓住宅楼，共45层。其中首层至三层为裙房商业，四层和5a层为酒店配套用游泳健身。六～四十五层为公寓楼层。裙房部分为地上6层，其中地下一层的部分面积、首层至四层为商业部分。裙房五层为宾馆大堂及配套餐饮和会所。

工程说明：

一、给水排水系统

用水量见表1。

用水量　　表1

楼号	生活用水量			自来水用量			中水用水量(回用水量)			热水用水量				总排水量
	最大时(m^3/h)	最高日(m^3/h)	平均日(m^3/d)	最大时(m^3/d)	最高日(m^3/d)	平均日(m^3/d)	最大时(m^3/d)	最高日(m^3/d)	平均日(m^3/d)	最大时(m^3/d)	最高日(m^3/d)	平均日(m^3/d)	设计小时耗热量(kW)	平均日(m^3/d)
办公	33.6	399.0	331.9	13.4	197.6	170.7	20.1	201.4	161.1	4.1	40.9	32.8	266.6	255.4
酒店式公寓	21.9	686.7	644.7	17.3	642.6	609.4	4.6	44.1	35.3	8.2	59.7	47.8	531.4	439.5
住宅	42.7	410.3	328.2	33.8	324.1	259.3	9.0	86.2	68.9	16.6	116.6	93.2	1079.3	262.6
裙房	11.4	138.9	120.7	4.6	84.2	77.0	6.8	54.7	43.7	2.1	16.6	13.3	74.6	88.9
车库	24.8	188.4	150.7	9.2	92.2	73.8	15.7	96.2	76.9	1.9	30.0	24.0	135.2	120.6

续表

楼号	生活用水量			自来水用量			中水用水量(回用水量)			热水用水量				总排水量
	最大时(m^3/h)	最高日(m^3/h)	平均日(m^3/d)	最大时(m^3/d)	最高日(m^3/d)	平均日(m^3/d)	最大时(m^3/d)	最高日(m^3/d)	平均日(m^3/d)	最大时(m^3/d)	最高日(m^3/d)	平均日(m^3/d)	设计小时耗热量(kW)	平均日(m^3/d)
小计	134.4	1823.3	1576.2	78.2	1340.8	1190.1	56.2	482.5	386.0	32.8	263.8	211.0	1745.9	1166.9
酒店	68.9	580.9	464.8	52.9	459.2	367.4	16.0	121.7	97.4	30.7	177.1	141.7	1693.4	371.8
其他			194.0			194.0								
小计	68.9	580.9	658.8	52.9	459.2	561.4	16.0	121.7	97.4	30.7	177.1	141.7	1693.4	371.8
用水量合计	203	2404	2235	131	1800	1752	72	604	483	63	441	353	3439	1539

系统形式见表2。

系统形式 **表2**

功能段＼系统		冷水	热水	中水回用	雨水排放	污水排放
1	酒店	加压供水	中央热水	加压供水	—	重力排放
2	办公	加压供水	—	加压供水	重力排放	重力排放
	商业	市政供水	—	市政中水	虹吸式重力排放	重力排放
	公寓式酒店	加压供水	中央热水	加压供水	重力排放	重力排放
	地下车库及机房	市政供水	—	市政中水	—	机械式提升排放
3	住宅	加压供水	中央热水	加压供水	重力排放	重力排放

(一) 给水系统

1. 冷水用水量：见表1。

2. 水源：生活给水由市政供水管供应，供水压力0.3MPa。市政供水为双路，供水管径*DN*200，并在项目用地内成环。

3. 系统竖向分区：具体分区详见给水、热水系统原理图（附图）。

4. 供水方式及给水加压设备：市政供水，生活贮水箱＋变频供水装置加压供给。

5. 管材：大于*d*25主管（立干管）采用内筋嵌入式衬塑钢管、卡环连接；小于或等于*d*25明装支管均采用铝合金衬塑复合管道，专用曲线弹性连接件，同质同材热熔连接。

(二) 热水系统

1. 热水用水量：见表1。

2. 热源：集中生活热水的热媒供暖季来自高温市政热水，其他季节来自于燃气热水锅炉，经水—水容积式热交换器后供至各热水用水点。

3. 系统竖向分区：具体分区详见给水、热水系统原理图（附图）。

4. 热交换器：水—水容积式热交换器。

5. 冷、热水压力平衡措施、热水温度的保证措施：

(1) 冷热水采用同一加压源；

(2) 采用水—水容积式热交换器，阻力小；

(3) 用水点设混水阀平衡压力。

6. 管材：大于 $d25$ 主管（立干管）采用内筋嵌入式衬塑钢管、卡环连接；小于或等于 $d25$ 明装支管均采用铝合金衬塑复合管道，专用曲线弹性连接件，同质同材热熔连接。

(三) 中水系统

1. 中水用水量：见表 1。

2. 水源：中水由市政中水供应，供水压力为 0.3MPa，楼内设中水加压泵站。

3. 系统竖向分区：具体分区详见中水系统原理图（附图）。

4. 供水方式及给水加压设备：市政中水供水，中水贮水箱＋变频供水装置加压供给。

5. 管材：大于 $d25$ 主管（立干管）采用内筋嵌入式衬塑钢管、卡环连接；小于或等于 $d25$ 明装支管均采用铝合金衬塑复合管道，专用曲线弹性连接件，同质同材热熔连接。

(四) 排水系统

1. 排水系统的形式

本项目排水采用污、废合流系统。±0.00 以下采用潜水泵提升排出。±0.00 以上排水采用重力方式排出。屋顶雨水将采用重力内排水方式，裙房区屋面采用虹吸内排雨水方式，最终排至小市政雨水管网。屋面雨水按重现期 $P=10$ 年设计管线，并结合建筑溢流系统满足重现期 $P=50$ 年雨水排放。

2. 透气管的设置方式

设有辅助透气立管和伸顶透气两种方式。

3. 采用的局部污水处理设施

餐厅厨房的含油废水经室内地下室隔油装置处理后排入市政排水管网。地下锅炉房排水经过排污降温池后提升排放。

4. 管材

住宅楼部分采用特殊单立管排水管件及管材，其他部分建筑排水采用柔性接口承插式机制铸铁管及管件，防结露和防冻做法采用 B1 级软质聚氨酯保温管壳，粘接。

二、消防系统

整个项目火灾次数按一次火灾考虑。消防水池位于该项目地下室，酒店独立设置消防水泵房，其他功能区合用消防水泵房，两者共用消防水池。高区均各自设置独立的高位水箱。低压环路及高区转输给水环路均设置水泵接合器（表 3）。

系统分区 **表 3**

系统	流量	功能区
酒店	系统 1	酒店部分
非酒店	系统 2	A 塔
		B 塔高区（酒店式公寓）
		C 塔
		裙房
		地下室

地下室消防贮水池的消防用水量及贮水量详见表 4：

此外，消防水池内另行贮存 1h 开式冷却塔补水量 $50m^3$，总计有效贮水量为 $610m^3$。同时，贮水池由市政供水双路供水。

消防系统设备参数详见表 5～表 7：

地下室消防贮水池的消防用水量及贮水量 **表 4**

系统	用水量(L/s)	火灾延续时间(h)	消防贮水量(m^3)
自动喷洒系统	45	1	162
室内消火栓系统	40	3	432
室外消火栓系统	30	3	324
水喷雾系统	40	0.5	72
储水池消防补水量	*DN*200 管道(小时补水量为 $85m^3$)		−84
消防水池有效贮水量(不含室外,喷洒与水喷雾系统取大者)			510

消防水泵 **表 5**

编号	用途	安装位置	参考型号	数量(台)	流量(m^3/h)	扬程(m)	效率(%)	配电(kW)
地下室非酒店部分								
1 FP	消火栓给水加压泵(非酒店用途)	地下四层非酒店消防泵房	立式多级	2	144	153.67	75	110
2 FP	喷洒给水加压泵(非酒店用途)	地下四层非酒店消防泵房	立式多级	2	162	177.98	75	110
3 FP	消火栓喷洒给水高区转输加压泵	地下四层非酒店消防泵房	立式多级	2	144	155.98	75	110
地下室酒店部分								
1h FP	消火栓给水加压泵	地下四层酒店消防泵房	立式多级	2	144	153.34	75	110
2h FP	喷洒给水加压泵	地下四层酒店消防泵房	立式多级	2	162	177.65	75	110
A 塔								
A1 FP	二十~四十六层消火栓加压泵	二十层避难层	立式多级	2	144	187.99	75	110
A2 FP	二十~四十六层喷洒加压泵	二十层避难层	立式多级	2	108	211.53	75	110
B 塔								
B1 FP	二十二~五十一层消火栓加压泵	二十一层避难层	立式多级	2	144	177.21	75	110
B2 FP	二十二~五十一层喷洒加压泵	二十一层避难层	立式多级	2	108	200.75	75	110
C 塔								
C-1 FP	十六~四十五层消火栓加压泵	十五层避难层	立式多级	2	144	164.12	75	110
C-2 FP	十六~四十五层喷洒加压泵	十五层避难层	立式多级	2	108	187.66	75	110

增压稳压装置 **表 6**

编号	用途	安装位置	参考型号	数量（台）	流量（m^3/h）	扬程（m）	气压罐调节水容积（m^3）	效率（%）	配电（kW）	工作压力（MPa）	备注
A塔											
A3 FP	地下四层～十九层喷洒加压泵消防增压稳压装置	二十层避难层	成套装置	1	18	20.24	450	70	2×2.2	1	增压稳压装置均为：两泵一罐；自带控制箱，预留消防中央控制通信接口
A4 FP	二十～四十五层消防增压稳压装置	205.3m设备层	成套装置	1	18	20.24	450	70	2×2.2	1	
B塔											
B3 FP	二十二～五十一层消防增压稳压装置	五十二层屋顶设备层	成套装置	1	18	20.24	450	70	2×2.2	1	
B1h FP	酒店喷洒、消防增压稳压装置	二十一层避难层	成套装置	1	18	19.91	450	70	2×2.2	1	
C塔											
C3 FP	十六～四十五层消防增压稳压装置	四十六层屋顶设备层	成套装置	1	18	20.57	450	70	2×2.2	1	

消防水箱 **表 7**

编号	用途	安装位置	类型	数量	有效容积（m^3）	尺寸（m）	材质
A塔							
A3 T	消防转输水箱	二十层消防泵房	方型	1	135	7.0×6.0×3.5	SMC模压式玻璃钢水箱
A4 T	消防屋顶水箱	屋顶层消防泵房	方型	1	18	2.5×2.0×4.0	SMC模压式玻璃钢水箱
B塔							
B1h T	酒店消防高位水箱	二十一层消防稳压水箱间	方型	1	18	2.5×2.0×4.0	SMC模压式玻璃钢水箱
B1 T	消防转输水箱	二十一层消防转输水箱间	方型	1	135	7.0×6.0×3.5	SMC模压式玻璃钢水箱
B2 T	消防屋顶水箱	屋顶层消防泵房	方型	1	18	2.5×2.0×4.0	SMC模压式玻璃钢水箱
C塔							
C1 T	消防转输水箱	十五层消防转输水箱间	方型	1	135	7.0×6.0×3.5	SMC模压式玻璃钢水箱
C1 T	消防屋顶水箱	屋顶层消防泵房	方型	1	18	2.5×2.0×4.0	SMC模压式玻璃钢水箱

（一）消火栓系统

1. 酒店区

室内消火栓系统，按规范要求，用水量为40L/s，火灾延续期为3h。室内消火栓系统竖向通过减压阀进行分区。本工程按一次火灾考虑。酒店消防稳压水箱间位于酒店上方二十一层避难层内，为酒店消防系统提供稳压。

2. 非酒店区

室内消火栓系统按规范要求，用水量为40L/s，火灾延续期为3h，分高、低两区。高区通过消防转输水箱间提供消防供水，消防转输水箱间分别设于A塔二十层、B塔二十一层及C塔十五层避难层内，内设转输水箱及为高区服务的消火栓水泵，水箱容积按照不小于30min消防水量考虑。二十一层以下区域共用一套消防设施。低区高位水箱与A塔二十层转输水箱合用，其水箱间设低区增压稳压装置，A塔高区、B塔高区及C塔高区在各自顶层分设高区水箱及增压稳压装置。

3. 管材

内外壁热镀锌钢管。小于$d100$为丝扣连接，大于或等于$d100$为沟槽式连接。管道穿不供暖房间、伸缩缝和窗井处均作保温，做法同给水管。地下一、地下二层充水管道需作电伴热防冻保温。

（二）自动喷水灭火系统

1. 酒店区

室内喷洒系统，按规范要求，用水量为45L/s，火灾延续期为1h。室内喷洒系统竖向通过减压阀进行分区。本工程按一次火灾考虑。酒店消防稳压水箱间位于酒店上方二十一层避难层内，为酒店消防系统提供稳压。

2. 非酒店区

室内喷洒系统，按规范要求，用水量为45L/s，火灾延续期为1h。高区通过消防转输水箱间提供消防供水，消防转输水箱间设于A塔二十层、B塔二十一层及C塔二十层避难层内，内设转输水箱及为高区服务的喷洒水泵，水箱容积按照不小于30min消防水量考虑。A塔顶层、B塔顶层及C塔顶层分别设置消防稳压水箱间，为各自高区系统提供稳压。二十一层以下区域与其他功能分区喷洒系统综合考虑，共用一套消防设施。室内喷洒系统竖向通过减压阀进行分区。

3. 管材

内外壁热镀锌钢管。小于$d100$为丝扣连接，大于或等于$d100$为沟槽式连接。管道穿不供暖房间、伸缩缝和窗井处均作保温，做法同给水管。地下一、地下二层充水管道需作电伴热防冻保温。

（三）水喷雾灭火系统

1. 酒店区

酒店柴油发电机房、油箱间、酒店自用锅炉房均采用水喷雾灭火系统。设计喷雾强度为20L/(min·m^2)，喷头的工作压力为0.35MPa，设计用水量40L/s，火灾延续时间为0.5h，所需加压水泵及水泵结合器与低区喷洒系统合用。

2. 非酒店区

办公用柴油发电机房及非酒店区合用锅炉房采用水喷雾灭火系统。设计喷雾强度为20L/(min·m^2)，喷头的工作压力为0.35MPa，设计用水量40L/s，火灾延续时间为0.5h。所需水泵结合器与低区喷洒系统合用。

（四）气体灭火系统

酒店IT用房设置无管网式气体灭火系统装置。

（五）建筑灭火器系统

本工程公共区、餐饮、走道手提灭火器按严重危险级设防A类火灾设置；厨房按严重危险级C类火灾设置；变配电室、交换机房等电气用房按中危险级E类火灾设置。

三、工程特点及设计体会

1. 生活给水由市政双路供应，供水方式为市政供水结合水箱+变频供给。酒店生活用水经软化及消毒处理后送至酒店各用水点，洗衣机房用水采用独立供水系统，经软化及消毒处理后送至洗衣机房；办公采用水箱+变频给水装置方式。采用变流量给水系统根据负荷大小调整生活水量及给水设备运行台数，使给水系统在部分负荷下保证高效运行，减少能耗。

2. 中水由市政供应，供水方式同给水。本楼不作污水收集处理，采用市政中水，可以充分利用市政污水处理厂的处理能力，节省初投资成本，节水节能。

3. 酒店和公寓式酒店分别设置集中热水供应系统，集中生活热水的热媒采暖季来自高温市政热水，其他季节来自于燃气热水锅炉，经水—水容积式热交换器后供至各热水用水点，分区同给水。充分利用市政热源，在检修期由燃气锅炉提供生活热水热源，100%地保障酒店及公寓的使用功能。

4. 污、废合流系统，地下采用潜水泵提升排出，地上重力排放，厨房废水经隔油装置处理后排入市政管网。排水立管在避难层设置乙字弯、底部设置支撑及放大立管管径等方法，并设置专用的通气立管与大气相通，从而释放排水管系中的正压以及补给空气减小负压，使管内的气压保持接近大气压力，保证立管内的空气流通，排除排水管道中的有害气体，保护卫生器具的水封，通过以上措施可以保证由于建筑高度引起的排水势能得到有效消除，以保证超高层建筑排水系统的安全。

5. 屋顶雨水重力排放，裙房屋面采用虹吸雨水，最终排至市政雨水管网。对大型裙房屋面雨水实现“分区排水”，可用比重力流排水系统小得多的管线排出几十年一遇的暴雨雨水。虹吸系统的横管可以水平安装，且在相同排水量的情况下，虹吸排水系统所需的斗前水深要小于重力流系统，这对屋面的建筑和结构设计都非常有利。虹吸系统所用管径不仅比重力流小，且立管数量少，可利用楼梯间、立柱旁等处敷设，不占用更多的使用空间，横管也可以敷设在非敏感的公共走廊等处。

6. 按照使用功能分设水表进行计量，室外安装一级水表，各用水部门安装二级水表，如设备、机房补水、厨房、冷却水补水、SPA区等各用水点等处。这样有利于节水用量管理，同时也可以有效地判断系统漏水点位置，尽量减少跑、冒、滴、漏。

7. 选用节水型卫生器具，冲洗水箱选用节水型一次冲水量≤6L的产品。公共区大便器采用自闭式冲洗阀，配水龙头均采用陶瓷片密封水嘴，利于节水。

8. 冷却塔风机采用变频节能技术，采用变频器调速的方法，改变了以往电机仅有手动控制开、停的单一工频运行方式，避免了为满足冷却塔出水水温≤32℃，必须使一台或几台风机均处在工频状态下运行，从而造成水温过低，形成不必要的能源浪费。采用变频调速运行方式，提高了水温控制的准确性，并可实现平滑启动电机，使数台电机循环运行，从而提高电机的使用寿命。

9. 本工程采用楼宇自控系统，从而保证本工程给水排水等系统处于经济运行状态和智能化管理状态。

10. 消防给水系统和灭火设施

整个项目火灾次数按一次火灾考虑。消防水池位于该项目地下室，酒店独立设置消防水泵房，其他功能区合用消防水泵房，两者共用消防水池。高区均各自设置独立的稳压水箱。低压环路及高区转输给水环路均设置水泵接合器。酒店消防稳压水箱间位于酒店上方二十一层避难层内，为酒店消防系统提供稳压。非酒店区域合用消防给水系统，分高、低两区，高区通过消防转输水箱间提供消防供水，消防转输水箱间分别设于A塔二十层、B塔二十一层及C塔十五层避难层内，内设转输水箱及为高区服务的消火栓水泵，水箱容积按照不小于30min消防水量考虑。二十一层以下区域共用一套消防设施。低区高位水箱与A塔二十层转输水箱合用，其水箱间内设低区增压稳压装置，A塔高区、B塔高区及C塔高区在各自顶层分设高区水箱及增压稳压装置。车库区域采用自动喷洒-泡沫联用系统。

四、工程照片及附图

西立面全景

商业中庭

酒店大堂

酒店行政酒廊

裙房屋面冷却塔布置

酒店热交换站

锅炉房

制冷机房

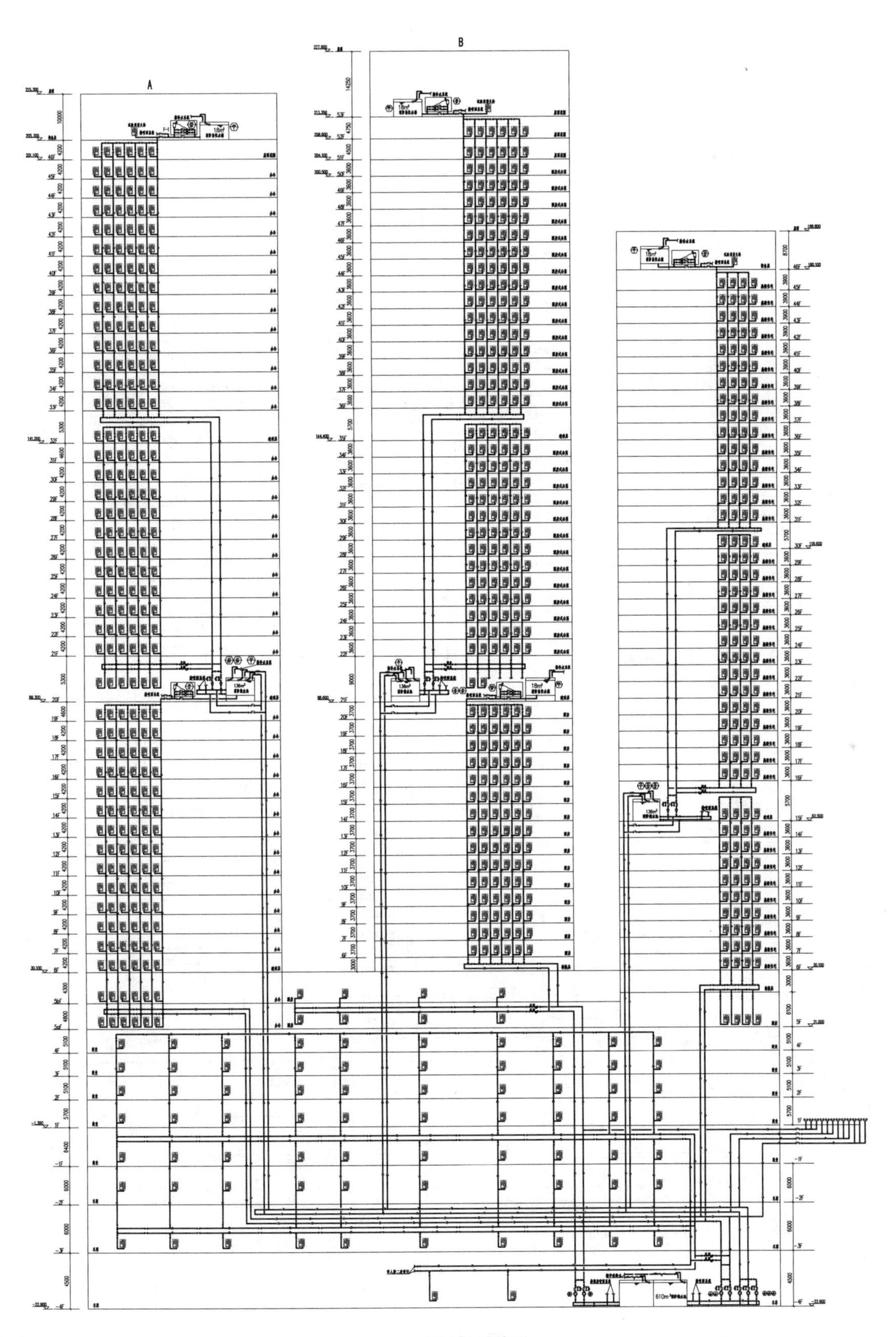

消火栓系统图

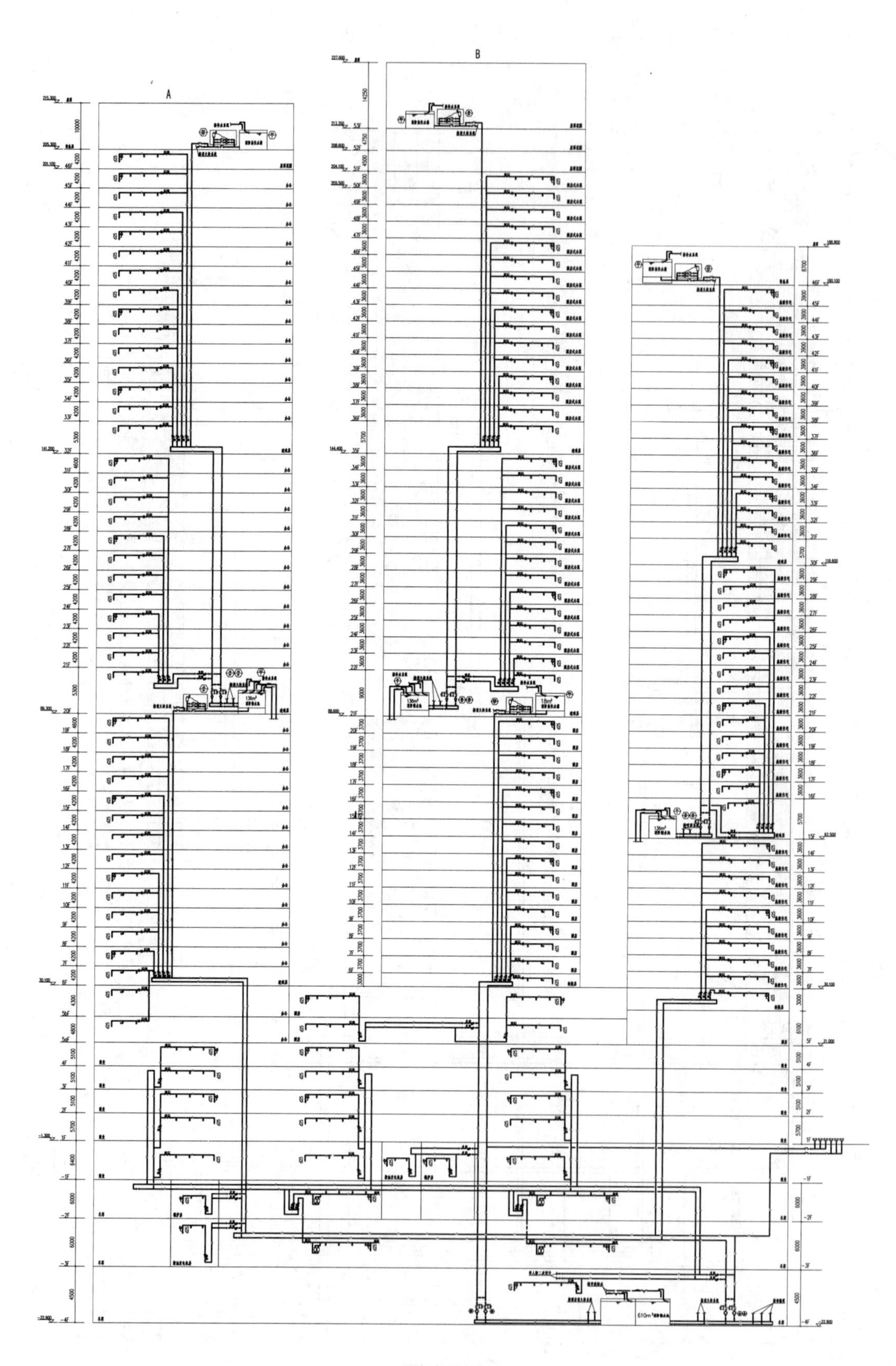

喷洒系统图

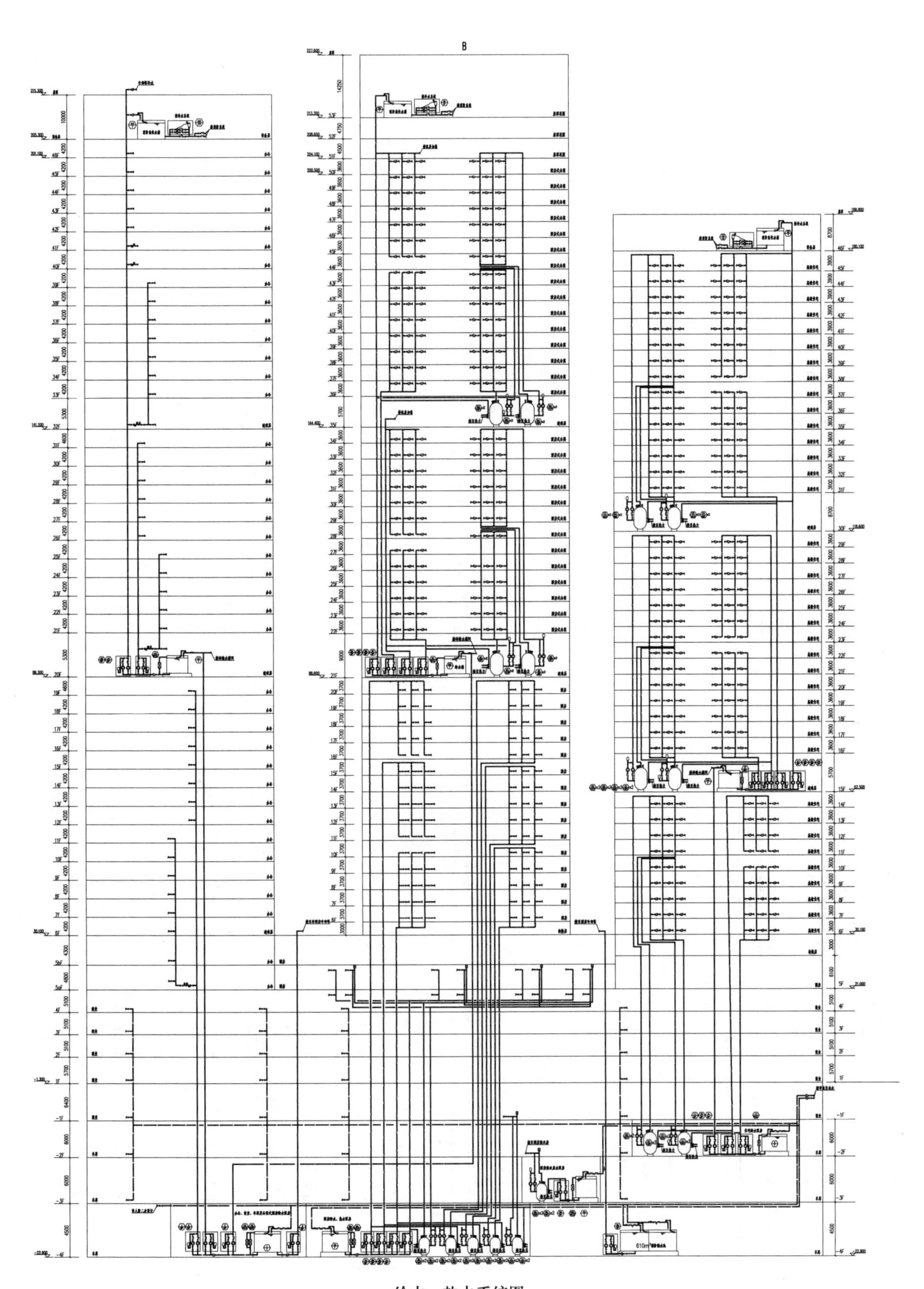

给水、热水系统图

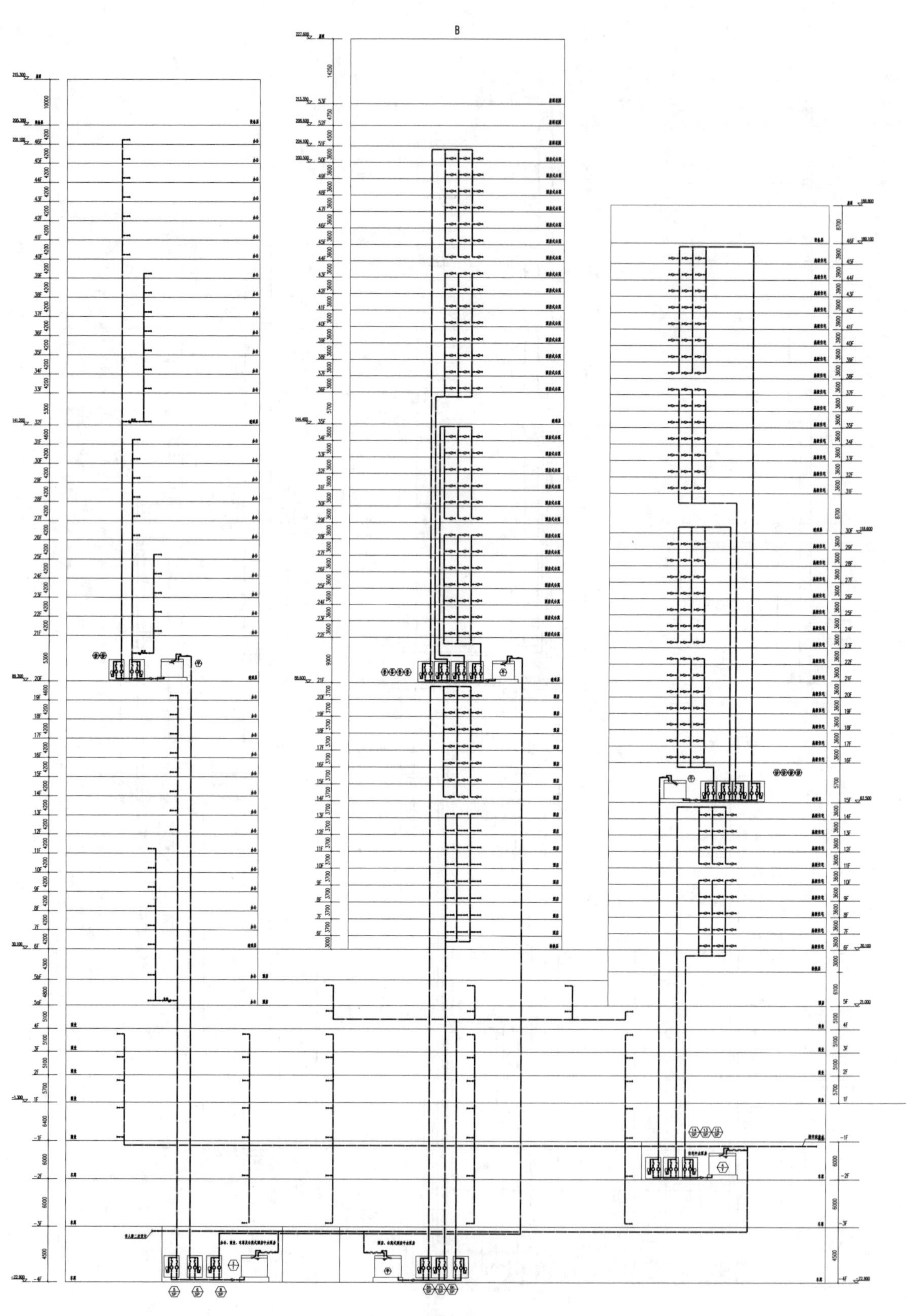

中水系统图

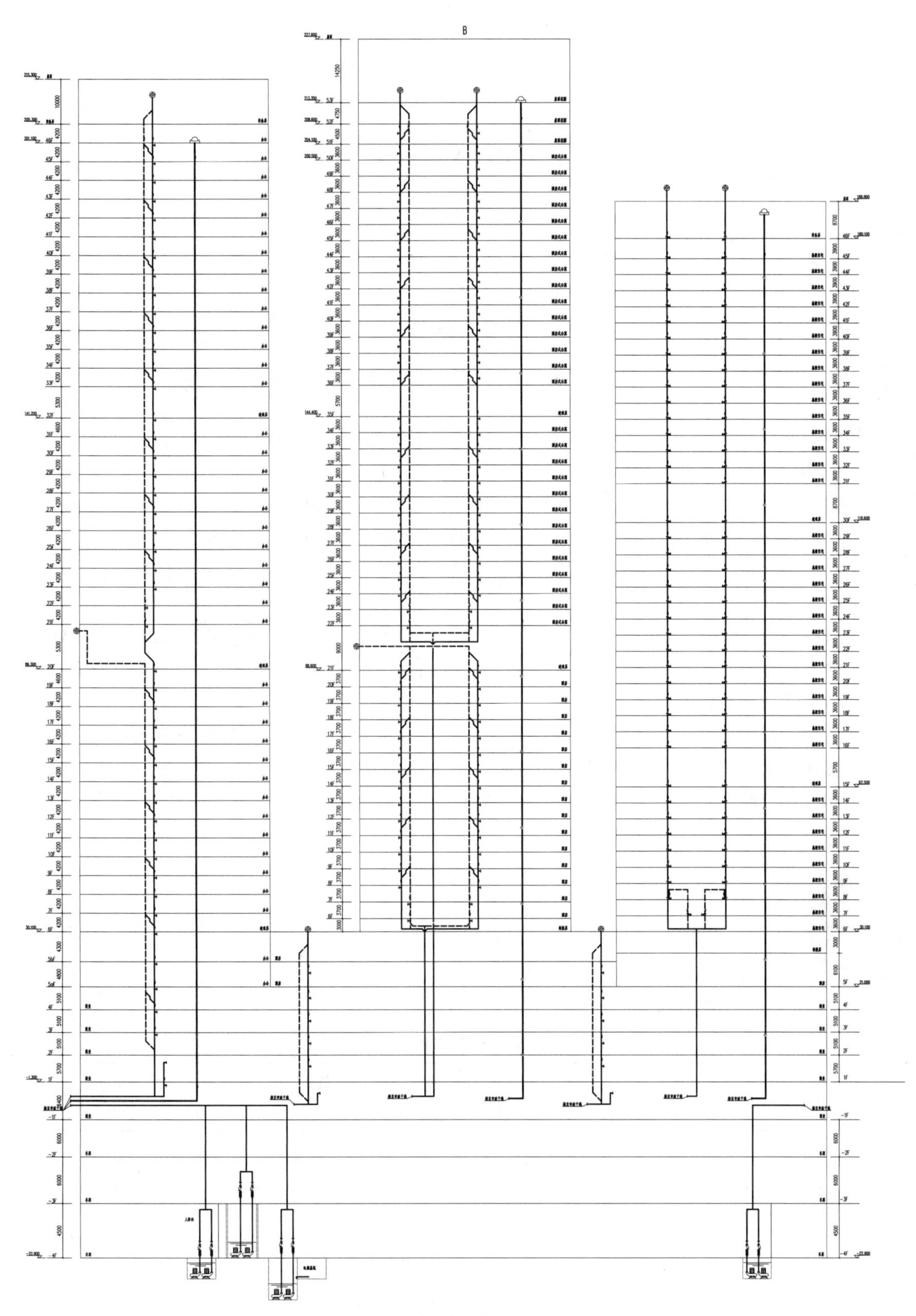

排水系统图

遂宁市体育中心

设计单位：同济大学建筑设计研究院（集团）有限公司
设 计 人：杜文华　游博林　王文清　黄频
获奖情况：公共建筑类　二等奖

工程概况：

遂宁市体育中心位于四川省遂宁市河东新区，项目总用地面积 127524.5m^2，总建筑面积 79741m^2，其中地上面积 68972m^2，地下面积 10769m^2。

体育中心包含 30000 人体育场一座、2000 人游泳馆一座以及配套附属商业用房。

体育场建筑高度 37.85m，地上 5 层，地下 1 层。地下功能主要为机动车库及人防工程，地上一层主要为竞赛功能用房、运动员用房、新闻媒体用房、裁判用房等功能；二层及以上主要为观众看台、包厢以及附属用房。

游泳馆建筑高度为 22.32m，地上 3 层，地下 1 层。地下功能主要为泳池水处理设备用房，地上一层为游泳池、训练池、跳水池、竞赛功能用房、运动员用房、新闻媒体用房、裁判用房等功能，地上二层及以上主要为观众看台、贵宾包厢以及附属用房。

遂宁市体育中心具有良好的多功能性，满足能承办省级综合性运动会、全国性单项比赛及全民健身的功能需要，同时具备休闲娱乐、旅游服务等配套功能，建设成为集竞技赛事、全民健身、文化娱乐、休闲旅游、产权式酒店、经贸商展及大型文艺演出为一体的综合性体育公园。

工程说明：

一、给水排水系统

（一）给水系统

1. 冷水用水量（表 1～表 3）

体育场用水量　　**表 1**

建筑名称	用途	设计人数	用水量定额	使用时间(h)	最高日(m^3/d)	平均时(m^3/h)	小时变化系数 K	最大时(m^3/h)
体育场	观众	26686 人次（考虑每日 1 场）	3L/(人·场)	4	80.1	20.0	1.2	24.0
	运动员淋浴	800(考虑每日 1 场)	40L/人次	4	32	8	3.0	24.0
	工作及媒体人员	500 人(考虑每日 1 班)	40L/(人·班)	8	20	2.5	1.5	3.75
	商业	5110m^2	6L/m^2	12	30.7	2.6	1.5	3.9

续表

建筑名称	用途	设计人数	用水量定额	使用时间(h)	最高日(m^3/d)	平均时(m^3/h)	小时变化系数K	最大时(m^3/h)
体育场	体育场人工草坪浇洒	7140m^2	10L/(m^2·次)	2	71.4	35.7	1.0	35.7
	跑道浇洒	4760m^2	7L/(m^2·次)	2	33.3	16.7	1.0	16.7
	未预见	10%计			26.8			10.8
	合计				294.3			118.9

游泳馆用水量 **表 2**

建筑名称	用途	设计人数	用水量定额	使用时间(h)	最高日(m^3/d)	平均时(m^3/h)	小时变化系数K	最大时(m^3/h)
游泳馆	观众	2003人次(考虑每日1场)	3L/(人·场)	4	6	1.5	1.2	1.8
	运动员淋浴	600人次	40L/人次	12	24	2	3.0	6.0
	工作及媒体人员	300人	40L/(人·班)(考虑每日1班)	8	12	1.5	1.5	2.25
	商业	613m^2	6L/m^2	12	3.7	0.3	1.5	0.45
	比赛池补水	2500m^3	5%	12	125	10.4	1.0	10.4
	跳水池补水	3437.5m^3	5%	12	172	14.3	1.0	14.3
	训练池补水	375m^3	5%	12	18.75	1.6	1.0	1.6
	未预见	10%计			36.1			3.7
	合计				397.6			40.5

其他区域用水量 **表 3**

序号	用途	设计量	用水量定额	使用时间(h)	最高日(m^3/d)	平均时(m^3/h)	小时变化系数K	最大时(m^3/h)
1	能源中心补水		10m^3/h	8	80	10	1	10
2	冷却塔补水		25m^3/h	8	200	25	1	25
3	绿化洒水	约45000m^2	1.4L/次	4	63	15.75	1	15.75
4	道路冲洗用水	约40000m^2	1.0L/(m^2·d)	4	40	10	1	10
	未预见	10%计			38.3			6.1
	合计				421.3			66.8

本基地主要为观众、运动员、游泳池、场地浇洒和空调日常生活用水。

最大日用水量为Q=1113.2m^3/d（其中280m^3/d为能源中心及冷却塔用水，80m^3/d可由雨水收集回用系统提供）；

最大时用水量为Q=226.2m^3/h（其中35m^3/h为空调机房及冷却塔用水，15m^3/h可由雨水收集回用系统提供）。

2. 水源：水源取自城市自来水管网。本工程从香林路和慈航路的城市自来水管网各引一路DN250给水管供基地生活、消防用水。

3. 系统竖向分区（表4）

系统竖向分区　　表4

三层及以下楼层	市政管网直接供水
体育场的四层	管网叠压方式供水
体育场室内天然草坪场地	独立设置加压供水系统

4. 供水方式及给水加压设备

(1) 三层及以下采用市政管网直接供水；体育场的四层采用加压供水，根据体育场用水的间歇性，采用管网叠压方式供水，避免了生活水箱更新不及时造成的二次污染问题。

(2) 体育场西看台四层生活用水由设在一层热交换机房的管网叠压泵组供水，体育场东看台四层生活用水由设在地下一层消防泵房的管网叠压泵组供水。

(3) 体育场地设置固定式喷灌系统，在草地内均匀设置24个埋地式足球场专用洒水器，分3组喷灌整个足球场草地。在东看台地下车库消防泵房内设置一组恒压变频喷灌泵组。喷灌水池和消防水池合建，有效调节容积为80m^{3}计，并设有保证消防用水不被挪用的措施。

(4) 各供水区域中有淋浴用水处的供水系统最不利点的使用压力不小于0.15MPa，各系统各分区用水点的最高使用压力不大于0.35MPa。用水点压力大于0.20MPa的地方采取设支管减压阀、减压孔板或节流塞等减压措施，控制用水点的压力。体育场地喷灌系统供水压力根据喷头要求确定。

(5) 本基地设总水表计量，同时按节水规范设置用水计量分水表，游泳池、热交换室、能源中心进水管设分水表计量。

5. 管材（表5）

给水系统管材　　表5

编号	管道名称	管道材质	使用范围	连接方式
1	生活冷水给水总管	薄壁不锈钢管(S30408)	体育场、游泳馆淋浴供水	小于或等于 *DN*100 为卡压式或环压式连接
				大于 *DN*100 为卡箍式连接
		内衬聚乙烯(PE)的钢塑覆合管	除了上述区域外，基地内其他区域	小于或等于 *DN*100 为丝扣连接
				大于 *DN*100 为沟槽连接
2	生活冷水支管	PP-R管	基地所有冷水系统用水点供水支管阀门后的管道	热熔连接
3	室外给水管	给水球墨铸铁管		大于或等于 *DN*150 为橡胶圈接口承插连接
		给水钢丝网骨架塑料(聚乙烯)复合管道		小于 *DN*150 为电熔连接
4	雨水回用管	内衬聚乙烯(PE)的钢塑覆合管	雨水回用系统室内管道	小于或等于 *DN*100 为丝扣连接
		给水钢丝网骨架塑料(聚乙烯)复合管道	雨水回用系统室外管道	电熔连接

(二) 热水系统

1. 热水用水量表

热水用水量及耗热量详见表 6。

热水用水量及耗热量表 **表 6**

用途	设计量	用水量定额	使用时间(h)	最大时(m^3/h)	最大小时耗热量(kW)
体育场淋浴用水	40 个淋浴器	300L/(个·h)(35℃)		6.6(60℃)	397
	8 个洗脸盆	50L/(个·h)(35℃)			
体育场贵宾及包房卫生间洗手用水	50 个洗手盆	50L/(个·h)(35℃)		1.32(60℃)	80
合计 1				7.92(60℃)	477
游泳馆淋浴用水	89 个淋浴器	300L/(个·h)(35℃)	24	14.3(60℃)	864.4
	6 个洗脸盆	50L/(个·h)(35℃)			
游泳馆贵宾卫生间洗手用水	2 个洗手盆	50L/(个·h)(35℃)		0.05(60℃)	3.2
合计 2					867.6
用途	水温(℃)	冷水水温(℃)	使用时间(h)	平时所需热量(kW)	初次加热所需热量(kW)(加热时间 48h)
游泳馆温水比赛池	27	7	12	600	1600
游泳馆温水跳水池	28	7	12	550	1900
游泳馆温水比赛池	27	7	12	100	250
合计 3				1250	

总计平时耗热量为 477＋867.6＋1250＝2594.6kW

2. 热源

(1) 体育场淋浴用水，游泳馆室内温水比赛池、温水跳水池、温水训练池、淋浴用水采用 95℃高温水为热源（由暖通专业提供）。

(2) 体育场及游泳馆的贵宾及包房卫生间洗手用水采用小型容积式电热水器作为热源。

3. 系统竖向分区

本项目分为体育场淋浴用水热水系统、游泳馆淋浴用水热水系统、游泳馆室内温水比赛池加热系统、游泳馆室内温水跳水池加热系统、游泳馆室内温水训练池加热系统、游泳馆室内跳水放松池加热系统共 6 个热水系统。竖向没有分区。

4. 热交换器

（1）市政冷水供水管与能源中心 95℃高温热媒水通过半容积式换热器（贮热量按 20min 考虑）进行换热后得到 60℃的热水，供至各用水点。

（2）体育场淋浴用水热水系统设置 2 台 2m^3 半容积式换热器，半容积式换热器与热水循环泵均设在体育场西看台一层热交换机房。

（3）游泳馆淋浴用水热水系统设置 2 台 3m^3 半容积式换热器，半容积式换热器与热水循环泵均设在游泳馆地下层热交换机房。

（4）泳池及放松池加热系统均采用快速式间接热水系统，高温热媒水（95℃）通过板式热交换器换热供泳池。板式热交换器的材质为不锈钢 316L。

5. 冷、热水压力平衡措施、热水温度的保证措施等

（1）各热水系统采用闭式系统，机械循环方式供应热水，冷热水同源，冷热水压力平衡。

（2）热水系统的所有管道、热水设备采取保温措施。

6. 管材

基地所有淋浴热水系统的管材采用薄壁不锈钢管（S30408），小于或等于 *DN*100 为卡压式或环压式连接，大于 *DN*100 为卡箍式连接。

（三）生活污废水排水系统

1. 排水系统的形式

室内污、废合流，室外雨、污分流，污水汇总经化粪池预处理后就近排入市政污水管网。

2. 透气管的设置方式

（1）基地各单体卫生间排水立管设置专用通气管，提高排水能力，并伸至高空排放。

（2）单独卫生间排水横管设置环形通气管，伸至高空排放。

3. 局部污水处理设施

（1）锅炉房高温水经室外钢筋混凝土降温池处理后排放。

（2）根据当地排水部门的要求，基地污水汇总后需要经过化粪池（生化池）处理后才能排至市政污水管网。

4. 管材

（1）室内排水管

1）压力排水管：涂塑钢管，小于或等于 *DN*100 为丝扣连接，大于 *DN*100 为沟槽连接。

2）重力排水管：承压高密度聚乙烯排水管，沟槽式压环连接。

（2）室外排水管：HDPE 缠绕管，电熔连接，环刚度不小于 8kN/m^2。

（四）雨水排水系统

1. 系统的形式

除体育场及游泳馆屋面雨水排水采用虹吸方式外，其余各小单体屋面雨水排水采用重力流方式。同时各楼屋面均设置雨水溢流设施。

屋面雨水经初期雨水弃流后回收至基地雨水蓄水池；道路雨水就近直接排入市政雨水管网。

2. 设计参数：

（1）暴雨强度公式（采用与遂宁较近的成都市）：$q=\frac{2806(1+0.803\lg P)}{(t+12.8P^{0.231})^{0.768}}$

（2）虹吸式雨水系统：单体屋面设计重现期 $P=50$ 年，屋面雨水排水与溢流口总排水能力按 100 年重现期的雨水量设计。重力流雨水系统：单体屋面设计重现期 $P=10$ 年，屋面雨水排水与溢流口总排水能力按 50 年重现期的雨水量设计。基地雨水设计重现期 $P=3$ 年。体育场场地设计重现期 $P=10$ 年。

3. 雨水回收利用系统

（1）对游泳馆比赛池、跳水池、训练池的放空排水及弃流后的屋面雨水进行回收利用。

（2）雨水及泳池水回收用途：绿化洒水、道路及车库地面冲洗等。

（3）处理后的雨水水质满足使用要求。

（4）雨水回用管道上应有明显的永久性标志，不得装设取水龙头，当装有取水接口时，必须采取严格的防止误饮、误用的措施。

4. 管材

场馆屋面虹吸雨水系统采用虹吸系统专用的 HDPE 排水管，热熔连接。

（五）游泳池系统

1. 设计依据：按《国际游泳联合会标准》FINA 1998—2000、《游泳池给水排水工程技术规程》CJJ 122—2008、《游泳池和水上游乐池给水排水设计规程》CECS14：2002 表 3.1.1 的规定执行。

2. 概况：本项目游泳馆包括标准室内温水比赛池、标准室内温水跳水池、室内温水训练池。

（1）标准温水比赛池（27℃）平面尺寸为 50m×25m，面积 1250m^2，池深 2.0m；

（2）标准温水跳水池（28℃）平面尺寸为 25m×25m，面积 625m^2，池深 5.5m；

（3）温水训练池（27℃）平面尺寸为 25m×10m，面积 250m^2，池深 1.2～1.8m。

本设计内容包含 3 个泳池的供回水管道系统，溢流水回收系统，循环水泵系统，过滤系统，全自动水质监控投药系统，池水加热恒温系统，以臭氧消毒为主、次氯酸钠溶液投加消毒剂为辅的消毒系统及跳水池的制波与安全气垫系统。

3. 设计的主要参数为：

（1）比赛池：循环周期为 4h，循环流量为 656.25m^3/h。

（2）跳水池：循环周期为 8h，循环流量为 451.2m^3/h。

（3）训练池：循环周期为 4h，循环流量为 98.4m^3/h。

4. 使用时间：全年。

5. 水质：按《游泳池水质标准》CJ 244—2007 的规定执行。

6. 泳池净化采用石英砂过滤器工艺。

7. 泳池供回水系统

（1）本项目 3 个泳池水处理循环系统均采用国际游泳联合会推荐的逆流式循环方式，即全部循环水量由池底进水，池周边溢水沟自然流入泳池机房的均衡水箱内。

（2）循环水泵从均衡水池吸水（自灌）经自带毛发过滤器的泳池专用水泵加压进入过滤器。

（3）过滤后的泳池水再经加热、臭氧消毒、次氯酸钠溶液辅助消毒，投药后通过供水管道配水系统经由设在泳池底部的给水口入池。

（4）在进入循环水泵之前投加混凝剂，消毒剂包括氯消毒、酸碱液等，均在加热后投加。

8. 循环水处理设备选型：

（1）循环水泵：采用进口自带毛发过滤器泳池专用泵，泵的前后配套橡胶软性接头减震。

（2）过滤器：比赛池采用 3 台 ϕ2400 石英砂过滤器，跳水池采用 3 台 ϕ2000 石英砂过滤器，训练池采用

2 台 ϕ1600 石英砂过滤器，滤速按 25～30$m^3/(m^2 \cdot h)$ 设计。

9. 消毒

（1）本项目比赛池的消毒采用全流量半程式臭氧消毒为主、次氯酸钠溶液投加消毒剂为辅的消毒系统，跳水池的消毒采用全流量全程式臭氧消毒为主、次氯酸钠溶液投加消毒剂为辅的消毒系统，训练池的消毒采用分流量的全程式臭氧消毒为主、次氯酸钠溶液投加消毒剂为辅的消毒系统。

（2）pH 值调整剂投加：水池的 pH 平衡采用稀盐酸，采用自动计量泵加药，配套 pH 监控仪，pH 值控制范围在 7.2～7.6 之间。

（3）安全措施：

1）加氯和次氯酸钠贮藏间采用防腐地面；

2）加氯间加强换气通风，设计换气次数不小于 6 次/h，并设有事故强排风措施。

10. 加热系统

（1）基本参数

1）比赛池：冷水设计温度为 7℃，热水设计温度为 27℃，初次加热时间为 48h，初次加热总功率为 1600kW，游泳池保温功率为 600kW，热源采用 95℃的热水。

2）跳水池：冷水设计温度为 7℃，热水设计温度为 28℃，初次加热时间为 48h，初次加热总功率为 1900kW，游泳池保温功率为 550kW，热源采用 95℃的热水。

3）训练池：冷水设计温度为 7℃，热水设计温度为 27℃，初次加热时间为 48h，初次加热总功率为 250kW，游泳池保温功率为 100kW，热源采用 95℃的热水。

（2）本项目比赛池加热系统设有 2 台 750kW 板式换热器，跳水池加热系统设有 2 台 1000kW 板式换热器，训练池加热系统设有 2 台 160kW 板式换热器，管上均设有温感，控制被加热水的出水温度不超过 40℃，水温可在 10～30℃范围内任意设定，系统可根据温感所测实际水温与设定温度确定热媒水进水管上比例调节阀开启度，实现快速加热与水温恒定。

11. 跳水池制波系统与安全保护气浪系统

（1）跳水池采用起泡、涌泉法制波并辅助喷水制波。

（2）制波水源采用跳水池池水。

（3）制波给水管与池水循环净化处理管道分开设置。

（4）安全保护气浪供气环管为网格形状环管。

（5）安全保护气浪系统一经启动，确保气浪形成时间不超过 3s，且气浪持续时间不少于 12s。

（6）安全保护气浪与起泡制波系统共用一套供气设备，但分别设置各自独立的供气管道。

（7）供气管道设有确保池水不得倒流至制气设备的有效措施。

二、消防系统

本工程为体育类建筑群，整个基地合用一个消防系统，按多层民用建筑设计。按现行消防规范，室内设置室内消火栓系统、自动喷淋灭火系统、大空间智能型主动喷水灭火系统、气体灭火系统、并配置灭火器。

（一）消防水源

室外消防水源由城市自来水供水环网提供。市政水压按 0.30MPa 计。在建设基地周边市政道路有 *DN*400 和 *DN*300 供水管，可作为室外消防用水取水水源。根据业主提供的资料，本工程从香林路和慈航路的城市自来水管网分别引入一路 *DN*250 进水管供本地块消防用水。

（二）消防用水量

消防用水量详见表 7。

消防用水量 表7

用途	设计秒流量	火灾延续时间	一次灭火水量	水源
室外消防	30L/s	2h	216m^3	市政管网
室内消防	30L/s	2h	216m^3	消防水池
自动喷淋	35L/s	1h	126m^3	消防水池
大空间智能型主动喷水灭火	20L/s	1h	72m^3	消防水池
合计	115L/s		630m^3	

体育场地下一层消防泵房内设414m^{3}室内消防水池。

（三）室外消防给水系统

室外消防给水系统为低压制，由基地西面和东面的城市自来水管分别引入一路*DN*250，并在基地内环通*DN*250管网。基地室外设置216m^{3}室外消防水池，火灾时由消防车从室外消防水池和室外消火栓就近取水灭火，室外消火栓间距不大于120m，距道路边不大于2.0m，距建筑物外墙不小于5.0m。

（四）消火栓系统

1. 消火栓系统的用水量：30L/s

2. 室内消火栓系统为临时高压系统，体育场地下车库消防泵房内设消火栓泵两台（Q=30L/s，H=80m，N=45kW），由地下消防水池（414m^3）吸水加压，水泵加压后两路供水管在地下车库及各单体内均形成环网，接室内消火栓系统。体育场屋顶消防水箱间设置消火栓系统增压泵一组（Q=5L/s，H=25m，N=5.5kW，气压罐300L）。消火栓系统不分区。消火栓系统10min初期火灾用水贮存于体育场18m^{3}屋顶消防水箱内（与喷淋系统合用），并有防止消防水量移作他用之措施。

3. 基地消火栓系统设2套水泵接合器，每套流量15L/s。

4. 管材：小于或等于*DN*100采用内外壁热镀锌钢管，丝扣连接；大于*DN*100采用热镀锌无缝钢管，沟槽连接。

（五）自动喷水灭火系统

1. 自动喷水灭火系统的用水量：30L/s。

2. 系统为临时高压系统。体育场地下车库消防泵房内设喷淋泵两台（Q=35L/s，H=90m，N=75kW），由地下消防水池（414m^3）吸水加压。体育场屋顶消防水箱间设置喷淋系统增压泵一组（Q=1L/s，H=25m，N=1.1kW，气压罐150L）。喷淋系统10min初期火灾用水贮存于体育场18m^{3}屋顶消防水箱内（与消火栓系统合用），并有防止消防水量移作他用之措施。

3. 基体育场地下车库消防泵房内设湿式报警阀7套，游泳馆地下层水设备间设置湿式报警阀2套。

4. 地下车库自动喷水系统采用K=80的闭式喷头，喷头动作温度为68℃。车库出入口坡道应采用72℃易熔合金喷头，其喷淋管应保温。当净空高度大于800mm的闷顶或技术夹层内有可燃物时，吊顶内需增设*DN*15直立型68℃喷头；其余部位均采用*DN*15下垂式68℃喷头。所有有吊顶部位均采用隐蔽型（装饰型）喷头。地下仓储用房采用快速响应喷头。

5. 喷淋系统设水泵接合器3套，每套流量15L/s。

6. 管材：小于或等于*DN*100采用内外壁热镀锌钢管，丝扣连接；大于*DN*100采用热镀锌无缝钢管，沟槽连接。

（六）气体灭火系统

1. 设置的位置：体育场1号10/0.4kV变电所、2号10/0.4kV变电所。

2. 系统设计的参数

（1）采用单元独立灭火系统（无管网）的七氟丙烷灭火系统。

（2）七氟丙烷喷射时间：$t<10$s。

（3）七氟丙烷贮存压力：2.5MPa。

（4）设计浓度：灭火设计浓度采用9%。

3. 系统的控制：该系统具有自动、手动和机械应急三种启动方式。防护区内应设安全通道和出口以保证现场人员在30s内撤离防护区。

（七）大空间智能型主动喷水灭火系统

1. 设置的位置：游泳馆观众席区上空。

2. 系统设计的参数：

（1）采用微型自动扫描灭火系统，为临时高压系统，系统设计流量为20L/s，其用水由设置于基地地下室消防泵房内的414m^3消防水池（与其他系统合用）供给。

（2）灭火系统加压泵设计参数为：Q=20L/s，H=100m，N=45kW，共2台，1用1备。

（3）微型自动扫描灭火装置流量5L/s，保护半径20m，安装高度6～20m。

（4）微型自动扫描灭火装置布置间距保证有两个装置的充实水柱同时到达保护范围内任何部位。

（5）基地大空间智能型主动喷水灭火系统设水泵接合器2套，单组流量15L/s。

3. 系统的控制：微型自动扫描灭火系统应具有自动灭火、远程手动灭火和现场手动灭火三种灭火方式。

三、工程特点及设计体会

（一）设计特点

1. 本工程给水排水专业设计时，本着节水、节能、环保、绿色的原则，兼顾经济性的要求进行设计。

2. 给水系统充分利用市政管网压力直供和采用管网叠压的供水方式，节省供水能耗；同时设置雨水及游泳馆各池的放空排水回收利用系统，用于绿化、道路冲洗、水景等用途，减少市政自来水的使用；另外，通过控制用水点的供水压力、采用节水的卫生器具、使用节水龙头、体育场地及部分公共绿化采用自动喷灌系统等方式，达到节水的目的。

3. 排水系统室内污、废合流，室内外雨、污分流，污水收集后根据当地排水部门要求设置化粪池处理后排至市政污水管网；雨水采用绿化就地入渗，道路、广场利用透水地面入渗部分雨水，雨水收集系统收集部分雨水等方式减少基地雨水径流量，减轻市政防洪压力。体育场与游泳馆的大型不规则屋面采用虹吸雨水系统，针对不同形状的屋面进行严密的分析及计算，设置尽量符合实际排水情况的排水系统，解决屋面的安全排水问题。

4. 热水系统根据当地的气候条件及能源条件，采用较为合理的集中供热系统，整个供热系统做好保温措施，减少热量的损失。体育场淋浴用水，游泳馆室内温水比赛池、温水跳水池、温水训练池、淋浴用水的热水均采用集中热水系统，机械循环方式供应热水，基地能源中心95℃高温热媒水为热源。体育场、游泳馆的贵宾及包房卫生间洗手热水采用分散方式供应。

5. 按照最新的消防规范与四川省消防要求进行消防设计，满足消防要求。室外消防给水系统为低压制，基地室外设置216m^3室外消防水池，火灾时由消防车从室外消防水池和室外消火栓就近取水灭火。室内消火栓及喷淋系统均采用临时高压系统。

6. 体育场草坪采用天然草坪，设置自动喷灌系统，节省草坪养护用水。游泳馆包括标准室内温水比赛池、标准室内温水跳水池、室内温水训练池，3个泳池水处理循环系统均采用国际泳联推荐的逆流式循环方式，跳水池设有制波系统与安全保护气浪系统。

7. 节水、节能措施

（1）充分利用市政管网压力，利用市政管网压力直供和采用管网叠压的供水方式。

（2）体育场地采用自动喷灌系统。

（3）所有水泵、设备等采用低噪声高效率环保型产品。生活水泵根据设计参数选择在最不利工况下（此时流量和压力仍满足使用要求）水泵仍在高效区内运行。

（4）低水箱坐式大便器采用两档式冲洗水箱，小便器、洗手盆采用感应式冲洗阀，淋浴龙头采用节水型等。

（5）水池、水箱溢流水位设报警装置，防止进水管阀门故障时，水池、水箱长时间溢流排水。

（6）给水系统控制最不利处用水器具的静水压力不超过 0.20MPa。

（7）本基地设总水表计量，同时按节水规范设置用水计量分水表，游泳池、热交换室、能源中心进水管设分水表计量。

（8）绿化、道路冲洗、水景等用水采用非传统水源——回收的雨水及泳池排水（处理达标后使用）。

（9）除体育场天然草坪外，部分绿化灌溉采用喷灌等高效节水灌溉方式。

（10）热水系统采用集中供热方式，热水系统的所有管道、热水设备采取保温措施。

（二）解决的技术难题

本项目作为综合性的体育场馆建筑群，在给水排水专业的设计上有着比较大的借鉴及示范作用。本项目充分考虑节能节水措施，尤其解决了不规则、高落差、大面积屋面的雨水安全排水问题。另外，本项目设计过程中充分考虑赛时与非赛时系统设置的合理性问题，热水系统的热源选择问题。

1. 标准的天然草坪体育场设计：本项目设计标准的田径体育场，满足各类赛事的需求。体育场天然草坪采用自动喷灌系统，满足节水的需求。天然草坪排水采用排水盲管系统，排水系统的设计满足体育场快速排水需求。

2. 标准的游泳比赛池、跳水池设计：比赛池、跳水池均按《国际游泳联合会标准》设计，采用国际游泳联合会推荐的逆流式循环方式，采用臭氧消毒为主、次氯酸钠溶液投加消毒剂为辅的消毒系统。跳水池设计了制波系统与安全保护气浪系统。

3. 供水：采用市政直供及管网叠压供水方式。由于体育场馆用水不稳定，采用一般的生活水箱＋变频泵组供水方式不是很合理，因为生活水箱空置时间会比较长，二次污染问题比较突出，因此本项目取消了生活水箱，采用管网叠压供水方式，以解决设置生活水箱带来的二次污染问题。

4. 雨水排水：体育场与游泳馆屋面的总面积约为 33400m^2，因此考虑采用虹吸雨水系统解决屋面排水问题。整个屋面最大有 18.5m 的落差，而且在局部区域还有不同的高低起伏，根据汇水方向，最后分成了 12 个大的汇水区域进行分别排水。其中比较难解决的是体育场到游泳馆连接段的大落差雨水排水问题，该问题如果解决不好，当大雨来临时，雨水会外溢，形成类似瀑布似的溢流。在经过严密分析与计算后，采用了如图 1～图 3 所示的几个手段解决问题：

图 1　屋面示意图

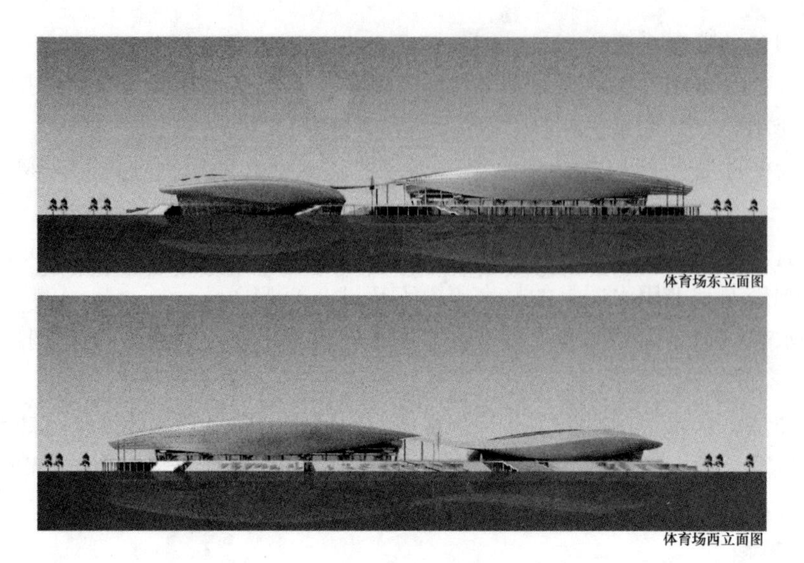

图 2 立面示意图

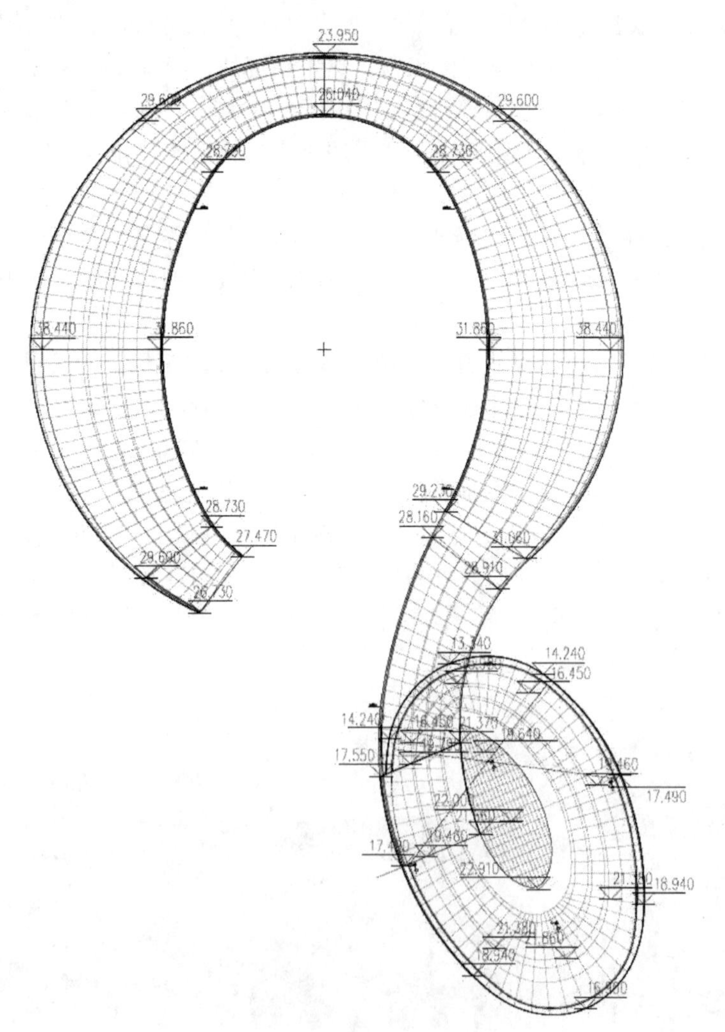

图 3 屋面标高图

（1）在最低点处设置雨水集水井，并加大集水井的深度，在集水井中设置足够大排水能力的虹吸雨水斗，以便大流量雨水汇集后可以快速排水。

（2）虹吸雨水立管出户后的雨水井采用带有排气措施的钢筋混凝土检查井，并放大下游雨水排水总管管径，以快速将屋面雨水疏导进入基地雨水管网。

（3）在雨水天沟中适当增加一些挡水板，降低雨水水流速度，避免大量的雨水瞬间聚集，来不及排放。

经过这几年的检验，屋面雨水排水系统是安全的，受到业主的好评。

5. 不同使用阶段系统合理性的考虑：本项目使用过程中存在以下特点：

（1）比赛时：用水量大，耗热量大。

（2）非赛时：用水量小，耗热量小或没有。

针对上述特点，需要考虑设置既能满足赛时与非赛时需要，又能节水节能、便于管理维护的系统。本项目考虑采用以下措施来解决上述问题：

（1）供水采用市政直供及管网叠压供水方式，可满足任何情况下的用水需求，也不会带来大量的二次供水污染问题，浪费水资源。

（2）采用由基地能源中心提供 95℃高温热媒水的热水系统，可以根据需求的变化稳定供热，而且不用增加过多的初次投资，满足业主的需求。

6. 本项目泳池加热、保温及淋浴用水均需要比较大的耗热量，经过分析比较，最后采用能源中心 95℃高温热媒水，没有采用太阳能或空气源热泵机组等比较节能的方式，主要原因如下：

（1）遂宁地区常年有雾，日照条件不足，采用太阳能系统效率较低，不适合采用太阳能热水系统。

（2）当地天然气条件充足，暖通专业已设置锅炉供暖系统。

（3）本项目耗热量大，采用空气源热泵机组的话需要较多的设备面积，而且该系统也受天气影响。

（4）在业主要求系统必须稳定的条件下，考虑当地天然气条件充足、本项目已设有锅炉供暖系统，经过投资与日常运行技术经济对比，最后选用了由能源中心 95℃高温热媒水供热的系统。

四、工程照片及附图

外观图（夜景）

游泳馆比赛池

游泳馆跳水池

游泳馆训练池

天然草坪自动灌溉

比赛池设备机房

跳水池安全保护气浪管道

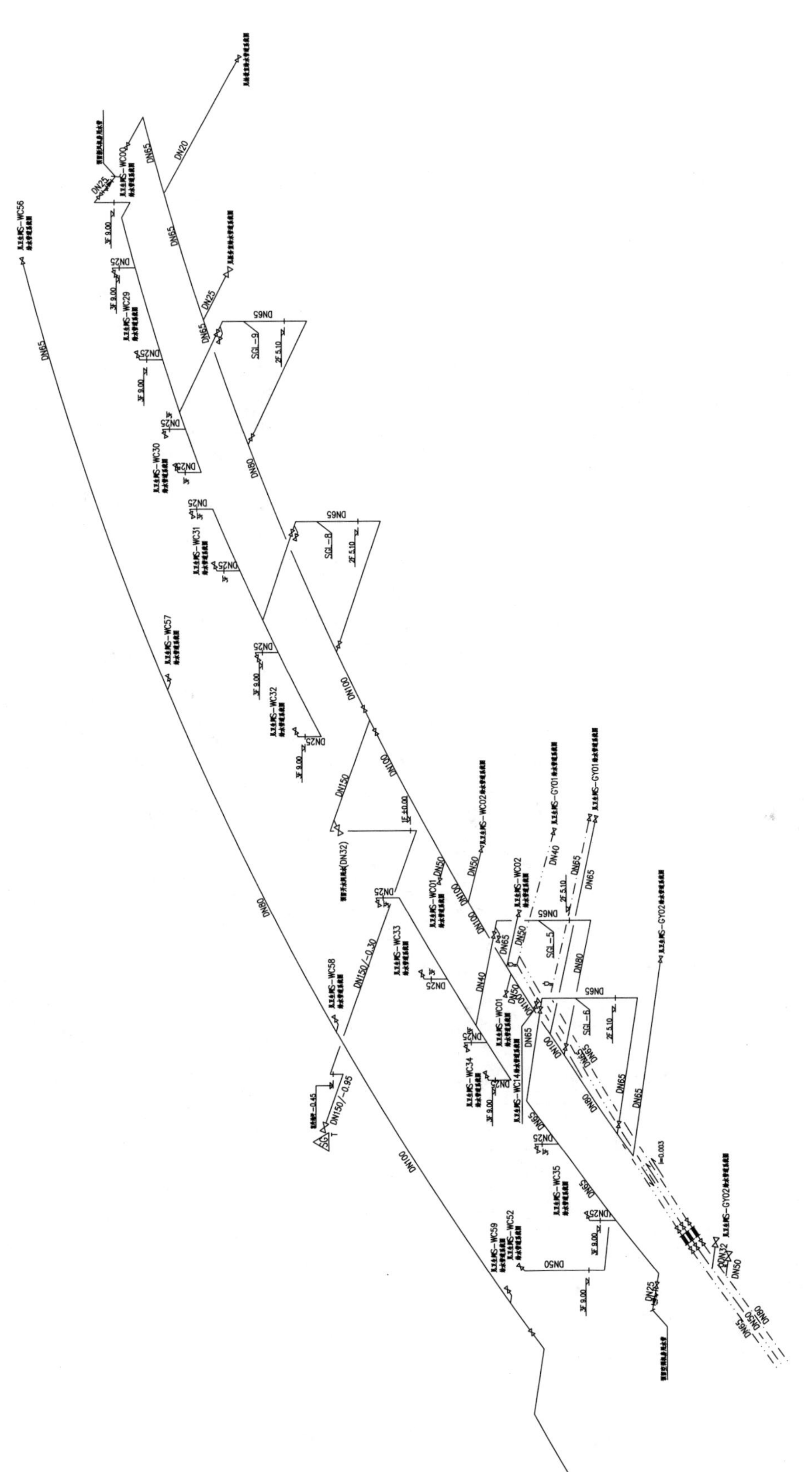

局部给水管道系统图（非通用图示）

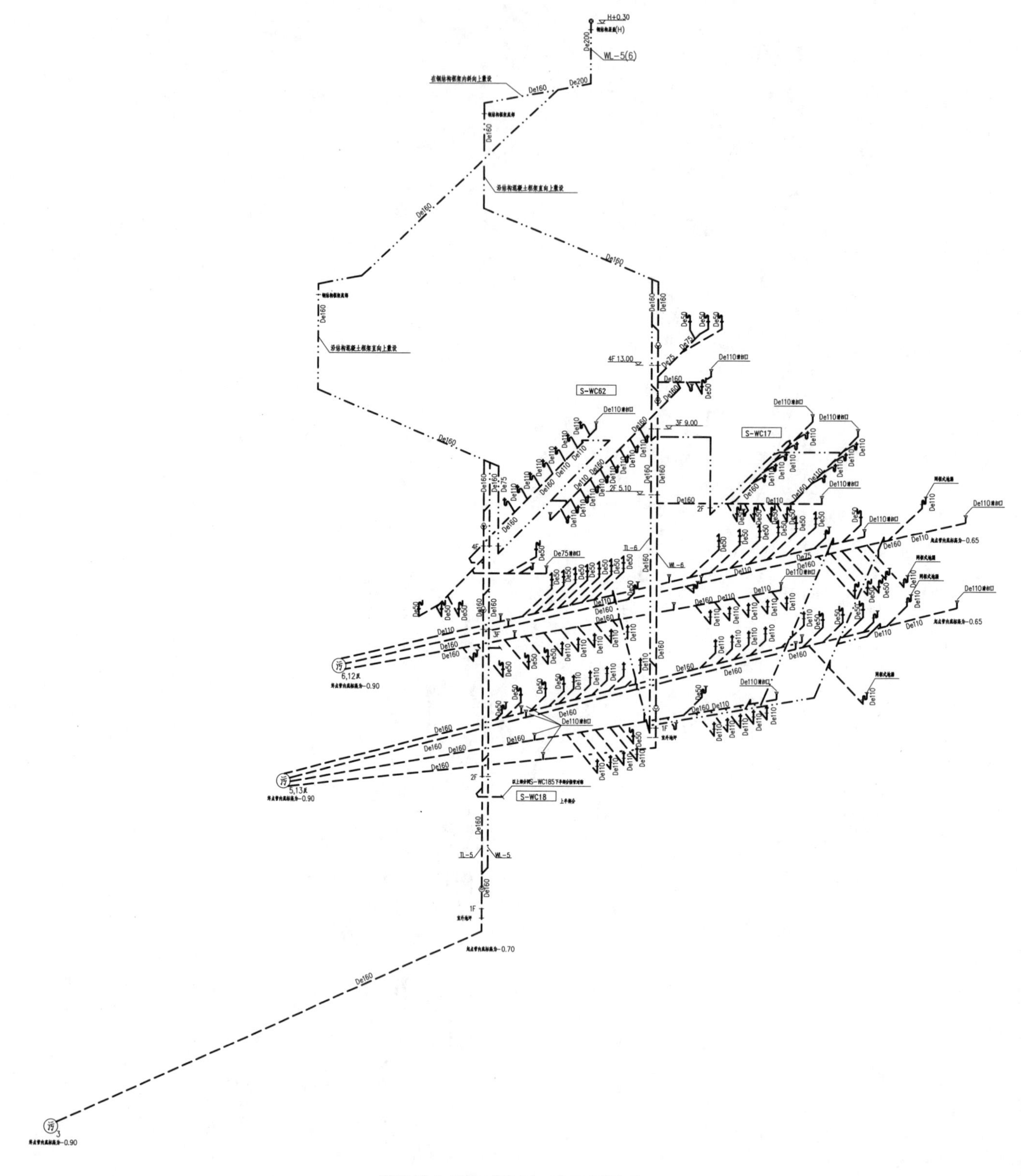

局部排水管道系统图（非通用图示）

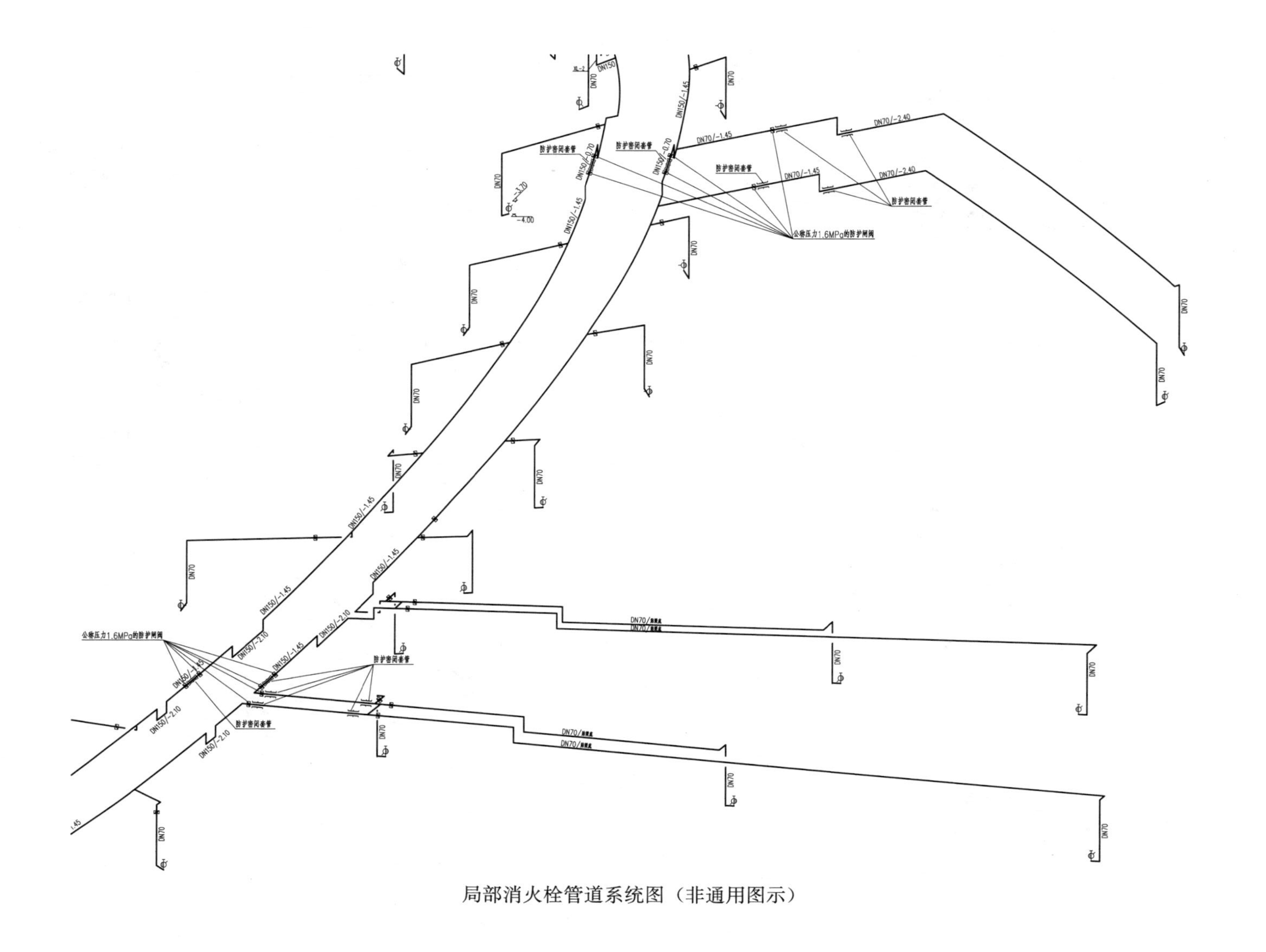

局部消火栓管道系统图（非通用图示）

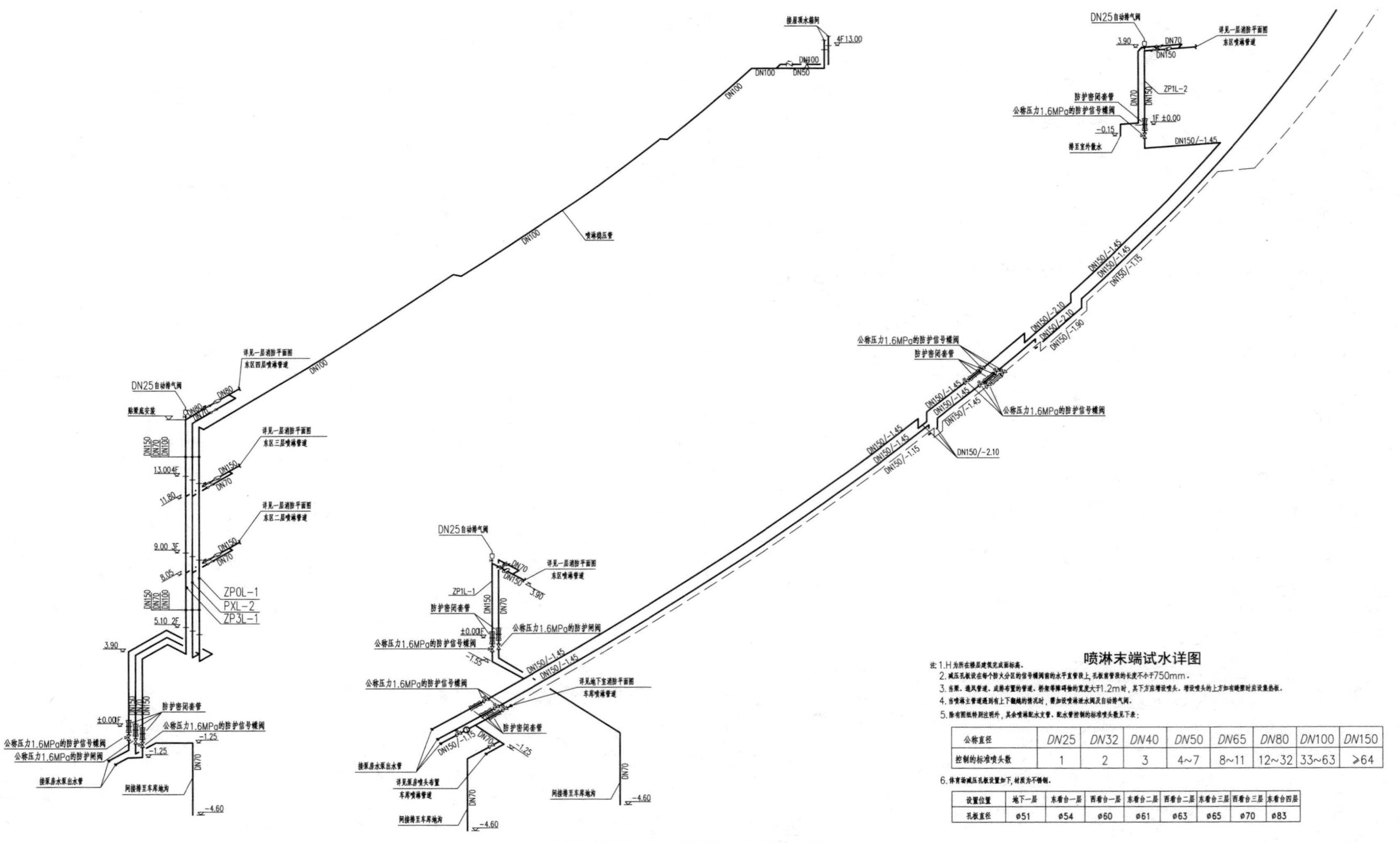

喷淋末端试水详图

注：1. H为所在楼层建筑完成面标高。

2. 减压孔板设在每个防火分区的信号蝶阀前的水平直管段上，孔板前管段的长度不小于750mm。

3. 当梁、通风管道、成排布置的管道、桥架等障碍物的宽度大于1.2m时，其下方应增设喷头。增设喷头的上方如有缝隙时应设集热板。

4. 当喷淋主管道遇到有上下翻越的情况时，需加设喷淋泄水阀及自动排气阀。

5. 除有图纸特别注明外，其余喷淋配水支管、配水管控制的标准喷头数见下表：

公称直径	DN25	DN32	DN40	DN50	DN65	DN80	DN100	DN150
控制的标准喷头数	1	2	3	4~7	8~11	12~32	33~63	≥64

6. 体育场减压孔板设置如下，材质为不锈钢。

设置位置	地下一层	东看台一层	西看台一层	东看台二层	西看台二层	东看台三层	西看台三层	东看台四层
孔板直径	ø51	ø54	ø60	ø61	ø63	ø65	ø70	ø83

局部喷淋管道系统图（非通用图示）

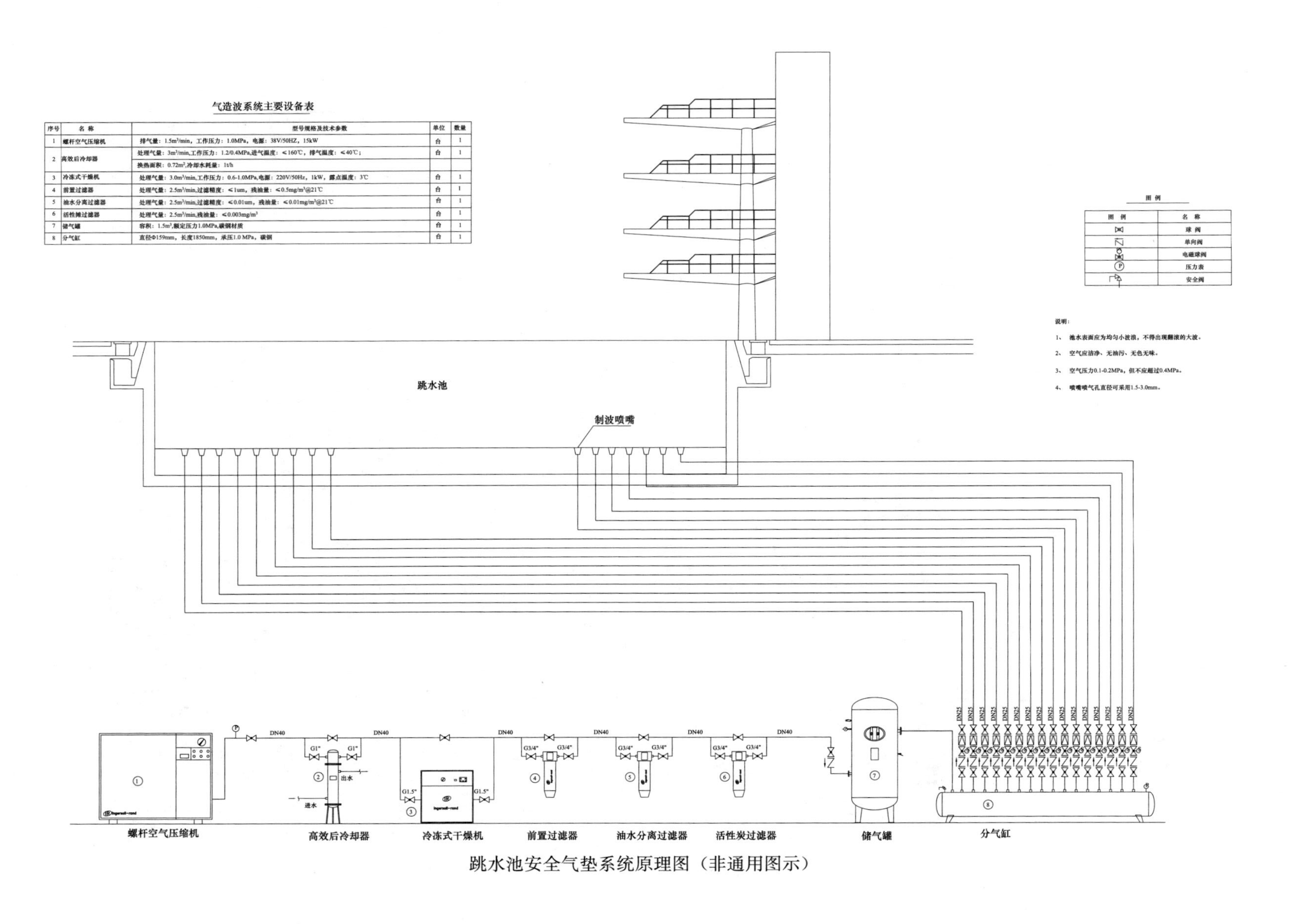

气造波系统主要设备表

序号	名称	型号规格及技术参数	单位	数量
1	螺杆空气压缩机	排气量：1.5m³/min，工作压力：1.0MPa，电源：38V/50HZ，15kW	台	1
2	高效后冷却器	处理气量：3m³/min,工作压力：1.2/0.4MPa,进气温度：≤160℃，排气温度：≤40℃；	台	1
		换热面积：0.72m²,冷却水耗量：1t/h		
3	冷冻式干燥机	处理气量：3.0m³/min,工作压力：0.6-1.0MPa,电源：220V/50Hz，1kW，露点温度：3℃	台	1
4	前置过滤器	处理气量：2.5m³/min,过滤精度：≤1um，残油量：≤0.5mg/m³@21℃	台	1
5	油水分离过滤器	处理气量：2.5m³/min,过滤精度：≤0.01um，残油量：≤0.01mg/m³@21℃	台	1
6	活性摊过滤器	处理气量：2.5m³/min,残油量：≤0.003mg/m³	台	1
7	储气罐	容积：1.5m³,额定压力1.0MPa,碳钢材质	台	1
8	分气缸	直径Φ159mm，长度1850mm，承压1.0 MPa，碳钢	台	1

图例

图例	名称
	球阀
	单向阀
	电磁球阀
P	压力表
	安全阀

说明：

1、 池水表面应为均匀小波浪，不得出现翻滚的大波。

2、 空气应洁净、无油污、无色无味。

3、 空气压力0.1-0.2MPa，但不应超过0.4MPa。

4、 喷嘴喷气孔直径可采用1.5-3.0mm。

跳水池安全气垫系统原理图（非通用图示）

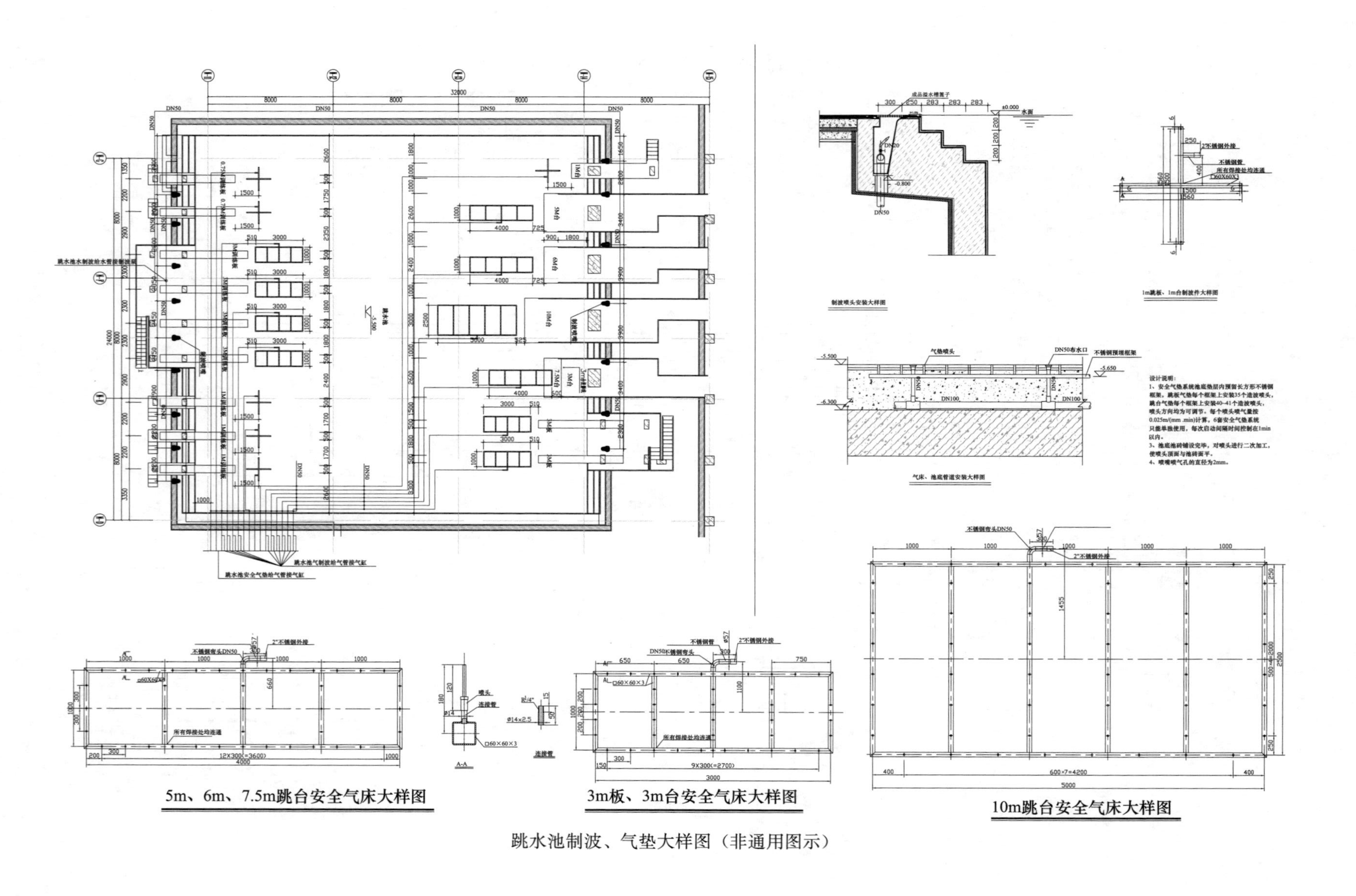

跳水池制波、气垫大样图（非通用图示）

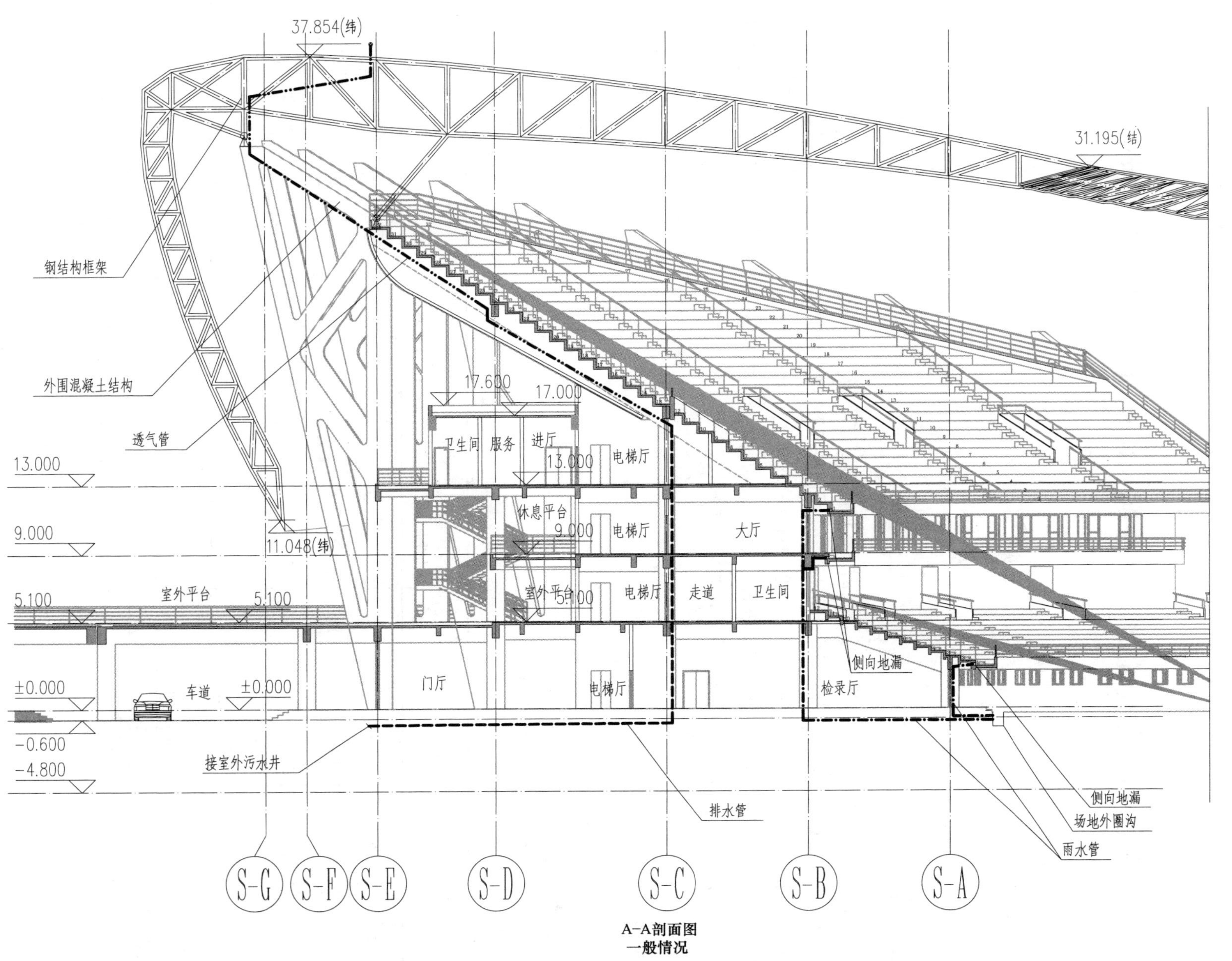

A-A剖面图
一般情况

体育场排水/透气剖面示意图（非通用图示）

武汉中央文化旅游区（一期）K-5地块汉街万达广场

设计单位： 中南建筑设计院股份有限公司
设 计 人： 骆芳　李冬梅　胡颖慧　吴江涛　张虎　彭勃
获奖情况： 公共建筑类　二等类

工程概况：

武汉中央文化旅游区（一期）K-5地块汉街万达广场项目位于湖北省武汉市武昌区沙湖路东侧，楚河汉街以南、中山北路以北、k-5规划路以西。武汉东湖中央商务区万达购物中心的总规划用地面积3.38万m^2。总建筑面积约14.88万m^2，其中地上5层，建筑面积约9.35万m^2，地下2层，建筑面积约5.53万m^2。建筑高度31.5m。地块为商业综合体，主要功能为商铺、超市、百货、酒楼、KTV、影城及停车库。本工程属于一类高层综合楼；建筑工程等级为特级；设计使用年限为50年。

工程说明：

一、给水排水系统

（一）给水系统

1. 用水量标准及总用水量见表1。

主要项目用水量标准及用水量　　表1

用水对象	用水量标准	用水单位数	每日用水时间(h)	小时变化系数K_h	最高日用水量(m^3/d)	平均小时用水量(m^3/h)	最大小时用水量(m^3/h)	备注
万千百货			8	2.0	200.0	25.0	50.0	
超市			12	1.9	250.0	20.8	39.6	
餐饮商铺	20L/人次	25632	12	1.5	512.6	42.7	64.1	
酒楼	60L/人次	2760	12	1.5	165.6	13.8	20.7	
电玩	15L/人次	1552	16	1.3	23.3	1.5	1.9	
KTV	15L/人次	2062	16	1.3	30.9	1.9	2.5	
影院	5L/人次	9600	3	1.5	48.0	16.0	24.0	
物业用水	30L/(人·班)	117	10	1.2	3.5	0.4	0.4	
车库地面冲洗	2L/(m^2·次)	32500	8	1.0	65.0	8.1	8.1	
万千百货冷却循环水	1950　1.50%		12	1.0	351.0	29.3	29.3	
超市冷却循环水	240　1.50%		12	1	43.2	3.6	3.6	
其他业态冷却循环水	1850　1.50%		12	1	333.0	27.8	27.8	
绿化广场冲洗	2.0L/(m^2·d)	10000	8.0	1.5	20.0	2.5	3.8	
其他					118.2	10.6	17.9	
合计					2164.4	203.9	293.5	

注：其他用水等未预见水量，按生活用水量10%计。

2. 水源：给水水源由市政给水管接来，进水保证室外消防用水及生活用水。给水由规划路接入一根 *DN*150 自来水管及沙湖大道接入一根 *DN*300 自来水管，水压值 0.16MPa，在室外集中设水表井（按用水分类设表）。室外消火栓给水管网在室外形成给水环路，当其中一条进水管发生故障时，其他进水管应仍能保证消防用水量，且环管的交汇点设一定的阀门组。

3. 竖向分区

根据物业管理要求，本项目百货、超市、KTV 各采用一套独立给水系统，其余业态合用一套给水系统。按各业态在地下室设有独立生活水泵房及独立生活给水系统，各系统供水总管设置紫外线消毒器。

（1）生活给水系统一：由城市管网直接供水，管网供水范围为地下室（超市除外）、室外绿化供水水箱补水、室外消防给水。室外绿化及冲洗地面用水，每隔 70～80m 的距离设置一个 *DN*25 给水栓，给水栓设置在室外行人难以接触的部位，室外绿化给水设独立水表计量。

地下车库除设备用房外，每 2000m^2 设置一个 *DN*25 的冲洗地面给水栓，靠柱敷设。独立系统业态的垃圾房、污水处理间给水引自其各自的用水管。公用的垃圾房给水引自商业物业用水，垃圾房给水管径为 *DN*25。

（2）生活给水系统二：地下室超市生活给水、冷却水循环系统补充水系统

超市生活给水系统及冷却塔补充水供水系统采用变频供水设备供给，生活水泵房设在地下室，保证各用水点压力 0.25MPa。

（3）百货生活给水系统三：一～三层百货生活给水、冷却水循环系统补充水系统。

百货生活给水系统及冷却水循环系统补充水系统采用变频供水设备供给，下行上给。生活水泵房设在地下室，保证各用水点压力 0.15MPa。

（4）生活给水系统四：大商业生活给水系统（四层商铺、酒楼、放映厅）。

大商业生活给水系统采用变频供水设备供给，下行上给，生活供水每层设置横管系统，商户吊顶内预留给水接口及 IC 卡水表。生活水泵房设在地下室。步行街屋面采光顶设冲洗水点，每隔 50～70m 距离设置一个 *DN*25 的给水栓。

（5）生活给水系统五：KTV 生活给水系统

KTV 生活给水系统采用变频供水设备供给，下行上给，生活水泵房设在地下室。

4. 计量

所有公共区域的用水包括消防水箱、卫生间、垃圾房、污水处理间及室内外绿化及冲洗点均设置水表计量，消防水池在室外设置水表。

5. 给水系统管材

室内生活给水管（冷水管）卫生间内采用 PPR 给水管，热熔连接；其他部位给水管采用钢塑复合管，小于或等于 *DN*50 时采用螺纹连接，大于 *DN*50 时采用卡箍或法兰连接。室外埋地给水管道大于或等于 *DN*100 时采用球墨铸铁管，承插或法兰连接，小于 *DN*100 时采用钢塑复合管，螺纹连接。管道工作压力为 1.0MPa。

（二）热水系统

本项目大商业公共卫生间洗手盆热水采用太阳能制取，不足部分采用电热水机组辅助。在屋顶屋架层设置双排太阳能集热器，热水设备设置在屋面热水机房内。太阳能集热管网及热水供水管网均同程设置。太阳能集热循环系统通过温差控制循环泵启停，太阳能集热系统冬季采取放空防冻。

热水管采用薄壁不锈钢管，卡压连接。

（三）排水系统

1. 本工程排水主要为卫生间生活污水及厨房含油污水，最高日排水量为 1275.5m^3/d，最大时排水量为

$203.6m^3/h$。生活污水与厨房含油污水分流排放。

2. 地面以上生活污水直接排至室外，地下室生活污水经污水处理间污水提升水泵排至室外。本设计按业态在地下室设有多个污水处理间，每个污水处理间服务半径约 30m，各污水处理间设有隔油器、污水池。厨房排水设置二次隔油设施，一次隔油采用在洗盆下设器具隔油器，含有油脂的废水需经过初步隔脂设施处理后，排入地下室二次隔油池，含油污水经隔油池处理后，再提升排入市政污水管道。生活污水在室外经过化粪池处理后排至城市市政污水管网。

3. 地下室生活水泵房、消防水泵房、冷却机房、锅炉房均设有集水坑，各消防电梯底坑设有 $2m^3$ 集水坑，地下室车库地面按小于 $2000m^2$ 范围设集水坑收集地面排水。设备房及地面排水经污水提升水泵排至室外雨水管网。

（四）屋面雨水系统

1. 设计降雨强度

设计采用武汉市汉口暴雨强度公式，暴雨强度公式为：

$$q=983(1+0.65\lg P)/(t+4)^{0.56}(\mathrm{L/(s\cdot hm^2)})$$

2. 室外场地雨水重现期 P 取 3 年，采光屋顶设计重现期 $P=50$ 年，其余屋面雨水重现期 P 取 10 年，屋面雨水排水系统按排水总能力不小于重限期 50 年的雨水量考虑屋面溢流设施。

3. 为减少雨水立管，降低悬吊管坡度，屋面雨水排水采用虹吸雨水系统，屋面总汇水面积约 $20000m^2$，共采用 12 个虹吸系统，4 个溢流系统。屋面天沟的布置避免雨水斗及雨水横管安装在影厅内，均设置在走廊内、空调机房或放映机房内。雨水斗选用不锈钢材质，雨水管选用 HDPE 管，热熔连接。

4. 在车库入口、消防电梯底部集水坑和地下室水泵房集水坑中的潜水排污泵要求互为备用，自动控制其两台水泵交替使用，高水位时备用泵自动投入使用。

（五）冷却水循环系统

1. 本项目设置中央空调系统，超市、百货及大商业采用独立的供水系统，空调系统配套的循环水泵设在各业态制冷机房内。冷却塔、循环水泵、水处理仪均与相对应的冷水机组联动，开机时先开冷却塔，其次冷却水泵，最后冷水机组，停机时与此程序相反。每台冷却塔总进水管上均安装电动蝶阀。冷却塔采用静音型冷却塔。

2. 气象参数及运行条件：制冷机进水温度 32℃，出水温度 37℃，冷却塔进水温度 37℃，出水温度 32℃，按 28.4℃湿球温度配备冷却塔。

3. 冷却水循环补充水系统：补水量按冷却循环水水量的 1.5%计，补充水贮水量为最大小时补充水的两倍，贮存在地下室各业态生活水泵房的生活水箱内。冷却塔补水采用变频恒压给水设备。

4. 空调冷却循环系统流程如图 1 所示。

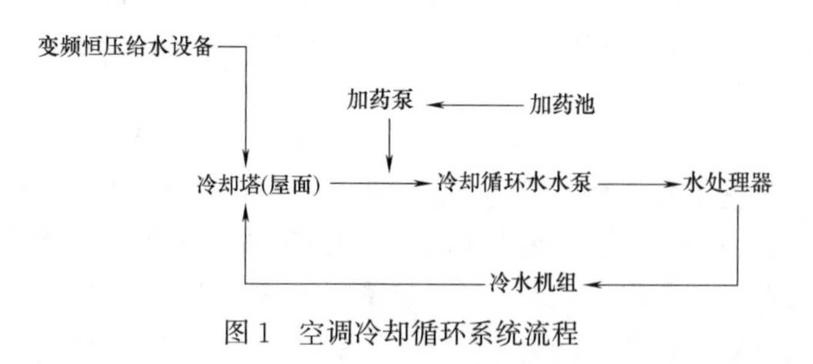

图 1　空调冷却循环系统流程

5. 冷却塔基座设置弹簧减振装置，冷却塔设置位置避开有安静需求的影厅屋面，百货及大商业冷却塔布置位置保证冷却塔最大突出面距玻璃顶棚最小距离大于 10m，超市冷却塔与玻璃顶棚相邻面设置隔声降噪屏。

（六）雨水回收利用设计

1. 降雨资料：武汉市年均降雨量 1248.3mm，年均降雨次数为 122.2 次，其中 2mm 以上的降雨降雨量占总降雨的的比例为 97.3%。设计重现期 1 年一遇日降雨量为 61.3mm，设计重现期 2 年一遇日降雨量为 102.6mm。

2. 收集范围及回用用途：本项目收集屋面清洁雨水，处理后用于室外绿化浇洒。

3. 屋面收集面积为 4000m^2，弃流量为 3mm 径流厚度，雨水收集池容量：90.0m^3，收集的雨水可满足 4 天的绿化用水。

4. 雨水收集系统的处理工艺流程：雨水→初期弃流→雨水蓄水池→水泵提升→过滤消毒→绿化冲洗用水。

二、消防系统

（一）消防水源及消防水池容积

1. 消防用水水源来自城市自来水，为保证消防用水，由环状市政给水管道接入两根 *DN*150 消防水管，管网在室外形成给水环路，当其中一条进水管发生故障时，其他进水管应仍能保证消防时用水量，且环管的交汇点设一定的阀门组。室外消防用水直接由市政给水管（室外消火栓）供给，室外消火栓布置按不大于 120m 间距布置，距建筑外墙不小于 5m、距建筑外墙不大于 40m、距道路边不大于 2m。室内消防用水贮存在地下室消防水池内。

2. 室内一次消防用水量见表 2

消防用水量标准及用水量 **表 2**

序号	消防系统名称	消防用水量标准（L/s）	火灾延续时间（h）	一次灭火用水量（m^3）	备注
1	室外消火栓系统	30	3	324	由室外消火栓给水管网直接供给
2	室内消火栓系统	30	3	324	由消防水池供
3	自动喷水灭火系统	35	1	126	由消防水池供
4	水喷雾灭火系统	40	0.5	72	由消防水池供(与加密喷淋系统合用)
5	钢化玻璃冷却保护系统	63	2	453.2	由消防水池供
6	自动扫描射水高空水炮灭火系统	20	1h	72	由消防水池供
7	室内合计			975.6	由消防水池供

消防水池设于地下室消防水泵房内，因暖通考虑冰蓄冷，实际有效贮水容积为 2015.5m^3，满足消防用水要求。

（二）消火栓给水系统

1. 本工程消火栓给水系统为临时高压系统，由设于地下室水泵房内的消火栓给水加压泵、屋顶高位水箱及增压设备供水。消火栓栓口出水水压大于 0.5MPa 时采用减压稳压消火栓。因单层面积较大，地下室消防管道增加贯通环，减少管道水损，降低水泵扬程。

2. 本工程按同层任何部位均有两股消火栓的水枪充实水柱可同时到达的原则布置室内消火栓，消防电梯前室设前室消火栓，水枪充实水柱不小于 13m。消火栓箱采用带灭火器箱组合式消防箱，每一个消火栓箱内设有 *DN*65 消火栓一个、ϕ19 水枪一支、长度为 25m 的 *DN*65 消防水龙带一条及消防紧急按钮、指示灯各一个。除屋面试验消火栓外，其他部位均加设 *DN*25 消防卷盘。屋顶设有效水容积为 18m^3 的不锈钢消防水箱一座，供火灾初期消火栓系统用水。

3. 在室外设3套SQS150-A型消防水泵接合器与室内消火栓管网相连。

4. 在屋顶消防设备间内设置ZW（W)-Ⅰ-X-10-0.16型增压稳压设备，提供消火栓系统初期灭火用水及维持消火栓给水管网平时所需压力。

5. 控制及信号：火灾时启动消火栓箱内消防紧急按钮，信号传送至消防控制中心（显示火灾位置）及泵房内消火栓加压泵控制箱，启动消火栓加压泵，并反馈信号至消防控制中心及消火栓箱（指示灯亮)，消火栓加压泵还可在消防控制中心遥控启动和在水泵房手动启动。

（三）自动喷水灭火系统

本工程室内净空高度不超过12m的车库、商场、商铺、放映厅、餐厅、办公、客房等用房及走道设自动喷水灭火系统。

1. 自喷系统用水量：

汽车停车库、商场、卖场内，取中危险Ⅱ级，设计喷水强度8L/(min・m^2)，作用面积为160m^2；卖场货架超过3.5m，按严重危险Ⅰ级设计，设计喷水强度12.0L/(min・m^2)，作用面积为260m^2；中庭、影剧院净空高度8～12m，设计喷水强度6.0L/(min・m^2)，作用面积为260m^2；超市存货区、卸货区多排货架，采用仓库危险Ⅱ级，储物高度3.5～4.5m，设计喷水强度12.0L/min，作用面积为200m^2。

室内步行街亚安全区通道与店铺间钢化玻璃采用加密喷头（2m间距）保护，设计喷水强度0.5L/(s・m)。

2. 自动喷水灭火系统一：控制范围为购物中心一～五层，其自动喷水灭火系统流量为35L/s，火灾延续时间1h。

3. 自动喷水灭火系统二：控制范围为地下室超市存货区、卸货区、超市货架大于3.5m的区域、购物中心室内步行街通道与店铺间钢化玻璃加密喷淋保护（2m间距）系统。其自动喷水灭火系统流量为63L/s，火灾延续时间2h。

4. 自喷给水系统一为临时高压系统，地下室消防泵房内设自喷给水加压泵2台，1用1备，向自喷给水系统供水。

5. 自喷给水系统二为临时高压系统，地下室消防泵房内设有加密喷淋给水加压泵3台，2用1备，向加密喷淋给水系统供水。加密喷淋保护系统设独立的湿式报警阀。

6. 在屋顶设有效容积为18m^{3}的不锈钢消防水箱一座，供火灾初期自动喷水系统用水，为保障亚安全区安全，设计后期在屋面加设总有效容积为220m^{3}的不锈钢消防水箱两座，为亚安全区钢化玻璃加密喷淋保护系统提供第二水源。

7. 在屋顶消防设备间内设置ZW（W)-Ⅰ-Z-0.1-0.16型自动喷水系统增压稳压设备，可提供自动喷水系统初期灭火用水及维持自动喷水管网平时所需压力。

8. 在室外设若3套SQS150-A型消防水泵接合器与自动喷水灭火系统一管网相连，4套SQS150-A型消防水泵接合器与自动喷水灭火系统二管网相连。

9. 每个湿式报警阀所控制的喷头数不超过800个，自动喷水灭火系统按每层每个防火分区设信号阀和水流指示器，喷头动作温度为68℃；厨房喷头动作温度为93℃。

10. 控制及信号：火灾时喷头动作，由报警阀压力开关、水流指示器将火灾信号传至消防控制中心（显示火灾位置）及泵房内自喷加压泵控制箱，启动自喷加压泵，并反馈信号至消防控制中心。自喷加压泵也可在消防控制中心遥控启动和在水泵房内手动启动。本设计报警阀前后及水流指示器前所设置的阀门均为信号阀，阀门的开启状态传递至消防控制中心。

（四）水喷雾灭火系统

1. 地下室锅炉房采用水喷雾灭火系统对锅炉进行灭火保护，锅炉设计喷水强度 10L/(min·m^2)，爆膜片和燃烧器喷水强度 150L/min，设计流量为 40L/s，0.5h 灭火时间。

2. 本大楼地下一层柴油发电机房及其油箱间设置水喷雾灭火系统。柴油的闪点为 60～110℃。柴油发电机及其油箱的喷雾强度取 20L/(min·m^2)，设计流量为 27L/s，0.5h 灭火时间。

3. 水喷雾灭火系统为临时高压系统，消防供水设施与钢化玻璃冷却保护系统合用。

4. 控制及信号：火灾时，火灾探测器动作，向火灾报警控制器报警，并由消防联动控制器启动电磁阀，雨淋阀动作，并由消防联动控制器启动水喷雾消防泵向水喷雾灭火系统供水灭火。

（五）自动扫描射水高空水炮灭火系统

1. 本工程室内净空高度超过 12m 的中庭大空间（步行街中庭上空及 IMAX 影厅上空）采用自动扫描射水高空水炮灭火系统。选用 ZDMS0.6/5S-LA235 型自动扫描射水高空水炮灭火装置，单个额定流量 5L/s，额定工作压力 0.60MPa，保护半径 20m，最大安装高度 20m，同时开启数量为 4 个，系统设计流量为 $q=$ 20L/s，火灾延续时间为 1.0h。

2. 屋顶高位消防水箱与自喷系统合用，供自动扫描射水高空水炮灭火系统充满用水。

3. 在室外设 2 套 SQS100-A 型消防水泵接合器与室内自动扫描射水高空水炮管网相连。

4. 自动扫描射水高空水炮灭火系统为临时高压系统，地下室消防泵房内设有自动扫描射水高空水炮灭火系统加压水泵两台，1 用 1 备，向自动扫描射水高空水炮灭火系统供水。

5. 控制及信号：自动扫描射水高空水炮具有火灾探测功能，火灾时自动扫描装置管理主机检测到探测器报火警后，自动启动声光报警，自动控制相关自动扫描装置扫描、定位、自动开启水泵和电磁阀实施灭火。

（六）气体灭火系统

1. 本项目 IMAX 放映机房、弱电机房、网络机房，共 5 个防护区，设计预制七氟丙烷全淹没系统进行保护（表 3）

气体灭火系统（一） **表 3**

序号	防护区名称	设计用量(kg)	每瓶充装量(kg)	储瓶规格(L)	储瓶数量(只)	总药剂用量(kg)	泄压口面积(m^2)
1	放映机房	116.02	120	120	1	120	0.063
2	百货弱电机房	539.88	111	120	5	555	0.292
3	网络机房	368.71	126	120	3	378	0.200
4	托管机房	337.21	113	120	3	339	0.200
5	影院弱电机房	111.00	120	120	1	120	0.060

2. 本项目变配电房采用 S 型 DKL 气溶胶全淹没灭火系统（表 4）。

气体灭火系统（二） **表 4**

序号	防护区名称	容积(m^3)	容积修正系数	设计浓度(g/m^3)	灭火剂设计用量(kg)	灭火剂实际用量(kg)	型号规格	数量
1	超市变电站	865.1	1.1	140	133.2	140	QRR20/SL-DKL	7
2	精品电器变配电房	270.0	1.0	140	37.8	40	QRR10/SL-DKL	4
3	大商业 1 号变配电房	748.4	1.1	140	115.3	120	QRR20/SL-DKL	6
4	百货 1 号变配电房	1506.1	1.2	140	253.0	260	QRR20/SL-DKL	13

续表

序号	防护区名称	容积 (m^3)	容积修正系数	设计浓度 (g/m^3)	灭火剂设计用量(kg)	灭火剂实际用量(kg)	型号规格	数量
5	大商业开闭所	1028.6	1.2	140	172.0	180	QRR20/SL-DKL	9
6	大商业2号变配电房	1632.9	1.2	140	274.3	280	QRR20/SL-DKL	14
7	百货2号变配电房	1116.7	1.2	140	187.6	200	QRR20/SL-DKL	10

系统具有自动、手动两种控制方式。

(七) 建筑灭火器配置

1. 本工程按A类中危险级要求配置灭火器有：超市、百货、铺面。按A类严重危险级配备的有：厨房、电玩、KTV、影院等公共活动用房。按B、C类中危险级要求配置灭火器的区域有地下室车库、锅炉房。

2. A类严重危险级配置，单具灭火器最小配置灭火级别3A，单位灭火级别最大保积为$50m^2/A$，手提式灭火器保护范围为15m（每个消火栓箱设有）；A类中危险级配置，单具灭火器最小配置灭火级别2A，单位灭火级别最大保护面积为$75m^2/A$，手提式灭火器保护范围为20m。每处设置两具MF/ABC3（2A）型或两具MF/ABC5（3A）型灭火器（每个消火栓箱处设有）。当保护距离不能满足时，需增设一具MF/ABC3（2A）型或两具MF/ABC5（3A）型灭火器。

3. 每个配电房内设置干粉磷酸铵盐推车式灭火器MFT/ABC20（6A）两台；本项目所有电气竖井内配置悬挂式超细干粉灭火系统，配置标准：5kg。

给水排水主要设备见表5。消防主要设备见表6。

给水排水主要设备 **表5**

序号		设备名称	设备规格	数量	设置地点	备注
1	超市	变频调速供水设备	$Q=25m^3/h,H=60m,N=7.5kW$	3台	地下室超市生活泵房	2用1备
2		生活水箱一	尺寸:7.5×5.5×3(m)	2座		食品级不锈钢材质
3		紫外线消毒器	$Q=15m^3/h,N=0.15kW$	1台		
4	百货	变频调速供水设备	$Q=27.5m^3/h,H=52m,N=7.5kW$	4台	地下室百货生活泵房	3用1备
5		生活水箱	尺寸:7.5×3.5×3m	1座		食品级不锈钢材质
6		紫外线消毒器	$Q=15m^3/h,N=0.15kW$	1台		
7	大商业	变频调速供水设备	$Q=40m^3/h,H=63m,N=11kW$	4台	地下室大商业生活泵房	3用1备
			压力罐:ϕ500-1.0	1个		
8		生活水箱	尺寸:9.5×5.5×3.0(m)	1座		食品级不锈钢材质
9		紫外线消毒器	$Q=15m^3/h,N=0.15kW$	1台		
10		冷却循环水系统补水变频给水设备	$Q=30m^3/h,H=51m,N=7.5kW$	2台		1用1备

续表

序号		设备名称	设备规格	数量	设置地点	备注
11	大商业	太阳能集热器	双排玻璃管集热器	56 组	大屋面屋架	
12		储热水箱	3.5×3.5×2.0(m)	1 座	五层热水机房	
13		电热水机组	NW-60-300 型 贮水容积 228L，功率为 5×60kW	1 台		
14		压力储罐	SGL-2.5-0.6 型 容积 $2.5m^3$	1 个		
15		热水供水泵	$Q=12m^3/h, H=26m, N=2.2kW$	2 台		1 用 1 备
16		太阳能循环泵	$Q=24m^3/h, H=32m, N=4.0kW$	2 台		1 用 1 备
17		电热水炉—热水箱循环泵	$Q=12m^3/h, H=11m, N=1.1kW$	2 台		1 用 1 备
18		热水回水循环泵	$Q=2.2m^3/h, H=9m, N=0.37kW$	2 台		1 用 1 备
19	KTV	变频调速供水设备	$Q=11m^3/h, H=52m, N=3kW$	2 台	地下室 KTV 生活泵房	1 用 1 备
20		不锈钢水箱	尺寸：2.5×2.0×3.0(m)	1 座		食品级不锈钢材质
21		紫外线消毒器	$Q=15m^3/h, N=0.15kW$	1 台		
22	超市空调冷却水循环系统设备	冷却水循环系统循环泵：	$Q=120m^3/h, H=30.5m, N=15kW$	3 台	地下室超市冷冻机房	2 用 1 备
23		冷却塔	LRCM-H-150 型 32℃/37℃、湿球温度 28.4℃ 风机 $K=5.5kW$	2 台	四层屋面	
24	百货空调冷却水循环系统	冷却水循环系统循环泵	$Q=650m^3/h, H=33m, N=90kW$	4 台	地下室百货冷冻机房	3 用 1 备
25		冷却塔	LRCM-H-900 型 32℃/37℃、湿球温度 28.4℃ 风机 $K=5.5kW×6$	3 台	四层屋面	
26	大商业空调冷却水循环系统	冷却水循环系统循环泵	$Q=750m^3/h, H=33.0m, N=132kW$	3 台	地下室大商业冷冻机房	2 用 1 备
			$Q=350m^3/h, H=33.5m, N=55kW$	1 台		1 用
27		冷却塔	LRCM-H-450 型 32℃/37℃、湿球温度 28.4℃ 风机 $K=5.5kW×3$	1 台	四层屋面	
			LRCM-H-1000 型 32℃/37℃、湿球温度 28.4℃ 风机 $K=5.5kW×8$	2 台	四层屋面	
28	排水系统	隔油提升一体化设备		20 套	地下二层污水处理间	
29		潜水泵	$Q=25m^3/h, H=25m, N=4kW$	若干	污水处理间、卫生间、干、湿垃圾房	每处设置点 1 用 1 备
30		潜水泵	$Q=15m^3/h, H=22m, N=3kW$	若干	车库消防、冲洗、报警阀间	每处设置点 1 用 1 备

续表

序号		设备名称	设备规格	数量	设置地点	备注
31	排水系统	潜水泵	Q=25m^3/h,H=25m,N=4kW	若干	生活泵房、冷冻机房	每处设置点1用1备
32		潜水泵	Q=45m^3/h,H=22m,N=5.5kW	若干	消防泵房、消防电梯	每处设置点1用1备
33		潜水泵	Q=45m^3/h,H=22m,N=5.5kW	若干	汽车坡道	每处设置点2用

消防主要设备 **表6**

序号	设备名称	设备规格	数量	设置地点	备注
1	消火栓给水加压泵	Q=0-30L/s,H=90m,N=45kW	2台	消防系统	1用1备
2	消防增压稳压设备	ZW(W)-Ⅰ-X-10-0.16型	1套	消防系统	
		25LGW3-10×3,N=1.5kW	2台		1用1备
		隔膜式气压罐SQW1000×0.6	1个		
3	自喷给水加压泵	Q=0-35L/s,H=120m,N=90kW	2台	自喷系统	1用1备
4	加密喷淋给水加压泵	Q=0-35L/s,H=100m,N=75kW	2台	加密喷淋系统	1用1备
5	自喷增压稳压设备	ZW(W)-Ⅰ-Z-0.1-0.16型	1套	自喷系统	
		25LGW3-10×3,N=1.5kW	2台		1用1备
		隔膜式气压罐SQW1000×0.6	1个		
6	自动扫描射水高空水炮灭火系统加压泵	Q=0-20L/s,H=130m,N=55kW	2台	大空间智能灭火系统	1用1备
7	高位消防水箱	尺寸:2.5×2.0×3.0(m) 有效容积18.9m^3	1座	大屋面	组合式不锈钢水箱
8	组合式消防柜	若干	若干	消防系统	
9	湿式报警阀组	ZSFZ型	30套	自喷系统	
10	雨淋阀组	ZSF型	6套	水喷雾系统	
11	自动扫描射水高空水炮灭火装置	Q=5L/s,工作压力0.60MPa 标准保护半径R=20m	30套	三层中庭、影厅	包含电动阀、信号阀、水流指示器各1个
12	地上式水泵接合器	SQS150-A	12套	室外绿化带	自喷给水加压泵
13	闭式喷头	K=80,动作温度68℃	若干		其他区域
		K=80,动作温度93℃	若干		厨房
14	水雾喷头	ZSTWB-80-120 K=43	若干		发电机房
		ZSTWB-63-120 K=34	若干		锅炉房
		ZSTWB-160-90 K=86	若干		锅炉爆膜片和燃烧器
15	预制七氟丙烷灭火装置		详见表3		
16	气溶胶灭火装置		详见表4		

三、工程特点及设计体会

1. 给水系统优化措施

本项目为商业综合体，业态众多，百货、超市、KTV、大商业、绿化、消防分别设独立的水表，各业态生活水箱，泵房分别独立设置，各系统单独向自来水公司交费。本项目总建筑面积 13.45 万 m^2，设计及建设周期供 18 个月，边设计边施工，随招商变化建筑平面功能变化较大，为便于业主后期变更商业布局方便，本项目生活供水每层设置横管系统，商户吊顶内预留给水接口及 IC 卡水表。

本项目管井均分业态设置，便于运营方管理。

2. 排水系统优化措施

本项目所有商业铺位均预留生活排水接口，餐饮铺位加设含油污水接口。

地面生活污水采用重力排水排至室外，餐饮排水及地下室排水排至地下室设置的污水处理间内的集水池（含油污水经隔油池处理后提升排放，隔油池放在污水处理间的地面上），然后压力排出。本项目各业态分别设置独立的排水系统及污水处理间。污水处理间内均设拖布池，污水处理间内集水坑的有效容积不小于 $5m^2$，污水处理间的服务半径约 25m。

为了防止地下室卫生间及污水处理间污水坑长期使用中出现污物沉积现象，在潜水泵出水口加设 DN20 的旁通管，向污水坑内冲刷，具体如图 2 所示：

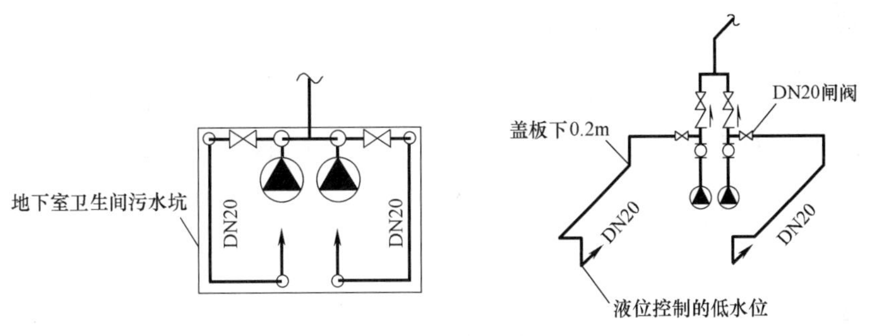

图 2 加设旁通管

本项目屋面雨水采用压力流系统排放，雨水由虹吸雨水斗收集。屋面雨水经水平干管及雨水立管下至地下一层及一层出户。室外场地雨水重现期 P 取 3 年，屋面雨水重现期 P 取 10 年，屋面雨水排水系统按排水总能力不小于重限期 50 年的雨水量考虑屋面溢流设施，影楼屋面采用重力溢流至下层屋面，大屋面设计采用虹吸溢流。雨水管斗及雨水管道布置避开影厅等有安静需求的房间。

3. 冷却循环水系统优化

本项目商业、超市、百货均设独立的冷却循环水系统，各业态制冷机组与冷却塔实现一一对应。冷却塔集水盘加高 0.3m。冷却水管布置同程，保证冷却塔热负荷均衡。

本项目冷却塔设置位置避开有安静需求的影厅屋面，百货及大商业冷却塔布置位置保证冷却塔最大突出面距玻璃顶棚最小距离大于 10m，超市冷却塔与玻璃顶棚相邻面设置隔声降噪屏。

4. 消防系统优化

整个购物中心采用一套消防系统。消防泵房和消防水池的位置适中。消防水箱放在本项目的最高点，避开结构大跨度区域。因本项目消防水池兼做水蓄冷池时，消防水池布置靠近制冷机房设置。

IMAX 影院，商业中庭等室内净空高度超过 8m 的大空间场所，选用自动扫描射水高空水炮型的大空间智能型主动喷水灭火系统。大空间智能型主动喷水灭火系统解决了高大空间的建筑消防难点，同时为建筑内部提供了优美的环境。中庭水炮在玻璃顶周边外围穿梁安装，安装美观。

本项目在建筑内部商业中庭及沿商铺走道划出一定区域范围（为高大空间，对烟气蓄积能力较强）作为亚安全区，在此区域范围内，通过对内部可燃物进行控制，并与周围邻近区域采取严格的防火分隔措施，严格控制火灾和烟气侵入区域内，并设置自动喷水灭火设施。

亚安全区两侧商铺要求按照防火单元进行设计，把易燃物品集中在一起并通过防火分隔围合成一个又一个的独立单元，对这些独立单元提供自动喷水灭火系统及排烟系统等设施。防火单元与亚安全区（常与步行街结合）通道之间采用“钢化玻璃＋窗喷”进行防火分隔，此防护冷却系统采用专用的窗型喷头，它与用作灭火的喷淋系统相互独立，但同时启动。该系统使用特殊窗型喷头。

为保障亚安全区安全，本项目在屋面设置总有效容积为 220m^3 的不锈钢消防水量两座，为亚安全区钢化玻璃及加密喷淋保护系统提供第二水源，提高供水安全性。

因超市仓库、锅炉房及亚安全区防护冷却系统不同时工作，本设计三个区域共用一套供水设备，节省投资。

5. 可再生能源利用

本项目百货、大商业公共卫生间及商管淋浴区集中供应卫生热水，热水采用太阳能预热制取，不足部分采用电热水机组辅助加热。太阳能集热板采用真空管，架空设置于影城屋面，太阳能集热系统布置同程。本项目太阳能年利用率 20％。

武汉市降雨充沛，本项目收集部分屋面雨水储存于室外雨水收集池，经处理消毒后用于室外绿化及道路冲洗。回收雨水可满足全部的绿化及道路浇洒水量。

6. 其他

本项目工期紧张，产品定位高，且边设计边施工，本设计进行了细致的管线综合设计，多处管道穿梁，并重点进行地下室机房排布及管线综合设计，系统设计上避免了机电管线交叉，设计保证运货车道的净高不小于 3.0m。购物中心首层净高：不低于 4m，二层以上净高：不低于 3.5m。

为便于业主后期变更商业布局，本设计地下室预留了部分出户套管并加设堵头，避免后期开凿洞口，节省投资，获得业主好评。

四、工程照片及附图

鸟瞰图

地下室生活水泵房

地下室消防水泵房

循环冷却水泵安装

地下室管综合

屋面太阳能板

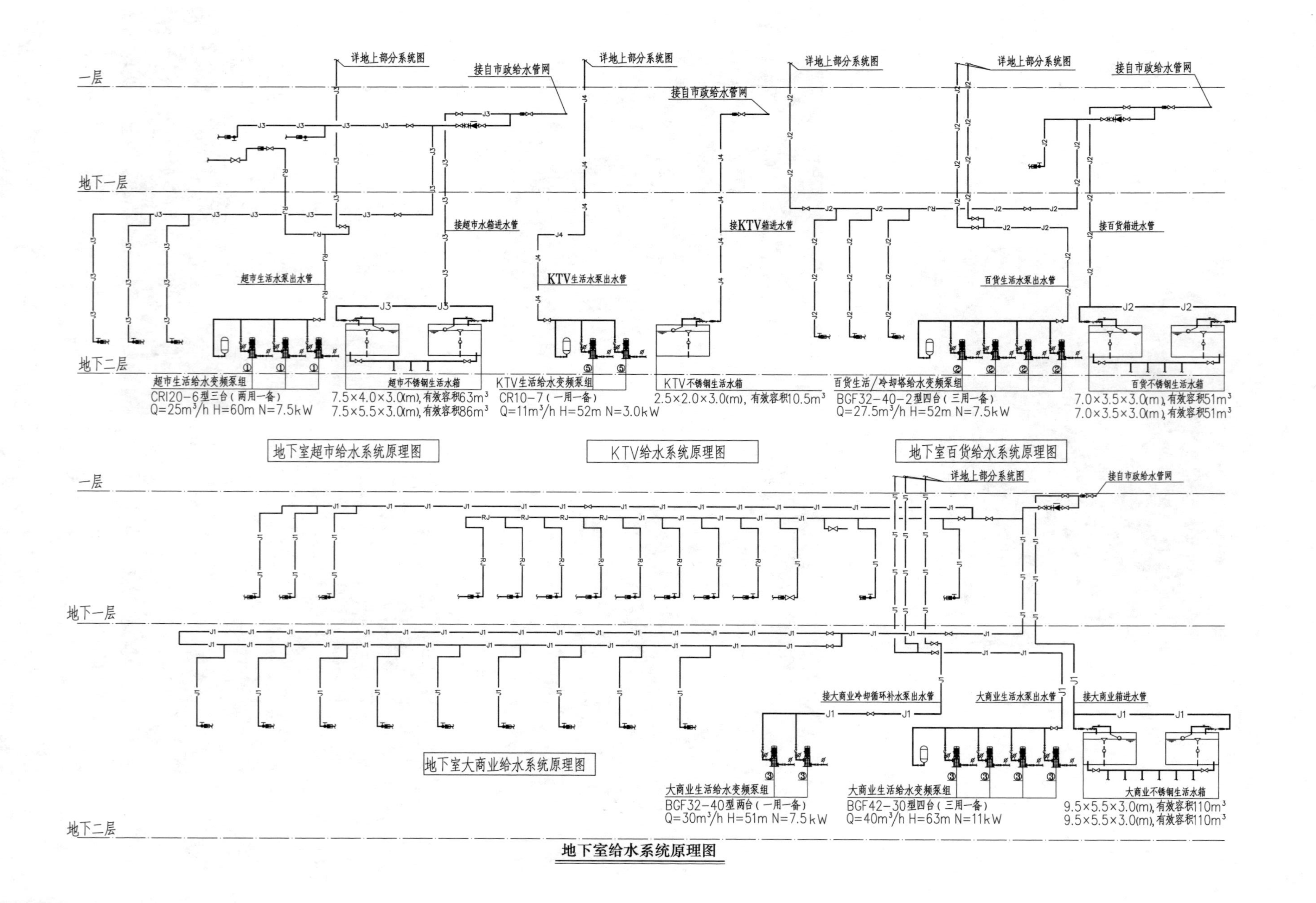

一层
地下一层
地下二层
详地上部分系统图
接自市政给水管网
接超市水箱进水管
超市生活水泵出水管
超市生活给水变频泵组
CRI20-6型三台（两用一备）
Q=25m³/h H=60m N=7.5kW
超市不锈钢生活水箱
7.5×4.0×3.0(m)，有效容积63m³
7.5×5.5×3.0(m)，有效容积86m³
地下室超市给水系统原理图
KTV生活水泵出水管
接KTV箱进水管
KTV生活给水变频泵组
CR10-7（一用一备）
Q=11m³/h H=52m N=3.0kW
KTV不锈钢生活水箱
2.5×2.0×3.0(m)，有效容积10.5m³
KTV给水系统原理图
接百货箱进水管
百货生活水泵出水管
百货生活/冷却塔给水变频泵组
BGF32-40-2型四台（三用一备）
Q=27.5m³/h H=52m N=7.5kW
百货不锈钢生活水箱
7.0×3.5×3.0(m)，有效容积51m³
7.0×3.5×3.0(m)，有效容积51m³
地下室百货给水系统原理图
接大商业冷却循环补水泵出水管
大商业生活水泵出水管
接大商业箱进水管
大商业生活给水变频泵组
BGF32-40型两台（一用一备）
Q=30m³/h H=51m N=7.5kW
大商业生活给水变频泵组
BGF42-30型四台（三用一备）
Q=40m³/h H=63m N=11kW
大商业不锈钢生活水箱
9.5×5.5×3.0(m)，有效容积110m³
9.5×5.5×3.0(m)，有效容积110m³
地下室大商业给水系统原理图

地下室给水系统原理图

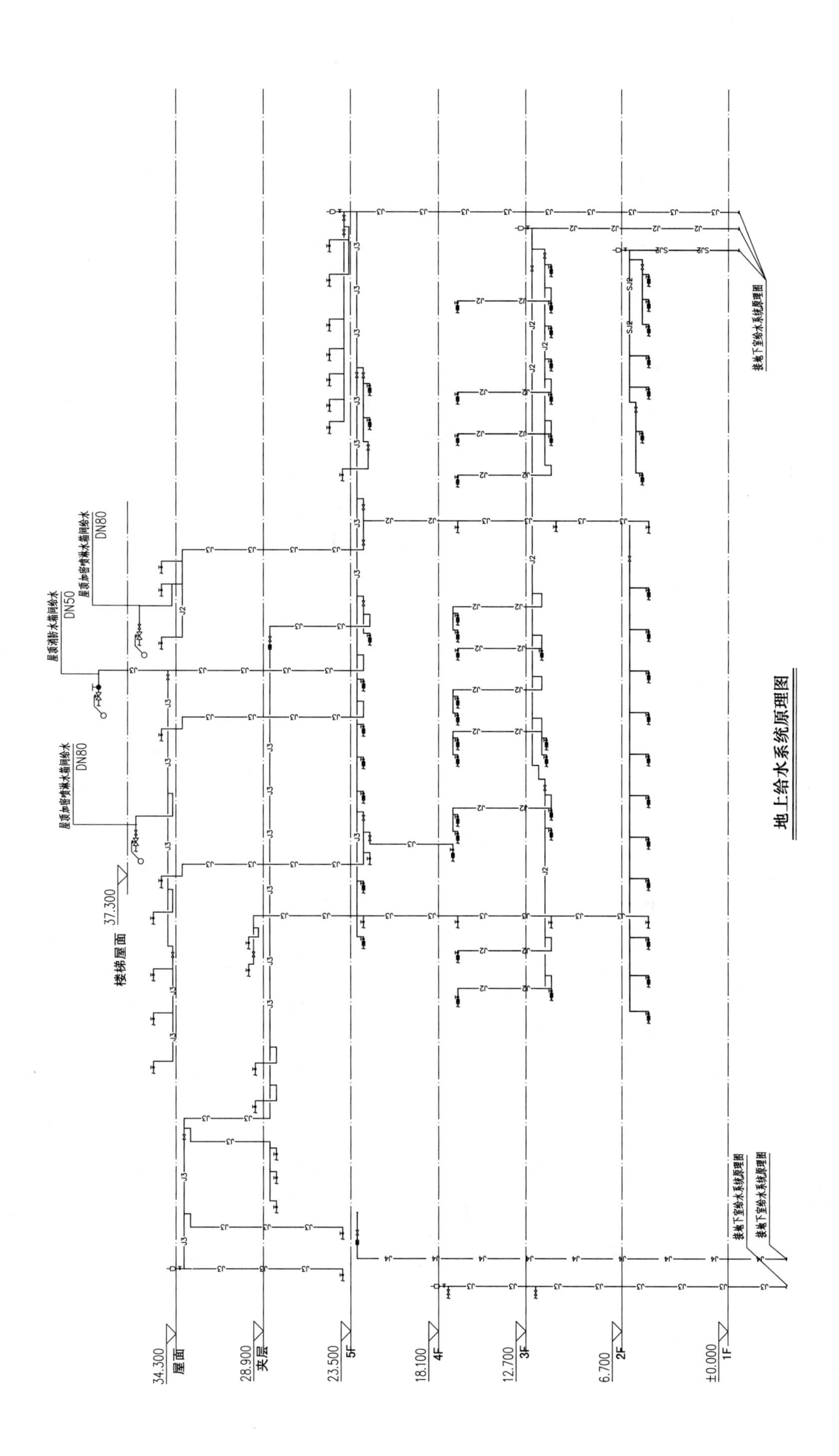
地上给水系统原理图
楼梯屋面
37.300
34.300
屋面
28.900
夹层
23.500
5F
18.100
4F
12.700
3F
6.700
2F
±0.000
1F
屋顶加密喷淋水箱间给水
DN80
屋顶消防水箱间给水
DN50
屋顶加密喷淋水箱间给水
DN80
接地下室给水系统原理图
接地下室给水系统原理图
接地下室给水系统原理图

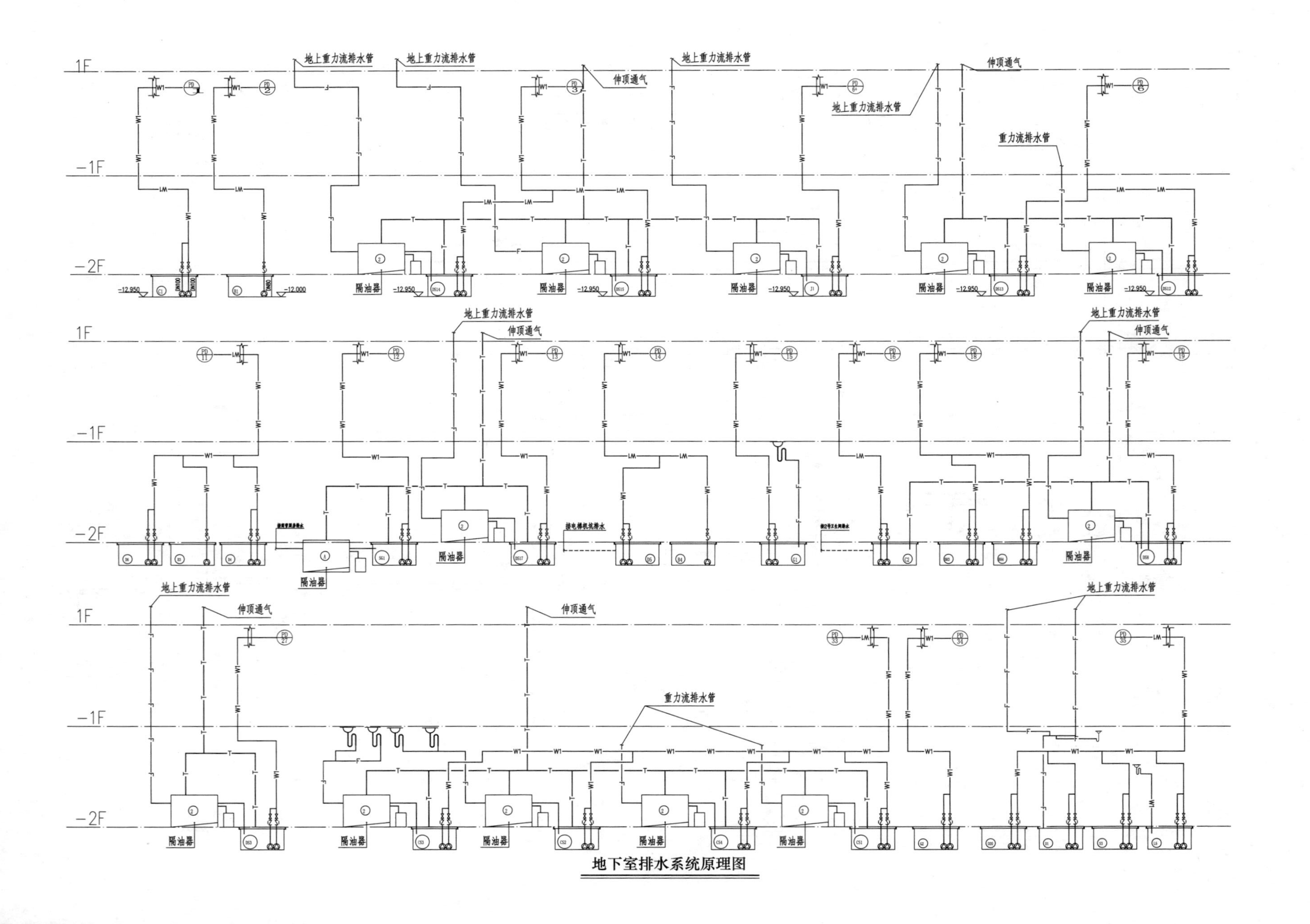

地下室排水系统原理图

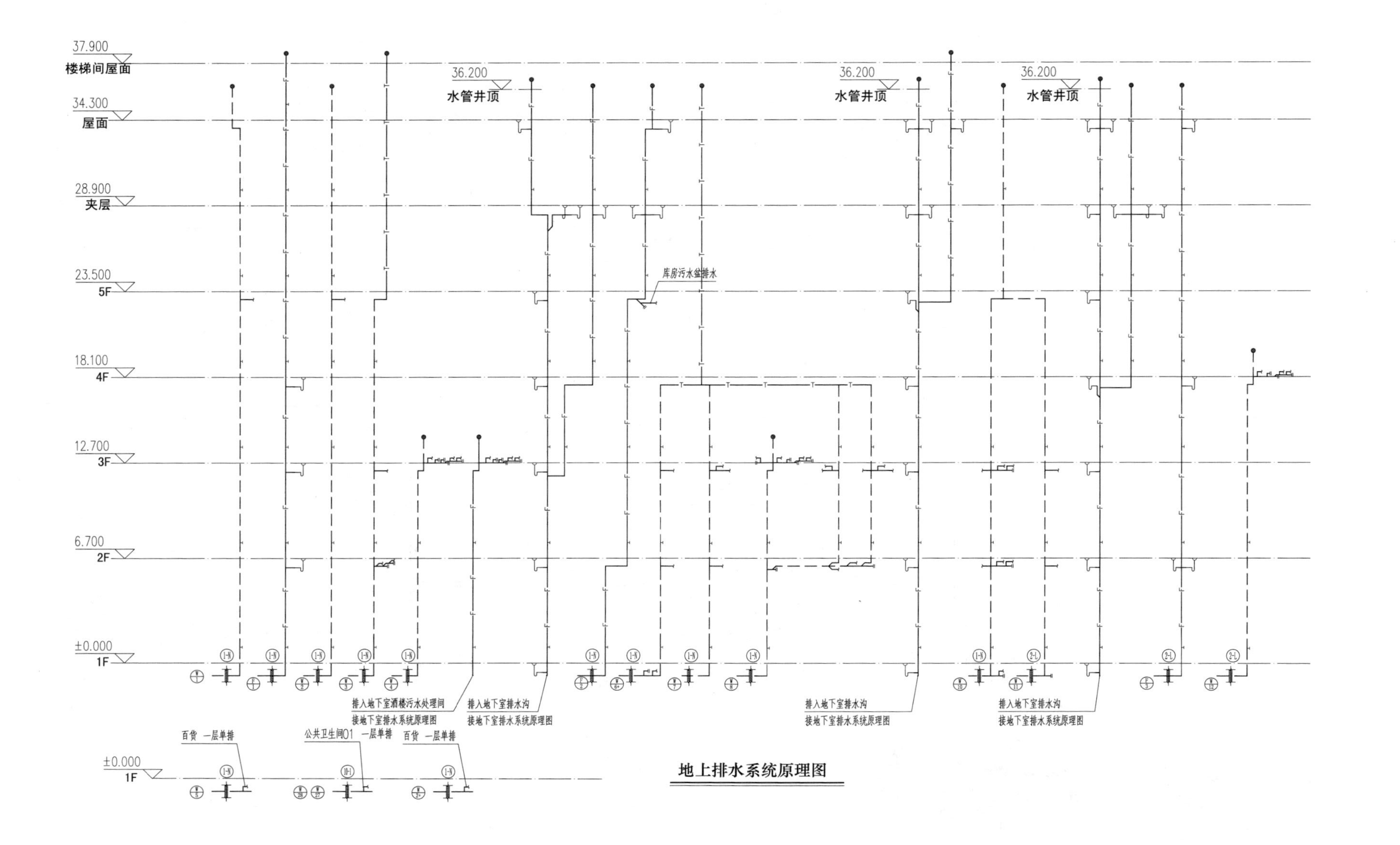
37.900
楼梯间屋面
34.300
屋面
28.900
夹层
23.500
5F
18.100
4F
12.700
3F
6.700
2F
±0.000
1F
36.200
水管井顶
36.200
水管井顶
36.200
水管井顶
库房污水盆排水
排入地下室酒楼污水处理间
接地下室排水系统原理图
排入地下室排水沟
接地下室排水系统原理图
排入地下室排水沟
接地下室排水系统原理图
排入地下室排水沟
接地下室排水系统原理图
百货 一层单排
公共卫生间01 一层单排
百货 一层单排
±0.000
1F

地上排水系统原理图

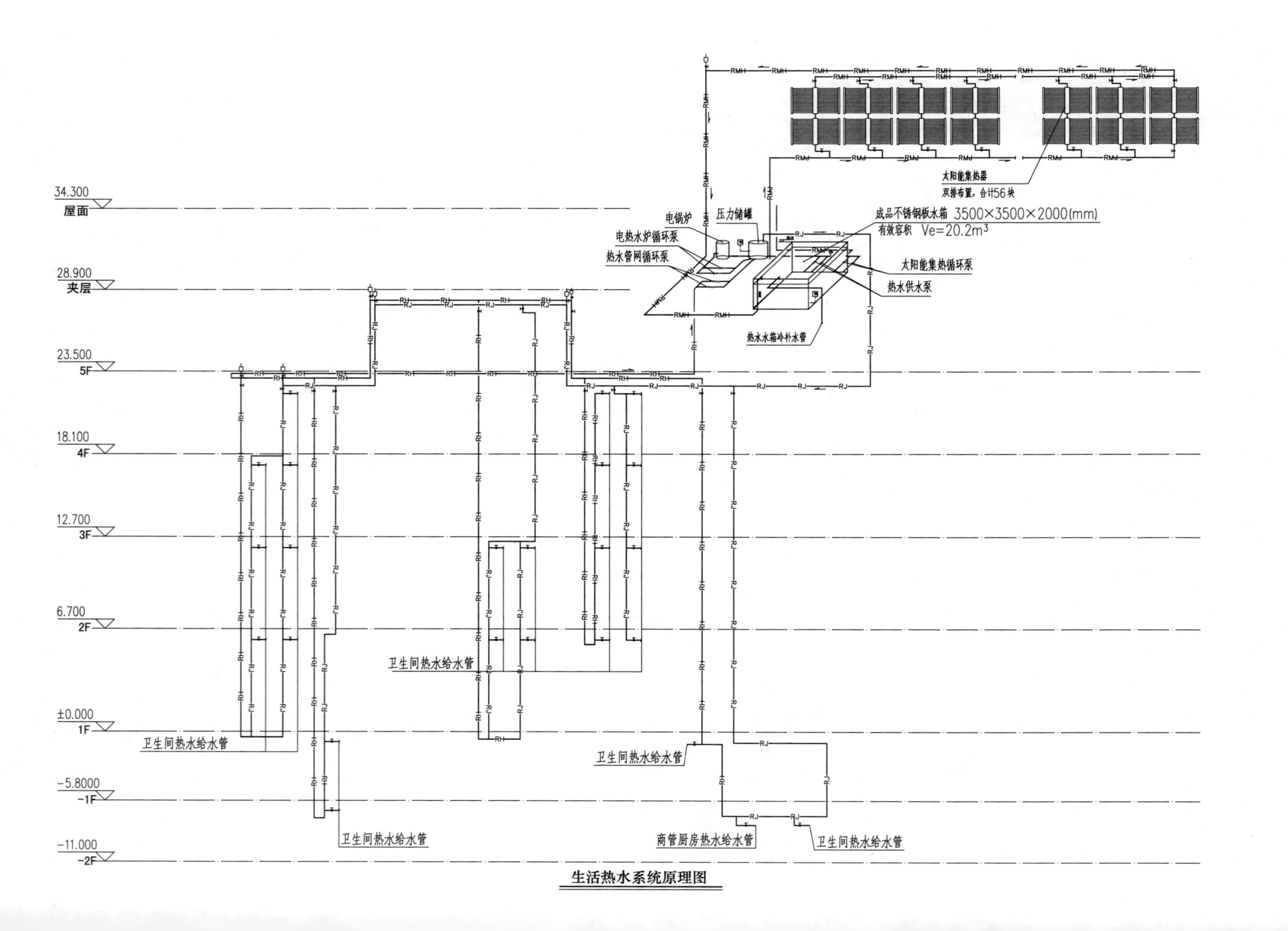
太阳能集热器
双排布置，合计56块
电锅炉
压力储罐
成品不锈钢板水箱 3500×3500×2000(mm)
有效容积 Ve=20.2m³
电热水炉循环泵
热水管网循环泵
太阳能集热循环泵
热水供水泵
热水水箱冷补水管
34.300
屋面
28.900
夹层
23.500
5F
18.100
4F
12.700
3F
6.700
2F
±0.000
1F
−5.8000
−1F
−11.000
−2F
卫生间热水给水管
卫生间热水给水管
卫生间热水给水管
卫生间热水给水管
商管厨房热水给水管
卫生间热水给水管
生活热水系统原理图

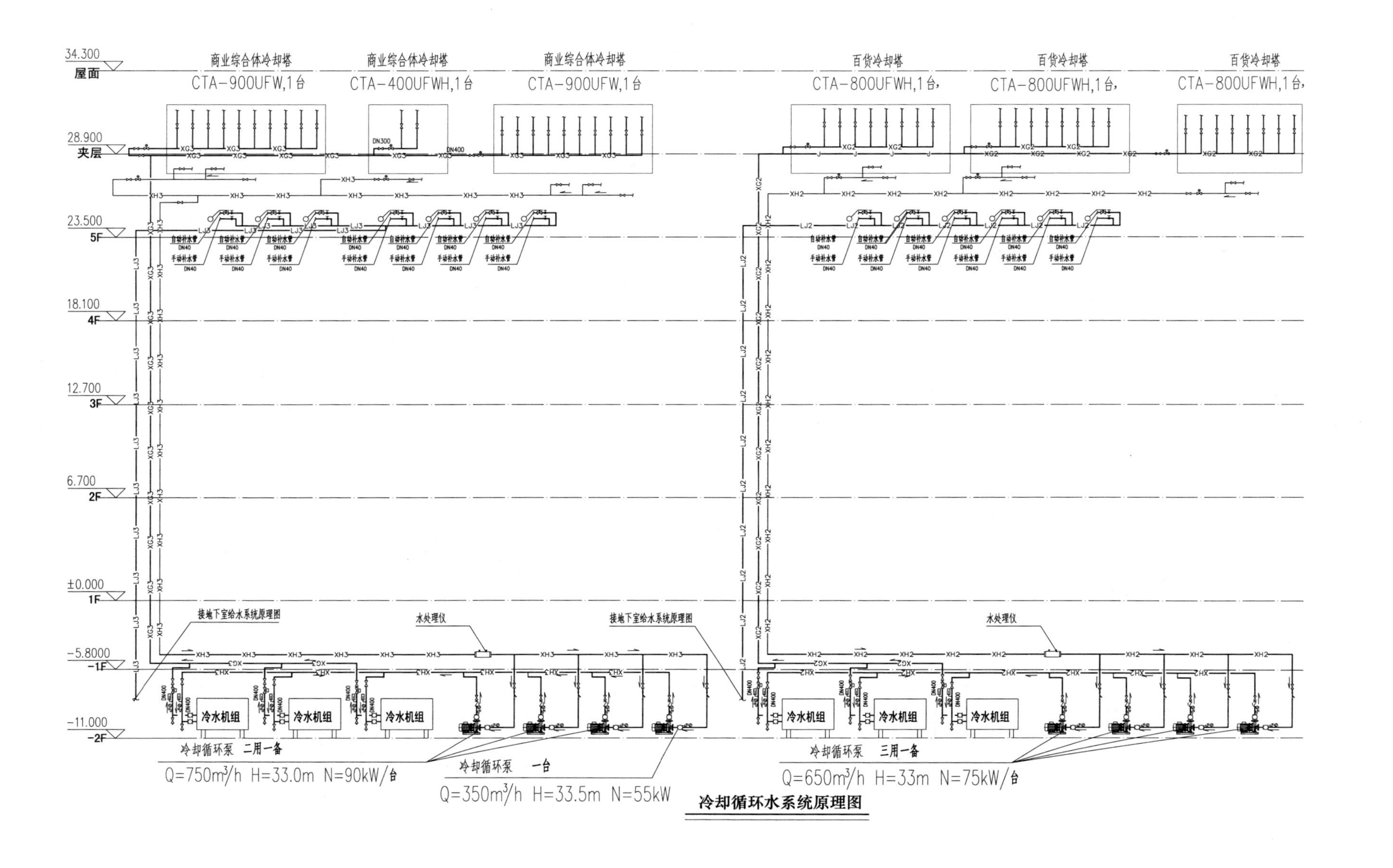
商业综合体冷却塔
CTA-900UFW,1台
商业综合体冷却塔
CTA-400UFWH,1台
商业综合体冷却塔
CTA-900UFW,1台
百货冷却塔
CTA-800UFWH,1台,
百货冷却塔
CTA-800UFWH,1台,
百货冷却塔
CTA-800UFWH,1台,
34.300 屋面
28.900 夹层
23.500 5F
18.100 4F
12.700 3F
6.700 2F
±0.000 1F
-5.8000 -1F
-11.000 -2F
DN300
DN400
自动补水管 DN40
手动补水管 DN40
接地下室给水系统原理图
水处理仪
冷水机组
冷却循环泵 二用一备
Q=750m3/h H=33.0m N=90kW/台
冷却循环泵 一台
Q=350m3/h H=33.5m N=55kW
冷却循环泵 三用一备
Q=650m3/h H=33m N=75kW/台
冷却循环水系统原理图

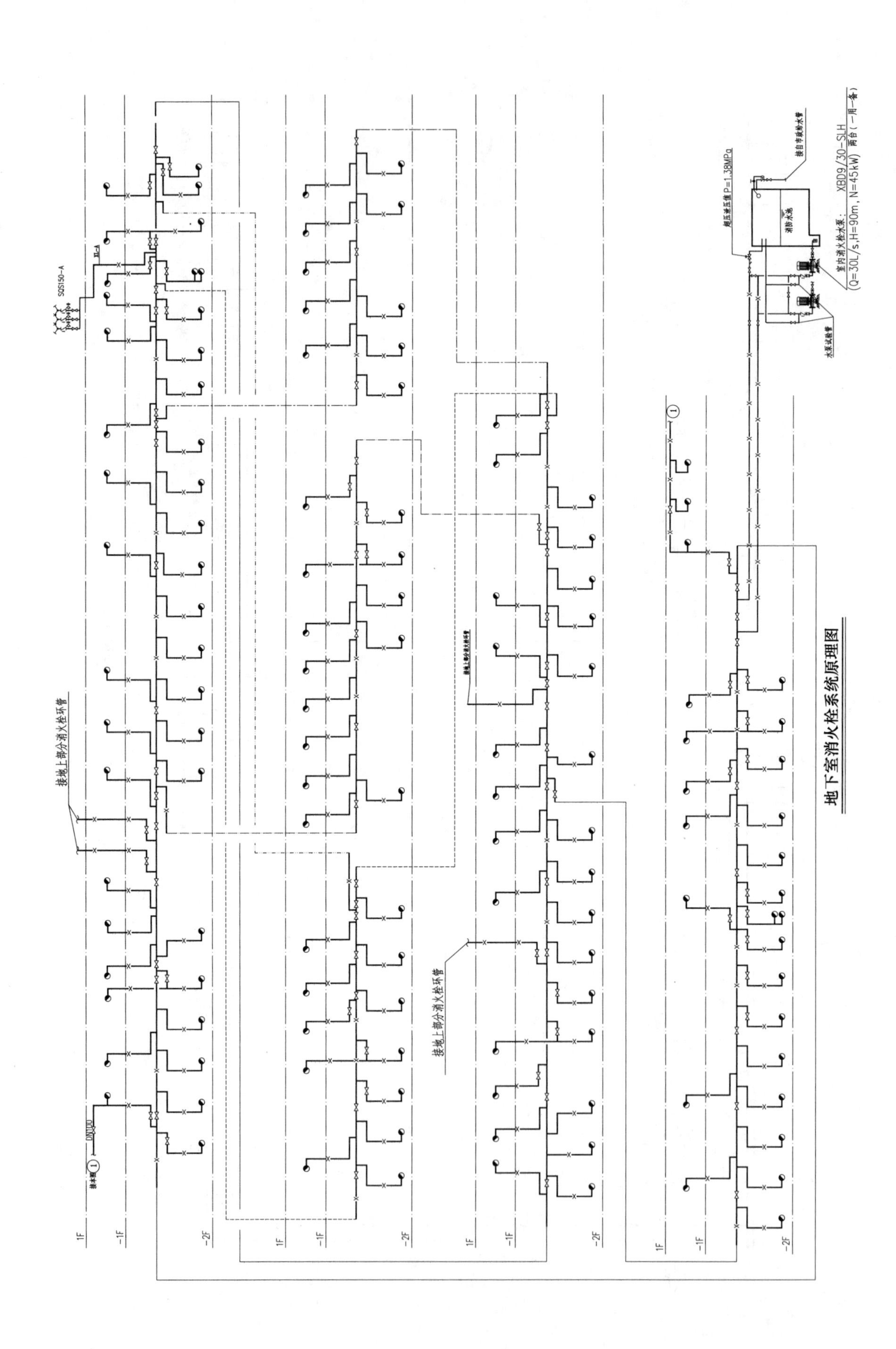

地下室消火栓系统原理图

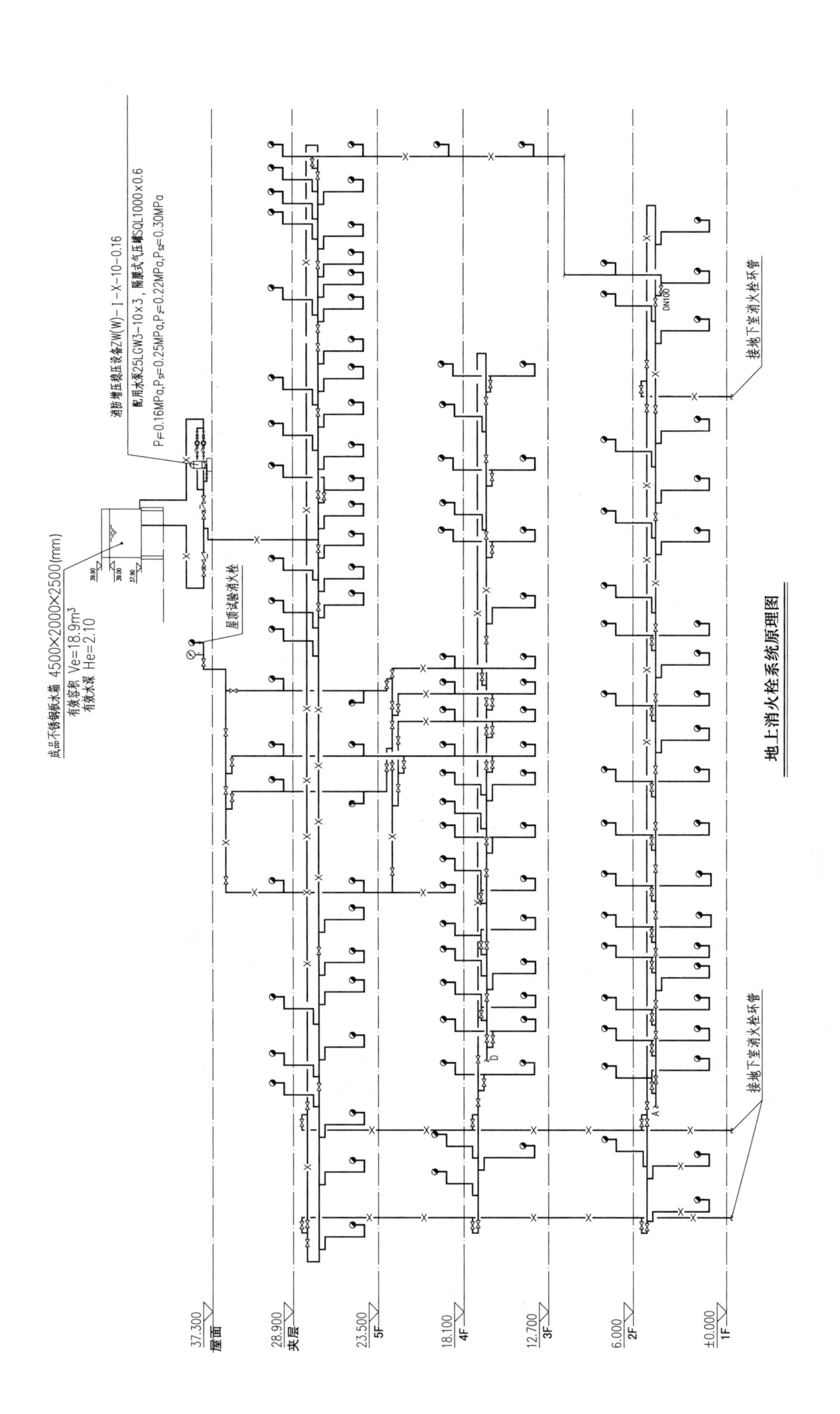
成品不锈钢板水箱 4500×2000×2500(mm)
有效容积 Ve=18.9m3
有效水深 He=2.10
消防增压稳压设备ZW(W)-I-X-10-0.16
配用水泵25LGW3-10×3，隔膜式气压罐SQL1000×0.6
P1=0.16MPa,PS1=0.25MPa,P2=0.22MPa,PS2=0.30MPa
屋顶试验消火栓
接地下室消火栓环管
DN100
37.300 屋面
28.900 夹层
23.500 5F
18.100 4F
12.700 3F
6.000 2F
±0.000 1F

地上消火栓系统原理图

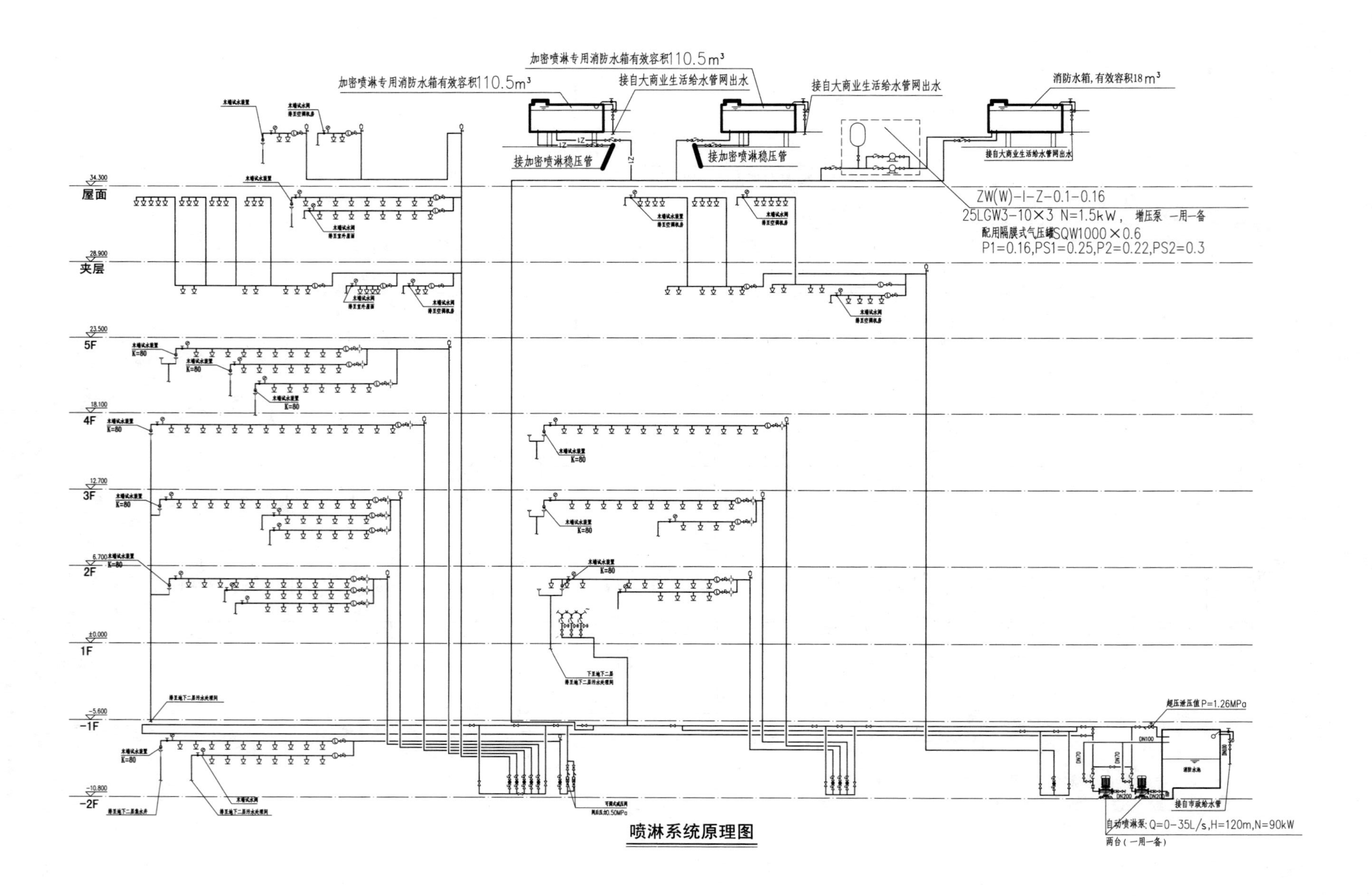
加密喷淋专用消防水箱有效容积110.5m³
加密喷淋专用消防水箱有效容积110.5m³
接自大商业生活给水管网出水
接自大商业生活给水管网出水
消防水箱，有效容积18m³
接加密喷淋稳压管
接加密喷淋稳压管
接自大商业生活给水管网出水
ZW(W)-I-Z-0.1-0.16
25LGW3-10×3 N=1.5kW，增压泵 一用一备
配用隔膜式气压罐SQW1000×0.6
P1=0.16,PS1=0.25,P2=0.22,PS2=0.3
34.300 屋面
28.900 夹层
23.500 5F
18.100 4F
12.700 3F
6.700 2F
±0.000 1F
-5.600 -1F
-10.800 -2F
超压泄压值P=1.26MPa
DN100
DN200
接自市政给水管
自动喷淋泵：Q=0~35L/s,H=120m,N=90kW
两台（一用一备）

喷淋系统原理图

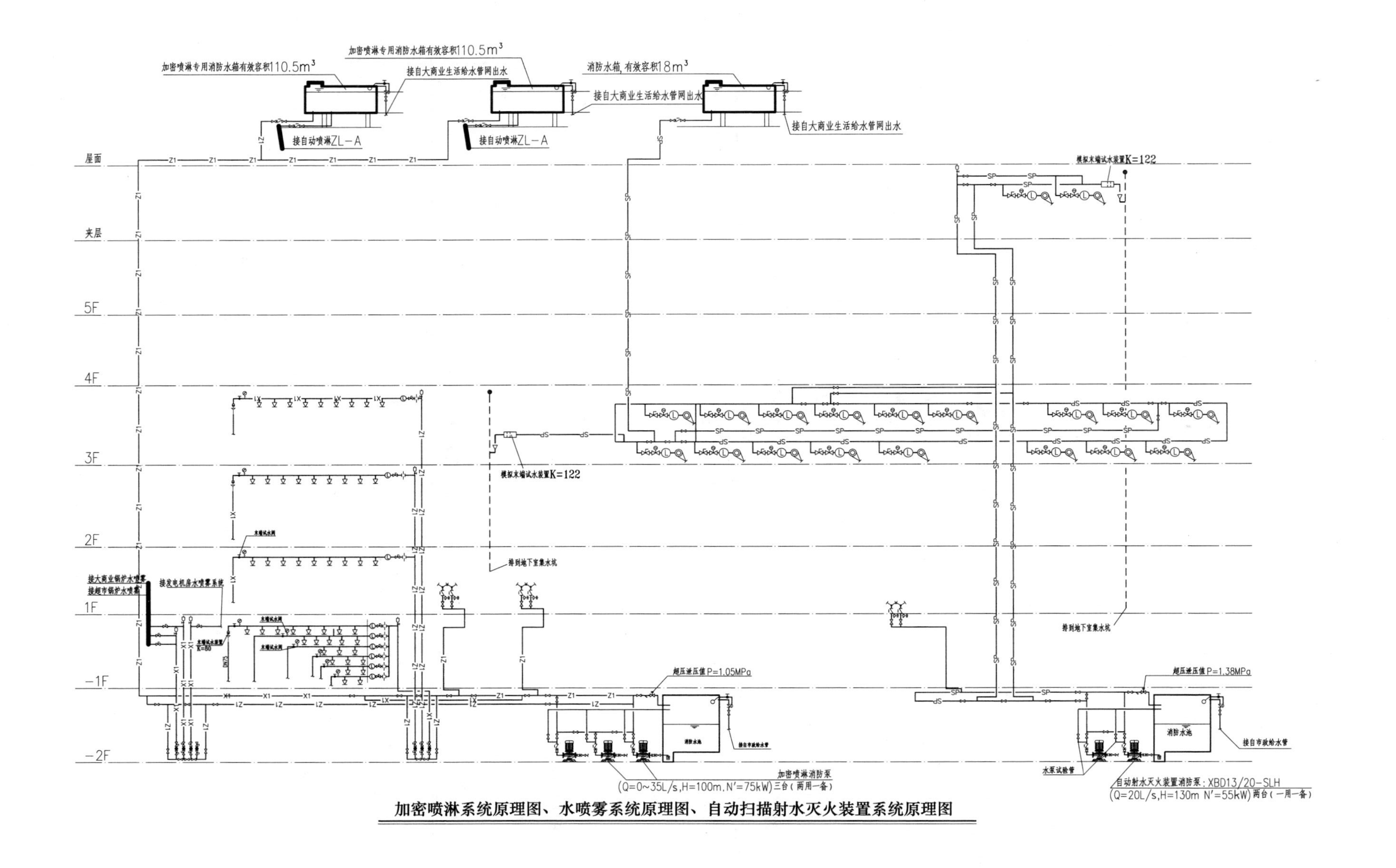

加密喷淋系统原理图、水喷雾系统原理图、自动扫描射水灭火装置系统原理图

成都火车南站枢纽城市综合体项目

设计单位： 中南建筑设计院股份有限公司
设 计 人： 骆芳　王涛　周昉　涂正纯　熊建辉　蔡虎　高薇　唐娟
获奖情况： 公共建筑类　二等奖

工程概况：

本项目位于成都市南部新区，设计用地范围位于火车南站西南侧，人民南路四段天府立交桥西端，地块南至盛和一路，北至广和一街，西至都会路。用地范围内及周边集商务、铁路、城际铁路、长途客运、轨道交通、城市公交为一体。

成都火车南站枢纽城市综合体分为一、二期建设，原一期地块分别设有一栋3层公交车立体车库和一栋4层综合办公楼，地下室连成一体，地下为一层，其一期已全部建成并投入使用。

本次设计为二期地块，工程总建筑面积239006m^2。设有三层整体地下室，地下二、地下三层为汽车库和机电设备间；地下一层为车站出站层联系过厅、商业及停车场；地面层（一～六层）以及与一期公交联通部分及公交上架部分为家具卖场、配套用房、健身场地；地上共5座塔楼，4栋为住宅，建筑高度99.35m；一栋为办公，建筑高度96.0m，办公楼顶层为办公配套会所。

工程说明：

一、给水排水系统

（一）给水系统

1. 冷水用水量见表1。

主要用水项目及其用水量　　**表1**

用水对象	用水量标准		用水单位数	每日用水时间(h)	小时变化系数K	最高日用水量(m^3/d)	平均小时用水量(m^3/h)	最大小时用水量(m^3/h)	备注
住宅	250	L/(人·d)	1700	24	2.5	425.0	17.7	44.3	住宅系统
其他						42.5	1.8	4.4	
合计						467.5	19.5	48.7	
商业	6	L/(m^2·d)	68500	12	1.5	411.0	34.3	51.4	商业系统
公交上盖办公	50	L/(人·班)	450	10	1.5	22.5	2.3	3.4	
预留公交上盖改造				12	1.5	200.0	16.7	25.0	
冷却循环水	2650	1.50%		12	1	477.0	39.8	39.8	
其他						63.4	5.3	8.0	
合计						1173.9	98.2	127.5	
办公	50	L/(人·班)	5190	10	1.5	259.5	26.0	38.9	办公系统
办公楼餐饮	25	L/人次	1600	12	1.5	40.0	3.3	5.0	

续表

用水对象	用水量标准		用水单位数	每日用水时间(h)	小时变化系数 K	最高日用水量 m^3/d	平均小时用水量(m^3/h)	最大小时用水量(m^3/h)	备注
办公茶座咖啡	20	L/人次	2820	12	1.5	56.4	4.7	7.1	办公系统
办公会所	200	L/人次	100	12	1.5	20.0	1.7	2.5	
冷却循环水	1050	1.50%		12	1	189.0	15.8	15.8	
其他						37.6	3.6	5.3	
合计						602.5	55.0	74.6	
车库地面冲洗	2	$L/(m^2 \cdot 次)$	49930	8	1.0	99.9	12.5	12.5	雨水回用水
绿化	3	$L/(m^2 \cdot d)$	16000	3	1	48.0	16.0	16.0	
屋面、广场及雨棚冲洗	3	$L/(m^2 \cdot 次)$	11000	8	1	33.0	4.1	4.1	
其他						18.1	3.3	3.3	
合计						198.9	35.9	35.9	
注：其他用水等未预见水量，按生活用水量10%计									
生活用水最高日用水量为 $Q(m^3/d)$						2243.9			
生活用水最大时用水量为 $Q_m(m^3/h)$						250.8			
雨水回用水最高日用水量为 $Q(m^3/d)$						198.9			
雨水回用水最大时用水量为 $Q_m(m^3/h)$						35.9			

2. 水源：给水水源由市政给水管接来，进水保证室外消防用水及生活用水。给水由周边两条市政道路分别接入1根 *DN*300 自来水管，水压值 0.20MPa，在室外集中设水表井（按用水分类设表）。室外消火栓及给水管网在室外形成 *DN*300 给水环路，当其中一条进水管发生故障时，其他进水管应仍能保证消防用水量，且环管的交汇点设一定的阀门组。

3. 系统竖向分区

（1）住宅生活用水供水分区（表2）

住宅生活用水供水分区 **表2**

分区名称	区域范围	分区水箱	供水方式	设计秒流量(L/s)
Ⅰ区	七～十四层	$76.8m^3$、$43.2m^3$ 不锈钢水箱各一座	变频供水	8.1
Ⅱ区	十五～二十二层		变频供水	8.1
Ⅲ区	二十三～二十九层		变频供水	7.5

（2）商业用水供水分区（表3）

商业用水供水分区表 **表3**

分区名称	区域范围	分区水箱	供水方式	设计秒流量(L/s)
Ⅰ区	一层	$76.8m^3$、$86.6m^3$ 不锈钢水箱各一座	市政直供	—
Ⅱ区	二～六层		变频供水	13.5

（3）办公用水供水分区（表4）

4. 供水方式及给水加压设备（表2～表4）

办公用水供水分区表 表4

分区名称	区域范围	分区水箱	供水方式	设计秒流量(L/s)
Ⅰ区	一层		市政直供	8.35
Ⅱ区	二~九层	29.4m³、63.0m³不锈钢水箱各一座	变频供水	7.72
Ⅲ区	十~二十二层	19.8m³屋面不锈钢水箱一座	变频供水(屋面)	4.5

5. 管材

室内生活给水管道选用PSP钢塑复合管，管道与阀门、水泵连接采用法兰连接。其余部位采用双热熔连接。商业给水管工作压力1.0MPa；住宅中区、高区给水管7层以下工作压力1.6MPa，其余部位1.0MPa；办公屋顶水箱进水管工作压力1.6MPa，其余给水管工作1.0MPa。

(二) 热水系统

1. 热水用水量

(1) 办公楼会所生活热水系统

淋浴器耗热量为109.9kW，美容耗热量为2.4kW，洗手盆耗热量为7.3kW，合计耗热量为119kW。

(2) 办公楼厨房生活热水系统

淋浴器耗热量为29.8kW，灶台水嘴耗热量为19.6kW，洗涤盆耗热量为137.4kW，合计耗热量为186.8kW。

2. 热源

(1) 办公楼会所生活热水系统

办公楼屋面会所热水供应采用燃气热水器，选用BTH-338型冷凝式（输入功率73kW）燃气热水器，选用2台，承压0.6MPa。

会所热水循环泵选用CRI1S-2（R）（Q=1.0m³/h，H=8.5m，N=0.37kW）型水泵两台，1用1备。

(2) 办公楼厨房生活热水系统

办公楼员工厨房热水供应采用燃气热水器，选用BTH-338型冷凝式（输入功率73kW）燃气热水器，选用3台，承压0.6MPa。

厨房热水循环泵选用CRI1S-2（R）（Q=1.0m³/h，H=8.5m，N=0.37kW）型水泵两台，1用1备。

3. 管材

热水管道供回水管选用建筑给水薄壁不锈钢管，卡压式连接或氩弧焊连接。

(三) 冷却循环水系统

1. 当地的室外气象参数：夏季干球温度31.9℃；夏季湿球温度26.4℃；大气压力947.7kPa；冷却循环水量及冷却塔选型见表5。

冷却循环水量及冷却塔选型 表5

业态	机组形式	空调冷量	机组额定循环水量(m³/h)(32-37)	水损(m)	冷水机组(台)	冷却水量(m³/h)5℃	实际水损(m)	选用塔型
商业	变频离心机组	3448kW	720	6.1	1	800×1	7.9	LRCM-H-700(1台)
	恒速离心机组	3448kW	720	6.1	2	800×2	7.9	LRCM-H-700(2台)
	螺杆机组	1014kW	215	9.8	1	250	14.1	LRCM-H-200(1台)
办公	水冷螺杆机组	1503kW	315	8.1	3	350×3	10.4	LRCM-H-300(3台)
总计						3700		

2. 冷却水循环设备及补水设备选型（表6）

循环冷却水补水设备选型 表6

类型		参数	选型
冷却水补水泵	商业冷却水补水泵	$Q=42.0m^3/h, H=62m, N=11kW$	CR45-3型两台，1用1备
	办公冷却水补水泵	$Q=16.5m^3/h, H=137m, N=11kW$	CR15-12型两台，1用1备
冷却水循环泵	3448kW冷水机组循环泵	$Q=800m^3/h, H=29.1m$, $N=90kW$	KQW300/315-90/4(Z)三台，3用
	1014kW冷水机组循环泵	$Q=250m^3/h, H=34.2m$, $N=45kW$	KQW200/315-45/4(Z)两台，1用1备
	办公冷水机组循环泵	$Q=350m^3/h, H=33.5m$, $N=55kW$	KQW200/315-55/4三台，3用

3. 管材

（1）空调冷却循环水管采用热镀锌无缝钢管，焊接或法兰连接。

（2）冷却塔补水管选用PSP钢塑复合管，管道与阀门、水泵连接采用法兰连接，其余部位采用双热熔连接，工作压力1.6MPa。

（四）污水排水系统

1. 排水系统的形式

本工程室外排水体制为雨、污分流，室内排水体制为污、废合流。

2. 通气管的设置方式

本工程住宅及办公卫生间设置专用通气立管，结合通气管每层连接；裙房商业卫生间器具多、排水支管长的排水横管增设环形通气。

3. 采用的局部污水处理设施

化粪池污水停留时间12h，清掏周期180d。

（1）化粪池：住宅1、2号楼及北侧商业化粪池设2个13号化粪池；3号住宅及部分商业选用1个13号化粪池；4号住宅及部分商业选用1个13号化粪池；办公选用2个13号化粪池。总容积$600m^3$。

（2）隔油池：办公楼隔油池选用型号为JNG-B-7.06型，处理水量为7.06L/s。

（五）雨水排水系统

1. 暴雨强度公式

本工程采用成都地区暴雨强度公式：

$$q=\frac{2806(1+0.803\lg P)}{(t+12.8P^{0.231})^{0.768}}(\mathrm{L/(s\cdot hm^2)})$$

2. 各部分雨水计算

（1）办公楼雨水：采用重力流雨水系统，设计重现期$P=50$年。

1）北侧办公塔楼混凝土屋面汇水面积：$1000m^2$，降雨历时5min，屋面径流系数取1.0，计算得雨水流量41.8L/s，选用4个$DN100$的87型雨水斗可满足要求。实际布置为5个$DN100$的斗。底部汇合成两根

*DN*150 的立管。

2）南侧办公塔楼种植屋面汇水面积：1000m^2，降雨历时 5min，屋面径流系数取 0.4，计算得雨水流量 16.7L/s，选用 2 个 *DN*100 的 87 型雨水斗可满足要求。实际布置为 5 个 *DN*100 的斗。底部汇合成两根 *DN*150 的立管。

（2）商业裙楼雨水：采用虹吸雨水系统，设计重现期 P=20 年，并按 50 年重现期设置溢流。

商业屋面总汇水面积 11000m^2，计算得雨水流量 413.8L/s。裙房屋面设 27 个 *DN*100 的虹吸雨水斗，设置 7 套虹吸系统。

（3）下沉广场和部分坡道（不能自流进入市政管网）的雨水，通过广场地沟收集到雨水集水池，雨水集水池容积考虑贮存（P=50 年）5min 的降雨量，集水池雨水泵采用潜污泵，潜水泵排水能力按重现期 P=50 年设计。由安装在坑内的水位控制器控制其启动及停止，直接排入室外市政雨水管网。

（4）住宅雨水：采用重力流雨水系统，设计重现期 P=50 年，雨水采用外排水。

（5）伞状雨棚排水：雨棚雨水采用重力流系统排放，设计重现期 P=50 年，安全可靠，且雨水管与雨棚造型充分结合，排水通畅迅速。雨棚设计有溢流及防渣隔网，系统安全且维护方便。

3. 雨水收集系统

成都市年均降雨量为 870.1mm，雨水径流量设计重现期为 2 年，需要回用的系统有：办公塔楼屋面绿化、商业裙房屋面绿化及室外广场绿化、道路冲洗。

（1）塔楼雨水收集系统

塔楼雨水收集池选用 2.0m×2.0m×2.5m，有效容积 6.8m^3，有效水深 1.70m。架空高度 0.6m，设于 20 层设备间。水箱溢流管按 3 个 *DN*100 的悬吊管在 0.02 坡度下最大泄流量的 1.5 倍设计。

（2）商业裙房雨水收集系统

处理方式：按照雨水利用规范，采用如下处理方式：雨水→初期弃流→雨水蓄水池沉淀→水泵提升→过滤消毒→绿化用水

室外雨水收集池选用两个，一个有效容积为 108m^3，一个有效容积为 158.4m^3，总储水量可满足 3d 绿化浇洒用水量及一次车库冲洗用水量。

二、消防系统

（一）消火栓系统

1. 消火栓系统用水量

本工程消防用水量按用水量最大建筑考虑，消防用水量最大建筑高度大于 50m，属一类高层建筑。室内消火栓系统用水量为：40L/s，室外消火栓系统用水量为：30L/s，火灾延续时间考虑为 3.00h。

项目同时火灾次数为一次，一次消防用水总量包括；3h 室内消火栓用水 432m^3 及 3h 室外消防用水 324m^3。考虑火灾延续时间内室外给水管网完善，补水条件好，在 3h 内可补充水量达 324m^3。室外消防水量由市政给水管供给。故地下室消防水池内实际贮存消火栓系统用水量 432m^3。

2. 系统竖向分区

消火栓系统为临时高压系统，地下泵房设消火栓专用加压泵两台（1 用 1 备）供消火栓系统用水，办公塔楼水箱间层设屋顶消防水箱和消防稳压设备一套供给火灾初期灭火用水及维持管网平时所需压力。

室内消火栓系统竖向分区见表 7。

3. 消火栓泵（稳压设备）参数

（1）消火栓增压设备选用 ZW（L）-Ⅰ-XZ-10 型增压稳压设备，配用 SQW1000×0.6 气压罐，稳压泵型号为 25LGW3-10×4（N=1.50kW）。

室内消火栓系统竖向分区 表7

分区名称	分区区域范围	供水水箱提供压力位置	备注
商业区	一～六层	地下三层消防水池	临时高压系统，减压阀分区栓口出水压力超过0.5MPa时设减压稳压消火栓
住宅区	七～二十九层	地下三层消防水池	临时高压系统，栓口出水压力超过0.5MPa时设减压稳压消火栓
办公(Ⅰ)区	一～十一层	地下三层消防水池	临时高压系统，减压阀分区栓口出水压力超过0.5MPa时设减压稳压消火栓
办公(Ⅱ)区	十二层以上	地下三层消防水池	临时高压系统，栓口出水压力超过0.5MPa时设减压稳压消火栓
地下室区	地下一层～地下三层	地下三层消防水池	减压阀分区

(2) 消火栓泵选用XBD40/170-HY型（Q=40L/s，H=1.70MPa，N=110kW）立式消防泵两台，1用1备。

4. 水池、水箱位置及容积

(1) 室内消防水池设于地下三层，采用钢筋混凝土结构，贮存3h室内消火栓灭火用水量432m^3；自喷水量按办公喷淋（108m^3）及3h加密喷淋（324m^3）同时工作取值，地下室消防水池内贮存自喷水量432.0m^{3}和3h冷却循环补水量。水池总有效容积1030.8m^3。

(2) 室外消防水池设于室外地面，采用钢筋混凝土结构，需贮存3h室外消火栓灭火用水量324m^3，消防水池设供室外消防车取水的取水口。

(3) 屋顶消防水箱设于办公屋面上，用于维持管网平时水压、保证灭火初期系统的用水及保证锅炉房水喷雾灭火系统用水。采用成品不锈钢板水箱，规格8000×3000×3000（mm），有效容积63.6m^3，有效水深2.10m，架空高度1.0m。

5. 水泵接合器设置

在消防车供水范围内，水泵接合器直接供水到室内消防环状管网。水泵接合器设置如下：地下室消火栓2组（每组3套）、办公室消火栓2组（1组1套，1组2套）、商业区消火栓2组（1组1套，1组2套）、住宅消火栓2组（每组3套，分别接于2号住宅及4号住宅）。水泵接合器每套流量为15L/s，设置于首层室外。

6. 系统控制

火灾时启动消火栓箱内消防紧急按钮，信号传送至消防控制中心（显示火灾位置）及泵房内消火栓加压泵控制箱，启动消火栓给水加压泵并反馈信号至消防控制中心及消火栓箱（指示灯亮），消火栓加压泵还可在消防控制中心遥控启动和在水泵房手动启动。

屋面增压稳压泵由气压罐上远传压力表控制启停。

7. 管材

消火栓给水管：16层以下减压阀前管道选用内外热浸锌无缝钢管，法兰连接。其余选用内外热浸锌钢管，小于或等于DN80时采用螺纹连接，大于DN80时采用卡箍或法兰连接。

（二）自动喷水灭火系统

1. 自动喷水灭火系统用水量

本项目除吊顶下高度超过12m的位置、不宜用水扑救的电气设备用房和建筑面积小于5m^{2}的卫生间等场所外，均设置闭式自动喷水灭火装置。

自动喷水灭火系统喷水量见表8。

自动喷水灭火系统喷水量　　表8

位置	危险等级	喷水强度 (L/(min·m²))	作用面积 (m²)	持续喷水时间 (h)	计算喷水量 (L/s)	备注
办公楼	中(Ⅰ)	6	160	1	20.8	
地下车库	中(Ⅱ)	8	160	1	27.73	
库房	仓库(Ⅱ)	10	200	2	43.3	
办公楼中庭	非仓库类高大净空场所	6	260	1	33.8	
家具卖场	中(Ⅱ)	8	160	1	27.73	考虑格栅吊顶，实际喷水量为36L/s

本工程自喷水量取最大值，即仓库喷头工作，取值为45L/s，火灾持续时间2.0h，地下室消防水池内贮存自喷水量324.0m³。

2. 系统设计

自喷给水系统为临时高压系统，地下泵房设喷淋专用加压泵两台（1用1备）供自喷系统用水，办公塔楼水箱间层设屋顶消防水箱和消防稳压设备一套供给火灾初期灭火用水及维持管网平时所需压力。

3. 自动喷水灭火系统加压（稳压）设备参数

（1）喷淋系统增压设备选用ZW（L）-Ⅰ-XZ-10型增压稳压设备，配用SQW1000×0.6气压罐，稳压泵型号为25LGW3-10×4（N=1.50kW）。

（2）喷淋系统采用XBD50/180-HY型（Q=0～45.0L/s，H=180.0m，N=160kW）立式消防泵两台，1用1备。

4. 喷头选型

厨房操作台、备餐间用93℃喷头，其他用标准型喷头68℃，有吊顶时带装饰盘。

地下车库不吊顶，采用直立型喷头，其余商业、办公部分均有吊顶，采用吊顶型喷头或下垂型喷头；家居卖场和库房采用快速响应喷头；报警阀间考虑排水装置。钢化玻璃冷却喷头选用窗型喷头。

5. 报警阀的数量及位置

每个湿式报警阀担负的喷头不超过800个，自动喷水灭火系统按每层每个防火分区设信号阀和水流指示器。各层配水管入口处压力大于0.40MPa时，设减压孔板进行减压；本设计控制每个报警阀供水的最高与最低喷头高程差不大于50m；控制配水管道的工作压力不大于1.20MPa。

办公楼设置7套DN150湿式报警阀，一、五、九、十二、十五、十八、二十一层各一套。

1号、2号、3号、4号住宅各设2套DN150湿式报警阀，合计8个，设置于裙房转换层。

裙房设置9套DN150湿式报警阀，一、三、五层各设置3套。

地下室设置12套DN150湿式报警阀，地下一层～地下三层各设置4套。

6. 水泵接合器设置

室外设2组（每组3套）DN150消防水泵接合器与自动喷水给水系统相连。水泵接合器每套流量为15L/s，设置于首层室外。

7. 系统控制

火灾时喷头因玻璃球破裂而喷水，水流指示器动作其信号传至消防控制中心（显示火灾位置），报警阀压力开关动作其信号传至消防控制中心（显示火灾区域）及泵房内自喷给水加压泵控制箱，启动自喷给水加压泵并反馈信号至消防控制中心。自喷给水泵还可在消防控制中心遥控启动和在水泵房手动启动。

本设计报警阀前后阀门及水流指示器前阀门选用信号蝶阀，阀门开启状态传递至消防控制中心。

屋面增压稳压泵与消火栓系统共用。

8. 管材

消火栓给水管：十六层以下减压阀前管道选用内外热浸锌无缝钢管，法兰连接。其余选用内外热浸锌钢管，小于或等于 *DN*80 时采用螺纹连接，大于 *DN*80 时采用卡箍或法兰连接。

9. 自动扫描射水高空水炮灭火系统

中庭选用 ZDMS 型自动跟踪定位射流灭火装置，额定流量 5L/s，额定工作压力 0.6MPa，保护半径 32m，最大安装高度 30m。

3 台自动扫描射水高空水炮灭火系统同时使用，设计流量 5×3=15L/s。

加压泵采用 XBD30-130-HY 型（Q=30.0L/s，H=130.0m，N=75kW）卧式恒压切线消防泵两台，1 用 1 备。

10. 水喷雾灭火系统

（1）塔楼水喷雾灭火系统

塔楼水喷雾灭火系统用于锅炉房，燃气锅炉房设于办公楼屋面上，锅炉房喷雾强度取 10L/(min・m^2)。设计流量为 24.1L/s，持续喷雾时间 0.5h，一次灭火用 43.4m^3。

锅炉房水喷雾灭火系统为临时高压系统，由设于屋面水箱间内的水喷雾给水加压泵及办公屋面消防水箱供水，加压泵采用 XBD6.9/20-100DLX/3 型（Q=25.0L/s，H=63m，N=30kW）立式消防泵两台，1 用 1 备。

（2）地下室发电机房水喷雾灭火系统

本大楼地下一层柴油发电机房及其油箱间需设置水喷雾灭火系统，喷雾强度取 20L/(min・m^2)。设计流量为 30L/s，持续喷雾时间 0.5h，一次灭火用 54.0m^3。

柴油发电机房水喷雾灭火系统为临时高压系统，由设于地下三层消防水泵房内的扫描炮给水加压泵及办公屋面消防高位水箱供水，在室外设 SQS150-A 型消防接合器与室内水喷雾灭火系统管网相连。

水泵与自动扫描射水高空水炮灭火系统合用。加压泵采用 XBD30-110-HY（Q=30L/s，H=1.1MPa，N=55kW）型卧式恒压切线消防泵两台，1 用 1 备。

11. 钢化玻璃冷却保护系统

根据消防性能化报告，位于商业裙房、办公楼及公交上架物业之间的连接平台，连接通道为一开敞式的平台。平台与周围相邻的建筑之间不能通过特级防火卷帘分区的部位，采用钢化玻璃+窗型喷头（喷头间距 2m）做防火分隔，耐火极限 3h。当设置场所设有自动喷水灭火系统时，设计流量按相应危险等级下自动喷水灭火系统作用面积的长边作为计算长度，其控制的喷头数同时喷水确定，且不少于 7 个。当设置场所没有设置自动喷水灭火系统时，设计流量以防火分隔设施最长一处的实际长度作为计算长度，其控制的喷头数同时喷水确定。

本项目钢化玻璃冷却保护系统喷淋最大开启个数为 15 个，计算流量为 26L/s，设计流量取 30L/s，火灾延续时间 3h。钢化玻璃冷却保护系统设置独立的报警阀。

本工程自喷水量按办公喷淋及加密喷淋同时工作取值，地下室消防水池内储存自喷水量 432.0m^3。

加压泵采用 XBD30-100-HY 型（Q=30.0L/s，H=100.0m，N=55kW）卧式恒压切线消防泵两台，1 用 1 备。

（三）气体灭火系统

1. 气体灭火系统设置位置

本项目地下室变配电间、开闭所、弱电机房及重要设备用房内设置气体灭火系统，采用七氟丙烷气体灭火装置，采用无管网和有管网相结合的气体灭火系统。

2. 系统设计

气体灭火系统设计分区见表9。

气体灭火系统设计分区 **表9**

序号	用水对象	面积(m^2)	层高(m)	体积(m^3)	喷射时间(s)	药剂用量(kg)	储瓶规格(L)	储瓶数量N	泄压口面积(m^2)	备注
1	五层数据中心电源室	553.4	4.50	2490.3	8.0	1600.3	120.0	16	0.87	系统1
2	物业接入网机房	209.0	5.00	1045.0	8.0	678.1	120.0	8	0.37	系统2
3	电房配套机房	44.0	5.00	220.0	8.0	163.2	120.0	2	0.09	
4	商业变配电房	294.0	5.00	1470.0	9.0	1090.2	120.0	13	0.59	
5	物业变配电房	204.5	5.00	1022.5	9.0	758.3	120.0	9	0.41	
6	居民变配电房	111.4	5.00	557.0	9.0	413.1	120.0	5	0.22	
7	市政10kV开闭所	111.7	5.00	558.5	9.0	414.2	120.0	5	0.22	
8	办公楼变配电房	240.8	5.00	1204.0	9.0	910.2	70.0	16	0.49	系统3
9	安防及楼宇管理中心	70.7	5.00	353.5	8.0	229.4	70.0	4	0.12	
10	办公弱电接入机房1	6.2	5.00	31.0	8.0	57.0	70.0	1	0.03	
11	办公弱电接入机房2	5.0	5.00	25.0	8.0	57.0	70.0	1	0.03	
12	办公弱电接入机房3	5.0	5.00	25.0	8.0	57.0	70.0	1	0.03	
13	办公弱电接入机房4	4.2	5.00	21.0	8.0	57.0	70.0	1	0.03	
14	办公弱电接入机房5	4.6	5.00	23.0	8.0	57.0	70.0	1	0.03	
15	办公弱电接入机房6	4.3	5.00	21.5	8.0	57.0	70.0	1	0.03	
16	居民变配电房	82.4	5.00	412.0	9.0	305.5	90.0	4	0.17	系统4
17	物业弱电接入网机房1	9.1	5.00	45.5	8.0	29.5	40.0	1	0.02	系统5
18	物业弱电接入网机房2	15.1	5.00	75.5	8.0	49.0	70.0	1	0.03	系统6
19	物业弱电接入网机房3	11.5	5.00	57.5	8.0	37.3	40.0	1	0.02	系统7
20	物业弱电接入网机房4	13.9	5.00	69.5	8.0	45.1	70.0	1	0.02	系统8
21	物业弱电接入网机房5	13.9	5.00	69.5	8.0	45.1	70.0	1	0.02	系统9

3. 系统控制

七氟丙烷气体灭火系统具有自动、手动及机械应急启动三种控制方式。

(四)建筑灭火器配置

1. 本工程按《建筑灭火器配置设计规范》GB 50140—2005的要求配备灭火器。

2. 本工程按A类轻危险级要求配置灭火器的区域有：住宅；按A类中危险级要求配置灭火器的区域有：商业卖场；按A类严重危险级要求配置灭火器的区域有：办公楼、休闲娱乐等公共活动用房。按B、C类中危险级要求配置灭火器的区域有地下室车库、锅炉房。

3. A类严重危险级配置：单具灭火器最小配置灭火级别3A，单位灭火级别最大保积为50m^2/A，手提式灭火器保护范围为15m，实际配备按每个消火栓箱设MF/ABC5（3A）型灭火器两具配备。

A类中危险级配置：单具灭火器最小配置灭火级别2A，单位灭火级别最大保护面积为75m^2/A，手提式灭火器保护范围为20m。实际配备按每个消火栓箱设MF/ABC3（2A）型灭火器两具配备。

4. 每个配电房内设置干粉磷酸铵盐推车式灭火器MFT/ABC20（6A）两台。

三、工程特点及设计体会

1. 生活给水设计

本项目设生活给水及空调冷却塔补水两套给水系统。生活给水系统分为商业生活给水系统，住宅生活给水系统，办公生活给水系统。空调冷却塔补水分为商业冷却塔补水系统和办公冷却塔补水系统。

生活给水系统按业态不同生活水箱、供水泵分别独立设置，各系统单独向自来水公司交费。

一层及以下给水、室外消防给水由城市管网直接供水，充分利用城市管网压力，二层以上由各业态泵房内的恒压变频供水设备供水。本项目各用水点均设分表计量。

卫生器具选用节水型，坐式大便器采用暗装冲洗水箱，蹲式大便器采用光电型带有破坏真空延时自闭式冲洗阀，小便器、洗手盆采用红外感应给水设备，不用手操作，避免交叉感染。

冷却塔补水贮存于地下三层室内消防与冷却塔补水合用贮水池中，设置消防水不被动用的措施，既保证消防用水安全，又可以避免消防水池内的水由于长期不使用而导致水质变坏。

各业态生活水泵房水平方向均靠近该业态用水负荷中心设置，减少供水干管敷设长度，降低水头损失，减少造价的同时降低运行费用，充分节能。

2. 生活热水设计

本项目热水仅办公餐厅及办公会所使用，规模较小，成都天然气储量丰富，价格较电便宜，本设计采用燃气热水机组制取卫生热水。办公燃气管道在外墙建筑凹槽内敷设，外部用镂空百叶线条装饰，造型美观。

3. 生活排水设计

本工程范围室外排水采用雨、污分流制。

室内卫生间采用污、废合流制排水，设专用通气管通气，底层单排；对卫生间器具多、排水支管长增设环形通气立管通气，改善排水管道水力条件，卫生间排水通畅无异味。

地下室地沟、电梯机坑废水无法自流排出室外雨水管，采用潜污泵抽升排出。

各层卫生间污、废水采用重力排水的方式排至室外；生活污、废水由立管收集合流排至室外，厨房含油污水经隔油池处理后排入室外污水管网，经过化粪池处理后排入市政污水管道。

4. 雨水排水设计

本项目塔楼屋面雨水及雨棚雨水采用重力流系统排放，雨水由87型雨水斗收集；裙楼屋面雨水采用压力流系统排放，雨水由虹吸雨水斗收集。屋面雨水经水平干管及雨水立管下至地下一层及一层出户。

本项目裙房玻璃雨棚采用纳米自洁玻璃，平时可不冲洗，采用雨水降水冲洗，设计预留了雨棚冲洗快速接口。雨棚雨水采用重力流系统排放，安全可靠，且雨水管与雨棚造型充分结合，排水通畅迅速。雨棚设计有溢流及防渣隔网，系统安全且维护方便。

本项目一层地下室顶板局部利用地面完成面和结构顶板之间的空腔设置排水暗沟，雨棚及部分屋面雨水排至暗沟，排水能力大，覆土深度小，经济安全。

5. 雨水回收利用

本项目收集裙房屋面雨水，初期弃流后贮存于雨水收集池，经处理消毒后用于两个方面：一是室外广场道路、车库冲洗及绿化，二是预留屋面绿化及冲洗用水点。既充分利用非传统水源，节约水资源，又减少雨水量的排放，降低市政排水管网负荷。

6. 冷却循环系统

本项目设商业冷却循环水系统、办公冷却循环水系统和办公精密空调冷却循环水系统。各业态制冷机组与冷却塔实现一一对应。本项目冷却塔均采用横流低噪声冷却塔，冷却塔要求自动启停风机和阀门，冷却塔风机和阀门的启停要求能满足与冷水机组的各种对应关系。冷却塔进水阀门采用电动阀，冷却水管布置同程，保证冷却塔热负荷均衡；冷却塔集水盘之间设置连通管，以平衡各冷却塔集水盘之间的水位。

商业冷却塔设置在裙房屋面，系统采用水泵前置压入式的布置方式；办公冷却塔设置在办公塔楼屋面，系统采用水泵后置吸入式的布置方式，降低制冷机承压等级，减少造价。

本项目商业冷却塔与塔楼相邻面及裙房屋面设置隔声降噪屏，减少冷却塔噪音对周边环境的影响。目前经运行两年无用户投诉。

7. 室内消防给水系统

本项目各业态共用一套消火栓和喷淋系统。消防泵房和消防水池的位置适中。消防水箱放在本项目的最高点。

消火栓位置与建筑及装饰专业紧密配合，在保证安全可靠的前提下做到美观。

8. 钢化玻璃冷却保护系统

根据消防性能化批复意见，下沉广场亚安全区与周边商业之间，高架商业连通平台亚安全区与周围相邻的建筑之间不能通过特级防火卷帘分区的部位，采用钢化玻璃加窗型喷头做防火分隔。

钢化玻璃作为内部防火分隔时，闭式窗型喷头安装在玻璃两侧；防护建筑物内部火灾对邻近建筑物蔓延时，闭式窗型喷头安装在本建筑玻璃隔断的内侧；防护邻近建筑火灾对本建筑物蔓延时，采用开式窗型喷头，喷头安装在建筑物窗玻璃外侧。

钢化玻璃冷却保护系统消防泵单独设置，提高消防供水安全性。

9. 自动扫描射水高空水炮灭火系统

商业中庭净空高度大于18m，选用自动扫描射水高空水炮型的大空间智能型主动喷水灭火系统。大空间智能型主动喷水灭火系统解决了高大空间的建筑消防难点，同时为建筑内部提供了优美的环境。中庭水炮在玻璃顶周边外围穿梁安装，安装美观。

10. 水喷雾灭火系统

地下室柴油发电机房及其油箱间、办公屋顶锅炉房设置水喷雾灭火系统，地下室柴油发电机房及其油箱间水喷雾灭火系统由扫描炮给水泵供水，办公屋顶锅炉房水喷雾灭火系统由设于屋面水箱间内的水喷雾给水加压泵及办公屋面高位消防水箱供水，减少供水泵的设计扬程，同时减少供水干管长度，且高位水箱容积增大，提高了下区消防供水安全性。

11. 室外雨、污水排水井盖设置标记，设计井盖避开硬地而布置在绿化上，并配合总图及景观总图设计对场区所有专业井盖进行综合优化，严禁各类井盖设置在车道、门厅口部等重要部位，化粪池位置避开主立面及进出口部位。本项目主里面检查井盖均设置在绿化带。

12. 本设计进行了细致的管线综合设计，多处管道穿梁，并重点进行地下室机房排布及管线综合设计，系统设计上避免了机电管线交叉，尽可能提高室内净高。

四、工程照片及附图

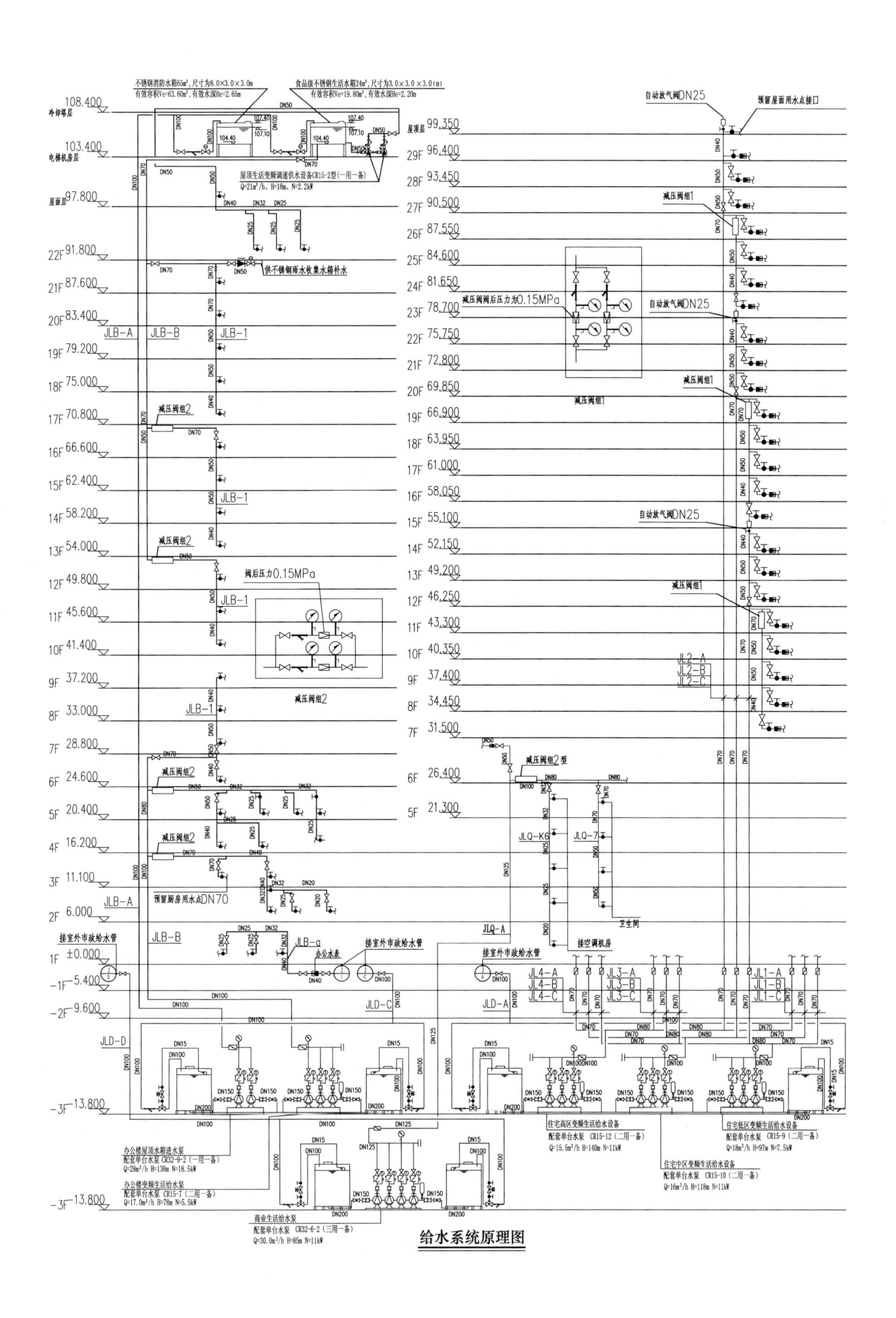
不锈钢消防水箱65m³，尺寸为8.0×3.0×3.0m
有效容积Ve=63.60m³，有效水深He=2.65m
食品级不锈钢生活水箱24m³，尺寸为3.0×3.0×3.0(m)
有效容积Ve=19.80m³，有效水深He=2.20m
屋顶生活变频调速供水设备CR15-2型（一用一备）
Q=21m³/h，H=18m，N=2.2kW
供不锈钢雨水收集水箱补水
减压阀组2
减压阀组1
阀后压力0.15MPa
减压阀阀后压力为0.15MPa
自动放气阀DN25
预留屋面用水点接口
预留厨房用水点DN70
接室外市政给水管
办公水表
接空调机房
卫生间
减压阀组2型
办公楼屋顶水箱进水泵
配套单台水泵 CR32-9-2（一用一备）
Q=28m³/h H=138m N=18.5kW
办公楼变频生活给水泵
配套单台水泵 CR15-7（二用一备）
Q=17.0m³/h H=78m N=5.5kW
商业生活给水泵
配套单台水泵 CR32-6-2（三用一备）
Q=30.0m³/h H=85m N=11kW
住宅高区变频生活给水设备
配套单台水泵 CR15-12（二用一备）
Q=15.5m³/h H=140m N=11kW
住宅中区变频生活给水设备
配套单台水泵 CR15-10（二用一备）
Q=16m³/h H=118m N=11kW
住宅低区变频生活给水设备
配套单台水泵 CR15-9（二用一备）
Q=18m³/h H=97m N=7.5kW

给水系统原理图

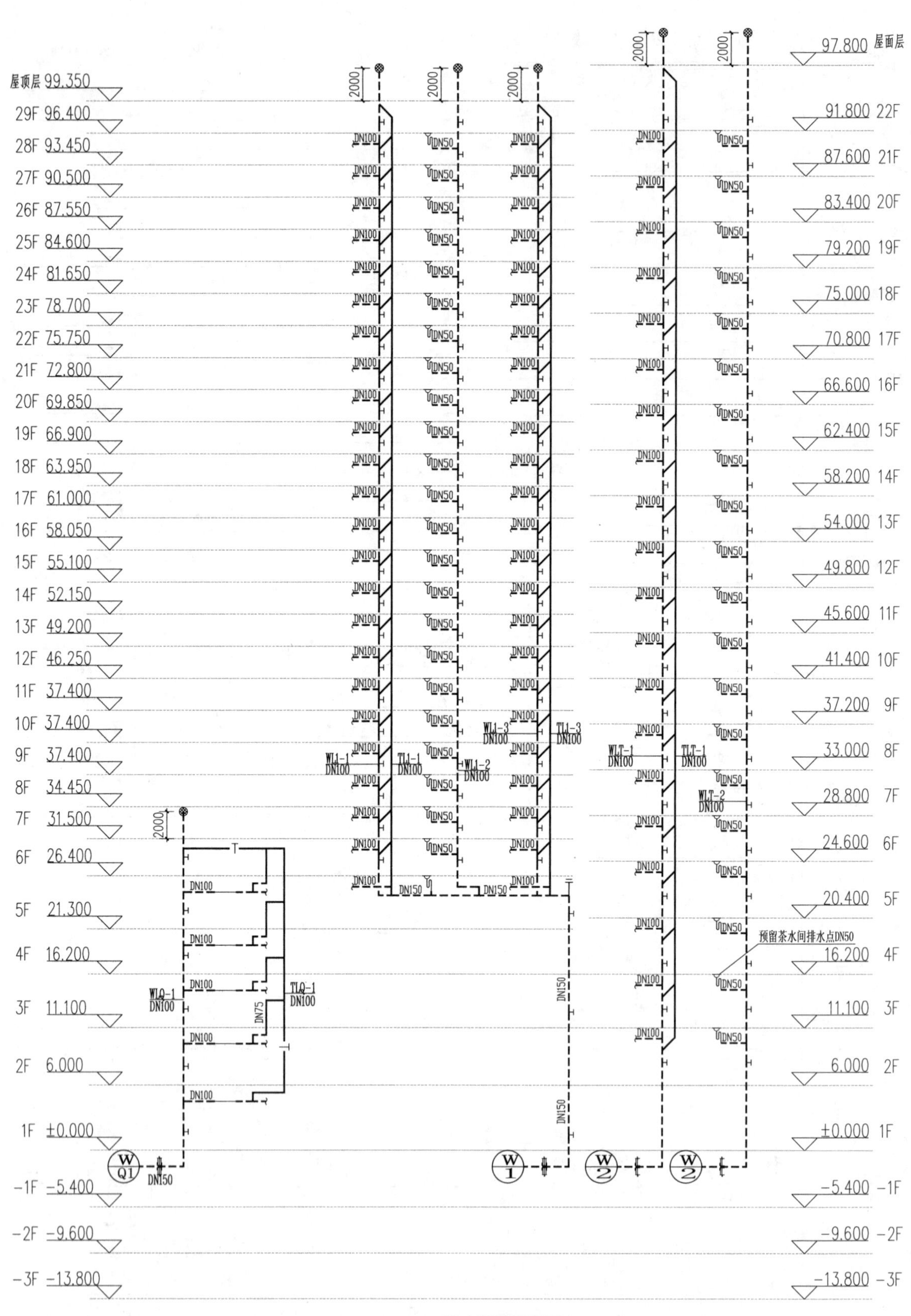
屋顶层 99.350
29F 96.400
28F 93.450
27F 90.500
26F 87.550
25F 84.600
24F 81.650
23F 78.700
22F 75.750
21F 72.800
20F 69.850
19F 66.900
18F 63.950
17F 61.000
16F 58.050
15F 55.100
14F 52.150
13F 49.200
12F 46.250
11F 37.400
10F 37.400
9F 37.400
8F 34.450
7F 31.500
6F 26.400
5F 21.300
4F 16.200
3F 11.100
2F 6.000
1F ±0.000
-1F -5.400
-2F -9.600
-3F -13.800
97.800 屋面层
91.800 22F
87.600 21F
83.400 20F
79.200 19F
75.000 18F
70.800 17F
66.600 16F
62.400 15F
58.200 14F
54.000 13F
49.800 12F
45.600 11F
41.400 10F
37.200 9F
33.000 8F
28.800 7F
24.600 6F
20.400 5F
16.200 4F
11.100 3F
6.000 2F
±0.000 1F
-5.400 -1F
-9.600 -2F
-13.800 -3F
2000
DN100
DN50
DN150
DN75
WL1-1 DN100
TL1-1 DN100
WL1-2 DN100
WL1-3 DN100
TL1-3 DN100
WLT-1 DN100
TLT-1 DN100
WLT-2 DN100
WLQ-1 DN100
TLQ-1 DN100
预留茶水间排水点DN50
W Q1
W 1
W 2

排水系统原理图

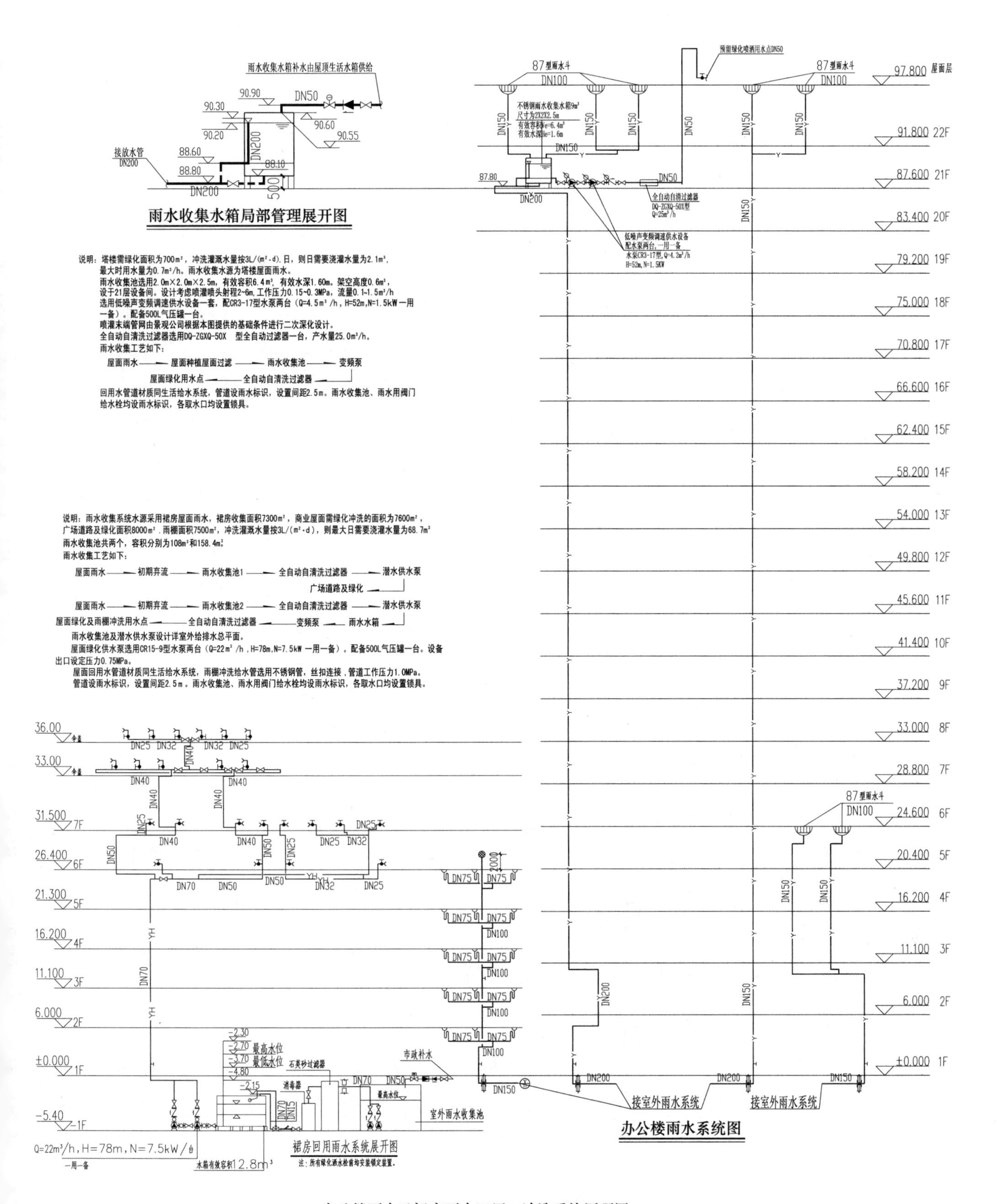

雨水收集水箱补水由屋顶生活水箱供给
接放水管
DN200
DN50
DN200
雨水收集水箱局部管理展开图
说明：塔楼需绿化面积为700m²，冲洗灌溉水量按3L/(m²·d).日，则日需要浇灌水量为2.1m³，
最大时用水量为0.7m³/h。雨水收集水源为塔楼屋面雨水。
雨水收集池选用2.0m×2.0m×2.5m，有效容积6.4m³，有效水深1.60m。架空高度0.6m³，
设于21层设备间。设计考虑喷灌喷头射程2~6m,工作压力0.15~0.3MPa，流量0.1~1.5m³/h
选用低噪声变频调速供水设备一套，配CR3-17型水泵两台（Q=4.5m³/h，H=52m,N=1.5kW一用一备）。配备500L气压罐一台。
喷灌末端管网由景观公司根据本图提供的基础条件进行二次深化设计。
全自动自清洗过滤器选用DQ-ZGXQ-50X 型全自动过滤器一台，产水量25.0m³/h。
雨水收集工艺如下：
屋面雨水 → 屋面种植屋面过滤 → 雨水收集池 → 变频泵
屋面绿化用水点 ← 全自动自清洗过滤器
回用水管道材质同生活给水系统，管道设雨水标识，设置间距2.5m。雨水收集池、雨水用阀门给水栓均设雨水标识，各取水口均设置锁具。
说明：雨水收集系统水源采用裙房屋面雨水，裙房收集面积7300m²，商业屋面需绿化冲洗的面积为7600m²，
广场道路及绿化面积8000m².雨棚面积7500m²，冲洗灌溉水量按3L/(m²·d)，则最大日需要浇灌水量为68.7m³
雨水收集池共两个，容积分别为108m³和158.4m³
雨水收集工艺如下：
屋面雨水 → 初期弃流 → 雨水收集池1 → 全自动自清洗过滤器 → 潜水供水泵
广场道路及绿化
屋面雨水 → 初期弃流 → 雨水收集池2 → 全自动自清洗过滤器 → 潜水供水泵
屋面绿化及雨棚冲洗用水点 ← 全自动自清洗过滤器 ← 变频泵 ← 雨水水箱
雨水收集池及潜水供水泵设计详室外给排水总平面。
屋面绿化供水泵选用CR15-9型水泵两台（Q=22m³/h，H=78m,N=7.5kW 一用一备）。配备500L气压罐一台。设备出口设定压力0.75MPa。
屋面回用水管道材质同生活给水系统，雨棚冲洗给水管选用不锈钢管，丝扣连接，管道工作压力1.0MPa。
管道设雨水标识，设置间距2.5m。雨水收集池、雨水用阀门给水栓均设雨水标识，各取水口均设置锁具。
预留绿化喷洒用水点DN50
87型雨水斗
DN100
97.800 屋面层
91.800 22F
87.600 21F
83.400 20F
79.200 19F
75.000 18F
70.800 17F
66.600 16F
62.400 15F
58.200 14F
54.000 13F
49.800 12F
45.600 11F
41.400 10F
37.200 9F
33.000 8F
28.800 7F
24.600 6F
20.400 5F
16.200 4F
11.100 3F
6.000 2F
±0.000 1F
不锈钢雨水收集水箱9m³
全自动自清过滤器
DQ-ZGXQ-50X型
Q=25m³/h
低噪声变频调速供水设备
配水泵两台，一用一备
水泵CR3-17型，Q=4.2m³/h
H=52m，N=1.5KW
DN150
DN200
接室外雨水系统
接室外雨水系统
办公楼雨水系统图
36.00
33.00
31.500 7F
26.400 6F
21.300 5F
16.200 4F
11.100 3F
6.000 2F
±0.000 1F
-5.40 -1F
最高水位
最低水位
石英砂过滤器
消毒器
市政补水
室外雨水收集池
Q=22m³/h，H=78m，N=7.5kW/台
一用一备
水箱有效容积12.8m³
裙房回用雨水系统展开图
注：所有绿化洒水栓需均安装锁定装置。

办公楼雨水及裙房雨水回用、冲洗系统原理图

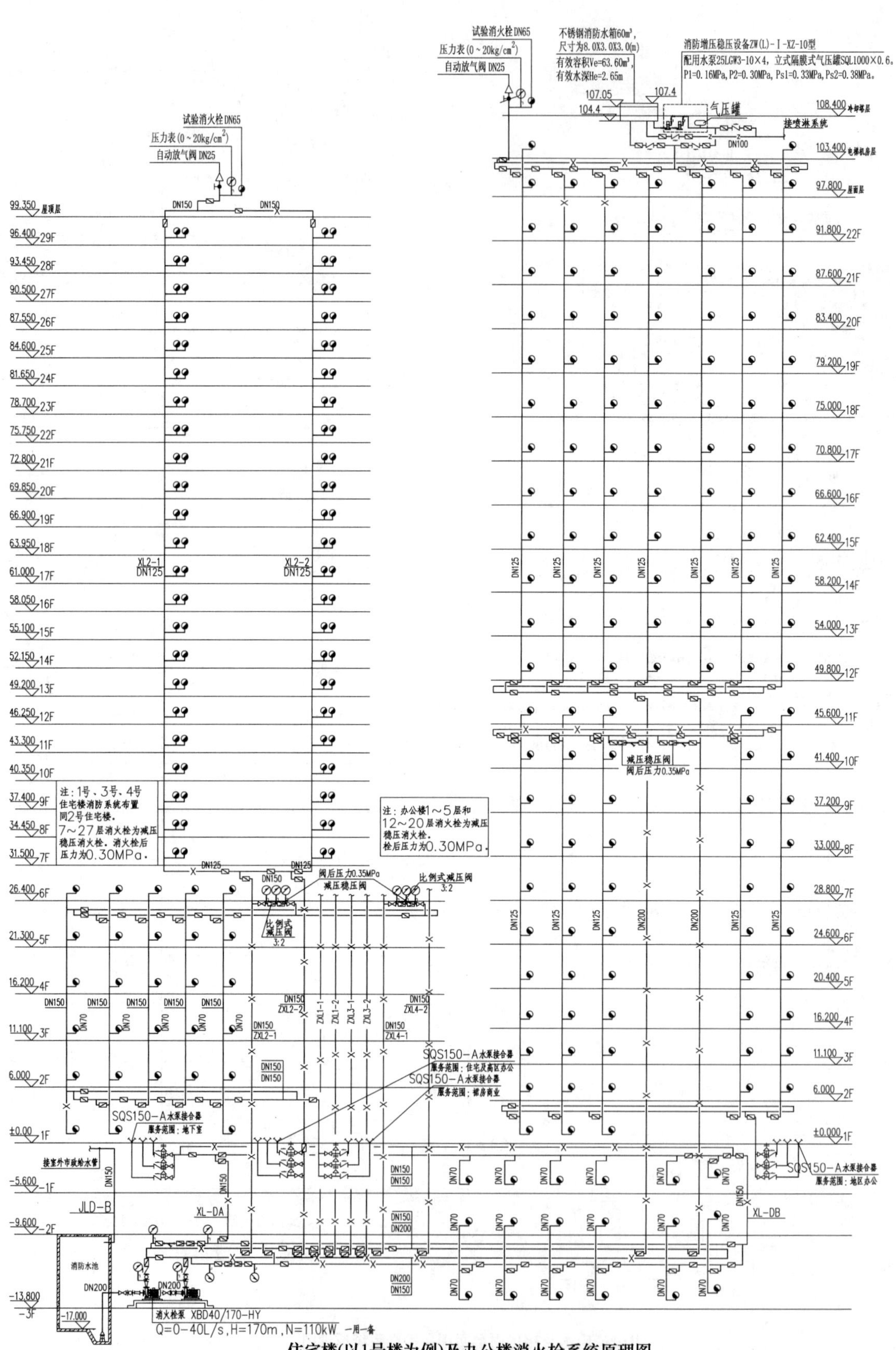

住宅楼(以1号楼为例)及办公楼消火栓系统原理图

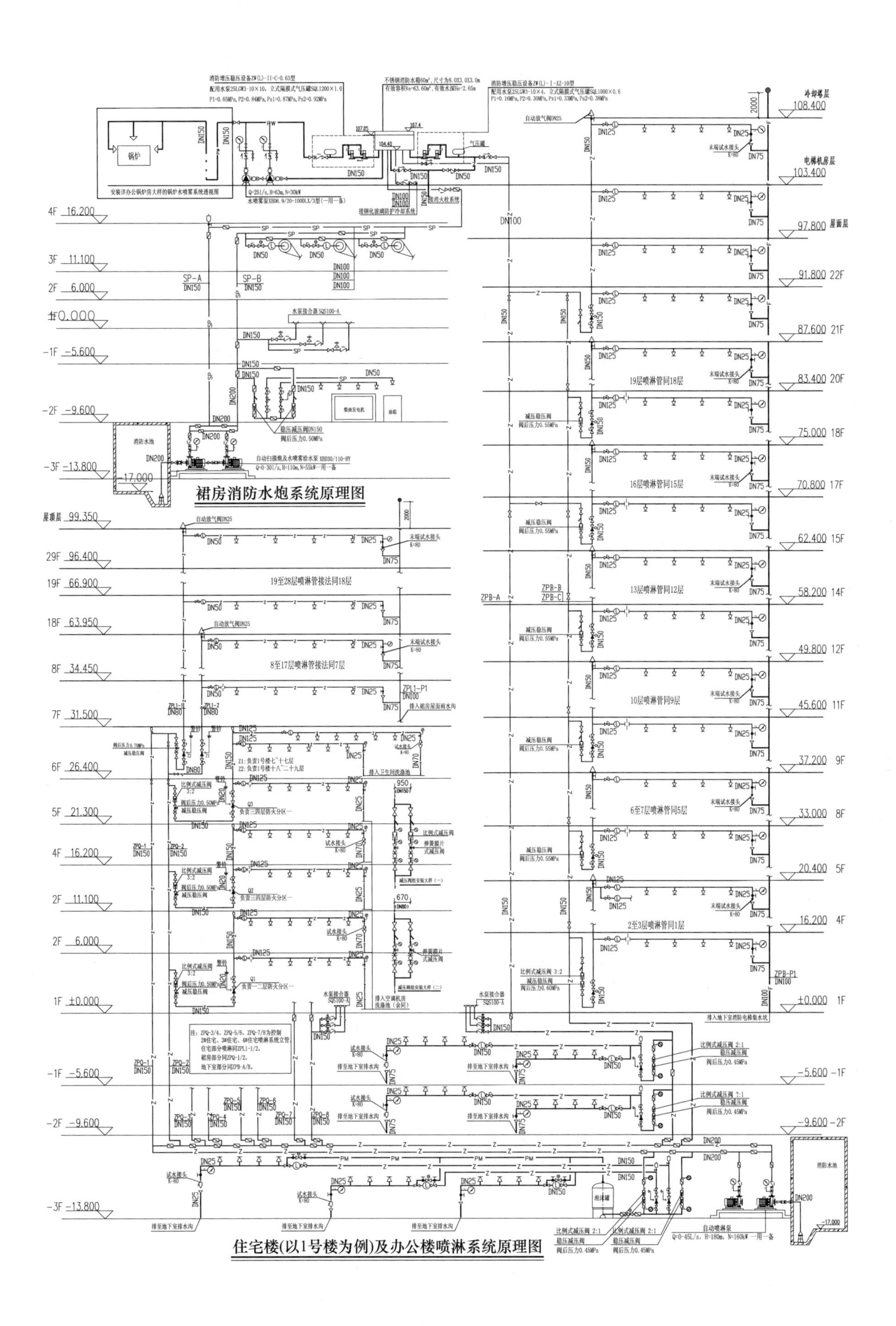

裙房消防水炮系统原理图

住宅楼(以1号楼为例)及办公楼喷淋系统原理图

常州现代传媒中心

设计单位： 上海建筑设计研究院有限公司
设 计 人： 包虹　邓俊峰　张晓波　吴建虹　岑薇
获奖情况： 公共建筑类　二等奖

工程概况：

本建筑群基地位于常州新北区，惠山路以东，太湖路以南，龙锦路以北，规划路以西。基地占地面积为35410m^2，总建筑面积306966m^2，其中地上部分211682m^2，地下部分95284m^2。包括商业、办公、北区公寓式酒店、五星级酒店、剧场式演播厅、广电技术用房等功能用房。

建筑群地下共3层，地上5幢建筑组团，分别为：

A楼：广电主楼及五星级酒店区，58层，建筑高度244.25m；

B楼：广电技术用房，最高8层，建筑高度33.45m；

C楼：剧场式演播厅，最高4层，建筑高度22.0m；

D楼：动漫办公楼，21层，建筑高度79.75m；

E楼：公寓式酒店，21层，建筑高度78.70m。

地下共3层，主要为停车库、酒店餐厅厨房、娱乐、室内游泳池，另设有各种设备用房等；地下三层设人防（由业主委托专业设计单位设计）。

工程说明：

一、给水排水系统

（一）给水系统

1. 冷水用水量表（表1～表6）

最高日用水量2503.13m^3/d，最高日生活用水量1773.13m^3/d。

最大时用水量277.8m^3/h，最大时生活用水量204.8m^3/h。生活总引入管DN150。

广电主楼、酒店客房及其裙房（A）用水量　　表1

序号	功能	用水定额	最高日用量Q_d(m^3/d)	最大时用水量Q_h(m^3/h)
1	七～十九层办公	50L/(人·班)	99.50	14.925
2	二十一～三十二层出租办公	50L/(人·班)	115.00	17.25
3	三十三～三十五层酒店式办公	300L/(人·d)	50.40	5.25
4	三十七～五十二层酒店	400L/(床·d)	294.00	24.50
5	酒店员工	100L/(人·d)	20.00	2.08
6	餐厅	40L/人次	100.00	15.00

续表

序号	功能	用水定额	最高日用量 Q_d(m³/d)	最大时用水量 Q_h(m³/h)
7	桑拿洗浴	150L/人次	45.00	7.50
8	健身中心	30L/人次	6.00	1.125
9	美容美发	80L/人次	8.00	1.33
10	洗衣房	70L/kg 干衣	252.00	37.80
11	商业	8L/(m² · d)	8.80	0.88
12	会议室	8L/(座 · 次)	22.40	6.72
13	职工餐厅	20L/人次	4.00	0.50
14	游泳池补充水量	10%泳池水量	37.50	4.69
小计 1			1062.6	139.55
	10%未预见用水量		106.26	
小计 2			1168.86	
	空调补水量		380.00	38.00
合计			1548.86	177.55

广电技术用房（B）用水量 **表 2**

序号	功能	用水定额	最高日用量 Q_d(m³/d)	最大时用水量 Q_h(m³/h)
1	技术用房办公	50L/(人 · 班)	10.00	1.50
2	出租办公	50L/(人 · 班)	7.50	1.125
3	商业展示	6L/人次	2.40	0.45
4	演播厅演员	30L/(人 · 场)	4.50	2.25
小计 1			24.40	5.325
	10%未预见用水量		2.44	
小计 2			26.84	
	空调补水量		350.00	35.00
合计			376.84	40.325

剧场式演播厅（C）用水量 **表 3**

序号	功能	用水定额	最高日用量 Q_d(m³/d)	最大时用水量 Q_h(m³/h)
1	办公	50L/(人 · 班)	2.50	0.375
2	观众	5L/(座 · 场)	10.00	2.50
3	演员	30L/(人 · 场)	6.00	3.00
小计			18.50	
	10%未预见用水量		1.85	
合计			20.35	5.875

北区动漫办公楼（D）用水量 表4

序号	功能	用水定额	最高日用量 Q_d(m^3/d)	最大时用水量 Q_h(m^3/h)
1	办公	50L/(人·班)	125.00	15.00
2	商业	8L/(m^2·d)	28.80	2.88
小计			153.80	
	10%未预见用水量		15.38	
合计			169.18	17.88

北区公寓式酒店（E）用水量 表5

序号	功能	用水定额	最高日用量 Q_d(m^3/d)	最大时用水量 Q_h(m^3/h)
1	酒店	300L/(人·d)	230.40	19.20
2	商业	8L/(m^2·d)	69.60	6.96
3	办公	50L/(人·班)	22.50	2.70
小计			322.50	28.86
	10%未预见用水量		32.25	
合计			354.75	28.86

总体用水量 表6

序号	功能	用水量定额	最高日用量 Q_d(m^3/d)	最大时用水量 Q_h(m^3/h)
1	绿化浇洒	2L/(m^2·次)	6.00	1.50
2	水景补水	5%循环水量	22.50	3.75
3	车辆擦洗	15L/(辆·次)	4.05	2.025
合计			32.55	7.275

2. 水源

由太湖路和龙锦路市政给水管分别引入 *DN*200 的给水管各一根，引入管上分支一路 *DN*200 给水管道，接入地下室生活水泵房内，供各单体生活用水，分别设水表计量。市政给水管最低水压 0.15MPa。

3. 系统竖向分区

依据各单体建筑功能不同及其用水量、水压要求，分区域设计给水管道系统、供水设备。

（1）基地地下三层～地下一层，市政供水水压直接供水。

（2）广电主楼及五星级酒店：一～五层由恒压变频供水装置供水，六～二十层、二十一～三十六层、三十七～五十二层分别由设置在二十、三十六、五十六层的中间（屋顶）水箱重力及加压水泵机组供水，共分为 11 个区。各区的最低卫生器具配水点处的静水压力不大于 0.45MPa，超压主支管处设减压阀减压。

（3）北区公寓式酒店采用生活水池—水泵—屋顶水箱供水，分为 4 个区，各区的最低卫生器具配水点处的静水压力不大于 0.45MPa，超压主支管处设减压阀减压。

4. 供水方式及给水加压设备

（1）南区广电主楼及五星级酒店区、广电技术用房、剧场式演播厅等合用生活给水系统，生活水箱及给水泵设于南区地下三层生活泵房内。由恒压变频供水装置供水，中间（屋顶）水箱重力及加压水泵机组供水，共分为 11 个区。地下三层水泵房内设 250m^3 生活水箱。在二十、三十六、五十六层分别设 90m^3、45m^3 中间水箱及 25m^3 屋顶水箱。

技术用房及剧场式演播厅由恒压变频供水装置供水。

（2）北区公寓式酒店采用生活水池—水泵—屋顶水箱供水，地下二层设置 90m^3 生活水箱，屋顶设置 30m^3 屋顶水箱。北区动漫办公楼采用生活水池—水泵—屋顶水箱供水，地下二层设置 20m^3 生活水箱，屋顶设置 10m^3 屋顶水箱。

（3）空调冷却塔补水由恒压变频供水装置供水。

5. 管材

给水系统采用薄壁不锈钢管及其配件，承插式卡压连接。

(二) 热水系统

1. 热水用水量（表7）

广电主楼热水用水量 **表7**

区域功能	用水定额	Q_h(W)	q_{rh}(L/h)
三十三～三十五层酒店式办公	120L/(床·d)	352290	5620
三十七～五十层酒店	120L/(床·d)	976376	15576
五十一～五十二层	120L/(人·d)	75039	1197
小计1		1403705	22393
酒店职工淋浴	400L/h	387740	6186
酒店餐厅	15L/人次	235083	3750
职工餐厅	7L/人次	8777	140
小计2		631601	
桑拿洗浴	100L/人次	188066	3000
健身中心	15L/人次	18807	300
游泳池循环水加热		83200	
小计3		280669	
合计		2783877	

2. 热源

(1) 广电主楼及五星级酒店：由地下一层燃气热水锅炉（见暖通专业设计图）提供90℃热媒水，在地下一层、三十六层分别设置水—水容积式热交换器制备洗涤热水；游泳池设板式热交换器。

(2) 北区公寓式酒店：六～二十一层设集中太阳能热水系统，屋面设太阳能集热板、贮热水箱、辅助电加热装置、循环水泵等设备。

(3) 技术用房一层演员化妆区域设3台电加热热水器供淋浴、洗涤用水。

3. 系统竖向分区

(1) 广电主楼及五星级酒店：地下一层～二层、三十三～三十五层、三十七～五十五层设集中热水供水系统，在地下一层、三十六层分别设置水—水容积式热交换器制备洗涤热水；游泳池设板式热交换器。

(2) 北区公寓式酒店：六～二十一层设集中太阳能热水系统，分区与冷水系统相同。

4. 热交换器设备

加热设备（选用导流型容积式水加热器，铜盘管）

$T=4$h，$\xi=0.6$，$C=1.15$，$K=800$W/(m^2·K)，见表8。

加热设备 **表8**

区域功能	Q_h(W)	q_{rh}(L/h)	Δt_j(℃)	F_{jr}(m^2)	膨胀罐(m^3)
三十三～三十五层酒店式办公	352290	5620	47.5	17.77	0.6
三十七～四十一层酒店	506750	8084	47.5	25.56	0.75
四十二～四十七层酒店	543737	8674	47.5	27.43	0.80
四十八～五十二层	306585	4891	47.5	15.47	0.45
酒店职工淋浴	387740	6186	47.5	19.56	0.45
酒店餐厅	235083	3750	47.5	11.86	0.30
职工餐厅	8777	140	47.5	0.27	—
桑拿洗浴	188066	3000	47.5	9.49	0.30
健身中心	18807	300	47.5	0.95	—

5. 冷、热水压力平衡措施、热水温度的保证措施等

冷、热水由市政供水压力直接供水；热水管、回水管及其热水加热设备采用保温材料保温。热水供水系统采用机械循环方式，以保证热水管网末端的水温。

6. 管材

给水系统采用薄壁不锈钢管及其配件，承插式卡压连接。

（三）排水系统

1. 排水系统室内污、废水为分流，室外污、废合流，雨、污水分流。基地雨、污水分别排至市政雨水管、污水管。

下沉式广场的雨水设集水井（地下二层）后，经潜水排水泵提升后排至室外雨水管道。雨水设计重现期按照 50 年设计、选用潜水泵。

2. 排水系统立管设伸顶透气。

3. 餐厅厨房含油废水设器具隔油器、隔油池处理后，排入室外污水井。

4. 管材

室内排水管采用柔性接口机制排水铸铁管及配件，承插橡胶圈密封连接，法兰螺栓紧固。

（四）雨水系统

1. 广电主楼裙房屋面、广电技术用房屋面及剧场式演播厅屋面等采用屋面雨水压力流排水系统。广电酒店裙房、广电技术用房、剧场式演播厅等屋面雨水采用压力流雨水排水系统，设计重现期按照 50 年设计，降雨历时 5min，降雨强度为 5.83L/(s·100m^2)。

2. 广电主楼、北区动漫办公楼、公寓式酒店等屋面雨水采用重力流排水系统，设计重现期按照 10 年设计，降雨历时 5min，降雨强度为 4.49L/(s·100m^2)。

3. 室外雨水汇流后排至市政雨水管道或排入周边河道。

4. 室内重力流雨水管采用涂塑钢管及其配件。室外采用加筋塑料管及其配件。

二、消防系统

消火栓系统、喷淋系统用水量见表 9。

消火栓系统、喷淋系统用水量（单位：L/s）　　表 9

系统功能		广电主楼	广电技术用房	剧场式演播厅	动漫办公楼	公寓式酒店	地下停车库
室外消火栓		30	20	15	30	30	30
室内消火栓		40	20	10	40	40	20
自动喷水灭火系统		21	28	28	28	28	40
自动扫描灭火系统		10	—	10	—	—	—
雨淋系统		—	—	120	—	—	—
冷却水幕系统		—	—	21	—	—	—
合计		91	68	194	98	98	90
火灾延续时间(h)	消火栓	3	2	2	3	3	
	喷水、雨淋	1	1	1	1	1	1
	冷却水幕	—	—	3	—	—	—
消防水池(m^3)		507.6	244.8	831.6	532.8	532.8	—

（一）消火栓系统

1. 水源：南区地下三层设 930m^3 消防水池，包括室内消火栓 3h、喷淋系统 1h、雨淋系统 1h 和冷却水幕系统 3h 的用水量。室外消火栓系统用水由市政给水管两路 *DN*200 在基地内连接成环管供给。消防水池进水管由环管引入地下室。

2. 系统分区：基地内分为南区、北区两个区。A楼、B楼、C楼及其相应的地下室为南区；D楼、E楼及其相应的地下室为北区。南区、北区两个区分别设消火栓水泵，按系统最低点消火栓处的静水压力不大于1.0MPa设减压阀分区。

3. 水泵接合器：南区消火栓系统设*DN*150水泵接合器3组。北区设*DN*150水泵接合器3组。

4. 管材：管道管径小于或等于*DN*100，采用内外壁热镀锌钢管及其配件；管径大于*DN*100，采用无缝钢管及其配件。

（二）自动喷水灭火系统

1. 系统分区

（1）基地内分为南区、北区两个区。A楼、B楼、C楼及其相应的地下室为南区；D楼、E楼及其相应的地下室为北区。南区、北区两个区分别设喷淋泵。

（2）自动喷水灭火系统：湿式报警阀按照不同区域，采取集中或分楼层设置的形式，供应各个区域的喷淋用水。

（3）广电主楼及五星级酒店大堂上空、电梯厅前区上空、广电大堂上空、客房中庭、剧场观众厅等吊顶高度大于12m的区域，采用大空间微型自动扫描灭火装置。系统设计流量10L/s，单台设备流量5L/s。

（4）预作用系统：广电技术用房内导控、直播室、新闻快播、设备磁带库、控制、总控、一控二导播室、应急电视化导播、导播等部位设置预作用系统。二、六层分别设置预作用报警阀和压缩空气机。预作用报警后末端管道设置电动阀、自动排气阀。

2. 水泵接合器*DN*150设置4组。

3. 管材：管道管径小于或等于*DN*100采用内外壁热镀锌钢管及其配件；管径大于*DN*100采用无缝钢管及其配件。

（三）雨淋系统

1. 设于剧场式演播厅舞台上方的葡萄架下，分设3组雨淋阀组，每组雨淋阀控制喷水面积不大于160m^2。

2. 系统用水量按2组雨淋阀同时开启灭火设计。地下三层消防泵房内设雨淋泵3台，2用1备。

3. 管材：管道管径小于或等于*DN*100采用内外壁热镀锌钢管及其配件；管径大于*DN*100采用无缝钢管及其配件。

（四）气体灭火系统

1. 主配电室、变配电室、进线室、发电机房、通信机房、网络主机房、主控室等均设置IG541混合气体灭火系统。

2. 广电技术用房内UPS、传输总控机房区、网络机房、设备媒资、播出设备机房、传统磁带库、计算机中心等设置IG541混合气体灭火系统。

3. 系统操作及控制方式：具有自动、手动和应急操作三种启动方式。设置火灾自动报警及联动系统。

三、工程特点及设计体会

1. 太阳能热水系统应用

北区公寓式酒店：六～二十一层设集中太阳能热水系统，屋面设太阳能集热板、贮热水箱、辅助电加热装置、循环水泵等设备，分区与冷水系统相同。热水供应范围：卫生间、淋浴室洗浴用热水。

2. 依据各单体建筑功能不同及其用水量、水压要求，分区域设计给水管道系统、供水设备。

3. 依据各单体建筑的高度，结合地下室功能分区及地下室一层高、管线走向等综合因素，广电主楼裙房屋面、广电技术用房屋面及剧场式演播厅屋面等采用屋面雨水压力流排水系统。

4. 该项目单体多、功能复杂，消防系统多样：

(1) 剧场式演播厅

舞台葡萄架下设雨淋灭火系统，划分为三个区域；舞台台口防火幕设冷却水幕灭火系统；大厅、观众厅净高大于 12m 设置大空间洒水系统。

(2) 酒店大堂、酒店休息厅设置大空间洒水系统。

(3) 广电技术用房内导控、直播室、新闻快播、设备磁带、一控二导等设置预作用灭火系统。

(4) 气体灭火系统：主配电室、变配电室、进线室、发电机房、通信机房、网络主机房、主控室等均设置 IG541 混合气体灭火系统。

四、工程照片及附图

常州现代传媒中心整体效果图

管道及阀门

生活恒压变频供水机组

生活水箱进水管及阀门

水泵及水箱

万豪酒店大堂入口

消防水泵机房

消防水池及阀门管道

消防系统水泵接合器

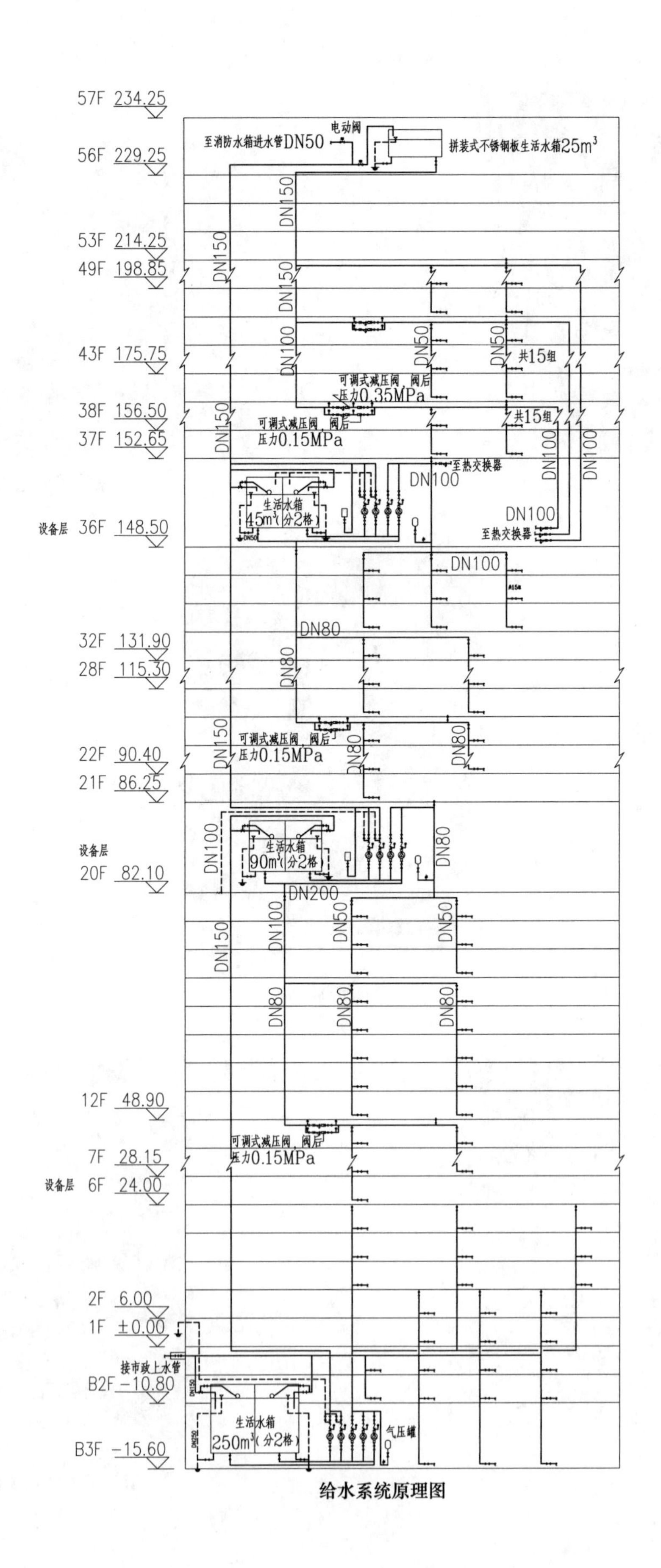

57F 234.25
56F 229.25
53F 214.25
49F 198.85
43F 175.75
38F 156.50
37F 152.65
设备层 36F 148.50
32F 131.90
28F 115.30
22F 90.40
21F 86.25
设备层
20F 82.10
12F 48.90
7F 28.15
设备层 6F 24.00
2F 6.00
1F ±0.00
B2F −10.80
B3F −15.60
至消防水箱进水管DN50
电动阀
拼装式不锈钢板生活水箱25m³
DN150
DN100
DN50
共15组
可调式减压阀，阀后压力0.35MPa
可调式减压阀，阀后压力0.15MPa
至热交换器
DN100
生活水箱 45m³(分2格)
DN80
生活水箱 90m³(分2格)
DN200
接市政上水管
生活水箱 250m³(分2格)
气压罐

给水系统原理图

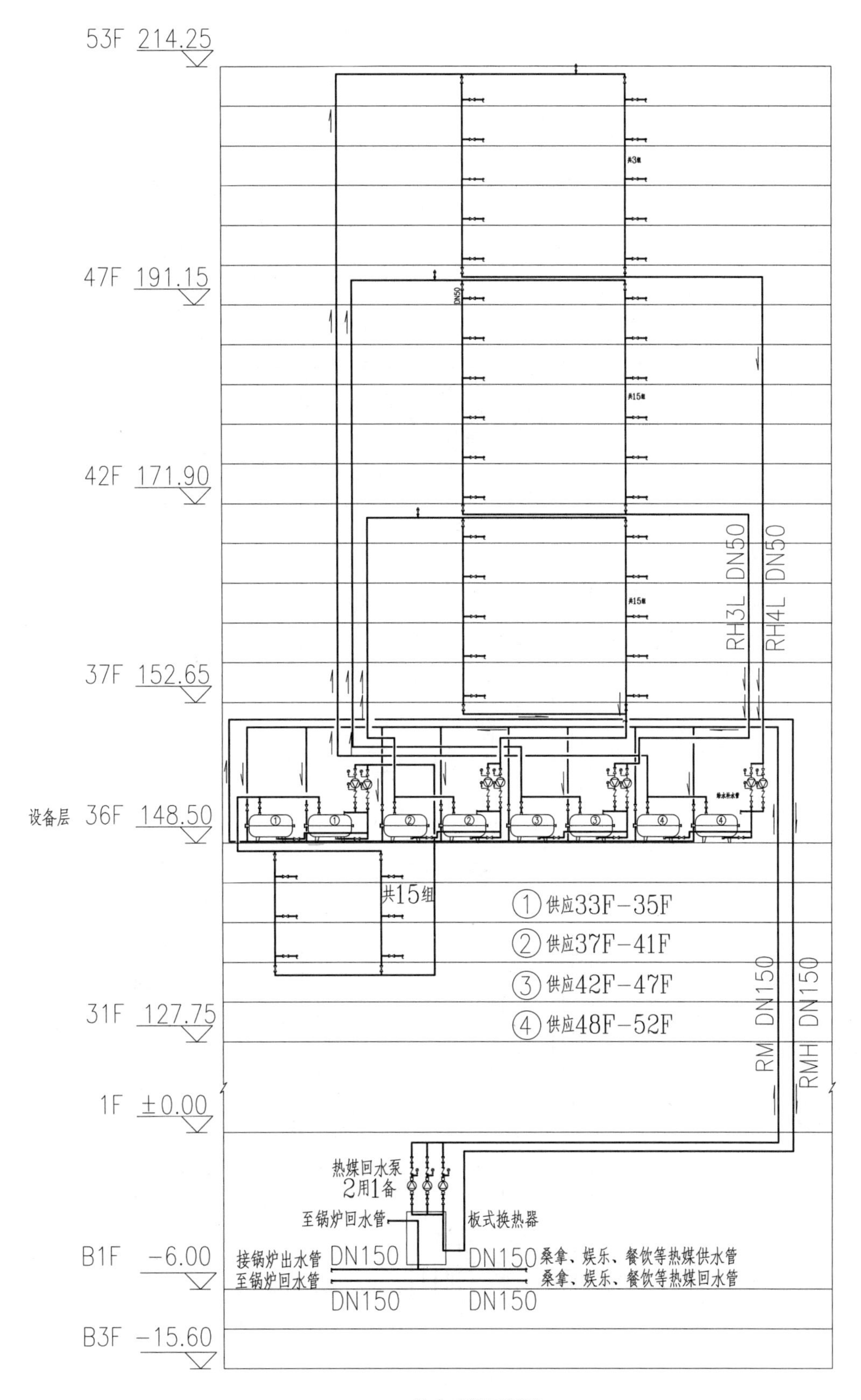
53F 214.25
47F 191.15
42F 171.90
37F 152.65
设备层 36F 148.50
31F 127.75
1F ±0.00
B1F -6.00
B3F -15.60
共3组
共15组
共15组
DN50
RH3L DN50
RH4L DN50
共15组
① 供应33F-35F
② 供应37F-41F
③ 供应42F-47F
④ 供应48F-52F
RM DN150
RMH DN150
热媒回水泵
2用1备
至锅炉回水管
板式换热器
接锅炉出水管 DN150
至锅炉回水管 DN150
DN150 桑拿、娱乐、餐饮等热媒供水管
DN150 桑拿、娱乐、餐饮等热媒回水管

热水系统原理图

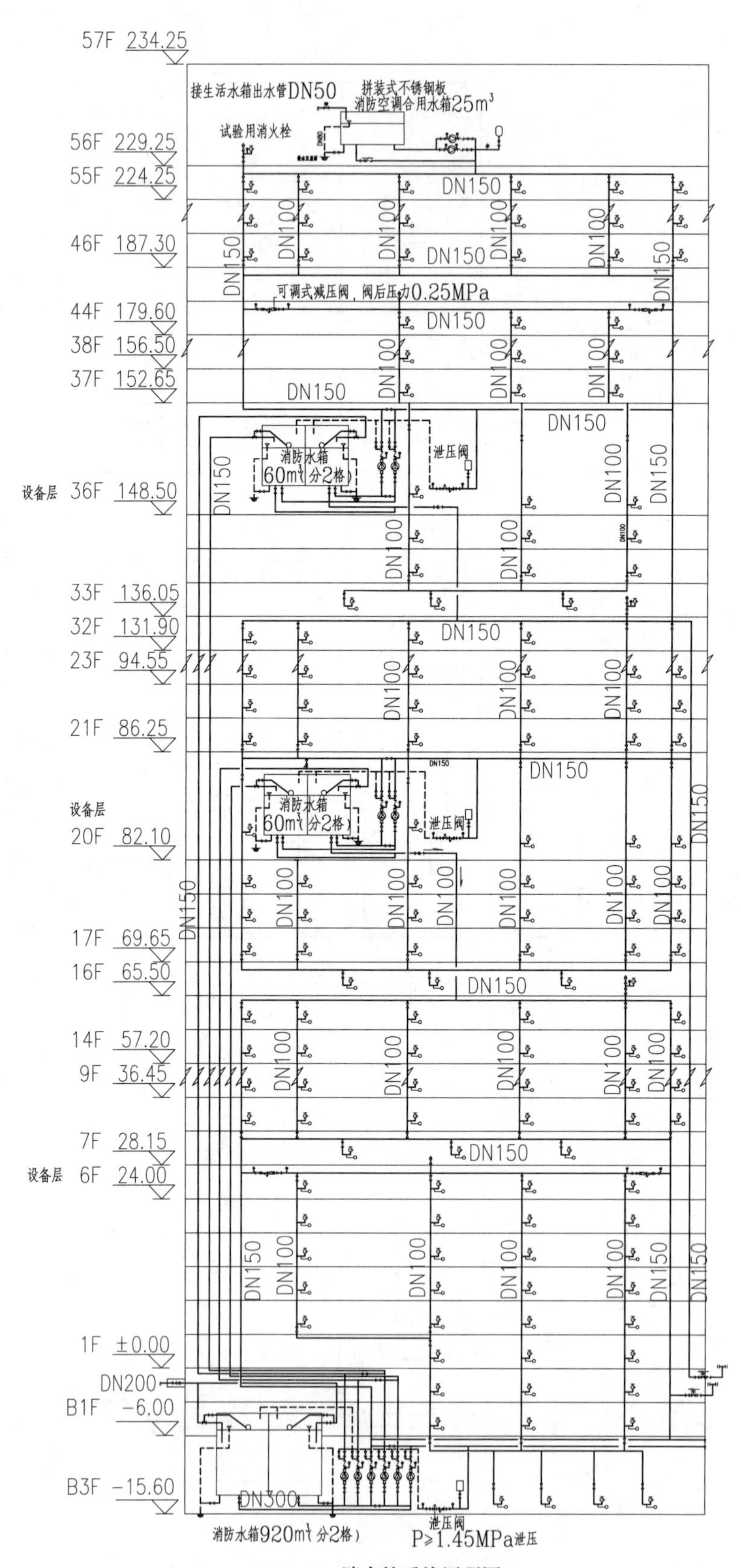
57F 234.25
接生活水箱出水管DN50
拼装式不锈钢板
消防空调合用水箱25m³
试验用消火栓
56F 229.25
55F 224.25
46F 187.30
可调式减压阀，阀后压力0.25MPa
44F 179.60
38F 156.50
37F 152.65
消防水箱
60m³(分2格)
泄压阀
设备层 36F 148.50
33F 136.05
32F 131.90
23F 94.55
21F 86.25
设备层
20F 82.10
17F 69.65
16F 65.50
14F 57.20
9F 36.45
7F 28.15
设备层 6F 24.00
1F ±0.00
DN200
B1F -6.00
B3F -15.60
DN300
消防水箱920m³(分2格)
泄压阀
P≥1.45MPa泄压
DN150
DN100

消火栓系统原理图

宁波站改建工程宁波火车南站

设计单位： 同济大学建筑设计研究院（集团）有限公司
设 计 人： 张东见　王洪武　唐廷　江帆　田峰
获奖情况： 公共建筑类　二等奖

工程概况：

宁波站改建工程宁波火车南站位于宁波市中心城区——海曙区，站区由南站西路、苍松路、甬水桥路、三支街围合而成。是以铁路宁波站为核心，集铁路、公交车场、出租车场、社会车场、地铁 2、4 号线为一体的综合交通枢纽。该枢纽工程不仅实现了内部的“零换乘”，也完成了车站与周边道路交通的高度整合，形成多维度的立体城市交通网络。

宁波站为多层车站建筑，总用地面积 95700m^2，总建筑面积 12 万 m^2，其中，站房建筑面积 5 万 m^2，南北城市通廊 1.3 万 m^2。车站由南北站房、高架候车大厅、旅客出站厅及南北城市通廊、无站台柱雨棚等几部分组成。宁波站地上两层，地下一层，局部夹层，自上而下分别为高架候车层、站台层、地下出站层。

本工程给水排水专业设计内容包括：

(1) 站房室内给水排水及水消防系统（消火栓系统、自动喷水灭火系统及消防炮系统）设计、气体灭火系统设计、建筑灭火器配置。

(2) 南北城市通廊、行包通道给水排水及水消防系统设计、建筑灭火器配置。

(3) 站房屋面及站台雨棚虹吸雨水系统（压力流排水方式）设计。

(4) 落客平台消火栓及雨水系统（重力流排水方式）设计。

(5) 站台消火栓系统、出站通廊范围内的上方轨行区排水系统设计。

(6) 列车上水加压泵房设计。

(7) 站房室外给水排水及与广场给水排水管道的接口设计。

工程说明：

一、给水排水系统

（一）给水系统

1. 冷水用水量（表 1）

用水量一览表　　　　**表 1**

序号	用水对象	建筑面积 (m^2)	用水人数 (人)	用水量标准	小时变化系数 K_h	用水时间 (h)	最大日用水量 (m^3/d)	最大时用水量 (m^3/h)
1	旅客	高峰小时旅客发送量 9450 人/h		4.0 (L/(人·d))	2.5	18	75.6	10.5

续表

序号	用水对象	建筑面积(m^2)	用水人数(人)	用水量标准	小时变化系数K_h	用水时间(h)	最大日用水量(m^3/d)	最大时用水量(m^3/h)
2	售票人员		250	50(L/人次)	1.2	18	12.5	0.8
3	办公		600	50(L/人班)	1.2	12	30.0	3.0
4	商业	11154		8.0(m^2/d)	1.2	12	89.2	8.9
5	餐饮		500	40(L/人次)	1.5	12	20.0	2.0
6	饮用水	高峰小时旅客发送量9450人/h		0.4(L/(人·d))	1.0	18	7.6	0.4
7	未预见用水量						23.4	2.6
8	小计						258.3	28.2
9	冷却塔补水量						464	30.0
10	列车上水						800	50
11	总计						1522.3	104
12	室内消防用水						634m^3/次	

2. 水源

站房给水取自城市自来水。由南、北广场*DN*300给水主干管上各引出一根*DN*300管道，在站房附近各设总水表后进站，经由城市南北联系通道连接成环，作为站房给水、消防、列车上水水源。

3. 系统竖向分区

地下层由市政给水管道直接供水，其余各层由叠压供水设备供水。列车上水由变频给水泵组供水。叠压供水区域采用减压阀分区，站台及站台夹层为低区，高架候车厅及商业夹层为高区。

4. 供水方式及给水加压设备

给水及水消防系统各自独立，生活给水管道呈枝状布设，管道布置采用上行下给式，列车上水管道呈环状布设。

北站房地下层西侧生活水泵房内设生产、生活给水箱式叠压供水设备及列车上水给水变频设备各一套。

箱式叠压供水设备包括有效容积不小于30m^3的食品级不锈钢拼装水池一座，总流量不小于80m^3/h的主泵3台（2用1备），隔膜式气压罐一只。

列车上水变频给水设备包括有效容积123m^3/座的食品级不锈钢拼装水池两座，单台流量108～180m^3/h的主泵4台（3用1备），25.2～45m^3/h的副泵一台，有效容积3.6m^3隔膜式气压罐一只。

5. 管材

室内给水管道大于或等于*DN*65干管选用内外涂塑焊接钢管，管径小于或等于*DN*80时采用丝扣连接，管径大于或等于*DN*100时采用沟槽卡箍连接；各泵房内、列车上水加压泵房至北站房基本站台管廊处管道法兰连接。管径小于或等于*DN*50支管选用S5系统PP-R管，热熔连接。室外埋地给水管道小于或等于*DN*80选用内外涂塑焊接钢管，螺纹连接；大于*DN*80选用内壁涂塑给水球墨铸铁管，柔性胶圈承插连接；与阀门连接时采用法兰连接。

（二）热水系统

站房内不设集中热水供应系统。VIP贵宾室、贵宾候车室、软席候车室、母婴候车室、老弱病残候车室等的卫生间采用分散设置电热水器的方式供应热水。

各候车室均设置开水间，内设过滤加热一体式电加热直饮水设备制备饮水。

（三）排水系统

1. 排水系统的形式

站房排水系统采用室外雨、污分流；室内卫生间生活污、废水合流，其余不同水质、水温的废水各设独立系统。

2. 透气管的设置方式

卫生间污水及厨房油污水管设置环形通气管和通气立管，伸顶至屋面。

3. 系统

站房高架候车厅、站台层等污、废水采用重力流排水方式；地下出站通道、行包房通道内污、废水采用潜污泵提升排水方式。站房屋面及站台雨棚采用虹吸排水方式；落客平台采用有压流排水方式。

4. 采用的局部污水处理设施

污水在站房室外经化粪池处理后排至广场污水管道。厨房油污水就地排入本层隔油器分离，再经室外隔油池处理后排入广场污水管道。南北站房换热站内冷凝水由冷凝水泵提升，经站外排污降温池处理后排入广场污水管道。

5. 管材

室内重力流污、废水管道、通气管道选用柔性接口的机制排水铸铁管及零件，平口对接，橡胶圈密封，不锈钢带卡箍接口。

室内压力流污、废水管道（含换热站冷凝水泵排水管）均选用内涂塑外镀锌钢管；小于或等于$DN80$为螺纹连接，大于$DN80$为法兰连接。

落客平台半有压流雨水管道选用硬聚氯乙烯PVC-U排水管，承插粘接。

轨行区排水管道选用硬聚氯乙烯PVC-U排水管，承插粘接。

重力雨水管道选用内外涂塑焊接钢管；管径小于$DN80$时螺纹连接，大于或等于$DN80$时卡箍链接。

虹吸雨水管道埋柱部分选用内外热镀锌钢管，法兰连接，其余采用不锈钢管（304L），对接氩弧焊接。

室外埋地排水管道采用HDPE双壁缠绕管，环向弯曲刚度不小于$8kN/m^2$。承插接口、橡胶圈密封。

二、消防系统

（一）消火栓系统

1. 水源

站房内水消防系统由出站层消防泵房（位于北站房东侧）内消防水池供水，消防水池有效容积$648m^3$。高位消防水箱设置在北站房东侧商业夹层顶水箱间内，有效容积$18m^3$。

2. 基本设计参数

室内消火栓用水量30L/s，充实水柱13m，灭火持续时间行包房为3h，其余部位2h。一次灭火用水量为$324m^3$/次。

3. 系统

采用临时高压给水系统，由消防水池、水泵、高位消防水箱联合供水。管道呈环状布设。利用减压阀竖向分为两个压力分区，出站层及出站夹层为低区，站台层及以上为高区。

4. 设备参数

设置消火栓泵两台（1用1备），流量30L/s，扬程75m，功率37kW。

5. 水泵接合器

北站房室外设两套地上式消防水泵接合器，单只流量为 15L/s。

6. 管材

选用内外热浸镀锌焊接钢管，小于或等于 *DN*80 为螺纹连接；大于 *DN*80 为沟槽卡箍连接。消防泵房及基本站台管廊内管道采用法兰连接。管道承压不小于 1.6MPa。

（二）自动喷水灭火系统

1. 水源

水源同消火栓系统。

2. 基本设计参数

行包房（堆垛储物，储物高度 3.0～3.5m）按仓库危险Ⅱ级设计。喷水强度 10L/(min·m^2)，作用面积 200m^2，消防用水量为 43L/s。喷头正方形布置最大间距为 3m；持续喷水时间 2h，最不利喷头处压力为 0.10MPa。

南北站房－11.00m 标高处 8～12m 高大空间按非仓库类高大净空场所设计。喷水强度 6L/(min·m^2)，作用面积 260m^2，设计消防用水量 35L/s。喷头正方形布置最大间距 3.0m；持续喷水时间 1h，最不利喷头处压力为 0.05MPa。

其余部位按中危险Ⅰ级设计。设计喷水强度 6L/(min·m^2)，作用面积 160m^2，消防用水量为 27L/s（有格栅吊顶），喷头正方形布置最大间距为 3.6m，持续喷水时间 1h，最不利喷头处压力为 0.05MPa。

3. 系统

采用临时高压给水系统，由消防水池、水泵、高位消防水箱联合供水，并在水箱间设局部增压稳压设施一套，以维持最不利点喷头所需压力；行包房设置独立自喷系统，仅消防水池及消防水箱合用。管道呈枝环状结合布置。

4. 设备参数

设置喷淋泵两台（1 用 1 备），流量 30L/s，扬程 80m，功率 37kW；行包房喷淋泵两台（1 用 1 备），流量 50L/s，扬程 60m，功率 45kW；喷淋稳压泵两台（1 用 1 备），流量 1.1L/s，扬程 24m，功率 0.75kW。喷淋气压罐一台，有效容积不小于 150L。

5. 水泵接合器

北站房室外设 5 套地上式消防水泵接合器，其中 3 套供行包房系统使用，2 套供站房使用。

6. 报警阀及喷头

湿式报警阀组分散设置于北站房消防泵房及南站房湿式报警阀室内。共设 9 套阀组。

不作吊顶的场所采用直立型喷头，非通透性吊顶下采用吊顶型喷头，装设网格、栅板类通透性吊顶的场所根据吊顶的孔隙率确定喷头安装方式。贵宾候车室选用隐蔽型喷头。

非供暖场所选用易熔合金喷头，其余采用玻璃球喷头。除厨房采用动作温度为 93℃的喷头外，其余各处喷头动作温度为 68℃。行包库 $K=115$，其余 $K=80$。

7. 管材

选用内外热浸镀锌焊接钢管，小于或等于 *DN*80 为螺纹连接；大于 *DN*80 为沟槽卡箍连接。消防泵房及基本站台管廊内管道采用法兰连接。管道承压不小于 1.6MPa。

（三）水喷雾灭火系统

柴油发电机房设置水喷雾系统；系统设计喷雾强度为 20L/(min·m^2)，持续喷雾时间 0.5h；喷头工作压力不下于 0.35MPa。

水喷雾系统与自动喷水灭火系统共用消防水池、消防水泵及消防水箱。在消防泵房内设置一套雨淋阀组。

水喷雾系统由自动控制、手动控制和应急操作三种控制方式。自动控制由火灾自动报警系统联动。

系统管材同自动喷水灭火系统管材。

（四）气体灭火系统

信息主机房、信息电源室、通信机械室、信息总控室和消防控制室设置全淹没无管网柜式七氟丙烷自动灭火系统。灭火设计浓度为8%，喷射时间为8s。

气体灭火采用自动启动、手动启动和应急机械启动三种控制方式。自动方式为：防护区内的烟感、温感同时报警，经消防控制器确认火情后，声光报警和延时控制系统发出启动电信号，送给对应的无管网装置，喷洒七氟丙烷气体灭火。手动方式为：在防护区外设有紧急启停按钮供紧急时使用。机械启动为：当自动启动、手动启动均失效时，可打开柜门实施机械应急操作启动灭火系统。

（五）消防水炮灭火系统

1. 设置位置

在站房高架候车厅大屋面下设置消防水炮，保护高架候车厅及商业夹层。

2. 基本设计参数

水炮需带雾化装置，单炮流量20L/s；任何部位两门消防炮水射流同时到达；设计流量40L/s，射程50m，最不利点出口水压0.8MPa，灭火用水连续供给时间不小于1h。

3. 系统

系统采用稳高压制。由消防水池、消防炮主泵、消防炮稳压泵、消防炮气压罐联合供水，管道呈环状布置。

4. 设备参数

设置消防炮主泵两台（1用1备），流量40L/s，扬程140m，功率90kW；消防炮稳压泵两台（1用1备），流量5L/s，扬程195m，功率22kW。消防炮气压罐一台，有效容积不小于600L。

5. 消防炮控制

消防炮采用自动控制、消防控制室手动控制、现场手动控制三种控制方式。

自动控制：当智能型红外探测组件采集到火灾信号后，启动水炮传动装置进行扫描，完成火源定位后，打开电动阀，信号同时传至消防控制中心（显示火灾位置）及水泵房，启动消防炮加压泵，并反馈信号至消防控制中心。

消防控制室手动控制：在消防控制室能够根据屏幕显示，通过摇杆转动消防炮炮口指向火源，手动启动消防泵和电动阀，实施灭火。

现场手动控制：现场工作人员发现火灾，手动操作设置在消防炮附近的现场手动控制盘上的按键，转动消防炮炮口指向火源，启动消防泵和电动阀，实施灭火。

6. 管材

选用内外热浸镀锌无缝钢管，小于或等于*DN*80为螺纹连接；大于*DN*80为沟槽卡箍连接。消防泵房内管道采用法兰连接。管道承压不小于2.0MPa。

三、工程特点及设计体会

1. 本工程属大型铁路站房，面积大、功能多，防火分区分隔较复杂。设计上将站房平面分区：北站房为N区，南站房为S区，中部南北城市通廊及出站通道为C区。

2. 给水排水及消防设计涉及的各类系统众多，除常规的给水排水系统、消火栓系统、自动喷水灭火系统外，还有列车上水泵房设计、站台消火栓系统设计、柴油发电机房水喷雾系统设计，南北站房基本站台综合管沟设计，出站通廊范围内上方轨行区排水设计等。

3. 站房排水点分散且排水种类繁多，包括生活污废水、结构渗漏水、消防废水、餐饮油污水、地下室地面冲洗排水、设备机房排水等。设计中遵循分类、分区域集中的原则确定排水系统设计，使各类排水就近迅速排至室外。

4. 高架候车厅面积近 2 万 m^2，层高超过 20m，中部候车厅柱跨达 66m，且两侧有商业夹层，消防设计具备相当的难度。设计中除针对不同净高区域采用自动喷水灭火系统和消防炮系统分别保护外，突破规范，依据《消防性能化设计评估报告》的要求，在高架候车厅部分消火栓箱内设置两根 25m 长水龙带，使消火栓保护半径均变为 50m，在不影响候车厅布置的情况下，使任一处有两股消火栓充实水柱同时到达。

5. 站房屋面及站台雨棚面积大，为减少雨水立管数量，雨水采用虹吸排水方式；南、北落客平台雨水采用重力流排水方式。考虑到候车厅及站台区域的美观，将站房屋面及站台雨棚的部分虹吸雨水立管暗敷于结构柱中。

6. 站房给排水设计与装修设计同步进行，设计中消火栓、喷头、消防炮的布置需与装修设计密切配合，在满足功能要求的前提下，尽可能满足车站装饰上的高标准。

7. 铁路站房设计涉及专业较多，站房给水排水设计中除与建筑、结构、暖通、电气专业密切配合外，还需与站场、轨道、桥梁、通信、信号等专业配合，接口复杂。

8. 宁波站与宁波地铁 2、4 号线、南北广场及地下空间、永达路下立交同步建设，各分项工程相互交错。室外给排水及消防管线设计需在安全性、经济性、便捷性的比较中确定系统的分设或合用原则，并在综合协调后确定各类管线的走向和定位。

四、工程照片及附图

车站夜景

车站远景

高架候车厅

车站站台

站房屋面及站台雨棚

消防泵房

消防栓

消防炮

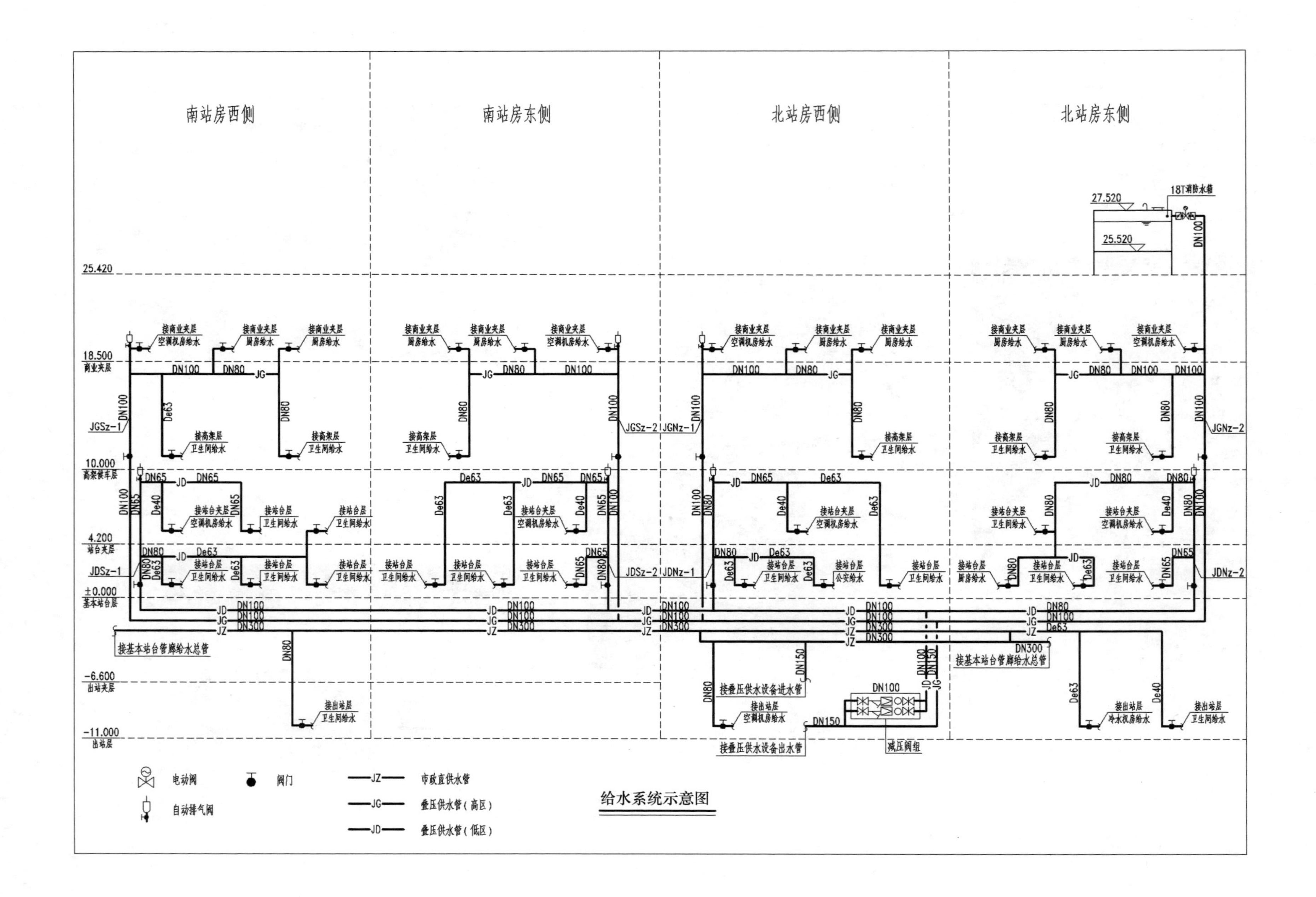
南站房西侧
南站房东侧
北站房西侧
北站房东侧
18T消防水箱
27.520
25.520
25.420
18.500 商业夹层
10.000 高架候车层
4.200 站台夹层
±0.000 基本站台层
-6.600 出站夹层
-11.000 出站层
接基本站台管廊给水总管
接叠压供水设备进水管
接叠压供水设备出水管
减压阀组
电动阀
自动排气阀
阀门
—JZ— 市政直供水管
—JG— 叠压供水管（高区）
—JD— 叠压供水管（低区）

给水系统示意图

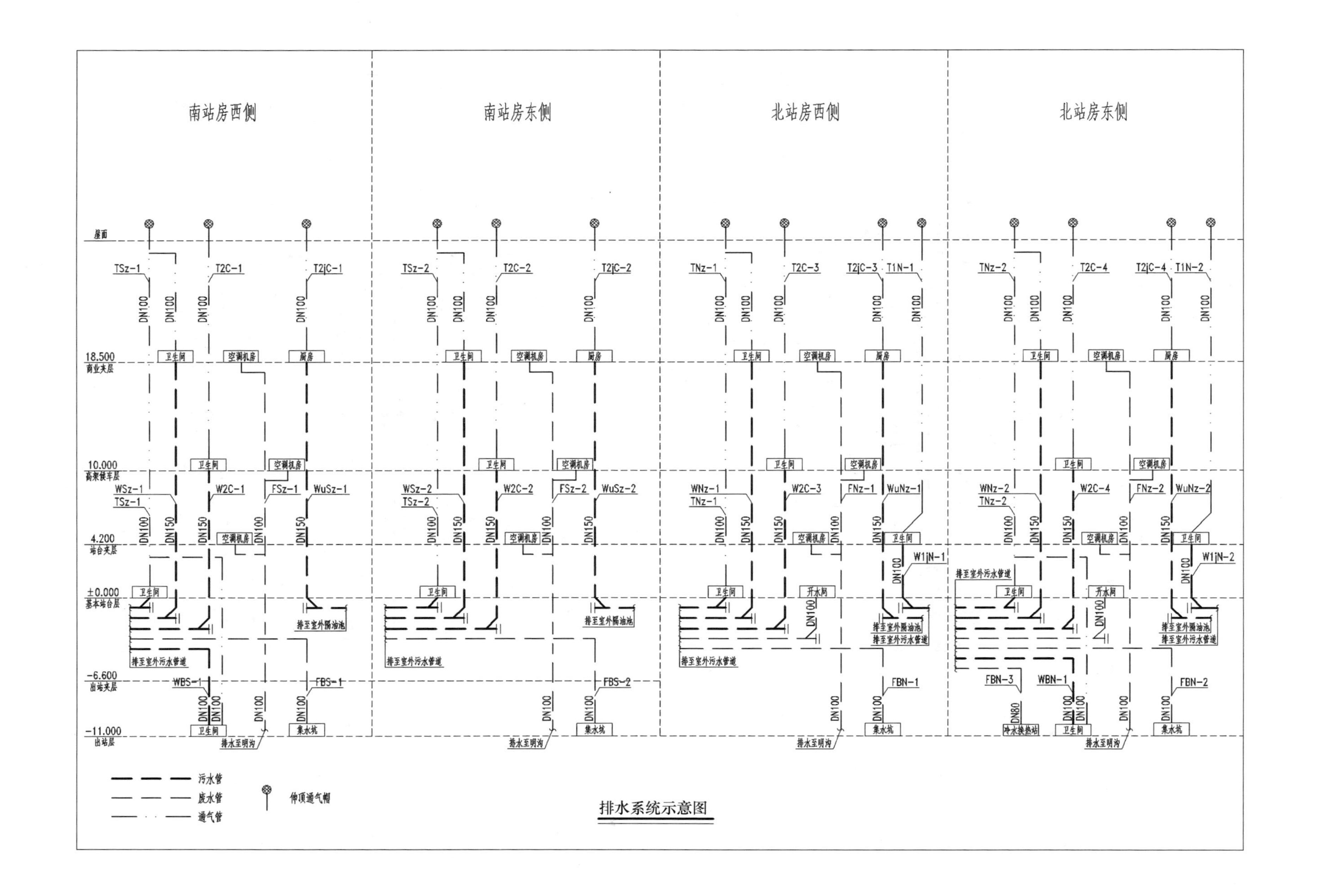
南站房西侧
南站房东侧
北站房西侧
北站房东侧
屋面
18.500
商业夹层
10.000
高架候车层
4.200
站台夹层
±0.000
基本站台层
-6.600
出站夹层
-11.000
出站层
卫生间
空调机房
厨房
开水间
集水坑
冷水换热站
排至室外污水管道
排至室外隔油池
排水至明沟
污水管
废水管
通气管
伸顶通气帽

排水系统示意图

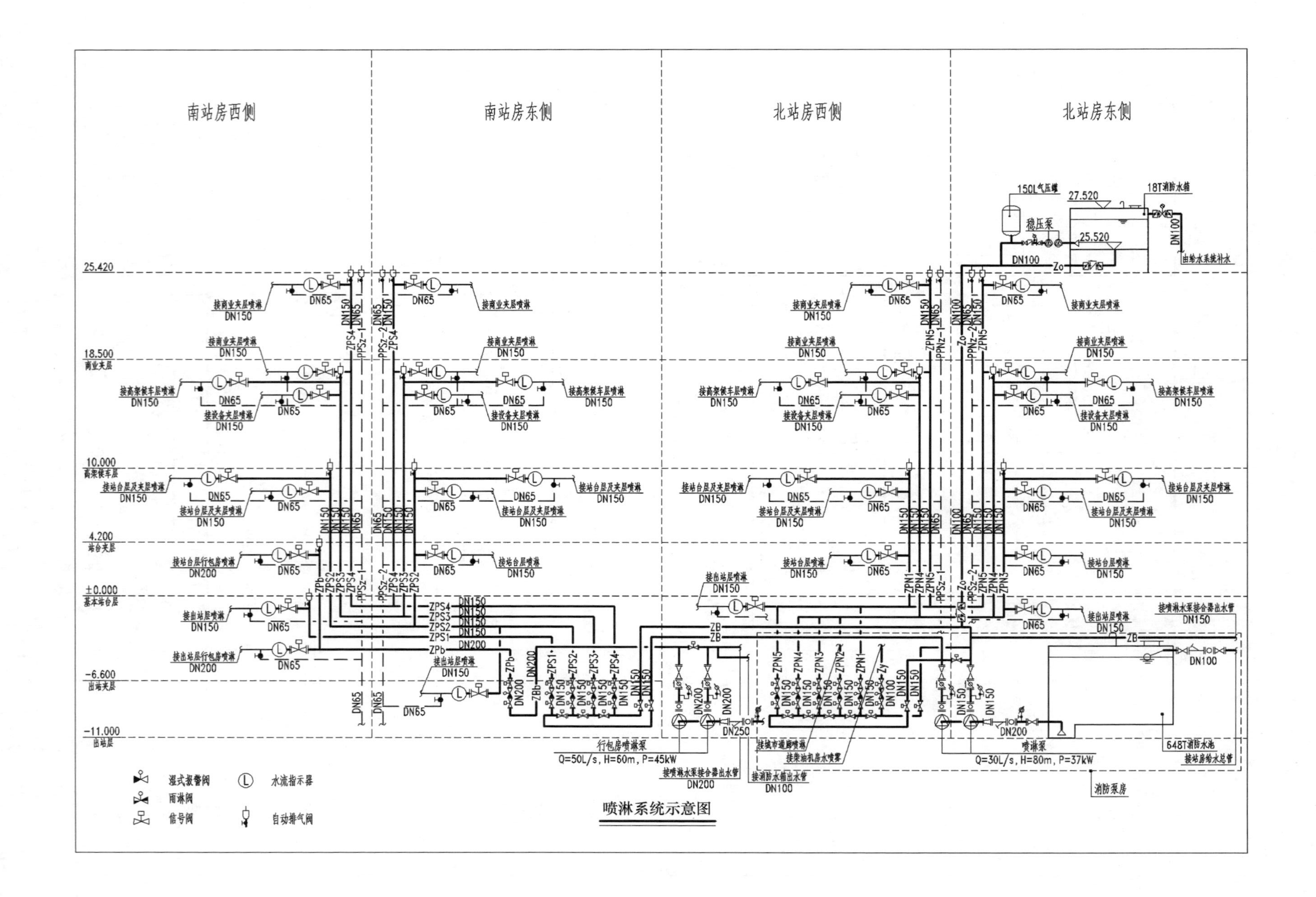
南站房西侧
南站房东侧
北站房西侧
北站房东侧
25.420
18.500
商业夹层
10.000
高架候车层
4.200
站台夹层
±0.000
基本站台层
-6.600
出站夹层
-11.000
出站层
150L气压罐
稳压泵
18T消防水箱
27.520
25.520
由给水系统补水
行包房喷淋泵
Q=50L/s, H=60m, P=45kW
喷淋泵
Q=30L/s, H=80m, P=37kW
648T消防水池
接站房给水总管
消防泵房
湿式报警阀
雨淋阀
信号阀
水流指示器
自动排气阀

喷淋系统示意图

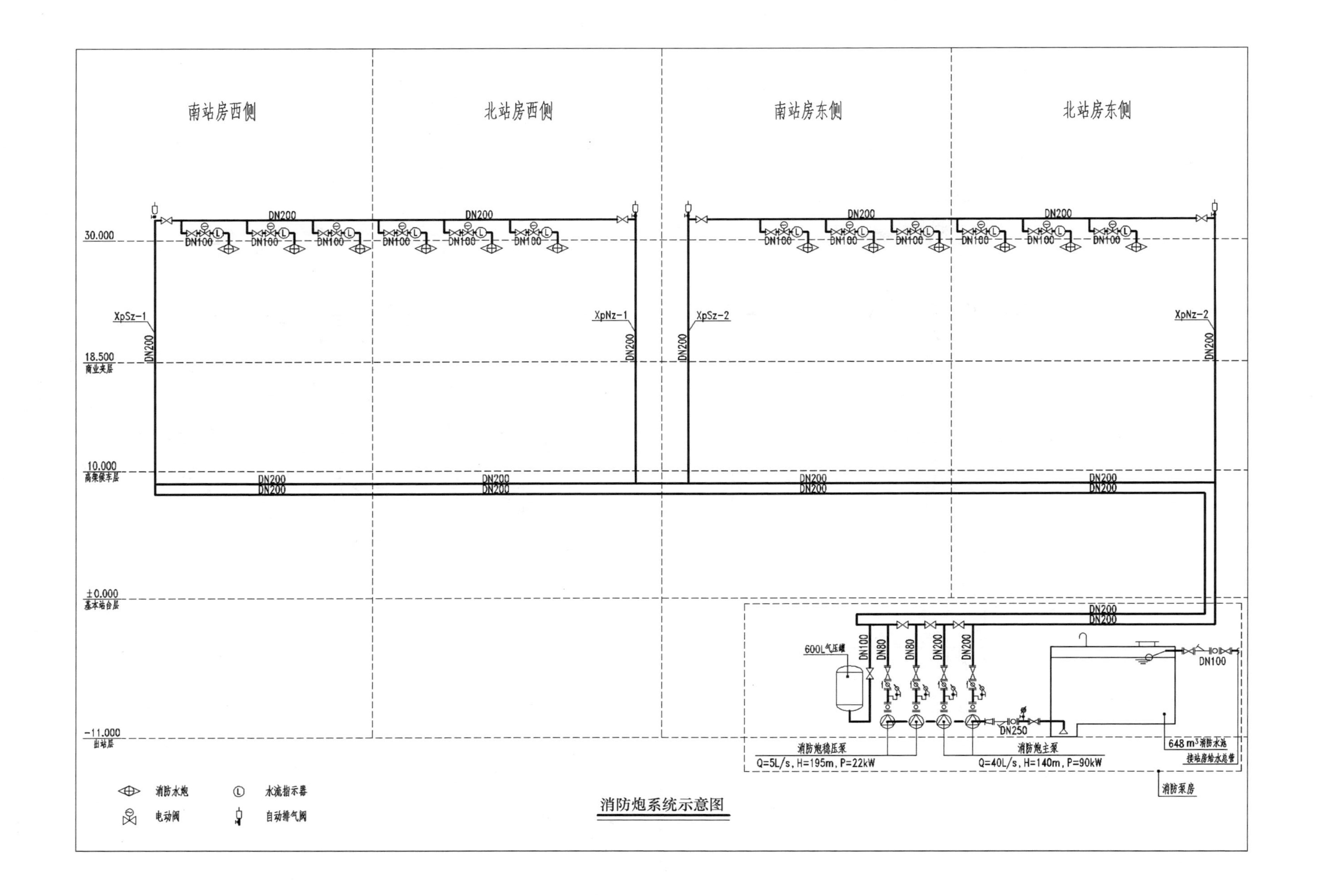
南站房西侧
北站房西侧
南站房东侧
北站房东侧
DN200
DN100
DN80
DN250
XpSz-1
XpNz-1
XpSz-2
XpNz-2
30.000
18.500
商业夹层
10.000
高架候车层
±0.000
基本站台层
-11.000
出站层
600L气压罐
消防炮稳压泵
Q=5L/s, H=195m, P=22kW
消防炮主泵
Q=40L/s, H=140m, P=90kW
648 m3消防水池
接站房给水总管
消防泵房
消防水炮
水流指示器
电动阀
自动排气阀

消防炮系统示意图

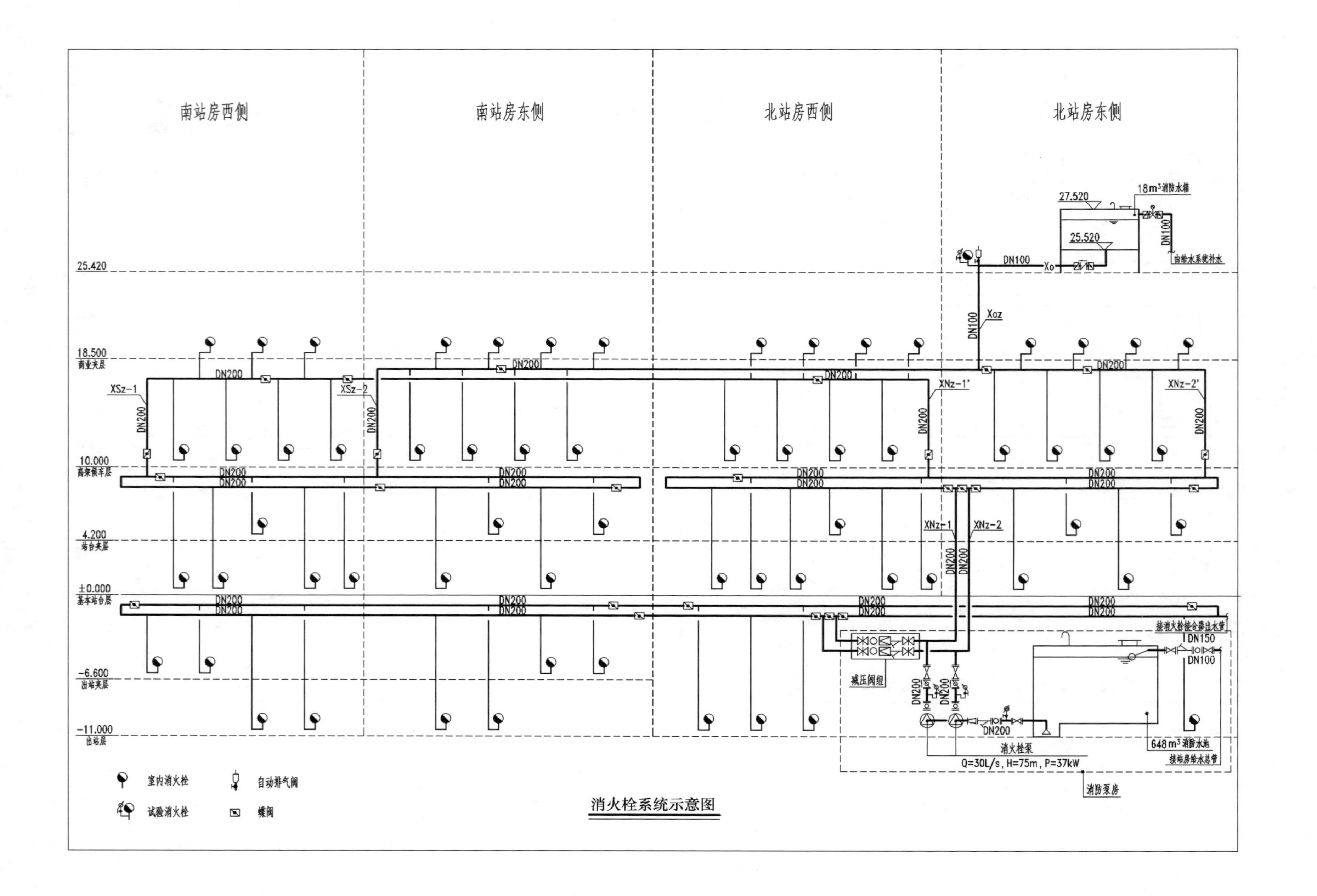
南站房西侧
南站房东侧
北站房西侧
北站房东侧
25.420
18.500
商业夹层
10.000
高架候车层
4.200
站台夹层
±0.000
基本站台层
-6.600
出站夹层
-11.000
出站层
XSz-1
XSz-2
XNz-1'
XNz-2'
XNz-1
XNz-2
Xoz
Xo
DN200
DN100
DN150
27.520
25.520
18m³消防水箱
由给水系统补水
接消火栓接合器溢水管
减压阀组
消火栓泵
Q=30L/s, H=75m, P=37kW
648m³消防水池
接站房给水总管
消防泵房
室内消火栓
试验消火栓
自动排气阀
蝶阀

消火栓系统示意图

河源市商业中心购物 MALL

设计单位：广东省建筑设计研究院
设 计 人：梁文逵　陈建华　黄秋明　丘健聪　周华理　黄凯灿　王铭源　罗恺
获奖情况：公共建筑类　二等奖

工程概况：

河源市商业中心购物 MALL 项目位于河源市东城区，是未来河源 CBD 中央商务区，处于越王大道和永康大道的交界位，是由广东坚基集团投资 15 亿元打造的河源市商业中心的核心项目，其他周边项目包括越王广场、水母剧场、公寓组团等多个子项目，购物 MALL 总建筑面积约 22 万 m^2，是集购物、餐饮、休闲、娱乐、旅游、社交、文化于一体的超区域型购物中心。购物 MALL 共有 6 层，其中地下 2 层，地上 4 层。项目地块净用地面积 23.9 万 m^2，总建筑面积 228298m^2，其中地上建筑面积 127801m^2，地下建筑面积 100497m^2。建筑高度：23.9m。用地范围：长约 600m，宽约 530 米；呈“凸”字形状。

工程说明：

一、给水排水系统

（一）给水系统

1. 生活用水量计算

（1）生活给水用水定额（表 1）：

生活给水用水定额　　表 1

用水区域	用者类型	生活给水用水定额
餐饮	顾客	60L/人次
商场	顾客	8L/(m^2·d)，按面积计算
影剧院	顾客	5L/(人·场)
泳池补水	—	按池水容积 10%计算
停车场	—	2L/(m^2·d)，按面积计算
绿化	—	3L/(m^2·d)，按面积计算
空调补水	—	按循环水流量 1.5%计算
未预见量	—	按用水量 10%计算

（2）用水量统计：

商业给水量计算见表 2。

商业给水量 表2

用水区域	高峰时用水量（m^3/h）	最大日用水量（m^3/d）
餐饮	331.8	3318.8
商场	45.7	457.2
电影院	5.7	57.1
泳池补水	23	230
车库冲洗水	10.1	81
绿化用水	1.6	38.4
空调补水	170	2040
漏损未预见水量10%		
项目总用水量	646.7	6844.7

据以上技术参数统计整个发展项目最高日用水量约为6844.7m^3/d，高峰时用水量约为646.7m^3/h。

2. 水源

本项目生活用水由市政自来水供给，分别从北侧永康大道引一根*DN*150市政供水管和东侧越王大道引一根*DN*300市政供水管接入。北侧永康大道供水管设一*DN*150消防水表，东侧越王大道分别设一个*DN*150消防水表、*DN*300生活用水表、*DN*80绿化表。消防系统于室外连接成环状，然后进地下二层接消防水池。

3. 系统竖向分区

根据市政资料该地块市政供水压力为0.30MPa，冷水系统按压力分区，竖向分区压力商业按0.15～0.45MPa设计。

冷水系统压力分区如下：

市政区：地下二层～二层商铺，市政水压直供

加压区：三层～屋面层商业，变频加压供水

4. 供水方式及给水加压设备

（1）生活冷水系统将分为直接供水系统和水泵加压供水系统。

1）直接给水系统：

该地块市政供水压力为0.30MPa，充分利用市政水压，地下二层～二层设计直接供水系统，此系统主要供水对象为地库生活水池及消防水池、绿化灌溉、冲洗道路及停车库以及商业和餐饮的各用水点。

2）加压给水系统：

商业加压给水系统：市政给水进入地下二层商业生活水池，由一套变频给水设备加压供三层及以上层的商业和餐饮的各用水点，影剧院各用水点、泳池以及屋顶的冷却塔补水，在供水主管上采用紫外线杀菌仪进行消毒。

（2）生活水池

最高日用水量为6844.7m^3/d，生活水池储水量按最高日用水量的20%计 。

地下二层～二层利用市政管网压力直接供水，不考虑贮存。

三～五层用水及冷却塔补充储存在地下二层生活水池中，该部分最高日用水量约为2900.0m^3/d，贮水量按最高日用水量的20%计（表3）。

生活水池容积 表3

生活水池的位置	水池材料	水池有效容积(m^3)	水池个数
地下二层生活水池	不锈钢水箱	290.0	2

（3）供水设备

1）空调及泳池变频供水泵组

主泵：$Q=61.5m^3/h$，$H=45m$

辅泵：$Q=18.5m^3/h$，$H=45m$（主泵 2 用 1 备，必要时三用辅泵一用）

2）生活变频供水泵组：

主泵：$Q=96m^3/h$，$H=45m$

辅泵：$Q=18.5m^3/h$，$H=45m$（主泵 2 用 1 备，必要时三用辅泵一用）

5. 管材

室外给水管道选用普压承插式球墨铸铁管，橡胶圈接口。室内冷水系统管道采用衬塑镀锌管，沟槽式卡箍、螺纹连接。

（二）热水系统

顶层泳池更衣室淋浴间考虑使用灵活性选用贮水式电热水器。管材采用耐温型 PP-R 给水管。

（三）生活排水系统

1. 排水系统的形式

项目生活排水采用污废分流设计，以重力流排放为主，压力流排放为辅。首层以上部分生活污废水由管道收集后直接排出，地下部分生活污废水由独立的管道收集后经过加压，排出室外。

地下室卫生间污水提升装置采用带切割功能的密闭式污水提升装置；项目内各餐饮废水通过区域集中的专用管道收集至地下二层的各处餐饮废水处理提升间，采用密闭式的多功能油水处理器。

2. 透气管的设置方式

卫生间排水系统设有环形通气管和通气立管排至屋面，餐饮排水系统排水立管设置伸顶通气形式排至屋面，地下室密闭式污水提升装置及油水处理器设置专用通气管道排至屋面。

3. 采用的局部污水处理设施

1）本项目餐饮厨房含油污的废水需经过气浮隔油池处理后，方能排至室外废水管网。

气浮隔油池计算：

$$Q=\frac{Nq_0KK_S\gamma}{1000t}=\frac{18438\times60\times1.2\times1.1\times1.2}{1000\times4}=438.1m^3/h$$

隔油器分别设于地下二层，污水经过隔油器处理后由污水提升装置排至室外污水检查井。

2）含粪便污水需经室外化粪池处理后，方能排至室外废水管网。

化粪池容积计算：

$$V=V_w+V_n$$

$$V_w=\frac{mb_fq_wt_w}{1000\times24}=\frac{33120\times0.1\times20\times24}{1000\times24}=66.24m^3$$

$$V_n=\frac{mb_fq_nt_n(1-b_x)M_S\times1.2}{1000\times(1-b_n)}=\frac{33120\times0.1\times0.07\times365\times0.05\times0.8\times1.2}{1000\times0.1}=40.6m^3$$

$$V=V_w+V_n=66.24+40.6=106.85m^3$$

故选用 1 个容积为 $50m^3$（11 号）钢筋混凝土化粪池和用 1 个容积为 $75m^3$（12 号）钢筋混凝土化粪池。

4. 管材

室内重力排水管采用 PVC-U 排水管，胶粘剂粘接、橡胶圈密封连接。压力排水管采用普通热镀锌钢管，沟槽式连接。室外排水管道选用 PVC-U 双壁波纹排水管，弹性密封圈承插圈连接。

（四）雨水排水系统

1. 设计参数

屋面雨水系统设计按重现期 $P=100$ 年考虑，降雨历时 5min，暴雨强度 $q=7.80\text{L}/(\text{s}\cdot 100\text{m}^2)$。

2. 雨水系统设计

本项目屋面面积达到 32000m²，属于超大型屋面，雨水量计算采用临近城市惠州市暴雨强度公式，系统设计参数分别以屋面 50 年，屋面雨水计算流量约为 2246.4L/s，考虑到安全因素，建筑各屋面女儿墙按 100 年重现期排水量增设溢流设施。

雨水排水系统采用虹吸压力流雨水系统，共设置 17 套虹吸系统，共计 20 套 45L/s 和 59 套 25L/s 虹吸雨水斗。采用高密度聚乙烯（HDPE）虹吸专用排水管及管件，雨水斗罩采用锌锰合金材质，雨水斗体采用 304 不锈钢材质制造，长期使用斗体不会产生锈腐蚀；若采用重力流雨水排水系统，按 *D*160 立管计算，至少需要 70 组立管及横出管，不单管道数量增多，且横向走管距离过长导致占用净空较多，无法满足建筑设计的使用空间效果。

3. 管材

室外雨水管材材质同室外生活排水管道。室内雨水管道：露台雨水排水管道采用 PVC-U 排水管，胶粘剂粘接，屋面雨水管道采用 高密度聚乙烯（HDPE）虹吸专用排水管，热熔连接。

二、消防系统

（一）消防用水量及贮存量

1. 消防水源

本项目消防水源由市政自来水供给，分别从北侧永康大道引一根 *DN*150 市政供水管和东侧越王大道引一根 *DN*300 市政供水管接入。北侧永康大道供水管设一 *DN*150 消防水表，东侧越王大道分别设一 *DN*150 消防水表、*DN*300 生活用水表、*DN*80 绿化表。消防系统于室外连接成环状，然后进地下二层接消防水池。

2. 消防水量（表 4）

消防用水量统计表 **表 4**

水消防系统	系统细分	流量(L/s)	延续时间(h)	用水量(m³)	备注
消火栓系统	室外	30.0	3.0	324.0	市政压力直供
	室内	20.0	3.0	216.0	消防水池供水
自动喷水灭火系统	自动喷淋系统	30.0	1.0	108.0	消防水池供水
	自动喷淋系统(仓库)	45.0	2.0	324.0	消防水池供水
	大空间智能水炮系统	45.0	1.0	162.0	消防水池供水
	玻璃冷却喷淋系统	22.5	3.0	243.0	消防水池供水,贮水量叠加计算
水池计算总容积				783.0	

3. 消防储水量：

消防水池设于地库二层，钢筋混凝土结构，消防水池贮存 800m³ 消防用水，分为 2 格，屋顶设一座 18m³ 消防水箱，保证火灾初期消防用水量。

（二）消火栓系统

1. 室外消火栓系统

室外消火栓沿首层外围的消防车道布置，消防用水量为 30L/s，并考虑在设有水泵接合器部位按规范要求加密，取水由室外供水环网直接供给。消火栓间距按不超过 120m 布置，并与消防水泵接合器的距离不大于 40m。室外消火栓规格选用 *DN*100。室外消火栓管材选用普压承插式球墨铸铁管，橡胶圈接口。

2. 室内消火栓系统

(1) 系统分区及说明

消防水池、消防水泵房设于地下二层。消防水池贮存 800m^3 消防用水（其中室内消火栓系统水量为 216.0m^3），分为 2 格。

根据《建筑设计防火规范》GB 50016，本项目室内消火栓系统的用水量为 20 L/s，其栓口的静水压力不大于 1.0MPa，动水压力不大于 0.5MPa。故本项目系统竖向分为一个区。

屋顶设置的 18m^3 高位消防水箱（消火栓与喷淋系统共用水箱），屋顶消防水箱间内设置增压稳压设备（消火栓稳压泵及气压罐）来维持最不利点消火栓的水压，另外系统亦利用减压稳压消火栓来维持消火栓的出水压力均维持在 0.35MPa 左右。

系统设置两套水泵接合器于地下二层与室内消火栓环管相连，每套水泵结合器的流量为 10～15L/s。

室内消火栓系统主要设备见表 5：

室内消火栓系统主要设备　　表 5

编号	设备名称	数量	水泵流量	水泵扬程	单台水泵功率	备注
			(L/s)	(m)	(kW)	
1	消火栓供水泵	2	20.0	70	30	1 用 1 备
2	消火栓稳压泵	2	5.0	20	3.0	1 用 1 备

(2) 消火栓布置

消火栓的布置应保证两股水柱同时到达任何部位，每股水柱设计流量约 5L/s，充实水柱不小于 10m。标准消火栓箱体内配置 SN65 消火栓一只，ϕ65 合织衬胶水带一条，长 25m，ϕ19mm 直流喷枪一支，消防软管卷盘一套（含 ϕ25 胶管一条，长 30m，ϕ6 水枪一只），屋顶试验用消火栓前设压力表。

(3) 消防水泵的控制

各消火栓箱门上部均设有破碎玻璃按钮，可远程启动水泵。消防控制中心及水泵房内均可手动控制水泵的运行。水泵的启、停、故障均有信号在消防中心显示。管相连，每套水泵结合器的流量为 10～15L/s。

(三) 自动喷水灭火系统

1. 系统分区及说明

消防水池、消防水泵房设于地下二层，消防水池贮存 800m^3 消防用水（其中自动喷淋系统水量为 324m^3）。系统竖向分为一个区。

商场、餐厅、车库按中危险Ⅱ级设计，喷水强度 8L/(min · m^2)，计算作用面积 160m^2；电影院按中危险Ⅰ级设计，喷水强度 6L/(min · m^2)，计算作用面积 260m^2；超市仓库按仓库危险Ⅱ级设计，喷水强度 10L/(min · m^2)，计算作用面积 200m^2；系统设计流量取最大值计算为 45.0L/s。

喷淋系统设置三套水泵接合器于地下二层与喷淋泵出水管相连，每套水泵结合器的流量为 10～15L/s。

2. 喷头布置及选型

有吊顶的区域采用吊顶型喷头向下安装，吊顶高度大于 800mm 吊顶内设置直立型喷头向上安装，无吊顶的区域采用直立型喷头向上安装。所有喷头均为 K=80 标准型快速反应喷头（车库、超市、仓库采用早期抑制快速响应喷头，K=115）。

喷头作用温度及类型的选择则按照不同的建筑设计用途来确定，厨房灶台部位采用动作温度为 93℃的玻璃球闭式喷头，其他部位均采用动作温度为 68℃的玻璃球闭式喷头。

设置闭式喷头的部位：车库、商场、餐厅、走道等，除不宜用水扑救的部位外，均设闭式喷头。

3. 喷淋水泵及报警阀

自动喷淋系统喷淋主泵设于地下二层消防水泵房，湿式报警阀设置在地下二层报警阀房。屋顶设置的18m^3 消防水箱（消火栓与喷淋系统共用水箱），在屋顶消防水箱间内设置增压稳压设备（喷淋稳压泵及气压罐）来维持最不利点喷头的水压。

自动喷淋系统主要设备见表6：

自动喷淋系统主要设备 **表6**

编号	设备名称	数量	水泵流量 (L/s)	水泵扬程 (m)	单台水泵功率 (kW)	备注
1	喷淋供水泵	2	45.0	70	55	1用1备
2	喷淋稳压泵	2	1.0	30	3.0	1用1备

（四）玻璃冷却喷淋系统

本项目步行街两侧面积较小的商铺采用喷淋保护钢化玻璃系统将店铺与公共区域之间分隔开，形成相互独立的防火单元。

喷淋冷却系统采用快速响应喷头，喷水强度为0.5L/(s·m)，喷头间距1.8～2.4m，且与玻璃的水平距离不大于0.3m。该系统采用的是闭式喷头，长度按30m计算，持续喷水时间按3h计算。

玻璃冷却喷淋系统主泵设于地下二层消防水泵房，湿式报警阀设置在地下二层报警阀房。屋顶设置的18m^3 消防水箱（消火栓与喷淋系统共用水箱），在屋顶消防水箱间内设置增压稳压设备（与喷淋系统稳压泵及气压罐合用）来维持最不利点喷头的水压。

系统水泵选用：Q =22.5L/s，H=70m，N=30kW 消防泵，1用1备。

（五）大空间智能型主动喷水灭火系统

本项目挑空高度超过12m的中庭将设置大空间智能型主动喷水灭火系统。

大空间智能型灭火装置每个水炮设计流量为5L/s，保护半径20m，工作压力0.6MPa，最大安装高度20m。共设计23个水炮，设计用水量为45L/s，火灾延续时间为1h。本系统配有独立的水炮供水泵，设置在地下二层消防水泵房内。各保护区域均设水流指示器及信号阀门（开关信号反馈到消防中心），在管网末端设末端模拟试水装置。大空间智能型灭火装置配红外线自动扫描监视系统，发生火灾时自动启动消防主泵。

系统水泵选用：Q=45L/s，H=95m，N=75kW 消防泵，1用1备。

（六）气体灭火系统

本项目在以下场所设置气溶胶气体灭火系统作保护，地下一层的高、低压配电房、变压器房、发电机房、发电机房控制室，系统设计密度为140g/m^3。设计预制式灭火系统，同一防护区内灭火装置设置多台时，多台灭火装置同时启动，其动作响应时差不大于2s。S型气溶胶自动灭火装置常压贮存，喷放时防护区压力不会显著增加，防护区无需设置泄压口。

（七）灭火器配置系统

按《建筑灭火器配置设计规范》GB 50140—2005相关规定，本建筑内厨房和车库按严重危险等级设计，其余部分按中等危险等级设计。各机电房、厨房、每个消火栓附近配置两具手提式磷酸铵盐干粉灭火器，发电机房内设置推车式磷酸铵盐干粉灭火器，以便保安人员或有关人员发现火灾时作出及时扑救之用。

灭火器选用MF/ABC5-5kg磷酸铵盐干粉灭火器，发电机房选用MFT/ABC20-20kg推车式磷酸铵盐干粉灭火器。

（八）消防管材

为保证系统运行的安全性，延长管道使用寿命，消防给水系统管道采用内涂塑镀锌钢管，当管径小于或等于DN100时采用螺纹连接，当管径大于DN100时采用沟槽式卡箍连接。沟槽管件符合《沟槽式管接头》

CJ/T 156—2001 的要求。

三、工程特点及设计体会

（一）节能节水型给水系统

本项目生活用水由市政自来水供给，由市政进入管处分别设置生活、消防、绿灯用水总表。该地块市政供水压力为 0.30MPa，充分利用市政水压，地下二层～二层采用直接供水系统；三层及以上采用生活水箱加恒压变频水泵设备加压供水。不锈钢生活水箱设置于地下二层，并分设容量基本相同的两格，以便检修及清洗，并于水箱出水管处设置紫外线消毒器，以保证水质。根据各用水点用水量、用水时间不同的特点，本项目设置两套变频设备，一套供三层至屋面的各商业、餐饮等用水点，一套供屋面无边际泳池及空调冷却塔补水，泳池及冷却塔大水量补水时不会对其他用水点造成波动的影响，提高频泵设备的运行效率并延长其使用寿命。各餐饮厨房、绿化、商铺、浇洒用水（包括车库冲洗）等用水点的水表均分别设置，以便用水统计、计费之用。

（二）先进的小型污水处理设施

项目地下一层和地下二层设置了较多的卫生间，于地下二层设置了 9 处厕所污水提升间，用于提升排放卫生间污废水，污水提升装置采用带切割功能的密闭式污水提升装置；项目内各餐饮废水通过区域集中的专用管道收集至地下二层的各处餐饮废水处理提升间，采用密闭式的多功能油水处理器，配置格栅、加药过滤功能，加热、气浮自动刮油排油功能。密闭式污水提升装置及油水处理器设置专用通气管道排至屋面。相较于传统的集水坑配置水泵的方式，其卫生条件大大改善，不影响该设备房周边的使用。

（三）超大屋面虹吸雨水排水技术的优势

本项目使用虹吸式排水系统的优势在于：①雨水斗在屋面上布点灵活，更能适应建筑屋面的造型及、功能设置；②单斗大排量，屋面开孔少，减少屋面漏水几率，减轻屋面防水压力；③落水管的数量少和直径小，满足了建筑的美观要求以及大跨度屋面雨水排放；④系统安全性高，管道走向根据需要设置，满足建筑内大型购物广场、超市、影院等的使用。⑤在设计流量下，系统中满管流无空气旋涡，排水高效且噪声小；⑥由于管路直径小，总长度少和系统安装简便所带来的管道成本和安装费用减少。

（四）节省用地及投资的室外排水管廊

本项目周边有公寓组团、越王广场、商业直街以及二期住宅项目均为满铺地下室，地下室覆土深度不足铺设室外排水管道，因此采取设置室外排水管廊的措施。依据各项目地下室的形状，地下室之间留出至少 4m 的间距形成管廊，用以敷设室外雨、污、废水管线及检查井，同时承接购物 MALL 及公寓组团、越王广场等的排水，同时为避免排水管沉积，合理设置管径、坡度，分左右两向分别接入市政接驳点，排水管廊内设置多处地下水观测及压力排放井，解决了结构专业对于地下水抗浮的需求。排水管廊的设置，相较于地下室覆土走管的方式，减少了覆土厚度的需求，也同时解决了其他子项目的部分排水，避免每个子项目单独设置室外管道及检查井，节省用地及项目投资，为土建专业及建筑的使用提供更便利的条件。

（五）商场中庭多面立体化的水消防系统

购物 Mall 地下一层至四层间通过楼板分隔，楼板的不同部分开有不规则孔洞，形成数个中庭，地下一层中庭面积约 4000m^2，采用防火卷帘与周边分隔，地上一层至四层未使用防火卷帘将各层中庭的开口与回廊进行分隔，因此其中庭回廊防火分区面积需五个楼层叠加计算，总计约 20000m^2，中庭防火分区面积超过《建筑设计防火规范》GB 50016—2006 第 5.1.7 条的规定，故本项目引入消防性能化分析评估，采用多面立体化的水消防系统，以满足消防要求。

1. 中庭周边商铺与中庭回廊分属不同的防火分区，各层商铺内及中庭回廊均设置自动喷淋系统，按中危险级Ⅱ级布置，喷水强度为 8L/(min・m^2)，作用面积为 160m^2，采用 $K=80$ 快速响应喷头。

2. 考虑周边商业的营业要求同时确保地下地上中庭公共区域的安全性，中庭区域与周边商业间采用玻璃冷却喷淋系统保护的C类防火玻璃进行防火分隔，经闭式窗玻璃喷头保护的窗玻璃具有与喷水保护时间相等的耐火能力，在此期间玻璃不会爆裂或产生可见的损伤。玻璃冷却喷淋系统喷水保护时间3h，喷水强度为0.5L/(s·m)，保护长度按沿街玻璃铺面最长的店铺的实际长度，本工程中约为30m，与其他消防用水叠加考虑。窗玻璃喷头采用水平侧喷型，流量特性系数 $K=80$，喷头离玻璃窗的水平距离不大于0.3m，喷头间距为1.8～2.4m，并且保证每一面玻璃窗至少有一个喷头保护。

3. 中庭各层楼板的不同部分开有不规则孔洞，并且各层空洞相互交错，形成数个挑高超过12m的空间，设置大空间智能水炮系统。大空间智能型灭火装置每门水炮设计流量为5L/s，保护半径20m，工作压力0.6MPa，最大安装高度20m，共设计23门水炮，设计用水量为45L/s，火灾延续时间为1h。各楼层、中庭之间设置不同方向的连接扶梯，因此，智能水炮布置时须重点考虑各扶梯对喷水覆盖范围的影响，本项目水炮布置经详细计算及考虑，按不同楼层不同位置进行布置，喷水覆盖中庭的各个位置，保证火灾灭火效果。

（六）BIM技术应用

本项目体量大，设备众多，管线错综复杂，传统的CAD制图设计方法，势必容易出现管道交叉，与结构冲突影响建筑使用净高等问题。通过引入BIM技术建立模型，在项目的初步设计及施工图设计阶段，通过综合各专业的管线排布，能直观发现设备及管线安装的各种问题，高效率的指导项目的设计及时更改修正；在施工安装阶段，更能避免安装出现反复，浪费材料及工时的问题。本项目以BIM应用为载体的项目管理信息化，提升项目生产效率、提高建筑质量、缩短工期、降低建造成本。

四、工程照片及附图

项目永康大道效果图

广场正面（东面）实景图

室内中庭实景（一）

室内中庭实景（二）

室内中庭实景（三）

室内中庭实景（四）

生活泵房

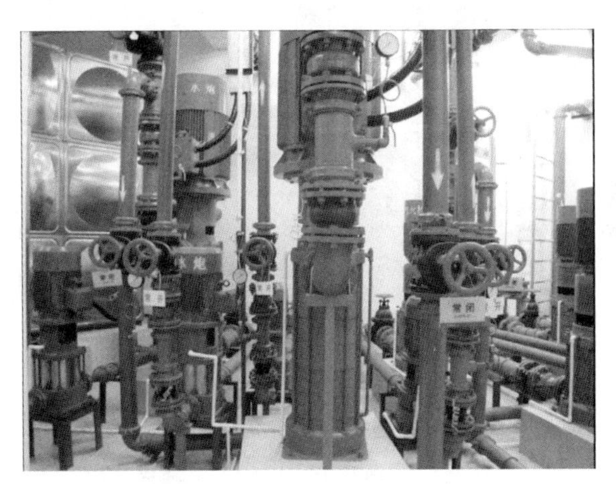

消防泵房

无边际泳池

泳池机房（一）

泳池机房（二）

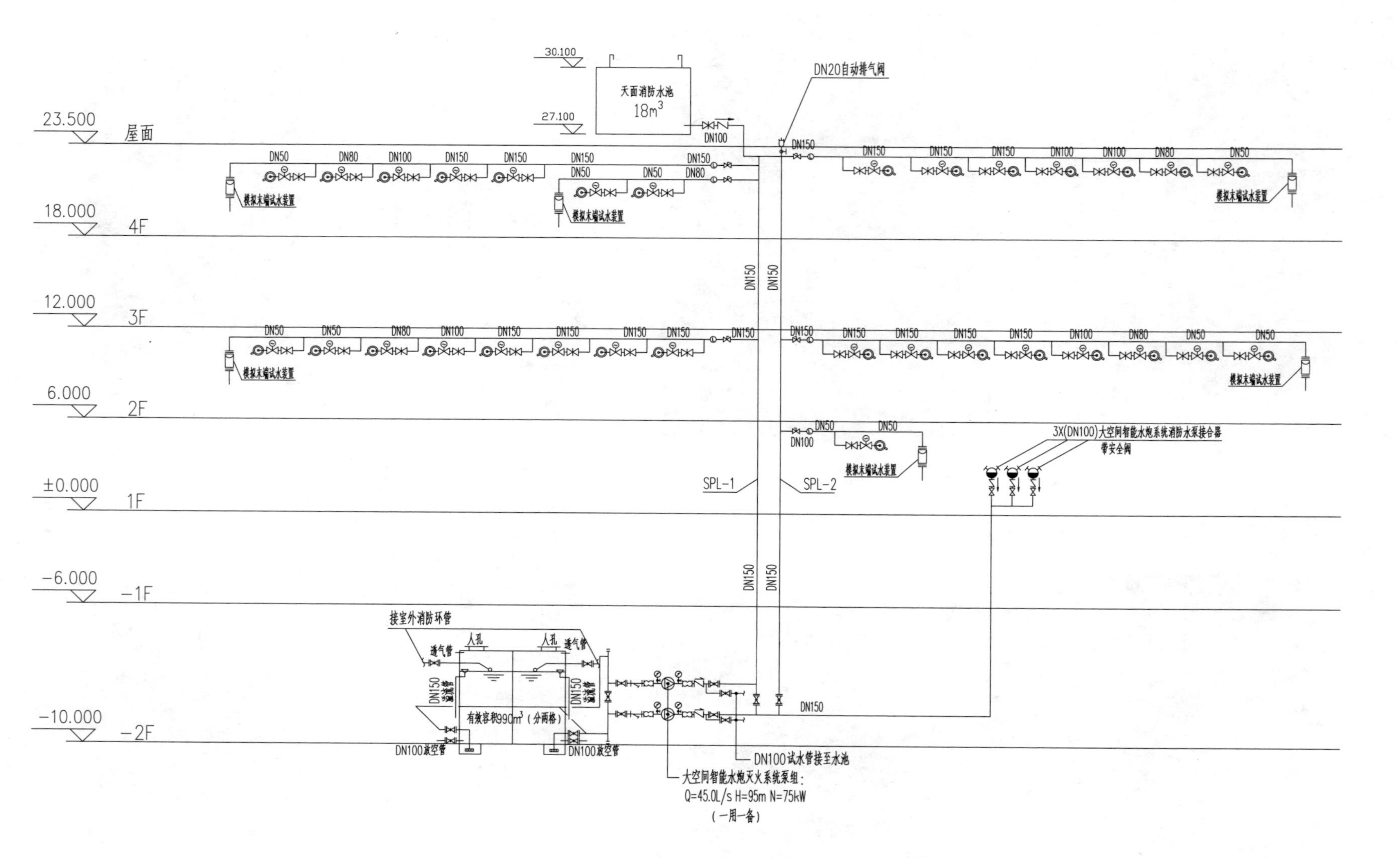
23.500 屋面
18.000 4F
12.000 3F
6.000 2F
±0.000 1F
-6.000 -1F
-10.000 -2F
30.100
27.100
天面消防水池 18m3
DN20自动排气阀
模拟末端试水装置
SPL-1
SPL-2
DN150
DN100
DN80
DN50
3X(DN100)大空间智能水炮系统消防水泵接合器
带安全阀
接室外消防环管
透气管
人孔
有效容积990m3（分两格）
DN100放空管
DN100试水管接至水池
大空间智能水炮灭火系统泵组：
Q=45.0L/s H=95m N=75kW
（一用一备）

大空间智能水炮系统

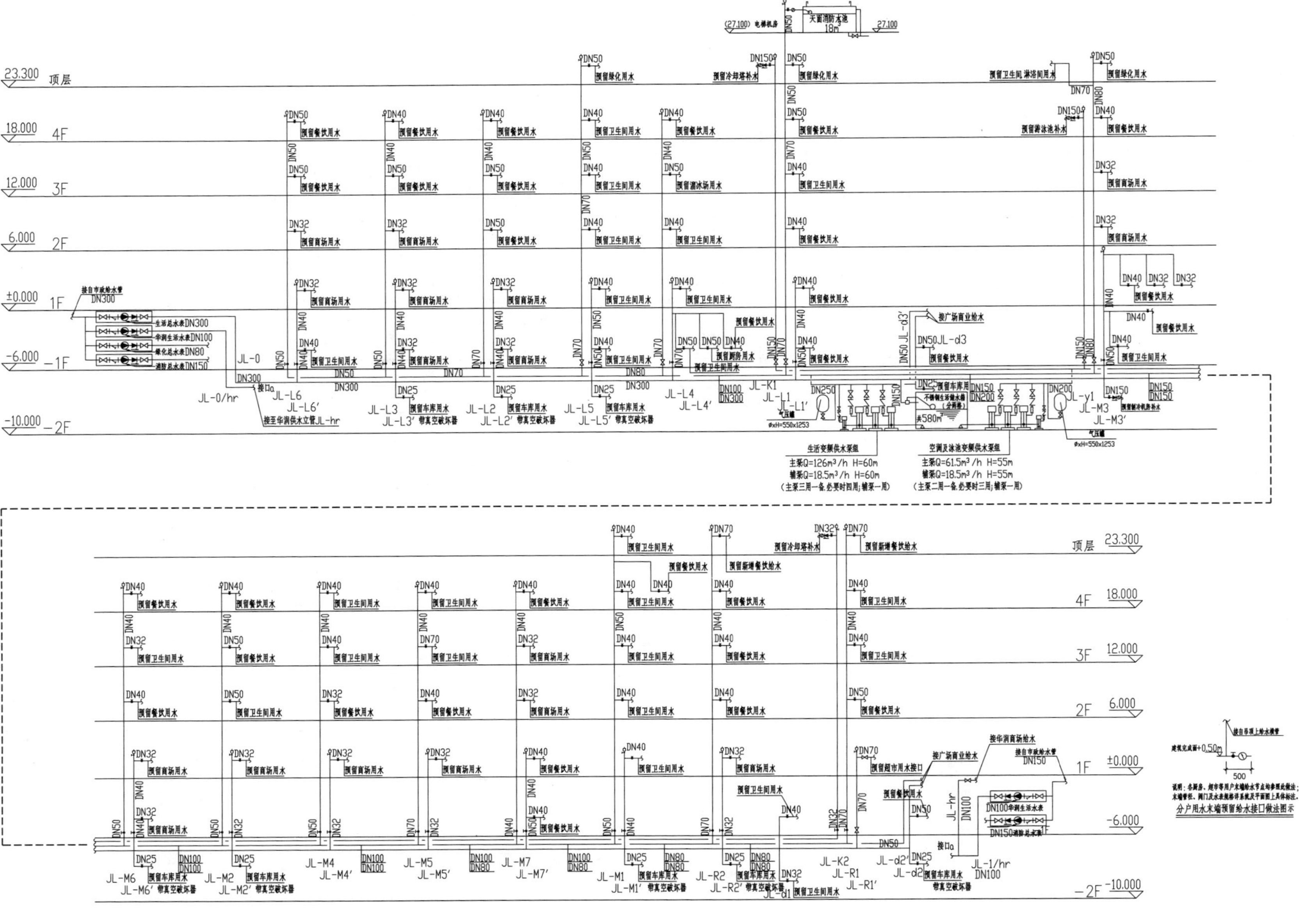

生活给水管道系统图

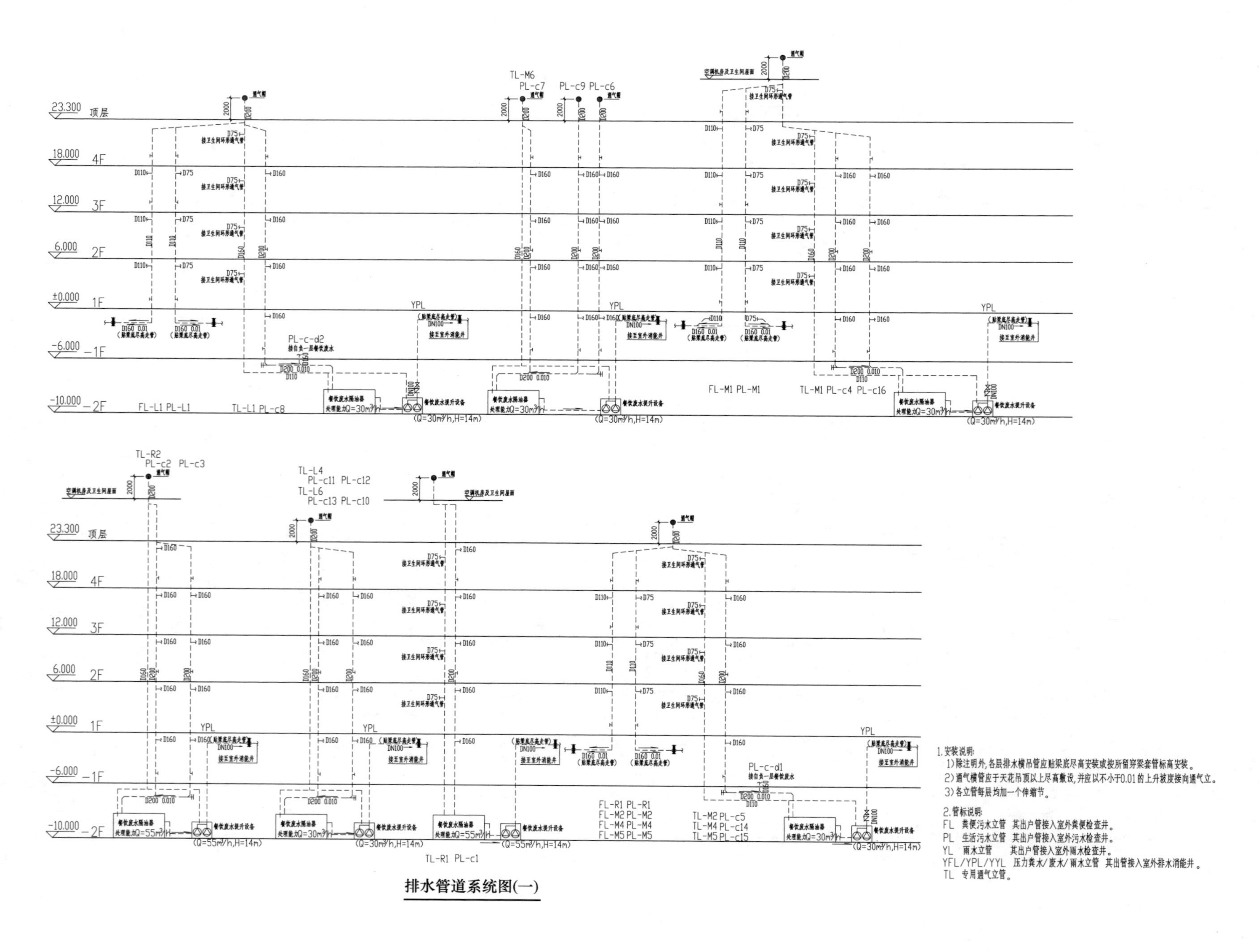
1.安装说明:
1)除注明外,各层排水横吊管应贴梁底尽高安装或按所留穿梁套管标高安装。
2)通气横管应于天花吊顶以上尽高敷设,并应以不小于0.01的上升坡度接向通气立。
3)各立管每层均加一个伸缩节。
2.管标说明:
FL 粪便污水立管 其出户管接入室外粪便检查井。
PL 生活污水立管 其出户管接入室外污水检查井。
YL 雨水立管 其出户管接入室外雨水检查井。
YFL/YPL/YYL 压力粪水/废水/雨水立管 其出管接入室外排水消能井。
TL 专用通气立管。

排水管道系统图(一)

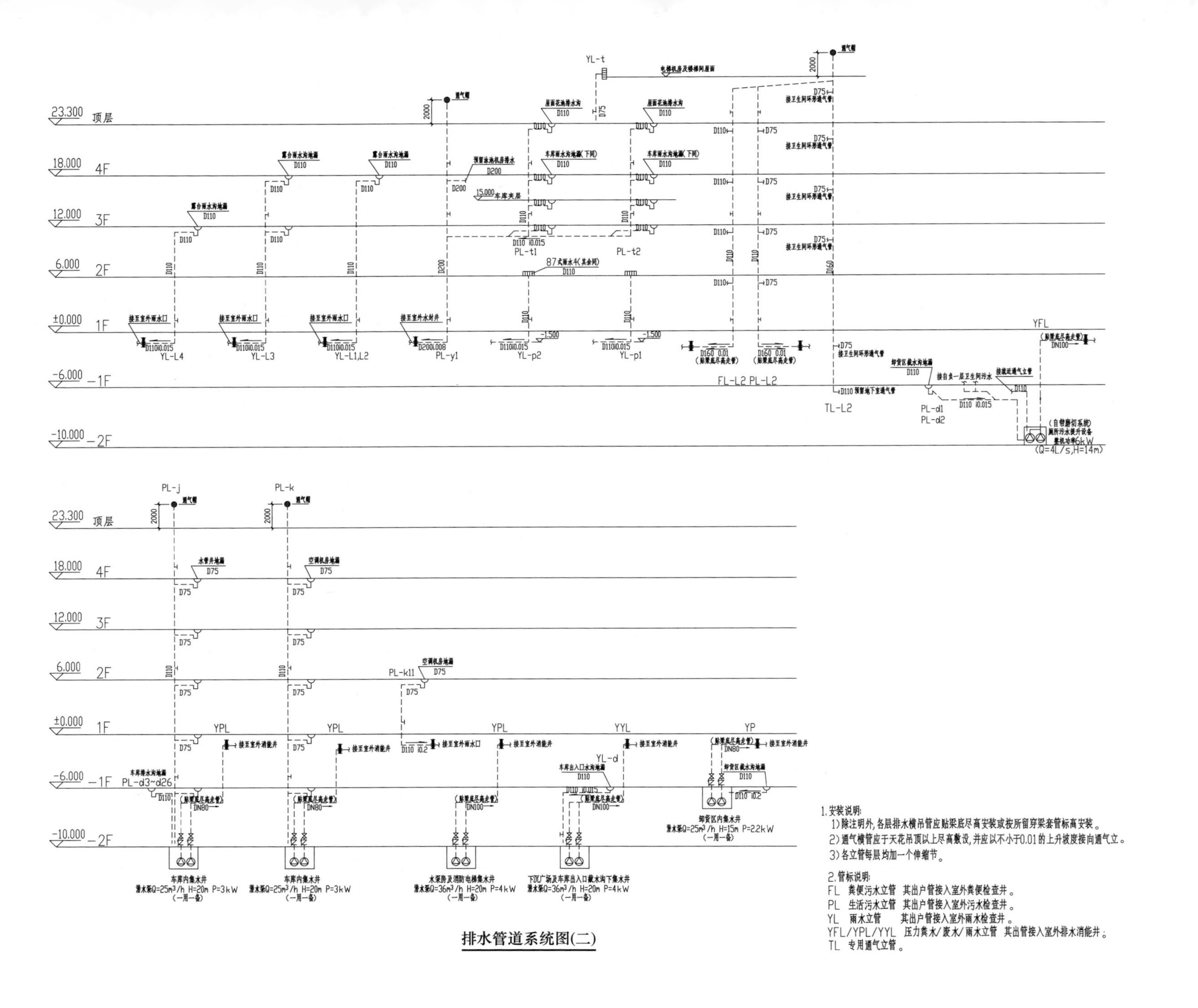
23.300 顶层
18.000 4F
12.000 3F
6.000 2F
±0.000 1F
-6.000 -1F
-10.000 -2F
YL-L4
YL-L3
YL-L1,L2
PL-y1
YL-p2
YL-p1
FL-L2 PL-L2
TL-L2
YFL
PL-d1
PL-d2
PL-j
PL-k
PL-k11
YPL
YYL
YP
YL-d
PL-d3~d26
车库内集水井
卸货区内集水井
(Q=4L/s,H=14m)
1.安装说明:
1)除注明外,各层排水横吊管应贴梁底尽高安装或按所留穿梁套管标高安装。
2)通气横管应于天花吊顶以上尽高敷设,并应以不小于0.01的上升坡度接向通气立。
3)各立管每层均加一个伸缩节。
2.管标说明:
FL 粪便污水立管 其出户管接入室外粪便检查井。
PL 生活污水立管 其出户管接入室外污水检查井。
YL 雨水立管 其出户管接入室外雨水检查井。
YFL/YPL/YYL 压力粪水/废水/雨水立管 其出管接入室外排水消能井。
TL 专用通气立管。

排水管道系统图(二)

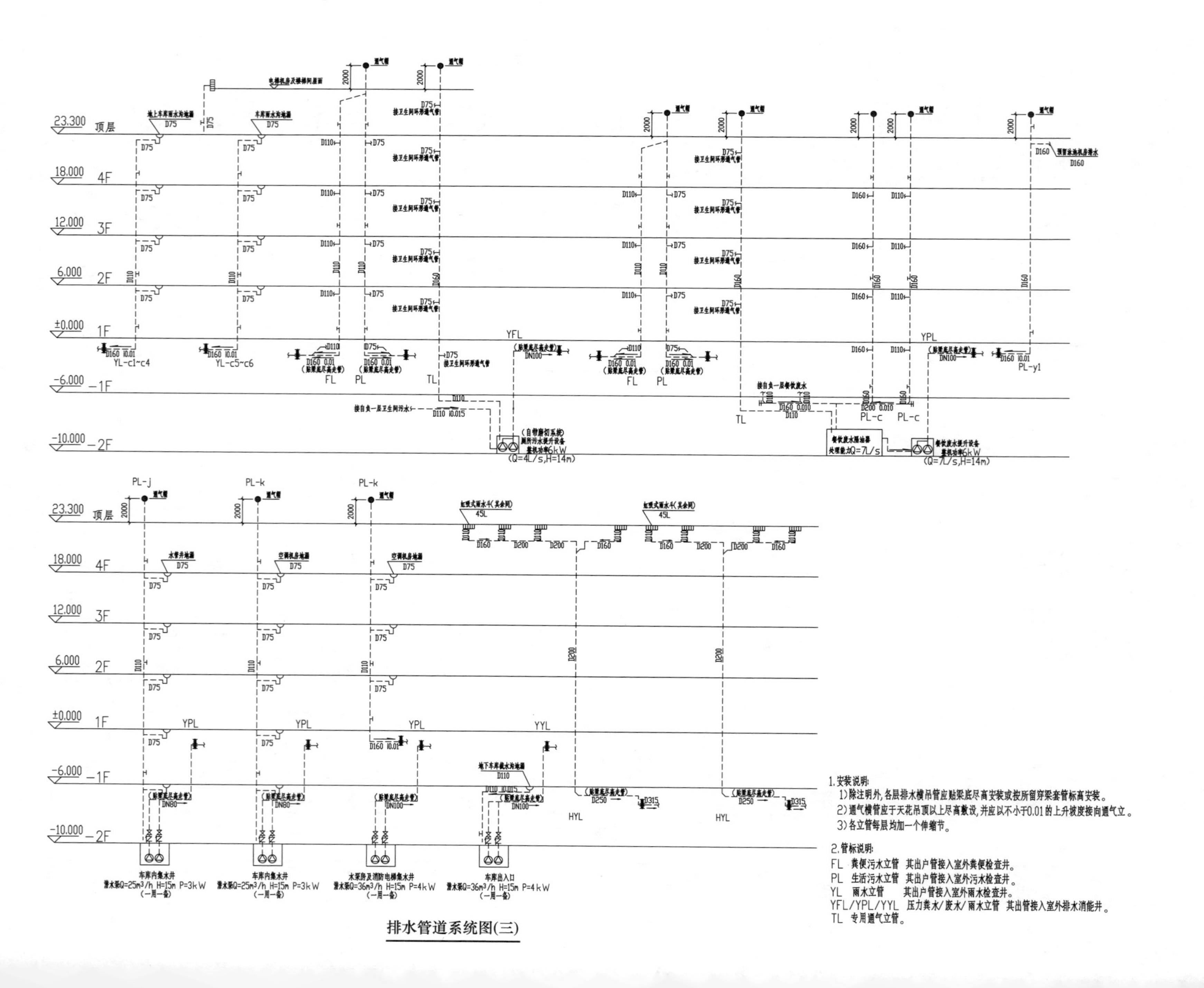

23.300 顶层
18.000 4F
12.000 3F
6.000 2F
±0.000 1F
-6.000 -1F
-10.000 -2F
YL-c1~c4
YL-c5~c6
FL
PL
TL
YFL
YPL
PL-y1
PL-c
PL-j
PL-k
YYL
HYL
车库内集水井
潜水泵Q=25m3/h H=15m P=3kW
(一用一备)
水泵房及消防电梯集水井
潜水泵Q=36m3/h H=15m P=4kW
车库出入口
1.安装说明:
1)除注明外,各层排水横吊管应贴梁底尽高安装或按所留穿梁套管标高安装。
2)通气横管应于天花吊顶以上尽高敷设,并应以不小于0.01的上升坡度接向通气立。
3)各立管每层均加一个伸缩节。
2.管标说明:
FL 粪便污水立管 其出户管接入室外粪便检查井。
PL 生活污水立管 其出户管接入室外污水检查井。
YL 雨水立管 其出户管接入室外雨水检查井。
YFL/YPL/YYL 压力粪水/废水/雨水立管 其出户管接入室外排水消能井。
TL 专用通气立管。

排水管道系统图(三)

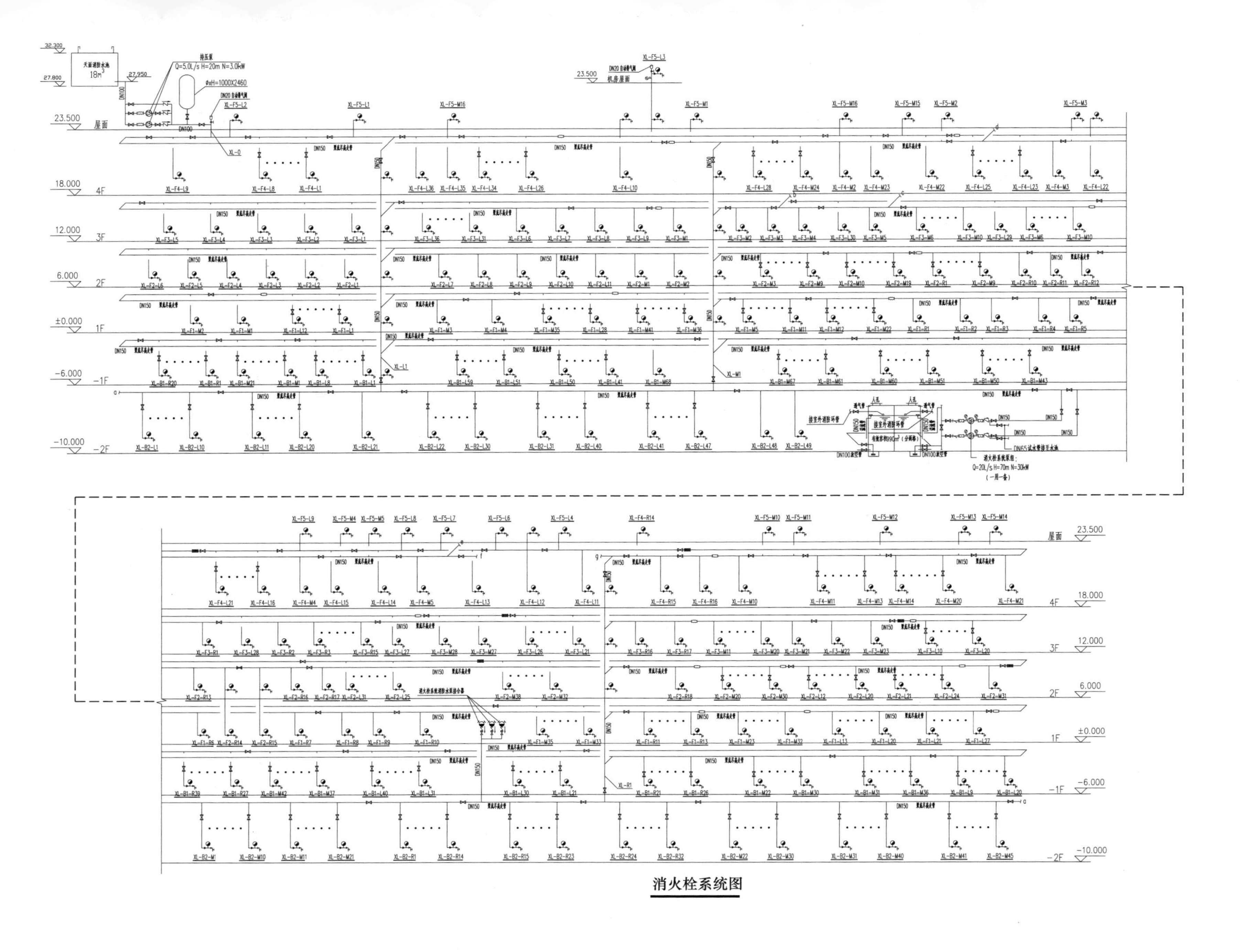

消火栓系统图

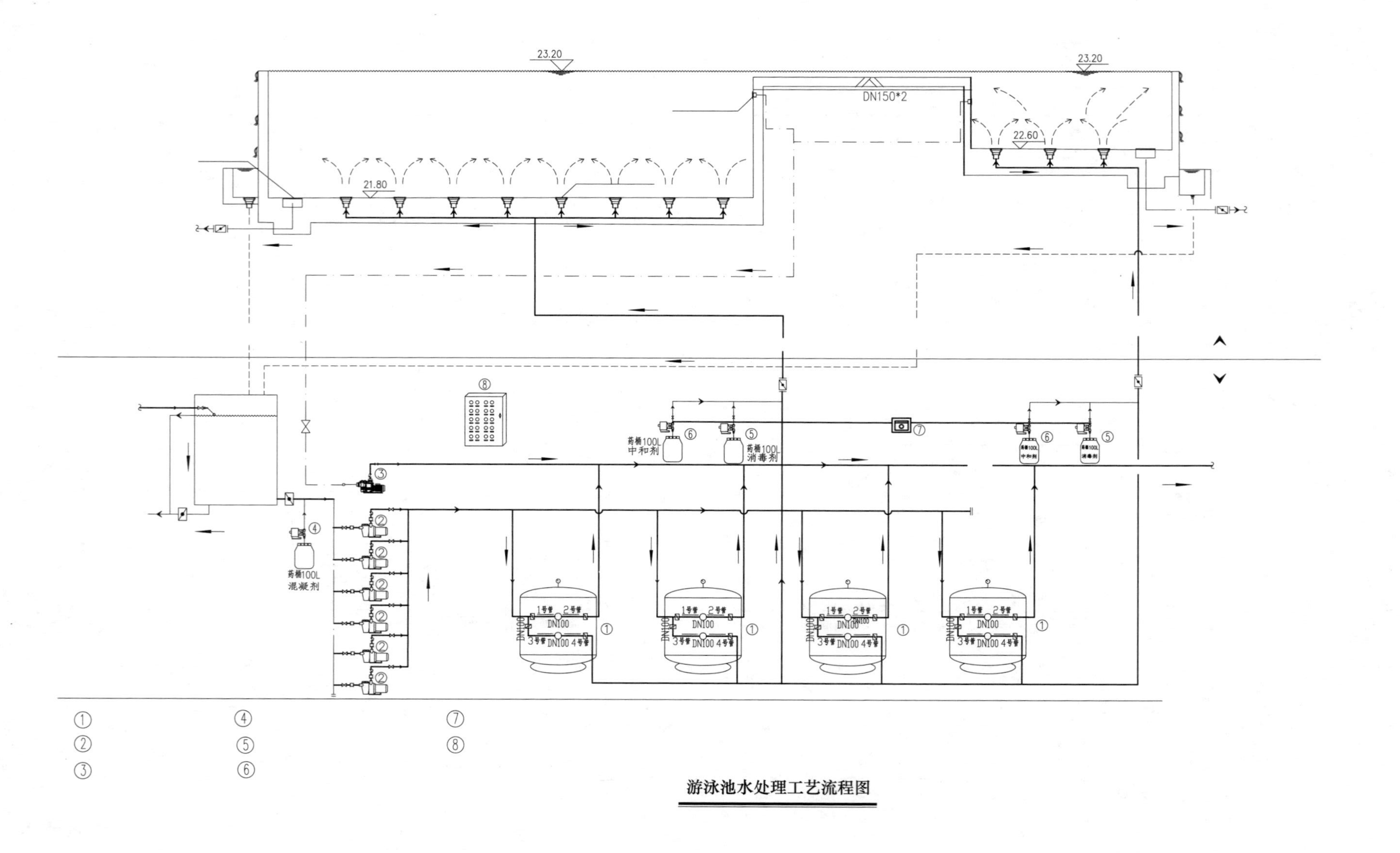

游泳池水处理工艺流程图

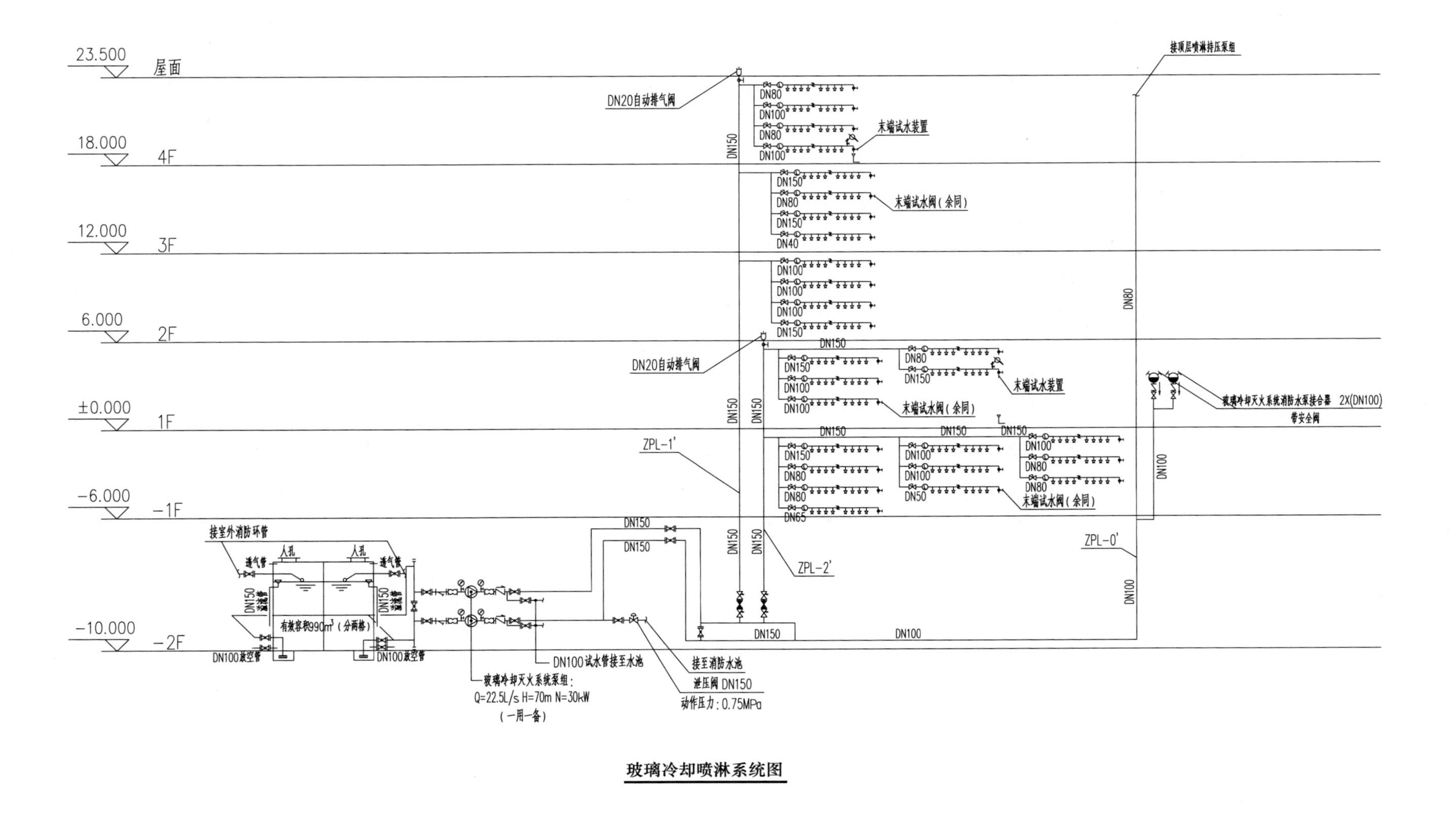
23.500 屋面
18.000 4F
12.000 3F
6.000 2F
±0.000 1F
-6.000 -1F
-10.000 -2F
接顶层喷淋持压泵组
DN20自动排气阀
末端试水装置
末端试水阀（余同）
玻璃冷却灭火系统消防水泵接合器 2X(DN100)
带安全阀
ZPL-0'
ZPL-1'
ZPL-2'
接室外消防环管
人孔
透气管
有效容积990m³（分两格）
DN100放空管
DN100试水管接至水池
玻璃冷却灭火系统泵组：
Q=22.5L/s H=70m N=30kW
（一用一备）
接至消防水池
泄压阀 DN150
动作压力：0.75MPa

玻璃冷却喷淋系统图

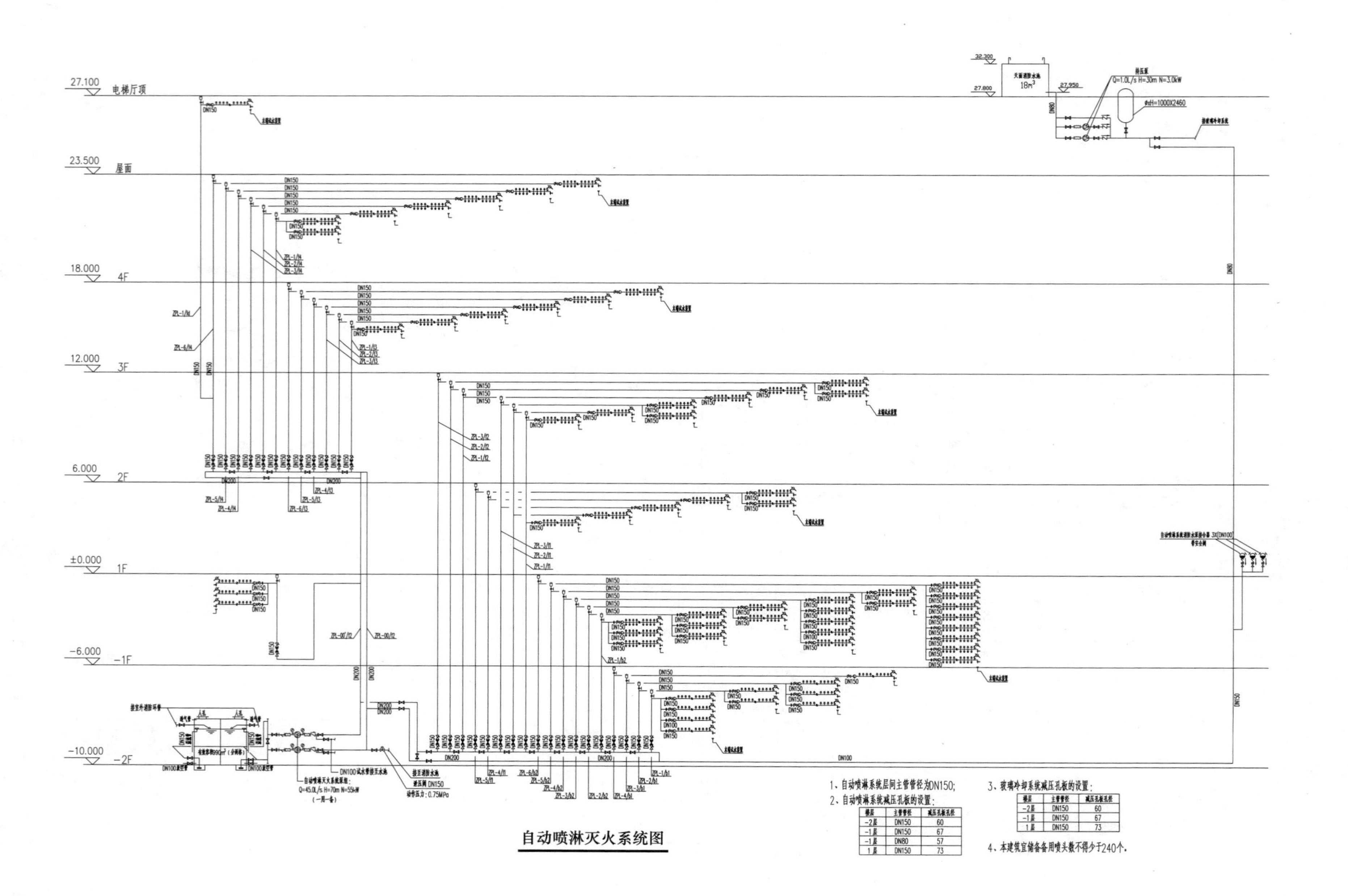

1、自动喷淋系统层间主管管径为DN150;

2、自动喷淋系统减压孔板的设置：

楼层	主管管径	减压孔板孔径
−2层	DN150	60
−1层	DN150	67
−1层	DN80	57
1层	DN150	73

3、玻璃冷却系统减压孔板的设置：

楼层	主管管径	减压孔板孔径
−2层	DN150	60
−1层	DN150	67
1层	DN150	73

4、本建筑宜储备备用喷头数不得少于240个。

自动喷淋灭火系统图

广东省建筑科学研究院集团股份有限公司检测实验大楼

设计单位： 广东省建科建筑设计有限公司
设 计 人： 吴晓瑜　洪云香　黄丽娜　陈程雄　张泳诗
获奖情况： 公共建筑类　二等奖

工程概况：

广东省建筑科学研究院集团股份有限公司检测实验大楼位于广州市先烈东路 121 号，建设基地面积 2706m^2，容积率 4.17，总建筑面积 17366.4m^2（地下建筑面积为 4857m^2），建筑地下 3 层，地上 12 层，建筑总高度 47.6m。绿地面积 983.3m^2，绿化率 30%。

本项目已取得国家三星级绿色建筑的设计标识，该建筑建成后现作为广东省建筑科学研究院的新办公楼，具体的功能划分为：地下为车库和人防工程，一～十一层为办公室，十二层为会议室，十三层为屋顶花园和设备用房。

工程说明：

一、给水排水系统

1. 给水系统

（1）冷水用水量（表 1）

分项用水量表　　**表 1**

序号	用水项目名称	用水规模（人或 m^3）	用水指标	平均日折算系数	用水量	
					最高日（m^3/d）	平均日（m^3/d）
1	办公用水	1000	30	0.8	30	24
2	车库冲洗	2240	2	0.8	4.5	3.6
3	室外绿化用水	—	—	0.8	18	14.4
4	道路冲洗	1118.1	2	0.8	2.2	1.8
5	垂直绿化	40	2	0.8	0.08	0.064
6	水景补水	—	—	—	2.5	2.5

（2）水源

本项目生活用水水源为市政水源，绿化灌溉、道路清洗及景观用水采用非传统水源。

（3）系统竖向分区

根据建筑高度、水源条件、防二次污染、节能和供水安全等原则，管网竖向分为高低两个区。地下三层～一层为低区市政直接供给，二层以上为高区采用智能变频加压供水设备加压供给。

（4）供水方式及给水加压设备

低区为市政直接供给，高区采用智能变频加压供水设备加压供给。

办公区为二层以上，最高日用水量为：$Q_{1max}=30\times1000\div1000=30m^3/d$；

设置 SUS304 不锈钢生活用水水箱一个，容积为 20m³，$L\times B\times H$=3500mm×2500mm×2500mm。

智能变频加压供水设备：Q=(18－25.2－36)m/h，H=(87.5－85.4－71.4)m，N=2×5.5kW，主泵两台。

(5) 管材

室内给水立管使用内衬塑热镀锌钢管，支管使用 PPR 塑料管。

2. 热水系统

(1) 热水用水量表

本项目办公每层两个洗手盆供应热水，每个洗手盆小时用水量定额按 70L 取，热水温度为 60℃，本项目供应热水洗手盆个数为 28 个。

办公热水设计小时热水量为 1.96m³/h；

办公最高日热水用水量为 15.68m³/d；

办公平均日热水用水量为 12.54m³/d。

(2) 热源

本项目热水系统采用平板太阳能为热源，设置于天面花架上方。设置平板太阳能 42 组（84m²），按每平方米产水 80L 计算，太阳能日产水 6.7m³，配 7m³ 立式水箱一个，占本建筑热水消耗量的 50%。在每层卫生间设置电热水器为辅助热源。

(3) 系统竖向分区

本项目办公每层两个洗手盆供应热水，热水供应系统的竖向分区同给水系统。

(4) 管材

热水供水管采用 PPR 塑料管

3. 中水系统

本项目室外设置人工湿地中水处理系统，收集处理各楼层洗手盆、拖布池废水及天面雨水，处理达标后储于清水池，用于绿化灌溉、道路冲洗及景观水池用水。

(1) 中水源水量表、中水回用水量表、水量平衡表

1) 中水源水量（表 2、表 3）

中水可利用量逐月计算 **表 2**

月份	工作天数	洗手盆、拖布池用水量(m³)	中水收集量(m³)	中水可利用量(m³)
1月	18	388.8	349.9	314.9
2月	21	453.6	408.2	367.4
3月	23	496.8	447.1	402.4
4月	19	410.4	369.4	332.4
5月	22	475.2	427.7	384.9
6月	20	432.0	388.8	349.9
7月	22	475.2	427.7	384.9
8月	23	496.8	447.1	402.4
9月	21	453.6	408.2	367.4
10月	18	388.8	349.9	314.9

续表

月份	工作天数	洗手盆、拖布池用水量(m^3)	中水收集量(m^3)	中水可利用量(m^3)
11月	22	475.2	427.7	384.9
12月	21	453.6	408.2	367.4
合计(m^3/年)	250	5400	4860	4374

非传统水源可利用量逐月计算 **表3**

月份	雨水可利用量(m^3)	中水可利用量(m^3)	非传统水源可利用量(m^3)
1月	16.5	314.9	331.4
2月	25.1	367.4	392.5
3月	33.6	402.4	436.0
4月	86.3	332.4	418.7
5月	148.0	384.9	533.0
6月	145.8	349.9	495.7
7月	116.4	384.9	501.3
8月	132.7	402.4	535.1
9月	80.8	367.4	448.2
10月	39.1	314.9	354.0
11月	15.6	384.9	400.5
12月	13.5	367.4	380.9
合计(m^3/年)	853.3	4374.00	5227.3

2）中水回用水量（表4）

非传统水源需水量逐月计算 **表4**

月份	月历天数	室外绿化用水(m^3)	水景补水(m^3)	合计(m^3)
1月	31	446.4	77.5	523.9
2月	28	403.2	70	473.2
3月	31	446.4	77.5	523.9
4月	30	432	75	507
5月	31	446.4	77.5	523.9
6月	30	432	75	507
7月	31	446.4	77.5	523.9
8月	31	446.4	77.5	523.9
9月	30	432	75	507
10月	31	446.4	77.5	523.9
11月	30	432	75	507
12月	31	446.4	77.5	523.9
合计(m^3)	365	5256	912.5	6168.5

其中，绿化灌溉及景观补水的工作时间均按365d计。

3）水量平衡

非传统水源可利用量以及该月非传统水源需水量，根据以上内容对本项目的雨水回收系统以及中水利用系统进行水平衡计算（表5）。

逐月非传统水源水量平衡计算 表5

月份	可利用量(m^3)	需水量(m^3)	利用量(m^3)	外排量(m^3)	补水量(m^3)
1月	331.4	523.9	331.4	0.0	192.5
2月	392.5	473.2	392.5	0.0	80.7
3月	436.0	523.9	436.0	0.0	87.9
4月	418.7	507.0	418.7	0.0	88.3
5月	533.0	523.9	523.9	9.1	0.0
6月	495.7	507.0	495.7	0.0	11.3
7月	501.3	523.9	501.3	0.0	22.6
8月	535.1	523.9	523.9	11.2	0.0
9月	448.2	507.0	448.2	0.0	58.8
10月	354.0	523.9	354.0	0.0	169.9
11月	400.5	507.0	400.5	0.0	106.5
12月	380.9	523.9	380.9	0.0	143.0
合计(m^3/年)	5227.3	6168.5	5207.1	20.2	961.4

得到项目所设雨水系统及中水系统，年非传统水源利用量为5207.1m^3/年，外排量约为20.2m^3/年，补水量约为961.4m^3/年。

（2）系统竖向分区

供应系统的竖向分区同给水系统。

（3）供水方式及给水加压设备

同给水系统。

（4）管材

室外部分给水管采用PSP钢塑复合压力管。

4. 排水系统

（1）排水系统的形式

排水系统采用雨污系统分流制。

（2）透气管的设置方式

卫生间的生活污水和污废水集水坑均设通气管，连接卫生器具较多的排水横管设置环形通气管。

（3）采用的局部污水处理设施

厨房污水采用明沟排水，经成品隔油器处理后排入排水系统。污水在室外经化粪池处理后排入院区现状污水管道。

（4）管材

室内排水立管选用硬质聚氯乙烯排水管，设备转换层选用给水承压PVC-U管，压力排水管选用镀锌钢管。

室外排水管材选用PVC-U排水管（*DN*300～*DN*400）、双壁波纹塑料排水管（*DN*500～*DN*800）和排水离心铸铁管（厨房）。

二、消防系统

1. 消防系统

本项目设置室外消火栓系统、室内消火栓系统、自动喷水灭火系统以及气体灭火系统。

2. 消防水源

消防水源为市政供水管网供给。

3. 消防水量（表 6）

消防水量 **表 6**

系统名称	用水量标准(L/s)	火灾持续时间(h)	一次火用水量(m^3)	水源
室外消火栓系统	30	3	324	市政管网直供
室内消火栓系统	20	3	216	消防水池贮水
自动喷水灭火系统	30	1	324	消防水池贮水

消防水池容积 378m^3，设置于地下二层。

4. 室外消火栓系统

室外消防系统为低压制系统，由市政压力在环管上直接接出。室外消火栓间距不大于 120m，沿建筑周边布置。

5. 室内消火栓系统

（1）室内消火栓系统采用临时高压系统，由室内消防水池、高位消防水箱、消防加压设备及管网组成。

（2）系统分区：消火栓系统为环装管网，竖向为一个分区，五层及五层以下消火栓为减压稳压消火栓。

（3）消防水池与消防水泵房合建，设置于地下二层。消防水池容积 378m^3，贮存室内消火栓。

（4）消防加压设备：

地下消防泵房内设消火栓消防泵两台，1 用 1 备。水泵参数：流量 Q＝20L/s；扬程 H＝90m；功率 N＝30kW。

屋面设 18m^3 高位消防水箱和稳压泵，火灾初期由稳压泵及气压罐联合供水。稳压泵参数：流量 Q＝18m^3/h；扬程 H＝22m；功率 N＝2×1.5kW。

（5）水泵接合器：地下一层设 DN100 多用式 SQD100 型消火栓泵接合器共 3 个。

（6）管材：选用涂塑热镀锌钢管。

6. 自动喷水灭火系统

（1）自动喷水灭火系统的用水量

根据《自动喷水灭火系统设计规范》GB 50084—2001（2005 年版）本建筑属于中危险Ⅰ、Ⅱ级，自动喷淋用水量 30L/s。

（2）系统分区

系统竖向为一个区。

（3）自动喷水加压（稳压设备）的参数

消防泵房内设喷淋泵两台，1 用 1 备，水泵参数：流量 Q＝30L/s；扬程 H＝95m；功率 N＝55kW。

屋面设稳压泵，稳压泵参数：流量 Q＝3.6m^3/h；扬程 H＝33m；功率 N＝2×2.2kW。并设 6mm 不锈钢板作减压孔板。

（4）喷头选型

自动喷水灭火系统采用闭式系统，喷头选择直立式、下垂式和装饰式。其中无吊顶处均设置直立型喷头，喷头距顶板 100mm 设置；侧喷采用 ZSTB-15 边墙型标准、快速响应玻璃洒水喷头。

（5）报警阀的数量、位置、水泵接合器的设置、管材；

一层设 $DN100$ 多用式 SQD100 型消火栓泵接合器共 3 个。管材选用涂塑热镀锌钢管。

7. 气体灭火系统

（1）气体灭火系统设置的位置

设置部位：本工程发电机房储油间，高低压配电房及变压器室设置七氯丙烷自动灭火系统。

（2）系统设计的参数

采用 40L 七氯丙烷灭火装置，充装 33kg，20℃时启动气体充装压力 6MPa。

（3）系统的控制

要求同时有自动控制、手动控制和机械应急操作三种方式。

自动控制：当防护区发生火警时，气体灭火控制器接到防护区两个独立火灾报警信号后立即发出联动信号。经过 30s 延时，气体灭火控制器输出信号启动自动灭火系统。气体经管网释放到防护区，控制器面板喷放指示灯亮，同时控制器接收压力讯号器反馈信号。防护区内门灯显亮，避免人员误入。

手动控制：当防护区经常有人工作时，可以通过防护区门外的手动/自动转换开关，使系统从自动状态转换到手动状态，当防护区发生火警时，控制器只发出报警信号，不输出动作信号。由值班人员确认火警，按下控制面板或击碎防护区门外紧急启动按钮，即可立即启动系统，喷放灭火剂。

应急操作：当自动、手动紧急启动都失灵时，可进入储瓶间内实现机械应急操作启动。只需拔出对应防护区启动瓶上的手动保险销，拍击手动按钮，即可完成系统启动喷放。

三、工程特点及设计体会

广东省建筑科学研究院集团股份有限公司检测实验大楼的设计倡导本土设计，探索新岭南建筑设计的新理念，打造绿色生态建筑示范点，把建筑本身作为城市的一个景观节点来打造，充分考虑它与周边的关系，提升区域的城市空间效果。

本项目所倡导生态绿化空间的新岭南设计理念，为现代新岭南的设计风开辟一幅新天地。建筑场地高低起伏较大，利用地势营造立体绿化，结合骑楼式入口，入口形成一道渐进抬高的景观。建筑西侧每隔一层设有挑高两层的绿化外庭，形成微气候利于室内通风，同时也是休息、呼吸室外空气的地方；而在北面则每层设有内凹阳台，既能遮阳有事室外休息空间。南西两面上利用垂直绿化遮阳，植物是经过精挑细选的适合在南方生长的常绿爬藤科，茂盛的“绿墙”为室内遮阳造景，展现了南方自然世界的葱郁。竖向遮阳板根据朝向需要设有固定遮阳板和转动遮阳板，满足日照和遮阳要求。

在建筑给水排水设计中，检测实验大楼融合了多项新技术、新理念，结合场地绿化与水景，雨水集蓄再利用，太阳能利用等技术，具体特点如下：

1. 设置屋面雨水收集系统，收集雨水经处理后，用于绿化灌溉及道路清洗及景观用水，收集雨水量约为 948.1m^3/年。

2. 大楼室外设置格栅调节池—厌氧水解池—两级人工湿地中水处理系统，收集处理各楼层洗手盆、拖布池废水及天面雨水，处理达标后贮于清水池，用于绿化灌溉及景观水池用水。人工湿地设置于地下室车库顶盖，空调冷却塔架设于湿地之上，充分利用场地，节约用地，为城市中心区用地高度紧张区域的绿色建筑设计提供另一个思路。人工湿地设计分成 2 条线，单条人工湿地按照两级等分的原则进行布置，根据水量变化调配运行状况，非雨天时，适时安排系统轮休（轮休周期为 3～4 个月），从而减少湿地堵塞的可能性；下雨天时，则两条线在满负荷情况下同时工作。

3. 大楼室外绿化及各层垂直绿化、屋顶花园绿化采用 Eco-Mat 滴灌毯及 PLD 滴灌管进行绿化灌溉，共采用 1 台 I-Core 解码器控制器；整个灌溉区域分成 6 个轮灌区，通过控制器控制电磁阀，实现全自动控制开闭；每天轮灌一次，每次开启一个阀区，每个阀区灌溉时间为 20min；同时设置 SOLAR SYNC 气象传感器，可以将检测区域内太阳辐射、气温及降雨数据，对灌溉系统灌水进行调节（如下雨时可以停止灌溉程序执行），从而使得整个灌溉系统更加节水。滴灌系统每个轮灌区均设置远程流量计，对灌溉用水流量进行实时监测，可及时了解管网漏损及日常用水情况。滴灌进水设有电磁阀，每日定时浇水。

4. 屋顶设置太阳能热水系统，充分利用太阳辐射对冷水进行加热，用于洗手盆及淋浴间用水。太阳能热水系统具有环保、节能、安全、经济等特点，且系统安装在屋顶上，不会占用任何室内空间。

5. 采用变频恒压供水，大楼的用水量及水压变化通过微机检测、运算，自动改变水泵转速保持水压恒定以满足用水要求，是目前最先进，合理的节能供水系统，与传统的水塔、高位水箱、气压罐等供水方式比较，变频恒压供水不论是投资、运行的经济性、还是系统的稳定性、可靠性、自动化程度等方面都具有优势。

四、工程照片及附图

建筑全景图

建筑西南方向立面图

可转动遮阳板

人工湿地鸟瞰图

湿地出水用于景观及绿化滴灌

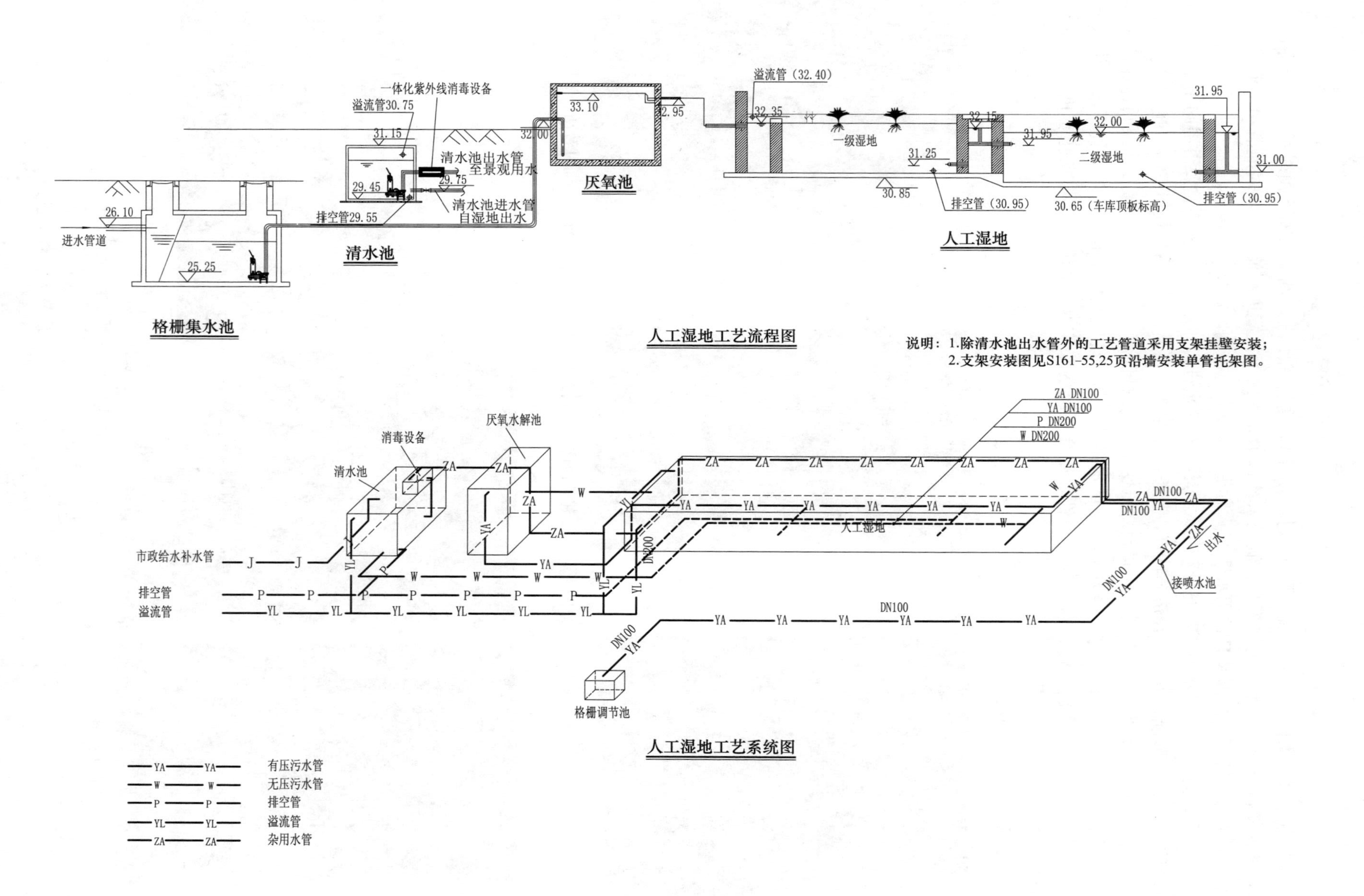

人工湿地工艺流程图

说明：1.除清水池出水管外的工艺管道采用支架挂壁安装；
2.支架安装图见S161-55,25页沿墙安装单管托架图。

人工湿地工艺系统图

公共建筑类　三等奖

圭亚那万豪酒店（Georgetown Marriott Hotel and Entertainment Complex）

设计单位：同济大学建筑设计研究院（集团）有限公司
设 计 人：李丽萍　徐钟骏　任军
获奖情况：公共建筑类　三等奖

工程概况：

圭亚那万豪酒店为 EPC 国际总承包项目，建设单位为大西洋酒店公司（ATLANTIC HOTEL INC），上海建工（集团）总公司海外事业部为项目承包方，同济大学建筑设计院（集团）有限公司为本项目的设计总包，万豪酒店管理公司作为业主设计顾问。酒店位于南美洲圭亚那首都乔治敦，北临加勒比海，此处环境优美，气候宜人。当地基础设施较为落后，该项目建成后成为圭亚那整个国家的最高楼，并且作为圭亚那第一家五星级酒店，成为圭亚那接待国外贵宾的指定场所。酒店奠基及落成时，圭亚那总统均亲自赴现场参观视察。项目总用地面积：25524.6m^2，总建筑面积 19293.5m^2，其中地上建筑面积 18489.3m^2（包含酒店面积：15827.3m^2；赌场面积：2662m^2），地下建筑（设备机房）面积 804.2m^2。主楼 9 层，建筑高度 37.30m，最高点高度为 46.10m；裙房 2 层，高度为 11.00m；地下 1 层。建筑密度：19.4%；客房套数：197 套。

工程说明：

一、给水排水系统

（一）给水系统

1. 冷水用水量（表 1）

冷水用水量　　表 1

用水类别		用水标准	数量(人次/d)	使用时间(h)	时变化系数	总水量		
						最高日用水量(m^3/d)	最大时用水量(m^3/h)	平均小时用水量(m^3/h)
酒店	宾馆客房	300L/(人·d)	249 人	24	2	74.55	6.21	3.11
	员工	80L/(人·d)	125 人	24	2.5	10.00	1.04	0.42
	西餐厅	30L/人次	125 人	10	1.2	3.75	0.45	0.38
	餐厅	40L/人次	746 人次/d	10	1.2	29.82	3.58	2.98

续表

用水类别		用水标准	数量(人次/d)	使用时间(h)	时变化系数	总水量		
						最高日用水量(m^3/d)	最大时用水量(m^3/h)	平均小时用水量(m^3/h)
酒店	酒吧、饮品店等	10L/人次	298人次/d	18	1.5	2.98	0.25	0.17
	行政酒廊	10L/人次	99人次/d	18	1.5	0.99	0.08	0.06
	职工食堂	20L/人次	249人次/d	16	1.5	4.98	0.47	0.31
	室外餐区	50L/人次	99人次/d	18	1.2	4.97	0.33	0.28
	洗衣用水	40L/(kg干衣·d)	1590kg	8	1.5	63.62	11.93	7.95
	泳池补水	100L/(m^3·d)	449m^3	12	1	44.85	3.74	3.74
	泳池淋浴	15L/(m^3·d)	50人	12	1	0.75	0.06	0.06
酒店小计						241.26	28.08	19.44
娱乐城	赌场	15L/人次	670人	16	1.2	10.05	0.75	0.63
	娱乐城夜总会	10L/人次	154人	10	1.5	1.54	0.23	0.15
	娱乐城餐厅	20L/人次	976人	16	1.2	19.52	1.46	1.22
娱乐城小计						31.11	2.45	2.00
酒店+娱乐城						272.37	30.53	21.44
未预见水量(10%)						27.24	3.05	2.14
合计						299.61	33.58	23.59

2. 水源

从市政给水管网上引入两路*DN*150给水总管，敷设入基地，并在基地内形成环网，市政进水总管上设置倒流防止器和计量水表。从室外环网上，引出两路*DN*100管道，作为地下室生活原水箱的补水管。生活给水系统服务于酒店客房、服务间及公共区卫生间器具用水；泳池、餐饮、洗衣房等工艺用水；室外卸货平台、室外地坪冲洗用水。

3. 系统竖向分区

系统竖向分高、低区两区，高区为三～九层（客房层），低区为一、二层（裙房层）。

4. 供水方式及给水加压设备

给水系统根据使用功能的不同，分质供水。给水系统分为洁净水系统、软水系统。洁净水系统包含酒店客房、服务间及公共区的卫生间器具用水，泳池、餐饮等工艺用水，娱乐城用水等；洁净水由专用水处理设备处理市政原水进行制备；洗衣房用水（含可能的厨房工艺洗涤用水）由软水系统供应，该系统利用专用软化水设备利用市政原水制备软化水。

(1) 洁净水系统

在地下室设有洁净水处理系统，由生活原水箱、洁净水处理设备、生活变频泵组等设备组成。市政给水供水至生活原水箱，经洁净水加压泵加压，洁净水工艺处理设备处理后的洁净水，贮存至洁净水水箱，再经洁净水变频泵组及紫外线消毒装置消毒后，压力输送至各用水点。地下室生活原水箱有效贮存容积为6.0m^3，洁净水水箱有效容积为168m^3。两水箱均分两格。该系统处理能力为13.5m^3/h。

洁净水变频泵组分为高、低区两组。高区泵组服务三～九层（客房层），低区泵组服务一、二层（裙房）。

(2) 软水系统

地下室机房内设置软水处理系统，由提升泵、软水处理装置、软水箱等设备组成。该系统处理后水质需符合万豪的要求，为酒店洗衣房提供软水。软水提升泵从生活原水箱中吸水，加压提升至组合式软化水装置，处理后软水贮存至洗衣房软水箱。软水装置的处理能力为 4.5m^3/h。

(3) 变频泵组的配置

所有生活变频泵组按 50%-50%-20%三级变流量供水，启动控制器依据带压力开关的流量传感器的信号按顺序启动各泵。

5. 管材

泵房内管道、生活泵出水管、屋顶水箱出水立管采用薄壁铜管，承插焊接连接。冷水给水支管采用 PP-R 管，热熔连接。加药管、水景配管、游泳池和按摩池进出管均采用 ABS 管，法兰连接或粘接连接。加药装置、游泳池、水处理系统管材均采用 PVC-U 管及管件，承插粘接。明设的塑料管应按规范要求，远离热源，与热水器等的连接，采用长度不小于 400mm 的耐腐蚀金属管。

(二) 热水系统

1. 热水用水量（表 2）

热水用水量 **表 2**

序列	分区	用水量标准	贮水容量标准	用水量(水温)	设计贮水容量(水温)	设计小时耗热量(kW)
1	酒店客房区	15L/(h·房)	38L/(d·房)	2955L/h(48.8℃)	10000L(57.2℃)	231.73
2	厨房等服务后勤区	根据厨房设备	餐厅座位数等确定	3200L/h(48.8℃)	5000L(57.2℃)	164.78
3	洗衣房区	根据洗衣房工艺确定		(74℃)		估算 118.50
4	娱乐城	根据厨房设备	餐厅座位数等确定	(48.8℃)		估算 112.48

2. 热源

酒店客房区及厨房等服务后勤区的热水系统，热源为电热水锅炉；洗衣房区由洗衣房工艺自制热水，洗衣房工艺考虑相关水加热设备的配置。

3. 系统竖向分区

系统竖向分区与给水系统相同。

4. 冷、热水压力平衡措施、热水温度的保证措施等

热水系统与给水系统压力同源，分区一致。酒店客房区的热水，由洁净水高区变频泵，提供冷水水源，经 2 组电加热器加热后，至客房区 2 个贮水罐贮存，经数字温控阀混合后，供至客房热水管网；厨房等服务后勤区的热水，由洁净水低区变频泵组提供冷水水源，经 1 组电加热器加热后，至本区 1 个储水罐贮存，经温控阀混合后，供至厨房等服务后勤区热水管网。

酒店客房区热水、厨房等服务后勤区热水，热水供给采用上行下给式，各区均设热水回水泵，以保证热水管网温度适宜。各支路回水管上均设置压力平衡阀。每个系统分别设置热水回水管，分系统设置热水循环水泵两台（1 用 1 备），并在回水管上设置膨胀罐一台。

酒店有使用舒适性要求，客房淋浴对热水水温稳定要求较高。热水系统采用热水循环泵配合热水数字温控混流阀的方式，来稳定控制热水出水温度。热水、冷水经过混流阀混流时，通过数字温控阀控制水温稳定在设定值，使得出流温度保持稳定。数字温控阀，配有电子执行器和内置温度传感器，提供高性能独立温度控制，在设定温度为 0～100℃的范围内，控制精度为±1℃。

5. 管材

热水管大口径及循环水管采用薄壁铜管，承插焊接连接；支管阀门后采用 PP-R 管。

(三) 排水系统

1. 排水系统的形式

室内采用污、废水合流系统。室外采用雨、污分流系统。

2. 透气管的设置方式

客房、公共卫生间设置主通气立管和器具通气管。

3. 采用的局部污水处理设施

厨房含油废水经室外埋地式成品隔油器处理后，排入生活污水管道。

4. 管材

排水管采用硬聚氯乙烯（PVC-U）管及管件，承插粘接；厨房排水管采用柔性接口铸铁管及管件，橡胶圈连接。排水泵的接管及排出管管径大于或等于 *DN*100 采用无缝钢管，内外壁热镀锌，法兰连接，两次安装法；管径小于 *DN*100 采用内外壁热镀锌钢管，丝扣连接。

二、消防系统

(一) 水灭火系统

喷淋系统消防用水量：根据 NFPA13 标准的规定，本建筑火灾危险等级属中危险Ⅰ级，设计喷水强度为 4.1L/(min·m^2)，作用面积为 372m^2，系统流量为 1525.2L/min；消火栓系统消防用水量：根据 NFPA14 标准的规定，属 CLASS Ⅰ，室内消火栓系统流量 387.6 L/min，室内外消火栓系统流量为 946.5 L/min，消火栓保护距离不超过 30m。

依据 NFPA13 标准及万豪酒店管理公司消防标准，本工程消防系统为喷淋系统与消火栓系统合用系统，设消防主泵一台（不设备用泵）、消防稳压泵组（1 用 1 备）一套。消防泵安装需满足 NFPA20 的相关要求。

从市政给水管网上各引一路 *DN*150 给水管，进入基地，并在基地内形成环网，市政进水管上设置倒流防止器和计量水表。从室外环网上，引出两路 *DN*100 管道，作为消防水池的补水水源。地下室设置消防水池和消防泵及报警阀等相关消防设施。消防水池有效容积为 150m^3，分成两格，设置公共吸水管，分别从两格消防水池吸水，消防主泵和消防稳压泵组设置两根出水管接至消防环状管网。

除不能用水扑灭的场所，其余均设置自动喷水灭火系统。喷头动作温度根据所在场所的环境温度确定。采用双立管布置，每层和每个防火分区均设水流指示器、监控阀和试验排水装置。所有控制信号送至消防中心。喷淋系统选用快速响应喷头。消火栓栓口压力小于 0.69MPa。

水泵接合器的设置：设 *DN*150 水泵接合器，供城市消防给水接入。

室外消防管在基地内成环布置，在总体适当位置及水泵接合器附近设置室外消火栓。水消防系统参数见表 3

水消防系统 表 3

序号	设备名称	设备参数	台数	备注
9-1	酒店消防主泵	Q=290m^3/h,H=80m 功率 110kW	1	
9-2-a	消防稳压泵组	Q=5m^3/h,H=95m 功率 4kW	1	
9-2-b	消防稳压泵组	Q=5m^3/h,H=95m 功率 4kW	1	备用
9-3	湿式报警阀	*DN*150	2	
9-4	室内消火栓	*DN*65	39	
9-5	室外消火栓	*DN*150	2	
9-6	水泵接合器	*DN*150	1	
9-7	气压水罐	调节水容积:300L	1	

（二）气体灭火系统

厨房油烟罩采用安素双化学剂灭火系统进行消防保护。

三、工程特点及设计体会

（一）规范选择及系统制定特点

当地无相应的规范，以美国给水排水设计主要规范 International Plumbing Code、Uniform Plumbing Code、National Standard Plumbing Code 以及 NFPA 标准作为给水排水及消防的主要设计依据，确定相应设计方案；对国外的设计规范和标准的研究，是本项目设计工作的重中之重，也是我设计公司寻求海外市场的突破口。

（二）节水器具

采取符合 LEED 要求的节水卫生器具将建筑总用水量比计算基准用水量减少 20%（不包括浇灌水），见表 4。

节水卫生器具 表 4

商用坐便器	1.6 加仑/冲洗(约 6L/冲洗)
商用小便器	1.0 加仑/冲洗(约 3.8L/冲洗)
商用龙头	0.5 加仑/min(约 1.9L/min)在 0.42MPa 的压强下

（三）给水系统分质供水

给水系统根据使用功能的不同，分质供水。给水系统分为洁净水系统、软水系统。酒店客房、服务间及公共区的卫生间器具用水，泳池、餐饮等工艺用水，娱乐城用水，采用洁净水系统供水；洗衣房用水（含可能的厨房工艺洗涤用水），采用专用软化水系统供应。

（四）洁净水处理系统流程设计的特点

酒店竞标方案设计时，因无详细水质报告，按典型处理流程设计生活洁净水处理：加药混凝→砂过滤→炭过滤→精过滤→消毒。项目实施过程中，根据建工现场驻地反馈的衣物洗涤数次会泛黄的情况，重新落实水样分析。

分析情况：市政提供水源为地下水，浑浊度、色度高，需采用不同于一般以地表水为水源的市政水的酒店洁净水的处理工艺。

采用流程：根据将溶解状态的铁、锰氧化成为不溶解的 Fe^{3+}、Mn^{4+} 化合物，再经过滤达到色度去除的原理，采用以活性炭滤料为主的多重介质的滤料，在过滤去除悬浮物等颗粒的同时，铁、锰被吸附于滤料表面，再经过滤去除的处理流程：加药混凝→多介质过滤器→高效氧化过滤器→精过滤→精密过滤器→pH 调节→消毒，达到了洁净水水质处理的要求。

（五）备用雨水系统排水

美国给水排水设计三大主要规范，都要求屋面雨水排放，除常规雨水排水系统外，要求设置备用雨水排水系统。本项目的结构设计为现浇筑的钢筋混凝土梁、板、柱组成的钢筋混凝土框架结构，除地下室部分，其他均设置独立基础传力至地基。为保证装修效果，要求进出水管均为在独立基础上预埋管道。结构要求，每个独立基础靠建筑外侧只允许对称各有一个管位。主楼、裙房、娱乐、特色餐厅等不同高度的建筑屋面，雨水排水管多，如常规雨水排水系统、备用雨水排水系统，分别设置独立的排水管道，雨水排水管的排出管道会比较多，加上同时还有给水、排水的其他进、出建筑管道，结构难以承受。

根据查得的美国标准相关数据（表 5），降雨强度 76.2mm/h 时：

美国标准相关数据 表5

名称	管径(mm)	泄流量(L/s)	最大允许排水面积(m^2)	注
雨水立管	DN150(6英寸)	26.75	848	
雨水横管	DN150(6英寸)	10.09	478	坡度=0.0052
雨水立管	DN100(4英寸)	9.08	321	
雨水横管	DN100(4英寸)	4.92	233	坡度=0.0104

可以看出：相同管径的雨水管道，雨水立管的排水能力大于雨水横管。相比我国国家规范，数值虽然有所不同，但规律性的结论相同。

据此，设计采用了备用雨水排水管道、常规雨水排水管道，共用雨水立管，接到雨水排水立管的方式，雨水排水立管管径按备用雨水系统能力设计，管径与横干管相同。

设计采用在溢流雨水斗周边加一圈100mm的翻口，起到抬高水位、保证溢流排水的作用。同时，备用雨水斗、常规雨水斗平面布置，设置间距大于600mm（见图1）。

当雨水量超出常规雨水斗的排水能力或常规雨水斗堵塞时，屋面雨水水位抬高，达到溢流标高，雨水通过溢流雨水斗及共用管道系统排出。

经上述技术措施，满足美国标准要求，避免了设计常规雨水排水、备用雨水排水两套系统排水管对结构的影响，解决了项目雨水系统的合规性。

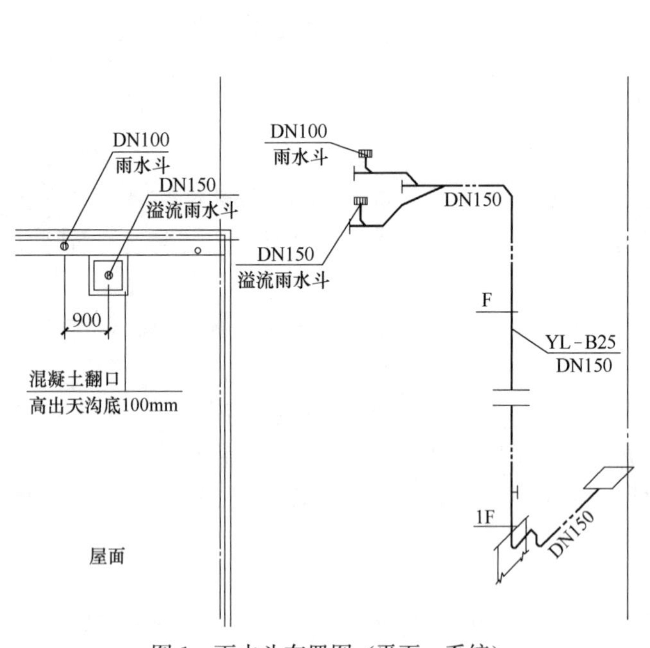

图1 雨水斗布置图（平面、系统）

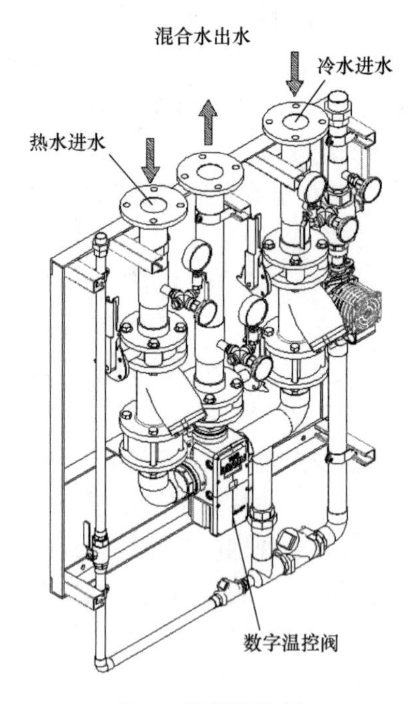

图2 数字温控阀

(六) 热水系统水温稳定措施的特点

酒店有使用舒适性要求，客房淋浴对热水水温稳定的要求比较高。热水系统采用的热水循环泵，配合热水数字温控阀（见图2）的方式，来稳定控制热水出水温度。

1. 热水、冷水经过混流阀混流时，通过数字温控阀控制水温稳定在设定值，使得出流温度保持稳定。

2. 热水系统选用数字温控阀，配有电子执行器和内置温度传感器，提供高性能独立温度控制，摒弃传统的热力式、机械式的控制模式，采用数字模拟方式，信息传递和自我检测功能，可以使其汇入楼宇控制系统，可以在 0～42m^3/h 的流量范围内准确调节，完全改变了传统热水循环控制的观念，在设定温度为 0～100℃的范围内，控制精度为±1℃。

3. 热回水立管按照万豪要求分支路设置流量控制阀，深层次地解决热水管网供热不均、流量不均的现象，确保热水立管温度均衡。

（七）客房卫生间设置器具通气管

按照万豪的要求，客房卫生间各个卫生器具存水弯出口端设置通气管。该通气管与环形通气管相接。通过设置器具通气管，平衡排水支管内流体压力，避免水封破坏，增强管路噪声控制。该系统适用于卫生标准与噪声控制要求较高的建筑物。

（八）给水排水主机房布置的特点

海外商务总包项目的对投资费用的控制，使得设备机房的面积有明确的要求：只能在建筑的局部位置设置给水排水、消防、泳池水处理以及暖通专业的合用的地下室设备机房；现场施工对机房层高也有要求：施工现场紧邻海边，浅地表水对地下室施工有影响，如果因此对基坑进行维护，会增加相应的投资费用，因此设计过程中施工总包对机房埋深进行严格控制。

在合理规划机房布局、楼梯位置、吊装孔位置后，进行相应设备的选型及布置。主风管沿墙壁敷设，水箱人孔、设备检修孔用足梁间空间，布置了设备机房水箱区、洁净水处理区、热水设备区、消防水池及设备区、泳池水处理设备区。为保证水箱的有效容积，在和总包核实施工可实施的后，采用吸水坑局部落底至基础底板内的方式，节省了机房的上部空间。地下室机房管线综合后，保证设备维修通道上方净空 1.85m。

（九）消防系统的设计与选材

本工程消防系统是按照 NFPA13 标准的相关要求进行设计，消防设施（FM 认证）主要是在北美采购，消防系统设置及材料选型和国内均有较大区别（图 3～图 5）。

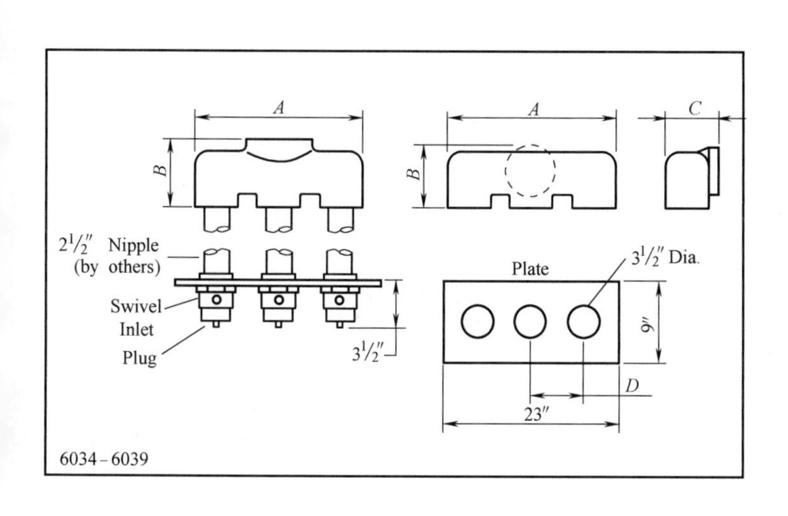

图 3　消防水泵接合器

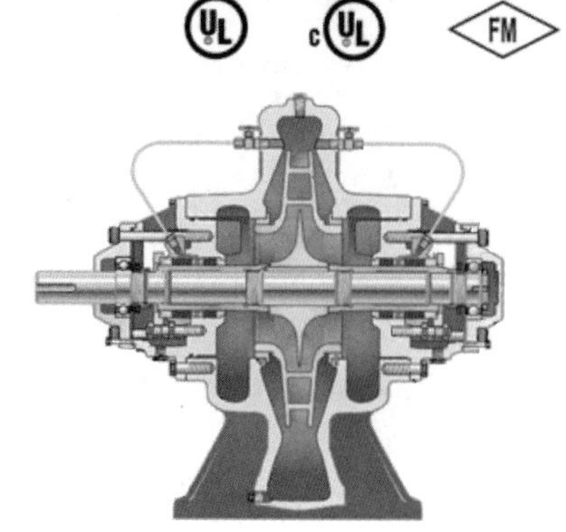

图 4　消防水泵

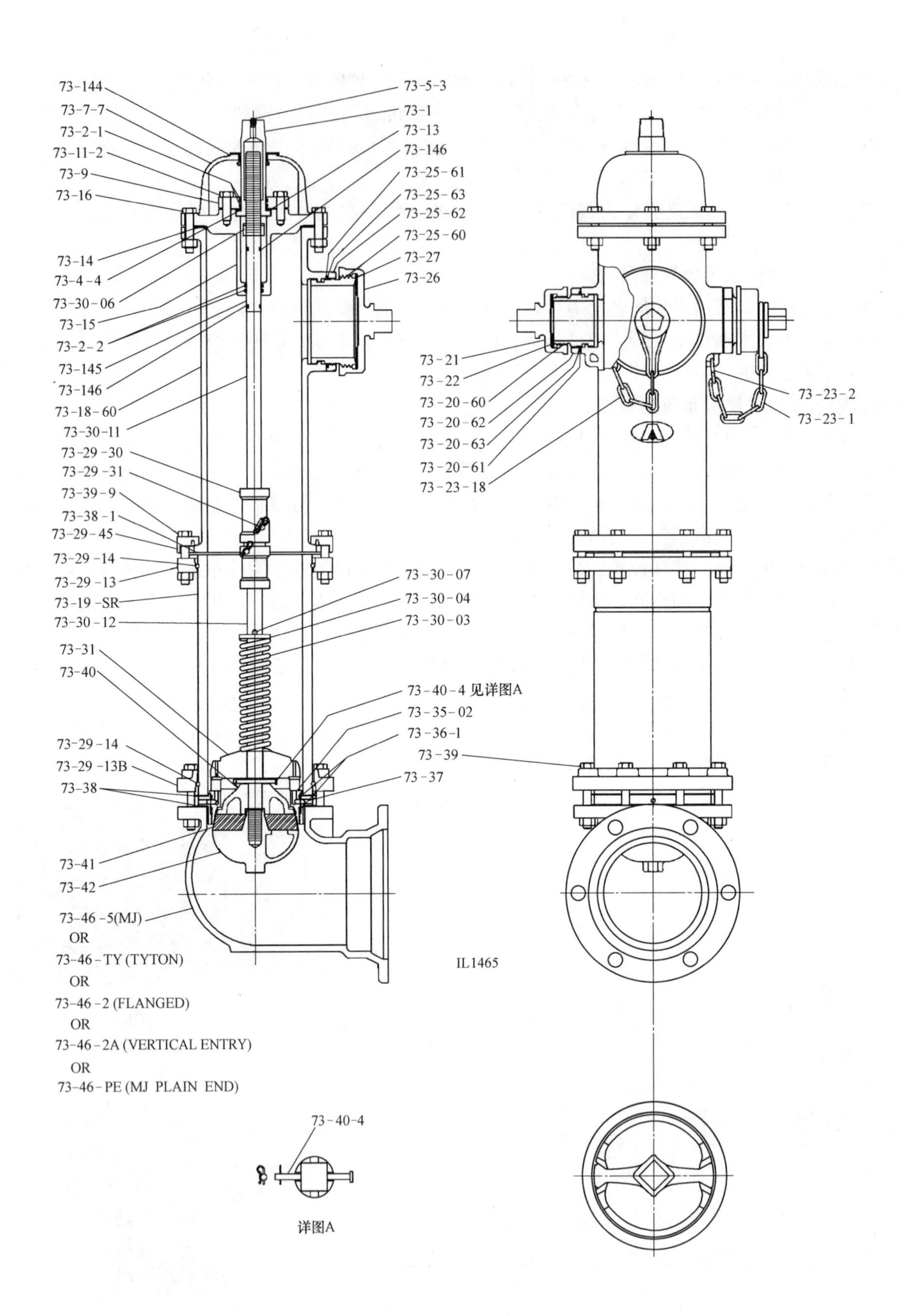
73-144
73-7-7
73-2-1
73-11-2
73-9
73-16
73-14
73-4-4
73-30-06
73-15
73-2-2
73-145
73-146
73-18-60
73-30-11
73-29-30
73-29-31
73-39-9
73-38-1
73-29-45
73-29-14
73-29-13
73-19-SR
73-30-12
73-31
73-40
73-29-14
73-29-13B
73-38
73-41
73-42
73-46-5(MJ)
OR
73-46-TY (TYTON)
OR
73-46-2 (FLANGED)
OR
73-46-2A (VERTICAL ENTRY)
OR
73-46-PE (MJ PLAIN END)
73-5-3
73-1
73-13
73-146
73-25-61
73-25-63
73-25-62
73-25-60
73-27
73-26
73-21
73-22
73-20-60
73-20-62
73-20-63
73-20-61
73-23-18
73-23-2
73-23-1
73-30-07
73-30-04
73-30-03
73-40-4 见详图A
73-35-02
73-36-1
73-39
73-37
IL1465
73-40-4
详图A

图 5 室外消火栓

四、工程照片及附图

（一）酒店外观

（二）室内效果

（三）洁净水水处理系统

（四）热水系统

（五）生活水系统

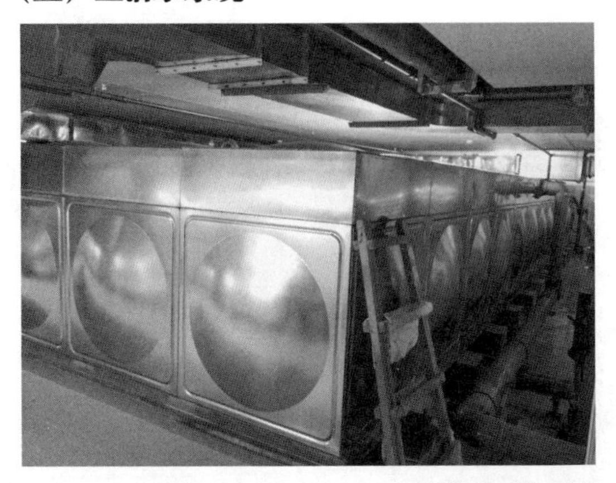

（六）污水泵系统

（七）消防水泵系统

（八）游泳池系统

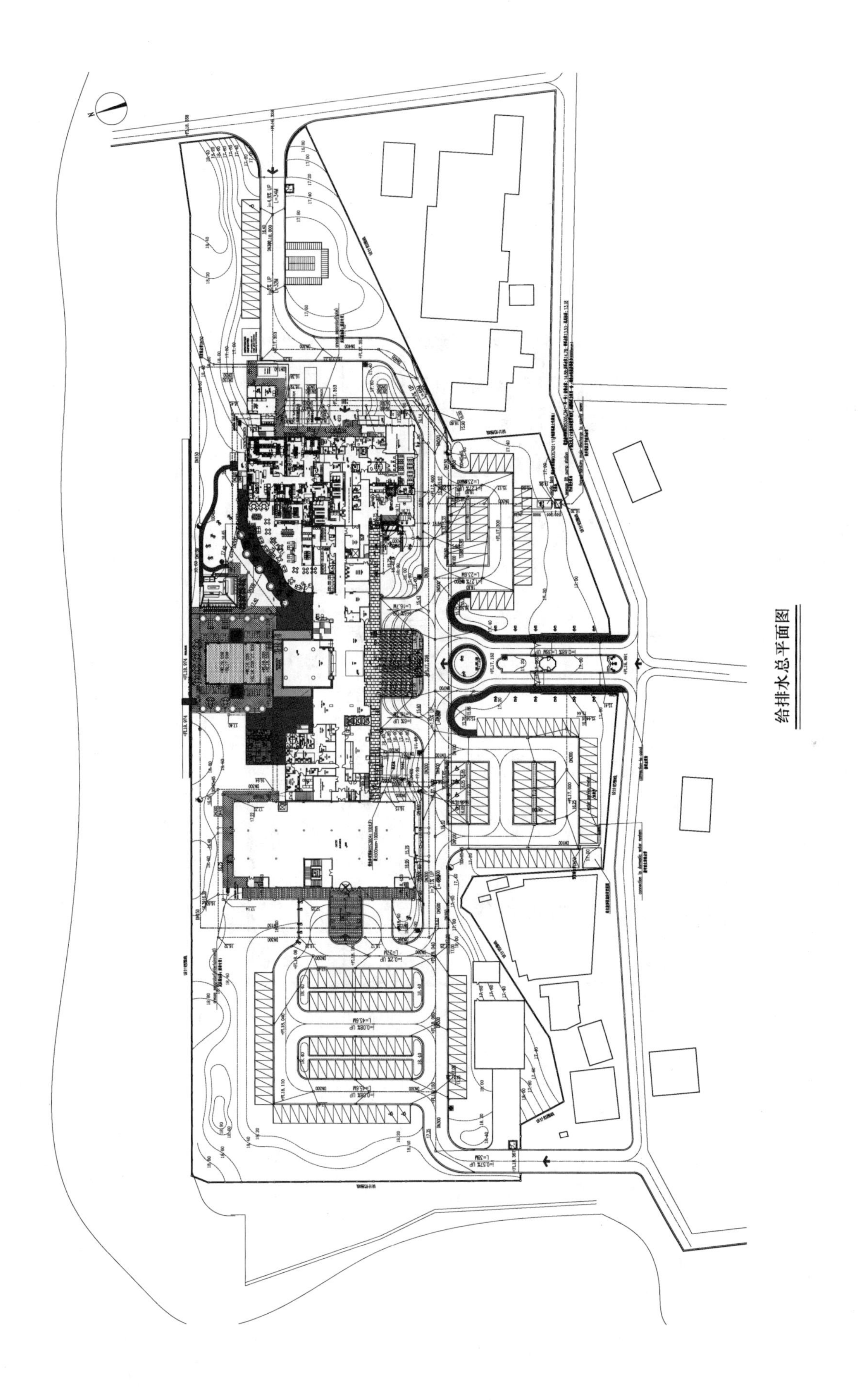

给排水总平面图

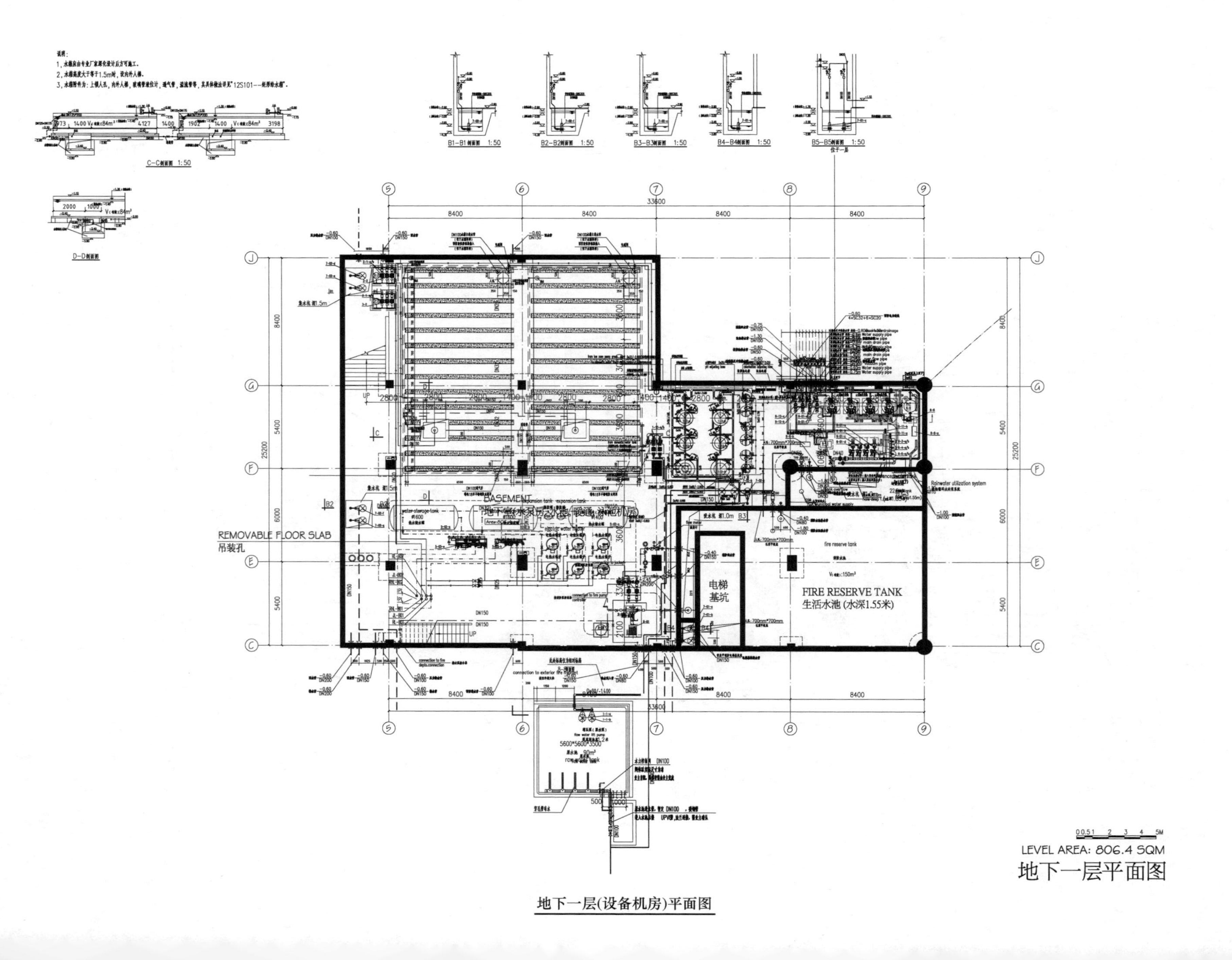

地下一层(设备机房)平面图

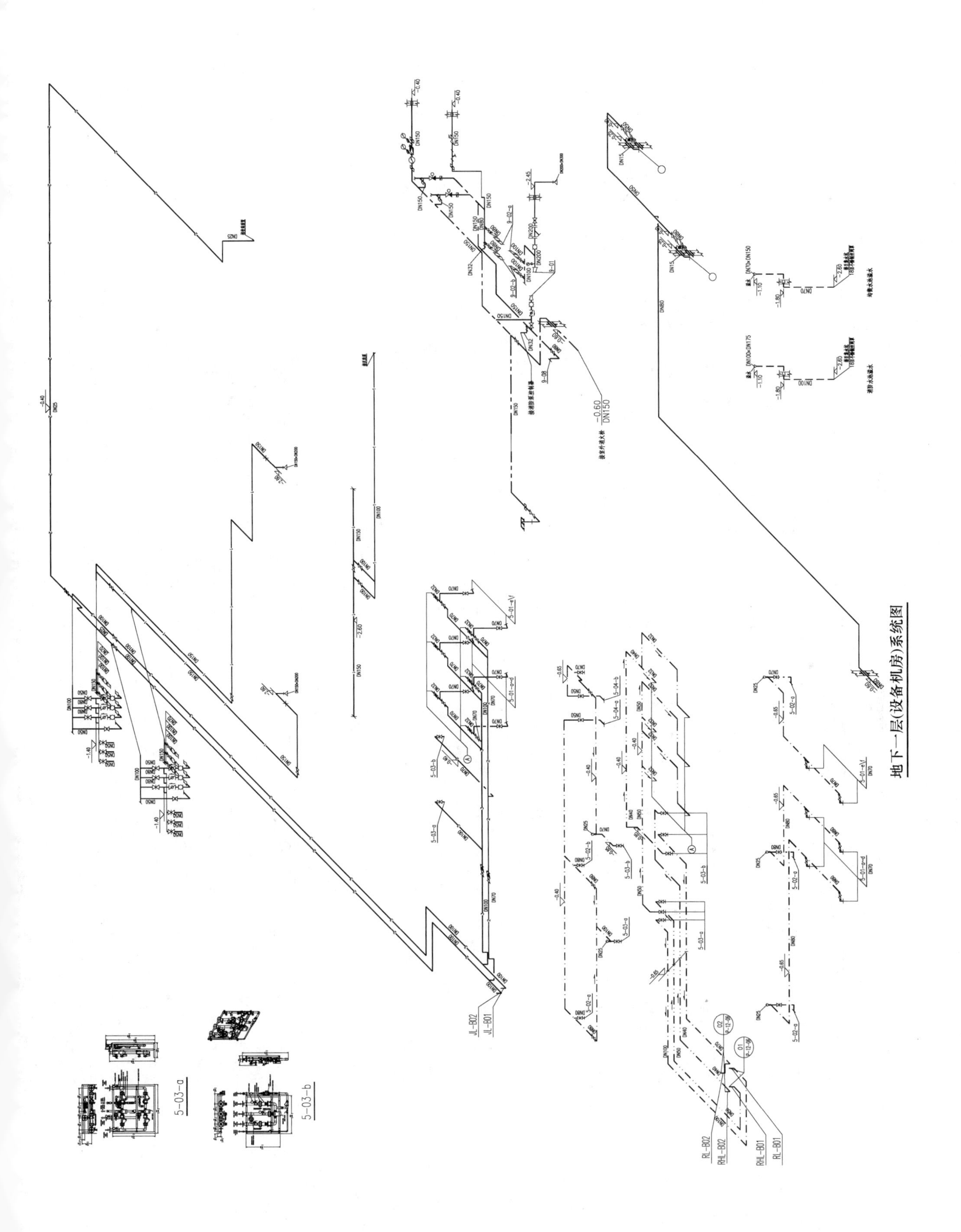
地下一层(设备机房)系统图
JL-B02
JL-B01
RL-B02
RHL-B02
RHL-B01
RL-B01
5-03-a
5-03-b

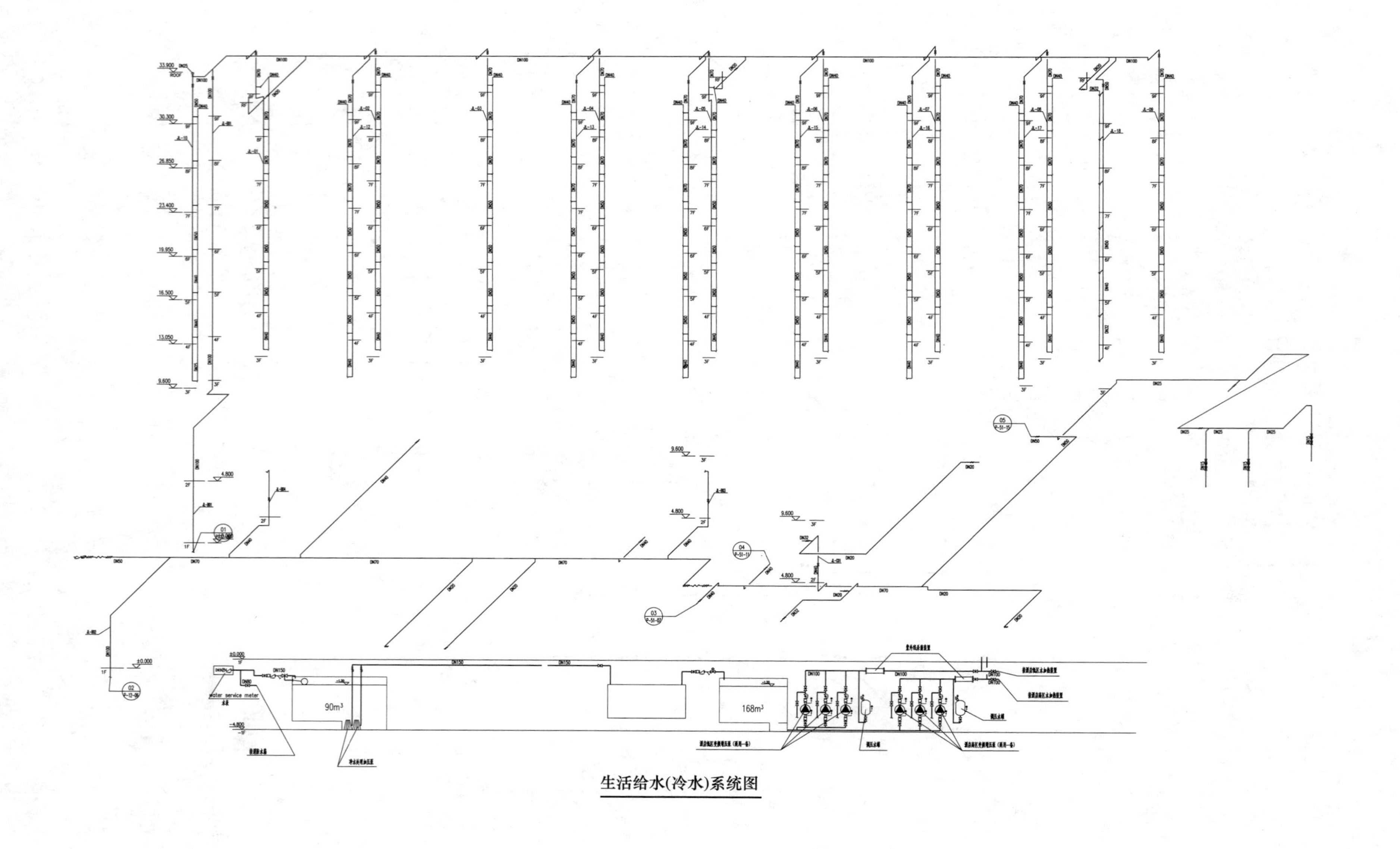
33.900
ROOF
30.300
26.850
23.400
19.950
16.500
13.050
9.600
4.800
±0.000
-4.800
water service meter
90m³
168m³

生活给水(冷水)系统图

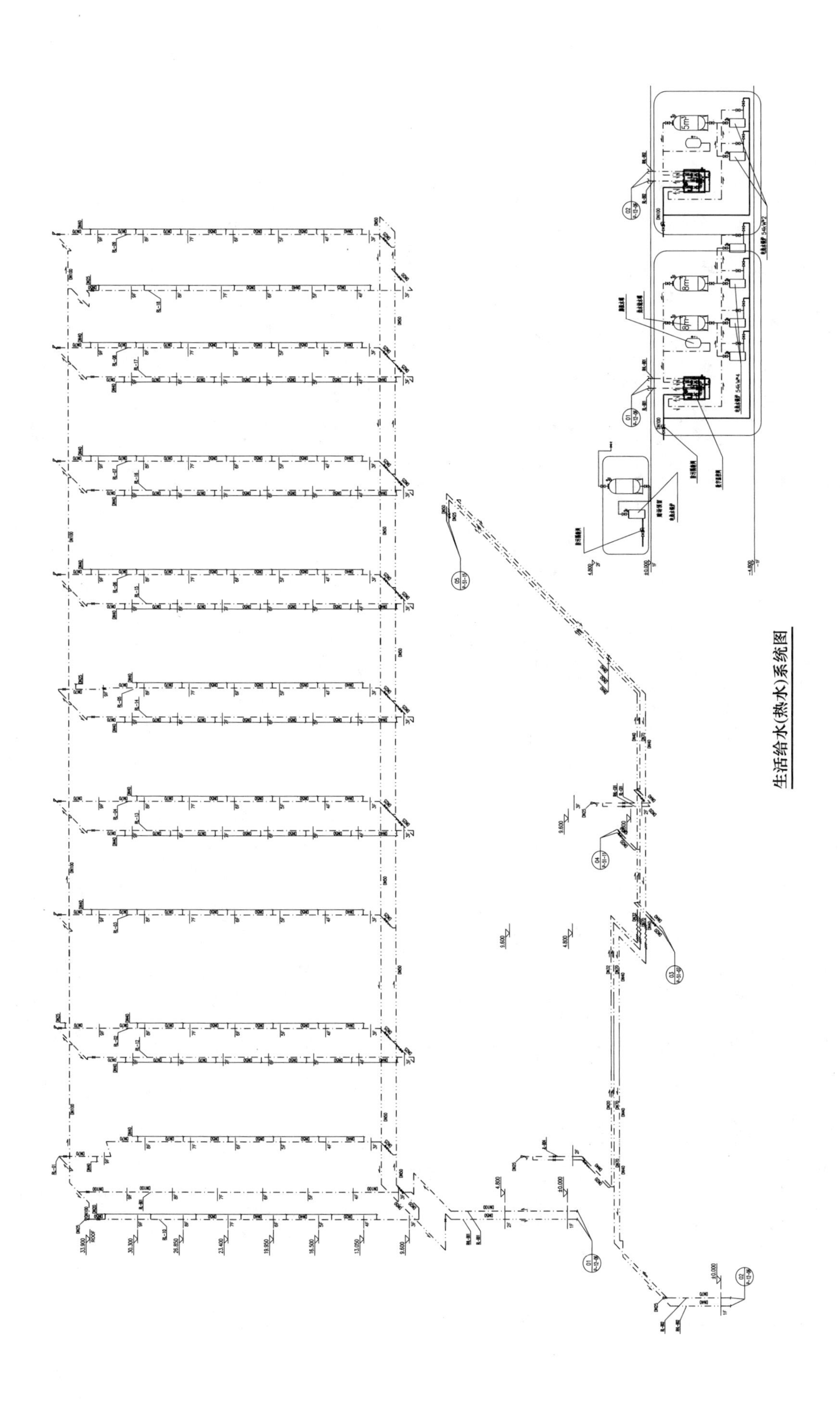

生活给水(热水)系统图

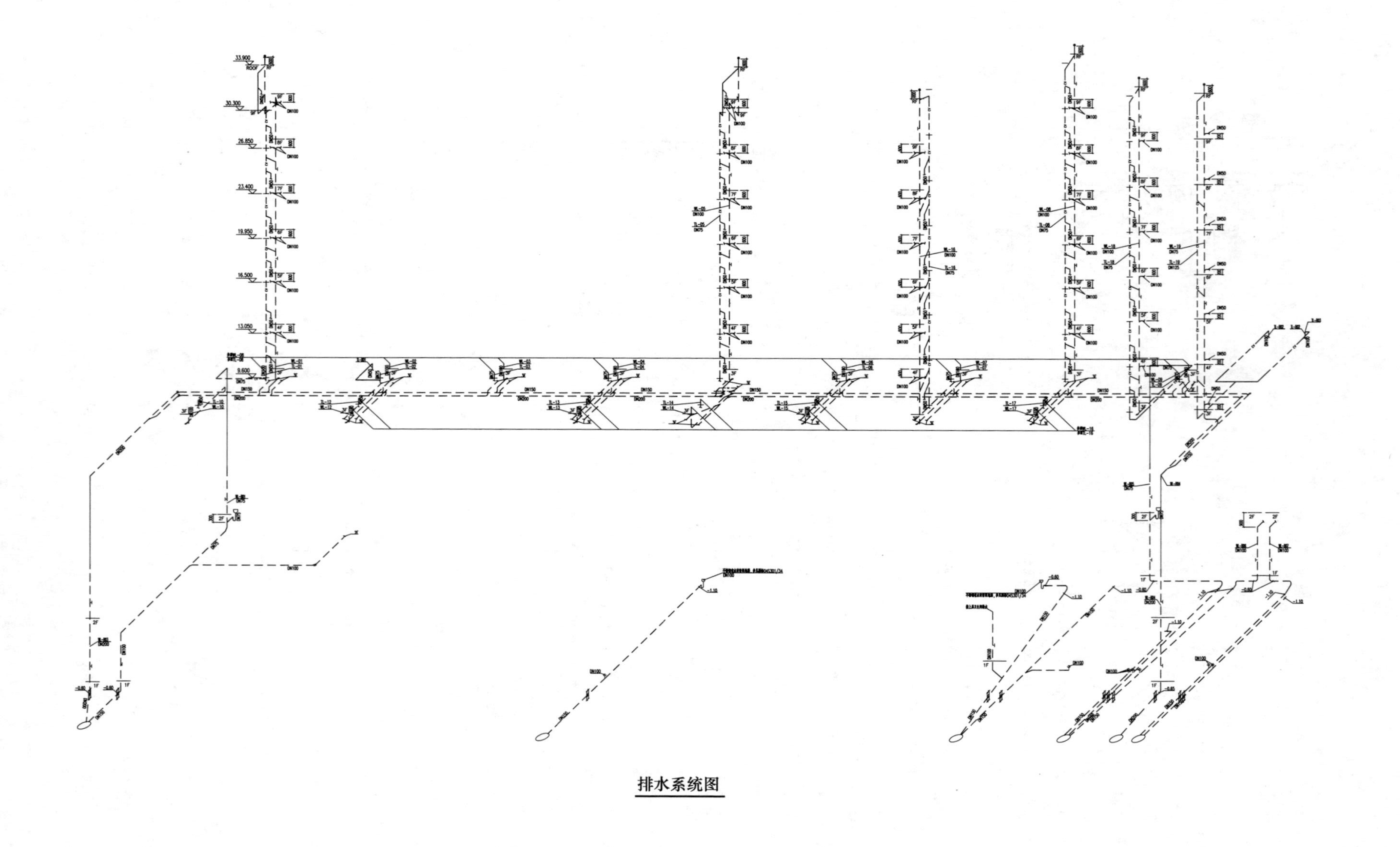

排水系统图

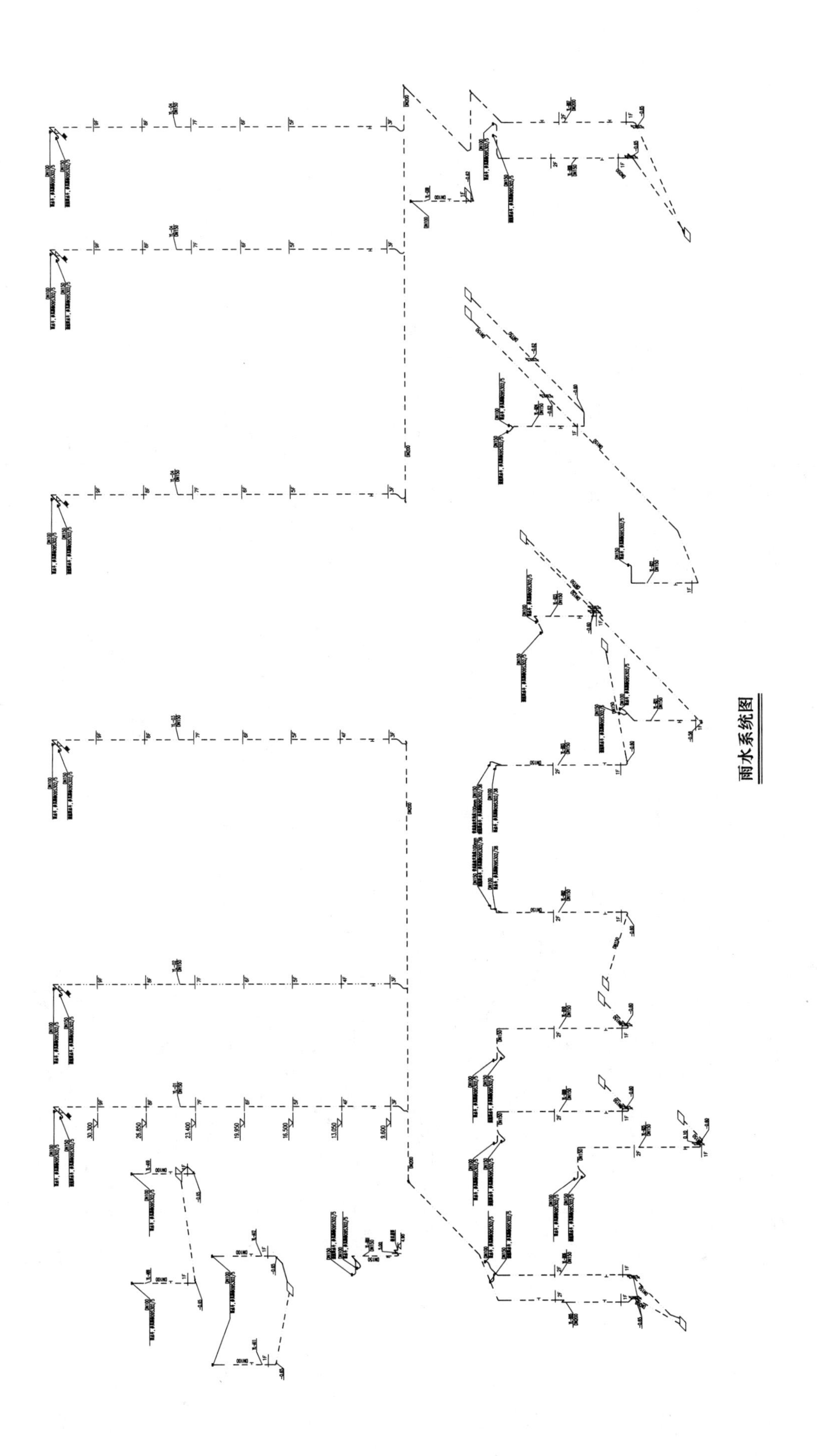
雨水系统图

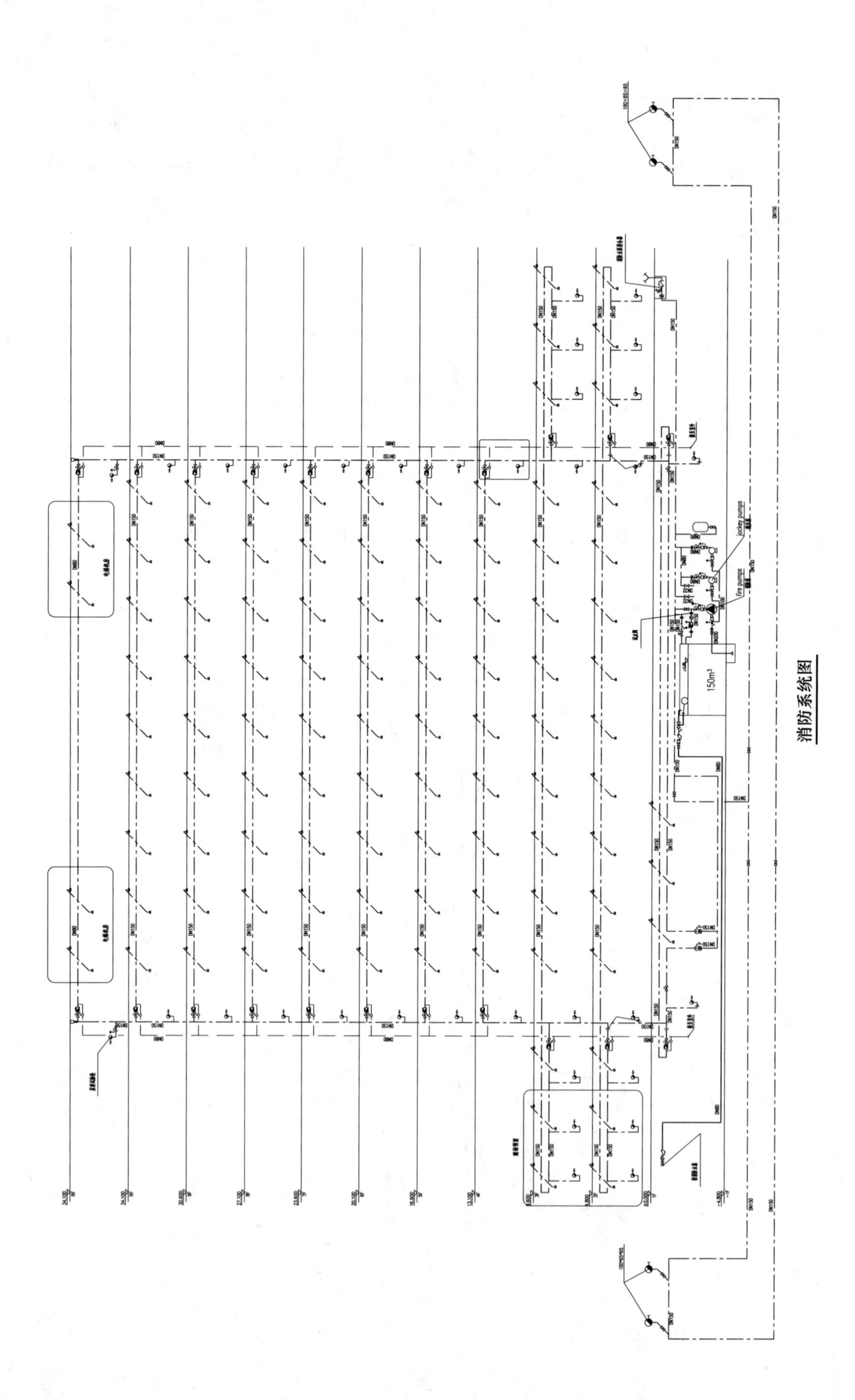

消防系统图

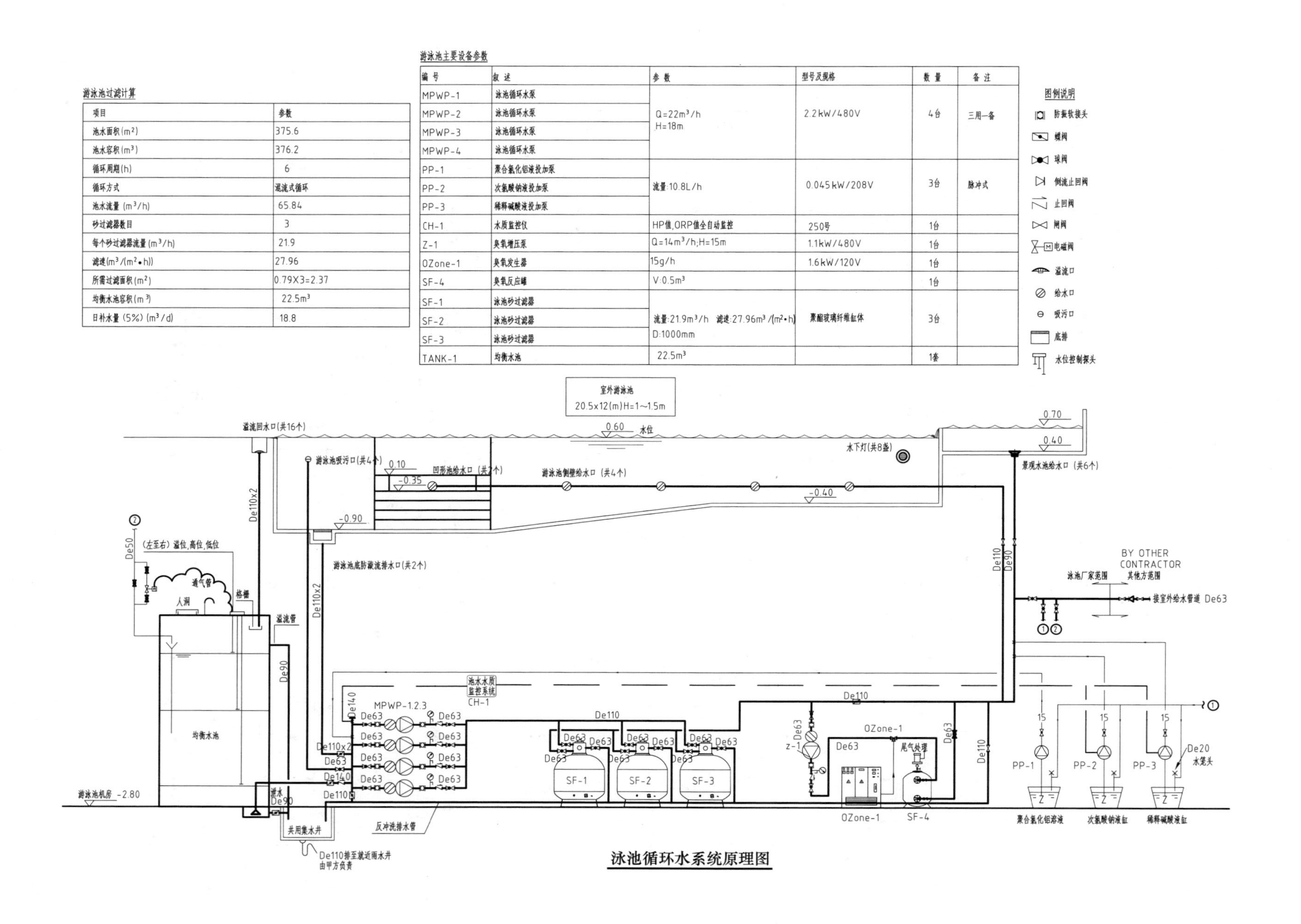

游泳池过滤计算

项目	参数
池水面积(m^2)	375.6
池水容积(m^3)	376.2
循环周期(h)	6
循环方式	混流式循环
池水流量(m^3/h)	65.84
砂过滤器数目	3
每个砂过滤器流量(m^3/h)	21.9
滤速(m^3/(m^2•h))	27.96
所需过滤面积(m^2)	0.79X3=2.37
均衡水池容积(m^3)	22.5m^3
日补水量(5%)(m^3/d)	18.8

游泳池主要设备参数

编号	叙述	参数	型号及规格	数量	备注
MPWP-1	泳池循环水泵	Q=22m^3/h H=18m	2.2kW/480V	4台	三用一备
MPWP-2	泳池循环水泵				
MPWP-3	泳池循环水泵				
MPWP-4	泳池循环水泵				
PP-1	聚合氯化铝液投加泵	流量:10.8L/h	0.045kW/208V	3台	脉冲式
PP-2	次氯酸钠液投加泵				
PP-3	稀释碱酸液投加泵				
CH-1	水质监控仪	HP值,ORP值全自动监控	250号	1台	
Z-1	臭氧增压泵	Q=14m^3/h;H=15m	1.1kW/480V	1台	
OZone-1	臭氧发生器	15g/h	1.6kW/120V	1台	
SF-4	臭氧反应罐	V:0.5m^3		1台	
SF-1	泳池砂过滤器	流量:21.9m^3/h 滤速:27.96m^3/(m^2•h) D:1000mm	聚酯玻璃纤维缸体	3台	
SF-2	泳池砂过滤器				
SF-3	泳池砂过滤器				
TANK-1	均衡水池	22.5m^3		1套	

泳池循环水系统原理图

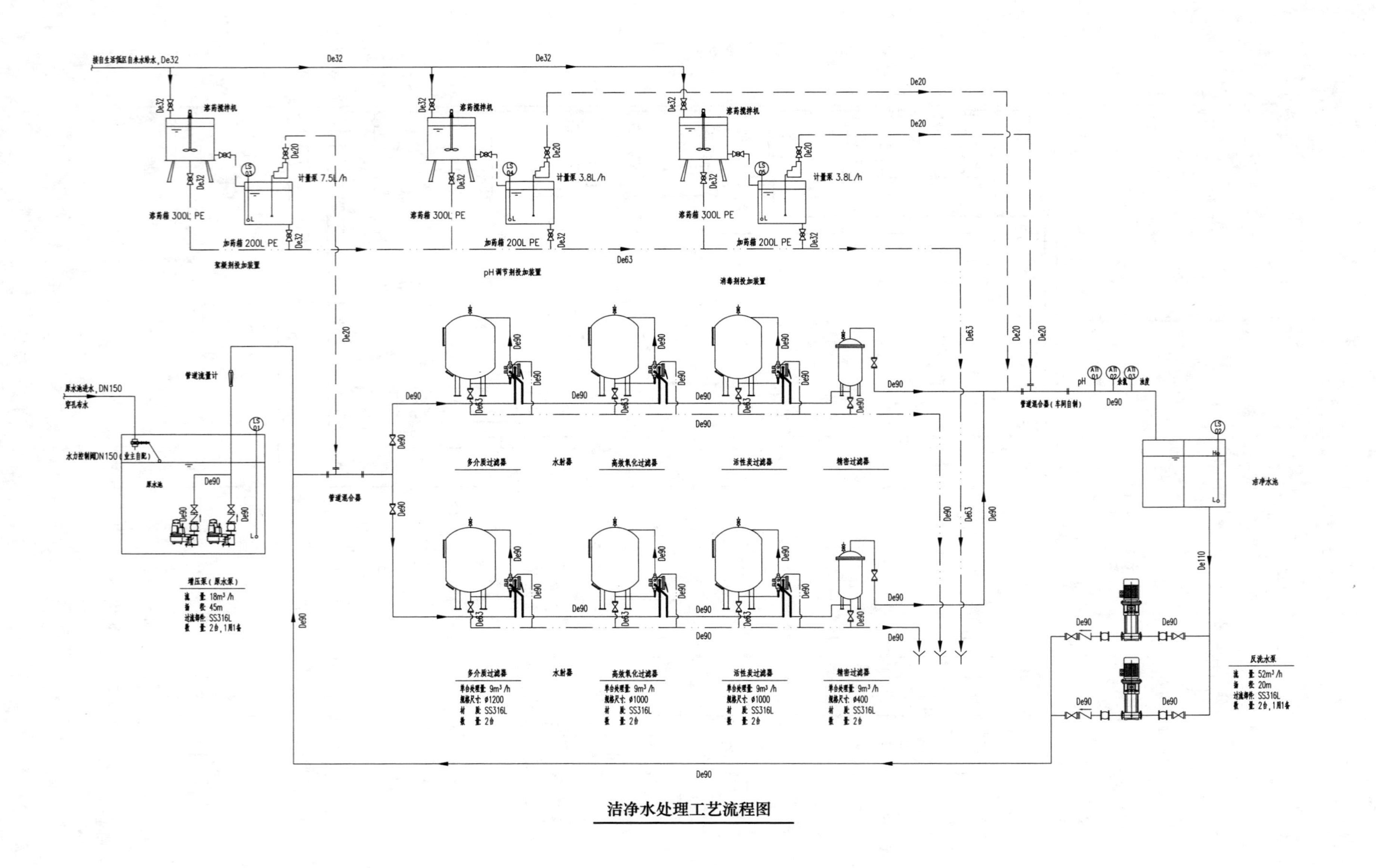
De32
溶药搅拌机
溶药箱 300L PE
计量泵 7.5L/h
计量泵 3.8L/h
加药箱 200L PE
De20
De63
pH调节剂投加装置
消毒剂投加装置
原水池进水，DN150
管道流量计
水力控制阀DN150
原水池
管道混合器
De90
多介质过滤器
水射器
高效氧化过滤器
活性炭过滤器
精密过滤器
增压泵（原水泵）
流量 18m³/h
扬程 45m
过流部件 SS316L
数量 2台，1用1备
单台处理量 9m³/h
规格尺寸 Φ1200
规格尺寸 Φ1000
规格尺寸 Φ400
材质 SS316L
数量 2台
pH
管道混合器（车间自制）
洁净水池
De110
反洗水泵
流量 52m³/h
扬程 20m
过流部件 SS316L
数量 2台，1用1备

洁净水处理工艺流程图

天津泰达现代服务产业区（MSD）—泰达广场 G&H 区项目

设计单位：天津市建筑设计院
设 计 人：刁勇
获奖情况：公共建筑类　三等奖

工程概况：

G&H 区是泰达现代服务产业区“MSD 拓展区”其中两个紧临区域，北临发达街，南依第二大街，西至新城东路，东靠北海西路。

G 区规划总用地面积 15460m^2，由两座 19 层塔楼、3 层裙房和 2 层地下室组成。总建筑面积 123836m^2，其中地上计容建筑面积 94924m^2，地下建筑面积 27898m^2。

H 区规划总用地面积 18140m^2，由两座 19 层塔楼、一座 6 层塔楼、3 层裙房和 2 层地下室组成。总建筑面积 114899m^2，其中地上计容建筑面积 82174m^2，地下建筑面积 32328m^2。

地下层主要功能为汽车库、设备用房、员工餐厅、员工用房、保洁及工程用房、卸货区和人防工程；地上裙房一层、二层主要功能为办公大堂、银行、培训、商业、餐饮及配套服务设施；塔楼功能为办公。

工程说明：

一、给水排水系统

（一）给水系统

1. 生活给水用水量（表 1）

生活用水量　　**表 1**

序号	用水名称	数量	单位	最高日用水定额（L）	最高日用水量（m^3/d）	使用时数（h）	小时变化系数 K_h	最大时用水量（m^3/h）
1	商业	14895	L/(m^2·d)	5	74.5	12	1.5	9.3
2	餐饮	16536	L/(人·d)	40	661.4	12	1.5	82.7
3	办公	11795	L/(人·班)	20	235.9	8	1.5	44.2
4	冷却塔补水			1.25%	800.0	24	1.2	40.0
5	小计				1771.8			176.2
6	未预见及管网漏损	1772		15%	265.8			
7	合计				2037.6			352.4

2. 水源

本工程生活及消防水源均为市政自来水，从第二大街的市政供水管网引入一根 *DN*300 的给水管，从发达街和新城东路分别引入一根 *DN*200 的给水管，与基地内给水管道连接，共同构成供水环网（环管铺设于

B1 层室内），当其中一路供水管道检修或出现问题时应能确保另外一路的安全供水，给水引入管上设置计量设施及倒流防止器，市政供水压力不小于 0.22MPa。

3. 系统竖向分区

本工程给水系统竖向分三个区，其中地下层～二层由市政管网直接供水；三层以上（含三层）采用加压供水，其中三～十层为加压供水低区，十一～十九层为加压供水高区。加压供水系统的分区以各用水点工作压力处于 0.15～0.40MPa 之间为原则，在低区三层和高区十一、十二层的供水支管设置减压阀，以保证供水压力在设计范围内。

4. 供水方式及给水加压设备

本工程给水系统地下层～二层由市政管网直接供水；三层以上（含三层）采用管网叠压变频供水装置加压供水。

5. 管材

室内给水干管采用钢塑复合管，同质管件，卡箍连接，管道公称压力 1.6MPa。给水支管采用无规共聚聚丙烯塑料管（PP-R），同质管件，热熔连接，管道和管件采用同一品牌，公称压力 1.6MPa，管道和管件在设计使用温度和压力下，使用寿命不应小于 50 年。

(二) 热水系统

1. 热水用水量（表 2）

热水用水量 **表 2**

项目	热水器具	数量（个）	热水用水量标准（L/h）	热水定额温度(℃)	用水量（m^3/h）	耗热量（万 kcal/h）	同时使用率	最大小时耗热量（万 kcal/h）
淋浴间	淋浴器	13	300	40	3.90	14.04	100%	14.04

2. 热源

生活热水系统除员工淋浴间外均采用分散式系统，不考虑集中热水供应，卫生间设置小型容积式电热水器，方便使用和管理。地下一层员工淋浴设置集中太阳能热水供应系统，热源为太阳能，辅助热源为地源热泵，采用太阳能耦合地源热泵的方式制备淋浴热水。

3. 系统竖向分区

集中热水系统只在地下一层淋浴间设置，系统竖向不分区。

4. 热交换器

集中热水系统的太阳能集热器采用热管式真空管型集热器，集热面积 $72m^2$，设置在裙房屋面。太阳能集热器集热侧热媒采用添加工业抑制剂的乙二醇水溶液，质量浓度比为 25%。热水系统的储热水罐和供热水罐采用立式半容积式换热器，设在地下一层太阳能热水机房内。

5. 冷、热水压力平衡措施、热水温度保证措施

淋浴间冷、热水系统供水管均引自市政自来水直供管网，压力一致。集中生活热水系统由集热器采集太阳能热量，通过热媒加热储热水罐内的冷水，加热后的水进入供热水罐，太阳能集热系统连续加热 4h 后，如果供热水罐热水温度低于 50℃，启动地源热泵辅助加热系统。辅助加热系统夏季利用地源热泵机组制冷工况下冷凝器释放的冷凝热加热生活热水，过渡季和冬季采用地源热泵机组制热工况直接加热生活热水。

6. 管材

室内热水管道采用薄壁不锈钢管，管道材质为 316L，公称压力 1.0MPa，卡压连接，密封材料为氯化丁基橡胶。

（三）中水系统

1. 水源：本工程采用市政中水作为中水水源，从新城东路引入一根 *DN*200 中水管进入用地红线，中水引入管上设总水表和倒流防止器，市政中水引入管最低供水压力不小于 0.22MPa。

2. 中水回用水量（表 3）

中水用水量 **表 3**

序号	用水名称	数量	单位	最高日用水定额（L）	最高日用水量（m^3/d）	使用时数（h）	小时变化系数 K_h	最大时用水量（m^3/h）
1	抹车用水	228.3	L/(车・次)	15	3.4	6	1.0	0.6
2	车库地面冲洗	41764.8	L/(m^2・次)	2	83.5	6	1.0	13.9
3	绿化灌溉	3360.0	L/(m^2・d)	2	6.7	8	1.0	0.8
4	办公冲厕用水	14153.5	L/(人・班)	30	424.6	8	1.5	79.6
5	小计				518.3			94.9
6	未预见及管网漏损	518.3		0.15	77.7			
7	合计				596.0			189.8

3. 系统竖向分区

本工程中水系统竖向分三个区，其中地下层～二层由市政管网直接供水；三层以上（含三层）采用加压供水，三～十层为加压供水低区，十一～十九层为加压供水高区。加压供水系统的分区将以各用水点工作压力处于 0.15～0.40MPa 之间为原则，在低区三层和高区十一、十二层的供水支管设置减压阀，以保证供水压力在设计范围内。

4. 供水方式及给水压力设备

本工程中水系统地下层～二层由市政管网直接供水；三层及以上采用管网叠压变频供水装置加压供水。

5. 管材

室内中水干管采用钢塑复合管，同质管件，卡箍连接，管道公称压力 1.6MPa。支管采用无规共聚聚丙烯塑料管（PP-R），同质管件，热熔连接，管道和管件采用同一品牌，公称压力 1.6MPa，管道、管件在设计使用温度和压力下，使用寿命应不小于 50 年。管道为浅绿色，外壁模印“非饮用”字样。

（四）排水系统

1. 排水系统的形式

（1）生活排水系统：排水系统采用污、废分流方式，地上层生活污、废水采用重力排水，排入室外污水检查井，地下层污、废水排入集水井，由潜污泵提升排入室外污水检查井，污水经化粪池处理后排入市政污水管网，厨房废水经隔油池处理后排入室外污水管网。

（2）雨水排放系统：屋面雨水设计重现期取 10 年，设计降雨历时 5min，除个别裙房屋面采用 87 斗重力流排水系统外，所有塔楼和大面积裙房屋面均采用虹吸雨水排水系统。屋面设置溢流口，溢流口和屋面雨水排水系统的总设计排水能力不小于 50 年降雨重现期的设计降雨量。地下车库坡道雨水由截水沟排至地下二层集水井，由潜污泵排至室外雨水管网。坡道雨水设计重现期 20 年，设计降雨历时 5min。

2. 透气管的设置方式

塔楼卫生间排水系统设专用通气立管，多层和裙房排水立管采用伸顶通气立管，地下层卫生间、隔油池集水井设通气管。

3. 采用的局部污水处理措施

生活污水由室外管网排至化粪池，经处理后排入市政污水管网，厨房废水经隔油池处理排至室外污水管网。

4. 管材

（1）室内重力流排水立管采用聚氯乙烯 PVC-U 静音排水管，粘接连接；地下一层的排水横干管采用机制排水铸铁管，W 形接口；压力排水管道采用热浸镀锌钢管，焊接连接，公称压力 1.0MPa；暗埋在基础底板内的排水管道采用机制排水铸铁管，A 形接口，紧固件采用不锈钢材质。

（2）虹吸雨水管道采用虹吸雨水专用 HDPE 高密度聚乙烯塑料管，热熔连接；重力流雨水管道采用钢塑复合管，卡箍连接。

二、消防系统

（一）消火栓系统

1. 消火栓系统的用水量（表 4）

消火栓系统用水量 **表 4**

项目	建筑类别	建筑高度（m）	系统	用水量标准（L/s）	火灾延续时间（h）	一次灭火用水量（m^3/h）
G&H 区	一类高层公共建筑	95.85	室外消火栓系统	30	3	342
			室内消火栓系统	40	3	432

2. 室外消火栓系统

室外消防给水系统为低压生活、消防合用系统，由市政生活给水直接提供，管道呈环状布置，管径 *DN*300，设置于地下一层内。室外消火栓布置最大间距为 120m，保护半径不大于 150m，距道路不超过 2m，距房屋外墙不小于 5m。

3. 室内消火栓系统

室内消火栓系统为临时高压给水系统。系统由消防水池、消火栓给水泵、屋顶消防水箱、消火栓增压稳压装置及管网组成，室内管道呈环状。室内消火栓系统竖向分为高、低两个区，地下二层～九层为低区，十～二十层为高区。分区内消火栓超过 0.50MPa 的采用减压稳压消火栓。室内消火栓系统设置不少于 3 套水泵结合器，水泵结合器 40m 范围内均应有室外消火栓。

4. 消防水泵、消防水池、消防水箱

消防水泵房设置于地下二层，满足整个 G&H 地块的消防要求，泵房内设置钢筋混凝土消防水池，贮存 3h 室内消火栓系统用水量和 1h 喷淋系统用水量（水喷雾灭火系统用水量不计入），有效容积不小于 576m^3，消防水池设两根 *DN*150 的补水管。泵房内设消火栓给水泵（共两台，1 用 1 备，Q=40L/s，H=150m）。水泵出口设置泄压阀，以保障系统的安全。G2 塔楼屋顶水箱间设消火栓系统高位消防水箱，贮存火灾初期 10min 的室内消火栓系统用水量，有效容积 24m^3，屋顶水箱间内设置消火栓系统增压稳压装置，以保证最不利点消火栓的最低工作压力要求。

（二）自动喷水灭火系统

1. 自动喷水灭火系统用水量（表 5）

自动喷水灭火系统用水量 **表 5**

项目	火灾危险等级	喷水强度（L/(min·m^2)）	作用面积（m^2）	用水量（L/s）	火灾延续时间（h）	一次灭火用水量（m^3）
喷淋系统	中危险Ⅱ级	8(附加 4 只机械车位下层喷头)	160	40	1	144
水喷雾灭火系统		20	60	26	0.5	47

2. 喷淋系统

自动喷水灭火系统为临时高压给水系统。系统由消防水池、喷淋给水泵、喷淋系统屋顶高位水箱、喷淋系统增压稳压装置及管网组成，超过2个报警阀的阀前管网呈环状布置，阀后管网为枝状布置。

地下一层汽车库坡道入口处冬季有冻结可能的区域采用预作用式自动喷水灭火系统，其余均为普通湿式自动喷水灭火系统。

喷淋系统管网竖向不分区，对于系统工作压力超过1.2MPa的报警阀设置减压阀，对于配水管入口压力超过0.4MPa的部分设置减压孔板。除水箱间、屋顶设备机房、柴油发电机房（含中间油箱间）及变配电用房、弱电机房等不宜用水扑救的场所外，均设置喷头保护。有吊顶场所采用吊顶喷头，无吊顶场所采用直立型喷头，喷头温级除厨房为93℃外，其余普通场所均为68℃。地下汽车库内立体车位除顶部车位上方设置喷头保护外，在中间层考虑车位设置边墙型水平喷头以保护下层车位。

自动喷水灭火系统设置不少于3套水泵结合器，水泵结合器40m范围内均应有室外消火栓。

当火灾发生时，喷头感温泡破裂，喷头喷水，报警阀压力开关动作并联动开启消防水泵，同时根据火灾情况，消防控制中心或水泵房内可人工启动消防水泵，消防水泵的停止必须由人工来完成（预作用灭火系统将在上述动作之前增加火灾自动报警系统自动开启雨淋报警阀并转为普通湿式系统的过程）。

3. 消防水泵、消防水池、消防水箱

消防水泵房设置于地下二层，满足整个G&H地块的消防要求。泵房内设喷淋给水泵（共两台，1用1备，Q=40L/s，H=150m）。水泵出口设置泄压阀，以保障系统的安全。G2塔楼屋顶水箱间设喷淋系统高位消防水箱，贮存火灾初期10min的喷淋系统用水量，有效容积24m^3，屋顶水箱间内设置喷淋系统增压稳压装置，以保证最不利点喷头最低工作压力不小于0.05MPa的要求。

（三）水喷雾灭火系统

本工程仅在柴油发电机房及其附属日用油箱间采用水喷雾灭火系统保护，用于灭火、控火，系统参数见前述自动喷水灭火系统用水量。水喷雾灭火系统与喷淋系统共用消防水池、喷淋给水泵、高位消防水箱、增压稳压装置。报警阀采用独立设置的雨淋阀，阀前设减压阀，控制系统工作压力不大于0.60MPa。

水喷雾系统的动作首先由火灾报警系统监测并确认火灾信号后，自动开启雨淋报警阀并同时启动消防水泵，同时根据火灾情况，消防控制中心或水泵房内可人工启动消防水泵，消防水泵的停止必须由人工来完成。

（四）气体灭火系统

本工程在地下一层的10kV配电间、10/0.4kV变压器室设置FM200（七氟丙烷）气体灭火系统保护，共7个保护区，设置2处钢瓶间。气体灭火系统采用全淹没系统，由电磁阀启动，压力2.5MPa，设计灭火浓度8%，浸渍时间不小于5min。

三、工程特点及设计体会

裙房临街面原建筑功能为银行、办公培训的空间在招商中全部改为餐饮，每个商铺均需设厨房、卫生间，由于地下层设有变电站、配电间、弱电机房、制冷机房、水泵房等设备用房，为防止水管道进入电气房间、水泵房，并避免与能源中心主要管线交叉，调整了部分设备房平面布置和机电管线路由。总结上述经验，体会到在方案阶段应充分考虑能源中心位置与地上建筑的关系，为裙房招商餐饮企业预留条件。

四、附图

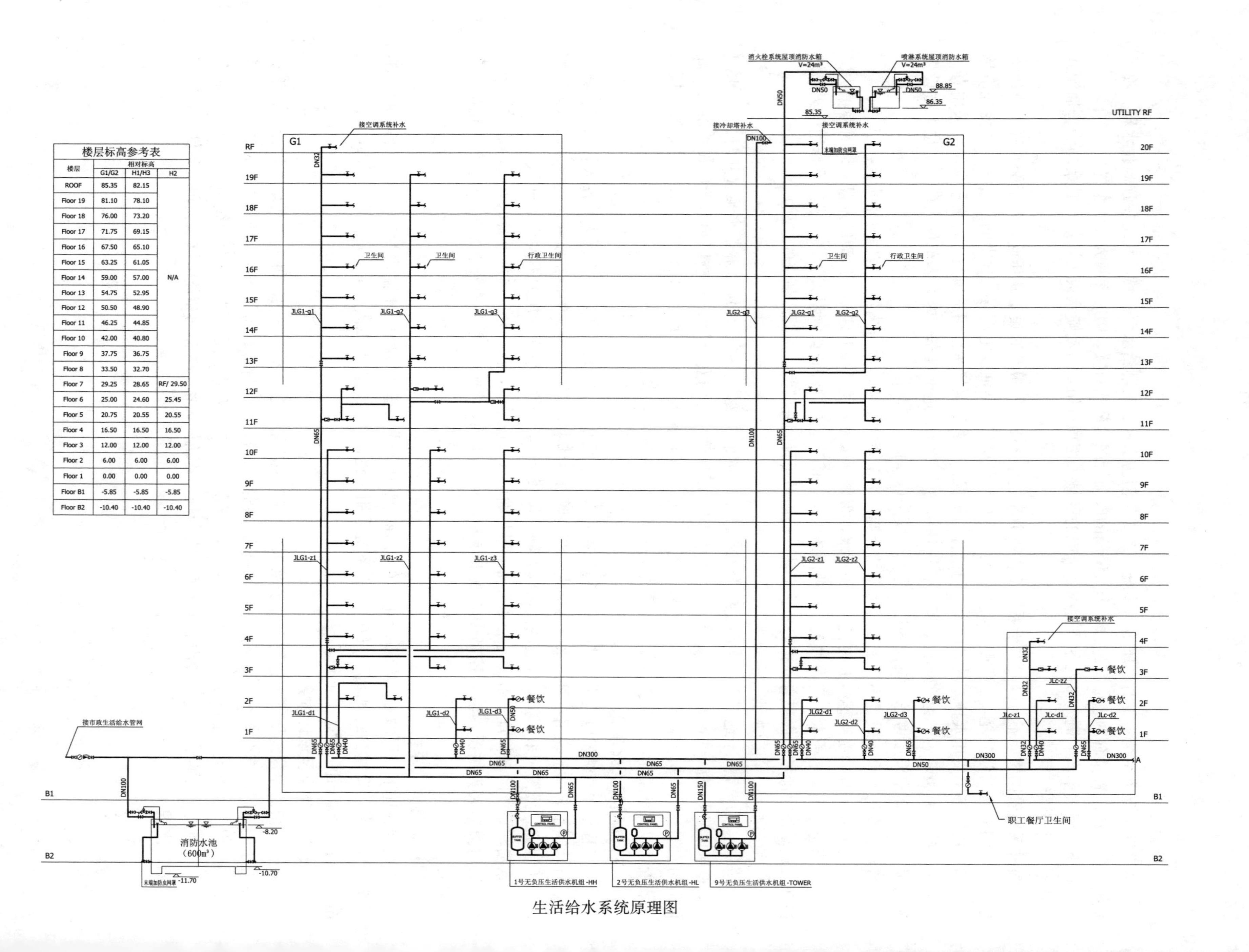

楼层标高参考表

楼层	相对标高 G1/G2	相对标高 H1/H3	相对标高 H2
ROOF	85.35	82.15	N/A
Floor 19	81.10	78.10	
Floor 18	76.00	73.20	
Floor 17	71.75	69.15	
Floor 16	67.50	65.10	
Floor 15	63.25	61.05	
Floor 14	59.00	57.00	
Floor 13	54.75	52.95	
Floor 12	50.50	48.90	
Floor 11	46.25	44.85	
Floor 10	42.00	40.80	
Floor 9	37.75	36.75	
Floor 8	33.50	32.70	
Floor 7	29.25	28.65	RF/ 29.50
Floor 6	25.00	24.60	25.45
Floor 5	20.75	20.55	20.55
Floor 4	16.50	16.50	16.50
Floor 3	12.00	12.00	12.00
Floor 2	6.00	6.00	6.00
Floor 1	0.00	0.00	0.00
Floor B1	-5.85	-5.85	-5.85
Floor B2	-10.40	-10.40	-10.40

生活给水系统原理图

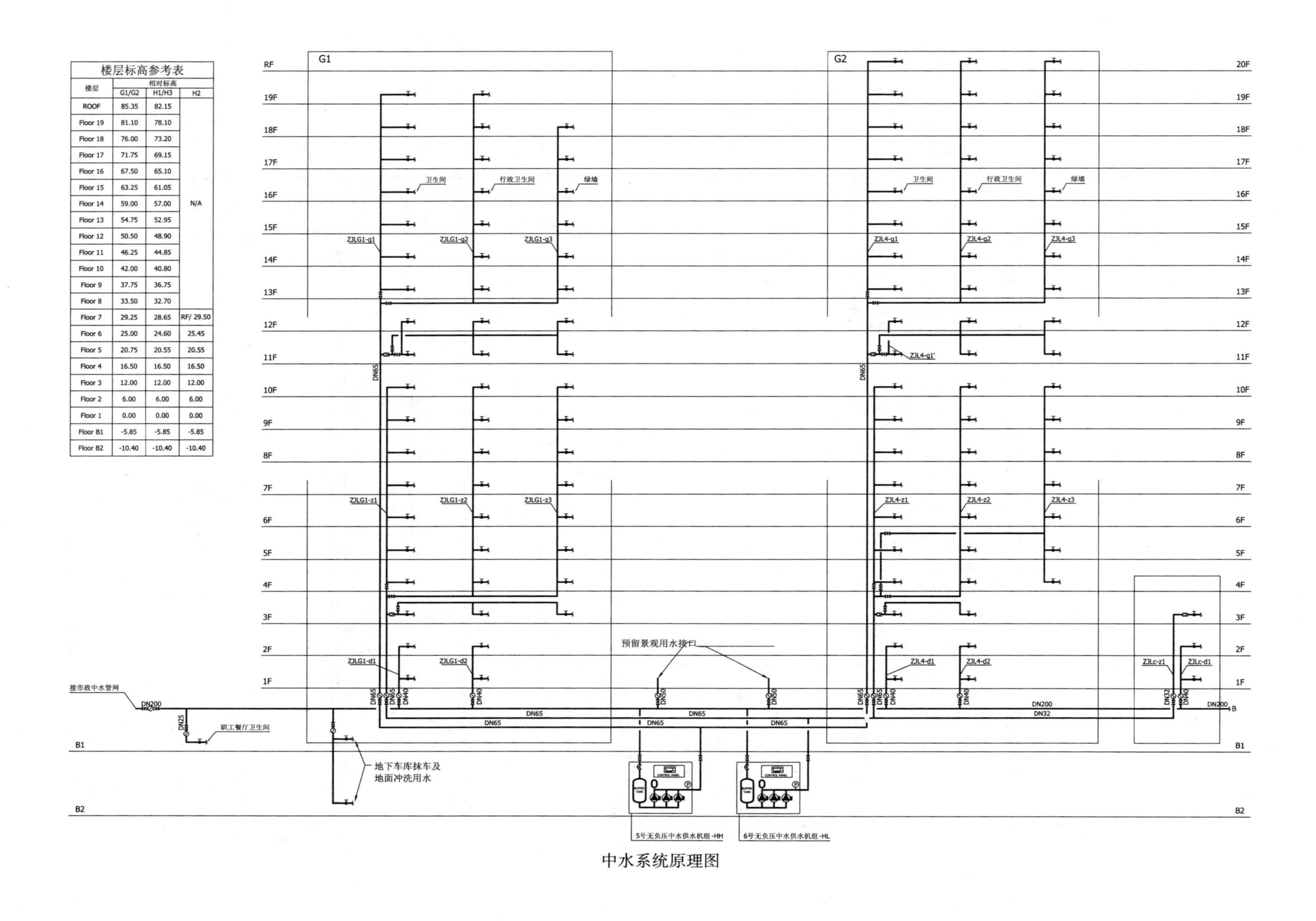

楼层标高参考表

楼层	相对标高 G1/G2	相对标高 H1/H3	相对标高 H2
ROOF	85.35	82.15	N/A
Floor 19	81.10	78.10	
Floor 18	76.00	73.20	
Floor 17	71.75	69.15	
Floor 16	67.50	65.10	
Floor 15	63.25	61.05	
Floor 14	59.00	57.00	
Floor 13	54.75	52.95	
Floor 12	50.50	48.90	
Floor 11	46.25	44.85	
Floor 10	42.00	40.80	
Floor 9	37.75	36.75	
Floor 8	33.50	32.70	
Floor 7	29.25	28.65	RF/ 29.50
Floor 6	25.00	24.60	25.45
Floor 5	20.75	20.55	20.55
Floor 4	16.50	16.50	16.50
Floor 3	12.00	12.00	12.00
Floor 2	6.00	6.00	6.00
Floor 1	0.00	0.00	0.00
Floor B1	-5.85	-5.85	-5.85
Floor B2	-10.40	-10.40	-10.40

中水系统原理图

楼层标高参考表

楼层	相对标高		
	G1/G2	H1/H3	H2
ROOF	85.35	82.15	
Floor 19	81.10	78.10	
Floor 18	76.00	73.20	
Floor 17	71.75	69.15	
Floor 16	67.50	65.10	
Floor 15	63.25	61.05	
Floor 14	59.00	57.00	N/A
Floor 13	54.75	52.95	
Floor 12	50.50	48.90	
Floor 11	46.25	44.85	
Floor 10	42.00	40.80	
Floor 9	37.75	36.75	
Floor 8	33.50	32.70	
Floor 7	29.25	28.65	RF/ 29.50
Floor 6	25.00	24.60	25.45
Floor 5	20.75	20.55	20.55
Floor 4	16.50	16.50	16.50
Floor 3	12.00	12.00	12.00
Floor 2	6.00	6.00	6.00
Floor 1	0.00	0.00	0.00
Floor B1	-5.85	-5.85	-5.85
Floor B2	-10.40	-10.40	-10.40

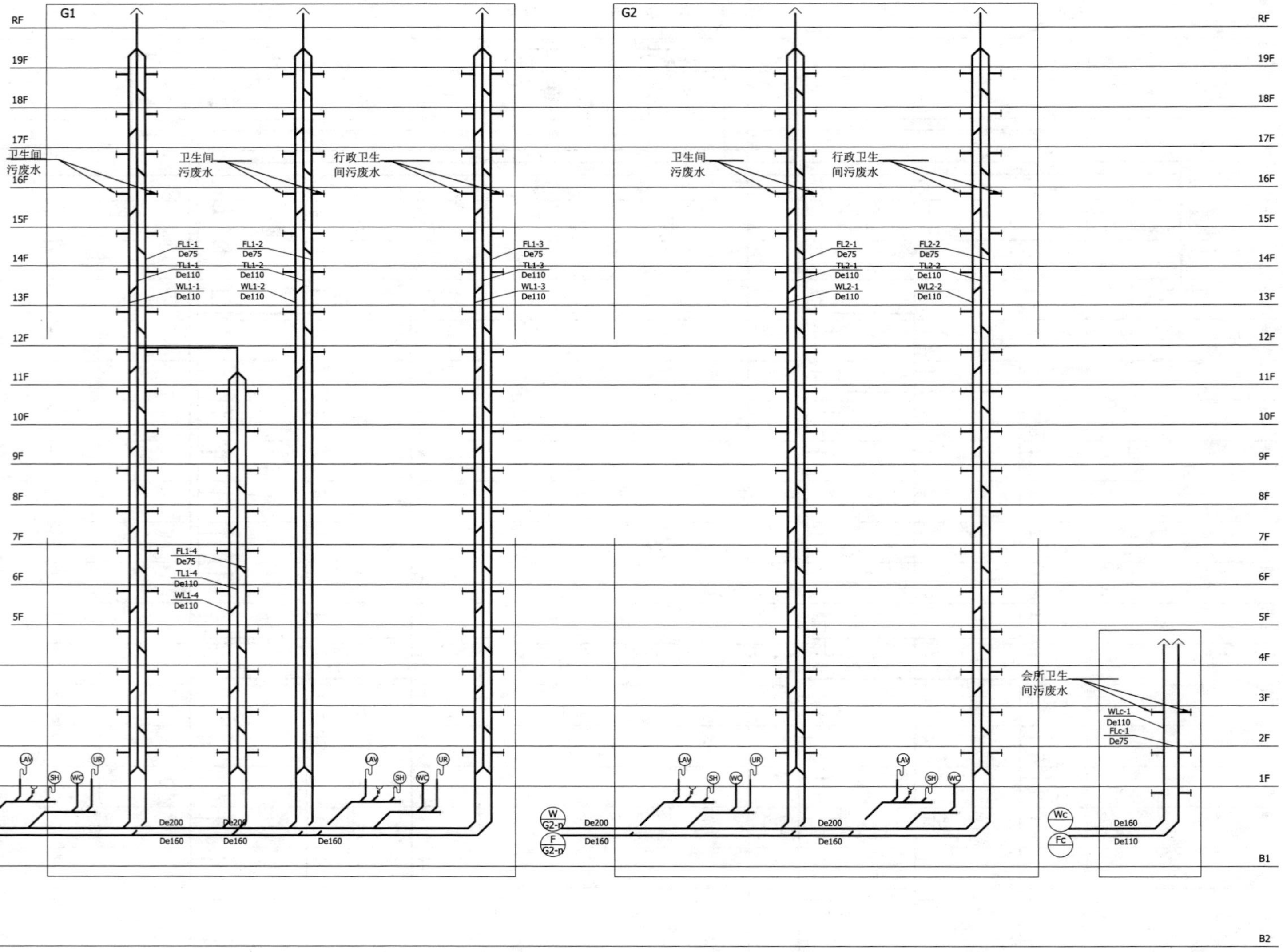

生活排水系统原理图

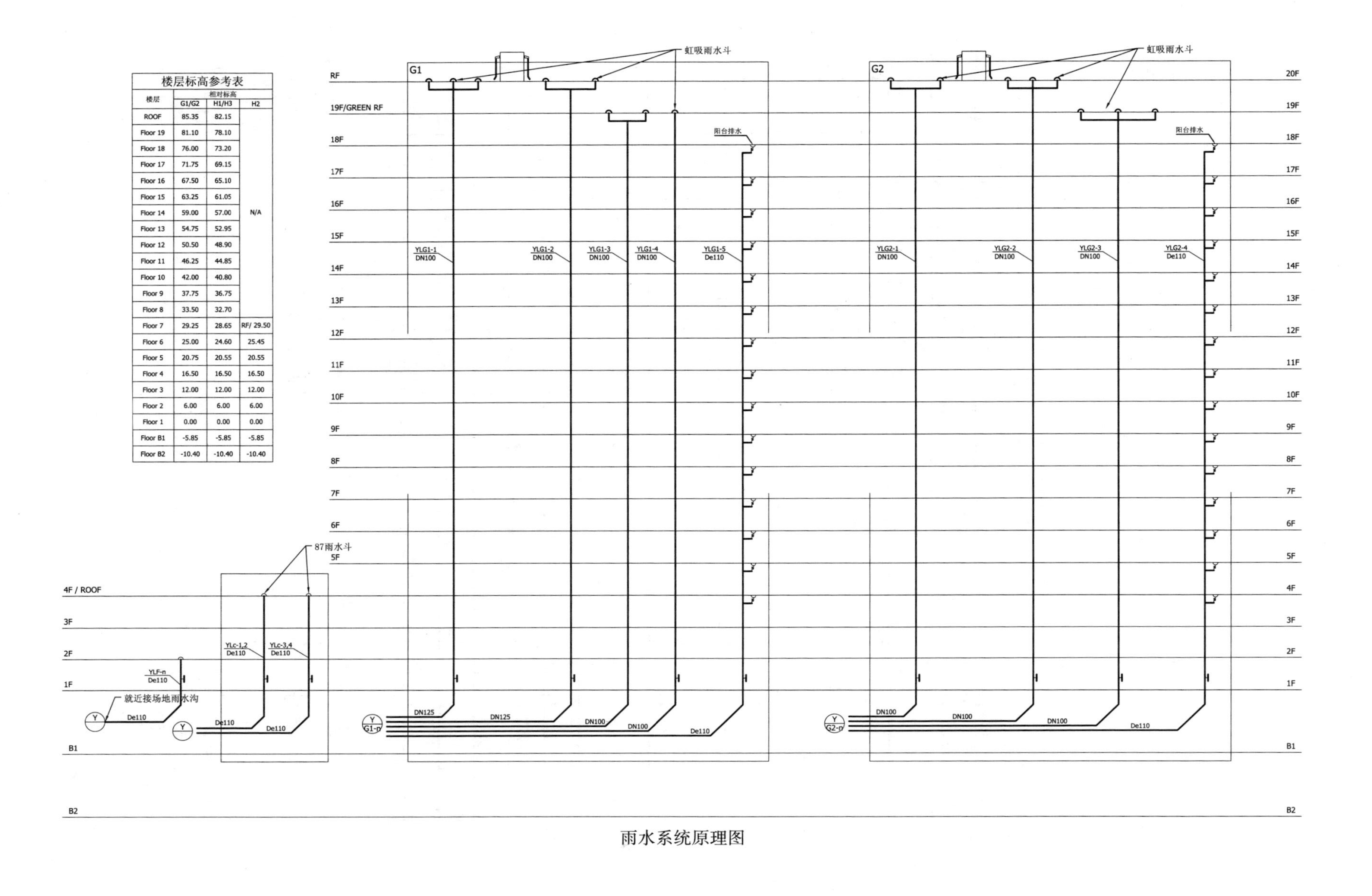

楼层	相对标高		
	G1/G2	H1/H3	H2
ROOF	85.35	82.15	N/A
Floor 19	81.10	78.10	
Floor 18	76.00	73.20	
Floor 17	71.75	69.15	
Floor 16	67.50	65.10	
Floor 15	63.25	61.05	
Floor 14	59.00	57.00	
Floor 13	54.75	52.95	
Floor 12	50.50	48.90	
Floor 11	46.25	44.85	
Floor 10	42.00	40.80	
Floor 9	37.75	36.75	
Floor 8	33.50	32.70	
Floor 7	29.25	28.65	RF/ 29.50
Floor 6	25.00	24.60	25.45
Floor 5	20.75	20.55	20.55
Floor 4	16.50	16.50	16.50
Floor 3	12.00	12.00	12.00
Floor 2	6.00	6.00	6.00
Floor 1	0.00	0.00	0.00
Floor B1	-5.85	-5.85	-5.85
Floor B2	-10.40	-10.40	-10.40

雨水系统原理图

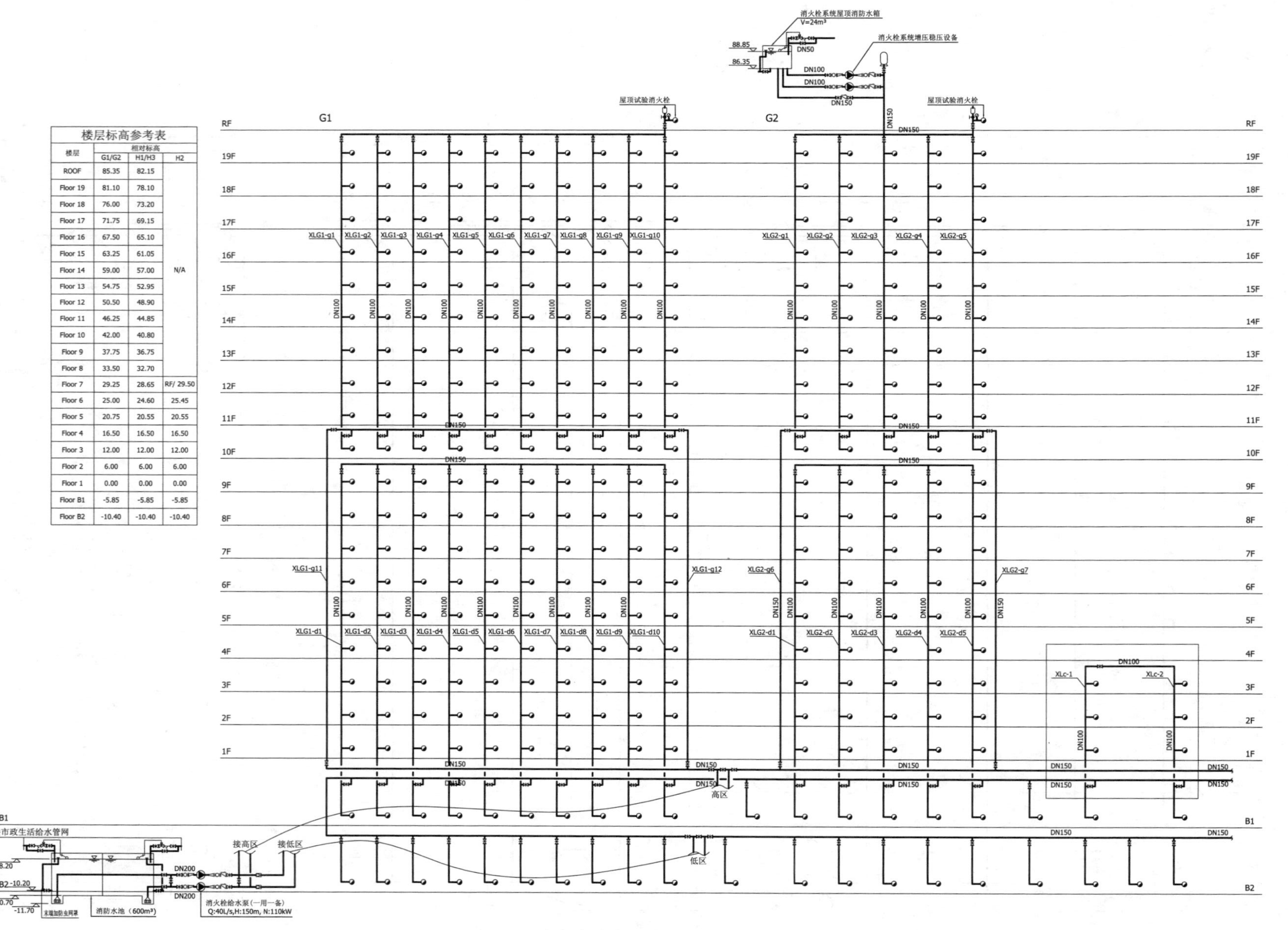

楼层标高参考表

楼层	相对标高 G1/G2	相对标高 H1/H3	H2
ROOF	85.35	82.15	N/A
Floor 19	81.10	78.10	
Floor 18	76.00	73.20	
Floor 17	71.75	69.15	
Floor 16	67.50	65.10	
Floor 15	63.25	61.05	
Floor 14	59.00	57.00	
Floor 13	54.75	52.95	
Floor 12	50.50	48.90	
Floor 11	46.25	44.85	
Floor 10	42.00	40.80	
Floor 9	37.75	36.75	
Floor 8	33.50	32.70	
Floor 7	29.25	28.65	RF/ 29.50
Floor 6	25.00	24.60	25.45
Floor 5	20.75	20.55	20.55
Floor 4	16.50	16.50	16.50
Floor 3	12.00	12.00	12.00
Floor 2	6.00	6.00	6.00
Floor 1	0.00	0.00	0.00
Floor B1	-5.85	-5.85	-5.85
Floor B2	-10.40	-10.40	-10.40

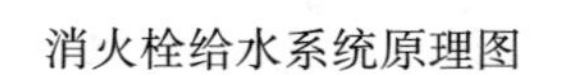

消火栓给水系统原理图

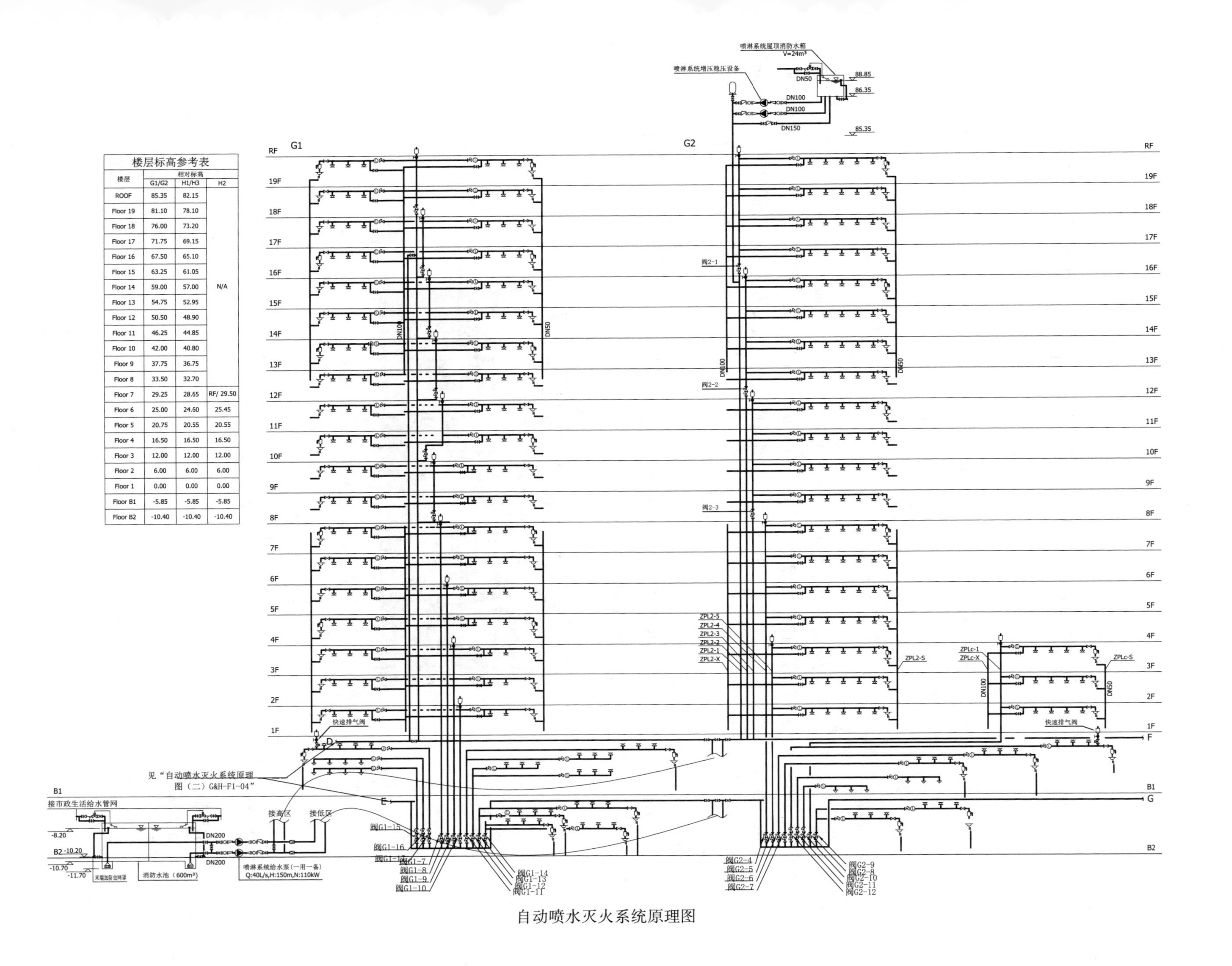

楼层标高参考表

楼层	相对标高 G1/G2	相对标高 H1/H3	相对标高 H2
ROOF	85.35	82.15	N/A
Floor 19	81.10	78.10	N/A
Floor 18	76.00	73.20	N/A
Floor 17	71.75	69.15	N/A
Floor 16	67.50	65.10	N/A
Floor 15	63.25	61.05	N/A
Floor 14	59.00	57.00	N/A
Floor 13	54.75	52.95	N/A
Floor 12	50.50	48.90	N/A
Floor 11	46.25	44.85	N/A
Floor 10	42.00	40.80	N/A
Floor 9	37.75	36.75	N/A
Floor 8	33.50	32.70	N/A
Floor 7	29.25	28.65	RF/ 29.50
Floor 6	25.00	24.60	25.45
Floor 5	20.75	20.55	20.55
Floor 4	16.50	16.50	16.50
Floor 3	12.00	12.00	12.00
Floor 2	6.00	6.00	6.00
Floor 1	0.00	0.00	0.00
Floor B1	-5.85	-5.85	-5.85
Floor B2	-10.40	-10.40	-10.40

自动喷水灭火系统原理图

南京禄口国际机场二期工程航站区工程——2号航站楼

设计单位：华东建筑设计研究总院
设 计 人：张嗣栋　徐扬　冯旭东　陈正严　顾春柳　林水和　许栋
获奖情况：公共建筑类　三等奖

工程概况：

南京禄口国际机场二期工程航站区工程坐落于南京市江宁区禄口镇。二期工程包括2号航站楼、交通中心、停车库、供热工程等。T2航站楼是主楼加长廊的前列式国内、国际综合型航站楼，设计年旅客吞吐量1800万人次，建筑总面积约26万m^2，新增机位51个，航站楼主楼总高度为38.25m，面宽约300m，进深约120m，指廊长约1100m，廊宽度38m。自上至下主要设有4个楼层，分别为出发层、到达夹层、站坪层和地下机房及共同沟层。

建筑特点：超大型交通枢纽建筑（图1）

对本专业的设计要求：以调研指导设计，大胆创新。从安全性、经济性、人性化和节能环保的角度出发，使建成后的航站楼达到国内和国际的先进水平。

图1　南京禄口国际机场二期工程航站区

工程说明：

一、给水排水系统

（一）给水系统

1. 水源

航站楼给水由航站区室外给水管网接来，室外给水管网压力不小于0.30～0.35MPa。（由江苏省交规院提供资料）。

2. 用水量（表1）

用水量 表1

序号	用水名称	用水量标准	小时变化系数 *K*	用水时间 (h)	用水人数 (人)	最大小时用水量 (m^3/h)	最高日用水量 (m^3/d)	备注
1	旅客	6L/人次	1.5	16	71232	40	427	
2	送客	3L/人次	1.5	16	35616	20	214	
3	工作人员	50L/(人·d)	1.5	10	4000	30	200	
4	快餐	20L/人次	1.5	12	20000	50	400	
5	商业	8L/(m^2·d)	1.5	12		35	280	
6	未预见水量					26..3	228.2	按最高日用水量15%
7	总　计					201.3	1749	

航站楼最高日用水量为：1750m^3/d；

航站楼最大时用水量为：230m^3/h。

3. 给水系统分区

在航站楼内设置3个给水系统，分别为主楼给水系统、左侧候机廊给水系统、右侧候机廊给水系统。给水系统均采用室外给水管网直接供水，给水系统采用下行上给的供水方式。

4. 管材

给水管采用S30408薄壁不锈钢水给水管，采用承插氩弧焊连接或环压式连接。

(二) 热水及饮用水供应

1. 生活热水供应范围为航站楼、候机廊的卫生间、餐饮厨房。航站楼、候机廊公共卫生间采用分散设置电加热热水器供应生活热水。

2. 在航站楼、候机廊内每隔一定距离设置饮水点，在每个饮水点处设置小型带饮用水处理设备的饮用水机以供旅客用冷、热饮用水。

3. 热水管管材及连接方式同给水管。

(三) 雨水回用水系统

1. 水源及供水范围：航站楼雨水回用水收集航站楼部分屋面雨水，通过处理供主楼冲厕用水，雨水回用水机房设置在－6.00m标高层。机房内设置1500m^3雨水收集池一座，260m^3净水池一座以及相应的处理、加压设备。回用水主要供航站楼主楼内卫生间（大便器和小便器）冲洗用水。

2. 雨水回用水量表及水量平衡计算（表2、表3）

航站楼主楼冲厕用水估算 表2

序号	用水名称	用水量标准	小时变化系数 *K*	用水时间 (h)	用水人数 (人)	最大小时用水量 (m^3/h)	最高日用水量 (m^3/d)	备注
1	旅客	6L/人次	1.5	16	71232	40	427	
2	送客	3L/人次	1.5	16	35616	20	214	
3	工作人员	50L/(人·d)	1.5	10	4000	30	200	
4	总　计					201.3	841	

航站楼主楼用水区域约占整个建筑面积65%计算，冲厕用水按日用水标准70%计算

理论上每日冲洗水需要：841×0.65×0.7＝380m^3/d

根据建筑的实际情况，可设计的雨水收集池有效容积为1500m^3。可以满足主楼冲厕3日的水量。

水量平衡见表3、表4。

年水量平衡 表3

序号	降雨总量(mm/年)	理论可收集水量(m^3/年)	冲厕水量需求(m^3/年)	需要补水量(m^3/年)
1	1158	65658.6	138700	73041.4

按照年水量平衡计算时，年补水量为73041.4m^3；

雨水利用的占冲厕用水比例为47%。

月水量平衡 表4

序号	月份	1月	2月	3月	4月	5月	6月	7月	8月	9月	10月	11月	12月	合计
1	降雨量(mm)	49	59	90	97	112	169	151	146	141	57	49	38	1158
2	可收集总量(m^3)	2778.3	3345.3	5103	5499.9	6350.4	9582.3	8561.7	8278.2	7994.7	3231.9	2778.3	2154.6	65658.6
3	冲厕水量需求(m^3)	11780	10640	11780	11400	11780	11400	11780	11780	11400	11780	11400	11780	138700
4	补水量(m^3)	9001.7	7294.7	6677	5900.1	5429.6	1817.7	3218.3	3501.8	3405.3	8548.1	8621.7	9625.4	73041.4

3. 雨水处理工艺说明和流程图（图2）

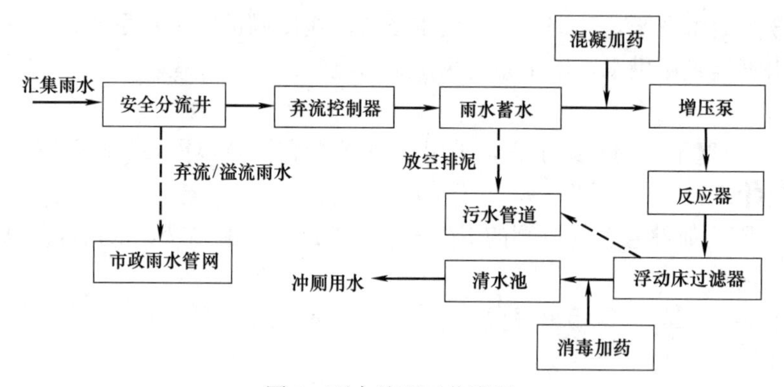

图2 雨水处理工艺流程

(四) 排水系统

1. 航站楼、候机廊室内排水采用生活污、废水合流制，雨水单独排放。

2. 在排水系统中设置主通气立管和器具通气管，以减少水汽流动所产生的噪声，保护水封，减少臭气外溢。在通气立管无法伸出屋面情况下，采用自循环通气系统。

3. 地面层及以上排水由重力排至室外污水管道。地下室污、废水由集水坑和潜水泵排至室外。

4. 航站楼和候机廊内餐厅厨房排出含油脂废水先经专用隔油处理设备处理后排至室外污水管。

5. 消防电梯井旁设置集水坑（有效容积大于2m^3）和专用消防排水泵排水（排水量10 L/s）。

6. 屋面雨水排水系统采用虹吸式雨水排水系统，雨水量按南京暴雨强度公式进行计算。屋面设置溢流措施。

7. 雨篷、登机桥及登机桥固定端雨水排水采用重力排水。

8. 排水管道（包括污、废水管，雨水管除外）采用高密度氯乙烯（HDPE）排水管及配件，热熔连接。雨水管采用不锈钢管，焊接连接。

二、消防系统

(一) 消防水源

消防用水由航站区外市政给水管网一路*DN*200给水管接来。消防泵房设置消防水池657m^3一座（包括

3h室内消火栓系统水量、1.5h自动喷淋系统水量（按仓库危险Ⅰ级）、1h水炮灭火系统水量），分为两格。在交通中心屋顶（36.3m标高处）设18m^{3}屋顶消防水箱。

（二）消火栓系统

航站楼和候机廊为两个独立的室内消火栓系统。系统消防加压泵均设于航站楼的消防水泵房内，系统采用临时高压给水系统。在航站楼，候机廊各层楼面均布设置消火栓箱。航站楼室内消火栓系统在室外设置地上式水泵结合器4套。候机廊室内消火栓系统在室外设置地上式水泵结合器4套。

航站楼消防加压系统由以下设备组成：

主泵（Q=30L/s，H=60m，N=30kW，两台，1用1备）

候机廊消防加压系统由以下设备组成：

主泵（Q=30L/s，H=70m，N=37kW，两台，1用1备）

（三）自动喷水灭火系统

航站楼和候机廊为两个独立的自动喷水灭火系统。系统加压泵设于航站楼的消防水泵房内。系统采用临时高压给水系统。机场建筑属于中危险Ⅰ级，喷水强度为6L/(min·m^2)，作用面积为160m^2。地下室部分商场属于中危险Ⅱ级，喷水强度为8L/(min·m^2)，作用面积为160m^2。行李分拣区域属于仓库危险Ⅰ级，喷水强度为8L/(min·m^2)，作用面积为200m^2。在航站楼、候机廊内除小于5m^{2}卫生间及不宜用水扑救的场所外均设置湿式自动喷水灭火系统。行李分拣区设置预作用自动喷水灭火系统。喷头均采用快速反应喷头。根据湿式和预作用自动喷水灭火系统报警阀组控制喷头数为800个的原则，在航站楼内共设有24套湿式水力报警阀组，3套预作用报警阀组，在候机廊内共设有22套湿式水力报警阀组。在厨房排油烟罩和烹任部位设置专用自动细水雾灭火装置。在自动喷水灭火系统给水管道上分区域设置水流指示器及带指示信号阀门。航站楼自动喷水灭火系统在室外设置地上式水泵结合器6套。候机廊自动喷水灭火系统在室外设置地上式水泵结合器4套。

航站楼自动喷水灭火系统加压系统由以下设备组成：

主泵（Q=35L/s，H=75m，N=45kW，两台，1用1备）

候机廊自动喷水灭火加压系统由以下设备组成：

主泵（Q=30L/s，H=90m，N=45kW，两台，1用1备）

（四）水喷雾灭火系统

在航站楼、候机廊柴油应急发电机房设置水喷雾灭火系统。设计喷雾强度为20L/(min·m^2)，持续喷雾时间为0.5h，水喷雾系统设计最大水量为25L/s。水喷雾灭火系统水源由自动喷水灭火系统供给。共设有5套水喷雾灭火系统，设置雨淋阀组5套。

（五）IG541气体灭火系统

在航站楼TOC机房、行李分拣控制室，候机廊综合布线机房、移动机房、变配电间等弱电机房等处共设置了13套固定式IG541气体灭火系统。各气体灭火系统采用组合分配系统，每个系统防护分区不超过8个。IG541气体灭火系统最小设计灭火浓度为37.5%。IG-541气体灭火系统要求同时具有自动控制，手动控制和应急操作三种控制方式。

（六）自动消防水炮系统

在航站楼、候机廊出发层净空超过12m区域设置水炮灭火系统，保证两股水炮出水的充实水柱到达室内任何一点。水炮入口处工作压力为0.8MPa，系统用水量采用40L/s，系统采用稳高压给水系统。消防炮应有自动控制、消防控制室手动控制以及现场手动控制功能，控制系统应能控制消防炮的俯仰、水平回转以及相关阀门的动作。现场控制盘应有优先控制功能。航站楼和候机廊为2个独立的水炮灭火系统，系统加压泵组集中设于航站楼底层的消防水泵房内。系统管道成环状布置。

航站楼水炮灭火系统加压系统由以下设备组成：

主泵（Q=40L/s，H=100m，N=75kW，两台，1用1备）

稳压水泵（Q=5L/s，H=105m，N=15kW，两台，1用1备）

气压罐：有效容积为600L

候机廊水炮灭火加压系统由以下设备组成：

主泵（Q=40L/s，H=110m，N=90kW，两台，1用1备）

稳压水泵（Q=5L/s，H=115m，N=15kW，两台，1用1备）

气压罐：有效容积为600L

三、工程特点及设计体会

（一）技术经济指标

1. 用水量（表5）

用水量 表5

名称	南京禄口机场T2航站楼
消防用水(L/s)	室内消火栓:30 室外消火栓:30 喷淋:35 自动消防水炮:40
最高日用水量(m^3/d)	1750
最大时用水量(m^3/h)	230
污废水最高日排水量(m^3/d)	1575
水源	由航站区室外总体供水管引来 三路给水管,供水水压不小于0.30MPa

2. 主要技术指标（表6）

主要技术指标 表6

给水系统方式	室外给水直供
室内排水方式	污、废水合流
室外排水方式	污废水、雨水分流
屋面雨水排放方式	虹吸雨水排水
消防给水方式	临高压给水系统
中水回收使用方式	在航站楼主楼－6.000m标高设置雨水回用机房,收集航站楼部分屋面雨水,经处理达标后供主楼卫生间冲厕用水
节能、节水措施	1. 充分利用室外给水管网压力,航站楼、候机廊在室外给水管网压力满足室内用水点给水压力的区域采用直接供水方式,节约能源,减少二次污染; 2. 分区域、按用水部门进行给水计量,水表具有远传功能,计量数据上传至能源监测平台; 3. 航站楼内设置雨水回用机房,收集部分屋面雨水处理后供卫生间冲厕用水; 4. 卫生洁具均采用节水型。公共卫生间采用光电感应龙头和冲洗阀节约用水; 5. 航站楼各用水点压力大于0.2MPa处设置可调式减压阀以保证各用水点供水压力不大于0.2MPa; 6. 热水管、热水回水管保温采用闭式结构橡塑海绵
环境保护措施	1. 餐饮厨房污水经一体式隔油处理设备处理后排至污水管; 2. 所有水泵均设置减振基础并在进、出水口设置金属抗振软接头,以减少噪声; 3. 气体灭火系统采用IG541洁净气体作为灭火介质,防止对大气对污染以及对被保护设备对腐蚀污染
新材料、新技术	1. 采用自循环通气+器具通气的排水系统; 2. 雨水回用; 3. 公共卫生间采用了全自动感应卫生洁具(包括坐便器、小便器、洗脸盆); 4. 大空间区域采用自动消防水炮灭火系统

(二)设计特点

1. 给水系统

(1) 充分利用室外给水管网压力，航站楼、候机廊在室外给水管网压力满足室内用水点给水压力的区域采用直接供水方式，节约能源，减少二次污染。

(2) 分区域、按用水部门进行给水计量，水表具有远传功能，计量数据上传至能源监测平台。

(3) 分区分质供水，航站楼主楼、长廊分别独立设置生活给水系统。主楼冲厕用水采用雨水回用水，其他生活用水采用自来水。

(4) 水收集航站楼部分屋面雨水，通过处理供主楼冲厕用水。雨水经初期弃流后进入雨水蓄水池，后经混凝、过滤、消毒工艺后供主楼冲厕用水。充分利用再生水源，减少自来水用量。

2. 航站楼雨水回用系统

在航站楼主楼−6.000m标高设置雨水回用机房，收集航站楼部分屋面雨水，经处理达标后供主楼卫生间冲厕用水。雨水处理采用初期弃流、混凝、过滤、消毒工艺。雨水回用系统处理量为90m^3/h。该系统每年可节约使用自来水约26.3万m^3。现行自来水价格为3.8元/m^3，而雨水回用水处理成本为1.48元/m^3(包括处理设备折旧成本)，雨水回用每年可节约61万元。

由于收集屋面雨水面积约60000m^2，雨水蓄水池有效容积达到1500m^3，考虑到航站楼总体均为硬质铺装地面，雨水径流系统较大。设置雨水回用系统可以在一定程度上起到雨水调蓄的功能，降低暴雨对外围雨水管网的排水压力。

3. 排水系统

(1) 采用可靠、去除率高的隔油设备：含油废水经过机械隔渣、调节隔油后进入生物滤芯池，经生物增效反应，去除废水中大部分残存的溶解性油脂及其他部分有机物，从而实现废水的高效除油的过程中，使出水达标排放。它的操作较简单，运行费用低且无药剂费用，出水水质可靠，运行稳定，故障率低。航站楼餐饮废水处理设备工艺流程分为四个部分：格栅集水井、调节隔油池、OZA生物滤芯池、出水池以及污泥收集装置。

(2) 由于航站楼建筑造型限制了排水系统伸顶通气管的设置，透气采用了自循环透气系统，在不影响建筑美观的同时保证了排水系统的通畅。另外公共卫生间排水系统中设计了器具通气管，能更有效地实现排水横管的气水分流，使排水更为通畅，噪声更小。

(3) 卫生洁具采用节水型。公共卫生间采用光电感应龙头和冲洗阀节约用水。采用节水型卫生器具比采用传统的卫生器具节水约20%～30%。

(4) 采用了壁挂式坐便器且背后设置背出水管弄，避免了通常坐便器与地面接缝处不宜清洁而宜结污垢的缺陷。保证卫生间清洁、雅观。同时背出水管弄可以方便机场管理人员清通及检修下水管道。

4. 消防系统设计

(1) 在《消防性能化分析》的原则指导下，针对航站楼的各区域不同功能，火灾种类及危险性来进行消防系统设计。

(2) 航站楼主楼、候机楼分别设置独立消防给水系统，按平面功能分区设置消防系统，减小单个系统规模增加安全系数。

(3) 航站楼出发层大空间区域的消防措施由于没有相应的规范明确消防给水系统设置要求。考虑到航站楼建筑的重要性，根据《消防性能化分析》的要求设置自动消防水炮灭火系统。

(4) 自动灭火系统对于航站楼建筑的全保护。根据建筑内不同的区域，分别设置自动喷水灭火系统、自动消防水炮灭火系统、洁净气体灭火系统等自动灭火系统，保证航站楼所有部位均有自动灭火系统保护。

5. 技术难点的特别说明

航站楼工程面积大，体量大，空间复杂。作为超大型公共交通建筑，建筑专业对空间、公共区域的装修要求很高。这就要求给水排水专业在设计本专业的各个系统时，除了满足各系统的功能要求外，还必须充分了解建筑专业对空间、装修的要求，合理地布置各类机房、管弄，精心地组织管路走向，使得给水排水系统设计在功能上和管理上满足业主要求，技术上可靠、合理，符合规范要求，而且能满足建筑专业对空间和装修的要求。

四、工程照片及附图

航站楼立面

迎客厅

行李提取厅

到达通道

办票厅

候机厅

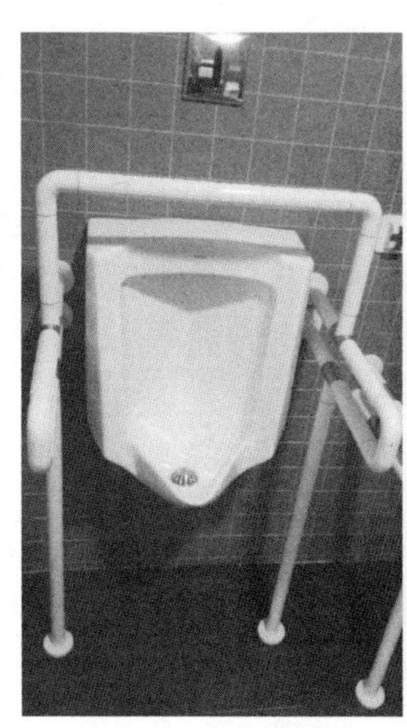

卫生间背出水卫生洁具

自动消防水炮

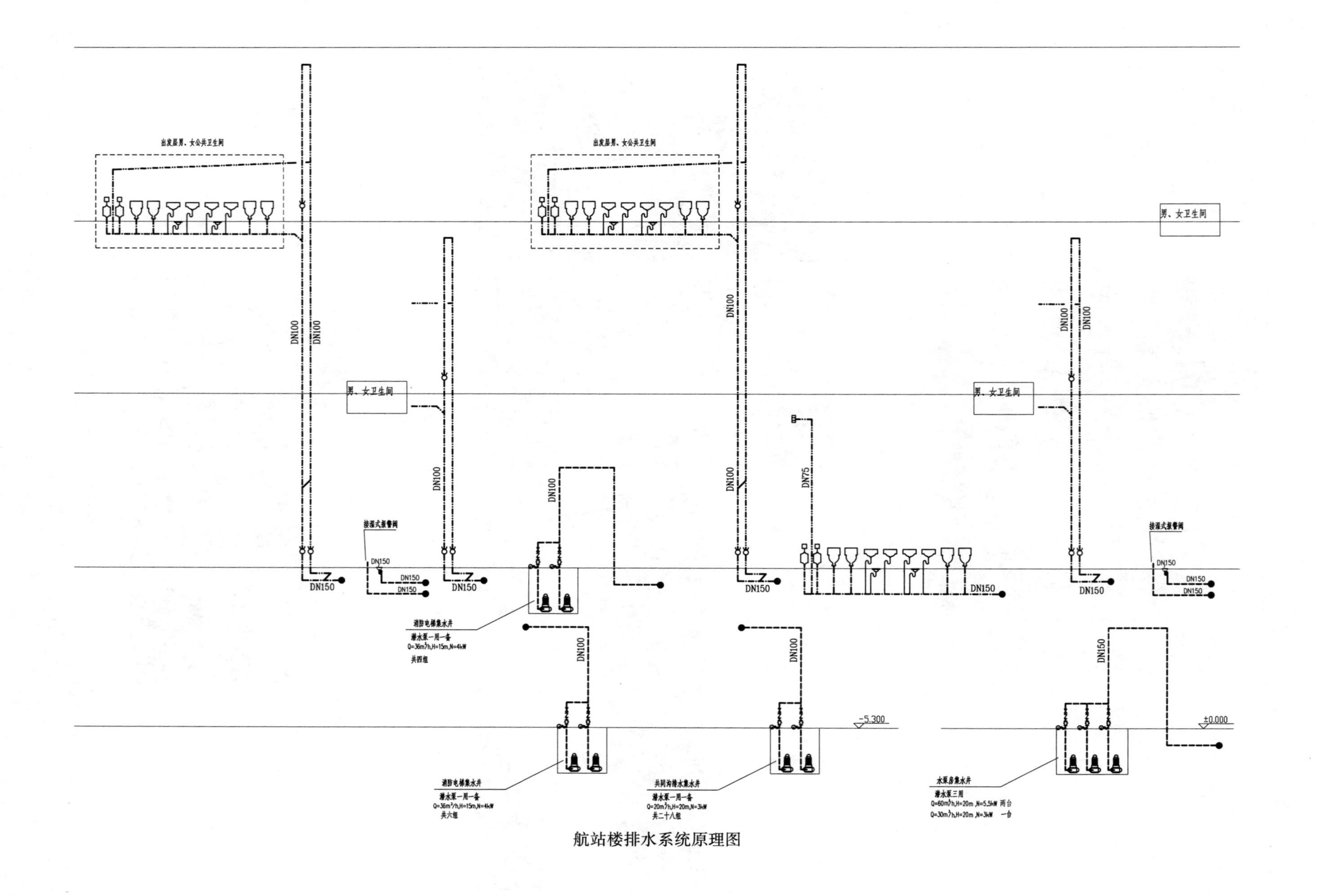
出发层男、女公共卫生间
出发层男、女公共卫生间
男、女卫生间
男、女卫生间
男、女卫生间
DN100
DN150
DN75
接湿式报警阀
接湿式报警阀
消防电梯集水井
潜水泵一用一备
Q=36m³/h,H=15m,N=4kW
共四组
消防电梯集水井
潜水泵一用一备
Q=36m³/h,H=15m,N=4kW
共六组
共同沟排水集水井
潜水泵一用一备
Q=20m³/h,H=20m,N=3kW
共二十八组
水泵房集水井
潜水泵三用
Q=60m³/h,H=20m,N=5.5kW 两台
Q=30m³/h,H=20m,N=3kW 一台
-5.300
±0.000

航站楼排水系统原理图

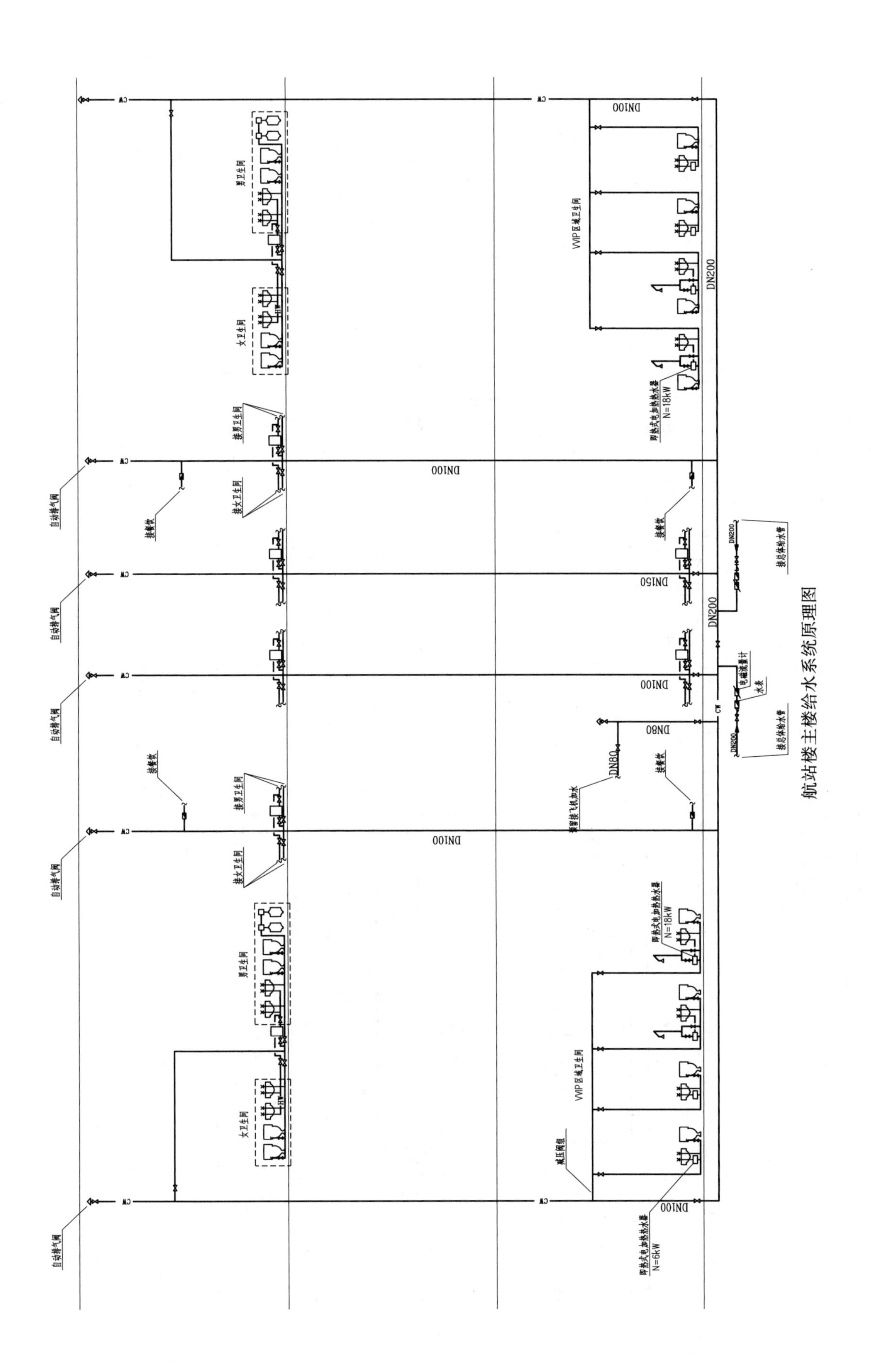

航站楼主楼给水系统原理图

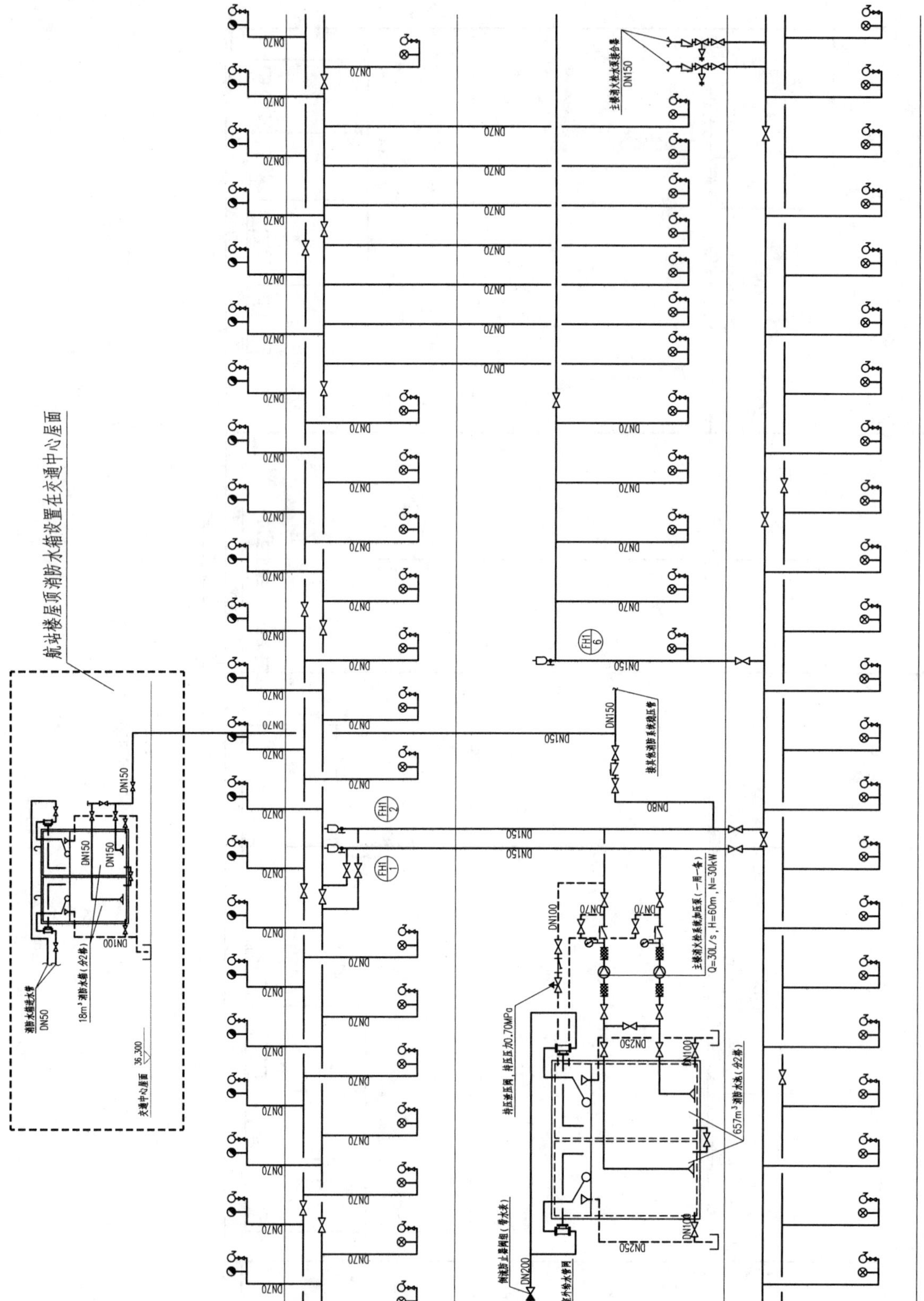

航站楼屋顶消防水箱设置在交通中心屋面

航站楼主楼消火栓系统原理图

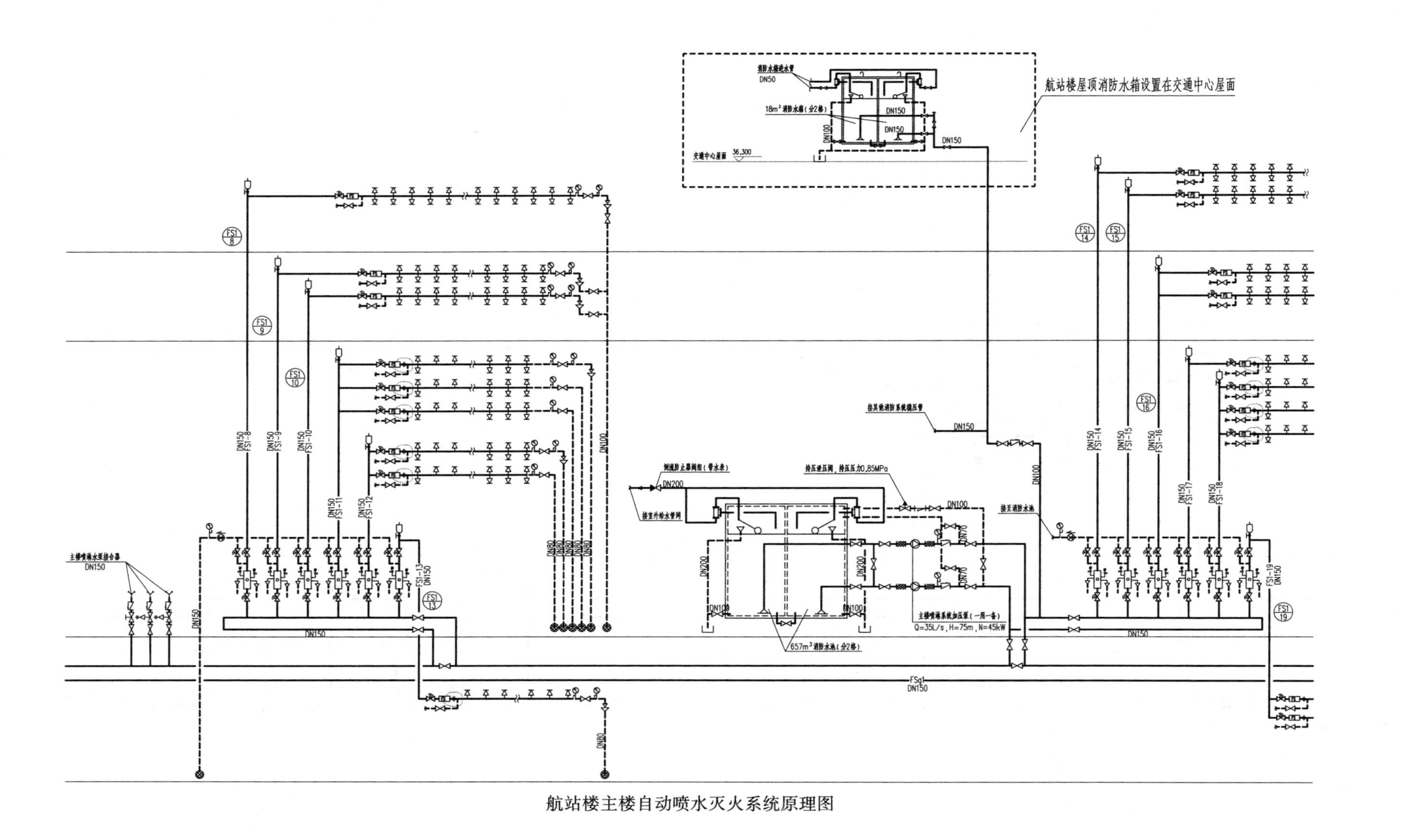

航站楼主楼自动喷水灭火系统原理图

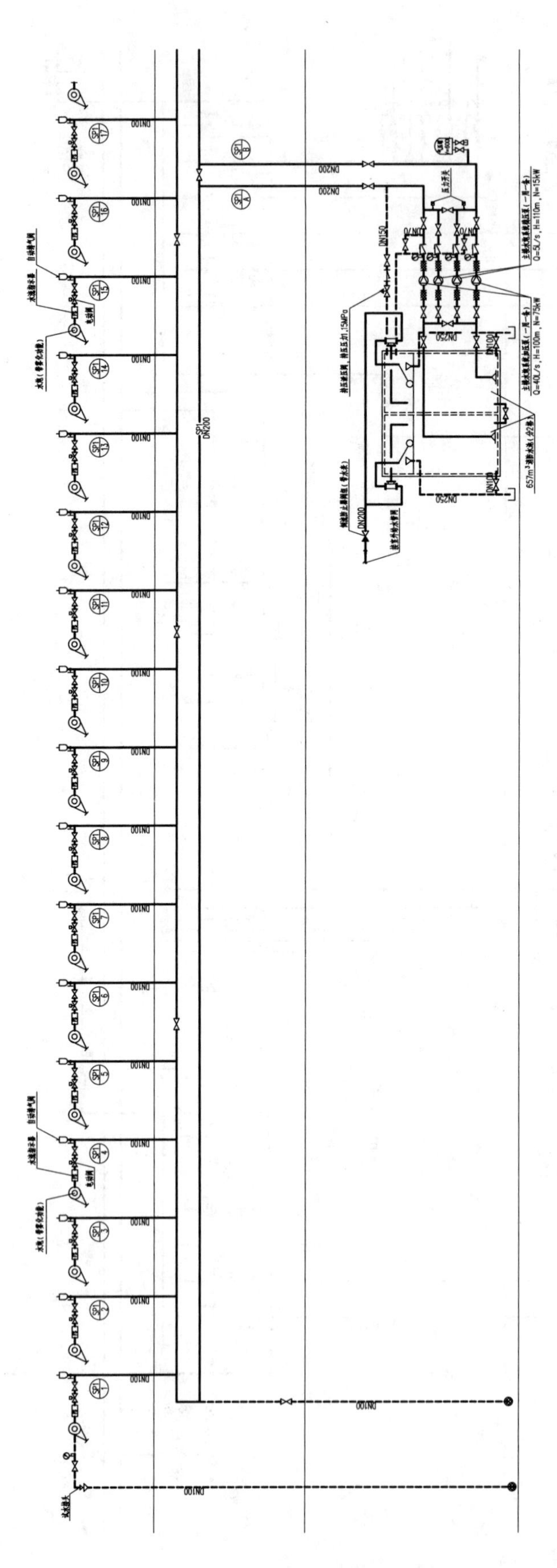

航站楼主楼消防水炮系统原理图

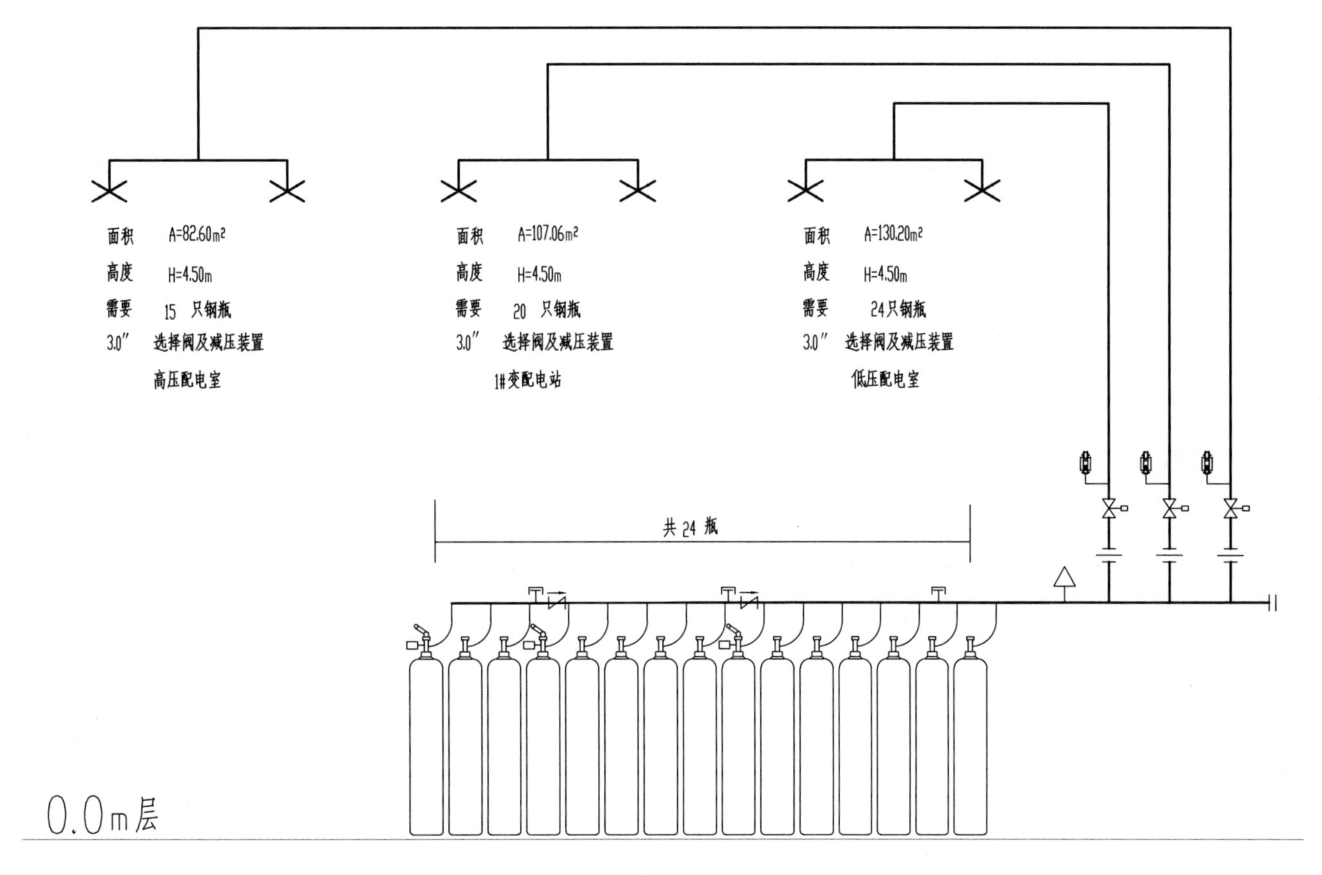

IG541气体灭火系统原理图

洁净气体灭火系统

北京协和医院门急诊及手术科室楼改扩建工程

设计单位： 中国中元国际工程有限公司
设 计 人： 张颖　欧云峰　何智艳
获奖情况： 公共建筑类　三等奖

工程概况：

本工程为国家重点工程。北京协和医院是中国协和医科大学的临床医学院、中国医学科学院的临床医学研究院，是一所集医、教、研为一体的大型综合医院，是国家卫生健康委员会指定的诊治疑难重症的技术指导中心之一。为适应医疗卫生事业发展的需要，北京协和医院向北扩建，本项目即向北扩建的部分，包括门急诊楼和手术科室楼。

院区位于北京市东城区王府井帅府园 1 号，总用地面积 45000m^2，用地南起东帅府胡同，北至煤碴胡同，东临东单北大街，西临校尉胡同。本工程总建筑面积 22.5 万 m^2，地上三～十一层，地下 3 层，建筑高度 48.3m。内部功能包括：门诊、急诊、医技、病房、后勤辅助等多功能。本工程日门诊量 8000 人次，新增床位 870 张。门急诊楼地下三层设平战结合五级人防，平时为车库，战时五级人防医院。

工程说明：

一、给水排水系统

（一）给水系统

1. 给水用水量

给水用水量详见表 1。

用水定额及用水量用水量一览表　　　　**表 1**

序号	用水名称	用水定额（L/(用水单位·d)）	用水单位	用水数量（L）	用水时数（h）	小时不均匀系数 K	用水量	
							最大日（m^3/d）	最大时（m^3/h）
1	门诊用水	15	人次	7800	12	1.8	117	17.55
2	病房用水	350	床位	870	24	2	304.5	25.38
3	医务人员用水	250	人·班	3000	12	2	750	125.00
4	餐饮用水	25	人·餐	7500	12	1.8	187.5	28.125
5	洗衣用水	60	公斤干衣	1500	8	1.2	90	13.5
6	1～5 项小计						1449	209.56
7	锅炉房补水	10%	m^3	20	16	1	32	2
8	空调冷却水补水	1.50%	m^3	3770	24	1	1357.2	56.55
9	道路绿化洒水	2	m^2	11400	3	1.5	22.8	11.4
10	空调加湿用水		L	5000	12	1	60	5

续表

序号	用水名称	用水定额（L/(用水单位·d)）	用水单位	用水数量（L）	用水时数（h）	小时不均匀系数K	用水量	
							最大日（m^3/d）	最大时（m^3/h）
11	7～10项小计						1472	74.95
12	1～10小计						2921	284.51
13	未预见水量	10%					292.1	0.0
14	总计						3213.1	284.51

本工程最大日生活给水用量：3213.1m^3/d。

2. 水源为市政自来水，供水压力0.25MPa。本工程从院区东侧的东单北大街、西侧校尉胡同和北侧的煤渣胡同市政供水干管上各引入了一根DN200的给水管入口，并在院区形成管径为DN250的环状消防、生活合用供水管网。

3. 室内生活供水系统竖向分为两个区，地下三层～三层为低区，由市政管网直接供水；四～十一层为高区，由地下三层水泵房内的不锈钢生活水箱和变频调速给水设备供水，供水设备流量216m^3/h，设备出口定压0.82MPa。主泵5台，4用1备，单泵Q=54m^3/h，H=90m，N=22kW/台，配ϕ1000×2500气压罐。

4. 分质供水：口腔科、手术部、检验科、中心供应分别根据工艺要求设置软化、除盐、过滤、消毒装置提供科室功能用水，各科室分别设置水处理站房。

5. 给水使用内衬塑外镀锌钢管。

（二）热水系统

1. 热水用水量

热水用水量详见表2。

热水用水量一览表（60℃） **表2**

序号	用水名称	用水定额（L/(用水单位·d)）	用水单位	用水数量（L）	用水时数（h）	小时不均匀系数K	用水量	
							最大日（m^3/d）	最大时（m^3/h）
1	门诊用水	8	人次	7800	12	1.8	62.4	9.36
2	病房用水	200	床位	870	24	2	174	14.5
3	医务人员用水	130	人·班	3000	12	2	390	65.00
4	餐饮用水	10	人·餐	7500	12	1.8	75	11.25
5	洗衣用水	30	公斤干衣	1500	8	1.2	45	6.75
6	合计						746.4	106.86

本工程最大日生活热水用量：746.4m^3/d，最大时用水量：106.86m^3/h。

2. 热源采用城市热网提供的高温热水（供水温度120℃，回水温度90℃）。城市热网检修期间由协和院区锅炉房的蒸汽炉提供热源。热水系统供水温度60℃。

3. 热水系统分区同生活给水系统，由相应分区冷水提供压力，以保证冷热水压力平衡。

4. 低区选用B1FGVL2000-12.0-0.6（产热水量Q=12.5m^3/h，F=20m^2，罐体容积为12m^3）型半容积式弹性管束汽-水热交换器四台；高区选用B1FGVL2000-12.0-0.6（产热水量Q=12.5m^3/h，F=20m^2，罐体容积为12m^3）型半容积式弹性管束汽-水两用热交换器8台。

5. 热水系统采用机械循，水泵启停根据回水管水温自动控制。热水系统采用不锈钢管。

（三）排水系统

1. 雨、污分流；污、废以分流为主，首层单排合流，地下提升排水根据平面布置有分有合。地上重力自流排水，地下室提升排水。

2. 公共卫生间排水设主通气立管及环行通气管，病房卫生间设主通气管，其他部位伸顶通气。

3. 污水设化粪池，食堂餐厅排水设油脂分离器。

4. 重力流管道采用机制排水铸铁管，柔性卡箍接口；压力排水管采用镀锌钢管，丝扣或卡箍连接。

二、消防系统

（一）消火栓系统

室外消火栓系统用水量30L/s，灭火时间2h，一次灭火用水量216m^3；室外消防给水管与生活给水管网合用，由市政给水管网直接供水。

室内消火栓系统用水量20L/s，灭火时间2h，一次灭火用水量144m^3。室内消火栓系统竖向不分区，由地下3层消防泵房内的消火栓给水泵和消防贮水池供水，并由屋顶的消防水箱和消火栓系统稳压设施（一台SN1000气压罐，两台Q=2L/s、H=0.20MPa、N=2.2kW稳压泵）维持压力。消防水池与空调冷却循环水补水系统合用，有效贮水容积为420m^3，其中342m^{3}为室内消防贮水，除了消防，平时不得动用。屋顶水箱有效容积为18m^3，设于十一层屋顶机房上部。

消火栓给水泵设两台，互为备用，性能为：Q=20L/s，H=1.0MPa，N=37kW。工程分两期建设，系统在一、二期工程各设置2个DN150的消防水泵接合器。

消火栓系统采用内外双面热镀锌钢管。

（二）自动喷水灭火系统

地下车库按中危险Ⅱ级设计，设计喷水强度为8L/(min·m^2)，作用面积160m^2；考虑地下二层停车库设置有3层机械停车，设计流量按增加12个喷头流量计算，则自动喷水灭火系统设计流量为：55L/s，设计火灾延续时间为1h，一次灭火用水量为198m^3。

其他部位按中危险Ⅰ级设置，喷水强度为6L/(min·m^2)，作用面积160m^2。

自动喷水灭火系统由地下3层消防水泵房内的自动喷水给水泵和消防贮水池供水，系统由屋顶的消防水箱和自动喷水系统稳压设施（一台SN1000气压罐，两台稳压泵Q=1L/s、H=0.25MPa、N=2.2kW稳压泵）维持压力。

自动喷水给水泵选用三台（2用1备）。性能为：Q=30L/s，H=1.15MPa，N=55kW。自动喷水灭火系统设有44个湿式报警阀，3个预作用报警阀，湿式报警阀就近设在各给水排水主管井及泵房内，预作用报警阀用于汽车坡道，设于坡道附近的防冻区。

系统设4个DN150的消防水泵接合器。采用内外双面热镀锌钢管。

（三）气体灭火系统

CT、DSA、DR等大型设备机房及病案库、总变配电所、信息机房设置七氟丙烷气体灭火系统。系统喷放时间不大于8s，灭火浸渍时间：档案库采用20min；设备机房采用10min。CT、DSA、DR等大型设备机房灭火设计浓度8%，变配电所灭火设计浓度9%，病案库灭火设计浓度10%，信息机房灭火设计浓度8%。灭火系统设有自动控制、手动控制和机械应急操作三种启动方式。

（四）消防水炮灭火系统

净空高度大于12m处的联廊、大厅等处，采用大空间智能型主动喷水灭火系统，由自动喷水给水泵加压。大空间智能水炮流量5L/s，出口压力0.6MPa，灭火时间1h。

三、工程特点及设计体会

（一）空调冷却水热回收应用

生活热水换热系统中，为减少生活热水热交换热媒耗量，本工程设计采用回收空调冷却水废热的方法预热供给生活热水系统的冷水。空调使用季预热温升 5～15℃。按照预热温升 10℃计算，空调使用季一天可节省能耗约 700 万 kcal。

同时为了节水、节能，本工程公共卫生间取消热水供应，一天可节约热水量约：$50m^3/d$。

空调系统冷却补水占总用水量的 36%，为一次性消耗用水，管好用好该部分用水，对节约用水具有重大的作用。工程中采用收水性能好的冷却设备，以降低飘水损耗；在冷却循环水系统设置水质处理设备，以减小排污耗水量。

（二）局促场地解决室外管网设计

本工程地理位置位于市中心，用地面积紧张，建筑地下室外墙紧邻红线。外线设计中，建筑四周没有足够空间布置给水排水管网。本工程综合考虑室内及室外排水，在地下室设置设备夹层，所有排水立管均在地下设备夹层中汇集，由建筑北侧集中排出，经化粪池后就近排入院区污水处理站。院区东、南、西侧仅敷设必要的给水管道及雨水管道。在地下设备层中设置管道检修口。既解决了室外没有空间安装排水管道的难题，也满足了排水管道的可清掏可维修的使用要求。

（三）强化环境保护控制

冷却塔设置于靠近东单北大街的门诊楼顶，远离病房和周围居民楼，采用超低噪声机械通风冷却塔，隔震基础，最大限度减少噪声及振动对相邻区域的影响。采用敞开式循环冷却水系统，在系统内配置全程过滤水质控制设备。大于或等于 *DN*300 的控制阀门采用电动式。根据空气温湿度下降量，控制冷却塔风机部分停止运行，减少风机耗电量。

冷却塔的补水系统利用消防贮水池，同时采取措施防止消防贮水被动用，以保证消防安全的条件下优化消防贮存水水质。

医院院区污水处理站按照一级处理标准，医疗污废水经消毒处理后达到北京市医疗污水排放的标准的要求后排放。含油污水经油脂回收装置排入污水处理站、含粪便污水经室外化粪池预处理。

（四）以人为本

本工程给水排水及消防系统均设置必要的监控仪表，适当考虑操作自动化，减少后期运营管理的劳动强度。供水系统结合建筑平面及功能划分设置独立检修阀门，尽可能减少检修时对相邻功能房间的使用影响。

（五）安全可靠

供水系统结合建筑平面及功能划分区域分为若干独立供水片区，在保证运行便利的前提下，缩小每个供水片区的范围，避免每层干管铺设过长，确保水压平衡，增加整体供水的安全性。

四、工程照片及附图

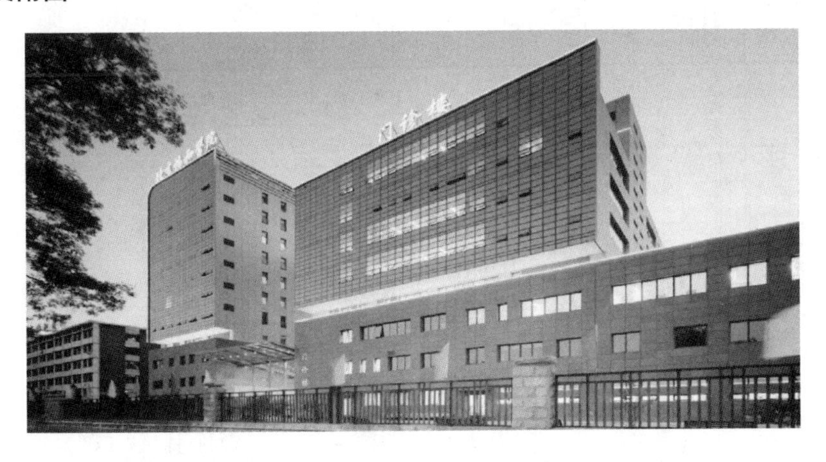

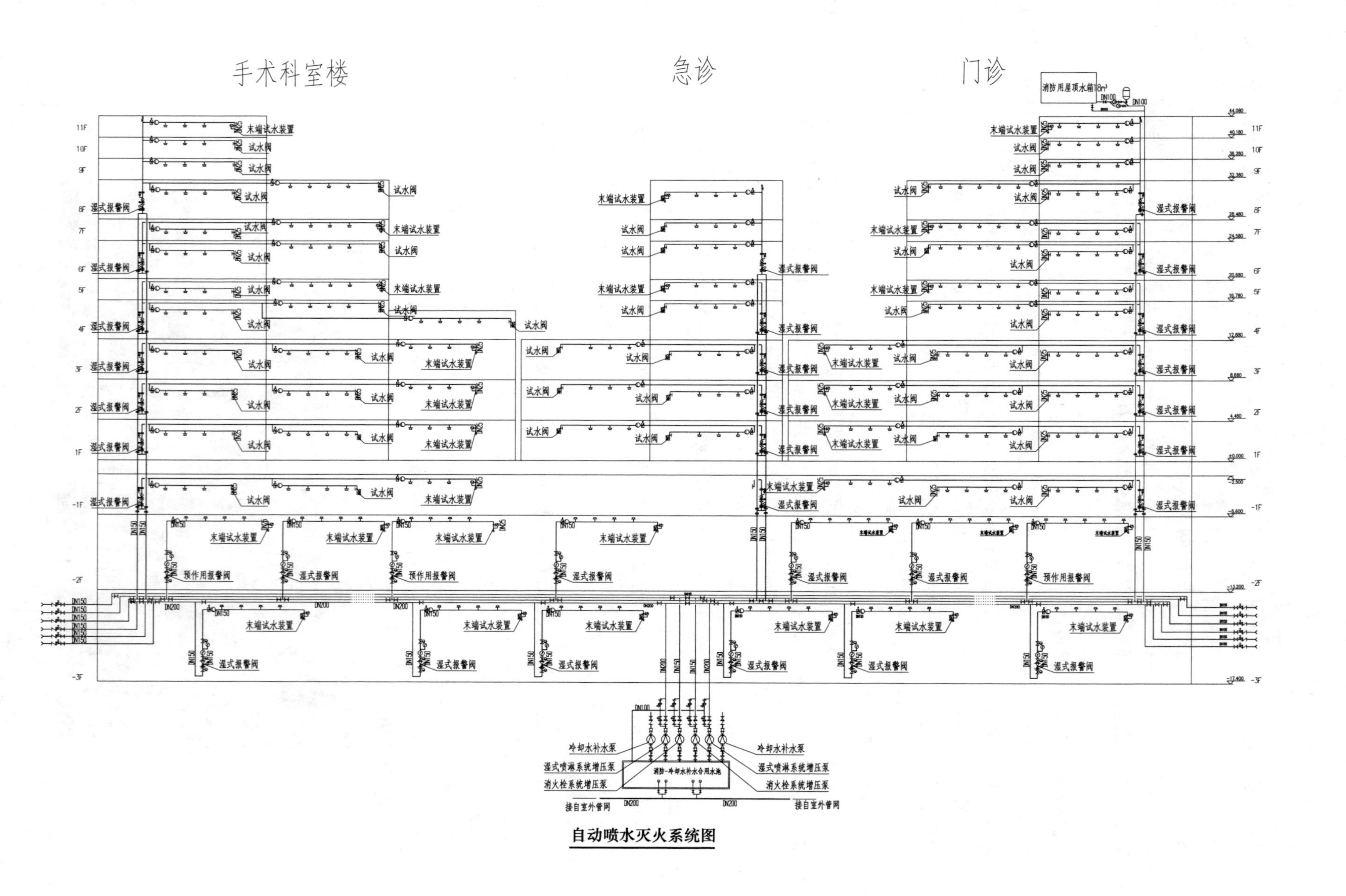
手术科室楼
急诊
门诊
消防用屋顶水箱18m³
末端试水装置
试水阀
湿式报警阀
预作用报警阀
冷却水补水泵
湿式喷淋系统增压泵
消火栓系统增压泵
接自室外管网

自动喷水灭火系统图

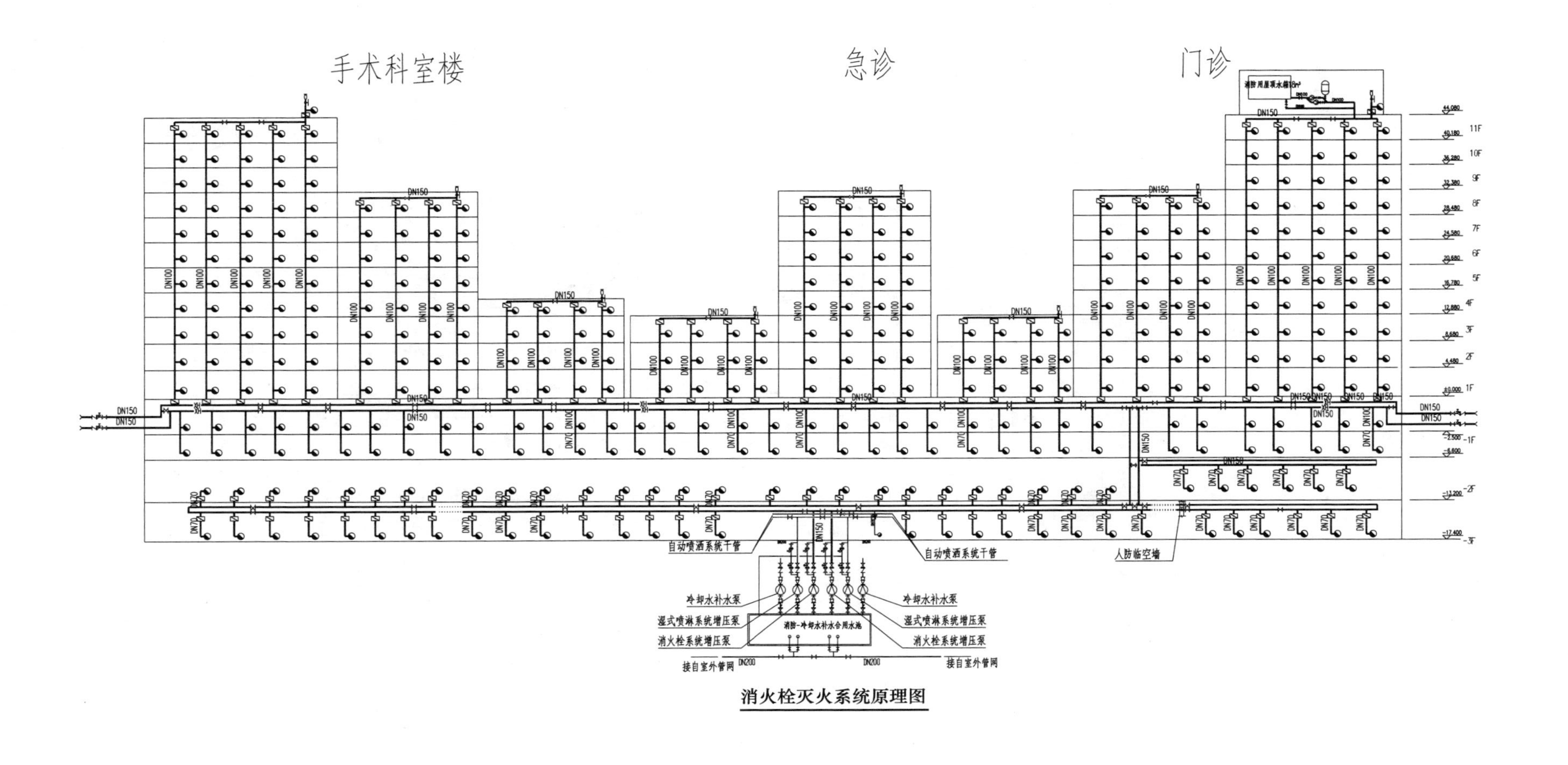

手术科室楼
急诊
门诊
11F
10F
9F
8F
7F
6F
5F
4F
3F
2F
1F
-1F
-2F
-3F
DN150
DN100
DN70
自动喷洒系统干管
自动喷洒系统干管
人防临空墙
冷却水补水泵
湿式喷淋系统增压泵
消火栓系统增压泵
接自室外管网
DN200
冷却水补水泵
湿式喷淋系统增压泵
消火栓系统增压泵
接自室外管网

消火栓灭火系统原理图

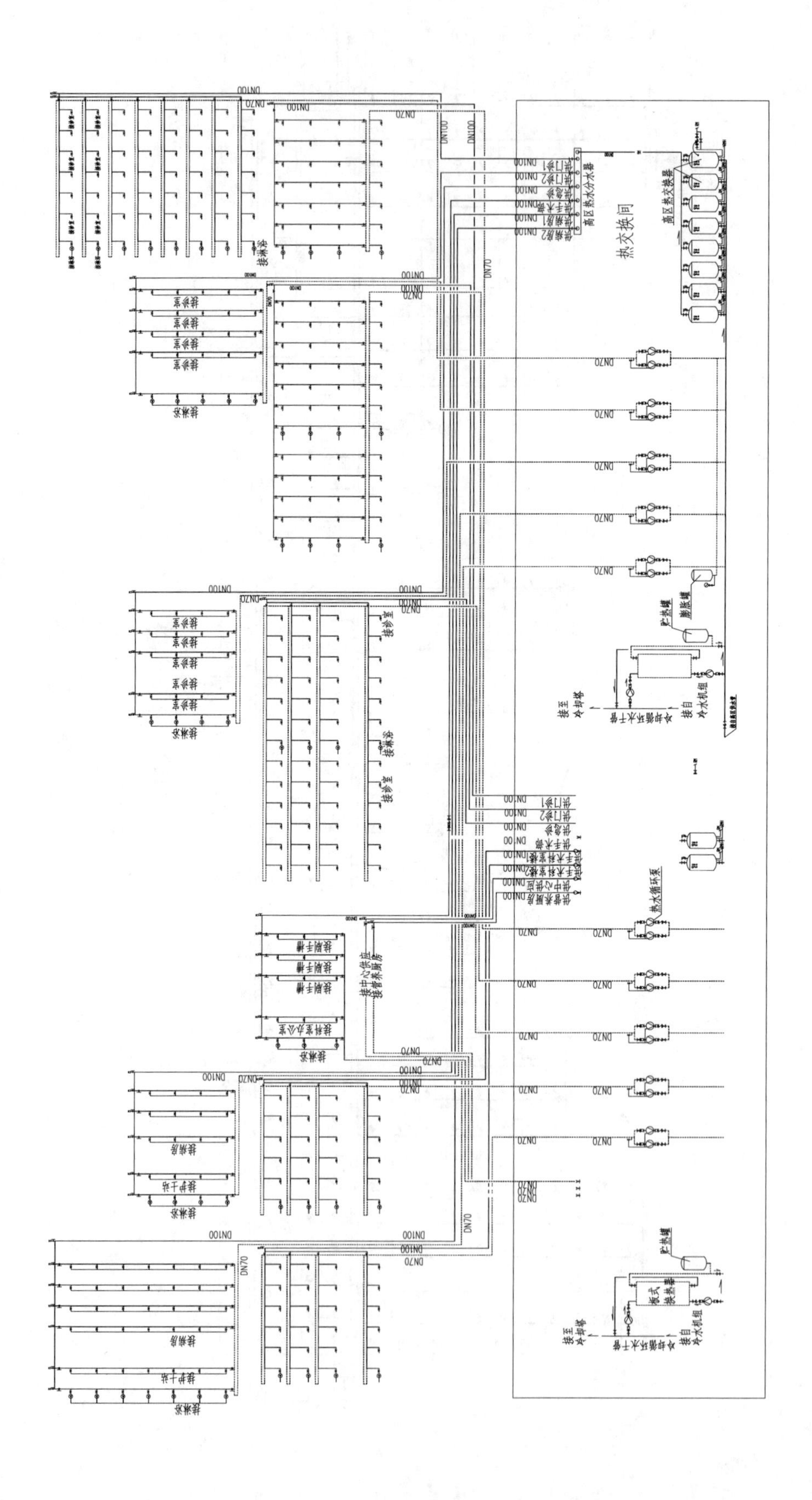

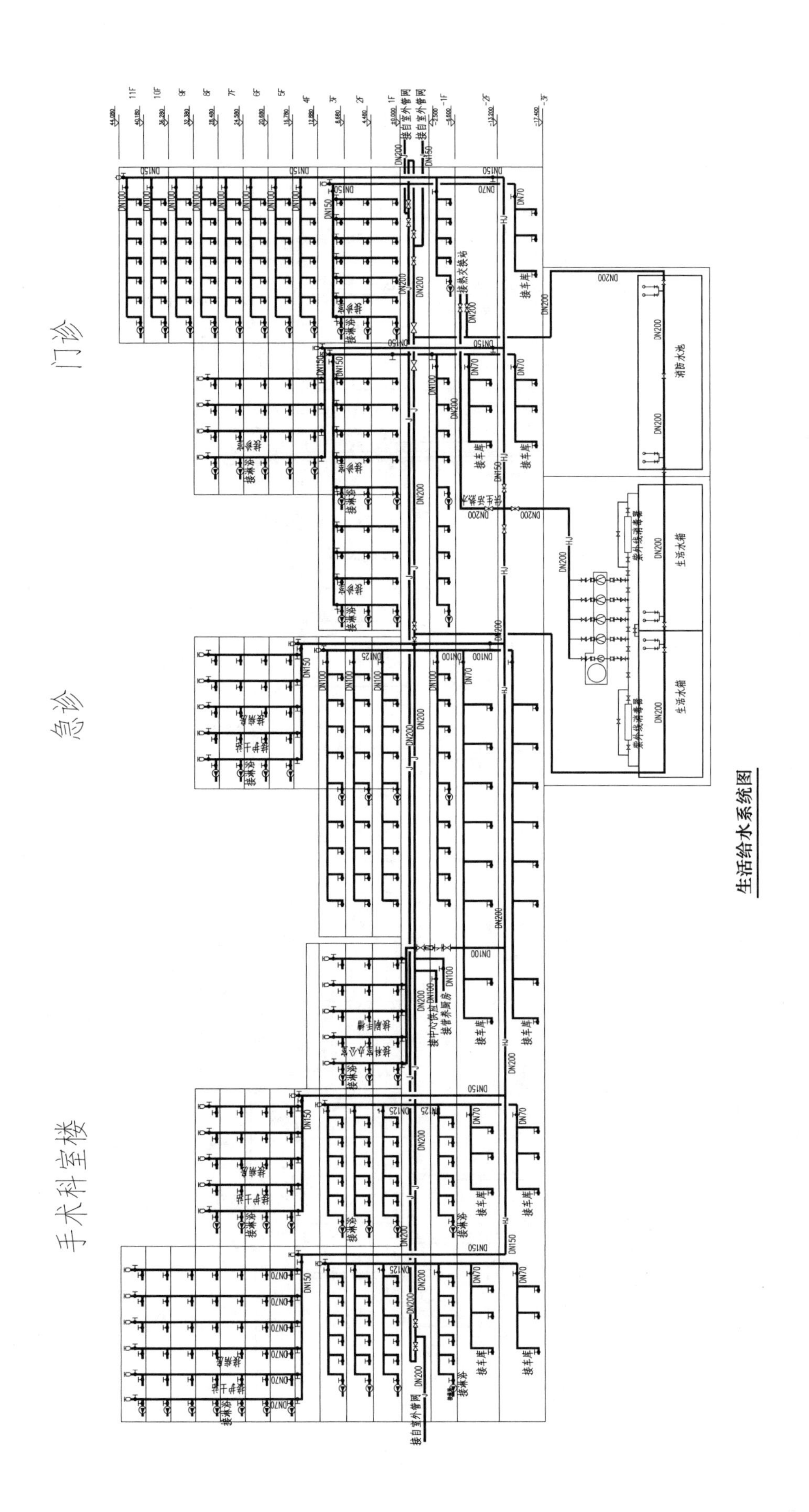

生活给水系统图

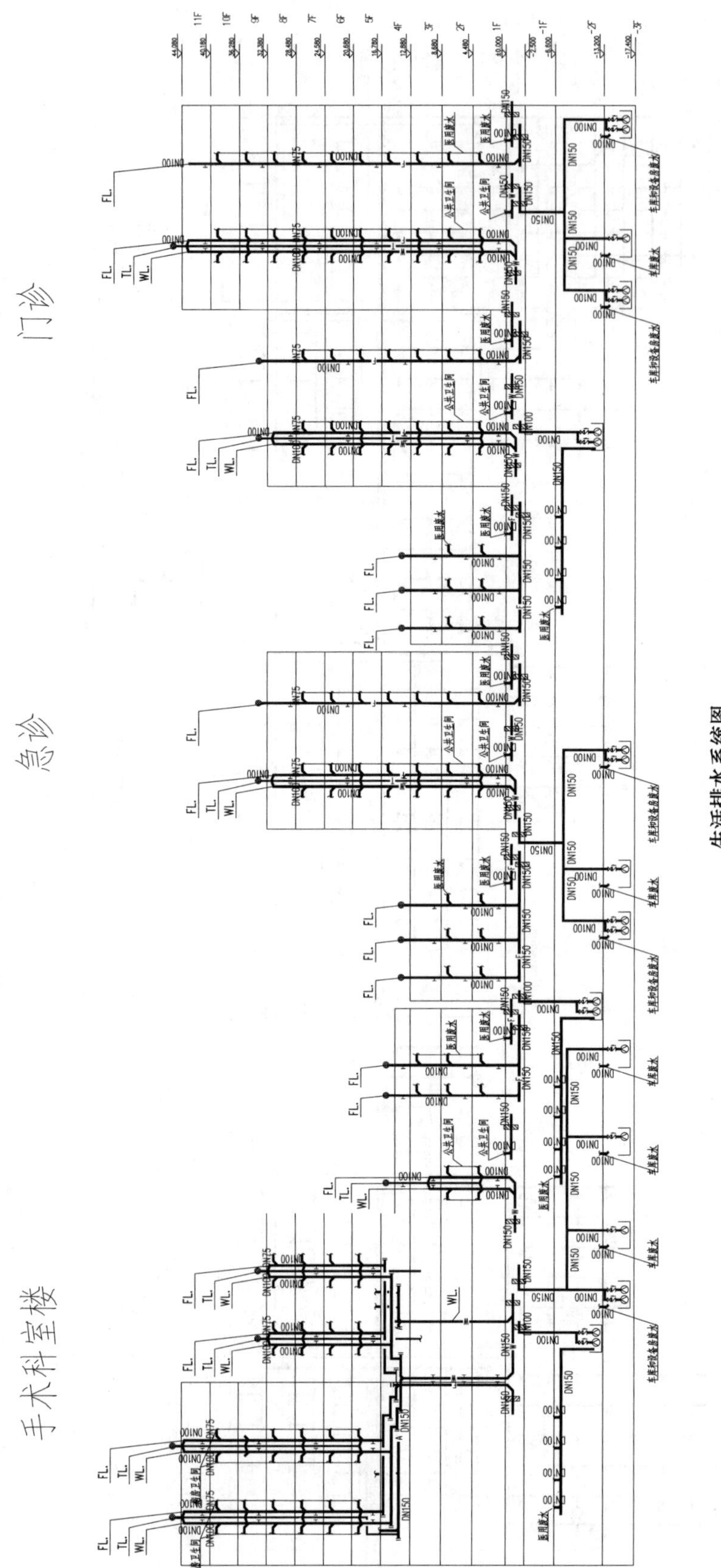

生活排水系统图

拉萨香格里拉大酒店

设计单位： 华东建筑设计研究总院
设 计 人： 谭奕　东刘成　梁葆春　许栋
获奖情况： 公共建筑类　三等奖

工程概况：

拉萨香格里拉大酒店位于拉萨市的罗布林卡路，酒店距离布达拉宫、大昭寺和八廓街不超过 3km。酒店周边为不超过 16m 高的建筑物，北部和东边主要是运动场地；少有遮挡，可以最清楚地眺望东边的布达拉宫和药王山。建筑性质为休闲度假酒店建筑。

项目规模：用地面积 30509m^2，总建筑面积 44205.05m^2（含保温），容积率 1.45，建筑高度 21m。

南侧主要功能为公共活动区，地上 3 层（局部夹层）；北侧主要功能为客房楼，地上 6 层，顶层设 1.2m 设备层；中部为地上 2 层，连接南北两楼。一层为酒店后勤服务及设备用房，二层为酒店大堂。本项目无地下室。

本项目的设计标高±0.00 相当于绝对标高 3643.7m，绝对标高为黄海高程。拉萨香格里拉大酒店平面示意如图 1 所示，鸟瞰图如图 2 所示。

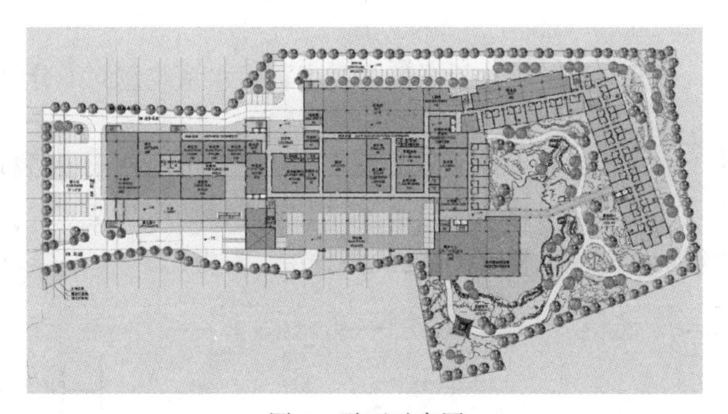

图 1　平面示意图

图 2　鸟瞰图

工程说明：

一、给水排水系统

（一）给水系统

1. 给水用水量（表1）

最高日和最大时用水量 **表1**

名称	数量	人数	Q(L/(人·d))	Q_h(m^3/h)	Q_d(m^3/d)	K_h	用水时间(h)
客房	355间	532.5	350	15.5	186.375	2.0	24
酒店员工		568	80	3.8	45.44	2.0	24
洗衣房	5kg/客房	350间	60L/(kg·d)	19.7	104.7	1.5	8
餐厅	1次	1739	40L/人次	8.7	69.56	1.5	12
员工餐厅	2次	523	40L/人次	5.23	41.84	1.5	12
酒吧	2次	100	10	0.17	2	1.5	18
游泳池补水				4.5	24	1.5	8
绿化浇灌	12165m^2		2L/(m^2·d)	6.1	24.33	1.0	6
			Σ	63.7	498.245		
未预见水量10%				6.37	49.82		
合计				70.07	548.07		

2. 水源

根据业主提供资料，并和当地自来水公司沟通后确定，从罗布林卡路的 *DN*400 市政给水管上接出一根 *DN*200 的给水管，压力 0.25MPa。在基地内形成环状，供消防和给水使用。

3. 竖向分区

结合本项目的竖向高度，以及末端的给水设备压力需求，给水系统竖向不分区。

4. 供水方式和加压设备

根据酒店管理公司的机电要求，以及当地的原水水质资料，对市政给水进行软化处理达到酒店的相应的要求，并通过加压满足用水点的用水压力要求，给水处理工艺流程如图3所示。其中，考虑当地供水的安全可靠性，本项目内的生活水箱的贮存量贮存 1.0d 的最高日用水量考虑。

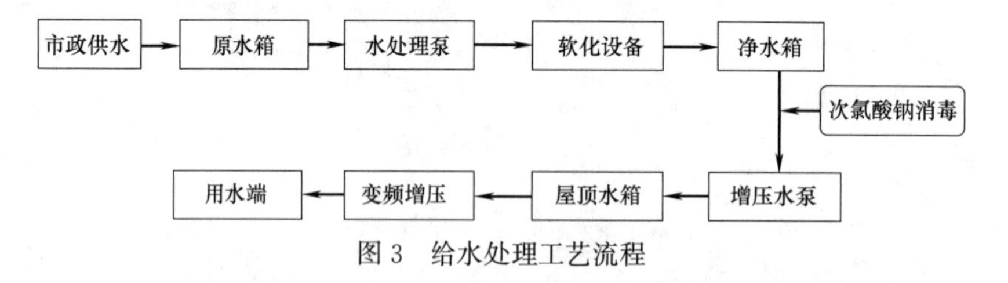

图3 给水处理工艺流程

给水设备参数见表2。

设备参数 **表2**

编号	设备名称	参数	台	备注
1	水处理泵	$Q=57m^3/h, H=41m, N=15kW$	2	1用1备
2	给水增压泵	$Q=57m^3/h, H=28m, N=9kW$	2	1用1备
3	屋顶增压变频水泵	$Q=45m^3/h, H=28m, N=9kW$ 带控制箱隔膜式气压罐 $V_{有效}=250L$	3	2用1备

5. 管材

经原水箱后的给水管采用薄壁铜管，焊接。铜管的安装应符合《建筑给水铜管管道工程技术规程》CECS 171：2004 的相关要求。

室内市政进入生活原水箱、消防水池的进水管均采用热镀锌焊接钢管。大口径的焊接钢管如采用焊接工艺，应符合《工业金属管道工程施工规范》GB 50235 和《现场设备、工业管道焊接工程施工规范》GB 50236 的相应要求。

（二）热水系统

1. 热水用水量

集中供应热水区域的最大时热水量为 $33m^3/h$。

2. 热源

酒店集中供热的范围包括客房区域、裙房区域两大部分。其中裙房部分的热水热源利用太阳能作为预热，客房部分的生活热水热源利用空气源热泵作为预热。具体流程如图 4、图 5 所示。

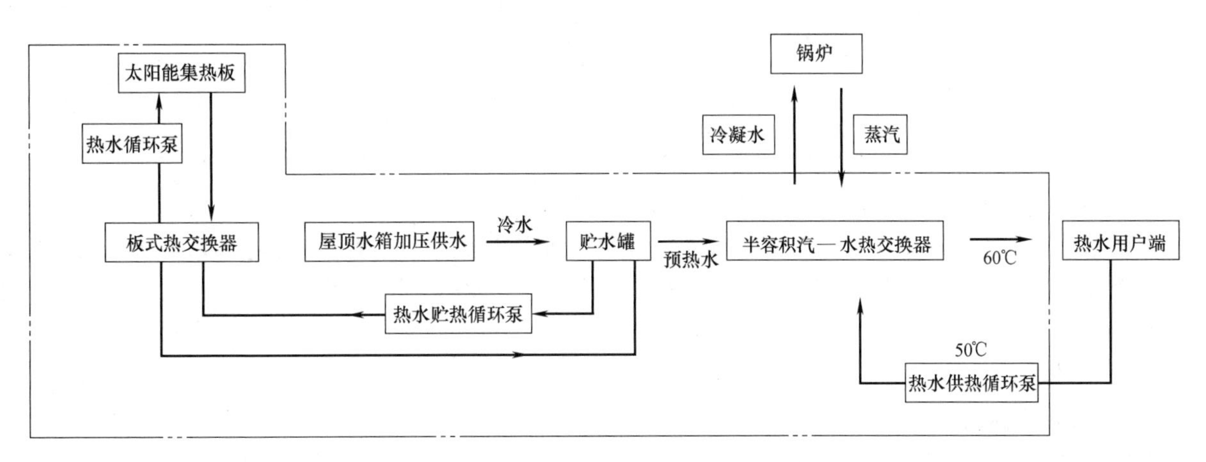

图 4　裙房区域（洗衣房+厨房）热水供应系统

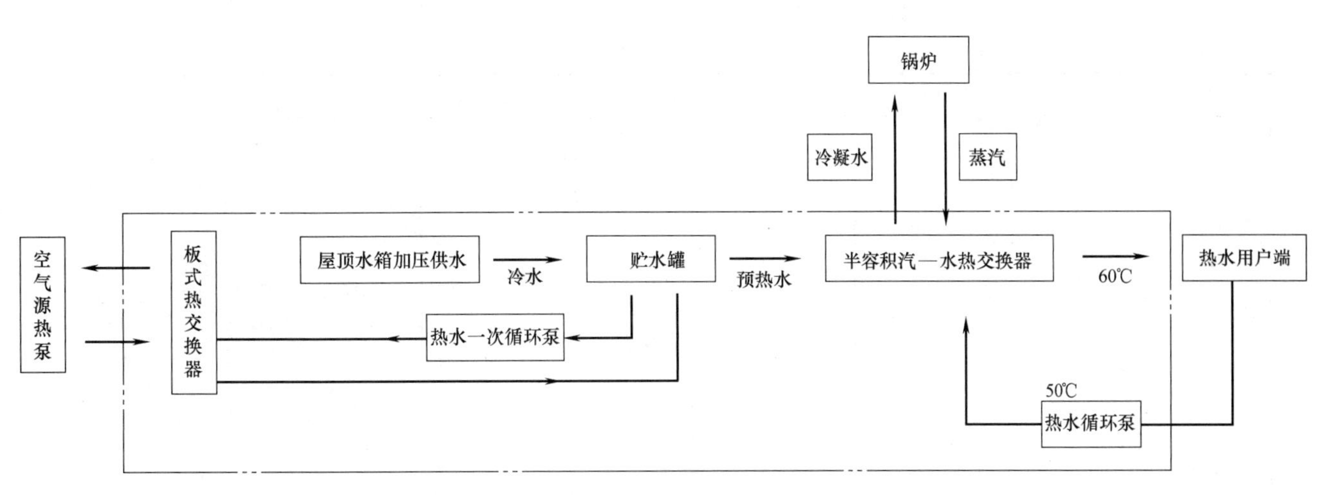

图 5　客房区域的热水供应系统

3. 系统竖向分区

热水系统竖向同给水系统，不分区。

4. 热交换器（表 3）

主要热交换器设备参数 **表 3**

编号	设备名称	参数	台	备注
1	半容积式热交换器	$V_{有效}=4m^3$ $K\geqslant 5000kJ/(m^2\cdot ℃)$ $F\geqslant 6m^2$	2	1用1备 客房热水供水
2	板式热交换器	一次侧温度 55℃/50℃ 二次侧温度 45℃/5℃ $Q_{热}=2000kW$	2	1用1备 空气源热泵储热
3	半容积式热交换器	$V_{有效}=7m^3$ $K\geqslant 5000kJ/(m^2\cdot ℃)$ $F\geqslant 12m^2$	2	1用1备 裙房热水供热
4	板式热交换器	二次侧温度 60℃/5℃ $Q_{热}=1450000kJ/h$	2	1用1备 太阳能储热

5. 冷热水压力平衡措施、热水温度的保证措施

为保证用水点的冷热水平衡，热水循环管道采用同程回水的方式。并设置热水循环水泵进行机械循环的方式。管道井及吊顶钟的热水管采用套管式保温，嵌墙安装的热水管采用包塑铜管。

6. 管材

热水管采用薄壁铜管，银钎焊接。暗敷在墙体内的热水管采用包塑铜管。

（三）雨水回收利用

本项目中收集客房区域的屋面雨水经处理后作为非传统水源主要回用于绿化灌溉、水景补水。可采用非传统水源即杂用水的年用水量表见表 4。

年用水量 **表 4**

水景	$F(m^2)$	$H(m)$	$V(m^3)$	$Q_{循}(m^3/d)$	$Q_{模}(m^3/d)$	备注
WF1 溢水池	14	0.1	1.40	1.40	0.04	1. 循环水按 1 天循环一次计算； 2. 水景损失按循环水量的 0.025 倍计算
WF2 喷泉	4	0.4	1.60	1.60	0.04	
WF3 溢水池	63	0.2	12.60	12.60	0.32	
WF4 溢水池	2	0.4	0.80	0.80	0.02	
WF5 溢水池	42	0.1	4.20	4.20	0.11	
WF6 溢水池	360	0.4	144	144	3.60	
WF7 溢水池	56	0.6	33.6	33.60	0.84	
总计					4.96	
雨季用水量：$4.96\times 90=446.4m^3$						

1. 年收集水量

本项目位于拉萨，年降雨量为 426.4mm，集中于 6～9 月份，可供收集的屋面面积为 $1000m^2$，则该项目屋面一年可以收集的雨水总量为：

$$Q=\lambda\psi FH\times10=0.9\times0.8\times0.10\times426.4\times10=307\text{m}^3$$

λ——季节折损率，0.8；

ψ——雨量径流系数，屋面取0.9；

F——汇水面积（m^2）；

H——年均降雨量（mm）。

本项目雨季三个月可以收集的雨水量$307\text{m}^3<446.3\text{m}^3$，可以满足雨季68.8%的用水量。

2. 系统小时处理水量为$10\text{m}^3/\text{h}$。

3. 雨水处理工艺流程如图6所示：

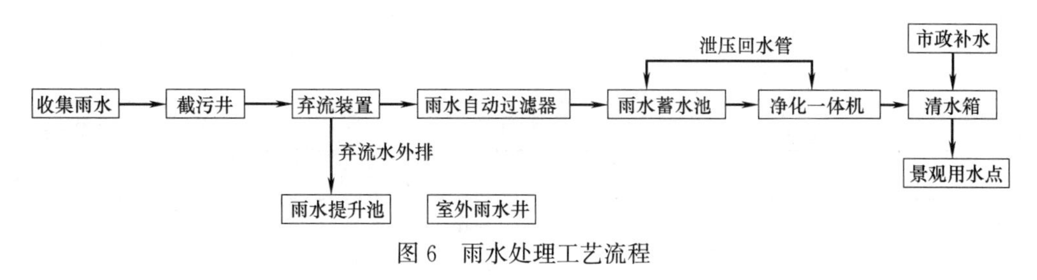

图6 雨水处理工艺流程

4. 雨水处理管材采用给水型PVC-U管，工作压力为0.6MPa。

（四）排水系统

1. 排水系统形式

室内污、废水合流。厨房排水经过重力排至隔油间隔油处理后汇至室外总体的污水管。

2. 透气管的设置方式

设置主通气立管，主通气立管与污水立管采用H管或共轭透气管连接。通气管的连接点高出卫生洁具上缘0.15m。各个公共卫生间采用环形通气非方式，客房卫生间采用器具通气的方式。

3. 采用的局部污水处理设备

厨房废水经重力排至隔油间经隔油处理后压力排出，排至室外污水管道。各个厨房的含油排水设备应自行配有地上式小型隔油处理设备。

项目基地狭长，项目内的污水管道无法全部通过重力排至室外的市政污水接口。故靠内侧的客房污水管道等经过埋地管集中排至总体上的污水提升泵站后加压排出。

基地内的污水管道均排至总体靠近入口处的化粪池进行处理后排至市政污水管网。

4. 管材

污水管管材采用机制柔性接口卡箍式铸铁管，卡箍式柔性接口的排水铸铁管直管和管件的内、外表面在出厂前应涂敷环氧树脂防腐材料。

二、消防系统

（一）消火栓系统

1. 消火栓系统用水量：室内用水量20L/s，室外用水量30L/s。

2. 系统分区：室内消火栓系统由消火栓水泵直接加压供给。

3. 消火栓泵的参数：消火栓水泵，2台，$Q=20\text{L/s}$，$H=46\text{m}$，$N=18.5\text{kW}$，1用1备；消火栓稳压水泵2台，$Q=5\text{L/s}$，$H=29\text{m}$，$N=3\text{kW}$，气压罐的有效容积为300L；消防水池设置在一层的消防水泵房内，消防水池为混凝土水池，$V_{有效}=504\text{m}^3$。消火栓水泵从消防水池中直接抽水；消火栓系统压力平时由屋顶消防水箱和消火栓稳压水泵维持，消防水箱的有效容积18m^3，消防水箱和消火栓稳压水泵位于六层水箱间内；室外设2组地下式消火栓水泵接合器。

4. 管材：消火栓管道大于或等于 *DN*100 采用热镀锌无缝钢管，沟槽式机械接头连接，管径小于 *DN*100 采用热镀锌焊接钢管，丝扣连接。

（二）自动喷水灭火系统

1. 湿式自动喷水灭火系统用水量：40L/s。

（1）系统分区：室内喷淋系统由喷淋水泵直接加压供给；

（2）喷淋泵的参数：喷淋水泵 2 台 Q=40L/s，H=65m，N=75kW，1 用 1 备；喷淋稳压水泵 2 台，Q=1L/s，H=31m，N=1.1kW，气压罐的有效容积为 150L；喷淋水泵从消防水池中直接抽水；喷淋系统压力平时由屋顶消防水箱和喷淋稳压水泵维持，消防水箱的有效容积 18m^3，消防水箱位于六层水箱间内，喷淋稳压水泵位于一层水泵房内。

喷头选型见表 5。

喷头选型　　表 5

区域	喷头型式	
三层宴会厅上方	快速反应闭式直立式喷头(68°)	K=80
设备机房	标准反应闭式直立式喷头(68°)	K=80
库房	快速反应闭式直立式喷头(68°)	K=80
办公室、商业及走道、客房等吊顶下喷头	标准反应闭式下垂式喷头(68°)	K=80
客房侧墙喷头	标准相应闭式扩展覆盖面边墙型喷头(68°)	K=115
厨房 洗衣房吊顶下喷头	标准反应闭式下垂式喷头(93°)	K=80
吊顶内上喷喷头	标准反应闭式直立式喷头(68°)	K=80

2. 报警阀数量：共设置湿式报警阀 6 组。报警阀设置在一层的消防水泵房内（表 6）。

报警阀设置　　表 6

报警阀编号	控制防火分区区域	立管编号	报警阀编号	控制防火分区区域	立管编号
ZP1	FC4,FC5,FC13	FS/B-1	ZP4	FC1,FC2,FC3,FC14	
ZP2	FC8,FC9	FS/B-2	ZP5	FC7	FS/A-2
ZP3	FC11,FC12	FS/B-3	ZP6	FC6-A,FC6-B,FC10	FS/A-3

室外设三组地下式喷淋水泵接合器。

管材：喷淋管道大于或等于 *DN*100 采用热镀锌无缝钢管，沟槽式机械接头连接，管径小于 *DN*100 采用热镀锌焊接钢管，丝扣连接。

（三）水喷雾灭火系统

一层柴油发电机房和锅炉房内设置水喷雾灭火系统。设计喷雾 20L/(m^2·min)，喷头的工作压力为 0.35MPa，持续喷雾时间为 0.4h。

水喷雾系统和湿式喷淋系统合用喷淋水泵。在柴油发电机房和锅炉机房内设置雨淋阀组。水喷雾灭火系统应具有自动控制、手动控制和应急操作三种控制方式。自动控制由火灾报警系统联动启动电磁阀，雨淋阀内压力变化打开雨淋阀，压力开关发出电信号启动喷淋水泵。

水喷雾雨淋阀组共计 5 组。

管材同喷淋系统。

(四) 气体灭火系统

一层的咨询科技部内的相关设备间（后改名为 IT 机房）根据酒店管理公司要求考虑采用一套贮压式无管网七氟丙烷全淹没气体灭火系统。

网络机房等防护区的灭火设计浓度为 8%，设计喷放时间不大于 8s。

灭火浸渍时间为 5min。

本系统在气体防护区内设置感烟探测器和感温探测器。保护区内具有独立的火灾自动探测、自动报警、灭火控制及气体灭火功能。

本系统具有自动、手动及机械应急启动三种控制方式。

1. 自动控制：正常状态下，气体灭火控制器的控制方式选在“自动”位置，灭火系统处于自动控制状态。当保护区发生火情时，探测器发出火灾信号，火灾报警控制器（或者气体灭火控制器）发出声、光报警信号，同时发出联动命令，关闭空调、风机、防火卷帘等通风设备，经过 30s 延时后，输出一路 DC24V/2A 灭火电源信号打开储气瓶上的电磁阀，释放七氟丙烷气体实施灭火。

2. 手动控制：在防护区域有人值班时，控制方式选在“手动”位置，灭火系统处于手动控制状态。若发生火灾，按下火灾报警灭火控制器（或者气体灭火控制器）面板上的“启动”按钮，即可按“自动”程序启动灭火装置，实施灭火。也可以在确认人员已经全部撤离的情况下，按下该区门口设置的“紧急启/停”按钮，即可按“自动”程序启动，释放七氟丙烷气体实施灭火。

3. 机械应急手动：当某保护区发生火情时，而自动、手动两种控制方式均因故不能启动的时候，应通知相关人员撤离现场，关闭联动该设备并切断电源。然后拔出手柄上的保险销，拍击储瓶组上的手柄，即可实施灭火。

气体灭火系统设计参数见表 7。

气体灭火系统设计参数 **表 7**

保护区名称	面积 (m^2)	层高 (m)	设计浓度 (%)	设计压力 (MPa)	设计喷射时间 (s)	贮存药剂量 (kg)	瓶组 (150L)	浸渍时间 (min)	泄压口面积 (m^2)
IT room	60	6.6	8	2.5	8	200	2	5	0.12

三、工程特点及设计体会

(一) 结合项目所处地的市政条件确定相关参数

酒店的生活用水根据当地的水质特点，结合酒店的相应要求做深度水处理，同时生活水的贮量按不少于 1d 的水量，也是结合当地的供水条件，考虑其供水安全性。

(二) 结合项目地理位置确定热源

拉萨地处太阳日照的丰富地区，在旅游旺季的时候（6～10 月）期间日照均有保证，故设计中尽可能地利用宴会厅的整个屋面设置了 288 块太阳能集热板作为生活热水的预热，同时在非空调季节利用空气源热泵的作为联合热媒给予生活热水的预热。从目前现场了解的情况，太阳能是作为一个常态化的有效的能源得到充分利用。

生活热水系统流程见图 7，设备机房见图 8 和图 9。

(三) 考虑高原效率衰减可能性

该项目位于海拔高度为 3643m 的高原地区，电机设备的效率需要考虑输出降容系数降低带来的影响。根据现场的反馈，目前设备的使用均正常，用电有富余。电机损耗系数见表 8。

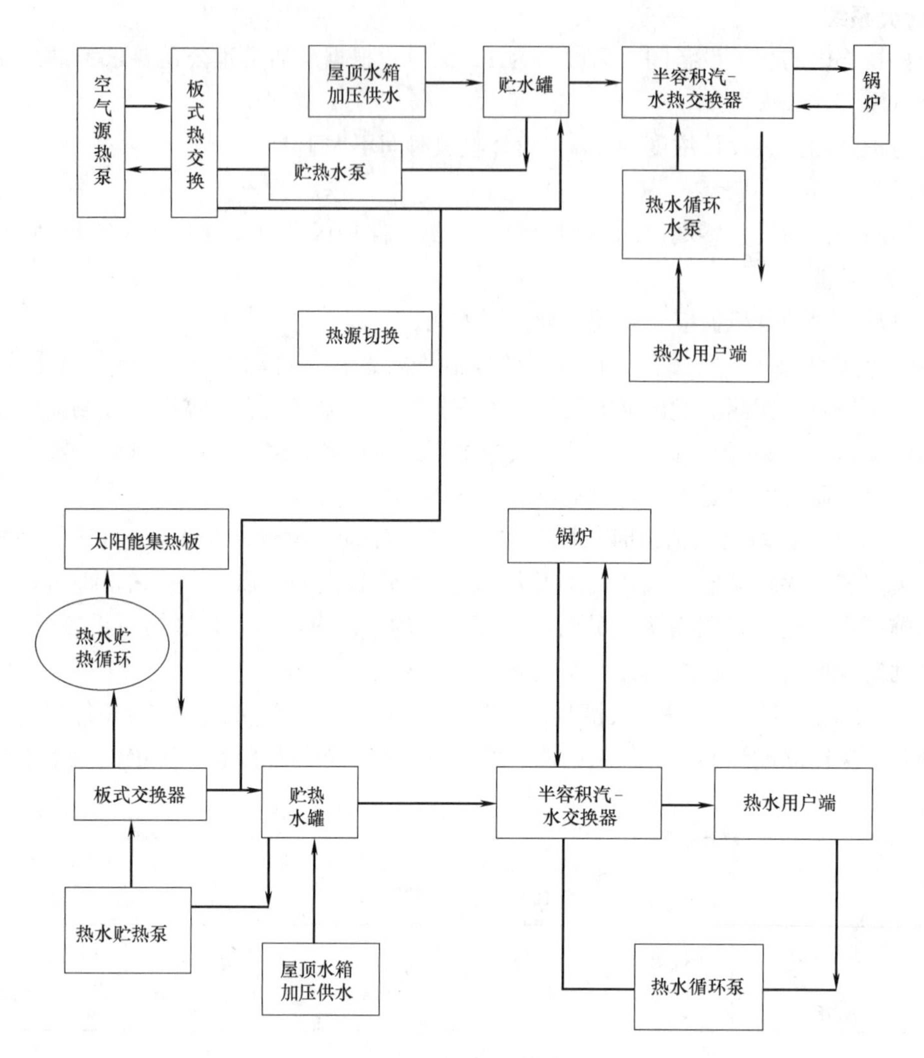

图7 生活热水系统流程

图8 热水机房照片1（空气源热泵和生活热水板换）

图9 热水机房照片2（太阳能贮热水罐）

高海拔电机损耗系数 **表 8**

海拔高度(m)	冷却介质温度(℃)					
	<30	30~40	45	50	55	60
1000	1.07	1.00	0.96	0.92	0.87	0.82
1500	1.04	0.97	0.93	0.89	0.84	0.79
2000	1.00	0.94	0.90	0.86	0.82	0.77
2500	0.96	0.90	0.86	0.83	0.78	0.74
3000	0.92	0.86	0.82	0.79	0.75	0.70
3500	0.88	0.82	0.79	0.75	0.71	0.67
4000	0.82	0.77	0.74	0.71	0.67	0.63

(四) 收集客房屋面雨水处理利用后作为室外水景的补水

根据节水规范的要求将非传统水源作为酒店水景的补水，设计考虑收集客房屋面的雨水进行处理后回用于水景的补水。该雨水机房的设计结合景观考虑，利用室外场地宽裕的特点，雨水收集池和处理设备单独设在室外绿化地下，绿地上的亭子作为进出于雨水机房的出入口。

雨水收集和处理工艺流程见图 10。总体景观雨水处理机房实景图见图 11。

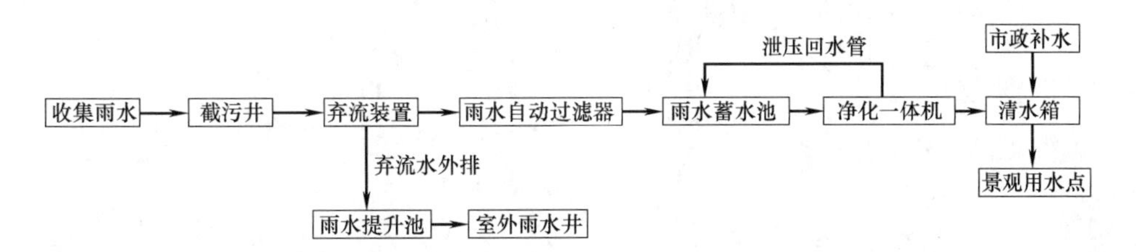

图 10 雨水收集和处理工艺流程

图 11 总体上的雨水处理机房出入口

四、工程照片及附图

热泵（非空调季节可作为生活热水的预热）

给水深度处理机房

热水机房 1

热水机房 2

屋面太阳能集热板支架

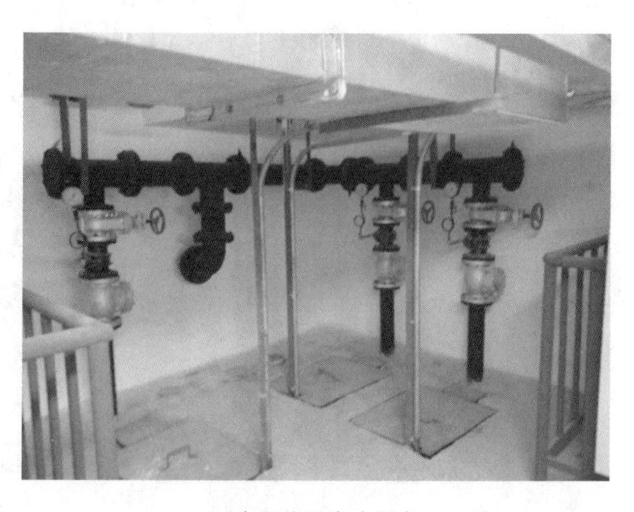

雨水回收机房内设备

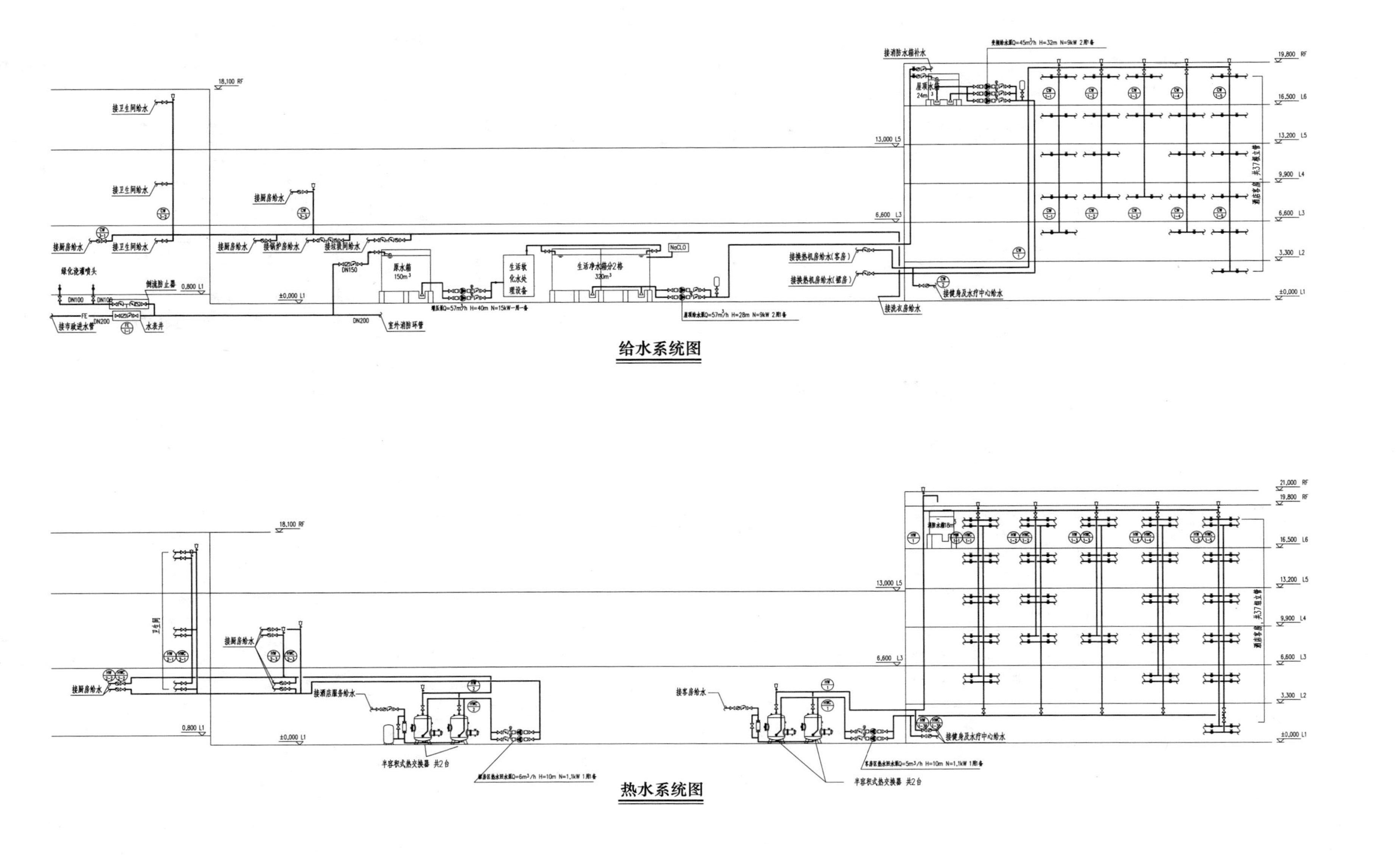
接卫生间给水
接厨房给水
接卫生间给水
接锅炉房给水
接蒸汽房给水
原水箱 150m³
生活软化水处理设备
生活净水箱分2格 320m³
NaClO
接换热机房给水(客房)
接换热机房给水(裙房)
接健身及水疗中心给水
接洗衣房给水
接消防水箱补水
屋顶水箱 24m³
室外消防环管
倒流防止器
水表井
接市政进水管
绿化浇灌喷头
接酒店服务给水
半容积式热交换器 共2台
接客房给水
接健身及水疗中心给水
消防水箱18m³

给水系统图

热水系统图

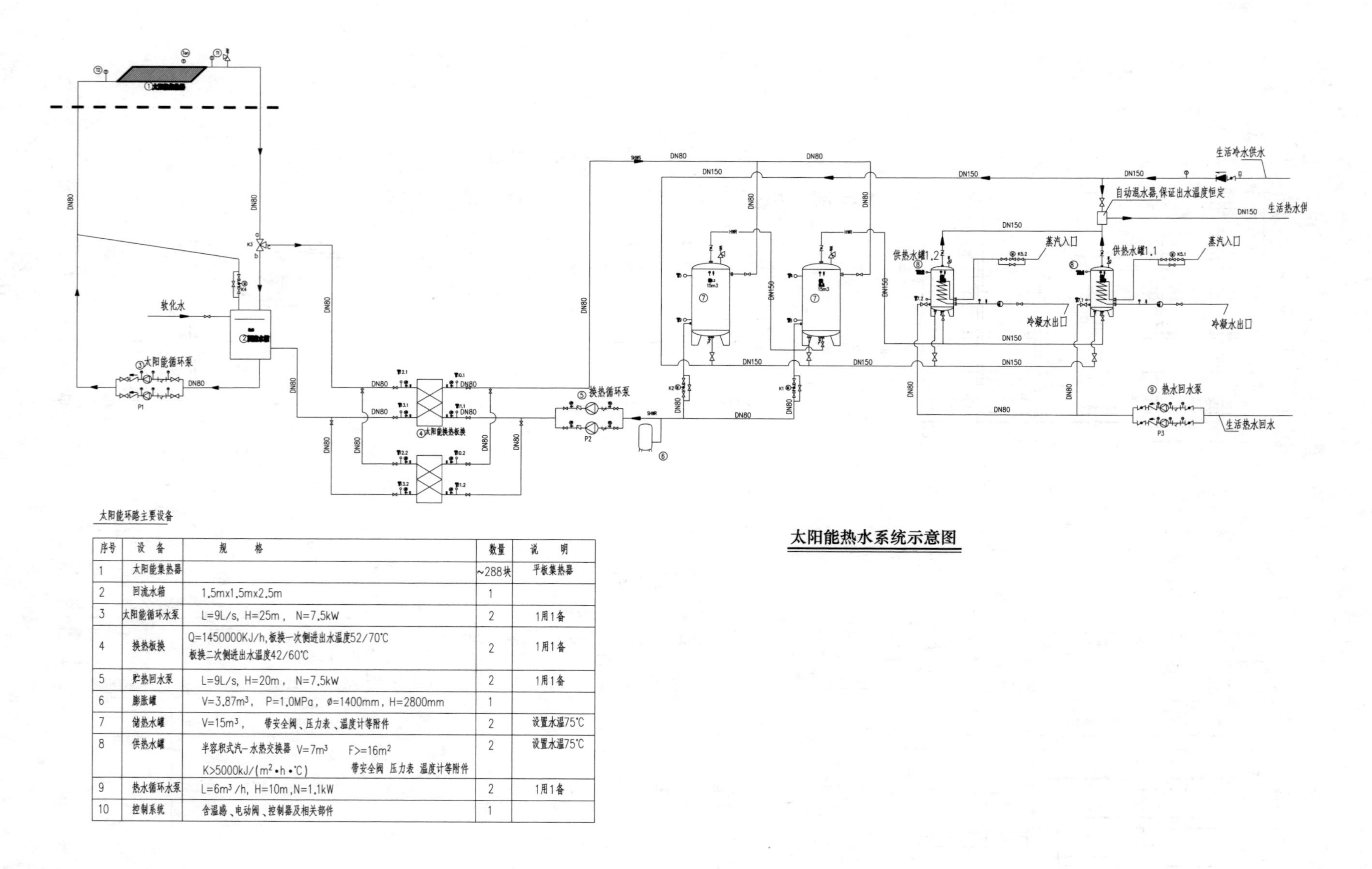

太阳能环路主要设备

序号	设备	规格	数量	说明
1	太阳能集热器		~288块	平板集热器
2	回流水箱	1.5mx1.5mx2.5m	1	
3	太阳能循环水泵	L=9L/s, H=25m， N=7.5kW	2	1用1备
4	换热板换	Q=1450000KJ/h,板换一次侧进出水温度52/70℃ 板换二次侧进出水温度42/60℃	2	1用1备
5	贮热回水泵	L=9L/s, H=20m， N=7.5kW	2	1用1备
6	膨胀罐	V=3.87m³， P=1.0MPa， ø=1400mm，H=2800mm	1	
7	储热水罐	V=15m³， 带安全阀、压力表、温度计等附件	2	设置水温75℃
8	供热水罐	半容积式汽-水热交换器 V=7m³ F>=16m² K>5000kJ/(m²•h•℃) 带安全阀 压力表 温度计等附件	2	设置水温75℃
9	热水循环水泵	L=6m³/h, H=10m,N=1.1kW	2	1用1备
10	控制系统	含温感、电动阀、控制器及相关部件	1	

太阳能热水系统示意图

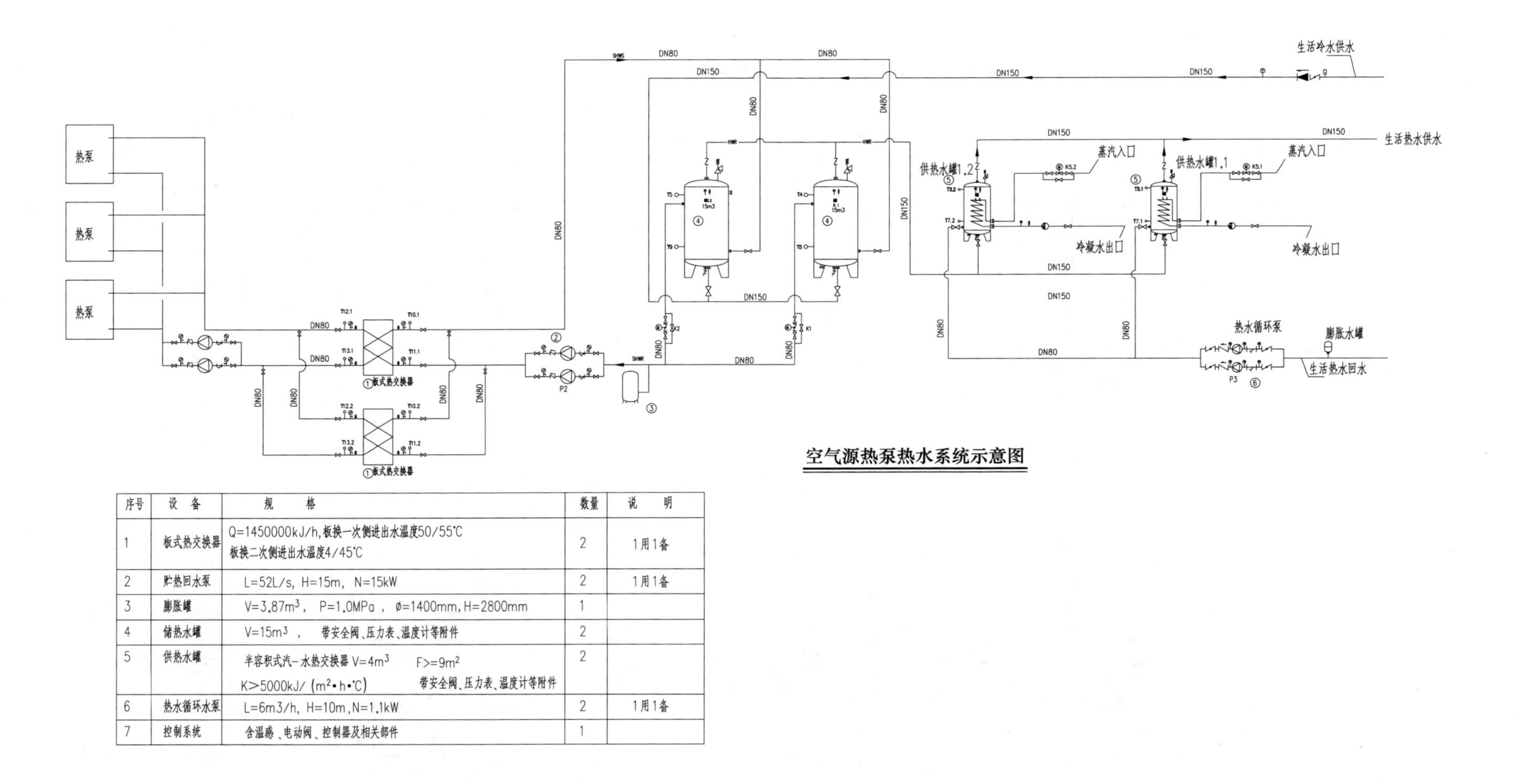

空气源热泵热水系统示意图

序号	设备	规格	数量	说明
1	板式热交换器	Q=1450000kJ/h，板换一次侧进出水温度50/55℃ 板换二次侧进出水温度4/45℃	2	1用1备
2	贮热回水泵	L=52L/s，H=15m，N=15kW	2	1用1备
3	膨胀罐	$V=3.87m^3$，P=1.0MPa，ø=1400mm，H=2800mm	1	
4	储热水罐	$V=15m^3$，带安全阀、压力表、温度计等附件	2	
5	供热水罐	半容积式汽-水热交换器 $V=4m^3$　$F>=9m^2$ $K>5000kJ/(m^2\cdot h\cdot ℃)$　带安全阀、压力表、温度计等附件	2	
6	热水循环水泵	L=6m3/h，H=10m，N=1.1kW	2	1用1备
7	控制系统	含温感、电动阀、控制器及相关部件	1	

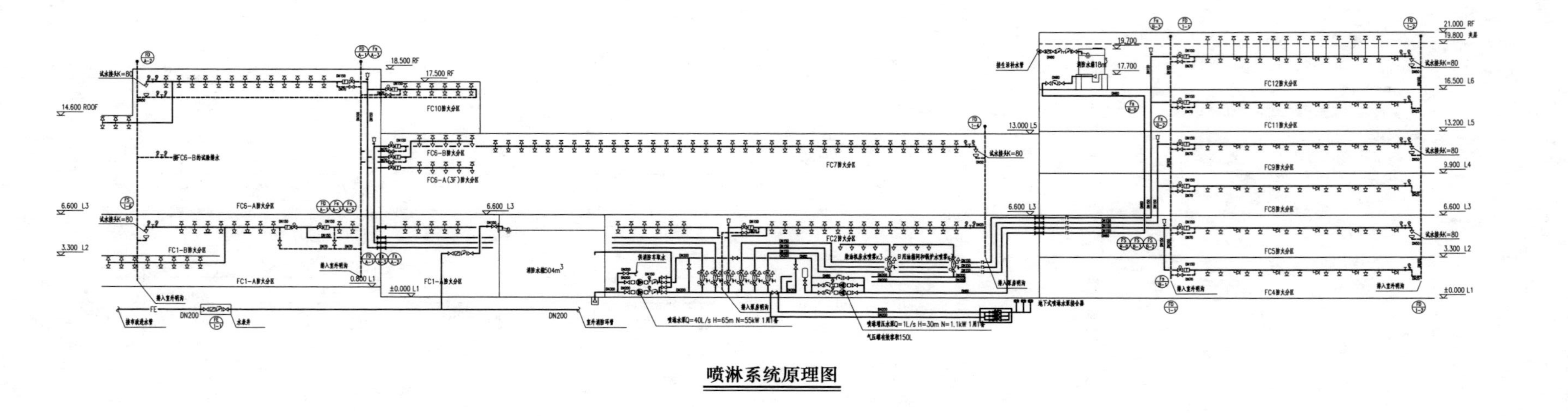

喷淋系统原理图

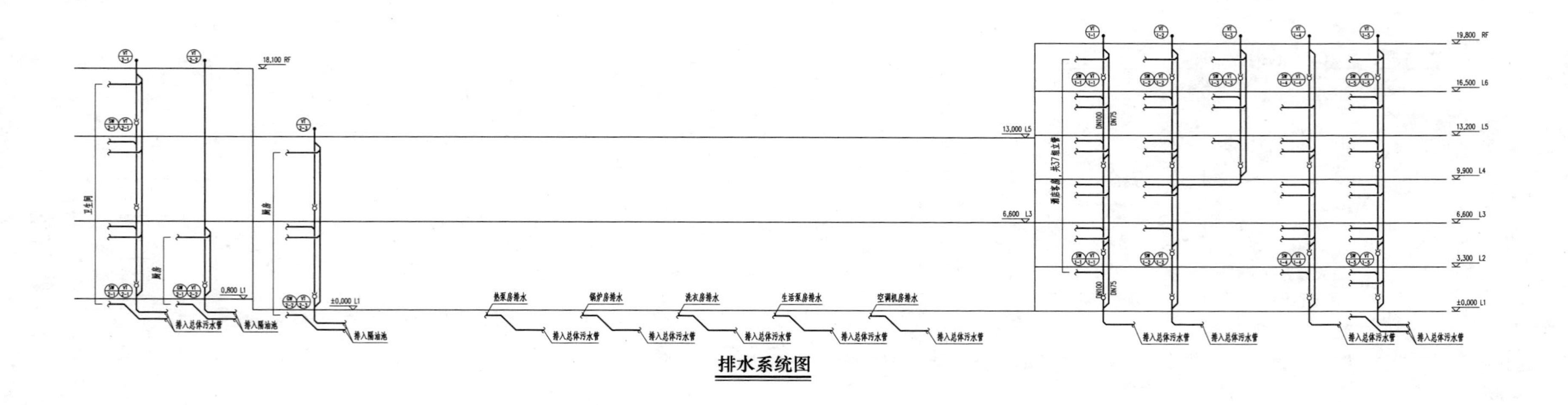

排水系统图

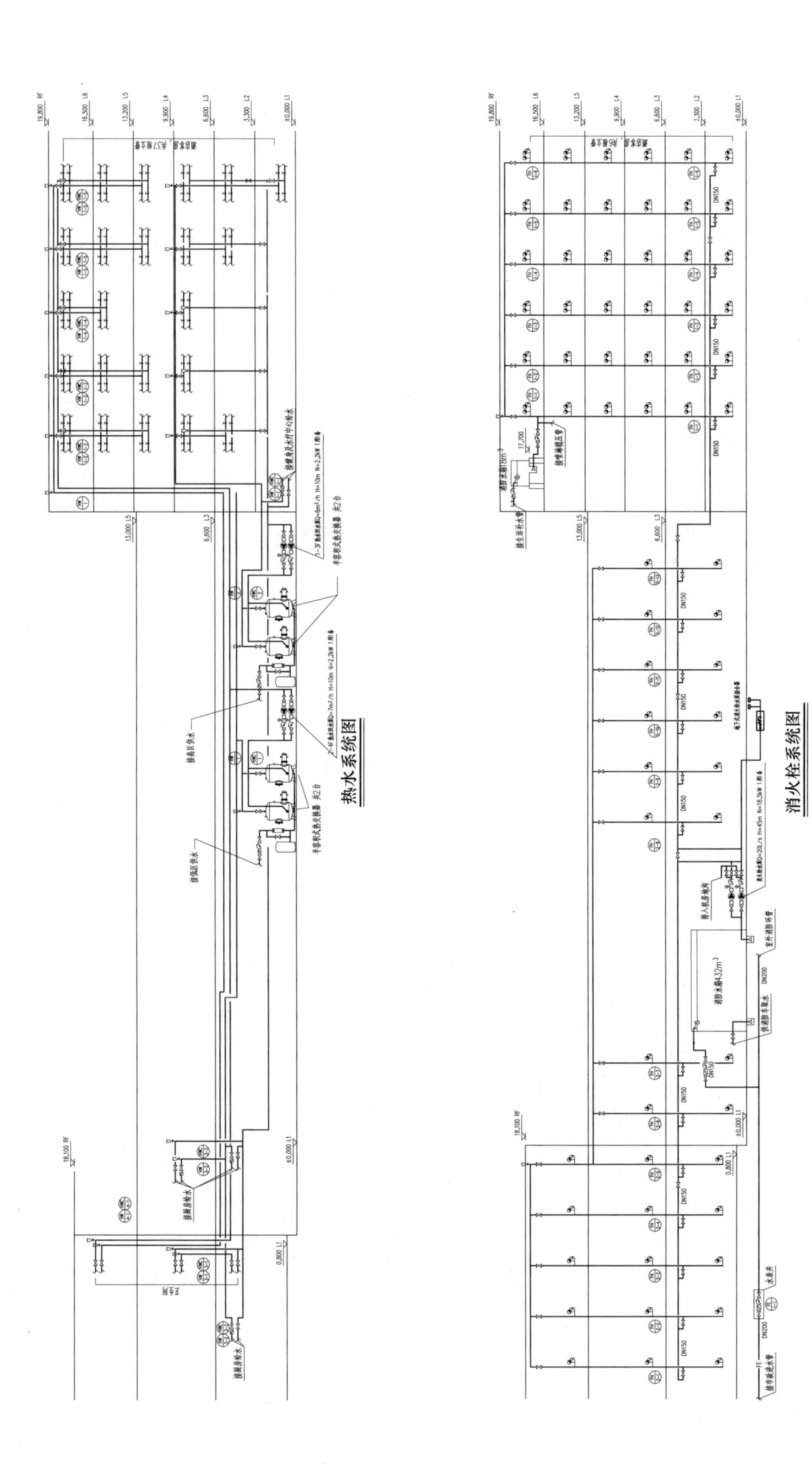
热水系统图
消火栓系统图

成都市国家综合档案馆

设计单位： 成都市建筑设计研究院
设 计 人： 张灿　廖楷
获奖情况： 公共建筑类　三等奖

工程概况：

成都市国家综合档案馆，地下2层，地上15层，建筑面积49999.34m^2，建筑高度60.9m，为建筑高度超过50m的一类高层甲级档案楼。地下一层、地下二层为汽车库（停车数180辆，为Ⅱ类汽车库）、档案库房及附属设备用房，其中地下二层局部为人防地下室。一～十五层为展示大厅、档案库房、档案业务、技术用房及办公用房。

工程说明：

一、给水排水系统

（一）给水系统

1. 冷水用水量（表1）

冷水用水量　　表1

序号	名　称	用水量标准	服务人数(人)或面积(m^2)	使用时间(h)	最高日用水量(m^3/d)	最高日最大小时用水量(m^3/h)	小时变化系数K_h
1	展示	6L/(m^2·d)	3400	10	20.40	3.06	1.5
2	培训	40L/(人·d)	580	10	23.20	3.48	1.5
3	办公	40L/(人·班)	500	10	20.00	3.00	1.5
4	查阅	10L/人次	160	10	1.60	0.24	1.5
5	休闲卡座	15L/人次	120	12	1.80	0.23	1.5
6	食堂	20L/人次	500	12	10.00	2.50	3.0
7	绿化及道路洒水	2L/(m^2·次)	7616	8	15.23	1.90	1.0
8	车库地面冲洗水	2L/(m^2·次)	7154	8	14.31	1.79	1.0
9	空调补水1	按循环水量的1%		12	40	3.33	1.0
10	空调补水2	按循环水量的1%		24	90	3.75	1.0
11	未预见水量(15%)			15.98	2.43		
12	合计				252.52	25.71	

2. 水源

本工程给水水源为城市自来水，该区域城市自来水可靠供水压力为0.30MPa。综合考虑生活用水和消防用水，从本工程东西侧市政管网上各接入一根*DN*150给水引入管，引入管上设消防、绿化用水总水表及办公用水总水表。

3. 系统竖向分区

因市政管网的供水常压不能完全满足本建筑的供水要求，故采用分区供水的方式。其中一～四层为供水低区；四层以上为供水高区。

4. 供水方式及给水加压设备

低区采用市政管网直接供水；高区采用加压供水。在地下二层生活水泵房设有一套恒压变频供水设备（$Q=24m^3/h$，$H=105m$，$N=2\times5.5kW$，1用1备），供水恒定压力值设为1.00MPa。

5. 管材

室内给水干管及立管采用衬塑钢管，丝接；支管采用PP-R管，冷水支管采用S5级别，热水支管采用S3.2级别。室外给水管采用PE给水塑料管，热熔连接。

（二）排水系统

1. 排水系统的形式

本工程采用生活污水与雨水分流制排水的管道系统。

2. 透气管的设置方式

室内生活污水采用伸顶通气双立管（设有专用通气立管）、伸顶通气单立管、底层单独排放重力流排水系统（无通气管）及污水提升排放系统（排放设备设有伸顶通气管）。

3. 采用的局部污水处理设施

厨房排水在室外设置隔油池进行预处理。

4. 管材

压力排水管采用热浸镀锌钢管，丝接；雨水管采用承压型专用PVC-U雨水塑料管，粘接；开水间排水管及所连干管及立管采用耐热型PVC-U塑料排水管，使用温度100℃，粘接；其余所有污、废水管均采用PVC-U塑料管，粘接；室外雨、污水管均采用环刚度为$8kN/m^2$的PVC-U双壁玻纹管，弹性密封圈柔性承插连接。

二、消防系统

（一）消火栓系统

室外消火栓系统采用低压制给水系统，由城市自来水直接供水，发生火灾时，由城市消防车从现场室外消火栓取水，经加压进行灭火或由消防车经消防水泵接合器供室内消防灭火用水。

室内消火栓系统用水量：40L/s，室外消火栓系统用水量：30L/s，室内、外消火栓系统火灾延续时间均为3h，同一时间内的火灾次数为1次，一次灭火用水量为$756m^3$。因最低层消火栓栓口处的静水压力不大于1.0MPa，故消火栓系统未分区。在地下室消防泵房内设置有两台消火栓泵（1用1备，$Q=40L/s$，$H=100m$，$N=75kW$），火灾延续时间内的室内外消防用水来自设于地下1层的消防水池（室内外消防用水贮水池，与自喷系统合用，分为两格，总有效容积为$900m^3$，池底标高为$-5.55m$）。火灾初期的室内消防用水来自设于屋顶的专用消防水箱（有效容积为$19.2m^3$，箱底标高64.05m）。因消防水箱的设置高度不能满足最不利点消火栓的静水压力，故在屋顶下设备夹层设一套增压稳压设备（消火栓及自喷系统共用，稳压值0.22MPa）。在室外消防车道边设置有三套消火栓用水泵接合器。消火栓系统管道采用内外壁热浸镀锌钢管，管径小于*DN*100采用丝接，管径大于或等于*DN*100采用法兰连接或标准沟槽式卡箍接头连接。

（二）自动喷水灭火系统

除高低压配电房、配电间、消防控制室、柴油发电机房、生活水泵房、消防水泵房、楼梯间、人防口部、档案库房、中心机房、特藏库、档案业务用房、档案技术用房及不宜用水扑救的部位外，均设自喷保护。自喷系统采用自动喷水湿式系统，其中地下室为中危险Ⅱ级，设计喷水强度为 8L/(min·m^2)，作用面积为 160m^2；一～十五层为中危险Ⅰ级，设计喷水强度为 6L/(min·m^2)，作用面积为 160m^2，自动喷水灭火系统用水量：38.6L/s，火灾延续时间为 1h，一次灭火用水量为 138.96m^3。在地下室消防泵房内设置有两台自喷泵（1 用 1 备，Q=40L/s，H=120m，N=90kW），火灾延续时间内的自喷用水来自设于地下一层的消防水池（室内外消防用水贮水池，与消火栓系统合用，分为两格，总有效容积为 900m^3，池底标高为 −5.55m）。火灾初期的自喷用水来自设于屋顶的专用消防水箱（有效容积为 19.2m^3，箱底标高 64.05m）。因消防水箱的设置高度不能满足最不利点处喷头的工作压力和喷水强度，故在屋顶下设备夹层设一套增压稳压设备（消火栓及自喷系统共用，稳压值 0.22MPa）。在室外消防车道边设置有三套自喷用水泵接合器。自喷系统管道采用内外壁热浸镀锌钢管，管径小于 DN100 采用丝接，管径大于或等于 DN100 采用法兰连接或标准沟槽式卡箍接头连接。

（三）高压细水雾灭火系统

应急库房、档案库房、档案业务用房及技术用房设开式高压细水雾灭火系统。

开式高压细水雾设计参数见表 2：

开式高压细水雾设计参数 **表 2**

场所类别	系统最小喷雾强度 (L/(min·m^2))	喷头最大安装高度 (m)	喷头设计工作压力 (MPa)	喷头选型 (最佳 K 值)
档案库房	2.2	5	10.0	2.0
	1.3	4	10.0	1.2
	0.75	3	10.0	0.7
电气设备间	1.3	7	10.0	1.2
	0.75	5	10.0	0.6
其他设备间	1.3	7	10.0	1.2
	0.75	3	10.0	0.7

根据本工程火灾危险性及建筑特点设置一套高压细水雾灭火系统，系统选用开式全淹没系统。因无法满足两路市政供水水源，故采用水箱增压供水方式。在地下二层高压细水雾泵房内设不锈钢消防水箱（细水雾专用，有效容积 9.6m^3）、增压泵（两台，1 用 1 备，单台参数 Q=560L/min，H=20m，N=4kW）及高压细水雾泵组（8 台，7 用 1 备，单台参数 Q=70L/min，H=1600m，N=22kW）保证系统供水。发生火灾时高压细水雾泵组补水电磁阀开启，同时启动增压泵从水箱取水供给高压细水雾泵组，经高压细水雾泵组加压后供给系统用水。高压细水雾系统管道采用 304 不锈钢管及管件，焊接。

高压细水雾灭火系统控制：

1. 准工作状态下，从泵组出口至区域阀前的管网内压力维持在 1.0～1.2MPa，阀后空管。发生火灾时由火灾报警控制系统联动开启区域控制阀，系统管道的压力下降，稳压泵启动，稳压泵运行 10s 后压力仍达不到设定的 1.2MPa 时，主泵启动同时稳压泵停止运行，主泵向开式喷头供水，喷细水雾灭火。

2. 系统控制有自动、手动和应急操作三种控制方式。

（1）自动控制：灭火分区内一路探测器报警后，火灾自动报警系统联动开启警铃，当两路探测器报警确认火灾后，火灾自动报警系统联动开启声光报警器，并打开对应灭火分区控制阀，向配水管供水。主管道压力下降，稳压泵运行超过10s后压力仍达不到要求，则启动主泵，压力水经过高压细水雾开式喷头喷放灭火。压力开关反馈系统喷放信号，火灾自动报警联动开启喷雾指示灯。

（2）手动控制：当现场人员确认火灾且自动控制还未动作，可按下现场区域控制阀的手动启动按钮（或远程启动按钮），启动系统，喷放细水雾灭火。

（3）机械应急操作：当自动控制与手动控制失效时，通过操作区域控制阀的手柄，打开控制阀，启动系统，喷放细水雾灭火。

（四）气体灭火系统

1. IG541气体灭火系统

特藏库房、声像档案库房、实物档案库房及电子档案库房设管网式全淹没IG541气体灭火系统（按规范要求需设置惰性气体灭火系统）。设计灭火浓度为37.5%，灭火剂喷放时间不小于48s，不大于60s，灭火浸渍时间为10min。在规定时间内向防护区喷射一定浓度的IG541灭火剂，并使其均匀地充满整个防护区，此时能将其区域里任何一部位发生的火灾扑灭。

IG541气体灭火系统的控制方式为自动、手动、机械应急手动三种方式。

（1）自动控制：正常状态下，火灾报警控制器的控制方式选择在“自动”位置，灭火系统处于自动控制状态。当保护区发生火情，火灾探测器发出火警信号，火灾报警控制器即发出声、光报警信号，同时发出联动命令，关闭空调、风机、防火卷帘等通风设备，经过30s延时（此时防护区内人员必须迅速撤），输出DC24V/1.5A灭火电源信号驱动启动瓶电磁阀，释放出的控制气体打开对应区域的选择阀，继而打开灭火剂贮瓶上的瓶头阀，释放IG541灭火剂实施灭火。

（2）手动控制：在防护区有人工作或值班时，控制方式可选择“手动”位置，灭火系统处于手动控制状态。若某保护区发生火情，按下火灾报警控制器面板上的“启动”按钮，也可在确认人员已经全部撤离的情况下，按下该区门口设置的“紧急启动”按钮，即可按“自动”程序启动灭火装置，实施灭火。

（3）机械应急手动：当某保护区发生火情，而自动、手动两种控制方式均因故不能启动时，应通知有关人员撤离现场，关闭联动设备。然后，在设备间拔掉对应防护区启动瓶组上的保险环，用手压下手柄，即可释放启动气体驱动选择阀、瓶头阀开启，实施灭火。在发生火灾报警，在延时时间内发现不需要启动灭火系统进行灭火的情况下，可按下气体灭火控制器或防护区门外的“紧急停止”按钮，即可终止灭火程序。喷放IG541灭火剂后应保持必需的灭火浸渍时间后方可给保护区通风换气，保护区喷放灭火剂和未彻底通风时人员不得进入。设有IG541气体灭火系统的房间均配置自动泄压阀，防止房间内超压。

2. 七氟丙烷气体灭火系统

高低压配电间、柴油发电机房及储油间、消防控制室、安防监控中心、八层中心机房及电子设备用房采用预置式七氟丙烷自动灭火设备，设计灭火浓度为9%，灭火剂喷放时间不大于8s，灭火浸渍时间为5min。该灭火方式在规定时间内向防护区喷射一定浓度的七氟丙烷气体灭火剂，并使其均匀地充满整个防护区，此时能将防护区域内任一部位发生的火灾扑灭。

预置式七氟丙烷自动灭火设备灭火系统的控制方式为自动及手动两种方式。

（1）自动控制：正常状态下，火灾报警控制器的控制方式选择在“自动”位置，灭火系统处于自动控制状态。当保护区发生火情，火灾探测器发出火警信号，火灾报警控制器即发出声、光报警信号，同时发出联动命令，关闭空调、风机等通风设备，经过30s延时（此时防护区内人员必须迅速撤），输出DC24V/1.5A灭火电源信号驱动启动瓶电磁阀，继而打开灭火剂储瓶上的瓶头阀，释放七氟丙烷气体实施灭火。

（2）手动控制：在防护区有人工作或值班时，若防护区发生火情，按下火灾报警控制器面板上的“启动”按钮，也可在确认人员已经全部撤离的情况下，按下该防护区门口设置的“紧急启动”按钮，即可按

"自动"程序启动灭火装置，实施灭火。当发生火灾报警，在延时时间内发现不需要启动灭火系统进行灭火的情况下，可按下气体灭火控制器或防护区门外的"紧急停止"按钮，即可终止灭火程序。

喷放七氟丙烷气体灭火剂后应保持必需的灭火浸渍时间方可给保护区通风换气，保护区喷放灭火剂和未彻底通风时人员不得进入。设有七氟丙烷气体灭火系统的房间均配置自动泄压阀，防止房间内超压。

（五）大空间智能型主动喷水灭火系统

展厅中庭采用自动扫描射水高空水炮灭火装置，水炮按中危险Ⅱ级布置，设计流量 10L/s，火灾延续时间 1.5h，供水泵组、消防水箱、消防水池及水泵接合器与自动喷水灭火系统合用。

火灾发生时，通过人工或火灾报警控制器确认火灾报警区域，自动扫描射水高空水炮的系统将自动联动开启相应的消防设备（消防泵组及其管路出口阀等），同时 CCD 传感器自动扫描现场火情，通过噪光过滤和图像处理迅速判别找出火源，再通过对自动定位高空水炮的位置检测及时调整高空水炮的角度，对准火源喷水灭火。

三、工程特点及设计体会

本工程消防系统特别复杂，有高压细水雾系统、IG541 气体灭火系统、七氟丙烷气体灭火系统、自动喷水灭火系统、消火栓系统、大空间智能型主动喷水灭火系统、厨房专用细水雾灭火设备及建筑灭火器等。设计中对消防系统可有多种选择，如何保证最终的方案更为经济合理？设计通过对灭火系统方案进行了多轮比较，并多次与消防厂家的技术人员进行技术、经济探讨，反复修改设计方案，最终确定的消防方案满足了造价要求并获得了专家及消防认可。

甲方对地下室的层高提出了很高的要求，经与甲方及其他专业反复协商，为了最大限度地提高地下室层高，地下室的自喷管网采取了穿梁的技术措施，最后地下室的安装效果获得了人居公司（代建）及档案局（使用方）的好评。

档案馆的技术用房及档案用房不宜有水管通过，屋面的雨水管经与建筑专业协调，采用了外墙内凹，雨水立管设于室外的设计方案。

本工程最终确定的给水排水方案及消防方案经济合理，设备选型经济适用（满足造价要求，本工程为设计施工总承包项目），并采用了一些新技术。

优缺点：下面以高压细水雾系统及 IG541 气体灭火系统的优缺点为例，介绍如下：

1. 细水雾系统的优缺点

优点：

（1）细水雾技术可以将空气与易燃物有效的隔开，从而能快速地防止火势蔓延和恶化。而且由于其速度快，所以其穿透力极强，能直达火源的根部，将火势彻底的控制和扑灭，有效地防止了火源的再次复燃。

（2）其喷出的高速水雾，也可以高效地清洗空气中的烟雾，有利于被火势围困人员的撤离。

（3）整个细水雾系统只有其喷嘴比较昂贵，所以相对其他灭火系统（比如气体灭火系统）而言，细水雾灭火系统的性价比较高。

（4）在整个灭火过程中，细水雾技术对水的利用率也很高，产生的水渍也较少，并且完全绿色环保。

缺点：

（1）对喷嘴的抗压能力要求高，所以细水雾系统在造价方面要比传统的水喷淋灭火系统昂贵。

（2）对水质要求很高，因为如果水质较差，会造成喷嘴堵塞，不仅会影响喷嘴的性能，还会对喷嘴造成损坏。

（3）实际使用中，可能因为各种原因造成水渍损失（喷头到水管，再至水泵、水箱，任何一个环节出错都会可能造成），因而不能用来保护不能受潮的贵重纸质档案等。

（4）产品的品质要求高，细水雾喷头产品不合格将使水雾不能形成。

2. IG541 气体灭火系统的优缺点

优点：

（1）灭火剂为洁净气体，可长期使用，没有淘汰风险。氮气、氩气是空气中的组成部分，是环境友好气体，灭火后又回归大气，温室效应潜能值 GWP=0；臭氧层消耗潜能值 ODP=0，不破坏臭氧层，不产生温室效应。

（2）灭火剂来源广泛，市场接受程度高。氮气、氩气直接从空气中提取，成本低。氮气、氩气并非合成品，生产过程中不使用化学药剂，无化学试剂残留，均从绝干空气中提取，通过专用过程塔进行浓缩和液化。

（3）对贵重仪器、设备、资料无损害。灭火原理为物理式灭火，不与其他物质或混合物发生化学反应，不会对其他物质造成二次污染，在任何环境下，化学性质均不变。无腐蚀，无毒，不导电，不产生分解物，不腐蚀设备。灭火后，灭火剂没有任何残渣或残留物，火灾现场易于清理。惰性气体灭火剂喷放时，药剂不发生吸热汽化等现象，因此，防护区温度不会急剧下降，珍贵资料纸张和磁盘不会出现发脆而损坏的现象，精密仪器表面也不会产生大量的冷凝水。

（4）对人的生命不构成危害。可安全用于有人员的场合，在火灾报警时，人员在安全时间内撤离防护区即可。惰性气体灭火剂喷放时，不产生白雾，视野清晰。

缺点：

（1）IG541 为贮存压力较高，对设备、零部件的要求更高，因此造价较其他非惰性气体灭火系统高。

（2）IG541 系统的气体贮存需要的钢瓶数量较多，需要空间（钢瓶设备间）较大。

（3）IG541 系统灭火机理为纯物理方式，喷放时间长，不利于火灾的控制。

四、工程照片及附图

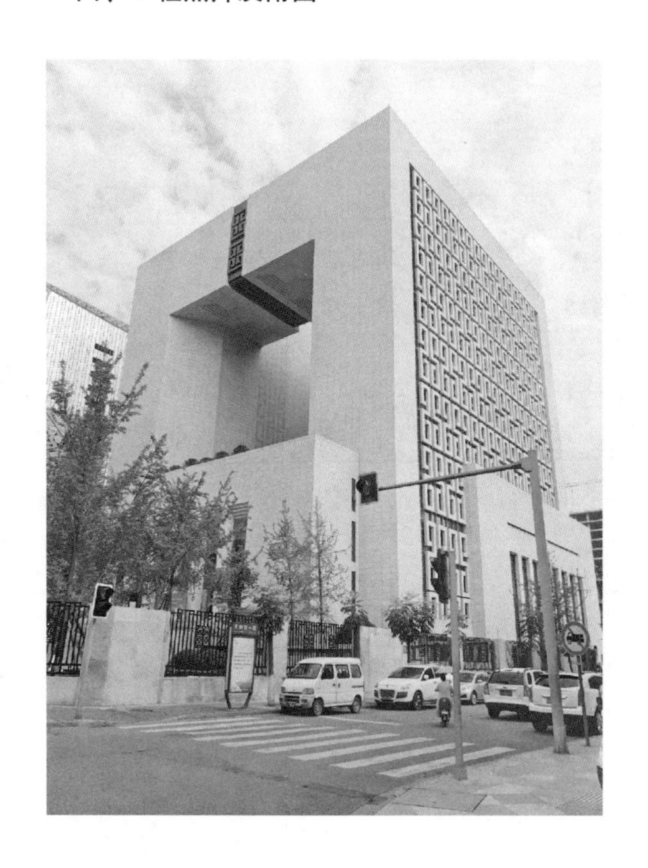

1#细水雾泵
泵组式微水雾灭火设备
2#细水雾泵

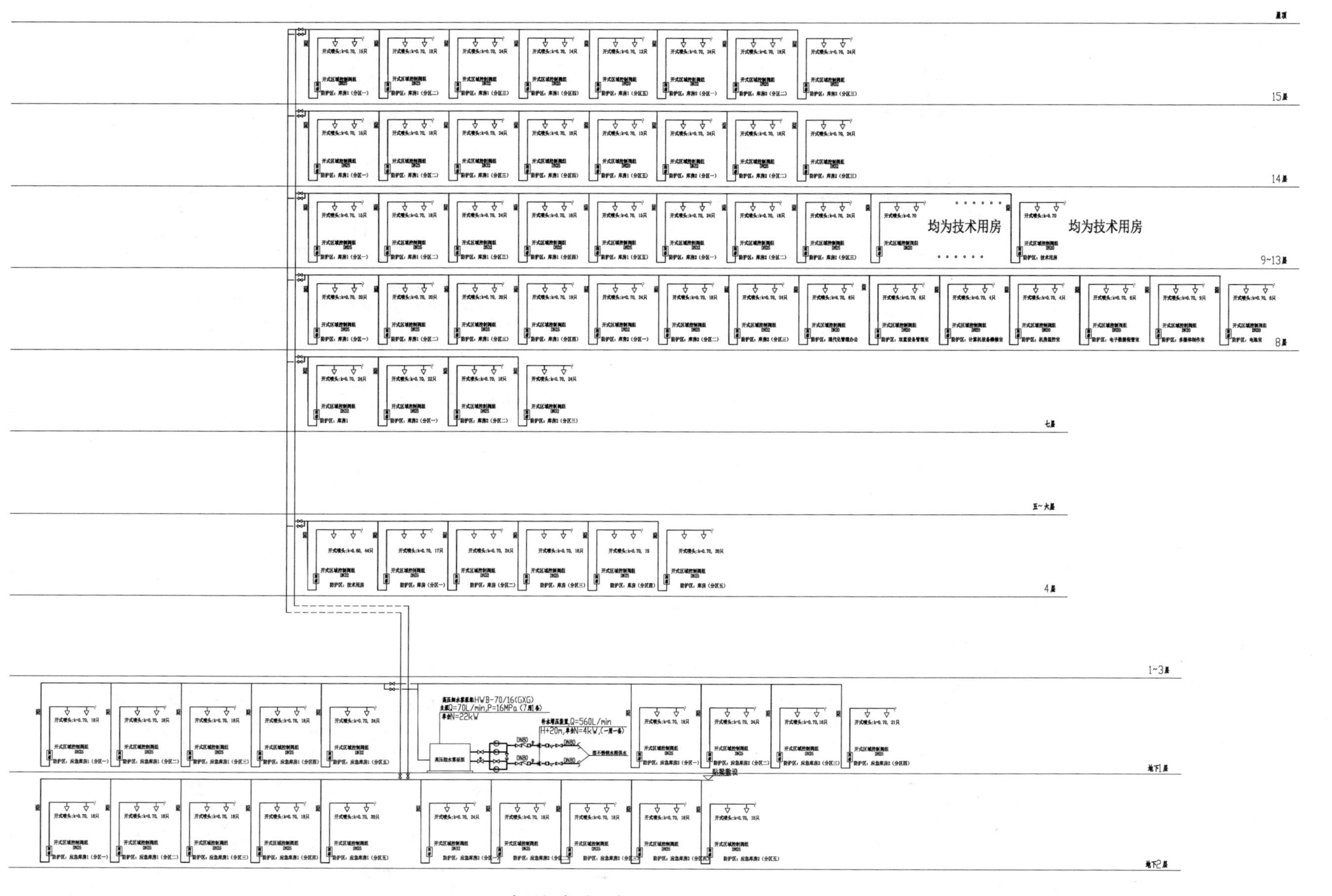
15层
14层
均为技术用房
均为技术用房
9~13层
8层
4层
1~3层
高压细水雾泵组HWB-70/16(GXG)
主泵Q=70L/min,P=16MPa (7用1备)
单台N=22kW
补水增压装置Q=560L/min
H+20m,单台N=4kW,(一用一备)

高压细水雾系统原理图

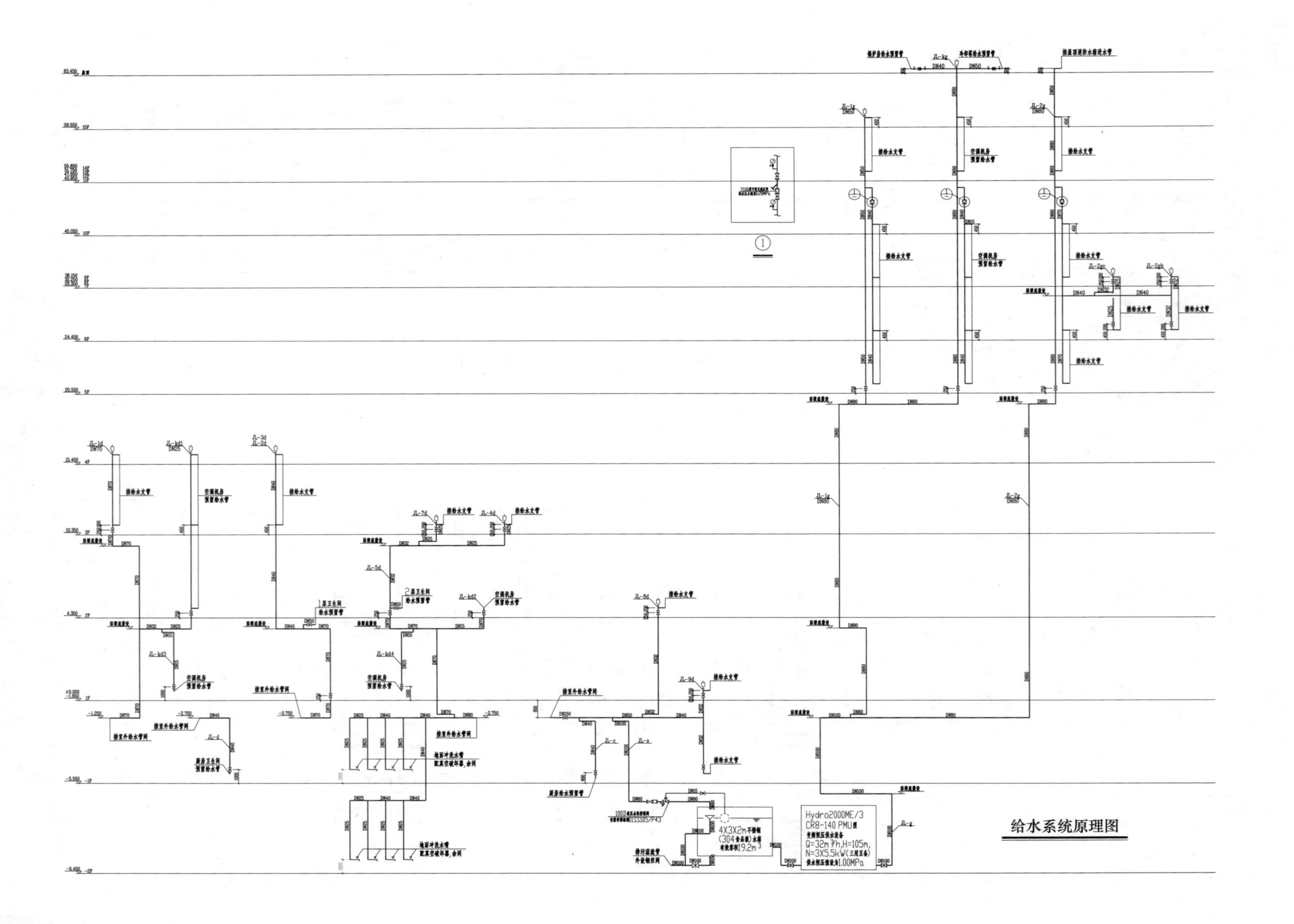
Hydro2000ME/3
CR8-140 PMU型
Q=32m³/h,H=105m,
N=3X5.5kW
4X3X2m
给水系统原理图

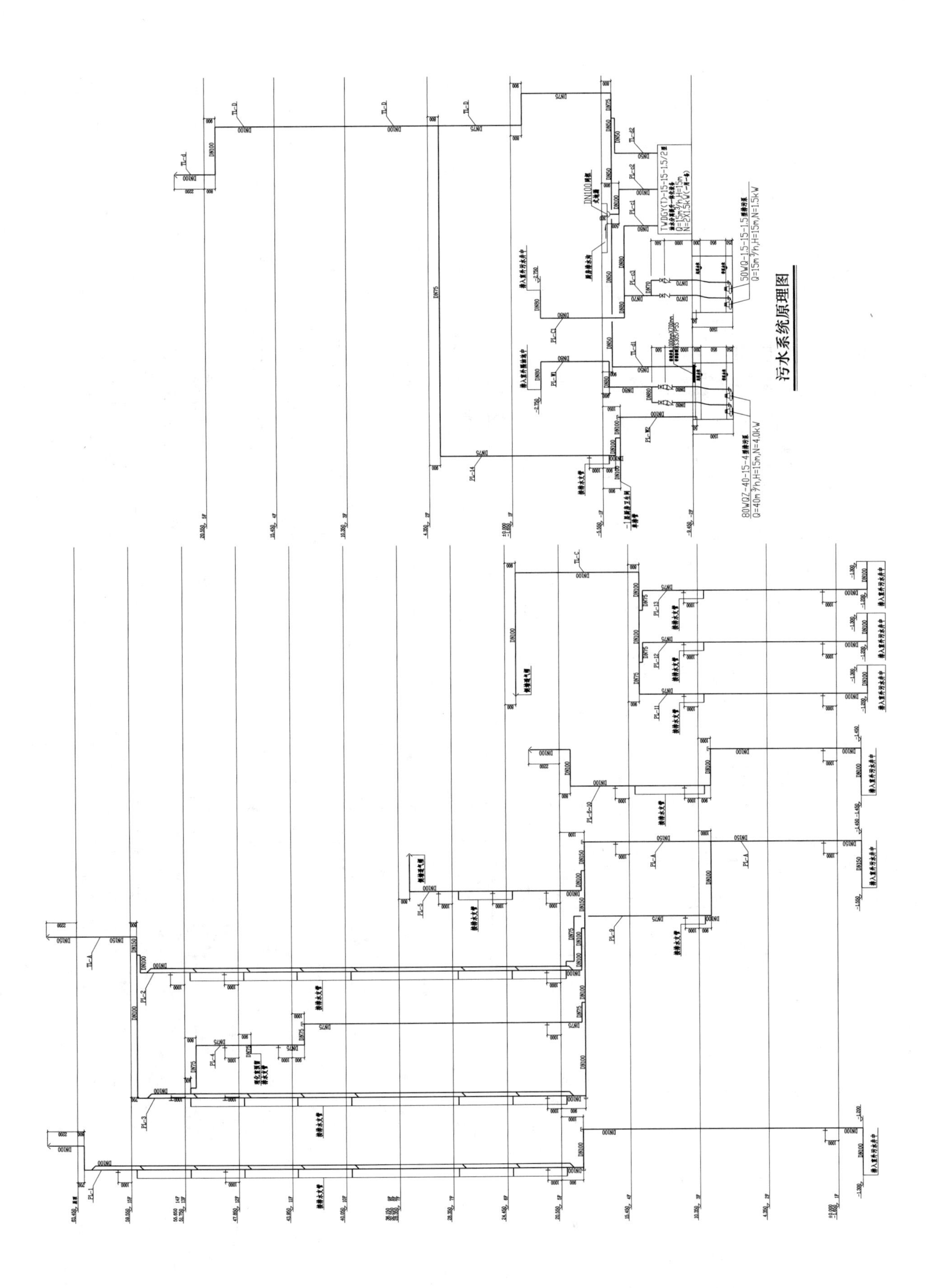

污水系统原理图

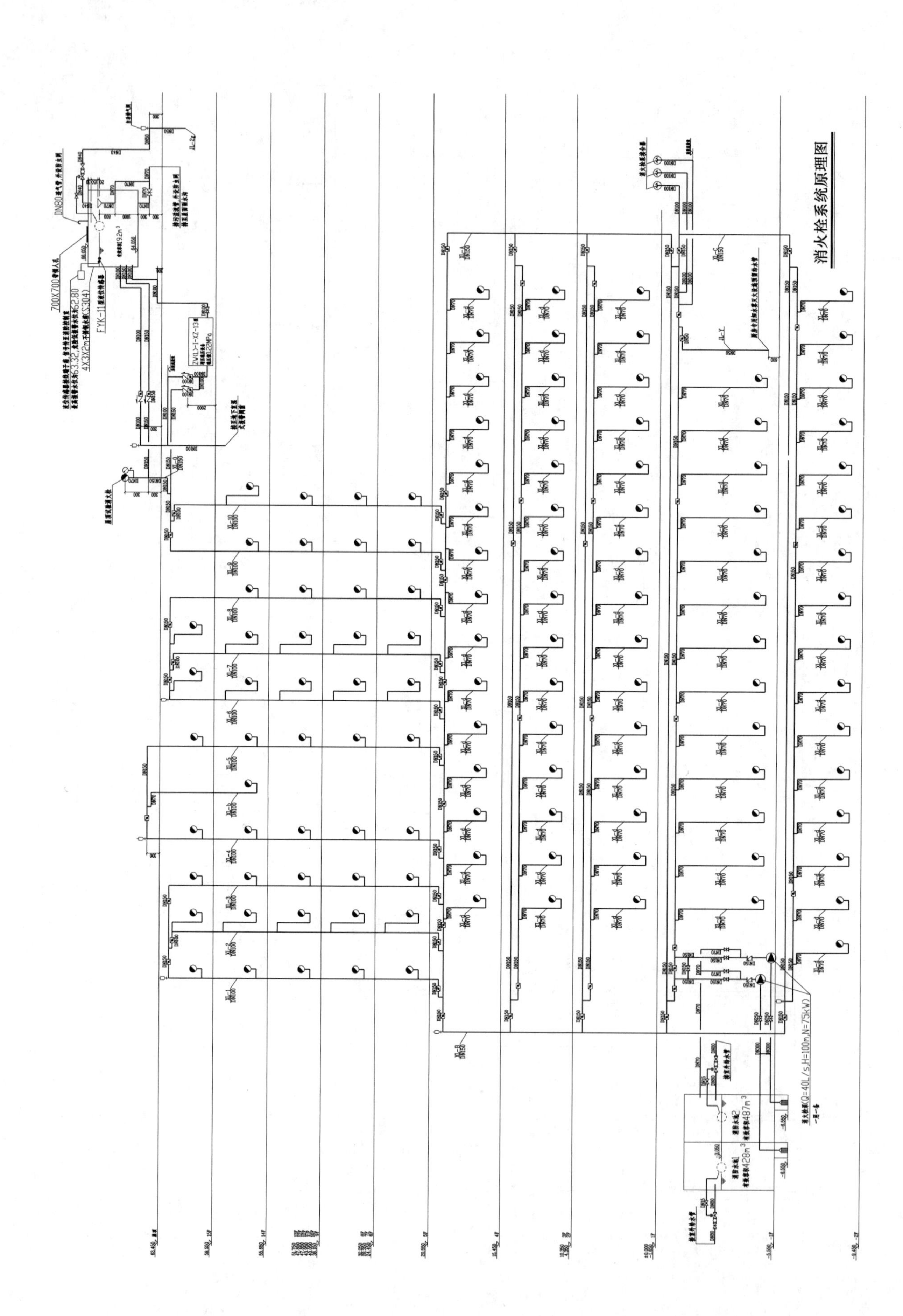
消火栓系统原理图
消火栓泵(Q=40L/s,H=100m,N=75kW)

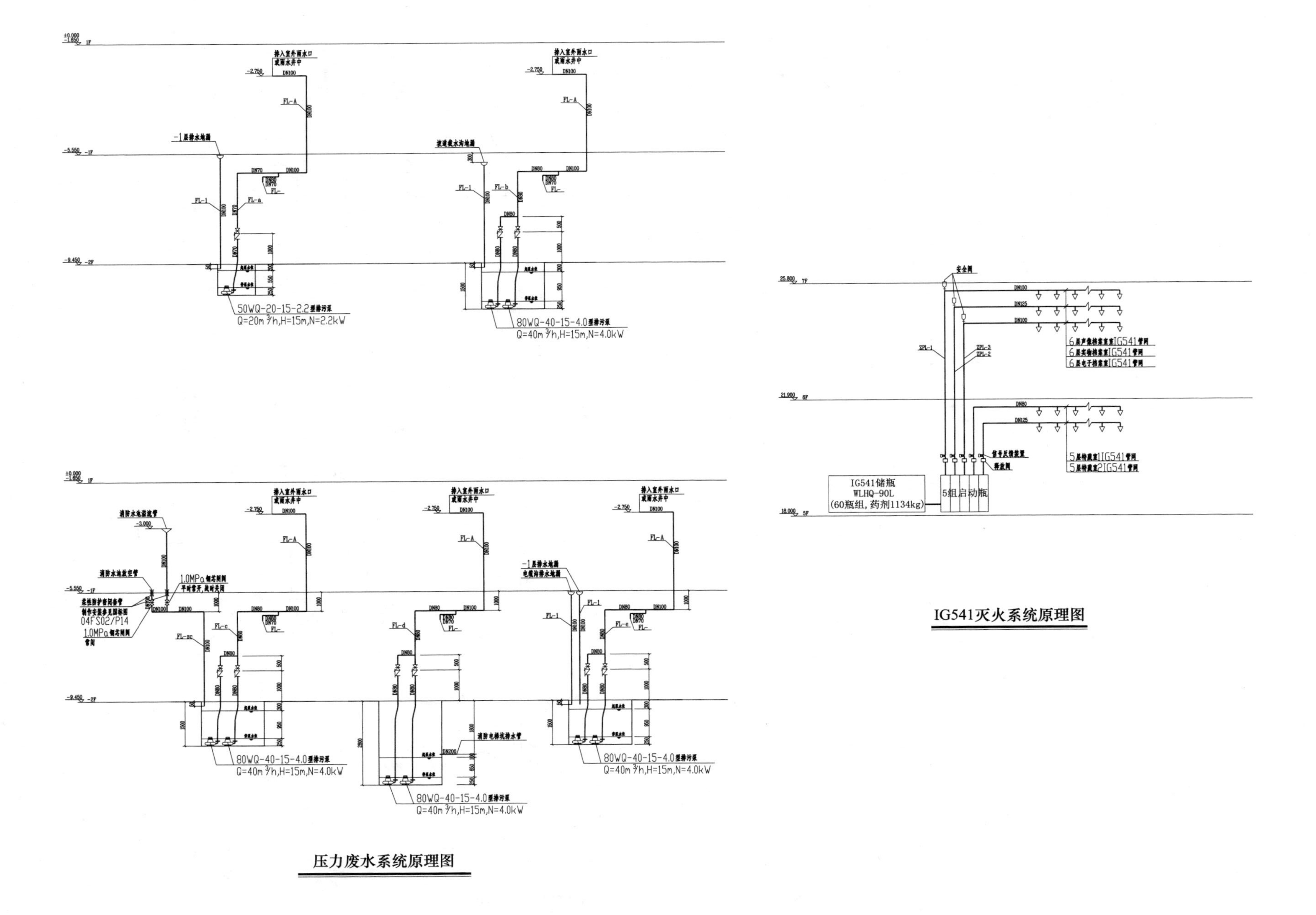

压力废水系统原理图

IG541灭火系统原理图

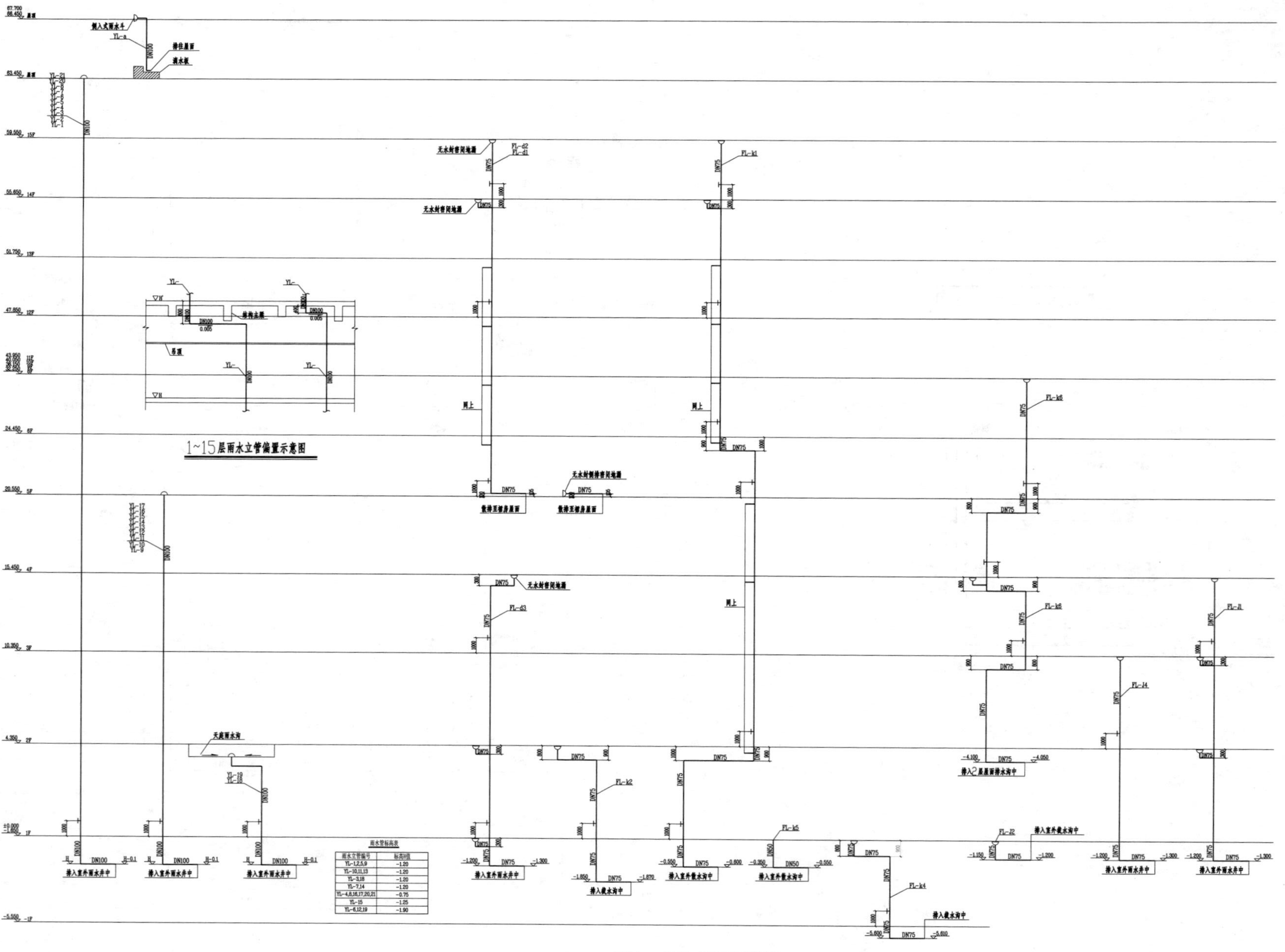

雨水管标高表

雨水立管编号	标高H值
YL-1,2,5,9	-1.20
YL-10,11,13	-1.20
YL-3,18	-1.20
YL-7,14	-1.20
YL-4,8,16,17,20,21	-0.75
YL-15	-1.25
YL-6,12,19	-1.90

雨水、废水系统原理图

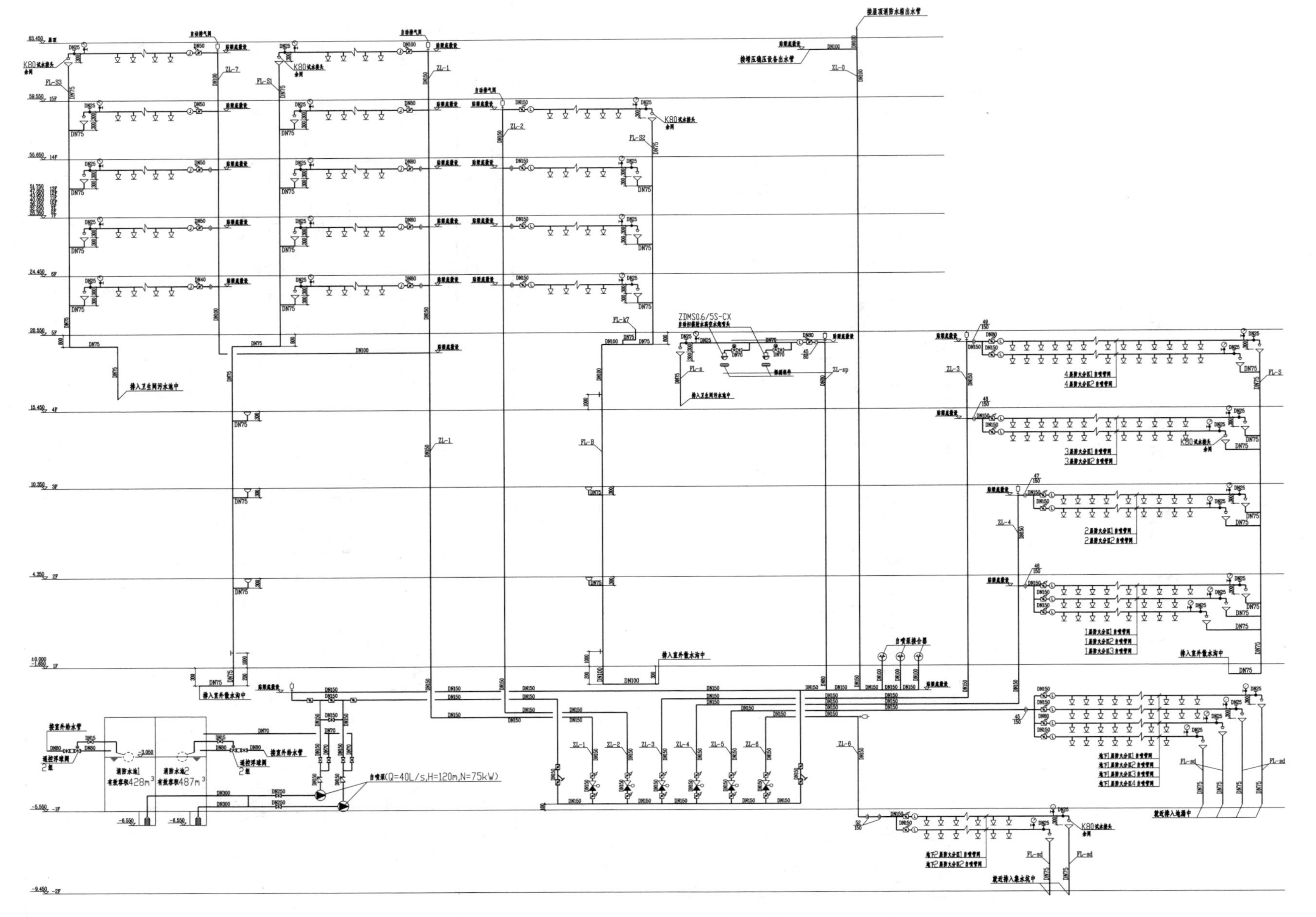
ZDMS0.6/5S-CX
自喷泵(Q=40L/s,H=120m,N=75kW)
消防水池1 有效容积428m³
消防水池2 有效容积487m³

自喷系统原理图

上海市儿童医院普陀新院

设计单位：上海建筑设计研究院有限公司
设 计 人：钱锋　周海山
获奖情况：公共建筑类　三等奖

工程概况：

上海市儿童医院普陀新院位于普陀区长风生态商务区定路与同普路交界处地块。该工程是集医疗、教学、科研、保健、康复等为一体的综合性儿童医疗建筑。医院病房床位数约为550床，日门急诊人数6500人次，医护人员1300人，地上建筑面积51612m^2，地下建筑面积约为20887m^2，用地面积26000m^2，建筑高度58.0m。

本工程与普妇婴医院建在同一基地上，且地下室相通，地下室营养厨房和职工厨房合建。

工程说明：

一、给水排水系统

（一）给水系统

1. 冷水用水量（表1）

冷水用水量　　表1

序号	用水名称	单位	数量	最高日用水定额（L）	使用时间（h）	小时变化系数	最高日用水量（m^3/d）	最高时用水量（m^3/h）
1	六～十三层							
1.1	十三层病房	L/(人·d)	34	400	24	2.0	13.6	1.1
1.2	六～十二层病房	L/(人·d)	432	400	24	2.0	108	11.3
1.3	医护人员	L/(人·班)	420	250	24	1.5	105	13.1
1.4	工作人员	L/(人·班)	260	100	8	1.5	26	4.8
2	一～五层							
2.1	门急诊	L/(人次·d)	6500	15	8	1.2	97.5	14.6
2.2	新生儿病房	L/(人·d)	84	250	24	2.5	21	2.2
2.3	病房医护人员	L/(人·班)	150	250	24	1.5	37.5	4.7
2.4	医护人员	L/(人·班)	370	250	8	1.5	92.5	17.3
3	地下室							
3.1	营养厨房	L/(人·餐)	730×3	25	12	1.5	54.8	6.8
3.2	营养厨房工作人员	L/(人·餐)	30	100	12	2.0	3.0	0.5
3.3	职工厨房	L/(人·餐)	1800×2	25	12	1.5	90	11.3
3.4	职工厨房工作人员	L/(人·餐)	30	100	12	2.0	3.0	0.5
3.5	工作人员	L/(人·班)	40	100	8	2.0	4.0	1.0

续表

序号	用水名称	单位	数量	最高日用水定额(L)	使用时间(h)	小时变化系数	最高日用水量(m^3/d)	最高时用水量(m^3/h)
3.6	停车库地面冲洗	L/(m^2·d)	12000	2	6	1	24	4.0
4	绿化浇洒	L/(m^2·d)	6890	2	4	1	13.8	3.4
5	冷却塔补水					1.0	340	20
6	未预见水量			10%			104.1	14.5
7	总水量						1137.8	131.1

2. 水源：本工程生活用水等均来自市政给水管网。

3. 系统竖向分区：一区：地下室（除有热水供应的厨房热水外），二区：一～五层，三区：六～十三层。

4. 供水方式及给水加压设备：一区采用市政直接供水，二区采用生活水池→生活恒压变频供水设备供水，三区采用生活水池→生活水泵→屋顶生活水箱供水，其中病房十一～十三层采用屋顶生活水箱→生活恒压变频供水设备增压供水。

5. 冷却塔补水采用冷却塔补水池→冷却塔变频供水设备供水（因暖通专业两家医院冷却塔合用，故冷却塔补水也合用）。

6. 手术室采用一～五层裙房生活恒压变频设备两路供水，其中一路为专用供水管道。

7. 根据业主要求，口腔科治疗用的座椅、生化免疫、分子生物室、微生物室各设置小型净化设备一套，水质符合要求后供用水点。

8. 地下室生活水池有效容积为200m^3，屋顶生活水池有效容积为45m^3，二区变频恒压供水设备配泵四台，每台Q=36m^3/h，H=52m，N=11kW，3用1备。屋顶生活水箱供水泵两台，每台Q=42m^3/h，H=84m，N=18.5kW，1用1备，病房屋顶生活水箱间内设置一套生活变频增压设备配泵三台，每台Q=18m^3/h，H=24m，N=3.0kW，2用1备。

9. 地下室冷却塔水池有效容积为125m^3，冷却塔补水变频恒压供水设备配泵三台，每台Q=12.6m^3/h，H=88m，N=7.5kW，2用1备。

10. 管材：采用公称压力为1.0MPa的铜管及配件，钎焊焊接或采用不锈钢管及配件，卡压连接。卫生间内的采用塑覆铜管或塑覆不锈钢管。

(二) 热水系统

1. 热水用水量（表2）

热水用水量 **表2**

序号	用水名称	单位	数量	最高日用水定额(L)	使用时间(h)	小时变化系数	最高日用水量(m^3/d)	最高时用水量(m^3/h)
1	六～十三层							
1.1	十三层病房	L/(人·d)	34	200	24		6.8	1.1
1.2	十一～十二层病房	L/(人·d)	144	130	24		18.7	7.7
1.3	六～十层病房	L/(人·d)	288	130	24		37.4	15.3
1.4	医护人员	L/(人·班)	420	100	24	1.5	42	5.25
1.5	工作人员	L/(人·班)	260	50	8	1.5	13	2.4
2	一～五层							
2.1	新生儿病房	L/(人·d)	84	100	24	3.59	8.4	1.25
2.2	病房医护人员	L/(人·班)	150	100	24	1.5	15	1.88

续表

序号	用水名称	单位	数量	最高日用水定额(L)	使用时间(h)	小时变化系数	最高日用水量(m^3/d)	最高时用水量(m^3/h)
2.3	医护人员	L/(人·班)	370	100	8	1.5	37	6.94
3	地下室							
3.1	营养厨房	L/(人·餐)	730×3	10	12	1.5	21.9	2.74
3.2	营养厨房工作人员	L/(人·餐)	30	50	12	2.0	1.5	0.25
3.3	职工厨房	L/(人·餐)	1800×2	10	12	1.5	36	4.5
3.4	职工厨房工作人员	L/(人·餐)	30	50	12	2.0	1.5	0.25
4	总水量						239.2	48.4

2. 热源：来自地下室新建的燃气热水锅炉的高温热水，供水温度90℃，回水温度70℃，接至地下室热交换器机房。裙房屋面设置的太阳能集中热水供水作为地下室～裙房生活热水系统的预加热水。

3. 系统竖向分区：同冷水。

4. 供水方式

地下室（厨房）、一～五层裙房采用全日制供应热水，机械循环。病房按业主要求采用定时供应热水，机械循环。热水采用闭式系统，管网敷设形式六～十三层、地下室、一～五层每层设置热水供回水管。供回水管同程设置，热水供水温度60℃，冷水计算温度5℃，管网末端热水供水温度不低于50℃。地下室营养厨房、职工厨房、对外厨房所需的热水供水管上分别设置可调式减压阀，减压阀的出口压力为0.25MPa。

5. 太阳能集中热水供水系统采用强制循环间接加热，太阳能集热器布置在裙房净化机房的屋顶，集热器192组，集热面积为376m^2，每日产60℃热水量为28m^3，机房设于地下室太阳能热水供水机房。太阳能集中热水供水系统设置防冻和防过热的措施。

6. 管材：采用公称压力为1.0MPa的铜管及配件，钎焊焊接或采用不锈钢管及配件，卡压连接。卫生间内的采用塑覆铜管或塑覆不锈钢管。

（三）排水系统

1. 室内生活污废水除接入地下污水集水井以外，均采用污、废水分流制，室外采用污、废水合流制。裙房采用压力流雨水系统，塔楼采用重力流雨水系统，设计重现期为10年，并设溢流设施，其排水能力按重现期50年雨水量校核。

2. 卫生间排水管采用设置伸顶通气管和环形透气管。

3. 厨房废水经隔油器处理后，排至室外污水检查井。

4. 院区生活污水接入地下室二级污水处理站进行处理，消毒达标以后排入同普路市政合流管道。

5. 室内污水、废水采用超静音聚丙烯排水塑料管及配件。备餐室、空调机房、净化机房、开水间。厨房、中心供应室的排水管采用柔性接口排水铸铁管及配件或采用耐高温的塑料排水管。进衰变池管道采用柔性接口排水铸铁管。重力流雨水管采用公称压力不低于1.6MPa塑料给水管及配件。压力流雨水管采用进口虹吸雨水专用HDPE管及配件。

（四）雨水回用系统

1. 本工程对设置压力流雨水系统的裙房屋面雨水进行收集。

2. 屋面雨水水质处理工艺流程：屋面雨水→初期径流弃流→雨水蓄水池沉淀→过滤→消毒→雨水清水池→用水点。

3. 地下室设置雨水蓄水池一座，每座容积为140m^3。

4. 雨水回用水供给裙房屋面绿化浇洒、室外绿化浇洒、道路浇洒、地下室停车库地面冲洗。雨水水源不足时，采用市政给水管网补充。

二、消防系统

1. 消防水源：消防用水一路从同普路给水管引入 *DN*200 经水表计量后供水，另一路由定路给水管引入 *DN*200 经水表计量后供水，给水管道成环布置 *DN*300 环管，供室内外消防用水。儿童医院 13 层病房屋顶设 $18m^3$ 的消防水箱。

2. 本工程设置下列消防设施：

（1）室外消火栓系统：消防用水量为 20L/s。

（2）室内消火栓系统：消防用水量为 30L/s。

（3）自动喷水灭火系统：系统设计水量 50L/s。

（4）气体灭火系统。

（5）手提式灭火器和手推式灭火器。

（一）消火栓系统

1. 消防用水量：室外消火栓系统：消防用水量为 10L/s。

室内消火栓系统：消防用水量为 30L/s。

2. 室外消火栓系统：由室外消火栓系统采用低压消防给水系统，*DN*300 供水管环网供水，设置地上式室外消火栓 6 只。

3. 室内消火栓系统为一个区，供水管网成环布置。消火栓水枪的充实水柱除净空高度超过 8.0m 的场所和商业为 13m 外，其余为 10m。

4. 室内消火栓系统采用临时高压消防给水系统。在地下室消防泵房内设置两台 $Q=30L/s$，$H=80m$，$N=45kW$ 的室内消火栓系统供水泵，供水泵 1 用 1 备从院区内的 *DN*300 环网抽吸。

5. 屋顶消防水箱间内设置有效容积 $18m^3$ 消防水箱

6. 室内消火栓系统设置 2 个 *DN*150 的水泵接合器。

7. 室内消火栓管道管径小于或等于 *DN*100 时采用热镀锌钢管及配件，大于 *DN*100 时采用无缝钢管（内外壁热镀锌）及配件，公称压力不小于 1.6MPa。

（二）自动喷水灭火系统

1. 消防用水量：消防用水量为 50L/s（考虑机械停车）。

2. 室内喷淋系统为一个区。

3. 自动喷水系统采用临时高压消防给水系统。在地下室消防泵房内设置两台 $Q=50L/s$，$H=110m$，$N=75kW$ 的自动喷水系统供水泵，供水泵 1 用 1 备从院区内的 *DN*300 环网抽吸。

4. 屋顶消防水箱间内设置有效容积 $18m^3$ 消防水箱和喷淋系统稳压设备一套，含稳压泵两台，每台 $Q=1L/s$，$H=24m$，$N=1.1kW$，1 用 1 备。有效容积 150L 稳压罐一个。

5. 自动喷水系统设置 4 个 *DN*150 的水泵接合器。

6. 自动喷水系统用于除手术室、ECT、DR、MRI、CT、X 光室、小于 $5.0m^2$ 卫生间和不宜用水扑救的地方以外的所有场所。在消防泵房和报警阀间内共设置 13 个报警阀。

7. 喷头的动作温度如下：厨房为 93℃，汽车库为 72℃，其余为 68℃，汽车库采用易熔金属喷头，公共娱乐场所，中庭回廊采用快速响应喷头，其余采用标准玻璃球喷头。

8. 喷淋管道管径小于或等于 *DN*100 时采用热镀锌钢管及配件，大于 *DN*100 时采用无缝钢管（内外壁热镀锌）及配件，公称压力不小于 1.6MPa。

（三）水喷雾灭火系统

1. 水喷雾灭火系统用于地下室柴油发电机房、日用油箱间。设计喷雾强度 20L/(min·m)，持续喷雾时间 1h，喷头的最低工作压力 0.35MPa，系统联动反应时间小于或等于 45s，系统设计流量按 30L/s。

2. 本工程设置 $DN150$ 雨淋阀一套，$DN80$ 雨淋阀一套，均设于地下室消防泵房内，分别用于柴油发电机组和日用油箱间。

3. 本系统与喷淋系统合用一套供水泵。

(四) 气体灭火系统

1. 设置范围为：变配电所、网络信息机房、病案库房。

2. 灭火剂选择：七氟丙烷。

3. 设计参数：变电所设计灭火浓度 9%，设计压力 4.2MPa，喷放时间不大于 10s，网络中心机房设计灭火浓度 8%，设计压力 4.2MPa，喷放时间不大于 8s，档案室设计浓度为 10%，设计压力 4.2MPa，喷放时间不大于 10s。

4. 灭火方式：防护区内采用全淹没式。

5. 气体灭火系统应有自动、手动、机械应急三种启动方式。

三、工程特点及设计体会

1. 根据医院建筑的特点，充分利用市政给水管网的压力，准确、合理地选用不同的给水系统，节能措施考虑周到：

(1) 市政给水管网的压力为 0.16MPa。地下室（除有热水供应的厨房热水外）采用市政给水管网直接供水。

(2) 地下室有集中热水供应的厨房热水、一～五层裙房采用生活水池→生活恒压变频供水设备供水。

(3) 六～十三层采用生活水池→生活水泵→屋顶生活水箱供水。其中病房十一～十三层采用屋顶生活水箱→生活恒压变频供水设备增压供水。

(4) 手术室采用一～五层裙房生活恒压变频设备两路供水，其中一路为专用供水管道。

2. 本工程对设置压力流雨水系统的裙房屋面雨水进行收集。屋面雨水经过收集、处理（屋面雨水→初期径流弃流→雨水蓄水池沉淀→过滤→消毒→雨水清水池→用水点）达标后的水供给裙房屋面绿化浇洒、室外绿化浇洒、道路浇洒、地下室停车库地面冲洗。雨水水源不足时，采用市政给水管网补充。

3. 由于与普妇婴医院建在同一基地上，且地下室相通，经与业主讨论、协商如下：

(1) 生活泵房、热交换器机房、消防泵房、医疗气体机房土建均合建。节省了机房的面积，且机房合建便于日常的维护、管理。

(2) 因两家单位均提出要求产权分开，经与市政配套部门协商，确定：除消防泵房的消火栓系统供水泵和喷淋系统供水泵两家医院合用、地下室营养厨房和职工厨房生活热水系统合用、冷却塔补水合用外，设备均分开设置，以满足业主产权分开的要求。

4. 在裙房净化机房的屋顶设置太阳能集热器，太阳能集中热水供水系统采用强制循环间接加热。本工程太阳能集中热水供水系统作为地下室厨房热水系统、一～五层热水系统的预加热水用。充分利用绿色能源-太阳能，节能、环保。

5. 热水管线供回水管道采用同程布置，节水节能，效果好。

四、工程照片及附图

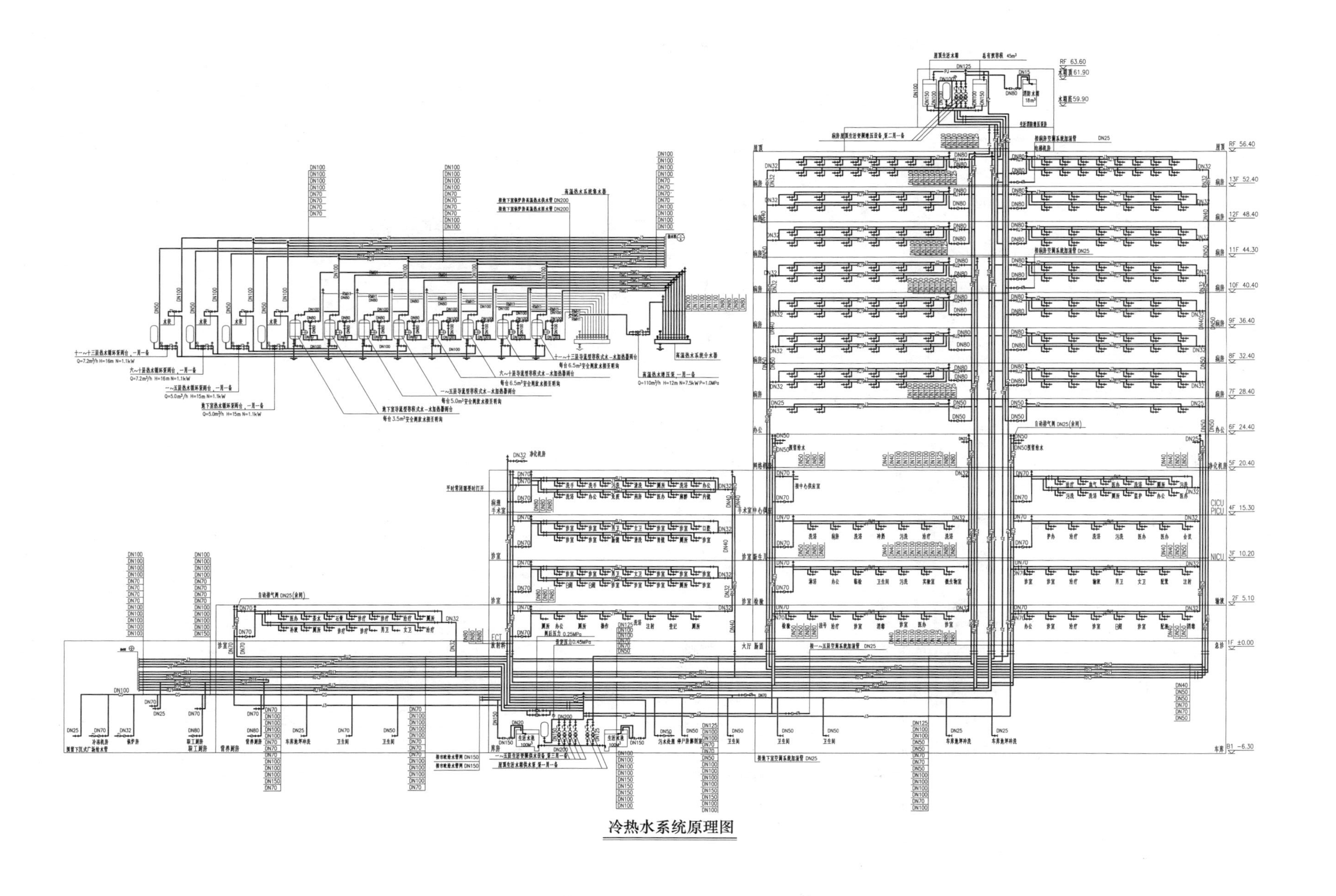
RF 63.60
RF 56.40
13F 52.40
12F 48.40
11F 44.30
10F 40.40
9F 36.40
8F 32.40
7F 28.40
6F 24.40
5F 20.40
4F 15.30
3F 10.20
2F 5.10
1F ±0.00
B1 -6.30
CICU
PICU
NICU

冷热水系统原理图

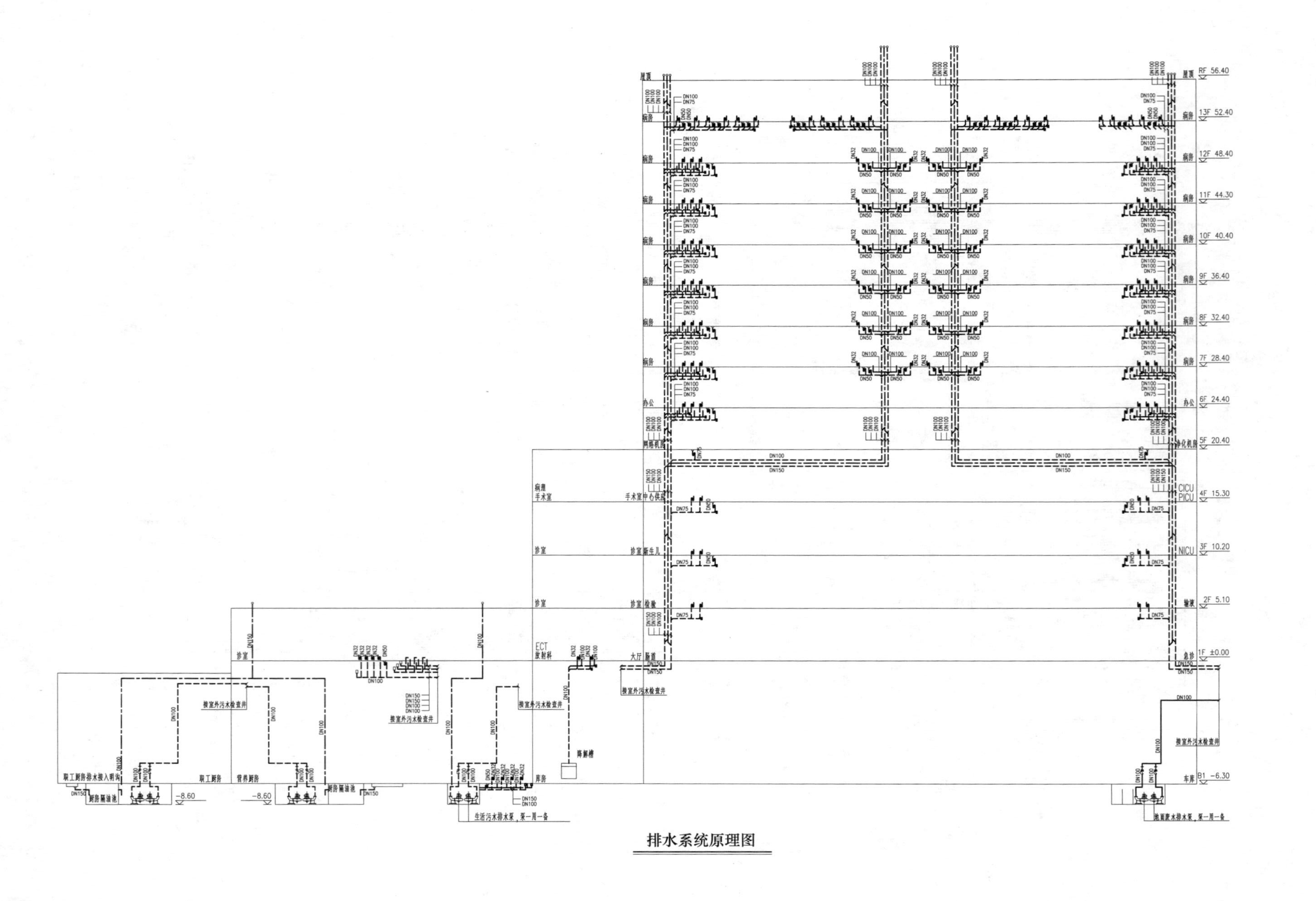
RF 56.40
13F 52.40
12F 48.40
11F 44.30
10F 40.40
9F 36.40
8F 32.40
7F 28.40
6F 24.40
5F 20.40
4F 15.30
3F 10.20
2F 5.10
1F ±0.00
B1 -6.30
-8.60
屋顶
病房
办公
网络机房
净化机房
CICU
PICU
NICU
输液
急诊
车库
手术室中心供应
诊室新生儿
诊室检验
大厅隔道
ECT
放射科
诊室
病理
手术室
职工厨房
营养厨房
厨房隔油池
职工厨房排水接入附近
库房
降解槽
接室外污水检查井
生活污水排水泵，泵一用一备
地面废水排水泵，泵一用一备

排水系统原理图

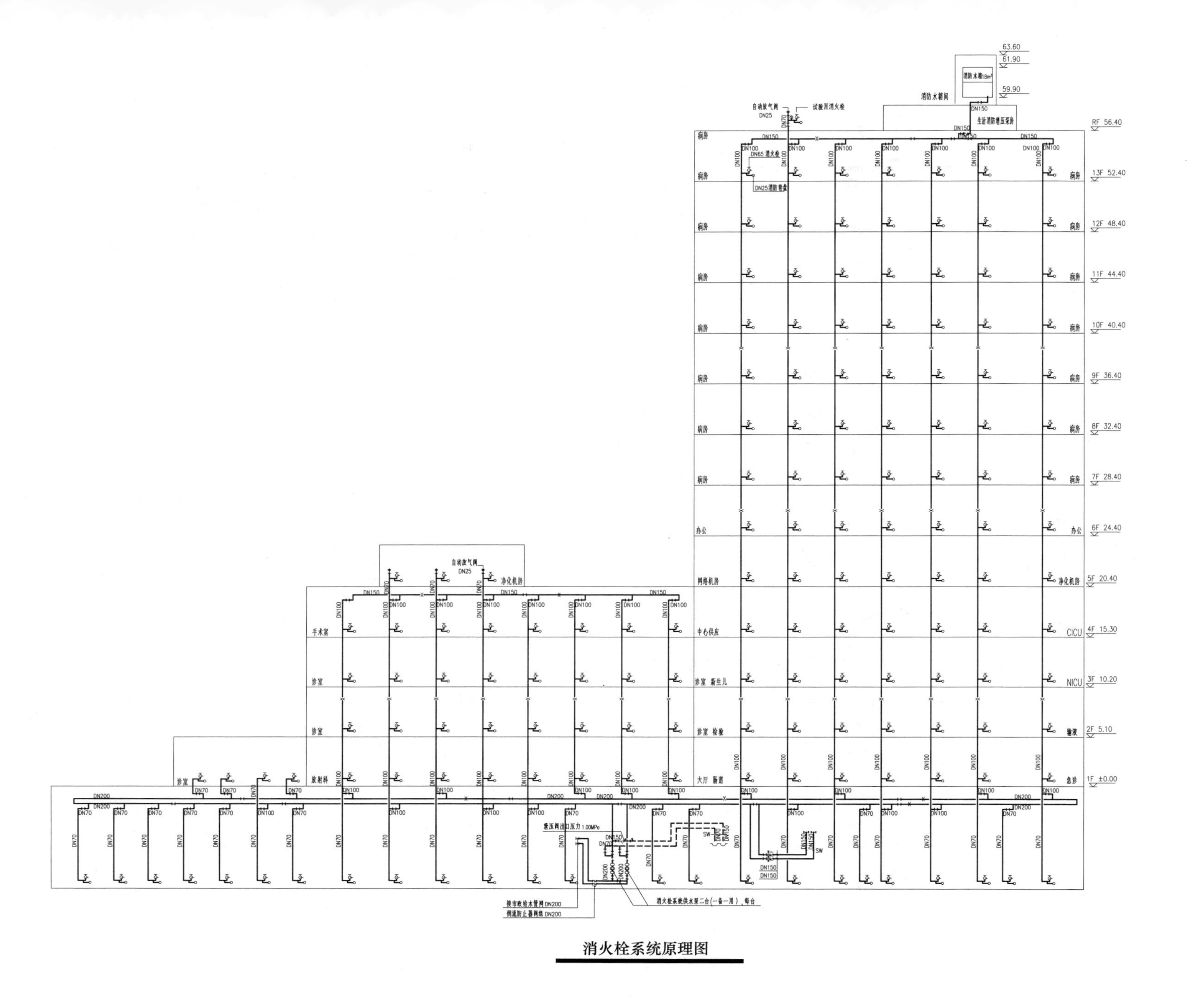
63.60
61.90
59.90
消防水箱间
DN150
生活消防增压泵房
自动放气阀
DN25
试验用消火栓
RF 56.40
13F 52.40
12F 48.40
11F 44.40
10F 40.40
9F 36.40
8F 32.40
7F 28.40
6F 24.40
5F 20.40
4F 15.30
3F 10.20
2F 5.10
1F ±0.00
病房
办公
净化机房
网络机房
中心供应
CICU
诊室 新生儿
NICU
诊室 检验
输液
大厅 影像
急诊
手术室
诊室
放射科
DN65 消火栓
DN25消防卷盘
DN100
DN150
DN200
DN70
减压阀出口压力1.00MPa
SW
接市政给水管网DN200
倒流防止器两组DN200
消火栓系统供水泵二台（一备一用），每台

消火栓系统原理图

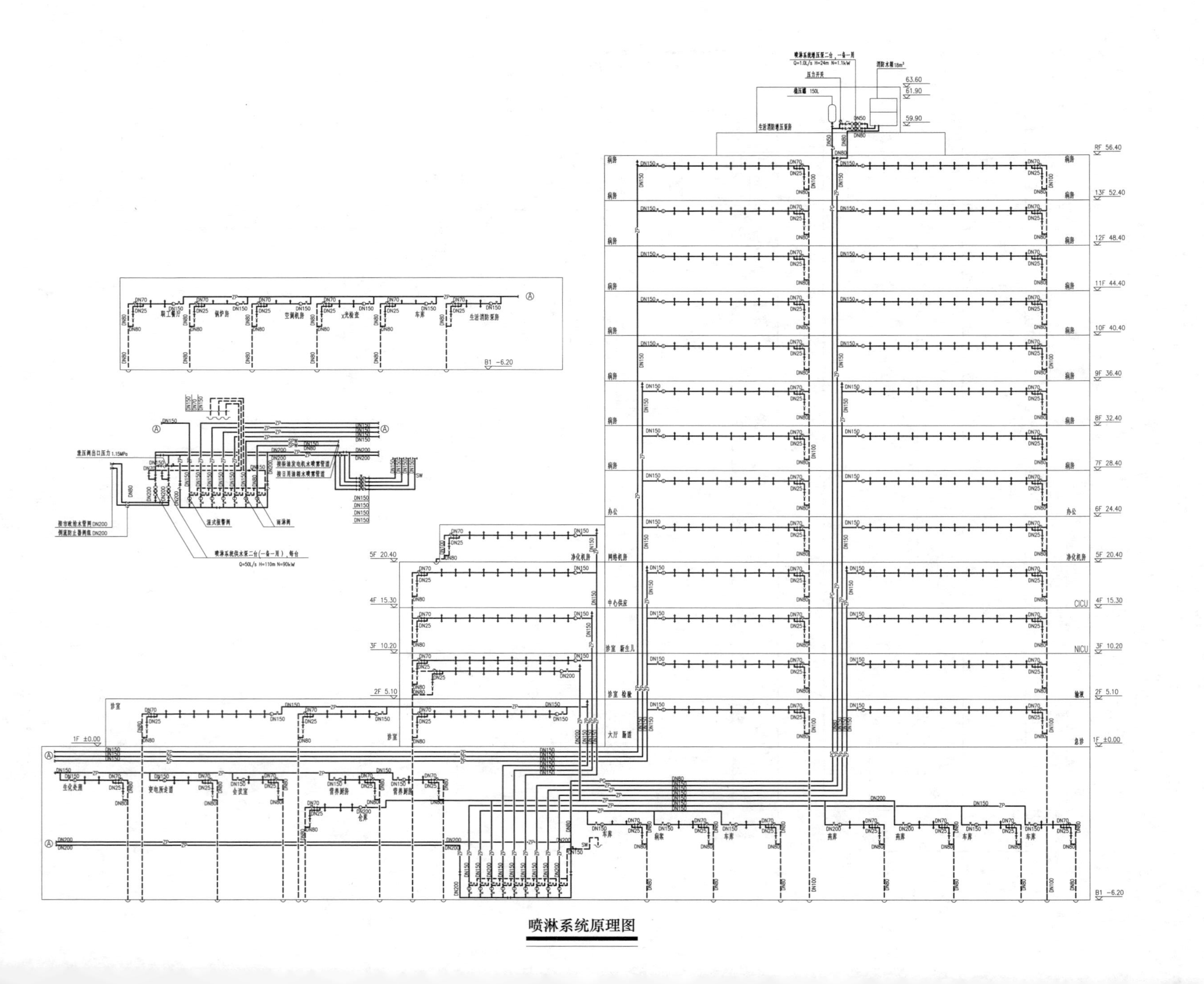
RF 56.40
13F 52.40
12F 48.40
11F 44.40
10F 40.40
9F 36.40
8F 32.40
7F 28.40
6F 24.40
5F 20.40
4F 15.30
3F 10.20
2F 5.10
1F ±0.00
B1 -6.20
63.60
61.90
59.90
CICU
NICU
DN150
DN70
DN25
DN80
DN100
DN200

喷淋系统原理图

珠江新城 J2-2 项目

设计单位：广东省建筑设计研究院
设 计 人： 刘福光 赵煜灵 肖键键 黎洁 周君 张敏姿 黄文争 郑锐强
获奖情况：公共建筑类 三等奖

工程概况：

本项目位于广州市珠江新城中央商务区的新城市中轴线东侧，花城大道与冼村路交界处的西南侧，地块东、北两侧分别临冼村路和花城大道，西、南两侧毗邻东塔及 J2-5 地块商务办公楼。本项目占地面积为 8066m^2，用地性质为商务办公，J2-2 项目为超高层商业办公综合建筑，总建筑面积约 18 万 m^2，建筑高度 308m。地下 5 层，地面以上 67 层，其中地下为车库及设备房，首层至四层为裙房部分，五～六十七层为塔楼部分。使用功能主要为：车库、商业、办公。

本项目用地周边有完善的市政给水排水管网，市政排水为雨、污分流系统。花城大道、冼村路的市政给水管均预留有接口可供本项目永久供水。

工程说明：

一、给水排水系统

（一）给水系统

1. 生活用水量

用水标准：宾馆客房按 500L/(床·d)，办公人员按 50L/(人·班)；餐饮按 50L/人次；停车库地面冲水 3L/(m^2·次)；商场用水定额按 8L/(m^2·d)；绿化洒水 3L/(m^2·d)。

生活给水最高日用水量计算见表 1：

生活给水最高日用水量 表 1

序号	用水单位名称	用水定额	单位数量	使用小时数(h)	小时变化系数	平均时用水量(m^3/h)	最大时用水量(m^3/h)	最高日用水量(m^3/h)
1	办公楼	40L/(人·d)	12646 人	8	1.2	63.23	75.88	505.84
2	商业	7L/(m^2·d)	15000m^2	12	1.2	8.75	10.50	105.00
3	餐饮	50L/人次	7500 人次	8	1.5	46.88	70.31	375.00
4	车库洗水	3L/(m^2·d)	25000m^2	6	1	12.50	12.50	75.00
5	绿化用水	3L/(m^2·d)	2000m^2	6	1	1.00	1.00	6.00
6	空调补水			12	1	40.00	40.00	480.00
7	未预见水量(按 1 至 5 项之和的 15%计算)					26.27	33.84	159.13
8	总和					198.63	244.03	1705.97

生活用水设计最高日用水量：Q_d=1705m^3/d，最大时用水量：Q_h=244m^3/h，平均时用水量：Q_h=198m^3/h。

2. 水源：生活用水由冼村路和花城大道的给水接口各引一条 *DN*250 给水管，用作本工程的永久供水接入口，市政给水水压为 0.22MPa。按绿化、消防、商业、办公分别设置计费水表。

3. 系统竖向分区

商业部分：首层及首层以下利用市政管网压力直接供水，二～四层裙楼的生活用水由位于地下五层供水主机房内的商业生活水箱联合商业变频供水设备加压供水。

办公部分：

一区：六～十二层（由位于地下五层的低区变频供水设备供水）

二区：十三～十八层（由位于二十一层的水箱重力流供水）

三区：十九～二十八层（由位于二十一层的变频供水设备供水）

四区：二十九～三十四层（由位于三十七层的水箱重力流供水）

五区：三十五～四十三层（由位于三十七层的变频供水设备供水）

六区：四十四～五十层（由位于五十三层的水箱重力流供水）

七区：五十一～五十五层（由位于五十三层的变频供水设备经减压阀组后供水）

八区：五十六～六十三层（由位于五十三层的低区变频供水设备供水）

九区：六十四～顶层（由位于五十三层的高区变频供水设备供水）

4. 供水方式及给水加压设备

本项目市政进水处设有总表，并按不同功能用水设分表，同时用水单位内部用水管段再设分表，如：消防贮水池进水管，各办公单元，所有厨房、冷却塔补水、地库停车场地面冲洗及绿化用水等处均设独立水表，以方便日后管理计量。

室内部分（除地下车库冲洗及首层用水外）均采用水箱与变频供水设备联合供水方式。办公和商业分开独立供水系统，独立计量。

（1）办公用水、塔楼给水系统

市政水直接供水至地下 5 层办公生活用水贮水池、绿化及冲洗车库等各用水点。塔楼五层至顶层采用水箱与水泵联合供水系统，分区设置高位水箱、转输水泵及变频供水设备组。其中地下五层的水箱为 190m^3，二十一层的水箱为 60m^3，三十七层的水箱为 50m^3，五十三层的水箱为 28m^3。根据供水压力控制在 0.20～0.45MPa 的原则，塔楼竖向分为上述 9 个供水区域。

由于生活用水需经过几重的转输，故在办公各分区供水泵组吸水总管上设置紫外线杀菌仪对生活水再进行消毒。

（2）裙楼商业及地库给水系统

裙楼商业部分采用地下生活水箱与变频供水设备联合供水，供水压力控制在 0.20～0.45MPa。

首层及首层以下利用市政管网压力直接供水，二～四层生活用水由位于地下五层供水主机房内的商业生活水箱联合商业变频供水设备加压供水。商业进水总管上设置总水表，由总表后设分表，同时用水单位内部用水管段再设户表，分户计量以便于管理。

（3）空调补水系统

本项目塔楼空调补水由办公生活给水系统提供。塔楼（二十一层～屋顶）空调补水用水量，由办公生活不锈钢水箱贮存。

二十一层以下的空调补水，补水水池与地下五层消防水池合用，水池贮存有 300m^3 空调补水用水量，并设有保证消防水量不被动用技术措施。空调补水用水由地下五层空调补水池联合位于地下五层消防泵房内的变频泵组（空调补水专用）供水。

5. 管材

本项目转输水管采用球墨铸铁管和法兰的连接方式。室内部分冷水管采用薄壁不锈钢管材，卡箍、卡压、环压、法兰的连接方式；室外埋地给水管采用钢丝骨架增强复合 PE 管，采用电热熔连接方式。

（二）排水系统

1. 污水系统

本项目采用雨污分流、污废分流设计。根据广州市排水中心的咨询建议，由于本项目所处地块靠近污水处理厂，故本项目的生活污水无须经过化粪池处理，可与生活废水直接排入市政排水管网，并于市政排水接口前设置水质检测井。

2. 透气管的设置方式

公共卫生间设置环形通气管。污/废水管立管隔层分别与主透气管连接以减低于高峰排水时排水管道内压力波动对系统的影响。

3. 采用的局部污水处理设施

裙楼餐饮厨房含油污水，先由各个厨房操作台下设置的简易隔渣除油处理，再分别统一收集，经隔油器处理达到排放标准后再排入市政污水管。

停车库地面排水以集水井汇合收集后由潜污泵抽升送至室外污水管网。

4. 管材及连接方式

室内污、废水管采用柔性接口离心铸铁排水管，不锈钢卡箍连接方式；室外排水管采用埋地聚乙烯双壁波纹排水管，承插式弹性密封圈连接方式。

5. 雨水系统

塔楼屋顶及裙楼屋面均采用重力流雨水排水系统，雨水经由雨水斗、雨水管网、检查井等排入市政雨水管网，地下停车库出入口车道起端及车道末端加设雨水截水沟，并设集水井及潜水泵排放雨水。

屋面雨水排放系统采用 50 年重现期 5min 降雨历时设计，暴雨强度采用 7.05L/(s·100m^2)；室外路面雨水排放系统采用 3 年重现期 15min 降雨历时设计，暴雨强度为 3.47L/(s·100m^2) 本项目设计总雨水量为 278L/s，经三路雨水主干管分别就近排放至项目周边市政路。

管材：塔楼雨水管采用涂塑镀锌无缝钢管，沟槽连接方式（管材及接口配件须承压 3.2MPa）；室内裙楼雨水管采用柔性接口离心铸铁排水管，卡箍连接方式。室外雨水管采用埋地聚乙烯双壁纹排水管，承插式弹性密封圈连接。

二、消防系统

（一）消火栓系统

1. 消防系统的用水量见表 2：

消防系统用水量 **表 2**

系统名称	设计流量	火灾延续时间	设计用水量
室外消火栓	30L/s	3h	324m^3
室内消火栓	40L/s	3h	432m^3
自动喷水灭火	35L/s	1h	126m^3
大空间智能灭火水炮	35L/s	1h	126m^3
停机坪泡沫枪	10L/s	20mins	20m^3
合计	(室内)一次火灾用水量共 560m^3		

由冼村路引一条 $DN250$、花城大道引一条 $DN150$ 给水管，分别设置室外消火栓。室外消火栓可依赖建筑周边的市政消火栓，消防水池不储室外消防水量。

2. 系统分区

市政进水管接至地下五层消防水池（消防贮水 160m^3）后，经由消防转输水泵组（设于地库5层消防水泵房内）提升至避难层二十一层消防水泵房。在避难层二十一层设置 60m^3 消防转输水池，由转输水泵组（设于二十一层消防水泵房内）提升至避难层五十三层消防水泵房。在避难层五十三层设置 60m^3 消防转输水池，由转输水泵组（设于五十三层消防水泵房内）提升至屋顶层消防水泵房。在屋顶层设置 560m^3 消防水池，由消火栓给水泵组（设于屋顶层消防水泵房内）从消防水池抽水供入消火栓系统，并设置消火栓稳压设备保证系统的压力要求。在避难层五层、二十一层、三十七层、五十三层各设 45m^3 消防减压水池，向各消防分区重力供水。

室内消火栓栓口的静水压不超过1.00MPa的原则进行竖向分区，竖向分6个区：

Ⅰ：地下五层～地下一层，由五层消防水池重力供水；

Ⅱ：一～十四层，由二十一层消防水池重力供水；

Ⅲ：十五～三十层，由三十七层消防水池重力供水；

Ⅳ：三十一～四十六层，由五十三层消防水池重力供水；

Ⅴ：四十七～六十四层，由屋顶层消防水池重力供水；

Ⅵ：六十五层～屋顶层，由屋顶层消防水池经消火栓给水泵加压供水。

在各分区中，消火栓栓口动水压力大于0.5MPa的楼层采用减压稳压消火栓，使各层消火栓栓口动水压力达到0.2～0.5MPa的供水压力范围。

3. 消火栓泵（稳压设备）的参数、水池、水箱的容积及位置

由设在地下的消防泵组转输加压供水。地下水池 460m^3，其中消防贮水 160m^3，转输泵组总流量及扬程：Q=40L/s，H=140m（主泵3台，2用1备），中区水箱位于21层，60m^3，配转输泵，高区水箱位于五十三层，转输水泵1用1备，天面水池 560m^3，六十四层以上可由各消火栓箱内按钮直接启动水泵，其余均为重力流常高压供水。整栋建筑物贮存 1020m^3 消防用水。

4. 水泵接合器的设置

各消防系统均在绿化带附近设置水泵接合器。按广州的消防设施配置在200m以下，每个区均设分别设置水泵接合器，每组设置3具，承压2.5MPa，每具流量为15L/s。

中间转输水池的进水管设水泵接合器，出水管预留手摇泵的吸水口，管网预留手摇泵的快速接口。

5. 管材及配件

消火栓系统采用热镀锌内涂塑无缝钢管，管径小于 $DN100$ 时采用螺纹连接，管径大于或等于 $DN100$ 时采用沟槽式连接。

消火栓箱型号规格：采用SN65型室内消火栓，栓口直径 $DN65$ 水枪喷嘴 $\phi 19$，$DN65$ 衬胶水带长25m。箱内配置消防软转盘为：25m长；胶管内径 $\phi 19$。

（二）自动喷水灭火系统

本工程设自动喷水灭火系统，所有消防水源均由地下水池、泵房转输加压供至天面 570m^3 水池，屋面设加压稳压设备，为六十四层以上服务。火灾延续计1h，均按常高压设计。

除不宜水喷淋灭火之处，均设置喷淋保护。地下按中危险Ⅱ级设计，布置喷头，其余按中危险Ⅰ级设计。自动喷水灭火系统的湿式报警阀ZSZ150分别相对集中设在中间避难层处及地下室泵房内，报警阀前保

证环状供水，每个报警阀控制的喷头数在 800 个左右。

每个消防分区均设水流指示器，水流指示器信号在消防中心显示，本系统的控制阀门均带信号指示系统。采用湿式灭火系统闭式直立型喷头，喷头的动作温度选定：办公室、走道、大厅、车库等环境温度不大于 35℃的场合，顶棚下的喷头 68℃；吊顶内的喷头 79℃；厨房、洗衣机房、锅炉房内的喷头 93℃；距离地面 100m 之上的楼层，喷头选用快速响应喷头。

200m 高度内的每个湿式报警阀前均设置水泵接合器。200m 以上部分与消火栓共用中间转输水池的进水管设水泵接合器，出水管预留手摇泵的吸水口，管网预留手摇泵的快速接口。

系统分区基本与消火栓系统一致。

管材：自动喷水灭火系统均采用热镀锌内涂塑钢管，管径小于 *DN*100 时采用螺纹连接，管径大于或等于 *DN*100 时采用沟槽式连接。

（三）气体灭火系统

本建筑物的地下一层、地上二十一层、五十三层等不宜用水灭火的部位分别设计了七氟丙烷组合分配系统，在其余楼层不宜用水灭火的位置设置预制式自动灭火设备。

（四）消防水炮灭火系统：

消防水炮灭火系统：首层大堂空间高度超过 12m 的位置，按《大空间智能型主动喷水灭火系统技术规程》CECS 263：2009 设置大空间智能灭火装置。

（五）建筑灭火器配置

本工程属于 A、B 类火灾和带电火灾，故应选用磷酸铵盐干粉灭火器。超高层建筑按严重危险等级配置灭火器，待办公区装修时在每个门口不影响安全疏散便于取用的明显位置加设两具 MF/ABC5 灭火器，以达到保护 15m 的安全要求。

车库按中危险级配置手提灭火器（保护距离 12m），并在车库各通道口配推车式磷酸铵盐干粉灭火器 MFT/ABC25 一台（保护距离 24m）。当灭火器的保护距离达不到要求时应在便于取用的适当位置增设灭火器配置点。

三、其他情况

1. 给水消防管道建议采用暗装，并考虑维护、检修的要求。

2. 消火栓箱及消火栓除天面和地下室外，建议采用暗装形式并且宜采用统一型号的消火栓及消火栓箱。箱体背后为另一防火分区时需采取措施，满足防火分隔要求。消防系统所采用的设备、管材、配件等须通过国家固定消防设施检测部门检测，涂塑钢管在安装使用中涂塑层不得脱落影响消防安全。

3. 排水管道立管宜采用暗装形式，排水横管（首层埋地横管除外）宜在吊顶内安装。污水管道、合流管道与生活给水管道相交时，应敷设在生活给水管道的下面。

4. 排水支管连接在排出管或排水横干管上时，连接点距立管底部下游水平距离不得小于 1.5m；横支管接入横干管竖直转向管段时，连接点应距转向处以下不得小于 0.6m。

5. 公共卫生间内大便器宜选用感应冲洗带手动式冲洗阀（节水定量冲洗类），小便器、洗手盆宜选用交直流双驱动红外线感应冲洗设备。

6. 安装在管井和吊顶内的管道，应在给水管道的阀门处和排水管道检查口处设置检修口。

7. 为防止地震时管道、设备跌落对人员造成伤害，按《建筑抗震设计规范》GB 50011—2010 对机电设备抗震设计的要求，所有管道设置防震支架；设备采取减震措施，满足抗震要求。

8. 室外排水井采用《国家给排水标准图集》中的统一型号，井盖应采用防盗、防臭、防震型井盖，带装饰覆盖的地面均应采用带凹面，可二次装饰的装饰型井盖。

9. 管道在穿越人防墙、板时，应设置外侧加防护挡板的刚性防水套管。防火分区及管井壁时应设阻火装置；给水管道在穿越人防墙、板时应在人防内侧设置公称压力不小于 1.0MPa 的不锈钢阀芯或铜质阀芯的闸阀或截止阀。负四层地漏均采用防爆地漏。

四、工程特点及设计体会

本项目位于广州市珠江新城核心区，地理位置十分优越，项目为典型的综合体建筑项目，地下 5 层地下室，主要功能为地下车库，地上底部 5 层为裙楼主要功能为餐饮、商业及员工活动用房，5 层以上为 1 栋塔楼，主要为办公用房，塔楼约 318m 高，属于一类超高层综合建筑。本项目建筑功能主要以办公为主，通过对整个项目建筑功能及建筑高度的理解，设计师认为给水排水设计主要解决以下几方面的工作：①消防转输水池和空调补水池共用，并利用在空调补水泵的吸水管上开孔的方式保证消防转输的最小水量，大大提高了建筑的使用面积。②本工程所在的珠江新城核心区开发强度较大，为防止雨水倒灌，在地下室车道下方设置雨水池，大大提高了雨水排水的安全性。③天面溢流口扁平化处理，在玻璃幕墙两块玻璃之间留 200mm 的间隙，作为雨水溢流口，这种溢流口大大美化了建筑外立面。

下面就此工程各个系统的难点作简单的介绍：

（一）竖向给水压力分区

对于超高层建筑，给水压力分区的选择牵涉到加压设备节能，设备材料初次投资，运行管理等多方面的问题，所以合理地进行压力分区将会是项目的关键技术难点。根据本项目的特点，项目位于广州市核心区，供水安全度较高，故建议尽量利用市政给水直供，本项目用水量较大场所均为裙楼餐饮区域，地下层由市政管网直供，一～五层主要为商业区域，单独分一个区，由变频供水设备加压供水。六层至塔楼顶部为办公场所，办公楼采用变频供水更为合理。首先超高层建筑大概每隔 15 层会设置一个避难层兼设备层，可利用第一个避难层以及每隔一个避难层设置中间转输水箱，每两个避难层中间楼层分为一个大区采用一组变频泵加压供水，每个大区再采用减压阀分为两个小区，两台转输水泵采用液位控制启停的工频泵，这样基本上只用在第一个避难层及第三个避难层设置中间转输水箱，有效减少机房占用面积。对于水箱二次污染问题，物业一般有比较完善的物业管理，同时水箱设置为 2 个，可定时冲洗，水箱里的储水可得到及时更新，有效避免出现二次污染。给水设计做到供水压力适当，灵活管理，同时又能减少减压设备的应用，提高设备运行的稳定性。

（二）排水的特殊性

超高层建筑排水有几个需要注意的问题：一、排水系统中势能的消除；二、超高层建筑给水排水设计中雨水系统设计。

1. 超高层建筑给排水设计排水系统中势能的消除

由建筑高度引起的势能如何消除？水流从 300m 多高处下落，对排水管系是否造成破坏，水流的冲击是否破坏较低层的水封？从排水管系中的水流状态分析入手解决这些问题。排水立管中的水流是断续、非均匀的，带有空气，下落时是水气混合的两相不稳定流，流量时大时小，满流与非满流交替。立管中水流的具体变化过程为附壁螺旋流→水膜流→等速水膜流→柱塞流，对排水管造成破坏的水流状态为柱塞流。如立管中的水流状态为柱塞流而其中的气流又不足以破坏水塞时，水塞造成有压冲击流，在其运动的前端为大于大气压的正压，后端为小于大气压的负压，随着水塞的下落，管中的气压发生激烈变化，会形成正压喷溅或负压抽吸，对排水管系中卫生器具水封层的稳定产生严重影响，导致排水管道系统不能正常工作，要保证排水管系安全可靠和经济合理，首先要保证排水立管中的水流不形成柱塞流，应维持在等速水膜流，进行严格水力计算，控制立管设计流量的负荷极限值为在等速水膜流状态下达到终限流速时的流量；另一个保证排水管安全的重要措施就是设置专用的通气立管与大气相通，从而释放排水管系中的正压以及补给空气减小负压，使管内的气压保持接近大气压力，保证立管内的空气流通，排除排水管道中的有害气体，保护卫生器具的水封，试验表明设置专用通气立管可使立管排水能力提高一倍。以上措施保证在超高层建筑排水系统设计时由于建筑高度引起的排水势能得到有效消除，保证系统安全。

2. 屋面雨水系统设计

由于降雨不可人为控制，雨水系统设计不安全对建筑尤其是超高层建筑的损害非常大，因此超高层建筑屋面雨水设计重现期的取值应慎重。《建筑给水排水设计规范》GB 50015—2003（2009 年版）4.9.5 条规定，重要公共建筑屋面雨水排水设计重现期不宜小于 10 年；4.9.9 条规定，重要公共建筑的屋面雨水排水工程与溢流设施的总排水能力不应小于 50 年重现期的雨水量。屋面雨水的设计重现期取 50 年，同时按 100 年校核雨水系统的排水能力。除了设计重现期的取值问题外，还有一个问题需考虑。由于建筑高度很高，目前常用的 87 型雨水斗设计流态为重力流但需要考虑排水压力，因此在选用雨水系统管材时需要考虑由于建筑高度引起的静压力，雨水管材柔性接口离心铸铁排水管，不锈钢卡箍连接方式；室外排水管采用埋地聚乙烯双壁波纹排水管，承插式弹性密封圈连接方式。超高层建筑屋面雨水排水采用纯重力流雨水系统是比较经济安全的。本工程室内雨水排入的第一个室外检查井选用消能井，以防止由于排除管压力过高引起喷溅事故。超高层建筑雨水系统还有一个不容忽视的问题。雨篷的雨水排水。雨篷的面积虽然不大，其雨水设计重现期按 5 年取值，但是雨篷所截留的上方侧墙的面积（面积取值折减一半）远大于雨篷的面积，一般与远大于屋面的面积，因此雨篷的雨水排水量远比屋面的排水量大。此工程预留两根 *D*150 立管两根 *D*100 立管，确保了雨棚排水的安全性。

（三）消防供水安全

超高层建筑由于其特殊的构造和功能要求，致使其内部火灾荷载大，火势蔓延迅速，人员疏散困难，救援难度大，形成重大火灾的隐患大。对于超高层建筑，消防安全是设计的重中之重，是必须十分严谨的。这里选用供水最为安全的常高压系统，且 100m 之上的喷头选用快速响应喷头，做到第一时间能把火灾控制在可控范围之内，尽量达到控火自救。

喷淋与消火栓共用的中间转输水池的进水管设水泵接合器，出水管预留手摇泵的吸水口，管网预留手摇泵的快速接口，为未来预留空间。

五、工程照片及附图

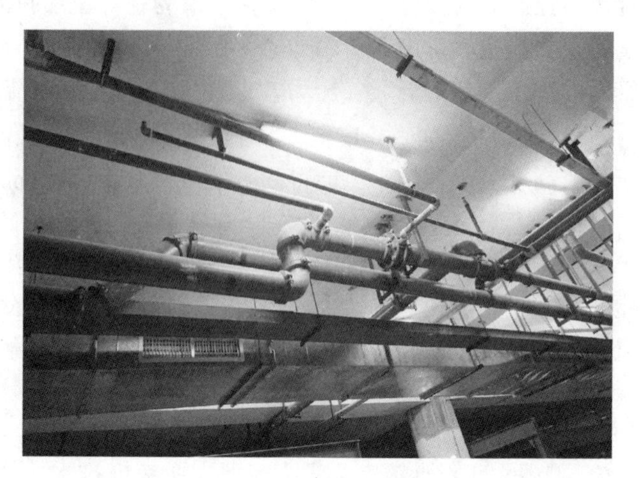

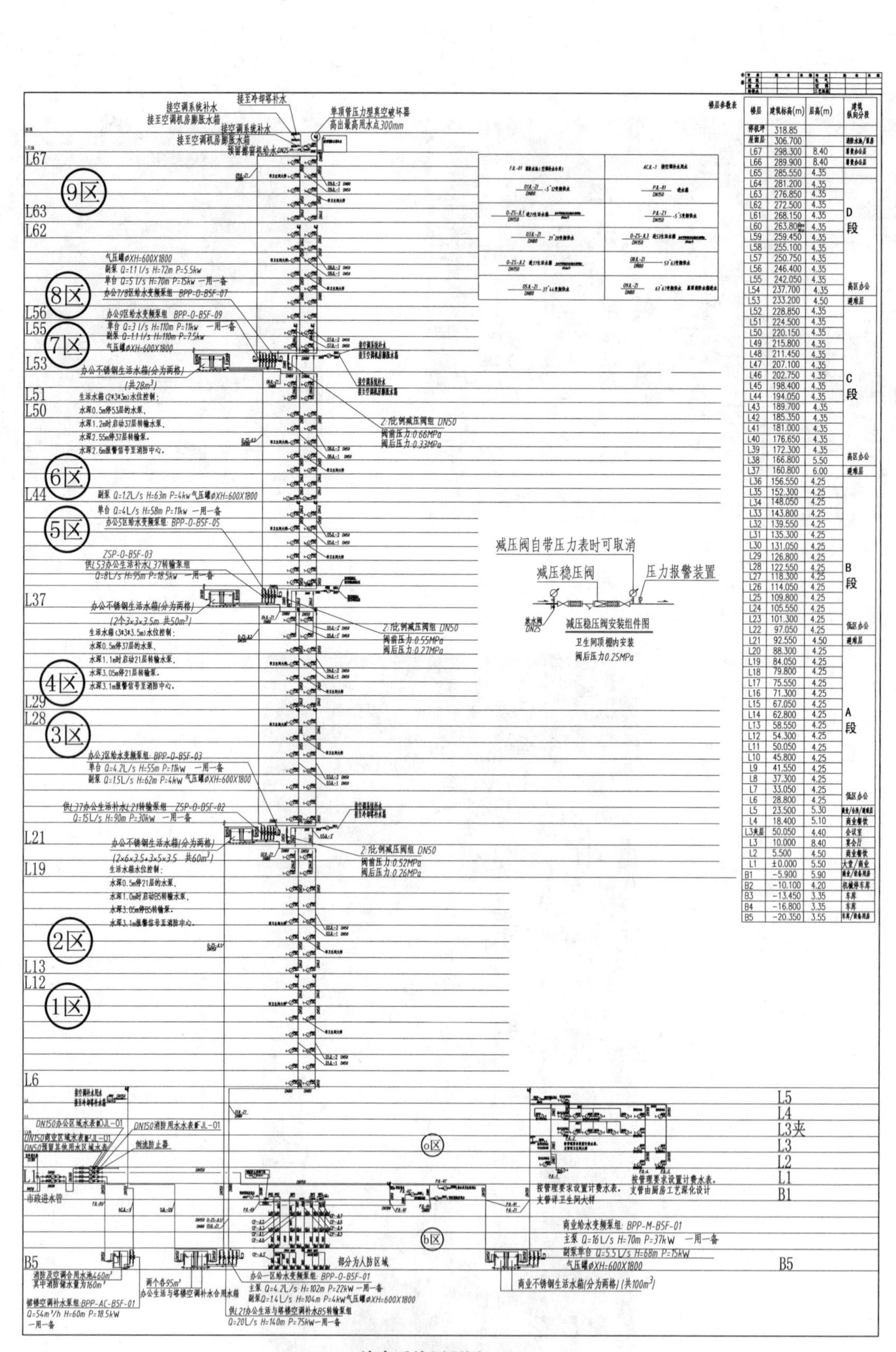

楼层参数表

楼层	建筑标高(m)	层高(m)	建筑纵向分段
停机坪	318.85		
屋面层	306.700		消防水池/泵房
L67	298.300	8.40	尊贵办公层
L66	289.900	8.40	尊贵办公层
L65	285.550	4.35	
L64	281.200	4.35	
L63	276.850	4.35	
L62	272.500	4.35	
L61	268.150	4.35	D段
L60	263.800	4.35	
L59	259.450	4.35	
L58	255.100	4.35	
L57	250.750	4.35	
L56	246.400	4.35	
L55	242.050	4.35	
L54	237.700	4.35	高区办公
L53	233.200	4.50	避难层
L52	228.850	4.35	
L51	224.500	4.35	
L50	220.150	4.35	
L49	215.800	4.35	
L48	211.450	4.35	
L47	207.100	4.35	
L46	202.750	4.35	C段
L45	198.400	4.35	
L44	194.050	4.35	
L43	189.700	4.35	
L42	185.350	4.35	
L41	181.000	4.35	
L40	176.650	4.35	
L39	172.300	4.35	
L38	166.800	5.50	高区办公
L37	160.800	6.00	避难层
L36	156.550	4.25	
L35	152.300	4.25	
L34	148.050	4.25	
L33	143.800	4.25	
L32	139.550	4.25	
L31	135.300	4.25	
L30	131.050	4.25	
L29	126.800	4.25	
L28	122.550	4.25	B段
L27	118.300	4.25	
L26	114.050	4.25	
L25	109.800	4.25	
L24	105.550	4.25	
L23	101.300	4.25	
L22	97.050	4.25	低区办公
L21	92.550	4.50	避难层
L20	88.300	4.25	
L19	84.050	4.25	
L18	79.800	4.25	
L17	75.550	4.25	
L16	71.300	4.25	
L15	67.050	4.25	
L14	62.800	4.25	A段
L13	58.550	4.25	
L12	54.300	4.25	
L11	50.050	4.25	
L10	45.800	4.25	
L9	41.550	4.25	
L8	37.300	4.25	
L7	33.050	4.25	
L6	28.800	4.25	低区办公
L5	23.500	5.30	商业/会所/避难层
L4	18.400	5.10	商业餐饮
L3夹层	50.050	4.40	会议室
L3	10.000	8.40	宴会厅
L2	5.500	4.50	商业餐饮
L1	±0.000	5.50	大堂/商业
B1	−5.900	5.90	商业/设备用房
B2	−10.100	4.20	机械停车库
B3	−13.450	3.35	车库
B4	−16.800	3.35	车库
B5	−20.350	3.55	车库/设备用房

给水系统原理图

管道穿越人防区域时，在人防内部设置工作压力不小于1.0MPa的铜芯阀门，阀门距人防墙、板不得大于0.2m。每个用水区域独立设置计费水表。

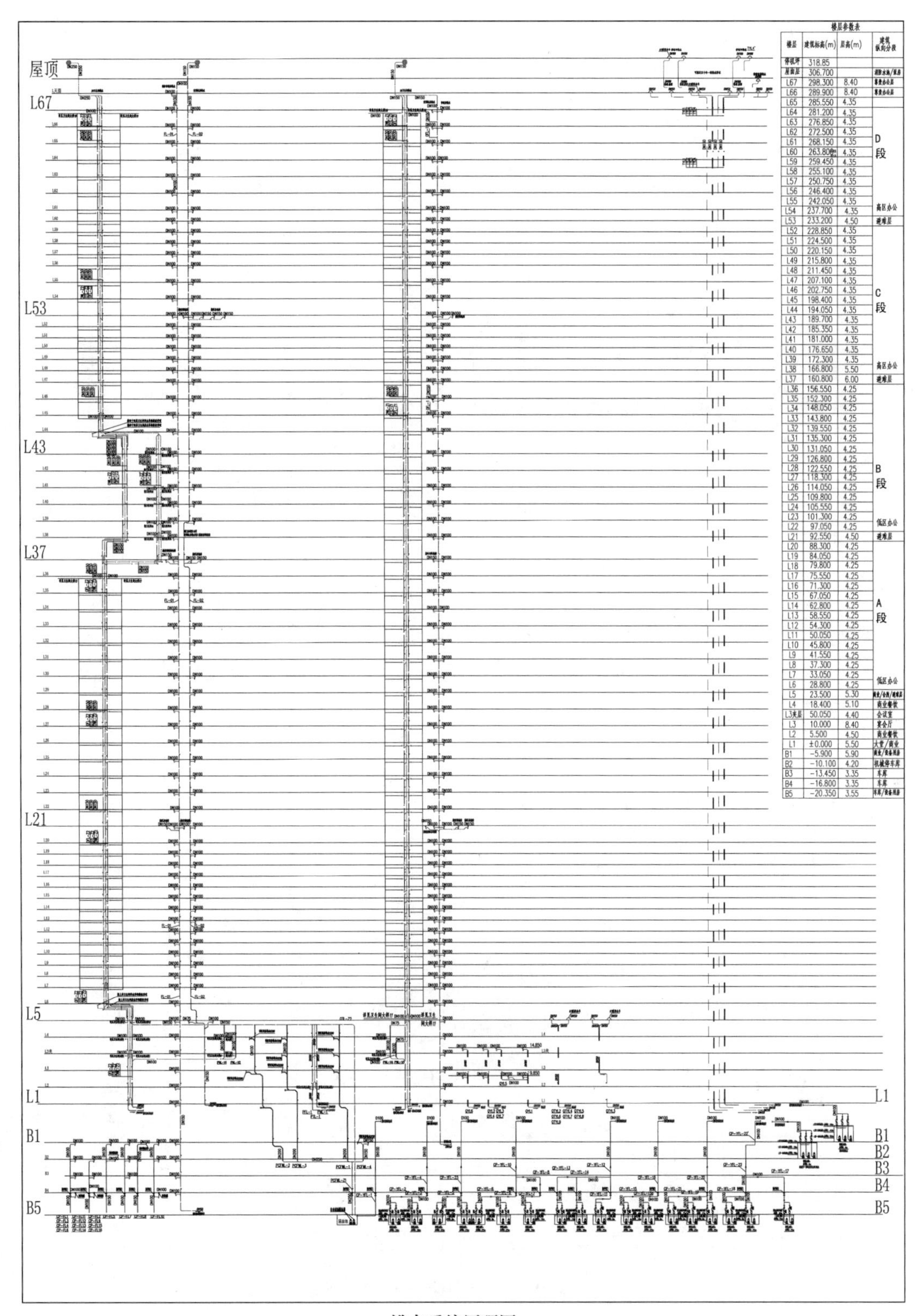

楼层参数表

楼层	建筑标高(m)	层高(m)	建筑纵向分段
停机坪	318.85		
屋面层	306.700		消防水池/泵房
L67	298.300	8.40	董事办公层
L66	289.900	8.40	董事办公层
L65	285.550	4.35	
L64	281.200	4.35	
L63	276.850	4.35	
L62	272.500	4.35	
L61	268.150	4.35	D段
L60	263.800	4.35	
L59	259.450	4.35	
L58	255.100	4.35	
L57	250.750	4.35	
L56	246.400	4.35	
L55	242.050	4.35	
L54	237.700	4.35	高区办公
L53	233.200	4.50	避难层
L52	228.850	4.35	
L51	224.500	4.35	
L50	220.150	4.35	
L49	215.800	4.35	
L48	211.450	4.35	
L47	207.100	4.35	
L46	202.750	4.35	
L45	198.400	4.35	C段
L44	194.050	4.35	
L43	189.700	4.35	
L42	185.350	4.35	
L41	181.000	4.35	
L40	176.650	4.35	
L39	172.300	4.35	
L38	166.800	5.50	高区办公
L37	160.800	6.00	避难层
L36	156.550	4.25	
L35	152.300	4.25	
L34	148.050	4.25	
L33	143.800	4.25	
L32	139.550	4.25	
L31	135.300	4.25	
L30	131.050	4.25	
L29	126.800	4.25	
L28	122.550	4.25	B段
L27	118.300	4.25	
L26	114.050	4.25	
L25	109.800	4.25	
L24	105.550	4.25	
L23	101.300	4.25	
L22	97.050	4.25	低区办公
L21	92.550	4.50	避难层
L20	88.300	4.25	
L19	84.050	4.25	
L18	79.800	4.25	
L17	75.550	4.25	
L16	71.300	4.25	
L15	67.050	4.25	
L14	62.800	4.25	A段
L13	58.550	4.25	
L12	54.300	4.25	
L11	50.050	4.25	
L10	45.800	4.25	
L9	41.550	4.25	
L8	37.300	4.25	
L7	33.050	4.25	
L6	28.800	4.25	低区办公
L5	23.500	5.30	商业/会所/避难层
L4	18.400	5.10	商业餐饮
L3夹层	50.050	4.40	会议室
L3	10.000	8.40	宴会厅
L2	5.500	4.50	商业餐饮
L1	±0.000	5.50	大堂/商业
B1	−5.900	5.90	商业/设备用房
B2	−10.100	4.20	机械停车库
B3	−13.450	3.35	车库
B4	−16.800	3.35	车库
B5	−20.350	3.55	车库/设备用房

排水系统原理图

管道穿越人防区域时，在人防内部设置工作压力不小于1.0MPa的铜芯阀门，阀门距人防墙、板不得大于0.2m。负四层人防区顶板的地漏采用防爆地漏。

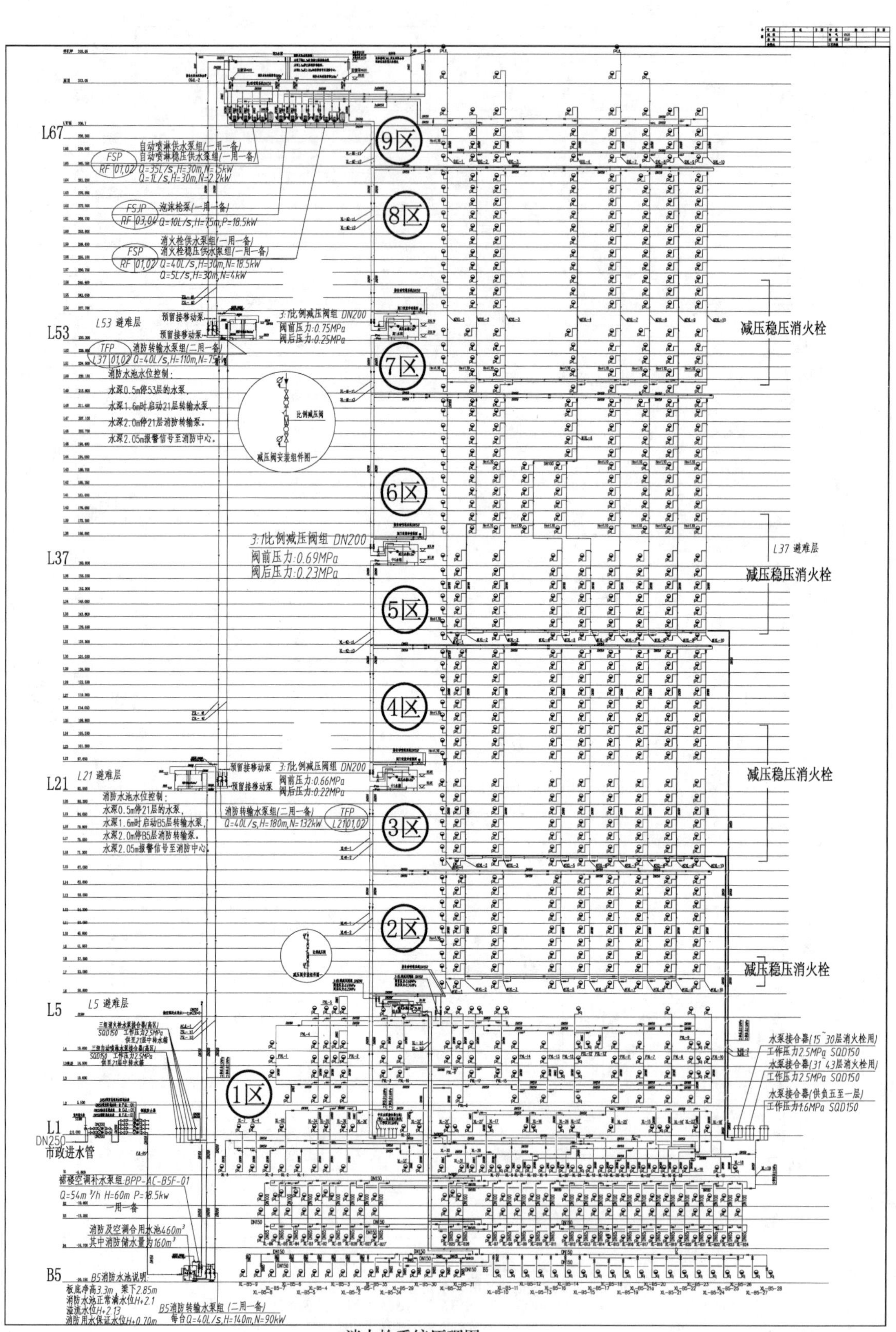

L67
L53
L37
L21
L5
L1
B5
9区
8区
7区
6区
5区
4区
3区
2区
1区
减压稳压消火栓
减压稳压消火栓
减压稳压消火栓
减压稳压消火栓
L53 避难层
L37 避难层
L21 避难层
L5 避难层
3:1比例减压阀组 DN200
阀前压力:0.75MPa
阀后压力:0.25MPa
3:1比例减压阀组 DN200
阀前压力:0.69MPa
阀后压力:0.23MPa
3:1比例减压阀组 DN200
阀前压力:0.66MPa
阀后压力:0.22MPa
消防转输水泵组(二用一备)
Q=40L/s,H=180m,N=132kW
消防水池水位控制:
水泵0.5m停21层的水泵,
水泵1.6m时启动B5层转输水泵,
水泵2.0m停B5层消防转输泵,
水泵2.05m报警信号至消防中心。
水泵接合器(15~30层消火栓用)
工作压力2.5MPa SQD150
水泵接合器(31~43层消火栓用)
工作压力2.5MPa SQD150
水泵接合器(供负五至一层)
工作压力1.6MPa SQD150
DN250
市政进水管
B5消防转输水泵组(二用一备)
每台Q=40L/s,H=140m,N=90kW

消火栓系统原理图

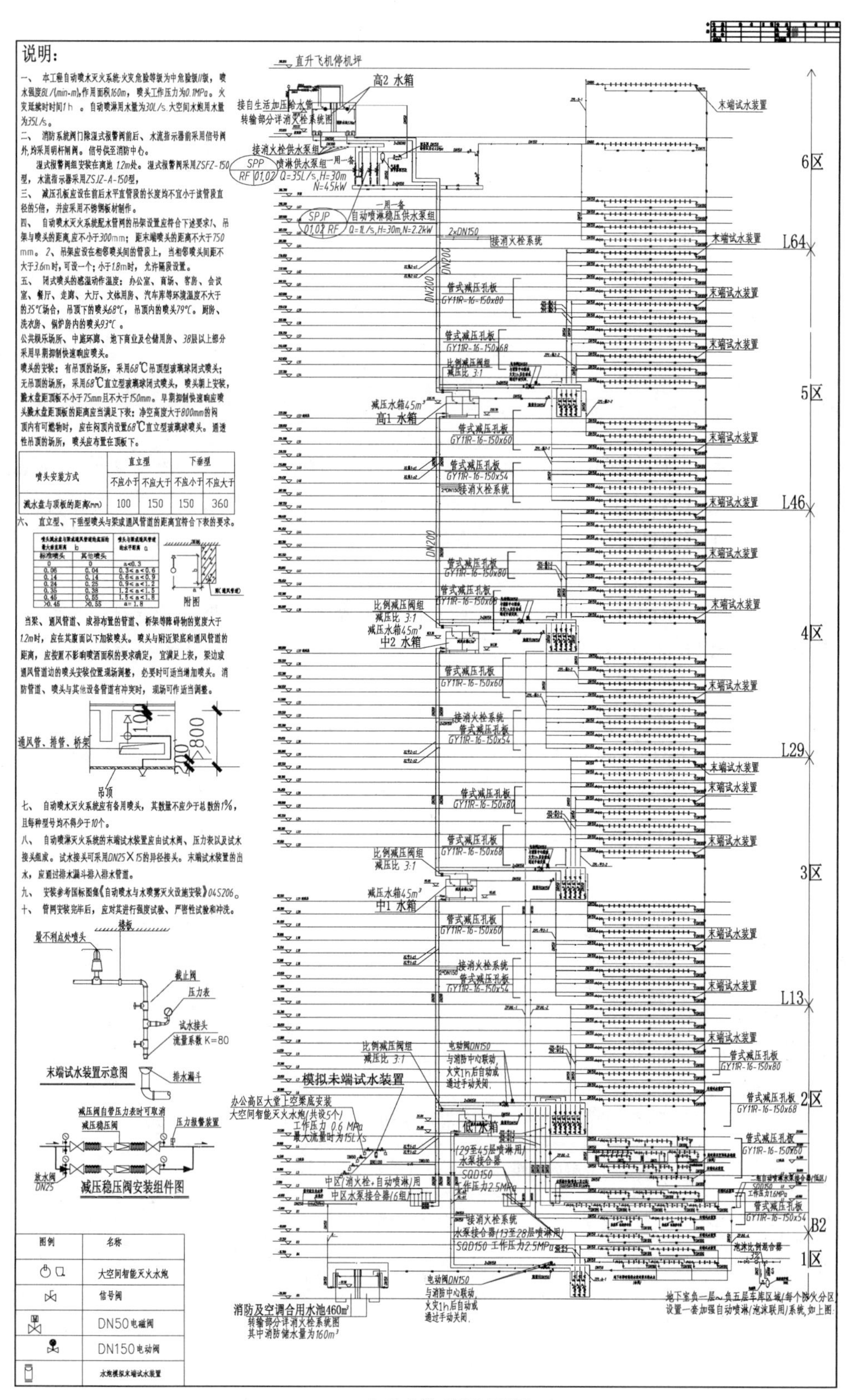

说明：
一、 本工程自动喷水灭火系统:火灾危险等级为中危险级II级，喷水强度8L/(min-m),作用面积160m，喷头工作压力为0.1MPa。火灾延续时时间1h 。自动喷淋用水量为30L/s.大空间水炮用水量为35L/s。
二、 消防系统阀门除湿式报警阀前后、水流指示器前采用信号阀外,均采用明杆闸阀。信号供至消防中心。
湿式报警阀组安装在离地 1.2m处。湿式报警阀采用ZSFZ-150型，水流指示器采用ZSJZ-A-150型，
三、 减压孔板应设在前后水平直管段的长度均不宜小于该管段直径的5倍，并应采用不锈钢板材制作。
四、 自动喷水灭火系统配水管网的吊架设置应符合下述要求1、吊架与喷头的距离,应不小于300mm；距末端喷头的距离不大于750mm。2、吊架应设在相邻喷头间的管段上，当相邻喷头间距不大于3.6m时，可设一个；小于1.8m时，允许隔段设置。
五、 闭式喷头的感温动作温度：办公室、商场、客房、会议室、餐厅、走廊、大厅、文体用房、汽车库等环境温度不大于的35℃场合，吊顶下的喷头68℃，吊顶内的喷头79℃。厨房、洗衣房、锅炉房内的喷头93℃ 。
公共娱乐场所、中庭环廊、地下商业及仓储用房、38层以上部分采用早期抑制快速响应喷头。
喷头的安装：有吊顶的场所，采用68℃吊顶型玻璃球闭式喷头；无吊顶的场所，采用68℃直立型玻璃球闭式喷头，喷头朝上安装，溅水盘距顶板不小于75mm且不大于150mm。早期抑制快速响应喷头溅水盘距顶板的距离应当满足下表：净空高度大于800mm的闷顶内有可燃物时，应在闷顶内设置68℃直立型玻璃球喷头。通透性吊顶的场所，喷头应布置在顶板下。
喷头安装方式 直立型 下垂型
不应小于 不应大于 不应小于 不应大于
溅水盘与顶板的距离(mm) 100 150 150 360
六、 直立型、下垂型喷头与梁或通风管道的距离宜符合下表的要求。
0 0 a<0.3
0.06 0.04 0.3≤a<0.6
0.14 0.14 0.6≤a<0.9
0.24 0.25 0.9≤a<1.2
0.35 0.38 1.2≤a<1.5
0.45 0.55 1.5≤a<1.8
>0.45 >0.55 a=1.8
附图
当梁、通风管道、成排布置的管道、桥架等障碍物的宽度大于1.2m时，应在其腹面以下加装喷头。喷头与附近梁底和通风管道的距离，应按照不影响喷洒面积的要求确定，宜满足上表，梁边或通风管道边的喷头安装位置现场调整，必要时可适当增加喷头。消防管道、喷头与其他设备管道有冲突时，现场可作适当调整。
通风管、排管、桥架
吊顶
七、 自动喷水灭火系统应有备用喷头，其数量不应少于总数的1%，且每种型号均不得少于10个。
八、 自动喷淋灭火系统的末端试水装置应由试水阀、压力表以及试水接头组成。试水接头可采用DN25X15的异径接头。末端试水装置的出水，应通过排水漏斗排入排水管道。
九、 安装参考国标图集《自动喷水与水喷雾灭火设施安装》04S206。
十、 管网安装完毕后，应对其进行强度试验、严密性试验和冲洗。
楼板
最不利点处喷头
截止阀
压力表
试水接头
流量系数 K=80
排水漏斗
末端试水装置示意图
减压稳压阀
压力报警装置
放水阀 DN25
减压稳压阀安装组件图
图例 名称
大空间智能灭火水炮
信号阀
DN50电磁阀
DN150电动阀
水炮模拟末端试水装置
直升飞机停机坪
高2 水箱
末端试水装置
6区
5区
4区
3区
2区
1区
L64
L46
L29
L13
B2
管式减压孔板
比例减压阀组
减压水箱45m³
高1 水箱
中2 水箱
中1 水箱
低1水箱
接消火栓系统
模拟末端试水装置
消防及空调合用水池460m³
转输部分详消火栓系统图
其中消防储水量为160m³

自动喷淋系统原理图

管道穿越人防区域时，在人防内部设置工作压力不小于1.0MPa的铜芯阀门。

昆明西山万达广场——文华酒店

设计单位： 广东省建筑设计研究院
设 计 人： 符培勇 金钊 徐晓川 吴燕国 孙国熠 李淼 付亮 王慧晓 范建元 霍韶波
获奖情况： 公共建筑类 三等奖

工程概况：

昆明西山万达广场项目位于昆明市西山区前兴路东侧，西山区规划一路以南、规划二路以北、前兴路以东和佳湖路以西。本工程为一大型建筑综合体，集室外商业街、办公、酒店于一体；建筑群体分为五部分，分别为：5幢写字楼和室外街商铺，地上23层，屋面标高79.14m；6幢室外街商铺，地上2层，屋面标高11m；7幢五星级酒店，地上20层，屋面标高96.38m；8幢甲级写字楼，地上66层，屋面标高297.3m；9幢甲级写字楼，地上67层，屋面标高296.6m。本工程地下室共3层，地下室埋深15.85m，地下室停车1339辆。项目总用地面积30970m^2，总建筑面积460094m^2，其中地上建筑面积375570m^2，地下建筑面积84524m^2。

7幢文华酒店规划总建筑面积约44743m^2。其中地上部分38100m^2，地下部分6643m^2，设计客房302间。地上20层，地下3层；地上部分为酒店客房及配套功能（一～五层为裙，每层约3300m^2，六～二十层为酒店客房，每层1550m^2）；8幢写字楼塔楼，六十四～六十六层为酒店会所，设有直达会所层的专用电梯；地下为机动车及非机动车车库以及酒店配套功能房间，室外为设置完善的环境景观及配套系统。本酒店定位为超五星级高档酒店。

工程说明：

一、给水排水系统

（一）给水系统

1. 冷水用水量（表1）

冷水用水量 表1

用水单位	用水定额	单位数量	用水时间(h)	小时变化系数K	平均时用水量(m^3/h)	最大时用水量(m^3/h)	最高日用水量(m^3/d)	备注
酒店客房	320L/(人·d)	393人	24	2.5	5.2	13.1	126	
员工	80L/(人·d)	453人	24	2.5	1.5	3.8	36	
洗衣房	60L/kg干衣	1572kg	12	1.2	7.9	9.4	94.3	
员工餐厅	20L/人次	410人次/d	9	1.5	0.9	1.4	8.2	
宴会厅	50L/人次	2417人次/d	13	1.2	9.3	11.2	121	
中餐厅	50L/人次	2025人次/d	10	1.5	10.1	15.2	101	

续表

用水单位	用水定额	单位数量	用水时间(h)	小时变化系数K	平均时用水量(m^3/h)	最大时用水量(m^3/h)	最高日用水量(m^3/d)	备注
特色餐厅	50L/人次	413人次/d	10	1.5	2.1	3.1	20.7	
全日餐厅	50L/人次	750人次/d	24	1.5	1.6	2.3	37.5	
会见厅	6L/人次	70人次/d	8	1.5	0.05	0.08	0.4	
会议室	8L/人次	947人次/d	13	1.5	0.6	0.9	7.6	
大堂吧	15L/人次	138人次/d	16	1.5	0.1	0.2	2.1	
泳池补水			16	1.0	1.9	1.9	30	
美容美发	40L/人次	38人次/d	12	2.0	0.1	0.25	1.5	
健身、活动	40L/人次	64人次/d	16	1.5	0.2	0.24	2.6	
室外绿化及道路、广场	2L/(m^2·次)	9680m^2	4	1.0	4.8	4.8	19.4	
不可预见水量					4.6	6.8	60.8	按最高日用水量的10%计
合计					51	75	669	

2. 水源

本工程供水水源为市政自来水，周围市政水压为0.15～0.25MPa，由市政给水管引两根DN100给水管供酒店用水。两路市政给水供至生活水泵房原水水箱，经加压、砂缸过滤、紫外线消毒后由生活变频水泵组供至各用水点。锅炉房、厨房、洗衣房等用水点根据使用要求进行局部软化处理。

3. 系统竖向分区

酒店冷、热水采用同源供水，冷、热水分区相同，各分区冷、热水采用同一组变频水泵供水，热水由导流型容积式水加热器制备。分区如下：

第一区：地下二层～五层，由地下室生活水泵房内第一组变频水泵加压供水；

第二区：六～十层，由地下室生活水泵房内第二组变频水泵加压供水；

第三区：十一～十五层，由地下室生活水泵房内第三组变频水泵加压供水；

第四区：十六层～屋面层，由地下室生活水泵房内第四组变频水泵加压供水。

4. 供水方式及给水加压设备

酒店采用生活水箱——变频水泵组联合加压供水形式，变频泵组大小泵搭配，并配置气压罐。各分区加压设备参数如下：

第一区：水泵　Q=6.5L/s，H=75m，N=11kW（3用1备）

第二区：主泵　Q=5.0L/s，H=100m，N=11kW（2用1备）

　　　　辅泵　Q=1.4L/s，H=102m，N=3kW（1台）

第三区：主泵　Q=5.0L/s，H=121m，N=11kW（2用1备）

　　　　辅泵　Q=1.4L/s，H=123m，N=4kW（1台）

第四区：主泵　Q=5.0L/s，H=144m，N=15kW（2用1备）

　　　　辅泵　Q=1.4L/s，H=146m，N=4kW（1台）

5. 管材

冷水系统水泵出水管、转输干管、立管均采用中壁不锈钢管，卡压、焊接、环压连接。客房各管井内给水管及裙房给水管采用薄壁不锈钢管，卡压、焊接、环压连接。埋墙、埋地给水支管采用外壁覆塑薄壁不锈钢管，焊接。

(二) 热水系统

1. 热水用水量（60℃计）（表2）

热水用水量 **表2**

用水单位	用水定额	单位数量	用水时间(h)	小时变化系数 *K*	平均时用水量(m^3/h)	最大时用水量(m^3/h)	最高日用水量(m^3/d)	备注
酒店客房	140L/(人·d)	393人	24	3.16	2.3	7.2	55.0	
员工	40L/(人·d)	453人	24	2.5	0.8	2.0	18.1	
员工餐厅	10L/人次	410人次/d	9	1.5	0.45	0.7	4.1	
宴会厅	20L/人次	2417人次/d	13	1.2	3.7	4.5	48.3	
中餐厅	20L/人次	2025人次/d	10	1.5	4.05	6.1	40.5	
特色餐厅	20L/人次	413人次/d	10	1.5	0.8	1.2	8.3	
全日餐厅	20L/人次	750人次/d	24	1.5	0.6	0.9	15	
会见厅	2L/人次	70人次/d	8	1.5	0.02	0.03	0.14	
会议室	2L/人次	947人次/d	13	1.5	0.15	0.22	1.9	
大堂吧	5L/人次	138人次/d	16	1.5	0.04	0.06	0.69	
美容美发	20L/人次	38人次/d	12	2.0	0.06	0.12	0.76	
健身、活动	20L/人次	64人次/d	16	1.5	0.08	0.12	1.28	
不可预见水量						2.3	19.4	按最高日用水量的10%计
合计						25.5	213.4	

2. 热源

生活热水主热源为锅炉房提供的高温热水，同时为合理利用可再生能源，在裙房屋顶设置太阳能集热板，收集热量用于裙房热水的预加热。

3. 系统竖向分区

热水系统分区与冷水系统相同，分区如下：

第一区：地下二层～五层，由地下室生活水泵房内第一组变频水泵加压供水；

第二区：六～十层，由地下室生活水泵房内第二组变频水泵加压供水；

第三区：十一～十五层，由地下室生活水泵房内第三组变频水泵加压供水；

第四区：十六层～屋面层，由地下室生活水泵房内第四组变频水泵加压供水。

4. 热交换器

酒店裙房、塔楼客房生活热水均由RV系列导流型容积式水加热器制备（水-水换热）。恒温泳池采用水-水板式换热器加热，热源为锅炉高温热水。

5. 冷、热水压力平衡措施、热水温度保证措施等

为保证冷、热水供水压力平衡，本项目冷、热水采用同源供水，各分区均由同一组变频水泵加压供水；

同时冷、热水系统分区及管道布置形式均保持一致；客房区各房间内淋浴龙头、洗脸盆龙头采用恒温混水阀。为保证用水点热水温度，裙房及客房区均设置末端回水管，温控自动回水；容积式加热器由温度控制热媒启停，确保加热器内温度处于 58～60℃之间。

6. 管材

各分区供水干管、立管均采用磷脱氧无缝铜管（TP2），钎焊连接。埋墙、埋地热水支管采用外壁覆塑铜管，钎焊连接，连接处作防腐包扎和保温处理。

(三) 中水系统

1. 中水源水量表、中水回用水量表、水量平衡（表 3）

本项目收集塔楼及裙房各层的沐浴水、盥洗水作为中水水源，沐浴水的分项给水百分率为 40%，盥洗水的分项给水百分率为 13%，则：

沐浴水收集源水水量：$Q_1=0.7\times0.8\times601\times0.4=135m^3/d$

盥洗水收集源水水量：$Q_2=0.7\times0.8\times601\times0.13=44m^3/d$

总收集源水水量：$Q_{源}=135+44=179m^3/d$

中水回用水量计算 **表 3**

用水单位	用水定额	单位数量	用水时间(h)	小时变化系数 K	平均时用水量(m^3/h)	最大时用水量(m^3/h)	最高日用水量(m^3/d)	备注
冲厕						7.9	72.2	按分项给水百分率为12%计
室外绿化及道路、广场	2L/(m^2·次)	9680m^2	4	1.0	4.8	4.8	19.4	
不可预见水量						1.3	9.2	按最高日用水量 10%计
合计						14	100.8	

根据中水回用水量计算所需中水源水量为：$100.8\times1.15=116m^3/d$。

$Q_{源}=179m^3/d>116m^3/d$，因此收集的源水量可满足中水回用量要求，多余源水通过溢流设施重力排至室外污水管网。根据上述计算，取中水处理系统设计规模为 $120m^3/d$，中水水箱储水 $40m^3$（按最高日中水用水量 40%储备）。

2. 系统竖向分区

中水系统分三个区：

第一区：地下二层～五层，由裙房中水变频泵组加压供水；

第二区：六～十三层，由塔楼低区中水变频泵组加压供水；

第三区：十四～二十层，由塔楼高区中水变频泵组加压供水。

3. 供水方式及给水加压设备

中水系统采用水箱—变频水泵组联合加压供水，变频水泵组大小泵搭配，并配置气压罐，加压设备如下：

第一区：主泵 $Q=5L/s$，$H=60m$，$N=5.5kW$（2 台，1 用 1 备）

辅泵 $Q=1.6L/s$，$H=62m$，$N=2.2kW$（1 台）

第二区：主泵 Q=4.8L/s，H=88m，N=7.5kW（2台，1用1备）

辅泵 Q=1.6L/s，H=90m，N=3kW（1台）

第三区：主泵 Q=4.4L/s，H=130m，N=11kW（2台，1用1备）

辅泵 Q=1.4L/s，H=132m，N=4kW（1台）

4. 水处理工艺流程

中水处理采用生物膜处理工艺，地下室中水处理机房设置一体式生物膜处理设备，工艺流程如下：源水→一体式生物膜 → 过滤→ 消毒→ 回用中水。

5. 管材

中水系统水泵出水管、转输干管、立管均采用钢塑复合管（外镀锌内衬塑，衬塑材料 PE），管径大于或等于 DN100 均采用法兰/沟槽连接，管径小于 DN100 采用螺纹连接。埋墙、埋地中水支管采用聚丁烯（PB）管，热熔连接。

（四）排水系统

1. 排水系统形式

本工程室外采用雨水、污水分流制排水系统。室内采用污水、废水分流。

2. 透气管的设置方式

为保证室内卫生环境及降低排水噪声，塔楼客房卫生间排水立管设置专用通气立管，裙房公共卫生间设置专用通气立管和环形通气管。

3. 采用的局部污水处理设施

生活污水经化粪池处理后排入市政污水管道，厨房排水经隔油池处理后排入小区污水管道，锅炉房高温排水经降温罐处理后排入小区污水管道。

4. 管材

室外埋地污水、废水、雨水管采用 PVC-U 双壁波纹管，承插橡胶圈接口；污、废水立管、横干管、横支管及通气立管均采用柔性接口铸铁管（离心铸造），橡胶密封套+不锈钢卡箍连接；泵送压力排水管采用热镀锌焊接钢管，螺纹连接；埋在建筑垫层内的同层排水管道采用 HDPE（PE80，S12.5）管，电焊管箍连接；室内重力雨水管道采用热镀锌焊接钢管，卡箍连接；室内虹吸雨水管采用 HDPE（PE100）管，电焊管箍连接。

二、消防系统

（一）消火栓系统

室外消火栓系统设计流量 30L/s，火灾延续时间 3h，一次火灾用水量 324m^3；室内消火栓系统设计流量 40L/s，火灾延续时间 3h，一次火灾用水量 432m^3。室内消火栓系统分区如下：

第一区：地下二层～五层，由地下二层消防水泵内消火栓泵出水管减压供水；

第二区：设备夹层～屋顶，由地下二层消防水泵内消火栓泵出水管直接供水。

室内消火栓系统加压泵设置于地下二层消防水泵房内，参数为 Q=40L/s，H=145m，N=132kW（1用1备）。屋顶设置消火栓系统稳压装置，型号为 ZW（L）-Ⅰ-X-13。地下二层消防水池有效容积 630m^3，分为两格，其中消防贮水 594m^3，空调补水贮水 36m^3。屋顶消防稳压水箱有效容积 18m^3。各分区均设置 3 个 DN150 一体式水泵接合器。消火栓系统采用内外壁热镀锌焊接钢管，管径小于或等于 DN65 采用螺纹连接，管径大于或等于 DN80 采用卡箍或法兰连接。

（二）自动喷水灭火系统

自动喷水灭火系统设计流量 45L/s，火灾延续时间 1h，一次火灾用水量 162m^3。自喷系统竖向分区如下：

第一区：地下二层～设备夹层，由地下二层消防水泵内自喷泵出水管减压供水；

第二区：六层～屋顶，由地下二层消防水泵内自喷泵出水管直接供水。

自动喷水灭火系统加压泵设置于地下二层消防水泵房内，参数为Q=45L/s，H=155m，N=160kW（1用1备）。屋顶设置自动喷水灭火系统稳压装置，型号为ZW（L）-Ⅱ-Z-A。各分区均设置3个DN150一体式水泵接合器。自动喷水灭火系统采用内外壁热镀锌焊接钢管，管径小于或等于DN65采用螺纹连接，管径大于或等于DN80采用卡箍或法兰连接。

（三）水喷雾灭火系统

地下一层燃气锅炉房、柴油发电机房、储油间设置水喷雾灭火系统。喷雾强度20L/(min·m^2)，持续喷雾时间0.5h，系统设计流量23.5L/s，工作压力0.50MPa，响应时间不超过45s。水喷雾灭火系统一次火灾用水量42.3m^3。系统不分区，与自动喷水灭火系统合用消防泵及消防储水。水喷雾灭火系统采用内外壁热镀锌焊接钢管，管径小于或等于DN65采用螺纹连接，管径大于或等于DN80采用卡箍或法兰连接。

（四）气体灭火系统

变配电室、IT机房采用无管网柜式七氟丙烷全淹没式气体灭火系统。变配电室设计灭火浓度为9%，设计喷放时间不应大于10s，灭火浸渍时间10min；IT机房设计灭火浓度为8%，设计喷放时间不应大于8s，灭火浸渍时间5min。系统的控制方式：自动、电气手动、机械应急手动三种启动方式。

（五）灭火器配置

建筑物内各层均设置手提式磷酸铵盐干粉灭火器，酒店按A类严重危险级配置手提式磷酸铵盐干粉灭火器，保护距离15m。地下室非车库区域按A类中危险级配置手提式磷酸铵盐干粉灭火器，灭火器最大保护距离为20m。变、配电室按E类中危险级配置手提式磷酸铵盐干粉灭火器，灭火器最大保护距离为24m。

三、工程特点及设计体会

7幢文华酒店给水排水设计内容为红线范围内的以下系统：冷水供水系统、热水供水系统、中水供水系统、污废水排水系统、雨水排水系统、室内消火栓系统、湿式自动喷水灭火系统、水喷雾灭火系统、七氟丙烷气体灭火系统、灭火器配置。酒店最高日生活用水量669m^3/d，最高日最大时用水量75m^3/h，平均时用水量51m^3/h。供水水源为市政自来水。本工程周围市政水压为0.15～0.25MPa，由市政给水管引两根DN100给水管供酒店用水。两路市政给水供至生活水泵房原水水箱，经加压、砂缸过滤、紫外线消毒后由生活变频水泵组供至各用水点。锅炉房、厨房、洗衣房等用水点根据使用要求进行局部软化处理。地下二层中水机房设置生物膜处理中水回用系统，收集塔楼及裙房各层的沐浴水、盥洗水为中水水源，收集的废水经处理达到回用水质要求后用于全楼冲厕、景观补水及绿化灌溉，中水系统设计最高日用水量100.8m^3/d，最高日最大时用水量14m^3/h，经计算收集原水总水量为179m^3/d，可满足中水系统设计原水量要求，多余废水量溢流排至市政污水管网。采用建筑中水回收利用系统可大大降低市政自来水用水量，节约水资源，符合昆明时节约用水要求。由市政给水管上引一根DN50水管接至中水机房，用于事故时补水。酒店采用生活水箱——变频水泵组联合加压供水形式。冷、热水采用同源供水，冷、热水分区相同，各分区冷、热水采用同一组变频水泵供水，热水由导流型容积式水加热器制备。

本工程酒店裙房屋顶设置太阳能集热板，收集热量用于裙房热水的预加热（设置水-水换热导流型容积式加热器实现太阳能集热板与生活热水的热交换）。热水系统主热源为锅炉房提供的高温热水，加热设备选用RV系列导流型容积式水加热器。客房层各分区设计两台换热器，单台负荷75%，总储水容积为45min的最大时热水量。裙房设计两台换热器，单台负荷75%，总储水容积为40min的最大时热水量。

设置独立的空调补水系统，最高日空调补水量180m^3，贮水量36m^3，空调补水贮存在消防水池内，并设置消防水位不被动用的措施。在地下二层消防水泵房内设置一组变频水泵用于空调补水。

四、工程照片及附图

酒店正门

酒店外立面

酒店大堂

室内游泳池

客房卫生间

导流型容积式换热器

生活变频水泵组

消防水泵

锅炉房水喷雾灭火系统

厨房湿式化学灭火系统

裙房屋顶太阳能集热板

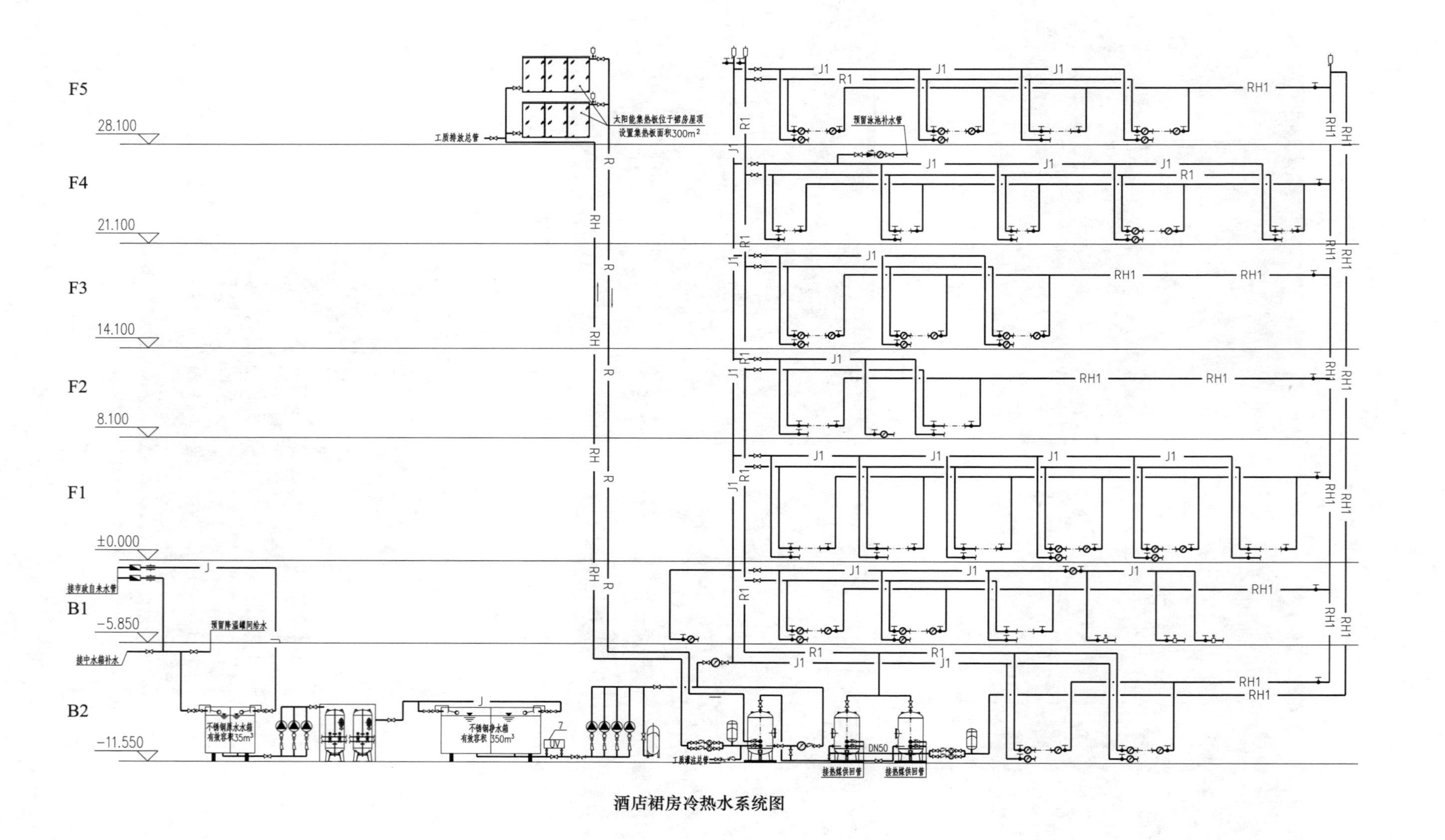
F5
28.100
F4
21.100
F3
14.100
F2
8.100
F1
±0.000
B1
-5.850
B2
-11.550
太阳能集热板位于裙房屋顶
设置集热板面积300m²
工质排放总管
预留泳池补水管
接市政自来水管
预留降温罐间给水
接中水箱补水
不锈钢原水水箱
有效容积35m³
不锈钢净水箱
有效容积350m³
UV
DN50
工质灌注总管
接热媒供回管
接热媒供回管
RH1
R1
J1
RH
R
J

酒店裙房冷热水系统图

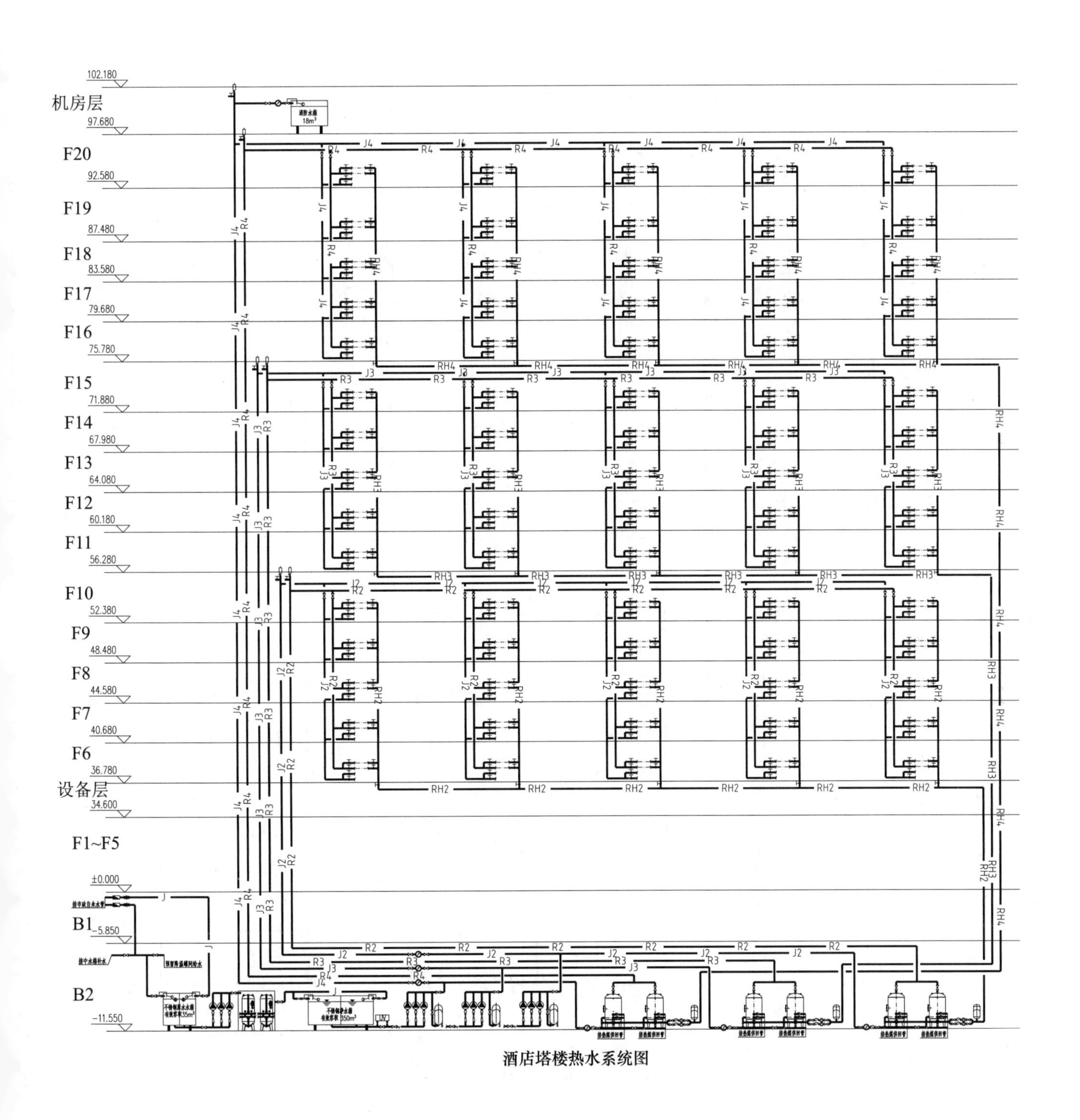
102.180
机房层
97.680
F20
92.580
F19
87.480
F18
83.580
F17
79.680
F16
75.780
F15
71.880
F14
67.980
F13
64.080
F12
60.180
F11
56.280
F10
52.380
F9
48.480
F8
44.580
F7
40.680
F6
36.780
设备层
34.600
F1~F5
±0.000
B1
-5.850
B2
-11.550
J4
R4
RH4
J3
R3
RH3
J2
R2
RH2

酒店塔楼热水系统图

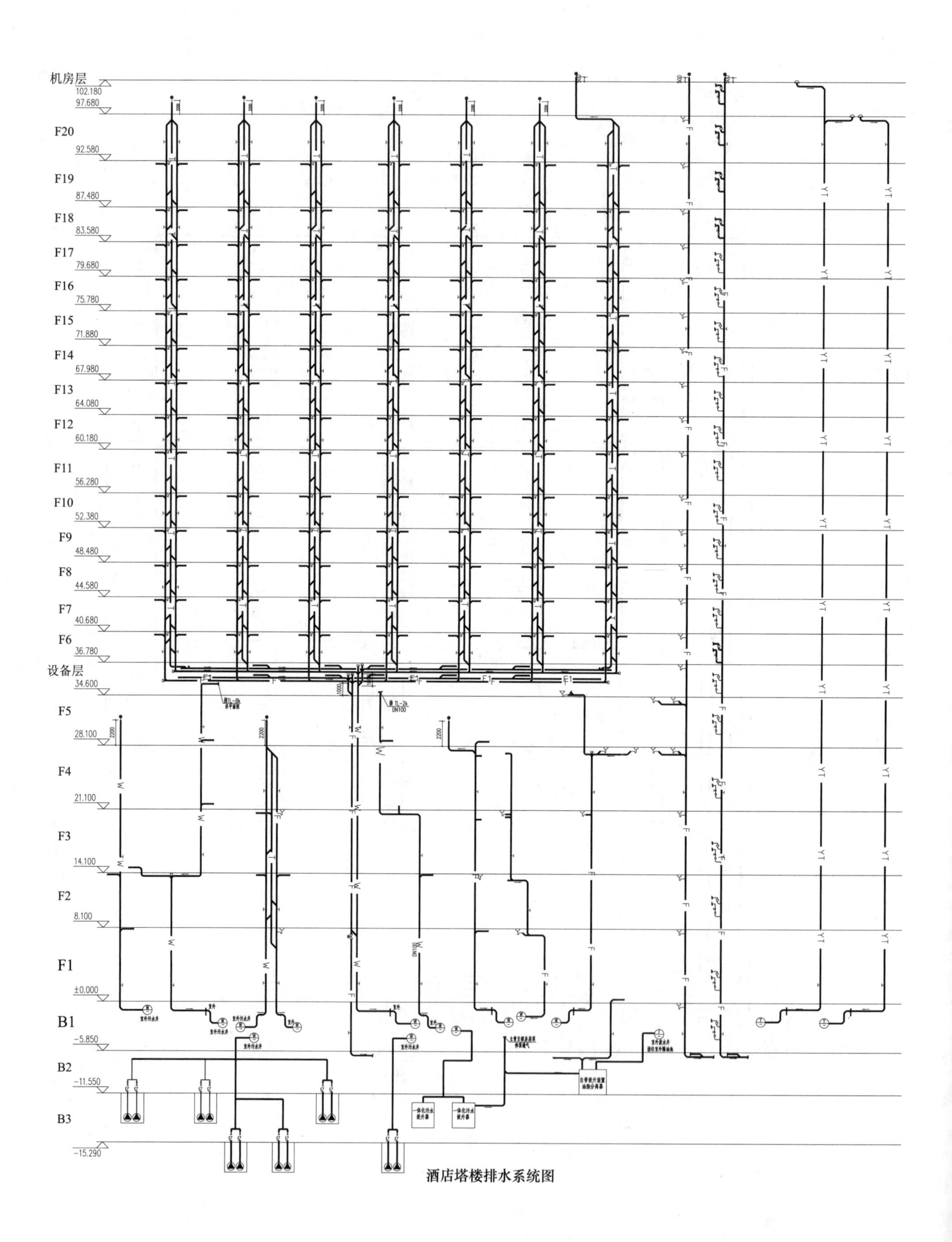
机房层
102.180
97.680
F20
92.580
F19
87.480
F18
83.580
F17
79.680
F16
75.780
F15
71.880
F14
67.980
F13
64.080
F12
60.180
F11
56.280
F10
52.380
F9
48.480
F8
44.580
F7
40.680
F6
36.780
设备层
34.600
F5
28.100
F4
21.100
F3
14.100
F2
8.100
F1
±0.000
B1
-5.850
B2
-11.550
B3
-15.290
F1
F
W
YT
DN100
一体化污水提升器
自带提升装置油脂分离器

酒店塔楼排水系统图

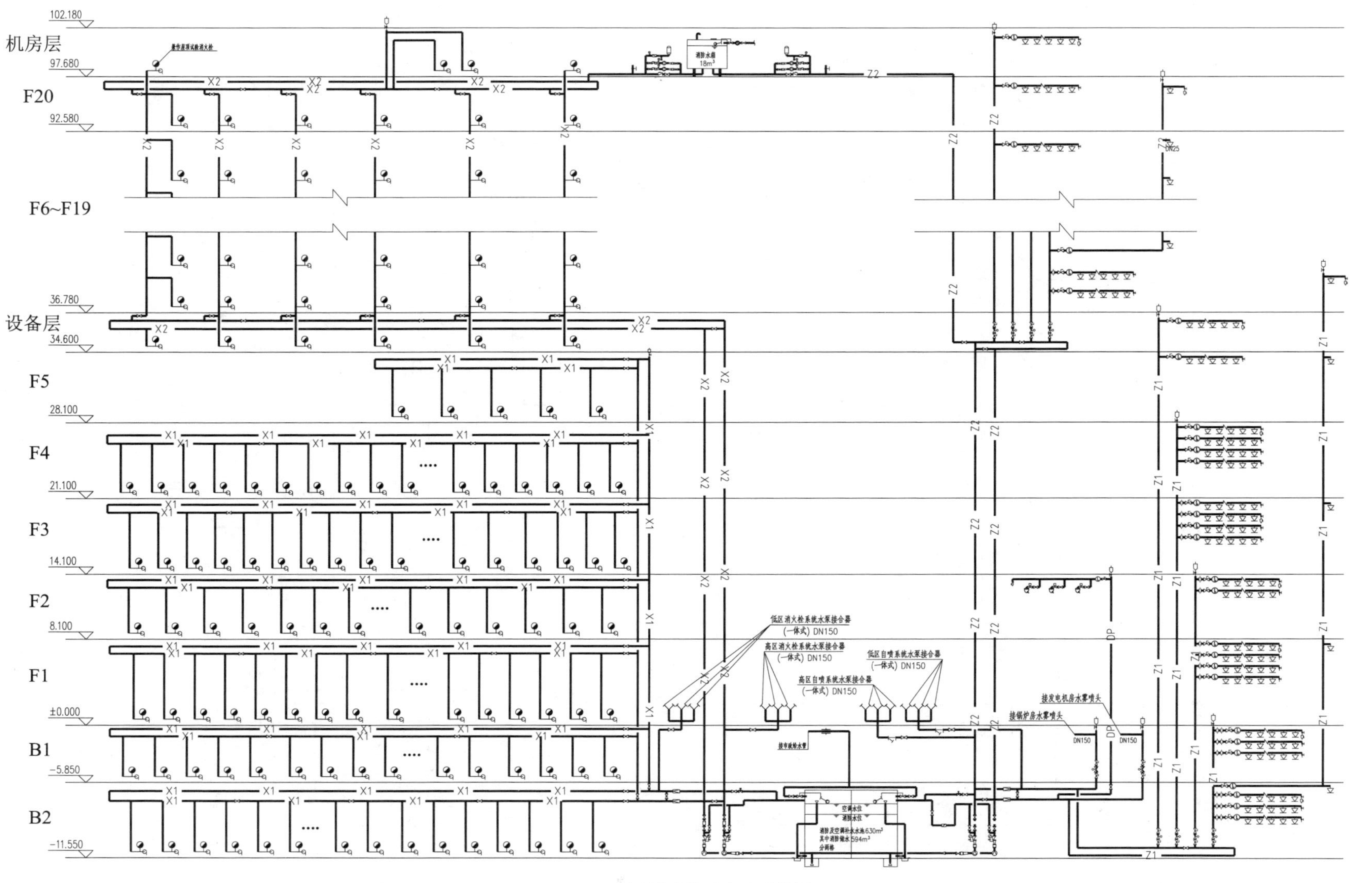

酒店消火栓及自喷系统图

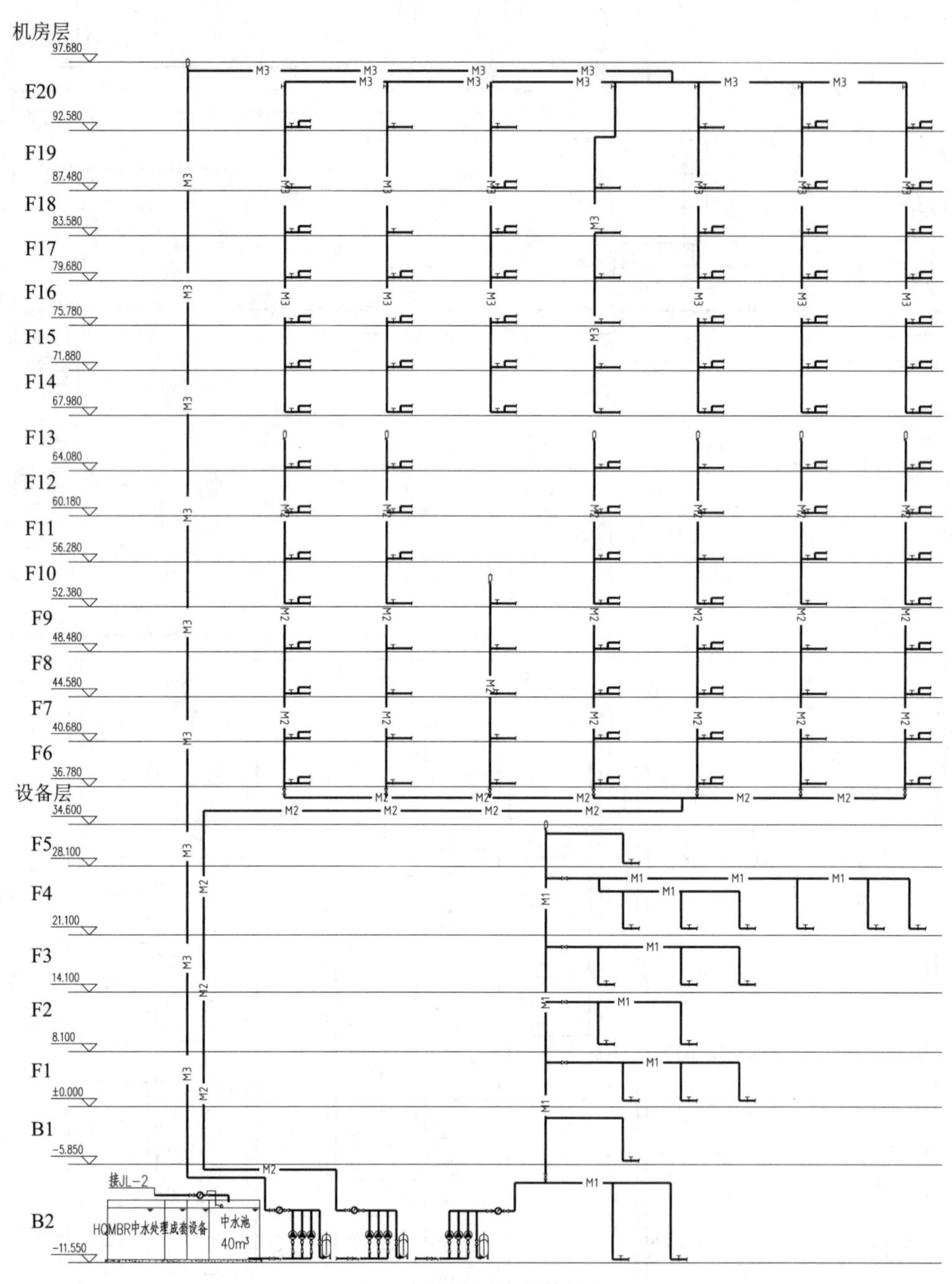

机房层
97.680
F20
92.580
F19
87.480
F18
83.580
F17
79.680
F16
75.780
F15
71.880
F14
67.980
F13
64.080
F12
60.180
F11
56.280
F10
52.380
F9
48.480
F8
44.580
F7
40.680
F6
36.780
设备层
34.600
F5
28.100
F4
21.100
F3
14.100
F2
8.100
F1
±0.000
B1
−5.850
B2
−11.550
M1
M2
M3
接JL−2
HQMBR中水处理成套设备
中水池
40m³

酒店中水系统图

大连远洋大厦

设计单位： 大连市建筑设计研究院有限公司
设 计 人： 赵莉　张震　王可为　王雷　蔡泽民　张佳杰　匡挺
获奖情况： 公共建筑类　三等奖

工程概况：

本项目是大连远洋大厦续建工程，建筑由A区一栋51层超五星级酒店，配套4层裙房及B区一栋26层高档写字间组成的一个复合型超高层建筑。A区主楼建筑高度200.80m，B区主楼建筑高度为111.00m，裙房高度35.40m。建筑面积为13.9万m^2。建筑立面采用了欧洲新古典建筑形式。总体构图划分为以裙房为主的基座、主楼的塔身和顶层的塔尖。裙房沿一德街采用简化了的罗马柱廊的形式。建筑细部刻画深入，尺度亲切。磨光花岗岩的材质、色彩及比例划分，彰显建筑的厚重坚实。主楼塔身横线条布置的铝合金、中空玻璃幕墙，明快简洁。塔顶的商务层、总统套房层的通透玻璃墙与塔身呼应让建筑更加突出。建筑建成投入使用后，为当地展现出良好的商务环境及建筑形象。

工程说明：

一、给水排水系统

（一）给水系统

1. 冷水生活用水量

本工程最高日生活用水量812.0m^3/d，最大时用水量96.0m^3/h。

（1）A座酒店给水用水量统计（表1）：

最高日用水量：670m^3/d，平均时用水量：58.0m^3/h，最大时用水量78.7m^3/h。

A座酒店给水用水量　　**表1**

序号	用水分类	用水标准及人数	最高日用水量（m^3/d）	最大时用水量（m^3/h）	平均时用水量（m^3/h）	小时变化系数	用水时间（h）
1	洲际酒店客房	450L/(人·d)×508间×1.5人	228	21.625	10.63	2.0	24
2	员工	80L/(人·d)×150人	12.0	1.0	0.5	2.0	24
3	中餐厅	60L/人次×320人次	6.4	0.64	0.5	1.2	12
4	自动餐厅	25L/人次×240人次	6.0	0.45	0.38	1.2	16
5	宴会厅	600人×50L/人	30	4.5	3.0	1.5	12
6	会议室	130人×8L/人	1.04	0.3	0.26	1.2	4
7	美容美发SPA	50人×60L/人	3.0	0.5	0.25	2.0	12
8	洗衣房	60L/kg干衣×508间×5kg/间	152.4	24.77	19.05	1.3	8

续表

序号	用水分类	用水标准及人数	最高日用水量(m^3/d)	最大时用水量(m^3/h)	平均时用水量(m^3/h)	小时变化系数	用水时间(h)
9	员工洗浴	100L/人次×100人	10.0	3.75	2.5	1.5	4
10	员工餐厅	20L/人次×160人次	3.2	0.53	0.27	2	12
11	游泳池补水	300m^3×10%	30	1.88	1.88	1.0	16
12	冷却塔、空调补水、锅炉补水	1783×10%+7+3	188	18.8	18.8	1.0	10
13	1～14项小计		670	78.7	58		

(2) B座写字楼给水用水量（表2）

B座写字楼给水用水量统计：最高日用水量142m^3/d，平均时用水量14.2m^3/h，最大时用水量17m^3/h。

B座写字楼给水用水量 **表2**

用水对象	用水单位数人	用水量标准(L/(人·d))	用水量统计小时变化系数K	用水时间(h)	用水量		
					最高日(m^3/d)	平均时(m^3/h)	最大时(m^3/h)
写字楼	1840	50	1.2	10	92	9.2	11
员工食堂	1840	20	1.5	10	36.8	3.7	5.26
其他	管网漏失水量及未预见水量，按生活用水量10%计				12.9	1.29	1.6
总计					142	14.2	17

2. 水源

水源为自来水，由玉光街及一德街市政给水管网上各接一根DN200管引入地下室，并各设一个DN200水平螺翼式水表一只。根据业主提供的资料，城市自来水管网压力为0.32MPa。

3. 系统竖向分区（表3、表4）

A座酒店给水系统竖向分区 **表3**

	生活给水系统
地下四层～四层	城市自来水直接供
五～七层	地下四层水池+变频加压泵加压供给
八～十三层	三十层生活水箱重力减压后供给
十四～二十层	三十层生活水箱重力减压后供给
二十一～二十六层	三十层生活水箱重力供给
二十七～三十四层	顶层生活水箱重力减压供给
三十五～四十二层	顶层生活水箱重力减压供给
四十三～四十八层	顶层生活水箱+变频加压泵加压供给

B座写字楼给水系统竖向分区 **表4**

	生活给水系统
地下四层～一层	城市自来水直接供
二～十层	二十九层生活水箱+减压阀组供给
十一～十八层	二十九层生活水箱+减压阀组供给
十九～二十六层	二十九层生活水箱重力供给

4. 供水方式及给水加压设备

上行下给供水方式；市政压力不满足的楼层采用生活水箱重力、生活水箱减压供给，局部楼层采用微机控制变频调速水泵增压供水。

5. 管材

室内冷水给水水管采用优质的304薄壁不锈钢管，管径小于或等于DN100采用卡压式连接，大于DN100采用沟槽式连接。管件与管材的壁厚、压力及密闭材料等必须严格执行现行国家标准，管材及管件的工作压力为1.6MPa。卫生间嵌墙敷设的支管采用优质的PB管，管材及管件压力为1.6MPa。

（二）热水系统

1. 本工程最高日热水量305m^3/d；最大时热水量37.0m^3/h。

热水用水量见表5：

热水用水量　　表5

序号	用水分类	用水标准及人数	最高日用水量（m^3/d）	最大时用水量（m^3/h）	平均时用水量（m^3/h）	小时变化系数	用水时间（h）
1	洲际酒店客房	160L/（人·d）×508间×1.5人	121.92	13.21	5.08	2.60	24
2	员工	500L/（人·d）×150人	75.00	6.25	3.13	2.00	24
3	中餐厅	20L/人次×320人次	6.40	0.64	0.53	1.20	12
4	自动餐厅	10L/人次×240人次	2.40	0.18	0.15	1.20	16
5	宴会厅	600人×20L/人	12.00	1.50	1.00	1.50	12
6	会议室	130人×2L/人	0.26	0.08	0.07	1.20	4
7	美容美发SPA	50人×30L/人	1.50	0.25	0.13	2.00	12
8	洗衣房	30L/kg干衣×508间×5kg/间	76.20	12.38	9.53	1.30	8
9	员工洗浴	60L/人次×100人	6.00	2.25	1.50	1.50	4
10	员工餐厅	20L/人次×160人次	3.20	0.53	0.27	2.00	12
11	1～10项小计		304.88	37.27	21.37		

2. 热源、供热形式

集中供应部位：客房、厨房、洗衣房、员工洗浴、洗浴中心、酒店公共卫生间洗手盆等。热源及生活热水的制备：热源为城市热力网，热媒为蒸汽。城市热力网检修期，由自备蒸汽炉供应蒸汽换热。热交换器的冷水由同区生活给水供给。

局部供应部位：办公公共卫生间。采用容积式电加热器供热水的方式。

3. 系统竖向分区

热水系统分区与给水系统分区完全相同。

4. 热交换器

采用即热式热交换器和贮存式热水罐组合加热，制备热水，集中供给各用热水点，并设有热水循环泵机械循环。热交换器和贮存式热水罐分设于地下四层、六层半、十四层、三十层和四十五层。

5. 冷热水压力平衡措施、热水温度的保证措施

集中供应热水循环管道采用同程布置；局部供应热水以最短的距离接到用水点，支管采用电伴热保温，以减少冷水放水量。

6. 管材

室内热水给水水管采用优质的304薄壁不锈钢管，管径小于或等于*DN*100采用卡压式连接，大于*DN*100采用沟槽式连接，管件与管材的壁厚、压力及密闭材料等必须严格执行现行国家标准，管材及管件的工作压力为1.6MPa。卫生间嵌墙敷设的支管采用优质的PB管，管材及管件压力为1.6MPa。

（三）中水系统

本工程中水水源为酒店客房洗浴水、员工洗浴水，中水回用水量159m^3/d。经地下三层中水处理站处理后送至写字楼及酒店冲厕用水、地下车库冲洗地面用水，车库地面冲洗龙头应注明非饮用水标识。

1. 中水源水量表、中水回用水量表、水量平衡（表6、表7）

中水源水回收水量 **表6**

编号	用水项目	使用数量（人）	原水回收量标准	使用时间（h）	小时变化系数（K）	最高回用水量（m^3/d）	最大时用水量（m^3/h）	平均时用水量（m^3/h）
1	酒店客房洗浴	762	450L/(人·d)×50%	24	2.0	171	14.3	7.1
2	员工洗浴	100	100L/人次	4	1.5	10	3.75	2.5
3	1～2项合计10%的损失量					18.1	1.5	0.96
4	合计					163	16.2	8.6

中水回用水量 **表7**

序号	用水项目	使用数量	用水量标准	使用时间（h）	小时变化系数 K	最高回用水量（m^3/d）	最大时用水量（m^3/h）	平均时用水量（m^3/h）
1	汽车地面冲洗	32000m^2	2L/(m^2·d)	2	1.5	64	48	32
2	酒店冲厕	762	450L/(人·d)×10%	24	2.0	34.3	34.3	17.1
3	写字楼冲厕	1840人	50L/(人·d)×65%	10	2.0	60	6.78	13.39
	合 计					159	98.78	61.39

水量平衡图如图1所示：

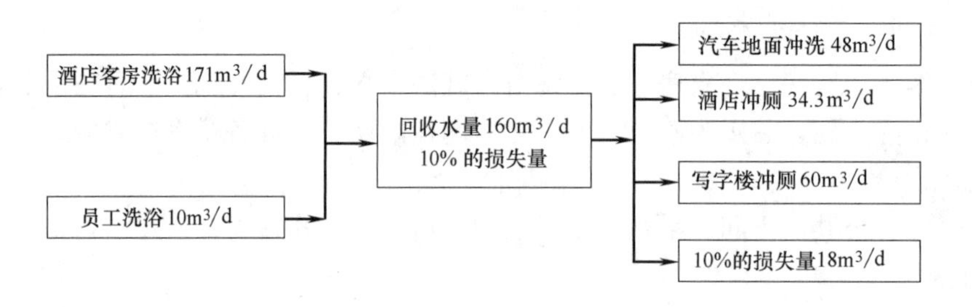

图1 水量平衡图

2. 系统竖向分区（表8、表9）

A座酒店中水系统竖向分区 **表8**

	中水系统
地下四层～四层	十四层中水箱减压供给
五～七层	十四层中水箱减压供给
八～十三层	十四层中水箱供给
十四～二十层	(十四～二十一层)三十层中水箱减压后供给
二十一～二十六层	(二十二～二十九层)三十层中水箱供给
二十七～三十四层	(三十～三十七层)四十五层中水箱减压供给
三十五～四十二层	(三十八～四十四层)四十五层中水箱供给
四十三～四十八层	(四十五～四十八层)顶层生活水箱供给

B座写字楼中水系统竖向分区 **表9**

	中水系统
地下四层～一层	二十九层中水水箱+减压阀组供给
二～十层	二十九层中水水箱+减压阀组供给
十一～十八层	二十九层中水水箱+减压阀组供给
十九～二十六层	二十九层中水水箱重力供给

3. 供水方式及给水加压设备

上行下给供水方式；采用中水水箱重力、减压阀供给。

4. 水处理工艺流程（图2）

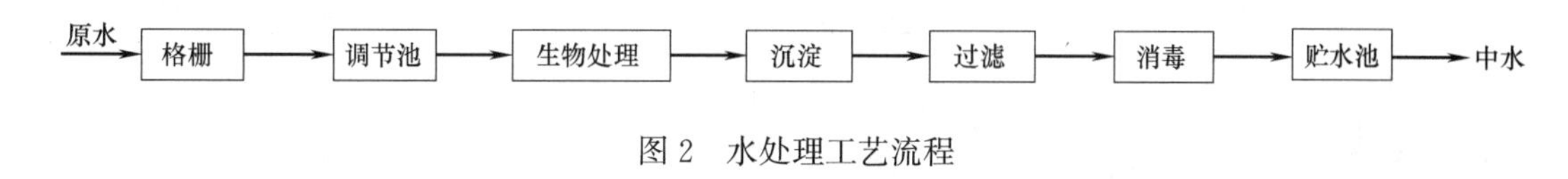

图2 水处理工艺流程

5. 管材

室内中水给水水管采用优质的304薄壁不锈钢管，管径小于或等于 *DN*100 采用卡压式连接，大于 *DN*100 采用沟槽式连接，管件与管材的壁厚、压力及密闭材料等必须严格执行现行国家标准，管材及管件的工作压力为1.6MPa。卫生间嵌墙敷设的支管采用优质的PB管，管材及管件压力为1.6MPa。

（四）排水系统

1. 排水系统形式

本工程生活污水与生活废水采用分流排水系统。

本工程±0.00以上均采用重力排水系统；±0.00以下污废水汇集至集水池，用潜水泵提升排出室外。凡是收集卫生间污水的集水池，均选择全自动 地下室污水排放专用设备。车库地面及其他位置选择带有自动耦合装置的潜污泵2台，1用1备，互为备用，当一台泵来不及排水达到报警水位时，两台泵同时启动并报警，潜水泵由集水池水位自动控制。酒店客房坐便及一～七层卫生间均为同层排水。

2. 雨水排水系统

（1）屋面雨水采用内排水。为满足裙房部分大开间的需要，以减少雨水主管，降低悬吊管坡度，屋面雨水排水采用虹吸压力流内排水系统。两个塔楼屋面雨水排水采用半有压流内排水系统，超过重现期的雨水通过溢流口排出。设计重现期为 $P=50$ 年。

（2）重现期50年暴雨强度按现行公式计算出的暴雨强度的97%计（大连地区现无50年暴雨强度统计公式，此数据参照北京标准）。

（3）屋面雨水排放经管道、检查井收集后排入市政规划的雨水收集池。

（4）在建筑周围设置雨水排水沟防止场地外的雨水进入。

3. 通气管的设置方式

为保证排水畅通，卫生间设主通气立管、环型通气管。卫生间污水和厨房污水集水池均设通气管（由暖通专业设机械通气）。

4. 采用的局部污水处理设施

（1）每层厨房分别设不锈钢隔油器预处理，汇总后在室外经二次隔油进行处理再接入排水外线。地下一层、地下二层经本层不锈钢隔油器处理后，汇入地下三层隔油池进行处理后接入地下4层集水池，潜污泵泵入室外排水系统。

（2）锅炉排污水、洗衣房废水，经降温池处理后（水温不高于40℃），再经潜污泵提升至室外。

（3）空调机组凝结水处理回用

本工程凝结水水量约为 $100m^3/d$，水温70～80℃，部分高温优质凝结水采用反渗透工艺进行软化水处理，将去除钙镁离子和铁离子后的凝结水供于洗衣房使用，多余的凝结水直接排至中水池，作为中水使用。

工艺流程示意如图3所示：

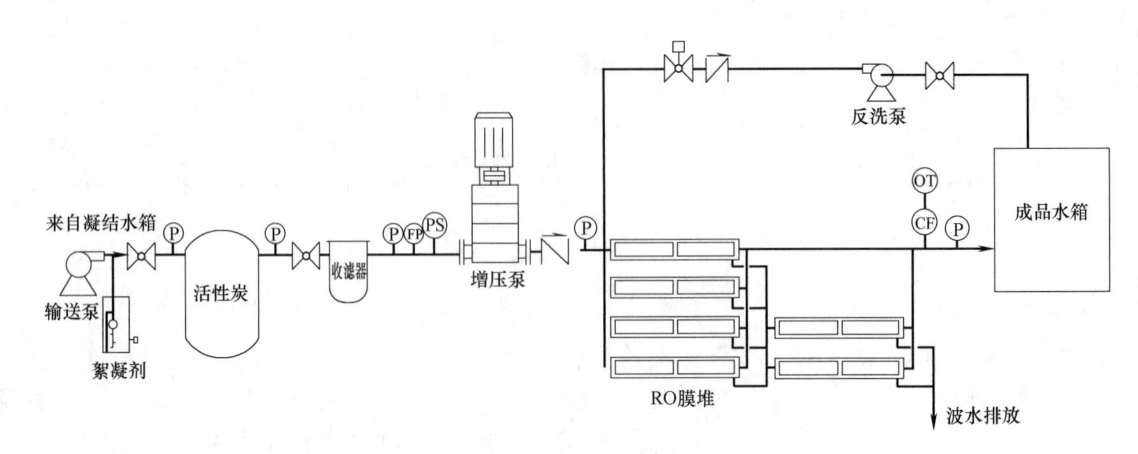

图3 排水系统工艺流程

5. 管材

(1) 室内虹吸系统雨水管道采用高密度聚乙烯（HDPE）管，热熔连接。传统雨水管采用热镀锌钢管，裙房屋面采用虹吸雨水斗，塔楼采用87型雨水斗。

(2) 室内污水管、废水管、通气管均采用柔性接口机制排水铸铁管及相应管件，除技术设备层内采用法兰连接外，其余均为卡箍式柔性接口，卡箍材料及紧固件均为不锈钢制品。卫生间内的支管可采用优质的HDPE管，热熔连接。室内排水泵出水管采用焊接钢管及配件，与泵及阀门接口处采用法兰连接，其余焊接，除锈，外涂防锈漆两遍，色漆一道，管径小于或等于 $DN100$ 采用内外壁热镀锌钢管及配件，丝扣连接。

二、消防系统

(一) 消火栓系统

1. 消火栓系统用水量、水池、水箱、水泵参数

本工程为高度超过100m的一类高层建筑，室外消火栓的用水量为30L/s，室内消火栓用水量为40L/s，火灾延续时间为3h。地下四层设有效容积为504m^3 的消防水池和消防水泵房，泵房内设低、中区消火栓水泵各设两台，1用1备。高一、高二区消火栓系统由设在三十层的有效容积 160m^3 转输消防水箱供水。高一、高二区消火栓系统在三十层各设两组水泵。十四层、三十层、四十五层、顶层分别设置有效容积 18m^3 高位消防水箱，分别提供低区、中区、高区的火灾初期消防用水。消防设备见表10。

消火栓系统消防设备 表10

序号	名称	设备参数	数量	位置
1	低区消火栓给水加压泵	Q=40L/s,H=109m,N=75kW	2台(1用1备)	地下四层
2	中区消火栓给水加压泵	Q=40L/s,H=170m,N=132kW	2台(1用1备)	地下四层
3	高一区消火栓给水加压泵	Q=40L/s,H=68m,N=45kW	2台(1用1备)	三十层
4	高二区消火栓泵	Q=40L/s H=125m,N=90kW	2台(1用1备)	三十层
5	高区消火栓接力泵	Q=15L/s,H=170m,N=45kW	3台(2用1备)	十四层
6	消防转输水泵	Q=40L/s,H=174m,N=110kW	2台(2用)	地下四层
7	转输消防水箱	4.88×18.3×2.0(m)	1座	三十层
8	高位消防水箱	3×3×2(m)	3座	十四层、三十层、四十五层、顶层

2. 室外消火栓

由一德街和玉光街市政管网各接出一根 $DN200$ 管道，在红线内呈环状管网，水量和水压满足室外消火栓的要求。在环状管网上每隔 100m 左右设置一套 $DN150$ 室外消火栓。市政自来水引入管处水压为 0.32MPa，可满足室外消火栓水压要求。

3. 竖向分区

为保证室内消火栓栓口处静水压力不大于 1.0MPa，将 A 区消火栓系统分为四个区：地下四层～九层为低区，十～二十五层为中区，二十六～四十层为高一区，四十一～顶层为高二区。低区火灾初期由十四层消防水箱重力流供水。中区火灾初期由三十层消防水箱重力流供水。高一区火灾初期由四十五层消防水箱重力流供水。高二区火灾初期由顶层消防水箱供水，压力不足配置一套消火栓系统稳压装置。为防止消火栓栓口动压大于 0.5MPa，低区地下四层～五层，中区十～二十一层，高一区二十七～三十三层，高二区四十一～四十六层，采用减压稳压消火栓，栓口压力调至 0.25MPa。

4. 水泵接合器的位置

在消防车供水范围内的区域，水泵接合器直接供水到室内环状管网。低区、中、高区三组墙壁式水泵接合器设在 B 区的南侧，中、高区水泵接合器设置接力泵，供消防车向系统供水。

5. 管材

消火栓系统管材采用内外热镀锌管材及配件，卡箍连接。

（二）自动喷水系统

1. 自动喷水灭火系统用水量、水池、水箱、水泵参数

本工程自动喷水灭火系统用水量为 30L/s，火灾延续时间为 1h。地下四层设有效容积为 504m^3 的消防水池和消防水泵房。中区、高一、高二区自动喷水灭火系统由设在 30 层的有效容积 160m^3 转输消防水箱加压供水。十四层、三十层、四十五层、顶层分别设置有效容积 18m^3 高位消防水箱，分别提供低区、中区、高区的火灾初期消防用水。消防设备见表 11。

自喷系统消防设备　　**表 11**

序号	名称	设备参数	数量	位置
1	中区自动喷水泵	Q=30L/s,H=38m,N=22kW	2 台(1 用 1 备)	三十层
2	高区自动喷水泵	Q=40L/s,H=140m,N=75kW	2 台(1 用 1 备)	三十层
3	高区自动喷水接力泵	Q=15L/s,H=170m,N=45kW	3 台(2 用 1 备)	十四层
4	湿式报警阀	ZSFZ 型	18	地下一层、十四层、三十层、四十五层
5	雨淋阀	ZSFZ 型	2	地下一层

2. 竖向分区

自动喷水灭火系统分为三个区：低区地下四层～十八层，中区十九～三十层，高区三十一～顶层。低区由三十层 160m^3 消防水箱直接供给，其中地下四层～九层分别减压后再接报警阀供水，十～十八层经报警阀直接供水；中区由三十层中区喷洒泵供水；高区由三十层高区喷洒泵供水。

3. 水泵接合器的位置

在消防车供水范围内的区域，水泵接合器直接供水到室内消防环状管网，低区二组墙壁式喷洒水泵接合器设在 B 区南侧。中、高区二组墙壁式喷洒水泵接合器设在 A 区的南侧，并设置水泵接合器接力泵，供消防车向系统供水。

（三）水喷雾灭火系统

1. 本工程柴油发电机房、热力站及锅炉房采用水喷雾灭火系统。水喷雾系统独立设置雨淋阀。设计基本

参数见表 12：

水喷雾灭火系统设计参数 表 12

位置	喷雾强度(L/(min·m²))	响应时间(s)	喷雾时间(h)	喷头压力(MPa)
锅炉房	10	60	0.5	0.35
储油间	20	45	0.5	0.35
发电机房	10	45	0.5	0.35

2. 系统控制

水喷雾灭火系统具有自动控制、电手动控制、现场手动控制三种。自动控制：起火时火灾探测器接收火灾信号，自动打开雨淋阀控制腔泄水管上的电磁阀，阀瓣在阀前水压作用下被打开，雨淋阀上压力开关报警，启动自动喷洒泵。电手动控制：接到着火部位火灾探测信号后，可现场和在消控中心手动打开相对应的电磁阀，启动喷洒泵。现场手动：人为现场操作雨淋阀组和喷洒泵。

3. 管材

水喷雾灭火系统采用内外涂塑钢管，卡箍连接。

(四) 气体灭火系统

变压器室和高低压配电间、通信机房等房间采用七氟丙烷气体预制自动灭火装置。灭火浓度：除通信机房为 8%外，其余为 9%；灭火剂喷放时间通信机房为 8s，其他防护区为 10s。灭火方式为全淹没式，系统采用自动、手动两种控制方式。

(五) 湿式化学灭火系统

根据酒店管理公司要求厨房每个烟罩口部均设置独立湿式报警灭火系统，该系统应设有燃气快速切断阀。喷头对烟罩下方进行整体防护，并在油烟吸入口设置一向上的喷头，系统动作后，信号传至值班室。厨房灶台自动灭火系统流程如图 4 所示。

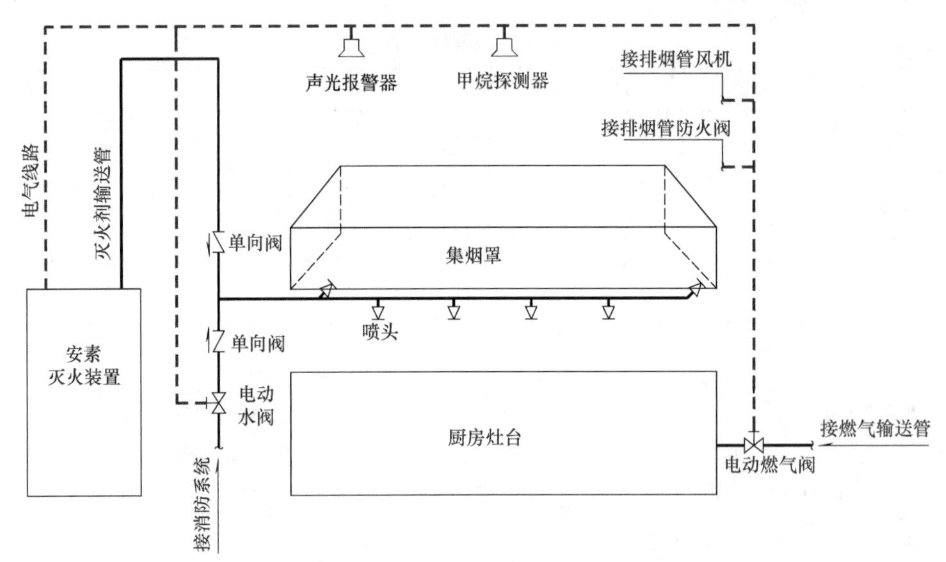

图 4 厨房灶台自动灭火系统流程图

三、工程特点及设计体会

1. 工程设计特点蒸汽凝结水利用：本工程蒸汽凝结水水量约为 $100m^3/d$，水温 70～80℃，设计时将这部分高温优质凝结水采用反渗透工艺进行软化水处理，将去除钙镁离子和铁离子后的凝结水供于洗衣房使用，多余的凝结水直接排至中水池，作为中水使用。每年节约热能 9000kW。

2. 中水利用：在设计中把酒店所有洗浴用水收集到地下三层的中水处理站，处理后的中水供本工程 B 座高档写字间、A 座酒店冲厕用水、车库地面冲洗用水。根据业主提供的运行数据，三年运行，每年可节约自来水近 2 万 m^3。

3. 分质供水，节约水源。

(1) 饮用水：就地设置小型饮用净水制备装置供给饮用净水；

(2) 自来水：盥洗、沐浴、厨房、锅炉房、水疗、泳池等用冷水采用城市自来水；

(3) 杂用水：便器冲洗用水、停车库地面冲洗、抹车、道路冲洗等用水采用中水；

(4) 软化水：洗衣房单独设置软水处理装置，其余厨房洗碗机所用软化水按需就近设置软水制备装置供给。

4. 分区供水，利用高位重力水箱供水，提高了生活供水安全度。

5. 超高层建筑消防采用重力水箱供水方式，减少了设备和管路布置，大大提高了消防供水的可靠性，节约电能。

6. 厨房每个烟罩口部均设置独立湿式化学灭火系统。

7. 热水系统供应采用快速式加热器与储热罐相结合的一体化设备，热水循环管路采用同程布置。

四、工程照片及附图

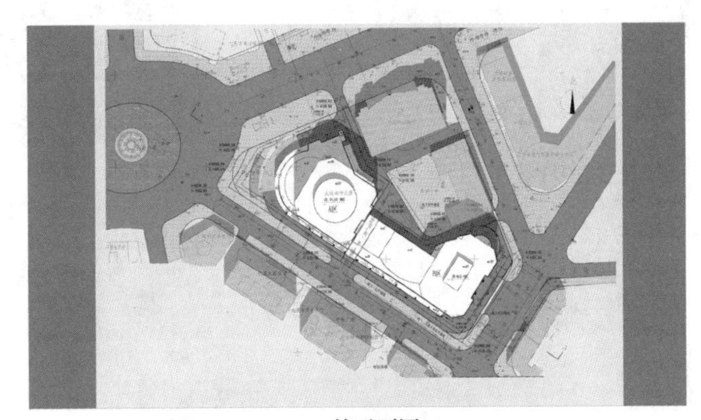

总平面图

生化

清水

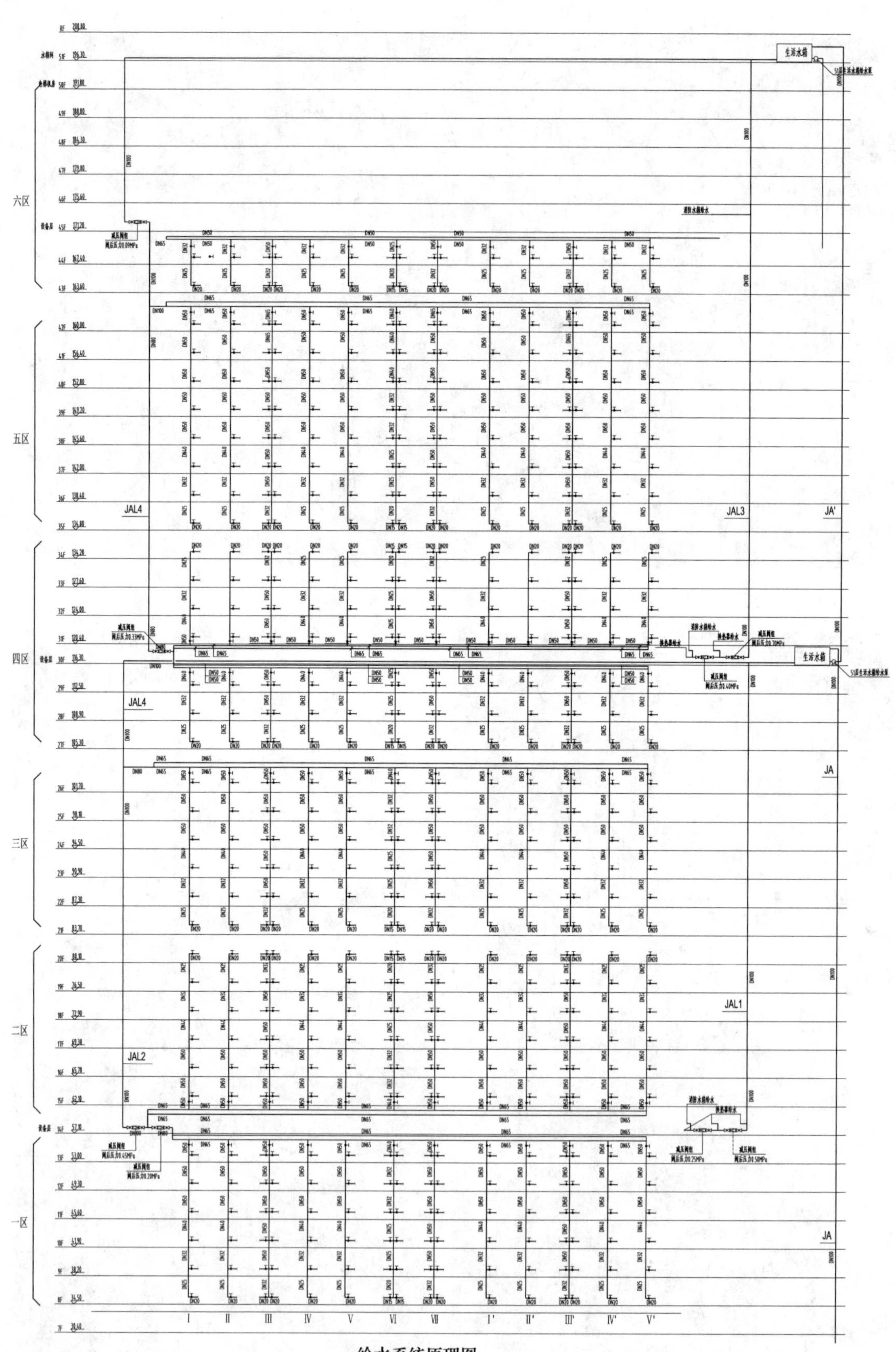

六区
五区
四区
三区
二区
一区
生活水箱
生活水箱
JAL4
JAL4
JAL3
JA'
JA
JA
JAL2
JAL1
I
II
III
IV
V
VI
VII
I'
II'
III'
IV'
V'

给水系统原理图

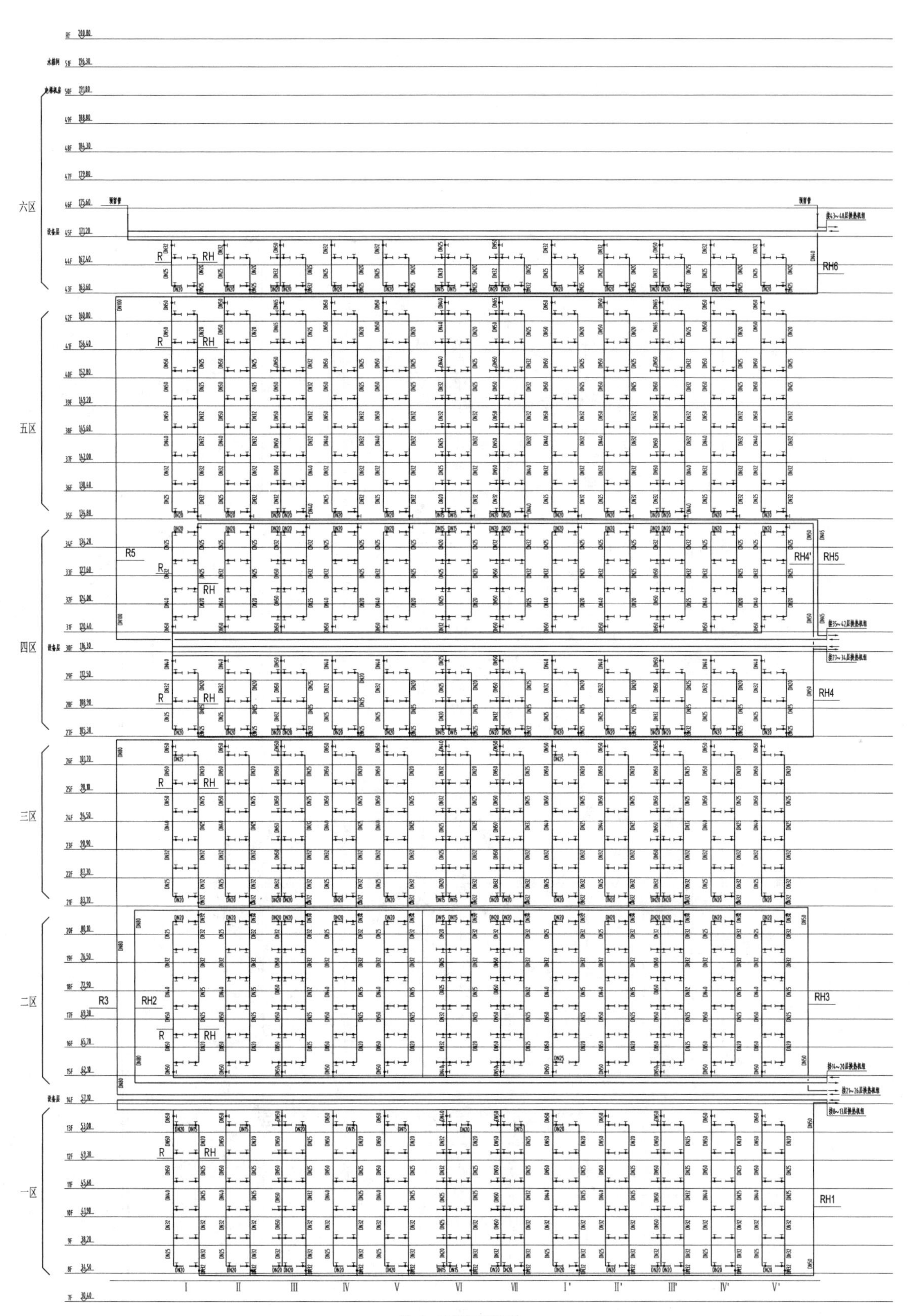
六区
五区
四区
三区
二区
一区
R5
R3
RH2
RH1
RH3
RH4
RH4'
RH5
RH6
R
RH
I
II
III
IV
V
VI
VII
I'
II'
III'
IV'
V'

热水系统原理图

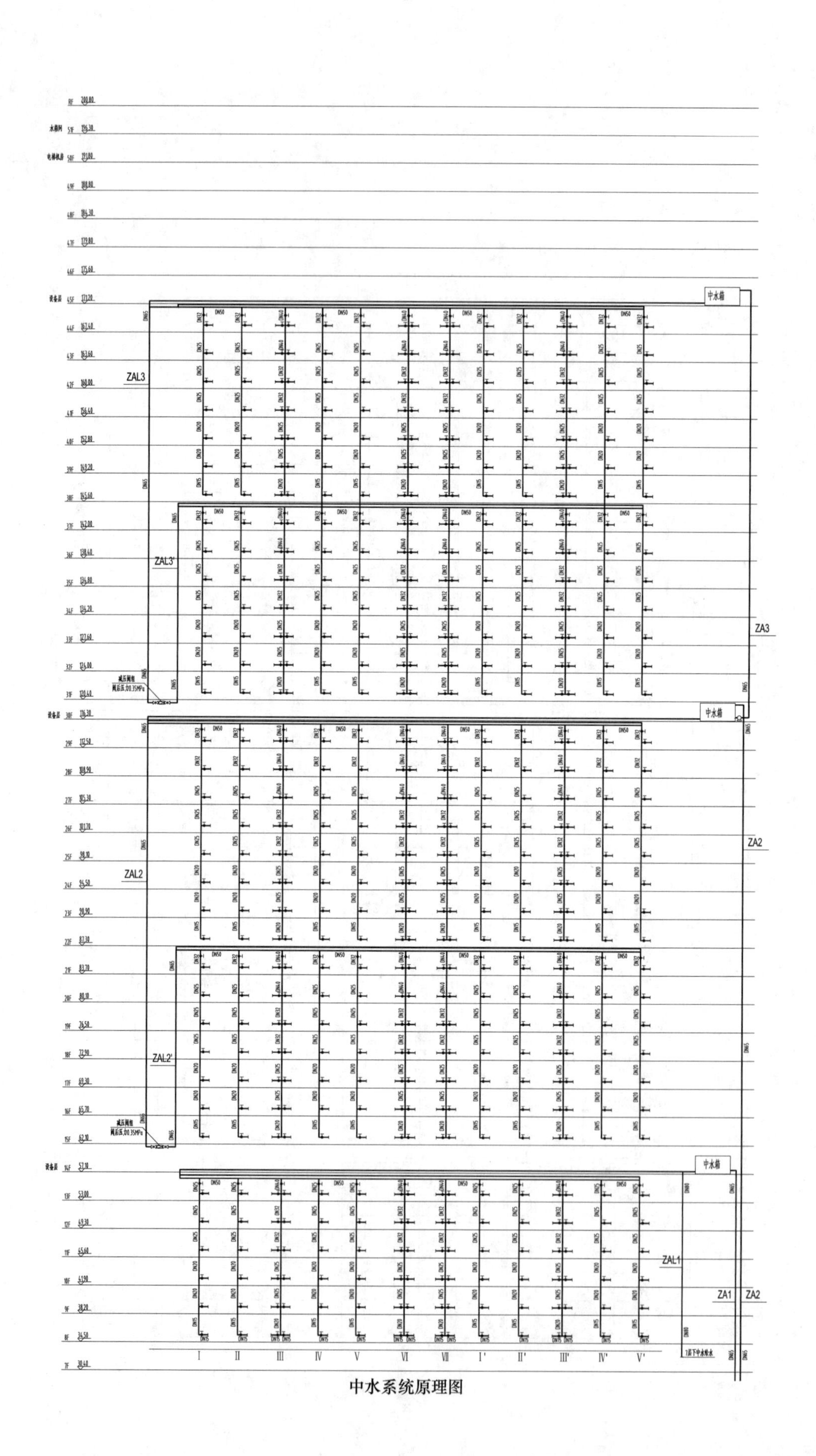
中水箱
中水箱
中水箱
ZAL3
ZAL3'
ZAL2
ZAL2'
ZAL1
ZA3
ZA2
ZA1
ZA2
I
II
III
IV
V
VI
VII
I'
II'
III'
IV'
V'

中水系统原理图

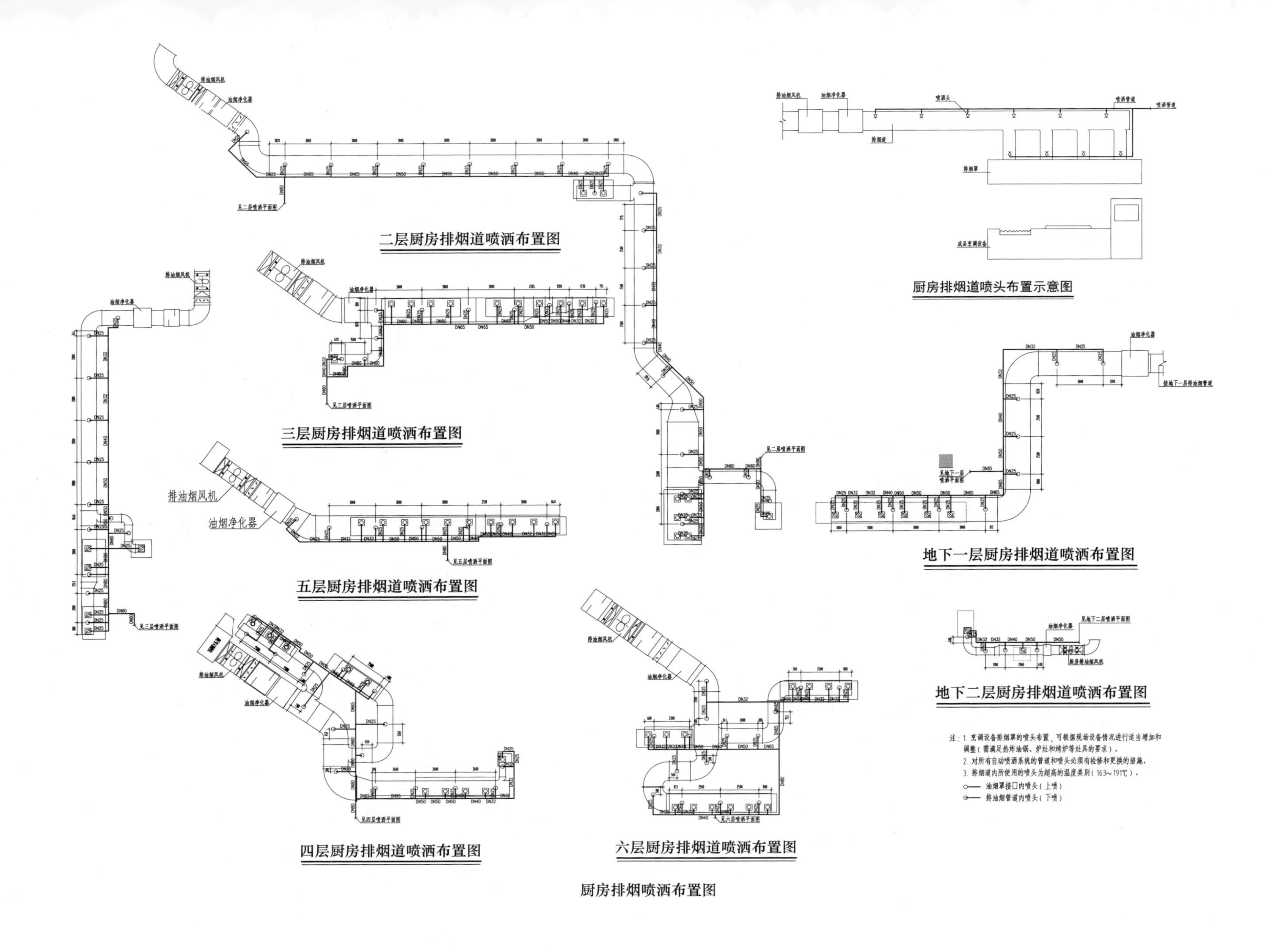
二层厨房排烟道喷洒布置图
三层厨房排烟道喷洒布置图
排油烟风机
油烟净化器
五层厨房排烟道喷洒布置图
四层厨房排烟道喷洒布置图
六层厨房排烟道喷洒布置图
厨房排烟道喷头布置示意图
地下一层厨房排烟道喷洒布置图
地下二层厨房排烟道喷洒布置图
注：1. 烹调设备排烟罩的喷头布置，可根据现场设备情况进行适当增加和调整（需满足热炸油锅、炉灶和烤炉等灶具的要求）。
2. 对所有自动喷洒系统的管道和喷头必须有检修和更换的措施。
3. 排烟道内所使用的喷头为超高的温度类别（163～191℃）。
油烟罩接口内喷头（上喷）
排油烟管道内喷头（下喷）

厨房排烟喷洒布置图

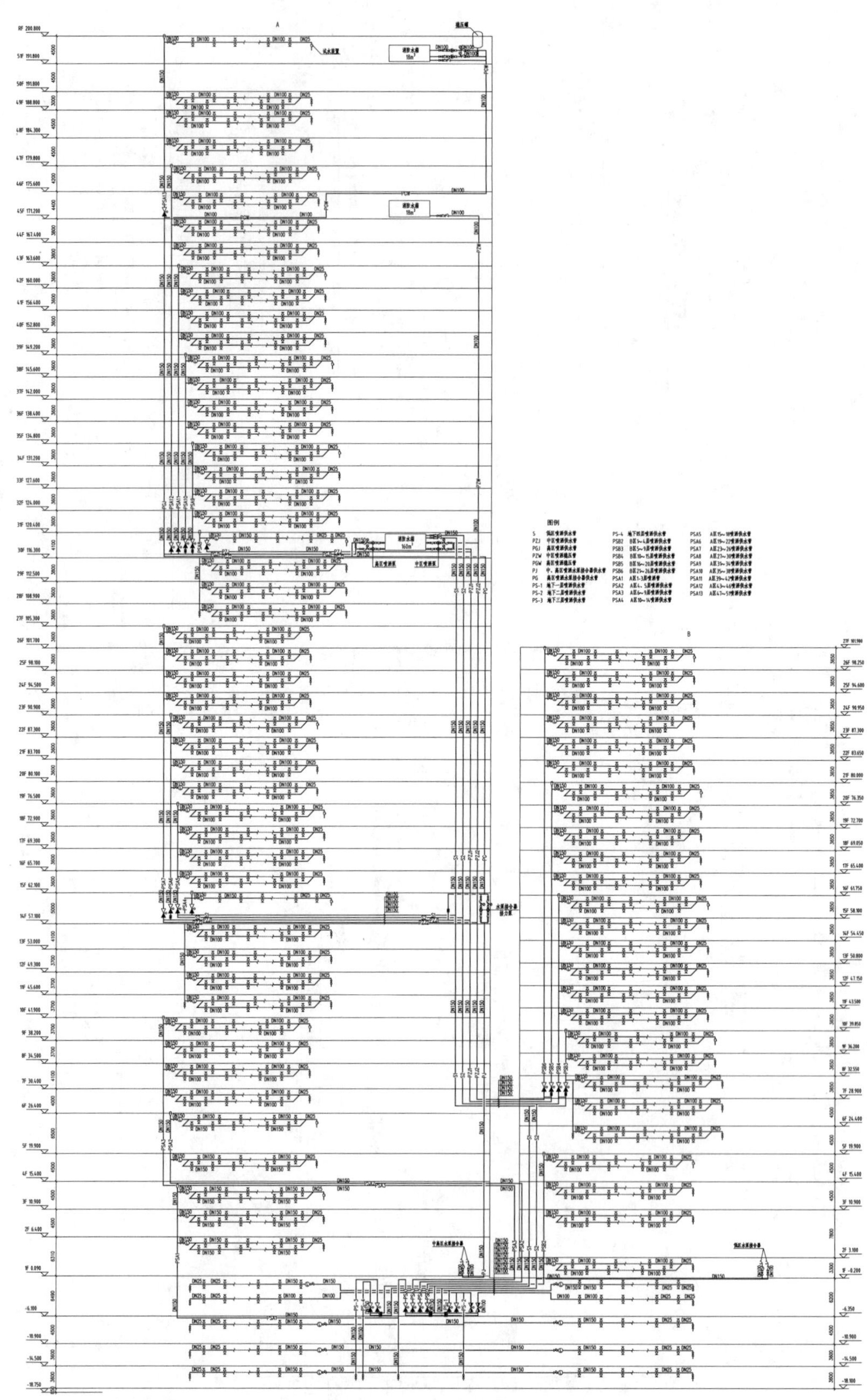

喷洒系统原理图

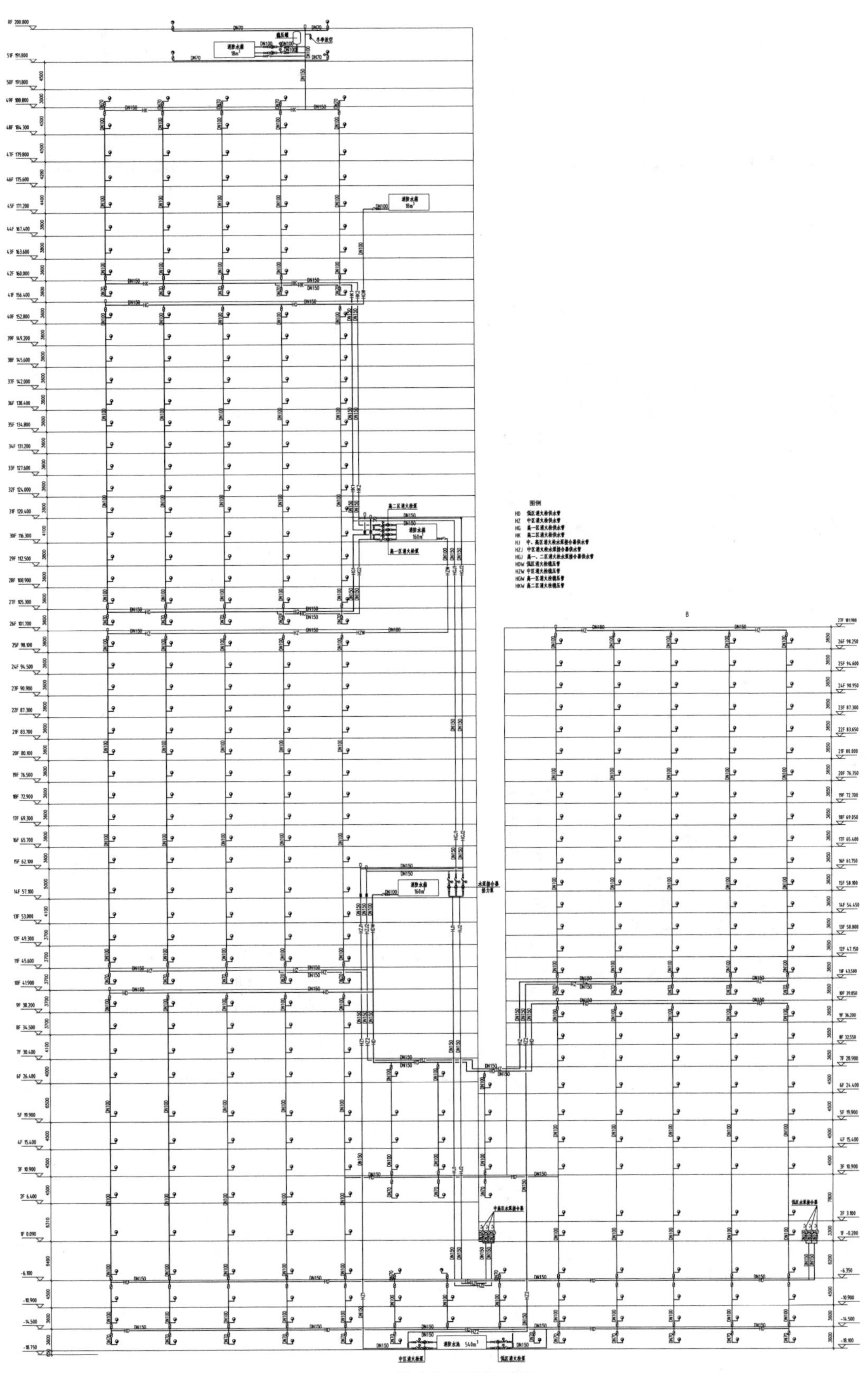

消火栓系统原理图

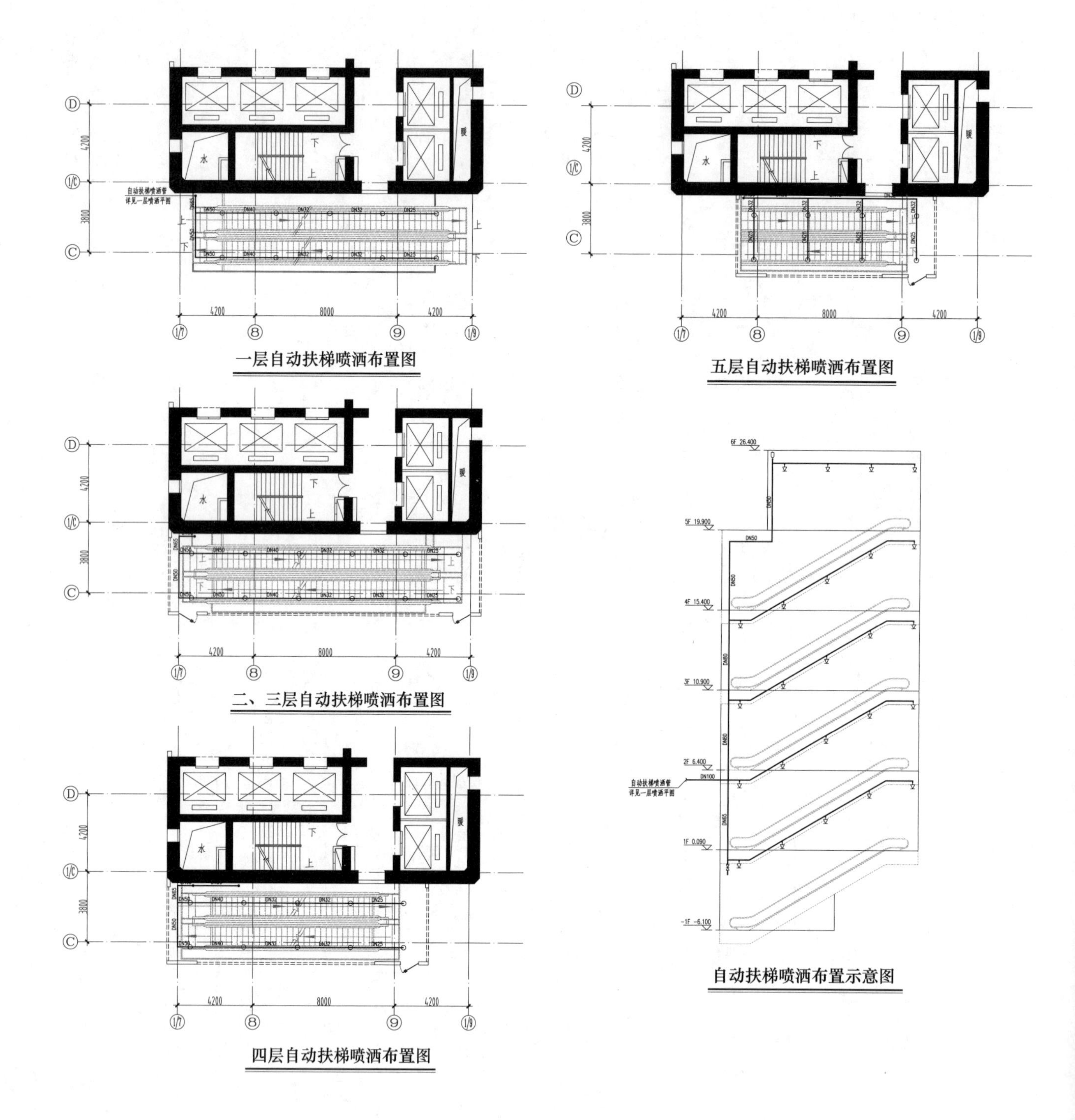

一层自动扶梯喷洒布置图

五层自动扶梯喷洒布置图

二、三层自动扶梯喷洒布置图

自动扶梯喷洒布置示意图

四层自动扶梯喷洒布置图

粤电信息交流管理中心

设计单位： 广东省建筑设计研究院
设 计 人： 符培勇　刘福光　陈琼　谭永辉　赵煜灵　张敏姿　唐龙全　邱舜标
获奖情况： 公共建筑类　三等奖

工程概况：

本项目位于广州市天河区，粤电信息交流管理中心工程是粤电集团的生产调度和管理指挥中心，承载了粤电集团决策中心、生产指挥中心、企业文化建设中心等功能。整体设计体现了粤电集团一以贯之的绿色节能、环境友好、节约资源的理念，是集办公、会议、调度、信息管理等功能为一体的超高层综合性建筑，建筑高度 150.5m，总建筑面积 54972m^2，占地面积 5491m^2，容积率 5.9，绿化率 30%。地下 6 层，地上 32 层。

具体建筑功能：地下一层～地下五层为地下车库和设备用房，其中地下五层包含人防区域；一层入口大堂、架空层车库出入口；二层入口大堂上空、企业文化展示及羽毛球场；三层管理用房；四层多功能厅、会议中心等；五层及二十层为避难层；六层为职工活动中心；七～十九层、二十一～三十二层为办公空间。

本项目给水排水系统有：冷给水系统、太阳能＋空气源热水系统、污废水排水系统、雨水排水系统、雨水回用系统、室内外消火栓系统、自动喷水系统、大空间智能型喷水灭火系统、IG541 气体灭火系统。

一、生活给水、排水系统

（一）冷水给水系统

按照各层功能分区合理分配供水系统，在地下室布置两个总有效容积不小于 40m^3 水箱，20 层避难层泵房内设有有效容积不小于 12m^3 生活转输水箱。

1. 生活给水量计算

生活给水量详见表 1。

生活给水量计算　　**表 1**

序号	用水项目名称	使用人数或单位数	单位	用水量标注（L）	小时变化系数 K	使用时间（h）	用水量			备注
							平均时（m^3/h）	最大时（m^3/h）	最高日（m^3/d）	
1	办公	1500 人	L/(人·d)	50	1.2	10	7.50	9.00	75	按 10m^2/人计
2	办公休息室	23 床	L/(床·d)	200	2.5	24	0.19	0.48	4.6	Ⅰ类宿舍
3	停车场地面冲洗	17552m^2	L/(m^2·次)	3	1	8	6.58	6.58	52.66	按每日 1 次计
4	绿化、广场、道路浇洒	3000m^2	L/(m^2·次)	3	1	2	4.50	4.50	9.00	按每日 2 次计
5	冷却塔补水		L/h	8000	1	8	8.00	8.00	64.00	按循环水量的 1%计

续表

序号	用水项目名称	使用人数或单位数	单位	用水量标注(L)	小时变化系数 K	使用时间(h)	用水量			备注
							平均时(m^3/h)	最大时(m^3/h)	最高日(m^3/d)	
6	小计						26.77	28.54	205.26	
7	未预见水量	按本表1～5项之和的10%计					2.68	2.85	20.53	
8	合计						29.45	31.39	225.79	

综上表，最高日用水量为 $Q_d=225.79m^3/d$，最大时用水量为 $Q_h=31.39m^3/h$。

2. 水源

本项目水源为城市自来水，从地块周边天河路自来水总环管接两根 $DN200$ 市政供水管，进入用地红线后在室外成环。供本项目生活、消防等用水系统。

3. 系统竖向分区

本项目生活冷给水系统分为四个区，详见表2。

冷给水系统竖向分区 **表2**

分区名称	竖向范围	供水方式
1区	地下五层～三层	市政水压直供
2区	四～十三层	地下四层变频调速泵增压供水
3区	十四～十九层	地下四层变频调速泵增压供水
4区	二十～三十二层	二十层避难层变频调速泵增压供水

4. 生活水箱和供水设备

地下4层生活泵房内设两座生活水箱，总有效容积 $40m^3$；20层避难层泵房内设一座生活水箱，有效容积 $12m^3$。给水泵组选型详见表3。

给水泵组选型 **表3**

名称	型号	流量(L/s)	扬程(m)	配套功率(kW)	备注
给水转输泵	100AAB72-120-30	12.5	132	30	1用1备
2区生活加压泵	65AAB30-135-18.5	8.3	135	18.5	1用1备
3区生活加压泵	65AAB30-120-15	10	108	15	1用1备
4区生活加压泵	80AAB50-90-18.5	14	90	18.5	1用1备

5. 生活冷给水管材

室外给水管采用球墨给水铸铁管，橡胶圈接口，管道、管件及阀门的工作压力为1.0MPa。

室内给水管采用薄壁不锈钢管，卡压式连接，低区工作压力为1.60MPa，高区工作压力为1.0MPa。

(二) 热水系统

1. 热水量计算

热水量计算详见表4。

热水量计算（按热水温度60℃，冷水温度10℃计算） **表4**

用水名称	单位数量(人)	用水定额(L/(人·d))	使用时间(h)	小时变化系数 K_h	最高日用水量(L/d)	最大时用水量(L/h)
二十六～三十二层休息室卫生间	46	100	24	3.2	4600	613

2. 热源：

本项目采用“太阳能+空气源热泵”集中供热方式提供24h生活热水。太阳能板按屋顶可利用空间进行配置，空气源热泵按最不利环境工况计算及选型，详见图1。

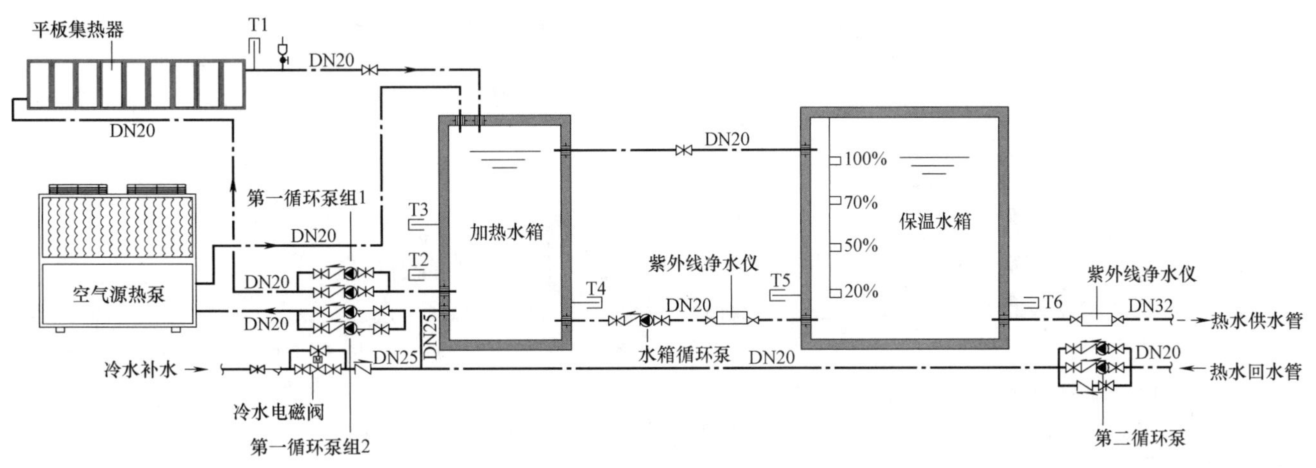

图1 太阳能+空气源热泵热水系统简图

3. 系统分区

系统竖向分为1个区：二十六～三十二层休息室卫生间热水。

4. 热水水箱和供水设备

核心筒屋顶设有200L加热水箱、1500L保温水箱。热水泵组选型详见表5。

热水泵组选型 **表5**

名称	型号	流量(L/s)	扬程(m)	配套功率(kW)	备注
热水水箱循环泵	FLG20-110	0.65	15	0.4	1用
热水第一循环泵1	FLG20-110	0.65	15	0.4	1用1备
热水第一循环泵2	FLG20-110	0.65	15	0.4	1用1备
热水第二循环泵	FLG25-125	1.11	20	0.8	1用1备

5. 热水管材

室内热水管采用薄壁不锈钢管，卡压式连接，工作压力0.6MPa。

(三) 生活排水系统

1. 排水系统计算

最高日生活排水总量取给水量的90%，约171.53m^3/d，其中冷却塔排污按循环水量的0.5%计。

2. 排水方式

生活排水采用污、废分流制，排水系统设专用伸顶通气管。地上部分重力排至室外污水、废水管网。地下部分经潜污泵强排至室外。

3. 管材

地上部分排水管采用抗震柔性接口排水铸铁管，柔性承插式连接。地下部分强排管采用内涂塑钢管，法兰连接。室外污水管采用HDPE双壁波纹管，橡胶密封圈承插连接。

(四) 雨水排水系统

1. 雨水排放方式

根据建筑物重要性，屋面按100年重现期设计管道系统及溢流设施。天面层与核心筒屋顶层单独设置雨水排水立管收集排放。部分屋面雨水及裙楼雨水接入雨水回收系统进行回用，其他雨水排入城市雨水管网。

室外地面按2年重现期设计室外管网。西南侧部分雨水管网接入雨水回收系统，其余雨水经雨水口收集进入市政雨水管网。

2. 管材

地上部分排水管采用抗震柔性接口排水铸铁管，柔性承插式连接。室外污水管采用HDPE双壁波纹管，橡胶密封圈承插连接。

（五）给水排水环境保护措施

1. 厨房食物加工过程中产生的含油污水先进入隔油池，经隔油处理后接入市政排水管网。

2. 给水排水管道不穿越有安静要求的房间。当必须穿过时采取噪声屏蔽措施。

3. 设备层的给水设备采用低噪声设备，并设减震措施。

4. 所有水泵基础设置减振垫，水泵出口处及各压力管道干管中设金属波纹管或柔性接头，以降噪隔振，出水管止回阀采用静音式止回阀，减少噪声和防止水锤。

5. 为降低噪声，防止振动，压力管内（消防管道除外）流速控制在干管（$DN \geqslant 80$）1.8m/s以下，支管（$DN \leqslant 50$）1.2m/s以下。

（六）非传统水源利用系统

1. 地区水资源特点

广州市年降雨量平均为1682mm，北部多于南部。每年自1月起雨量渐增，4月激增，5～6月雨量最多，雨量主要在4～9月的汛期，10月至翌年3月是少雨季节，4～6月的前汛期多为锋面雨，7～9月的后汛期多为热带气旋雨，其次为对流雨（热雷雨）。

2. 非传统水源利用系统

本项目中采用的非传统水源有：雨水回收以及空调冷凝水，系统设备简图详见图2。

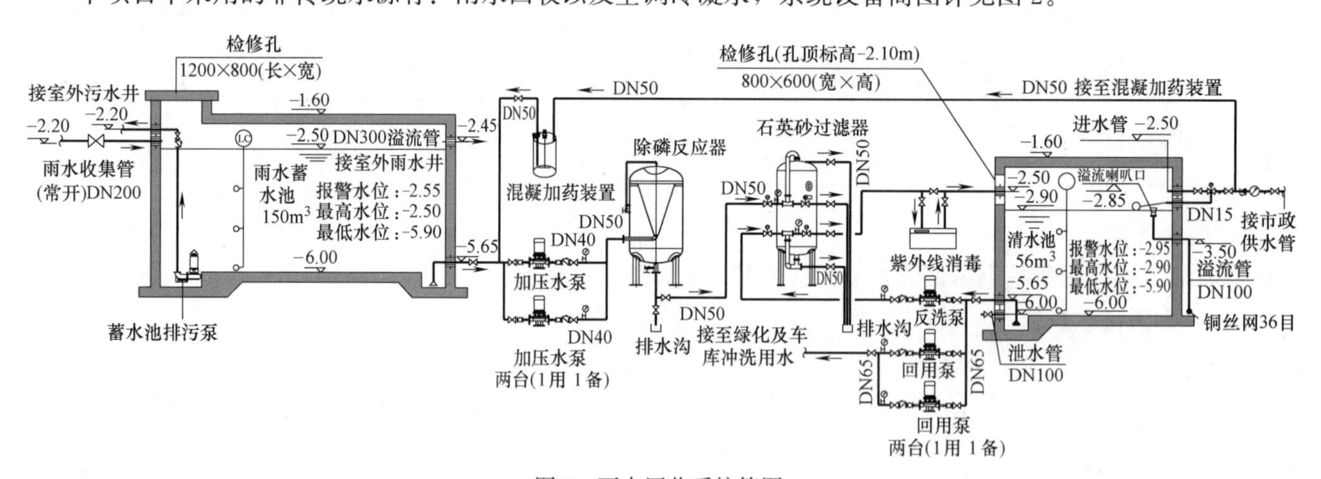

图2 雨水回收系统简图

3. 生活用水量

根据《民用建筑节水设计标准》GB 50555—2010中对建筑用水定额的规定计算本建筑总耗水量。本项目根据不同功能选取平均日生活用水定额。结合广州市气候条件、经济状况及用水习惯，确定本项目的用水定额是办公为30L/(人·班)，停车库地面冲洗用水为2L/(m^2·次)，道路冲洗0.5L/(m^2·次)，绿化浇洒（暖季型一级养护）0.28m^3/(m^2·年)。

据计算，本项目生活用水量为：30505m^3/年。

4. 可收集雨水量

考虑场地面积、坡度等条件，收集西南侧屋面（占屋面面积的50%）、西南侧雨棚、西南侧道路及广场的雨水，详见表6。

本项目雨水汇水面积及可收集雨水量 **表6**

编号	汇水位置	汇水面积(m^2)	径流系数	雨水径流总量(m^3/年)
1	屋面、雨棚	4461	0.9	4727
2	道路、广场及50%西南侧侧墙	9660	0.9	10554
雨水径流总量				15281

5. 空调冷凝水回用量

根据空调专业提供的资料，每年可回收约5847m^{3}空调冷凝水作为冷却塔补水。

6. 项目总用水量

本项目总用水量统计表，详见表7。

本项目总用水量统计表 **表7**

用水项目	用水量(m^3/年)	用水项目	用水量(m^3/年)
生活用水量	30505	汽车冲洗用水	209
绿化浇洒用水量	462	未预见水量(按10%计算)	3231
道路、广场浇洒用水量	81	项目总用水量	35541
地下车库冲洗用水量	1053		

7. 项目非传统水源年使用量

项目非传统水源年使用量计算，详见表8：

本项目非传统水源年使用量 **表8**

用水项目	用水量(m^3/年)	用水项目	用水量(m^3/年)
冷却塔补水	5847	地下车库冲洗用水量	1053
绿化浇洒用水量	462	汽车冲洗用水	209
道路、广场浇洒用水量	81	非传统水源年使用量	7652

8. 雨水蓄水池、清水池计算

回用雨水经处理后主要用作绿化浇洒、道路和车库冲洗。按雨水回用系统3倍平均日用水量设置雨水蓄水池，即150m^3；根据《建筑与小区雨水利用工程技术规范》GB 50400—2006，结合地下室布置情况，清水池容积为56m^3。

9. 雨水回收系统泵组参数

雨水回收系统泵组选型详见表9。

雨水回收系统泵组选型 **表9**

名称	型号	流量(L/s)	扬程(m)	配套功率(kW)	备注
加压泵组	GLG40-160(I)A	2.4	28	2.2	1用1备
反冲洗泵	GLG65-160(I)B	12	24	5.5	1用
回用泵	GLG40-200(I)B	3	34	3	1用1备

10. 管材

加药管采用PVC-U管材，承插粘接，其余均采用承压给水PVC-U管材，承插粘接。

二、消防系统

（一）消防系统概况

1. 本工程按一类高层公共建筑设计，室外消防系统采用市政直供系统，室内消防系统采用临时高压系统。地下室设一座650m^{2}消防水池（分2格），20层避难层设一座92m^{3}中转水箱，屋顶设一座18m^{3}消防水箱。消防系统用水量详见表10。

消防用水量表 表10

名称	流量(L/s)	延续时间(h)	用水量(m^3)	备注
室外消防用水量	30	3	324	由市政给水管网供给
室内消防用水量	40	3	432	
自动喷淋用水量	30	1	108	两者取大值
大空间智能型主动喷水灭火系统	10	1	36	
消防用水量合计			864	
室内消防用水量合计			540	

2. 高位消防水池容积计算

根据《高层民用建筑设计防火规范》GB 50045—95（2005年版），本项目高位消防水池有效容积取18m^3。

3. 消防水泵参数

室内消防系统泵组选型详见表11。

室内消防系统泵组选型 表11

名称	型号	流量(L/s)	扬程(m)	配套功率(kW)	备注
消防转输泵	XBD13/40-DL	80总(40)	130	75	2用1备
消火栓系统低区加压泵	XBD15/20-DL	40总(20)	150	55	2用1备
消火栓系统高区加压泵	XBD10/20-DL	40总(20)	100	37	2用1备
消火栓系统稳压泵	XBD3.2/5-50	5	32	5.5	1用1备
喷淋系统低区加压泵	XBD15/20-DL	40总(20)	150	55	2用1备
喷淋系统高区加压泵	XBD10/15-DL	30总(15)	100	30	2用1备
喷淋系统稳压泵	XBD3.2/1-50	1	32	3	1用1备

（二）室外消火栓系统

室外消防与生活给水管网合用供水管网，管径*DN*200，室外消火栓沿建筑周围均匀布置，室外消火栓布置间距不大于120m，保护半径不大于150m。

（三）室内消火栓系统

1. 设计参数

设计流量：40L/s，火灾延续时间3h，管网水平布置成环状，每分区各立管顶部连通，水泵至水平环管有2条*DN*200的输水管，立管管径*DN*100，过水能力按15L/s计，立管间距不超过30m，建筑物内任何一点均有2股充实水柱同时到达。

2. 系统分区

室内消火栓系统竖向分为三个区，详见表12。每个分区设3组消防水泵接合器。

室内消火栓系统竖向分区 表12

分区名称	竖向范围	供水方式
低区	地下五层～四层	地下室加压泵组加压后减压供水
中区	五～十九层	地下室加压泵组加压供水
高区	二十～三十二层	二十层避难层加压泵组加压供水

3. 水泵的选择

详见表11。

(四) 自动喷水灭火系统

1. 设计参数

本工程地上部分按中危险Ⅰ级设计湿式自动喷水灭火系统，设计喷水强度为6.0L/(min・m^2)，作用面积为160m^2，设计秒流量为30L/s；地下车库按中危险Ⅱ级设计湿式自动喷水灭火系统，设计喷水强度为8.0L/(min・m^2)，作用面积为160m^2，设计秒流量为30L/s。火灾延续时间为1h。自动喷淋系统与大空间智能灭火系统共用泵组。

2. 系统分区

自动喷水灭火系统采用减压分区供水方式，由两条环形喷淋输水干管供到湿式报警阀前经减压后向报警阀供水。自动喷水灭火系统竖向分三个区，详见表13。每个分区设2组自动喷淋水泵接合器。

自动喷水系统竖向分区 表13

分区名称	竖向范围	供水方式
低区	地下五层～四层	地下室加压泵组加压后减压供水
中区	五～十九层	地下室加压泵组加压供水
高区	二十～三十二层	二十层避难层加压泵组加压供水

3. 喷淋泵的选择

详见表11。

4. 报警阀、水流指示器、喷头等设置

每组湿式报警阀担负的喷洒头不超过800个。低区共设4组湿式报警阀，位于地下室消防水泵房内；中区设2组湿式报警阀，位于五层避难层消防水泵房内；高区设2组湿式报警阀，位于二十层避难层消防水泵房内。

自动喷水灭火系统每个防火分区或每层均设信号阀和水流指示器，水流指示器信号在消防中心显示，本系统的控制阀门均带信号指示系统。为了保证系统安全可靠，每个报警阀组的最不利喷头处设末端试水装置。每个系统分区各设两套消防水泵接合器。

喷头的动作温度选定：办公室、会议室、文体用房、走道、大厅、车库等环境温度不大于35℃的场合，吊顶（顶棚）下的喷头68℃；吊顶内的喷头79℃；热交换房内的喷头93℃。

喷头选择：不设吊顶处、通透性吊顶、净高大于0.8m的顶棚内采用直立型喷头，吊顶处采用带装饰性下垂型喷头，净高小于8m的采用快速反应喷头，净高大于8m的采用快速反应大水滴喷头。

(五) 大空间智能型主动喷水灭火系统

1. 设计参数

大堂中庭层高超过12m处设大空间智能型主动喷水灭火系统，保护区的任一部位能被大空间智能型主动喷水灭火系统保护。本系统竖向不分区，与自动喷水灭火系统共用消防水池及加压泵，共设 3 组水泵接合器。由 20 层避难层高位消防水箱稳压，保证系统压力。

2. 喷头设置

采用标准型大空间智能型主动喷水灭火装置，$K=190$，共 7 只，单只流量：5L/s，工作压力：0.25MPa，保护半径 6m，由红外线探测器一对一控制。

(六) 气体灭火系统

1. 系统位置及参数

本项目发电机房、变配电房、通信机房、信息中心机房、档案库房等采用全淹没 IG-541 气体灭火系统，设计灭火浓度为 10%。气体贮瓶压力为 15MPa，气体喷射时间为 60s，延迟时间为 30s，抑制时间为 10min。

2. 系统设置

管网布置成均衡系统，每个防护区均设置泄压装置，以保证气体喷射时防护区围护结构的安全。

3. 系统控制

火灾时，温感、烟感探测器同时动作，由 IG-541 自动灭火控制器启动气瓶内的启动装置和瓶头阀，释放 IG541 气体实施灭火，也可在防护区外手动启动及在气瓶间内机械应急启动。

(七) 灭火器配置

本工程按严重危险级配置手提灭火器，并在车库各通道口配置推车式磷酸铵盐干粉灭火器 MFT/ABC20。

1. 地下室非车库各消火栓箱配置磷酸铵盐干粉灭火器 MF/ABC5（2 具）
2. 地下室汽车库消火栓箱配置磷酸铵盐干粉灭火器 MF/ABC5（3 具）
3. 变配电房及电梯机房门口配置磷酸铵盐干粉灭火器 MF/ABC5（2 具）
4. 其他楼层的消火栓箱配置磷酸铵盐干粉灭火器 MF/ABC5（2 具）

(八) 管材

室内消火栓及自动喷淋灭火系统低区采用热浸镀锌钢管，高区和转输采用热浸镀锌无缝钢管。管径小于或等于 *DN*50 时，采用螺纹连接；管径大于 *DN*50 时，采用沟槽式连接件连接。

大空间智能灭火系统采用热浸镀锌钢管，管径小于或等于 *DN*50 时，采用螺纹连接；管径大于 *DN*50 时，采用沟槽式连接件连接。

室外埋地管采用内壁喷塑外壁涂石油沥青球墨铸铁给水管，橡胶圈接口。

三、工程特点及设计体会

(一) 节能

1. 本项目于 2015 年 1 月 9 日获得住房和城乡建设部颁发的三星级绿色建筑设计标识证书，是全国最早获得绿色建筑最高设计等级认证的工程项目之一。

2. 本项目采用太阳能+空气源热泵集中供应热水系统，供应范围为二十六～三十二层的休息室卫生间。以太阳能热水为一次热源，备用热源采用空气源热泵设备。热水箱内置电加热器作为空气源热泵辅助加热设备。充分利用清洁热源，实现 100%建筑生活热水采用可再生能源，绿色环保。

3. 由于本项目为超高层建筑，屋面可利用面积有限，在综合考虑太阳能及空气源热泵热水系统、光伏发电、擦窗机等各系统设备的安装维护以及结构安全与建筑美观的原则下共设置了 9 块 1000×2000 的太阳能集热器。太阳能板按屋顶可利用空间进行布置，空气源热泵按最不利环境工况计算及选型。

(二) 节水

根据项目实际情况收集雨水、空调冷凝水用作绿化浇洒、道路、车库冲洗，节约水资源。

四、工程照片及附图

项目实景

地下室生活给水泵房

地下室消防给水泵房

地下室雨水回收机房

避难层消防给水泵房

避难层消防给水泵房

屋面层消防稳压机房

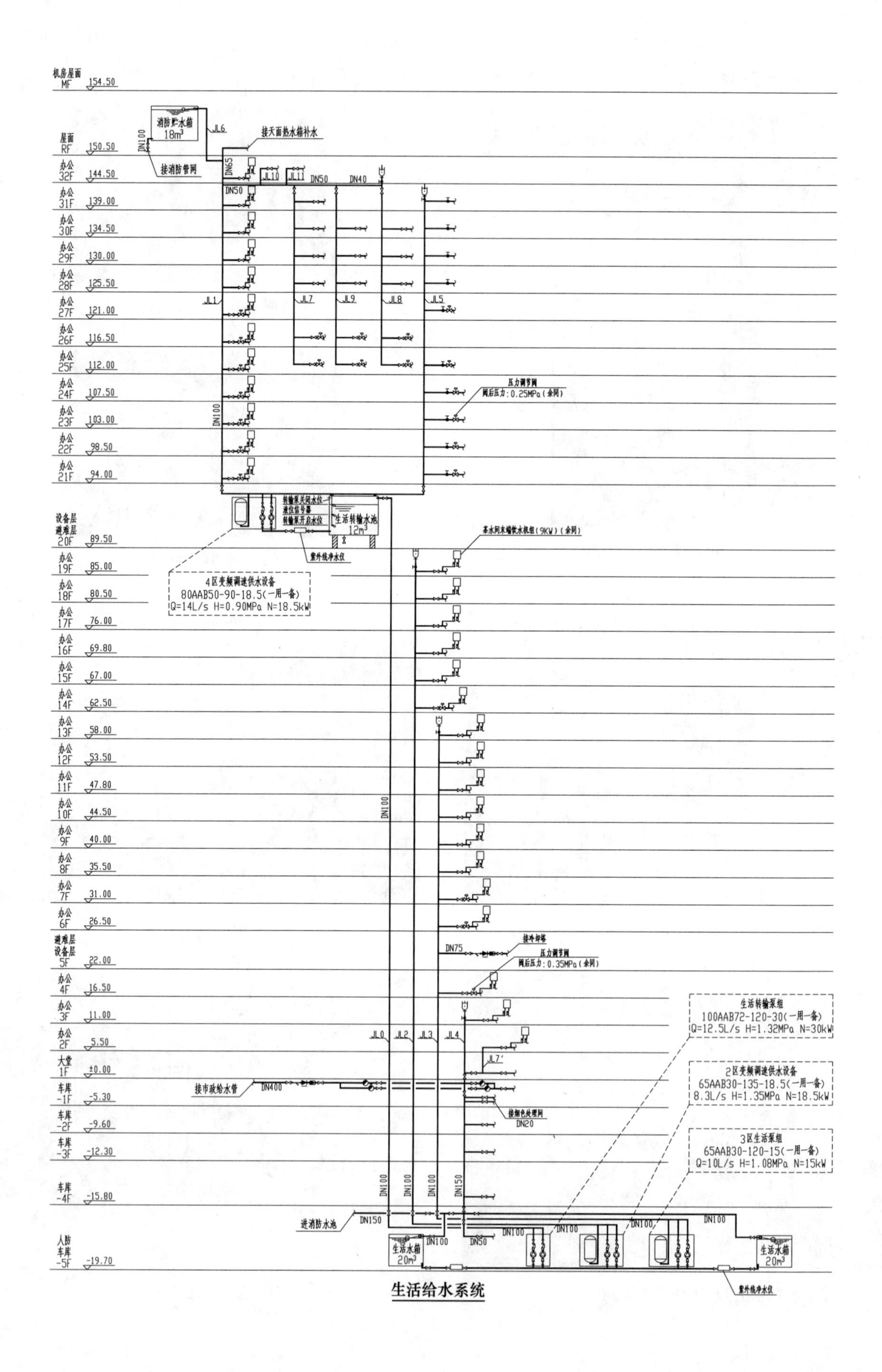
机房屋面
MF 154.50
消防水箱 18m³
接天面热水箱补水
屋面
RF 150.50
接消防管网
办公 32F 144.50
办公 31F 139.00
办公 30F 134.50
办公 29F 130.00
办公 28F 125.50
办公 27F 121.00
办公 26F 116.50
办公 25F 112.00
办公 24F 107.50
办公 23F 103.00
办公 22F 98.50
办公 21F 94.00
压力调节阀
阀后压力：0.25MPa（余同）
生活转输水池 12m³
设备层 避难层 20F 89.50
紫外线净水仪
4区变频调速供水设备
80AAB50-90-18.5（一用一备）
Q=14L/s H=0.90MPa N=18.5kW
办公 19F 85.00
办公 18F 80.50
办公 17F 76.00
办公 16F 69.80
办公 15F 67.00
办公 14F 62.50
办公 13F 58.00
办公 12F 53.50
办公 11F 47.80
办公 10F 44.50
办公 9F 40.00
办公 8F 35.50
办公 7F 31.00
办公 6F 26.50
避难层 设备层 5F 22.00
接冷却塔
压力调节阀
阀后压力：0.35MPa（余同）
办公 4F 16.50
办公 3F 11.00
办公 2F 5.50
大堂 1F ±0.00
车库 -1F -5.30
车库 -2F -9.60
车库 -3F -12.30
车库 -4F -15.80
人防 车库 -5F -19.70
接市政给水管
进消防水池
生活水箱 20m³
生活转输泵组
100AAB72-120-30（一用一备）
Q=12.5L/s H=1.32MPa N=30kW
2区变频调速供水设备
65AAB30-135-18.5（一用一备）
8.3L/s H=1.35MPa N=18.5kW
3区生活泵组
65AAB30-120-15（一用一备）
Q=10L/s H=1.08MPa N=15kW
紫外线净水仪

生活给水系统

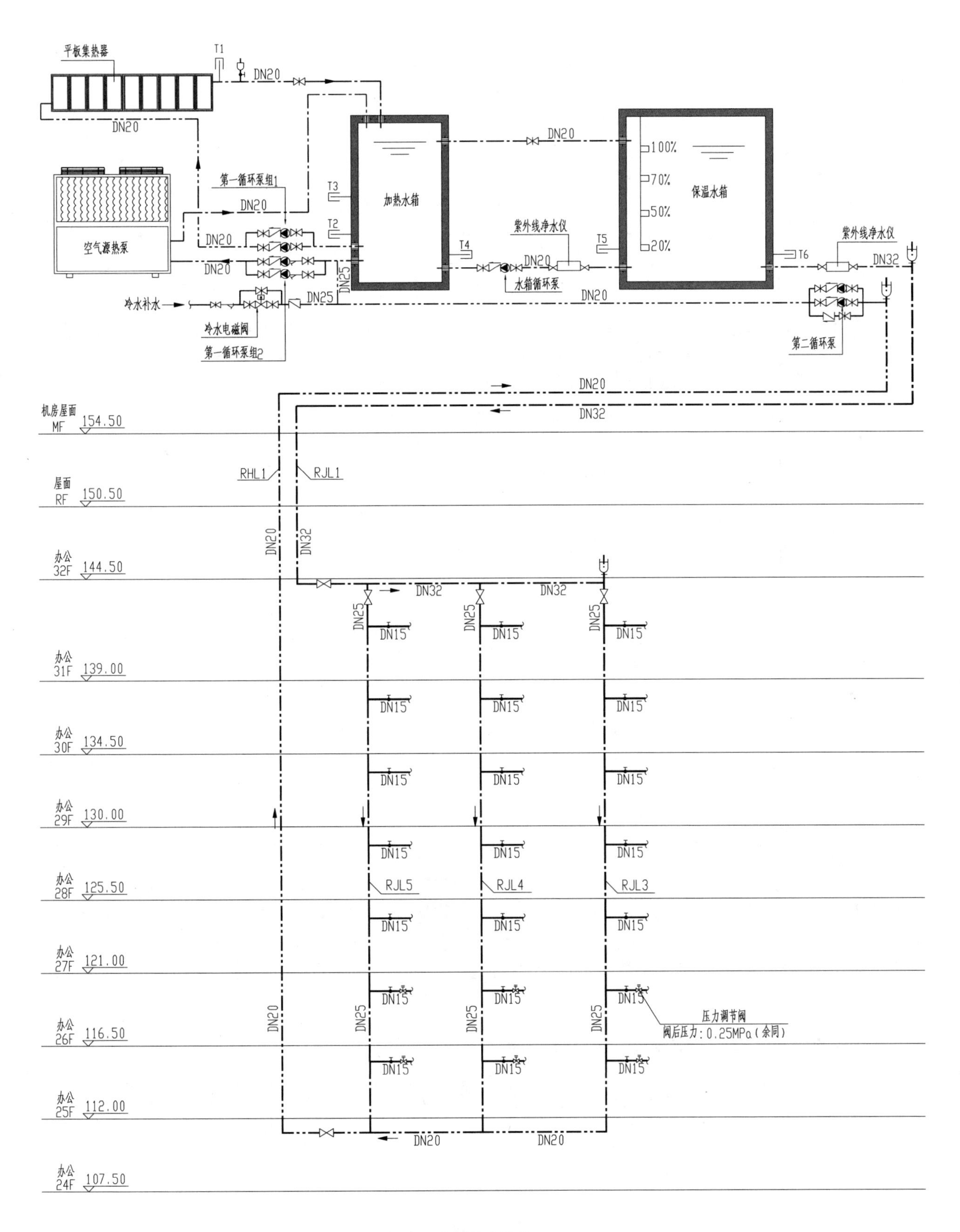
平板集热器
T1
DN20
DN20
空气源热泵
第一循环泵组1
DN20
T3
加热水箱
T2
DN20
DN20
DN25
冷水补水
冷水电磁阀
第一循环泵组2
DN25
T4
紫外线净水仪
DN20
水箱循环泵
DN20
保温水箱
100%
70%
50%
20%
T5
T6
紫外线净水仪
DN32
第二循环泵
DN20
DN32
机房屋面
MF
154.50
屋面
RF
150.50
RHL1
RJL1
办公
32F
144.50
DN32
DN32
DN25
DN15
办公
31F
139.00
办公
30F
134.50
办公
29F
130.00
办公
28F
125.50
RJL5
RJL4
RJL3
办公
27F
121.00
办公
26F
116.50
压力调节阀
阀后压力：0.25MPa（余同）
办公
25F
112.00
DN20
办公
24F
107.50

生活热水系统

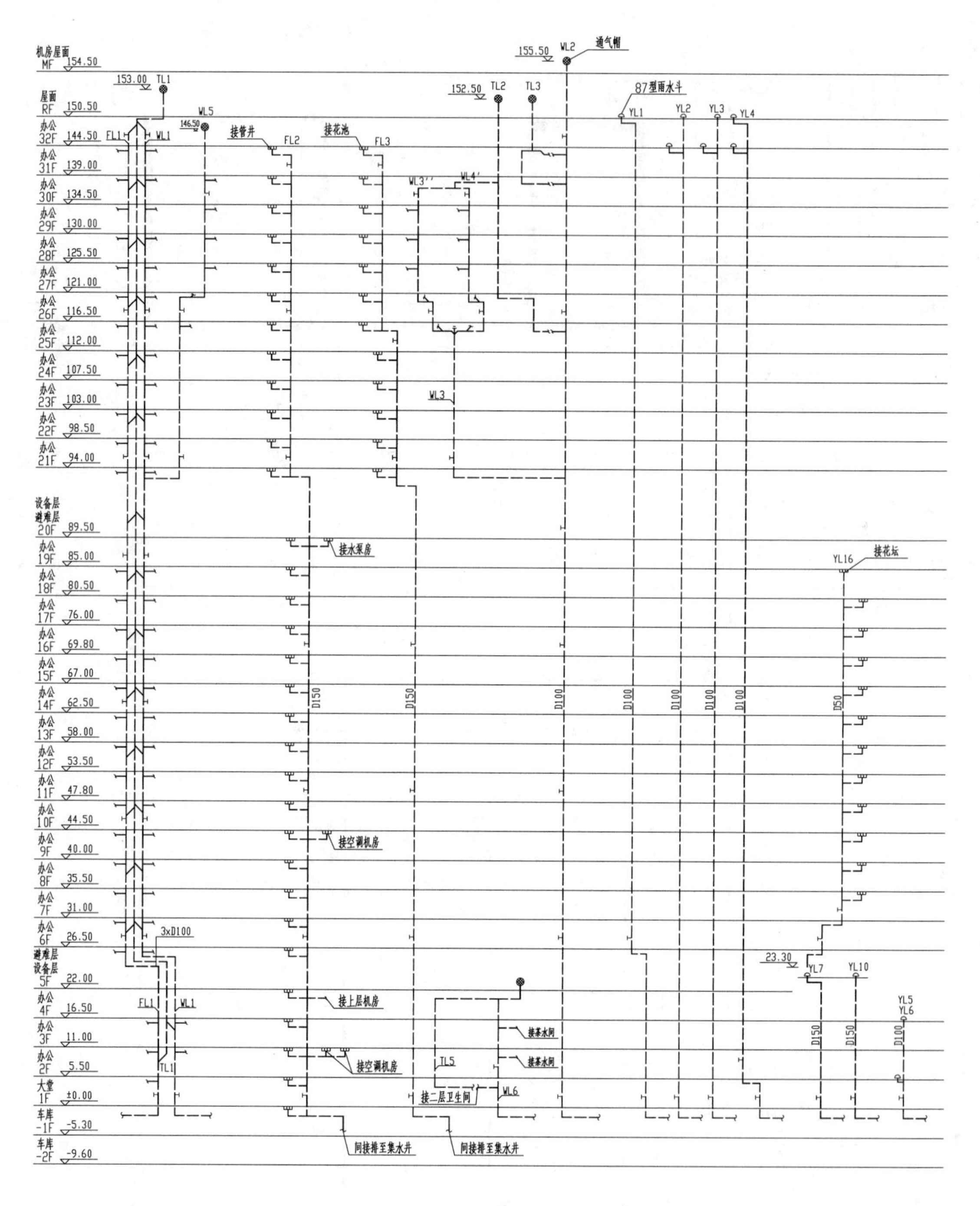

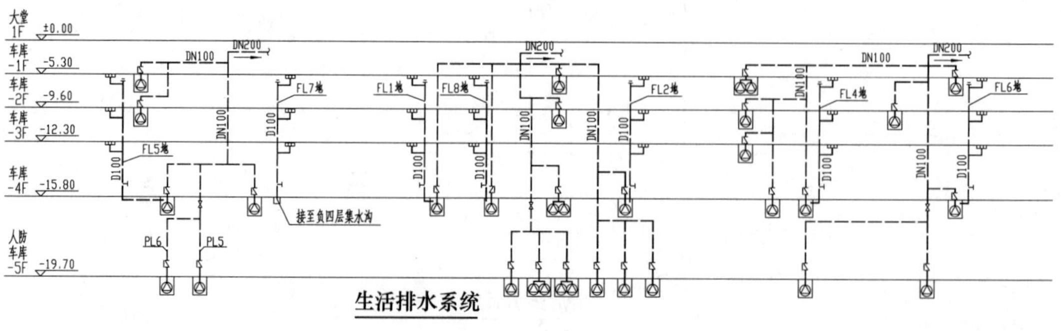

生活排水系统

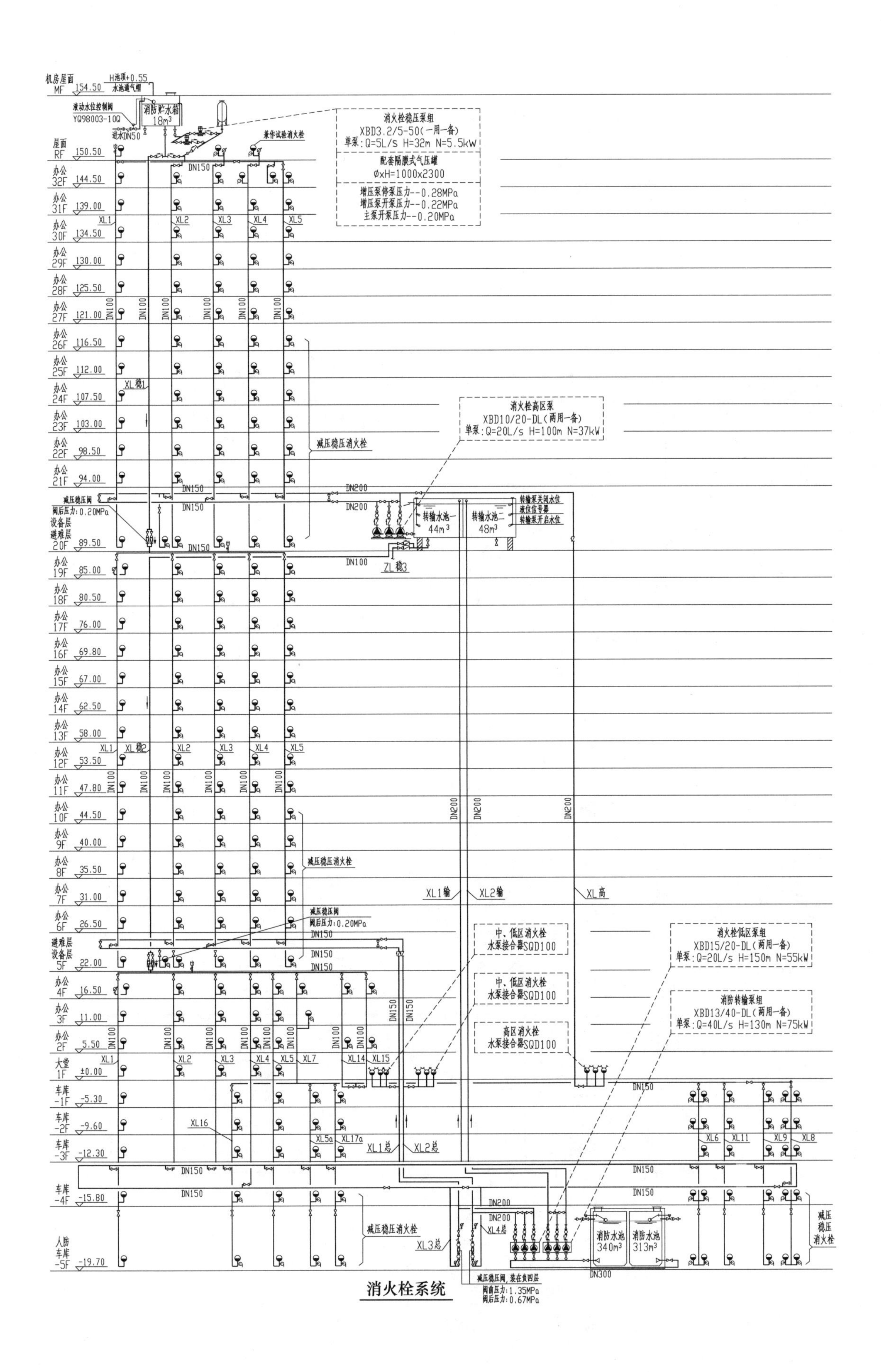

机房屋面 MF 154.50
消防贮水箱 18m³
消火栓稳压泵组
XBD3.2/5-50(一用一备)
单泵:Q=5L/s H=32m N=5.5kW
配套隔膜式气压罐
øxH=1000x2300
增压泵停泵压力--0.28MPa
增压泵开泵压力--0.22MPa
主泵开泵压力--0.20MPa
屋面 RF 150.50
办公 32F 144.50
办公 31F 139.00
办公 30F 134.50
办公 29F 130.00
办公 28F 125.50
办公 27F 121.00
办公 26F 116.50
办公 25F 112.00
办公 24F 107.50
办公 23F 103.00
办公 22F 98.50
办公 21F 94.00
设备层 避难层 20F 89.50
办公 19F 85.00
办公 18F 80.50
办公 17F 76.00
办公 16F 69.80
办公 15F 67.00
办公 14F 62.50
办公 13F 58.00
办公 12F 53.50
办公 11F 47.80
办公 10F 44.50
办公 9F 40.00
办公 8F 35.50
办公 7F 31.00
办公 6F 26.50
避难层 设备层 5F 22.00
办公 4F 16.50
办公 3F 11.00
办公 2F 5.50
大堂 1F ±0.00
车库 -1F -5.30
车库 -2F -9.60
车库 -3F -12.30
车库 -4F -15.80
人防 车库 -5F -19.70
减压稳压消火栓
消火栓高区泵
XBD10/20-DL(两用一备)
单泵:Q=20L/s H=100m N=37kW
转输水池一 44m³
转输水池二 48m³
减压稳压阀
阀后压力:0.20MPa
中、低区消火栓 水泵接合器SQD100
高区消火栓 水泵接合器SQD100
消火栓低区泵组
XBD15/20-DL(两用一备)
单泵:Q=20L/s H=150m N=55kW
消防转输泵组
XBD13/40-DL(两用一备)
单泵:Q=40L/s H=130m N=75kW
消防水池 340m³
消防水池 313m³
减压稳压阀，亚在负四层
阀前压力:1.35MPa
阀后压力:0.67MPa

消火栓系统

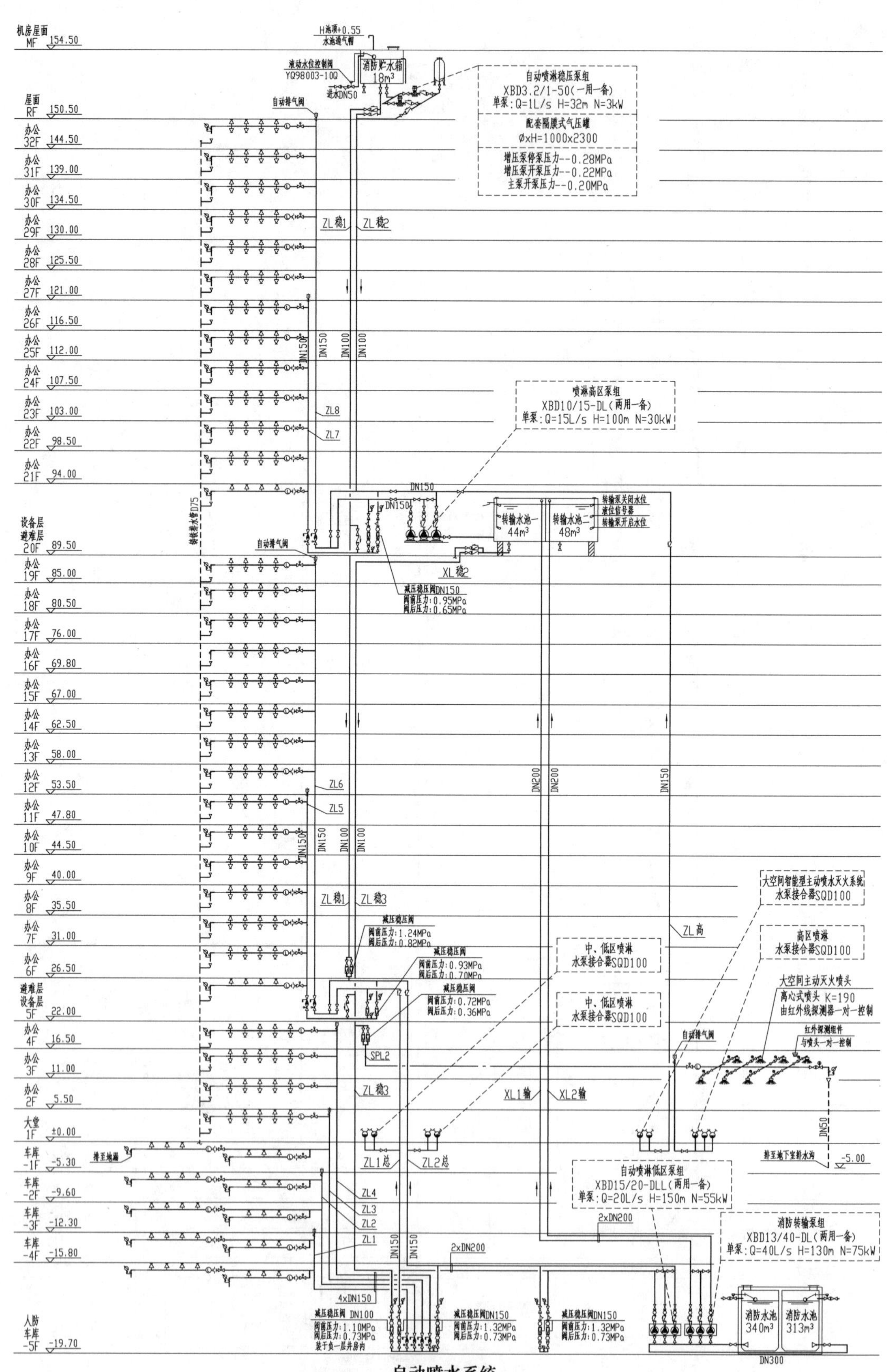

机房屋面 MF 154.50
H池顶+0.55
水池通气帽
液动水位控制阀 YQ98003-10Q
消防贮水箱 18m³
进水DN50
自动喷淋稳压泵组
XBD3.2/1-50(一用一备)
单泵:Q=1L/s H=32m N=3kW
配套隔膜式气压罐
øxH=1000x2300
增压泵停泵压力--0.28MPa
增压泵开泵压力--0.22MPa
主泵开泵压力--0.20MPa
屋面 RF 150.50
自动排气阀
办公 32F 144.50
办公 31F 139.00
办公 30F 134.50
办公 29F 130.00
办公 28F 125.50
办公 27F 121.00
办公 26F 116.50
办公 25F 112.00
办公 24F 107.50
办公 23F 103.00
办公 22F 98.50
办公 21F 94.00
设备层 避难层 20F 89.50
办公 19F 85.00
办公 18F 80.50
办公 17F 76.00
办公 16F 69.80
办公 15F 67.00
办公 14F 62.50
办公 13F 58.00
办公 12F 53.50
办公 11F 47.80
办公 10F 44.50
办公 9F 40.00
办公 8F 35.50
办公 7F 31.00
办公 6F 26.50
避难层 设备层 5F 22.00
办公 4F 16.50
办公 3F 11.00
办公 2F 5.50
大堂 1F ±0.00
车库 -1F -5.30
车库 -2F -9.60
车库 -3F -12.30
车库 -4F -15.80
人防 车库 -5F -19.70
ZL稳1
ZL稳2
ZL稳3
ZL8
ZL7
ZL6
ZL5
DN150
DN100
喷淋高区泵组
XBD10/15-DL(两用一备)
单泵:Q=15L/s H=100m N=30kW
转输水池一 44m³
转输水池二 48m³
转输泵关闭水位
液位信号器
转输泵开启水位
XL稳2
减压稳压阀DN150
阀前压力:0.95MPa
阀后压力:0.65MPa
减压稳压阀
阀前压力:1.24MPa
阀后压力:0.82MPa
阀前压力:0.93MPa
阀后压力:0.70MPa
阀前压力:0.72MPa
阀后压力:0.36MPa
DN200
ZL高
大空间智能型主动喷水灭火系统水泵接合器SQD100
高区喷淋水泵接合器SQD100
中、低区喷淋水泵接合器SQD100
大空间主动灭火喷头
高心式喷头 K=190
由红外线探测器一对一控制
红外探测组件与喷头一对一控制
SPL2
XL1输
XL2输
ZL1总
ZL2总
ZL4
ZL3
ZL2
ZL1
排至地漏
排至地下室排水沟
DN50
-5.00
自动喷淋低区泵组
XBD15/20-DLL(两用一备)
单泵:Q=20L/s H=150m N=55kW
2xDN200
消防转输泵组
XBD13/40-DL(两用一备)
单泵:Q=40L/s H=130m N=75kW
4xDN150
减压稳压阀 DN100
阀前压力:1.10MPa
阀后压力:0.73MPa
装于负一层井房内
减压稳压阀DN150
阀前压力:1.32MPa
阀后压力:0.73MPa
消防水池 340m³
消防水池 313m³
DN300

自动喷水系统

福州市东部新城商务办公中心区

设计单位： 福建省建筑设计研究院
设 计 人： 程宏伟　黄文忠　王晓丹　叶振华　林金成　傅星帏
获奖情况： 公共建筑类　三等奖

工程概况：

福州市东部新城商务办公中心区位于福州东部新城南江滨路以北、鼓山大桥以西。为贯彻实施“东扩南进、沿江向海”的城市发展战略，完善“福州海峡国际会展中心”周边的城市面貌和功能，并有效解决老城区市属机关单位办公用房紧张的问题，该项目被列为福州市可再生能源建筑应用示范工程项目之一，福建省“十二五”绿色建筑行动百项重点示范工程之一。

本工程分为东西两个地块，西地块为商务中心主功能区，东地块为商务中心配套功能区。总建筑面积336827m^2，其中办公用房建筑面积231400m^2，商业建筑面积13328m^2；西地块为商务中心主功能区，东地块为商务中心配套功能区。西地块整体建筑群从单体上共分为6幢，分别为A、B、C、D、EF、GH座，地下室为一个整体大底盘，地下2层。A、B座，地上18层，C、D座，地上14层，EF座和GH座地上12层，局部14层。东地块建筑为地下1层。主要功能为办公。西地块整体建筑群功能为办公、会议，地下室主要使用功能为设备机房、机动车停车库；东地块建筑地上一层、二层为厨房餐厅，三层为商场，地下室使用功能为汽车库、设备机房。

一、给水排水系统

（一）给水系统

1. 生活用水量计算（表1、表2）

东地块生活用水量计算表　　表1

项目	面积	人数	用水定额	用水时间	小时变化系数	最高日用水量	最大时用水量
单位	(m^2)	(人)	(L/(d·人),L/(d·m^2))	(h)	K_h	(m^3/d)	(m^3/h)
商场	2500		8	10	1.5	20	3
餐饮及厨房	5000	3240	60	12	1.5	205.2	25.65
车库	3180		2	8	1	6.36	0.795
绿化用水	5052.9		2	8	1	10.1	1.26
小计						231.56	29.445
未预见						23.156	2.9445
总计						254.716	32.3

西地块生活用水量计算表　　表2

项目	面积	人数	用水定额	用水时间	小时变化系数	最高日用水量	最大时用水量
单位	(m^2)	(人)	(L/(d·人),L/(d·m^2))	(h)	K_h	(m^3/d)	(m^3/h)
办公		4055	50	8	1.5	202.75	38.02

续表

项目	面积	人数	用水定额	用水时间	小时变化系数	最高日用水量	最大时用水量
单位	(m^2)	(人)	(L/(d·人),L/(d·m^2))	(h)	K_h	(m^3/d)	(m^3/h)
会议		2426	8	4	1.5	19.408	7.28
办证大厅	1400		8	8	1.5	11.2	2.1
职工食堂		4055	25	8	2	101.375	25.34
车库	80000		2	8	1	160	20
空调补水	1.5%循环流量	7515m^3/h		8	1	901	112.7
绿化用水	19170		2	8	1	38.34	4.79
小计						1433	210.23
未预见						143.3	21
总计						1577	231.25

2. 水源

东地块和西地块分别从室外滨江路市政给水管网上引一路 *DN*150 和一路 *DN*200 的给水管接入各自地块，东地块引入管上设置有四块区域总水表，分别为消防及绿化水表 LXLC-100（带倒流防止器），1 层餐饮水表 LXLC-100，2 层餐饮水表 LXLC-100，3 层商场水表 LXLC-50。西地块引入管上设置有两块区域总计费水表，一块为消防用水计量表 LXLC-100（带倒流防止器阀组），一块为生活及绿化用水计量表 LXLC-150。

3. 系统竖向分区

室内生活供水系统采用分区供水。地下一层～地上二层利用市政压力直接供水，三层及以上的楼层采用二次加压供水。东地块加压供水分为一个区，西地块加压供水分为中、高两个区，每个区最低楼层静水压力小于 0.45MPa。

4. 供水方式及给水加压设备

东地块的二次加压供水采用无负压给水设备供水，采用 HTG18/20/0.8（I）叠压设备（Q=10.5m^3/h，H=20m，N=2.2kW），泵 1 用 1 备，带 *D*600、容积 400L 稳流罐。

西地块的二次加压供水采用生活水池——变频泵的二次加压供水方式。西地块在地下二层非人防区域设置有生活贮水水箱及变频加压供水机组，生活水箱贮水有效容积取 A 地块最高日用水量的 20%（停水时不考虑供给绿化，平时冷却塔补水由雨水水源补充，停水时由生活水池提供），为 210m^3，分为两格，保障水箱检修清洗时不间断供水，水箱间设置 SCII-30HB 型水箱消毒机，保障水箱内水质，同时，在变频供水水泵吸水管上安装紫外线消毒器，对二次供水进行消毒后，供给各层用户。

5. 管材

合理使用管材和连接方法，采取有效措施避免管网漏损。室内给水支管采用 PPR 塑料给水管，给水干管均采用钢塑复合管。管径大于或等于 *DN*80 的室外市政给水管采用给水型铸铁管，小于 *DN*80 的室外市政给水管和加压给水管采用钢塑复合管，钢管外采取可靠的防腐措施。

（二）排水系统

1. 排水系统的形式

本项目室外采用雨、污分流，室内采用污、废合流的排水体制。生活污水经室外管网分收集后经化粪池处理后和餐饮废水经隔油池处理后，就近排至周边市政路市政污水管网。

地下室的泵房、卫生间、垃圾房等均设置地漏或集水坑，污废水收集后经搅匀式潜污泵提升排至室外排水检查井。无法自流排放的卫生间排水，排入地下室污水间内，经成品污水提升装置提升后，排至室外污水管网。汽车坡道雨水和地下车库地面排水设置地漏引至集水坑，集水坑排水经加压后直接排至室外排水检查井。

设备房排水点等水封容易干涸的排水点，采取间接排水方式。

2. 透气管的设置方式

本项目高层建筑公共卫生间排水设置主通气立管；多层建筑公共卫生间排水设置副通气立管，以保持立管、横支管内空气流通和排水顺畅；其余均采用普通伸顶通气的单立管排水系统，以保持横支管内空气流通和排水顺畅。

3. 采用的局部污水处理设施

化粪池按停留时间 12h，清掏周期 180d 设计；隔油池按含食用油污水在池内的流速小于 0.005m/s，停留时间为 2～10min 设计。食堂的厨房含油废水，先经厨房灶台下方的器具隔油器作一次处理，然后收集至室外埋地隔油池处理后排至室外污水管网。

4. 管材

本项目高层建筑排水和多层建筑的厨房、开水间排水管道采用抗震柔性铸铁排水管及配件；加压排水管采用内外热镀锌钢管及配件；其余排水管采用普通 PVC-U 排水塑料管。室外污排水管采用 PVC-U 塑料双壁波纹管。

（三）雨水及雨水利用系统

1. 排水系统的形式

本项目东地块采用重力流排水系统；西地块屋面面积大，雨水量大的部位按压力流进行屋面雨水设计；其余雨水量相对小的屋面按重力流进行设计。

2. 雨水利用方案

本工程西地块雨水利用采用雨水入渗系统和收集回用系统，减少市政给水量和雨水外排量，降低市政给水管网和雨水管网的负荷。地面雨水就地入渗，广场道路等硬化面的雨水就近排至低势绿地入渗，不足部分设置渗透管沟和检查井。回用的雨水供给本工程闭式冷却塔补水，绿地浇灌用水和景观水池补水。

3. 雨水回用系统及水质处理

（1）屋面雨水经前期弃流，由雨水收集管网就近收集至地下一层对应的雨水收集池和雨水处理机房，经雨水处理机房过滤、杀毒处理后集中供给地下室消防及雨水合用水池（采取措施保证消防水位不被动用）补水；泵房内设置冷却塔补水泵供给本工程闭式冷却塔补水和设置绿化补水泵供给绿地浇灌用水。同时，景观水池利用雨水处理机房内水处理装置进行循环处理并直接控制水景补水，以便维持水景水质，并节省投资。雨水回用系统工艺流程如图 1 所示：

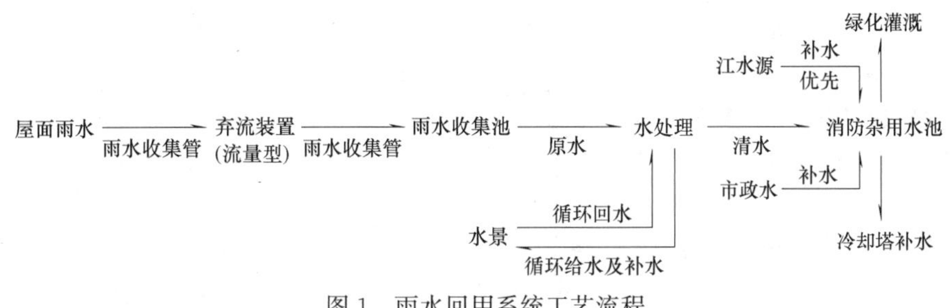

图 1　雨水回用系统工艺流程

（2）收集后的水质处理及保持主要采用如下措施：

1）收集池开口均位于室外绿地，防止收集池满溢时雨水进入地下室；收集池可有效隔绝水池中的水与空气和阳光接触，最大限度抑制藻类和微生物的生长。

2）采用砂过滤，主要用于去除水中悬浮物、颗粒物，降低浊度，净化水质，减少系统污垢、菌藻、锈蚀等。

3）雨水消毒采用氯消毒，具有长效消毒作用，具有更高的安全性，有利与水质的保持。

（3）雨水弃流处理系统

本工程的屋面雨水收集管采用虹吸系统，室外设置流量型弃流装置，弃流管上为常开阀门，当雨量计累计流量达到设定值时关闭电动阀，同时打开收集管上的电动阀。

4. 管材

室内虹吸雨水管采用HDPE雨水塑料管，热熔连接。雨水回用给水管采用衬塑复合钢管及配件。

（四）水源热泵取退水系统

1. 取水量

根据空调专业负荷计算结果，大楼配置总冷量为7500RT，热负荷为2500RT。室外空调冷却水进出温度确定为30～36℃，温差统一为6℃。冷却水量Q＝1.15×7500RT×3.516/(1.163×6)＝4345.9m^3/h。

2. 系统流程

本项目暖通专业采用江水源热泵空调系统代替常规“冷水机组＋热水锅炉”系统。本专业为该系统设计了取水、供水和退水构筑物、管线及水处理工艺，系统流程如图2所示：

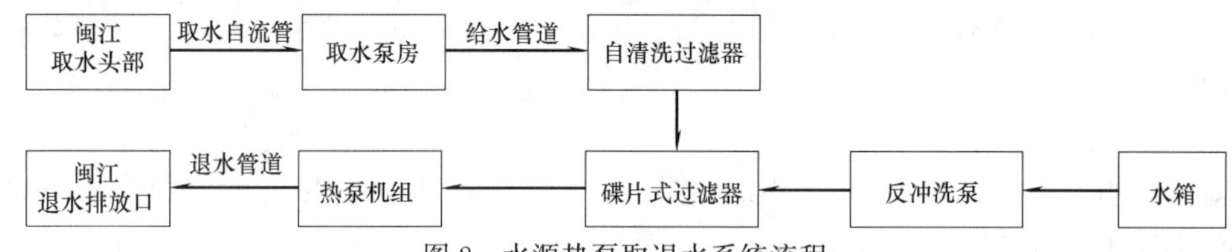

图2 水源热泵取退水系统流程

3. 该系统利用闽江水量丰富、水温相对稳定、水质较好的特点，抽取江水直接进入热泵机组进行热交换，为空调系统提供冷、热源。系统设计流量为4400m^3/h，日取水量为4.4万m^3。为降低江水的浊度，室内设置了一套过滤工艺设备。经过暖通专业综合分析计算，采用该系统后暖通系统可减少一次能源消耗及二氧化碳排放量，全年可节省用电量258.3万kWh，节省天然气用量31.1万Nm^3，全年节省运行费用316万元，折算节省标准煤消耗约为1247.8t，减少二氧化碳排放量3455t。

二、消防系统

（一）消火栓系统

1. 东地块按多层民用建筑进行防火设计，室内消火栓用水20L/s，室外消火栓用水量25L/s，火灾持续时间为2h。室内消火栓采用临时高压给水系统，分为一区。消火栓均能保证两股水柱同时到达任何部位。消火栓加压泵1用1备，消火栓加压泵设有巡检功能，出口设有泄压阀，型号为XBD5/20-100D/2′（Q＝72m^3/h，H＝50m，N＝18.5kW，n＝1450）。本楼地下室消火栓均采用减压稳压消火栓。18m^{3}消防水箱位于本楼屋面，水箱底标高为14.50m，可以满足消火栓前期使用要求。本楼地下室设有270m^{3}消防水池及泵房，满足室内消防前期使用要求。室外设有水泵接合器。消防管均采用内外热镀锌钢管及配件。

2. 西地块一类综合楼进行防火设计，室内消火栓用水40L/s，室外消火栓用水40L/s，火灾持续时间为3h。室内消火栓采用临时高压给水系统，分为一区。消火栓均能保证两股水柱同时到达任何部位。消火栓加压泵1用1备，出口设有泄压阀，型号为XBD12/40-150D/6（Q＝144m^3/h，H＝120m，N＝75kW，n＝1480）。地下室设有1140m^{3}消防及杂用合用水池（贮存900m^{3}的消防专用水）及消防泵房，满足消火栓系统前期使用要求。18m^{3}消防水箱位于A楼屋面，同时设置消火栓稳压系统，可以满足消火栓前期使用要求。室外设有水泵接合器。消防管均采用内外热镀锌钢管及配件。

3. 水源采用市政水和消防水池。市政进水管后的室外消防环网围绕本区成环布置，环网管径De160，环网上设置室外消火栓。同时，西地块的消防水池储存的432m^{3}的室外消防水采用加压泵提升至小区内的室外消防取水口，取水口采用室外消火栓，本楼位于取水口150m保护半径之内。

（二）自动喷淋系统

1. 东地块按多层民用建筑进行防火设计，自动喷淋系统设计用水量35L/s，火灾持续时间1h。自动喷淋加压泵采用消防专用泵，1用1备，型号为：XBD7.5/30-125D/3′（Q＝126m^3/h，H＝73.5m，N＝37kW，

n=1450)。出口设有泄压阀回水池，泄压阀压力设定为0.80MPa。本楼屋面设置18m^3消防专用水箱高度不能满足最不利点喷头压力要求，设置一套喷淋稳压装置。稳压系统型号为：ZW（L)-I-Z-10（P_1=13.0m，P_2=18m，P_{s1}=21m，P_{s2}=24m，α_b=0.80)；有效容积V=150L，立式隔膜式气压罐的型号：SQL800×0.6，α_b=0.80；稳压加压泵1用1备，型号为XBD2.4/1-LDW（I）3.6/3（Q=3.6m^3/h，H=24m，N=0.75kW），n=2830)。

2. 西地块一类综合楼进行防火设计，自动喷淋系统设计用水量35L/s，火灾持续时间1h。本工程自动喷淋系统及上部大空间智能灭火系统、水喷雾系统均采用一套加压设施，喷淋泵1用1备，单泵型号为XBD15/30-125D/6′（Q=126m^3/h，H=140m；N=75kW）出口设有泄压阀回水池。本地块18m^3消防水箱位于A楼屋面，水箱底标高相对±0.00标高为73.80m不能满足最不利点喷头压力要求，设置一套喷淋稳压装置。稳压系统型号为：ZW（L)-I-Z-10（P_1=44.0m，P_2=57m，P_{s1}=59m，P_{s2}=64m，α_b=0.80)；有效容积V=150L，立式隔膜式气压罐的型号：SQL800X0.6，α_b=0.80；稳压加压泵1用1备，型号为XBD6.4/1.1－LDW（I）4/8（Q=3.6m^3/h，H=64.5m，N=2.2kW）。

3. 各楼底层均设置有湿式报警阀间，内设置湿式报警阀。每个报警阀供给喷头数小于800个。分层分区分设水流指示器。喷淋干管顶设有自动排气阀，底部设有排渣及泄水阀。支管末端设有试验放水阀。

4. 吊顶下采用吊顶型喷头，楼板下采用直立型喷头，具体详见平面图。所有吊顶内净距大于800mm内有可燃物时均设置直立型喷头加以保护。普通喷头动作温度采用68℃，厨房区喷头采用中温喷头（动作温度93℃）。连接喷头的短立管管径不应小于DN25。直立型和下垂型喷头溅水盘离顶板底75～150mm。

5. 办公楼主门厅高度为43.3m，采用大空间智能灭火装置，按照中危险级Ⅱ级进行设计。共采用2个大空间智能灭火标准，装置（ZXDS-0.6/5型），悬吊于20.80m结构挑板下，每个标准喷头流量为5L/s，标准工作压力为0.6MPa，保护半径30m，系统设计流量为10L/s。

（三）水喷雾灭火系统

1. 地下室柴油发电机房及油罐间采用水喷雾灭火装置。设计灭火强度20.0L/(min·m^2)，响应时间小于45s，最不利点工作压力不小于0.35MPa。水雾喷头采用高速射流器，共设置19个ZSTG10/114型水雾喷头。

2. 水喷雾管网与闭式自动喷淋灭火系统合用供水管网。

3. 水喷雾系统当发电机房内烟感及温感探测器确定火灾时，反馈至消控中心，同时，启动雨淋阀的电磁阀，雨淋阀的压力开关开启水喷雾加压泵。雨淋阀型号为ZSY-150。

三、工程特点及设计体会

1. 设计内容包含给水系统、排水系统、雨水收集及入渗系统、浇灌系统、地表水源热泵空调系统取水工程、室内消火栓系统、自动喷淋系统、大空间智能灭火系统、气体灭火系统及室外总体给排水系统设计。

2. 本项目设计于2010年，由于为福建省“十二五”绿色建筑行动百项重点示范工程之一，在设计之初率先引进了全生命周期绿色建筑的设计理念。

3. 本工程在省内首次采用大面积规模的江水源热泵空调替代传统的空调水冷系统，利用闽江水作空调冷汇和热汇，机组采用高压、大温差、高能效离心式冷水机组，水专业配合制定相关的水处理、取退水方案。

4. 本工程体量大，楼栋多，采用分散收集，集中控制回用的思路：办公商务中心地块西地块各塔楼屋面雨水采用虹吸雨水系统，经前期弃流就近收集至地下一层对应的雨水收集池（开口均位于室外绿地，防止收集池满溢时雨水进入地下室）和雨水处理机房，经雨水处理机房过滤、杀毒处理后再集中供给地下室消防及雨水合用水池（采取措施保证消防水位不被动用）补水；泵房内设置冷却塔补水泵供给本工程闭式冷却塔补水和设置绿化补水泵供给绿地浇灌用水。同时，景观水池根据水景补水量与蒸发量平衡后采用C/D楼屋面回用雨水，利用C/D雨水处理机房内水处理装置进行循环处理并直接控制水景补水，以便维持水景水质，并节省投资。地面雨水就地入渗，广场道路等硬化面的雨水就近排至低势绿地入渗，不足部分设置渗透管沟和检查井。

四、工程照片及附图

建筑全貌

西地块正面挑高大堂

场地植草砖及下凹绿地

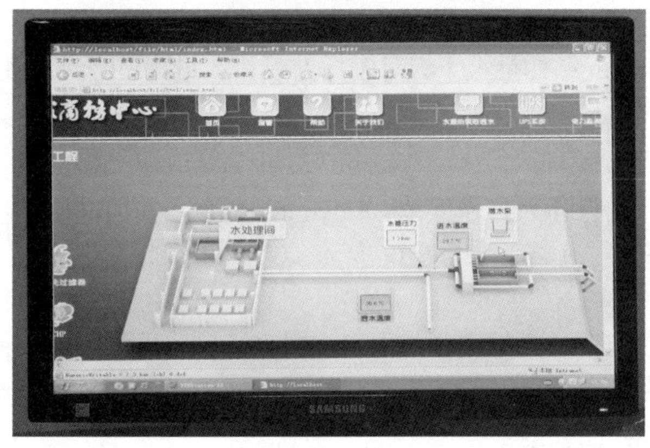

江水源取退水工程 BA 平台

江水源取退水机房

西地块入口跌水景观

西地块裙房绿化屋面

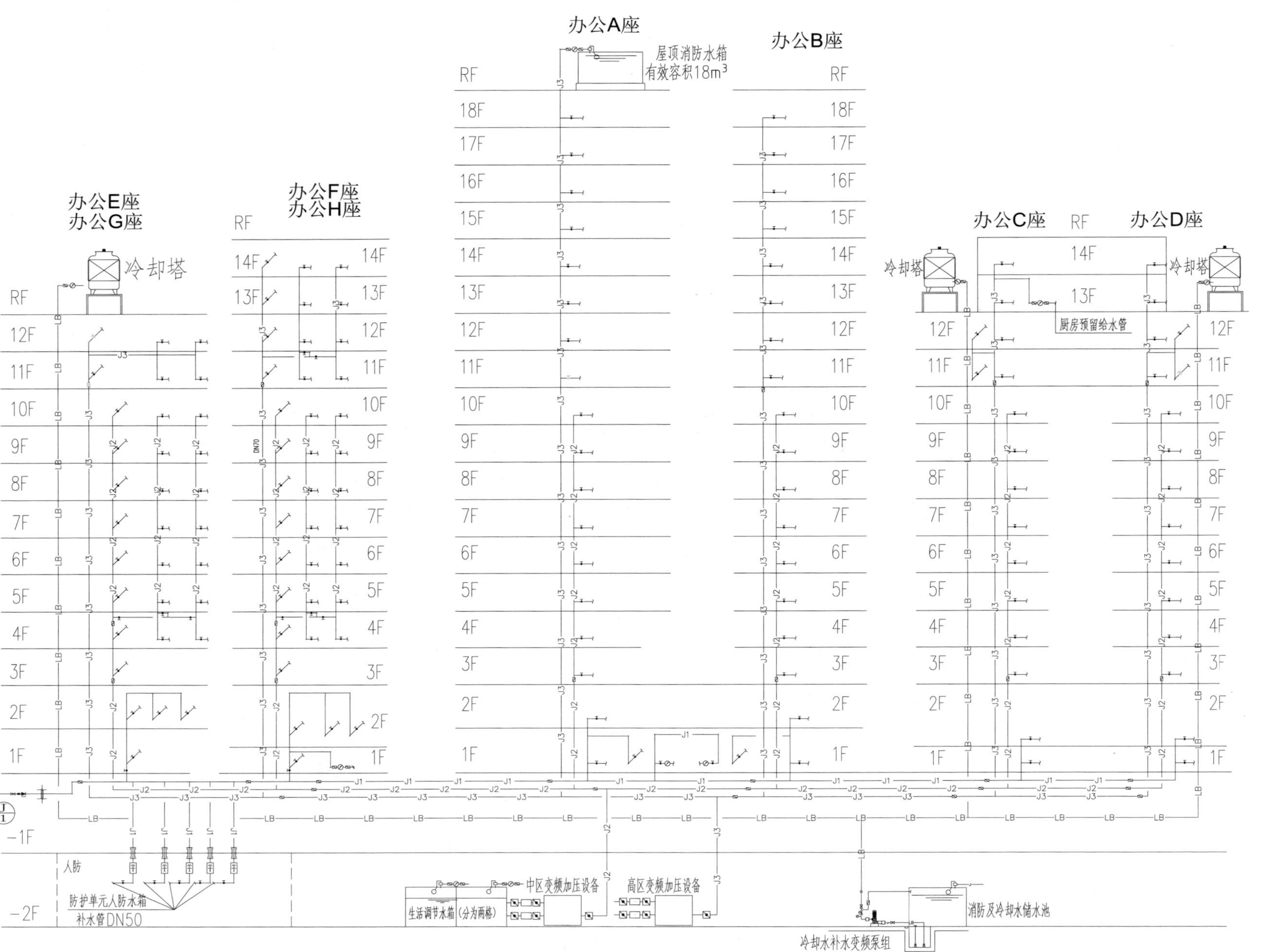
办公A座
屋顶消防水箱
有效容积18m3
办公B座
办公E座
办公G座
冷却塔
办公F座
办公H座
办公C座
办公D座
厨房预留给水管
人防
防护单元人防水箱
补水管DN50
生活调节水箱
(分为两格)
中区变频加压设备
高区变频加压设备
消防及冷却水储水池
冷却水补水变频泵组

给水系统原理图

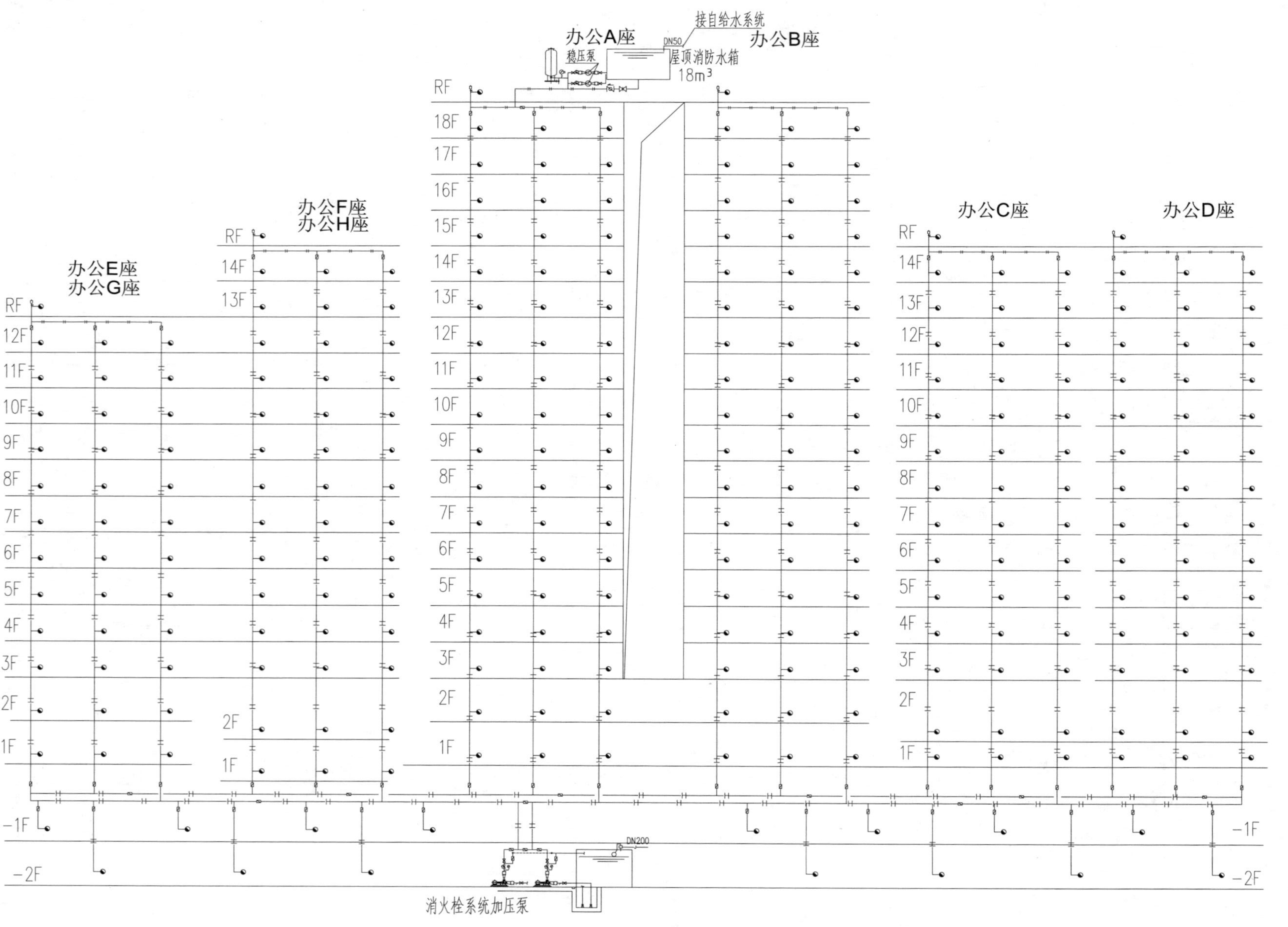
办公A座
接自给水系统
DN50
办公B座
稳压泵
屋顶消防水箱
18m3
办公E座
办公G座
办公F座
办公H座
办公C座
办公D座
RF
18F
17F
16F
15F
14F
13F
12F
11F
10F
9F
8F
7F
6F
5F
4F
3F
2F
1F
-1F
-2F
DN200
消火栓系统加压泵

消火栓系统原理图

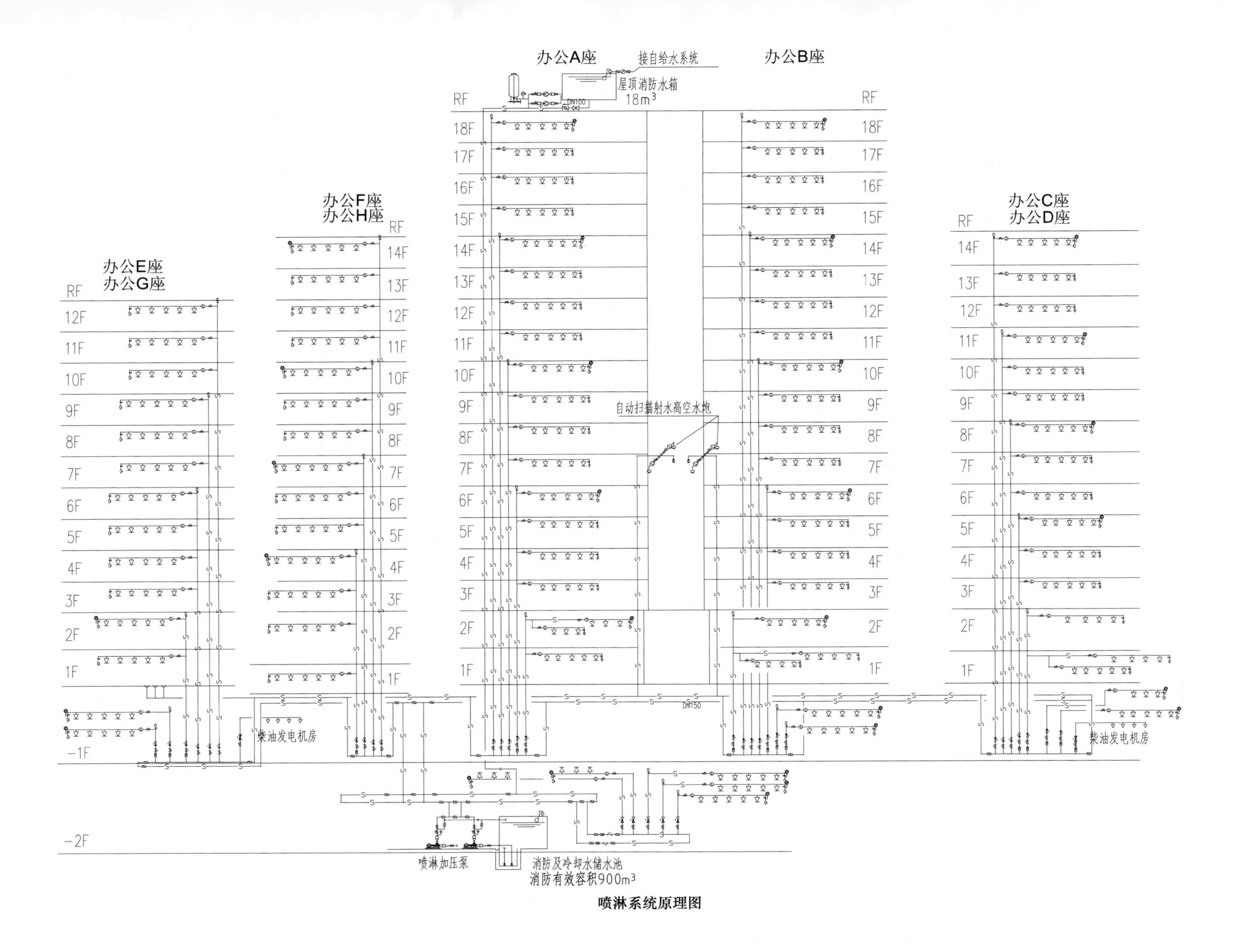
办公A座
接自给水系统
办公B座
屋顶消防水箱
18m³
DN100
办公F座
办公H座
办公C座
办公D座
办公E座
办公G座
自动扫描射水高空水炮
DN150
柴油发电机房
柴油发电机房
喷淋加压泵
消防及冷却水储水池
消防有效容积900m³

喷淋系统原理图

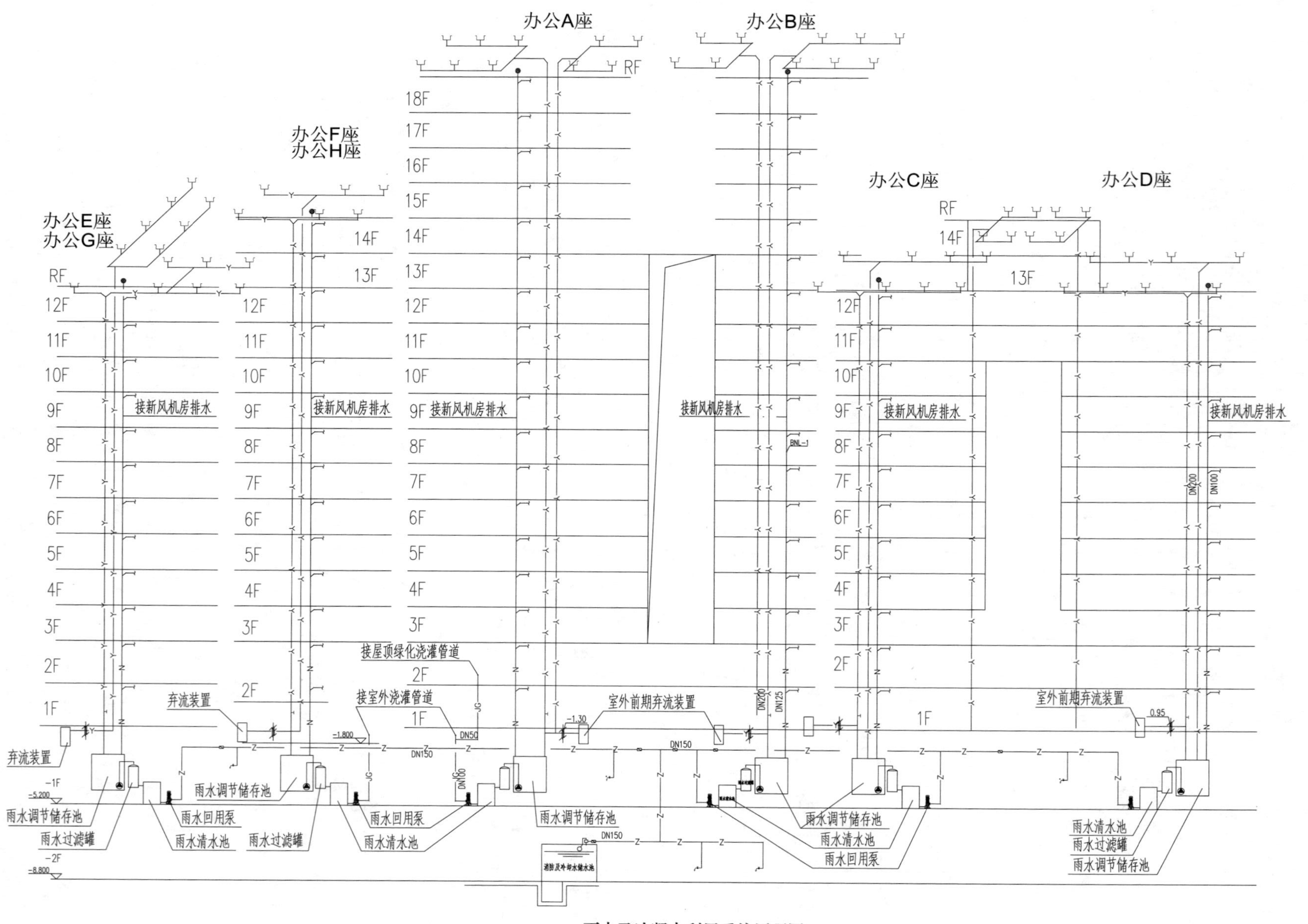

雨水及冷凝水利用系统原理图

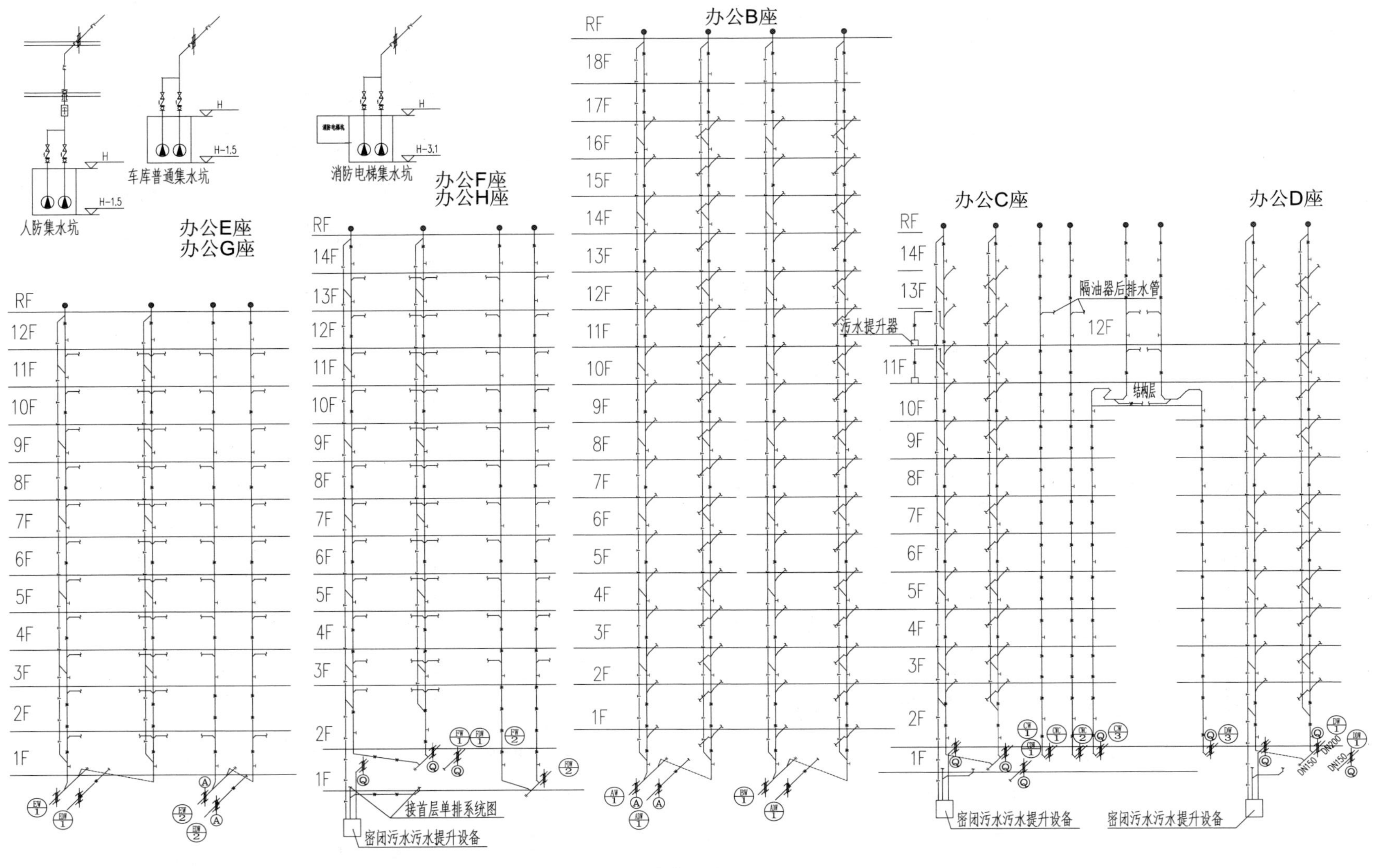
人防集水坑
车库普通集水坑
消防电梯集水坑
办公E座
办公G座
办公F座
办公H座
办公B座
办公C座
办公D座
隔油器后排水管
污水提升器
结构层
接首层单排系统图
密闭污水污水提升设备
密闭污水污水提升设备
密闭污水污水提升设备

污废水系统原理图

西双版纳国际旅游度假区傣族剧场项目

设计单位：中国中元国际工程有限公司
设 计 人：刘澳兵　王屹　张旭　魏晓佳
获奖情况：公共建筑类　三等奖

工程概况：

本工程位于云南省西双版纳州景洪市西北部，西两侧倚靠背景山体，南临景洪市规划的北环路，西南部与景洪市工业园区一期相邻。项目用地东侧的北环路，规划红线宽度60m。用地西侧的C16路规划红线宽度15m。

本工程为1180座的乙等中型剧场建筑，项目总建筑面积19500m²，其中，地上建筑面积：13700m²，地下建筑面积：5800m²。主体建筑高度21m，地下2层，地上3层；附属用房建筑高度8.5m，地上2层。建筑耐火等级为一级，设计使用年限50年，抗震设防烈度8度。

给水排水设计包含了生活给水系统、生活热水系统、空调循环冷却水系统、表演水水处理系统、雨水系统、室内污废水排水系统、室外消火栓系统、室内消火栓系统、自动喷水灭火系统、水喷雾系统、大空间主动喷水灭火系统、气体消防系统、灭火器配置等。

工程说明：

一、给水排水系统

（一）给水系统

1. 生活用水量（表1）

生活用水量　表1

用水部门	单位	数量	用水定额(L)	最高日用水量(m^3/d)	最大小时用水量(m^3/h)	给水小时变化系数K	每日使用时间(h)
办公	L/(人·d)	265	50	13.3	1.7	1.5	12
演员	L/(人·d)	80	100	8	1	1.5	5
观众	L/(人·d)	2360	5	11.8	4.4	1.5	5
职工食堂	L/人·次	400	40	16	2	1.5	12
酒吧	L/人·次	100	15	1.5	0.6	1.5	5
表演水池补水		1390	4%	55.6	13.9	1	4
循环冷却水补水		520	1.5%	36	7.5	2.5	12
道路浇洒、绿化及景观补水	L/(m^2·d)	26784	2	53.6	6.7	1	8
未预见水量			10%	19.6	3.8		
合计				215.3	42.1		

2. 水源

生活及消防用水由市政自来水管网供给。从用地西侧市政自来水管上引 1 路 *DN*200 给水管，设同径水表计量，在建筑红线范围内设枝状供水管网，水压 0.55MPa。

3. 系统竖向分区

室内给水竖向为一个供水分区。

4. 供水方式

室内给水系统由市政自来水管直供，建筑引入管上设置可调式减压阀，阀后动压 0.30MPa，地下室供水支管设减压阀，阀后动压 0.20MPa。

5. 管材

架空管道采用内衬塑镀锌钢管，管径大于或等于 *DN*100 卡箍连接，管径小于 *DN*100 丝扣连接。埋地管采用球磨给水铸铁管，柔性胶圈接口。卫生间给水支管采用 PPR 给水管，S5 级，热熔连接，管道工作压力 1.0MPa。

（二）热水系统

1. 生活用热水用水量（表 2）

生活用热水用水量 **表 2**

用水部门	单位	数量	用水定额（L）	最高日用水量（m^3/d）	最大小时用水量（m^3/h）	给水小时变化系数 *K*	每日使用时间（h）
办公	L/(人·d)	265	10	2.7	0.3	1.5	12
演员	L/(人·d)	80	60	4.8	0.6	1.5	5
观众	L/人次	2360	2	4.7	1.8	1.5	5
酒吧	L/人次	100	15	0.5	0.3	1.5	5
未预见水量			10%	1.2	0.3		
合计				13.7	3.4		

2. 热源

主体建筑设置集中热水系统，太阳能作为热水供热热源，辅助热源采用空气源热泵（与表演用水池加热设备合用）。附属用房设置局部热水系统，热水由容积式电热水器提供。

3. 系统竖向分区

采用强制循环间接式太阳能供水系统，竖向分区同给水系统，热水系统干管和立管采用同程管网，机械循环。辅助用房屋面设置热管式真空管型太阳能集热器，太阳能保证率 45%、热水温度 55℃、冷水温度 10℃，集热器采光面上半年日太阳辐照量 15768kJ/(d·m^2)、集热器年平均集热效率 45%、贮水箱和管路热损失率 20%，太阳能集热器面积 140m^2。设计小时耗热量为 204kW。

4. 热交换机房

地下一层太阳能热水机房内主要设置一座有效容积 10m^2 不锈钢材质贮热水箱；一台导流型容积式换热器，小时供热量为 185kW，储热量 40min；两台太阳能热水集热系统循环泵，1 用 1 备，水泵参数：Q=12m^2/h，H=0.2MPa，N=1.1kW；两台太阳能热水换热系统循环泵，1 用 1 备，水泵参数：Q=30m^2/h，H=0.2MPa，N=3kW。

5. 冷、热水压力平衡措施、热水温度的保证措施热水系统的供水来自同分区冷水供水系统，冷热水同源供水，保证冷热水供水压力相匹配。

热水系统设置回水管道和循环水泵，同时管道同程布置，保证系统循环效果。供回水管道作隔热保温，有效降低热量散失。

6. 管材

生活热水供回水管（RJ，RH）采用热水型内衬塑镀锌钢管，丝扣连接。卫生间热水支管采用热水型PPR给水管，S2.5级，热熔连接。管道工作压力0.8MPa。

太阳能系统、空气源热泵系统供回水管（RMJ，RMH，FMJ，FMH）采用热水型内衬塑镀锌钢管，管径大于或等于*DN*100卡箍连接，管径小于*DN*100丝扣连接，管道工作压力1.0MPa。

（三）中水系统

1. 用水量及雨量平衡（表3）

室外绿化、冲洗地面及景观用水使用雨水回收再生水。最高日用水量为53.6m^3，最大小时用水量为6.7m^3/h。

原水为秀场屋面雨水，收集面积约面积约12000m^2，径流系数取0.9，降雨重现期1年计算，设计日降雨厚度为75mm，雨水初期弃流厚度为4mm，雨水蓄水池有效容积为161m^3。

雨量平衡表 **表3**

月份	可利用雨水量		雨水回用水需水量(m^3)			盈亏值(m^3)	利用雨水量(m^3)	雨水外溢量(m^3)
	降雨量(mm)	可利用雨水量(m^3)	景观水体补水	绿化用水	道路广场浇洒			
1	17	147	5	120	20	2	145	2
2	13	112	5	130	20	−43	112	0
3	23	199	6	135	20	38	161	38
4	53	458	6	145	30	277	181	277
5	140	1210	6	150	30	1024	186	1024
6	169	1460	7	160	30	1263	197	1263
7	222	1918	7	170	40	1701	217	1701
8	223	1927	8	165	40	1714	213	1714
9	141	1218	7	153	32	1026	192	1026
10	95	821	6	140	25	650	171	650
11	53	458	5	120	20	313	145	313
12	21	181	5	120	20	36	145	36
合计	1170	10109	73	1708	327	8001	2065	8043

2. 供水方式及给水加压设备

中水由雨水处理机房的恒压变频供水设备供水，设备参数：Q=10m^3/h，H=0.40MPa。雨水处理机房内设置一套水处理设备，小时处理水量为5m^3；一座净水箱，有效容积为18m^3。

3. 雨水回用工艺流程为：雨水——初期径流弃流——雨水蓄水池沉淀——-过滤——消毒——-雨水净水

箱——浇洒道路、绿化及景观用水。

4. 管材

采用内衬塑镀锌钢管，螺纹连接，管道工作压力 1.0MPa。

（四）空调循环冷却水系统

1. 系统参数

本项目设置空调循环冷却水系统，总循环水流量 500m³/h。供水温度 32℃，回水温度 37℃，湿球温度 27℃。冷却水循环利用率 98.5%，补充水率 1.5%，浓缩倍数≥3，小时补充水量约 7.5m³/h，最高日补充水量约 36m³/d，采用旁滤水处理设备。

2. 设备选型

屋顶设置 2 台 250m³/h 超低噪声横流冷却塔。地下二层冷冻机房内设置 3 台 250m³/h 循环水泵，2 用 1 备；一套 25m³/h 旁滤水处理设备。

3. 管材

空调循环冷却水供回水管及冷却塔集水盘连通管采用焊接钢管，焊接连接。管径小于 *DN*300 采用直缝焊接；大于或等于 *DN*300 采用螺旋焊缝焊接。管道工作压 0.6MPa。

（五）表演用水池

1. 设计参数

表演用水池总容积约 1390m³，初次注水量 38.6m³/h，注水时间 36h，新鲜水补充水量 56m³/d，冷水计算温度为 10℃（冬季），池水设计温度为 32℃，初次加热时间为 40h，初次加热耗热量为 880kW，演出运行耗热量为 430kW。

2. 运行模式

（1）水循环运行模式（图 1）

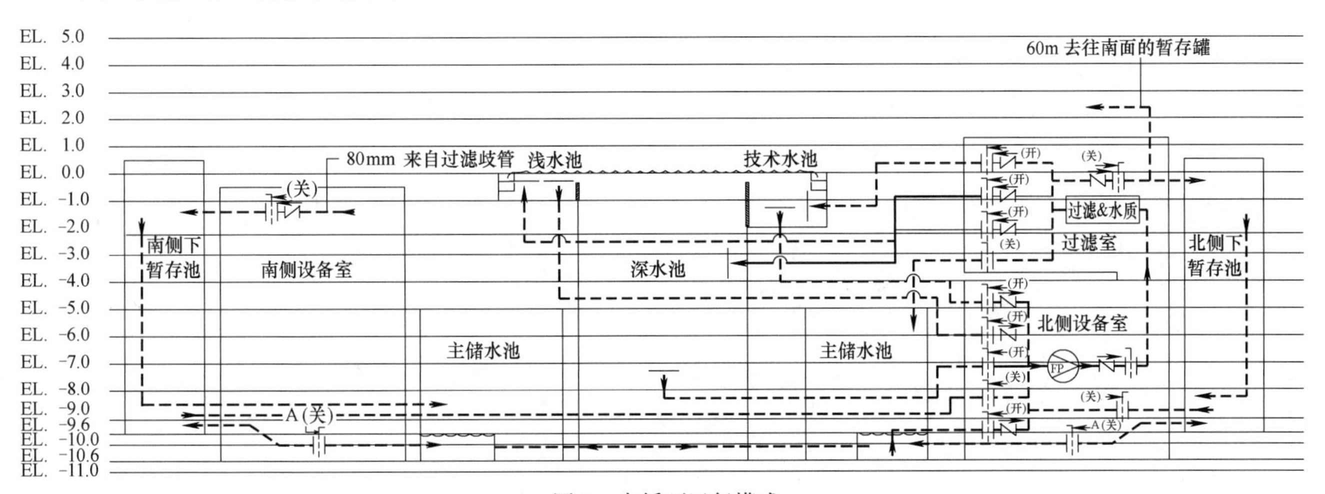

图 1　水循环运行模式

表演时，水在浅水池、技术水池、深水池、缓冲池及主储水池中循环过滤，保证演出时水质清澈透明，结合灯光的效果达到最佳。同时水在循环过滤时通过板换加热至 32℃，给演员提供最佳表演环境。

（2）水特效运行模式（图 2）

表演时，特效泵通过深水池吸水，将水打到舞台的各个角落营造“跳泉”“水中喷火”“高空雨淋”等特殊效果，为观众呈现身临水中的奇幻体验。

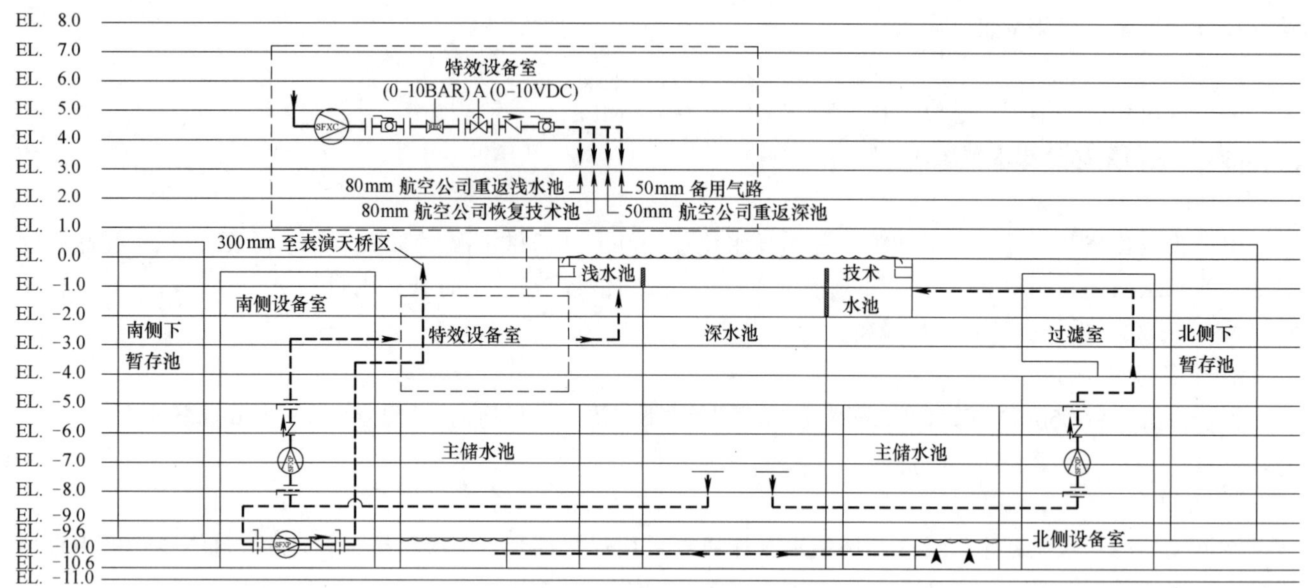

图 2　水特效运行模式

（3）舞台干湿转换模式（图 3）

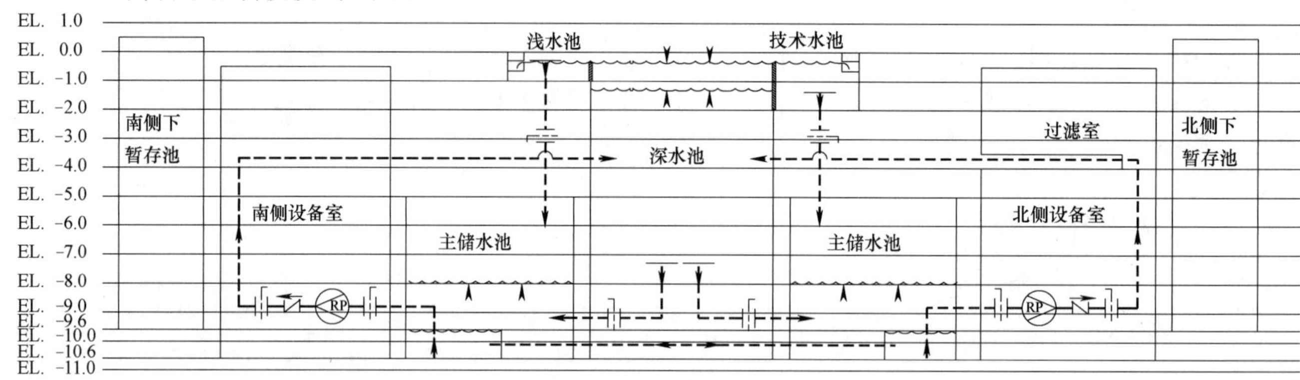

图 3　舞台干湿转换模式

根据表演需求舞台需要在短时间内完成干湿转换。需要水位下降时，浅水池、技术水池、深水池底部阀门打开 60s 之内，水位可从 0.00m 降至－0.35m（蒙多地板下），瞬间变为干舞台环境。需要水位上升时，快速填充泵启动，水位可在 90s 内淹没蒙多地板回到湿舞台环境。

（4）无边水池工作模式（图 4）

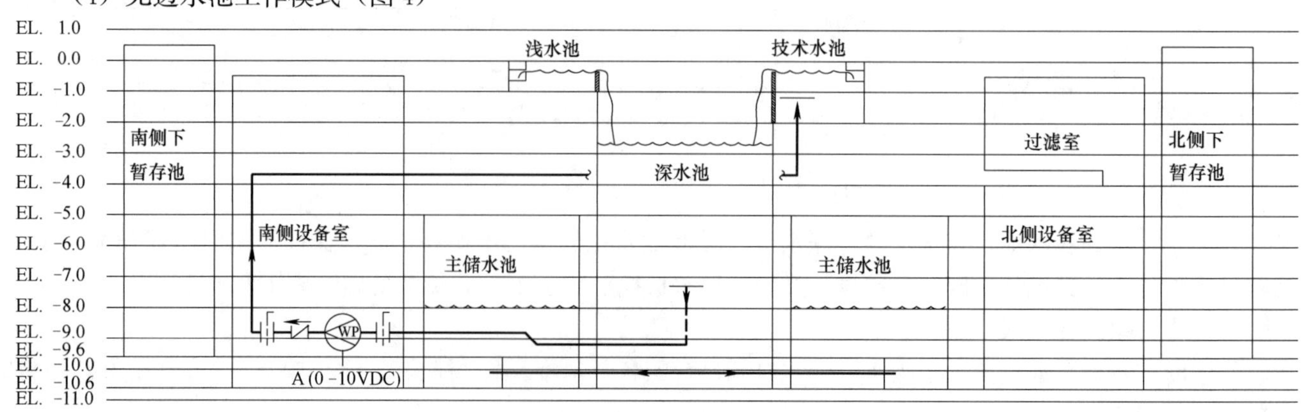

图 4　无边水池工作模式

当表演需要无边水池及瀑布时，深水池水位下降形成落差后，无边效果泵启动将水从深水池抽出回补到技术水池中，达到动态平衡，形成瀑布及无边水池的效果。

（5）贮水模式（图 5）

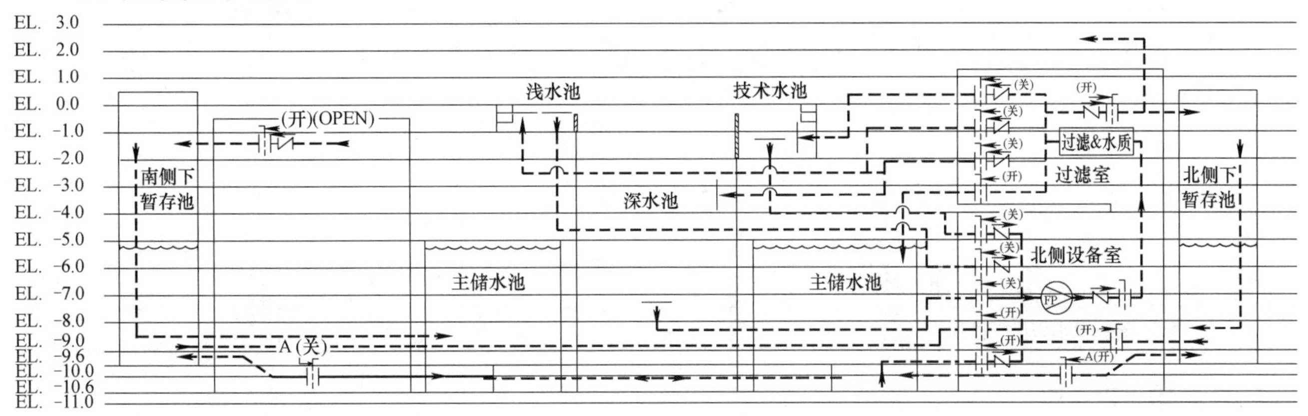

图 5　贮水模式

非表演时，水通过浅水池、技术水池、深水池底部的排水口将水全部存入主储水池及南北暂存水池中，并进行循环过滤以保持水质的稳定。此模式下也可对浅水池、技术水池、深水池进行设备的检修及维护。

（六）排水系统

1. 排水系统形式

采用单立管排水系统，卫生间内生活污水和生活废水合流排放，餐饮废水单独排放。地上部分污、废水重力流排出室外，地下部分污、废水排至集水坑，由潜污泵提升排放。

2. 通气管设置方式

排水管道的立管顶端设置通气管，采用侧墙通气，通气管结合屋面造型隐蔽排至室外。

3. 厨房排水

食堂含油污水经两级除油处理，各含油排水器具出口处设置第一级除油设备，室外设置隔油池进行二次隔油，处理后的污水排至室外污水管网。

（七）雨水系统

1. 系统设置

剧场由于屋面造型特殊为斜面，屋面雨水直接散排到地面，经剧场周边雨水沟收集后，排入室外雨水管网。辅助用房屋面雨水采用重力流内排水系统，雨水排至剧场周边雨水沟。设计降雨重现期 $P=10$ 年。

建筑红线范围内的雨水，除部分处理回用外，室外采用绿地入渗、铺装透水地面等方式综合利用，多余雨水有组织排入用地周边市政雨水排水管网。

2. 管材

架空管道采用内外壁热浸镀锌钢管，沟槽连接。埋地管道采用球墨给水铸铁管，柔性胶圈接口。管道工作压力 0.6MPa。

二、消防系统

消防用水量见表 4。

室内外消防用水总量 630m^3，其中室外最大消防用水量 216m^3，室内最大消防用水量 414m^3，室内最大用水处为观众厅，同时开启的系统是室内消火栓系统，自动喷水灭火系统，大空间主动喷水灭火系统。室内消防水池最小有效容积为 414m^3。

消防用水量　　表4

消防给水名称		用水量标准(L/s)	一次消防	
			时间(h)	水量(m^3)
室外消防给水	室外消火栓	30	2	216
	用水量小计	30	2	216
室内消防给水	室内消火栓	15	2	108
	自动喷水	55	1	198
	水喷雾	40	0.5	72
	大空间主动喷水	30	1	108
	用水量小计	130	/	414
室内外消防用水量合计		170	/	630

（一）消火栓系统

市政给水规划一路 *DN*300 环状管网，由市政引两路 *DN*200 供水管在建筑红线范围内设置 *DN*200 环状供水管网，管网上设置 3 座 *DN*150 室外地上式消火栓，供室外消防使用。

室内消火栓专用供水管道，系统采用临时高压制。室内消火栓管道环状布置，消火栓设在明显和易于取用处。其间距保证同层相邻两个消火栓的充实水柱同时到达室内任何部位，每支水枪充实水柱 10m，流量不小于 5L/s。

地下二层消防水泵房内设置室内消火栓系统加压水泵两台（$Q=54m^3/h$，$H=50m$，$N=15kW$），1 用 1 备；设 3 座 ϕ2400 卧式隔膜气压罐（因建筑屋顶造型不具备设置屋顶水箱条件，采用隔膜式气压罐稳压），每座有效水容积 $6m^3$，增压稳压水泵两台（$Q=3.6m^3/h$，$H=80m$，$N=2.2kW$），1 用 1 备。

消火栓给水管道架空管采用内外壁热浸镀锌钢管，管径小于 *DN*100 为丝扣连接，大于或等于 *DN*100 为沟槽连接。埋地管采用球墨铸铁给水管，柔性胶圈接口。

系统控制：消火栓供水泵由设在各个消火栓内的消防启泵按钮和消防控制中心直接开启消火栓供水泵。消火栓供水泵开启后，水泵的运转信号反馈至消防控制中心和消火栓处。消火栓泵设定期自动巡检装置。

（二）自动喷水灭火系统

自喷系统采用湿式系统，舞台（无葡萄架）净高约 8.7m，按非仓库类高达净空场所设置自动喷水系统，设计强度 $6L/(min \cdot m^2)$，作用面积 $260m^2$，其余部分均为中危险Ⅰ级，喷水强度 $6L/(min \cdot m^2)$，作用面积 $160m^2$。设计水量为 55L/s，火灾延续时间 1h，一次消防用水量 $198m^3$。室外设置 4 套 *DN*100 消防水泵接合器。

地下二层消防水泵房内设置自动喷水灭火系统加压水泵两台（$Q=198m^3/h$，$H=60m$，$N=75kW$），1 用 1 备。泵房内设置 2 套 *DN*150 湿式报警阀组和 1 套 *DN*200 湿式报警阀组。

喷头选用：一层演员更衣淋浴间、贵宾通道、接待；二层公共卫生间、观众席、贵宾通道、酒吧等重要部位采用隐蔽式喷头，其他有吊顶的房间采用吊顶型玻璃球喷头，无吊顶房间采用直立型玻璃球喷头，宽度大于 1.2m 的风管、排管及室外屋面下采用下垂型玻璃球喷头。喷头均采用快速响应喷头，厨房热厨间采用 93℃喷头，其余地方采用 68℃喷头，喷头流量系数 $K=80$。

自动喷洒给水管道架空管采用内外壁热浸镀锌钢管，小于 *DN*100 为丝扣连接，大于或等于 *DN*100 为沟槽连接。埋地管采用球墨铸铁给水管，柔性胶圈接口。

系统控制：火灾时喷头喷水，该防火分区的水流指示器动作向消防控制中心发出信号，在压差作用下，打开系统的报警阀，敲响水力警铃，并将压力开关信号送往消防控制中心。压力开关动作直接启动自动喷水泵。消防水泵房和消防控制中心设有手动开启、关闭及自动显示供水泵运行状况的装置。

（三）水喷雾系统

柴油发电机房采用水喷雾灭火系统。柴油发电机房设计喷雾强度 20L/(min·m^3)，系统用水量 40L/s，持续喷雾时间 0.5h，一次消防用水量 72m^3。

水喷雾灭火系统与自动喷水灭火系统合用自动喷水加压水泵及报警阀组前消防给水管网。

系统控制：在接到烟感、温感的信号确认火灾后，输出信号启动自喷水泵和电磁阀，水喷雾喷头同时喷水。

（四）大空间主动喷水灭火系统

观众座席上不设置 6 套大空间自动扫描射水高空水炮灭火装置，每套装置喷水流量不小于 5L/s，装置工作压力不小于 0.6MPa，设计流量为 30L/s，火灾延续时间 1h，一次性消防用水量 108m^3。每套射水器保护半径为 20m，安装高度约 15m，每套射水器配一个电磁阀、机械传动装置，由自动扫描射水高空水炮灭火装置中的红外探测组件自动控制。火灾时，灭火装置完成探测、扫描和定外开启，且消防控制中心可远距离启动灭火装置并手动强制控制。灭火装置开启时，其无源触点信号直接连锁启动大空间主动喷水灭火系统水泵并报警。在管网末端设置模拟末端试水装置。室外设置 3 套 *DN*100 消防水泵接合器。

（五）气体灭火系统

地下一层通信网络机房、开闭所、主变电所；二层 UPS、分变电所；三层服务器音响机架房、调光器室等重要电气设备机房设置预制式七氟丙烷气体灭火系统，采用 2.5MPa 一级充压贮存容器，贮存容器充装量不大于 1120kg/m^3。灭火剂设计用量见表 5。

灭火剂设计用量 表 5

设置房间/参数/项目	防护区体积(m^3)	设计浓度(%)	灭火剂用量(kg)	泄压口面积(m^3)
通信网络机房(B1)	198	8	132	0.06
开闭所(B1)	284	8	191	0.08
主变电室(B1)	1244	9	836	0.36
UPS(F2)	91	8	61	0.03
分变电所(F2)	473	9	318	0.14
服务器音响机架房(F3)	154	8	104	0.05
调光器室(F3)	180	8	120	0.06

设置多套预制式灭火装置的防护区，灭火装置必须能同时启动，其动作相应时间差不得大于 2s。每个防护区均配置空气呼吸器。

系统设自动控制和手动控制两种启动方式。各防护区设自动消防泄压阀，动作压力 1100Pa。当系统采用自动启动方式时，应在接到同一个防护区内两个独立的火灾探测报警信号后才能启动。过程如下：在接到两个独立的火灾探测报警信号后启动灭火系统，在防护区内及入口处发出火灾声光报警，以提醒防护区内的人员即将释放灭火剂，同时向火灾报警主盘和该防护区就地控制盘发出声光报警，延时 30s（0～30s 现场可调）后喷射灭火剂，这时管道上的压力信号器向气体消防控制盘和火灾报警主盘发出信号以便确认已喷射灭火剂的防护区是否与发生火灾的防护区一致，同时这个信号传至防护区入口处，发出正在喷射灭火剂的光子提示信号，该信号一直持续到确认火灾已经扑灭。防护区的门应向疏散方向开启，并能自行关闭。防护区设置机械排风装置。

（六）灭火器

剧场舞台、后台、网络机房及主要电气控制室为眼中危险级，其余区域为中危险级。厨房烹饪间为 B、

C类火灾场所，变电所、消防控制室、网络机房等电气机房为E类火灾场所，其余区域为A类火灾场所。

严重危险级A、E类火灾场所灭火器保护距离不大于15m。中危险级A、E类火灾场所灭火器保护距离不大于20m。中危险级B、C类火灾场所灭火器保护距离不大于12m。

除消火栓箱下部放置灭火器外，其余配置点的灭火器均置于标准灭火器箱内。

三、工程特点及设计体会

1. 协同设计

本项目的外方创作单位多，其中：节目创作FDEG、剧场顾问APF、建筑方案STUFISH等，中方团队耗费了大量精力与外方团队进行沟通、协调。中方和外方的设计文件均需要对方进行审核确认，中方团队重点审核外方设计是否符合国内规范、设备材料及习惯做法等，并协助其修改设计。外方团队重点审核中方设计是否符合创作意图。通过各方通力协作，形成了符合各方要求的设计成果，并最终圆满实施。

2. 表演水池

本项目是为单一节目定制的剧场，表演舞台以水为主，表演水池的设计关系到节目的成败。根据节目需求，表演水池由浅水池、技术水池、深水池、贮水池组成，各水池既相互独立又有机统一，同时在舞台的不同部位设置了跳泉、水幕、水雾、雨淋等特效设施。通过对水泵和阀门自动控制，舞台可快速进行干湿转换，并配合特效设施的运用，模拟出逼真的热带雨林环境，使舞台的表现力达到巅峰。表演水池设置一套水处理系统，有效地保证了节目对池水水质、水温的要求。

3. 降板排水

工程建设场地为回填土，为避免不均匀沉降，首层无地下室区域地面为钢筋混凝土板。为满足室内给水排水管道与室外管道衔接需要，结合建筑布局和给水排水管道分布，首层设置了不同高度的降板区域和三处给水排水管沟，满足化妆间、急救室、卫生间、洗衣房等不同功能房间的排水需求，也为后期排水需求的调整预留了条件，事实证明该措施取得了很好的效果。

4. BIM应用

从设计到施工全过程，BIM软件的应用贯穿始终，给水排水系统、消防系统一一被建入到模型中。从配合结构的管道预留预埋到设备安装时的指导施工，BIM应用无处不在。在复杂节点的管道汇总中，BIM理念将三维模型的优势体现得淋漓尽致，快速、有效地解决了室内净高的提升问题，同时避免了施工中返工延误工期的问题。

四、工程照片及附图

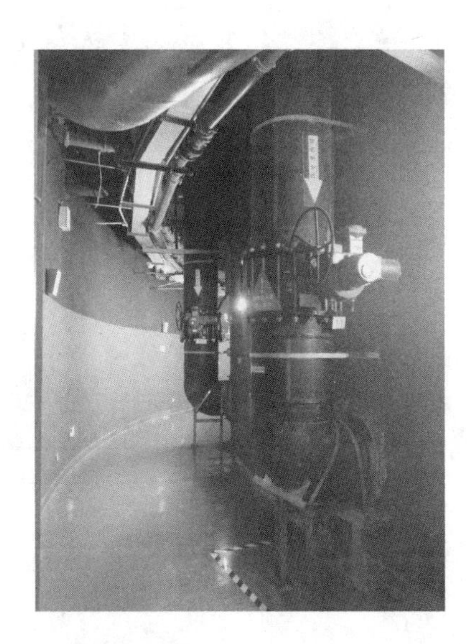

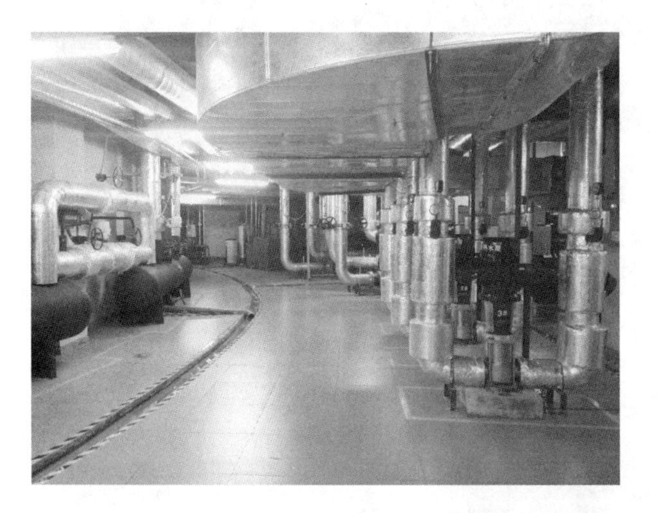

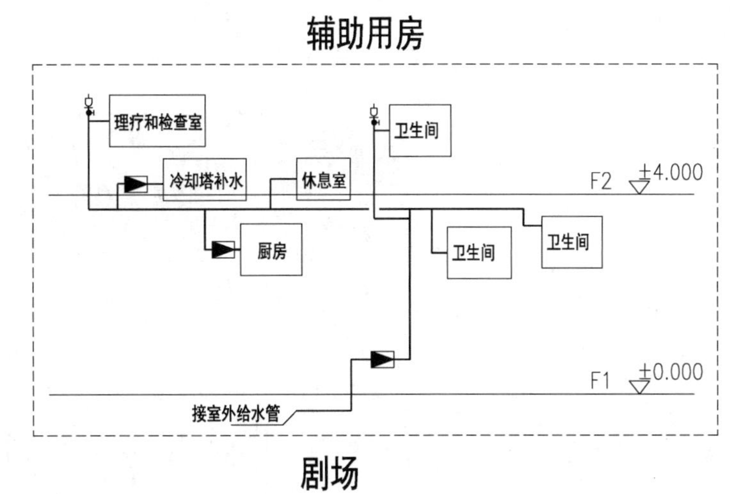
辅助用房
理疗和检查室
卫生间
冷却塔补水
休息室
F2
±4.000
厨房
卫生间
卫生间
F1
±0.000
接室外给水管

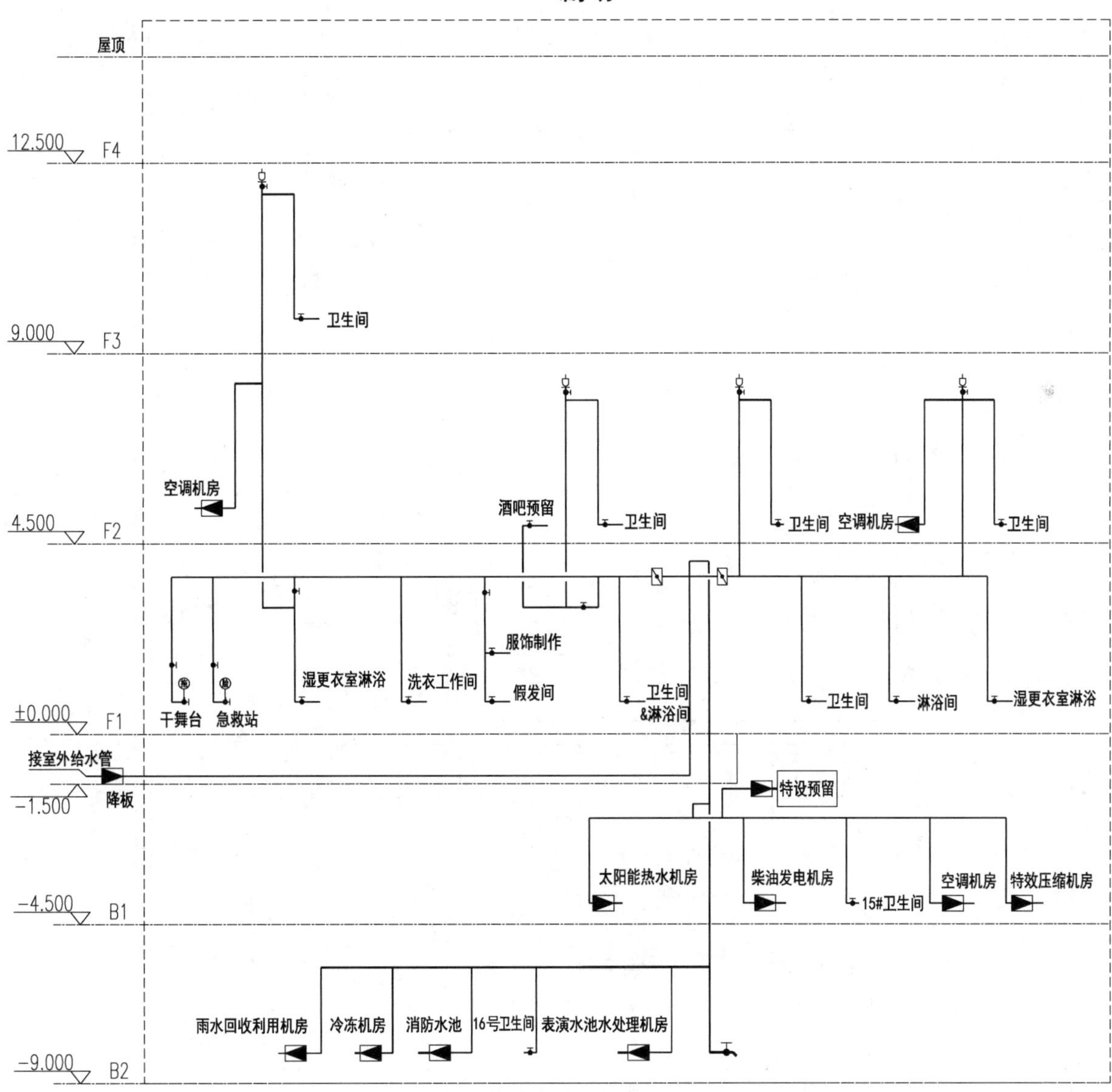
剧场
屋顶
12.500
F4
卫生间
9.000
F3
空调机房
酒吧预留
卫生间
卫生间
空调机房
卫生间
4.500
F2
服饰制作
湿更衣室淋浴
洗衣工作间
假发间
卫生间
&淋浴间
卫生间
淋浴间
湿更衣室淋浴
±0.000
F1
干舞台
急救站
接室外给水管
降板
-1.500
特设预留
太阳能热水机房
柴油发电机房
15#卫生间
空调机房
特效压缩机房
-4.500
B1
雨水回收利用机房
冷冻机房
消防水池
16号卫生间
表演水池水处理机房
-9.000
B2

给水系统原理图

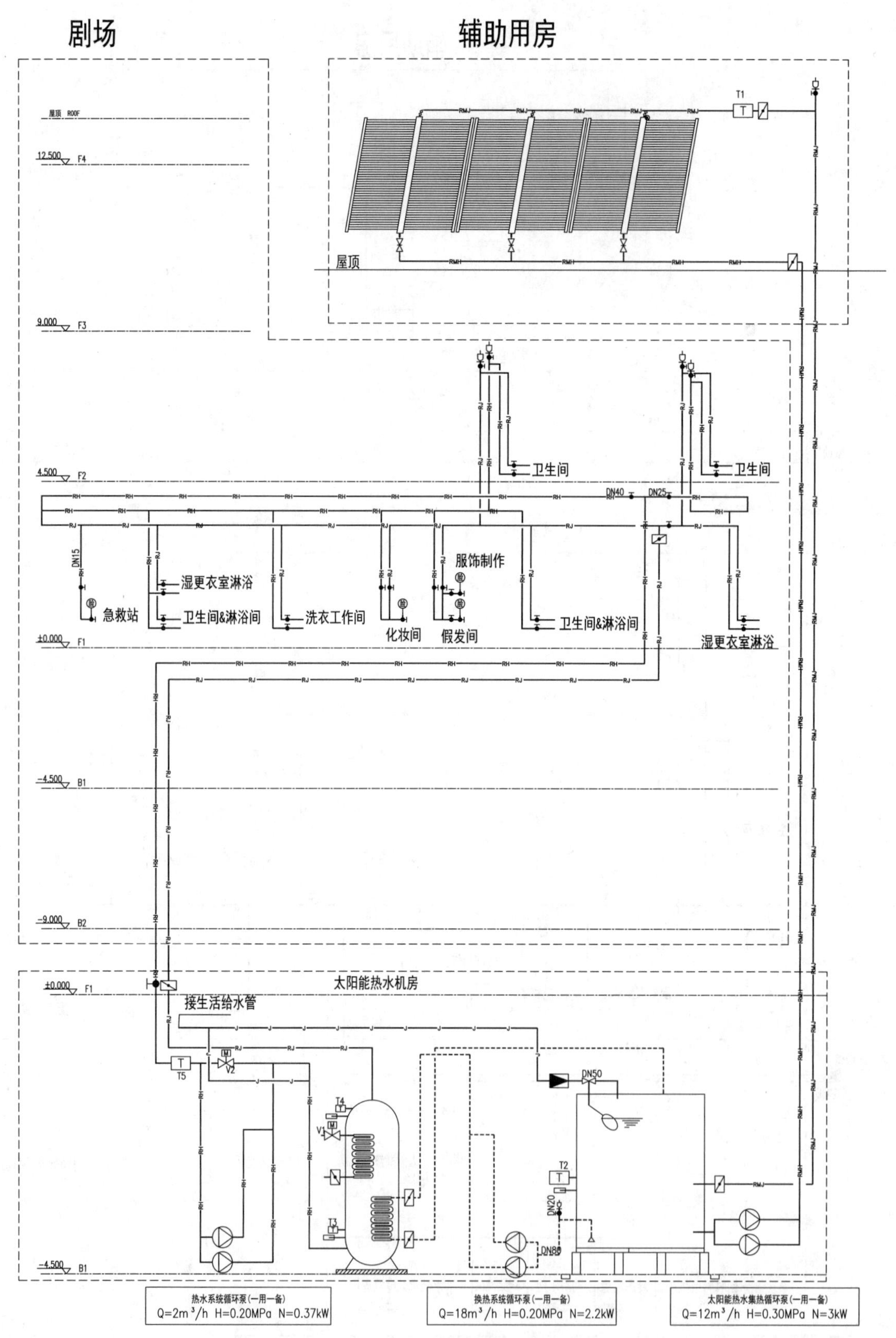
剧场
辅助用房
屋顶 ROOF
12.500 F4
9.000 F3
4.500 F2
±0.000 F1
-4.500 B1
-9.000 B2
屋顶
T1
卫生间
卫生间
DN40
DN25
DN15
湿更衣室淋浴
急救站
卫生间&淋浴间
洗衣工作间
化妆间
服饰制作
假发间
卫生间&淋浴间
湿更衣室淋浴
太阳能热水机房
接生活给水管
T5
V2
T4
V1
T3
DN50
T2
DN20
DN80
热水系统循环泵(一用一备)
Q=2m³/h H=0.20MPa N=0.37kW
换热系统循环泵(一用一备)
Q=18m³/h H=0.20MPa N=2.2kW
太阳能热水集热循环泵(一用一备)
Q=12m³/h H=0.30MPa N=3kW

热水系统原理图

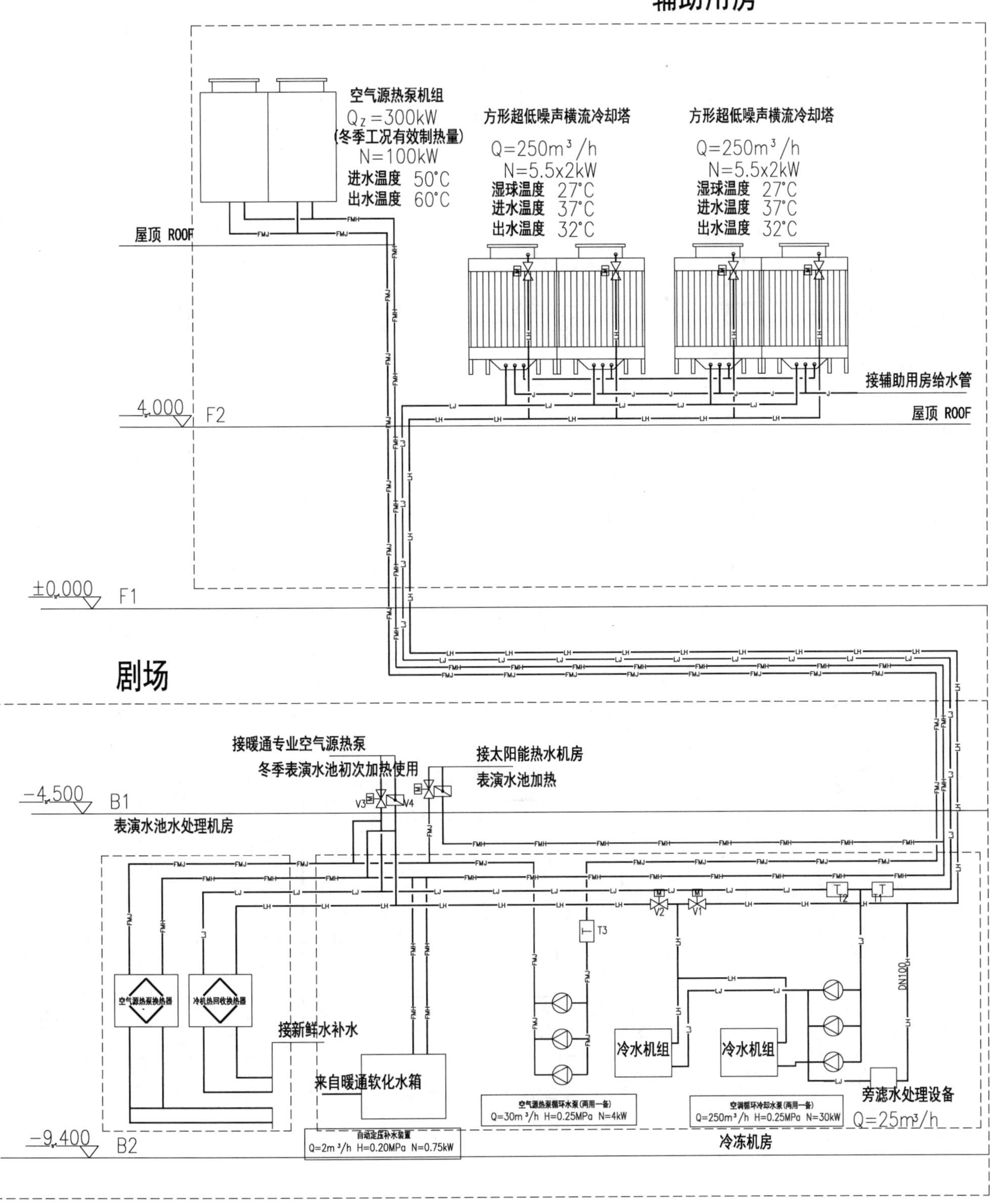

辅助用房
空气源热泵机组
Q_z=300kW
(冬季工况有效制热量)
N=100kW
进水温度 50°C
出水温度 60°C
方形超低噪声横流冷却塔
Q=250m³/h
N=5.5x2kW
湿球温度 27°C
进水温度 37°C
出水温度 32°C
方形超低噪声横流冷却塔
Q=250m³/h
N=5.5x2kW
湿球温度 27°C
进水温度 37°C
出水温度 32°C
屋顶 ROOF
接辅助用房给水管
4.000 F2
屋顶 ROOF
±0.000 F1
剧场
接暖通专业空气源热泵
冬季表演水池初次加热使用
接太阳能热水机房
表演水池加热
-4.500 B1
表演水池水处理机房
空气源热泵换热器
冷机热回收换热器
接新鲜水补水
来自暖通软化水箱
自动定压补水装置
Q=2m³/h H=0.20MPa N=0.75kW
空气源热泵循环水泵(两用一备)
Q=30m³/h H=0.25MPa N=4kW
冷水机组
冷水机组
空调循环冷却水泵(两用一备)
Q=250m³/h H=0.25MPa N=30kW
旁滤水处理设备
Q=25m³/h
DN100
冷冻机房
-9.400 B2

循环冷却水系统原理图

剧场

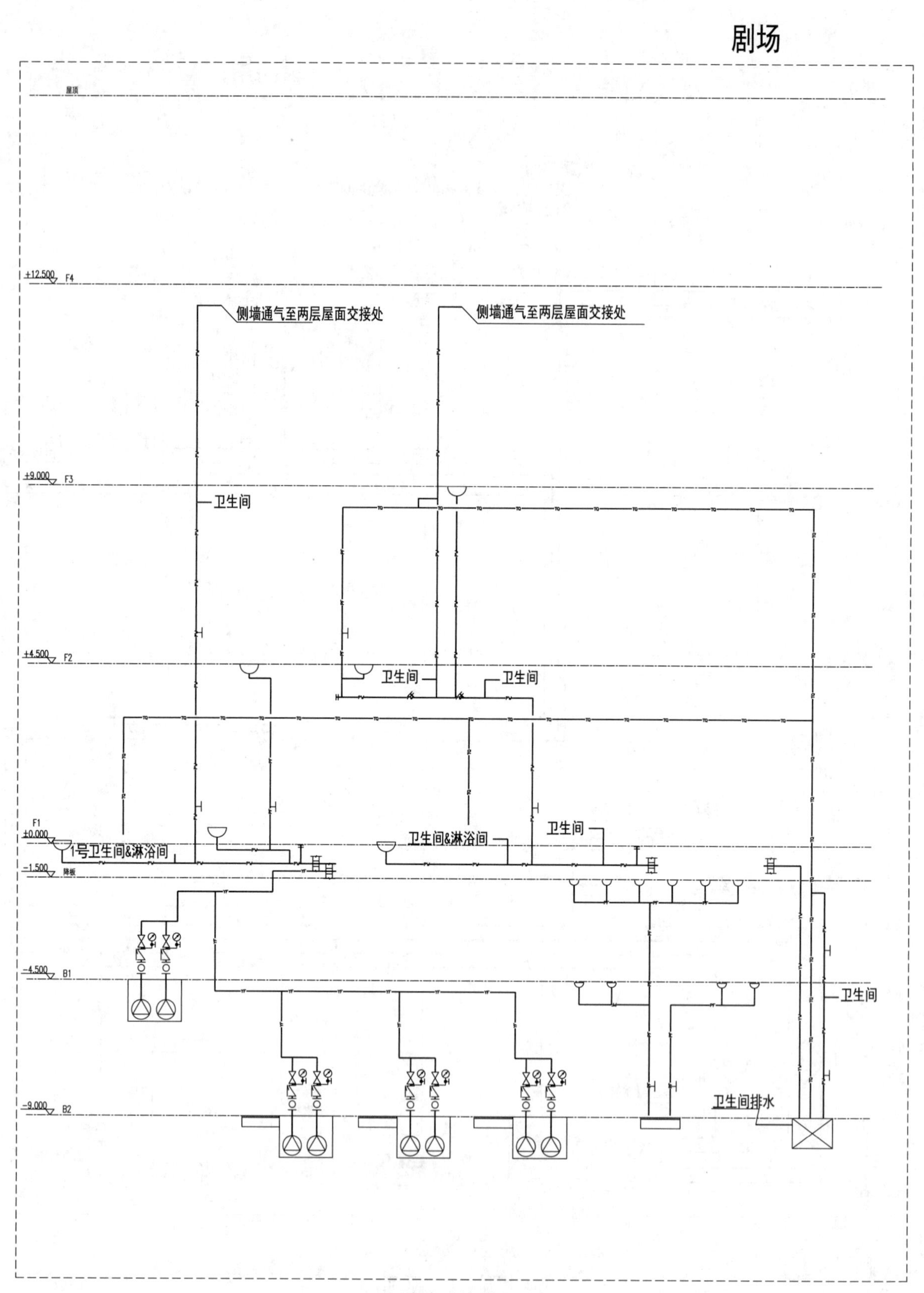
屋顶
±12.500 F4
侧墙通气至两层屋面交接处
侧墙通气至两层屋面交接处
±9.000 F3
卫生间
±4.500 F2
卫生间
卫生间
F1
±0.000
1号卫生间&淋浴间
卫生间&淋浴间
卫生间
-1.500 降板
-4.500 B1
卫生间
-9.000 B2
卫生间排水

污废水系统原理图

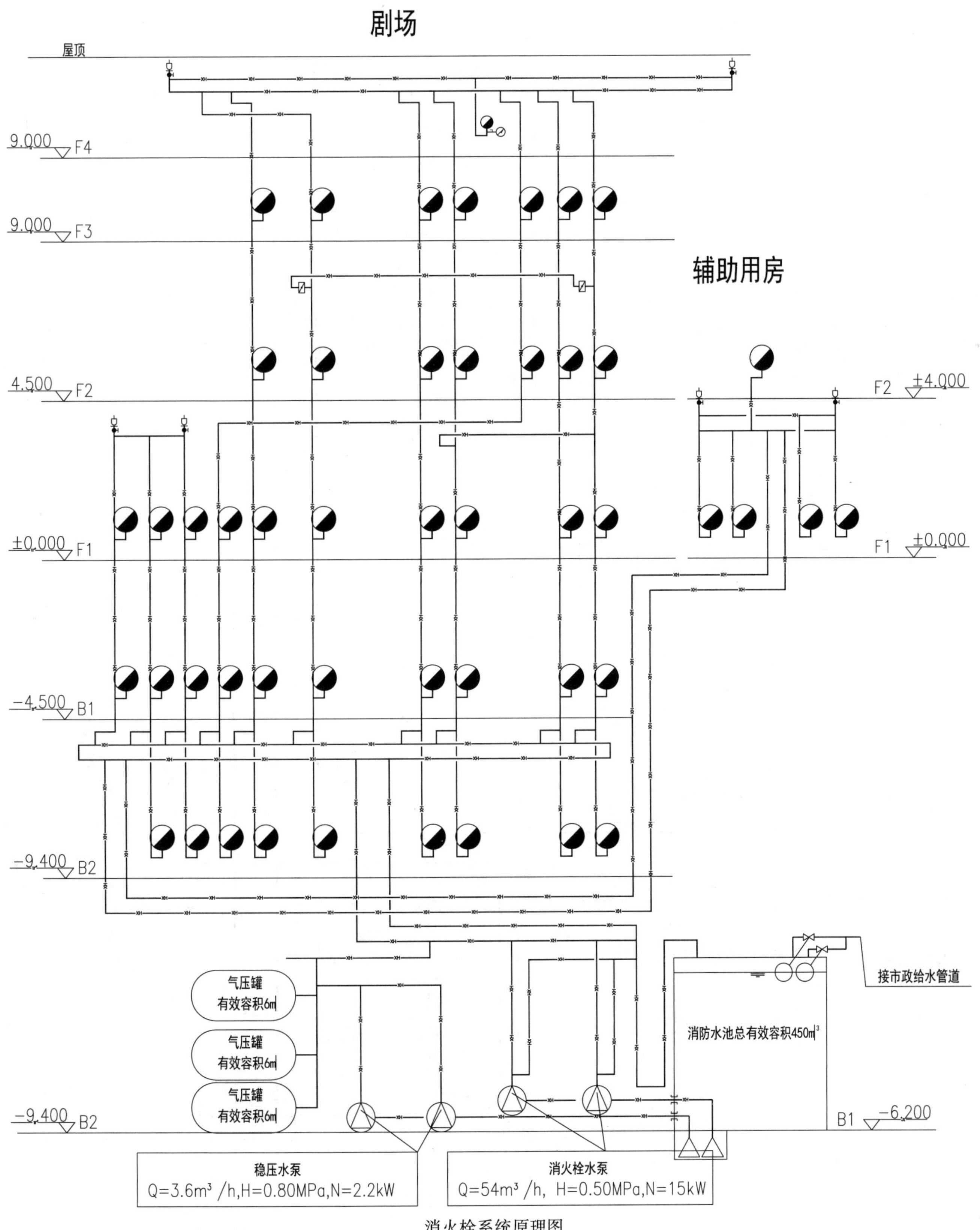

剧场
屋顶
9.000 F4
9.000 F3
辅助用房
4.500 F2
F2 ±4.000
±0.000 F1
F1 ±0.000
−4.500 B1
−9.400 B2
气压罐
有效容积6㎥
气压罐
有效容积6㎥
气压罐
有效容积6㎥
接市政给水管道
消防水池总有效容积450㎥
−9.400 B2
B1 −6.200
稳压水泵
Q=3.6m³ /h,H=0.80MPa,N=2.2kW
消火栓水泵
Q=54m³ /h, H=0.50MPa,N=15kW

消火栓系统原理图

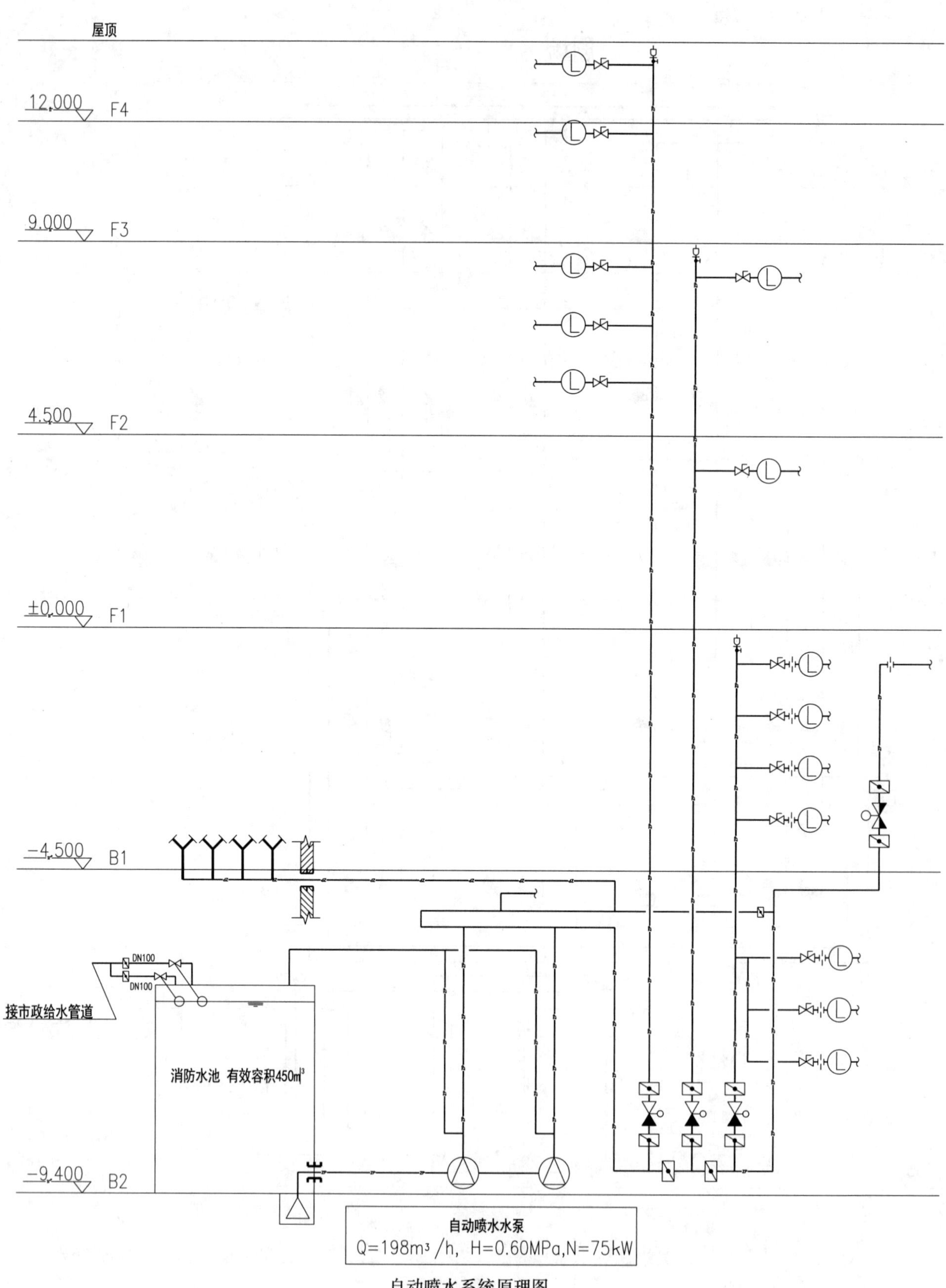
屋顶
12.000 F4
9.000 F3
4.500 F2
±0.000 F1
-4.500 B1
-9.400 B2
DN100
DN100
接市政给水管道
消防水池 有效容积450m³
自动喷水水泵
Q=198m³/h, H=0.60MPa,N=75kW

自动喷水系统原理图

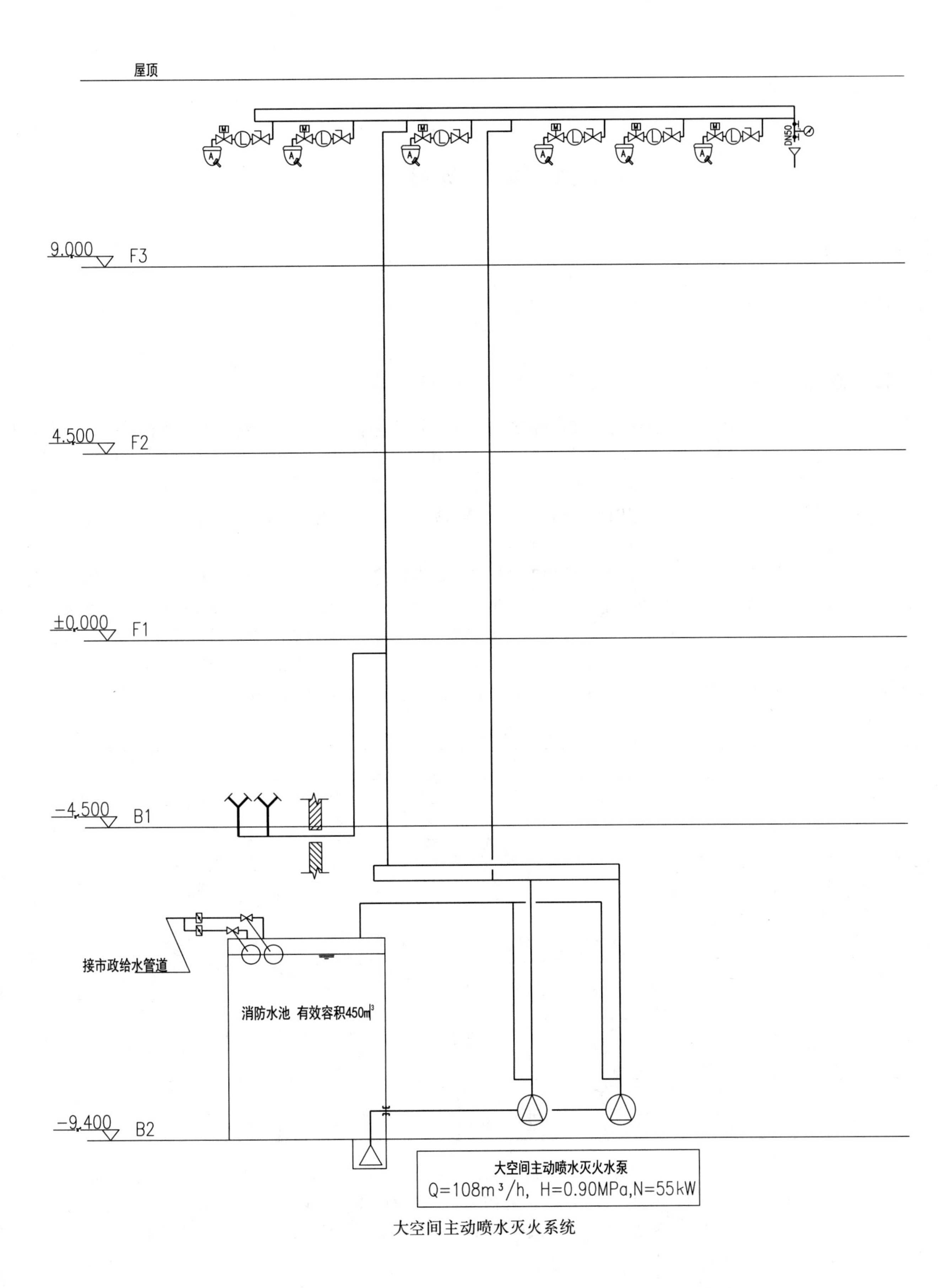

大空间主动喷水灭火系统

宁波罗蒙环球城项目

设计单位：宁波市建筑设计研究院有限公司
设 计 人：王云海　毛科峰　赵跃进　蔡瑞环　郭尚鸣　马林海　连小鹰　祖建平
获奖情况：公共建筑类　三等奖

工程概况：

宁波罗蒙环球项目地块位于浙江省宁波市鄞州区，东临天童南路、西临蝶缘路、南临茶桃路、北临鄞州大道。总用地面积 192013m^2，总建筑面积 651103m^2，其中：地上建筑面积 493145m^2，地下建筑面积 157958m^2。工程概况见表 1。

在功能组合上，本项目包含有室内外游乐场、大型购物中心、公寓式酒店和精品商业街等多种功能，主题娱乐＋购物中心的整合反映世界消费发展的趋势。

基地北侧的主要建筑为室外游乐岛及西北角的 3 层精品商业，南侧主要建筑有大型购物中心、室内游乐场、沿街精品小商业和公寓式酒店等。主题乐园包含一幢世界级室内和室外游乐场，365d 全天候营业，每年能吸引 300 万人次的游乐人群。大型购物中心包含有百货、电影院、溜冰场、品牌精品店、餐饮和超市等多种功能，在二、三层与室内游乐场相连通，形成有机互动；在布局上与南北两个停车楼相结合，使市民可以更加便利地到达购物中心。西南角设置四栋公寓式酒店。各个业种相互配合和补充，将形成 24h 的城市商业综合体。

工程概况　　**表 1**

分区	1	2	3	4	5	6
建筑性质	西侧沿街商业(E)	西侧沿街商业(F)	室内游乐场(A1)	室外游乐场(A2)	公寓式酒店(D)	购物中心(B)
层数	6	3	6	1～3	33	5
基地面积 192013m^2	17850	3813	66934	16903	20861	65652
总建筑面积 651103m^2	30289	5930	168636	3696	110468	332084
地上总建筑面积 493145m^2	30289	4500	100734	3696	110468	243458
地下总建筑面积 157958m^2	0	1430	67902	0	0	88626
计容总建筑面积(m^2)	30289	4500	73648	2773	110468	170756
容积率	1.70	1.18	1.10	0.16	5.30	2.60
建筑占地面积(m^2)	5060	1560	32955	3188	6230	47010
建筑密度	28.35%	40.91%	49.24%	18.86%	29.86%	71.60%

本工程购物中心、公寓式酒店和沿街商业均为常规设计，这里主要介绍室内游乐场的给水排水系统。室内游乐场是罗蒙环球城项目的核心组成部分，建筑物基地占地面积 66934m^2，东西长约 180m，南北长约 290m，地上 6 层、地下 1 层，总建筑面积 168636m^2，地上 100734m^2，地下 67902m^2，建筑高度 40m，建筑

鸟瞰和剖面示意见图1、图2。该工程2010年开始方案设计，2015年6月竣工投入使用。

图1　室内游乐场鸟瞰图

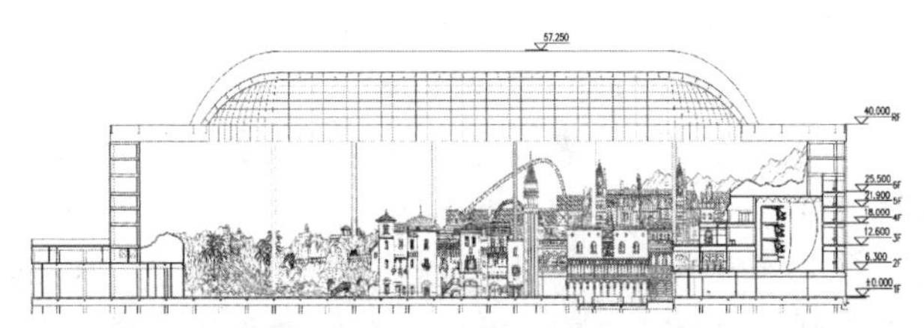

图2　室内游乐场剖面示意图

该建筑在形体上是由四周围合的不规则八边形升起的墙面与平屋面相接形成的大体量室内空间，大型外壳盖下布置若干游乐设施。考虑建筑内部采光，平屋顶正中位置设计了一个椭圆形穹顶，穹顶最高点高出屋面约17.25m，整个穹顶至地面水平投影面积为12021m^2。

室内游乐场内一～三层为以骑乘物游乐及主题场景游乐体验为主的公共游乐区；四层为办公、商业、设备用房；五、六层仅位于该建筑的北部，为单独封闭的办公管理、设备及VIP包房；地下一层为地下车库及设备、后勤用房。

工程说明：

一、给水排水系统

(一) 给水系统

1. 水源及用水量

本工程给水水源采用城市自来水，由两路市政给水管供水。其各部分用水量指标见表2

室内游乐场用水量计算　　表2

用水名称	用水定额	数量	用水时间(h)	小时变化系数	最高日用水量(m^3/d)	平均时用水量(m^3/h)	最大时用水量(m^3/h)
游客	10L/人次	20000人次	10	1.5	200	20	30
工作人员	50L/(人·班)	1000人·班	10	2.5	50	5	12.5
餐厅	20L/人次	10000人次	8	1.5	200	25	37.5
地下车库冲洗	2L/(m^2·d)	50000m^2	8	1	100	12.5	12.5
室内带水游乐设施补水			24	1	720	30	30
空调循环冷却水补水			10	1	495	82.5	82.5
合计					1765	175	205
未预见	10%				176.5	17.5	20.5
总计					1941.5	192.5	225.5

注：1. 空调循环冷却水最高日补水量计算时引入日平均系数0.6；

2. 室内带水游乐设施包括激流勇进、威尼斯风情、瀑布水池和中央喷泉，其用水量指标按用水量最大的带水游乐设施（激流勇进）注水24h计算。

2. 生活给水系统选择及贮水箱设计

本工程周边市政给水管供水压力约0.20MPa，能满足地下室和一层的生活供水水量和水压要求。对于市政供水压力不能满足要求的二～六层，采用水箱—水泵的变频供水方式，在地下室生活水泵房内设置生活水箱和恒压变频供水设备，生活水箱按需加压部分最高日用水量的25%设计，有效容积为78m^3，恒压变频供水设备流量按设计秒流量确定。由于室内游乐场存在平常日和节假日生活用水需求有一定差异的情况，为防止贮水箱贮水48h不能得到更新，在水泵房内设置1台微电解水箱消毒机以保证水质。

3. 空调循环冷却水补水设计

本工程空调循环冷却水补水量按系统循环水量的1.5%确定，最大时82.5m^3/h，最高日495m^3/d。为了节能平稳地给空调循环冷却水系统补水，设置冷却水池和冷却水箱。冷却水池设置在地下室，与消防水池合建，可以使消防水池贮水得到更新，设计考虑了消防贮水不被动用的措施，贮水容积按循环冷却水最高日补水量的20%确定；冷却水箱与冷却塔一起设置在南侧二层屋顶，贮水容积按循环冷却水最大时补水量的40%确定。在地下室消防水泵房内设置循环冷却水专用补水泵2台，1用1备，从消防和循环冷却水补水合用水池中抽水供至冷却水箱，由水箱的水位通过液位传感信号控制补水泵的启闭。

(二) 热水系统

本工程地下室和二层淋浴间分别设置集中热水供应系统，其余部位根据需要设置小型即热式电热水器、电开水器。

1. 地下室工作人员淋浴间热水系统

地下室工作人员淋浴间共设34个淋浴头，设置独立的定时热水供应系统，系统设计小时耗热量为321kW，设计小时用水量为5.6m^3/h（60℃）。由设置在地下室热交换机房内的半容积式水加热器制取热水，水加热器的贮热量为30min设计小时耗热量。热源采用市政蒸汽，蒸汽表压力3.92×10^5Pa，蒸汽耗量为630kg/h，为保证供水温度，在供水管末端设回水管，在水加热器附近设回水循环泵机械循环，回水循环泵入口前设有热水膨胀罐用于吸收水温变化引起的热水系统增压。另设置四台容积式电热水炉，单台额定输出功率为N=60kW，相对35℃温升的额定热水产率为1400L/h，在蒸汽管网检修时制取热水，以满足热水需求。

2. 2层演艺人员淋浴间热水系统

2层演艺人员淋浴间设置集中集热、储热的间接加热太阳能热水系统，最高日用水量为7.5m^3/d（60℃）。本系统设置太阳能集热器集热总面积为150m^2，由导流型容积式水加热器间接换热制取热水，水加热器容积按热水平均日节水用水定额取值。由于太阳能属于不稳定、低密度热源，为保证热水系统的温度要求，设置两台容积式电热水炉，单台额定输出功率为N=60kW，额定相对35℃温升的热水产率为1400L/h。系统设有热水回水循环泵，膨胀罐等。

(三) 排水系统

1. 排水体制

本工程室内排水采用污、废合流，雨污分流的排水体制。

2. 污废水排放方案

室内生活污、废水系统设主通气立管和环形通气管，以保证良好的排水条件。一层及以上楼层污废水重力流排入室外污水管，地下室污废水设潜污泵或污水提升一体化设备加压提升排入室外污水管。污废水需经化粪池处理合格后才能排入市政污水管。

一层主厨房和员工餐厅厨房含油废水经独立的排水管道收集，排入地下室隔油提升一体化设备，处理合格后排入市政污水管；其余小厨房含油废水均经各排水点自带的小型隔油装置处理后排入市政污水管。

3. 雨水排放方案

室内游乐场主屋面和二层裙房屋面采用虹吸式雨水排水系统。可设置溢流口区域，设计重现期采用10年，5min暴雨强度q=5.51L/(s·100m)^2，并以50年重现期降雨强度校核排水管道和溢流口的总排水能力；不可设置溢流口区域，设计重现期采用50年，5min暴雨强度q=7.29L/(s·100m^2)。

其余屋面均采用重力流雨水排水系统，设计重现期采用5年。

二、消防系统

（一）性能化消防设计

室内游乐场以一层中庭花车广场为中心，所有游乐设施及功能区环绕布置，并从二层起层层后退以形成环绕中庭的各层平台，平台通过中庭与一～四层平台上的整个上空形成一个大空间。大空间区域总建筑面积为52828m^2，室内净高36m，玻璃穹顶最高处达57.25m，使得本工程在防火分区、人员疏散、烟气控制、消防扑救等方面都不能完全按现行消防规范要求设计。对此建设方委托有专业资质的单位编制完成了《宁波罗蒙室内游乐场性能化防火设计研究报告》，对该建筑消防设计进行全面分析和论证。根据性能化消防设计的评审结论，大空间区域可不划分防火分区，但应在适当位置设置防火隔离带和避难走道，确保分隔和安全疏散，同时对水消防方面除按常规设置消火栓系统和自动喷水灭火系统外，提出四项防火措施：①中庭大空间区域应设置自动灭火系统；②中庭大空间区域的防火隔离带有顶盖区域采用加密喷淋保护；③应设置进入大空间区域首层地面的消防车道，并在适当区域设置室外消火栓；④在室外设置地下消防水池取水设施。

（二）消防用水量

室内游乐场消防设计用水量计算见表3。

室内游乐场消防设计用水量计算　　表3

消防系统	喷水强度(L/(min·m^2))	作用面积(m^2)	计算流量(L/s)	设计流量(L/s)	火灾延续时间(h)	用水量(m^3)	区域
室外消火栓系统			30	30	3	324*	
室内消火栓系统			30	30	3	324*	
自动喷水灭火系统	6	160	16	21	1	75.6	办公室、走道等
	8	160	21	30	1	108	游乐场所，地下停车库、仓库
	6	260	26	40	1	144*	8～12m高大净空间场所
大空间智能型主动喷水灭火系统	5L/(s·台)	2台	10	10	1	36	金字塔舞台
自动消防炮灭火系统	20L/(s·台)	2台	40	40	1	144*	中庭大空间区域

*为最不利情况下同时启动的消防系统。

（三）消防水源及室外消火栓

本工程从周边市政给水管上引入两路DN300给水管，并在红线内连接成环状供水。供水环管上按间距不大于120m设置室外消火栓。由于建筑物沿街长度超过220m，在东西方向上设置了进入大空间区域首层地面并穿越建筑物的消防车道，为了便于消防车取水，在室内消防车道旁设置2套室外地下式消火栓，间距为80m。

（四）消防水池及水箱

消防水池位于地下室，有效容积为612m^3，满足火灾延续时间内室内同时开启的消防给水系统的用水量要求，并且按照性能化消防设计的要求在室外设置地下消防水池取水口。屋顶设置一座室内消火栓系统、自动喷水灭火系统和大空间智能型主动喷水灭火系统共用的高位消防水箱，有效容积为 18m^3，以供火灾初期消防用水及系统稳压。

（五）室内消火栓系统

本工程室内消火栓采用临时高压给水系统，系统平时由高位消防水箱稳压，地下消防泵房内设置室内消火栓专用水泵 2 台，1 用 1 备，水泵参数为 Q=30L/s，H=80m，N=45kW。室外设置地上式消防水泵接合器（DN150）3 组，水泵接合器与室外消火栓距离为 15～40m。

室内消火栓系统竖向不分区，室内设专用消火栓给水管网，并且水平干管与竖向立管构成环状。每根竖管最小流量为 15L/s，消火栓的充实水柱不小于 10m，消火栓的布置间距不大于 30m，并且保证每一个防火分区同层有两支水枪的充实水柱同时到达室内任何部位。地下室及 1 层消火栓处压力超过 0.5MPa，采用减压稳压消火栓（SNZW65-Ⅲ-H 型），减压稳压消火栓出口设定压力为 0.25MPa。

消火栓箱采用下设灭火器的组合式消防柜，并配置消防卷盘。嵌墙暗装的消火栓箱根据标准图集《室内消火栓安装》04S202 中 29/30 页留洞尺寸表预留洞口，暗装在防火墙上的消火栓箱，其预留洞口后部剩余墙厚不小于 120mm 以满足消防防火要求。

因中庭大空间跨度大、需在中庭广场地面布置消火栓时，消火栓采用落地式成品消火栓箱，或者暗装于带风柱、音响等设施的装饰柱内。

（六）自动喷水灭火系统

本工程除水泵房、无可燃物的设备层、面积不大于 5m^2 的卫生间、空间高度超过 12m 的中庭和舞台及不能用水扑救的场所外均设置自动喷水灭火系统，各部分自动喷水灭火系统设计参数按表 3 选择。

自动喷水灭火系统采用临时高压给水系统，与消火栓系统合用消防水池和屋顶消防水箱，系统平时由高位消防水箱稳压，地下消防泵房内设置自喷专用水泵 2 台，1 用 1 备，水泵参数为 Q=40L/s，H=90m，N=75kW。室外设置地上式消防水泵接合器（DN150）3 组，水泵接合器与室外消火栓距离为 15～40m。

自动喷水灭火系统竖向不分区，报警阀均设置于地下室报警阀间内，每个报警阀控制的喷头数量不超过 800 个，喷淋配水管入口压力超过 0.40MPa 的均设不锈钢减压孔板减压，其前后管道长度不小于 5 倍管段直径。

设置自动喷淋场所内有吊顶的房间采用吊顶隐蔽型喷头，无吊顶房间采用直立型普通喷头。喷头动作温度一般为 68℃，厨房、玻璃顶棚下等高温作业区喷头动作温度为 93℃。室内游乐场为公共娱乐场所和少儿的集体活动场所，为了更好地发挥自动喷水灭火系统的控火和灭火作用，所有喷头均采用快速响应喷头。

根据性能化消防设计的要求，中庭大空间区域的防火隔离带有顶盖区域采用加密喷淋保护，喷头加密布置，喷头布置间距为 2.4～2.8m，以更好地达到阻止火灾蔓延的隔离效果。由于楼层平台层层后退，防火隔离带有顶盖区域为局部出现，每个区域面积不大，加密喷淋的喷水流量有限，因此，加密喷淋保护区域不考虑单独设置报警阀。

（七）大空间智能型主动喷水灭火系统

本工程金字塔舞台为室内游乐场内小型表演舞台，舞台顶不设置葡萄架，火灾危险等级为中危险Ⅱ级，净空高度大于 12m，超过了普通自动喷水灭火系统的有效扑救高度，因此采用大空间智能型主动喷水灭火系统—标准型自动扫描射水高空水炮灭火装置。

金字塔舞台共设置标准型自动扫描射水高空水炮灭火装置 2 台，安装高度为 12m。单台高空水炮的技术参数为：喷射流量 5L/s，保护半径 20m，额定工作压力 0.6MPa。每套水炮配套一组电磁阀，由智能红外探测组件控制。

大空间智能型主动喷水灭火系统与自动喷水灭火系统合用一套消防水泵和消防水箱，与自动喷水灭火系统在湿式报警阀前分开。

（八）自动消防炮灭火系统

中庭大空间区域室内净高36m，玻璃穹顶最高处达57.25m，已经远远超过普通自动喷水灭火系统的有效扑救高度，并且大空间区域内南北向的柱距为27.9m，东西向的柱距为70.4m，要求的保护半径和净空高度也超过了大空间智能型主动喷水灭火系统的适用范围。而自动消防炮灭火系统适用于净空高度大于8m，控制范围内无柱、墙等实体遮挡的大空间场所，可以在没有人工启动和直接干预的情况下，自动完成火灾探测、火灾报警、火源瞄准、喷射灭火剂灭火；并且自动消防炮的最远射程可达70m，合理选用和设置完全可以满足中庭大空间区域任何一个消防保护点都有2门消防炮的水流能够同时到达的保护要求。因此，本工程中庭大空间区域采用自动消防炮灭火系统。

中庭大空间区域共设置自动消防炮23台，安装高度为25m，对任意保护点都有2门消防炮同时保护。单台消防炮的技术参数为：喷射流量20L/s，额定射程50m，额定工作压力0.8MPa，定位时间≤30s，水平旋转0～355°（可调整设定），垂直俯仰－85°～＋60°（可调整设定），后坐力约为850N。

自动消防炮带有雾化功能，当保护区发生火灾时，消防炮喷水灭火，系统根据喷射距离的远近，利用电动机可自动进行水流柱状/雾状转换，近距离为雾状，远距离为柱状，这样，既能保证近距离的人身和财产安全，又可以满足有效灭火的消防要求。

根据《自动消防炮灭火系统技术规程》CECS 245：2008的要求，自动消防炮灭火系统采用稳高压消防给水系统，地下消防泵房内设置自动消防炮专用水泵2台，1用1备，水泵参数为Q＝40L/s，H＝130m，N＝90kW；系统稳压泵2台，1用1备，水泵参数为Q＝3m^3/h，H＝150m，N＝4kW；隔膜式气压罐1台，总容积5m^3，消防贮水有效调节容积为600L，承压1.6MPa，在表压1.25～1.51MPa间贮存“稳压容积、缓冲容积、消防贮水容积”0.8m^3。自动消防炮灭火系统不设高位消防水箱和水泵接合器。

（九）消防水泵自动巡检试水系统

本工程为实现消防水泵压力、流量等关键数据的自动监控，为消防水泵的状态和维护提供了准确的数据，设置消防水泵自动巡检试水系统。该系统是由主回路监测及消防水泵低频低压试水两部分组成，能完成对主控回路监测及水泵的低频自动试水。主回路监测时，主控单元智能控制器输出指令，逐一对主回路断路器、接触器进行监测，所有监测返回信号返回到智能控制器，主回路监测完成后，主控单元智能控制器发出下一个试水指令，依次对消防水泵进行低压试水，出水口的压力和流量值经过折算后与预先设定的标准压力和流量值比较，如果低了，发出声光报警，显示屏弹出告警信息。同时完成故障的上传，通知相关值班人员进行检修，确保消防设备万无一失。

（十）气体灭火系统

本工程的变配电房，环网站及档案室设置七氟丙烷（FM200）预制气体灭火装置。

（十一）灭火器

本工程所有场所均按A类火灾，严重危险级配置灭火器，每处灭火器配置点安装5kg装手提式干粉磷酸铵盐灭火器2具，其配置点最大保护距离不大于15m。

（十二）消防排水

所有消防电梯的井底设有排水设施，排水井容积不小于2m^3，排水泵的排水量不小于10L/s。

三、工程特点及设计体会

（一）给水加压系统的选择

本工程作为世界级的城市型室内主题乐园，各专业设计都必须首先以保证安全为原则。此次给水排水设计也力求保证室内游乐场的用水安全性、可靠性和适用性。在初步设计阶段，曾对选择管网叠压（无负压）设备供水还是水箱—水泵的变频供水进行比较，综合各工程实例和相关资料发现，采用管网叠压（无负压）供水设备加压供水，虽然能够充分利用市政给水管网余压供水而达到节能目的，也防止贮水箱储水停留时间过长而变质，并且可以节省机房面积，但是管网叠压（无负压）供水设备不具备一定量的调节容积。室内游乐场是用水比较集中，瞬时用水量较大、供水保证率要求较高的场所，市政管网一旦出现问题，游乐场内马上就要停水，没有一点缓冲余地，对于如此规模的公共游乐建筑，将会带来无法估量的损失和不便，因此不适宜采用管网叠压（无负压）供水。而水箱—水泵的变频供水方式贮备一定水量，市政停水时尚可延时供水，供水相对可靠，只要合理设计生活贮水箱容积，使贮水能及时得到更新，并采用可靠的消毒设备作为保证水质的安全措施，基本不存在二次污染的问题。因此，对于市政供水压力不能满足要求的二～六层，本次设计采用了水箱—水泵的变频供水方式。

（二）太阳能热水系统容积式水加热器容积计算

太阳能热水系统贮热水箱容积既与太阳能集热器总面积有关，也与热水系统所服务的建筑物的要求有关，需根据集热系统和供水系统的设计要求，分别计算两个系统的贮热水容积（$V_{集}$和$V_{供}$），再经过比较确定太阳能热水系统水箱的设置形式和贮热容积。《建筑给水排水设计规范》GB 50015—2003 只给出了太阳能集热系统贮热水箱的有效容积的计算方法，即：

$$V_{集}=q_{rjd}\cdot A_{j} \tag{1}$$

式中 A_{j}——集热器总面积（m^2）；

q_{rjd}——集热器单位采光面积平均每日产热水量［$L/(m^2\cdot d)$］。

对供热系统贮热水箱的有效容积$V_{供}$的计算及系统水箱的设置，现行规范规定并不统一。本工程分别计算集热系统和供热系统的贮热水容积（$V_{集}$和$V_{供}$），取两者大者作为太阳能热水系统的贮热容积，其中$V_{集}$计算同式（1），$V_{供}$根据选用的辅助加热设备的类型、工作方式，按照《建筑给水排水设计规范》GB 50015—2003 的要求计算。

本工程采用容积式水加热器间接换热，$V_{供}$的贮热量按照≥90min Q_{h} 计算，其中 Q_{h} 为设计小时耗热量（W），同时认为太阳能集热系统是根据平均日热水用水量来选取太阳能集热器的面积，按照节能要求，平均日热水用水量取热水平均日节水用水定额，计算得出 $V_{供}\leqslant 40\%\ V_{集}$，则太阳能热水系统可只设置一个贮热水箱，有效容积按式（1）计算。

（三）屋面天沟虹吸雨水斗的布置方式

室内游乐场主屋面总面积约为 4.1 万 m^2，为大跨度钢框架压型钢板屋面，雨水排放采用虹吸式雨水排水系统。屋面设置内外两圈不锈钢天沟，沿椭圆形采光玻璃穹顶周边设置的内圈天沟为水平天沟，无坡度，虹吸雨水斗按 10～15m 间距均匀布置；沿外墙设置的外圈天沟由于大跨度屋面屋脊线为椭圆形，外围屋檐又是不规则八边形，导致屋面在相同排水坡度的情况下，屋檐的标高在不同的平面上，因此，沿外墙设置的天沟只有局部能够做成水平天沟，大部分的天沟均有一定的坡度。为了保证虹吸式雨水排水系统的安全可靠，本工程按外圈天沟坡度的不同，虹吸雨水斗布置方式分为三类并分别自成系统：①对于局部水平天沟，虹吸雨水斗布置方式同内圈天沟；②对于坡度较小的天沟，按 10～15m 间距均匀设置下沉式雨水槽，每个雨水槽内设置 1 个虹吸雨水斗（见图 3 节点 1），雨水槽尺寸为$L\times B\times H$=800mm×800mm×200mm，为缓冲上游来的雨量、流速，在每个集水槽的下游设置雨水挡板，以保证每个集水槽内能积存足够满足虹吸形成的雨水量；③对于坡度较大的天沟，在各个汇水区域天沟的最低点设置下沉式雨水槽（见图 3 节点 2），根据汇水量大小在槽内集中设置数个雨水斗，下沉雨水槽的容积应不小于贮存 10s 的暴雨量，另还需充分考虑雨水斗安装空间和斗前水深的要求。如设置 2 个 YG65B 斗的雨水槽尺寸为$L\times B\times H$=1200mm×800mm×200mm，设置 3 个 YG65B 斗的雨水槽尺寸为$L\times B\times H$=1800mm×800mm×200mm。

（四）地下车库入口的侧墙雨水排放

由于本工程的地下室面积较大，功能也比较复杂，地下车库入口包括汽车坡道和自行车坡道设置数量较多，这些入口的雨水对整个地下室的安全有相当大的影响。虽然地下车库入口本身露天投影面积并不大，但

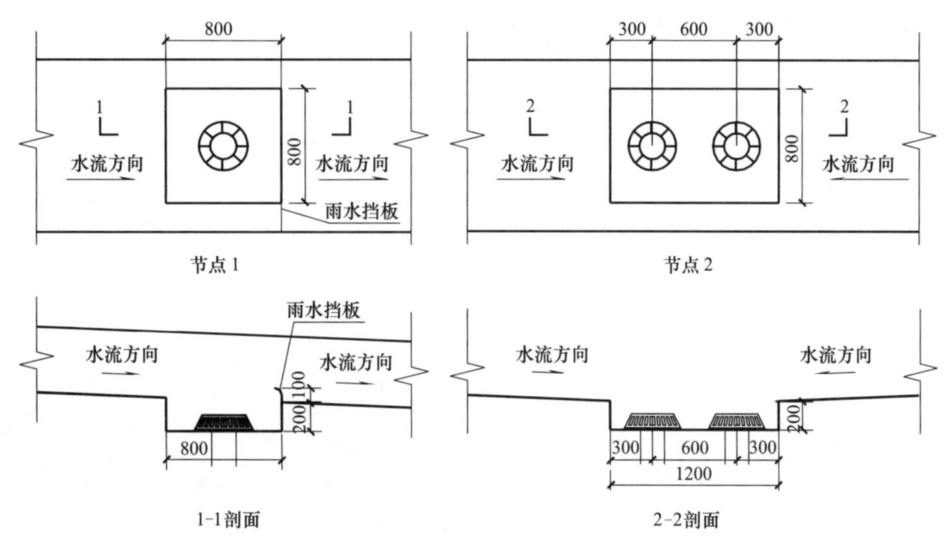

图 3　天沟雨水槽及雨水斗安装示意

其上方的侧墙面积往往很大，造成设计雨水量也很大。因此，要求建筑专业在布置车库入口时，尽量与上部建筑离开一定距离，保证上方侧墙的雨水能疏导至室外地面，不进入地下室，以此降低地下车库入口集水坑内排水泵的耗电量和提高地下室排水系统安全性。

（五）一次室内消防总用水量的确定

高层建筑内设有消火栓、自动喷水、水幕、泡沫等灭火系统时，其室内消防用水量应按需要同时开启的灭火系统用水量之和计算。合理分析各消防给水系统同时开启的可能性，对于确定一次室内消防总用水量及消防水池容积，减少消防水池占用空间，降低工程造价很有必要。

本工程设有 4 种室内消防给水系统，其中自动喷水、大空间智能型主动喷水和自动消防炮均属于自动喷水灭火系统的范畴，一般情况下在计算消防用水量时，取用水量较大系统的值就可以了。但是根据本工程实际情况，如果中庭广场区域着火，由于环绕中庭的各层平台与中庭广场区域属于同一防火分区，当起火点位于自动喷水灭火系统和自动消防炮各自作用面积分界处附近时，火势有可能相互蔓延，触发自动喷水灭火系统和自动消防炮同时喷水。因此，本工程室内着火时同时开启的消防给水系统有以下 4 种组合情况：①消火栓和自动喷水灭火系统；②消火栓和自动消防炮灭火系统；③消火栓和大空间智能型主动喷水灭火系统；④消火栓、自动消防炮和自动喷水灭火系统。一次室内消防总用水量取 4 种组合中的最大值，即第④种组合，消防总用水量为 612m^3。

（六）避难走道的消火栓及自动喷淋设计

避难走道作为游乐场内人员安全疏散的必要手段，是参考了人防工程消防设计中的做法。避难走道和防烟楼梯间的作用是相同的，防烟楼梯间是竖向布置的，而避难走道是水平布置的，人员疏散进入避难走道，就可视为进入安全区域。根据《人民防空工程设计防火规范》GB 50098—2009 中 5.2.5.5 条的规定，避难走道应设置消火栓，且对室内消火栓的布置提出了具体的要求，但是规范没有提及是否需要设置自动喷水灭火系统。按照避难走道的设置要求，从理论上来讲，专用的避难走道没有任何可燃物，并且避难走道的前室跟防烟楼梯间的前室一样，设有正压送风系统，可以有效防止火灾时烟气侵入，火灾时是安全的区域，没有必要设置自动喷水灭火系统。但在本工程中，避难走道并不是专用于人员疏散，平时作为室内主要通道，火灾时才兼作专用的疏散通道，有时候难免会临时放置一些可燃物，有意外起火的危险，因此，本工程的避难走道均按中危险级Ⅱ级设置自动喷水灭火系统。

（七）对自动消防炮灭火系统的给水系统的建议

《自动消防炮灭火系统技术规程》CECS 245：2008 规定："给水系统宜采用稳高压消防给水系统或者高压消防给水系统，且采用稳高压消防给水系统时可不设高位消防水箱和水泵接合器"，没有提及临时高压给水系统，而目前消防给水采用临时高压给水系统最为普遍。临时高压给水系统由于设置了高位水箱，保证了系统管道电磁阀至水泵出口之间的管道平时处于湿式满水状态，灭火的迅速有效性不低于稳高压系统；并且自动消防炮功能类似的自动扫描射水高空水炮可以采用临时高压给水系统，因此，当采取临时高压系统时，系统设计要求可参照《大空间智能型主动喷水灭火系统技术规程》CECS 263：2009。

四、工程照片及附图

夜景效果图

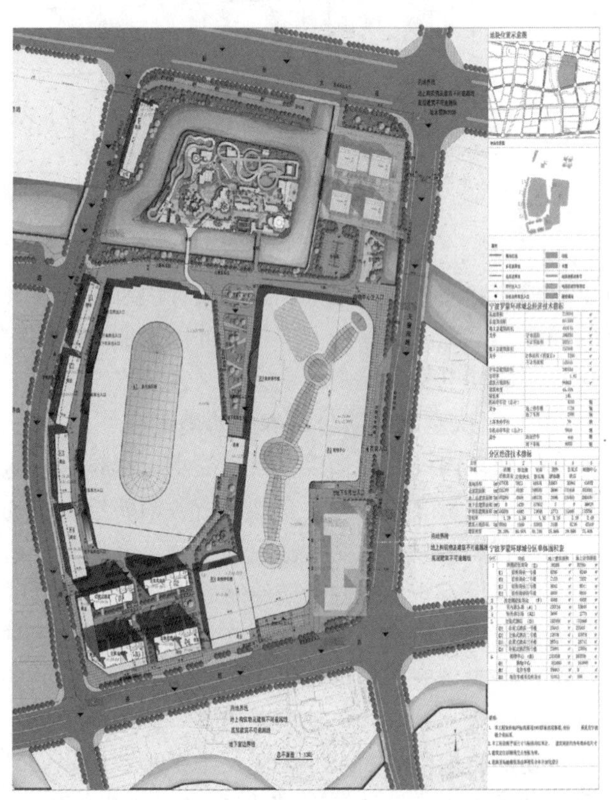

总平面图

室内游乐场北侧

室内游乐场内景

室外游乐岛

室内游乐场冷冻机房冷凝水回收水箱及提升泵

室内游乐场冷冻机房冷却循环泵组

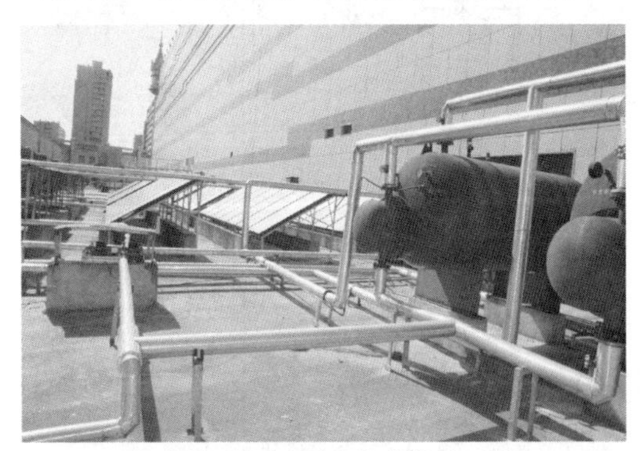
室内游乐场屋顶太阳能热水系统

室内游乐场消防泵房布置

室内游乐场消防泵房控制及自动巡检柜

室内游乐场消防炮

室内游乐场屋顶虹吸雨水斗下沉雨水槽

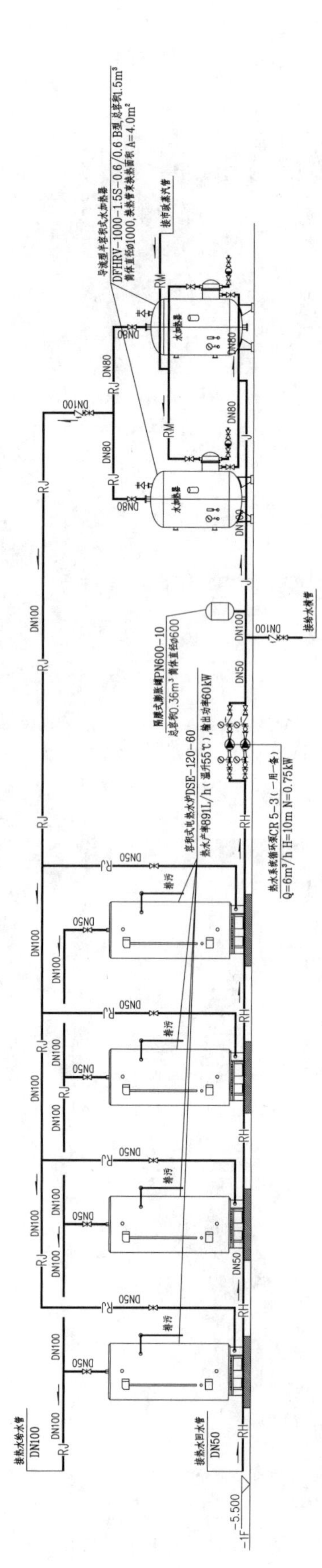

室内游乐场地下室 400 人淋浴间热水系统原理图（非通用图示）

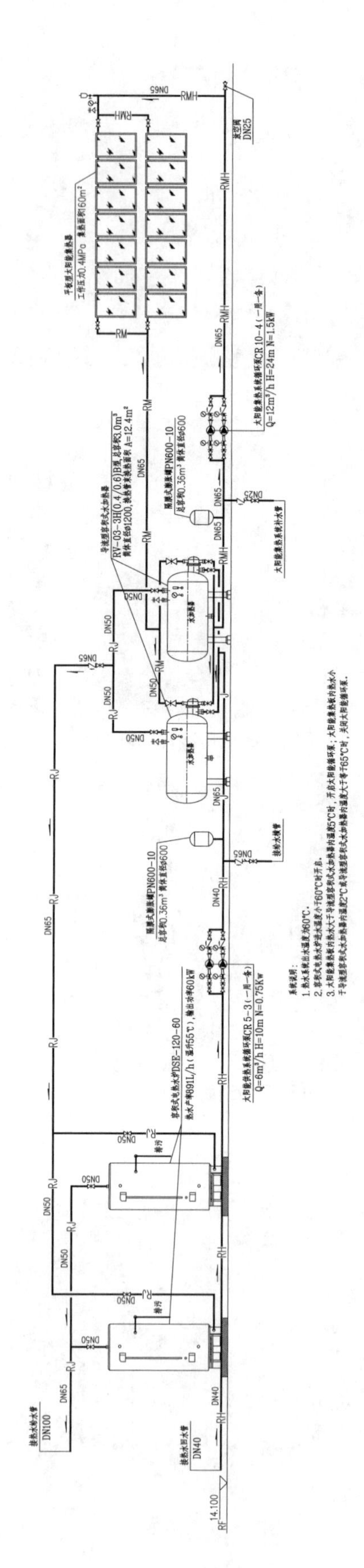

室内游乐场二层 150 人淋浴间太阳能热水系统原理图（非通用图示）

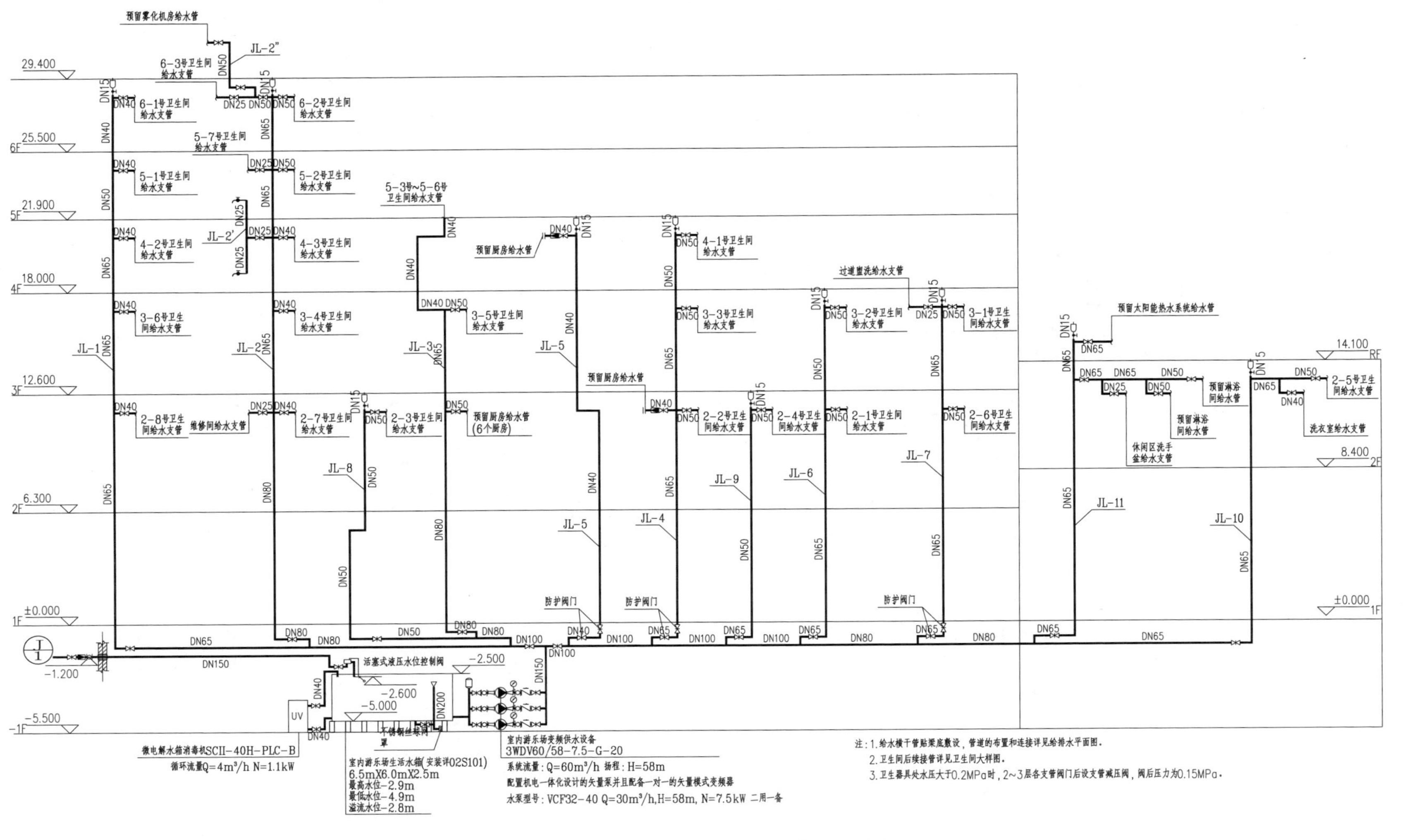

室内游乐场高区给水系统原理图（非通用图示）

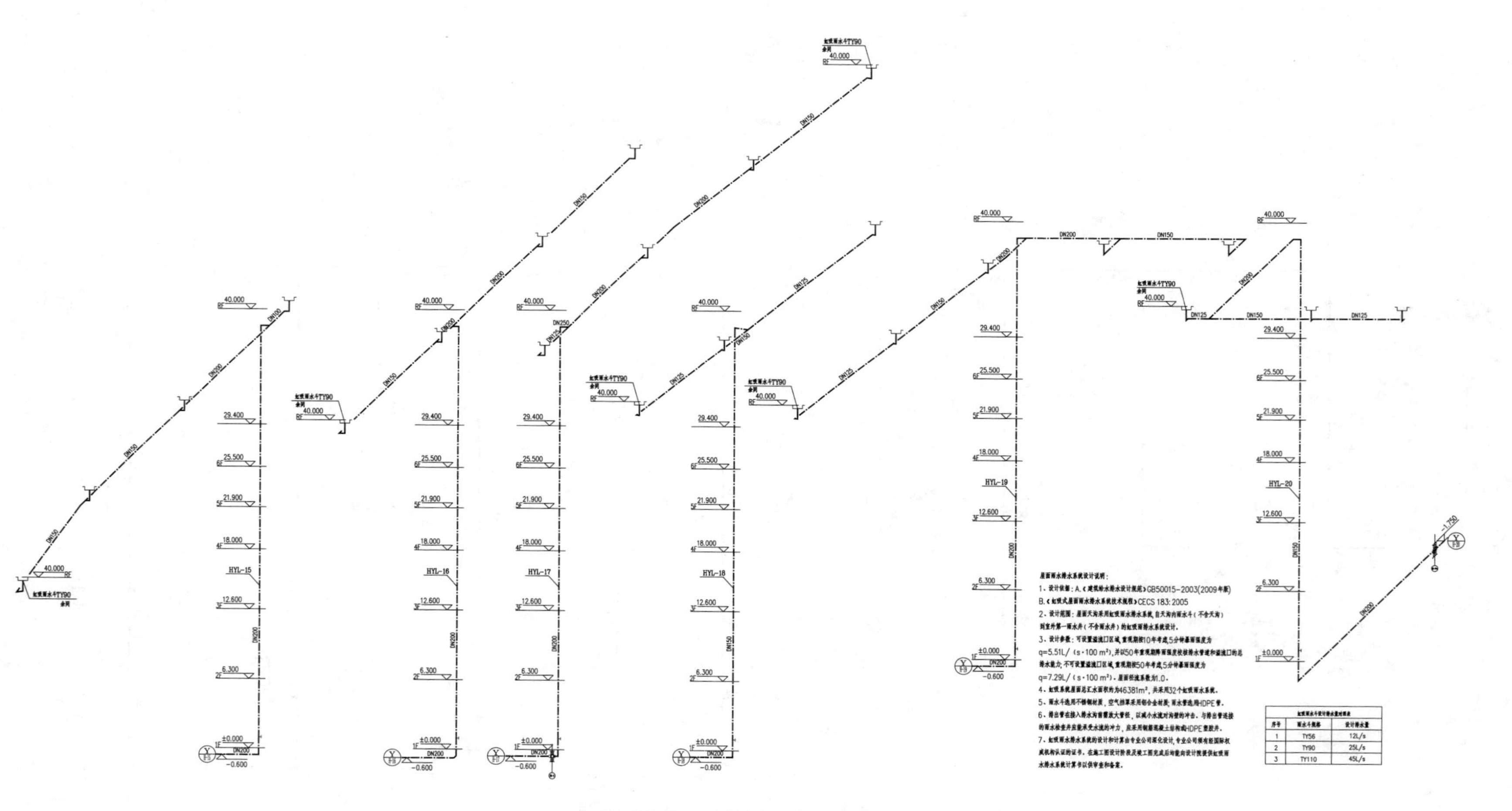

虹吸雨水斗设计排水量对照表

序号	雨水斗规格	设计排水量
1	TY56	12L/s
2	TY90	25L/s
3	TY110	45L/s

虹吸雨水排水系统图（非通用图示）

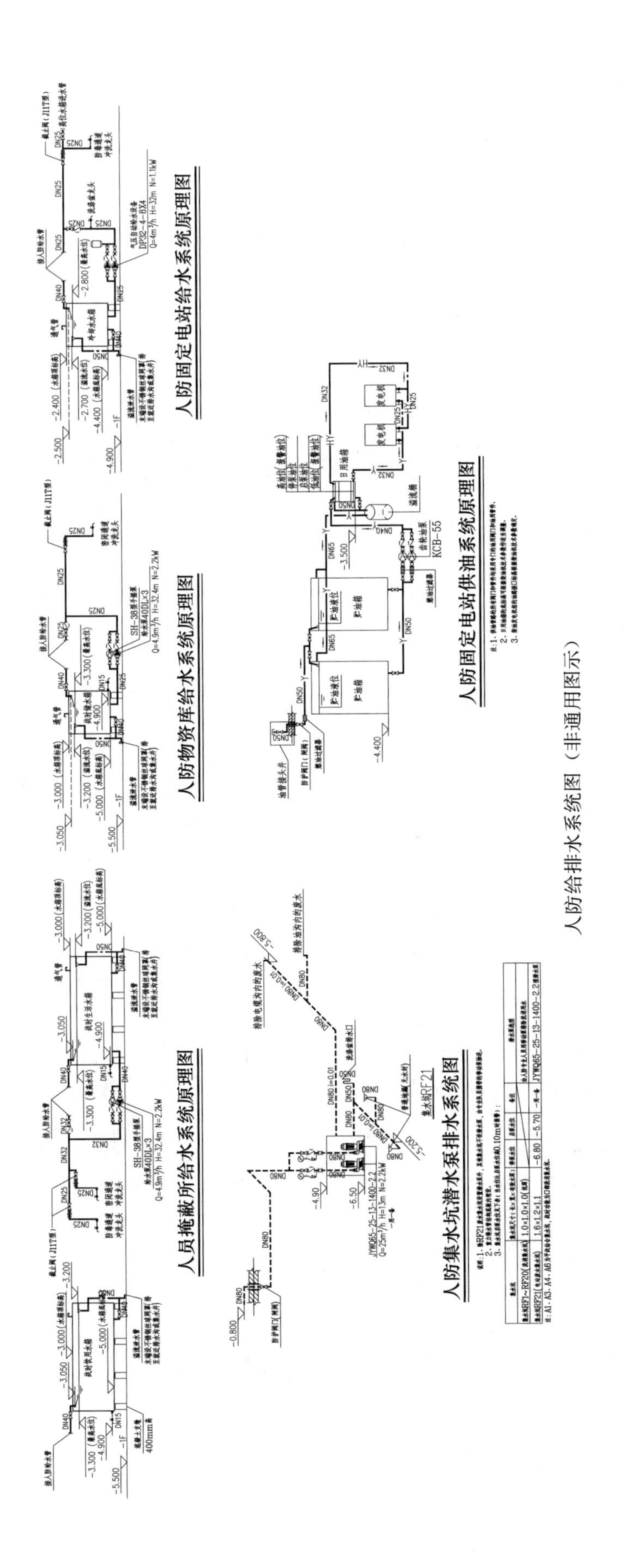

人防给排水系统图（非通用图示）

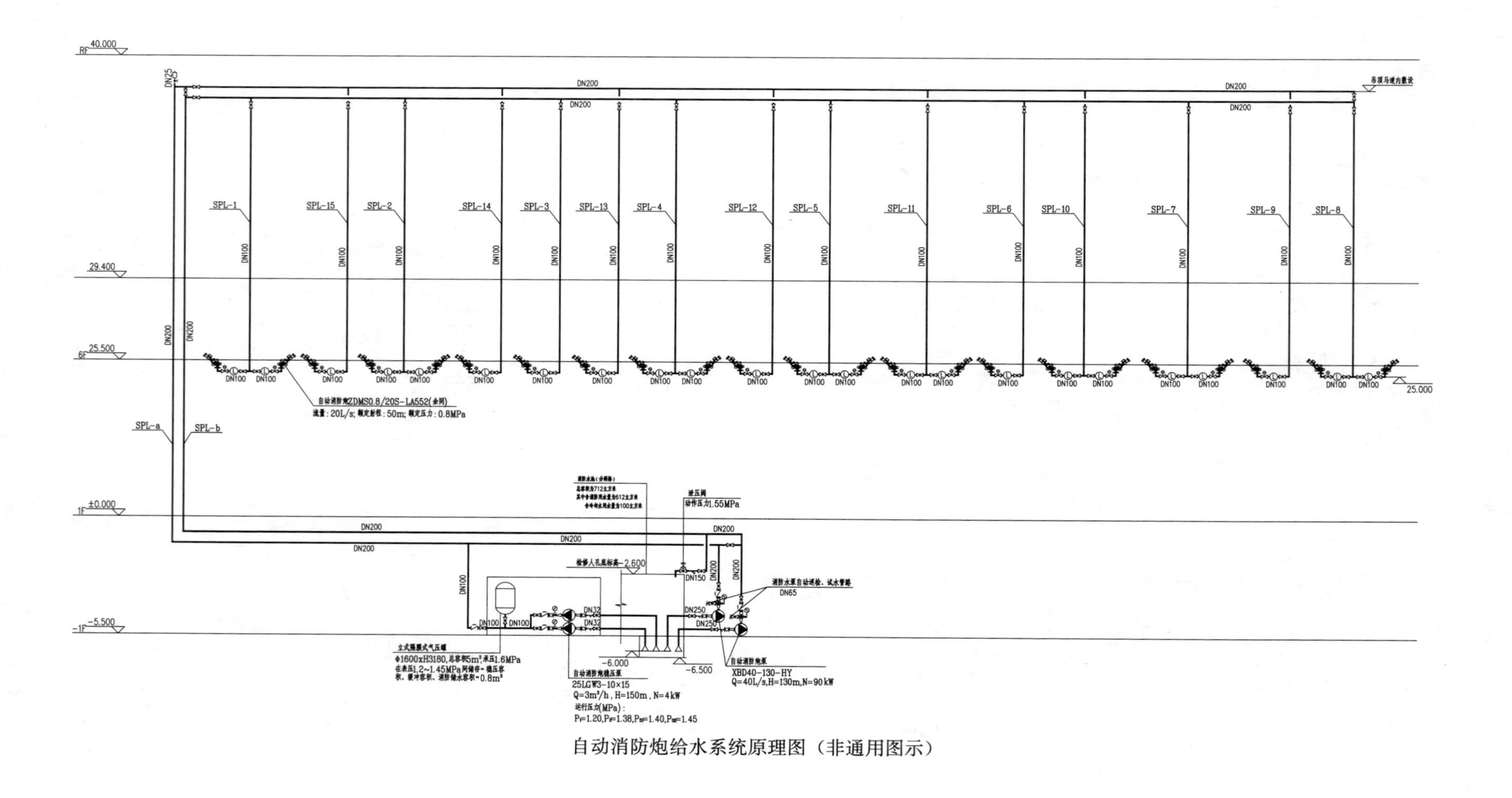

自动消防炮给水系统原理图（非通用图示）

青岛绿城喜来登酒店项目

设计单位：青岛绿城建筑设计有限公司
设 计 人：迟国强　崔俊芳　秦睿
获奖情况：公共建筑类　三等奖

工程概况：

本工程位于青岛李沧区，北邻金水路，东侧紧邻规划5号线，西侧和北侧紧邻规划市民广场。建设用地面积为11811m^2。总建筑面积54579m^3，其中地上建筑面积34498m^2，地下建筑面积20081m^2。整栋建筑：地下两层，裙房四层，酒店塔楼地上19层（含裙房）。

功能分布：地下一、二层为汽车库、设备用房和酒店后勤用房；地上一层为全日餐厅、特色餐厅、厨房、大堂吧及酒店大堂；二层为中餐包房以及配套厨房、会议室和行政办公区域；三层为大宴会厅、中餐包房、会议室以及厨房；4层为健身、SPA、泳池以及客房区域；塔楼五～十九层为酒店客房区域。酒店塔楼建筑高度为83.39m，裙房建筑高度为24.4m。

工程说明：

一、给水排水系统

（一）给水系统

1. 冷水用水量（表1）

用水量计算　　表1

序号	用水部位	用水标准	数量（人·d）	小时变化系数	使用时间（h）	最大日用水量（m^3/d）	平均时用水量（m^3/h）	最大时用水量（m^3/h）	备注
1	酒店客房	500L/(人·d)	447	2.5	24h	223.5	9.3	23.3	
2	酒店职工	150L/(人·d)	298	2.5	24h	44.7	1.9	4.7	
3	餐饮顾客	30L/(人·d)	2120	1.5	10h	63.6	6.4	9.6	每日4人次
4	餐饮职工	180L/(人·d)	212	1.5	10h	38.2	3.9	5.9	一次顾客人数的10%
5	宴会厅及多功能顾客	20L/(人·d)	800	1.2	10h	16	1.6	2.0	每日2人次
6	宴会厅及多功能职工	160L/(人·d)	80	1.2	10h	12.8	1.3	1.6	一次顾客人数的10%

续表

序号	用水部位	用水标准	数量（人·d）	小时变化系数	使用时间（h）	最大日用水量（m^3/d）	平均时用水量（m^3/h）	最大时用水量（m^3/h）	备注
7	游泳池补水	池容10%	207		24h	20.7	0.9	0.9	
8	冲洗汽车	250L/(辆·d)	35	1.0	6h	8.8	1.5	1.5	冲洗率10%
9	洗衣房	100L/(房·d)	298	1.3	8h	29.8	3.7	4.8	
10	SPA	200L/(人·d)	20	1.2	12h	4.0	0.3	0.4	
11	绿化用水	2L/(m^3·d)	2360	2.0	8h	4.7	0.6	1.2	
12	空调补水	冷却水流量的1.5%		1.5	24h	312	13.0	19.5	
13	小计					778	44.4	75.4	
14	未预见用水量					78	4.5	7.5	
	总计					856	48.9	82.9	

最高日生活用水量为856m^3（含冷却塔补水312m^3），最大时用水量为75.4m^3/h（含冷却塔补水19.2m^3/h）。

2. 水源

拟分别地块南侧的规划六号线和地块东侧的规划五号线市政给水管网各接入一根*DN*150给水管，在院区成环，供本工程室内、外消防和生活用水；市政供水压力为海拔72m，本楼±0.000为海拔45.2m；接市政给水管道处分别加设水表和倒流防止器。

3. 系统竖向分区

室内给水系统分五个区，地下二层～地下一层的车库、制冷机房、锅炉房为市政直供区，由市政供水管网直接供给；地下一层其余部分～地上四层为加压Ⅰ区；客房部分四～九层为加压Ⅱ区；十～十四层为加压Ⅲ区；十五～十九层为加压Ⅳ区。

4. 供水方式及给水加压设备

除市政直供区外，其他各区由设在地下二层的水箱加变频供水设备加压供水，水箱有效容积为260m^3，为便于检修，水箱分为两格，设有连通管。水箱设水位监视和溢流报警装置，信号并反馈到监控中心；空调冷却塔补水由设在地下二层的加压设备供水，空调补水来自消防水池，消防水池有保证消防水位不被挪用的措施；二层及四层屋顶绿化用水由空调补水经减压后供给。

5. 管材

采用S30403薄壁不锈钢水管，承插氩弧焊连接，埋墙部分采用外覆PE塑料防腐蚀不锈钢管，埋地管涂上一层防腐漆，然后缠上专用聚乙烯防腐胶带；管道耐压等级与各分区压力配套。

（二）热水系统

1. 热水用量（表 2）

热水用水量 表 2

序号	用水部位	用水标准	数量（人·d）	小时变化系数	使用时间（h）	最大日用水量（m^3/d）	平均时用水量（m^3/h）	最大时用水量（m^3/h）	备注
1	酒店客房	200L/(人·d)	447	3.23	24h	89.4	3.7	12.0	
2	酒店职工	50L/(人·d)	298	2.0	24h	14.9	0.7	1.3	
3	餐饮顾客	7L/(人·d)	2120	1.5	10h	14.9	1.5	2.3	每日 4 人次
4	餐饮职工	50L/(人·d)	212	1.5	10h	10.6	1.1	1.7	一次顾客人数的 10%
5	宴会厅及多功能厅顾客	7L/(人·d)	800	1.2	10h	5.6	0.6	0.8	每日 2 人次
6	宴会厅及多功能职工	50L/(人·d)	80	1.2	10h	4	0.4	0.5	一次顾客人数的 10%
7	洗衣房	50L/(房·d)	298	1.3	8h	14.9	1.9	2.4	
8	SPA	100L/(人·d)	20	1.2	12h	2.0	0.2	0.3	
9	小计					156.3	10.1	21.3	
10	未预见用水量					15.6	1	2.1	
	总计					171.9	11.1	23.4	

最高日生活热水用水量为 171.9m^3，最大时用水量为 23.4m^3/h。

2. 热源

屋顶设置太阳能，太阳能集热板所产生的热量经换热器换热后，作为Ⅰ区热水系统的预热水，换热器换热后，供Ⅰ区生活用热水。其他采用蒸汽锅炉加热供应热水；洗衣房设一套单独换热器，其他各区各设独立的换热器；包厢及公共卫生间洗手盆采用台下宝供应热水。

3. 系统竖向分区

热水系统分区同冷水系统，热水系统各分区采用机械循环系统；为使热水供应均匀稳定，热水管网设计为同程式。

4. 热交换器

经导流型半容积式水换热器换热后供给每个用水点。

5. 冷、热水压力平衡措施等

热水系统采用全日制机械循环，并在每根供回水立管端部设控制阀门，保证热水能在5s内流出使用；热水系统分区同冷水系统，换热器采用侧阻力损失小于0.01MPa的导流型半容积式水换热器。

6. 管材

采用304L薄壁不锈钢水管，承插氩弧焊连接；*DN*15～*DN*100热水采用PE高温发泡一体不锈钢管，*DN*125及以上不锈钢管采用橡塑材料保温，埋墙部分采用外覆PE塑料防腐蚀不锈钢管，埋地管涂一层防腐漆，再缠专用聚乙烯防腐胶带。

（三）排水系统

1. 排水系统的形式

污废水系统：室内排水采用污、废分流制排水系统。地下室废水采用污水泵提升后排至室外消能井，地下室卫生间采用一体化污水提升设备提升至室外排放。

雨水系统：主楼屋顶采用虹吸雨吸雨水排水方式，设置溢流口，进行溢流安全校核。裙房种植屋面排水经过滤层过滤后排至屋面雨水沟，再经87型雨水斗排水至室外雨水井。客房部分空调冷凝水、末端试水、喷淋泄水在设备夹层汇集后排入消防水池。

2. 透气管的设置方式

裙房排水采用污废分流加伸顶通气方式。客房卫生间设器具通气、专用通气立管，每层设结合通气管与污废水立管相连。

3. 采用局部污水处理设施

锅炉间冷凝水经排污降温罐降温处理后，排至室外消能井。厨房排水经油脂分离器处理后，达到生活污水排放标准，排入市政污水管道。

4. 管材

室内排水管：采用机制离心柔性接口的铸铁排水管，B型接口。

压力排水管：采用PP-S套钢一体内外涂塑钢管及配件，卡箍连接。

重力流雨水管：采用PP-S套钢一体内外涂塑钢管及配件，卡箍连接。

虹吸雨水管：采用HDPE排水管，热熔对焊连接。

二、消防系统

屋顶水箱间设$18m^3$的消防水箱及消火栓、喷淋增压稳压设备。在地下二层设消防水池，内存3h室内消防用水量和1h自喷用水量，有效容积$705m^3$，分成能够独立使用的两格。其中消防水量$600m^3$，冷却塔补水量$105m^3$，消防水位采用不被挪用的措施。

（一）消火栓系统

室内消防用水量40L/s，室外消防用水量30L/s，火灾延续时间3h。消火栓最不利点充实水柱不小于10.0m，宴会厅及一楼大堂充实水柱不小于15m。

分区供水，酒店南侧地下二层～四层，北侧地下二层～三层为低区；五～十九层为高区；高区五～十四层、低区地下二层～一层等栓采用减压稳压型消火栓阀。室外高、低区分别设有3座室外地上式（地下式）消防水泵接合器。

低区采用内外热浸镀锌普通钢管，高区采用内外热浸镀锌加厚钢管。

（二）自动喷水灭火系统

除车库采用单电气连锁预作用系统外，其他均采用湿式系统。地下停车库部分按中危险Ⅱ级，部分为机械停车库，作用面积$160m^2$，喷水强度$8.0L/(min \cdot m^2)$；酒店入口大堂、宴会厅等超过8m的部位，作用

面积为 $260m^2$，喷水强度 6.0L/(min・m^2)；其他部分按中危险Ⅰ级，作用面积 $160m^2$，喷水强度 6.0L/(min・m^2)；最不利点喷水强度 0.138MPa。最大灭火用水量为 45L/s（有机械停车位），系统火灾延续时间为 1h。

车库采用动作温度为 73℃易熔合金直立型喷头（其他不吊顶房间采用 68℃直立型喷头），$K=80$；客房采用快速响应水平边墙扩展型喷头，$K=115$，最小压力 0.138MPa；排烟机房、换热间内、大堂及宴会厅吊顶内侧采用 93℃玻璃球喷头，吊顶灯附近采用 79℃玻璃球喷头，$K=80$；厨房蒸煮区、桑拿房采用 141℃玻璃球喷头，$K=80$；其他均采用动作温度为 68℃玻璃球喷头；厨房排烟罩风管内，水平段每隔 3m 设置 260℃高温喷头，排烟灶上安装除油运水烟罩装置，且如果有厨房排烟罩风管穿过各楼层至屋面排放，须在风管最高处增设喷头，喷头可就近与喷淋管道连接。布草井内设喷头，顶部及隔层设置。

竖向分为两个供水区，地下二层～四层为低区，五～十九层为高区。配水管的压力大于 0.40MPa 的水流指示器后设不锈钢减压孔板。室外高、低区分别设有 3 座室外地上式（地下式）消防水泵接合器。

低区采用内外热浸镀锌普通钢管，高区采用内外热浸镀锌加厚钢管。

（三）气体灭火器系统

地下一层高低压配电室、程控交换机房、网络机房采用无管网七氟丙烷灭火系统。系统控制方式：当有人工作或值班时为手动，无人时为自动控制。系统控制方式为自动-手动-机械应急手动控制切换控制，并与排风系统联动。气体喷放延迟时间在 0～30s 内。厨房排烟罩设 ANSUL 自动灭火系统，系统启动时应联动制停燃料供应及与消防报警系统联网。

三、工程特点及设计体会

1. 分质供水，市政直供仅考虑供给水质要求比较低（如制冷机房、空调机房）或水质需进一步处理的机房（如锅炉房、洗衣机房）；生活用水经砂滤＋活性炭＋紫外线水处理后进入水箱，经变频泵加压后供至用水点。为确保供水安全，需用水的设备机房除由可靠的双路市政供水外，均由加压设备另预留一路，以备意外时使用。冷热水表按功能分别计量，便于考核，节约成本。

2. 充分利用太阳能，屋顶集热板收集后的太阳能经板式换热器换热后存于换热站内热水储罐，作为裙房热水系统的预热水。若满足需要则不用启动换热器，不满足时补充部分热能。

3. 室内排水采用污、废分流制；裙房采用伸顶通气，客房卫生间设器具通气及专用通气立管，确保排水顺畅、噪声小。厨房排水经油脂分离器处理、锅炉间冷凝水经排污降温罐降温处理，达到排放标准后排入市政污水管。

4. 地下一层高低压配电室、程控交换机房、网络机房采用无管网七氟丙烷灭火系统。厨房排烟罩设 ANSUL 自动灭火系统，系统启动时应联动制停燃料供应及与消防报警系统联网。除气体灭火房间外，均设有喷头保护，包括设备机房、弱电设备机房、疏散楼梯顶部等，确保消防时人员疏散安全。消防水池、屋顶消防水箱及生活水箱均分两格，确保一格检修时，另一格可正常使用。

5. 冷却塔补水及屋顶绿化用水来自消防水池，循环消防水池内存水，保证水质，避免定期清洗排放，节约资源。

6. 为减少失误，喷淋水泵出水管上增设两个电压力表，直接连到水泵控制柜（不通过模块及消控中心），使用第 1 个电接点压力表，在系统压力跌至 80%时自动启动主泵，当系统压力继续下降 0.1～0.15MPa 时，使用第 2 个电接点压力表切换至备用泵，切换时先停主泵后启动备用泵。

7. 客房部分空调冷凝水、末端试水、喷淋泄水及报警阀测试排水在设备夹层汇集后排入消防水池，避免浪费。

四、工程照片及附图

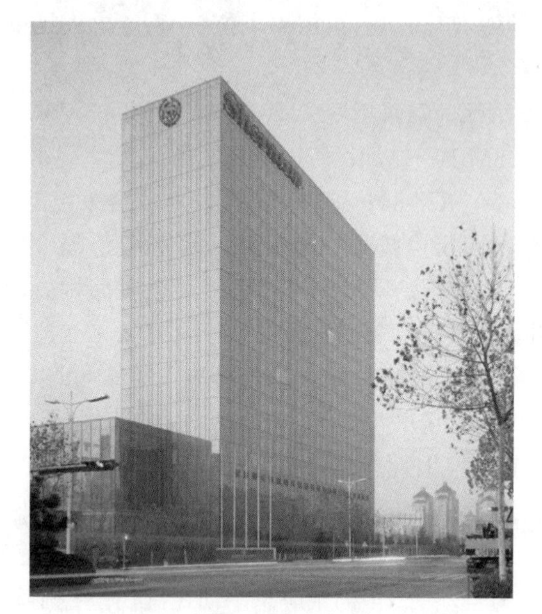

酒店立面

屋顶太阳能板

消防泵房

生活泵房

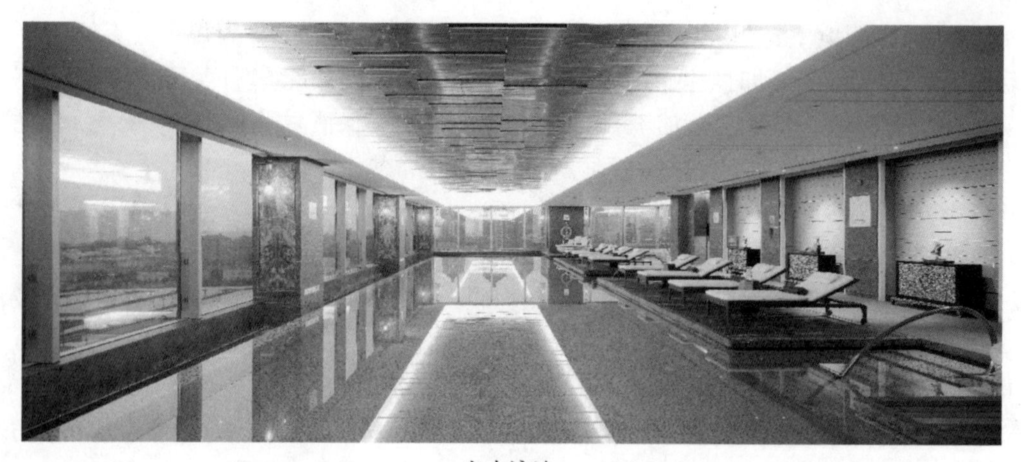

室内泳池

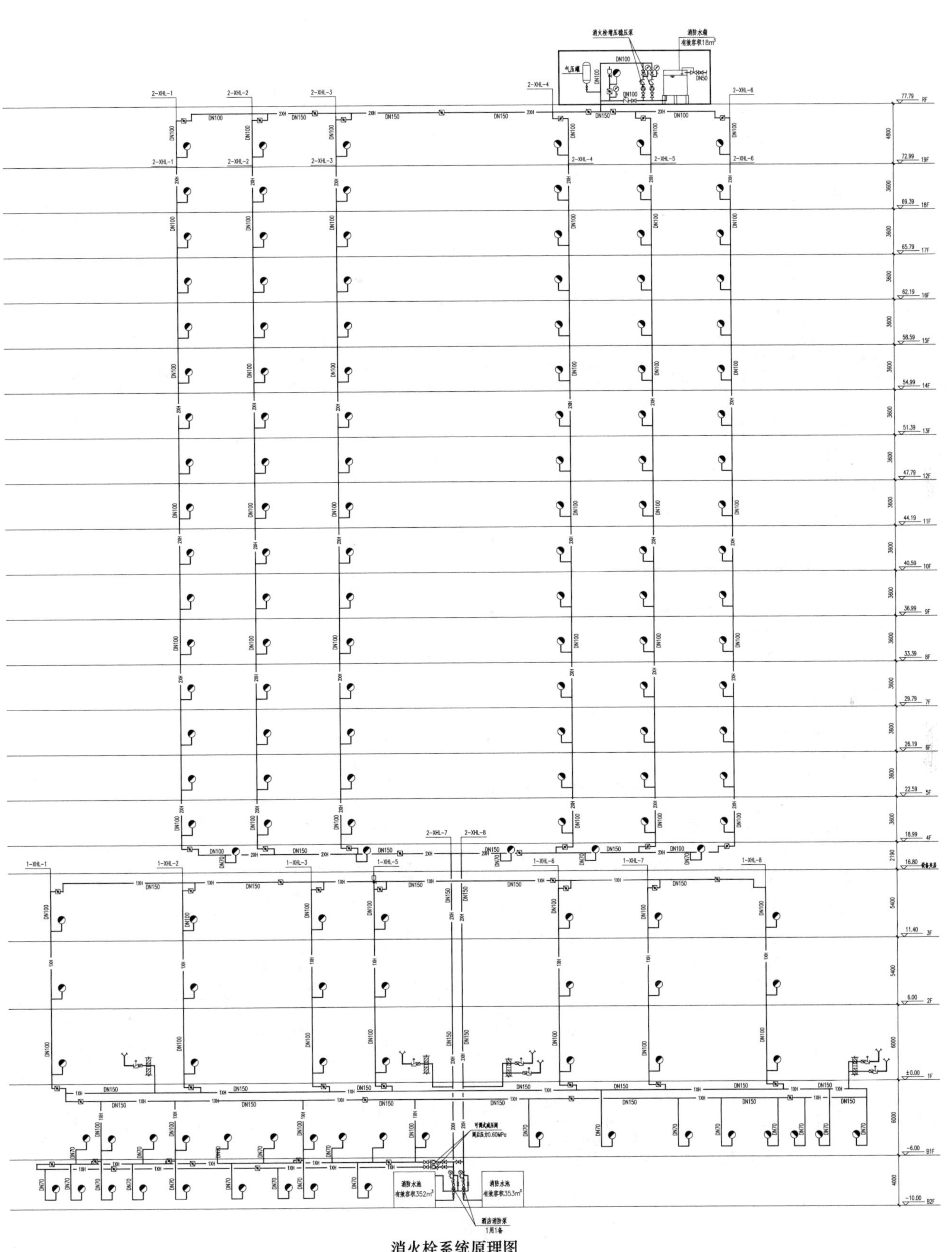

消火栓系统原理图

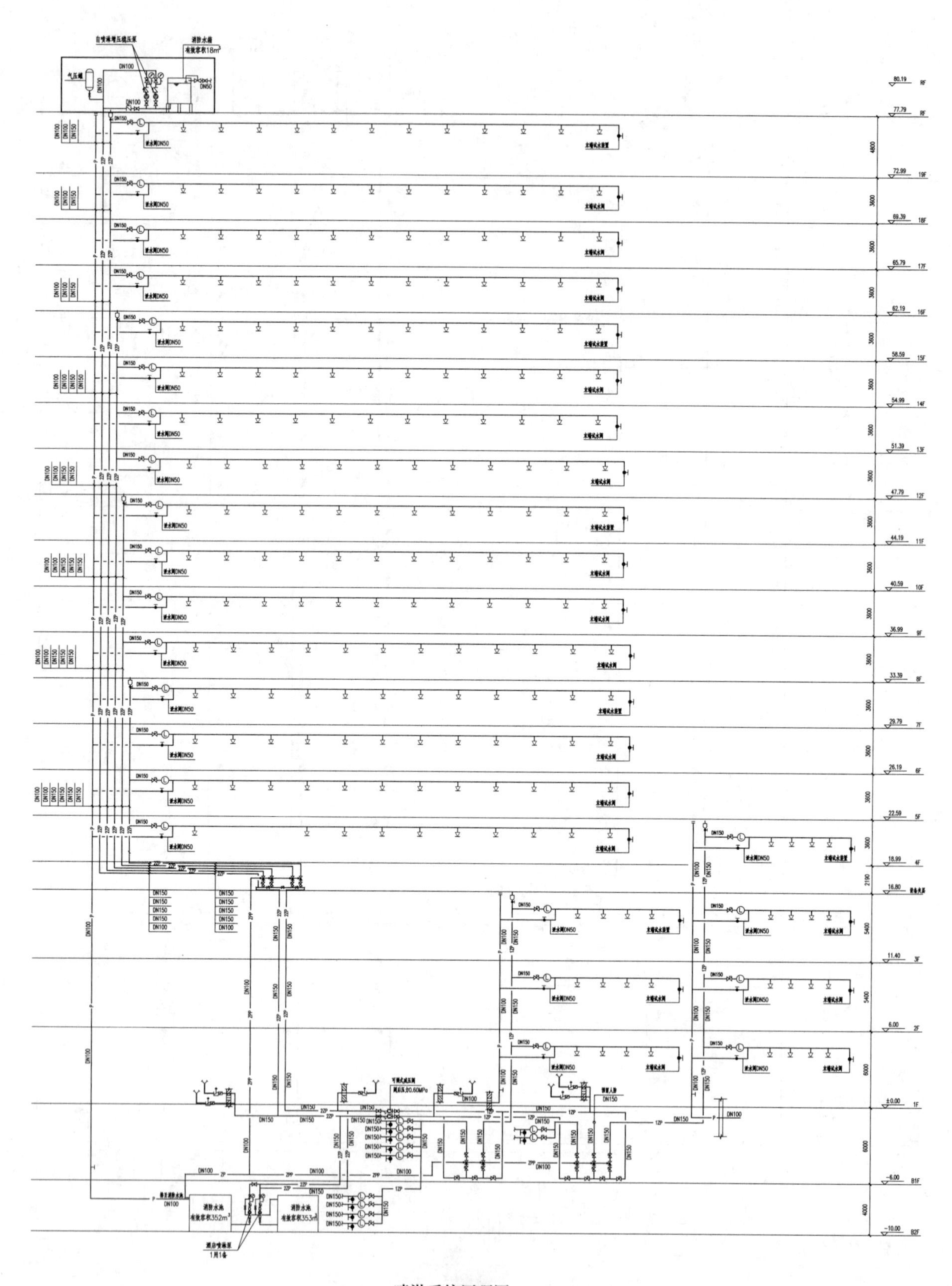

喷淋系统原理图

注：减压孔板的设置详见系统图

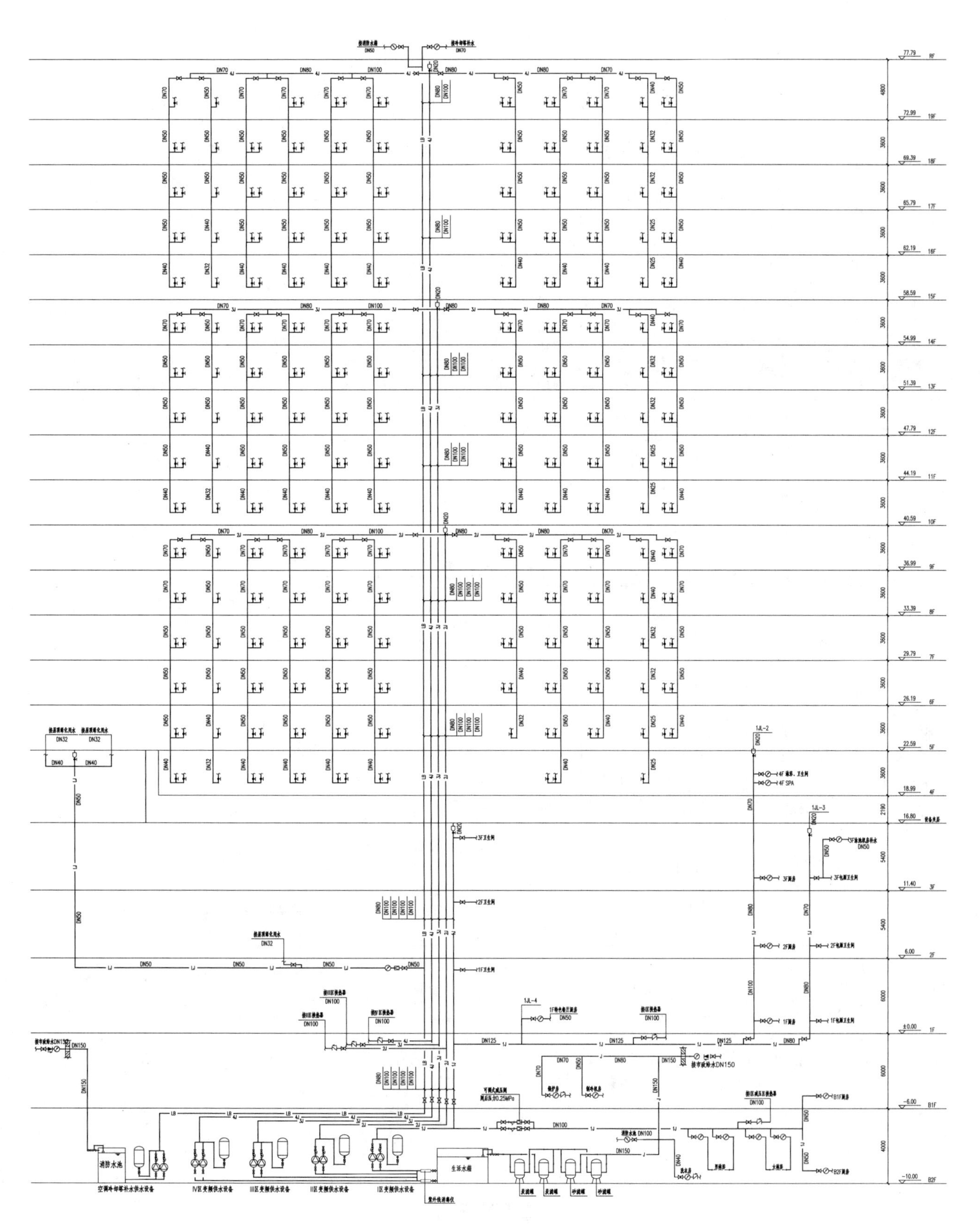

给水系统原理图

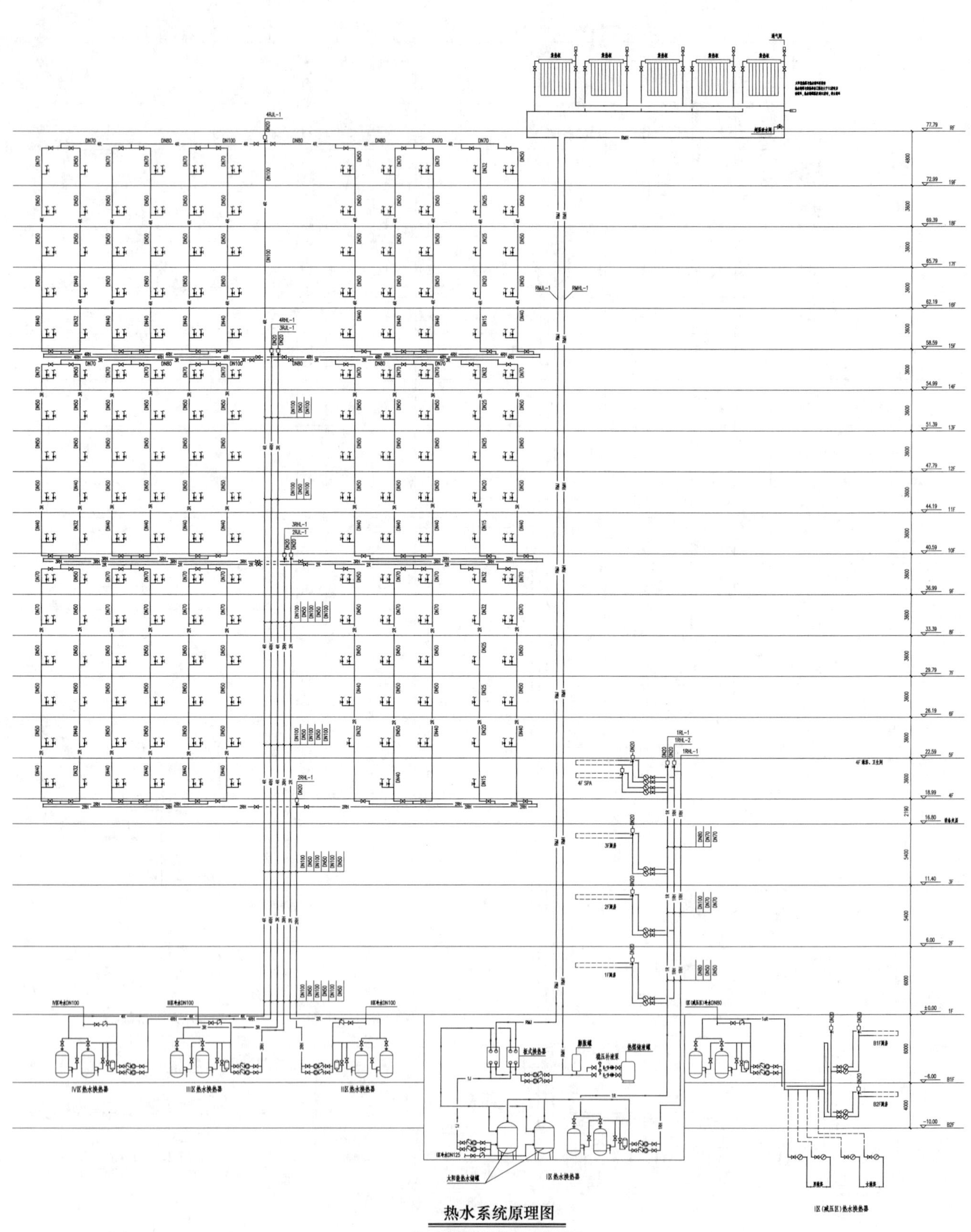

热水系统原理图

注：伸缩节设置详见系统图

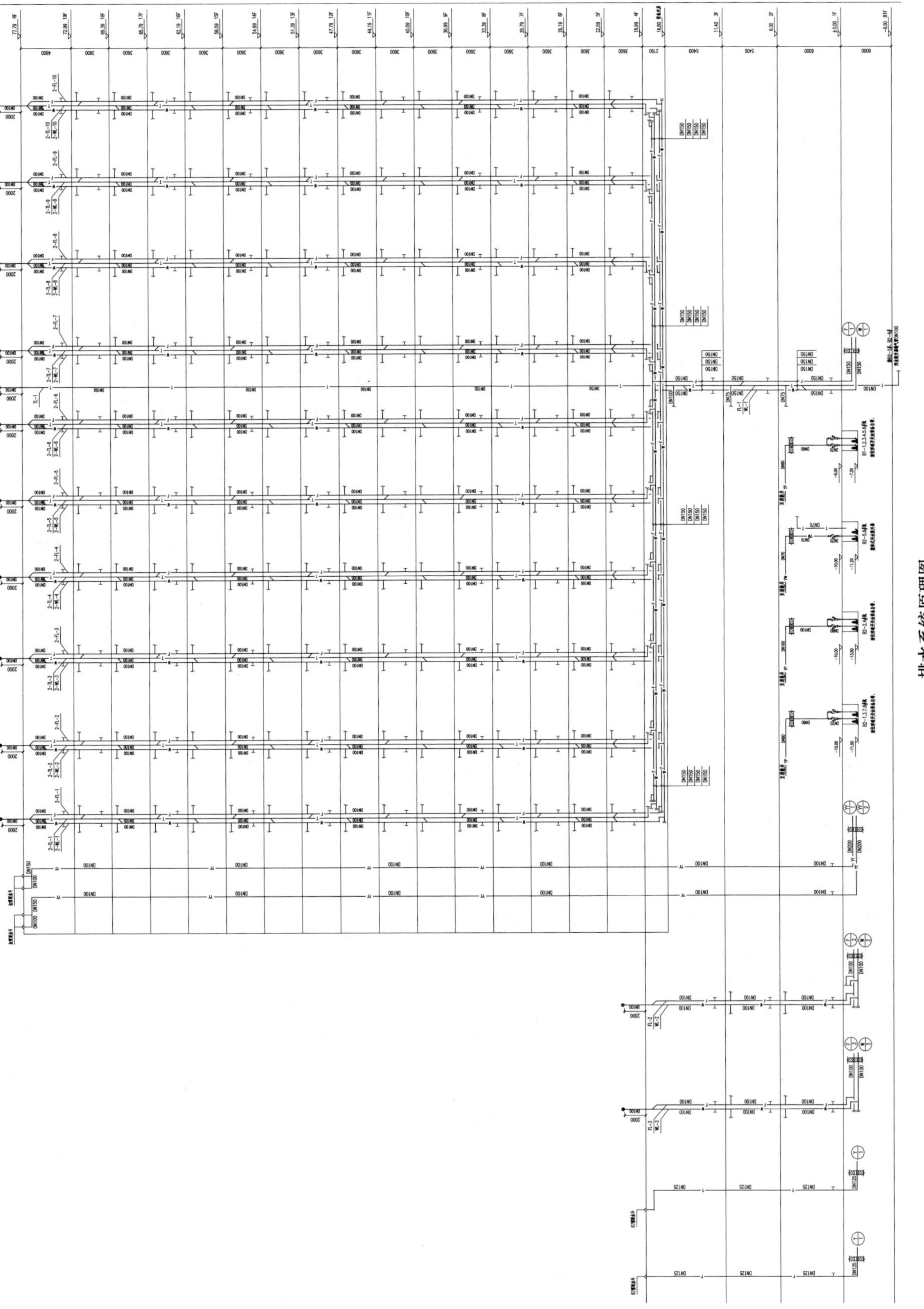

排水系统原理图

中国农业科学院哈尔滨兽医研究所综合科研楼项目

设计单位：中国中元国际工程有限公司
设 计 人：周力兵　赵薇　高敬　彭建明
获奖情况：公共建筑类　三等奖

工程概况：

哈尔滨兽医研究所新所区位于哈尔滨市南郊动力区，东侧为城市道路哈五路，北侧为城市道路松花路，隔路是省农科院园艺所用地，场地南侧与北辰公司相邻。

综合科研楼项目位于哈尔滨兽医研究所新所区北侧核心位置，处于院区中轴线上，临近位于哈五公路上的主入口西侧，项目呈U字形布局，沿中轴线对称。项目南侧、北侧与院区道路相邻，东侧与入口广场相邻，是该所知识创新基地的重要组成部分和核心地标性建筑，也是该所创建国际一流现代农业科研机构的重要研究平台。

项目总建筑面积45509m^3，建筑总高度为40.5m。地下1层，设有地下车库、洗衣房、清洗间及各设备用房；地上7层，其中首层设有会议厅，病理实验室，大、小实验室及辅助用房；二～六层为实验室及辅助用房；七层设有信息中心、阅览室等。

工程说明：

一、给水排水系统

（一）给水系统

1. 水源：由院区供水管网提供水源。院区北侧建有统一生活用水加压泵房，设两套供水系统提供低、高区生活用水，低区变频调速设备定压 H＝0.42MPa，高区变频调速设备定压 H＝0.70MPa。给水水箱总体积1000m^3。

2. 生活用水定额及用水量：见表1。

冷水生活用水量　　表1

序号	用水名称	用水定额	单位	用水单位数	单位	用水时数（h）	小时变化系数	用水量		备注
								昼夜（m^3/d）	小时最大（m^3/h）	
	低区									
1	办公	20	L/(人·班)	95	人	8	1.5	1.9	0.4	
2	实验人员	20	L/(人·d)	366	人	8	1.2	7.3	1.1	
3	实验用水	280	L/(组·d)	26	组	4	1.0	7.1	1.8	85组，30%使用

续表

序号	用水名称	用水定额	单位	用水单位数	单位	用水时数(h)	小时变化系数	用水量		备注
								昼夜(m^3/d)	小时最大(m^3/h)	
4	洗涮用水	1000	L/(组·d)	7	组	8	1.0	7.0	0.9	
5	0.4m^3 高压灭菌器	250	L/次	4	台	1	1.0	0.9	0.9	5台,70%使用
6	3.0m^3 高压灭菌器	750	L/次	1	台	1	1.0	1.1	1.1	2台,70%使用
7	2.5m^3 高压灭菌器	650	L/次	1	台	1	1.0	0.9	0.9	2台,70%使用
8	清洗机	140	L/次	1	台	1	1.0	0.1	2.0	2台,50%使用
9	洗衣房	80	L/kg干衣	120	kg	8	1.2	9.6	1.4	0.6kg/套 200套
	小计							35.9	10.4	
	高区									
10	实验人员	20	L/(人·d)	460	人	8	1.2	9.2	1.4	
11	实验用水	280	L/(组·d)	29	组	4	1.0	8.0	2.0	95组,30%使用
12	洗涮用水	1000	L/(组·d)	3	组	8	1.0	3.0	0.4	
	小计							20.2	3.8	
	合计							56.1	14.1	
13	未预见水量							5.6		最高日用水量的10%
	总计							61.7	14.1	

生活最高日用水量为61.7m^3/d，最大时用水量为14.1m^3/h。

3. 室内生活给水系统

（1）采用分区供水方式

低区：包括地下一层～三层、办公部分四～五层。由院区低区供水管道供水，供水压力0.4MPa。

高区：包括四层及四层以上部分（除办公部分四～五层以外）。由院区高区供水管道供水，供水压力0.6MPa。

首层病理实验室采用隔断水箱供水，隔断水箱设在三层。

（2）楼内给水管网呈支状布置。接入实验室的进水管上均加设倒流防止器。

（3）全楼用水分层计量。

4. 开水供应采用电开水器或饮水机供水方式。各层开水间内各设1台ZDK9-80型电开水器。电开水器带有保证使用安全的装置。

5. 管材

给水埋地管采用给水承插铸铁管，橡胶圈柔性接口，外壁刷石油沥青两道；架空管采用S30408薄壁不锈钢管及管件，环压或卡压连接。暗装管道采用覆塑不锈钢管。

（二）热水系统

1. 热源：由太阳能提供热源。

太阳能系统采用强制循环间接加热系统，由太阳能板、板式换热器、贮热水箱、循环泵等组成。太阳能系统作为一次换热热媒。太阳能集热板置于办公部分六层屋顶，其余设备设置于地下一层太阳能机房内。热水供水温度为60℃。

首层病理实验室化验盆、洗手盆采用电热水器方式提供热水。电热水器带有保证安全使用的装置。

2. 热水用水量：见表 2。

热水用水量 **表 2**

序号	用水名称	用水定额	单位	用水单位数	单位	用水时数(h)	小时变化系数	用水量		备注
								昼夜(m^3/d)	小时最大(m^3/h)	
	低区									
1	办公	10	L/(人·班)	95	人	8	1.5	1.0	0.2	
2	实验人员	10	L/(人·d)	366	人	8	1.2	3.7	0.5	
3	实验用水	130	L/(组·d)	26	组	4	1.0	3.3	0.8	85 组,30%使用
4	洗涮用水	500	L/(组·d)	7	组	8	1.0	3.5	0.4	
5	洗衣房	30	L/kg 干衣	120	kg	8	1.2	3.6	0.5	0.6kg/套 200 套
	小计							15.0	2.5	
	高区									
6	实验人员	10	L/(人·d)	460	人	8	1.2	4.6	0.7	
7	实验用水	130	L/(组·d)	29	组	4	1.0	3.7	0.9	95 组,30%使用
8	洗涮用水	500	L/(组·d)	3	组	8	1.0	1.5	0.2	
	小计							9.8	1.8	
	合计							24.8	4.3	
9	未预见水量							2.5		最高日用水量的 10%
	总计							27.3	4.3	

生活热水（60℃）最大日用水量为 27.3m^3/d；最大小时用水量为 4.3m^3/h。

3. 系统竖向分区

生活热水系统分区同给水，地下一层～三层为低区，四层及以上为高区。

4. 热水供水方式

热水供应系统采用下行上给式机械循环系统。供水温度为 60℃，回水温度为 55℃。各区分别由各自热水供水泵供水。

5. 冷、热水压力平衡措施、热水温度的保证措施

（1）合理选配热水供水泵组。

（2）优化合理地布置管道系统，达到配水均匀。热水供回水管加设补偿器。

（3）热水供回水管采用橡塑保温材料，减少热量流失。

6. 管材

热水供回水管采用 304 薄壁不锈钢管及管件，环压或卡压连接。暗装管道采用覆塑不锈钢管。

（三）中水系统

1. 中水水源：由院区中水管网提供。院区西侧中水处理站提供中水，供水压力 0.70MPa。

2. 中水用水量：见表 3。

中水用水量 表3

序号	用水名称	用水定额	单位	用水单位数	单位	用水时数(h)	小时变化系数	用水量		备注
								昼夜(m^3/d)	小时最大(m^3/h)	
1	办公	30	L/(人·班)	95	人	8	1.5	2.9	0.5	
2	实验人员	30	L/(人·d)	806	人	8	1.2	24.2	3.6	
	合计							27.0	4.2	
3	未预见水量							2.7		最高日用水量的10%
	总计							29.7	4.2	

中水最高日用水量为29.7m^3/d，最大时用水量为4.2m^3/h。

3. 中水供水方式

本楼中水用于冲厕。中水系统不设分区，按楼层计量。

4. 管材

中水管采用钢塑复合管，丝扣或沟槽式连接。

(四) 纯水系统

1. 本楼根据工艺专业要求设置纯水系统，以自来水为水源。

2. 系统设计参数：最大小时用量：2m^3/h，最大日用量：8m^3/d，出水水质：电导率2MΩ。

3. 纯水系统工艺流程如图1所示：

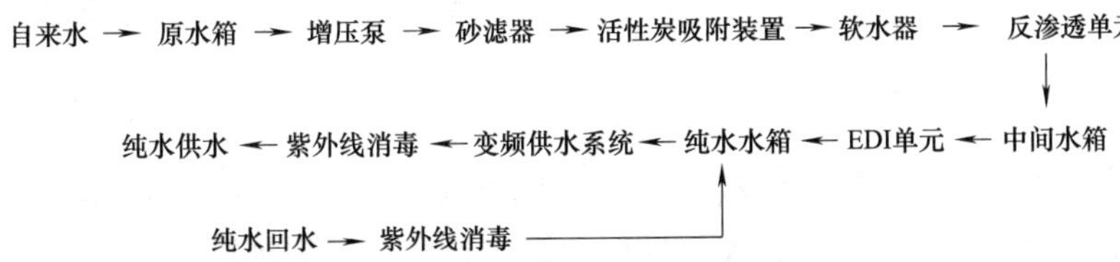

自来水 → 原水箱 → 增压泵 → 砂滤器 → 活性炭吸附装置 → 软水器 → 反渗透单元
↓
中间水箱 → EDI单元 → 纯水水箱 → 变频供水系统 → 紫外线消毒 → 纯水供水
纯水回水 → 紫外线消毒 → 纯水水箱

图1 纯水系统工艺流程

4. 管材

纯水管采用316L不锈钢管及管件，焊接式连接。

(五) 排水系统

1. 排水系统的形式

实验废水与生活污水采取分流制；室内生活排水系统采用污、废合流制。

2. 透气管的设置方式

室内生活排水系统立管采用单管制，排水立管伸出屋面通气。

3. 采用的局部污水处理设施

生活污水直接排至院区污水管网，经污水处理站处理达标后排入市政管网。

实验废水、清洗废水直接排至院区废水管网，作为院区中水原水，进入院区中水处理系统。

酵母发酵实验室、酵母双杂交实验室及其洗消间排水管道单独设置。

4. 管材

重力排水管采用机制柔性排水铸铁管，压力排水管采用焊接钢管，焊接或法兰连接。

二、消防系统

（一）院区消防概况

院区北侧建有一座消防泵房供全院区消防使用，其内设有消防水池、室内消火栓泵及自动喷水泵，消防水池总容积 1060m^3。室内消火栓泵型号 XBD50-90-HY，Q=50L/s，H=0.90MPa，N=75kW，两台水泵 1 用 1 备；自动喷水泵型号 XBD40-90-HY，Q=40L/s，H=0.90MPa，N=75kW，两台水泵 1 用 1 备。

本工程为建筑高度不超过 50m 的一类高层建筑，耐火等级为一级，为院区内最高建筑。室外设消火栓系统；室内设有消火栓系统、自动喷水系统、气体灭火系统以及灭火器设施。

（二）消防用水量

消防水量见表 4。

消防用水量统计　　表 4

序号	用水名称	消防系统	设计用水量(L/s)	火灾延续时(h)	一次消防用水(m^3)
1	室内消防	消火栓	30	3	324
		自动喷水	27.7	1	99.7
2	室外消防	消火栓	30	3	324

按同时开启室内外消火栓及自动喷水系统考虑，消防用水总量为 747.6m^3，其中室内最大消防用水量为 423.7m^3。

（三）消火栓系统

1. 室外消防系统

室外消防给水由院区室外消防合用管网供给，在环状管网上设若干地下式消火栓，用于室外消防及室内消防水泵结合器取水，室外消火栓的间距不应大于 120m，消火栓距路边不应大于 2m，距房屋外墙不宜小于 5m。

2. 室内消火栓系统

经复核，院区消防泵房设施能满足本楼消防需要，因本楼为全院最高建筑，故在本楼屋顶设屋顶水箱间，屋顶水箱有效容积 V=20m^3，以满足火灾初期的消防水量。因屋顶水箱的设置高度不能满足最不利点消火栓的静水压力，故在屋顶水箱间内增设一套增压稳压设备，设备型号为：50KDL18-10×3 型水泵两台，1 用 1 备，单台水泵参数：Q=18m^3/h，H=0.30MPa，N=3kW，气压罐型号：SQL1000×0.6，调节容积为 300L。

本楼消火栓系统由院区室内消火栓环管上引出 2 根 DN150 的干管接至楼内，消火栓管道系统均竖向呈环。在室外设 2 组 DN150 地下式消防水泵接合器。

消火栓选用 SN65 的消火栓（19mm 水枪，水龙带 L=25m），和 DN25 的水喉（6mm 水嘴，L=30m 的胶管）。消火栓出口压力超过 0.5MPa 时，采用减压稳压消火栓。

消防电梯底部设有消防排水集水坑，内设两台 80WQ40-15-4 型潜水泵，1 用 1 备，单台水泵参数：Q=40m^3/h，H=15m，N=3kW。

3. 消火栓给水管采用内外热浸镀锌钢管，管径大于或等于 DN50 时采用沟槽连接方式。

（四）自动喷水系统

楼内除不适用于用水消防的部位外均设有自动喷水灭火系统。地下一层采用预作用系统，其他部分采用湿式灭火系统。

自动喷水系统由院区自动喷水环管上引出 2 根 DN150 的干管接至楼内，在报警阀前呈环状布置，地下一层报警阀间内设置 7 组报警阀，由各报警阀上压力开关控制自动喷水泵启动，消防控制中心遥控，水流指示器指示楼层或防火分区。在室外设 2 组 $DN150$ 消防水泵接合器。

因屋顶水箱的供水不能满足系统最不利点喷头的最低工作压力和喷水强度，故设一套加压设备，设备型号为：25KDL3-10×4 型水泵两台，1 用 1 备，单台水泵参数：$Q=3.6\mathrm{m}^3/\mathrm{h}$，$H=0.40\mathrm{MPa}$，$N=1.5\mathrm{kW}$，气压罐型号：SQL800×0.6，调节容积为 150L。

本工程采用普通下垂型喷头。喷头温级均为 68℃。地下车库喷头按中危险Ⅱ级标准设置，地上部分喷头按中危险Ⅰ级标准设置。

自动喷水管采用内外热浸镀锌钢管，管径小于 $DN100$ 时采用丝扣连接方式；管径大于或等于 $DN100$ 时采用沟槽连接方式。

（五）气体灭火系统

地下 1 层变配电所及七层信息中心采用七氟丙烷气体灭火，设计采用全淹没灭火系统的灭火方式。灭火系统的控制方式为自动、电气手动、机械手动三种。防护区应设泄压口。

地下 1 层变配电室采用预制灭火系统，灭火设计浓度为 9%，喷射时间为 10s，设置 1 个自动泄压阀，型号：FXY-Ⅲ型。

7 层信息中心采用预制灭火系统，灭火设计浓度为 8%，喷射时间为 8s，设置 1 个自动泄压阀，型号：FXY-Ⅲ型。

（六）灭火器配置

本工程室内灭火器按照 A 类火灾严重危险等级配置手提式磷酸铵盐干粉灭火器，单具灭火器最小配置灭火级别为 3A，单位灭火级别最大保护面积为 $50\mathrm{m}^2/\mathrm{A}$；地下车库按 B 类中危险等级设置；变配电所及弱电间按照 E 类中危险等级配置灭火器，其配置基准不低于该场所内 A 类火灾的规定。

三、工程特点及设计体会

1. 本项目于 2014 年被评为三星级绿色建筑，是国内首个获得绿色建筑三星认证的大型实验室建筑，也是黑龙江省首个绿色三星级项目。给水排水专业通过太阳能系统及中水系统的设计，使建筑的使用达到节能效果。太阳能取之不尽用之不竭，是洁净的绿色能源，开发利用太阳能既可节约能源，为企业提高经济效益，又可减少常规能源的消耗和对环境的污染，有较大的经济效益和社会效益。太阳能集热器使用安全，无公害、无污染、免人操作。

2. 本项目利用中水进行冲厕及绿化，非传统水源利用率为 64.9%。

四、工程照片及系统图

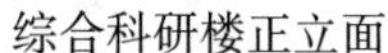

综合科研楼正立面

入口大厅

绿色建筑设计标识
GREEN BUILDING DESIGN LABEL

三星级绿色建筑设计标识证书
CERTIFICATE OF GREEN BUILDING DESIGN LABEL

公共建筑　　NO.PD 30801

建筑名称：中国农业科学院哈尔滨兽医研究所综合科研楼项目

建筑面积：4.55万m^2

完成单位：中国中元国际工程有限公司

评价指标	设计值
建筑节能率	55.90%
可再生能源利用率	33.00%的生活热水量
非传统水源利用率	64.90%
住区绿地率	公共建筑不参评
可再循环建筑材料用量比	10.37%
室内空气污染物浓度	设计阶段不参评
物业管理	设计阶段不参评

说明：

1. 评价依据《绿色建筑评价标准》（GB/T50378-2006）；
2. 此证只证明建筑的规划和设计达到《绿色建筑评价标准》（GB/T50378-2006）三星级水平；
3. "评价指标"值为代表性绿色建筑评价指标值，整体评价要阅《绿色建筑设计标识评审意见》。

有效期限：2014年09月15日-2015年09月14日　签发日期：[illegible]09月15日

中华人民共和国住房和城乡建设部

绿色建筑三星级设计认证证书

实验室内景

紧急淋浴处

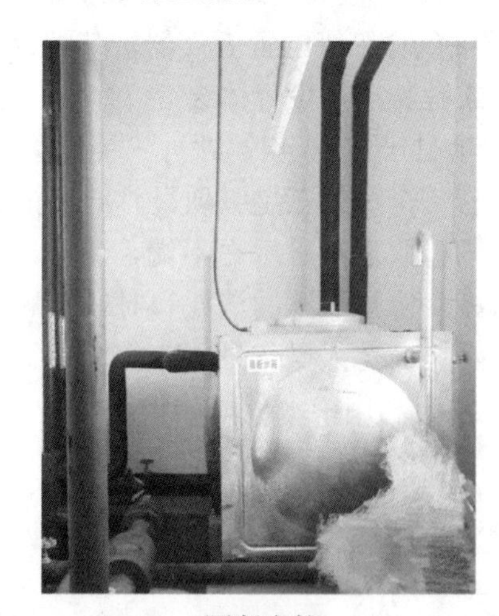

隔断水箱

屋顶太阳能集热器

热水机房

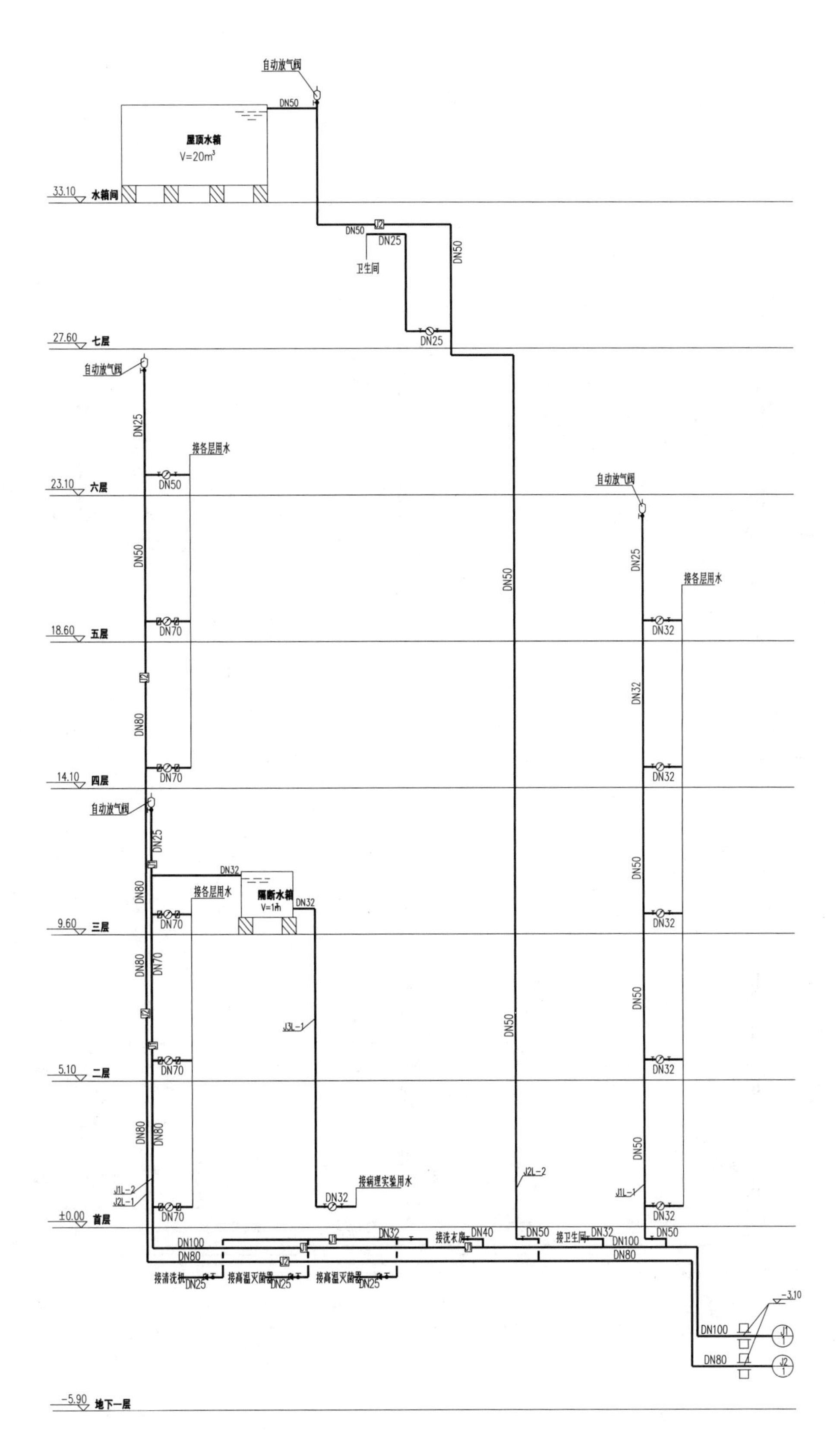

给水管道系统原理图

(非通用图示)

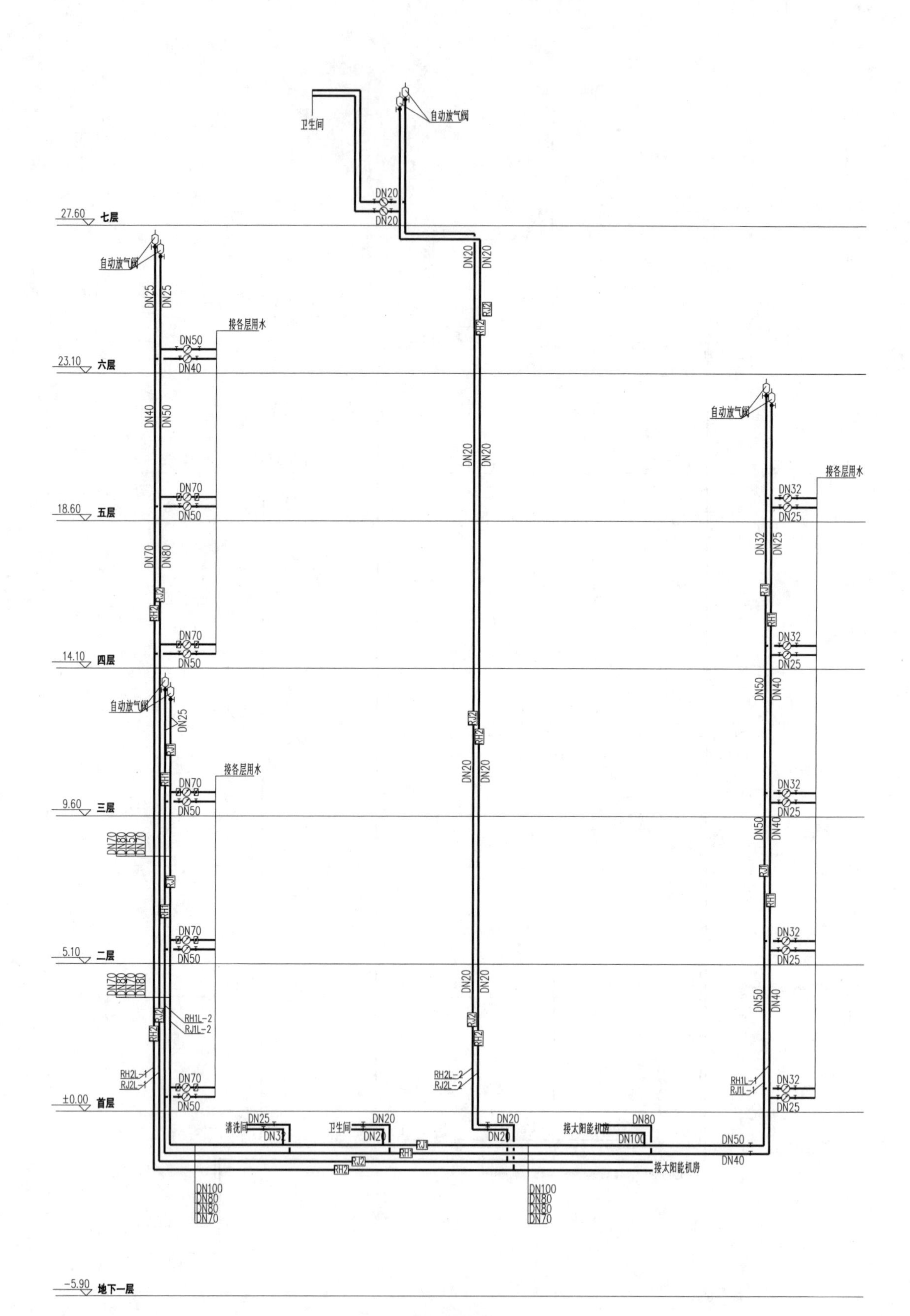

热水管道系统原理图

(非通用图示)

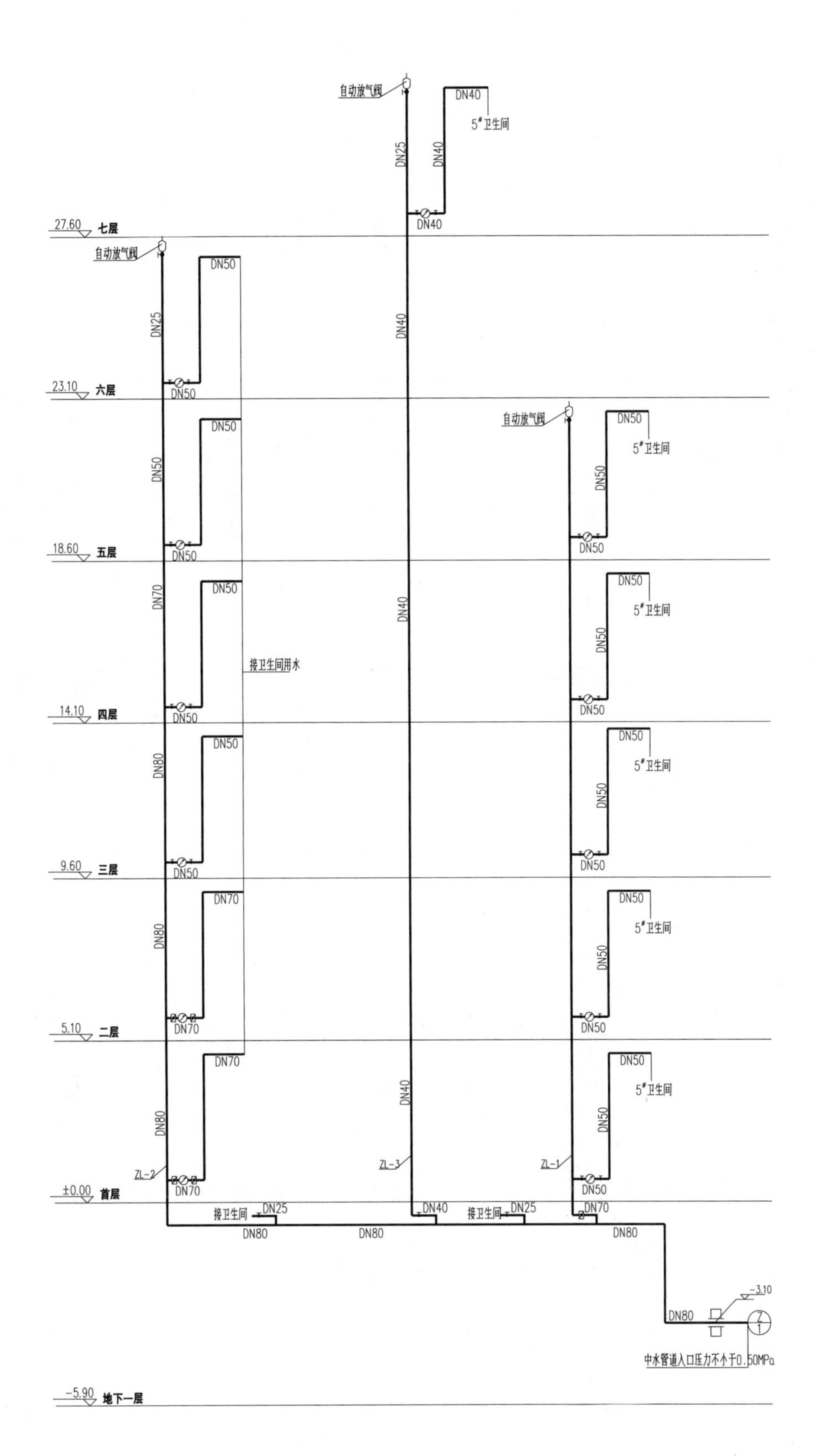

中水管道系统原理图

(非通用图示)

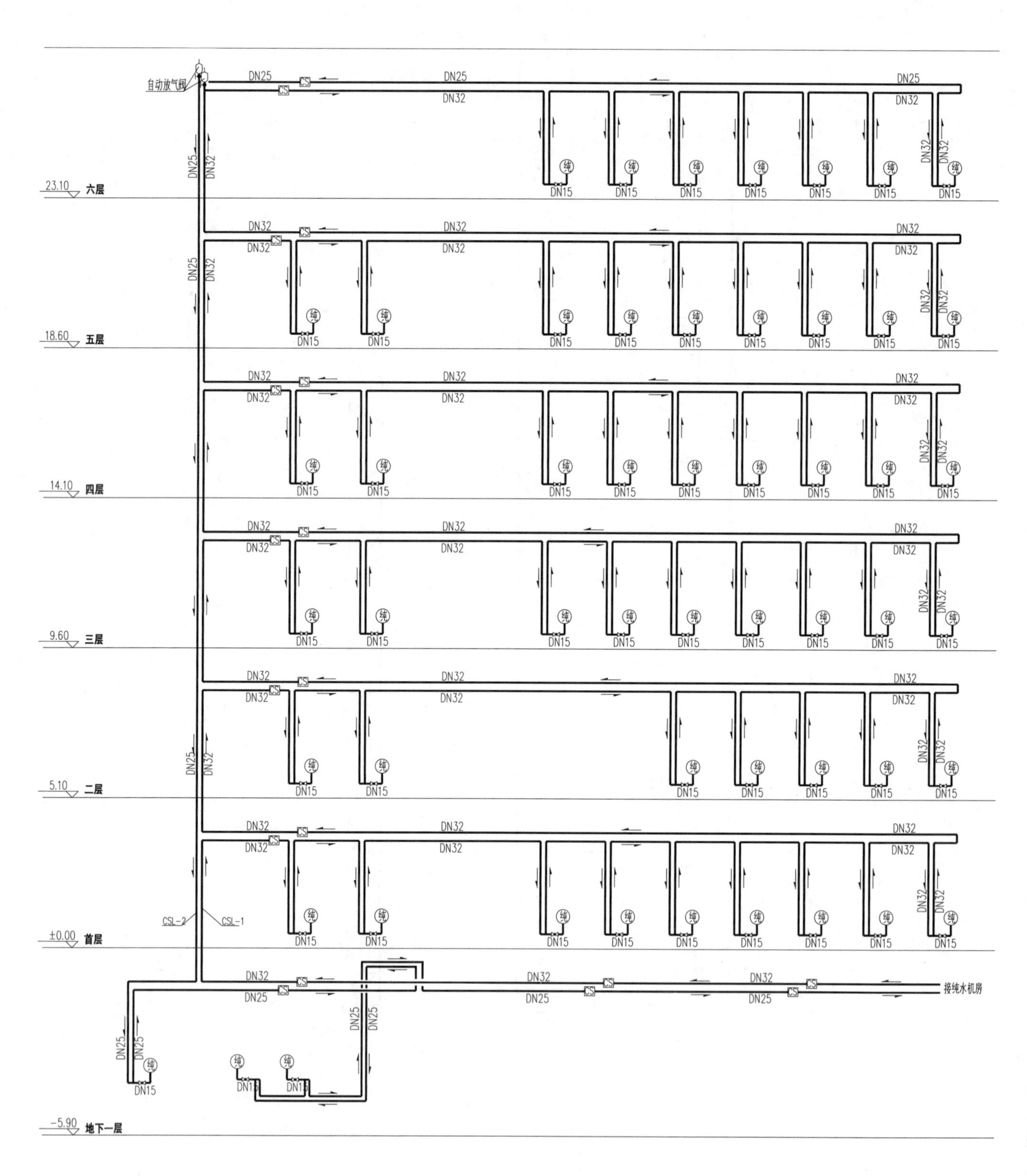

纯水管道系统原理图

(非通用图示)

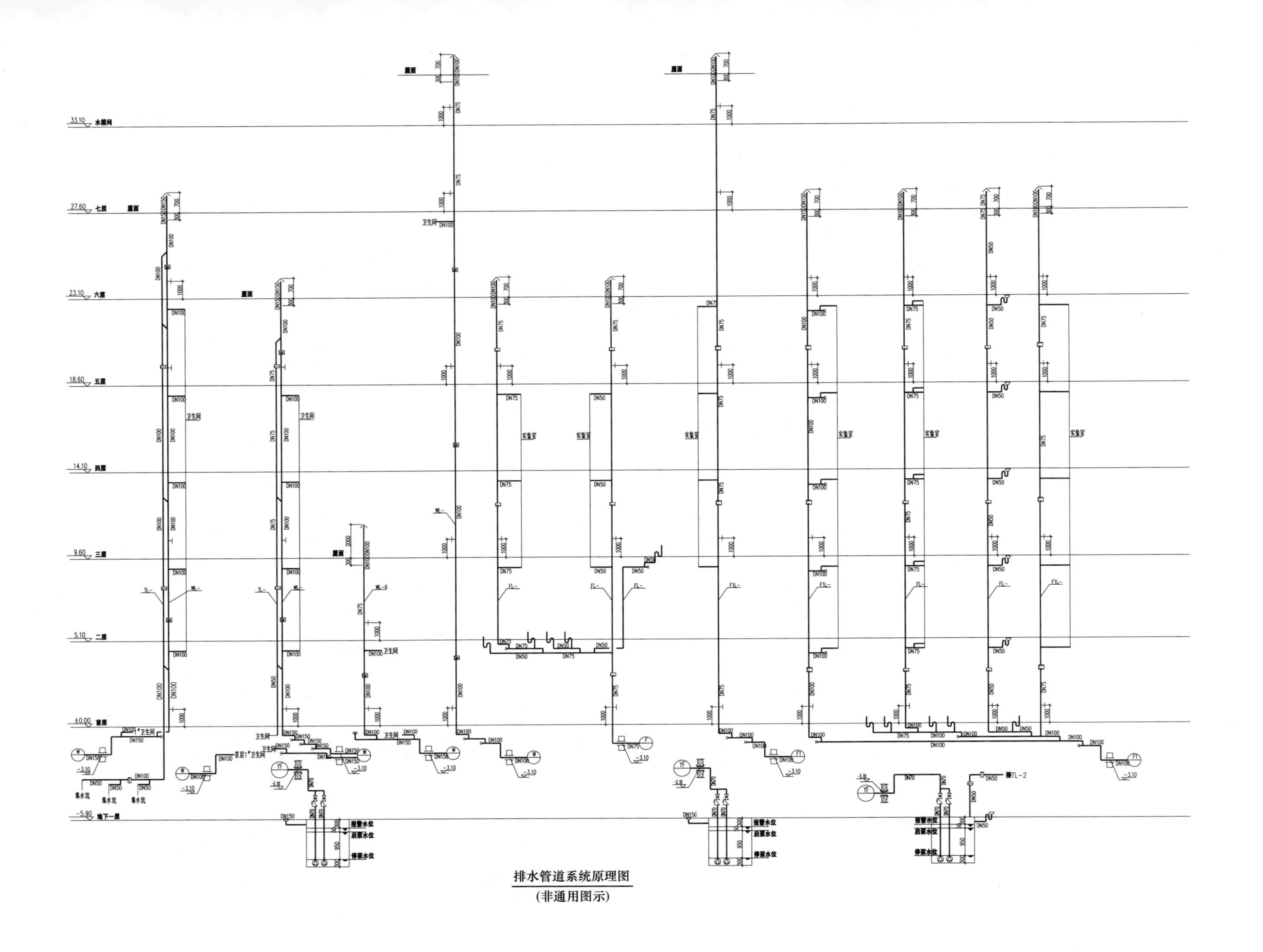

排水管道系统原理图
(非通用图示)

接生活加压泵
DN50
屋顶水箱
V=20m³
自动喷水系统增压泵
气压罐
DN70
DN100
XHL-0
试验用消火栓

33.10 水箱间
27.60 七层
23.10 六层
18.60 五层
14.10 四层
9.60 三层
5.10 二层
±0.00 首层
-5.90 地下一层

XHL-1 XHL-2 XHL-3 XHL-4 XHL-5 XHL-6 XHL-7 XHL-8 XHL-9 XHL-10 XHL-11 XHL-12 XHL-13 XHL-14 XHL-15 XHL-16 XHL-17 XHL-18 XHL-19 XHL-20
DN100 DN150 DN70

-3.10
XH 2
XH 1
接院区消火栓管网
消火栓入口压力为0.70MPa
接室外水泵接合器
-3.10

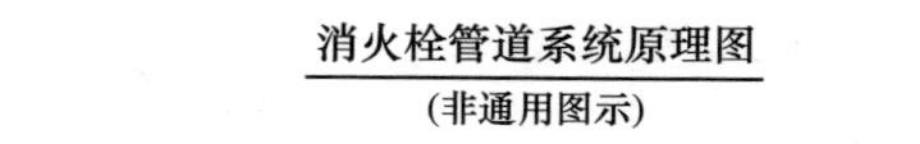

消火栓管道系统原理图

(非通用图示)

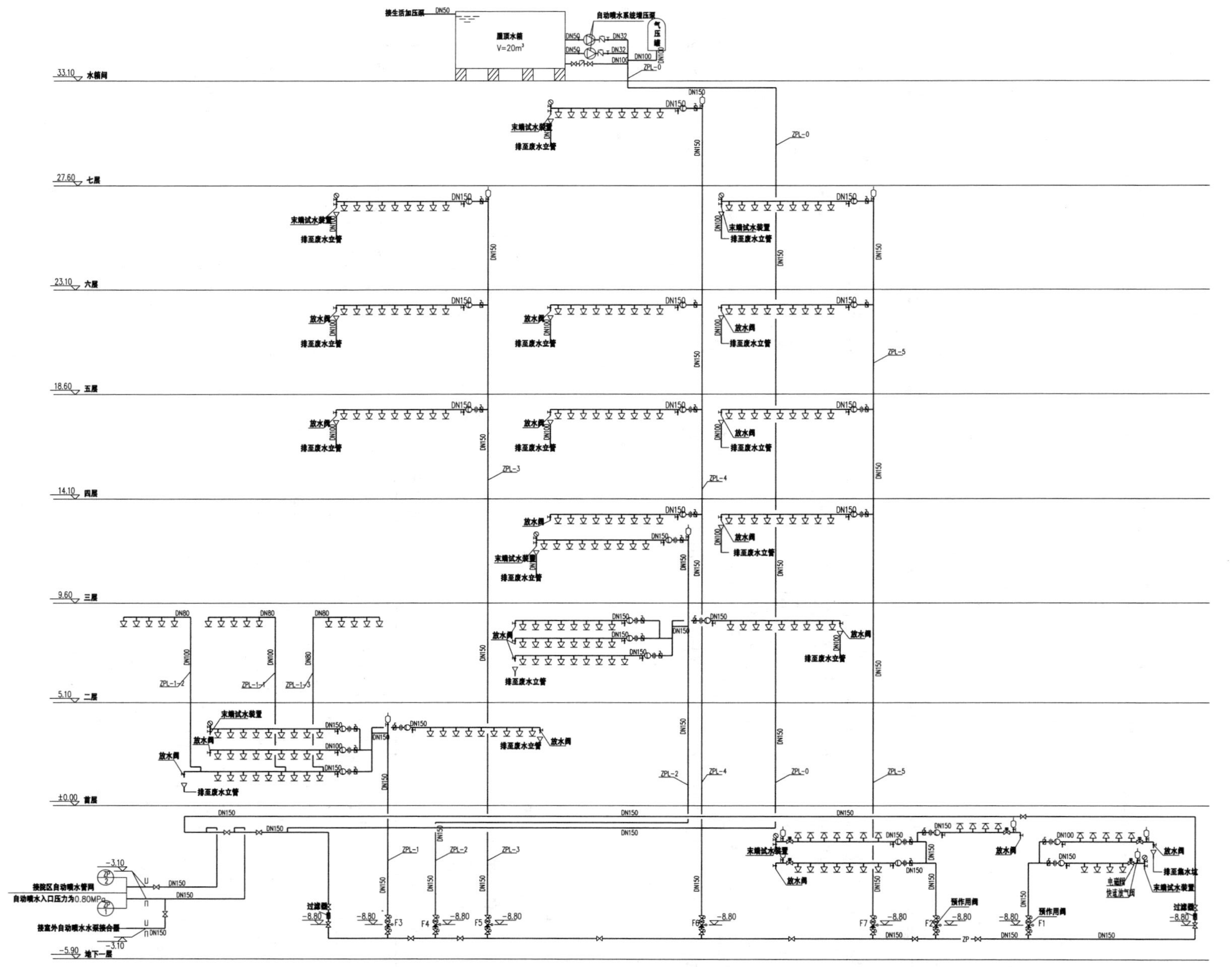

自动喷水管道系统原理图
(非通用图示)

卧龙自然保护区都江堰大熊猫救护与疾病防控中心

设计单位： 中国建筑西南设计研究院有限公司
设 计 人： 李波　杜欣　李静
获奖情况： 公共建筑类　三等奖

工程概况：

卧龙自然保护区都江堰大熊猫救护与疾病防控中心位于青城山镇石桥村，是公益性的大熊猫科研保护、救护与疾病防控基地。占地约 51hm^2，总建筑面积 12428.06m^2。兽医院、疾病研究大楼、大熊猫圈舍、大熊猫运动场、大熊猫管理用房、大熊猫饲料制作用房、游客中心、行政办公楼、职工工作周转用房等，均为单层多多层公共建筑，最高建筑高度 11.48m。

地块东部沿道路边区域地势较低，为大熊猫救护与检疫区、大熊猫疾病防控与研究区、公众接待与科普教育区和办公与后勤服务区等。地块西部为山地，地势较高，为自然植被区和大熊猫康复与训练饲养区。

工程说明：

一、给水排水系统

（一）给水系统

1. 冷水用水量（表 1）

冷水用水量　　表 1

序号	建筑物	用水项目	人数/使用数	最高日用水定额（L/（人·d））	最高日用水量（m^3/d）	小时变化系数	使用时间（h）	最高时用水量（m^3/h）
1	监护兽舍	医护用水	7	150	1.05	1.5	8	0.20
2	疾病防控研究中心	试验用水	20	310	6.20	1.5	8	1.16
3	兽医院	医护用水	10	150	1.50	1.5	8	0.28
4	办公楼	办公用水	20	50	1.00	1.5	8	0.19
5	游客中心	游客	2000	6	12.00	1.5	8	2.25
		快餐	220	20	4.40	1.5	12	0.55
		工作人员	10	60	0.60	1.5	8	0.11
6	职工周转房用房	生活用水	60	200	12.00	3	24	1.50
7	食堂、活动中心	餐饮	180	20	3.60	1.5	8	0.68
		工作人员	11	60	0.66	1.5	8	0.12
8	饲养管理用房(3套)	人员用水	16	300	4.80	2	8	1.20

续表

序号	建筑物	用水项目	人数/使用数	最高日用水定额（L/(人·d)）	最高日用水量（m^3/d）	小时变化系数	使用时间（h）	最高时用水量（m^3/h）
9	饲料制作及竹子堆放	人员用水	8	300	2.40	2	8	0.60
		生产用水			4.00	1	8	0.50
10		管网漏失及不可预见	以上各项之和的10%		5.42			0.93
11		绿化及道路浇洒用水	15000	1	15	1	8	1.88
12	熊猫圈舍	熊猫饮用	40只	3000	120.00	1	12	10.00
		地面冲洗	40只	300	12.00	1.5	8	2.25
13	总计	（不含圈舍区）			74.63			12.15
		含圈舍区			206.63			24.40

2. 水源

水源为市政自来水，由距地块南端约1000m的大观镇自来水厂提供。自来水水质满足国家饮用水水质要求。

在市政给水管道上，接入一根*DN*150的供水管，并围绕科研区建筑形成*DN*150的环网，保证本工程用水的安全可靠。

在市政引入管上设总水表计量。

市政水压在地块引入管处为0.30MPa。

3. 系统竖向分区

地块东部科研区域的各建筑为低区；地块西部区域的熊猫圈舍区为高区。

4. 供水方式及给水加压设备

低区充分利用市政给水管道的压力，由市政给水管道直接供水。高区由于市政给水管道的压力不足，需设置二次加压供水系统。设转输水池，采用水泵从水池吸水供至本区域的高位水池。高位水池接出供水管，以重力流的方式供水至各用水点。同时在高位水池设置消毒装置，以保证二次供水的水质。高位水池供水区域含熊猫圈舍及三套管理员用房、公厕等。其最高日用水量为124.8m^3/d。最高日最大时用水量为11.25m^3/h。

转输水池有效容积按高位水池供水区域用水量的20%确定，为25m^3。

高位水池有效容积按最大时用水量确定，为12m^3。

转输泵型号：Q=15.2m^3/h，H=68m，N=7.5kW。

5. 管材

室外给水管采用刚性接口给水铸铁管，管道公称压力为1.25MPa，承插连接。室内给水管采用内筋嵌入式衬塑钢管，管道公称压力为1.0MPa，卡环连接。

（二）热水系统

1. 热水用水量

职工周转用房住宿卫生间、兽医院淋浴间等部位。热水日最高日用水定额80L/(人·d)。最高日用水量1.8m^3（以60℃热水计）。

2. 热源

热源采用空气源热泵热水器提供洗浴热水。

3. 系统竖向分区

均为分散热水系统，其中每间宿舍采用一台 RMRB-01JR-100 型空气源热泵供应热水。水箱容积为100L，额定制热量3.1kW。兽医院淋浴间共两个淋浴头，选用一台 RMRB-01JR-300 型空气源热泵供应热水，水箱容积为300L，额定制热量4.7kW。

4. 管材

室内给水管采用内筋嵌入式衬塑钢管，管道公称压力为1.0MPa。卡环连接。

(三) 中水系统

1. 中水水量

雨水经处理后主要用于绿化浇洒，景观补水，卫生间冲厕，熊猫兽舍地面冲洗等用途，其用水量计算见表2：

中水用水量　　表2

序号	建筑物	用水项目	人数/使用数	平均日用水定额（L/(人·d)）	平均日用水量（m^3/d）	用水天数（d）	年总用水量（m^3/年）	中水使用率（%）	年中水量（m^3/年）
1	监护兽舍	医护用水	7	130	0.91	365	332.2	13	43.2
2	疾病防控研究中心	科研用水	20	130	2.6	365	949	13	123.4
3	兽医院	医护用水	10	130	1.3	365	474.5	13	61.7
4	办公楼	办公用水	20	25	0.5	250	125	66	82.5
5	游客中心	游客	2000	3	6	365	2190	66	1445.4
		快餐	220	15	3.3	365	1204.5	7	84.3
		工作人员	10	40	0.4	365	146	66	96.4
6	职工周转房用房	生活用水	60	110	6.6	365	2409.0	21	505.9
7	食堂、活动中心	餐饮	180	15	2.7	365	985.5	7	69
		工作人员	11	40	0.44	365	160.6	66	106
8	饲养管理用房(3套)	人员用水	16	170	2.72	365	992.8	66	655.2
9	饲料制作,竹子堆放	人员用水	8	170	1.36	365	496.4	66	327.6
		饲料生产用水	—	—	4	365	1460	0	0
10	大熊猫圈舍(30套)	地面冲洗	30只	100	3	365	1095	100	1095
11	绿化及道路	绿化用水	$10000m^2$	$0.12m^3/(m^2\cdot$年)			1200	100	1200
		道路广场浇洒	$5000m^2$	0.5	2.5	30	75	100	75
	总计						14295.5	41.8	5970.6

雨水收集利用系统的年雨水量按《民用建筑节水设计标准》GB 50555—2010 中5.2.4条计算：

$W_{ya}=0.6\times10\Psi_c h_y F=10\times0.15\times947\times10.3=8778m^3$，可满足用水要求。

其中：0.6——除去不能形成径流的降雨、弃流雨水等外的可回用系数；

W_{ya}——雨水设计径流总量（m^3）；

Ψ_c——径流系数，取0.15；

h_y——常年降雨厚度，根据成都气象局统计资料成都地区常年的年降水量为947mm；

F——汇水面积，西部山谷及景观水体上游部分汇水面积共约$10.3hm^3$。

雨水贮存设施体积计算 **表3**

月份	1	2	3	4	5	6	7	8	9	10	11	12	总计
降水量(mm)	6	11	21	51	89	111	236	234	118	46	18	6	947
收集雨水量(m^3)	55	101	198	470	821	1032	2183	2170	1094	430	171	54	8779
绿化用水量(m^3)				120	240	240	120	120	120	120	120		1200
其他用水量(m^3)	398	398	398	398	398	398	398	398	398	398	398	398	4770
总用水量(m^3)	398	398	398	518	638	638	518	518	518	518	518	398	5970
差额(m^3)	343	296	199	48						87	347	344	

根据表3中计算，雨水收集池体积为10月到次年4月的“收集雨水量与用水量差额”之和，为1664m^3。经测算，除去景观最低水位下的不可利用部分，山区雨水塘和景观水池的有效容积仍有约2000m^3，完全满足雨水收集的要求。

2. 中水竖向分区

为节约能源，中水供水系统采用分级调蓄的方案，根据地形和蓄水池位置分为高、低两个区。雨水塘堤坝下游附近设一套处理设备，供周边15个圈舍及管理用房、公厕等非传统水源用水。在东部建筑区景观水体旁（与消防水泵房合建）设一套处理设备，供各建筑及绿化浇洒非传统水源用水。高区和低区变频装置供至各建筑用水点，场地浇洒及绿化采用专用变频给水泵。

3. 供水方式及给水加压设备

地块西部山谷中的熊猫圈舍，管理员用房等采取变频供水的方式，其水泵流量按秒流量设计。西部共有熊猫圈舍20套，管理员用房及公厕各三处。圈舍冲洗水嘴。按当量法计算秒流量为8L/s。选取生活变频给水泵AAB30-0.44-2-5.5一套。Q=30m^3/h，H=44m，N=5.5kW。

东部区域的各建筑的中水采用中水地区变频系统供给。其水泵流量按秒流量设计为4.2L/s。选取生活变频给水泵AAB15-0.30-2-2.2一套。水泵性能Q=15m^3/h，H=30m，N=2.2kW。

此外场地浇洒及绿化选用变频给水泵AAB30-0.44-2-5.5一套。Q=30m^3/h，H=44m，N=5.5kW。

4. 工艺流程：雨水→水体→过滤→消毒→清水池→回用。

因所收集径流区域的原始植被完好，雨水水质较好，故采用“过滤+消毒”的处理流程。雨水处理机房水泵从水体水中抽水，经砂缸过滤，次氯酸钠消毒后进入清水池。处理后的水质达到《城市污水再生利用 城市杂用水水质》GB/T 18920的要求。为了保证贮水的水质，在清水池内设置水池自洁消毒装置。清水池按照雨水利用系统最高日设计用水量的25%～35%设计。处理设备按每天10h运行设计，处理水量为最高日雨水用水量。

5. 管材

室外给水管采用刚性接口给水铸铁管，管道公称压力为1.25MPa。承插连接。室内给水管采用内筋嵌入式衬塑钢管，管道公称压力为1.0MPa。卡环连接。

（四）排水系统

1. 排水系统形式

本工程的排水对象主要为各卫生间的生活污水、厨房含油污水、大熊猫兽舍的粪便污水及地面清扫污水。兽医院所产生的医疗污水，无放射性污水排出。设计上采用雨、污分流的排水体制，对上述排水对象分别组织排放。

地块的南边大观镇有市政污水管道。距地块南端约500m，本地块的污水经处理后通过管道最终排入该市政污水检查井。地块东面有水渠。超过园区内调蓄能力的雨水分几处排入雨水渠中。

项目场地可分为西部山区和东部建筑区，山区中原有天然沟渠和雨水塘等天然水体，建筑区北高南低，最南端有大片湿地，地广人稀，降雨量充沛，植被完好。结合地形，水体等因素统一规划了雨水调蓄排放和回收利用系统，利用现有冲沟水体和湿地等作为雨水调蓄池，地块共设三级调蓄措施。山区雨水因地势就近流入沟渠，通过沟渠、溪流等汇入山区雨水塘（一级调蓄）；超过雨水塘调蓄能力的雨水通过堤坝上方的溢流设施（第一级溢流）继续沿沟渠向下，同时汇集沿途雨水流入建筑区的景观水体（二级调蓄）。大流量雨水通过溢流设施（二级溢流）排入东面的水渠中。考虑到疾控中心等可能存在污染，建筑区雨水不做回用，利用植被浅沟就近排入沟渠，汇集至现状湿地（二级调蓄）。湿地的溢流水通过溢流口等措施（三级溢流）排入场地东侧水渠。共有山区雨水塘、人工景观水体和现状湿地三级调蓄水体如图1所示：

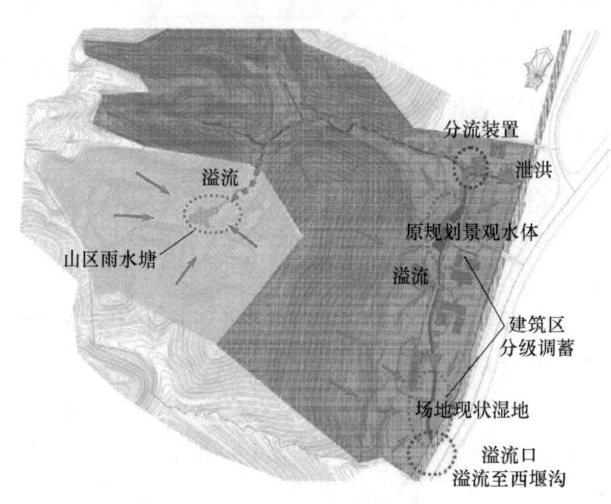

图1　雨水分级调蓄示意图

2. 透气管的设置方式

卫生间采用伸顶通气立管的排水方式，底层污水单独排出。熊猫圈舍地面冲洗污水排入地沟，在地沟内设地漏排入室外污水管道。

3. 污水处理设施

（1）根据环评报告要求，兽医院及疾病控制中心、监护兽舍产生的医疗污水需进行处理后排入市政污水管网。采用WSZ-A型医院专用配套污水处理设备一套，其污水处理能力为60m^3/d（分为两个并联的处理系统，每个系统可独立运行），平面尺寸为7200×2200（mm）。处理达到《医疗机构水污染物排放标准》GB 18466—2005预处理标准后进入市政污水管网。污水处理设备设在地块南部，靠近现状湿地。

（2）根据环评报告要求，公众接待区和办公后勤区的生活污水以及西边山谷中大熊猫圈舍区的兽舍，管理员用房和公厕等产生的污水均需进行处理后排入市政污水管网。采用TWZ型专用配套污水设备处理。在地块南部靠近现状湿地处设置一套地埋式一体化污水处理设备，污水处理能力50m^3/d，平面尺寸为8500×6600（mm）。污水通过管道收集后进入该设备处理，处理后的污水达到《污水综合排放标准》GB 8978—96中的三级标准后排入市政污水管网。

（3）游客中心及职工食堂一层厨房的含油污水经隔油池进行隔油处理，隔油池选用2型砖砌隔油池，每处一座，每座有效容积1.5m^3。经隔油处理后进地埋式一体化污水处理设备处理。

（4）所有经处理的污水最终通过市政污水管网进入大观污水处理厂进行处理。根据市政资料，现状市政污水管道离地块南端约500m。污水管道排出用地红线以外至市政污水井的部分需由建设单位与当地市政部门协调解决。

4. 管材

兽医院室内污雨水管道均采用建筑排水用柔性接口铸铁管，法兰承插式连接。其他建筑单体室内污，雨水管道采用PVC-U塑料排水管，粘接。

室外污水和雨水管采用硬聚氯乙烯（PVC-U）双壁波纹塑料排水管，环刚度≥8kN/m^2，承插橡胶圈接口。

二、消防系统

（一）消火栓系统

1. 消防水量及贮存

本地块同一时间内的火灾次数为1次。

地块内各建筑的高度均小于24m，为多层民用建筑。根据《建筑设计防火规范》GB 50016—2006，需设置室内消火栓系统的建筑为：疾病防控研究中心、游客中心、兽医院。其余建筑不设置室内消火栓系统。各建筑均不设置自动喷水灭火系统。

室内消火栓消防用水量为10L/s，火灾延续时间2.0h，一次灭火用水量72m^3；

室外消火栓消防用水量为20L/s，火灾延续时间2.0h，一次灭火用水量144m^3。

消防储水池贮存消防用水的有效容积为216m^3，设在地块东部适中的位置。

屋顶消防水箱贮存消防用水的有效容积为6m^3，设在游客中心。

2. 室外消火栓系统

室外消防用水由消防水池和室外消火栓提供。消防水池设有供消防车取水的取水口。在室外给水环网上设置室外消火栓，其间距不大于120m，保护半径不大于150m。

3. 室内消火栓系统

室内消防给水系统采用临时高压制消防体系，设置消防给水加压系统。设消火栓消防泵，该泵从消防水池吸水，供至室内消火栓消防环网。在消防环网上设室内消火栓。消防水泵采用消防专用水泵，水泵性能曲线平滑无驼峰。选用立式泵XBD（HL）4/10，1用1备。消防水泵的主要性能为：Q=10L/s，H=40m，N=7.5kW。

4. 主要消防管材

室内消火栓系统的室内部分采用热镀锌钢管，室外部分采用焊接钢管。

（二）建筑灭火器

根据不同的部位及其危险等级配置建筑灭火器。灭火器为手提式，灭火剂为磷酸铵盐干粉。火灾种类、危险等级见表4：

火灾种类危险等级　　表4

配置部位	危险等级	火灾种类	配置部位	危险等级	火灾种类
监护兽舍、疾病控制研究中心、兽医院、办公	中危险级	A	游客中心、餐厅、活动室	中危险级	A
厨房	中危险级	B、C	变配电房	中危险级	E
水泵房	轻危险级	A	食品制作及仓库	轻危险级	A
管理员用房、大熊猫猫圈舍	轻危险级	A			

三、工程特点及设计体会

本项目因地制宜地设置了雨水调蓄排放和收集—处理—利用系统，保护场地生态环境的同时实现了雨水的有序排放和合理利用，实测非传统水源利用率49%。同时采用雨水渗透和喷灌等节水技术，选用节水型洁具和优质阀门管材，达到了绿色建筑设计三星级标准对节水和水资源利用的要求。整个项目已投入使用，运转良好，带来较好的生态和环境效益，成为四川省节水和水资源利用的示范型工程之一。

1. 本项目雨水系统解决了降水量大且在时间上具有不均匀性的难题。

项目作为山地建筑群，既要在暴雨时快速有效的排除雨水，避免山洪造成灾害。同时还要保有适当的水量，供天然和景观水体使用，并满足雨水回收利用系统的需求。工程实践中紧紧把握因地制宜，统一规划，密切配合的原则，利用原有的天然水体和景观设计新增的人工水体，设计了三级调蓄水体，每一级都有完善的蓄水和溢流排放功能。同时利用原有植被，草沟等生态化措施部分取代雨水管道，减少植被破坏的同时作为雨水留滞回渗和径流的通道；园区道路、广场等采用透水混凝土，增加雨水渗透量，把雨水转化为土壤水，补充地下蓄水层。整个项目场地大雨不涝，大旱不干，实践了“海绵城市”的部分特性，保护了场地生态环境。

2. 本项目同时解决了非传统水源利用率与工程投资之间的矛盾。

项目地广人稀，可供收集的再生水原水不足，周边也无再生水厂。但当地降雨量充沛，植被完好，并有山涧小溪等天然水体，收集利用雨水的条件优越。利用山区雨水塘和人工景观水体兼做雨水收集原水池，回避了人工修建钢筋混凝土雨水原水池造价巨大、管理困难的缺点。同时因所收集径流区域的原始植被完好，雨水水质较好，处理工艺采用“石英砂过滤＋消毒”流程，进一步节约了非传统水源利用的建设和运营成本，实践证明，流动人员较多的公共建筑卫生间相对集中且使用频繁，设置中水系统对节水设计惠而不费。

3. 本项目还通过采取如下措施进一步达到了节水和水资源利用的要求：

（1）给水采用“三级计量”的方式进行计量，即：在市政引入管上设总水表计量；每个部门（科室）设分总表计量；每个用水点设分表计量。室外给水管采用柔性接口球墨铸铁给水管，并选用优质阀门避免管道渗漏。另外结合用水的分项计量，在室外管道始、终侧分别设置水表，以便及时发现渗漏。

（2）采用节水型的卫生洁具、冲洗阀等；公共卫生间的洗手盆配置感应龙头；各类出水龙头均采用充气式节水龙头；小便斗采用光电感应式控制阀；坐便器均采用 3/6L 两档节水型坐便器；淋浴花洒均采用节水型花洒。所有器具均符合《节水型生活用水器具》CJ/T 164 及《节水型产品通用技术条件》GB/T 18870 要求。

（3）绿化浇洒采用半自动化灌溉系统，灌水时间、灌水量和灌溉周期等根据预先编制的程序或采用手动控制，同时加强绿化灌溉的节水管理。

四、工程照片及附图

工作区

后区兽舍

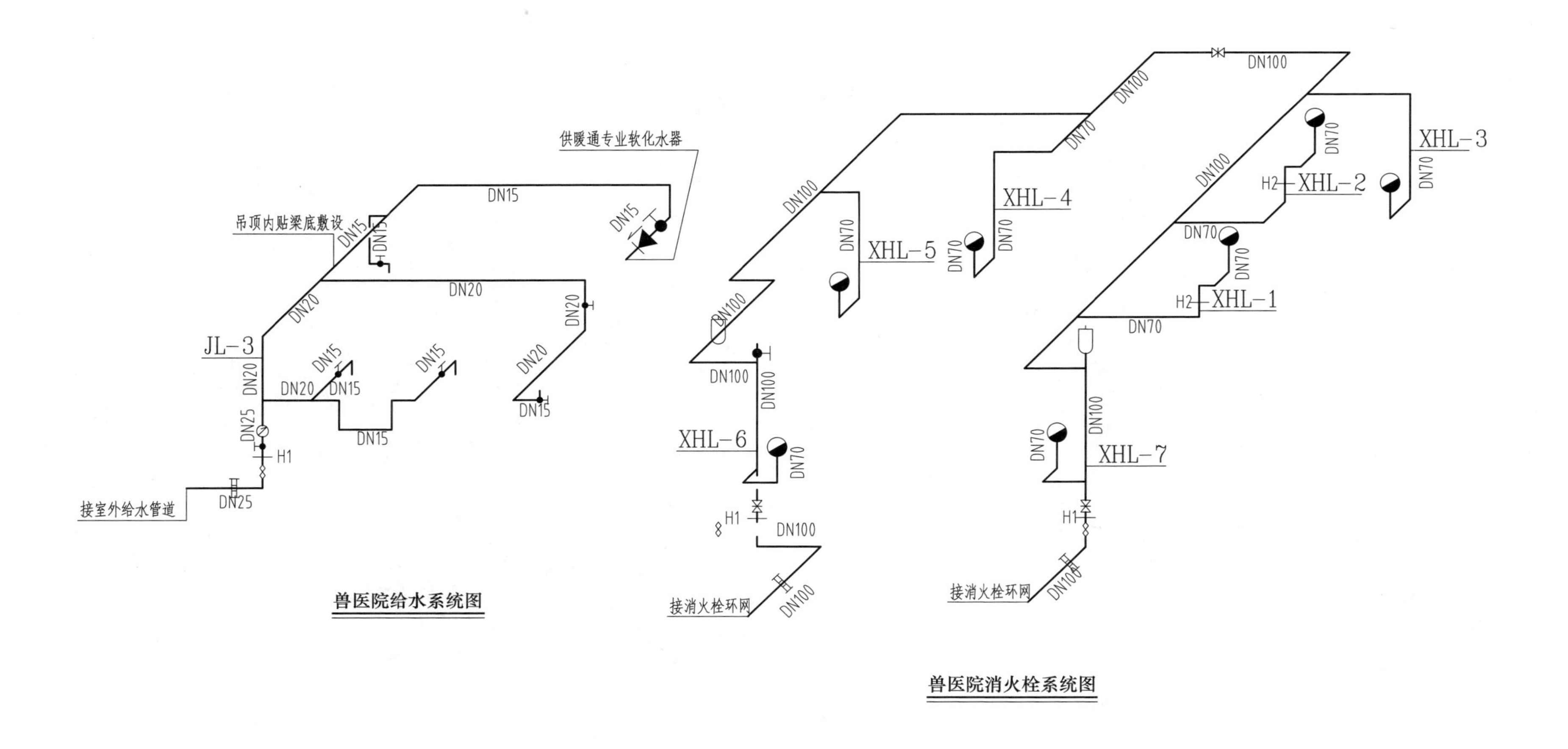
供暖通专业软化水器
DN15
DN15
吊顶内贴梁底敷设
DN15
DN15
DN20
DN20
DN20
DN20
JL-3
DN20
DN15
DN15
DN20
DN15
DN15
DN25
H1
DN15
接室外给水管道
DN25
兽医院给水系统图
DN100
DN100
DN70
DN100
XHL-3
DN70
DN70
DN70
DN100
H2
XHL-2
XHL-4
DN70
XHL-5
DN70
DN70
DN70
DN70
H2
XHL-1
DN70
DN100
DN100
DN100
DN100
XHL-6
DN70
DN70
DN100
XHL-7
H1
DN100
H1
接消火栓环网
DN100
接消火栓环网
DN100
兽医院消火栓系统图

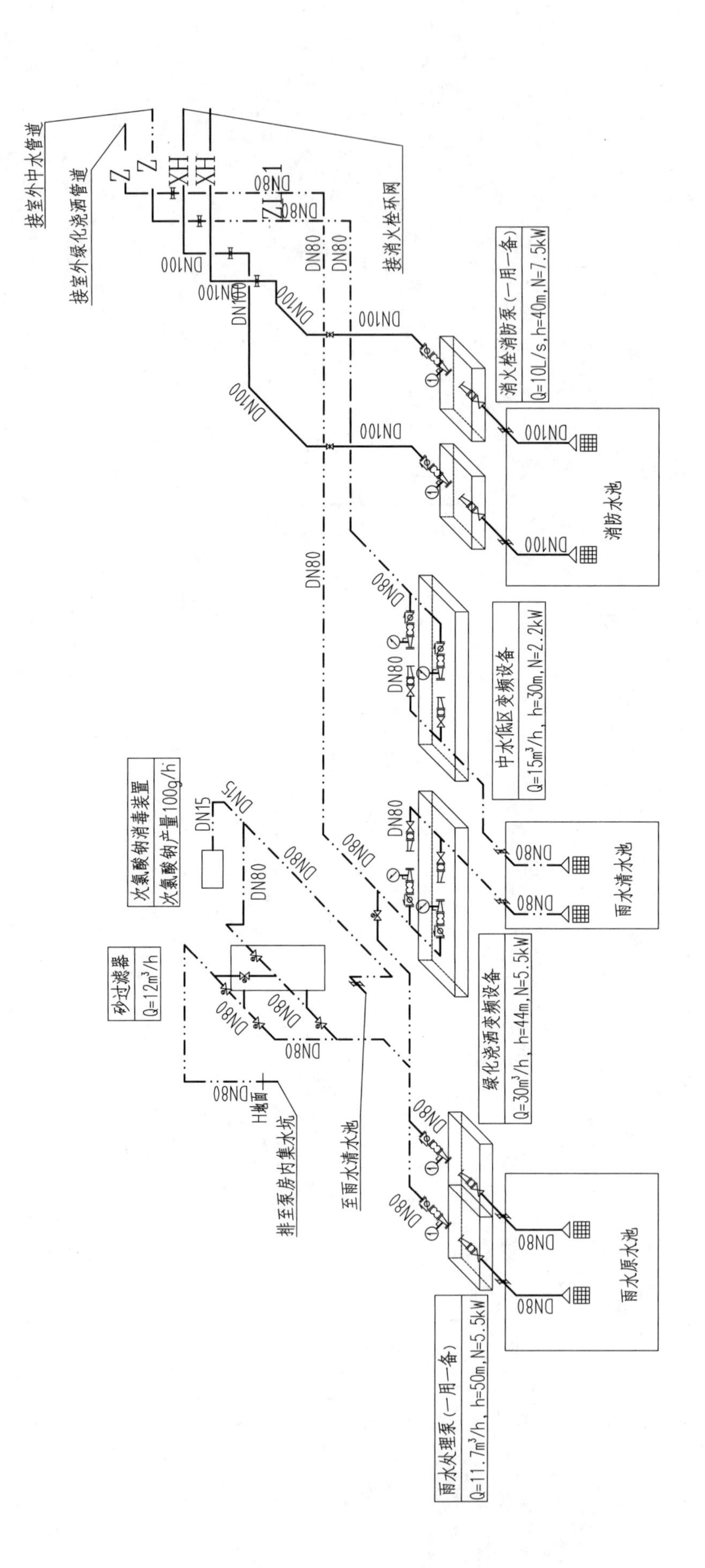

雨水回用及消防管道系统图

山东省美术馆

设计单位：同济大学建筑设计研究院（集团）有限公司
设 计 人：李伟　冯玮　黄倍蓉
获奖情况：公共建筑类　三等奖

工程概况：

山东省美术馆位于济南市，是山东省的标志性建筑之一。美术馆建设用地为梯形，主入口西向设置，与博物馆前广场连成整体，将博物馆与美术馆之间的现状道路改造为步行广场，在区域内创建安全、连续的步行空间，强化了文博中心区域内部的空间整合。同时，加强博物馆广场地下空间联系东、西地块的枢纽作用，将其商业、停车空间作为区域共享资源。

场地南侧为现有道路经十路，东侧为现有道路姚家东路。主入口位于用地西侧，为主要参观者出入口。用地东侧，面向姚家东路设置有办公入口。面向北侧内部道路设置有贵宾人员出入口。文物库房设置于用地西北角，设置单独出入口。美术馆四面拥有环通的宽不小于7m的消防车道，库房北侧设置有货运车辆回车场地。

建筑总用地面积20700m^2，总建筑面积52138.38m^2，建筑高度36m，含12个展厅，共计19700m^{3}展厅面积。首层设置有中央开幕式展示大厅，大厅北侧布置主展厅。西北侧布置专门的货运区。东北侧布置学术报告厅和贵宾接待区。二～四层设置了展厅、相应的暂存库房及辅助空间。四～五层为画院以及美术馆的办公用房。

工程说明：

一、给水排水系统

（一）给水系统

1. 用水量见表1。

用水量　　　　**表1**

用水名称	用水量定额	数量	用水时间(h)	平均时用水量(m^3/h)	小时变化系数 K	最大时用水量(m^3/h)	最大日用水量(m^3/d)
工作人员	50L/(人·d)	124人	10	0.62	1.5	0.93	6.20
员工淋浴	8L/(人次·d)	20人次	10	0.16	1.5	0.24	1.60
展览面积	5L/(m^2·d)	12600m^2	10	6.30	1.5	9.45	63.00
餐饮	25L/(人次·d)	660人次	4	4.13	1.5	6.19	16.50
文物熏蒸、清洗	1L/(m^2·d)	2700m^{2}库房面积	10	0.27	1.5	0.41	2.70

续表

用水名称	用水量定额	数量	用水时间 (h)	平均时用水量 (m^3/h)	小时变化系数 K	最大时用水量 (m^3/h)	最大日用水量 (m^3/d)
冷却塔			10	16.50	1	16.50	165.00
冷冻机房补水			10	4.00	1	4.00	40.00
不可预见用水	15%					3.77	29.5
合计						41.49	324.5

2. 水源

本工程水源为市政自来水，由南侧经十路以及东侧姚家东路各引 1 路 *DN*200 的进水管，并设置 *DN*150 的生活水表以及 *DN*200 的消防水表。

3. 供水方式及系统竖向分区

给水系统一层采用市政压力直接供水；二层及二层以上采用变频给水系统。

4. 供水方式及给水加压设备

地下室泵房设置不锈钢生活水池以及变频供水设备，加压供水。给水系统采用下行上给式的供水方式，分别供至各卫生间，茶水间等用水点。室内不设热水系统。屋顶冷却塔补水，由生活、消防合用水池（水池内设置消防用水不被动用的措施）以及冷却塔变频供水设备，加压供水。

5. 管材

给水管道干管采用钢塑复合管，管径小于或等于 *DN*65 采用丝扣连接；大于 *DN*65 采用沟槽式连接。接入卫生间给水支管（检修阀后）采用 S5 系列 PP—R 给水管（内覆 PE），热熔连接。室外市政压力给水管及市政压力消防给水管采用球墨铸铁管，内覆 PE，胶圈连接。

（二）中水系统

1. 中水用水量：本工程中水平均日原水量为 13.82m^3/d，平均日平均时中水用水量 6.91m^3/h。

2. 中水系统：本工程收集卫生间、盥洗室废水，供应室外绿化浇洒用水。

3. 中水处理工艺：采用调节池、MBR 一体化处理设备、紫外线消毒处理工艺。处理后的中水贮存于中水清水箱内，经中水变频加压设备供应中水。工艺流程如图 1 所示。

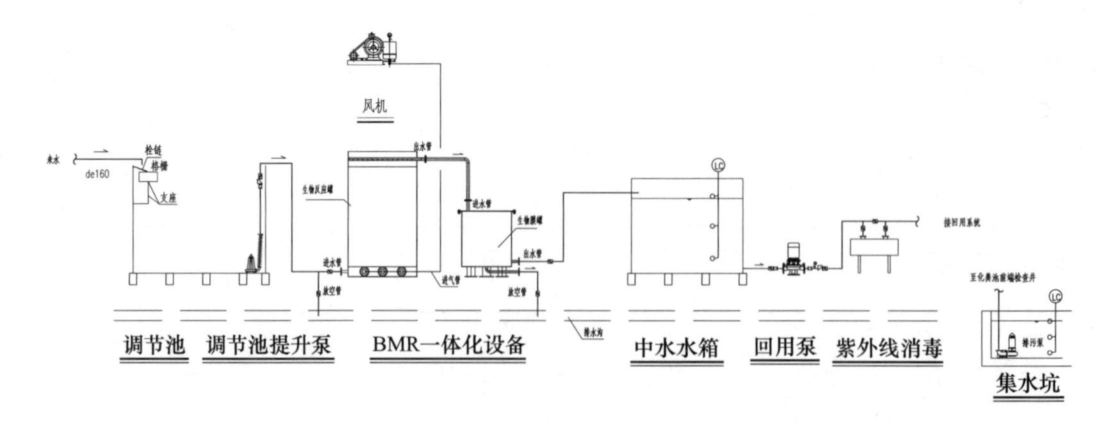

图 1 中水处理工艺流程图

4. 管材：中水管道采用钢塑复合管，管径小于或等于 *DN*65 采用丝扣连接；大于 *DN*65 采用沟槽式连接。

（三）排水系统

1. 雨、污水分流排入室外雨、污水管网。

2. 污水量：取扣除冷却塔补水等用水后的给水量的90%，106.5m^3/d。

3. 污废水系统

（1）采用粪便污水与生活废水合流系统，粪便污水及生活废水先经化粪池处理后，才排入室外污水管网。

（2）化粪池：按实际使用人数，污水定额：50L/（人·d），污泥量：0.7L/（人·d），总容积为20m^3，在地块东北侧做1个20m^{3}化粪池，型号为G7-20SQF。

4. 雨水量

（1）采用$q=\frac{1869.916(1+0.7573\lg P)}{(t+11.0911)^{0.6645}}$计算雨水量。

（2）屋面重现期为50年，5min暴雨强度为674L/(s·hm^2)，设计雨水排水量为731.6L/s。

（3）屋面设溢流口，按照100年重现期的降雨排水量考虑。

5. 雨水系统

屋面雨水采用虹吸雨水系统，为了保证建筑物主要外立面的美观，室内雨水排水管均为墙内或柱中埋设排至室外雨水井。展厅上部的雨水沟以及雨水斗布置避开展览区域，经机房或封闭墙体排至室外雨水井。

室外雨水排水按照重现期5年计算。总用地面积为20700m^2，综合径流系数取0.8，降雨历时为20min，雨水总排放量为490L/s。

6. 集水井排水

在地下室汽车坡道入口、下沉广场、水泵房、消防电梯基坑、汽车库、冷冻机房、垃圾房、汽车库内分别设置集水井排水，用潜水泵提升排至室外雨、污水管道，水泵设2台（雨水、消防2用互备，其他1用1备）。当消防、雨水集水井的1台水泵来不及排水达到报警水位时，2台泵同时启动并报警，潜水泵的性能参数为：Q=40m^3/h，H=15m，N=5.5kW。

7. 管材

（1）室内排水管采用PVC-U排水管，室外采用HDPE承插式双壁缠绕管，橡胶圈接口。

（2）展馆虹吸雨水系统采用HDPE排水管，其余均采用PVC-U雨水管。

（3）地下室排水泵管道采用钢塑复合管，管径小于DN100采用丝扣连接，大于或等于DN100采用沟槽式连接。

（4）埋于地下室底板内排水管采用机制铸铁排水管。

二、消防系统

（一）消防用水量

本工程为一类高层建筑，室内消防系统均采用临时高压供水方式，室外采用低压供水方式。本项目周边经十路和姚家东路可提供两路市政供水，满足室外消防用水。因此，地下室设置620m^3（分两格）消防水池，贮存3h室内消火栓用水、1h喷淋用水以及2h冷却塔补水（消防水池已设置消防水不被动用措施）。

本工程为不超过50m的一类高层建筑，按《自动喷水灭火系统设计规范》GB 50084—2001（2005年版）要求，喷淋最不利情况为8～12m的展厅。消火栓及自动喷水灭火系统用水量见表2。

消火栓及自动喷水灭火系统用水量　　表2

名称	用水量(L/s)	延续供水设计(h)	一次火灾用水量(m^3)	备注
室外消火栓系统	30	3	324	
室内消火栓系统	30	3	324	

续表

名称	用水量(L/s)	延续供水设计(h)	一次火灾用水量(m^3)	备注
自动喷水灭火系统	78	1	280.8	
室内消防用水量合计	108		604.8	

(二) 室外消火栓

在本建筑周边按不大于120m间距为原则供设6套SQT100地上式消火栓，由室外市政管网直接供水。室外消火栓与消防水泵接合器间距不大于40m。

(三) 消防泵房和高位消防水箱

消防泵房设置在地下室，泵组采用自灌式吸水方式。消防水泵选用全自动消防专用供水设备，设室内消火栓2台，1用1备，性能参数：Q=30L/s，H=70m，N=45kW。设置喷淋泵3台，2用1备，性能参数：Q=40L/s，H=100m，N=75kW。

高位消防水箱设置于屋顶层，水箱45m^3。设置室内消火栓系统增压稳压设备ZL-I-X-13-0.24，有效调节容积300L气压罐1个，自动喷水灭火系统增压稳压设备ZL-I-Z-10-0.20，有效调节容积300L气压罐1个。

(四) 室内消火栓

1. 公共场所、入口门厅、展览、办公、地下室、库房走道等均设带自救消防卷盘的消火栓箱，消火栓采用同一型号规格。采用灭火器组合式消火栓箱，内设DN65消火栓一只，DN65长度为25m衬胶龙带一条，QZ19型直流水枪一支，DN25消防卷盘、5kg磷酸铵盐手提式灭火器2具及水泵启动按钮。消火栓栓口离地1.10m。嵌入防火墙的消火栓箱采用墙加厚或嵌半墙方式，背墙厚度不小于120mm。

2. 消火栓水枪充实水柱≥10m，消火栓间距由计算确定，且不大于30m，并保证2股水柱同时到达任何部位。屋顶设置试验消火栓，栓前设置压力表。

3. 系统分区及给水管网：室内消火栓系统竖向不分区，管网水平、竖向形成环网，由消防水泵房内的消火栓泵向管网双路供水，在室外设置2套消防水泵接合器。室内消火栓系统采用内外壁热镀锌钢管，管径小于DN100采用丝扣连接；大于或等于DN100采用沟槽式连接。

(五) 自动喷水灭火系统

1. 本单体除建筑面积小于5m^2卫生间、变电所、消控室、网络室、精品展示厅、库房等外，所有区域均设置自动喷淋灭火系统。办公、餐饮、商店、报告厅、多功能厅、走道、公共活动区域等普通场所采用湿式系统，普通展厅、备展区及地下车库采用预作用灭火系统。

2. 各区域喷淋设计参数如下：

(1) 普通公共场所、展厅：火灾危险等级为中危险Ⅰ级，喷水强度6L/(min·m^2)，作用面积160m^2；

(2) 净空8～12m展厅：火灾危险等级为非仓库类高大净空，喷水强度12L/(min·m^2)，作用面积300m^2；

(3) 净空8～12m入口门厅：火灾危险等级为非仓库类高大净空，喷水强度6L/(min·m^2)，作用面积260m^2；

(4) 系统设计流量满足最不利点处作用面积内喷头同时喷水总流量，经计算为78L/s。

3. 设置闭式喷头的部位包括门厅、办公、报告厅、走道等。无吊顶部分设直立型喷头，有吊顶部位当吊顶至楼板底净高小于0.8m时，只设一层吊顶型喷头；当吊顶部位吊顶至楼板底净高大于0.8m时，在吊顶内加设一层直立型喷头。地下车库、展厅等设置预作用系统的部位，采用下垂型干式喷头。

4. 各区域的喷头动作温度，厨房部位设置为93℃，其他部位设置为68℃。地下车库采用标准响应喷头，响应指数 RTI≥80（m·s）$^{0.5}$，其余部位设置快速响应喷头，响应指数 RTI≤80（m·s）$^{0.5}$。

5. 系统分区及给水管网：自动喷水灭火系统竖向不分区，由消防水泵房内的自动喷水灭火系统供水泵供水。在消防泵房内设有 4 套湿式报警阀，2 套预作用报警阀，地下室西侧设置 2 套预作用报警阀。在每个防火分区、每层分设水流指示器，水流指示器前采用信号阀。每个报警阀的末端设置末端试水装置，每个水流指示器末端除已设置末端试水装置外均设置末端试水阀。室外设 6 套水泵结合器，与自动喷水灭火系统供水泵出水管相连。自动喷水灭火系统采用内外壁热镀锌钢管，小于 *DN*100 采用丝扣连接；大于或等于 *DN*100 采用沟槽式连接。

（六）大空间智能型主动喷水灭火系统

1. 本单体净空高度超过 12m 的开幕式大厅、部分净空高度超过 12m 展厅，设置大空间智能型主动喷水灭火系统。

2. 灭火装置设置保证被保护区域均有水流保护。每套灭火装置流量为 5L/s，入口压力 0.60MPa，保护半径 32m。最大区域内最多可能同时开启 6 套灭火装置，系统设计水量为 30L/s，火灾延续时间 60min。

3. 系统与喷淋系统合用，接自喷淋泵出管。

（七）高压细水雾系统

1. 本单体中，精品展示厅及网络机房设置高压细水雾系统。精品展厅采用闭式预作用阀箱高压细水雾系统，网络机房采用开式全淹没阀箱高压细水雾系统。

2. 地下室泵房内设置高压细水雾泵组一套，设备参数：Q=300L/min，H=14MPa，N=90kW，含稳压泵（1 用 1 备），设备参数：Q=11.8L/min，H=1.4MPa，N=0.55kW。

3. 系统采用水箱增压的供水方式，系统设置一个不锈钢储水水箱，水箱有效容积为：9.0m^3，并设增压泵，设备参数：Q=22m^3/h，H=33m，N=4kW，1 用 1 备，高压细水雾泵组供水电磁阀开启时，同时启动增压泵。

（八）建筑灭火器

展示、库房区域：按 A 类火灾、严重危险级，设置手提式干粉磷酸铵盐灭火器；办公、走道、商店、餐饮：按 A 类火灾、中危险级，设置手提式干粉磷酸铵盐灭火器；地下车库区域：按 B 类火灾、中危险级，设置手提式干粉磷酸铵盐灭火器。

（九）IG541 气体灭火系统

地下室及夹层藏品库、珍品库、地下室及五楼藏品技术保护室设计为 IG541 自动灭火系统，设计为 3 套组合分配系统，每套系统最多不超过 8 个防护区。

IG541 气体灭火系统的最小设计灭火浓度为 37.5%（16℃时），最大设计灭火浓度为 43.0%（40℃时），灭火时间限于 1min 内。

三、工程特点及设计体会

（一）合理规划给水系统，保障用水安全可靠

山东省美术馆给水系统设计以安全、可靠、节能为原则，不同功能区域采用不同系统，将市政压力直接供水、变频压力供水两种方式有机结合，分区合理，有利于节水。同时，充分满足各层用水要求的条件下，在供水压力大于 0.2MPa 的部位设置支管减压阀，控制供水压力。在保证消防用水安全的前提下，将空调冷却塔用水设置于消防水池中，既有效利用了消防水池的面积，又加强了消防水池内的水质循环。从而减少消防水池清洗的次数，有效地节约了水资源。根据用水点及用水单位的不同，合理配置水表，以利管理节能。

（二）充分利用非传统水源，有效节约水资源

本项目积极响应济南当地关于充分利用非传统水源的号召，在地下室设置中水处理系统，收集优质杂排水后循环利用。收集地上卫生间、盥洗室废水作为中水处理的水源，重力自流至地下室中水处理机房。机房内设置调节池和成套中水处理设备，处理流程见图 1。处理后中水贮存于机房内清水池，经变频供水设备加压后，供应室外绿化浇洒用水。

（三）充分考虑展览馆消防系统的特殊性，根据不同区域采用不同消防灭火系统

根据美术馆不同空间的消防要求设置相应的消防系统。本项目设置室内消火栓系统、自动喷淋系统；地下车库及展厅设置预作用喷淋系统；地下车库及展厅设置预作用喷淋系统；净空高度超过 12m 的开幕式大厅、部分净空高度超过 12m 展厅设置大空间智能型主动喷水灭火系统。室外设置室外消火栓系统。室内消火栓系统、自动喷淋系统为临时高压系统，采用消防水池—消防泵供水方式，屋顶设置高位消防水箱及稳压泵，供初期消防用水。精品展示厅及网络机房设置高压细水雾系统；变电所设置气体灭火系统。

（四）采用新式高压细水雾系统，有效保护展品和人员安全

高压细水雾是消防领域的最新技术，在消防方面的应用始于 20 世纪 40 年代，近年来该技术已广泛应用于地铁、调度中心、图书档案库房、烟草仓库、古建筑、博物馆、医院等公共场所。细水雾灭火技术是《公安消防科学技术“十一五”发展规划》的重点推广应用技术，细水雾灭火系统克服了气体灭火系统的缺点，具有气体灭火和水灭火的双重优点，极大地提高了灭火效率。

本项目中精品展厅的消防要求既要有效地在初期扑灭火灾，灭火产品又不能对展厅内的展品产生较大影响。同时，还要考虑到发生火灾时，万一有参观人员滞留在保护区域内时，灭火措施不能对其造成生命危险。因此，选用高压细水雾系统作为精品展厅的自动灭火设置，有效地满足了以上需求。

四、工程照片及附图

北立面图

开放式大厅

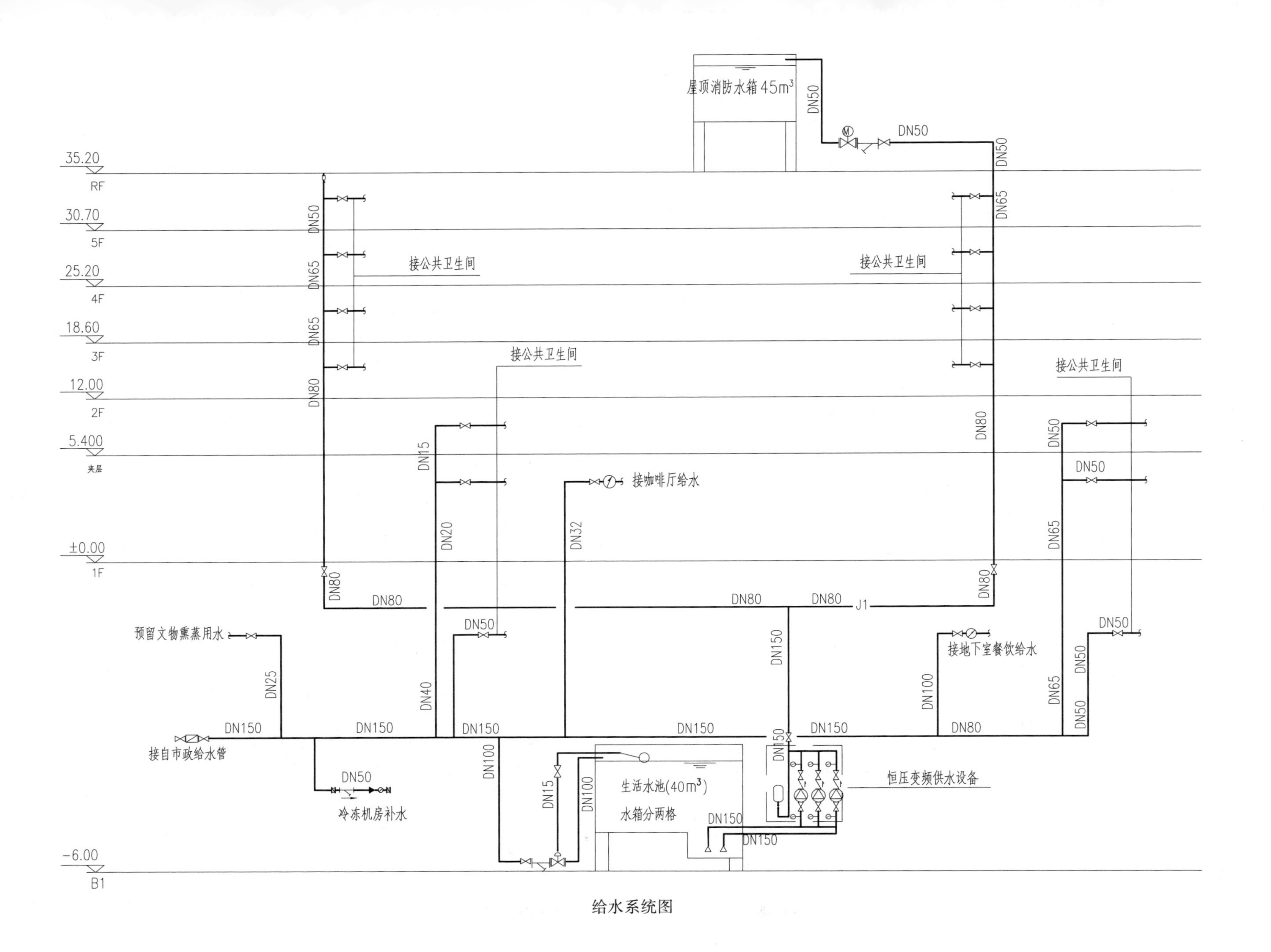
屋顶消防水箱 45m³
接公共卫生间
接公共卫生间
接公共卫生间
接公共卫生间
接咖啡厅给水
预留文物熏蒸用水
接地下室餐饮给水
接自市政给水管
冷冻机房补水
生活水池(40m³)
水箱分两格
恒压变频供水设备
J1
35.20
RF
30.70
5F
25.20
4F
18.60
3F
12.00
2F
5.400
夹层
±0.00
1F
-6.00
B1

给水系统图

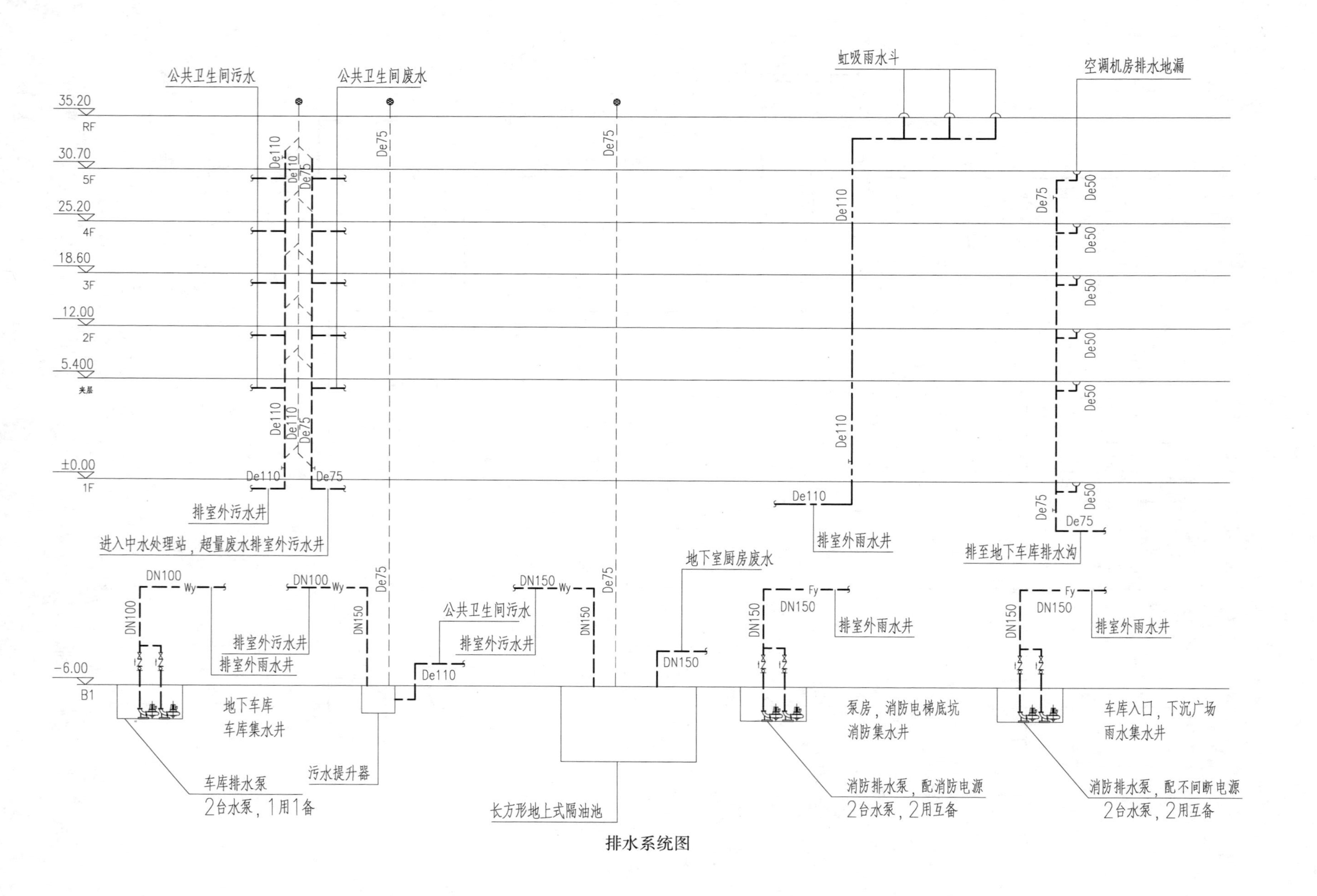
公共卫生间污水
公共卫生间废水
虹吸雨水斗
空调机房排水地漏
35.20
RF
30.70
5F
25.20
4F
18.60
3F
12.00
2F
5.400
夹层
±0.00
1F
-6.00
B1
De110
De75
De50
排室外污水井
进入中水处理站，超量废水排室外污水井
排室外雨水井
排至地下车库排水沟
地下室厨房废水
DN100
DN150
Wy
Fy
排室外污水井
排室外雨水井
公共卫生间污水
排室外污水井
排室外雨水井
排室外雨水井
地下车库
车库集水井
泵房，消防电梯底坑
消防集水井
车库入口，下沉广场
雨水集水井
车库排水泵
2台水泵，1用1备
污水提升器
长方形地上式隔油池
消防排水泵，配消防电源
2台水泵，2用互备
消防排水泵，配不间断电源
2台水泵，2用互备

排水系统图

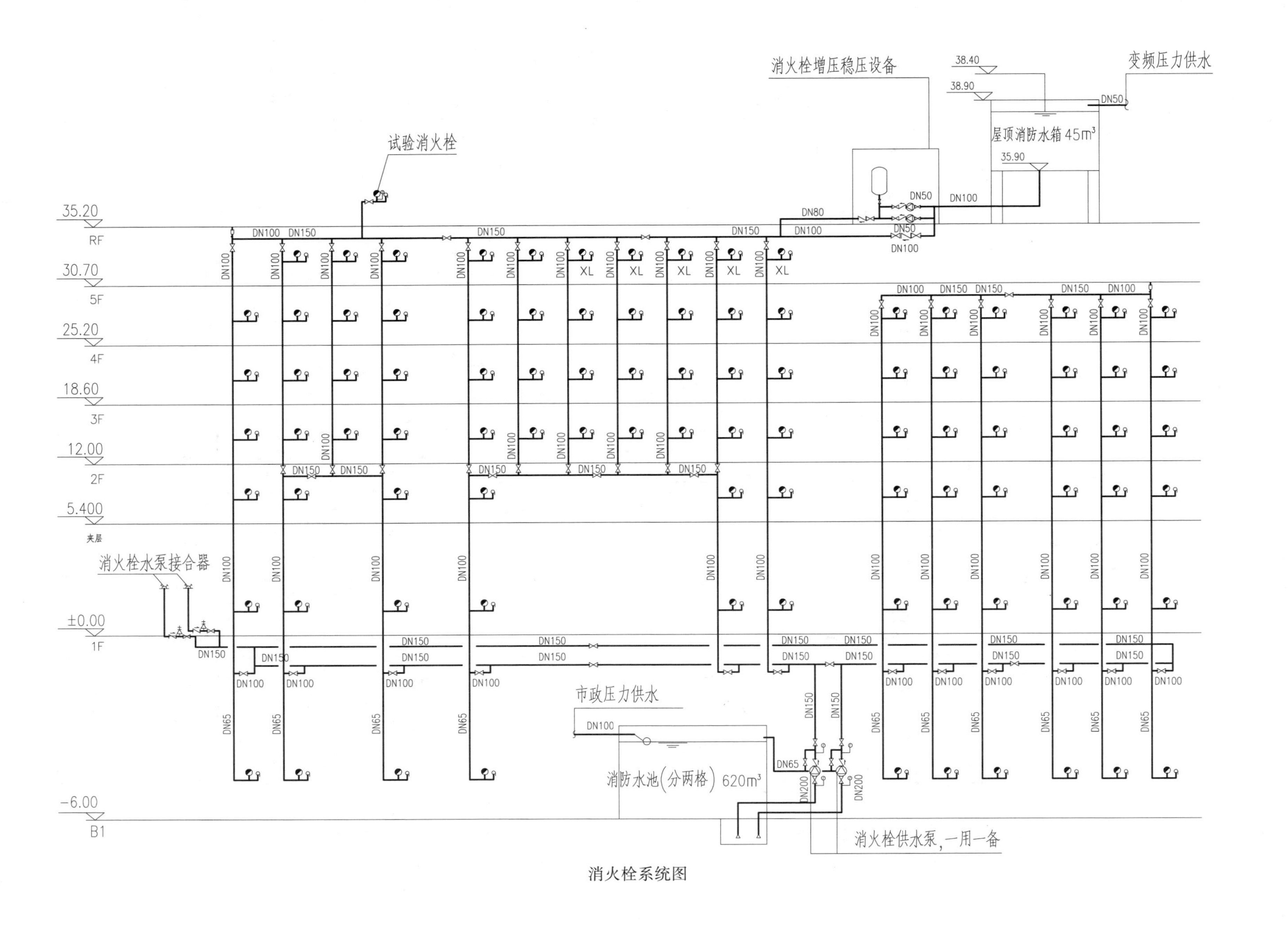
消火栓增压稳压设备
变频压力供水
38.40
38.90
35.90
屋顶消防水箱 45m³
试验消火栓
消火栓水泵接合器
市政压力供水
消防水池(分两格) 620m³
消火栓供水泵，一用一备
DN50
DN65
DN80
DN100
DN150
DN200
XL
35.20 RF
30.70 5F
25.20 4F
18.60 3F
12.00 2F
5.400 夹层
±0.00 1F
-6.00 B1

消火栓系统图

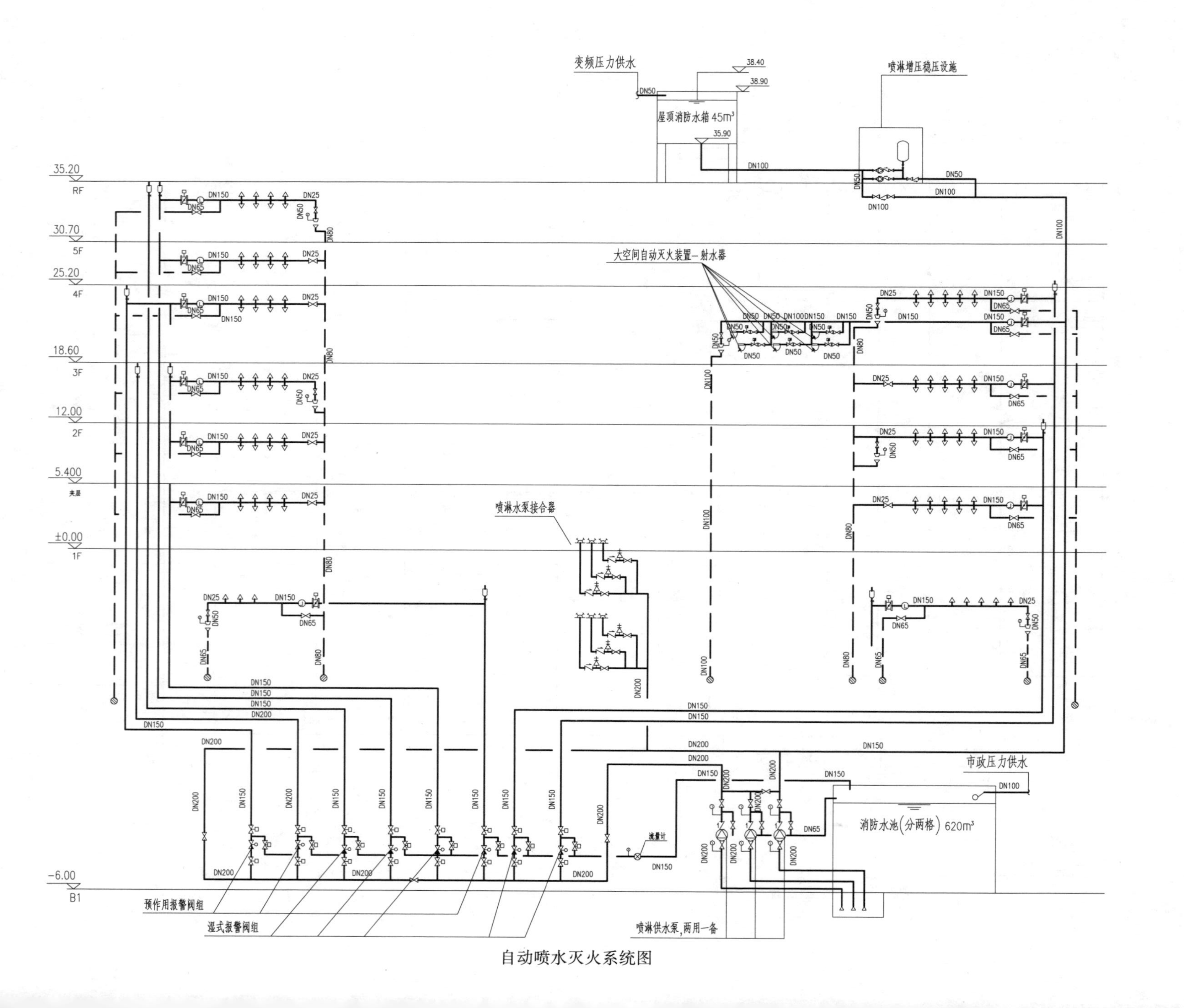

变频压力供水
屋顶消防水箱 45m³
喷淋增压稳压设施
大空间自动灭火装置—射水器
喷淋水泵接合器
市政压力供水
消防水池(分两格) 620m³
喷淋供水泵,两用一备
湿式报警阀组
预作用报警阀组

自动喷水灭火系统图

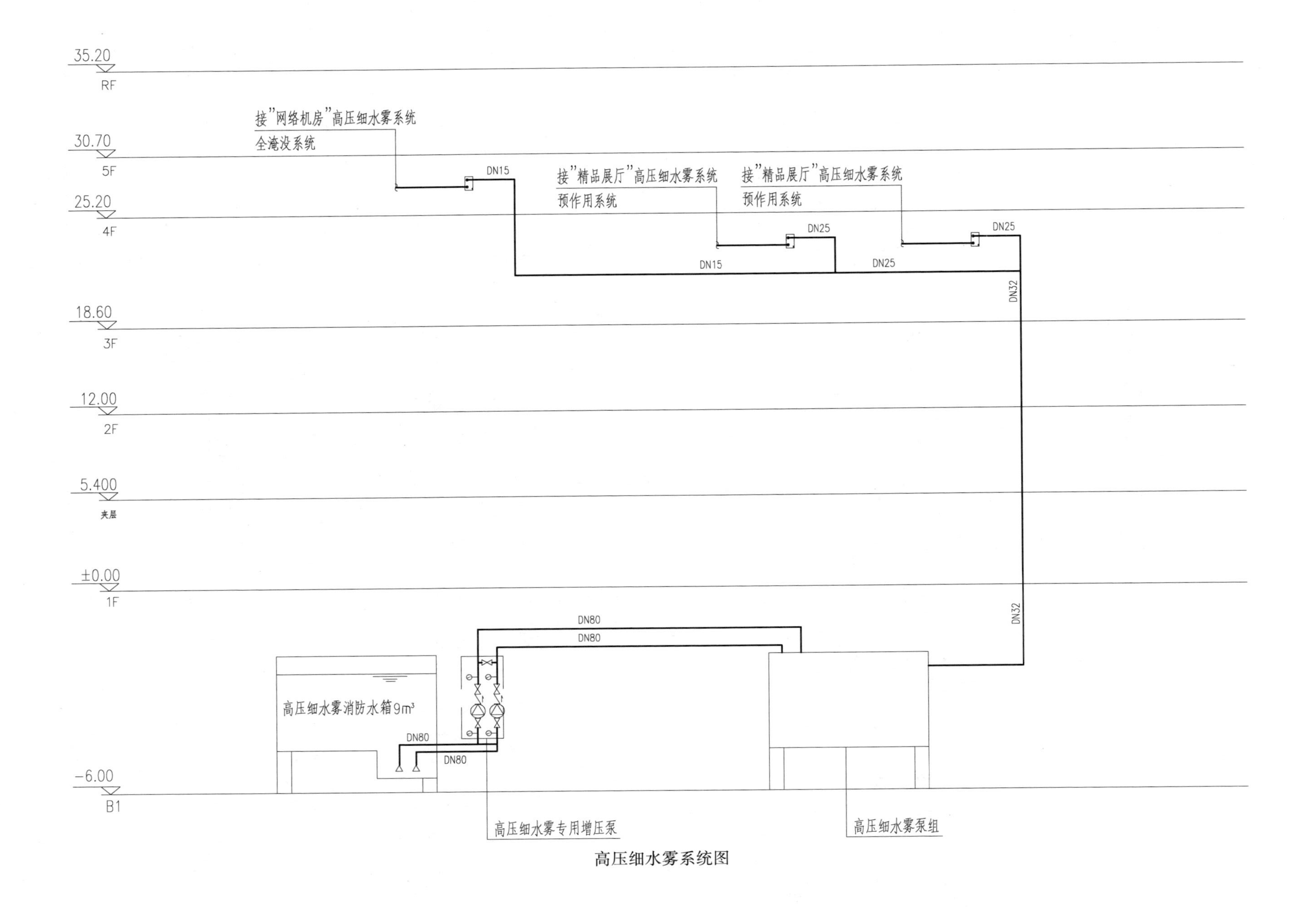
35.20
RF
接"网络机房"高压细水雾系统
全淹没系统
30.70
5F
DN15
接"精品展厅"高压细水雾系统
预作用系统
接"精品展厅"高压细水雾系统
预作用系统
25.20
4F
DN25
DN25
DN15
DN25
DN32
18.60
3F
12.00
2F
5.400
夹层
±0.00
1F
DN80
DN80
DN32
高压细水雾消防水箱9m³
DN80
DN80
-6.00
B1
高压细水雾专用增压泵
高压细水雾泵组

高压细水雾系统图

海军总医院内科医疗楼

设计单位： 北京市建筑设计研究院有限公司
设 计 人： 王旭　孙亮　黄槐荣　郑甲珊　刘洁琮　闫敏　周德华
获奖情况： 公共建筑类　三等奖

工程概况：

海军总医院一期工程为现状门诊楼，二期工程为新建外科医疗大楼，三期包含内科医疗楼和科研综合楼两栋建筑，本项目为海军总医院三期工程中内科医疗楼。

海军总医院内科医疗楼坐落于海淀区阜成路6号，包含影像中心、核医学科、放射治疗科、药剂科、消毒供应科及高压氧科、肾内科、呼吸内科、神经内科、血液科、儿科等、肿瘤科、空潜科等护理单元，共有913张床位，是一座大型综合性医疗大楼。

内科医疗楼总建筑面积96374m²，其中地上建筑面积68002m²，地下建筑面积28372m²，地上12层，地下3层，建筑高度50.0m。

地下二、三层为车库和设备机房，地下二层设太平间、解剖间。地下一层东北侧设放射治疗科，东南侧设核医学科病房区，地下一层中部设消毒供应科，西侧为厨房后勤区域。首层包括南北两个大堂、影像科、核医学科、经济管理科、药剂科及消防控制室等。二层为高压氧科两个护理单元、高压氧监护单元、康复理疗科。三层为机动护理单元、神经内科护理单元、卒中监护单元。四层为内分泌护理单元、消化内科护理单元、消化监护单元。五层为血液科护理单元、肾内科护理单元、血液净化监护单元。六层为儿科两个护理单元，新生儿重症监护层流病房。七层两个护理单元为放射肿瘤科和中医科护理单元、放射肿瘤科护理单元、层流机房。八层为干部病房八科护理单元、呼吸内科护理单元、呼吸重症监护单元。九层为干部病房七科、航空航海医学中心护理单元极其检查室、乒乓球室、活动阅览室。十层为干部病房五科、干部病房五科六科。十一层为干部病房二科、三科。十二层为干部一科、干部保健科。

工程说明：

一、给水排水系统

（一）给水系统

1. 冷水用水量见表1～表4。

生活给水用水量统计　　表1

分区	用水项目	最高日用水定额 q_d		小时变化系数 K_h	最高日用水量 Q_d(m³/d)	最大小时用水量 Q_h(m³/h)	备注
低区（地下三层～一层）	病床	200	L/(床·d)	2	0.80	0.07	4床，T=24h
	医务人员	150	L/(人·班)	2	18.00	4.50	120人，T=8h

续表

分区	用水项目	最高日用水定额 q_d		小时变化系数 K_h	最高日用水量 Q_d(m³/d)	最大小时用水量 Q_h(m³/h)	备注
低区（地下三层～一层）	陪护人员	15	L/人次	2.5	3.75	1.17	250人，T=8h
	食堂	20	L/人次	1.5	60.00	9.00	3000人，T=10h
	车库冲洗地面	3	L/(次·m²)	1.0	42.00	5.25	14000m²，T=8h
	小计	/	/	/	124.55	19.99	/
中区（二～七层）	病床	200	L/(床·d)	2	127.60	10.63	638床，T=24h
	医务人员	150	L/(人·班)	2	33.00	8.25	220人，T=8h
	陪护人员	15	L/人次	2.5	3.60	1.13	240人，T=8h
	小计	/	/	/	164.20	20.01	/
高区（八～十二层）	病床	200	L/(床·d)	2	56.80	4.73	284床，T=24h
	医务人员	150	L/(人·班)	2	27.00	6.75	180人，T=8h
	陪护人员	15	L/人次	2.5	4.50	1.41	300人，T=8h
	小计	/	/	/	88.30	12.89	/
	/	/	/	/	414.76	58.18	已考虑增加10%～15%的未预见水量
平均日生活用水量(m³/d)		331.80					按最高日用水量的80%计

采暖、空调水系统补水量统计（闭式系统） **表2**

用水项目	系统水容量 V(m³)	小时补水量 Q_h(m³/h)	日补水量 Q_d(m³/d)	备注
供暖系统	6	0.06	1.44	采用市政给水
空调系统	100	1	24	
总计	/	1.06	25.44	

制冷系统冷却水系统补水量统计（开式系统） **表3**

建筑物类型	循环量 G_L(m³/h)	最大时补水量 q_L(m³/h)	每日使用时间 T(h)	日平均系数 α	日补水量 Q_L(m³/d)	备注
内科楼	1860	27.90	24	0.4	267.84	采用市政给水

总给水量统计 **表4**

项目	最大小时用水量(m³/h)		平均日用水量(m³/d)		水源
	冬季	夏季	冬季	夏季	
生活给水用量	35.61		230.02		自来水
供暖空调系统补水量	1.06		25.44		自来水
空调冷却水补水量		27.90		267.84	自来水
市政给水用量总计	36.67	64.57	255.46	523.30	自来水

2. 水源

本工程大院环状给水管网由市政两路 $DN150$ 供水，一路位于现状大门口，另一路位于二期外科楼西北侧，市政给水压力不低于 0.20MPa。内科医疗楼在地下三层设置生活泵房，内设变频泵及生活水箱，供水范围为内科医疗楼及科研综合楼。

3. 系统竖向分区

生活给水系统采用分区供水方式。供水分为三个区，低区为地下三层～一层，中区为二～七层，高区为八～十二层。

4. 供水方式及给水加压设备

低区供水由城市压力直接供水。

中区、高区由设置于地下三层生活水泵房内的生活水箱及变频调速供水设备供水，供水经紫外线消毒器消毒后送至各用水点。生活给水贮水箱有效容积 160m^3。

中区生活给水变频恒压供水设备总流量 46.8m^3/h，选用 3 台水泵，2 用 1 备，单台水泵性能 Q=23.4m^3/h，H=75m，N=11kW。

高区生活给水变频恒压供水设备总流量 41.8m^3/h，选用 3 台水泵，2 用 1 备，单台水泵性能 Q=20.9m^3/h，H=94m，N=18.5kW。

室外总入户管设总水表，各科室、公共洗浴用水、餐厅厨房用水、空调集中补水等均单设水表计量，计量表采用远传式。

5. 管材

生活给水管采用缩合式衬塑钢管，搪瓷不缩径管件连接。

(二) 热水系统

1. 热水用水量见表 5。

热水用水量 **表 5**

分区	用水项目	用水定额 q_r		小时变化系数 K_h	平均小时热水量 q_{rhp}(m^3/h)	设计小时热水量 q_{rh}(L/h)	设计小时耗热量 Q_h(kW)	备注
低区（地下三层～一层）	病床	150	L/(床·d)	2	0.03	0.05	/	4 床，T=24h
	医务人员	100	L/(人·班)	2	1.50	3.00	/	120 人，T=8h
	陪护人员	8	L/人次	2.5	0.25	0.63	/	250 人，T=8h
	食堂	10	L/人次	1.5	3.00	4.50	/	3000 人，T=10h
	小计 1	/	/	/	/	8.18	532.45	14000m^2，T=8h
中区（二～七层）	病床	150	L/(床·d)	2	3.99	7.98	/	638 床，T=24h
	医务人员	100	L/(人·班)	2	2.75	5.50	/	220 人，T=8h
	陪护人员	8	L/人次	2.5	0.24	0.60	/	240 人，T=8h
	小计 1	/	/	/	/	14.08	916.72	/
高区（八～十二层）	病床	150	L/(床·d)	2	1.78	3.55	/	284 床，T=24h
	医务人员	100	L/(人·班)	2	2.25	4.50	/	180 人，T=8h
	陪护人员	8	L/人次	2.5	0.30	0.75	/	300 人，T=8h
	小计 1	/	/	/	/	8.80	573.15	/
	总计	/	/	/	/	31.05	2022.32	/

注：生活热水供水温度为 60℃。

2. 热源

生活热水一次热源接自医院锅炉房，集中生活热水由设在内科医疗楼地下三层的热交换站提供。供水范围为内科医疗楼及科研综合楼。为节约能耗，本工程夏季利用冷水机组冷却水余热对生活热水进行预热，预热设备为整体式板式换热机组。

3. 系统竖向分区

生活热水系统分区同给水，低区为地下三层～一层，中区为二～七层，高区为八～十二层。

4. 热交换器

各系统分别设有生活热水预热机组（由板式换热器、冷却水预热循环泵组成）、导流型浮动盘管半容积式热水加热器、热水循环泵及热水膨胀罐，并由相应分区的给水泵组或市政水补水。

5. 冷、热水压力平衡措施、热水温度的保证措施

(1) 集中生活热水系统分区同给水系统。

(2) 热水供回水管采用离心玻璃棉管壳保温，减少热量损失。

(3) 对水温要求严格区域，其支管采用自控调温电伴热，保持热水温度。有防止烫伤要求的热水系统，淋浴、浴缸等用水点应设冷热水混合水温控制器，控制用水点最高出水温度在任何时间都不高于49℃。

6. 管材

生活热水供回水管采用缩合式衬塑钢管，搪瓷不缩径管件连接。

(三) 中水系统

1. 中水用水量见表6。

中水用水量 **表6**

分区	用水项目	最高日生活用水量 (m^3/d)	折减系数 α	分项给水百分率 b(%)	使用时间 T(h)	小时变化系数 K_h	平均日用水量 Q_{pd}(m^3/d)	平均时用水量 Q_{ph}(m^3/h)	最大小时用水量 Q_{dh}(m^3/h)
低区（地下三层～一层）	病床	0.80	0.8	10	24	2	0.06	0.00	0.01
	医务人员	18.00	0.8	60	8	2	8.64	1.35	2.70
	陪护人员	3.75	0.8	40	8	2.5	1.20	0.19	0.47
	食堂	60.00	0.8	6	10	1.5	2.88	0.36	0.54
	车库冲洗地面	42.00	0.8	100	8	1	33.60	5.25	5.25
	小计1	124.55					46.38	7.15	8.97
中区（二～七层）	病床	127.60	0.8	10	24	2	10.21	0.53	1.06
	医务人员	33.00	0.8	60	8	2	15.84	2.48	4.95
	陪护人员	3.60	0.8	40	8	2.5	1.15	0.18	0.45
	小计1	164.20			0	0	27.20	3.19	6.46
高区（八～十二层）	病床	56.80	0.8	10	24	2	4.54	0.24	0.47
	医务人员	27.00	0.8	60	8	2	12.96	2.03	4.05
	陪护人员	4.50	0.8	40	8	2.5	1.44	0.23	0.56
	小计1	88.30					18.94	2.49	5.09
生活中水量合计		/	/	/	/	/	101.78	14.11	22.57

2. 中水水源

本工程生活中水给水由大院内中水管网接入 $DN150$ 管道，市政中水给水压力按 0.25MPa 设计。

3. 系统竖向分区

中水系统采用分区供水方式。供水分为三个区，低区为地下三层～一层，中区为二～七层，高区为八～十二层。

4. 供水方式及给水加压设备

低区供水由城市压力直接供水。

中区、高区由设置于地下三层中水供水泵房内的中水水箱及变频调速供水设备供水，供水经紫外线消毒器消毒后送至各用水点。中水贮水箱有效容积 $40m^3$。

中区中水变频恒压供水设备总流量 $41m^3/h$，选用 3 台水泵，2 用 1 备，单台水泵性能 $Q=20.5m^3/h$，$H=70m$，$N=11kW$。

高区中水变频恒压供水设备总流量 $35m^3/h$，选用 3 台水泵，2 用 1 备，单台水泵性能 $Q=17.5m^3/h$，$H=90m$，$N=15kW$。

5. 管材

中水给水管采用缩合式衬塑钢管，搪瓷不缩径管件连接。

（四）排水系统

1. 排水系统的形式

室内排水系统采用污、废分流制。

2. 透气管的设置方式

病房卫浴间污水、废水共用通气立管。公共卫生间（大便器超过 3 个）排水设环形通气。层流病房、ICU 病房等有净化要求的洁净部位排水设器具通气系统。

3. 采用的局部污水处理设施

（1）检验科、影像科等有腐蚀性化学试剂的废水，由医疗单位配合设置专用设备进行局部处理，达到排放标准后单独排至室外。

（2）核医学污废水经室外衰变池处理，达到排放标准后，排入医院污水处理站。

（3）厨房器具污水经隔油处理后排入厨房污水主管道，厨房污水再经集中隔油处理后排入室外排水管道。

（4）内科医疗楼排水室外污废合流，排入医院污水处理站，处理站内设有化粪池。医院污水处理站将污水处理达到排放标准后再排入阜石路市政污水管网。

4. 管材

重力排水的污水、废水管采用柔性机制排水铸铁管，管箍连接。压力排水管采用热浸镀锌钢管，螺纹连接。

二、消防系统

（一）消火栓系统

1. 室外消火栓系统

室外消火栓沿着本项目红线内的汽车道设置，按消防规范要求，用水量为 30L/s，火灾延续时间 3h，其用水从本项目 $DN150$ 生活、消防合用环状管网直接供给。各消火栓间距不超过 120m。

2. 室内消火栓系统

（1）室内消火栓系统采用临时高压制，由消防贮水池和室内消火栓泵供水。室内消火栓系统不分区。室内消火栓系统流量 30L/s，火灾延续时间 3h，用水量 $324m^3$。

（2）内科医疗楼地下三层设消防水泵房，泵房内设消防贮水池，由项目内 $DN150$ 生活消防环状管网供水。消防贮水池总有效容积 $550m^3$，其中水池火灾期间贮存室内消火栓用水量 $324m^3$，自动喷水灭火系统水量 $144m^3$，冷却水储水量 $65m^3$，水池分为 2 格。设置两台变流稳压立式消防泵，1 用 1 备，单台性能 $Q=108m^3/h$，$H=100m$，$N=55kW$。

每层设 $DN65$ 消火栓，25m 水龙带，喷嘴直径 19mm 消火栓。消火栓箱内设 $DN25$ 消防卷盘一套，胶带内径 19mm，长 25m，喷嘴直径 6mm。在地下三层消火栓环路设减压阀，五层及以下消火栓系统设置减压稳压消火栓，以使每一消火栓处动压不超过 0.5MPa。消火栓箱内配置有消防按钮，火警时打碎或开启消火栓箱的玻璃门，按消防按钮直接向消防控制中心报警启动消火栓系统水泵。一般在消火栓箱边放有火灾报警器，当火灾时，也可打碎玻璃按动按钮直接向消防控制中心报警。

（3）内科医疗楼十二层屋面设水箱间，内置高位水箱，有效容积 $18m^3$，并设增压稳压装置，为消火栓、自动喷淋系统服务，稳压水泵将由安装于干管上的压力开关控制。设置两台稳压泵，1 用 1 备，单台性能 $Q=6.0m^3/h$，$H=34m$，$N=1.5kW$，气压罐调节容积 $0.45m^3$。

（4）室外设一组 2 个室外地下式水泵接合器，每个水泵结合器流量为 15L/s。

（5）消火栓给水管采用热浸镀锌钢管，螺纹连接。

（二）自动喷水灭火系统

1. 自动喷水灭火系统采用临时高压制，内科医疗楼、科研综合楼除建筑面积小于 $5m^2$ 的卫生间和不宜用水扑救的部位外，均设置自动喷淋装置。自动喷水灭火系统不分区。自动喷水灭火系统流量 40L/s，火灾延续时间 1h，用水量 $144m^3$。

2. 内科医疗楼地下三层设消防水泵房内设置两台变流稳压立式喷淋泵，1 用 1 备，单台性能 $Q=144m^3/h$，$H=90m$，$N=75kW$。自动喷水灭火系统与消火栓系统共用屋顶高位水箱及增压稳压装置。

3. 喷头选型

（1）病房及治疗区采用下垂型快速响应喷头。

（2）有净化要求的区域洁净和清洁走廊采用隐蔽型喷头。

（3）有吊顶房间采用吊顶式喷头，无吊顶房间采用直立式喷头，以上喷头热敏温度均为 68℃（玻璃球）。

（4）重复启闭预作用喷洒系统的喷头采用干式下垂型，热敏温度 68℃（易熔金属）。

（5）地下车库采用直立式，热敏温度 72℃（易熔金属）。

（6）厨房采用吊顶式，热敏温度 93℃（易熔金属）。

（7）北侧大堂上空保护钢屋架的喷头采用直立式喷头，热敏温度 141℃（易熔金属）。

（8）所用喷头流量系统均为 $K80$。

4. 地下车库采用一般预作用系统，贵重药房、建筑面积小于 $80m^2$ 的病案室、建筑面积小于 $140m^2$ 的计算机房等采用重复启闭预作用灭火系统，其他场所均采用湿式自动喷水灭火系统。报警阀分设于消防泵房、汽车库及其他设备用房内，并由其控制喷淋水泵启动。

湿式自动喷水灭火系统采用湿式报警阀，共 16 组，设置于所需楼层的报警阀间。首层大堂高度小于 12m，采用闭式湿式自动喷水灭火系统保护室内钢屋架，设独立的报警阀组。

一般预作用系统设雨淋阀、快速排气阀、火灾探测器启动控制装置、闭式洒水喷头。雨淋阀共 4 组，设置于消防泵房内。

重复启闭预作用灭火系统设预作用阀、补气装置（空压机）、快速排气阀，且阀前设电磁阀、火灾探测器启动控制装置、闭式洒水喷头。平时设气压维护装置，气体压力为 0.03～0.05MPa。预作用报警阀共 1 组，设置于消防泵房内。

5. 设一组 3 个室外地下式水泵接合器，每个水泵结合器流量为 10～15L/s。

6. 自动喷洒管采用内外壁热镀锌钢管，管径小于 *DN*100 时采用螺纹连接，管径大于或等于 *DN*100 时采用沟槽连接。

（三）气体灭火系统

1. 自动气体灭火系统

地下二层变配电室、地下一层核医学机房、地下一层放疗科控制室、一层 PET、ECT 控制室等贵重设备机房，设置 IG541 气体灭火系统。灭火防护区内所有送、排风管道设电动防火阀，火灾时关闭。灭火气体喷射灭火后，开启事故排风机，将废气排至室外，各防护区内设泄压口。

2. 灭火器设置

（1）汽车库按严重危险级 B 类火灾设计，每具灭火器最小配置灭火级别为 89B，最大保护面积 $0.5m^2$/B，手提式灭火器最大保护距离 9m，设手提式灭火器（2×5kg），灭火剂采用干粉磷酸铵盐。

（2）变配电间按严重危险级 E 类火灾设计，每具灭火器最小配置灭火级别为 89B，最大保护面积 $0.5m^2$/B，推车式灭火器最大保护距离 18m，设推车式灭火器（2×50kg），灭火剂采用干粉磷酸铵盐。

（3）其余场所按严重危险级 A 类火灾设计，每具灭火器最小配置灭火级别为 3A，最大保护面积 $50m^2$/A，手提式灭火器最大保护距离 15m，设手提式灭火器（5kg），灭火剂采用干粉磷酸铵盐。

（4）所有放置室内消火栓的部位，均设手提式灭火器（5kg），每处不少于 2 具，不足处设独立灭火器箱，灭火剂采用干粉磷酸铵盐。

三、工程特点及设计体会

作为大型综合性医疗大楼，海军总医院内科医疗楼承载着治病救人、延续生命的功能，需要稳定、可靠的设计作为支撑。为确保建筑使用质量和人们的生命财产安全，合理的给水排水设计尤为重要。在本工程中，总体设计原则为：贯彻环保，节能，资源综合利用的概念；安全，可靠，在满足功能要求的前提下力求经济合理；考虑设备选择和系统的灵活性以适应各区域功能、使用性质变化、节假日、假期等多种情况。现就本次设计中的一点体会与工程特点，做以下总结。

（一）功能优先，满足不同科室的需求

1. 放射性治疗和检查的相关科室一般设备非常昂贵，且遇水容易损坏，因此房间内一般不设置自动喷水灭火系统。地下二层变配电室、地下一层核医学机房、地下一层放疗科控制室、一层 PET、ECT 控制室等贵重设备机房，设置气体灭火系统。

2. 消毒供用中心负责医院污染物的集中处理与消毒，同时贮存与派发洁净物，分为污染区和洁净区。在给水排水设计中，将污染区和洁净区的排水系统分开设置，以避免污染区排水中含有的污染物及病毒传播至清洁区。

3. 血液透析区需供应纯水，根据治疗区规模设置纯水间。血压透析区供水安全要求高，一旦出现断水现象将对病人的治疗产生极大影响。因此血液科纯水间供水应从不同水源双路供水。此外，纯水间的过滤装置反渗透冲洗时排水量较大，设置大口径地漏，同时将排水管道适当放大，以保证排水通畅。

（二）防治污染，安全环保

1. 检验科、影像科等有腐蚀性化学试剂的废水，单独处理排放。核医学室含放射性物质的废水采取安全措施后排入室外主管道。由于污水排入市政管线前，不得含有放射性物质，故核医学区域排水应单独排放，并在室外设置衰变池，待放射性物质衰变降解后排入院区污水处理站。

2. 医院污水排水总管在排入市政污水管线前，集中收集进行消毒处理，待各项生化指标满足国家医院污水排放标准后，方能排入市政排水管网。

（三）节水、节能

1. 本工程节水措施有如下几个方面：

（1）设有中水系统，供全楼卫生间冲厕、室外浇洒道路场地和绿化。

（2）所有卫生器具配件均采用节水型。

（3）室外给水总入户管设总水表，公共洗浴用水、餐厅厨房用水、空调集中补水等均单设水表计量，中水总供水干管上设置水表。各主要用户的给水总供水干管和中水总供水干管上均设置水表，便于计量用水量。

（4）制冷机冷却水经冷却塔循环使用。冷却水采用旁流水处理器处理，旁通水处理器应具有防腐、除垢、杀菌灭藻、自动排污等功能，浓缩倍数应达到2.5以上。

（5）为充分利用雨水资源，减少室外雨水径流量，室外停车场、道路等，均采用透水砖铺设。绿地浇灌采用喷滴灌方式。

2. 夏季生活热水采用空调冷却水预热

为节约能耗，本工程夏季利用冷水机组冷却水余热对生活热水进行预热，预热设备为整体式板式换热机组。整体式板式换热机组由板式换热器、冷却水热回收循环泵组成。换热机组控制方式：冷却水热回收循环泵根据冷却水进出口温差进行台数控制；冷水进口水温与冷却水出口水温差小于3℃时，冷却水热回收循环泵停止工作；温差大于5℃时，冷却水热回收循环泵开启运行。

四、工程照片及附图

东北侧全景

东南侧全景

北侧立面

大堂内景

大堂二层内景

电梯厅内景

护士站内景

护士站内景

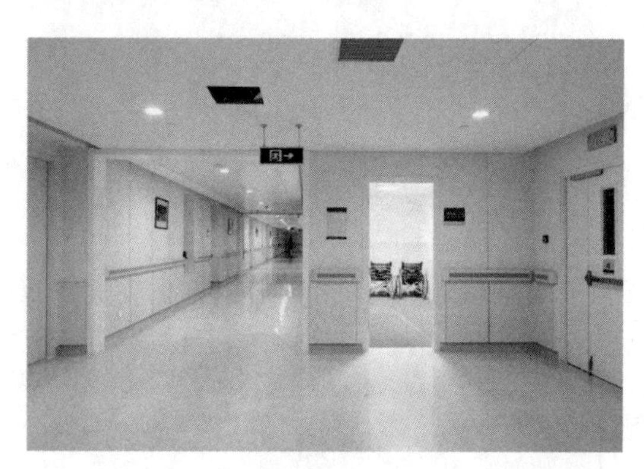

病房走道内景

病房走道内景

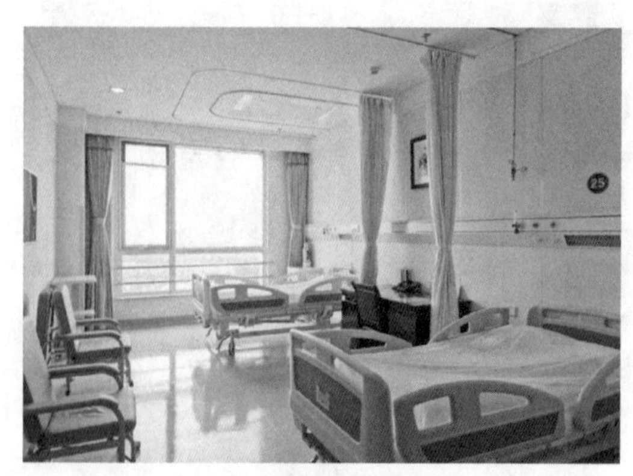

病房内景

医生办公室内景

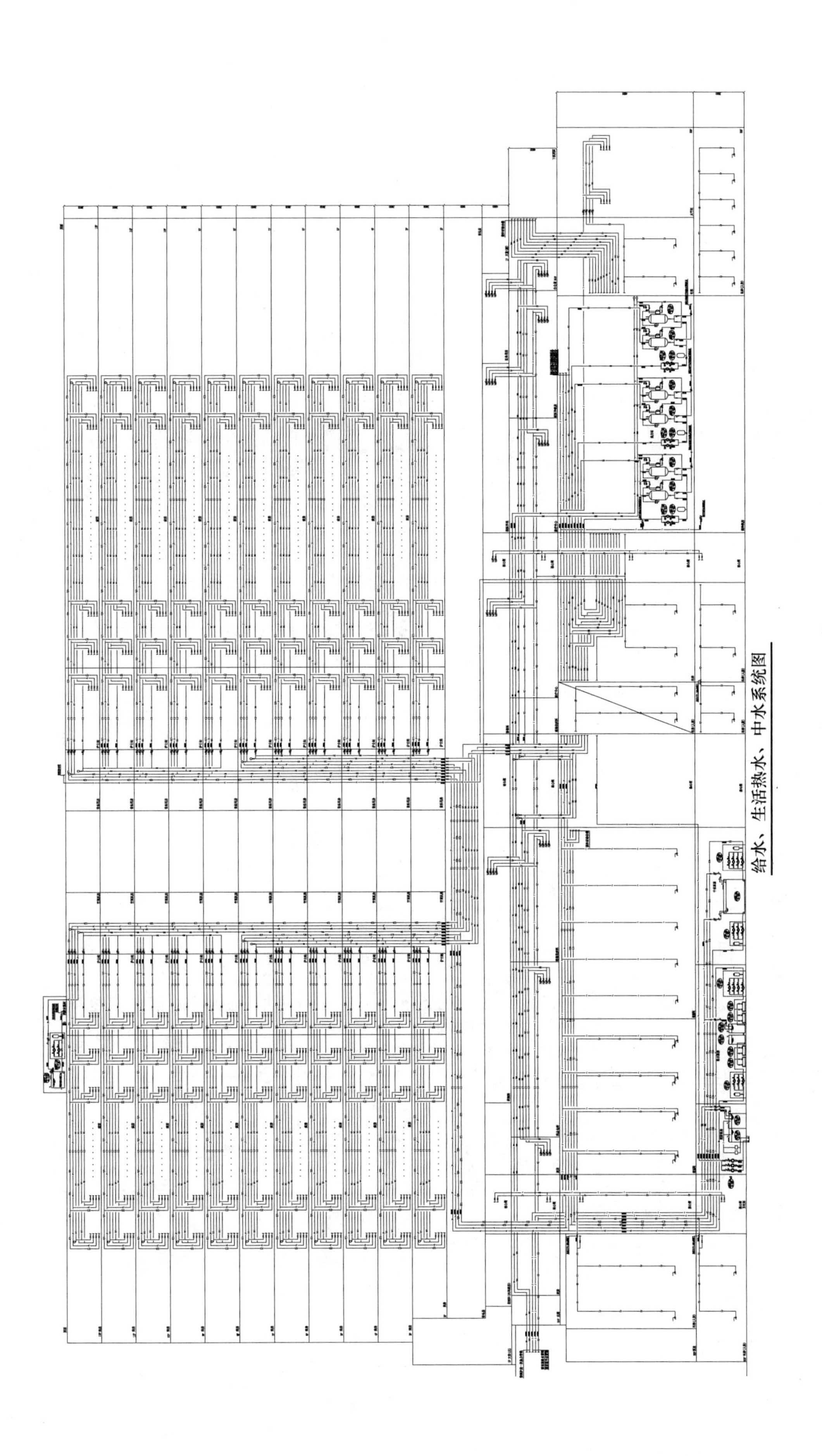

给水、生活热水、中水系统图

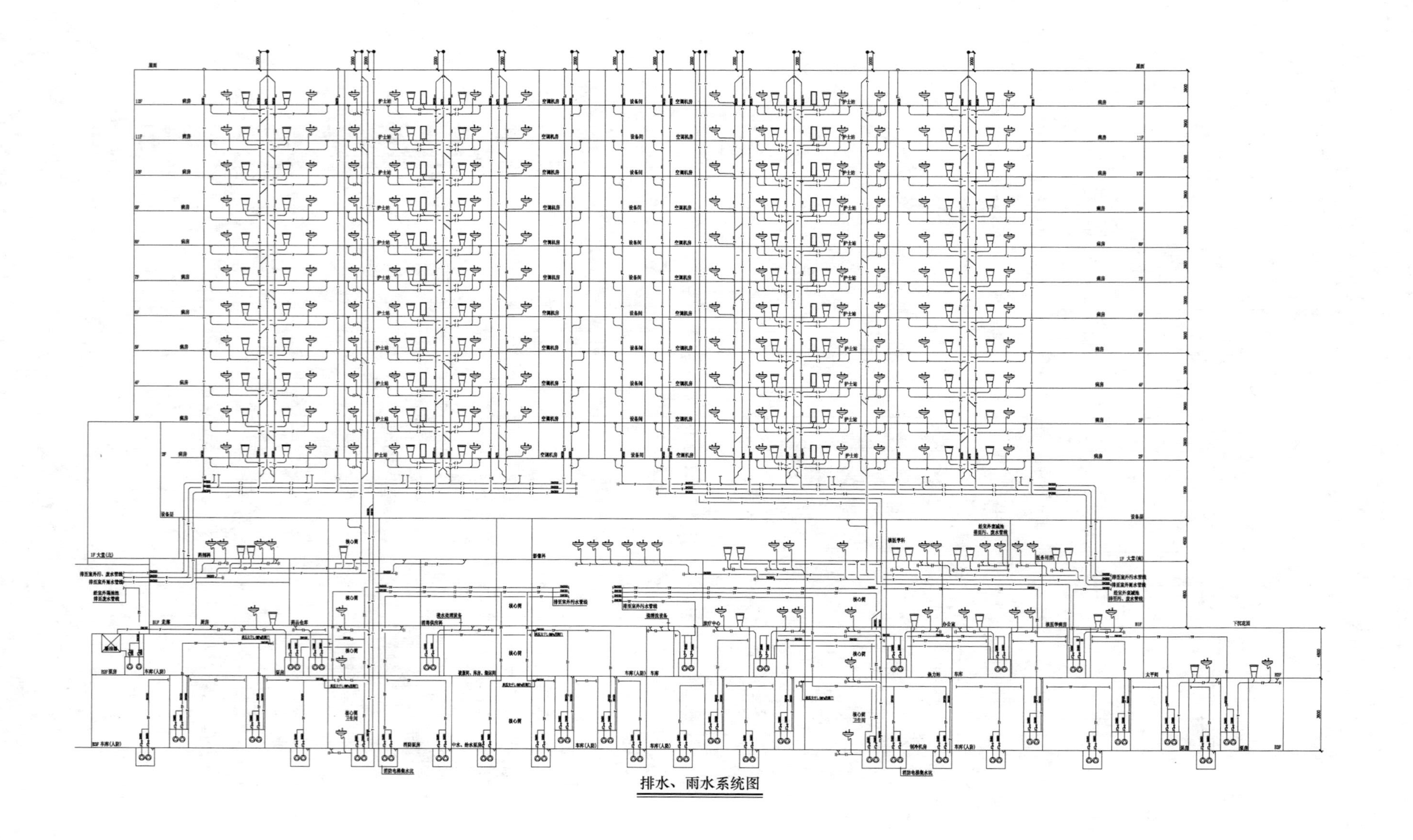

排水、雨水系统图

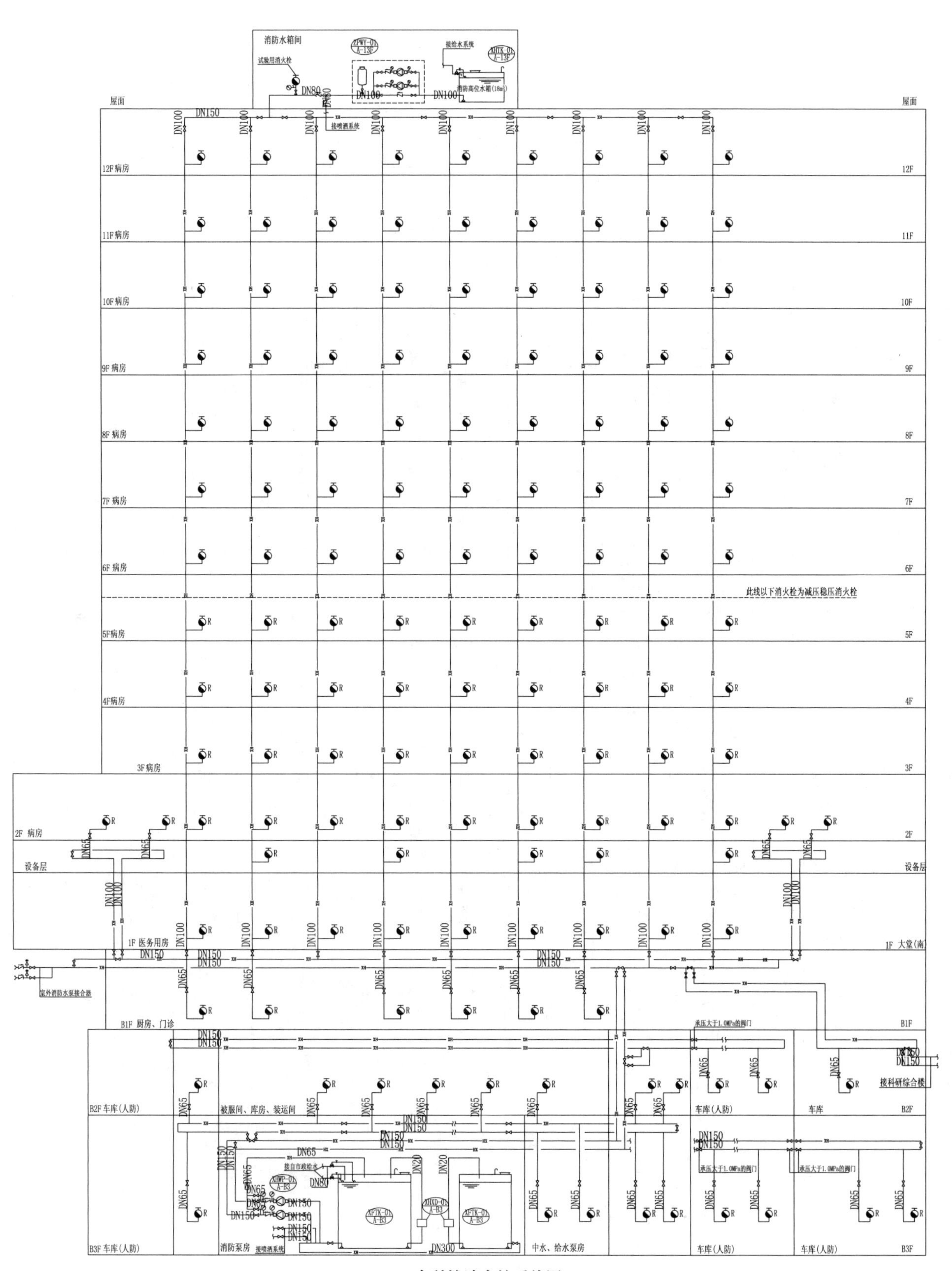
消防水箱间
试验用消火栓
接给水系统
消防高位水箱(18m³)
屋面
接喷洒系统
12F 病房
11F 病房
10F 病房
9F 病房
8F 病房
7F 病房
6F 病房
此线以下消火栓为减压稳压消火栓
5F病房
4F病房
3F病房
2F 病房
设备层
1F 医务用房
1F 大堂(南)
室外消防水泵接合器
B1F 厨房、门诊
承压大于1.0MPa的阀门
接科研综合楼
B2F 车库(人防)
被服间、库房、装运间
车库(人防)
车库
接自市政给水
消防泵房
接喷洒系统
中水、给水泵房
B3F 车库(人防)

内科楼消火栓系统图

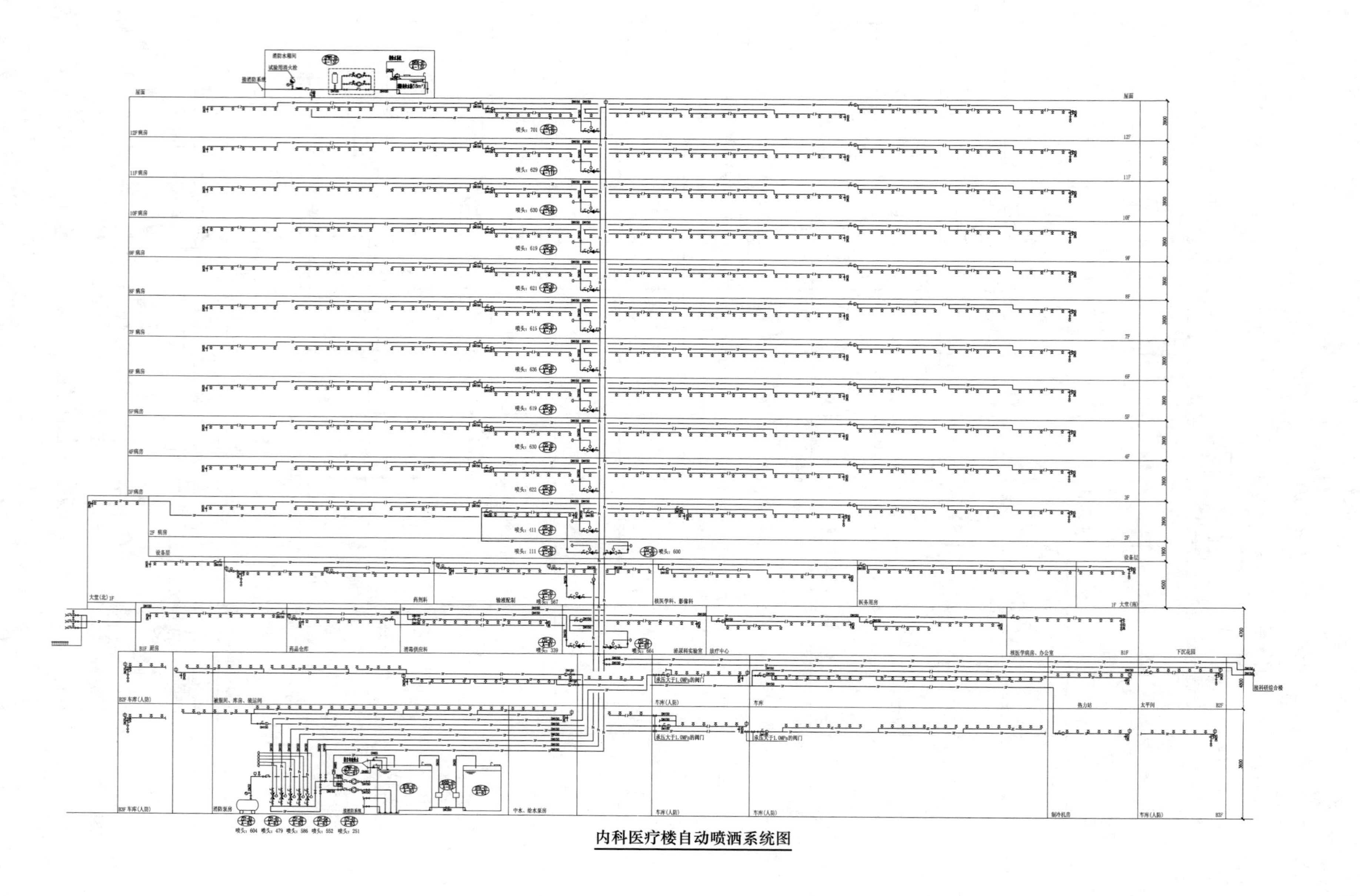

内科医疗楼自动喷洒系统图

浙江大学舟山校区（浙江大学海洋学院）

设计单位： 浙江大学建筑设计研究院有限公司
设 计 人： 王铁风　汪波　潘孝辉
获奖情况： 公共建筑类　三等奖

工程概况：

浙江大学舟山校区选址于舟山临城新区与定海城区之间，总规划用地 600 亩，校区规划总建筑面积约 28 万 m^2，容积率 0.62，绿地率 22%。在规划校园东北侧另有配套性教职工生活居住区。

本工程为浙江大学舟山校区一期，总建筑面积 $191636m^2$，其中地上建筑面积 $167624m^2$，地下建筑面积 $24012m^2$。其主要单体包括：1 国际交流中心，2 海洋科学实验室及综合办公楼，3 体育中心，4 公共教学楼，5 先进技术研究中心，6 食堂，7 图书馆学生活动中心，8 行政楼，9 港航与近海工程大厅，10 海洋与船舶工程大楼，11 船舶工程大厅，12 海洋技术大厅，13 基础实验平台，14 学生宿舍一，15 学生宿舍二，16 校医院，17 水处理机房，18 景观标志塔。地面停车位 162 个。地下建筑包括机房、辅助设施及汽车停车库，地下汽车库停车位 420 个。

平面布局遵循规划结构模式，结合现代大学的功能要求，强化浙江大学舟山校区的办学特色，形成结构明晰又互相紧密结合的功能分区格局分为教研核心区、学生生活区、文体活动区、科研组团区。本工程除图书馆为高层建筑外（檐口高度 45.00m），其余均为 3～6 层的多层建筑（图 1）。

图 1　鸟瞰总平面图

本工程给水排水设计以安全可靠、经济实用为原则，充分利用建筑布局、环境条件，满足学校安全、绿色节能、高效运营的要求。

工程说明：

一、给水排水系统

（一）给水系统

1. 生活用水量：最高日用水量：1183.6m^3/d，最大时用水量：116.35m^3/h。主要用水项目及其用水量详见表1：

生活用水量　　表1

序号	名称	数量	最高日用水定额	平均日用水定额	不均匀系数K	用水时间(h)	用水量			备注
							最高日(m^3/d)	最大时(m^3/h)	平均日(m^3/d)	
1	学生宿舍用水	2000人	200L/(人·d)	100L/(人·d)	2.5	24	400.0	41.67	200.0	一期学生
2	餐饮用水	7500人次	20L/(人次·d)	15L/(人次·d)	1.5	12	150.0	18.75	112.5	学生一日三餐，教工一日两餐
3	教职工用水	750人	50L/(人·d)	25L/(人·d)	1.5	10	37.5	5.63	18.8	
4	国际交流中心	180床	400L/(床·d)	300L/(床·d)	2.5	24	72.0	7.50	4.0	
5	体育中心淋浴	300人次	30L/人次	25L/人次	2	12	9.0	1.50	7.5	
6	泳池补水	2125m^3	6%(日补水)	4%(日补水)	1	12	127.5	10.7	85.0	
7	冷却循环补水	500m^3/h	1.50%(小时补水)	1.00%(小时补水)	15	24	180.0	7.50	80	
8	实验用水	2000人	50L/(人·d)	30L/(人·d)	1.5	8	100.0	12.50	60.0	不包括实验水池补水
9	用水量小计						1076	105.75	617.8	
10	未预见用水量						107.6	10.6	61.8	按10%用水量计
11	合计用水量						1183.6	116.35	679.6	

2. 水源

生活给水取自城市自来水。本工程分别从南侧海天大道和北侧新城大道各接入DN300给水管，在校区设置成环状管网，供各建筑物直供区生活用水、室外消防用水及生活水箱补水等。市政给水到达本地块给水水压0.20MPa设计。

3. 系统竖向分区

本工程生活给水采用分区给水。根据各建筑物层高及所处地势等，确定给水直供区。学生宿舍一层商业、其他建筑地下室～二层以及室外消防给水为市政管网直供区；学生宿舍全部楼层（一层商业除外）以及其他建筑3层及以上为加压区。

4. 供水方式及给水加压设

学生宿舍由变频加压泵组加压供水，其他建筑3层及以上由设置在图书馆屋顶的校区高位生活水箱集中供水。

在图书馆生活动中心地下室设有校区集中生活水泵房，内设有效容积40m^3的不锈钢生活水箱2只及生活加压泵2台（1用1备），单台水泵供水能力为流量48m^3/h，扬程70m，功率18.5kW，市政自来水经加压泵提升至图书馆屋顶高位生活水箱后重力供水，重力供水范围包括教研核心区、学文体活动区、科研组团区各楼幢加压区。屋顶不锈钢生活水箱有效容积20m^3。

学生宿舍地下室设有学生生活区集中生活水泵房，内设有效容积 25m^3 的不锈钢生活水箱 2 只及生活变频加压泵组 1 套（配主泵 3 台及气压罐等），生活变频加压泵组供水能力为流量 60m^3/h，扬程 40m。

学生宿舍每间均设置冷热水表计量（其中热水表采用插卡式），其余每幢建筑物根据用水性质不同分别相对集中设置水表计量。水表均采用远传型。

5. 管材

生活冷水管采用钢塑复合管，专用管件丝扣连接；室外埋地给水管道采用球墨铸铁给水管，柔性接口，橡胶圈连接。

（二）热水系统

1. 生活热水量：最高日用水量：185.5m^3，最大时用水量：30.25m^3/h。主要热水用水项目及其用水量，详见表 2：

生活热水量 **表 2**

序号	名称	数量	最高日用水定额	平均日用水定额	不均匀系数 K	用水时间(h)	用水量			备注
							最高日(m^3/d)	最大时(m^3/h)	平均日(m^3/d)	
1	学生宿舍用热水	2000 人	50L/(人·d)	40L/(人·d)	4.5	24	100.0	18.75	80.0	一期学生
2	餐饮用热水	7500 人次	7L/(人次·d)	3L/(人次·d)	1.5	12	52.5	6.56	22.5	学生一日三餐，教工一日两餐
3	国际交流中心热水	180 床	150L/(床·d)	120L/(床·d)	3.5	24	27.0	3.94	21.6	
4	体育中心淋浴热水	300 人次	20L/(人次)	15L/人次	2	12	6.0	1.0	4.5	
5	合计水量						185.5	30.25	128.6	

2. 热源

学生宿舍采用以栋为单位的集中生活热水系统，热源采用空气源热泵热水机组，辅助热源采用商用电热水器。学生生活区共设置 4 套空气源热泵热水系统，每套热水系统设 3 台空气源热泵热水机组（每台输入额定功率 11.5kW，能效等级为 1 级）及其配套商用电热水器（每台输入额定功率 54kW）1 只，设承压热水储罐 2 只，每只有效容积约为 5m^3。

食堂采用集中集热、储热、加热的集中式太阳能热水系统，辅助热源采用空气源热泵热水机组。在食堂屋面设置 52m^2 玻璃真空管集热器及 6 台空气源热泵热水机组（每台机组输入额定功率为 16.6kW，能效等级为 1 级），并设置开式储热水箱 1 只，有效容积为 9.6m^3。

体育中心淋浴及游泳池设集中热水供应系统，该热水系统由太阳能、三合一热泵（集空调、除湿及池水加热于一体）及燃气热水机组组成。在体育中心屋面设置承压平板型太阳能集热器 360m^2，在热水机房设置商用容积式燃气热水炉 10 台（每台输入额定热功率 99kW，热效率≥95%）。泳池热交换采用水-水板式换热器 2 套，换热面积分别为 8m^2、17m^2，淋浴换热采用导流型容积式热交换器 2 台，每台有效容积 3.5m^2，换热面积 13m^2。

国际交流中心热水采用集中空气源热泵系统制取生活热水，辅助热源采用真空锅炉。在屋顶设置空气源热泵机组（每台机组输入额定功率 37kW，能效等级为 1 级）3 台，在地下室设备机房内设置承压储热水罐 2 只，每只容积 4.0m^3。

3. 冷、热水压力平衡措施、热水温度的保证措施等

为保证冷热水压力平衡，本工程集中热水系统分区均与相应冷水系统同，同时热水系统除食堂外均采用容积式承压储热水罐，其损失均不大于 0.01MPa。

热水系统采用上行下给，同程回水机械循环；保证各用水点热水温度不低于50℃。

4. 管材

热水管均采用薄壁不锈钢管，环压连接。

（三）雨水收集回用系统

1. 水量平衡计算

因本工程存在大量实验水池，且实验用水量较大，因此海绵城市设计的重点考虑雨水的收集回用，收集的雨水处理回用于室外绿化浇灌、水景补水、各实验工艺水池用水等，年回用雨水量计算见表3：

雨水量计算 **表3**

编号	用水性质	用水定额(容积)	日水量(m^3/d)	年用水量(m^3/年)	备注
1	绿化浇灌	1.5L/(m^2·d)(4～9月)	120	26400	绿化面积80000m^3
		1.0L/(m^2·d)(3月、10月)	80		
2	景观湖补水	日补水1%(5～10月)	200	36000	内湖容积约20000m^3
3	工艺试验用水				高速拖曳水池按5年换水1次，其余消声水池和操纵性水池按1年换水1次，双6自由度平台、混水动床模型试验场、基础实验平台（水槽试验）按1年换水3次计
4	高速拖曳水池(二期)	～42000m^3		8400	
	消声水池	～6000m^3		6000	
	操纵性水池	～9500m^3		9500	
	双6自由度平台	～900m^2		2700	
	混水动床模型试验场	～1800m^3		5400	
	基础实验平台(水槽试验)	～500m^3		1500	
合计				101300	

年可收集雨水量计算见表4：

年可收集雨水量计算 **表4**

编号	汇水位置	汇水面积(m^2)	下垫面种类	雨量径流系数φ_c	雨水径流总量(m^3/年)
1	绿化地面	～90000	绿化地面	0.15	18225
2	山地	～110000	山地绿化	0.1	14850
3	硬质铺装、道路	～110000	硬质路面	0.8	118800
4	建筑屋面	～90000	硬质屋面	0.9	109350
合计					261225

校区年可收集雨水总量大于年回用雨水用水量，可实现雨水量平衡，不需要向河道取水。场地内收集的雨水排入校区内湖，但考虑到雨水的不均匀性及景观湖对雨水的调蓄能力较小（考虑0.5m深的调蓄水位，调蓄容积约5000m^3），当降雨量较少以及试验水池同时进行换水时，仅取用景观湖水无法满足要求，需取用部分河道水进行调节和保持景观湖水水质。

2. 雨水回用水处理工艺流程及供水方式

雨水回用水处理系统采用双水源，可分别从景观湖及河道取水，雨水处理工艺采用混凝加药、砂过滤及消毒处理，净化后雨水进入雨水储水箱，由变频加压泵组加压供水。若处理水回用于景观湖或大型水池时，处理水可不进雨水储水箱，直接接入给水管网至各用水点。设置取水泵4台，单泵参数$Q=50m^3/h$，$H=20m$，$N=5.5kW$；设置雨水贮水箱1只，有效容积77m^3；设置加压变频泵组1套，供水能力$Q=100m^3/h$，$H=20m$。

（四）排水系统

1. 排水系统的形式

室内排水采用雨、污、废水分流制；±0.00以上污、废水重力排出室外，地下室排水经集水井收集后由潜污泵加压排出室外。屋面雨水排水采用重力流雨水系统。

2. 通气管的设置方式

高层图书馆、教学楼公共卫生间污水排水设专用通气立管，其余多层建筑均设置升顶通气管。

3. 采用的局部污水处理设施

生活粪便污水采用化粪池预处理；实验室酸碱废水采用中和池处理；试验含沙废水采用沉沙池处理；食堂厨房含油废水采用成品隔油池处理；校医院污水经兼氧池、好氧池、二沉池、接触消毒池等处理排放市政污水管网。

4. 管材

室内雨、污、废排水管采用优质HDPE排水管及配件，热熔连接。室外排水管管径小于或等于*DN*500采用PVC-U加筋管，接口为橡胶圈接口，大于或等于*DN*600采用高密度聚乙烯（HDPE）缠绕增强管（B型结构壁管）；排水管环刚度≥8kN/m^2。食堂餐饮排水管采用离心浇铸铸铁排水管，承插法兰连接。

二、消防系统

（一）消火栓系统

1. 消防用水量

校区除图书馆学生活动中心为一类高层综合楼外，其余均为多层建筑，根据《高层民用建筑设计防火规范》GB 50045—95（2005年版），其消防水量为：室外消火栓用水量30L/s，火灾延续时间3h；室内消火栓用水量30L/s，火灾延续时间3h。

2. 系统设计

本工程分别从南侧海天大道和北侧新城大道接入一根*DN*300给水管，在校区设置*DN*150消防环状管网。室外消防采用低压制，以不超过120m的间距布置室外消火栓，其水量、水压由市政管网保证。

校区各建筑均设室内消火栓系统。室内消防给水系统采用区域集中临时高压消防给水系统，消防水泵房设置在图书馆学生活动中心地下室，设消防水池（有效容积432m^3）及消火栓给水泵（供水能力为Q=30L/s，H=80m，N=45kW）2台（1用1备），图书馆顶设置屋顶高位消防水箱（V=18m^3）1只及消防增压稳压装置1套，满足最不利点消火栓用水要求。室内消火栓给水不分区，由室内消火栓泵直接供水。室外管网室内消火栓系统和自喷系统合用，采用*DN*200环状消防给水管网。

室内消火栓系统在室外合适位置相对集中设置水泵接合器3处，共计10只。

3. 管材

室内消火栓系统架空管采用内外热镀锌钢管，管径大于或等于*DN*100采用沟槽式连接，小于或等于*DN*80采用丝扣连接。室外埋地给水管管径大于或等于*DN*100的采用球墨铸铁管橡胶圈连接（T型接口，K9级）。管径小于或等于*DN*80的采用钢塑管，丝扣连接。钢塑管均采用三油二布防腐。

（二）自动喷水灭火系统

1. 保护范围

地下汽车库及设置集中空调系统的各建筑，包括图书馆学生活动中心、行政楼，教学楼、先进技术研究中心、食堂、国际交流中心、海洋科学实验室及综合办公楼以及海洋与船舶工程大楼等。

2. 设计参数

自动喷水灭火系统采用湿式系统，喷头的动作温度为68℃（食堂烹饪部位93℃）。该系统地下车库和书库按中危险Ⅱ级设计，其他场所按中危险Ⅰ级设计。最大喷水强度8L/(min·m^2)，作用面积160m^2，自动喷水系统设计用水量为30L/s，火灾延续时间1h。

3. 系统设计

本工程设喷淋给水泵（供水能力 $Q=30L/s$，$H=80m$，$N=45kW$）2台（1用1备），设于图书馆学生活动中心地下室消防水泵房内。初期火灾由其屋顶高位消防水箱（有效容积 $18m^2$）供水，设置增压稳压装置一套。每组湿式报警阀控制的喷头数不超过800只。室外管网自喷系统和消火栓系统合用，自喷湿式报警阀在各单体建筑室内分别设置，室内消火栓系统在湿式报警阀前与自喷系统分开。室外采用 *DN*200 环状消防给水管网。

4. 管材

自动喷淋给水管架空管采用内外热浸镀锌钢管，大于或等于 *DN*100 采用沟槽式连接，小于或等于 *DN*80 采用丝扣连接。室外埋地给水管管径大于或等于 *DN*100 的采用球墨铸铁管橡胶圈连接（T 型接口，K9级）。管径小于或等于 *DN*80 的采用钢塑管，丝接，埋地钢塑管均采用三油二布防腐。

（三）大空间智能型主动喷水灭火系统

1. 设置场所

本工程体育中心设有篮球场、游泳池、羽毛球场等高大空间场所，综合建筑钢结构屋面造型以及屋顶检修及转播要求，在体育中心羽毛球场馆设置大空间智能型主动灭火系统。

2. 系统设计

系统共设置4只灭火装置，单个灭火装置流量为5L/s，同时开启最大流量为20L/s。在图书馆地下室设置大空间智能型主动喷水灭火装置给水泵（供水能力 $Q=20L/s$，$H=100m$，$N=37kW$）2台，1用1备，初期消防用水由屋顶消防水箱直接供水。系统在室外设置水泵接合器2套。

（四）自动气体消防灭火系统

本工程图书馆学生活动中心二层、三层设有网络机房、UPS间、电池机房等不宜用水扑救的机房及房间，设计采用IG-541洁净气体灭火系统保护，共设置1套IG-541气体灭火系统。系统为组合分配系统，共采用90L、15MPa的IG-541钢瓶45个。系统的最小设计灭火浓度为37.5%，最大设计灭火浓度为42.8%，灭火时间限于1min内。

其他各配电房场所采用S型DKL气溶胶自动灭火装置，壁挂式安装。

（五）建筑灭火器配置

地下车库按A/B类火灾中危险级设计，图书馆学生活动中心地上及学生宿舍按A类严重危险级设计，局部电气机房按E类中危险级设计，其他均按A类中危险级设计。

三、工程特点及设计体会

本工程给水排水设计以安全可靠、经济实用为原则，充分利用建筑布局、环境条件，满足学校安全、绿色节能、高效运营的要求，满足海洋学科大型海洋试验构筑物使用需求。

（一）高效节约的分质供水系统

浙江大学舟山校区（浙江大学海洋学院）是以海洋教学与科研为特色的高校，校区内设有大量实验用水池及构筑物，需水量极大，加之校园绿化及中央景观湖面积的浇洒及补水要求，该部分年均用水量达到10.13万 m^3/年。同时舟山地处海岛，是浙江省水资源最贫乏的地区，淡水均通过跨海管道由大陆引水，不仅供水流量有限，且水价高昂。

为充分节约自来水，同时高效地利用雨水资源，校区内采用分质供水系统，即建筑物餐饮、洗涤、淋浴、游泳池补充用水采用城市自来水；而室外绿化浇灌、景观湖补充水及实验工艺用水等低品质用水采用景观湖调蓄的雨水及河道水。

（二）安全可靠的生活给水系统

本工程占地面积大，建筑场地基本平坦，室外地坪高差在3m以内。本工程除图书馆为高层建筑外，其余均为多层建筑。给水系统考虑根据各建筑物层高及所处地势等，一般各建筑地下室～2层生活给水、室外消防给水为市政管网直供区；学生宿舍除外的所有建筑3层及以上生活给水由中心区高位生活水箱供水。学生宿舍处于整个校区北侧，相对独立，同时用水量集中，单独设置水泵房及变频加压泵组加压供水。

在中心位置图书馆学生活动中心地下室水泵房内设不锈钢生活水箱及工频生活加压泵组，加压提升至该楼屋顶高位生活水箱，供教学区、实验区及国际交流中心、体育中心、食堂等各楼幢加压区生活用水，除图书馆七、八层需设小型加压变频装置供水外，其余给水加压区均为重力供水。该系统由高位水箱内水位控制生活水泵启停，系统运行安全稳定，且集中水泵房居中或靠近用水量大的用户布置，避免室外供水管线过长，造成水泵扬程增大，压力波动大等耗能、耗材、噪声大、使用效果差等弊病，同时避免变频系统小流量时段不节能的通病，节能效益优越。

（三）经济实用的热水供水系统

本工程是一座多用途、高能耗、功能复杂的高校，其中学生宿舍、食堂、体育中心及国际交流中心均是大量热量和生活冷热水消耗场所，如何为学校师生提供经济、舒适的生活热水是本工程热水的设计一大难点。

浙江省是能源资源小省，常规能源资源短缺，而项目周围也无工业余热、废热等资源可供利用，因此需充分利用可再生能源。经综合比较，太阳能光热系统以及空气能热泵热水系统是各可再生能源利用系统中最为实用，也是投资回收期最短、节能效益最好的系统。本工程在与建筑一体化的设计中，充分利用这两种可再生能源的优势，大大地减少传统化石能源的消耗，最大限度利用可再生能源资源，降低学校平时运行费用，达到绿色节能的设计预期目标。

（四）各具特色的实验水池水处理系统

消声水池设计为一个矩形水池，净尺寸为50m（L）×16.7m（W）×10.3（H），其主要用于声呐实验，其水体设置内循环过滤系统，以保持池水水质。水池总容积约7500m^3，初次充水时间14d，每日补水量按水池总容积的5‰计。消声水池进水由设置在水池四角顶部的4根DN70进水管，每根进水管均通向池底。初次充水后，由设于三层走廊侧的不锈钢平衡水箱补水，平衡水箱水面与消声水池水面保持恒定。消声水池水处理系统采用水池中间出水，上部及底部回水的循环方式，其中上部溢流水量＞50%，下部排出水量＜50%。循环周期为10d，循环流量100m^3/h。具体循环水处理流程为：循环池水通过池底回水口及池面溢流槽进入循环泵，循环水泵（自灌）吸水，经不锈钢污物聚集器及循环泵，泵入过滤罐，过滤后通过供水管道配水系统经池顶四角给水管入池，絮凝剂在水泵吸水管上、污物聚集器前加入。经过滤处理，能有效去除池水中的水垢及水藻，并防止管道设备腐蚀。水池共设计2台立式石英砂过滤器，过滤器工作压力0.40MPa，滤速采用30m/s，过滤总面积为3.2m^2，滤料采用石英砂，粒径为0.5～0.7mm，滤料层总厚度为1.0m。

操纵水池设计为一个圆形水池，尺寸为22.5m（ϕ）×6.0（H），操纵水池总容积约9550m^3。初次充水由设置在距池底约1.0m处的10根DN100进水管供水。操纵水池根据业主要求不考虑换水或补水，排空时由地下管廊内设置的离心泵加压排出，共设置3台排空泵（2用1备）。

双6自由度平台由2个深约4.0m的圆筒状基坑组成，根据实验要求，需专门设置液压系统的冷却水系统，系统采用开式自动循环系统。设计在室外共设2台圆形开式冷却塔，每台循环水量50m^3/h。在地下室机房区相应设置有40m^3蓄水池及4台循环冷却水泵。

近海工程试验大厅内设浑水动床模型试验场，整个模型试验场为90m（L）×55（H）的大跨度空间结构，底部通过管沟连通，兼有贮水作用，通过试验场边预留的浑水池及搅拌池等投加泥沙，模拟天然江河等水体中泥沙等的沉积及迁徙等规律。试验场底部设有沉沙槽，实验用水经过沉淀处理后，上部清水及底部泥沙均可重复循环使用。

（五）绿色环保的雨水回用系统

营造绿色建筑及节约水资源，本工程设计雨水收集及河水的综合利用，用于室外绿化浇灌、景观湖补水及循环、各实验工艺水池用水等。本工程校区东侧、东南侧护校河水域流域面积约 3km^2，河道起端为库容约 35 万 m^3 的小型水库，流域内无任何工厂，河道功能主要是蓄水行洪，其入海口（离本工程约 500m）设有泄洪闸，泄洪闸平时为关闭保证河道一定水位，因而河道也可作为贮水功能且水质相对较好。综合以上并报备当地水利部门，设计采用取用景观湖水及护校河道河水方式保证雨水回用水系统用水。该系统运行有效降低校区日常运行费用。

四、工程照片及附图

校区东大门实景图

教学楼及景观湖实景图

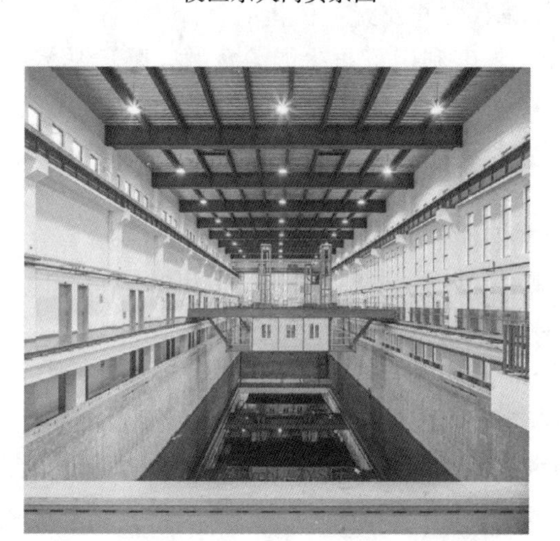

海洋技术大厅（消声水池）实景图

港航与近海工程大厅实景图

雨水回用处理机房实景图

宿舍空气源热泵实景图

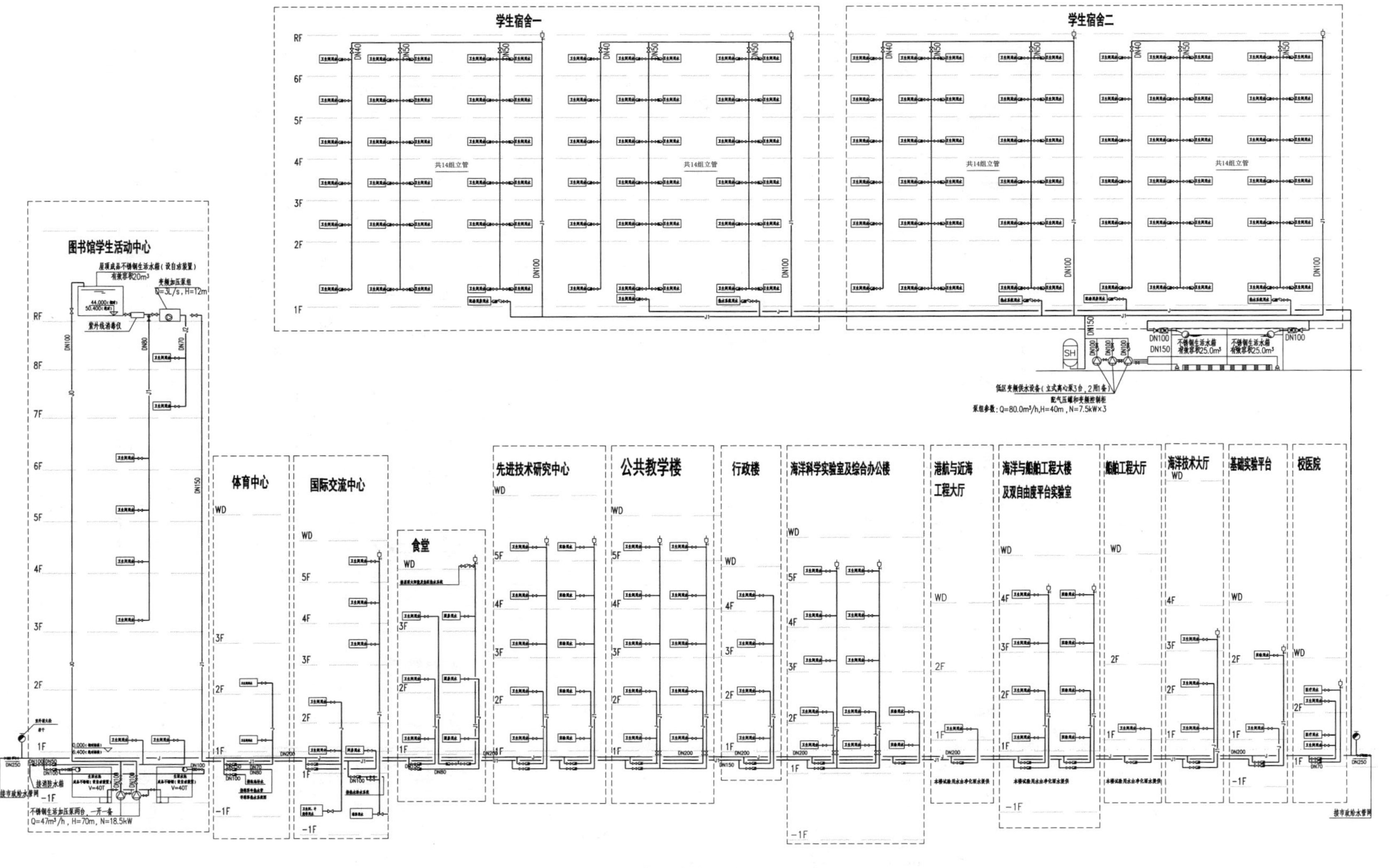
学生宿舍一
学生宿舍二
共14组立管
图书馆学生活动中心
体育中心
国际交流中心
食堂
先进技术研究中心
公共教学楼
行政楼
海洋科学实验室及综合办公楼
港航与近海
工程大厅
海洋与船舶工程大楼
及双自由度平台实验室
船舶工程大厅
海洋技术大厅
基础实验平台
校医院
不锈钢生活加压泵两台，一开一备
Q=47m³/h，H=70m，N=18.5kW
泵组参数：Q=80.0m³/h,H=40m，N=7.5kW×3

生活给水系统原理图

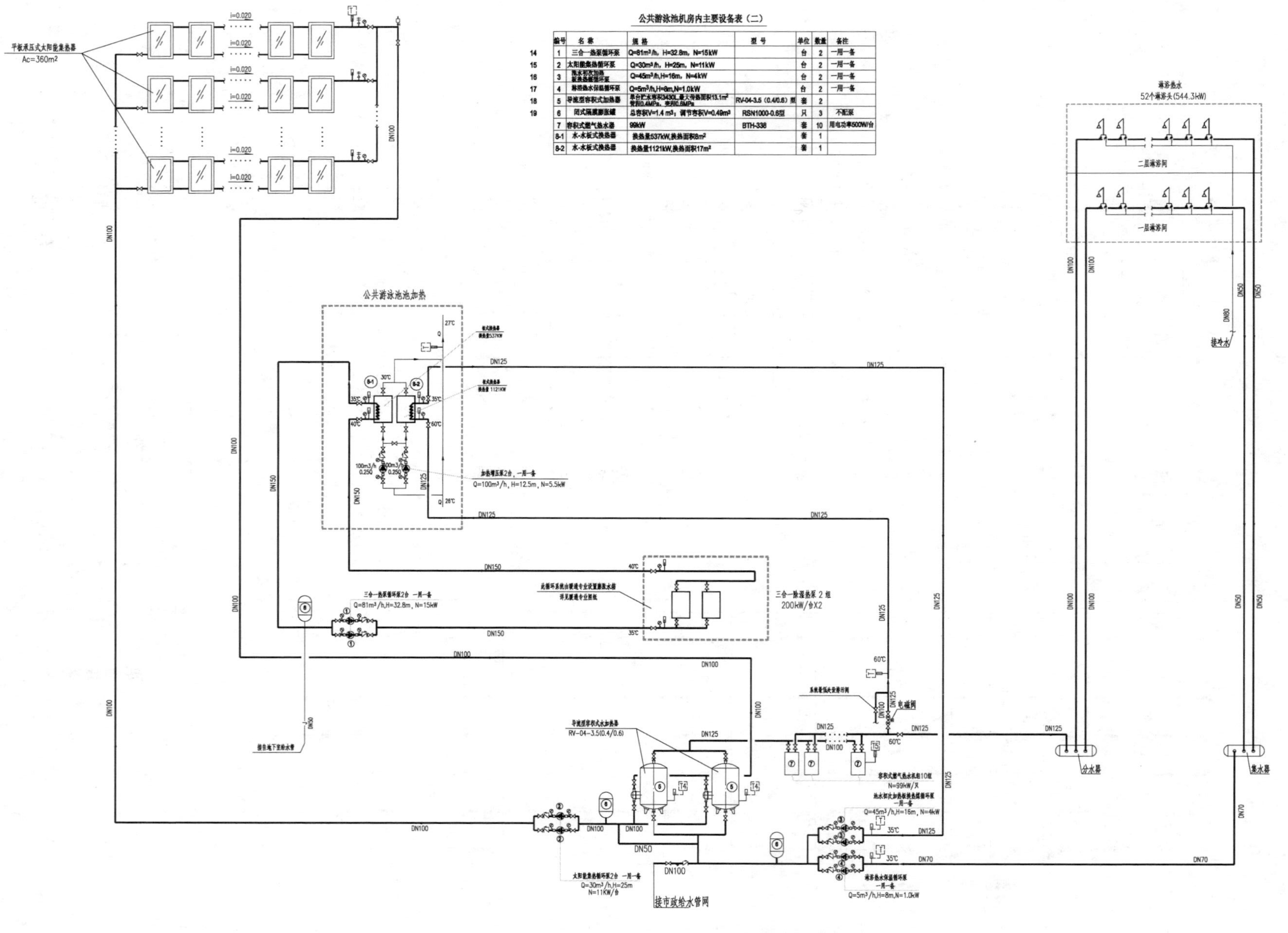

公共游泳池机房内主要设备表（二）

	编号	名称	规格	型号	单位	数量	备注
14	1	三合一热泵循环泵	Q=81m³/h，H=32.8m，N=15kW		台	2	一用一备
15	2	太阳能集热循环泵	Q=30m³/h，H=25m，N=11kW		台	2	一用一备
16	3	池水初次加热板换热循环泵	Q=45m³/h,H=16m，N=4kW		台	2	一用一备
17	4	淋浴热水保温循环泵	Q=5m³/h,H=8m,N=1.0kW		台	2	一用一备
18	5	导流型容积式加热器	单台贮水容积3430L,最大传热面积13.1m² 管程0.4MPa，壳程0.6MPa	RV-04-3.5（0.4/0.6）型	套	2	
19	6	闭式隔膜膨胀罐	总容积V=1.4 m³；调节容积V=0.49m³	RSN1000-0.6型	只	3	不配泵
	7	容积式燃气热水器	99kW	BTH-338	套	10	用电功率500W/台
	8-1	水-水板式换热器	换热量537kW,换热面积8m²		套	1	
	8-2	水-水板式换热器	换热量1121kW,换热面积17m²		套	1	

体育馆热水给水系统原理图

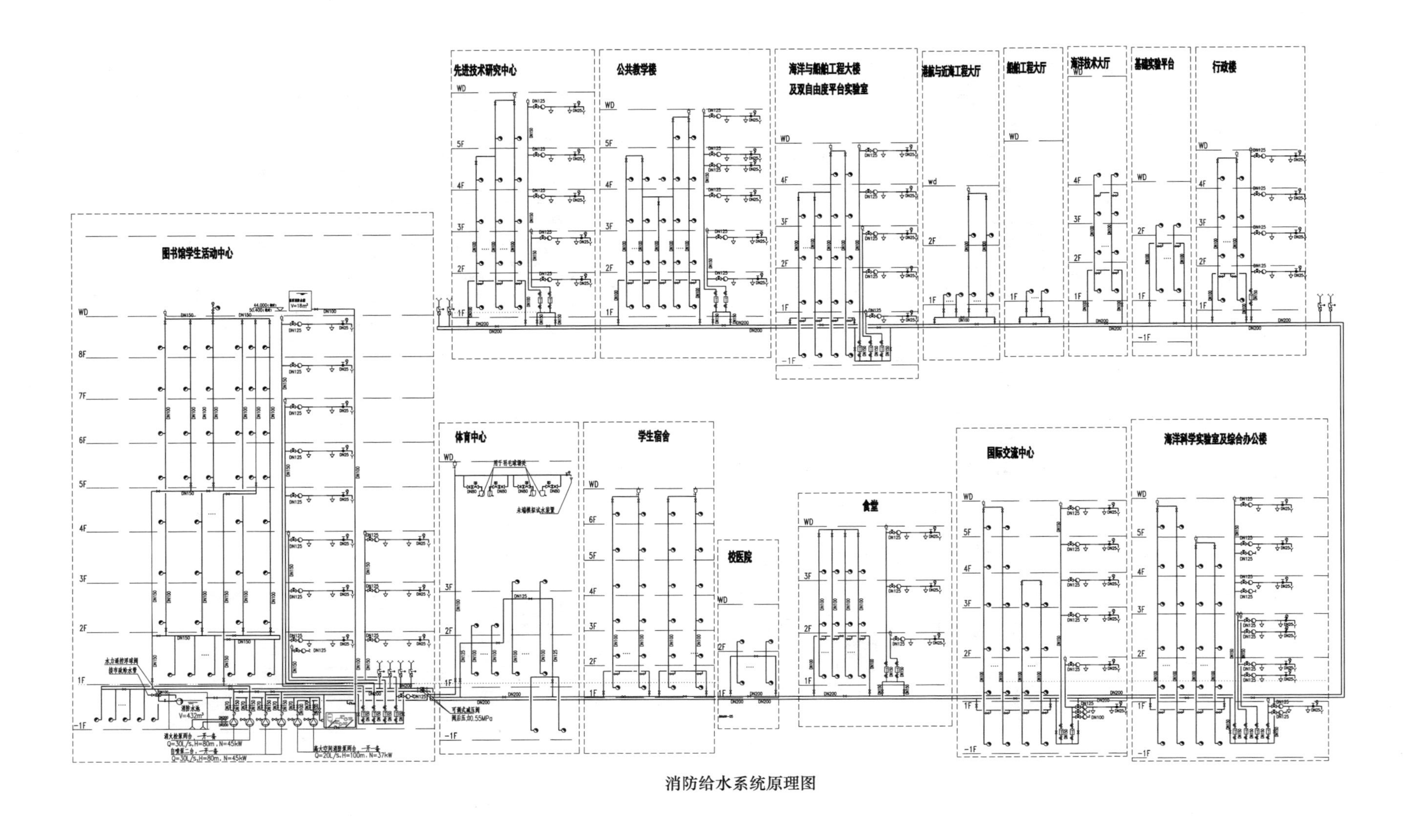
先进技术研究中心
公共教学楼
海洋与船舶工程大楼
及双自由度平台实验室
港航与近海工程大厅
船舶工程大厅
海洋技术大厅
基础实验平台
行政楼
图书馆学生活动中心
体育中心
学生宿舍
校医院
食堂
国际交流中心
海洋科学实验室及综合办公楼

消防给水系统原理图

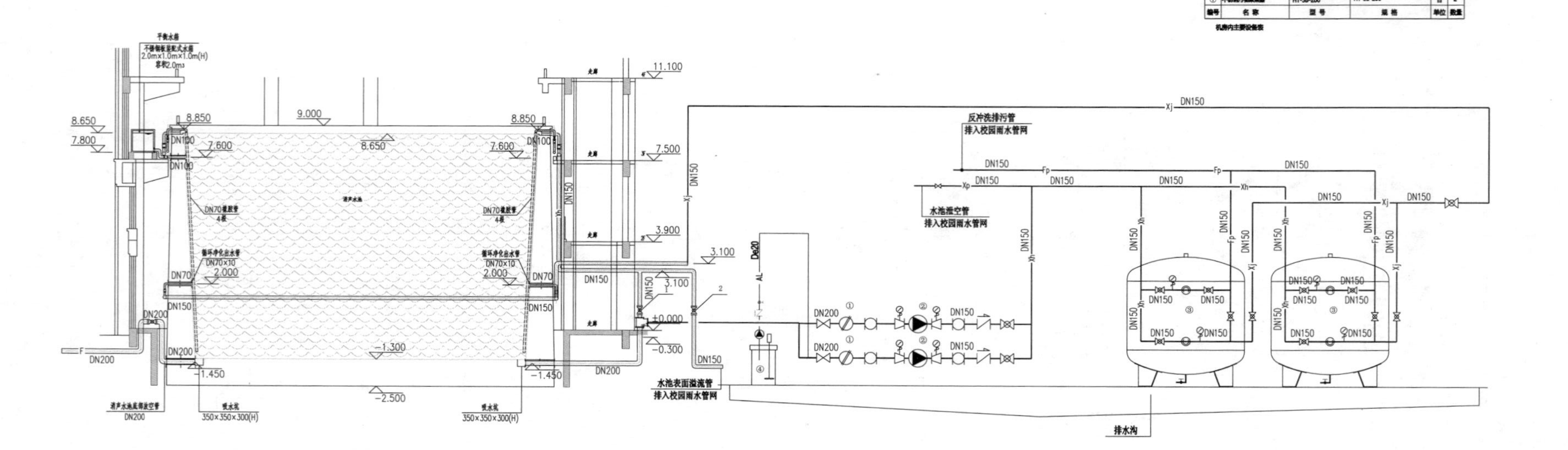

编号	名 称	型 号	规 格	单位	数量
④	絮凝剂投加装置	SC-Jy	Q=0~16L/h	套	1
③	不锈钢立式石英砂过滤器	JT-GLB-2.0	Q=96m³/h,F=3.2m²	台	2
②	循环水泵兼反冲洗水泵	KQW100/200-18.5/2	Q=100m³/h,H=40m,N=18.5kW	台	2
①	不锈钢污物聚集器	HT-SB-200	HT-SB-200	台	2

机房内主要设备表

消声水池循环水处理工艺设计说明

本工程为浙江大学舟山校区海洋技术大厅消声水池循环水处理系统工程。本设计内容有消声水池的给水系统、排水系统、水处理系统等部分组成。配套循环水处理系统的建筑设计由建筑专业及工艺咨询单位提出，并在此基础上进行设计。

1. 本次水池设计的主要参数如下：

池 型	总水量(m^3)	循环周期(d)	循环流量(m^3/h)	循环方式	日补水量(m^3)
消声水池	7500	10	100	混合式	37.5

初次充水时间：14d，每日补水量按水池总水量的5‰计，初次充水和补水，由校区集中雨水回用泵站供给。

2. 水池给水系统：水池进水管设置在水池四角的顶部，共设四根DN70进水管，每根进水管通过一根D70的橡胶管通向池底。初次充水时间14d，每天10~12h，流量控制在30~70m³/h。初次充水后，由设于三层走廊侧的不锈钢平衡水箱补水，补水管管径DN100。平衡水箱外形尺寸为2.0m×1.0m×1.0m(H)，水箱水面与消声水池水面保持恒定。

3. 水池排水系统：水池池底两个角设有两个35cm×35cm×30cm(H)的吸水坑，分别预埋一根DN200排水管及循环回水管。当池内水位在1.6m以上时，池内水可通过排水管重力自流排放；当水位低于1.6m时，需通过循环回水管经由循环泵加压排出室外。

水池表面四周均由设有10条宽3.0m的溢流排水槽，每条溢流排水槽均设一根DN100溢流管。当水池不需进行循环处理时，可关闭循环泵进水阀（1），同时打开溢流排水阀（2）进行表面溢流排水，以清除漂浮在水池表面的油污等。当水池进行循环时，则关闭溢流排水阀（2），同时打开循环泵进水阀（1）进行循环水处理流程。

4. 水池水处理系统：根据工艺咨询单位提供的水处理循环方式的要求，结合建设方使用的性质、社会经济效益等因素综合比较，确定为水池中间出水，上部及底部回水的循环方式，其中上部溢流水量>50%，下部排出水量<50%。循环周期为10d，循环流量100m³/h。

具体循环水处理流程为：循环池水通过池底回水口及池面溢流槽进入循环泵，循环水泵（自灌）吸水，经不锈钢污物聚集器及循环泵，泵入过滤罐，过滤后通过供水管道配水系统经池顶四角给水管入池，絮凝剂在水泵吸水管上、污物聚集器前加入。经过滤处理，能有效去除池水中的水垢及水藻，并防止管道设备腐蚀。

5. 设备及管材、接口

立式石英砂过滤器采用S304不锈钢材质，过滤器工作压力0.40MPa，滤速采用30m/s，过滤总面积为3.2m²。过滤器滤料采用石英砂，滤料粒径为0.5~0.7mm，不均匀系数<1.4，滤料层总厚度采用1000mm。

循环水泵采用卧式端吸离心泵，共两台，一用一备。

水池供、回水系统管道均采用内外涂塑（聚乙烯粉末）复合钢管。其中管径≤DN150的基管采用普通钢管，管径>DN150采用无缝钢管。连接方式管径≤DN100的采用螺纹连接，管径>DN100及泵房内管道采用法兰连接。

除水池吸水管上采用闸阀，其他部分均采用蝶阀或球阀。

泵房内循环水泵出水管上采用HH46X型微阻缓闭止回阀，其余部门均采用普通止回阀；止回阀的工作压力与同位置的阀门一致。

6. 管道支架

管道支架或管卡应固定在楼板或承重结构上；水泵房内采用减振支架或吊架，管道水平安装支架间距应按标准图集《室内管道支架及吊架》03S402执行。排水管道在穿越楼层设套管且立管底部架空时，应在立管底部设固定支架。

7. 其他

本设计是根据工艺咨询单位提供的消声水池尺寸进行设计；本图所注尺寸除特殊说明外，标高以米为单位，其余均以毫米为单位（给水管道均以管心为标高、回水管均以管底为标高）。

图 例	名称	图 例	名称
—— Xj ——	循环给水管	——J——	市政给水管
—— Xh ——	循环回水管	[symbol]	蝶阀
—— Xp ——	泄水管	[symbol]	闸阀
—— F ——	反洗排污管	[symbol]	截止阀
—— AL ——	絮凝剂投加管	[symbol]	止回阀
—— Jy ——	雨水回用给水管	[symbol]	压力表

消声水池循环水处理系统原理图

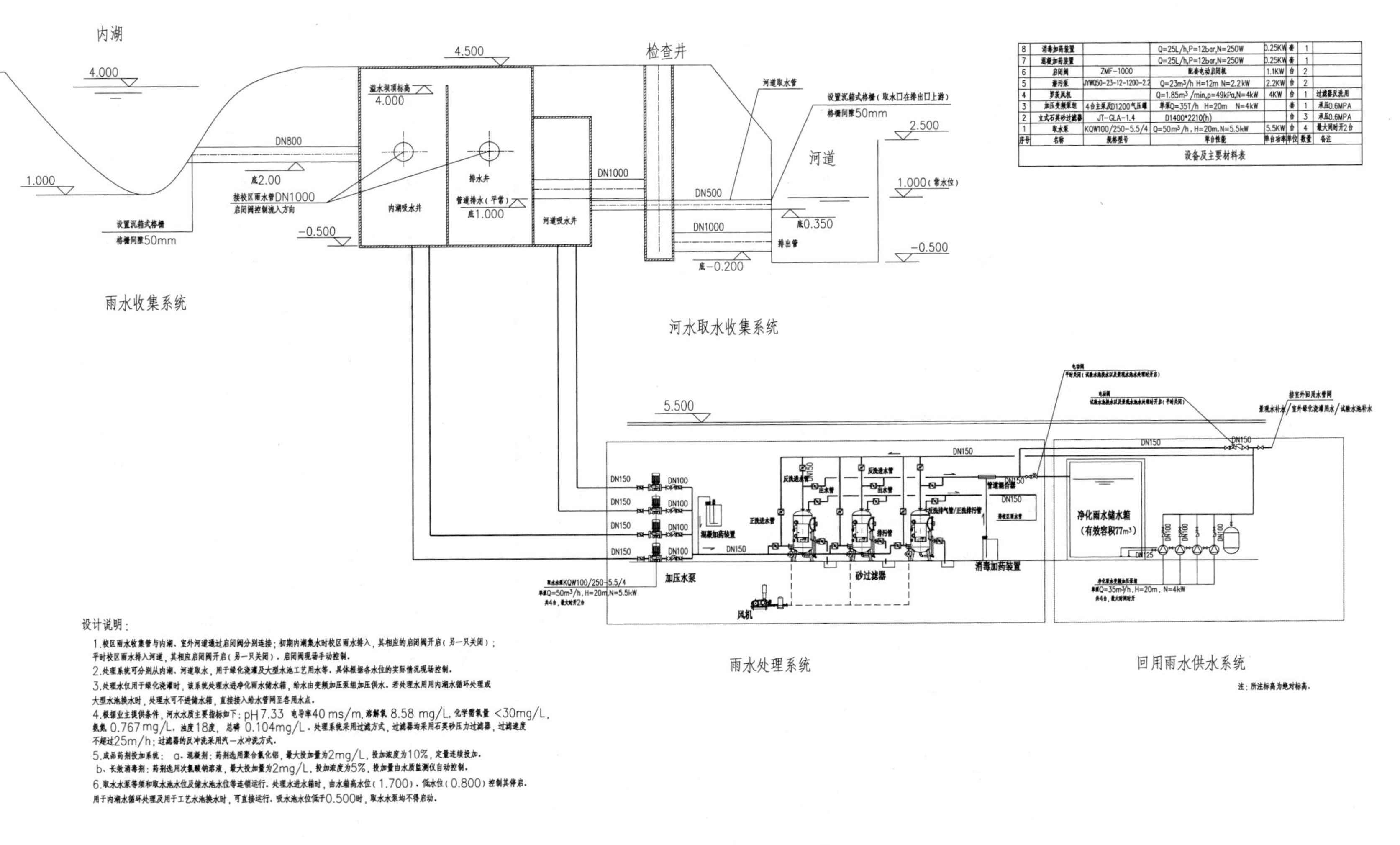

序号	名称	规格型号	单台性能	单台功率	单位	数量	备注
8	消毒加药装置		Q=25L/h,P=12bar,N=250W	0.25KW	套	1	
7	混凝加药装置		Q=25L/h,P=12bar,N=250W	0.25KW	套	1	
6	启闭阀	ZMF-1000	配套电动启闭机	1.1KW	台	2	
5	潜污泵	JYWQ50-23-12-1200-2.2	Q=23m³/h H=12m N=2.2kW	2.2KW	台	2	
4	罗茨风机		Q=1.85m³/min,p=49kPa,N=4kW	4KW	台	1	过滤器反洗用
3	加压变频泵组	4台主泵及D1200气压罐	单泵Q=35T/h H=20m N=4kW		套	1	承压0.6MPA
2	立式石英砂过滤器	JT-GLA-1.4	D1400*2210(h)		台	3	承压0.6MPA
1	取水泵	KQW100/250-5.5/4	Q=50m³/h，H=20m，N=5.5kW	5.5KW	台	4	最大同时开2台

设备及主要材料表

设计说明：

1.校区雨水收集管与内湖、室外河道通过启闭阀分别连接；初期内湖集水时校区雨水排入，其相应的启闭阀开启（另一只关闭）；平时校区雨水排入河道，其相应启闭阀开启（另一只关闭）。启闭阀现场手动控制。

2.处理系统可分别从内湖、河道取水，用于绿化浇灌及大型水池工艺用水等。具体根据各水位的实际情况现场控制。

3.处理水仅用于绿化浇灌时，该系统处理水进净化雨水储水箱，给水由变频加压泵组加压供水。若处理水用用内湖水循环处理或大型水池换水时，处理水可不进储水箱，直接接入给水管网至各用水点。

4.根据业主提供条件，河水水质主要指标如下：pH 7.33 电导率40 ms/m，溶解氧 8.58 mg/L，化学需氧量 <30mg/L，氨氮 0.767 mg/L，浊度18度，总磷 0.104mg/L。处理系统采用过滤方式，过滤器均采用石英砂压力过滤器，过滤速度不超过25m/h；过滤器的反冲洗采用汽—水冲洗方式。

5.成品药剂投加系统： a、混凝剂：药剂选用聚合氯化铝，最大投加量为2mg/L，投加浓度为10%，定量连续投加。
b、长效消毒剂：药剂选用次氯酸钠溶液，最大投加量为2mg/L，投加浓度为5%，投加量由水质监测仪自动控制。

6.取水水泵等须和取水池水位及储水池水位等连锁运行。处理水进水箱时，由水箱高水位（1.700）、低水位（0.800）控制其停启。用于内湖水循环处理及用于工艺水池换水时，可直接运行。吸水池水位低于0.500时，取水水泵均不得启动。

雨水回收及处理系统原理图

上海香伦花园酒店

设计单位：悉地国际设计顾问（深圳）有限公司上海分公司
设 计 人：陈正文　吕晖
获奖情况：公共建筑类　三等奖

工程概况：

上海嘉定喜来登酒店是五星级标准的豪华酒店，用地面积 17445m^2，总建筑面积 80918m^2。本工程由一栋 24 层的塔楼（建筑高度 99.25m）、4 层的裙房、地下室两层车库组成。裙房的功能主要有：厨房、餐厅、会议室、酒店办公、泳池、按摩池、健身房、美容、SPA、足浴，塔楼的主要功能主要有：设备用房，七～二十三层为酒店客房，二十四层为酒吧、休息室。地下两层为停车库、KTV、厨房及职工餐厅、设备用房，战时六级人员掩蔽工程。

工程说明：

一、给水排水系统

（一）给水系统

1. 冷水用水量（表 1）

生活总用水量计算　　**表 1**

序号	用水项目	使用数量		用水量标准		小时变化系数	使用时间（h）	用水量		
								平均时（m^3/h）	最大时（m^3/h）	最高日（m^3/h）
1	酒店顾客	600	人	350	L/(人·d)	2.0	24	8.75	17.50	210.00
2	酒店职工	400	人	90	L/(人·d)	2.0	24	1.50	3.00	36.00
3	餐饮顾客	2600	人	40	L/(人·d)	1.5	12	8.67	13.00	104.00
4	餐饮职工	65	人	100	L/(人·d)	1.5	12	0.54	0.81	6.50
5	宴会厅顾客	1600	人	40	L/(人·d)	1.5	12	5.33	8.00	64.00
6	宴会厅职工	80	人	100	L/(人·d)	1.5	12	0.67	1.00	8.00
7	健身中心顾客	160	人	40	L/(人·d)	1.5	12	0.53	0.80	6.40
8	健身中心职工	16	人	100	L/(人·d)	1.5	12	0.13	0.20	1.60
9	SPA 顾客	60	人	200	L/(人·d)	1.5	12	1.00	1.50	12.00
10	SPA 职工	12	人	100	L/(人·d)	1.5	12	0.10	0.15	1.20
11	洗衣房	360	房	60	L/(房·d)	1.5	8	2.70	4.05	21.60
12	商业	400	m^2	5	L/(m^2·d)	1.5	12	0.17	0.25	2.00

续表

序号	用水项目	使用数量		用水量标准		小时变化系数	使用时间(h)	用水量		
								平均时(m^3/h)	最大时(m^3/h)	最高日(m^3/h)
13	办公行政	1500	人	50	L/(人·d)	1.5	8	9.38	14.06	75.00
14	泳池补水					1	12	5.83	5.83	70.00
15	空调专业补水					1	24	36.00	36.00	864.00
16	冲洗汽车	35	辆	60	L/(辆·d)	1	8	0.26	0.26	2.10
17	车库冲洗用水	15700	m^2	2	L/(m^2·d)	1	8	3.93	3.93	31.40
18	绿化用水	6100	m^2	2	L/(m^2·d)	1	8	1.53	1.53	12.20
19	未预见用水					1	24	6.37	6.37	152.80
	合计							93.38	118.24	1680.80

最高日用水量 1680.80m^3/d，最大时用水量 118.24m^3/h。

2. 水源

本工程生活用水及室外消防水源为城市自来水，拟从西侧嘉塘公路上和北侧平城路各引出一根 *DN*400 给水管在小区内成环，在环上接出一根 *DN*250 的给水管供应基地室内外的生活用水，在引入管处设置倒流防止器及水表。

3. 系统竖向分区

城市自来水压力大于 0.16MPa，客房部分各用水点的出水压力不小于 0.2MPa，生活给水系统竖向共分 5 个区如下：

1 区：地下二层～地下一层，由市政压力给水直接供给；

2 区：一～六层，由地下室生活水箱→变频供水设备→各用水点，变频设备设在地下二层水泵房内；

3 区：七～十三层，由地下室生活水箱→工频供水设备→屋顶生活水箱→减压阀供给→各用水点；

4 区：十四～二十层，由地下室生活水箱→工频供水设备→屋顶生活水箱→各用水点；

5 区：二十一～二十四层，由地下室生活水箱→工频供水设备→屋顶生活水箱→变频供水设备供给→各用水点，变频供水设备设在屋顶水箱间。

4. 供水方式及给水加压设备（表 2）

供水方式及给水加压设备 **表 2**

名称	型号及规格	单位	数量	备注	所在位置
2 区成套变频供水设备	AAB90/0.63-3-33	台	3	3 用互备	地下二层
	Q=50m^3/h,H=60m,N=11.0kW			单台	
生活工频给水泵	65FL136-12×10	台	2	1 用 1 备	地下二层
	Q=36m^3/h,H=120m,N=22kW				
供冷却塔成套变频供水设备	AAB50/0.46-3-11	台	3	2 用 1 备	地下二层
	Q=30m^3/h,H=45m,N=5.5kW			单台	
5 区成套变频供水设备	AAB30/0.30-3-4.4	台	3	2 用 1 备	RF
	Q=15m^3/h,H=31m,N=2.2kW			单台	

（1）洗衣房及锅炉房的用水，由市政管网供水经过软水处理机组处理达到标准后供给。

(2) 生活水池设置于在地下二层水泵房内，有效容积为 300m³，生活水池分为两格，并对水池进行二次消毒处理，流程为：市政自来水→砂缸过滤→生活水池→紫外线消毒→各用水点，同时采用两台 SCⅡ-80HB 型水处理设备保持水质。冷却塔水池设置于在地下二层水泵房内，有效容积为 200m³，采用 SCⅡ-40HB 型水处理设备保持水质。

(3) 在屋顶水箱间设置生活水箱。

5. 管材

(1) 室外给水管管径小于 *DN*100 采用钢塑复合管，丝扣连接；管径大于或等于 *DN*100 采用内涂水泥防腐层的球墨铸铁管，承插连接；

(2) 室内给水管采用公称压力 1.6MPa 的 S316 不锈钢管，卡凸压缩式连接，管件采用精铸件；

(3) 水泵进出水管采用 S316 的不锈钢管，法兰连接；

(4) 冷却塔补水管采用钢塑复合管，管径小于 *DN*100 采用丝扣连接，管径大于或等于 *DN*100 采用沟槽式连接。

(二) 热水系统

1. 热水用水量（表 3）

热水用水量计算 表 3

序号	用水项目	使用数量		用水量标准		使用时间	用水量	
							平均时 (m^3/h)	最高日 (m^3/d)
1	酒店顾客	600	人	180	L/(人·d)	24	4.50	108.00
2	酒店职工	400	人	50	L/(人·d)	24	0.83	20.00
3	餐饮顾客	2600	人	15	L/(人·d)	12	3.25	39.00
4	餐饮职工	65	人	50	L/(人·d)	12	0.27	3.25
5	宴会厅及多功能厅顾客	1600	人	15	L/(人·d)	12	2.00	24.00
6	宴会厅及多功能厅职工	80	人	50	L/(人·d)	12	0.33	4.00
7	健身中心顾客	160	人	50	L/(人·d)	12	0.67	8.00
8	健身中心职工	16	人	40	L/(人·d)	12	0.05	0.64
9	SPA 美容足浴中心顾客	60	人	40	L/(人·d)	12	0.50	6.00
10	SPA 美容足浴中心职工	12	人	40	L/(人·d)	12	0.04	0.48
11	洗衣房	360	房	100	L/(房·d)	8	4.50	36.00
12	商业	400	m^2	2	L/(m^2·d)	12	0.07	0.80
13	办公行政	1500	人	10	L/(人·d)	8	1.88	15.00
14	未预见用水					24	1.10	26.52
	合计						19.99	291.69

热水用水量 291.69m³/d，最大时用水量 19.99m³/h。

2. 热源

热源由本工程地下二层蒸汽锅炉供给，热媒采用 0.2MPa 的高温蒸汽，疏水器后的冷凝水经冷凝水回收泵提升至蒸汽锅炉水箱。

3. 系统竖向分区

热水系统竖向分区与给水系统相同。

4. 热交换器

在地下二层水泵房内设置立式大波节管导流型容积式换热器，每个分区单独设置换热器、热水循环泵及闭式膨胀罐（表4）。

热交换器　　表4

名称	型号及规格	单位	数量	备注	所在位置
立式大波节管容积式换热器	DBRV-04-3.0S(0.6/0.6)-A	台	2	1用1备	地下二层
洗衣房热水预热	V=3.0m^3,F=10.7m^2,P_t=0.6MPa,P_s=0.6MPa				
立式大波节管容积式换热器	DBRV-04-3.0S(0.6/0.6)-B	台	2	1用1备	地下二层
供1区(洗衣房)	V=3.0m^3,F=8.9m^2,P_t=0.6MPa,P_s=0.6MPa				
立式大波节管容积式换热器	DBRV-04-5.0S(0.6/1.0)-A	台	3	2用1备	地下二层
供2区	V=5.0m^3,F=13.1m^2,P_t=0.6MPa,P_s=1.0MPa				
立式大波节管容积式换热器	DBRV-04-5.0S(0.6/1.0)-A	台	2	1用1备	地下二层
供3区	V=5.0m^3,F=13.1m^2,P_t=0.6MPa,P_s=1.0MPa				
立式大波节管容积式换热器	DBRV-04-4.0S(0.6/1.6)-B	台	2	1用1备	地下二层
供4区	V=4.0m^3,F=10.9m^2,P_t=0.6MPa,P_s=1.6MPa				
立式大波节管容积式换热器	DBRV-04-1.5S(0.6/1.6)-D	台	2	1用1备	地下二层
供5区	V=1.5m^3,F=5.9m^2,P_t=0.6MPa,P_s=1.6MPa				

5. 冷、热水压力平衡措施、热水温度的保证措施等

选用冷、热水同源的系统，并采用水力损失比较小的导流型容积式热交换器保证冷热水压力平衡。热水系统采用闭式系统，客房部分上行下回，支管循环的方式；裙房部分采用下行下回，支管循环的方式，在热水回水管上设置流量平衡阀来控制每组回水管的流量，以保证热水出水点的温度。

6. 管材

（1）热水管、回水管采用优质薄壁硬紫铜管，钎焊连接；

（2）热水供水及回水管采用泡沫橡塑管壳保温。

（三）中水系统

本项目未设计中水系统。

（四）排水系统

1. 排水系统的形式

室内生活排水采用污、废分流制，设专用通气立管。

2. 透气管的设置方式

本项目设置专用通气立管，同时在大型公共卫生间设置环形通气管的形式。

3. 采用的局部污水处理设施

（1）厨房排水经过隔油设备处理后，再排入室外污水管网；

（2）锅炉房排水经降温池后，再排入室外污水管网；

（3）车库地面排水排至隔油沉砂池后，经潜水泵提升，再排入室外污水管网。

4. 管材

（1）室外雨、污水管采用高密度聚乙烯（HDPE）双壁波纹管，弹性密封橡胶圈承插连接；

（2）室内污、废水排水管及管径大于或等于 *DN*50 的透气管，采用离心浇铸灰口铁直管，穿越楼板的立管和排水汇总管采用柔性抗震承插式接口，客房及公共卫生间内支管采用不锈钢卡箍接头；管径小于或等于 *DN*40 透气管采用热浸锌钢衬塑（PE）复合管，丝扣连接。室内雨水管高密度聚乙烯（HDPE）管，热熔连接；

（3）室内压力排水管采用热浸锌钢管，管径小于 *DN*100 采用丝扣连接，大于或等于 *DN*100 采用法兰连接。

二、消防系统

（一）消火栓系统

1. 设计消防水量

在单体内设置消火栓给水系统、自动喷淋灭火系统、七氟丙烷气体灭火系统、大空间智能型主动喷水灭火系统。因管理要求，地下一层 KTV 区域设置独立消防系统，因此本建筑有 2 套消火栓系统、2 套自动喷淋灭火系统。

本建筑室外为低压制室外消火栓系统。市政给水压力大于 0.16MPa，在室外消防环状给水管网上均匀布置室外地上式消火栓，供消防车吸水，保护半径不大于 150m，间距不超过 120m。室外消火栓离水泵接合器的距离在 15～40m 的范围里，且均设有明显标识，并便于接近、操作。

室外消防水源为城市自来水，室外消火栓用水量，30L/s，火灾延续时间 3h。

酒店区室内消火栓系统用水量为 40L/s，火灾延续时间 3h；仓库区室内消火栓系统用水量为 40L/s，火灾延续时间 3h。

2. 系统分区

消火栓系统以消火栓栓口静压不超过 1.0MPa 来分区，竖向分 2 个区，地下二层～六层为低区，七～二十四层为高区。减压阀安装在地下二层水泵房内，阀后压力 0.65MPa。每个分区内的消火栓给水立管上下成环状布置。消火栓系统栓前水压大于 0.5MPa 的采用减压稳压消火栓。

3. 消火栓系统

消火栓系统为临时高压给水系统，消火栓泵设在地下一层水泵房内，18m^3 高位水箱设于塔楼顶，火灾初期 10min 用水量由屋顶消防水箱供给。平时系统压力由屋顶水箱维持（无增压稳压设备）。其中地下一层仓库区采用独立的消火栓系统，与整个消火栓系统仅共用消防水池和屋顶水箱。地下一层水泵房内设酒店区室内消火栓泵两台（1 用 1 备），参数为：Q=40L/s，H=145m，N=90kW；仓库区室内消火栓泵两台（1 用 1 备），参数为：Q=40L/s，H=45m，N=30kW。

室内消防水源为贮存在地下一层消防水池内的消防用水，从市政管网上各引 1 路（共 2 路）*DN*400 的引入管进本地块形成环网，同时从地块环网上引 2 路 *DN*350 管向消防水池补水，补水量为 90L/s。消防水池有效容积为 342m^3，3h 市政补水量为：972m^3，共计消防水量为：1206m^3（设计消防水量）。

每个独立的室内消火栓系统设 4 套 *DN*100 的室内消火栓水泵接合器，并用文字注明服务区域。

室内消火栓管采用热镀锌钢管，管径小于 *DN*100 采用丝扣连接，管径大于或等于 *DN*100 采用机械式沟槽连接：丝扣连接处刷防锈漆二度。室外消防管道采用内涂水泥防腐层的球墨铸铁管，承插连接。

（二）自动喷水灭火系统

酒店区室内喷淋系统用水量：50L/s，火灾延续时间按 1h 计；仓库区室内喷淋系统用水量：45L/s，火灾延续时间按 1h 计。

自动喷淋灭火系统分区以配水管道的工作压力不大于 1.2MPa 来划分。喷淋系统竖向分区，地下二层～五层为低区，六～二十三层为高区。减压阀安装在地下二层水泵房内，阀后压力 0.80MPa。

喷淋系统为临时高压给水系统，喷淋泵设在地下一层水泵房内，18m^3 高位水箱设于塔楼顶，火灾初期 10min 用水量由屋顶消防水箱供给。平时系统压力由屋顶水箱和设于屋顶的增压稳压设备维持。其中地下一层 KTV 部分采用独立的自动喷淋系统，与整个自动喷淋系统仅共用消防水池和屋顶水箱。地下一层水泵房内设酒店区室内自动喷淋泵两台（1 用 1 备），参数为：Q＝50L/s，H＝160m，N＝132kW；仓库区自动喷淋泵两台（1 用 1 备），参数为：Q＝45L/s，H＝60m，N＝37kW。喷淋增压稳压设备型号：ZW（L)-I-Z-10，设备参数为：Q＝1L/s，H＝0.16MPa，N＝1.5kW，膨胀罐有效容积 V＝150L。

公共娱乐场所、中庭回廊、仓储用房、高度大于 50m 的楼层采用快速反应喷头；地下室、无吊顶房间均采用 K＝80 直立型喷头，客房部分采用 K＝115 扩展型侧喷，并在大于或等于 DN1200 的风管底部增设喷头；其他有吊顶采用吊顶型喷头，动作温度均为 68℃。厨房喷头动作温度为 93℃。

自动喷淋低区湿式报警阀 8 个，置于地下一层水泵房内；自动喷淋高区湿式报警阀 5 个，置于 5F 湿式报警阀间。

每个自动喷水灭火系统设 5 套 DN100 的喷淋水泵接合器，并用文字注明服务区域。

自动喷淋管（包括喷淋放空及试验排水管道)：采用热镀锌钢管，管径小于 DN100 采用丝扣连接，大于或等于 DN100 采用机械式沟槽连接：丝扣连接处刷防锈漆二度。

（三）水喷雾灭火系统

根据酒店管理公司及消防顾问要求，柴油发电机房采用水喷雾灭火系统。因业主未确定设备型号，此次设计仅为参考，待二次装修业主确定设备型号后由专业公司提供深化设计、安装和调试。

（四）气体灭火系统

本项目变电所/变压器室/油箱间/配电间/控制室，发电机房/储油间设置七氟丙烷有管网全淹没组合分配系统。在 IT 机房设置无管网的七氟丙烷气体灭系统。

变电所/变压器室/油箱间/配电间/控制室，发电机房/储油间设计浓度为：9%，设计喷射时间为：≤10s，灭火浸渍时间为 10min，储存压力 4.2MPa。

IT 机房设计浓度为：8%，设计喷射时间为：≤8s，灭火浸渍时间为 10min，储存压力 2.4MPa。

本系统具有自动、手动及机械应急启动三种控制方式。保护区均设两路独立探测回路，当第一路探测器发出火灾信号时，发出警报（警铃报警)，指示火灾发生的部位，提醒工作人员注意；当第二路探测器亦发出火灾信号后，自动灭火控制器开始进 0～30s 入延时阶段（可调)，声光报警器报警和联动设备动作（关闭通风空调，防火卷帘门等)，此阶段用于疏散人员。延时过后，向保护区的驱动瓶的电磁阀发出灭火指令，电磁阀打开驱动瓶容器阀，然后瓶内氮气依次打开保护区的七氟丙烷储气瓶，储气瓶内七氟丙烷气体经过管道从喷头喷出向失火区进行灭火作业。同时报警控制器接收压力信号发生器的反馈信号，控制面板喷放指示灯亮。当报警控制器处于手动状态时，报警控制器只发出报警信号，不输出动作信号，由值班人员确认火警后，按下报警控制面板上的应急启动按钮或保护区门口处的紧急启停按钮，即可启动系统喷放七氟丙烷灭火剂。

（五）消防水炮灭火系统

本项目未设计消防水炮灭火系统。

三、工程特点及设计体会

对于五星级酒店的给水、热水、排水系统设计，项目的特点为用水量大、管路复杂、系统设计相对复杂，而业主对安全性、可靠性、稳定性要求又特别高。针对上述特点，在保证供水安全可靠稳定、满足规范要求的前提下，需按照用水性质、供水压力等级、排水特点，合理布置管路和设备；使供水设备利用率达到最高，保证各分区供水稳定性，最大程度降低运行能耗，降低排水对环境的影响。

本项目设置两套消防系统，按照一次火灾两套消防系统同时作用进行设计，满足规范要求，安全进一步提高。五星级酒店的厨房灭火、布草间管井的保护、消火栓系统的自动启动都进一步提高了消防的安全性，保证重要建筑灭火系统的高效、合理，提高建筑物的安全性是建筑防火的重中之重。

因本项目用地紧张，消防泵均采用立式消防泵，按照厂家样本选择消防泵。在消防验收时，发现本型号的进口消防泵没有消防检测报告，国内同型号有检测报告的消防泵市场也极其少。经过业主、设计院、消防咨询公司、施工单位的共同努力下寻找下，最终找到该产品并更换现有消防泵，并得以顺利验收。对于高端酒店的产品选择，既要满足国际标准也要满足国内的验收标准。

四、工程照片及附图

东侧照

西侧照

夜景照

低压变频泵

生活工频泵

生活水过滤砂缸

紫外线消毒器

高区大波节容积式换热器

热交换机房

循环泵及热交换器

实时报警阀组

消防泵

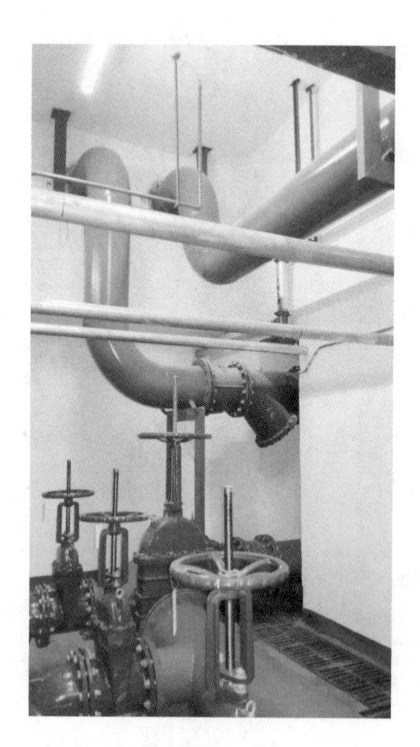
消防水池补水管

消防吸水共管

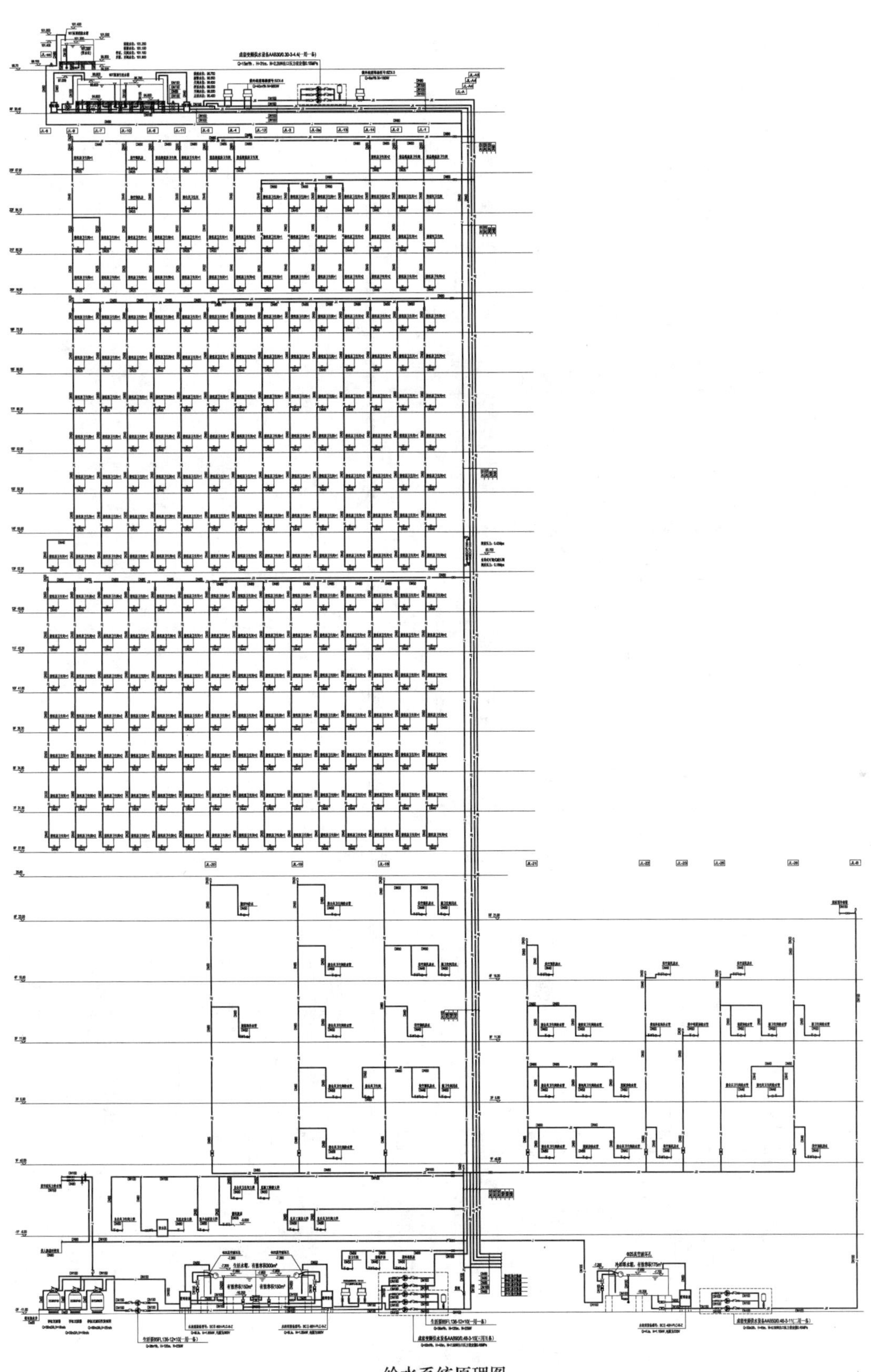

给水系统原理图

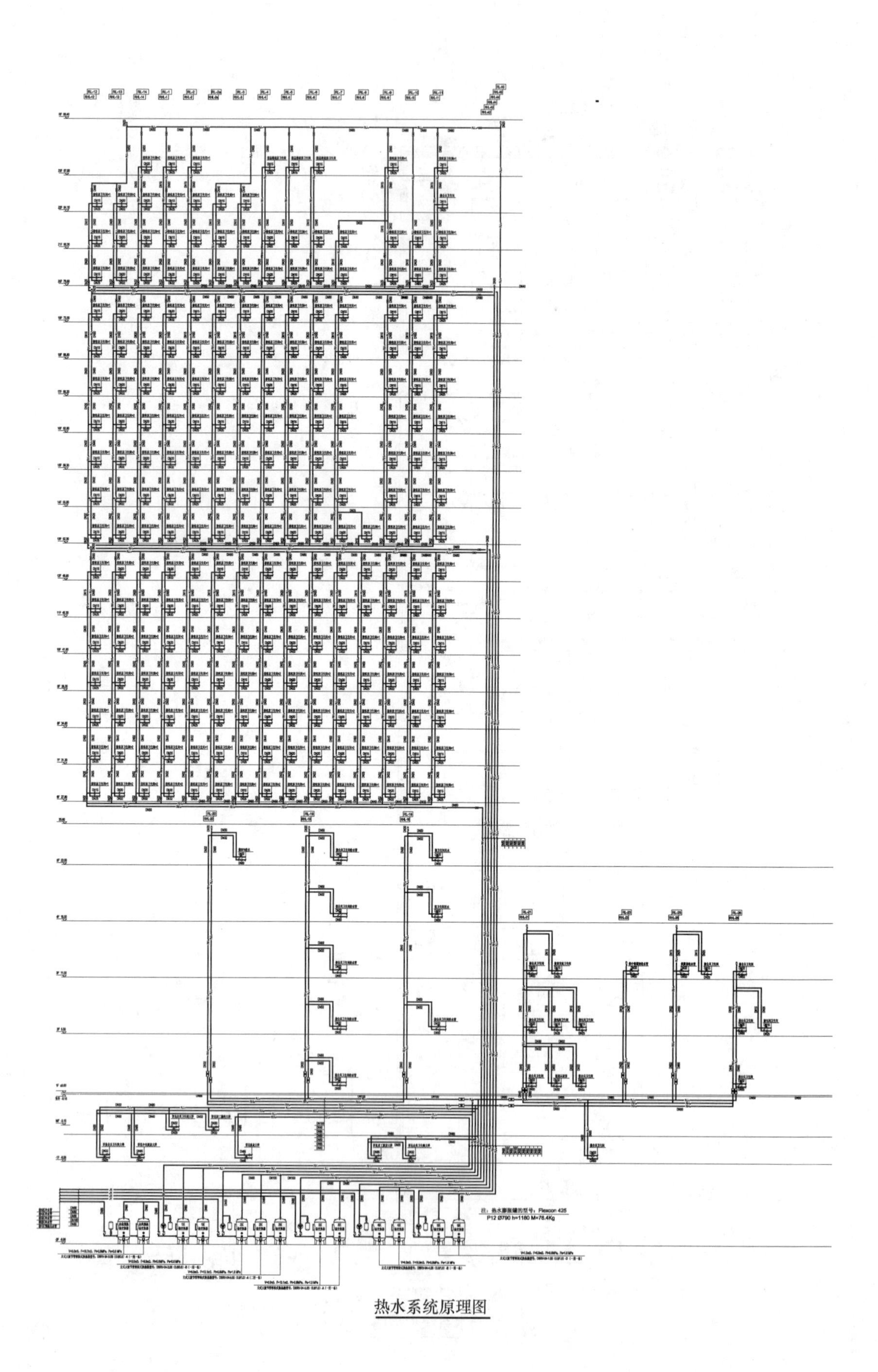

热水系统原理图

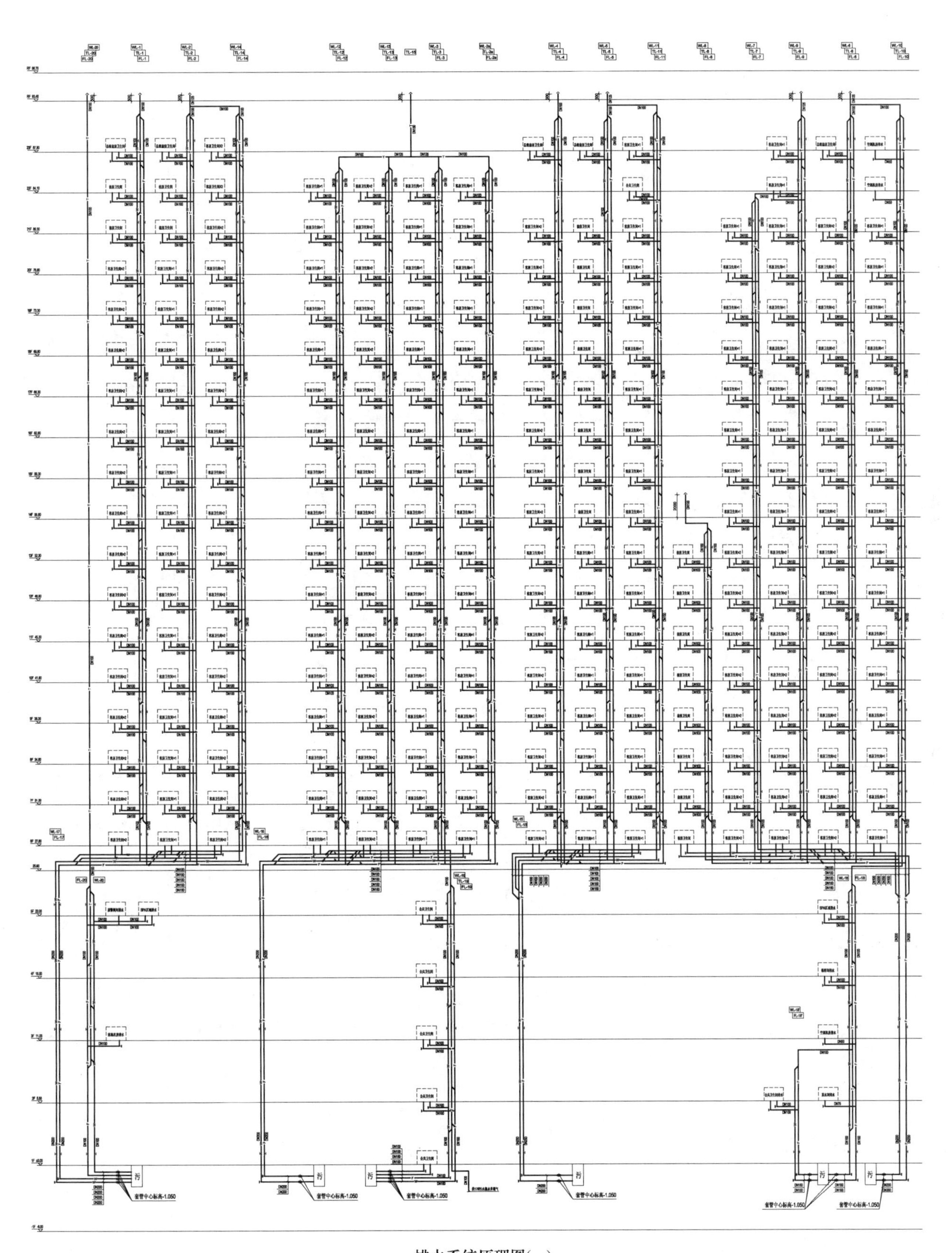

排水系统原理图(一)

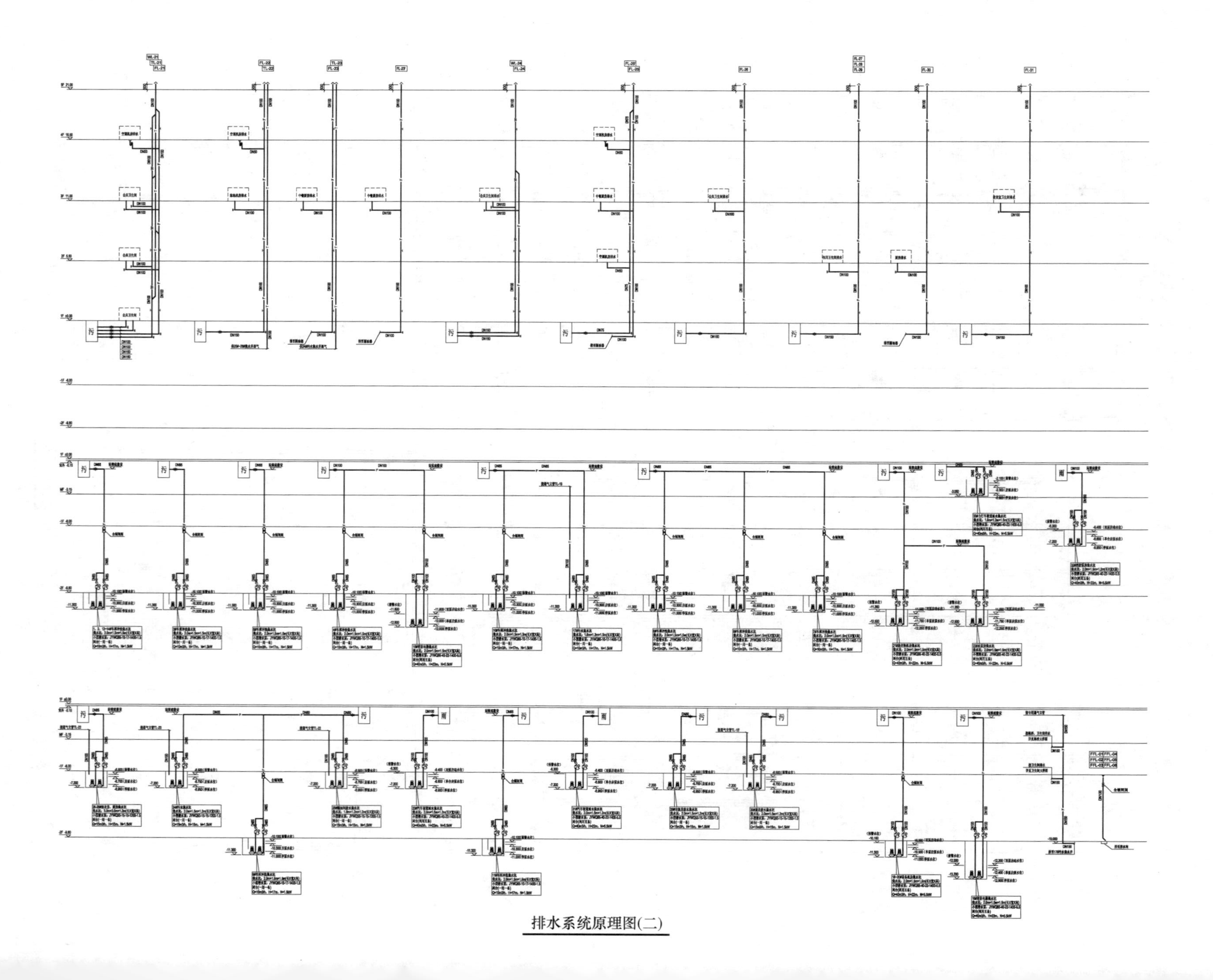

排水系统原理图(二)

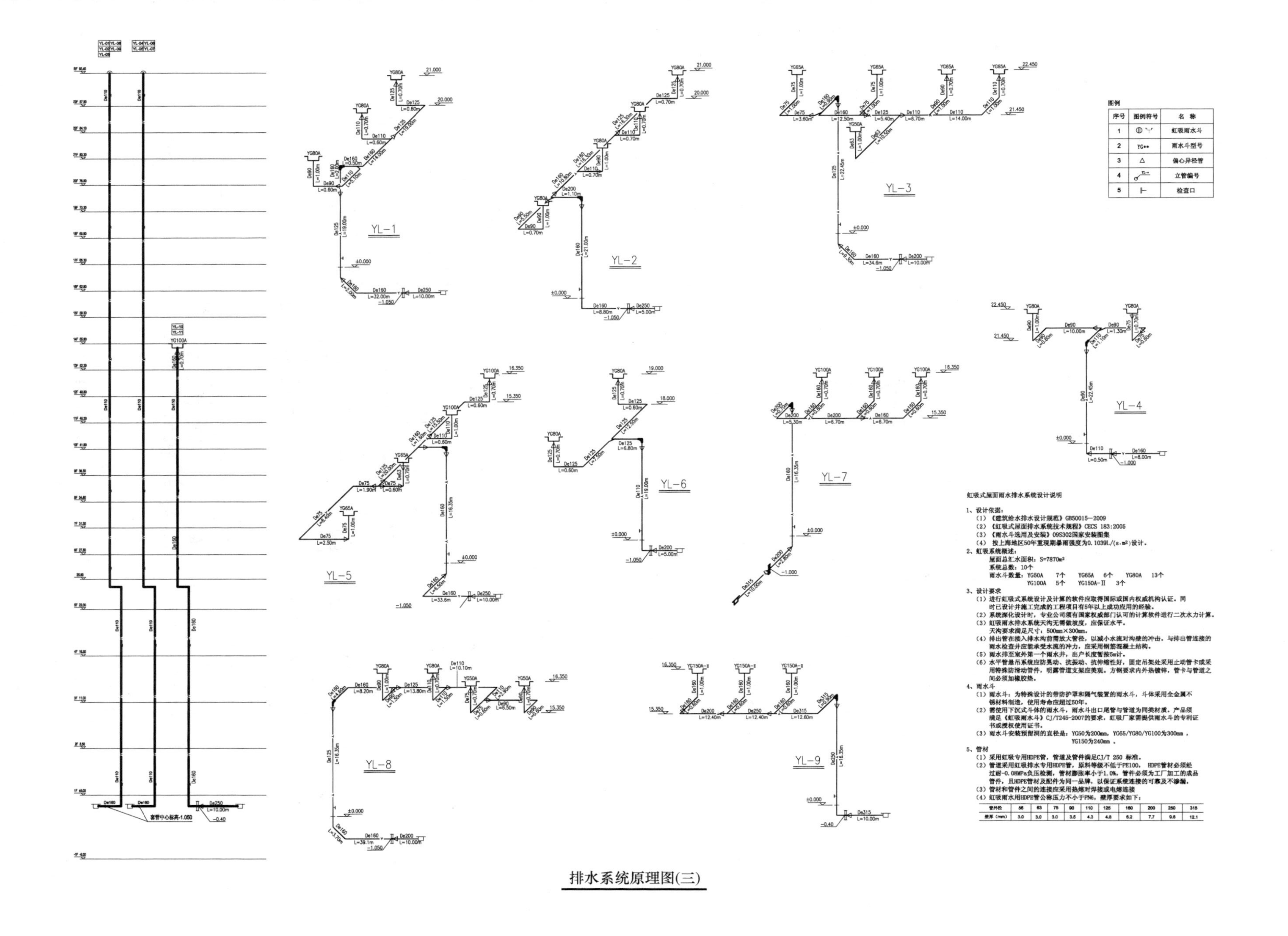

图例

序号	图例符号	名 称
1		虹吸雨水斗
2	YG••	雨水斗型号
3	△	偏心异径管
4	YL-•	立管编号
5	⊢	检查口

虹吸式屋面雨水排水系统设计说明

1、设计依据：
（1）《建筑给水排水设计规范》GB50015—2009
（2）《虹吸式屋面排水系统技术规程》CECS 183:2005
（3）《雨水斗选用及安装》09S302国家安装图集
（4）按上海地区50年重现期暴雨强度为0.1039L/(s·m²)设计。

2、虹吸系统概述：
屋面总汇水面积：S=7870m²
系统总数：10个
雨水斗数量：YG50A 7个 YG65A 6个 YG80A 13个
YG100A 5个 YG150A-Ⅱ 3个

3、设计要求
（1）进行虹吸式系统设计及计算的软件应取得国际或国内权威机构认证。同时已设计并施工完成的工程项目有5年以上成功应用的经验。
（2）系统深化设计时，专业公司须有国家权威部门认可的计算软件进行二次水力计算。
（3）虹吸雨水排水系统天沟无需做坡度，应保证水平。
天沟要求满足尺寸：500mm×300mm。
（4）排出管在接入排水沟前需放大管径，以减小水流对沟壁的冲击。与排出管连接的雨水检查井应能承受水流的冲力，应采用钢筋混凝土结构。
（5）雨水排至室外第一个雨水井，出户长度暂按5m计。
（6）水平管悬吊系统应防晃动、抗振动、抗伸缩性好，固定吊架处采用止动管卡或采用特殊防滑动管件，明露管道支架应美观。方钢要求内外热镀锌，管卡与管道之间必须加橡胶垫。

4、雨水斗
（1）雨水斗：为特殊设计的带防护罩和隔气装置的雨水斗，斗体采用全金属不锈材料制造，使用寿命应超过50年。
（2）需使用下沉式斗体的雨水斗，雨水斗出口尾管与管道为同类材质。产品须满足《虹吸雨水斗》CJ/T245-2007的要求，虹吸厂家需提供雨水斗的专利证书或授权使用证书。
（3）雨水斗安装预留洞的直径是：YG50为200mm，YG65/YG80/YG100为300mm，YG150为240mm。

5、管材
（1）采用虹吸专用HDPE管，管道及管件满足CJ/T 250 标准。
（2）管道采用虹吸排水专用HDPE管，原料等级不低于PE100，HDPE管材必须经过耐-0.08MPa负压检测，管材膨胀率小于1.0%，管件必须为工厂加工的成品管件，且HDPE管材及配件为同一品牌，以保证系统连接的可靠及不渗漏。
（3）管材和管件之间的连接应采用热熔对焊接或电熔连接
（4）虹吸雨水用HDPE管公称压力不小于PN6，壁厚要求如下：

管外径	56	63	75	90	110	125	160	200	250	315
壁厚（mm）	3.0	3.0	3.0	3.5	4.3	4.8	6.2	7.7	9.6	12.1

排水系统原理图(三)

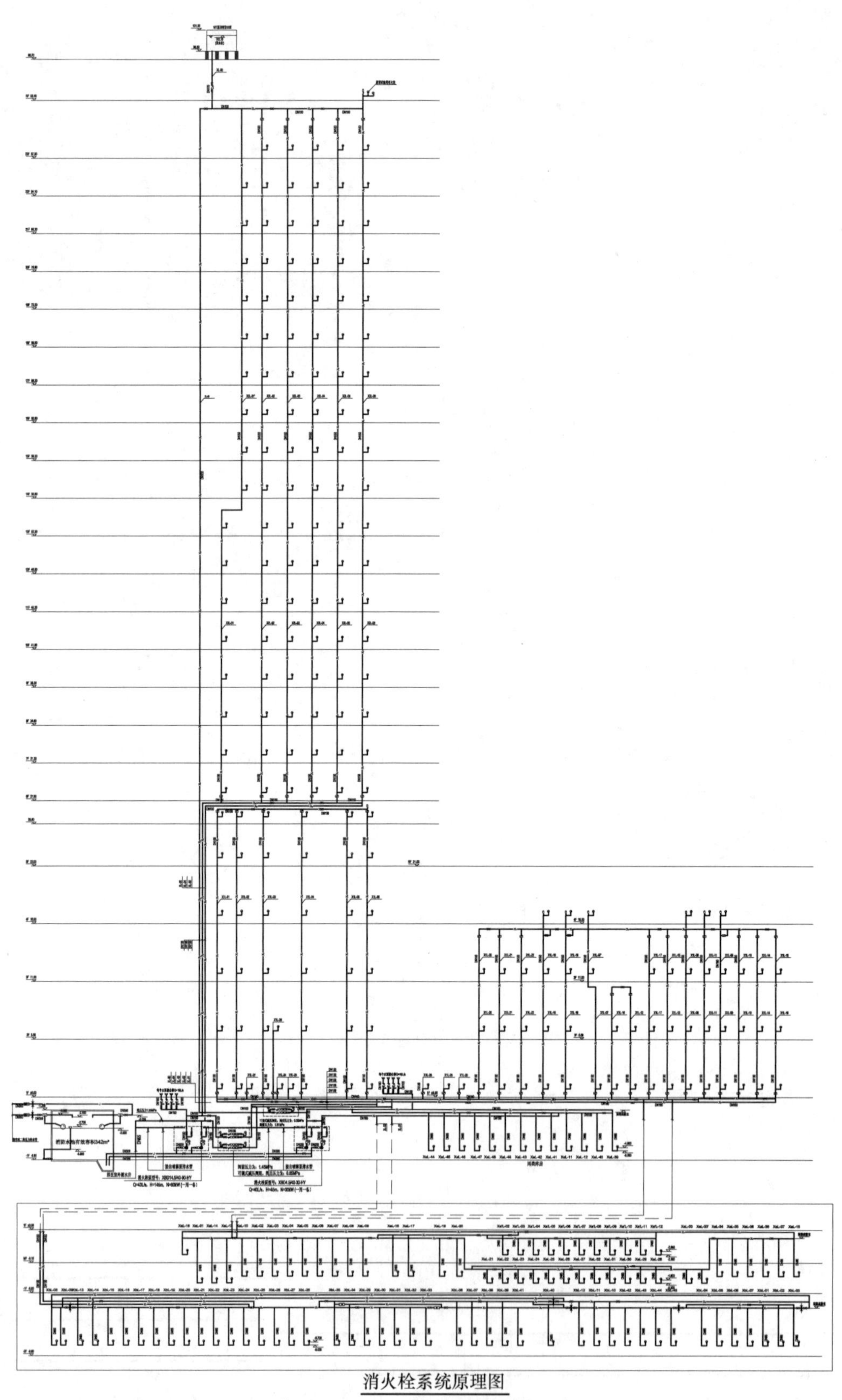

消火栓系统原理图

注：-2～-1F、6～16F使用减压稳压消火栓。

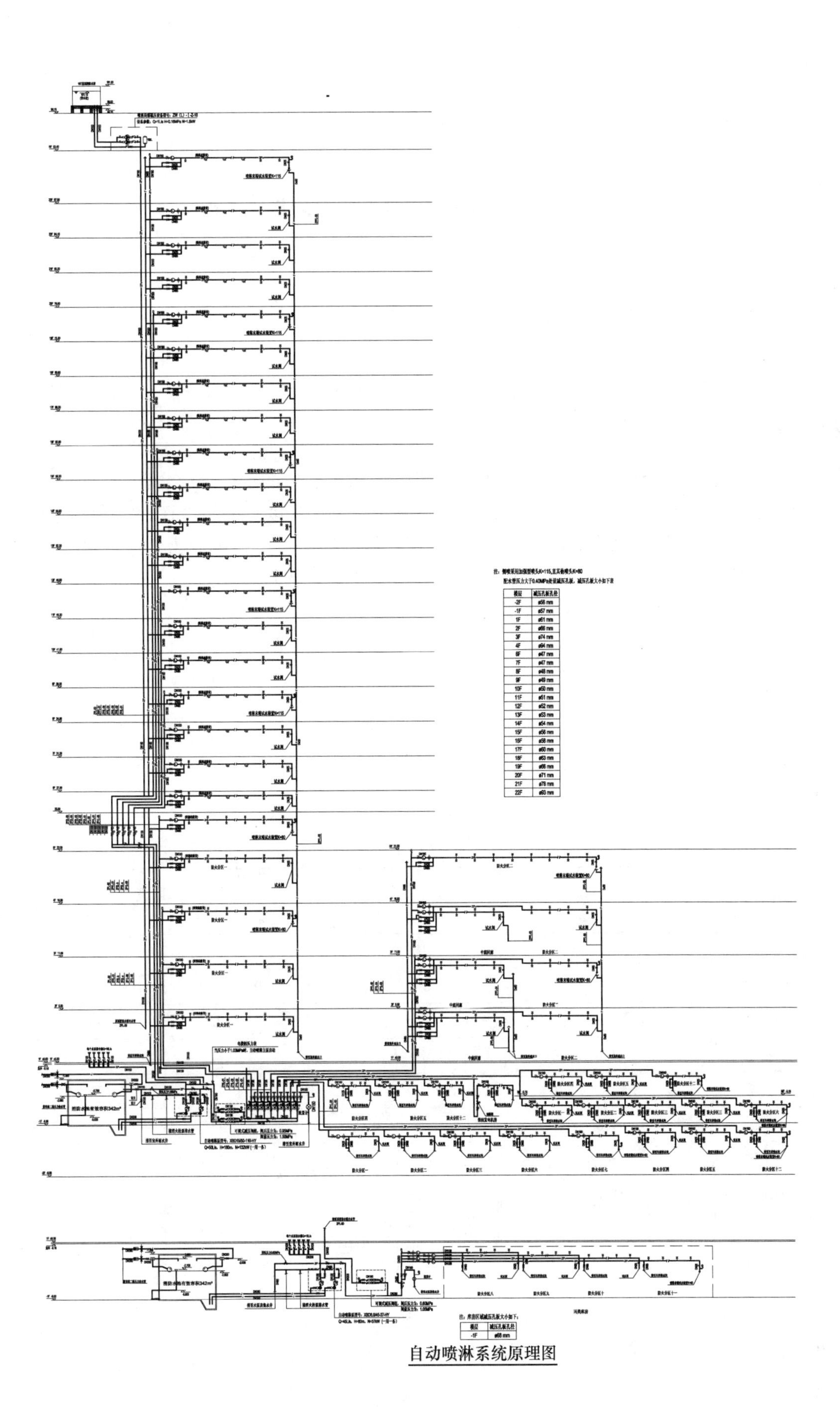

注：侧喷采用加强型喷头K=115,其他喷头K=80
配水管压力大于0.40MPa处设减压孔板，减压孔板大小如下表

楼层	减压孔板孔径
-2F	ø56 mm
-1F	ø57 mm
1F	ø61 mm
2F	ø66 mm
3F	ø74 mm
4F	ø94 mm
6F	ø47 mm
7F	ø47 mm
8F	ø48 mm
9F	ø49 mm
10F	ø50 mm
11F	ø51 mm
12F	ø52 mm
13F	ø53 mm
14F	ø54 mm
15F	ø56 mm
16F	ø58 mm
17F	ø60 mm
18F	ø63 mm
19F	ø66 mm
20F	ø71 mm
21F	ø78 mm
22F	ø93 mm

注：库房区域减压孔板大小如下：

楼层	减压孔板孔径
-1F	ø68 mm

自动喷淋系统原理图

云浮市人民医院易地新建工程

设计单位： 广州市城市规划勘测设计研究院
设 计 人： 蔡昌明　刘东燕　刘碧娟　刘永亮　刘筠　汤建玲　巫林涛
获奖情况： 公共建筑类　三等奖

工程概况：

云浮市人民医院是一所集医、教、研、防保、康复、急救于一体的现代化综合医院，项目总建设用地约 158000m^2，按总建筑面积 90000m^2，日门诊量 2400 人次/d，800 床以上的综合医院规模标准建设，由医疗综合楼、肿瘤防治中心、感染楼、污水处理站组成。医疗综合楼门诊医技部分为 5 层，建筑高度为 22.5m，住院楼部分为 13 层，建筑高度为 57.9m；肿瘤防治中心为 4 层，建筑高度为 17.7m；感染楼为 2 层，建筑高度为 9.8m；污水处理站为 1 层，建筑高度 4.5m。

工程说明：

一、给水排水系统

（一）给水系统

1. 冷水用水量（表 1）

冷水用水量　　**表 1**

序号	用水名称	单位数量	用水定额	供水时间(h)	小时变化系数 K	最高日用水量(m^3/d)	最大时用水量(m^3/h)
1	病房(住院楼)	1112 床	400L/(床・d)	24	2.5	445	46.35
2	门诊人数	3000 人	15L/(d・人)	8	1.5	45	8.4
3	医务人员	1780 人	200L/(班・人)	8	2.0	356	89
4	办公、勤杂人员	110 人	50L/(班・人)	8	1.5	5.5	1.0
5	食堂	(1112+1890)×3 餐次	20L/(人・d)	12	1.5	180	22.5
6	洗衣	2669kg	50	8	1.5	133	25
7	车库	5843m^2	3L/(m^2・次)	8	1.0	17.5	2.2
8	绿化用水	48608m^2	3L/m^2	8	1.0	146	18
9	空调补水		2%循环水量	10	1.0	260	26
10	未预见用水量		10%用水量			159	23.9
11	总用水量					1747	263

本工程生活最高日用水量 Q_d=1747m^3/d，最大时用水量 Q_h=263m^3/h。

2. 水源

本工程供水水源来自市政管网，市政常水压按 0.30MPa 考虑。从市政自来水管网上分别引入两根 *DN*150 供水管围绕整个院区形成两路供水的环状管网。

3. 系统竖向分区

本设计生活给水系统采用分区供水方式。所有建筑物给水分区竖向分为三个区：首层至二层为低区；三～七层为中区，八层及八层以上为高区。

4. 供水方式及给水加压设备

生活给水系统为市政直接供水及分区变频调速供水相结合的供水系统，保证各分区用水点处供水压力不大于 0.2MPa。低区利用市政压力给水管网直接供给，中、高区分别由中、高区变频调速供水设备加压供水。生活变频调速供水设备按各区设计秒流量计算选型。

5. 管材

室内生活给水管采用不锈钢给水管，采用卡凸式连接；室外给水管采用孔网钢带骨架增强复合塑料管，采用电热熔连接。

（二）热水系统

1. 热水用水量（表 2）

热水量计算（60℃计算热水温度） **表 2**

	用水名称	单位数量	用水定额	供水时间(h)	小时变化系数 K_h	最高日用水量(m^3/d)	最大时用水量(m^3/h)	设计小时耗热量(kW)
住院楼	病房(住院楼)	928 床	200L/(床·d)	24	2.0	186	15.5	
	医生值班	72 床×2 班	130L/(床·d)	24	2.0	18.72	1.56	
	厨房	(1112+1890)×3 餐次	8L/餐次	12	1.5	72	9.0	
	未预见用水量		10%用水量			28	2.6	
	总用水量					305	29	1658
肿瘤楼	病房(肿瘤楼)	120 床	200L/(床·d)	24	2.60	24	2.6	
	医生宿舍值班	198 床	130L/(床·d)	24	2.60	26	2.8	
	洗衣	2669kg	25L/kg 干衣	8	1.5	67	12.5	
	未预见用水量		10%用水量			11.7	1.79	
	总用水量					129	20	1144
感染楼	病房(感染楼)	64 床	200L/(床·d)	24	3.80	12.8	2.02	
	医生值班	4 床×2 班	130L/(床·d)	24	3.80	1.04	0.16	
	未预见用水量		10%用水量			1.4	0.22	
	总用水量					15	2.4	137

2. 热源

本工程热水集中供应系统采用空气源热泵为热源并带电辅助加热系统。

3. 系统竖向分区

热水系统分三个区，与冷水系统的分区相同。热水循环回水管路按同程式布置。

4. 热交换器

住院楼选择 17 台 RBR-80F 型号空气源热泵热水机组，配置 6 个 22m^3 不锈钢承压保温水箱；肿瘤楼选择 7 台 RBR-80F 型号机组，配 3 个 23m^3 保温水箱；感染楼选择 2 台 RBR-36F 型号机组，配 1 个 7m^3 保温水箱。

5. 冷、热水压力平衡措施、热水温度的保证措施等

热水系统采用同程回水、全日制机械循环，热水系统各分区各设两台热水循环泵，互为备用；热水循环泵的启闭由设在热水循环泵之前的电接点温控计自动控制：启泵温度为 50℃，停泵温度为 55℃。

6. 管材

热水管道和设备保温均采用硬聚氨酯泡沫塑料，管材采用 CPVC 管及相应配件接口。

(三) 排水系统

1. 污、废水排水系统的形式

室外排水系统采用雨、污分流制，室内排水系统采用雨、污、废分流。

2. 透气管的设置方式

污水与废水分流排放，卫生间设专用通气立管排水系统，并在排水横管上设环形通气管；洁净手术部、骨髓移植仓的卫生器具和装置的污水及通气系统独立设置。

3. 采用的局部污水处理设施

污水处理站日处理水量为 1300m^3/d，粪便污水经化粪池处理；放射科检验科等特殊废水经预处理池预处理；感染楼内的污水经预处理消毒池消毒；厨房污水经隔油池清除浮油，分类处理后再排入污水处理站与其他污水集中进一步处理，达到标准后再外排至城市污水管道。

4. 管材

排水管道均采用环保 PVC-U 管，采用溶剂粘接；室外排水管均采用聚氯乙烯双壁波纹管，采用溶剂粘接。

5. 雨水系统

医院西、南侧路上设有城市排洪渠，允许本工程雨水排入。

室外道路边适当位置设置平箅式雨水口、收集道路、人行道及屋面雨水。室外雨水管采用高密度聚乙烯双壁波纹管，雨水口、雨水检查井均采用砖砌筑。

屋面雨水设计重现期按 10 年，溢流口设计为 50 年，屋面雨水采用 87 型雨水斗重力流排水系统。

二、消防系统

(一) 消火栓系统

1. 消防用水量（表 3）

消防用水量计算 **表 3**

消防系统	用水量标准	火灾延续时间	一次灭火用水量	备注
室外消火栓系统	20L/s	2h	144m^3	由城市管网供
室内消火栓系统	30L/s	3h	324m^3	由消防水池供
自动喷水灭火系统	30L/s	1h	108m^3	由消防水池供
大空间智能主动灭火系统	20L/s	1h	72m^3	与自动喷水灭火系统不同时开启
合　　计			576m^3	消防水池 432m^3

2. 室外消火栓系统

本工程采用市政自来水作为消防水源。室外消火栓均匀布置，间距不大于 120m，工作压力 0.3MPa。

3. 室内消火栓系统

室内消火栓系统不分区，分别在首层及屋面形成消火栓环网。室内消火栓采用临时高压给水系统，由消

防水池、消防水泵、屋顶消防水箱及其环状管网联合供水。消防水池、消防水泵集中设在医疗综合楼首层，消防贮水池有效容积为 $V=435m^3$，；消防水泵参数 $Q=30L/s$，$H=85m$，$N=45kW$，1 用 1 备；天面水池贮备 $19m^3$ 消防专用水量。泵房设气压稳压设备，参数为：$Q=5L/s$，$H=95m$，气压灌容积为 300L。

4. 消火栓、水泵接合器设置

消火栓给水立管设计流量为 15L/s，立管管径为 DN100。消火栓间距保证同层任何部位有两股消火栓的水枪充实水柱同时到达，消防电梯前室均设置一个消防箱。消火栓系统在首层设 2 套消防水泵接合器，以供消防车加压供水。

5. 管材

消防系统管道采用内外壁热镀锌钢管，管径小于 DN100 时采用螺纹连接，管径大于或等于 DN100 时采用卡箍式或法兰连接。

（二）自动喷水灭火系统

1. 系统设置

本工程除洁净手术室、小于 $5m^2$ 的卫生间、大于 $80m^2$ 的病案室、贵重设备间、楼梯间、电气用房及其他不适于用水扑救的设备房不设喷头外，其余均设喷头保护。

喷淋系统竖向不分区。室内喷淋系统一～十三层按火灾危险等级为中危险级Ⅰ级，喷水强度为 $6L/(min \cdot m^2)$，作用面积 $160m^2$，用水量为 30L/h。

2. 设备选型

自动喷水灭火系统由消防水池、喷淋水泵、屋顶消防水箱及其管网联合供水。与消火栓系统合用消防水池和高位水箱。喷淋水泵选择 $Q=30L/s$，$H=115m$，$N=55kW$，1 用 1 备。

每个防火分区、每层的喷淋横干管上设信号闸阀及水流指示器，在立管顶端设自动排气阀，每组报警阀的最不利点喷头处设末端试水装置，在消防中心显示系统的工作状态。自动喷水灭火系统在首层湿式报警阀前设 2 套水泵接合器，以供消防车加压供水。

（三）大空间智能型主动喷水灭火系统

1. 系统设置

本建筑 5 个大堂中庭净空高度均大于 12m，采用大空间智能型主动喷水灭火系统。与自动喷淋系统合用一套供水系统，由消防水池、喷淋水泵、屋顶消防水箱联合供水。

2. 系统控制

首层大堂中庭消防系统由消防水源、智能高空水炮、电磁阀、水流指示器、信号闸阀、末端试水装置和红外线探测组件等组成，系统同时具手动控制、自动控制和应急操作功能。

3. 系统设计参数

首层大堂系统设计最不利情况有 1 只水炮启动，每个喷头的流量为 5L/s，灭火持续时间为 1h；最不利点喷头的工作压力不小于 0.6MPa，喷头保护半径为 25m。

（四）气体灭火系统

本建筑的贵重设备房包括 CT 、MRI 、DSA 、胃肠室；大于 $80m^2$ 病案室、计算机房以及发电机房、高低压配电房设置七氟丙烷灭火系统。

（五）灭火器配置设计

本工程属于 A 类火灾。各楼层按《建筑灭火器配置设计规范》GB 50140—2005 设置手提式磷酸铵盐干粉灭火器。

三、工程特点及设计体会

1. 给水系统所设不锈钢水箱设有自洁灭菌仪、吸水总管设有紫外线消毒器，可杀灭水体中病菌、病毒，保证供应的生活用水安全无菌，且无需添加化学药剂，无二次污染，能耗低。

2. 洁净手术室内的热水采用分散式容积电热水器供应，输送管道短，水温不低于 60℃，保证贮水温度不利于肺炎双球菌的生长，并安装小型除菌过滤设备，末端设调温混合阀，调节供水温度，保证舒适的供水温度。

3. 采用的空气源热泵加闭式承压热水罐，热泵在本地域标准工况下 *COP*（性能系数）约等于 4.6，最不利工况时亦能保持 *COP*≥3.0，较燃油、燃气、电锅炉（平均效率分别约为 70%，80%，95%）等热源全年平均可节 70%的能源及运行费用，无任何燃烧排放物，安全可靠又节能环保。电辅助加热又能保证在极端恶劣的天气环境中空气源热泵系统的可靠性。

4. 水泵设置复合型机械减振器，即弹簧减振器＋橡胶减振器＋惰性块。该减振器既可减高频振动，亦可减低频振动，从而消除了 97%的振动，保证了医院对安静环境的要求。

5. 本项目属软土地基区域，出户及室外排水管道按普通方法施工会由于沉降造成不同程度损坏。因此采用新型的塑料管道连接方式：户内管段利用建筑物自身结构基础固定，出户管段分成多段短管采用套筒及橡胶密封圈接口，检查井入口处采用柔性连接，检查井之间的管段亦采用相似的连接方式。该利用各连接橡胶配件的密封性、伸缩性使该管段有一定的沉降能力。

四、工程照片及附图

SG-SX-2
水箱清洁消毒器
杭州安康水处理
设备有限公司

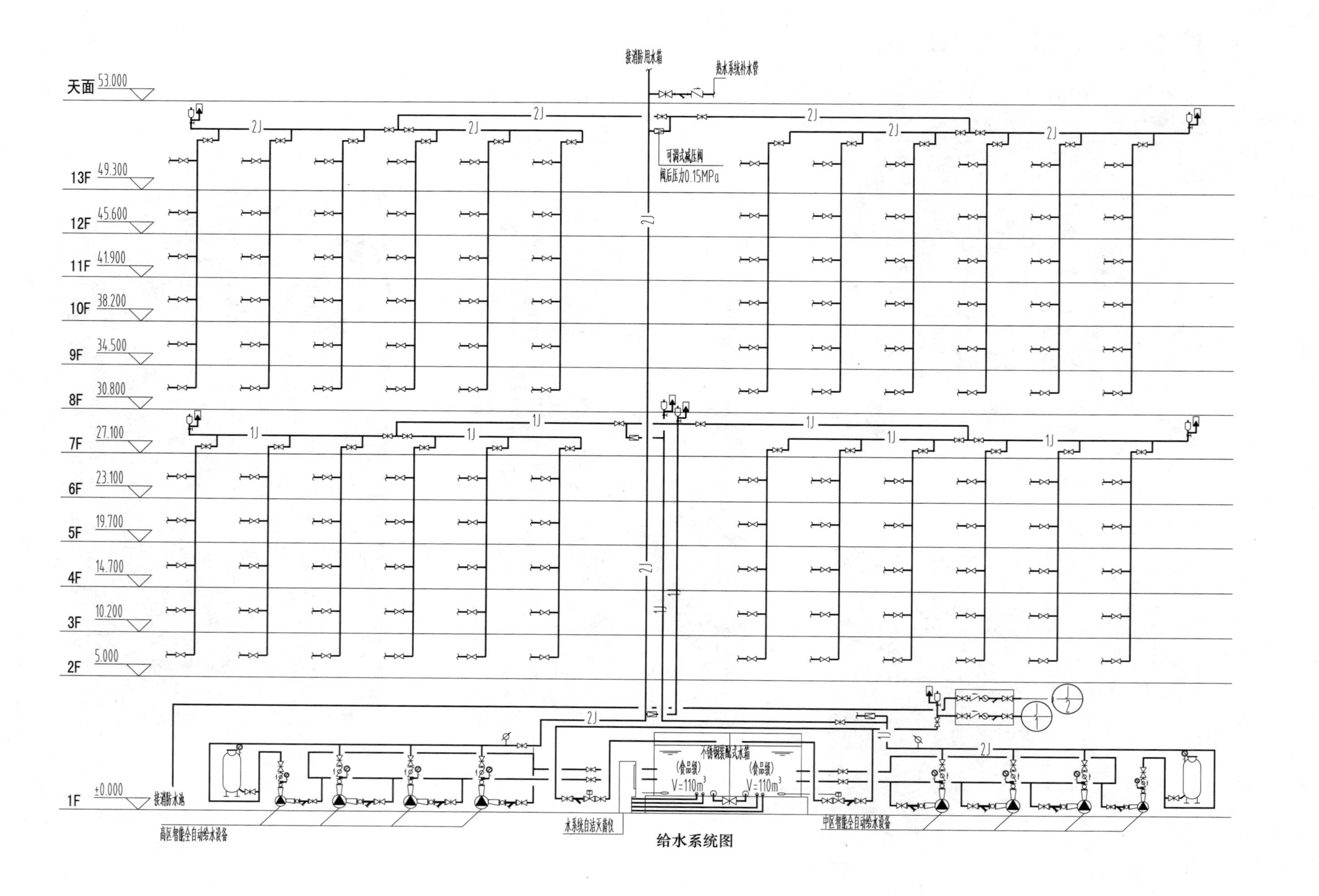
接消防用水箱
热水系统补水管
天面 53.000
13F 49.300
12F 45.600
11F 41.900
10F 38.200
9F 34.500
8F 30.800
7F 27.100
6F 23.100
5F 19.700
4F 14.700
3F 10.200
2F 5.000
1F ±0.000
可调式减压阀
阀后压力0.15MPa
2J
1J
不锈钢装配式水箱
(食品级)
V=110m3
(食品级)
V=110m3
接消防水池
高区智能全自动给水设备
水系统自洁灭菌仪
中区智能全自动给水设备

给水系统图

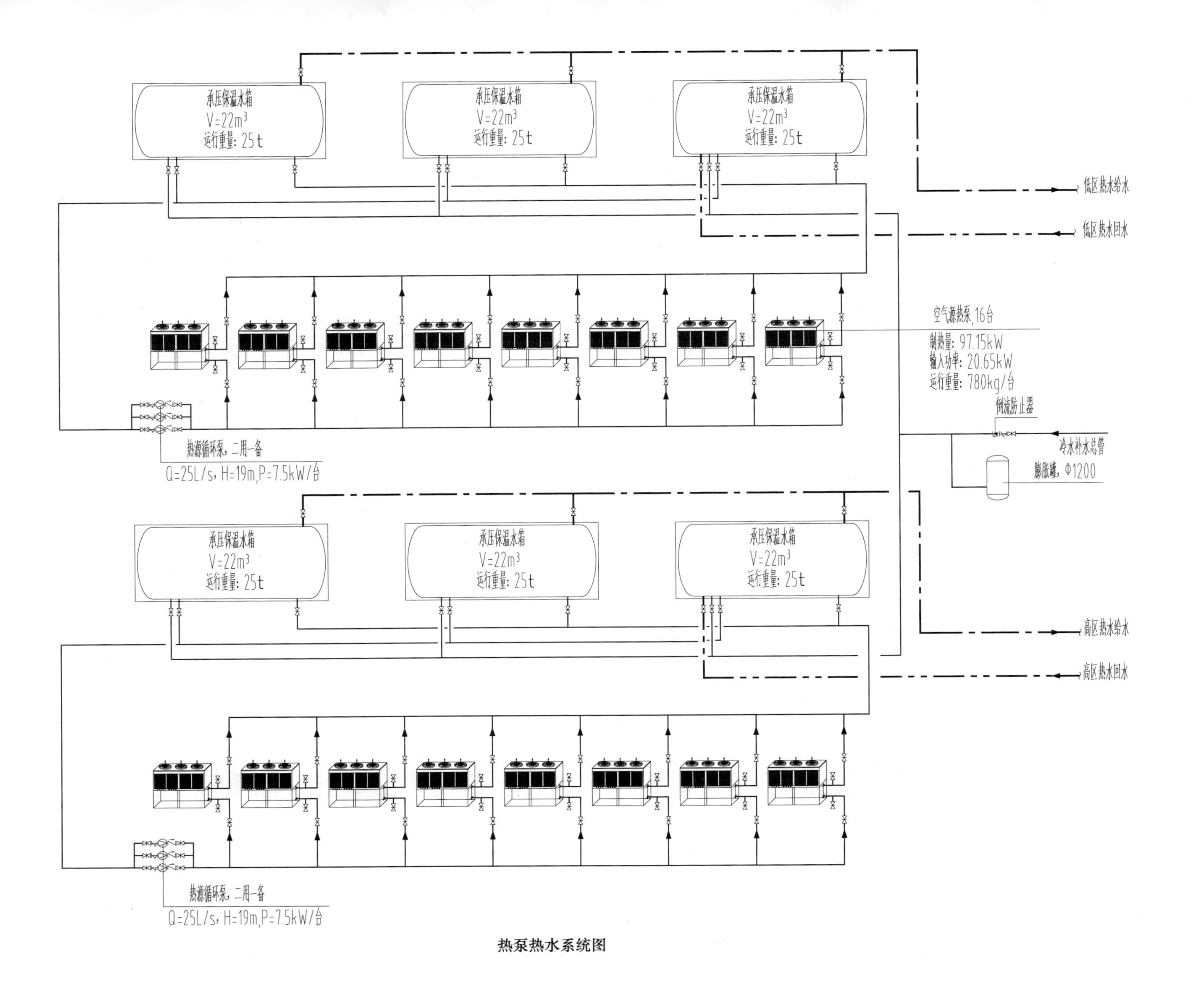

承压保温水箱
V=22m³
运行重量: 25t
低区热水给水
低区热水回水
空气源热泵,16台
制热量: 97.15kW
输入功率: 20.65kW
运行重量: 780kg/台
倒流防止器
冷水补水总管
膨胀罐, Φ1200
热源循环泵,二用一备
Q=25L/s, H=19m, P=7.5kW/台
高区热水给水
高区热水回水

热泵热水系统图

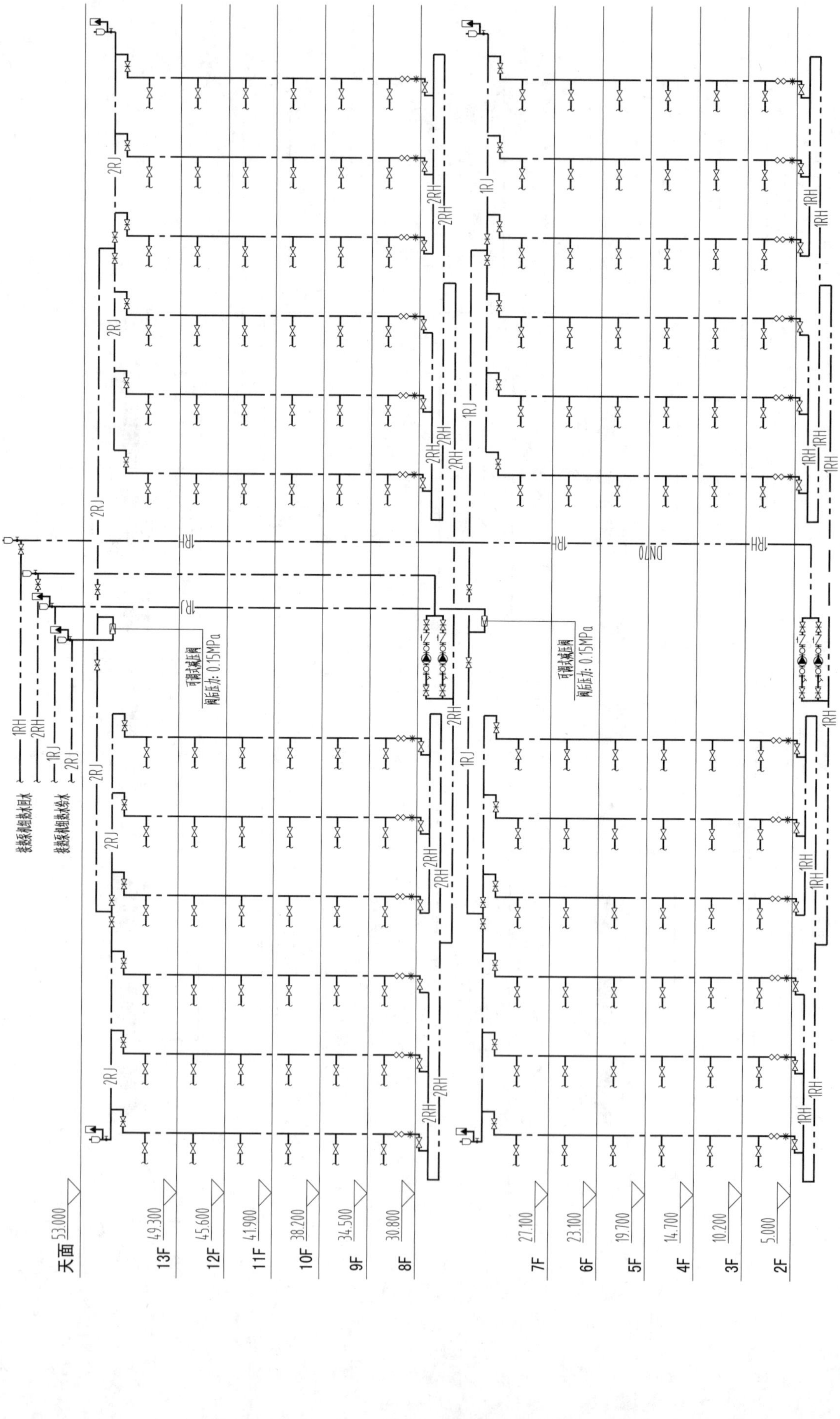

天面 53.000
13F 49.300
12F 45.600
11F 41.900
10F 38.200
9F 34.500
8F 30.800
7F 27.100
6F 23.100
5F 19.700
4F 14.700
3F 10.200
2F 5.000

1RH
2RH
1RJ
2RJ
DN70

可调式减压阀
阀后压力: 0.15MPa

热水系统图

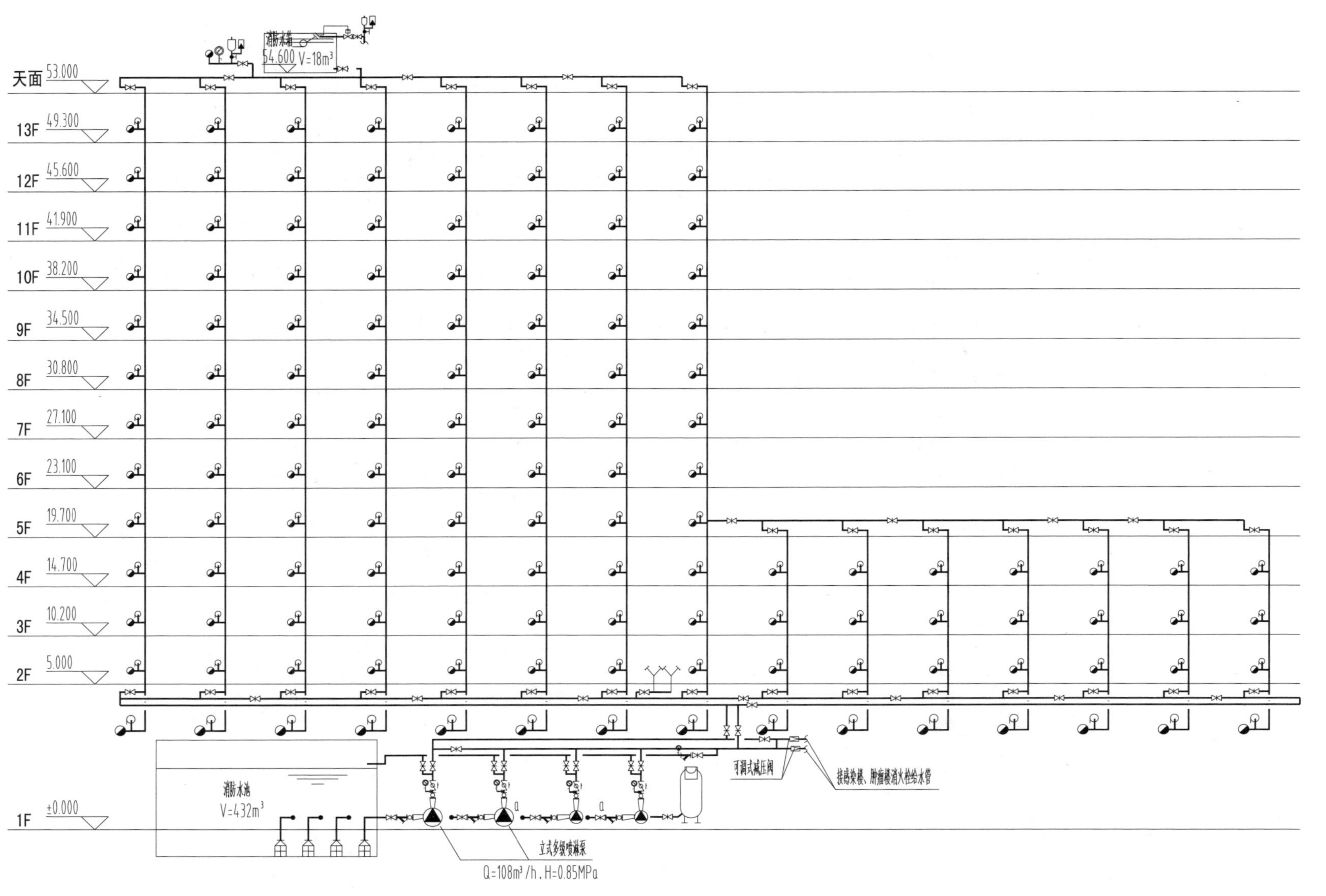

消防水箱
54.600 V=18m³
天面 53.000
13F 49.300
12F 45.600
11F 41.900
10F 38.200
9F 34.500
8F 30.800
7F 27.100
6F 23.100
5F 19.700
4F 14.700
3F 10.200
2F 5.000
1F ±0.000
消防水池
V=432m³
可调式减压阀
接感染楼、肿瘤楼消火栓给水管
立式多级喷淋泵
Q=108m³/h, H=0.85MPa

消火栓系统图

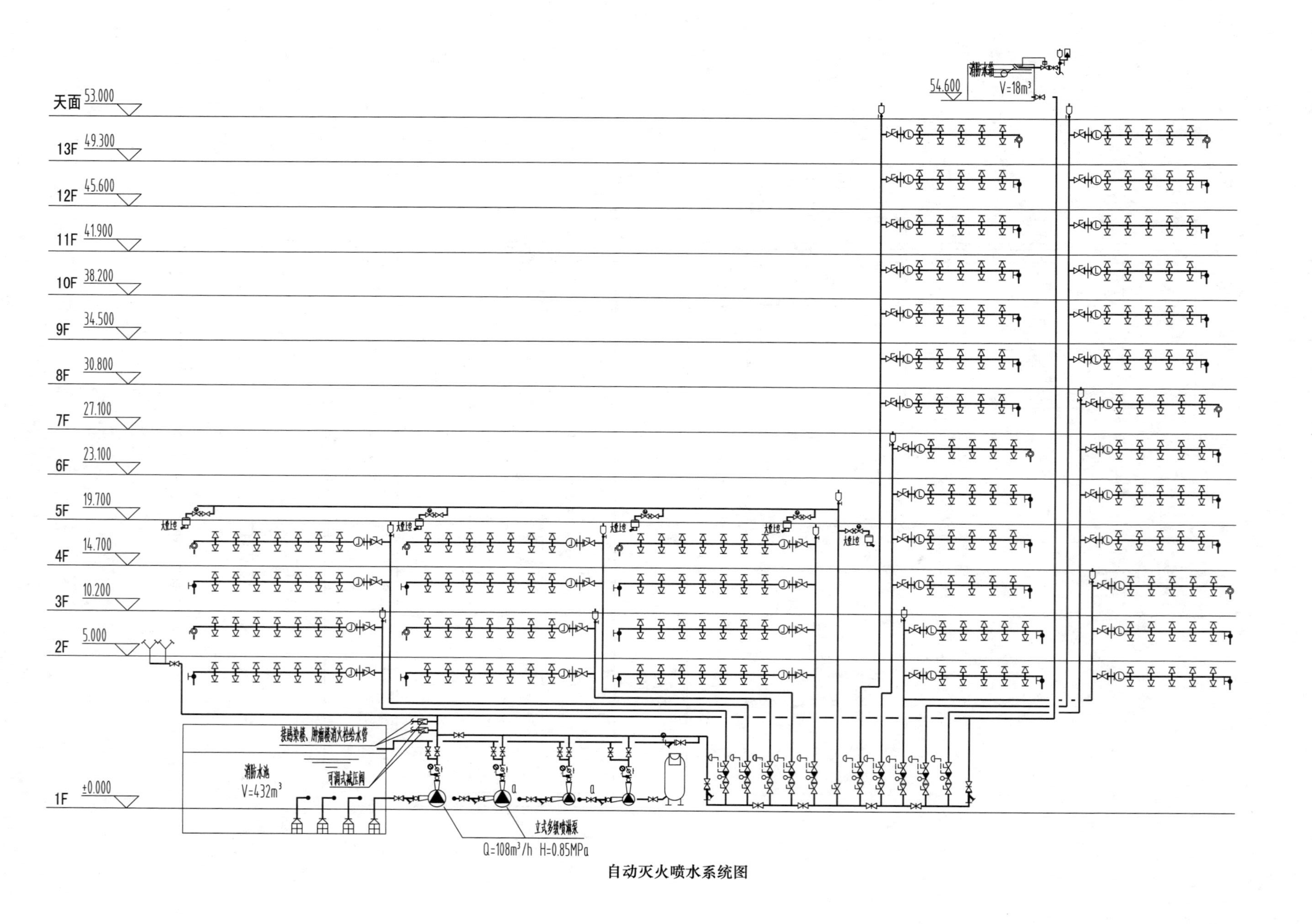
天面 53.000
13F 49.300
12F 45.600
11F 41.900
10F 38.200
9F 34.500
8F 30.800
7F 27.100
6F 23.100
5F 19.700
4F 14.700
3F 10.200
2F 5.000
1F ±0.000
54.600
消防水箱
V=18m3
消防水池
V=432m3
可调式减压阀
立式多级喷淋泵
Q=108m3/h H=0.85MPa

自动灭火喷水系统图

铁狮门成都东大街7、8号地块项目7号地块项目

设计单位：中国建筑西南设计研究院有限公司
设 计 人：李波 楼培苗 安斐 李海春 李静
获奖情况：公共建筑类 三等奖

工程概况：

铁狮门成都东大街7号地块项目是由隶属于美国铁狮门（TISHMAN SPEYER）公司的英菲尼（成都）房地产开发有限公司开发建设。铁狮门公司是世界顶级的房地产业开发运营商，在世界主要城市从事甲级写字楼、大型城市综合体项目和高档住宅的开发。

本项目位于成都市东大街商务金融片区，总建筑面积为117356m²，总高度155m，地上40层，地下3层。建筑功能为商业、办公、住宅，属一类高层综合楼。地下一层～地下三层设有商业及餐饮、汽车停车库、自行车库及设备机房等；裙房一层～四层设有商业及餐饮；五层设有会所、室内小型游泳池、物管用房及办公；办公塔楼为25层，建筑高度为108.7m，其中十五层为避难层；住宅塔楼为40层，建筑高度为144.5m，其中二十三层为避难层。本项目获得美国LEED绿色建筑认证金奖，自2013年投入使用至今，已为东大街标志性建筑。

工程说明：

一、给水排水系统

（一）给水系统

1. 冷水用水量

冷水用水量 表1

序号	用水项目	使用数量	用水定额	使用时间(h)	小时变化系数	最高日用水量(m^3/d)	最大时用水量(m^3/h)
1	办公	3594人	45L/(人·班)	10	1.2	161.7	19.4
2	住宅	840人	200L/(人·d)	24	2.5	168.0	17.5
3	商业	11840m²	6L/(m²·d)	12	1.2	71.0	7.1
4	停车库地面冲洗	19573m²	2L/(m²·d)	6	1.0	39.2	6.5
5	餐饮	13125人次	40L/(顾客·次)	12	1.5	525.0	65.6
6	餐饮服务人员	875人	50L/(人·班)	12	1.5	43.8	5.5
7	游泳池补水	游泳池体积300m²	每日补水量占池水容积10%	1.0	12	30.0	2.5
8	绿化浇洒	1470m²	1.5L/(m²·次)	2	1.0	2.2	1.1

续表

序号	用水项目	使用数量	用水定额	使用时间(h)	小时变化系数	最高日用水量(m^3/d)	最大时用水量(m^3/h)
9	未预见水量	以上各项之和的10%		—	—	104.1	12.5
10	商业冷却水补水	1000m^3/h	按循环量的1.5%计	12	1.0	180.0	15.0
11	办公冷却水补水	750m^3/h	按循环量的1.5%计	10	1.0	112.5	11.25
12	总计	—	—	—	—	1437.5	164.0

本工程最高日用水量为1437.5m^3/d，最大小时用水量为164.0m^3/h。

2. 水源

本工程水源为市政给水，从南纱帽街的市政给水管上引入一根 DN200 的给水管，分成住宅和商业两路，各自设水表计量。住宅给水管为 DN100，接至地下室住宅楼贮水箱；商业给水管为 DN200，在地块内形成 DN200 的环网，并与项目东侧的8号地块的低区商业给水环网连通。接入点供水压力为0.26MPa，可满足地上2层及以下的用水要求。

3. 系统竖向分区（表2）

生活给水分区表 表2

区域	分区	楼 层	备 注
裙房(含地下室)	1区	地下三层～二层	公共卫生洁具冲洗用水由雨水利用系统供给，系统不分区
	2区	三～四层(住宅塔楼至五层)	
办公塔楼	1区	五～十五层	五～十层公共卫生洁具冲洗用水由雨水利用系统供给，系统不分区
	2区	十六～二十五层	
住宅塔楼	1区	六～十四层	
	2区	十五～二十二层	
	3区	二十三～三十二层	
	4区	三十三～四十层	

4. 供水方式及给水加压设备

裙房1区由市政给水管道直接供水，其余各区均采用低位贮水箱→各区变频供水泵组供水。为方便计量，裙房（商业）、住宅、办公的低位生活贮水箱均分别设置。各变频供水泵组从水箱吸水，供给各自的系统。低位贮水箱有效容积均为37m^3，设在地下三层的生活水箱间内，变频供水泵组设在地下三层的生活水泵房内。为保证供水水质，水箱出水管上均设紫外线消毒器。

各系统变频供水泵组均配置3台给水泵（2用1备）及1台容积为12L的气压罐。给水泵参数见表3。

生活给水泵参数表 表3

水泵名称	每台参数
商业2区变频供水泵组	Q=1.5～3.0L/s，H=70-65m，N=4.0kW
住宅1区变频供水泵组	Q=1.5～3.0L/s，H=105-95m，N=5.5kW
住宅2区变频供水泵组	Q=1.5～3.0L/s，H=135-125m，N=7.5kW
住宅3区变频供水泵组	Q=1.5～3.0L/s，H=175-165m，N=11.0kW

续表

水泵名称	每台参数
住宅4区变频供水泵组	Q=1.5～3.0L/s,H=205-190m,N=15.0kW
办公1区变频供水泵组	Q=1.5～3.0L/s,H=115-105m,N=7.5kW
办公2区变频供水泵组	Q=1.5～3.0L/s,H=165-155m,N=11.0kW

5. 管材

住宅1区、3区和4区二十三层以上、裙楼的给水立管及横干管采用薄壁不锈钢管（304材质），管道工作压力1.0MPa；住宅2区、3区和4区二十三层以下（包括二十三层）、办公高区和低区的给水立管及干管、冷却塔补水箱给水管采用加厚不锈钢管（304材质），管道工作压力2.0MPa；卫生间支管（水表后）采用聚丙烯（PPR）给水管，管道工作压力1.25MPa。

（二）热水系统

1. 供热范围及热水量

本工程对住宅卫生间和厨房、五层会所及游泳池等部位供应热水。住宅每户分别设置容积式电热水器，功率为3.0kW，容积为50L。五层会所及游泳池等部位采用集中供热，最大时淋浴热水（60℃）用水量为1.5m^3/h，设计小时耗热量为0.27MW（包括泳池加热耗热量0.18MW）。另外，暖通专业泳池地热供暖热负荷60kW，供/回水温度60℃/50℃，水量4.5m^3/h，阻力70kPa。

2. 集中供热热源及热交换器

采用内置换热器的热水锅炉制备热水，热源采用市政管道天然气。会所洗浴配套导流型容积式水加热设备，并按40min的设计小时耗热量贮存热水。游泳池加热采用板式换热设备。热水机组设在地下一层，容积式水加热设备和板式换热设备设在五层夹层水处理机房内。热水系统设备见表4（板式换热器参数见表4）。

热水系统主要设备参数 **表4**

设备名称	每台参数	数量
热水锅炉	额定输出功率400kW 换热器出水压力0.7MPa,换热器进/出水温度85℃/60℃ 换热器循环流量31m^2/h,进出口管径DN80 天然气耗量103Nm^2/h,烟囱直径ϕ250mm 热水机组外形尺寸$L\times B\times H$=2810×1380×1860(mm) 运转重量3.03t	1台
容积式热交换器	冷热水进出口直径DN70,热媒水进出口DN70 管程设计压力0.4MPa,壳程设计压力0.6MPa 换热面积F=12.1m^2(为铜盘管),贮水容积V=1.5m^2 外形尺寸ϕ1200×2052(mm)	1台
热媒水循环泵	Q=15～20m^2/h,H=13m,N=2.2kW	2台
洗浴热水循环泵	Q=1.0m^2/h,H=10m,N=0.75kW	2台
地板供暖热水循环泵	Q=5.0m^2/h,H=10m,N=1.1kW	2台

3. 冷热水压力平衡措施、热水温度的保证措施

热水供给与给水为同一分区，以使冷热水压力平衡。热水供回水管道同程布置，并设循环水泵进行机械循环，以加快达到出水温度的要求。

4. 管材

同给水系统。

(三) 游泳池水处理系统

本工程五层设有室内小型游泳池及按摩池，设计采用池底进水、池底和池壁回水的混流循环方式。

1. 设计参数（表5）

泳池设计参数　　表5

参数	游泳池	按摩池
泳池面积(m^2)	210	10.0
平均水深(m)	1.5	0.7
水池容积(m^3)	315	7.0
循环方式	混流式	混流式
循环周期(h)	6	0.5
循环流量(m^3/h)	58	16
过滤速度(m/h)	25	25
消毒方式	分流量臭氧消毒辅以氯消毒	氯消毒
初次加热时间(h)	24	2
池水设计温度(℃)	27±1	37
初次充水时间(h)	8	2
放空时间(h)	5	2

2. 水处理工艺流程（图1）

加药（→游泳池）　　消毒（→加热设备）

自来水→补水池→游泳池→毛发过滤口→循环水泵→压力过滤网→加热设备→游泳池

图1　游泳池水处理工艺流程

3. 主要设备（表6）

泳池主要设备　　表6

	设备名称	参　数	数量
游泳池	循环泵	Q=35m^3/h,H=18m,N=4kW	3台
	过滤砂缸	ϕ1400×1650(mm),流量37m^3/h,滤速25m/h,过滤面积1.5m^2	2台
	板式换热器	200kW;AISI304不锈钢材质,密封垫材料为EPDM	2台
	臭氧发生器	产量30g/h,投加量0.86mg/L,负压投加	1台
	臭氧反应吸附罐	ϕ900×1600mm,反应时间2min	1台
	均衡水箱	$L\times B\times H$=3000×2000×2000(mm)	1座
按摩池	循环泵	Q=10m^3/h,H=18m,N=1.5kW	2台
	功能泵	Q=20m^3/h,H=18m,N=2.6kW	2台
	板式换热器	15kW;AISI304不锈钢材质,密封垫材料为EPDM	1台
	过滤砂缸	ϕ1000×1400(mm),流量20m^3/h,滤速25m/h,过滤面积0.79m^2	1台
	均衡水箱	$L\times B\times H$=1000×1000×1000(mm)	1座

续表

	设备名称	参　　数	数量
地热	循环泵	$Q=5m^3/h, H=20m, N=1.1kW$	2台
	板式换热器	60kW；AISI304不锈钢材质，密封垫材料为EPDM	1台
	膨胀罐	60L	1台

4. 管材

循环供回水管及加药管采用衬塑热镀锌钢管，公称压力1.0MPa，管径小于*DN*100采用螺纹接口，大于或等于*DN*100采用卡箍连接。

（四）污废水系统

1. 排水体制

采用雨污分流、污废合流的排水体制。塔楼污水在转换层汇集后，靠重力流排至室外，地下室污废水均经集水坑后用排水泵加压排出，经化粪池处理后排入市政污水管道。

2. 通气管设置方式

裙房及塔楼的污水系统设置伸顶和专用通气管；一层卫生间单独排出；住宅卫生间和厨房排水立管分别设置，均采用设专用通气立管的排水系统；各污水集水坑（池）均设密闭盖板和出屋面通大气的通气管，并设置在专用的房间内，避免对周围环境造成影响。

3. 局部污水处理设施

厨房含油污水设置隔油池和隔油器处理后排至室外。

4. 管材

污水管、废水管、通气管、空调凝结水管、压力排水管采用柔性排水铸铁管，阳台裙楼雨水管、压力排水管。

（五）雨水收集利用系统

为配合建设单位对该工程绿色建筑设计LEED认证金奖要求，给水排水专业设有屋面雨水和空调凝结水收集与利用系统。

1. 收集范围

收集办公塔楼、住宅塔楼以及裙房屋面的雨水以及平时排放的空调凝结水。裙房和主楼屋面雨水排水系统按5年设计重现期，采用内排水系统，除初期雨水弃流外，均排放至地下层雨水集水池。

2. 主要用途

景观水池补水、绿化浇洒用水、冷却塔补水、五～十层办公楼及裙楼（包括地下室）卫生洁具冲洗用水。

3. 屋面雨水收集与利用系统工艺流程（图2）

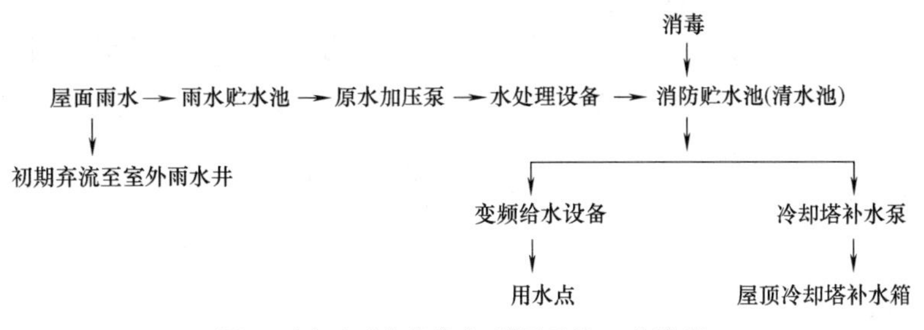

图2　屋面雨水收集与利用系统工艺流程

雨水贮水池（原水池）设于地下 2 层，有效贮水容积不小于积水面重现期 2 年的日雨水设计径流总量扣除初期径流弃流量，实际有效容积约 600m^3。原水加压泵从原水池吸水经水处理设备处理后接至雨水清水池。设计雨水处理水量为 50m^3/h。雨水清水池有效容积约 160m^3，与消防贮水池合用，设于地下一层。雨水利用变频供水设备从清水池（消防水池）吸水，供至景观水池补水、绿化浇洒用水、五～十层办公楼及裙楼（包括地下室）的卫生洁具冲洗用水；冷却塔补水泵从清水池（消防水池）吸水，供至办公塔楼屋顶的冷却塔补水箱。

4. 屋面雨水收集与利用系统主要设备

原水加压泵及水处理设备设于地下二层的雨水处理机房内，雨水利用变频供水设备及冷却塔补水泵设于地下二层的消防水泵房内，具体参数见表 7。

雨水收集与利用系统主要设备参数 **表 7**

设　备	单台参数	数　量
成套雨水弃流装置	配有主机及控制其他雨水立管电动阀开启及关闭的信号	2 套
雨水原水加压泵	$Q=50m^3/h, H=25m, N=5.5kW$	2 台(1 用 1 备)
双层石英砂压力过滤罐	单台过滤面积 1.5m^2 配石英砂滤料、多通道阀门、排气阀、压力表等	2 台
反冲洗水泵	$Q=50m^3/h, H=20m, N=4.0kW$	2 台(1 用 1 备)
反冲洗水箱	不锈钢材质，5×4×2(m)	1 座
臭氧反应罐	不锈钢材质，900×2400(mm)	1 台
臭氧发生器	不锈钢材质，产量 30g/h，配有臭氧增压泵	1 台
雨水利用变频供水设备	Q=3.0L/s, H=70m, $N=5.5kW$	3 台(2 用 1 备)
冷却塔补水泵	$Q=45\sim55m^3/h, H=159\sim150m, N=45.0kW$	2 台(1 用 1 备)
屋顶冷却塔补水箱	不锈钢材质，6×3×2(m)	1 座

5. 雨水弃流

为了收集到水质良好的雨水，减少雨水处理成本，对初期雨水弃之不用。设计雨水收集分为两个区域，每个区域分别设置自控式流量型雨水初期弃流装置，主要由流量传感器、控制器、执行机构、供电和信号电缆、雨水进水管、弃流水管等组成。

降雨初始，各区域的雨水弃流水箱出水管上的电动阀为关闭状态，当水箱内水位达到距箱底 500mm 高时，关闭水箱进水管上的电动阀，同时开启雨水蓄水池进水管上的电动阀，关闭雨水控制区域内所有雨水弃流管上的电动阀。一次降雨完后，开启水箱出水管上的电动阀排出水箱内的雨水。在未降雨时，所有雨水管弃流管及水箱进水管的电动阀均为开启状态，其余电动阀为关闭状态。在连续降雨时，雨水蓄水池至最高水位时，开启水箱出水管上的电动阀，开启雨水弃流管上的电动阀，关闭雨水蓄水池进水管上的电动阀。在最高水位 300mm 以下时，重启前述启闭程序。

设计屋面雨水初期弃流径流厚度采用 2mm。

6. 管材

住宅及办公塔楼屋面雨水管采用镀锌无缝钢管，阳台裙楼雨水管、压力排水管均采用柔性排水铸铁管；雨水回用水管的立管及横干管采用衬塑热镀锌钢管，卫生间支管（水表后）采用聚丙烯（PPR）给水管。

二、消防系统

本地块同一时间内的火灾次数为1次。本工程消防设防标准以一类高层综合楼设计，设有室内外消火栓系统、自动喷水灭火系统、自动跟踪定位射流灭火系统、气体灭火系统以及建筑灭火器配置。室内消防系统采用区域性的临时高压制消防体系，集中设置消防水池、消防加压泵房。

（一）消火栓系统

1. 水源

室外消防用水的水源为市政供水。室内消防用水贮存在地下一层消防水池中，总有效容积为1060m^3，其中消防用水900m^3。消防水池分成独立的2格，并在室外地面设有消防车取水口。为保证消防水池水质，冷却塔补水、雨水利用与消防用水合用水池。

屋顶消防水箱贮存消防用水有效容积为18m^3，设在住宅楼相对标高为150m的电梯机房屋面上。

2. 消火栓系统用水量

室外消火栓用水量：30L/s，火灾延续时间3.0h，一次灭火用水量324m^3；室内消火栓用水量：40L/s，火灾延续时间3.0h，一次灭火用水量432m^3。

3. 系统分区

室外消火栓用水由室外给水管网和消防水池供给。

室内消火栓系统采用竖向分区，从低至高共分为3个区，见表8。

室内消火栓系统分区　　表8

分区	楼层	供水方式
低区	地下三层～五层	由低区减压阀减压供给
中区	六～二十三层(住宅塔楼)	由中区减压阀减压供给
	六～二十五层(办公塔楼)	
高区	二十四～四十层(住宅塔楼)	由消火栓泵直接供给

从消防水泵房接出两根消火栓系统总供水管，在地下二层构成高区环状管网，供至高区消火栓。高区环网接出两根总供水管，并设减压阀减压，在地下二层形成中区环状管网，供至住宅楼和办公楼中区消火栓。中区环网接出两根总供水管，并设减压阀减压，在地下二层、地下三层形成低区环状管网，供至低区消火栓。

4. 消防主泵及稳压设备（表9）

消防系统的主要水泵集中设置在地下二层的消防水泵房内。稳压设备（消火栓系统与自喷系统合用）设置在住宅楼四十层的屋顶，气压水罐的调节水容量按450L计（与自喷消防系统合用），增压稳压泵按水枪充实水柱13m增压，增压稳压泵出水量按5.0L/s计。

消防系统水泵设备配置　　表9

水泵名称	配置	每台参数
室内消火栓泵	2台(1用1备)	Q=40L/s,H=200m,N=160kW
喷淋泵	2台(1用1备)	Q=40L/s,H=200m,N=160kW
消防增压稳压泵	2台(1用1备)	Q=5L/s,H=45m,N=5.5kW

5. 水泵结合器的设置

室内消火栓系统设三套水泵结合器，从高区环网上接出。

6. 管材

住宅二十三层以下、办公、裙楼消防立管及横干管采用内外热镀锌无缝钢管，住宅二十三层以上消防立管及横干管采用内外热镀锌钢管。

（二）自动喷淋灭火系统

1. 消防用水量

自动喷淋灭火系统用水量：40L/s，火灾延续时间 1.0h，一次灭火用水量 144m^3，贮存在地下一层消防水池中。

2. 系统分区

自动喷淋灭火系统分为高、低 2 个区（见表 10）。从消防水泵房接出两根自喷系统总供水管，在地下二层构成高区环状管网，供至高区自喷消防；高区环网接出两根总供水管，并设减压阀减压，在地下二层形成低区环状管网，供至高区自喷消防。

自动喷淋灭火系统分区 **表 10**

分　　区	楼　　层	供水方式
低区	地下三层～二十三层(住宅塔楼)	由低区减压阀减压供给
	地下三层～二十五层(办公塔楼)	
高区	二十四～四十层(住宅塔楼)	由喷淋泵直接供给

3. 喷头及报警阀

（1）喷头选型

自动洒水喷头均采用玻璃球闭式喷头，流量系数为 $K=80$；喷头公称动作温度除厨房、柴油发电机房和燃气热水机房为 93℃外，其余场所为 68℃。喷头公称压力为 1.20MPa。

住宅二十三层以上、中庭环廊及地下商业用房内采用快速响应喷头，其余部位采用标准响应喷头。对装饰要求高的部位采用隐蔽型喷头。

地下车库等无吊顶或装设网格、栅板类通透性吊顶的部位均采用直立型喷头，设有吊顶的部位均采用吊顶型喷头。

（2）报警阀的数量及位置

自动喷淋灭火系统均采用湿式报警阀。报警阀的配置数量，保证每个负担的喷头数不超过 800 个。报警阀的位置设置在地下室设备区、住宅塔楼的避难层以及办公塔楼的核心筒内，同时考虑其供水高差不大于 50m。

报警阀的数量及位置 **表 11**

楼层	报警阀数量(个)	楼层	报警阀数量(个)
地下二层	13	十四层(办公塔楼)	1
二十三层(住宅塔楼)	2	十八层(办公塔楼)	1
六层(办公塔楼)	1	二十二层(办公塔楼)	1
十层(办公塔楼)	1		

4. 水泵结合器的设置

自喷喷淋灭火系统设三套水泵结合器，从高区环网上接出。

5. 管材

住宅二十三层以下、办公、裙楼自喷立管及横干管采用内外热镀锌无缝钢管；住宅二十三层以上消防立管及横干管及其余自喷支管采用内外热镀锌钢管。

（三）自动跟踪定位射流灭火系统

1. 设置位置

地下一层至地上二层商场中庭为透明顶棚，净空高度约15m，采用微型自动扫描灭火装置（高空智能水炮）进行保护。

2. 系统参数

系统设计流量为10L/s，采用6台微型自动扫描灭火装置，每台喷水量为5L/s，最大保护半径为30m。

3. 系统控制

因本系统的设计水量、灭火用水量、水压均小于自动喷水灭火湿式系统，所以与自动喷淋灭火系统合并设置，共用水泵、管网和消防水箱。设置单独的屋顶消防水箱出水管与本系统相接。

系统设安全信号阀、水流指示器、电磁阀、微型自动扫描灭火装置及模拟末端试水装置等。微型自动扫描灭火装置集火灾探测和喷水灭火于一体，安装在中庭的边梁上。当装置探测到火灾后，对火源水平、垂直扫描而定位，并打开相应的电磁阀，同时将火灾信号传送到火灾报警控制器，联动启动消防水泵进行喷水灭火。扑灭火源后，再做360°旋转扫描，若发现有新火源，系统重复上述动作。

（四）气体灭火系统

1. 设置位置

在地下室的高低压配电室设置气体灭火系统。

2. 系统参数

灭火剂采用七氟丙烷，设计灭火浓度为9%，设计喷放时间不大于10s。系统为无管网的单元独立系统，采用成套的柜式无管网灭火装置，在设有气体灭火装置的房间均设有自动泄压装置。

3. 系统控制

气体灭火系统设有自动控制、手动控制与应急操作三种控制方式。

三、工程特点及设计体会

（一）采用一泵到顶的供水方式

超高层建筑传统生活及消防给水一般采用于避难层设置中间转输水箱的方式，本工程生活及消防泵组均设于地下室，不仅减少了加压泵的数量，便于管理，也不占用地上建筑的使用面积，又避免了因设在中间楼层产生振动噪声和增加污染环节而影响住户。设计还根据不同管段的实际工作压力选用管材，避免了浪费。虽然高区管道工作压力较高（2.0MPa），但设计通过配备气压罐、超压泄压阀和水锤消除装置的方式，防止系统超压。在供水安全可靠的前提下，简化了系统、节约了投资。

（二）采取充分的节水节能措施、获得LEED金奖

本工程给水排水专业通过设计屋面雨水和空调凝结水回收利用系统、采用节能的生活变频供水设备加压供水、选用密封性能好的阀门及管材以及选用节水器具等一系列措施，满足了绿色建筑对雨水径流总量控制的要求、对非传统水源利用的要求、对节水节能的要求，为该工程最终于2013年2月获得绿色建筑设计的LEED认证金奖作出了重要贡献。在竣工验收后，投入使用至今，得到业主良好评价，产生了较好的经济、社会、环境效益，达到了设计的预期要求。

四、工程照片及附图

铁狮门成都东大街 7 号地块项目鸟瞰图

铁狮门成都东大街 7 号地块项目夜景鸟瞰图

生活水泵房（地下三层）

消防水泵房（地下二层）

雨水处理机房（地下二层）

雨水处理之过滤系统

雨水处理之消毒系统

雨水利用变频供水泵组及冷却塔补水泵组（消防水泵房，地下二层）

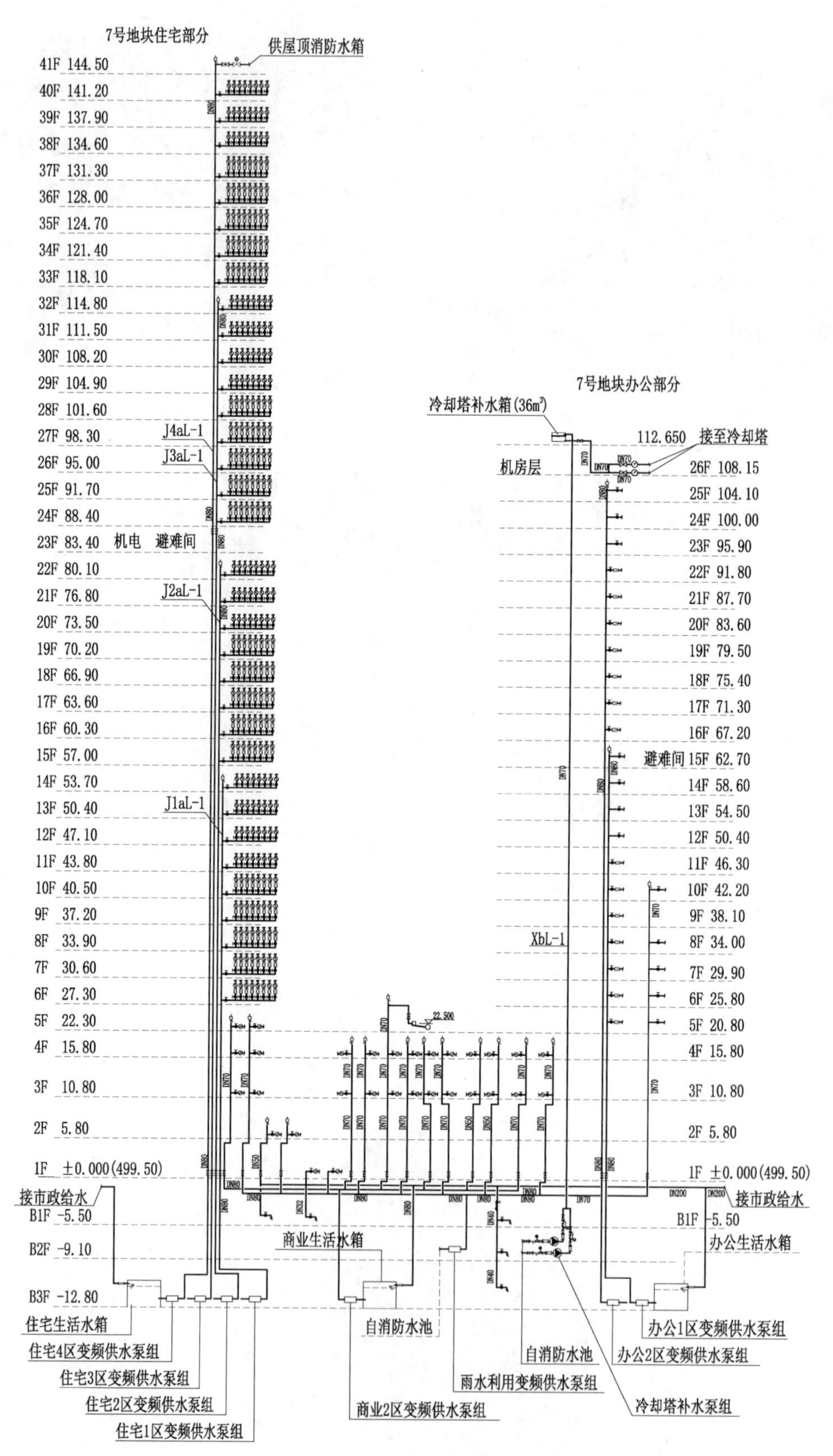

生活给水及雨水利用管道系统图

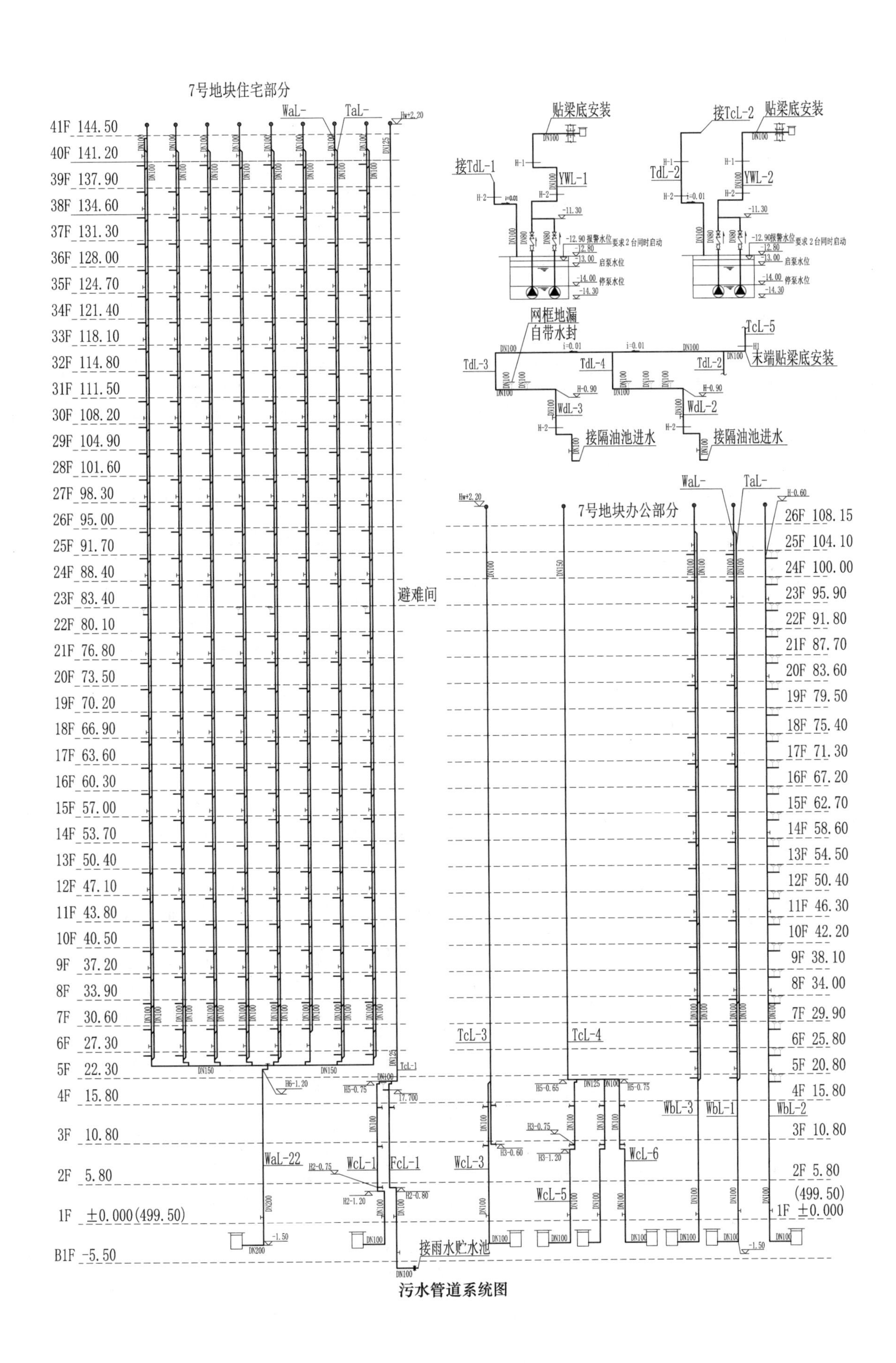
7号地块住宅部分
7号地块办公部分
41F 144.50
40F 141.20
39F 137.90
38F 134.60
37F 131.30
36F 128.00
35F 124.70
34F 121.40
33F 118.10
32F 114.80
31F 111.50
30F 108.20
29F 104.90
28F 101.60
27F 98.30
26F 95.00
25F 91.70
24F 88.40
23F 83.40
22F 80.10
21F 76.80
20F 73.50
19F 70.20
18F 66.90
17F 63.60
16F 60.30
15F 57.00
14F 53.70
13F 50.40
12F 47.10
11F 43.80
10F 40.50
9F 37.20
8F 33.90
7F 30.60
6F 27.30
5F 22.30
4F 15.80
3F 10.80
2F 5.80
1F ±0.000(499.50)
B1F -5.50
避难间
贴梁底安装
接TdL-1
YWL-1
接TcL-2
TdL-2
YWL-2
网框地漏
自带水封
TcL-5
末端贴梁底安装
TdL-3
TdL-4
WdL-3
WdL-2
接隔油池进水
26F 108.15
25F 104.10
24F 100.00
23F 95.90
22F 91.80
21F 87.70
20F 83.60
19F 79.50
18F 75.40
17F 71.30
16F 67.20
15F 62.70
14F 58.60
13F 54.50
12F 50.40
11F 46.30
10F 42.20
9F 38.10
8F 34.00
7F 29.90
6F 25.80
5F 20.80
4F 15.80
3F 10.80
2F 5.80
(499.50)
1F ±0.000
WaL-22
WcL-1
FcL-1
WcL-3
WcL-5
WcL-6
TcL-3
TcL-4
WbL-3
WbL-1
WbL-2
接雨水贮水池

污水管道系统图

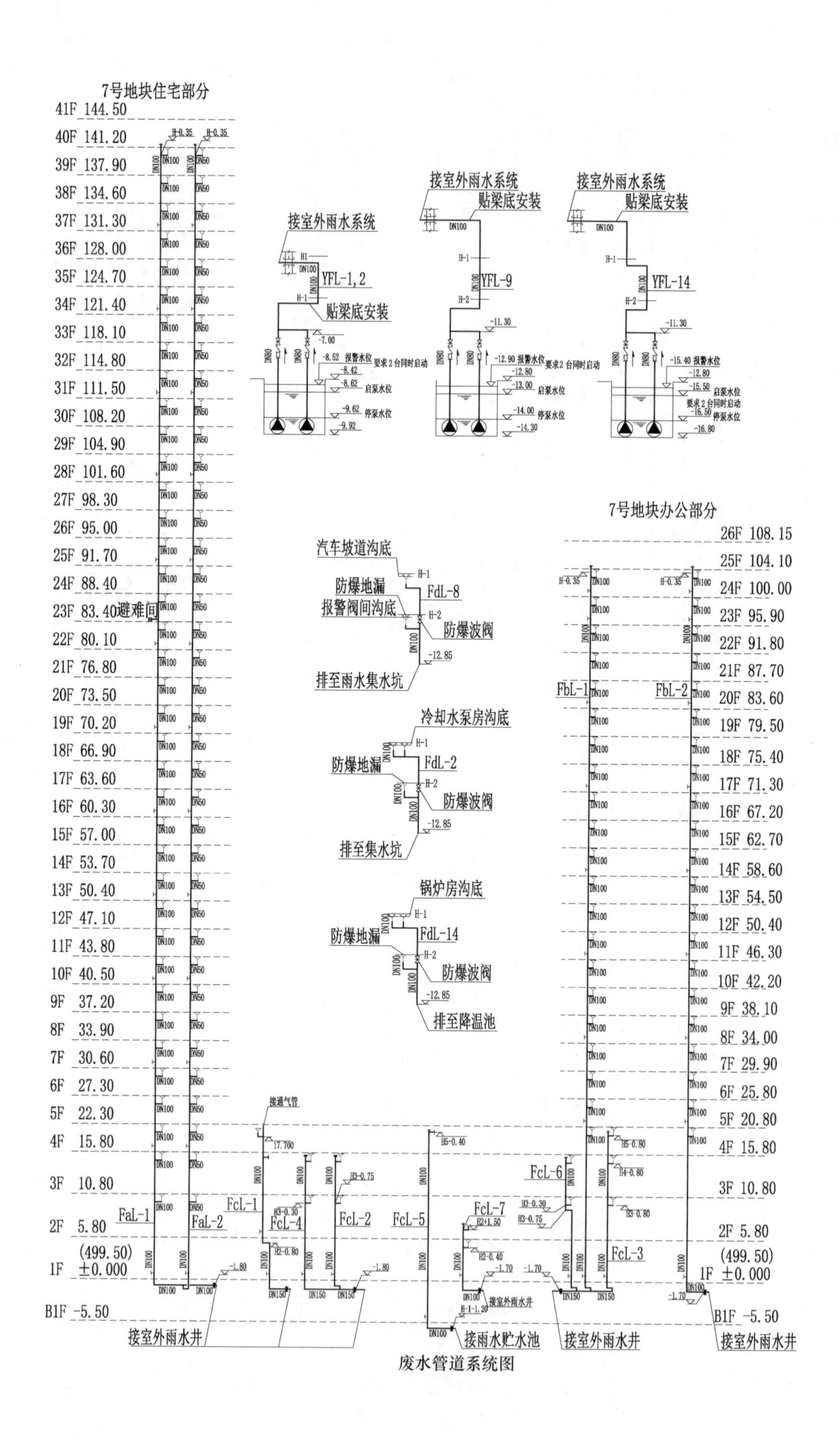

7号地块住宅部分
7号地块办公部分
接室外雨水系统
贴梁底安装
YFL-1,2
YFL-9
YFL-14
汽车坡道沟底
防爆地漏
报警阀间沟底
FdL-8
防爆波阀
排至雨水集水坑
冷却水泵房沟底
FdL-2
排至集水坑
锅炉房沟底
FdL-14
排至降温池
避难间
FaL-1
FaL-2
FbL-1
FbL-2
FcL-1
FcL-2
FcL-3
FcL-4
FcL-5
FcL-6
FcL-7
接通气管
接室外雨水井
接雨水贮水池

废水管道系统图

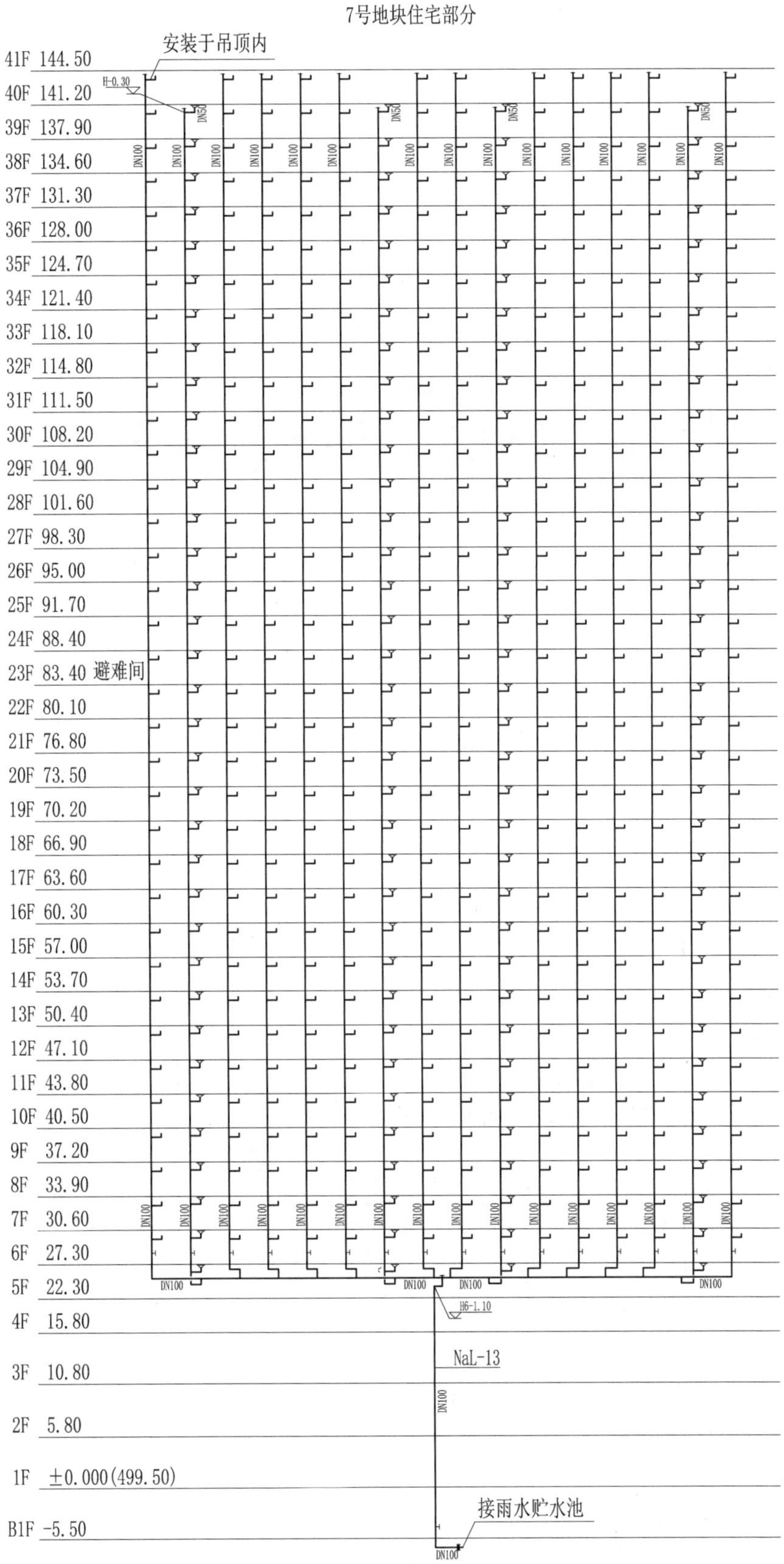

7号地块住宅部分

安装于吊顶内

41F 144.50
40F 141.20
39F 137.90
38F 134.60
37F 131.30
36F 128.00
35F 124.70
34F 121.40
33F 118.10
32F 114.80
31F 111.50
30F 108.20
29F 104.90
28F 101.60
27F 98.30
26F 95.00
25F 91.70
24F 88.40
23F 83.40 避难间
22F 80.10
21F 76.80
20F 73.50
19F 70.20
18F 66.90
17F 63.60
16F 60.30
15F 57.00
14F 53.70
13F 50.40
12F 47.10
11F 43.80
10F 40.50
9F 37.20
8F 33.90
7F 30.60
6F 27.30
5F 22.30
4F 15.80
3F 10.80
2F 5.80
1F ±0.000(499.50)
B1F -5.50

H-0.30
DN50
DN100
H6-1.10
NaL-13
接雨水贮水池

空调凝结水管道系统图

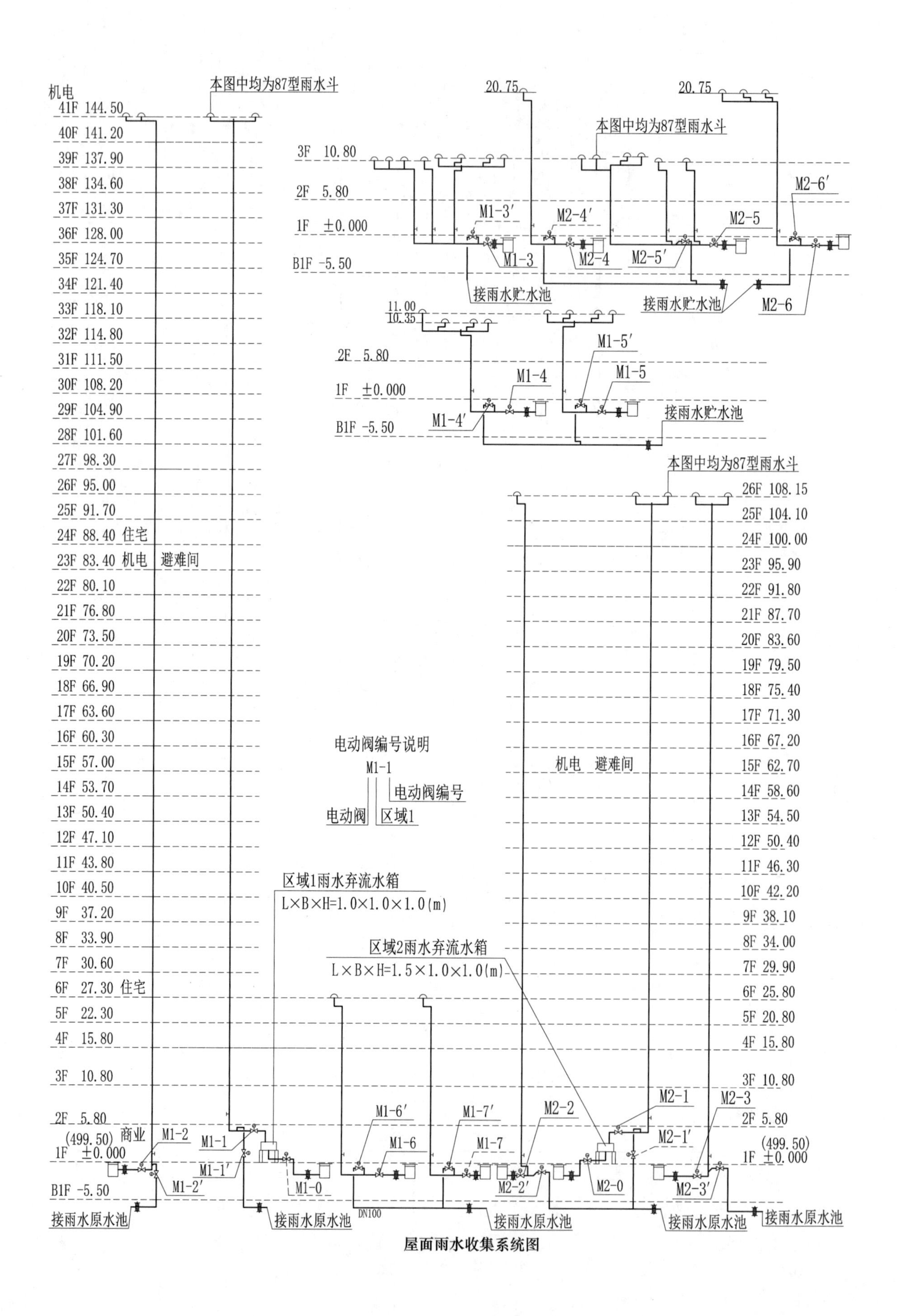
本图中均为87型雨水斗
机电
41F 144.50
40F 141.20
39F 137.90
38F 134.60
37F 131.30
36F 128.00
35F 124.70
34F 121.40
33F 118.10
32F 114.80
31F 111.50
30F 108.20
29F 104.90
28F 101.60
27F 98.30
26F 95.00
25F 91.70
24F 88.40 住宅
23F 83.40 机电 避难间
22F 80.10
21F 76.80
20F 73.50
19F 70.20
18F 66.90
17F 63.60
16F 60.30
15F 57.00
14F 53.70
13F 50.40
12F 47.10
11F 43.80
10F 40.50
9F 37.20
8F 33.90
7F 30.60
6F 27.30 住宅
5F 22.30
4F 15.80
3F 10.80
2F 5.80
(499.50) 商业
1F ±0.000
B1F -5.50
接雨水原水池
20.75
3F 10.80
2F 5.80
1F ±0.000
B1F -5.50
M1-3′
M1-3
M2-4′
M2-4
M2-5′
M2-5
M2-6′
M2-6
接雨水贮水池
11.00
10.35
M1-4
M1-4′
M1-5′
M1-5
电动阀编号说明
M1-1
电动阀编号
电动阀
区域1
区域1雨水弃流水箱
L×B×H=1.0×1.0×1.0(m)
区域2雨水弃流水箱
L×B×H=1.5×1.0×1.0(m)
机电 避难间
26F 108.15
25F 104.10
24F 100.00
23F 95.90
22F 91.80
21F 87.70
20F 83.60
19F 79.50
18F 75.40
17F 71.30
16F 67.20
15F 62.70
14F 58.60
13F 54.50
12F 50.40
11F 46.30
10F 42.20
9F 38.10
8F 34.00
7F 29.90
6F 25.80
5F 20.80
4F 15.80
3F 10.80
2F 5.80
(499.50)
1F ±0.000
M1-2
M1-2′
M1-1
M1-1′
M1-0
M1-6′
M1-6
M1-7′
M1-7
M2-2
M2-2′
M2-1
M2-1′
M2-0
M2-3
M2-3′
DN100

屋面雨水收集系统图

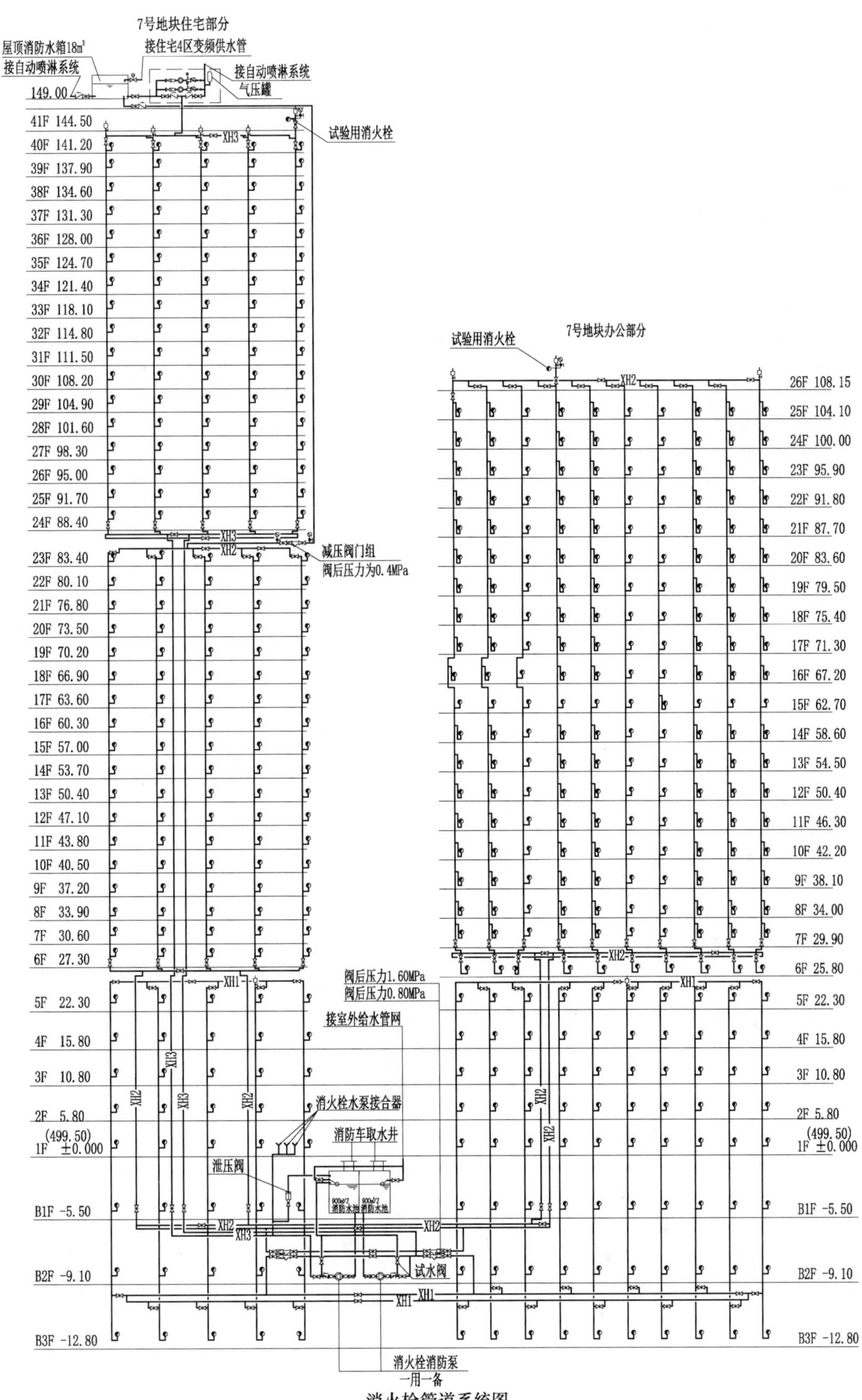
7号地块住宅部分
屋顶消防水箱18m³
接自动喷淋系统
接住宅4区变频供水管
接自动喷淋系统
气压罐
149.00
试验用消火栓
41F 144.50
40F 141.20
39F 137.90
38F 134.60
37F 131.30
36F 128.00
35F 124.70
34F 121.40
33F 118.10
32F 114.80
31F 111.50
30F 108.20
29F 104.90
28F 101.60
27F 98.30
26F 95.00
25F 91.70
24F 88.40
23F 83.40
22F 80.10
21F 76.80
20F 73.50
19F 70.20
18F 66.90
17F 63.60
16F 60.30
15F 57.00
14F 53.70
13F 50.40
12F 47.10
11F 43.80
10F 40.50
9F 37.20
8F 33.90
7F 30.60
6F 27.30
5F 22.30
4F 15.80
3F 10.80
2F 5.80
(499.50)
1F ±0.000
B1F -5.50
B2F -9.10
B3F -12.80
XH3
XH2
XH1
减压阀门组
阀后压力为0.4MPa
试验用消火栓
7号地块办公部分
26F 108.15
25F 104.10
24F 100.00
23F 95.90
22F 91.80
21F 87.70
20F 83.60
19F 79.50
18F 75.40
17F 71.30
16F 67.20
15F 62.70
14F 58.60
13F 54.50
12F 50.40
11F 46.30
10F 42.20
9F 38.10
8F 34.00
7F 29.90
6F 25.80
5F 22.30
4F 15.80
3F 10.80
2F 5.80
(499.50)
1F ±0.000
B1F -5.50
B2F -9.10
B3F -12.80
阀后压力1.60MPa
阀后压力0.80MPa
接室外给水管网
消火栓水泵接合器
消防车取水井
泄压阀
900m³/2 消防水池
900m³/2 消防水池
试水阀
消火栓消防泵
一用一备
消火栓管道系统图

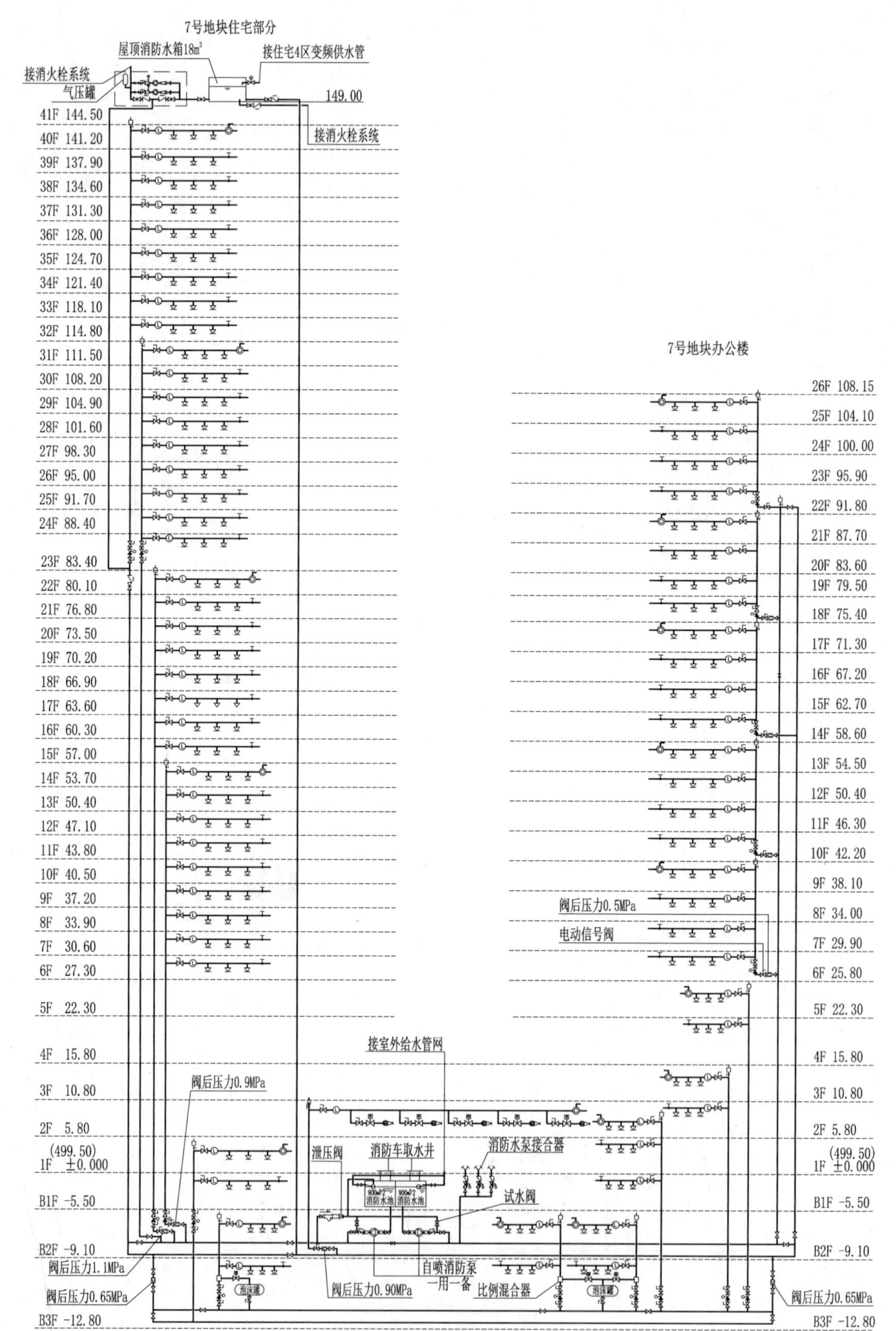
7号地块住宅部分
屋顶消防水箱18m³
接住宅4区变频供水管
接消火栓系统
气压罐
149.00
接消火栓系统
41F 144.50
40F 141.20
39F 137.90
38F 134.60
37F 131.30
36F 128.00
35F 124.70
34F 121.40
33F 118.10
32F 114.80
31F 111.50
30F 108.20
29F 104.90
28F 101.60
27F 98.30
26F 95.00
25F 91.70
24F 88.40
23F 83.40
22F 80.10
21F 76.80
20F 73.50
19F 70.20
18F 66.90
17F 63.60
16F 60.30
15F 57.00
14F 53.70
13F 50.40
12F 47.10
11F 43.80
10F 40.50
9F 37.20
8F 33.90
7F 30.60
6F 27.30
5F 22.30
4F 15.80
3F 10.80
2F 5.80
(499.50)
1F ±0.000
B1F -5.50
B2F -9.10
B3F -12.80
阀后压力0.9MPa
阀后压力1.1MPa
阀后压力0.65MPa
7号地块办公楼
26F 108.15
25F 104.10
24F 100.00
23F 95.90
22F 91.80
21F 87.70
20F 83.60
19F 79.50
18F 75.40
17F 71.30
16F 67.20
15F 62.70
14F 58.60
13F 54.50
12F 50.40
11F 46.30
10F 42.20
9F 38.10
8F 34.00
7F 29.90
6F 25.80
5F 22.30
4F 15.80
3F 10.80
2F 5.80
(499.50)
1F ±0.000
B1F -5.50
B2F -9.10
B3F -12.80
阀后压力0.5MPa
电动信号阀
接室外给水管网
泄压阀
消防车取水井
消防水泵接合器
试水阀
消防水池
消防水池
自喷消防泵
一用一备
阀后压力0.90MPa
比例混合器
泡沫罐
泡沫罐
阀后压力0.65MPa

自动喷水管道系统图

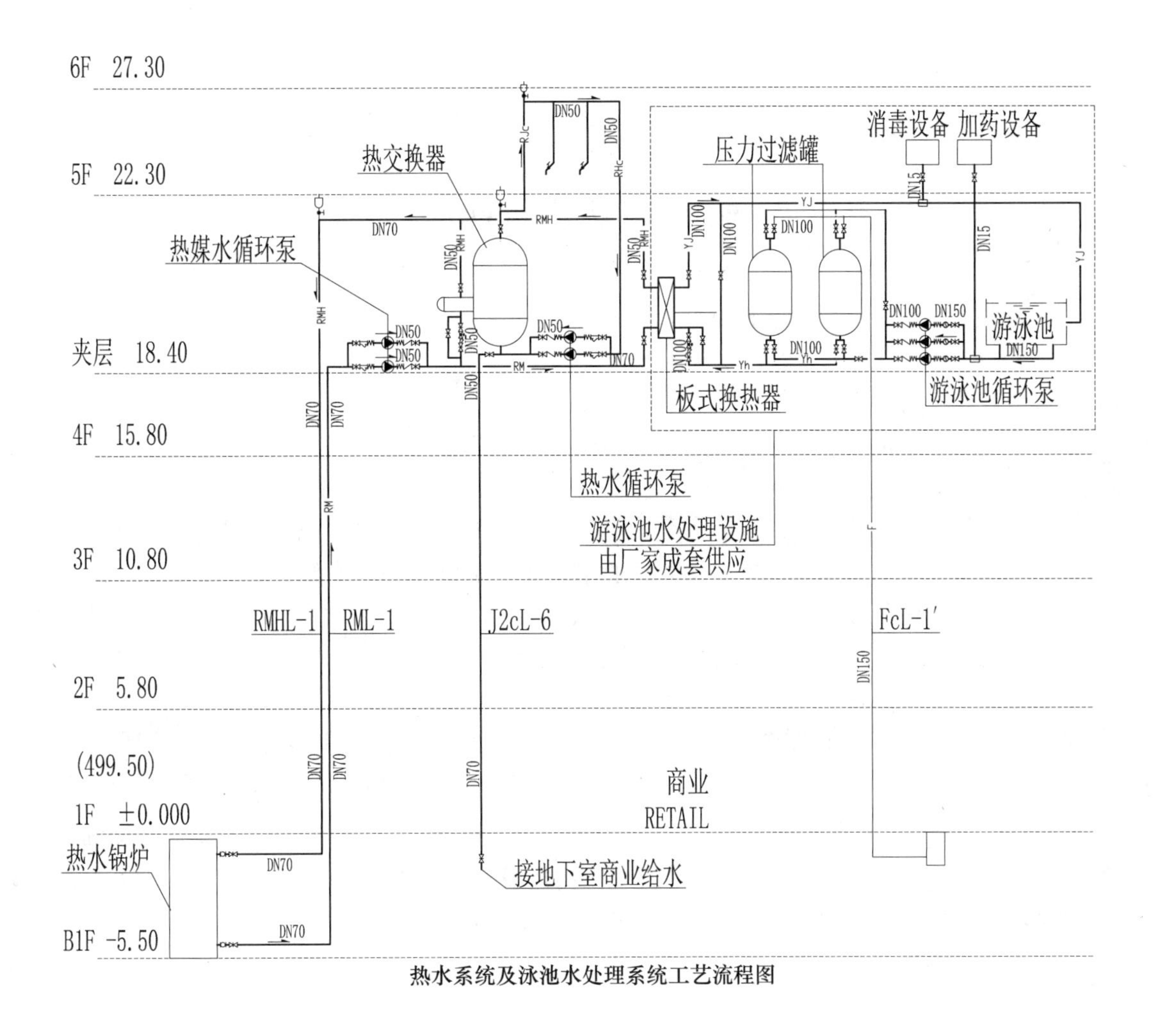

热水系统及泳池水处理系统工艺流程图

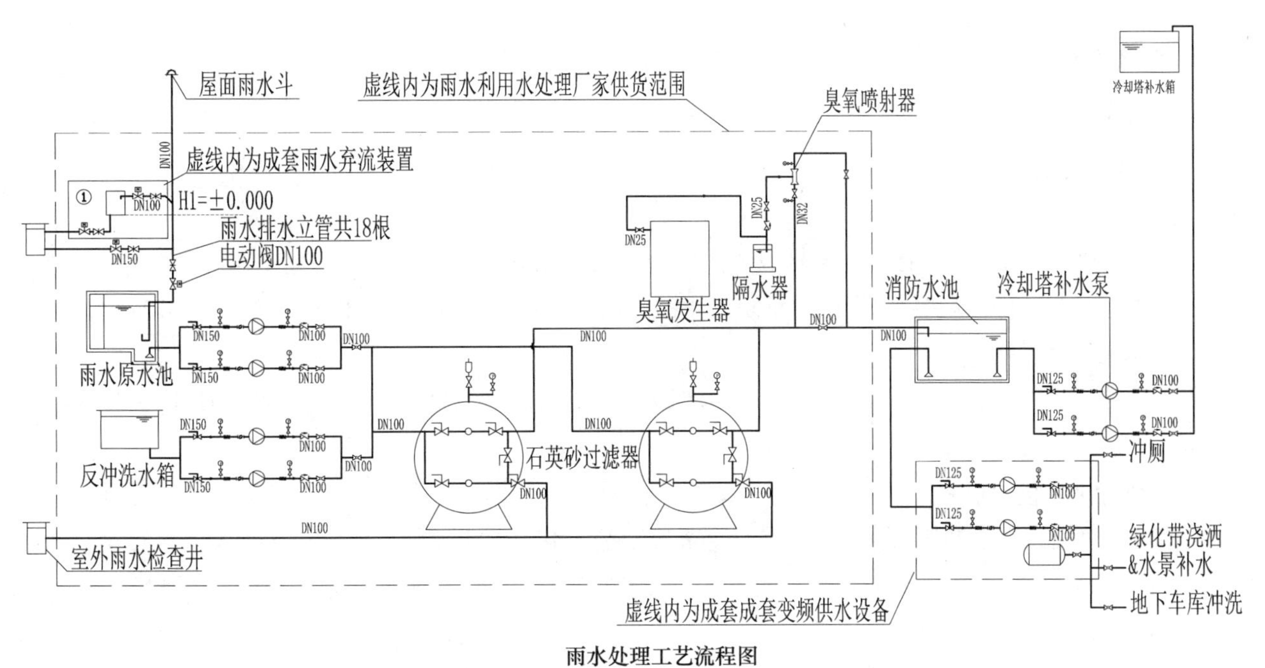

雨水处理工艺流程图

西北妇女儿童医院

设计单位：中国建筑西北设计研究院有限公司
设 计 人：常军锋　花蕾　王研
获奖情况：公共建筑类　三等奖

工程概况：

本项目位于西安市，项目总用地 128.3 亩，东临城市主干道雁翔路，南侧接 11 号规划路、西侧接 18 号规划路，北侧为空地。本建筑主要使用功能为门诊、医技、住院综合医疗区，日接待门诊患者 3000 人次，住院部设 1040 张床位，地下车库停车 902 辆，建筑层数地上 11 层，地下 1 层，建筑高度 51.75m，总建筑面积 153357m^2。

本项目平面分为 A、B、C、D 四个区，A 区地下一层为汽车库、消毒用房等，一～五层为门诊办公室、检验室、中心手术室等；B 区地下一层为设备用房（热交换间、高低压配电室、柴油发电机房），一～十一层为病房、屋面设消防水箱；C 区地下一层为设备用房（制冷机房），一～十一层为病房、脐血库、静配中心等；D 区为地下设备用房（生活、消防泵房）。小区内还设有值班进修公寓、食堂、行政办公培训楼、锅炉房、污水处理站等。本医院配套设施完整，医疗设备齐全，为一所集医疗、教学、科研、康复和预防保健为一体的三级甲等大型妇女儿童综合专科医院。

工程说明：

一、给排水系统设计

（一）给水系统

1. 水源

医院生活用水从院区雁翔路和 18 号规划路的城市自来水管网上分别引入一路 *DN*200 的进水管进入院区，在院区形成 *DN*200 环状供水管网，供院区生活、消防用水。城市自来水供水压力 0.20MPa。

2. 用水量标准及用水量（表 1）

最高日用水量 $Q_d=4128.56m^3/d$；平均时用水量 $Q_{cph}=236.09m^3/h$；最大时用水量 $Q_{maxh}=288.59m^3/h$。

3. 系统分区及供水形式

根据城市自来水供水的压力、院区建筑物的高度、最不利点卫生器具最低工作压力和医疗设备供水压力等因素，院区建筑物供水分区为地下层、锅炉房、污水处理间、污物处理间用水为市政自来水直接供水，一层及一层以上部位用水采用二次加压供水。加压供水部分竖向分为高低两个区，一～五层为低区，六～十一层为高区，高、低区用水均采用低位生活贮水池＋变频恒压供水装置联合加压供水。

主要项目用水量标准及用水量　　表1

序号	用水项目	作用数量	用水标准	使用时间	小时变化系数	用水量		
						最高日 (m^3/d)	平均时 (m^3/h)	最大时 (m^3/h)
1	门诊病人	3000人	15L/(人·d)	10h	1.50	45	4.5	6.75
2	医护人员	1500人	250L/(人·班)	8h/班 (每日三班)	1.50	1125	46.9	70.30
3	住院部	1000床	400L/(人·d)	24h	2.0	400	16.7	33.3
4	厨房餐厅	2000人/餐 3餐/日	25L/(人·餐)	12h	1.20	150	12.50	15
5	办公科研	380人	50L/(人·d)	10h	1.50	19	1.90	2.85
6	职工宿舍	184人	150L/(人·d)	24h	3.0	27.60	1.15	3.45
7	空调冷却循环补水	冷却循环水量2700m^3/h	取冷却循环水量的1.5%	24h	1.00	972	40.5	40.5
8	锅炉房补水		44m^3/h	24h	1.00	1056	44	44
9	地下车库冲洗用水	13000m^2 2次/d	2L/(m^2·次)	6h	1.00	52	8.66	8.66
10	绿化用水	22720m^2 2次/d	2L/(m^2·次)	2h/次	1.00	91	45.5	45.5
11	未预见用水(不含空调冷却锅炉房补水)		取日用水量10%			190.96	13.78	18.58
12	合计					4128.56	236.09	288.59

生活加压泵房和生活贮水池设在门急诊医技住院综合楼地下一层，生活水池分两个设置。

4. 冷却塔补水给水系统

为了更新消防水池存水，将冷却塔补水贮水池与消防水池合用一个水池。冷却塔的补水供水方式采用低位贮水池+变频恒压供水装置联合加压供水。冷却塔的补水供水设备设在门急诊医技住院综合楼地下一层消防泵房内。

5. 洁净手术部双向供水系统

为了确保洁净手术部不间断供水，特设事故备用恒压变频给水系统，在医技综合楼屋顶水箱间内设事故备用给水箱，水箱贮水容积$V=38m^3$，贮水时间48h。设水箱外置式消毒器稳定水箱贮水水质。

6. 医技工艺给水分质供水及管道预留

医用纯水和中心供应室的医用酸化水供应系统预留给水接口；供应室、检验科、遗传室、口腔科等科室对于给水有特殊要求的（软化水、纯净水等），预留给水接口；从中心供应室到检验科、遗传科纯净水管道敷设在垫层中。中心供应室预留生活饮用水（冷、热水）管道接口，满足医疗工艺对原水的要求。

7. 防水质污染

（1）地下室生活水箱和屋顶事故备用水箱均设外置式消毒器，对生活饮用水进行二次消毒处理。

（2）诊室、手术室、检验室、护士室、医生办公室、治疗室、配方室、无菌室、ICU、厕所前室的洗手盆均采用非手动开关，并防止污水外溅。

(3) 公共卫生间蹲便器采用脚踏式冲洗阀，洗手盆龙头采用红外感应龙头，小便器采用感应式冲洗阀。淋浴间的淋浴器采用脚踏式开关。

(4) 生活给水管道上接至洗片的漂洗池、医疗设备、检验科生化实验室等时应设置倒流防止器。

(5) 锅炉、冷却塔、热交换器给水补水管上均设倒流防止器。

(二) 开水供应

1. 开水用水量标准：2L/(人·d)，K=1.50，开水用水量：3.24m^3/d。

2. 在门诊医技住院楼和感染病房楼各层开水间内设置成品全自动电开水器，单台开水器功率 N=12.0kW。进开水器的给水支管上设静电水处理仪和止回阀。

(三) 生活热水系统

1. 水源：接自生活加压给水系统。

2. 热源：热媒采用医院室锅炉房提供高温热水。锅炉房提供高温热水：供水温度 T_1=90℃，回水温度 T_2=70℃，压力 P=0.40MPa。

3. 热水用水量标准及耗热量（表 2）

设计小时耗热量 W=37194629J/h；设计小时热水（60℃）用水量 Q_h=158.6m^3/h。

热水用水量标准及耗热量 表 2

序号	用水项目	作用数量	用水量标准	用水时间(h)	小时变化系数	温度(℃)	小时耗热量(kJ/h)
1	病房	1000 床	200L/(床·d)	24	2.56	60	5002069.3
2	医护人员	1417 人	100L/(人·d)	8h/班(每日三班)	2.56	60	31876023
3	ICU、PICU 病房	90 人	100L/(人·d)	24	2.56	60	316537.2
4	合计						37194629

4. 供水形式及系统

(1) 热水供应区域及形式：门诊医技综合楼妇产、儿科住院部的产房、LDR 病房、新生儿科、VIP 病房热水系统采用全日制热水供应系统；门诊医技综合楼的中心手术室、门诊手术室、ICU、PICU，采用全日制集中热水供应系统。门诊医技综合楼的妇产、儿科住院部的其他楼层、值班公寓采用定时集中热水供应系统，其余分散热水点采用电热水器供给。

考虑屋面设置太阳集热板条件有限，值班公寓低区为太阳能集热水系统，辅助锅炉高温水换热集中热水供应系统。太阳能集热水系统采用承压式，闭式循环，间接加热。集热系统内采用防冻液循环，以保证系统在低温环境能保持正常工作。

(2) 热水系统分高、低两个区，分区形式同给水系统。

(3) 采用导流浮动盘管型半容积式热交换器制备热水，热交换器设在门急诊医技住院综合楼地下一层换热间内。换热器出口最高水温 t_r=60℃，配水点最低水温 t_d=50℃，采用电子水处理器对热交换器补水进行水质稳定处理。

(4) 手术室等处集中盥洗室的水龙头应采用恒温供水，供水温度为 30～35℃，洗婴池的水龙头应采用恒温供水，供水温度为 35～40℃。在热水出水龙头前均设恒温控制阀。

5. 防水质污染

(1) 诊室、手术室、检验室、护士室、医生办公室、治疗室、配方室、无菌室、厕所前室的洗手盆均采用非手动开关，并防止污水外溅。

(2) 换热器采用浮动盘管半容积式热交换器，避免军团菌产生。热交换器补水管上均设倒流防止器。

（3）采用全程水处理器对热交换器冷水补水进行水质稳定性处理。

（四）冷却循环水系统

1. 空调工艺资料：设制冷机三台，每台冷机却循环水量 787m^3/h，冷却塔进水温度 37℃，出水温度 32℃，环境湿球温度 26℃。

2. 循环系统

设冷却循环水泵 4 台，3 用 1 备。冷却循环水泵设在门急诊医技住院综合楼地下一层制冷机房内。设冷却塔 3 台，冷却塔采用方形横流超低噪声冷却塔，每台冷却水量为 850m^3/h。冷却塔设在食堂屋面，且冷却塔基础作隔振。

3. 设全程水处理器和过滤器对冷却循环水进行水质稳定处理。

（五）生活污、废水排水系统

1. 排水体制：医院污水按排水性质、种类设置排水系统，采用雨、污分流，污、废分流排放体制。

2. 排水系统

（1）住院部、进修值班公寓室内±0.00 以上生活污水采用双立管重力流排水系统，其余部位生活污水采用单立管重力流排水系统。所有污水均排至室外污水检查井。

（2）食堂的生活污水须经室内隔油器处理后排至室外污水检查井。地下一层卫生间的排水，由集水坑收集后通过一体化污水提升器加压排至室外污水检查井。

（3）医院的传染病急诊和病房污水，放射性污水、牙科废水、影像科洗印废水、检验科分析化验废水、锅炉房高温废水、中心供应室消毒凝结水等都应单独收集处理后再排放。

（4）非病区生活污水排出室外经化粪池处理后，18 号规划路市政污水管网。

（5）病区生活污水排出室外，特殊污水经过预处理和经化粪池处理后，再经医院综合污水站处理后排入 18 号规划路市政污水管网。

3. 地漏设置

（1）除公共卫生间、病房卫生间、管道井、空调机房、洗消间、医用设备间、污洗间、淋浴间、托布池等必须设置地漏的场所外，其他用水点不设地漏。

（2）所有地漏均采用带直通式地漏下带存水弯，存水弯水封高度不小于 50mm。

（3）手术室内不设地漏，在刷手间及卫生器具旁设密闭地漏。

（4）空调、通风等机房设可开启的密封地漏。

（5）婴儿洗涤间的排水地漏采用密闭地漏，污染物洗涤场所采用网框式地漏。

4. 医技工艺排水管道预留

（1）检验科、遗传科等科室的排水仅预留接口或设地漏，待设备到位后再安装，管道可敷设在垫层中。

（2）对中心供应室的酸化水供应系统预留地漏。

（3）血液透析、口腔科等水处理室的供排水系统配套预留 *DN*75 排水口和 *DN*100 的密闭地漏，*DN*75 的排水管要求高出地面 200mm。

5. 排水管材选用

（1）埋入降板垫层内的重力流污、废水管均采用 HDPE 高密度聚乙烯管道，热熔连接。除中心供应室高温污水排水管道和放射科重力流污水管外，其余部位重力流污、废水管均采用聚丙烯静音排水管，法兰式承插连接。

（2）放射科重力流污水管均采用离心机制含铅柔性排水铸铁管，法兰 A 型管材，配套法兰机械式连接，立管应放在壁厚不小于 150mm 的混凝土管道井内。

（3）中心供应室高温污水排水管道采用无缝焊接钢管，焊接或法兰连接，出户埋地管道采取加强防腐措施。

（六）雨水排水系统

1. 采用西安地区暴雨强度公式：

$$q=2813.583\times(1+1.31\lg P)/(t+21.57)^{0.9227}(\mathrm{L}/(\mathrm{hm}^2\cdot\mathrm{s}))$$

门诊医技住院医疗综合楼屋面按重要公共建筑物设计，屋面雨水设计重现期 $P=10$ 年，径流系数 $\Psi=0.90$，屋面雨水排水量与溢流设施的总排水能力满足 50 年重现期的雨水量要求，屋面设溢流口；其他建筑屋面雨水设计重现期 $P=5$ 年，径流系数 $\Psi=0.90$。院区室外雨水设计重现期 $P=3$ 年。

2. 门诊医技住院医疗综合楼 A 区大屋面雨水采用虹吸式排水系统，采用虹吸式雨水斗，门诊医技住院医疗综合楼 B、C 区屋面和其他建筑屋面雨水采用内排水重力流排水系统，采用 87 型雨水斗，均由管道收集排至室外雨水检查井。

3. 雨水斗选型：医疗综合大楼裙楼屋面雨水斗采用虹吸式雨水斗，其余建筑物屋面雨水斗均采用重力雨水斗。

4. 地下车库出入口处设雨水截水沟和集水坑，截流至集水坑的雨水由潜水排污泵提升后排入室外雨水管道。

5. 红线内室外地面雨水经室外雨水口、雨水管收集分两路分别排入 11 号规划路和 18 号规划路市政雨水管网。

（七）雨水回用系统

1. 雨水回收水源：建筑屋面及室外部分场地雨水。

2. 供水范围：地下车库冲洗、道路浇洒、绿化浇灌。

3. 雨水处理回用工艺：建筑屋面及室外场地雨水 → 弃流设备 → 雨水贮水池 → 加药装置 →提升泵 → 压力滤池 → 提升泵 → 清水池 → 消毒装置 → 供水机组→回收利用。

4. 系统：建筑屋面及室外场地部分雨水排入雨水回用设施进行处理。达到浇洒绿化用水水质标准后，再由水泵提升送至用水点。

5. 雨水水处理回用机房设于院区西北角室外地下，雨水收集蓄水池容积为 $200\mathrm{m}^3$。

（八）医疗污水处理

1. 医疗特殊污、废水预处理

（1）传染病门急诊和传染病房的污水单独收集，经消毒池消毒后方可排入院区的污水管道。

（2）放射科含放射性水应单独收集，采用衰变池进行处理。

（3）口腔科医疗废水和影像科洗印废水中含有重金属单独收集处理。

（4）检验科、病理科、血液透析等处分析化验采用的有腐蚀性的化学试剂单独收集，综合处理后再排入院区污水管道。

（5）锅炉排放的污水、中心供应室的消毒凝结水单独收集，并设置降温池处降温理后排放。

2. 医疗污、废水综合水处理

（1）医疗污、废水综合水处理站设在院区西北角室外地下，位于门急诊医技住院综合楼夏季主导方向的下风向。

（2）医疗污、废水综合水处理站设计处理水量为：$1000\mathrm{m}^3/\mathrm{d}$，平均每小时污水量为 $41.6\mathrm{m}^3/\mathrm{h}$。

（3）污水处理站出水水质达到《医疗机构水污染物排放标准》GB 18466—2005 中“综合医疗机构和其他医疗机构水污染物排放限值”的排放标准。经医院总排口排至 18 号规划路市政污水管网。

（4）处理工艺：采用生物化学法处理。

工艺流程：病区污水→化粪池→格栅→调节池→水解酸化池→接触氧化池→一次沉淀池→混凝反应池→

二次沉淀池→浅层过滤器→消毒接触池→脱氯池→排水管道。

（5）消毒杀菌：采用化学法二氧化氯发生器对污水和污泥消毒杀菌，该方法操作简单、方便、安全，设备使用寿命长，出水稳定达标，不会形成二次污染。

（6）污水处理站所产生的污泥经脱水设备脱水后外运处理。

（九）人防给水排水设计

1. 本项目门诊医技住院综合楼A区地下室设有人防工程，设计为平战结合，地下室战时为核6常5甲类中心医院，平时作车库用。地下室共设三个防护单元，按五级人防设防。第一防护单元病人门诊500人次，医护人员100人；第二防护单元住院病人105人，医护人员30人；第三防护单元住院病人84人，医护130人。

2. 每个防护单元分别设气压给水装置，供本单元生活、饮用、洗消用水；每个水箱中均设有饮用水不被挪用的措施，洗消间的淋浴采用电热水器供给热水。

3. 移动电站内设$3m^3$的冷却水贮水箱，并设龙头。储油间内设九个RQ-1.5型日用油罐。

二、消防统设计

本工程防火等级按一类高层医院建筑设计。

（一）消火栓系统

1. 以城市自来水为水源，从雁翔路、18号规划路的城市管网上，分别引入一路*DN*200的给水管进入小区，布置成环状。在小区环状管网上设室外消火栓，布置间距不超过120m。考虑城市给水引入管暂不能满足两路供水要求，将室外消防水量贮于地下消防贮水池内，设消防取水口，满足防护间距要求。

2. 设计参数：室内消火栓水量30L/s，室外消火栓水量30L/s，火灾延续时间3h。

3. 防护区域

院区除污水处理站、医疗垃圾收集站、供氧中心、门房、高低压变配房、监控中心、贵重医疗设备机房及不能用水扑救的特殊场所外，其余建筑各层各部位均设消火栓系统保护。

4. 供水系统

室内消火栓系统采用临时高压制，整个系统竖向为一个区。在门诊医技综合楼地下二层设消防泵房及消防水池，消防水池容积$800m^3$。消防初期专用水量$18m^3$贮存妇科住院综合楼屋顶消防水箱中，平时消火栓管网由消防水箱维持系统压力。

5. 消火栓布置

（1）消火栓布置保证同层任一点均有两股水柱同时达到。

（2）手术部的消火栓设置在清洁区域的楼梯口和走廊。

（3）护士站设置消防软管卷盘。

6. 消火栓选型

每个消火栓箱内均配*DN*65消火栓1个，*DN*65，$L=25m$的麻质衬胶水龙带1条，*DN*65×19直流水枪等，自救卷盘小水喉1套，手提式干粉灭火器3具，每具5kg。

（二）自动喷水灭火系统

1. 设计参数：按中危险Ⅱ级设防，喷水强度$8L/(min \cdot m^2)$，设计流量40L/s，火灾延续时间1h。

2. 防护区域

院区除污水处理站、医疗垃圾收集站、供氧中心、门房、高低压变配房、弱电机房、电信机房、安防监控中心、重要医技设备机房、贵重仪器储藏室、存片室、病历档案室、信息机房、血液病房、手术室和有创伤检查的机房及不能用水扑救的特殊场所外，其余部位均设自动喷水灭火系统保护。

3. 供水系统

采用临时高压制，灭火系统均采用湿式自动喷水灭火系统，竖向为一个区。

在门诊医技综合楼地下二层设消防泵房及消防水池，消防水池容积 800m^3。水泵房设自喷加压泵两台，1用1备。消防初期专用水量 18m^3 贮存妇科住院综合楼屋顶消防水箱中，屋顶消防水箱间设专用稳压装置一套。平时自喷管网由消防水箱间稳压装置保证系统压力。

4. 喷头布置与喷头选型

（1）有吊顶的部位设吊顶型下垂喷头，无吊顶的部位设直立型喷头。

（2）中厅、病房设快速响应喷头，手术室洁净和清洁走廊喷头采用隐蔽式喷头。

（3）锅炉房、换热站、厨房操作间、中心供应的灭菌前后室及制剂间的高温工作间采用动作温度 93℃温级的喷头，其他皆采用动作温度 68℃温级的喷头。

（三）大空间智能自动灭火系统

1. 设计参数：采用临时高压制，按中危险Ⅰ级设计，设计流量 Q=10L/s，火灾延续时间 1h。

2. 防护区域：门（急）诊医技综合楼中庭。

3. 供水系统

大空间智能自动灭火系统与自动喷水系统合用一套供水系统，在供水环管处将管道分开，单独设置水流指示器和模拟末端试水装置。管道系统压力平时由住院综合楼屋顶消防水箱和稳压制装置维持。

4. 灭火装置选型：标准型自动扫描射水高空水泡灭火装置单个水炮设计流量 5L/s，保护半径 25m，入口工作压力 0.60MPa。

（四）厨房操作部位专用灭火装置

1. 设置部位：食堂厨房烹饪操作间的排油罩及烹饪部位设厨房专用灭火装置。

2. 系统形式：厨房烹饪操作间的排油罩及烹饪部位采用 CMJS 厨房设备灭火装置。该系统灭火剂采用食用油专用灭火剂。

（五）气体灭火系统

1. 防护区域：在本建筑物内的高低压变配房、弱电机房、电信机房、安防监控中心、重要医技设备机房、贵重仪器储藏室、存片室、病历档案室、信息机房等部位均设气体消防灭火系统。

2. 灭火系统：设置两套管网组合分配全淹没式 IG541 洁净气体灭火系统。

3. 设计参数：系统设计浓度 37.3%～42%，设计温度 20℃，喷放时间≤60s，充装率 0.21115kg/L。

4. 控制方式：自动、电气手动、机械手动三种。

（六）建筑灭火器配置

1. 按严重危险级设计，火灾种类为 A 类，局部为 C 类及带电火灾，除个别部位其余均采用磷酸铵盐干粉灭火器。每具灭火器最小配置级别为 3A，最大保护面积 50m^2/A 。

2. 设手提式灭火器，灭火器采用 MF/ABC5 型磷酸铵盐干粉灭火器。

3. 高低压变配房设置推车式灭火器，灭火器采用 MFT/ABC50 磷酸铵盐干粉灭火器。

三、工程特点及设计体会

1. 给水系统根据建筑物的高度，给水系统分高、低两个区，六～十一层为高区，一～五层为低区，均采用变频调速恒压供水装置供水，供水方式为下行上给式。充分利用城市管网原有压力，节能节水，卫生清洁。

2. 冷却塔补水贮水池与消防水池合用一个水池，可以定期更新消防水池存水，保证消防水池贮水经常流动。

3. 为了确保四层手术层不间断供水，特设事故备用水给水系统，事故备用水箱平时给四层洗手盆供水，使事故备用给水箱贮水经常更新，设水箱自洁消毒器稳定水箱贮水水质。保证手术室正常供水安全性。

4. 本项目为大型医院，为满足医务人员、患者、医院管理的要求，热水系统采用了多种供水方式。A 区中心手术室、ICU、PICU、NICU、门诊手术室，B、C 区的产房、LDR 病房、新生儿科、VIP 病房的生活热水采用全日制集中热水供应；门诊医技住院医疗综合楼 B、C 区其他层生活热水采用定时集中热水供应；A 区中心供应室、放射科、食堂等分散用水点采用电热水器供给。因用水点比较分散，采用同程循环，以保证热水出水速度和效果。

5. 手术室内不设地漏，在清洁区走廊设封闭式地漏。除洗消间、准备间、污洗间、淋浴、托布池等必须设置地漏的场所外，其他用水点不设地漏。地漏均采用直通式地漏下带存水弯，地漏要定期消毒，避免二次污染。

6. 牙科、检验科、重症监护室等处的工艺设备均有排水支管，需敷设在楼板上，设计时此处均做降板处理。

7. 入口中庭为高大空间，看病患者人数多，发生火灾时需迅速灭火并不对患者病人造成伤害，中庭消防设计采用大空间智能型主动喷水系统，解决了高大空间的建筑消防难点。

8. 根据建筑物屋面规模及布置情况，分别设置虹吸式压力流雨水排水系统和重力流雨水排水系统。

9. 室外地面高差较大，室外污水、雨水管道敷设要根据总体规划合理设置跌水井。

10. 污水分质处理：医疗区、生活区的污水分别收集，分设化粪池处理，生活区污水经化粪池处理后排至市政污水管网，医疗区污水经化粪池处理后接入污水处理设施，处理达标后排至市政污水管网。

四、工程照片及附图

污水处理

屋顶消防水箱间

屋面冷却塔

消防泵房

制冷机房

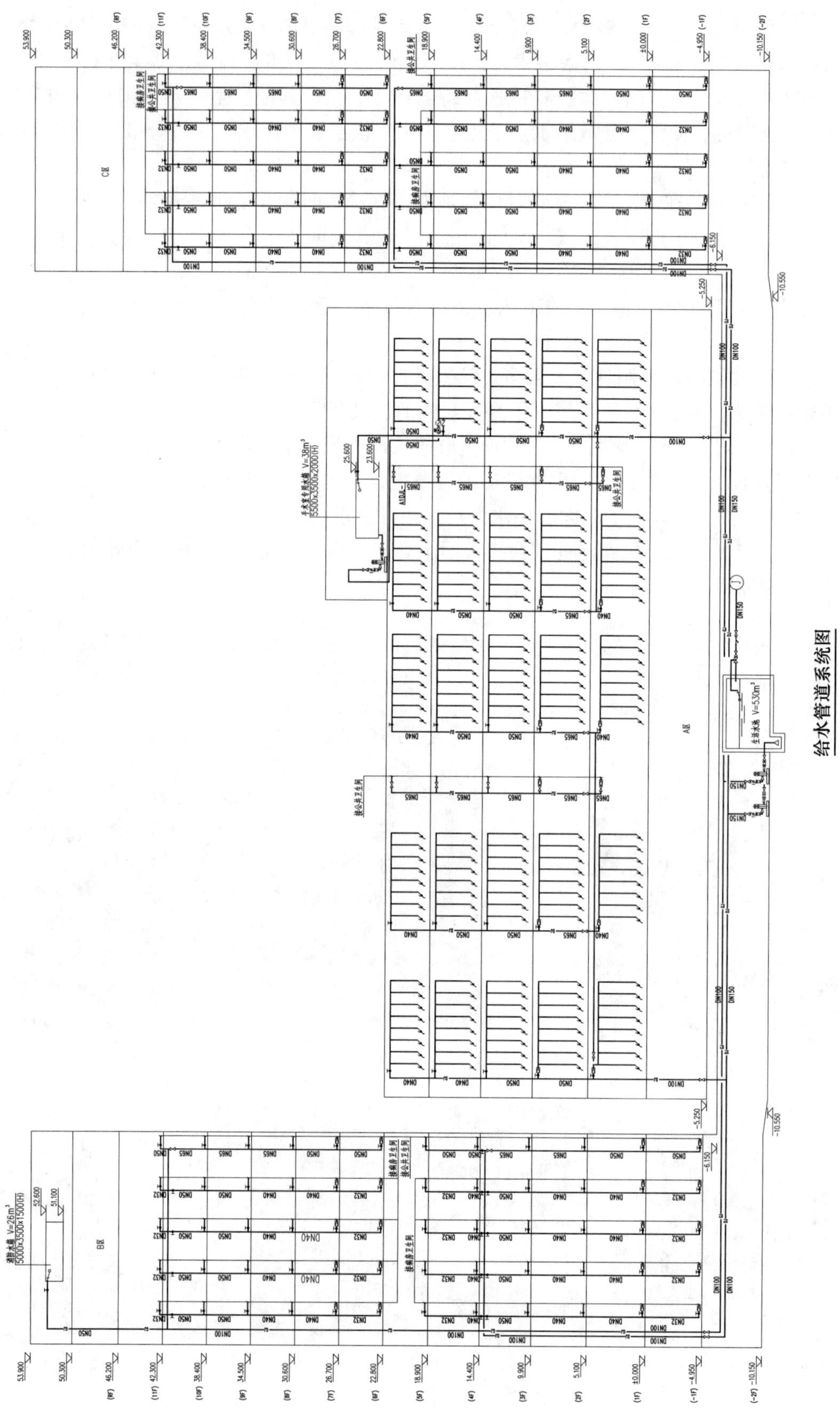

给水管道系统图

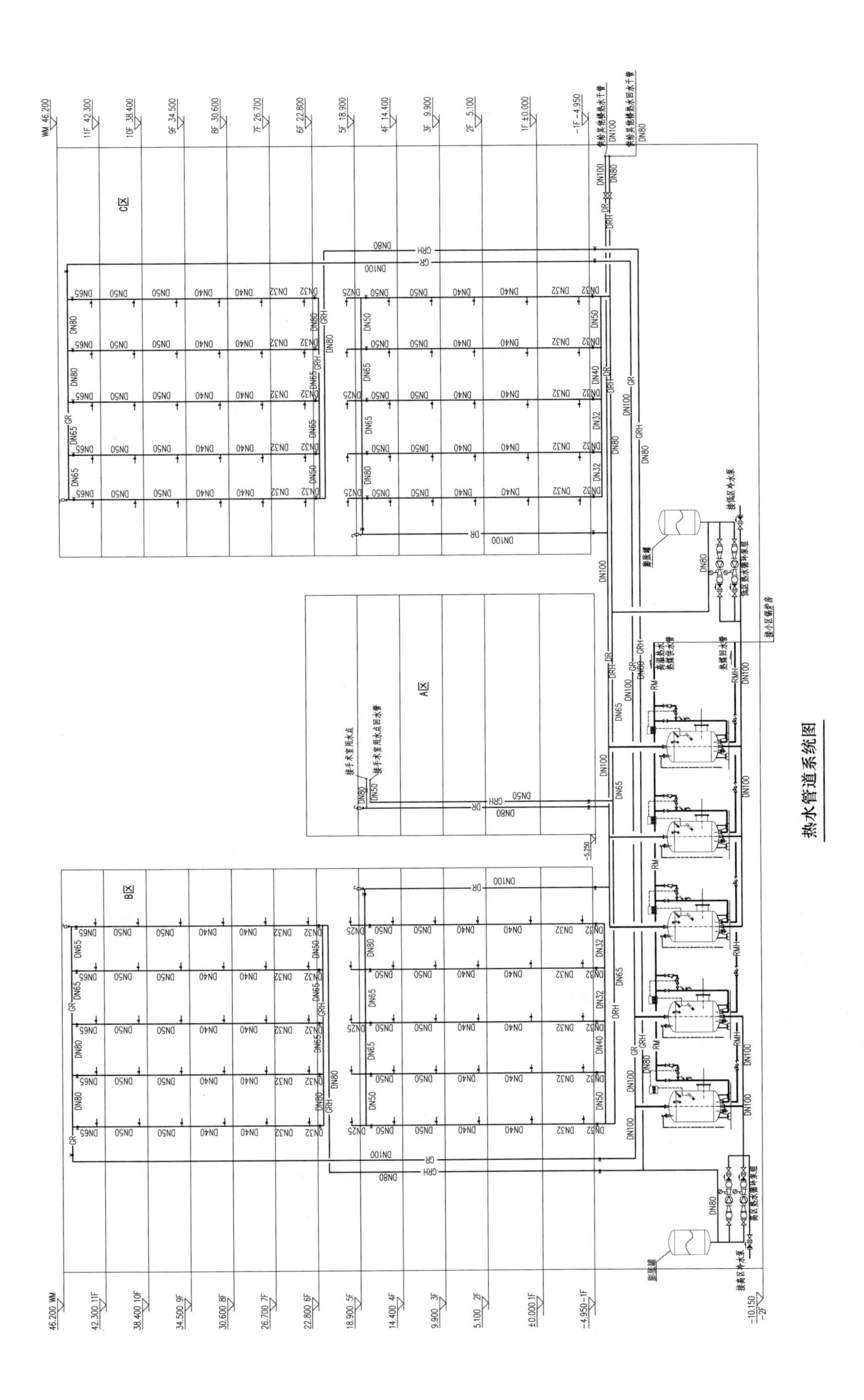

热水管道系统图

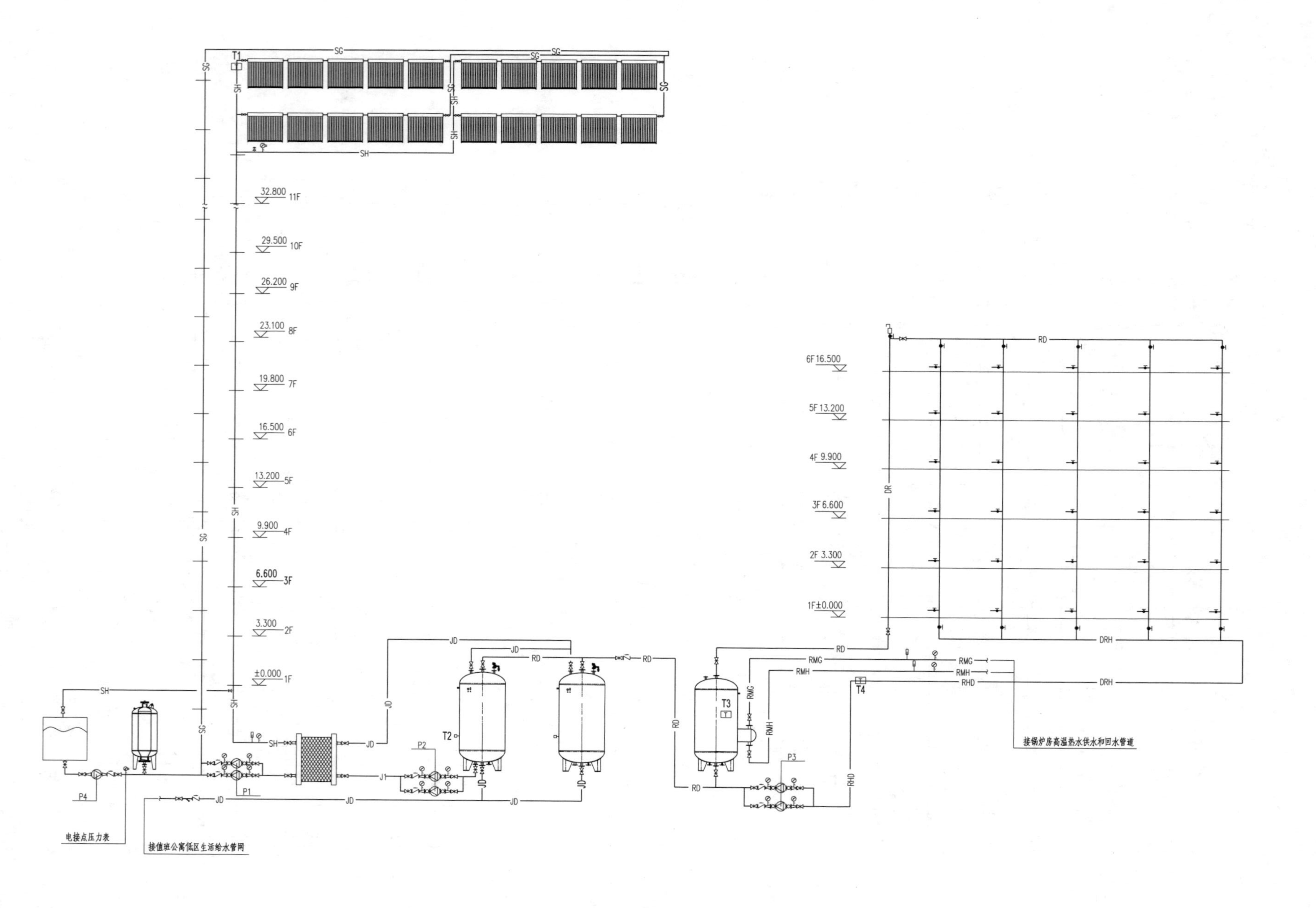

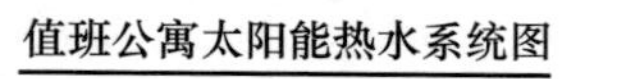
值班公寓太阳能热水系统图

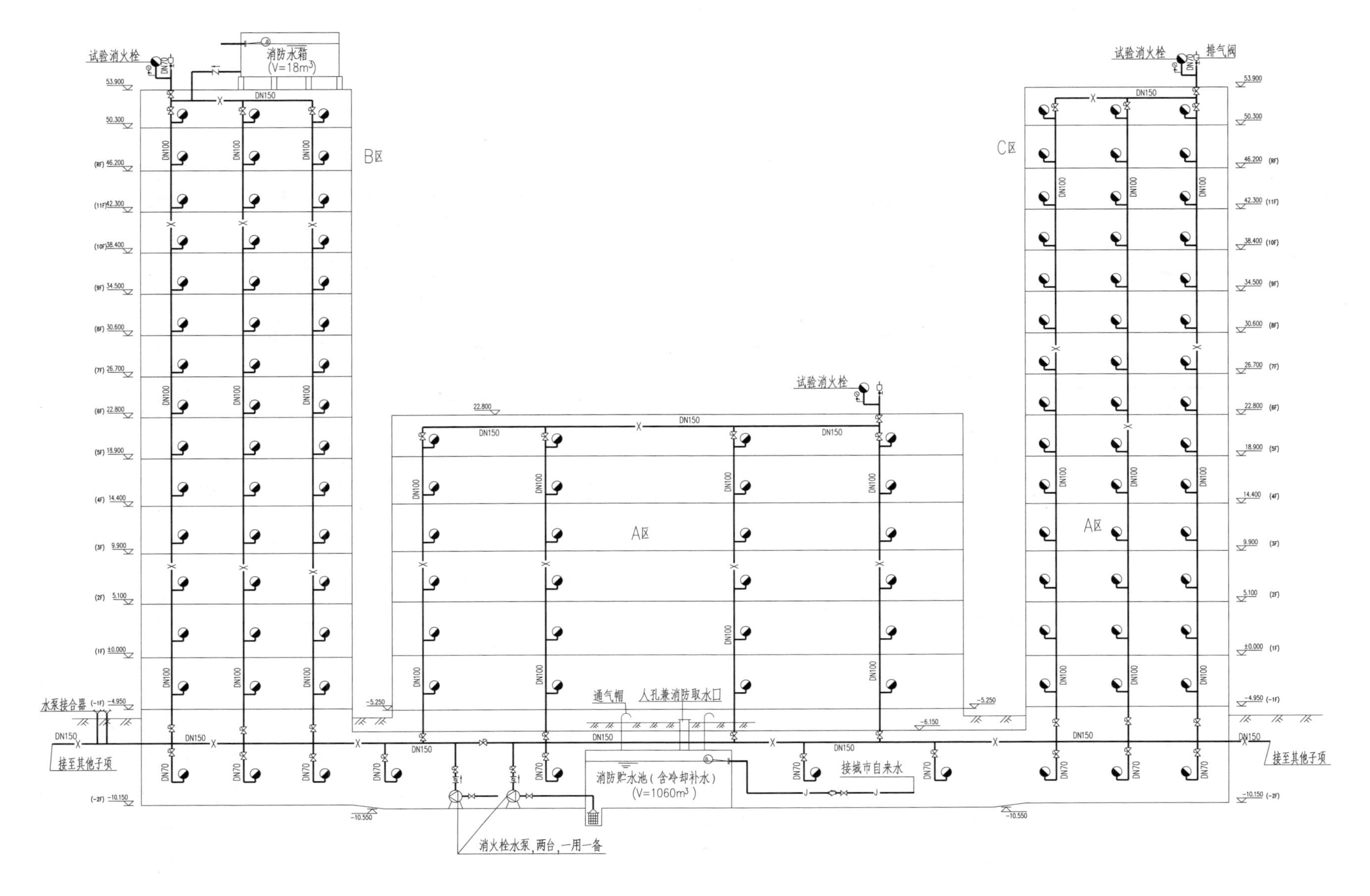
试验消火栓
消防水箱
(V=18m³)
B区
水泵接合器
接至其他子项
试验消火栓
A区
通气帽
人孔兼消防取水口
消防贮水池（含冷却补水）
(V=1060m³)
接城市自来水
消火栓水泵，两台，一用一备
试验消火栓
排气阀
C区
A区
接至其他子项
DN150
DN100
DN70

消火栓管道系统图

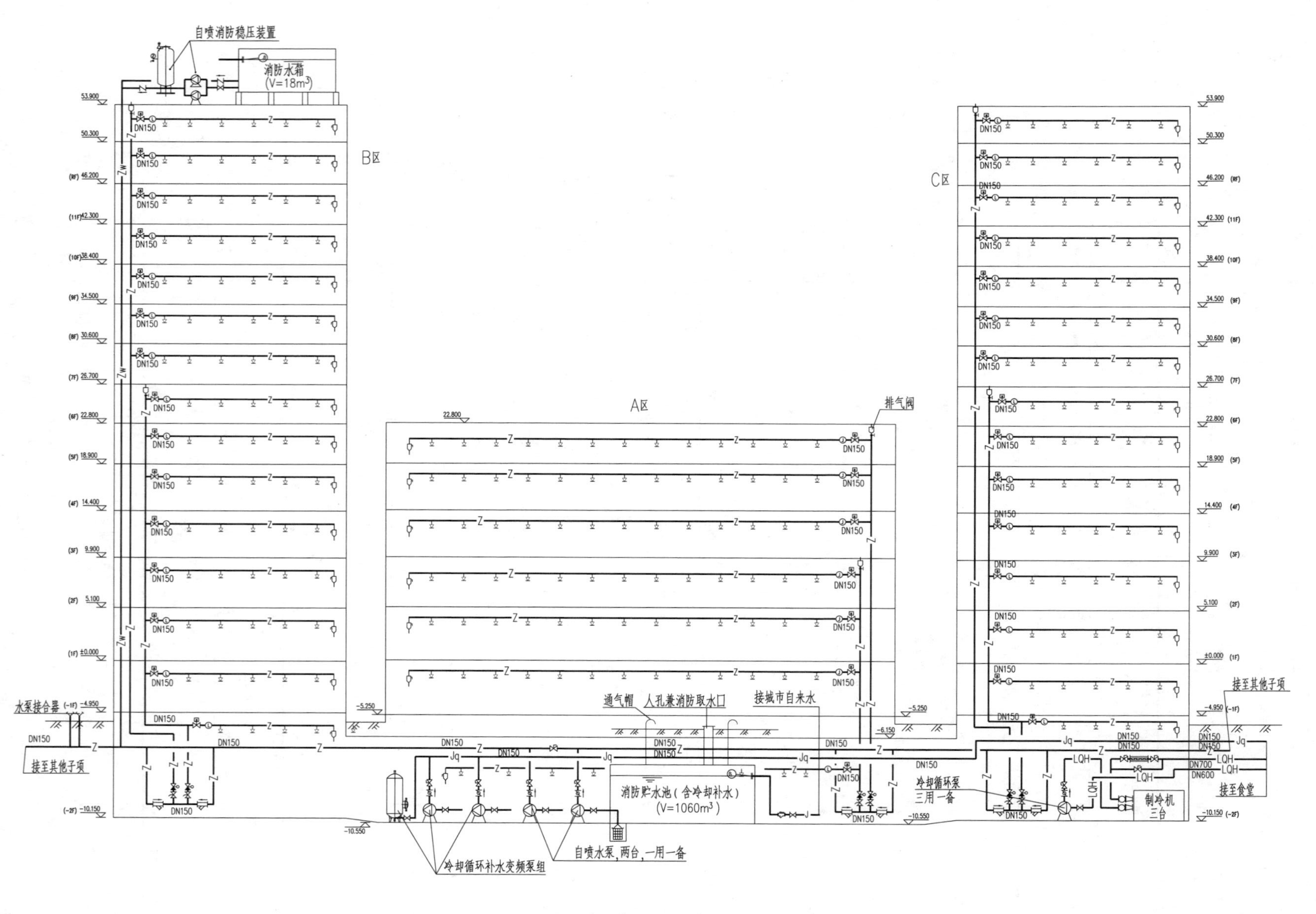

自喷、冷却循环管道系统图

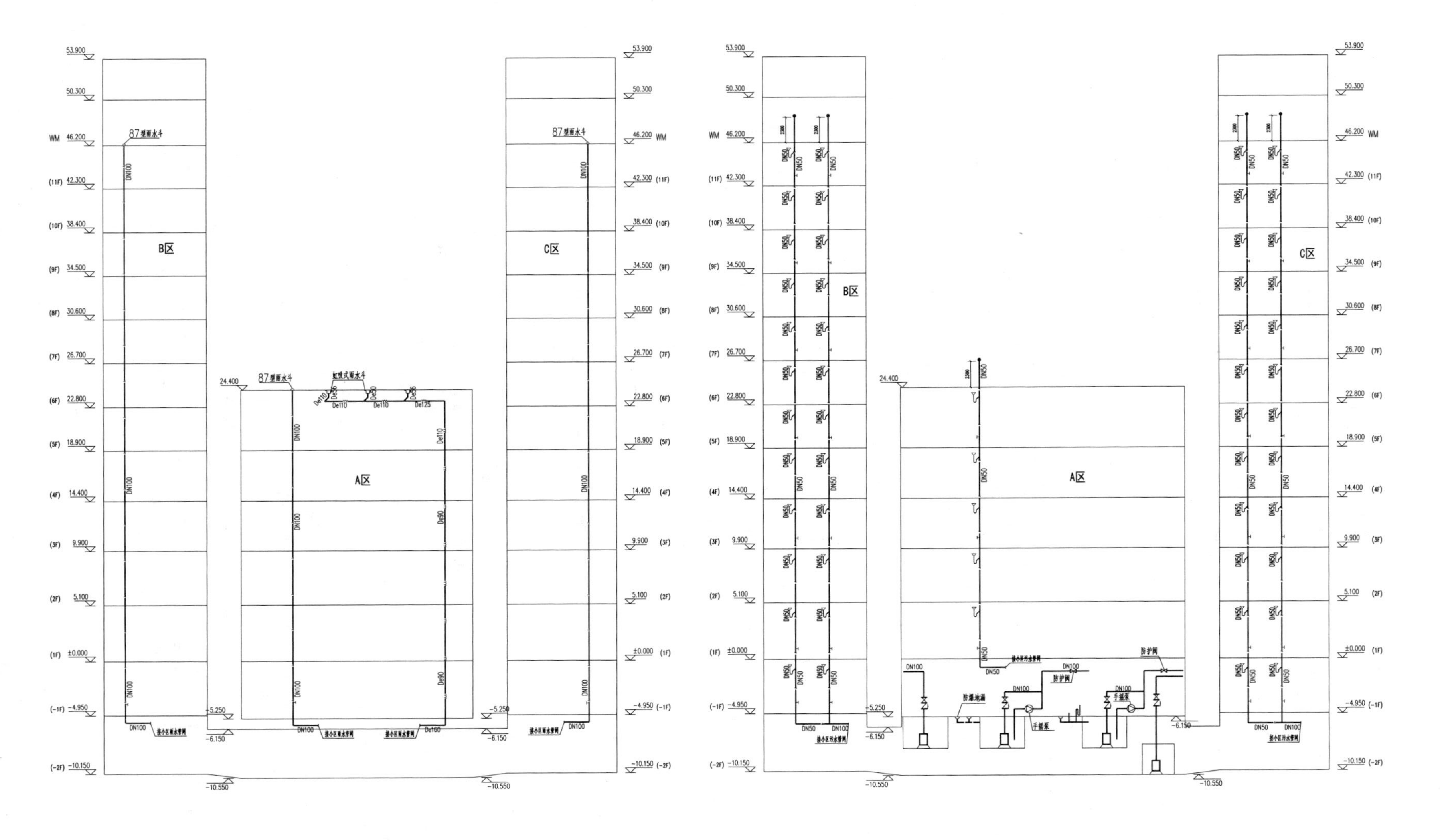

雨水管道系统图

废水管道系统图

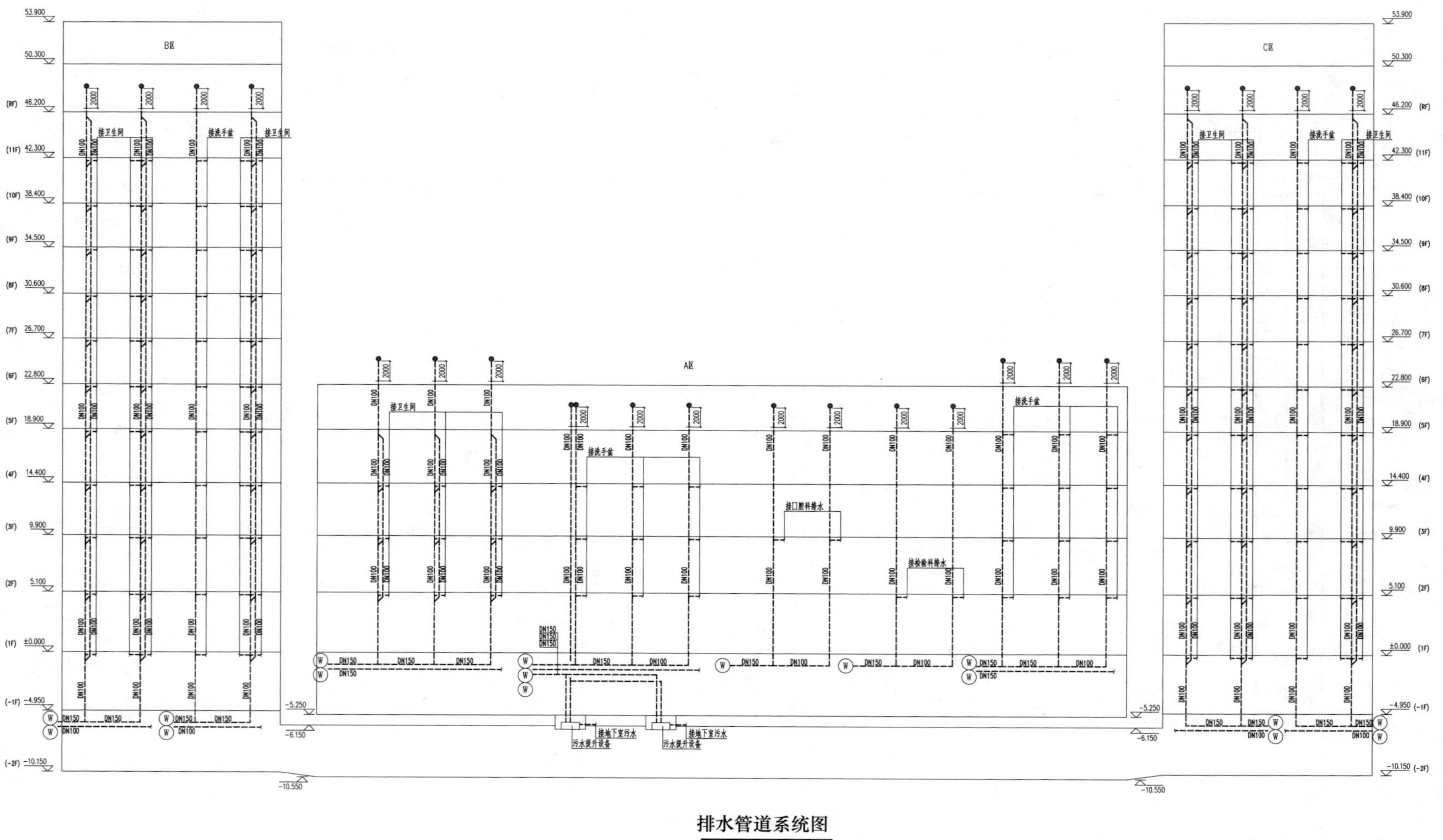

排水管道系统图

天山·米立方

设计单位：天津大学建筑设计研究院
设 计 人：玄津　周冬冬　李雪飞　刘洪海　侯钧　马海民
获奖情况：公共建筑类　三等奖

工程概况：

天山·米立方项目，位于天津市津南区小站镇，毗邻天津南大门的小站练兵园，该项目由天津市天山房地产开发有限公司投资兴建，属于大型体育休闲类公建，被列为2011年天津市10大重点旅游项目和20项民心工程之一，建成使用后将成为全国最大的室内恒温地热温泉水上娱乐场所，它是按国家5A级标准打造的全球室内规模最大、水上娱乐功能设施最全的大型水上主题乐园，年设计游客接待能力为百万人次以上。

天山·米立方项目占地约104359.8m^2，总建筑面积53606m^2，主体建筑面积43046m^2，建筑高度31.80m，主体建筑一层，地上局部三层，地下局部一层，主体为一个长轴200m，短轴140m，球顶高31.8m的椭圆形半球体，建筑以一个巨大的半椭球体，覆盖全部功能，椭球体内两个独立的三层单体建筑（图中称A、B座）为服务休息用房、桑拿、洗浴等；西半部开辟满堂红的地下室作为更衣室、淋浴间等。主体建筑内的戏水大厅设有惊险刺激的水上滑道群，有冲天回旋滑道、极速失重滑道、巨兽碗滑道等；有24种不同类型海浪，浪潮最高可达2.5m；有以500m长的探险漂流为核心，集温泉SPA区、人工沙滩、儿童梦幻、沉船海战、玛雅城堡等多个娱乐主题区。

工程说明：

一、给水排水系统

（一）给水系统

1. 水量：最高日用水量为1592.1m^3/d，最大时用水量为144.6m^3/h，见表1。

用水量　　表1

用水性质	用水定额	使用数量	使用时间(h)	小时变化系数	最高日用水量(m^3/d)	最大时用水量(m^3/h)
员工	50L/(人·班)	200人·班	8	1.2	10.0	1.5
顾客	100L/人次	7500人次	12	1.5	750.0	93.8
浇洒道路及绿化	3L/(m^2·d)	36000m^2	12	1.0	108.0	9.0
娱乐设施补水	490m^3/d		24	1.0	490.0	20.4
循环水补水	1.5%	1000m^3/h	12	1.0	180.0	15.0
未预见水量	15%				230.7	21.0
总计					1768.7	160.7
给水用水量(90%)					1592.1	144.6
中水用水量(10%)					176.9	14.5

2. 水源：给水系统采用分质分区供水方式。餐饮用水为市政管网直供，其他部位均采用深井地下水。地下水水温25℃，水量为$60m^3/h$，水质符合《生活饮用水卫生标准》GB 5749—2006的要求。

3. 生活给水低区为地下层，高区为一层～顶层。

4. 地下层给水为市政管网直接供水，高区给水采用断流水箱、变频调速水泵（带稳压气压水罐）联合加压的供水方式。

5. 给水管采用内外涂环氧树脂复合钢管及管件，管径小于*DN*100采用丝扣连接，管径大于或等于*DN*100采用沟槽连接件连接。

（二）热水系统

1. 水量：生活热水设计小时耗热量为1866kW，设计小时热水量为$40m^3/h$（65℃）。工艺部分的设计小时耗热量为2782kW。工艺热水供水温度为65℃，工艺热水回水温度为35℃，工艺热水设计小时热水量为$80m^3/h$。

2. 热源：热水系统采用分质分区供水方式。餐饮用水均为市政给水经电热水器加热后直供，其他部位热水热源采用深井地下热水。水温65℃，水量为$80m^3/h$，水质符合《生活饮用水卫生标准》GB 5749—2006的要求。

3. 生活热水低区为地下层，高区为一层～顶层。

4. 泳池工艺热水采用板式换热器。

5. 生活热水分区方式与给水保持一致，供水压力接近给水各分区压力以保证冷热水压力平衡。在高低区热水回水管上均设置电动温控阀，根据回水管末端温度自动启闭，保证生活热水管网内温度维持在使用温度附近。

6. 热水管采用钢塑复合管及管件，管径小于*DN*100采用丝扣连接，管径大于或等于*DN*100采用沟槽连接件连接。

（三）中水系统

1. 水量：最高日用水量为$176.9m^3/d$，最大时用水量为$14.5m^3/h$。

2. 中水系统一层～顶层采用加压供水方式。

3. 加压中水采用断流水箱、变频调速水泵（带稳压气压水罐）联合加压的供水方式。

4. 中水管采用内外涂环氧树脂复合钢管及管件，管径小于*DN*100采用丝扣连接，管径大于或等于*DN*100采用沟槽连接件连接。

（四）排水系统

1. 排水系统采用分区排放方式。地下层采用机械排水方式，其余采用重力流排水方式。

2. A、B单体排水系统设置自循环通气管。

3. 所有粪便污水均经室外化粪池预沉后排入市政污水管网。

4. 重力流排水管立管及排出管采用A型柔性接口排水铸铁管，橡胶圈压兰接口。支管采用排水PVC-U管，承插粘接。压力流排水管道采用ABS管及管件，ABS专用胶粘剂粘接。

（五）雨水系统

1. 本工程屋面雨水采用内排水方式排除。根据天津市暴雨强度公式，设计降雨历时为5min，设计重现期为50年，屋面径流系数取1.0，暴雨强度为$677.0L/(hm^2 \cdot s)$。

2. 主体屋面中部雨水采用虹吸排水系统；主体屋面周边雨水采用重力流排水系统；地下层坡道雨水采用污水泵加压排放的方式。所有雨水均排入市政雨水管网。

3. 压力流雨水管道采用虹吸专用HDPE管，热熔及电熔接口。重力流雨水管道采用W型柔性接口排水铸铁管，不锈钢卡箍接口。

4. 虹吸雨水管沿钢结构球节点网架固定敷设，出户处节点详见图1：

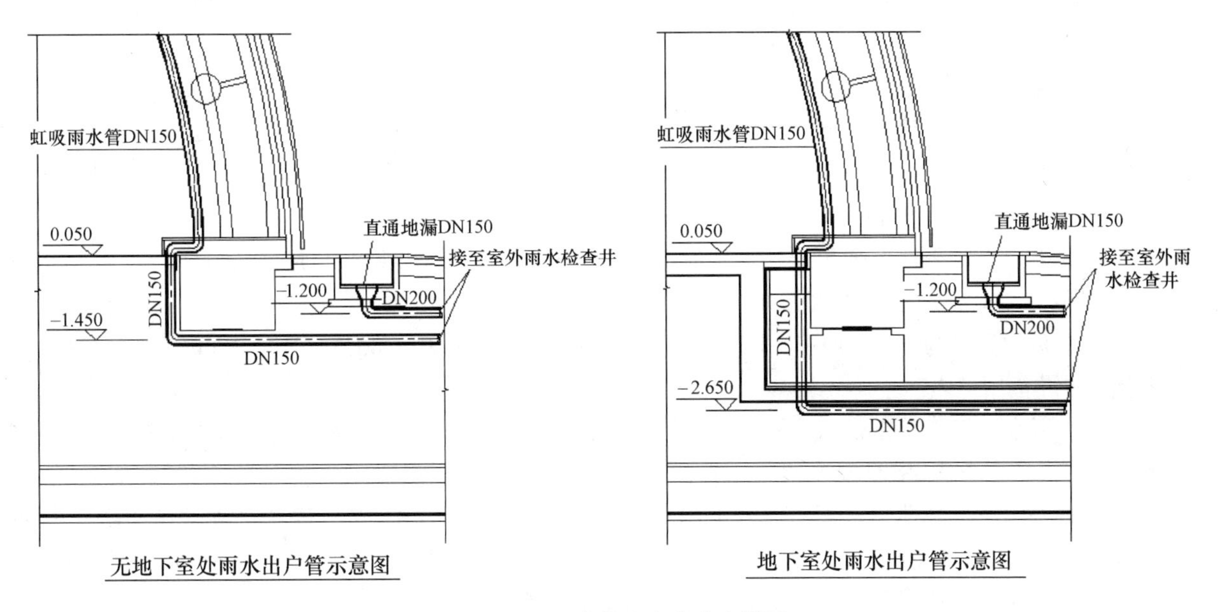

图1 虹吸雨水管出户处节点详图

二、消防系统

（一）消火栓系统

1. 消防水源

室外消防水源为环状市政给水管网。引入两条 *DN*200 给水管道，一支连接水表，另一支采用无表防险。室内消防水源为地下消防水池，消防水池的贮水量为 450m^3。消防水池位于地下附属设备用房。

2. 消防水量

本工程室内消防水量为 40L/s（建筑内部的两座单体建筑的室内外消防水量之和），室外消防水量为 30L/s。火灾延续时间 2h。

3. 室外消火栓系统

本工程自两个不同方向引入 2 根 *DN*200 市政给水管道，在本工程室外成环布置。在环状给水管网上（适当部位）设置若干室外消火栓，室外消火栓间距小于 120m。

4. 室内消火栓系统

（1）室内消火栓系统采用气体顶压装置（有效容积 21m^3，与自动喷水灭火系统合用）、消防水池（与自动喷水灭火系统合用）及消火栓供水泵联合加压的供水方式。

（2）消火栓供水泵的型号为：XBD40-140-HY，工况为：Q=40L/s；H=140m；N=90kW，1 用 1 备。消火栓供水泵设于附属设备用房内。消火栓供水泵由消防专用储水池吸水加压并经两根 *DN*200 的输水管与 *DN*200 环状室内消火栓给水管连接，供室内消防用水。

（3）消防初期用水由附属设备用房内的气体顶压装置供给。气体顶压装置型号为：DLC1.4/80-21，工况为：Q=40L/s；H=140m；V=21m^3。

（4）室内消火栓系统均布置成环状管网，室内消防竖管布置保证同层相邻两个消火栓的充实水柱同时到达被保护范围内的任何部位。室内消火栓管网在适当位置设置蝶阀便于管网检修。

（5）A、B 座室内及地下室内的消火栓箱内设有 SNW65 型栓口，ϕ19 水枪，25m 长麻质衬胶龙带，

*DN*25 消防卷盘。其他部位的消火栓箱内设有 SN65 型栓口，QWKT-E 型可调式无后坐力多功能消防水枪，25m 长麻质衬胶龙带，*DN*25 消防卷盘。室内消火栓系统（消火栓供水泵附近）采取防超压措施。

(6) 消火栓灭火系统在室外适当部位设置 4 套 SQX-100 水泵接合器。

(二) 自动喷水灭火系统

1. 本工程 A、B 座室内及地下室内均设置自动喷水灭火系统。火灾危险等级均为中危险Ⅰ级。设计参数为：其余部位喷水强度 6L/(min·m^2)，作用面积 160m^2。按实际作用面积内的喷头数的设计喷水量为 35L/s。

2. 自动喷水灭火系统采用气体顶压装置（有效容积 21m^3，与消火栓系统合用）、消防水池（与消火栓系统合用）、喷淋供水泵联合加压的供水方式。

3. 喷淋供水泵的型号为：XBD40-60-HY，工况为：Q=35L/s；H=60m；N=45kW，1 用 1 备。喷淋供水泵设于附属设备用房内。

4. 自动喷水灭火系统（喷淋供水泵附近）采取防超压措施。自动喷水灭火系统均设置 ZSFZ 型湿式报警阀，按楼层及防火分区设置 ZSZJ 型水流指示器。

5. 有吊顶时采用吊顶型喷头，无吊顶时采用直立型喷头，型号为 ZST-15。喷头公称动作温度均为 68℃。当风道或排管等宽度超过 1.2m 时，在其下部增设下垂型喷头。直立型喷头溅水盘与顶板的距离为 100mm。

6. 在每组报警阀控制的最不利点喷头处设置末端试水装置，其余部位设置 *DN*25 试水阀。

7. 自动喷水灭火系统在室外适当部位设置 3 套 SQX-100 水泵接合器。

(三) 气体灭火系统

在地下层的变电站内设置七氟丙烷预制气体灭火系统。

1. 防护区设置及要求：

(1) 设置气体灭火系统的房间，防护区的最低温度不低于−10℃。

(2) 防护区围护结构及门窗的耐火极限均不低于 0.5h，吊顶的耐火极限不低于 0.25h。

(3) 防护区围护结构承受内压允许压强，不低于 1.2kPa。

(4) 防护区灭火时应保持封闭条件，开口部位以及用于该防护区的通风机和通风管道中的防火阀，在喷放七氟丙烷前关闭。防护区的门向外开启，并能自行关闭。

2. 主要技术参数

(1) 灭火系统方式：采用全淹没预制灭火系统。

(2) 灭火浓度：9%。

(3) 充装压力：2.5MPa。

(4) 灭火剂充装率：1000kg/m^3。

(5) 灭火浸渍时间：5min。

(6) 设计喷放时间：t=10s。

(7) 设计额定温度：20℃。

(8) 启动方式：自动、手动。

(9) 泄压口面积：0.29m^2。

(四) 建筑灭火器系统

除变电站、消防控制室、弱电机房为 E 类火灾外，其余均为 A 类火灾。火灾危险等级均为中危险级。灭火器配置基准：75m^2/A，最大保护距离 20m，最小配置灭火级别 3A。在 A 类火灾场所均配置手提式磷酸铵盐干粉灭火器。在 E 类火灾场所配置手提式二氧化碳灭火器。所有灭火器底部配置高度距地 200mm。

三、工程特点及设计体会

作为目前全国最大的室内恒温地热温泉水上娱乐场所，本工程结构特殊，功能复杂，特色鲜明，对给水排水专业提出了非常高的设计要求。

（一）消防方面

由于本工程结构特殊，室内两个楼座（A、B座）由椭球形钢结构屋面覆盖，A、B座高度均不超过24m，本工程执行《建筑设计防火规范》GB 50016—2006。本设计创造性地提出：本工程椭球体的室内消火栓用水量按其内部的两个楼座A座或B座的室内外消火栓用水量之和计（A、B座的室内外消火栓用水量分别为15L/s、25L/s，合计40L/s）。室内消火栓系统采用消防水池、消火栓供水泵及气体顶压装置联合加压的供水方式。选用带消防卷盘的室内消火栓，因椭球体顶部高度大，经计算，为满足充实水柱达到屋顶的要求，室内消火栓栓口压力将达到1.2MPa，为保证消防员可握持的要求，采用了QWKT-E型可调式无后坐力型消防水枪，25m长麻质衬胶龙带，19mm水枪及启泵按钮。本工程椭球体的室外消火栓用水量，按照椭球体体积确定为30L/s。由设置于椭球体外部给水环状管网上的室外消火栓提供。此做法既符合火灾现场的实际灭火需求，又提高了建筑物的自救灭火能力，获得了消防建审部门一次审查通过。同时鉴于本工程屋面为椭球形，无法设置高位消防水箱间，故在消防泵房内采用气体顶压装置代替高位消防水箱，既满足了初期消防供水的要求，又保证了对建筑外观的要求。

（二）热能利用方面

本工程为大型室内恒温地热温泉戏水乐园，维持水温所需耗热量大，淋浴热水耗热量也很大。经统计及计算，游乐设施需要的耗热量为2782kW，各分项工艺耗热量详见表2：

天山·米立方工艺耗热量（冬季） 表2

序号	项目名称	水面积（m^2）	水深（m）	用水量（m^3）	水温（℃）	损失热量（cal/h）	备注
室内区（环境温度30℃，深井水温65℃，湿度60%，循环补水按1%，冷水温度25℃计算）							
1	造浪池	2147.0	0.90	1932.3	30.0	900954	循环
2	环流河	1847.0	1.00	1847.0	30.0	775064	循环
3	欢乐海洋	316.0	0.45	142.2	30.0	132604	循环
4	沉泉历险海战区	278.0	0.45	125.1	30.0	116658	循环
5	皮筏滑梯落水池	79.0	0.90	71.1	30.0	33151	循环
6	巨兽碗滑梯水池	50.0	0.90	45.0	30.0	20982	循环
7	彩虹滑梯水池	93.0	0.90	83.7	30.0	39026	循环
8	情人浴	49.0	0.80	39.2	40.0	47469	循环
9	水疗池	22.0	0.80	17.6	40.0	21313	循环
10	水疗池C-4	49.0	0.80	39.2	40.0	47469	循环
11	水疗池G-1	84.0	0.80	67.2	40.0	81376	循环
12	水疗池G-2	14.0	0.80	11.2	40.0	13563	循环
13	水疗池G-3	39.0	0.80	31.2	40.0	37782	循环
14	水疗池G-4	38.0	0.80	30.4	40.0	36813	循环
15	水疗池G-5	24.0	0.80	19.2	40.0	23250	循环

续表

序号	项目名称	水面积（m^2）	水深（m）	用水量（m^3）	水温（℃）	损失热量（cal/h）	备注
16	中药浴 1	20.0	0.60	12.0	42.0	21380	循环
17	中药浴 2	17.0	0.60	10.2	42.0	18173	循环
18	中药浴 3	15.0	0.60	9.0	42.0	16035	循环
19	中药浴 4	9.0	0.60	5.4	42.0	9621	循环
合计		5190.0		4538.2		2392683.0	

经前期项目考察，天津地区地热水资源十分丰富，市域范围内地热水利用情况良好，如武警指挥学院及天津大学学生公共浴室等一些大型公共建筑，均为直接利用地热水的工程案例，其运行效果良好，节能节水效果显著。本着因地制宜原则并结合本工程特点，经技术经济分析及综合方案比选，业主确认，最终确定梯级利用地热水的能源方案。现有热源条件为：一口热水深井，出水量 $80m^3/h$，出水温度 65℃。首先 65℃的地热水经工艺机房内的换热器换热至 35℃，可提供 2737kW 热量，满足各种室内游乐设施最大维持水温要求。换热后的 35℃的地热水，接入暖通专业燃气吸收式热泵机组，进一步提取热量为室内空调提供热量，提热后 10℃的地热尾水回灌。同时，根据本工程的运行规律，在冬季每天的 18：00～23：00 时段及夏季每天的 22：00～3：00 时段，地热水为生活（淋浴）热水箱蓄水，冬季的这一时间段内，地热水不能为暖通专业吸收式热泵机组提供低温热源，因此另设一台燃气锅炉供暖作为补充。为满足夏季暖通专业制冷需求，本工程另外设置了冷却塔。此方案最大限度地节省了热能及水资源，建成后对节约运行成本贡献巨大，获得了使用方的一致好评。

（三）分质供水方面

为了满足城市发展及水资源利用需要，室内、室外用水采用分质供水。对室内冲厕、室外绿化、道路广场清扫及景观用水，均设置了专用中水供水管道，并且按照不同使用功能设置计量水表。目前，暂时由井水提供水源，待城市中水管网具备供水条件后，再由城市中水管网供水。

（四）室内排水方面

为了排除排水管道中的有害气体，增强管道的排水能力，平衡管道内正负压力，保护卫生器具水封，改善室内卫生条件，排水立管在正常情况下应延伸至屋顶之上与大气相通，即做伸顶通气管，在本工程中，室内 A、B 座单体建筑屋顶至整个外围建筑屋顶之间尚有十几米的距离，之间没有墙体、柱子联系，外围建筑为大空间建筑，屋顶为特殊结构材料，排水立管无法按照常规设伸顶通气管，在设计中采用了自循环通气方式，在每层接有排水支管的排水立管上设结合通气管与自循环通气立管相接，自循环通气立管上端与排水立管上端相接，下端排出室外与检查井相接。这种做法虽然增加了设计难度，增大了设计工作量，但满足了排水管道对排水能力、通气、卫生等方面的要求，且自循环通气的排水立管的排水能力大于伸顶通气的排水立管的排水能力。经项目回访，排水管系通气效果良好，无返味返水现象。

（五）屋顶雨水方面

本工程屋顶为椭球型轻质屋面，顶部设有电动排烟窗，为满足屋面雨水的合理组织排放，在屋面投影面五分之二等高线处及椭球的长短轴方向分别设置两道雨水天沟，在电动排烟窗部位也设置了雨水天沟。考虑空间结构的特殊性，本工程内排雨水采用了虹吸压力流排放方式，设计重现期 50 年。同时，屋面其他投影面部分的雨水，通过椭球屋面形体本身径流排放到室外地坪环形雨水沟内。通过以上雨水分流排放，既解决了大型屋面雨水径流量大、无组织排放的困难，又避免了全部组织排放造成的多立管不美观的难题。通过几年的雨季检验，效果良好。

(六) 工艺水处理方面

本工程工艺水处理采用了均质石英砂压力过滤器，带毛发收集器的水泵，前级絮凝剂投加装置，板式换热器及后级氯消毒投加装置，技术可靠，运行稳定，水质处理效果良好。

(七) 本专业其他设计内容

本工程功能复杂，给水排水专业的设计内容还包括：给水加压系统、中水加压系统、冷却循环水系统、自动喷水灭火系统、七氟丙烷气体灭火系统、建筑灭火器配置。给水及中水加压系统均采用变频水泵并配置了自洁消毒装置。冷却循环水系统选用了低噪声节水型冷却塔设置在设备用房屋顶，减少了噪声及漂水的影响，循环水采用了综合水处理仪，起到了抑菌灭藻除垢的多重功效。在地下层的变电站内设置七氟丙烷预制气体灭火系统，使重要部位的消防安全得到了加强。

四、工程照片及附图

外景 1

外景 2

外景 3

门厅

戏水大厅

环流河

游乐区

工艺机房

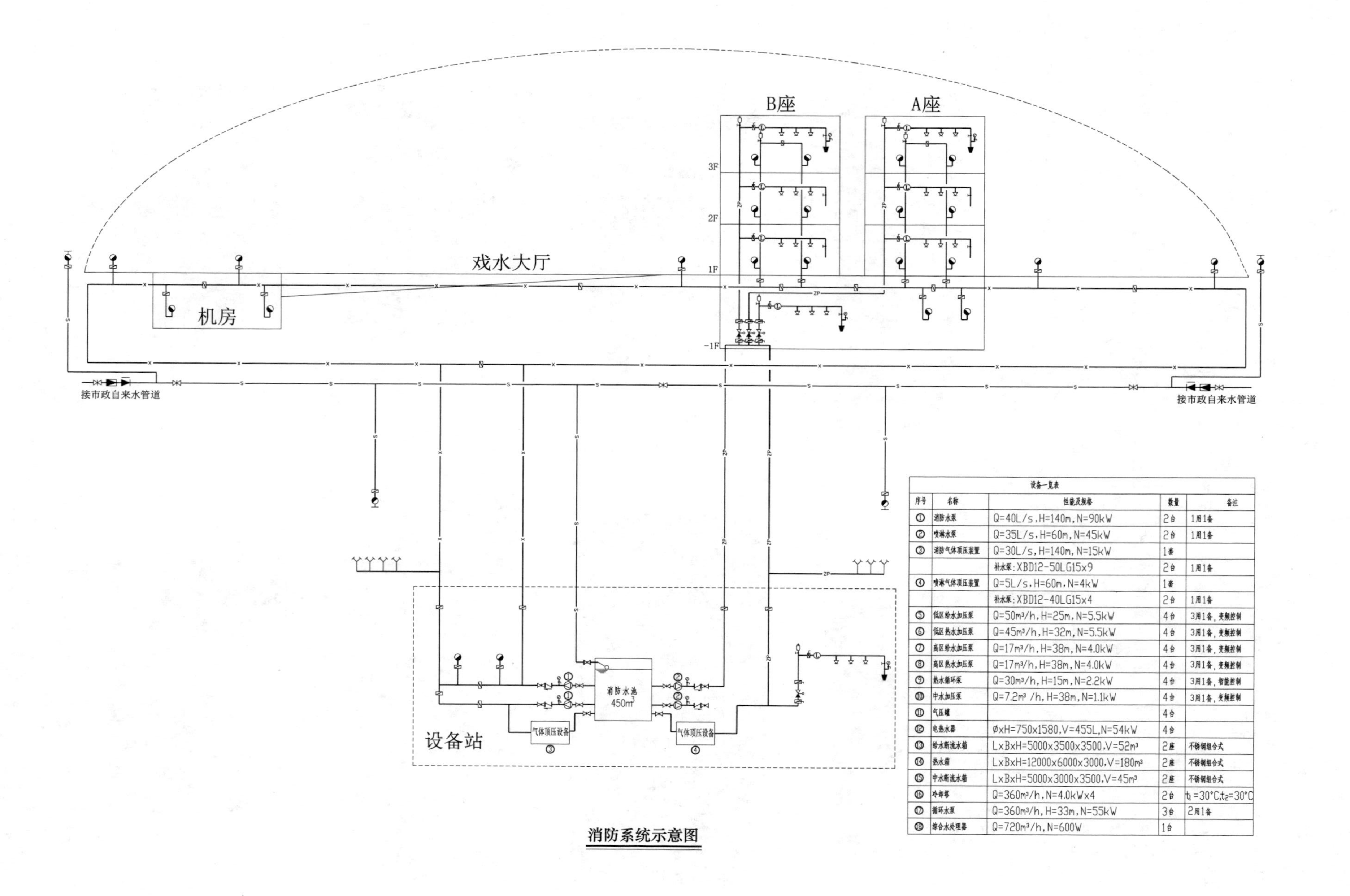

设备一览表

序号	名称	性能及规格	数量	备注
①	消防水泵	Q=40L/s, H=140m, N=90kW	2台	1用1备
②	喷淋水泵	Q=35L/s, H=60m, N=45kW	2台	1用1备
③	消防气体顶压装置	Q=30L/s, H=140m, N=15kW	1套	
		补水泵：XBD12-50LG15x9	2台	1用1备
④	喷淋气体顶压装置	Q=5L/s, H=60m, N=4kW	1套	
		补水泵：XBD12-40LG15x4	2台	1用1备
⑤	低区给水加压泵	$Q=50m^3/h, H=25m, N=5.5kW$	4台	3用1备，变频控制
⑥	低区热水加压泵	$Q=45m^3/h, H=32m, N=5.5kW$	4台	3用1备，变频控制
⑦	高区给水加压泵	$Q=17m^3/h, H=38m, N=4.0kW$	4台	3用1备，变频控制
⑧	高区热水加压泵	$Q=17m^3/h, H=38m, N=4.0kW$	4台	3用1备，变频控制
⑨	热水循环泵	$Q=30m^3/h, H=15m, N=2.2kW$	4台	3用1备，智能控制
⑩	中水加压泵	$Q=7.2m^3/h, H=38m, N=1.1kW$	4台	3用1备，变频控制
⑪	气压罐		4台	
⑫	电热水器	ØxH=750x1580, V=455L, N=54kW	4台	
⑬	给水断流水箱	$L\times B\times H=5000\times3500\times3500, V=52m^3$	2座	不锈钢组合式
⑭	热水箱	$L\times B\times H=12000\times6000\times3000, V=180m^3$	2座	不锈钢组合式
⑮	中水断流水箱	$L\times B\times H=5000\times3000\times3500, V=45m^3$	2座	不锈钢组合式
⑯	冷却塔	$Q=360m^3/h, N=4.0kW\times4$	2台	$t_1=30°C, t_2=30°C$
⑰	循环水泵	$Q=360m^3/h, H=33m, N=55kW$	3台	2用1备
⑱	综合水处理器	$Q=720m^3/h, N=600W$	1台	

消防系统示意图

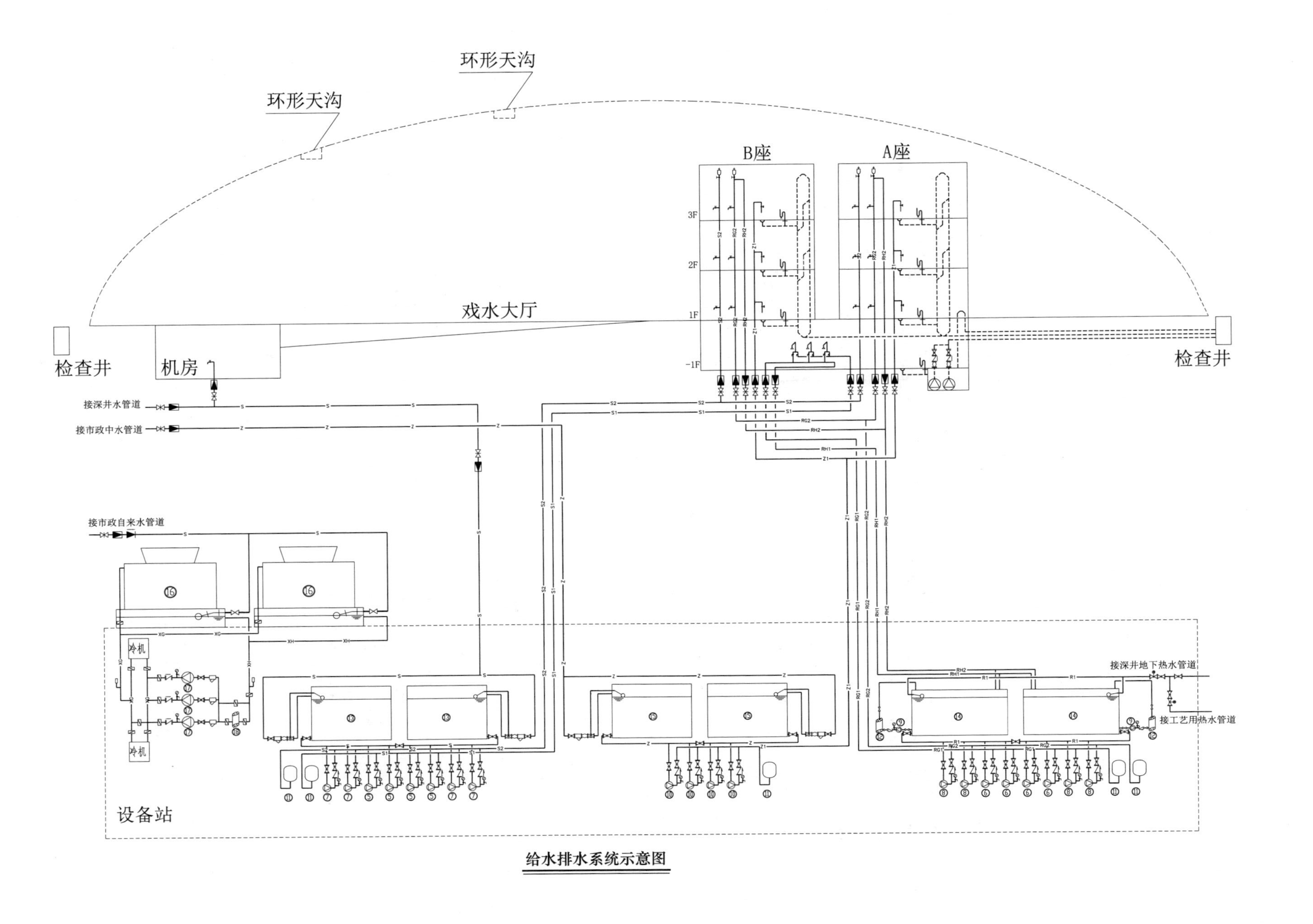
环形天沟
环形天沟
B座
A座
3F
2F
1F
-1F
戏水大厅
检查井
机房
检查井
接深井水管道
接市政中水管道
接市政自来水管道
冷机
冷机
接深井地下热水管道
接工艺用热水管道
设备站

给水排水系统示意图

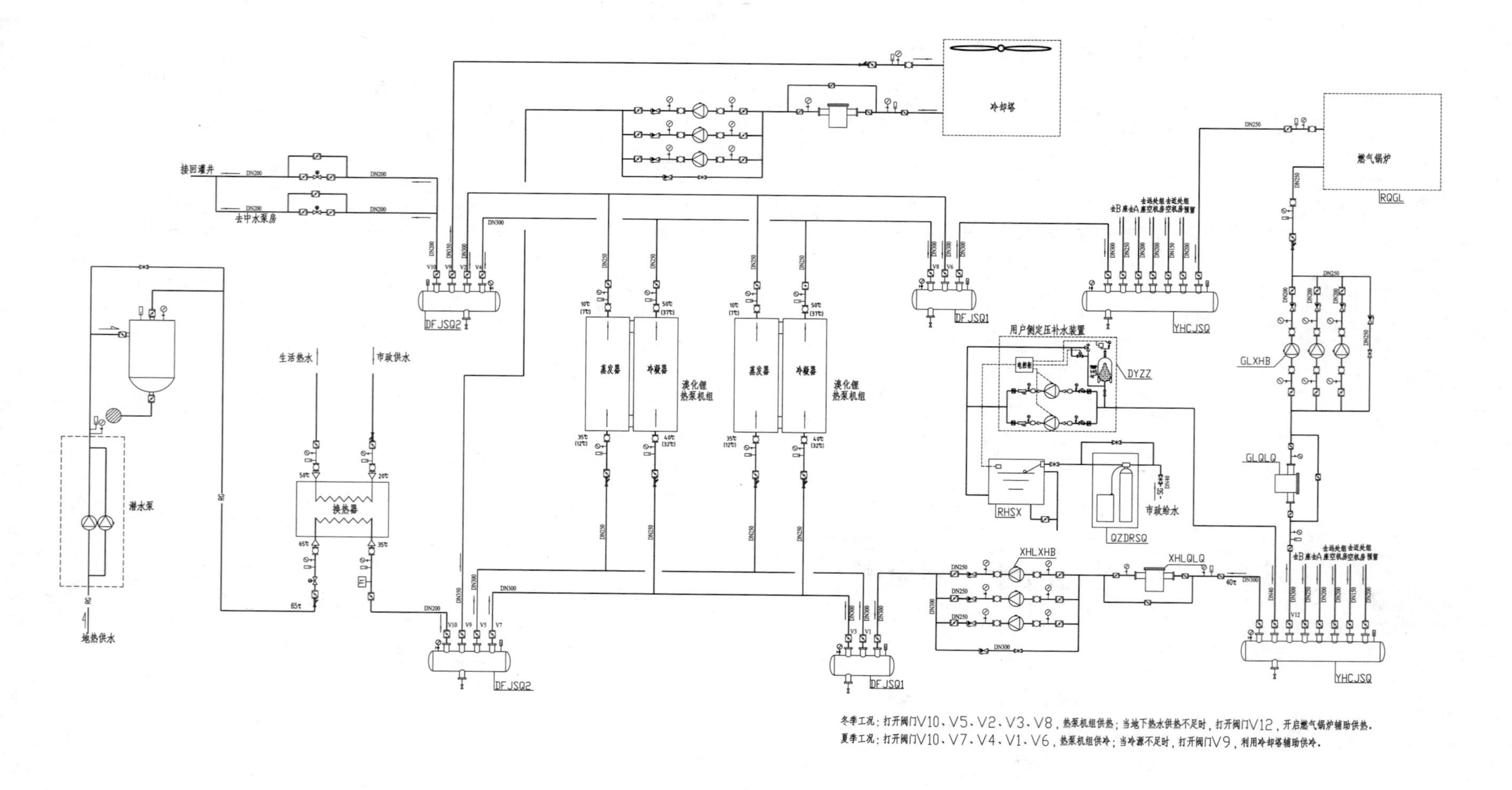

冬季工况：打开阀门V10、V5、V2、V3、V8，热泵机组供热；当地下热水供热不足时，打开阀门V12，开启燃气锅炉辅助供热。
夏季工况：打开阀门V10、V7、V4、V1、V6，热泵机组供冷；当冷源不足时，打开阀门V9，利用冷却塔辅助供冷。

地热梯级利用系统示意图

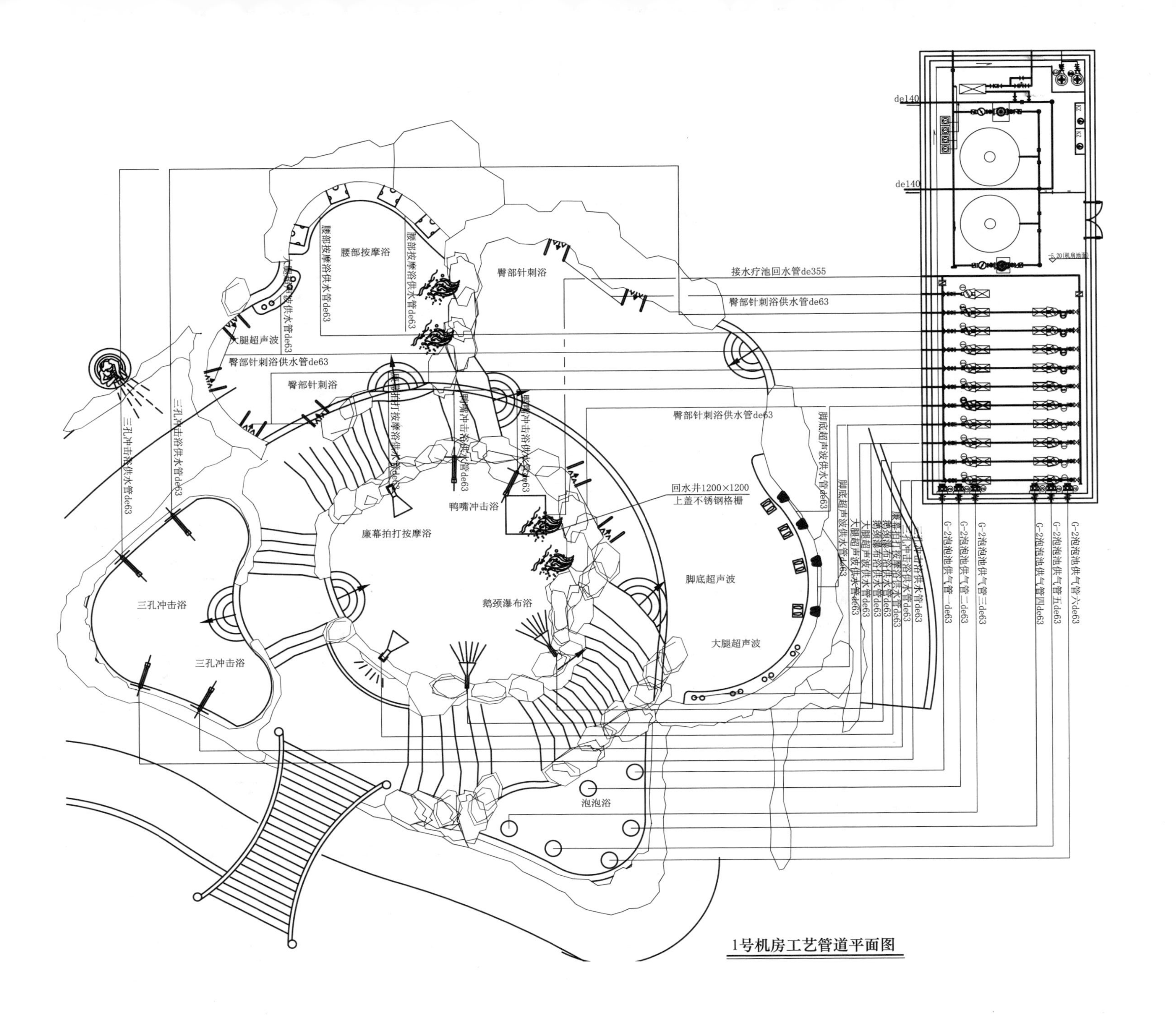

1号机房工艺管道平面图

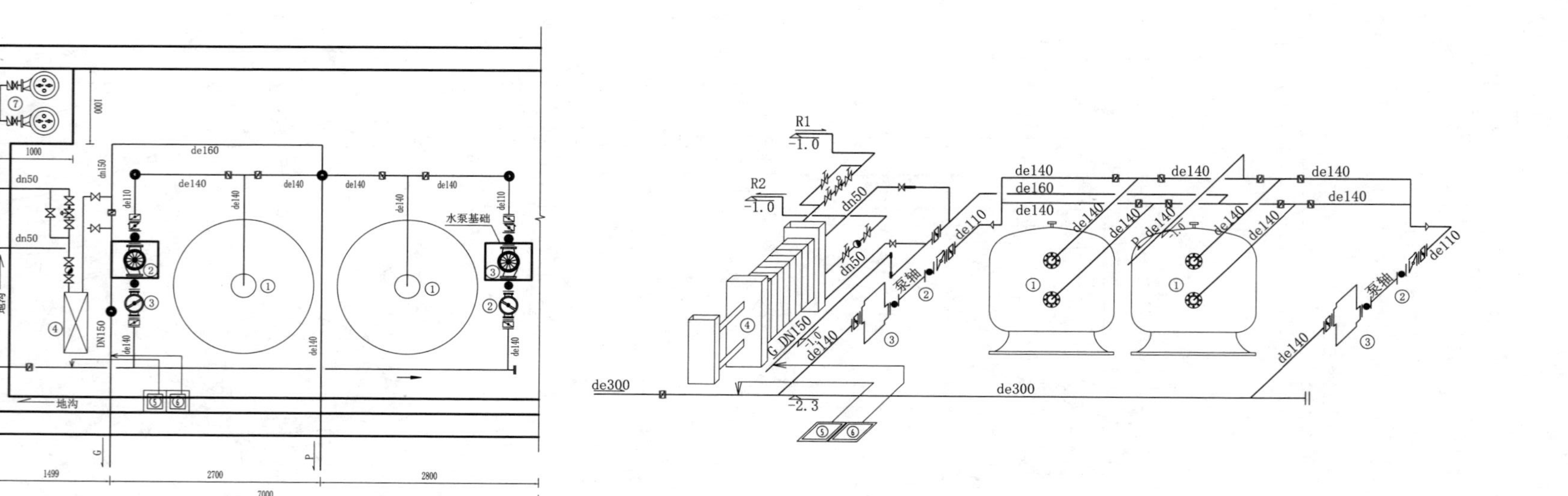

主要设备表

序号	名称	型号	数量	单位	备注
1	过滤管	φ1800	2	台	
2	循环水泵	GD100-19	2	台	Q=90m^3/h,H=19m,N=7.5kW
3	毛发收集器	F3	2	台	
4	板换器	BRM004-1.0-0.5-E	1	台	
5	混凝剂投放装置	C-660P	1	台	
6	消毒剂投放装置	C-660P	1	台	
7	潜污泵	50QW15-22-2.2	2	台	

1号机房给水排水平面图、系统图

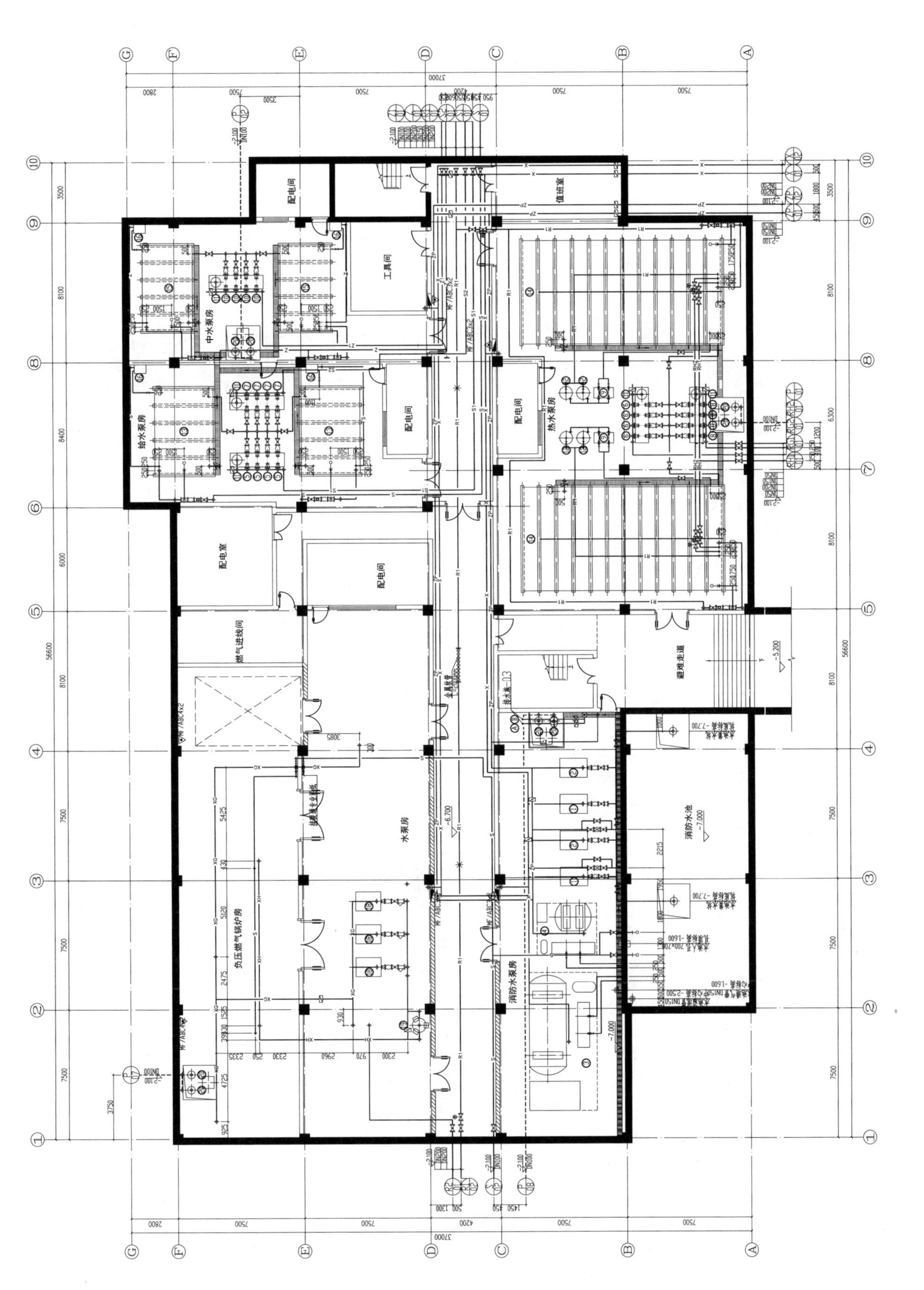
配电间
值班室
工具间
中水泵房
给水泵房
配电间
热水泵房
配电室
配电间
燃气进线间
避难走道
水泵房
负压燃气锅炉房
消防水泵房
消防水池

设备站给水排水平面图

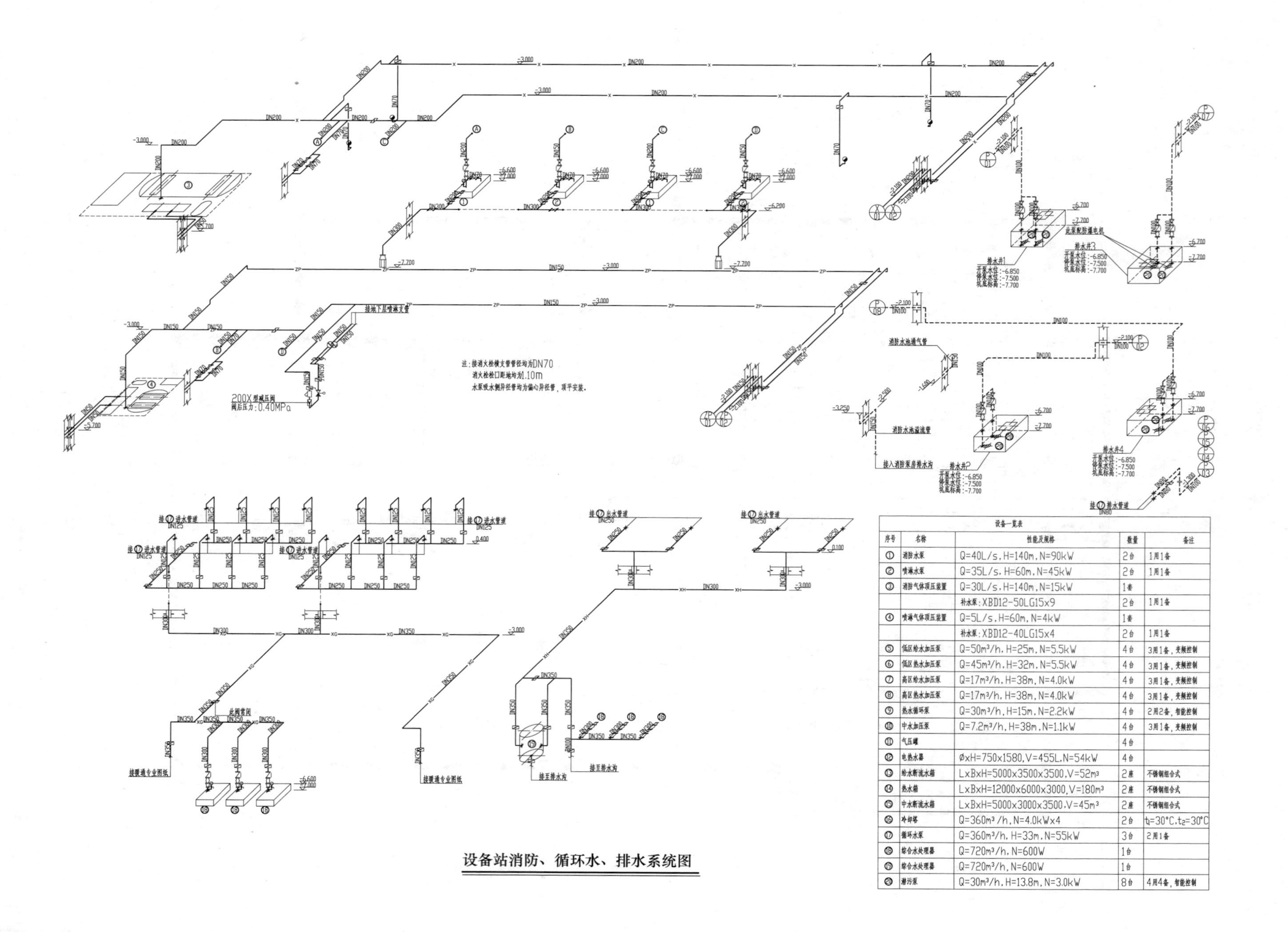

设备一览表

序号	名称	性能及规格	数量	备注
①	消防水泵	Q=40L/s, H=140m, N=90kW	2台	1用1备
②	喷淋水泵	Q=35L/s, H=60m, N=45kW	2台	1用1备
③	消防气体顶压装置	Q=30L/s, H=140m, N=15kW	1套	
		补水泵：XBD12-50LG15x9	2台	1用1备
④	喷淋气体顶压装置	Q=5L/s, H=60m, N=4kW	1套	
		补水泵：XBD12-40LG15x4	2台	1用1备
⑤	低区给水加压泵	Q=50m³/h, H=25m, N=5.5kW	4台	3用1备，变频控制
⑥	低区热水加压泵	Q=45m³/h, H=32m, N=5.5kW	4台	3用1备，变频控制
⑦	高区给水加压泵	Q=17m³/h, H=38m, N=4.0kW	4台	3用1备，变频控制
⑧	高区热水加压泵	Q=17m³/h, H=38m, N=4.0kW	4台	3用1备，变频控制
⑨	热水循环泵	Q=30m³/h, H=15m, N=2.2kW	4台	2用2备，智能控制
⑩	中水加压泵	Q=7.2m³/h, H=38m, N=1.1kW	4台	3用1备，变频控制
⑪	气压罐		4台	
⑫	电热水器	ØxH=750x1580, V=455L, N=54kW	4台	
⑬	给水断流水箱	LxBxH=5000x3500x3500, V=52m³	2座	不锈钢组合式
⑭	热水箱	LxBxH=12000x6000x3000, V=180m³	2座	不锈钢组合式
⑮	中水断流水箱	LxBxH=5000x3000x3500, V=45m³	2座	不锈钢组合式
⑯	冷却塔	Q=360m³/h, N=4.0kWx4	2台	t_1=30°C, t_2=30°C
⑰	循环水泵	Q=360m³/h, H=33m, N=55kW	3台	2用1备
⑱	综合水处理器	Q=720m³/h, N=600W	1台	
⑲	综合水处理器	Q=720m³/h, N=600W	1台	
⑳	潜污泵	Q=30m³/h, H=13.8m, N=3.0kW	8台	4用4备，智能控制

设备站消防、循环水、排水系统图

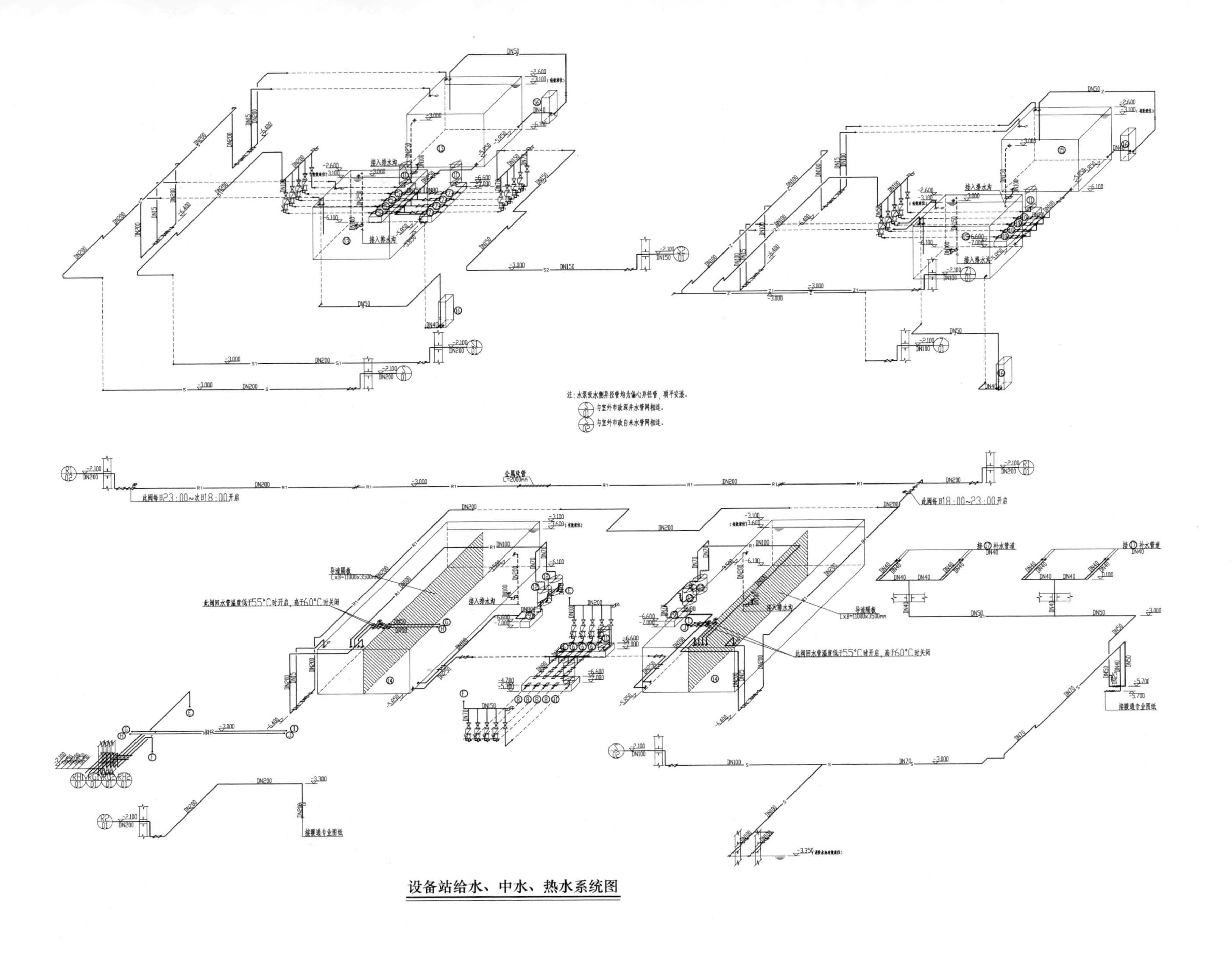

设备站给水、中水、热水系统图

绿地金融中心

设计单位：广东省建筑设计研究院
设 计 人：刘福光　张敏姿　黎洁　蓝优生　赵煜灵　陈泽楠　黄文争　周光辉
获奖情况：公共建筑类　三等奖

工程概况：

本项目占地总面积约为39780m²，总建筑面积：292183m²，其中地上建筑面积169654m²，地下建筑面积122529m²，其中商业建筑面积：120605m²，地下商业建筑面积：34457m²，地上45层，地下4层，总高度200m。

本工程集商业、办公、餐饮、影院、休闲娱乐为一体的城市综合体建筑，地处广州白云新城核心区域，功能及交通流线非常复杂，它的建成将成为广州北部城区的新地标。

工程说明：

一、给水排水系统

（一）生活给水系统

本项目按照出售部分和自营部分分开运营管理，计量水表按此要求独立设置，并按照功能及压力要求划分竖向系统。

从云城西路引入一根*DN*200的供水管，设置计量总水表，供给地下室及一期裙房及塔楼（属于自营部分）。地下四层～三层由市政水直接供给，四层及以上用水贮存于地下四层生活水箱，其中四～六层裙房采用变频泵加压供给。在二十三层和三十七层设置转输水箱，七～三十三层由转输水箱重力供给，三十四～四十五层由三十七层的变频泵加压供给。裙房冷却塔补水由专用工频泵组供至裙房屋顶专用水箱，重力供给。

从齐乐路引入一根*DN*300的供水管，设置计量总水表，供给二期裙房及地下室出售部分。地下四层～三层由市政水直接供给，四层及以上用水贮存于地下四层生活水箱，由变频泵加压供给。裙房冷却塔补水由专用工频泵组供至裙房屋顶专用水箱，重力供给。

用水量计算见表1、表2：

绿地自营部分用水量　　**表1**

用水名称	用水单位		用水定额		用水时间(h)	K_h	最大时用水量(m^3/h)	最高日用水量(m^3/d)
商业	16806	m²	8	L/(m²·d)	12	1.5	17	134
餐饮顾客	7814	人次	50	L/人次	10	1.5	59	391
餐饮服务员	391	人	50	L/人班	10	1.5	3	20
车库地面冲洗	72215	m²	2	L/(m²·次)	6	1	24	144

续表

用水名称	用水单位		用水定额		用水时间(h)	K_h	最大时用水量(m^3/h)	最高日用水量(m^3/d)
SPA	1043	人	200	L/人次	12	1.8	31	209
七层泳池补水							1	25
泳池淋浴	640	人次	100	L/人次	8	2	16	64
低区办公	504	人	300	L/(人·d)	24	2	13	151
中区办公	3800	人	50	L/班	8	1.5	36	190
高区办公	1200	人	50	L/班	8	1.5	11	60
绿化	15918	m^2	2	L/(m^2·d)	2	1	16	32
冷却塔补水					10	1	13	130
不可预见及管网漏失	12%						27	186
总计							239	1736

出售部分用水量 表 2

用水名称	用水单位		用水定额		用水时间(h)	K_h	最大时用水量(m^3/h)	最高日用水量(m^3/d)
商业	24324	m^2	8	L/(m^2·d)	12	1.5	24	195
餐饮顾客	37422	人次	50	L/人次	10	1.5	281	1871
餐饮服务员	1871	人	50	L/人班	10	1.5	14	94
电影院	8729	人场	5	L/人场	14	1.5	5	44
冷却塔补水					10	1	45	450
不可预见及管网漏失	12%						44	318
总计							413	2971

（二）生活排水系统

室内排水采用污、废、雨分流制，室外排水采用雨、污分流制。室内污废水排水设伸顶通气管或者专用通气管，污水立管和废水立管与专用通气立管隔层连接，公共卫生间设环形通气。污水经化粪池处理、餐饮废水经隔油器（带气浮）处理后排至市政污水管网。屋面雨水经雨水斗收集重力排至室外雨水管网。

（三）雨水排水系统

1. 暴雨强度公式：采用广州市暴雨前度公式

（1）屋面雨水排水采用设计重现期 $P=10$ 年，暴雨强度公式为 $q=2133.091/(t+5.942)^{0.551}$。式中 q 表示降雨强度（L/(hm^2·s)）；t 表示降雨历时（min），取 5min。综合径流系数取 0.9。

（2）室外场地雨水排水采用设计重现期 $P=3$ 年，暴雨强度公式为 $q=2657.304/(t+8.749)^{0.643}$。式中 q 表示降雨强度（L/(hm^2·s)）；t 表示降雨历时（min），$t=5+2t_2$（t_2 为管内雨水流行时间）。综合径流系数取 0.7。

（3）下沉广场雨水排水采用设计重现期 $P=50$ 年，暴雨强度公式为 $q=2091.174/(t+4.167)^{0.491}$。式中 q 表示降雨强度（L/(hm^2·s)）；t 表示降雨历时（min），取 5min。综合径流系数取 0.9。

2. 排水方式

(1) 塔楼天面雨水排放系统采用87型雨水斗重力流收集后排至室外雨水管网。裙房屋面采用虹吸雨水排水系统和重力流排水系统，收集后排至室外雨水管网。阳台雨水采用单独排水系统排放。

屋面设置溢流排水设施，溢流排水设施和屋面雨水排水系统的总排水能力不小于设计重现期50年的雨水流量。

(2) 雨水泵和雨水池

1) 地下车库出入口等部位的雨水设置雨水集水井和雨水提升泵；

2) 每个雨水集水井的提升泵不少于2台，且在紧急情况下可以同时使用；

3) 雨水提升泵电源采用双回路不间断供应。

(3) 室外雨水采用平入式雨水井收集后排至市政雨水管网。

(四) 雨水收集回用系统

本项目为收集部分裙房屋面雨水收集利用系统，从管网之间接入雨水收集系统，雨水利用策略如下：

屋面雨水，经雨水管道收集后，排向室外雨水管道，经室外初期雨水弃流井完成初期雨水弃流后，进入雨水蓄水池贮存并回用。雨水收集回用系统弃流的初期雨水、超过雨水收集系统能力的溢流雨水排向室外雨水收集排放管道。蓄水池后端添加了絮凝、砂滤、消毒，对水质进行进一步的净化处理，以保障净化出水达到用水水质要求。

本工程雨水利用系统采用如图1所示：

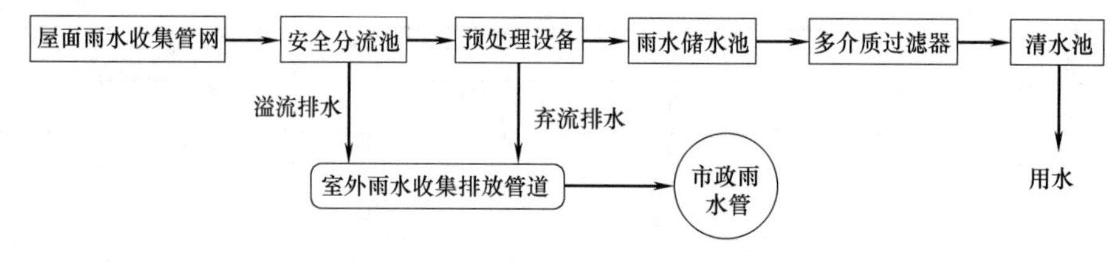

图1 雨水利用系统流程

处理后雨水回用于绿化用水，其水质应符合《城市污水再生利用 景观环境用水水质》GB/T 18921—2002。

二、消防系统

1. 消防用水量（表3）

消防用水量 **表3**

名称	设计流量	火灾延续时间	一次消防用水量(m^3)	备注
室外消火栓	30L/s	3 h	324	由市政给水管网提供，不计入消防水池
室内消火栓	40L/s	3 h	432	
自动喷水灭火系统	35L/s	1h	126	按中危险Ⅱ级设计
大空间智能型主动喷水灭火系统	15L/s	1h	54	
合计			936	

2. 消防水池

设于屋顶的消防水池贮存室内消火栓、自动喷水灭火系统（包括大空间智能型主动喷水灭火系统）的用水量，容积计算值为 540m^3，现实际贮存 560m^3。水池分两格。

设于地下四层的消防水池容积 500m^3，用于转输水泵抽水。

在二十三层设置 100m^3 的转输水池，在三十七、二十三、八层避难层分别设置 50m^3 的减压水池。

3. 供水方式

市政给水供至地下四层消防水池（500m^3），由一级转输水泵加压供至二十三层转输水箱（50m^3），再由二十三层的二级转输水泵加压供至屋顶水池（560m^3）。地下四层～三十七层由屋顶高位水池重力供给，并通过三十七、二十三、八层避难层的减压水箱减压，按照消火栓系统静水压力不超过 1.0MPa 原则，喷淋系统报警阀压力不超过 1.2MPa 的原则划分竖向分区。喷淋管道在报警阀前与消火栓系统管道分开。喷淋系统在与消火栓系统管道分开后，报警阀前设置电磁阀，火灾时，系统动作 1h 后，由消防控制中心手动关闭该电磁阀。

三十八层及以上楼层消火栓系统由屋顶消火栓泵供给，喷淋系统由屋顶喷淋泵供给，并分别设置稳压泵稳压。

办公大堂及商场中庭超过 12m 高度的地方设置大空间水炮系统。由减压水箱重力供水。

不宜用水扑救的地方，如高低压配电房、电信机房等，采用七氟丙烷气体灭火系统保护。

三、其他

（一）卫生防疫

1. 水质和防水质污染

（1）生活饮用水水箱采用独立的结构形式，水箱材质和内衬涂料采用不影响水质的材料。

（2）生活水箱与消防水池分开，生活饮用水水箱布置在独立的房间内，并在人孔盖上加锁，水箱通气管、溢流管口加防虫网罩。水箱上部无污水管，周围无污水坑等污染源，水池、水箱间通风良好。

（3）生活水箱及管道均采取防虹吸、背压回流而受污染措施。

（4）二次供水系统均设杀菌消毒设施。

（5）雨水综合利用的管道颜色与给水管道颜色有明显的区别并作标识，当中水、雨水回用管上设有取水接口时，在取水接口处加锁或其他防止非相关人员开启的措施，并设非饮用水的警示标志，以防误饮、误用。

（6）为避免细菌交叉传染，公共卫生间内的龙头均采用感应冲洗龙头。

2. 排水系统

（1）排水系统设专用通气立管和环形通气管，通气管顶部端口设于屋面之上，室外化粪池透气管沿建筑井道出屋面高空排放。

（2）采用水封深（大于等于 50mm）且效果好的地漏，以降低水面蒸发对水封的不利影响。

（3）采用具有尾流补水功能的坐便器，以保证每次冲洗完毕后水封被充满。

（4）地下室污水池采用密封井盖，以防臭气外溢。

（5）机房、管井地漏设独立排水系统，不与污水管道直接连接。

（6）公共卫生间小便器采用感应式冲洗阀，洗手盆采用感应式龙头，消除交叉感染的隐患。

（7）厨房及餐厅上空不走排水管及一些无关的管道。

（二）环境保护篇

1. 水环境保护措施

（1）生活污水经化粪池处理后排放。

（2）营业餐厅、职工食堂的厨房排水及含有大量油脂的生活废水经隔油池处理达标后排放。

2. 雨水综合利用：本项目设有雨水综合利用系统，回用水主要用于绿化浇灌。

3. 减振防噪措施

建筑内的水泵房及水机房尽量布置在远离人的主要工作活动区的地方，不设在有防振或有安静要求房间的上一层、下一层和毗邻位置，且建筑内的水泵房采取下列减振防噪措施：

（1）选用低噪声的水泵机组及设备，并设减振装置。

（2）吸水管和出水管上设减振软接头，管道支架、吊架和管道穿墙、穿楼板处采取柔性材料填充防止固体传声。

（3）机房临近安静要求的房间时，机房墙壁和顶棚采用隔音吸声处理。

（4）给排水管道不穿越有安静要求的房间，压力管内（消防管道除外）流速控制在干管（$DN \geqslant 80$）1.8m/s以下，支管（$DN \leqslant 50$）1.2m/s以下。

（三）节水、节能

1. 节水措施

（1）管材及附件：选用耐腐蚀、耐久性能好的管材、管件；选用密封性能好的阀门、设备。

（2）水表计量：根据使用用途及管理单元，分别设置用水计量水表。

（3）压力控制：充分利用市政供水管网的水压直接供水，并根据给水系统供水压力要求采用分区供水，冷、热水各分区内的最底层卫生器具配水点处的静压不大于0.45MPa，分区内低层设减压阀保证各用水点供水压力不大于0.20MPa，且不小于用水器具最低的工作压力要求。

2. 节水器具和设备采用国家推广使用的节水型器具和设备。

3. 采用雨水收集回用系统。

4. 恒温泳池和泳池配套淋浴热水系统采用空气源热泵，节能减排。

5. 项目采用重力流与变频泵组相结合的分区供水方式，最大限度节省能源。

四、工程特点及设计体会

1. 雨水收集回用系统

收集部分裙房屋面雨水，经管网收集，处理后，回用于项目的绿化用水（图2）。

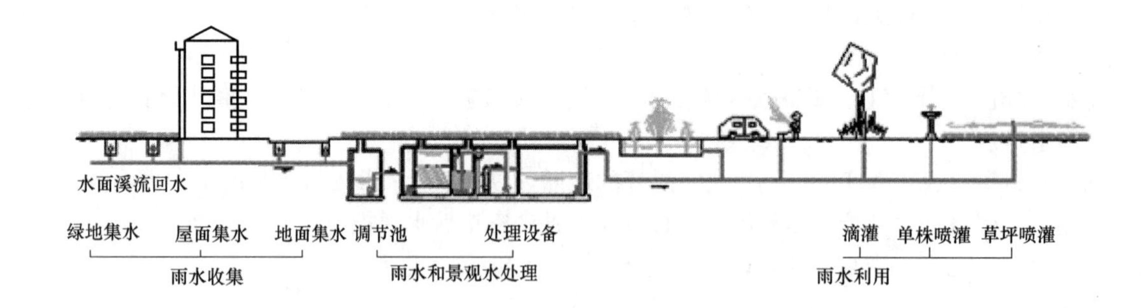

图2 雨水收集回用系统

2. 因地制宜，采用变频泵组和水箱重力供水相结合的供水形式，达到节能的效果（图3）。如：冷却塔补水系统，冷却塔位于裙房六层屋面，在七层屋面设置冷却塔补水箱，水箱重力出流水头刚好满足冷却塔的补水要求。通过屋面水箱水位控制地下室生活泵房内的冷却塔补水工频泵启停。

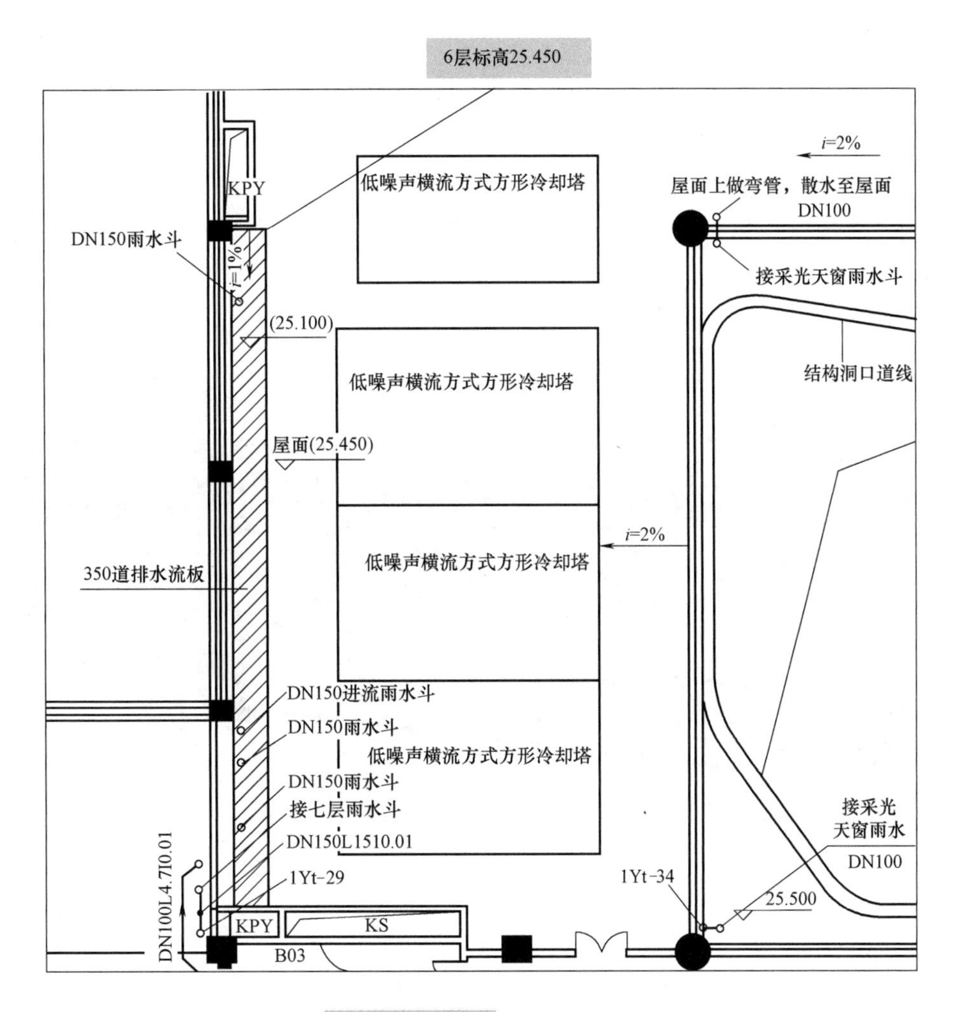

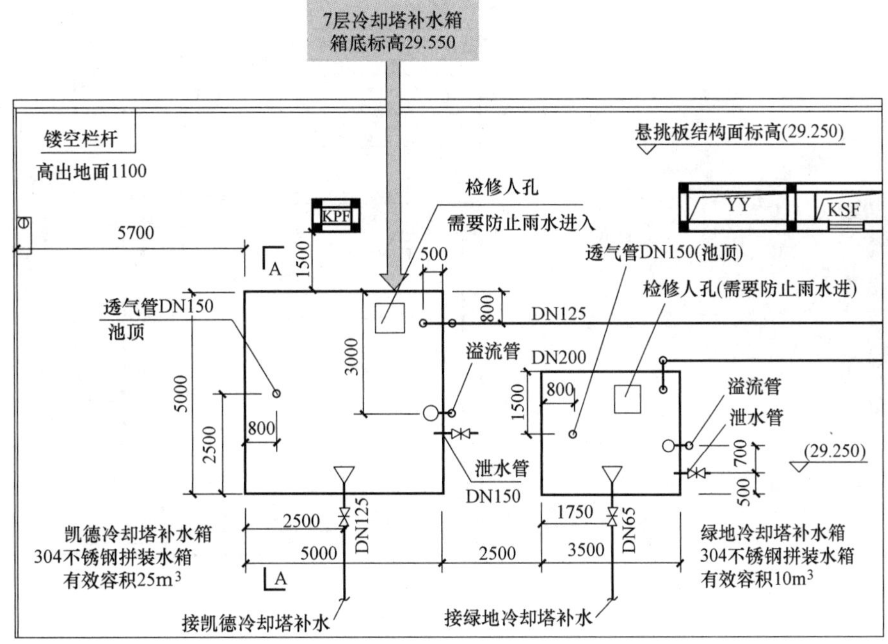

图 3　采用变频泵组和水箱重力供水相结合的供水形式

3. 绿地金融中心运用 BIM 技术着重进行管线综合设计，以解决设计阶段各设备管线与建筑、结构的空间关系（图 4）。进而为现场施工提供直观的施工指导，以降低施工难度和反复性。最终为投资方降低投资成本和建设周期提供条件。

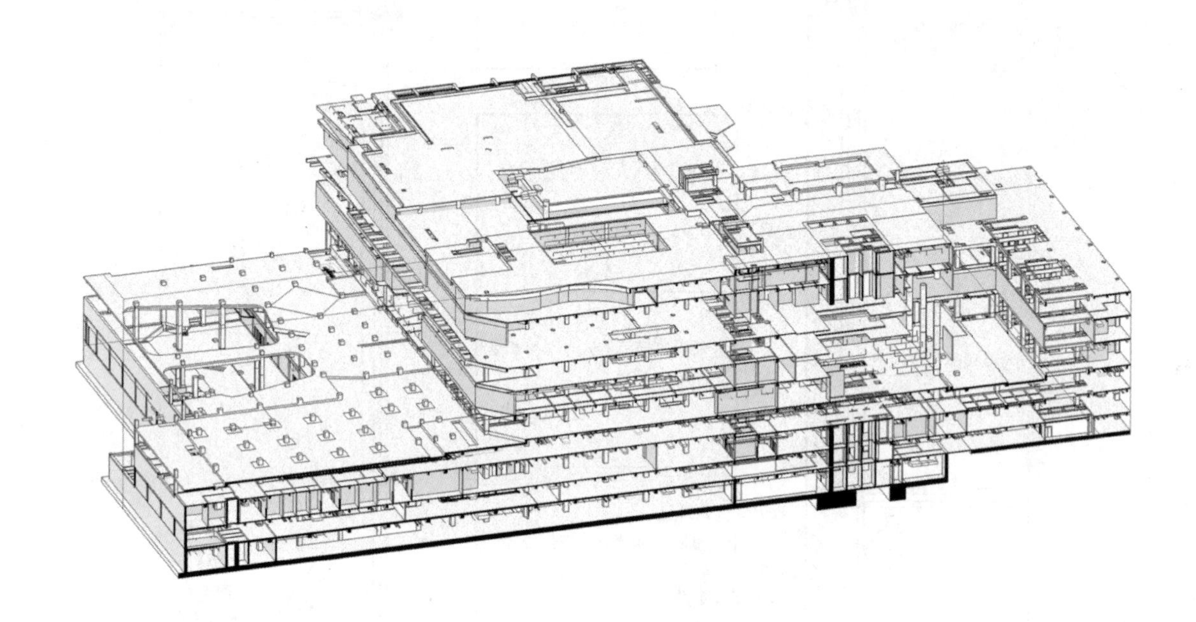

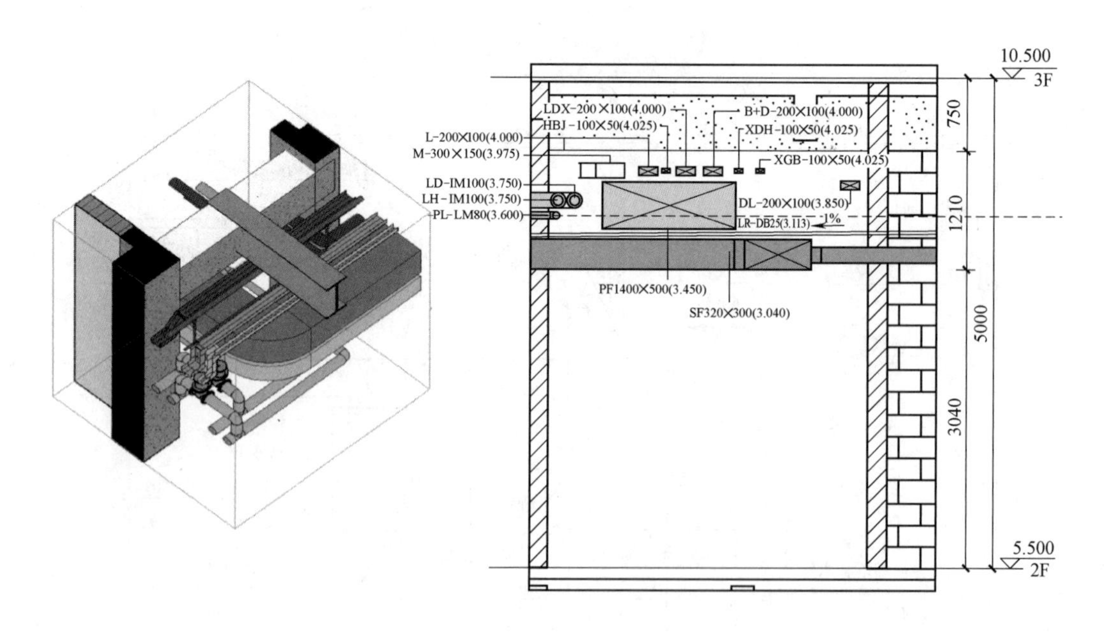

图 4　运用 BIM 技术进行管线综合设计（一）

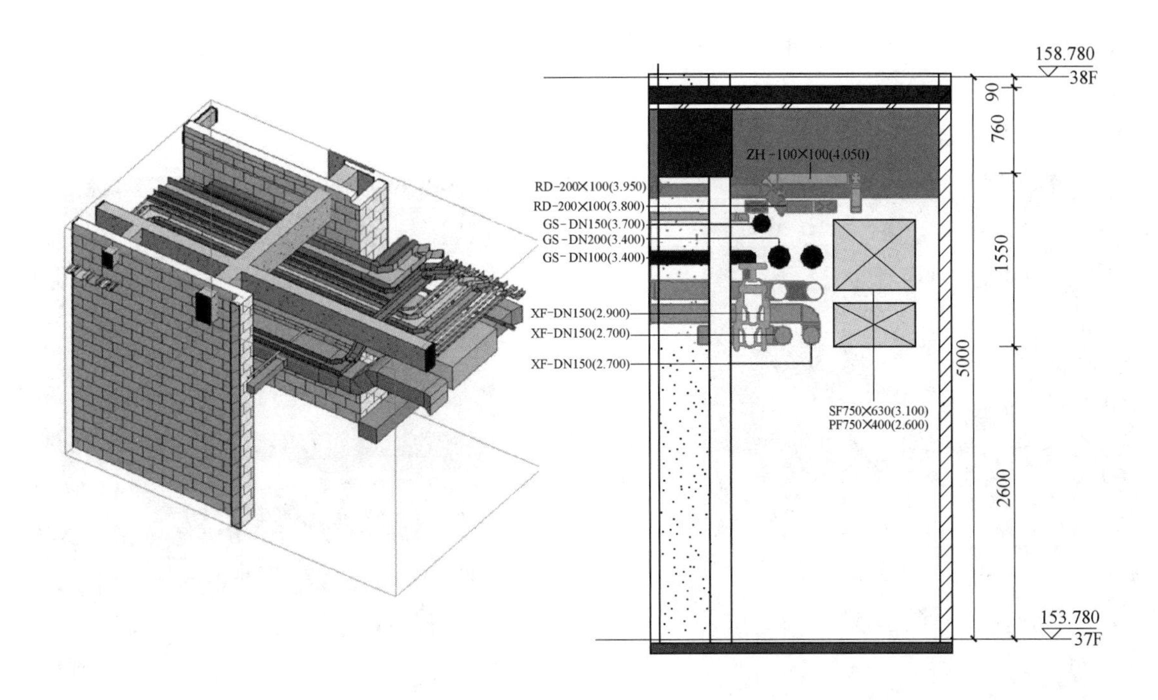

图 4　运用 BIM 技术进行管线综合设计（二）

本工程自 2014 年 3 月投入使用以来，经过 2 年多的运行，实际情况如下：

（1）生活给水系统

绿地自营部分与出售部分从引入管水表设置至水泵、水箱、管网完全分离，计量、维护互不干扰，方便管理。

冷却塔补水利用了天然高差，即冷却塔设置在六层楼板，水箱设在六层屋面，水箱重力出流水头刚好满足冷却塔补水要求。通过屋面水箱水位控制地下室生活泵房内的冷却塔补水工频泵启停。系统采用的水泵定频、间断供水，节省了初次投资及运行费用。

商业变频泵组选用的是多台大泵搭配一台小泵的模式，很好地适应了因商业招租进度导致的使用率问题。

支管设置减压阀，控制出流水头。用水点既无出现压力不足，也没有超压现象，使用舒适。

（2）热水系统

从 2014 年、2015 年的实际运行情况来看：热泵的效率（*COP*）除 2015 年一月出现的几天极端低温外，其余时间的效率均在 3.0 以上。比直接用电加热节省用电量超过 60%。费用方面比直接用电节省运行费用 60%，比用燃气热水炉加热节省近 40%的运行费用，同时实现污染“零排放”。在水温方面，由于设备选型时充分考虑了实际运行的气候因素，实际供水温度达到设计要求，没有出现热水温度低或断供的现象。

（3）排水系统

经过多次大暴雨、特大暴雨的洗刷，下沉广场、屋面及室外部分排水及时，畅顺，未出现过溢流事故。

（4）消防系统

经过多次消防检查、测试，系统运行正常，未出现误报警、误喷事故。

（5）雨水收集回用系统

收集了部分裙房和室外绿化广场的雨水，经处理，水质达标后回用于绿化用水。达到了节能、节水、环保的要求。

五、工程照片及附图

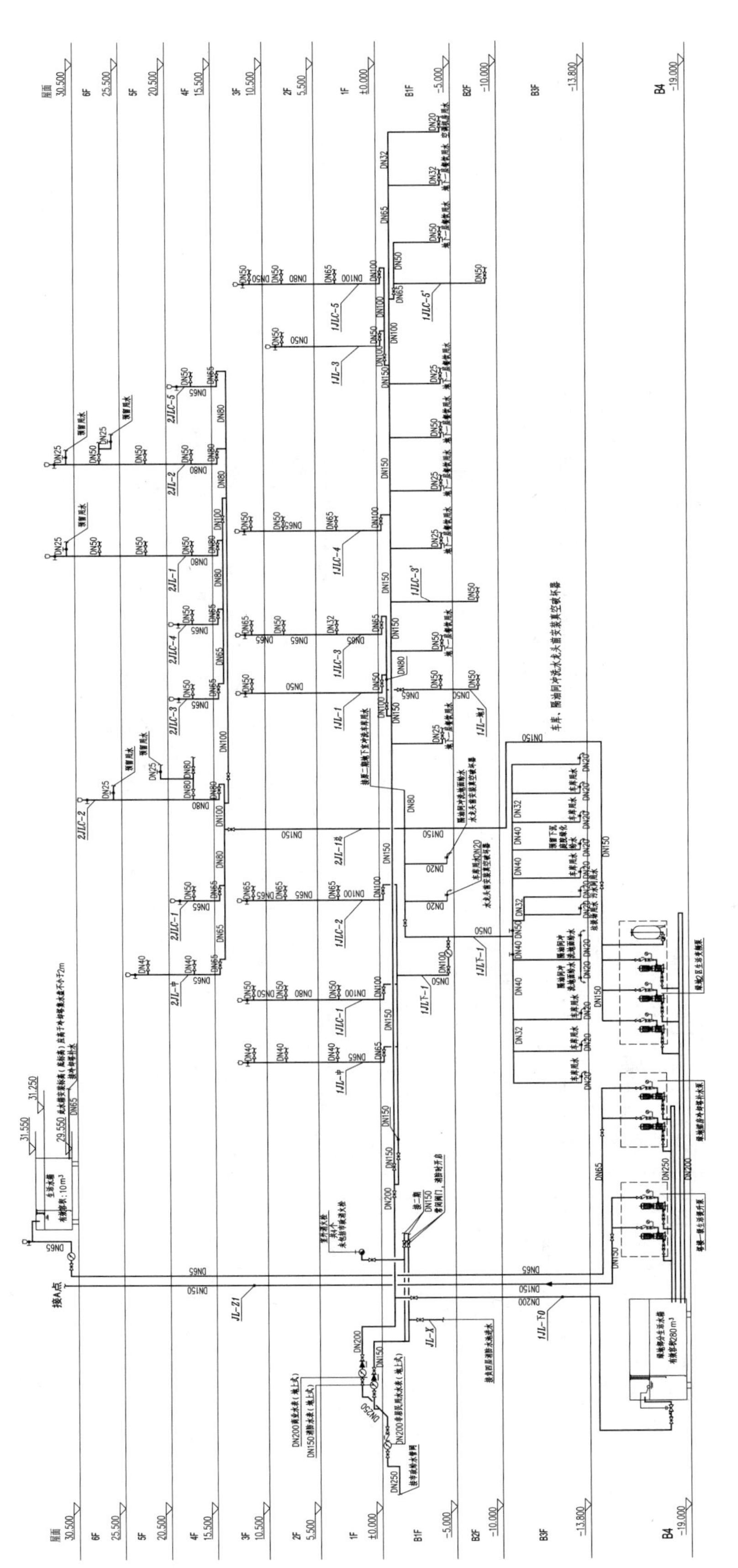

绿地部分生活给水系统原理图

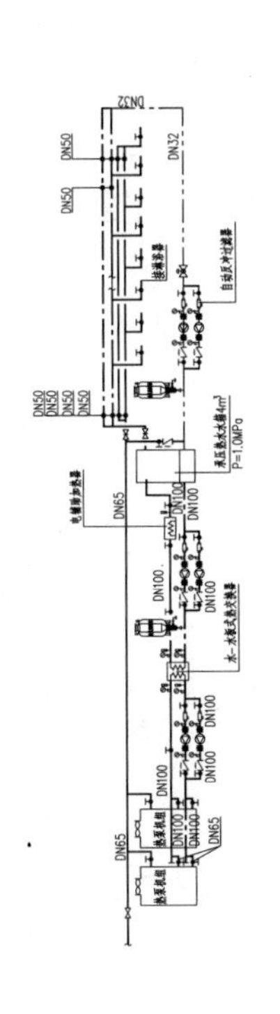

七层、八层淋浴给水热水系统原理图

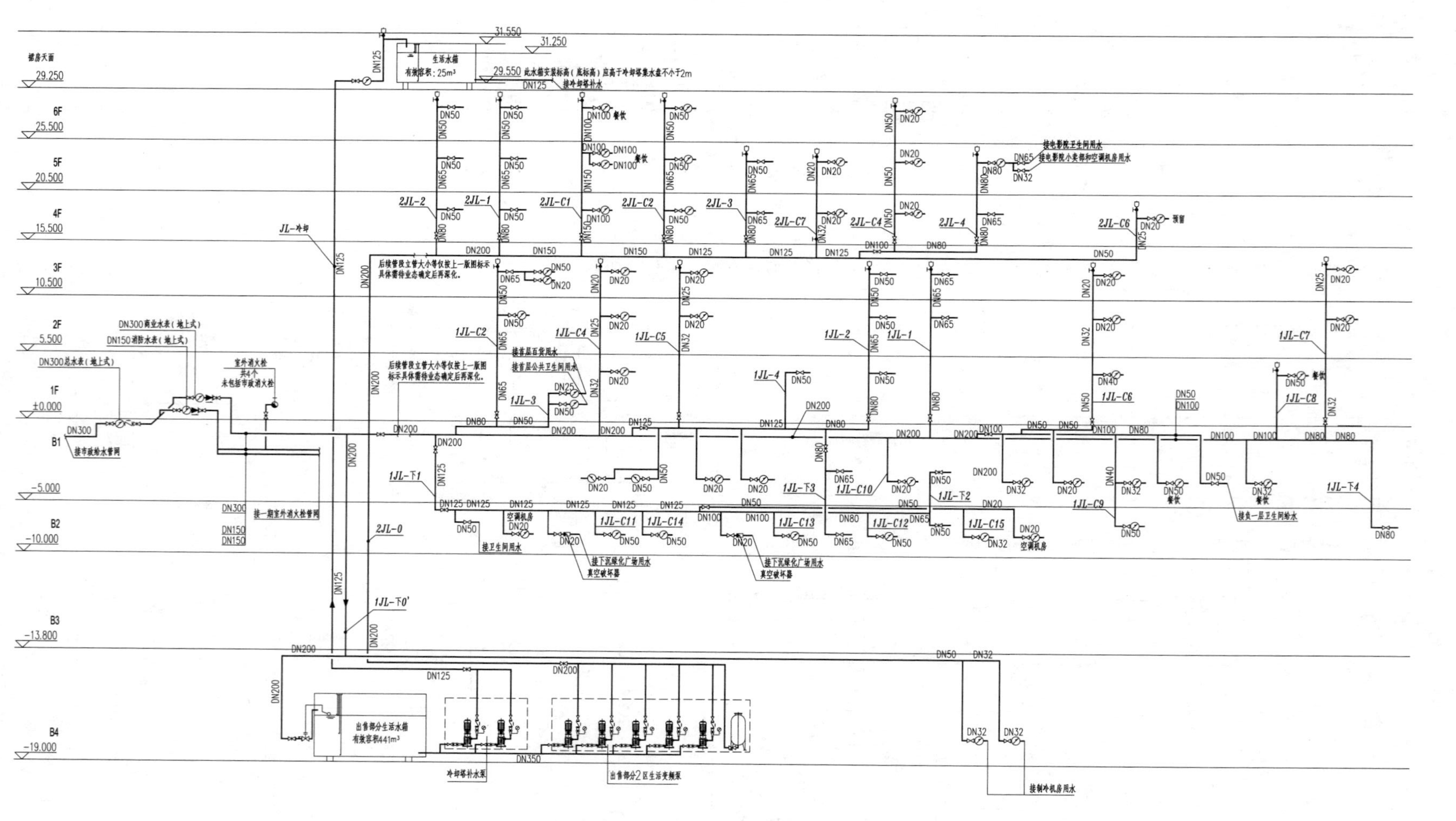

出售部分生活给水系统原理图

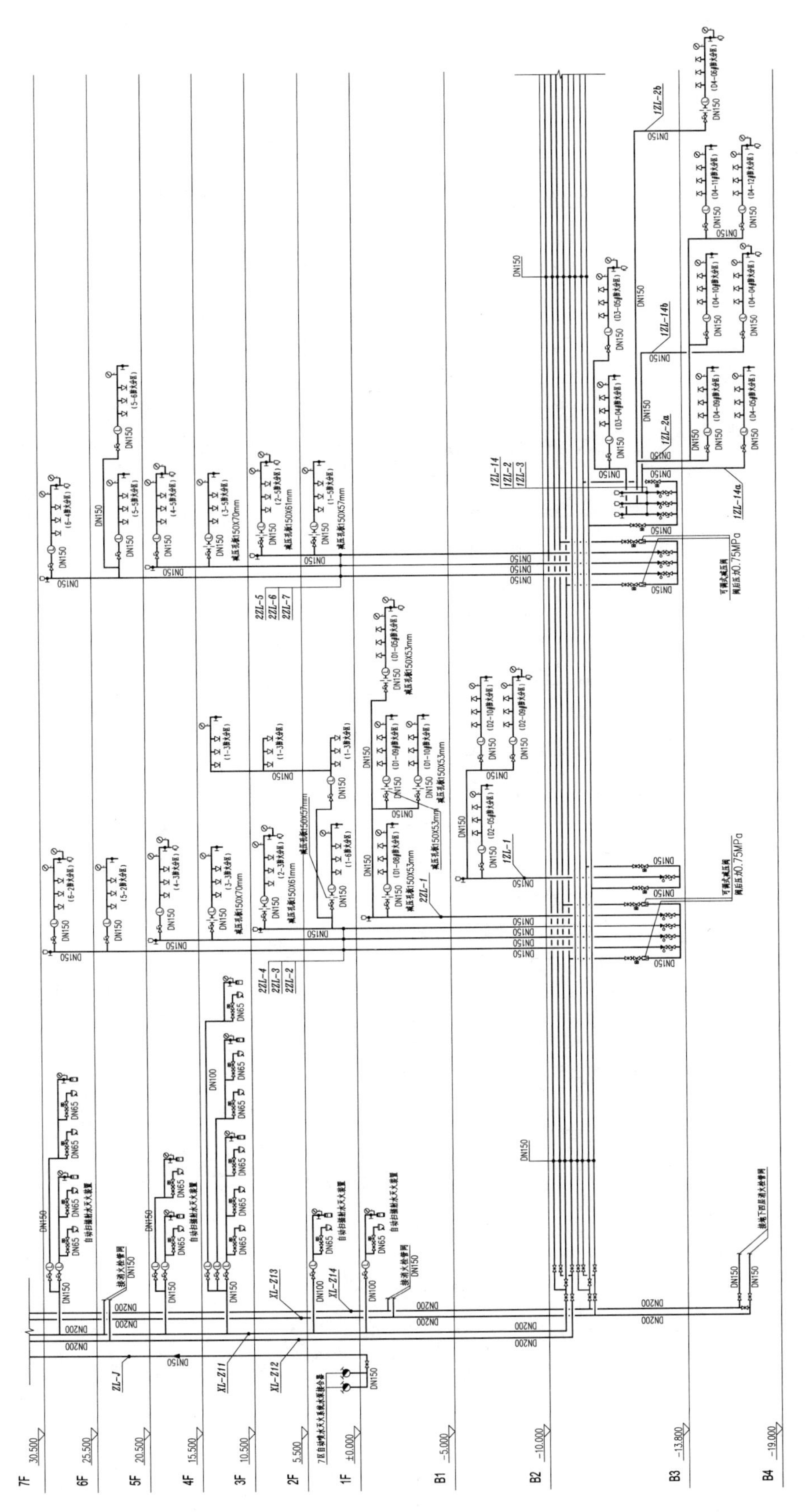

裙房自动喷水灭火系统原理图（局部）

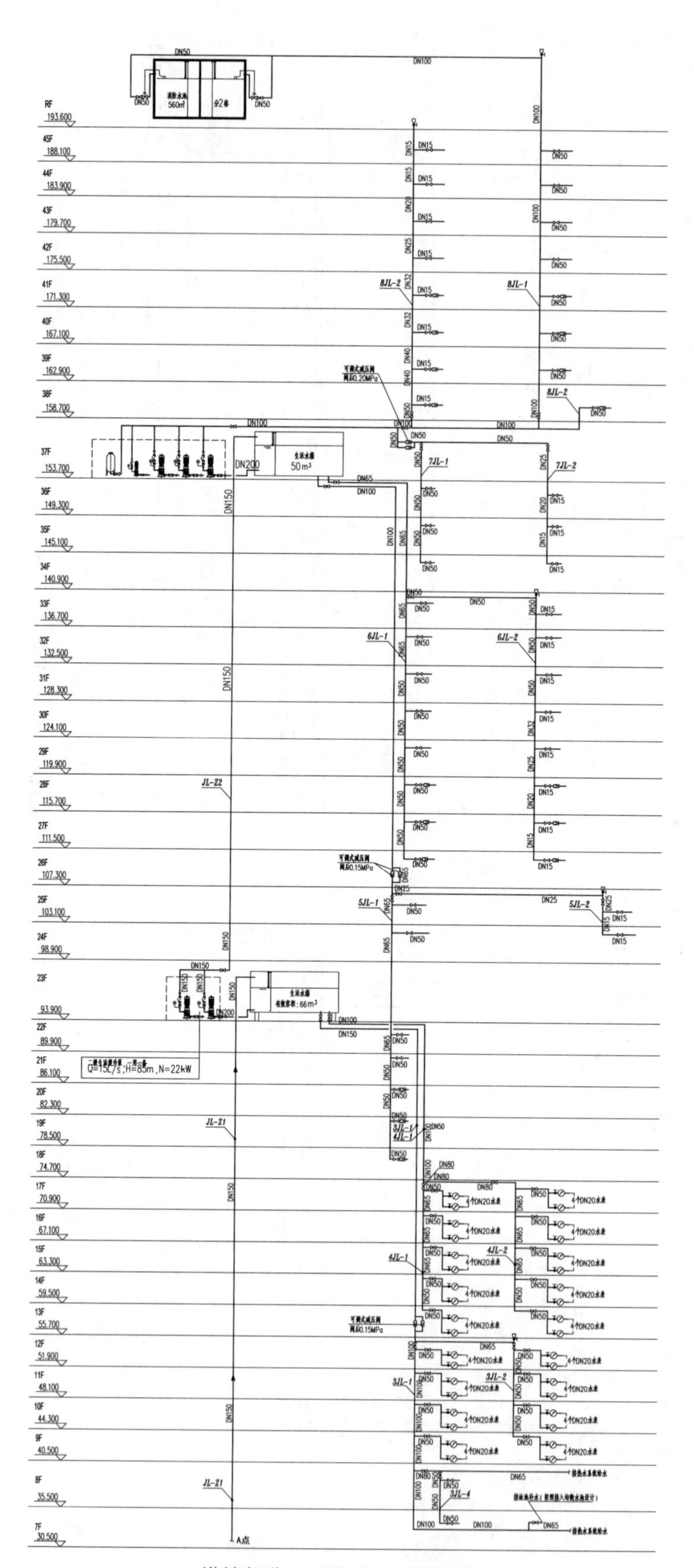

塔楼部分生活给水系统原理图

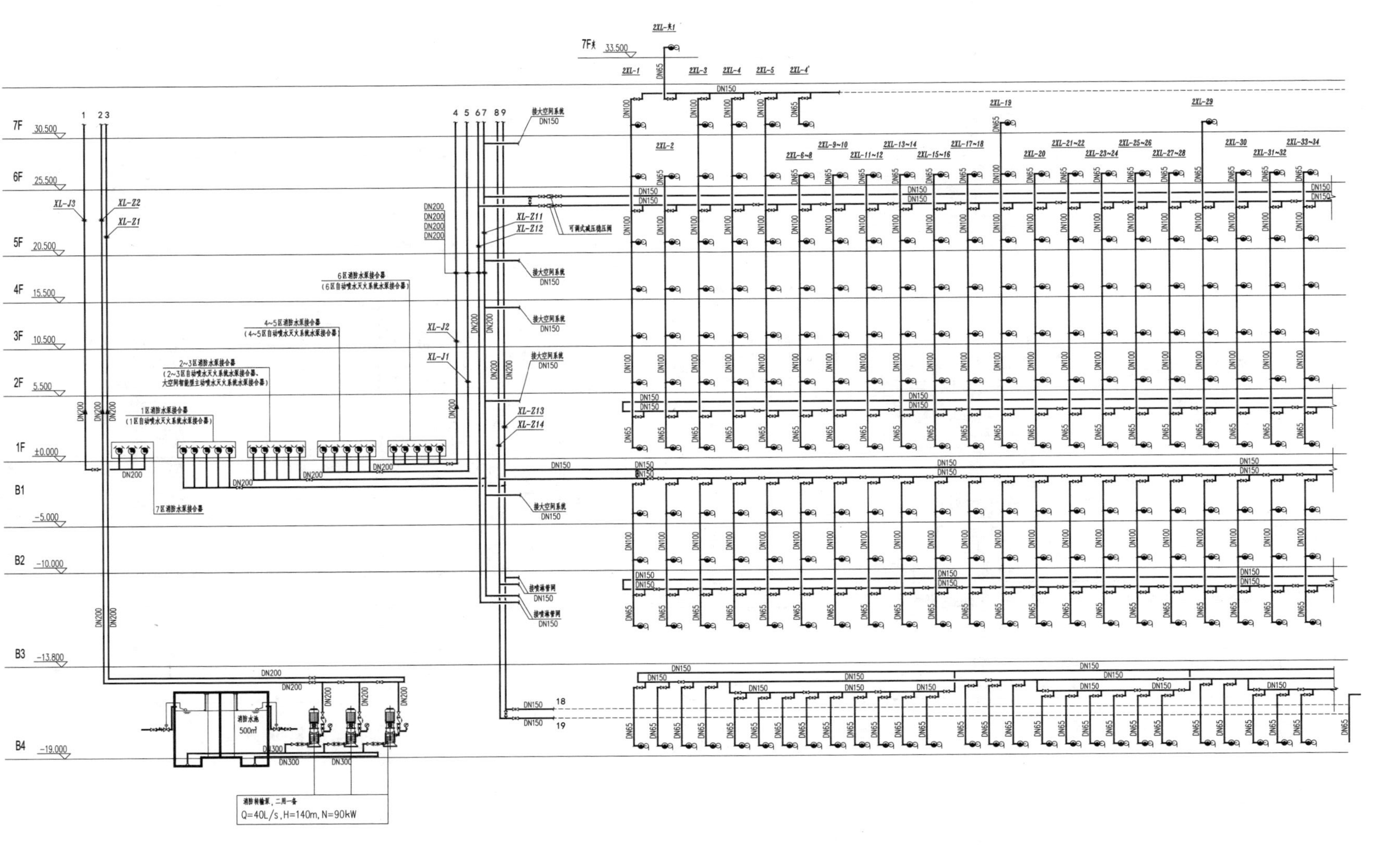

裙房消火栓系统原理图（局部）

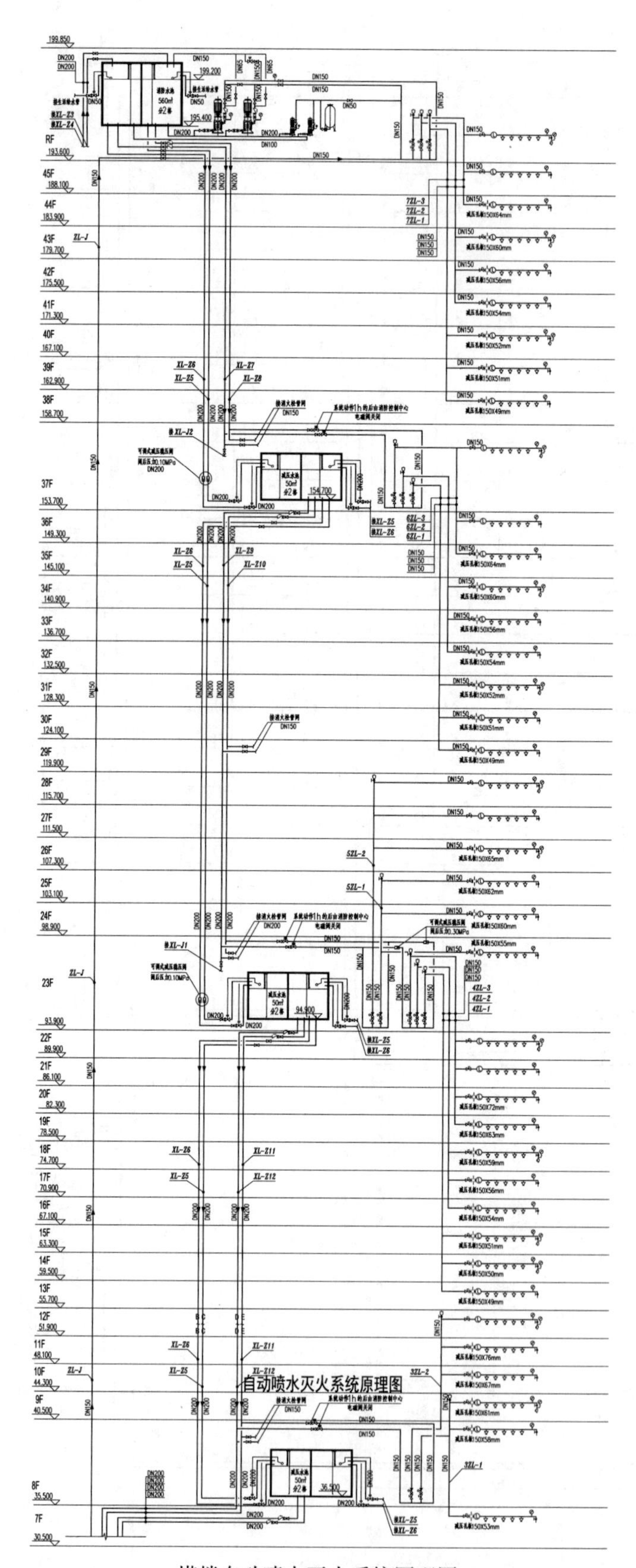

塔楼自动喷水灭火系统原理图

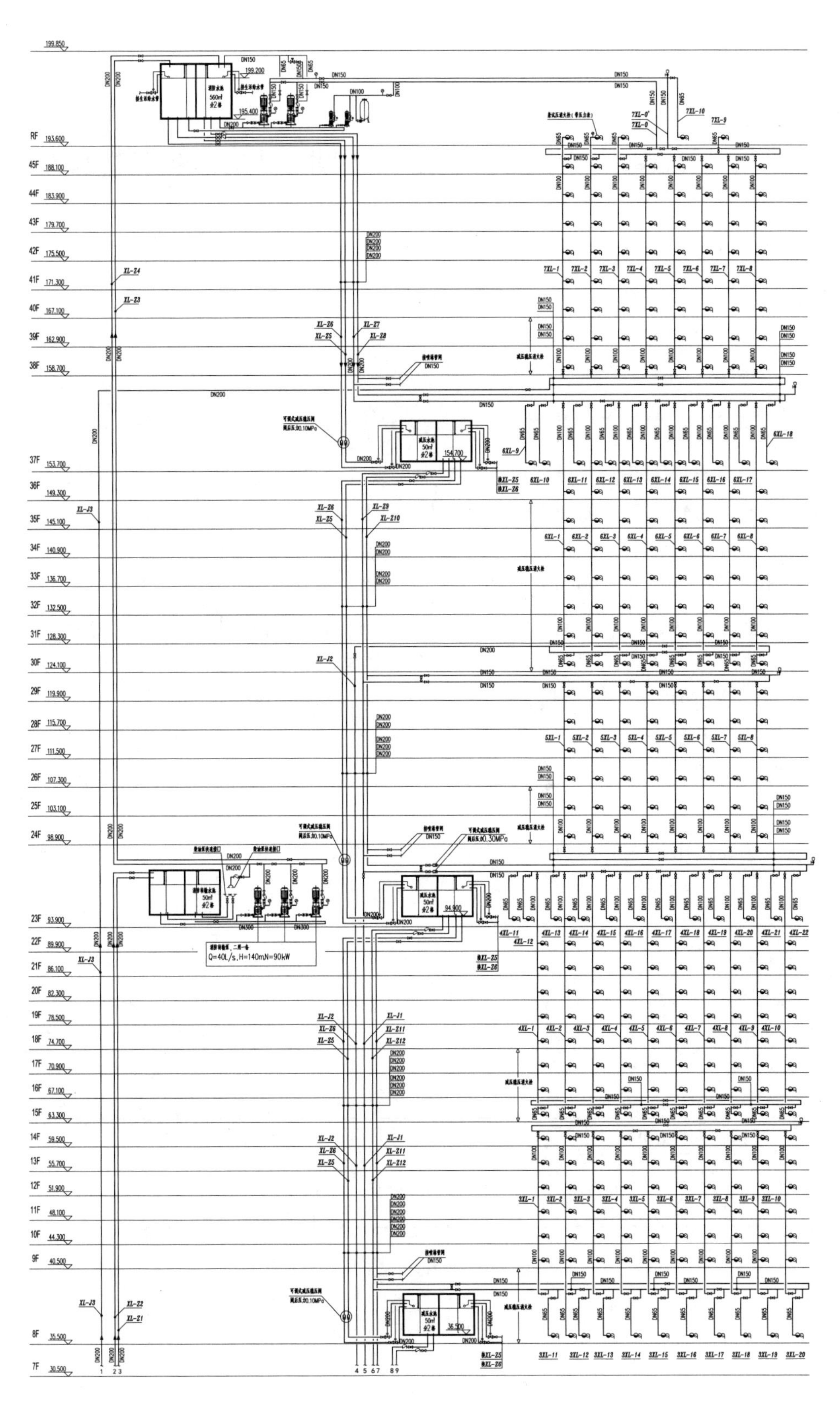

塔楼消火栓系统原理图

北京英特宜家购物中心大兴项目二期工程（北京荟聚中心）

设计单位： 中国建筑科学研究院有限公司
设 计 人： 宋维　王蒙蒙　杜晓亮　王昊　李建琳
获奖情况： 公共建筑类 三等奖

工程概况：

本项目由瑞典英特宜家集团开发建设，位于北京市大兴区西红门镇，地铁大兴4号线西红门站以西。本项目为超大型购物中心，总建筑面积约508486m^2，其中地上建筑面积251186m^2，地下建筑面积257300m^2。地上建筑主体为3层，局部为4层，建筑高度23.95m，电影院局部为30m；地下建筑为3层。建筑占地面积为80286m^2，容积率：1.75。建筑物南北向约500m，东西向约250m，体量庞大。

本项目汇集了商业、餐饮、超市、电影院、美食广场、精品街等各具特色的商业业态；地上部分由7栋建筑物组成，建筑物编号为1号～7号楼。沿四周布有五栋建筑，分别为1号、2号、3号、6号、7号楼，中间为两个岛型建筑，分别为4号、5号楼。建筑设计上秉承欧洲购物中心的模式，室内商业街贯穿建筑内部，将各个建筑物有机联系起来，创造四季如春的室内商业空间。建筑物之间由室内商业街及连桥将各建筑联系起来，商业街顶部为玻璃采光顶屋面，为室内提供充足的阳光。地下3层，全部为汽车库，可提供4750多个车位。

项目建成后将成为北京市最大的购物中心和最大的地下停车场，成为带动大兴经济发展的新引擎，为大兴区树立新地标。

工程说明：

一、给水排水系统

（一）给水系统

1. 冷水用水量（表1）

冷水用水量　　**表1**

用水项目	使用人数或单位数	生活用水定额		用水时间(h)	小时变化系数 K	最高日用水量(m^3/d)	平均时用水量(m^3/h)	最大时用水量(m^3/h)
		用水量标准	单位					
商业（不包括员工）	98446m^2	4.5	(L/(m^2·d))	12	1.5	443.00	36.92	55.38
商业员工	(1969)(2人/100m^2)	30	(L/(人·d))	12	1.5	59.07	4.92	7.38
超市	19882 m^2	25	(L/(m^2·d))	14	1.5	500	35.71	53.57

续表

用水项目	使用人数或单位数	生活用水定额		用水时间（h）	小时变化系数 K	最高日用水量（m^3/d）	平均时用水量（m^3/h）	最大时用水量（m^3/h）
		用水量标准	单位					
餐厅	16124	40	(L/(次·d)	12	1.5	644.96	53.75	80.62
电影院	10084	4	(L/(次·d))	12	1.5	40.34	3.36	5.04
管理办公	419	30	(L/(人·d)	12	1.5	12.57	1.05	1.57
绿化&广场道路浇洒用水	$26624m^2$	2.0	(L/(m^2·d))	6	1.0	53.25	8.87	8.87
未预见水量（10%）	按本表1～6项用水之和的10%					175.3	14.46	21.24
合计	按本表1～7项用水之和					1928.51	159.04	233.67
冷却塔补水（闭式）				12	1.55	487.20	40.60	62.93
合计	按本表1～9项及11项用水之和					2415.7	199.6	296.6

2. 水源

本工程的给水水源为城市自来水，水质满足《生活饮用水卫生标准》GB 5749—2006的要求。根据业主提供的市政供水条件，从项目北侧西红门东西路接入一根 *DN*200，南侧西红门南二街接入一根 *DN*200 和一根 *DN*150（供超市）的引入管。在建筑红线内经过两座水表井后，形成 *DN*300 环网，供本项目生活和消防用水，最小供水压力为0.20MPa。业主作为一家欧洲公司对生活用水水质标准有较高要求，除满足国家标准《生活饮用水卫生标准》外，还有如下要求：①氯化物含量不能超过20mg/L；②适用于管道输送，厨房设备和其他设备使用，饮用等功能；③水中硬度最高值为5±1德国度（相当于71.4～107.1mg/L$CaCO_3$）。故本项目对水质进行如下处理：过滤、软化、紫外线消毒处理，处理工艺流程如图1所示：

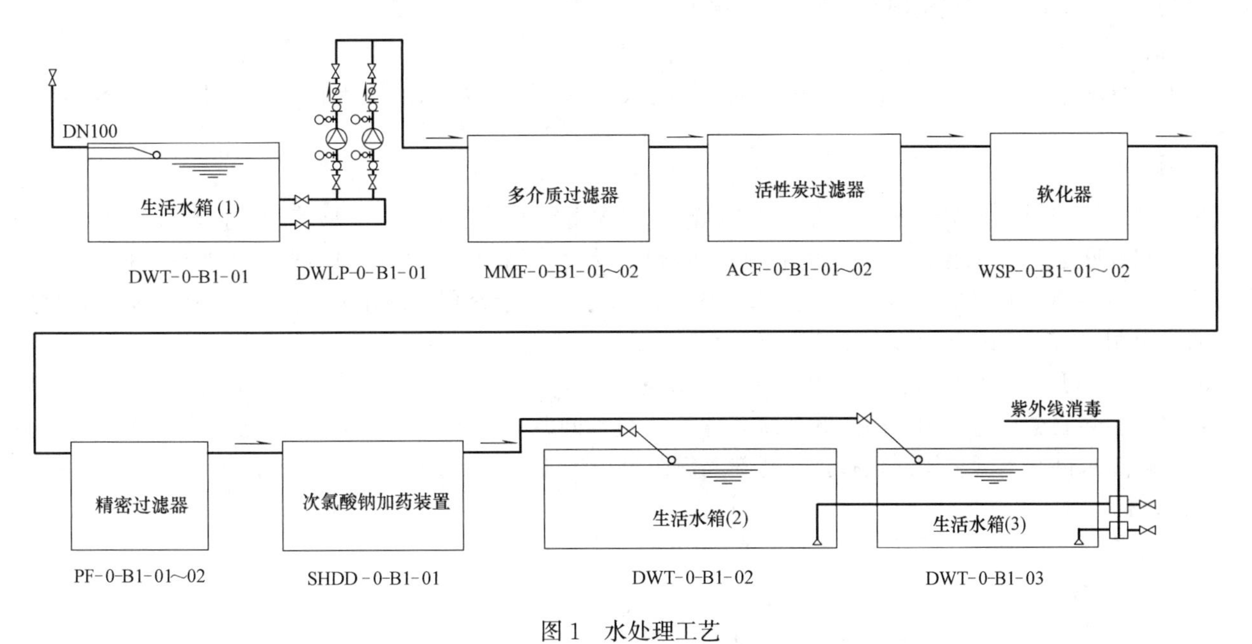

图1 水处理工艺

3. 系统竖向分区

给水系统竖向分2个区，地下一层～地下三层为低区，由市政管网直接供水；首层以上为高区。

4. 供水方式及给水加压设备

加压供水由设在地下一层生活泵房内的水箱和变频调速泵组供水；在地下三层消防泵房内单设一组变频泵供冷却塔补水，与消防系统共用消防水池；地下一层为超市预留给水机房。

5. 管材

市政供水至水箱、给水泵至主干管管道采用衬塑钢管，卫生间内支管采用聚丁烯PB管材。

(二) 热水系统

本项目为餐饮商铺，公共卫生间及淋浴间提供生活热水。

1. 热水用水量（表2）

热水用水量 **表2**

用水项目	使用人数或单位数	生活用水定额		用水时间(h)	小时变化系数 K	最高日用水量(m^3/d)	平均时用水量(m^3/h)	最大时用水量(m^3/h)
		用水量标准	单位					
餐厅	16124	16	L/(次·d)	12	2.0	257.99	21.50	43.00
公共卫生间	5090	6	(L/h)	12	1.5	30.54	2.55	3.82
未预见水量(10%)	按本表1和表2用水的10%					28.85	24.05	4.68
合计	按本表1至3项用水之和					317.38	26.46	51.50

2. 热源

生活热水优先利用太阳能，在太阳能不能保证热水温度的情况下，采用燃气锅炉制备一次热水，一次热水温度为95℃/70℃。燃气锅炉设在地下一层锅炉房。

3. 系统竖向分区

地上生活热水系统采用的强制循环间接加热闭式供水系统，水源由冷水供水泵组供给，分区同冷水系统。

4. 热交换器

生活热水系统的一次循环热媒为乙二醇防冻液；二次循环生活热水由导流型容积式换热器提供。热水系统分为三组并联运行，每组由4个跟太阳集热器换热的热交换器及1个与锅炉热水换热的热交换器组成。4个容积式换热器储存太阳集热器加热后热水，热水出水经过1个容积式热水器（燃气锅炉供应的热源热交换）后供至用水点。系统设置如图2所示：

5. 冷、热水压力平衡措施、热水温度的保证措施等

热水采用强制循环间接加热的闭式系统，保证冷热水同源；由于商业面积大（每层8万m^2，热水用水点分散，在热水供回水管采用同程布置的基础上仍在回水支管设了流量平衡阀，保证各热水支管压力平衡。

6. 管材

太阳能热媒采用无缝紫铜管，热水供回水采用薄壁不锈钢管。

(三) 中水系统

1. 中水水源水量表、中水回用水量表、水量平衡

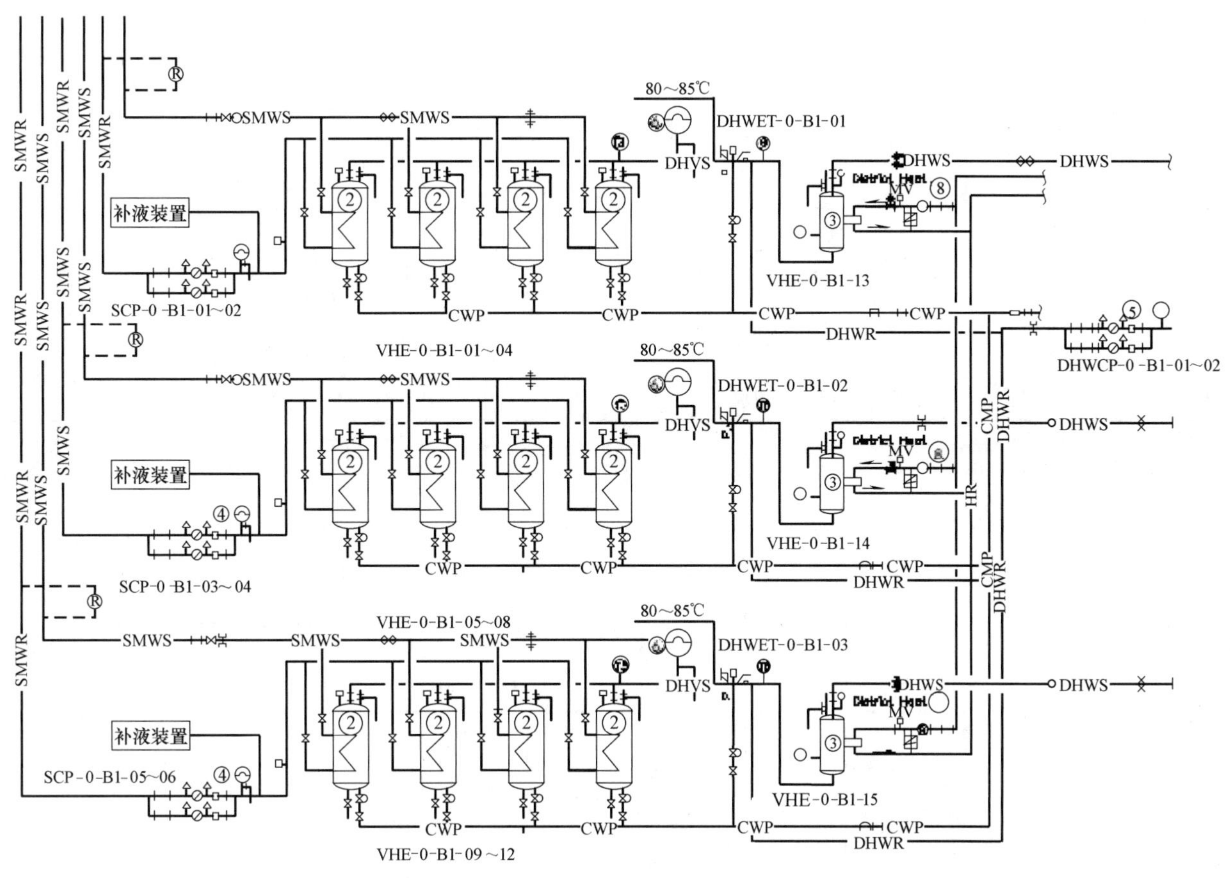

图 2 热水系统设置

项目设计之时，周边无市政中水水源，项目自建中水处理站。卫生间的盥洗废水经收集后，排至中水处理站，处理后排入中水箱，用于绿化、水景补水和公共卫生间冲厕。回用雨水作为中水的补充水源。空调冷凝水收集至中水水箱。中水水质应符合《城市污水再生利用 景观环境用水水质》GB/T 18921—2002 的规定。地下一层预留远期市政中水接驳条件。

中水用水量见表 3：

中水用水量 **表 3**

用水项目	使用人数或单位数	中水定额		用水时间(h)	小时变化系数 K	最高日用水量(m^3/d)	平均时用水量(m^3/h)	最大时用水量(m^3/h)
		用水量标准	单位					
商业(顾客)	$98446m^2$	2.7	($L/(m^2 \cdot d)$)	12	1.5	265.80	22.15	33.23
电影院	10084	2.4	(L/(次·d))	12	1.5	24.20	2.02	3.03
管理办公	419	18	(L/(人·d))	12	1.5	7.54	0.63	0.95
绿化&广场、道路浇洒用水	26624	2.0	($L/(m^2 \cdot d)$)	6	1.0	53.25	8.88	8.88
未预见水量(10%)	按本表 1～4 项用水之和的 10%					35.08	3.37	4.61
合计	按本表 1～4 及 5 项用水之和					385.87	37.05	50.70

中水原水量见表 4：

中水原水量 **表 4**

用水项目	使用人数或单位数	原水定额		用水时间(h)	小时变化系数 K	最高日用水量(m^3/d)	平均时用水量(m^3/h)	最大时用水量(m^3/h)
		用水量标准	单位					
商业(顾客)	98446m²	1.8	(L/(m²·d))	12	1.5	177.2	14.77	22.15
电影院	10084	1.6	(L/(次·d))	12	1.5	16.13	1.34	2.02
管理办公	419	12	(L/(人·d))	12	1.5	5.03	0.42	0.63
合计	按本表 1～4 项用水之和					198.36	16.53	24.80

中水平衡如图 3 所示：

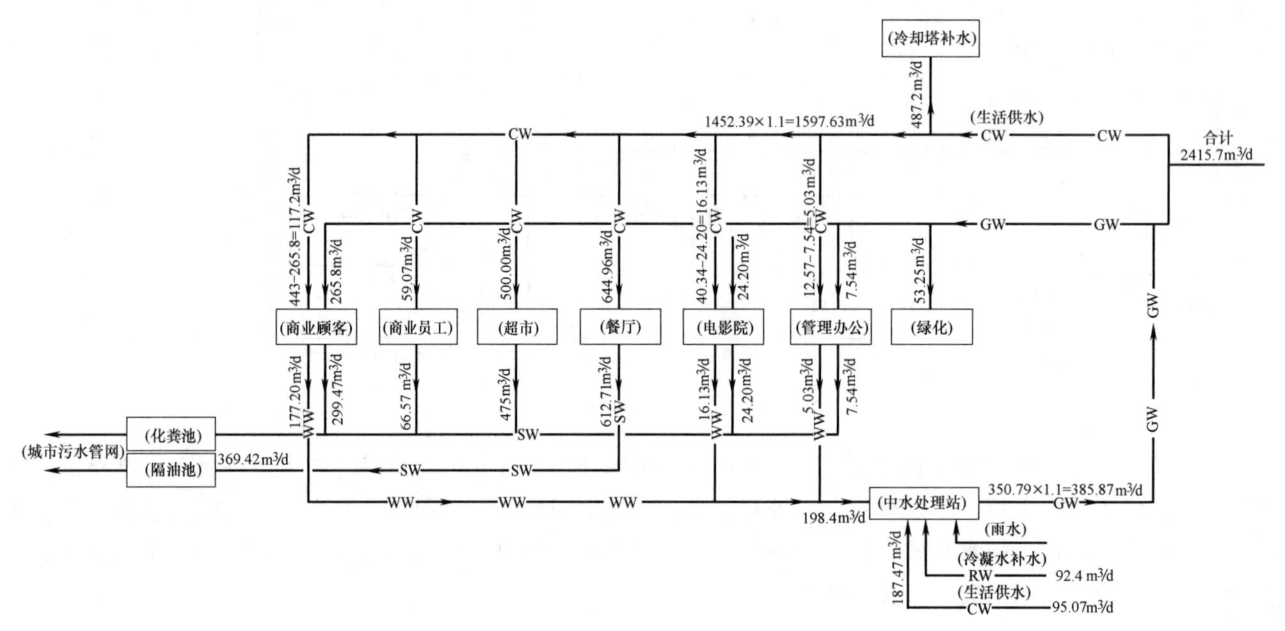

图 3 中水平衡

2. 系统分区、供水方式及给水加压设备

中水系统不分区，全楼中水系统均由设在中水处理站的变频泵组供水。

3. 水处理工艺流程：废水→中水调节池→MBR 反应池→中水池→泵组→回用，中水处理站设在地下三层，处理能力 15m³/h，如图 4 所示。

4. 管材

处理后出水供水至水箱、水泵至主干管管道采用衬塑钢管，卫生间内支管采用聚丁烯 PB 管材。

(四) 排水系统

1. 排水系统形式

室内污废水采用分流系统，室外采用雨污分流系统。最高日生活污水量约为 1504.4m³/d；最大小时生活污水量约为 125.4m³/h，卫生间生活污水经室外设置的化粪池处理后，排入市政污水管道。餐饮商铺厨房含油污水经过厨房内的器具隔油器（租户自备）和地下一层设置的油脂分离器处理后，排入市政污水管道。盥洗废水经过收集后排至中水机房处理。首层以上污水收集后直接排入化粪池，油脂分离器或中水处理站，

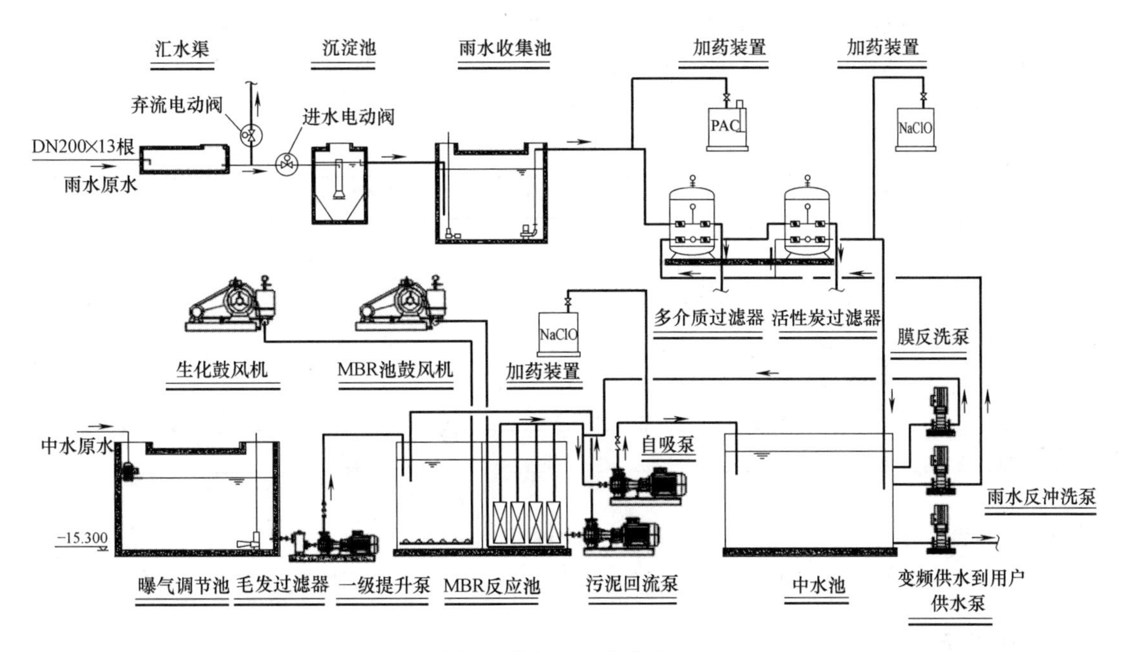

图 4　水处理工艺流程

地下污水收集后经污水提升泵提升后，排至污水管网。

2. 透气管设置方式

污废水立管共用专用通气管，公共卫生间设环形通气管。

3. 采用的局部污水处理设施

本项目在地下一层共设置 20 组油脂分离器及相应 20 组污水提升设备，用于地上餐饮污水处理及排除，另在地下一层共设置了 16 组污水提升设备，用于无法重力排出的地上污水排水转换提升，在地下三层设置 2 组污水提升设备，用于卫生间污水排除，在地上二、三层预留设置 15 组污水提升设备，用于商业中心岛区域的移动咖啡、茶水店等排水。

4. 管材

地上重力污废水及通气管采用柔性接口排水铸铁管材（A 型），地上及地下压力排水管符合《低压流体输送用焊接钢管》GB/T 3091 中内外壁热镀锌钢管的要求。

二、消防系统

大型商业建筑由于其体量大、火灾负荷高、人员疏散困难、扑救难度大，因此消防给水系统多，消防用水量大。本项目根据保护区域不同，设置如表 5 所示的消防系统：

消防系统设置　　**表 5**

消防系统	保护区域
室外消火栓系统	室外
室内消火栓系统	室内所有区域
自动喷水灭火系统	除电气房间外所有区域
水喷雾灭火系统	燃气锅炉房和柴油发电机房
窗式喷淋系统	步行街与商铺防火分割
大空间智能型主动喷水灭火系统	高度超过 12m 中庭
气体灭火系统	配电室、信息机房
建筑灭火器	室内所有区域
厨房专用灭火系统	厨房

消防水源：采用双路水源，在室外形成 $DN300$ 环网，供本项目生活和室外消防用水，室内消防用水由地下三层消防水池供给，消防水池贮水根据室内消火栓、自动喷淋、窗喷系统、大空间智能灭火系统用水量之和，总高用水量为 1200m³，消防水池分为两座。消防系统用水量见表 6。

消防系统用水量 **表 6**

消防系统	设计流量（L/s）	火灾延续时间(h)	一次灭火用水量(m^3)	备注
室外消火栓系统	30	3	324	1
室内消火栓系统	20	3	216	2
自动喷水灭火系统	76	2	547	3 参照 NFPA 标准
水喷雾灭火系统	30	1	108	4
窗式喷淋系统	30	2	216	5
大空间智能型主动喷水灭火系统	20	1	72	6
消防水池贮水量取 2,3,5,6 之和：216＋547＋216＋72 ＝1051m³，根据 TDM 取 1200m³				

（一）消火栓系统

本工程为建筑高度小于 24m 的公共建筑，室内消火栓系统采用临时高压消防给水系统，用水量为 20L/s，火灾延续时间 3h。在地下 3 层消防水泵房内设置 1200m³ 的消防水池，一台电动消防主泵和一台柴油消防主泵（柴油泵为备用）及消火栓增压装置，增压泵的流量 5L/s，气压罐的有效调节容积为 300L，建筑最高处 2 号屋顶建筑最高处设置消防稳压水箱，容积不小于 18m³，消防主泵及配套控制柜必须取得 FM 或 UL 认证。

消火栓系统竖向不分区，供水管网为环状，室内消火栓设置在消防队员易于接近的地方，充实水柱不小 13m，每一防火分区同层有 2 支水枪的充实水柱同时到达任何部位。

室外设 1 组 2 套消防地下式水泵接合器，连接至室内消火栓管网，供消防车向室内消火栓管网加压供水，每套水泵接合器流量为 15L/s。消火栓管材采用内外壁热镀锌钢管。

（二）自动喷淋灭火系统

本项目由境外保险公司承保，要求喷淋系统参照 NFPA 设计，具体要求如下：

1. 各个区域喷淋系统的喷水强度及作用面积要求如表 7 所示：

喷水强度及作用面积要求 **表 7**

区域	办公	商场		超市		一般库房	设备用房
		吊顶内	吊顶下	库房卖场	其他		
喷水强度(L/(min·m²))	8.1	12.2	8.1	24.4	8.1	12.2	8.1
作用面积(m²)	186	186	186	186	186	186	186

自动喷水灭火系统按照中国现行相关规范和 TDM 最高取值，最大设计喷水强度为 24.4L/(min·m²)，作用面积 186m²，设计流量为 76L/s。

2. 系统不分区，设置一台电动喷淋主泵和一台柴油主泵消防主泵（柴油泵为备用）；及喷淋系统增压装置，增压泵的流量 1L/s，气压罐的有效调节容积为 150L，报警阀设置于地下二层，分组设置，预作用报警阀共计 65 个，湿式报警阀共计 54 个，建筑最高处 2 号屋顶建筑最高处设置消防稳压水箱，容积不小于 18m³。喷淋主泵及配套控制柜必须取得 FM 或 UL 认证。

3. 喷头选型（表 8）

采用玻璃球型喷头，除厨房热力站等高温场所采用动作温度为 93℃喷头外，其余场所采用 68℃喷头。

喷头选型 **表 8**

区域	商场步行街 MALL		租户区		办公、后勤区		超市	车库	设备用房
	吊顶内	吊顶下	吊顶内	吊顶下	吊顶内	吊顶下			
形式	直立型	隐蔽型	直立型	租户供	直立型	吊顶型	直立型	直立型	直立型
系数	K11(161)	K8(115)	K11(161)	K8(115)	K8(115)	K8(115)	K11(161)	K5,.6(80)	K8(115)

注：K8（115），K11（161）喷头均为快速反应型。

4. 根据消防性能化要求四层部分商铺与中庭分隔采用防火玻璃＋防火卷帘＋加密喷头保护，喷头间距 2.0m。

5. 根据 TDM 要求，在楼梯底部及顶部设置喷淋保护（图 5）：

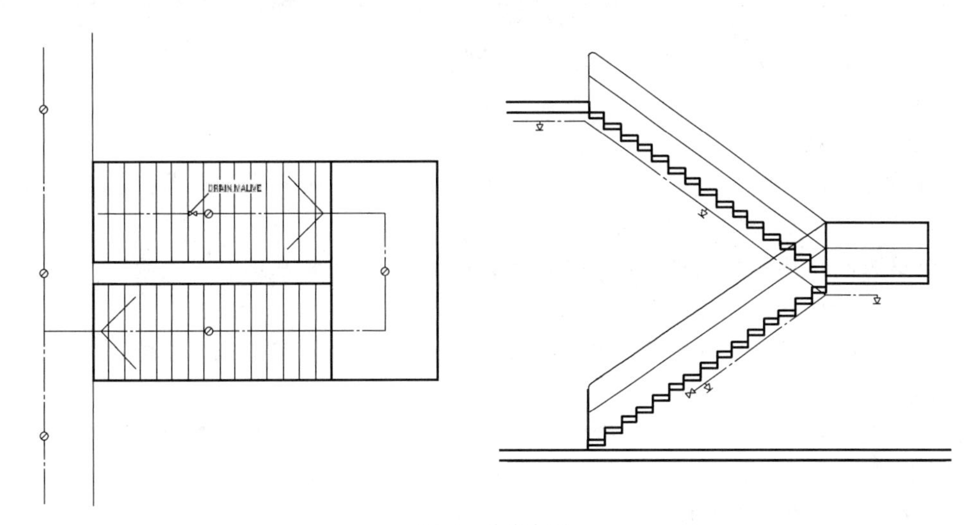

图 5 喷淋保护

6. 室外设 1 组 6 套消防地下式水泵接合器，连接至室内喷淋管网，供消防车向室内消火栓管网加压供水，每套水泵接合器流量为 15L/s。喷淋管材采用内外壁热镀锌钢管，喷淋管道壁厚要求：小于 *DN*65 采用加厚钢管（Schedule 40）；*DN*65～*DN*125 采用普通钢管（Schedule 10）；大于或等于 *DN*150 的钢管采用普通钢管。

7. 窗式喷喷系统：根据消防性能化报告：当步行街两侧商铺建筑面积不大于 750m^2 时，店铺与步行街之间的分隔采用钢化玻璃加窗式喷头保护，保护时间 2h。上下层连通商铺，当上下层叠加大于 750m^2 时，其每个商铺与中庭为钢化玻璃＋3h 特级防火玻璃或甲级防火门分隔。钢化玻璃内侧设有窗式喷淋。窗式喷头为独立给水系统，设计流量 30L/s。喷头为专用 WS 型喷头设在钢化玻璃两侧，最小间距 1.83m，报警阀分设置于地下二层各报警阀间内，共计 7 个。室外设 1 组 2 套消防地下式水泵接合器，连接至室内窗喷管网，供消防车向室内消火栓管网加压供水，每套水泵接合器流量为 15L/s，管材同自喷系统。

（三）水喷雾灭火系统

1. 本工程燃气锅炉房和柴油发电机房采用水喷雾系统保护。

2. 燃气锅炉房内按防护冷却设计，设计喷雾强度 9L/(min·m^2)，作用面积约 224m^2，设计流量为 35L/s，火灾延续时间 1h；柴油发电机房，设计喷雾强度 20L/(min·m^2)，作用面积约 47.4m^2，设计流量为 16L/s，火灾延续时间 0.5h。

3. 在地下三层消防水泵房内设一台电动泵和一台柴油泵（柴油泵为备用），管道系统平时压力由屋顶消防水箱维持。灭火时，加压泵启动供水，水雾喷头均匀向锅炉、柴油发电机表面喷射水雾，雨淋报警阀设置于锅炉房及柴油发电机房内，共计9组。消防泵必须取得FM或UL认证。

4. 室外设1组2套消防地下式水泵接合器，连接至室内水喷雾管网，供消防车向室内消火栓管网加压供水，每套水泵接合器流量为15L/s，管材同消火栓系统。

（四）气体灭火系统

1. 本工程地下一层变配电室，消防控制室及四层技术服务机房、安防控制室等重要设备场所配置气体灭火系统。

2. 地下一层变配电室气体灭火系统采用组合分配系统，共设置8组钢瓶。气体介质采对环境无破坏作用的IG-541洁净惰性气体，气体灭火系统的最小灭火设计浓度为，37.5%，最大设计灭火浓度为43%，灭火时间限于1min内。火灾浸渍时间为10min。当灭火剂喷放至设计用量的95%时，其喷放时间不应大于60s，且不应小于48s。

3. 地下1层消防控制室、安防控制室、4层技术服务机房气体灭火采用预制系统，气体介质采用七氟丙烷，喷射时间$t<10s$，工作压力<2.5MPa。设计灭火浓度8%。

4. 气体灭火系统自动、手动和应急操作三种控制方式。

（五）消防水炮灭火系统

1. 根据消防性能化报告，本工程在净空高度大于12m且地面有火灾荷载的部位设置大空间智能型主动喷水灭火系统，采用自动扫描射水高空水炮灭火装置。

2. 本系统水炮最大同时开启个数为4个，设计流量为20L/s。每个水炮的射水流量为5L/s，最大允许保护半径25m，安装高度6～25m，标准工作压力0.6MPa。火灾延续时间1h。

3. 本系统在地下消防泵房设专用水炮泵两台，1用1备。系统设置电磁阀、水流指示器和信号阀，平时管网压力由高位水箱维持。

4. 每个保护区均设水流指示器，并在系统管网最不利点设置模拟末端设试水装置。每个水炮装置前均设有电磁阀和闸阀。自动扫描射水高空水炮灭火装置为探测器、水炮一体化设备。设有自动、手动和现场应急三种控制方式。水炮位置由精装设计确定。

5. 本系统在室外设置2组*DN*100地下式水泵接合器，每组流量10L/s。管材同消火栓系统。

三、工程特点及设计体会

（一）给水排水系统特点介绍

1. 对餐饮区域用水量根据餐饮类型进行了细化区分，保证用水量统计与实际运行期数据的相近性，合理设置了贮水水箱容积、节省设备机房面积；用水设备选型多用一备，保证系统运行期间的节能合理（表9）。

细化区分 **表9**

<table>
<tr><th colspan="2">使用区域</th><th colspan="2">用水量标准</th><th>使用时数(h)</th><th>小时变化系数</th></tr>
<tr><td rowspan="7">商业</td><td rowspan="2">Ⅰ类餐饮</td><td>餐饮顾客</td><td>50L/人次，每人/3m²(餐厅面积)</td><td rowspan="2">12</td><td rowspan="2">1.5</td></tr>
<tr><td>餐饮员工</td><td>40L/(人·d)，人数按一次顾客人数的10%</td></tr>
<tr><td rowspan="2">Ⅱ类餐饮</td><td>餐饮顾客</td><td>20L/人次，每人/3m²(餐厅面积)</td><td>12</td><td>1.5</td></tr>
<tr><td>餐饮员工</td><td>40L/(人·d)，人数按一次顾客人数的10%</td><td>12</td><td>1.5</td></tr>
<tr><td rowspan="2">Ⅲ类餐饮</td><td>餐饮顾客</td><td>10L/人次，每人/3m²(餐厅面积)</td><td rowspan="2">12</td><td rowspan="2">1.2</td></tr>
<tr><td>餐饮员工</td><td>40L/(人·d)，人数按一次顾客人数的10%</td></tr>
<tr><td>普通商铺</td><td>顾客及员工</td><td>6L/(m²·d)</td><td>12</td><td>1.2</td></tr>
</table>

续表

使用区域		用水量标准	使用时数(h)	小时变化系数
附带办公功能		40 L/(人·d)；办公层按每人/10m^2(户内面积)计算	10	1.3
配套设施	绿化用水	2L/(m^2·d)	6	1
	冷却水补水	1.5%的冷却循环水量	10	1
	车库地面冲洗用水	2L/(m^2·d)	8	1

注：Ⅰ类餐饮：中餐、西餐。有燃气、排油烟。

Ⅱ类餐饮：职工食堂、快餐厅等。有燃气、排油烟。

Ⅲ类餐饮：轻餐商铺，酒吧、咖啡、茶座、KTV等。无燃气、排油烟。

因不同类型餐厅的单位面积用水量不同，餐厅所在区域、人气和客流量亦不同，设计用水量的取值取用相应更合理的指标，且需适当放大以满足不可预见的餐厅用水。

2. 对商业内餐饮预留的上下水条件进行统筹规划（表10）：

统筹规划 **表10**

商铺类型	给水	排水
普通商铺(大于100m^2)	*DN*25	预留1个*DN*50地漏和1*DN*100个清扫口
餐饮商铺(小于50m^2)	*DN*32	预留1个*DN*100地漏和1*DN*100个清扫口
餐饮商铺(50～200m^2)	*DN*32	预留1个*DN*100地漏和1*DN*100个清扫口
餐饮商铺(200～500m^2)	*DN*50	预留1个*DN*100地漏和1*DN*100个清扫口，同时排水立管在板下预留三通
餐饮商铺(大于500m^2)	*DN*80	预留1个*DN*100地漏和1个*DN*100清扫口，同时排水立管在板下预留三通
公共区移动式商铺	*DN*20	预留一个清扫口

在建设初期，商业内的餐饮形式无法全部确定，导致业主不能提出确切的要求。在商铺的预留条件上，设计参考了一些既往的商业项目并与顾问方进行讨论，制定了上述设计标准。

3. 对生活热水系统进行了多次方案论证和实例考察。在此项目设计之初，我们做了大量调研，对于以下三个方面进行方案比选：

（1）是否采用集中热水系统。在商业建筑工程内采用集中热水系统不多，大部分商业项目的公共区提供小型电热水器供给热水，餐饮商铺内由租户自已制备热水，此种做法较为灵活，节约初期造价和后期物业维护成本，但采用高品位电能制备生活热水，不符合绿色、环保理念。业主为外资公司，环保理念深厚且有较高物业管理水平，因此选择采用集中热水供应系统。结合本项目的特点：屋面有效面积大，可放置太阳能集热器多；餐饮商铺占比大，热水需求大的特点，热水系统采用了集中集热、集中储热强制循环间接加热的太阳能闭式系统，一次循环热媒为乙二醇防冻液，二次循环生活热水由导流型容积式换热器提供，燃气锅炉提供的一次热水作为辅助热源。屋面设集热器1524m^2，日用热水量100m^3。当时在国内太阳能大型闭式系统的工程实例较少，此系统的安装使用，给太阳能热水大型闭式系统的选用提供了一个实例参考。

（2）采用闭式系统还是开式系统。从节能角度讲，闭式系统热媒串联后分三组并联系统是全年有效的系统。热媒串联的形式能够充分太阳能，因为太阳能在低温工况时效率最高，因此能够最大化的吸收太阳能热量。此外闭式系统通过间接换热，满足使用水卫生要求；闭式系统循环水泵的扬程较小，节能；冷热水系统更容易达到压力平衡。基于以上优点，虽然闭式系统的投资比开式系统高，业主还是接受了。

（3）大型集中热水系统运行控制要求重点关注了以下几点：

1）太阳能采用温差控制，由设在太阳能热媒供水管和储热罐上电接点温度计控制，两者之差控制太阳能循环泵的启停。

2）辅助加热：由换热器的温控计控制辅助热媒电动阀的开启和关闭。

3）管路循环：热水系统采用全日制机械循环，热水循环泵的启闭由设在热水回水管上电接点温度计自动控制。热水支管设置静态流量平衡阀以平衡管路阻力。

4）过热保护：在太阳能的热媒供和热媒回水管上，装设带三通阀的冷却器，由热媒回水管上温控阀控制回水管是否经过循环器进行冷却。

通过以上方案论证、实例考察、系统运行控制重点考量，对于系统的进行了详尽的优劣分析，从而能保证系统在考虑相对周全的情况下，保证系统运行安全和使用效果良好。

在餐饮的厨房排水处理上进行了细化分析：

4. 厨房的排水的处理，对于商业餐饮是较为难解决的一个棘手问题。本工程对隔油器的设置位置做出要求：器具隔油器就近设在餐饮区的下方、不可设在有卫生要求的食品区，成品油脂分离器设在地下一层，并距给水机房要保持在 10m 以上；另隔油器的位置要考虑运输方便，尽量设在楼梯、货梯附近；接至隔油器的厨房排水横干管的水平距离尽量控制在 30m 内，长距离的含油污水容易堵塞。隔油间要考虑检修空间，隔油间的门宽为 2.4m，方便设备的进出，配备独立的排风和上下水预留条件。

隔油器预留电量，设备可带有搅拌、加热功能。厨房的排水系统要注意日常维护管理，定期清理废渣，防止管道堵塞，带有油脂的排水在冬天易凝固，故在冬季经常使用热废水冲洗管道，排水管材采用铸铁管。

（二）消防系统特点介绍

1. 根据国内规范，本工程使用的湿式系统及预作用系统，每组报警阀控制喷头数不应超过 800 只。同时 NFPA-13 规定：按轻危险级和中危险级设计的系统，每根消防立管在单一楼层上所控喷头的保护面积不超过 $4831m^2$。设计喷水强度为 $8L/(min \cdot m^2)$ 时，一只喷头的最大保护面积为 $11.5m^2$，800 只喷头为 $9200m^2$，因此喷淋系统设计时，采取同一报警阀组控制竖向两个或多个防火分区的方式，避免报警阀后喷淋干管在单一楼层串联过多的防火分区；而对于地下车库这一类面积较大的防火分区，采取一组报警阀控制一个防火分区的方式。

2. 大型商业内各商铺入住时间不同，各商铺二次精装经常需要调整喷淋头位置，需要关闭本防火分区阀门，造成一段时间此区域无喷淋保护，针对此类情况，本项目喷淋系统商业区域每超过 $1000m^2$ 设置一信号阀，以减少关闭信号阀时造成安全空白区的面积。自喷（SP）系统超过 $1000m^2$ 设置信号阀的示意如图 6 所示。

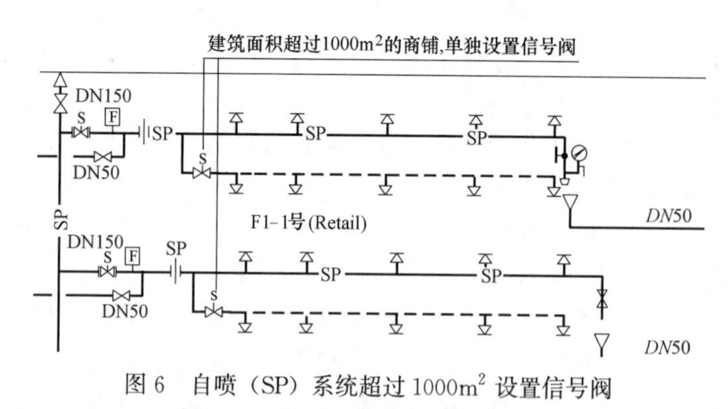

图 6　自喷（SP）系统超过 $1000m^2$ 设置信号阀

3. 店铺与中庭防火分隔采用钢化玻璃＋2hWS 窗玻璃喷淋保护系统，既解决了防火分隔问题又满足店铺店面视觉通透的要求。

完成设计时国内防火规范还没有明确室内步行街两侧商铺与室内步行街之间的防火分隔方式和相关要求。室内步行街两侧商铺大多采用玻璃与室内步行街进行分隔，对于该玻璃隔墙能否满足标准规定的耐火性能以及如何保护，本工程进行性能化分析后，采用钢化玻璃＋窗式喷淋系统进行保护。

窗玻璃喷头亦称闭式水幕喷头，是一种用来保护热增强型和钢化等玻璃构成的玻璃窗、玻璃隔断或玻璃幕墙等结构的专用喷头，以实现防火分隔的目的。将窗玻璃喷头按规定要求安装在保护对象的受火面。当火灾发生、空气温度上升达到动作温度时，感温玻璃球爆裂喷头启动。按设计的布水状态和流量强度覆盖整个玻璃面，阻隔火灾辐射热，降低玻璃墙体的温度，能有效防止因火灾造成的玻璃墙的结构损坏，阻止火灾蔓延，起到防火墙的作用（图 7）。

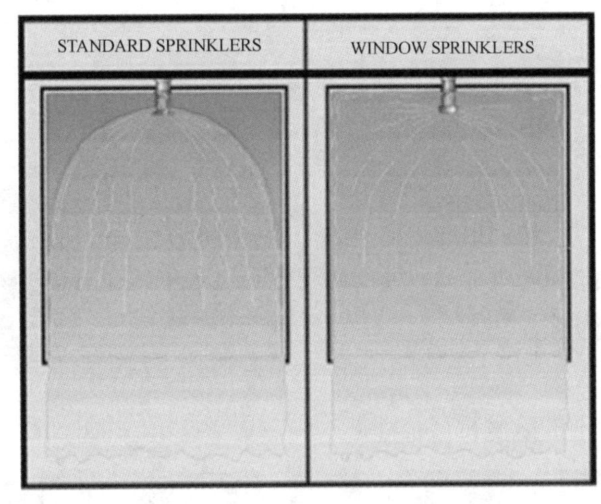

图 7　窗玻璃喷头

抗震支吊架是以地震力为主要荷载的抗震支撑系统，针对的是遭遇到设防烈度的地震时能将管道及设备产生的地震作用传到结构体上的一种抗震支撑措施。管道系统上的抗震支架安装示意如图 8 所示：

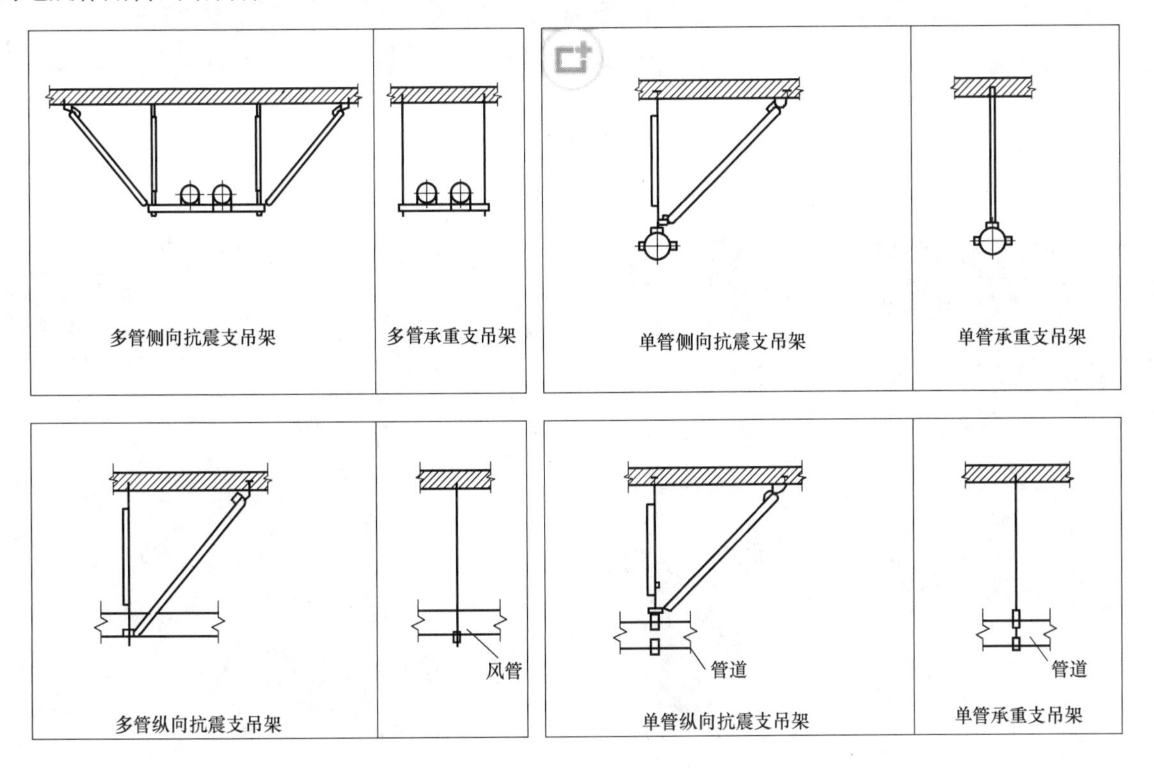

图 8　抗震支架安装示意

四、工程照片及附图

1. 项目实景：

2. 施工中的给水机房：

3. 施工中的热水机房：

4. 施工中的中水机房：

5. 安装中的隔油设备间：

6. 消防泵房：

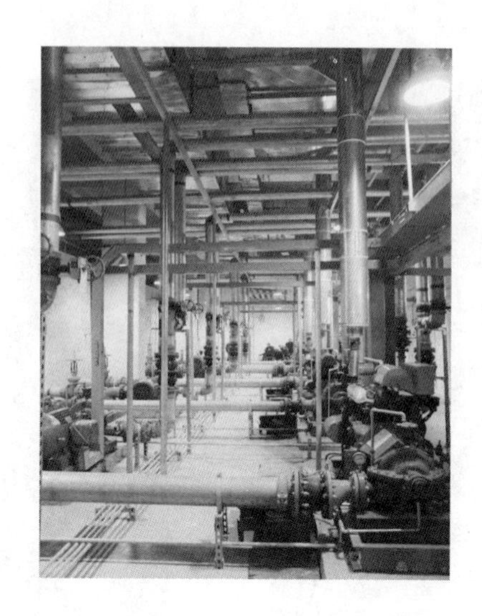

7. 报警阀间：

8. 气体灭火钢瓶间：

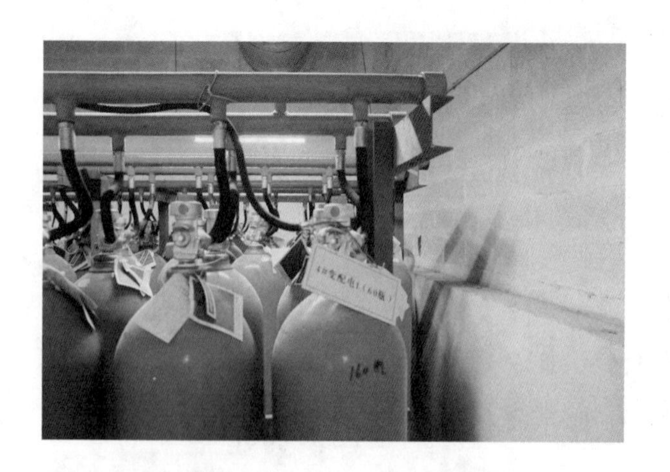

9. 气体保护房间：

10. 水炮安装：

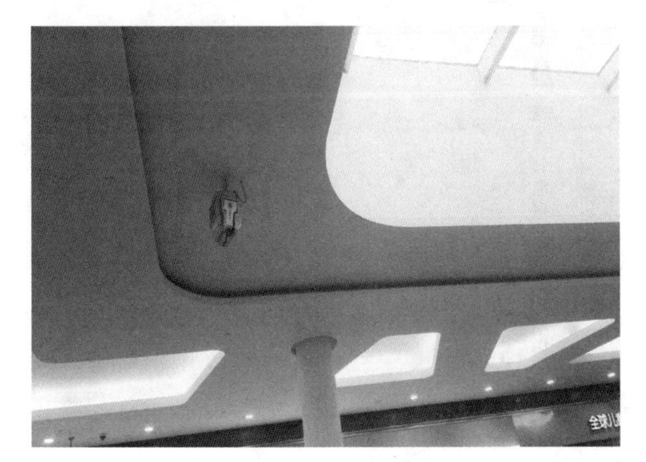

11. 窗喷安装：

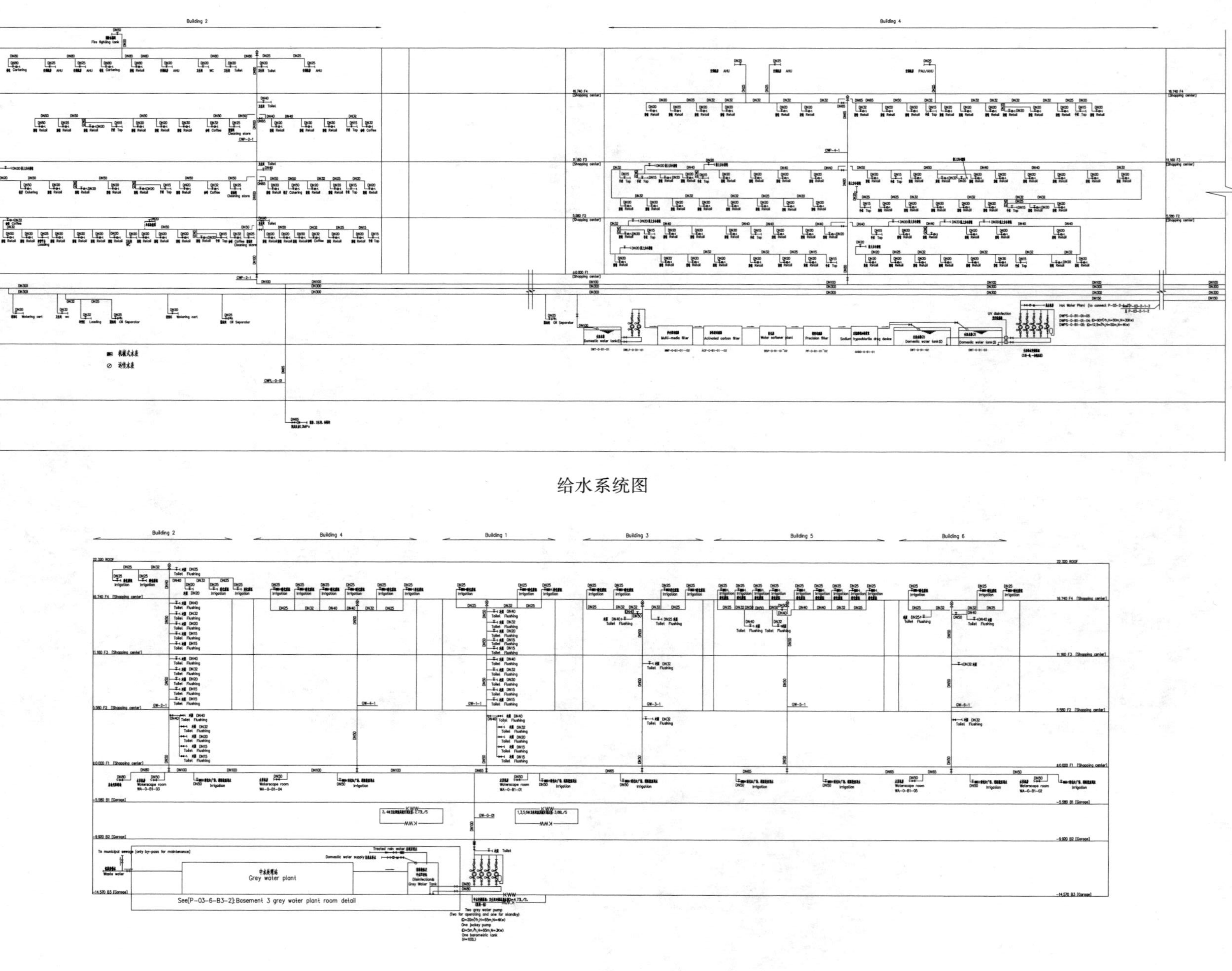
Building 2
Building 4
Building 1
Building 3
Building 5
Building 6
Grey water plant
See[P-03-6-B3-2]:Basement 3 grey water plant room detail

给水系统图

中水系统图

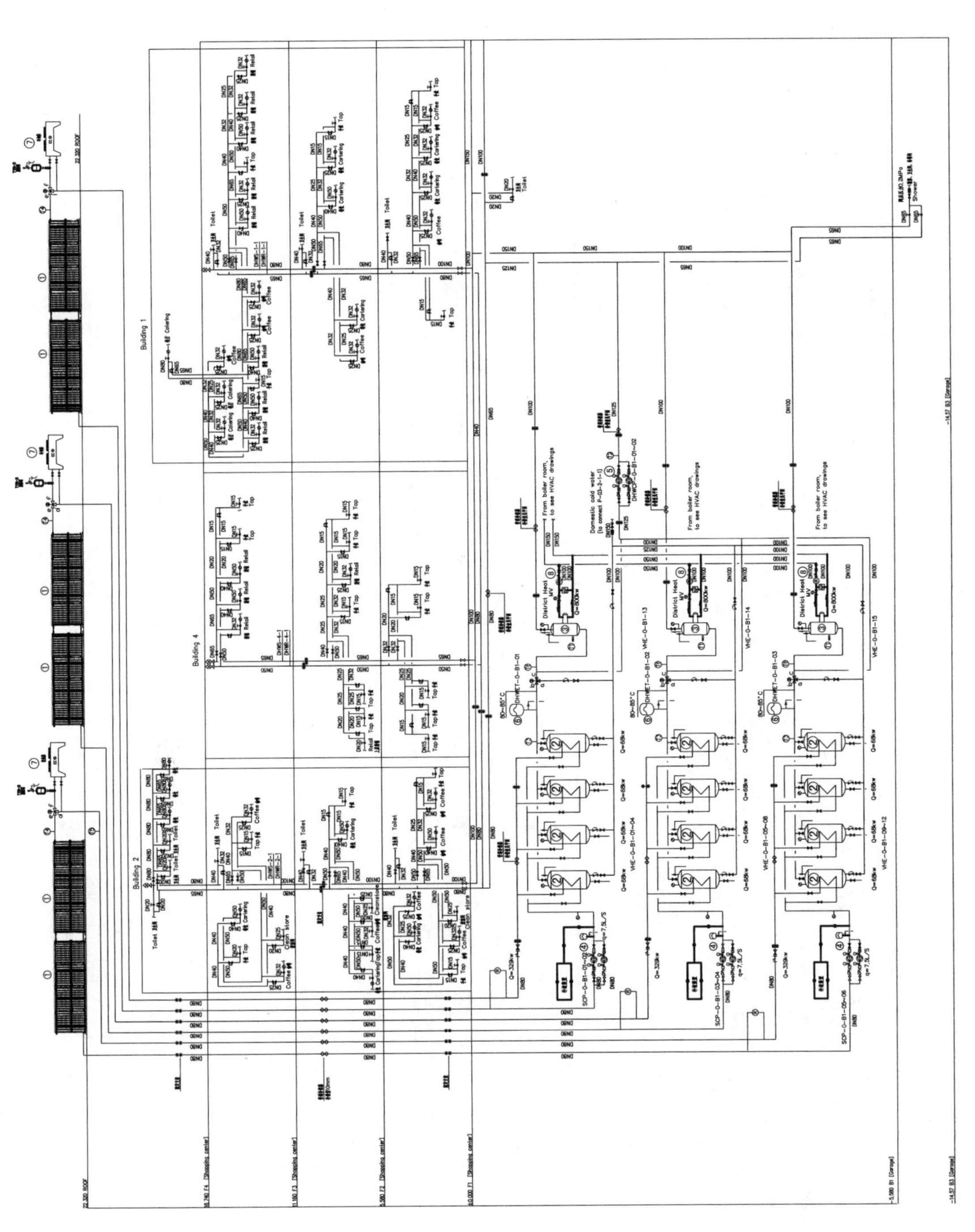

热水系统图

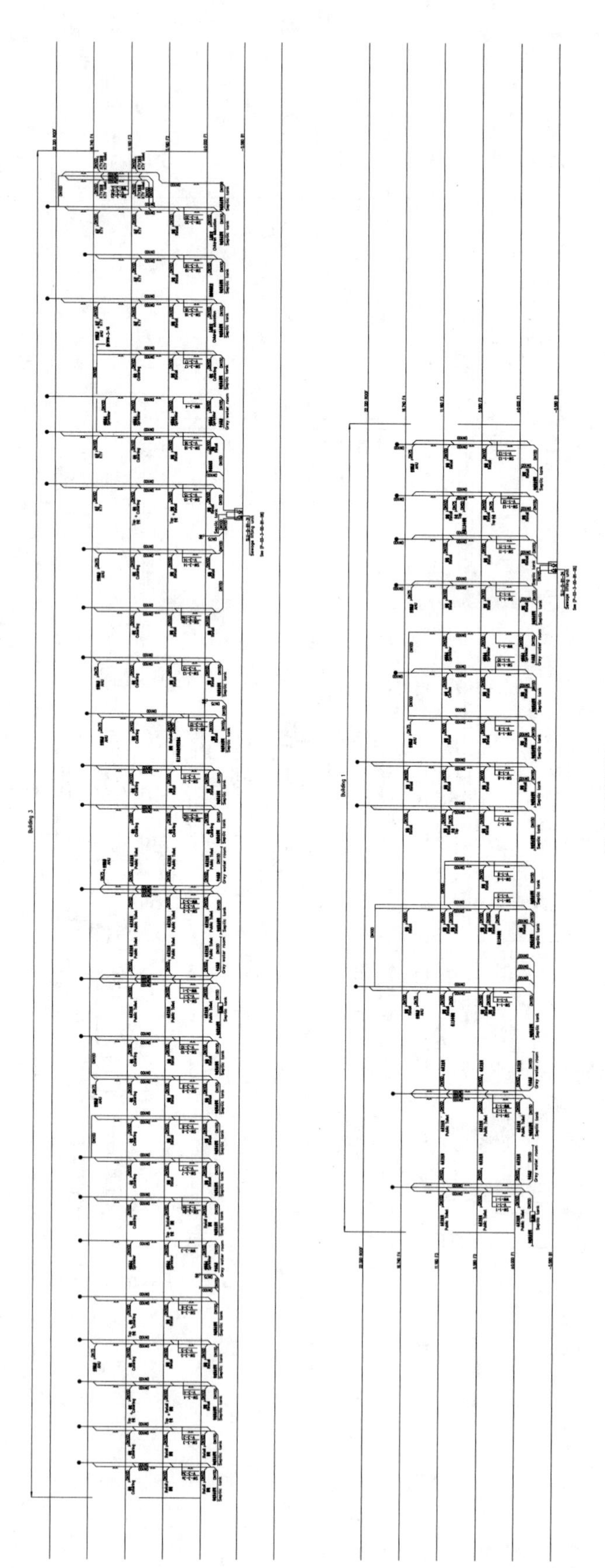

排水系统图

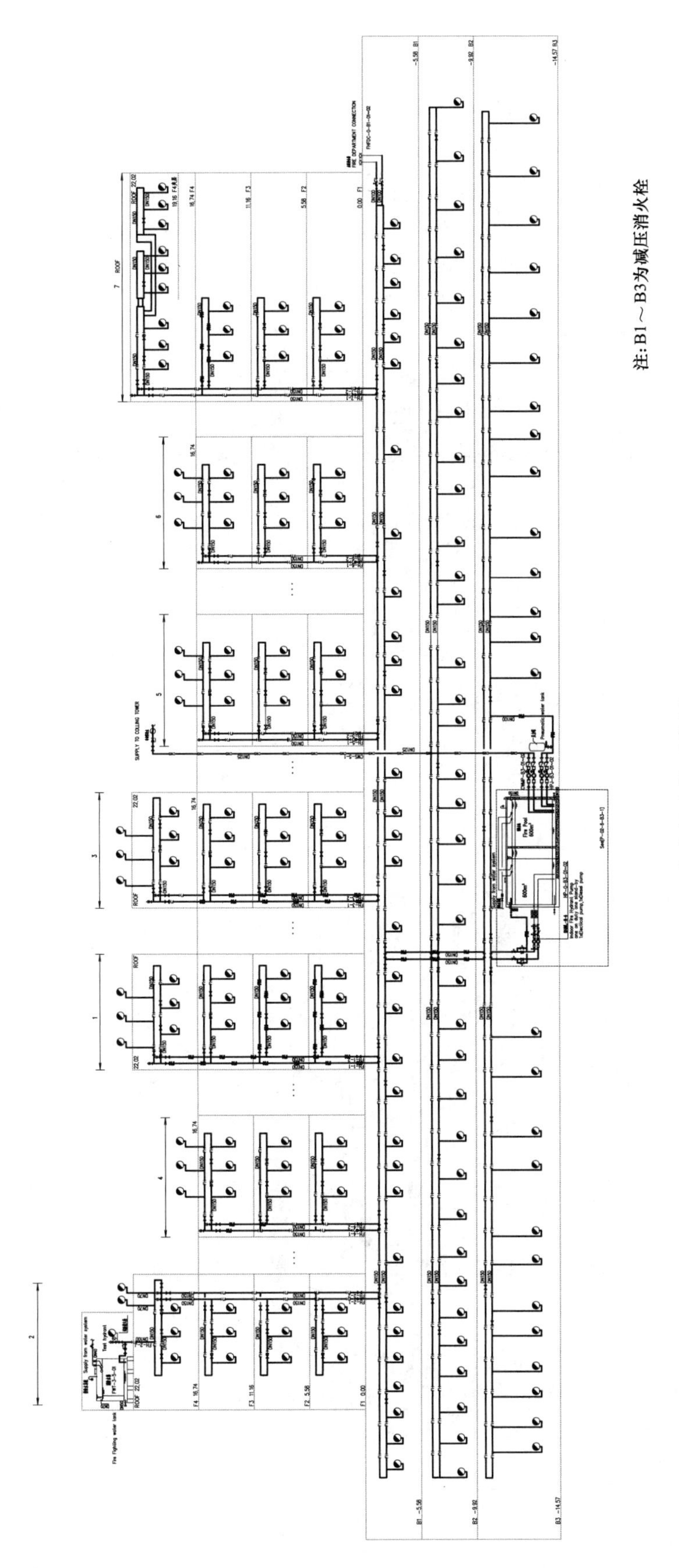

注:B1～B3为减压消火栓

室内消火栓系统图

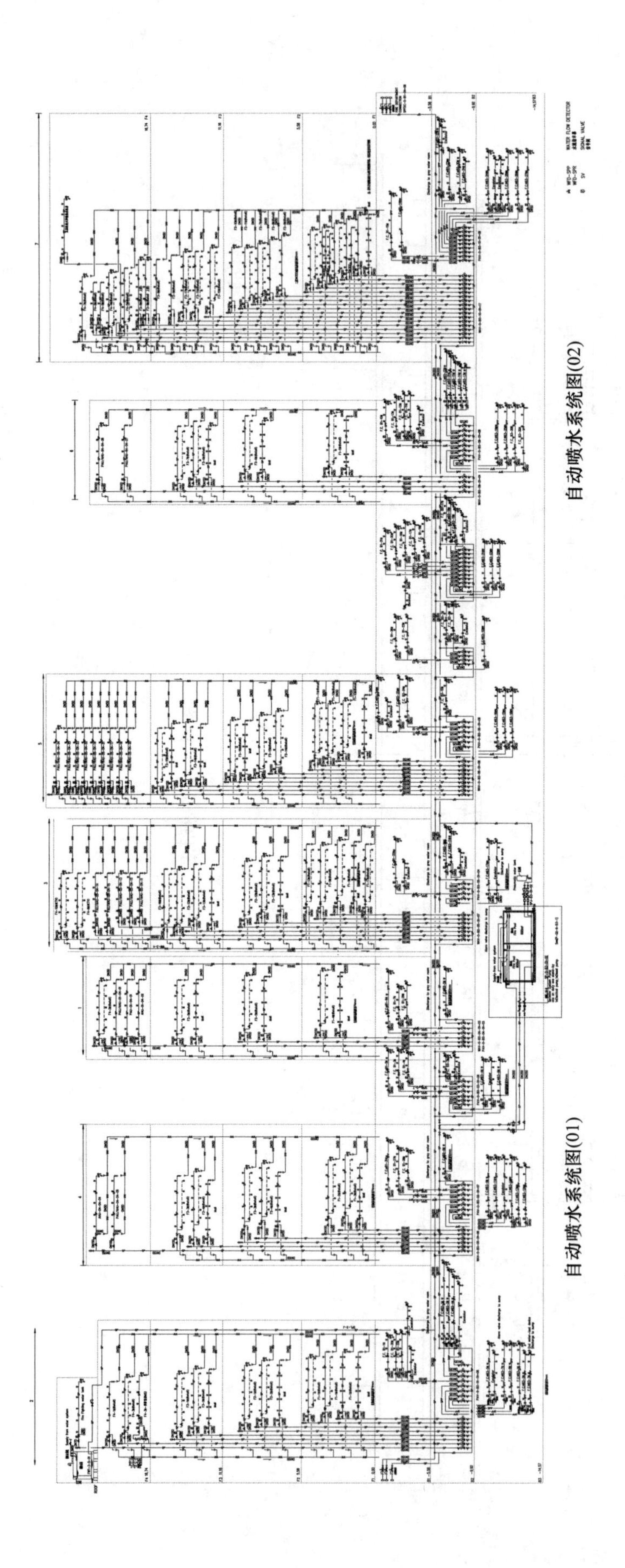

自动喷水系统图(01)

自动喷水系统图(02)

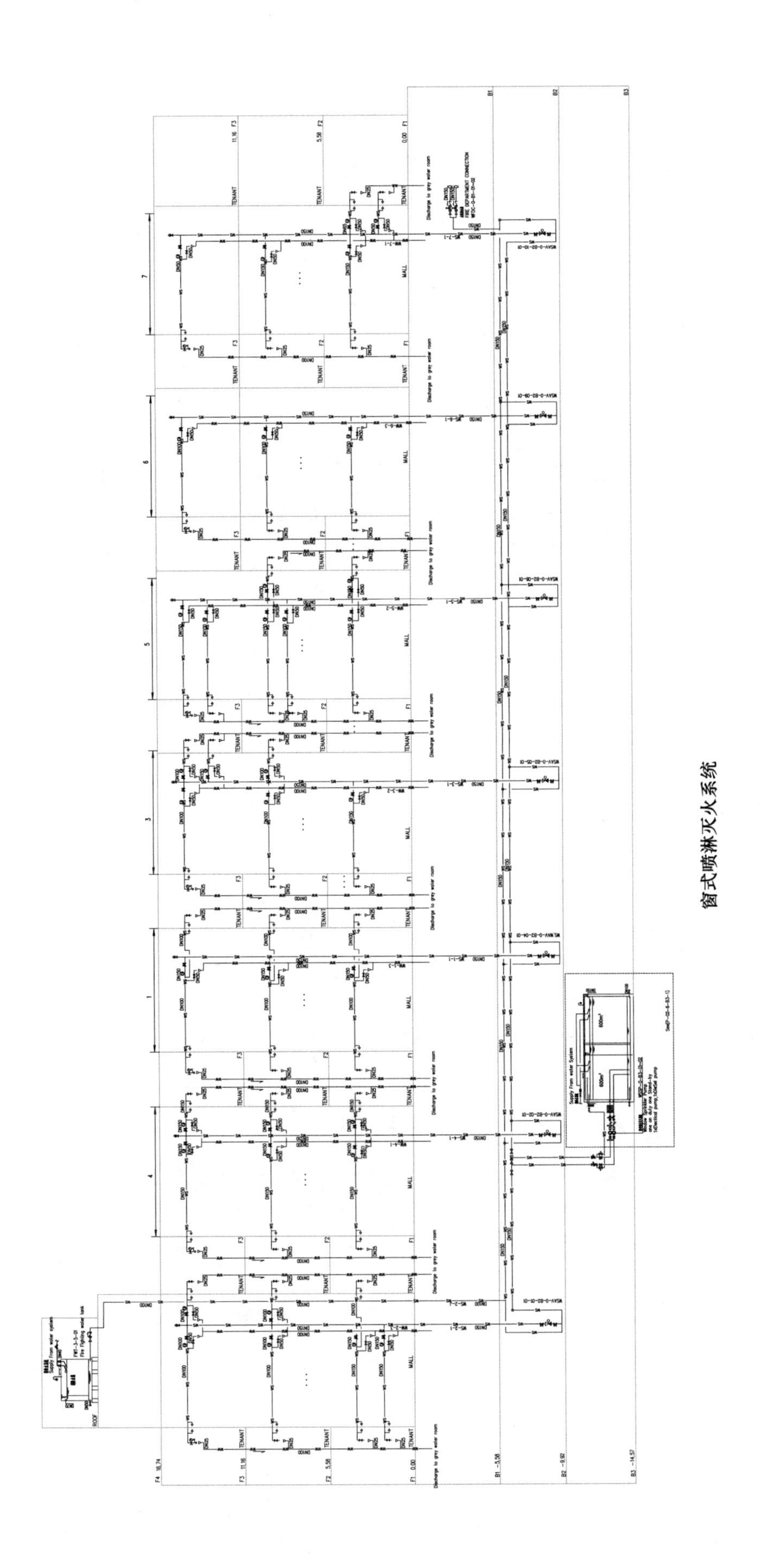

窗式喷淋灭火系统

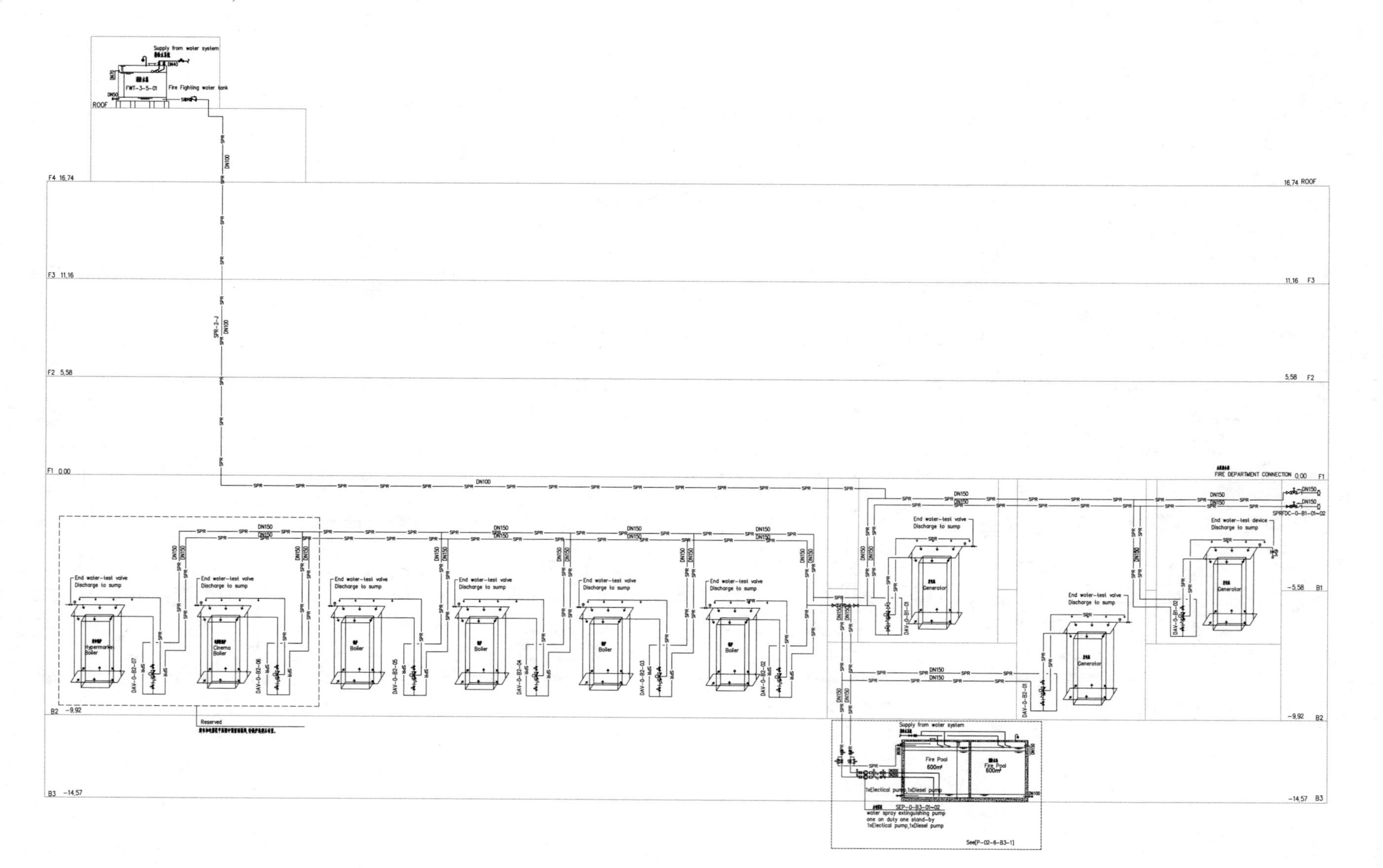
Supply from water system
FWT-3-5-01
Fire Fighting water tank
ROOF
F4 16.74
16.74 ROOF
F3 11.16
11.16 F3
F2 5.58
5.58 F2
F1 0.00
FIRE DEPARTMENT CONNECTION 0.00 F1
SPRFDC-0-B1-01-02
-5.58 B1
B2 -9.92
-9.92 B2
B3 -14.57
-14.57 B3
End water-test valve
Discharge to sump
End water-test device
Generator
Boiler
Cinema Boiler
DAV-0-B2-07
DAV-0-B2-06
DAV-0-B2-05
DAV-0-B2-04
DAV-0-B2-03
DAV-0-B2-02
DAV-0-B1-01
DAV-0-B1-02
DAV-0-B2-01
Reserved
Fire Pool
600m³
1xElectical pump,1xDiesel pump
SEP-0-B3-01-02
water spray extinguishing pump
one on duty one stand-by
1xElectical pump,1xDiesel pump
See[P-02-6-B3-1]

水喷雾灭火系统图

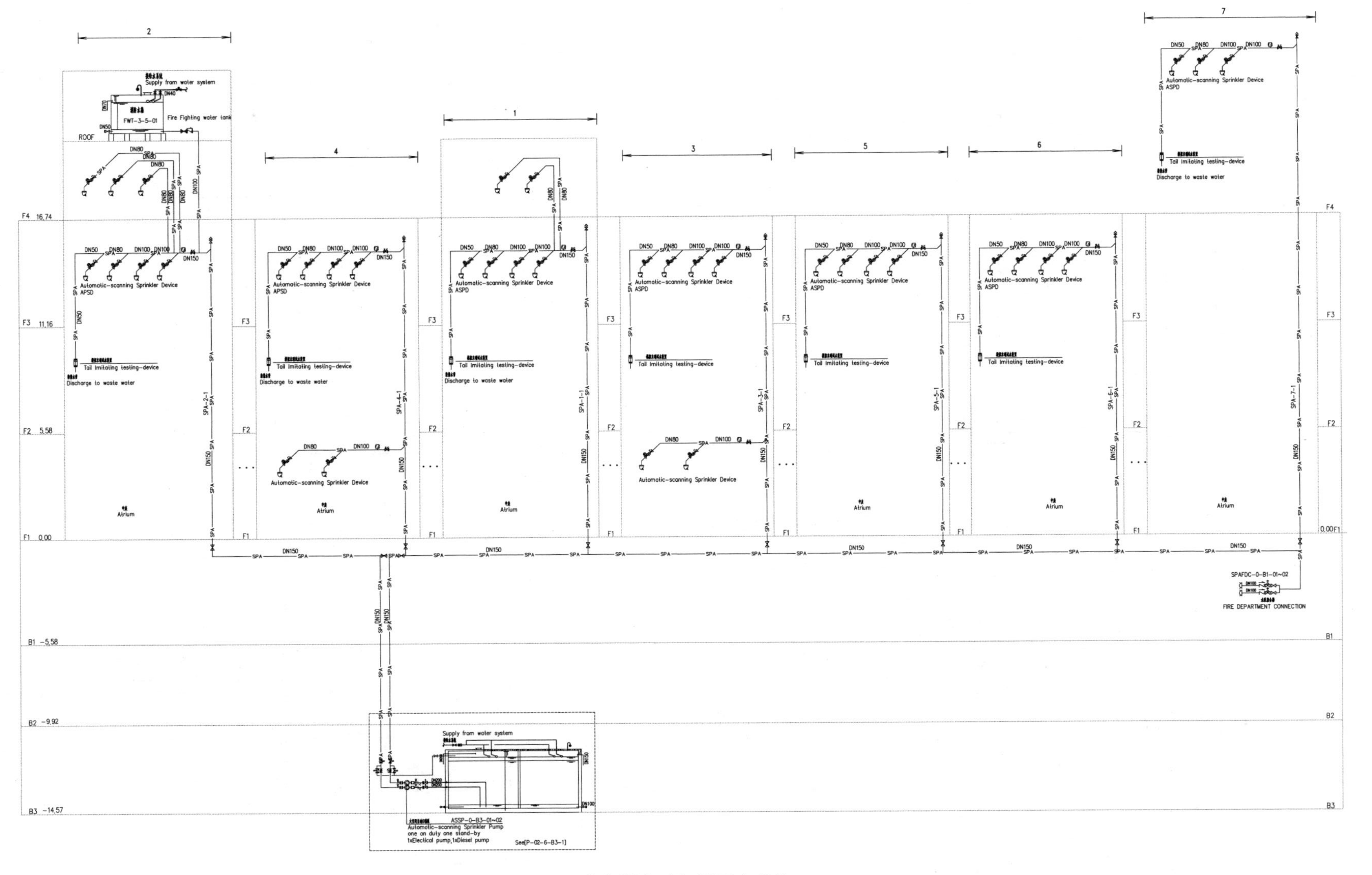

大空间自动扫描灭火系统

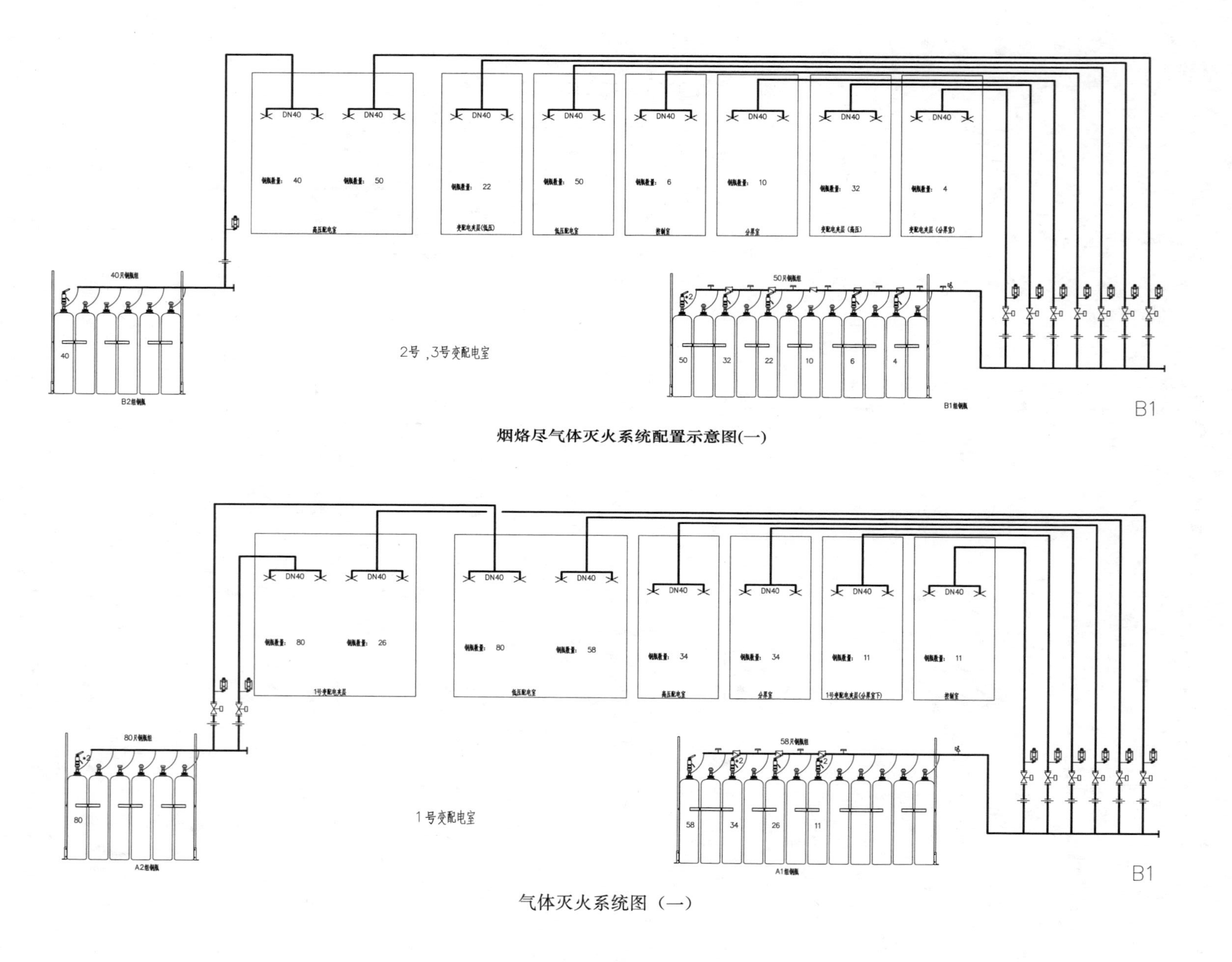

烟烙尽气体灭火系统配置示意图(一)

气体灭火系统图（一）

苏州中润广场

设计单位：华东建筑设计研究院有限公司华东建筑设计研究总院
设 计 人：李鸿奎　徐霄月　陈钢　许培　陶俊
获奖情况：公共建筑类　三等奖

工程概况：

苏州中润广场项目位于苏州吴中区行政办公核心区域，南临文曲路，北临宝带东路，东临今后的吴中区体育文化中心，西临东苑路，交通便利，地理位置优越。总用地约 26760m^2，总建筑面积 216322.32m^2。本项目地上为由超高层主楼普通办公及高级商务办公，副楼商务办公楼及大型商业 MALL 裙房共同组成的群落建筑，其中超高主楼性质为普通办公及高级商务办公（酒店式公寓），地上共 42 层，建筑物高度为 178.300m（大屋面），其上为钢结构构架，最高点标高 220.00m；副楼商务办公楼地上 26 层，建筑物高度为 98.400m（大屋面）；北侧裙房功能为大型商业 MALL，共 5 层；南侧为超高层及高层裙房，功能为商业及主楼配套，共 5 层；建筑物高度为 25.5m（大屋面）。

主楼（办公及高级商务办公）地上 42 层，商务办公楼地上 26 层，建筑物高度为 98.400m（大屋面）；商业街地上 4 层，建筑物高度为 18.00m（大屋面）。

工程说明：

一、给水排水系统

（一）给水系统

1. 冷水用水量（表 1）：最高日用水量：2017.96m^3/d；最大时用水量：228.21m^3/h。

冷水用水量　　表 1

编号	名 称	设计人数(人)	用水标准 (L/(人·d))	时变化系数 K	使用时间 (h)	最大日用水量 Q_d(m^3/d)	最大时用水量 Q_h(m^3/h)	平均时用水量 Q_h(m^3/h)
主楼	高级商务办公生活用水量(二十七～四十二层)							
1	酒店式公寓	600	300	2.5	24	180	18.75	7.5
2	酒店	210	400	2.5	24	84	8.75	3.5
3	餐饮	250	60	1.5	12	15	1.88	1.25
4	SPA	60	200	2	12	12	2	1
5	服务员工	90	100	2.5	24	9	0.94	0.38
6	未预见水量	/	15%	/	/	45	4.85	2.04
7	小计					345	37.16	15.67

续表

编号	名称	设计人数(人)	用水标准(L/(人·d))	时变化系数 K	使用时间(h)	最大日用水量 Q_d(m^3/d)	最大时用水量 Q_h(m^3/h)	平均时用水量 Q_h(m^3/h)
主楼	普通办公生活用水量(十六~二十六层)							
8	普通办公	2200	50	1.5	10	110.00	16.50	11.00
9	服务员工	50	100	2.5	24	5.00	0.52	0.21
10	未预见水量	/	15%	/	/	17.25	2.55	1.68
11	小计					132.25	19.57	12.89
商务办公楼								
12	商务办公	672	300	2.5	24	201.60	21.00	8.40
13	服务员工	50	100	2.5	24	5.00	0.52	0.21
14	未预见水量	/	15%	/	/	30.99	3.23	1.29
15	小计					237.59	24.75	9.90
裙房								
16	员工	100	100	2.5	24	10.00	1.04	0.42
17	餐饮	3000	50	1.5	12	150.00	18.75	12.50
18	商场	20000	8	1.5	12	160.00	20.00	13.33
19	会议厅	400	8	2.0	4	3.20	1.60	0.80
20	咖啡厅	200	15	1.5	16	3.00	0.28	0.19
21	娱乐	1500	3	2.0	12	4.50	0.75	0.38
22	健身	100	50	1.5	12	5.00	0.63	0.42
23	美容	100	80	1.5	12	8.00	1.00	0.67
24	未预见水量	/	15%	/	/	51.56	6.61	4.30
25	小计					395.26	50.66	33.00
地下超市								
26	超市	12000m^2	7	1.5	12	84.00	10.50	7.00
27	员工	50	100	2.5	24	5.00	0.52	0.21
28	未预见水量	/	15%	/	/	13.35	1.65	1.08
29	小计					102.35	12.67	8.29
其他用水								
30	冷却塔补水	循环量 4341m^3/h	1.5%	1.0	12	781.00	65.00	65.00
31	车库冲洗	30000	2	1.0	8	60.00	7.50	7.50
32	未预见水量	/	15%	/	/	12.62	1.09	1.09
33	小计					967.15	83.40	83.40
34	总计					2017.96	228.21	163.15

2. 水源

市政自来水公司管网供水，供水压力 0.20MPa。

3. 系统竖向分区（表 2~表 4）

主楼（高级商务办公及普通办公）分区　表2

		分区楼层	供水形式	最大静水压力(MPa)	最不利点压力(MPa)
高级商务办公（酒店公寓）	1区	三十八～四十二层	屋顶生活水箱重力供水	0.35	0.1
	2区	三十三～三十七层	减压供水(三十七层)	0.35	0.1
	3区	二十八～三十二层	减压供水(三十二层)	0.35	0.1
普通办公	1区	二十五～二十七层	恒压变频泵供水	0.30	0.1
	2区	十九～二十四层	生活水箱重力供水	0.35	0.1
	3区	十三～十八层	生活水箱减压供水(十八层)	0.35	0.1
	4区	六～十二层	生活水箱减压供水(十二层)	0.35	0.1

商务办公楼分区　表3

		分区楼层	供水形式	最大静水压力(MPa)	最不利点压力(MPa)
商务办公	1区	二十～二十六层	屋顶生活水箱重力供水	0.35	0.1
	2区	十三～十九层	减压供水(十九层)	0.35	0.1
	3区	六～十二层	减压供水(十二层)	0.35	0.1

裙房及地下室分区　表4

		分区楼层	供水形式	最大静水压力(MPa)	最不利点压力(MPa)
裙房	1区	三～五层	变频供水	0.35	0.1
	2区	地下二层～三层	市政直接供水	0.30	0.10

4. 供水方式及给水加压设备

本工程地下三层～地上二层采用市政管网压力直接供给；其余地上部分采用水泵水箱联合形式和变频供水设备供给。按使用功能要求，分别设置各自独立的加压供水系统。高级商务办公（主楼）采用串联供水方式，在十六层避难层设置转输水箱；普通办公（主楼）、采用水箱＋加压泵联合供水，高区部分，变频给水泵组供水；商务办公楼供水采用水箱＋加压泵联合供水；裙房商业分南、北区域设置变频给水泵组供水。供水区域静水压力 0.15MPa≤P≤0.45MPa，供水水压＞0.20MPa，采设置减压阀方式减压。

分质供水：除高级商务办公（主楼）采用净化水处理水供水（净化水处理站设置在十六层），冷却塔补充水采用消防水池用水（合用及设置消防用水量不被使用的虹吸破坏措施），其余部分均为市政自来水水质供水（表5～表7）。

主楼（普通办公，高级商务办公）　表5

区域	增压设备(加压楼层)	设置位置
高级商务办公(酒店式公寓)(二十八～四十二层)	转输加压泵 Q=20m^3/h,H=100m,N=22kW 2台(1用1备)(地下三层～十六层)	地下三层水泵房
	原水泵 Q=20m^3/h,H=35m,N=5.5kW 2台(1用1备) 反冲洗水泵 Q=95m^3/h,H=25m,N=75kW 2台(1用1备) 净水加压泵 Q=40m^3/h,H=150m,N=37kW 2台(1用1备)(十六层～201.80m层)	十六层水泵房
普通办公(六～二十六层)	给水加压泵 Q=20m^3/h,H=150m,N=22kW 2台(1用1备)(地下三层～二十八层)	地下三层水泵房
	变频给水泵组 Q=5m^3/h,H=15m,N=1.5kW (1用1备)(二十五～二十七层)	二十八层水泵房

商务办公楼 表 6

区域	增压设备(加压楼层)	设置位置
六～二十六层	给水加压泵 Q=30m³/h,H=135m,N=22kW 2 台(1 用 1 备) (地下三层～104.70m 层)	地下三层水泵房

裙房（商业） 表 7

区域	增压设备(加压楼层)	设置位置
南裙房 三～五层	给水加压泵 Q=15m³/h,H=55m,N=11kW 3 台(2 用 1 备) (地下三层～五层)	地下三层水泵房
北裙房 三～五层	给水加压泵 Q=10m³/h,H=55m,N=7.5kW 3 台(2 用 1 备) (地下三层～五层)	

5. 管材

(1) 室内部分

生活冷、热水给水管采用薄壁不锈钢管，泵房内管道，生活泵进、出水管等采用法兰连接；给水支管：冷水管采用环压式连接。

(2) 室外部分

给水管、消防给水管：管径大于或等于 $DN100$ 采用球墨铸铁给水管，管径小于 $DN100$，采用热浸镀锌钢管，外设防腐层。

(二) 热水系统

1. 热水用水量（表 8）：(60℃) 最高日：298.44m³/d；最大时：40.73m³/h。

热水用水量 表 8

编号	名 称	数量	单位	用水标准	单位	小时变化系数 K	使用时间 (h)	最大日用水量 Q_d(m³/d)	最大时用水量 Q_h(m³/h)	设计小时耗热量 (万 cal)	设计小时耗热量 (kW)
	标准双床房	900	床	100	L/(人·d)	3.3	24	90.00	12.38	68.09	791.93

2. 热源

酒店部分热水系统热媒为热水（高温）锅炉；其余部分卫生间为局部热水供应系统，采用容积式电热水器供应热水。

3. 系统竖向分区：同冷水系统。

4. 供水系统及热交换器

本项目主楼高级商务办公（酒店公寓），仅为客房采用集中热水供应系统，无公共酒店配套设施。采用（立式）半容积式水-水加热器，设置热水循环泵保证供应热水水温。

热交换器参数见表 9。

热交换器参数 表 9

热交换器用途	热交换器设置楼层	热交换器型号及规格、数量
高级商务办公(酒店式公寓)	主楼二十八层热交换器机房	ϕ1200,V=2.0m³,Fi=12.2m² 六台

5. 冷、热压力平衡措施、热水温度的保证措施

冷、热水采用同源，变频给水泵组采用一频一泵配置热水、热回水管道设置为同程。

6. 管材

热水给水管、热回水管采用薄壁不锈钢管，环压连接。

(三) 排水系统

1. 本工程室内污、废合流，设置环形、专用通气立管；高级商务办公（酒店式公寓）、商务办公楼排水采用 WAB 特殊单立管排水系统（加强型旋流器）。特殊单立管排水系统设置 WAB 导流接头，底部应设大曲率 WAB 弯头接入汇流排水横管，并设辅助通气管。地下层卫生间污水集中至污水提升装置机房，排至室外污水管。室外雨、污废分流雨水管直接排入市政雨水管，污、废水在基地总排水口设置隔栅沉砂井排入市政污水管。

2. 采用的局部污、废水处理设施

餐饮厨房排水排至地下室隔油装置机房新鲜油脂分离器隔油后（自带排水泵）提升排至室外污、废水合流管道。

3. 管材

室内部分：排水管采用机制排水铸铁管，法兰连接；雨水管均采用 HDPE 塑料排水管及配件，卡箍连接。

4. 室外部分：HDPE 双壁缠绕塑料排水管，弹性密封圈承插连接；排水窨井：塑料排水检查井。

二、消防系统

(一) 消火栓系统

1. 消防用水量

室外消火栓消防用水量 30L/s，火灾延续时间 3h；室内消火栓消防用水量 40L/s，火灾延续时间 3h。

2. 消防水源：

本工程市政自来水管道两路供水，至地下室消防水池，室内消防水泵汲取消防水池内水源供至消防供水系统。

3. 供水方式及系统分区（表 10）

本工程室外消火栓系统采用低压制，由市政自来水两路供水，供水压力及供水流量均满足室外消火栓系统要求。室内消火栓系统采用临时高压系统，整个工程室内消火栓给水系统，为一个供水系统。）主楼（高级商务办公及普通办公）为超高层建筑，为直接串联供水。在主楼（高级商务办公及普通办公）二十八层设置中间水箱；屋顶设置室内消火栓消防稳压装置和消防水箱（有效容积 $18m^3$）。

消火栓系统供水方式及系统分区 **表 10**

<table>
<tr><th>供水分区</th><th colspan="2">功能及楼层</th><th>供水方式</th><th>减压阀位置</th><th>高位水箱</th></tr>
<tr><td rowspan="4">低区</td><td rowspan="2">主楼及裙房、地下室</td><td>1 区：六～十九层</td><td>低区消防水泵</td><td>十九层</td><td rowspan="2">主楼二十八层
（中间水箱）</td></tr>
<tr><td>2 区：地下三层～五层</td><td>低区消防水泵＋减压阀</td><td>地下三层</td></tr>
<tr><td rowspan="2">商务办公楼</td><td>1 区：十七～屋顶</td><td>低区消防水泵</td><td>/</td><td rowspan="2">主楼二十八层
（中间水箱）</td></tr>
<tr><td>2 区：六～十六层</td><td>低区消防水泵＋减压阀</td><td>十六层</td></tr>
<tr><td rowspan="2">高区
（主楼）</td><td colspan="2">1 区：三十三层屋顶</td><td>高区消防水泵</td><td>/</td><td>屋顶消防水箱</td></tr>
<tr><td colspan="2">2 区：二十～三十二层</td><td>高区消防水泵＋减压阀</td><td>三十二层</td><td>屋顶消防水箱</td></tr>
</table>

4. 消火栓水泵等（参数）

低区（地下三层消防水泵房）

室内消火栓系统：Q=40L/s，H=150m，N=110kW（1备1用）。

高区（主楼二十八层消防水泵房）

室内消火栓系统：Q=40L/s，H=120m，N=90kW（1备1用）。

主楼屋顶消防水泵房

室内消火栓稳压装置（泵）：Q=5L/s，H=35m，N=2.2kW（1备1用）、稳压罐有效容积300L。

5. 水泵接合器：

室内消火栓系统（低区两个分区）DN150，P=1.6MPa，3套×2。

6. 管材：消防给水管：管径大于或等于DN100采用热浸无缝钢管，二次安装，机械沟槽式接口；管径小于DN100采用热浸镀锌钢管，丝扣接口。

（二）自动喷水灭火系统

1. 用水量

自动喷水灭火系统的用水量35L/s，火灾延续时间1h。

喷水强度：

(1) 危险等级：地下室超市仓储（仓库危险Ⅱ级）

设计喷水强度：12L/(min·m^2)，作用面积：240m^2，喷头工作压力：0.10MPa。

(2) 危险等级：汽车库、商场等（中危险Ⅱ级）

设计喷水强度：8L/(min·m^2)，作用面积：160m^2，喷头工作压力：0.10MPa。

(3) 危险等级：其余部分（中危险Ⅰ级）

设计喷水强度：6L/(min·m^2)，作用面积：160m^2，喷头工作压力：0.10MPa。

系统设计流量Q=60L/s。

2. 消防水源

同消火栓系统。

3. 供水方式及系统分区（表11）

本工程自动喷水灭火系统采用临时高压系统，整个工程自动喷水灭火系统给水系统为一个供水系统。主楼（高级商务办公及普通办公）为超高层建筑，为直接串联供水。自动喷水灭火系统水泵设置在地下3层消防水泵内，其系统高区由设置在屋顶层（主楼最高层）消防稳压装置稳压，低区由设置主楼二十八层中间消防水箱稳压，系统均为湿式系统。消防泵加压供水至自动喷水灭火系统供水环网接入分设各区域附近湿时报警阀间供水管道供水。

自喷系统供水方式及系统分区 **表11**

<table>
<tr><th>供水分区</th><th colspan="2">功能及楼层</th><th>供水方式</th><th>报警阀位置</th><th>高位水箱</th></tr>
<tr><td rowspan="3">低区</td><td rowspan="2">主楼及裙房、地下室</td><td>1区:六～二十五层</td><td>低区消防水泵</td><td>裙房五层</td><td rowspan="2">主楼二十八层(中间水箱)</td></tr>
<tr><td>2区:地下三层～五层</td><td>低区消防水泵+减压阀</td><td>地下三层</td></tr>
<tr><td>商务办公楼</td><td>六层屋顶</td><td>低区消防水泵</td><td>裙房五层</td><td>主楼二十八层(中间水箱)</td></tr>
<tr><td>高区(主楼)</td><td colspan="2">二十六层屋顶</td><td>高区消防水泵</td><td>二十八层(主楼)</td><td>屋顶消防水箱及稳压装置</td></tr>
</table>

4. 消防泵等参数

(1) 自动喷水灭火系统水泵：Q=30L/s，H=160m，N=90kW（2备1用）

(2) 自动喷水灭火系统水泵：Q=30L/s，H=100m，N=55kW（1备1用）

(3) 消防稳压装置：Q=1L/s，H=28m，N=2.2kW（1备1用）、稳压罐有效容积150L；

(4) 闭式喷头：除地下车库采用易熔合金闭式喷头外，其余部分均采用玻璃泡闭式喷头，所有喷头均为K=80，快速响应喷头，地下室超市仓储喷头均为K=115，不得采用隐蔽型吊顶喷头。地下汽车库及无吊顶设备用房采用直立型喷头，厨房部位采用上下喷式喷头或直立型喷头。

温级：喷头动作温度除厨房、热交换机房等部位采用93℃级，其余均为68℃级（玻璃球）或72℃级（易熔合金）。

(5) 湿式报警阀组：DN150，P=1.2MPa，31套。

5. 水泵接合器：自动喷淋系统DN150，P=1.6MPa，8套。

6. 管材：同室内消火栓系统。

（三）水喷雾灭火系统

锅炉房、柴油发电机房采用水喷雾灭火系统，就近设置雨淋阀站，由自动喷水灭火系统管网供水至雨淋阀站。喷雾强度采用20L/(min·m^2)，持续喷雾时间为0.5h，系统设计用水量27L/s，水雾喷头工作压力大于或等于0.35 MPa。系统与自动喷水灭火系统合用消防水泵。系统控制方式：采用自动控制、手动控制和应急机械启动。

（四）气体灭火系统

地下室及主楼内的通信机房、高压配电室、开关室设置IG-541气体灭火系统。IG-541气体灭火系统灭火设计浓度为37.5%，当IG-541混合气体灭火剂喷放至设计用量的95%时，其喷放时间不应大于60s，且不应小于48s。灭火浸渍时间为10min。系统控制方式：采用自动控制、手动控制和应急机械启动。

（五）大空间智能型主动喷水灭火系统

系统设置：本工程裙房商业中庭净高大于12.00m的大空间内，设置大空间智能型主动喷水灭火系统。单台流量：5L/s，工作压力：0.6MPa，射程20m，全面积保护，两行布置，同时开启水炮个数4个，设计流量20L/s，独立消防系统供水。大空间智能型主动喷水灭火系统水炮加压水泵与自动喷水灭火系统加压泵合用，采用高位消防水箱（中间水箱）稳压。系统采用自动启动、控制室手动控制、现场控制三种方式。

三、工程特点及设计体会

1. 给水系统根据使用功能及各自塔楼需求设置了独立供水系统，满足相关规范设计及使用要求，同时该系统充分节水、节能要求。

2. 热水系统根据不同需求，在商场及办公区域设置了局部热水系统，高级商务办公（酒店式公寓）设集中生活热水供应。热水系统满足相关规范设计及使用要求，同时更有利于管理及节能。

3. 主、副塔楼、裙房和地下室为一个消防给水系统，室外消火栓系统为低压制，由市政自来水管网直接供水。室内消火栓系统、自动喷水灭火系统均采用临时高压串联给水系统，在地下层消防水泵房设置消防水池、消火栓系统给水主泵、自动喷水灭火系统给水主泵、转输水泵；主楼二十七层避难层设置转输水箱和消火栓系统串联给水主泵、自动喷水灭火系统串联给水主泵；主楼屋顶设置消防水箱和消火栓系统、自动喷水灭火系统稳压装置。超高超建筑采用临时高压串联给水系统，使该系统符合相关规范设计要求同时，使系统更安全、可靠；超大型商业综合体，整个工程统一消防系统，更便于管理和日常维护，对今后加入城市消防物联网打下良好的基础。

四、工程照片及附图

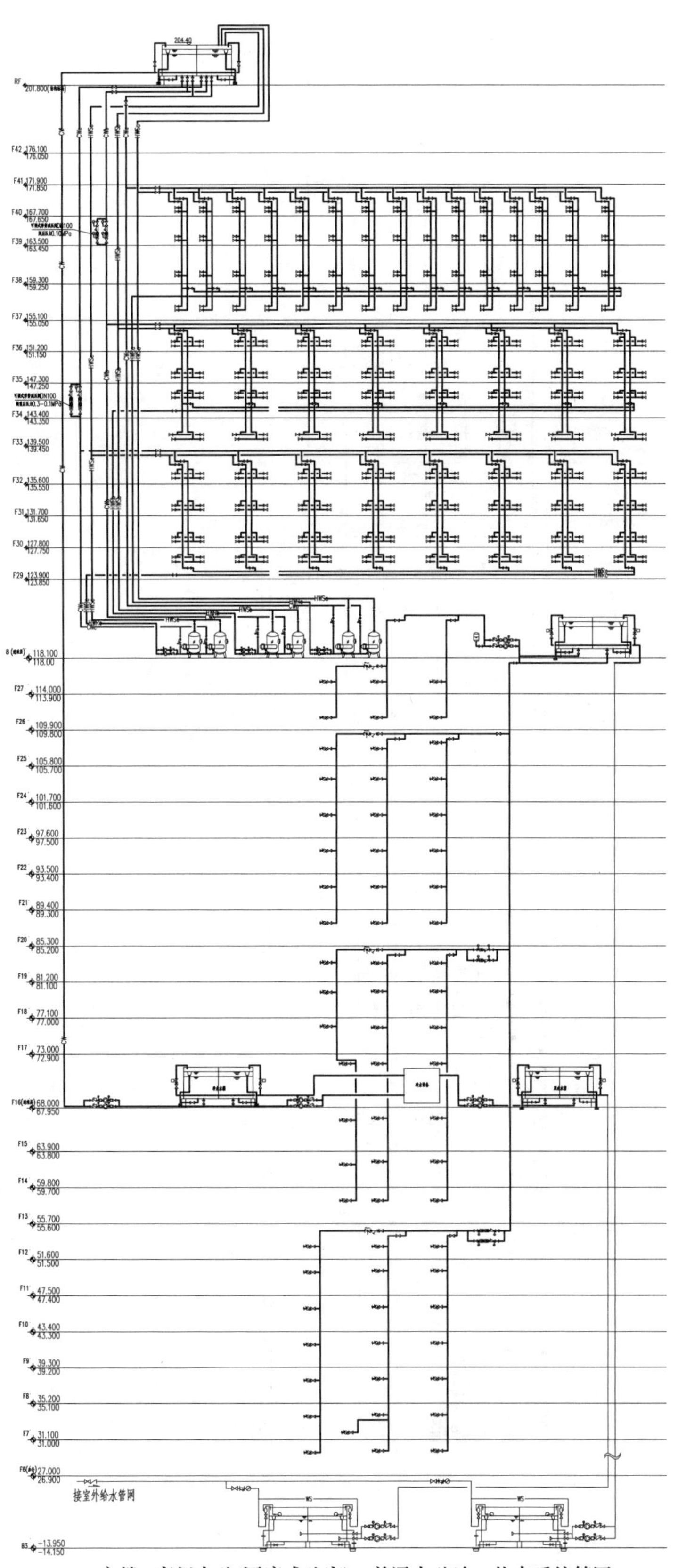

主楼：高级办公(酒店式公寓)、普通办公冷、热水系统简图

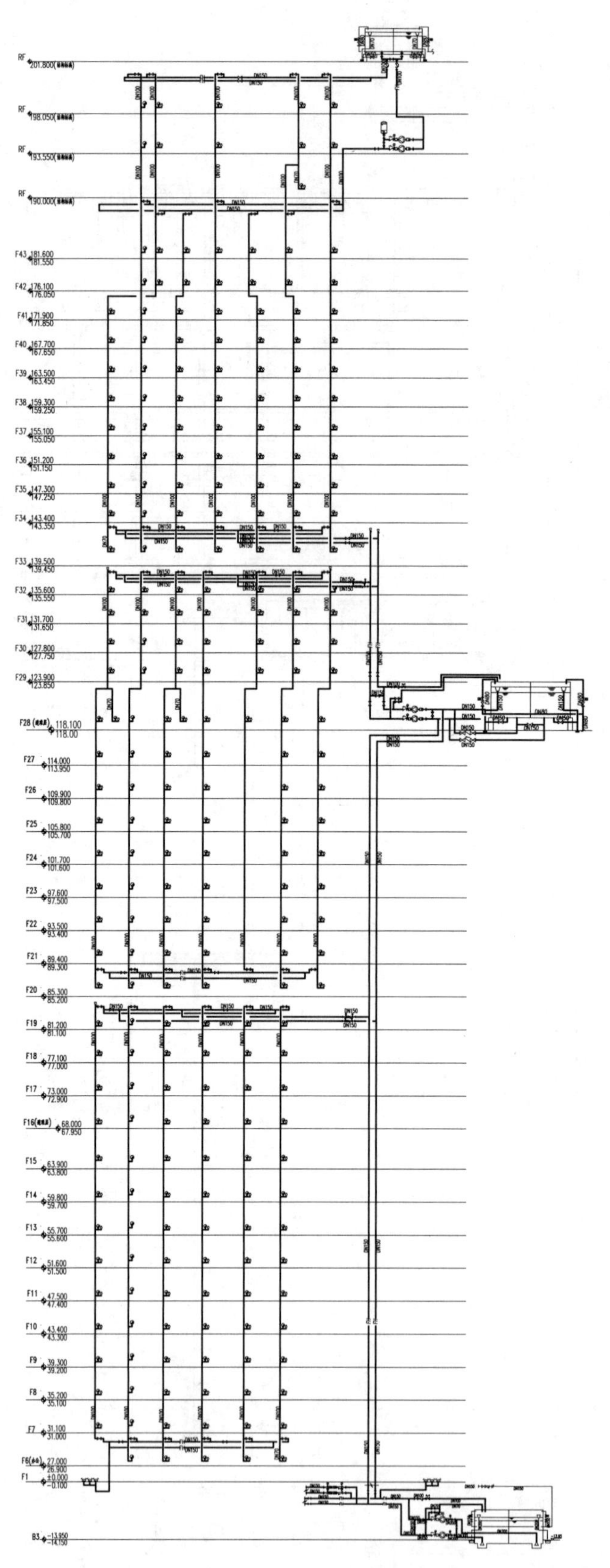

主楼：高级办公(酒店式公寓)、普通办公消火栓系统简图

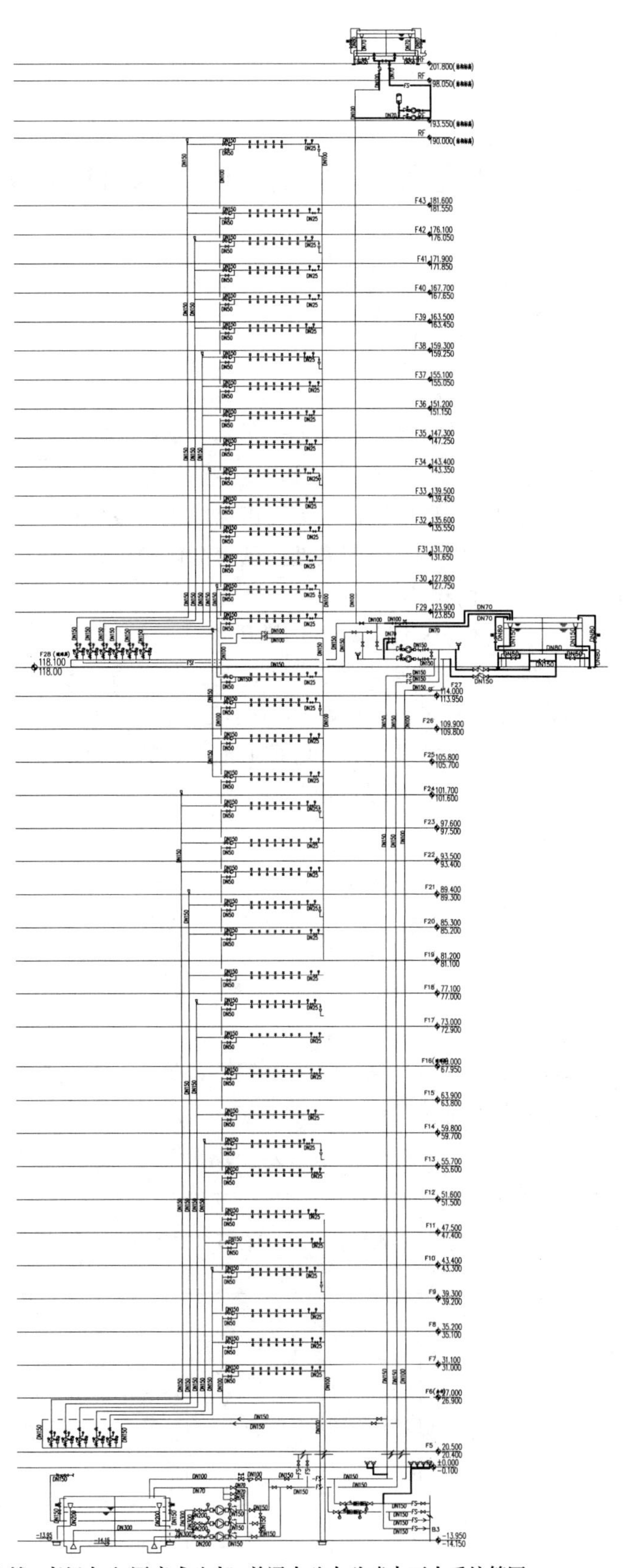

主楼：高级办公(酒店式公寓)、普通办公自动喷水灭火系统简图

无锡灵山耿湾会议酒店和会议中心项目

设计单位：华东建筑设计研究院有限公司华东建筑设计研究总院
设 计 人：李鸿奎　陈钢　陈欣晔　徐霄月　陶俊
获奖情况：公共建筑类　三等奖

工程概况：

无锡灵山耿湾会议酒店和会议中心项目地块位于无锡市灵山旅游度假区规划道路东面，东至山湾。在区位上，基地位于度假区的东侧邻美丽的山谷，面朝太湖。耿湾会议酒店和会议中心项目位于禅意小镇的 H 地块，用地面积约 44598.71m^2，总建筑面积 77851.83m^2。本工程整体由一幢 6 层酒店主楼、一幢一层会议群体建筑组成，地下一层停车库、康体健身区及其地下辅助用房共同组成。总建筑高度 23.80m，属于多层建筑。五星及酒店共设置约 399 间客房，一～四层为多人间，五、六层为商务套房及行政房。公共区三层为全日餐厅、四层为会议及多功能厅、五、六层为行政酒廊。会议中心主要由一个可容纳 1200 人的多功能大会议室，一个可容纳 450 人的多功能会议室，以及 2 个可容纳 150 人的中会议室，一个展览空间和 4 个可容纳 40 人的小会议室等组成。

工程说明：

一、给水排水系统

（一）给水系统

冷水用水量（表 1、表 2）

1. 酒店部分：最大日用水量：Q=1098.69m^3/d，最高时用水量：Q=122.28m^3/h，会议中心部分：最大日用水量：Q=341.85，m^3/d；最大时用水量：Q=44.85m^3/h。

酒店冷水用水量　　表 1

编号	名称	数量	单位	用水标准	单位	小时变化系数 K	使用时间 H(h)	最大日用水量 Q_d(m^3/d)	平均时用水量 Q_h(m^3/h)	最大时用水量 Q_h(m^3/h)
1	标准双床房	237	套	400	L/(人·d)	2.5	24	189.60	7.90	19.75
2	大床房	105	套	400	L/(人·d)	2.5	24	84.00	3.50	8.75
3	非标套间	28	套	400	L/(人·d)	2.5	24	22.40	0.93	2.33
4	商务套间	26	套	400	L/(人·d)	2.5	24	20.80	0.87	2.17
5	双床套房	6	套	400	L/(人·d)	2.5	24	9.60	0.40	1.00
6	总统套房	1	套	400	L/(人·d)	2.5	24	1.60	0.07	0.17
7	酒店员工	403	人	100	L/(人·d)	2.5	24	40.30	1.68	4.20

续表

编号	名称	数量	单位	用水标准	单位	小时变化系数 K	使用时间 H(h)	最大日用水量 Q_d(m^3/d)	平均时用水量 Q_h(m^3/h)	最大时用水量 Q_h(m^3/h)
8	餐饮区西餐厅	150	人	50	L/人次	1.5	12	22.50	1.88	2.81
9	餐饮区中餐厅	300	人	50	L/人次	1.5	12	45.00	3.75	5.63
10	餐饮区风味餐厅	150	人	50	L/人次	1.5	12	22.50	1.88	2.81
11	餐饮区包厢	90	人	50	L/人次	1.5	12	13.50	1.13	1.69
12	洗衣房	1828	kg	60	L /kg・干衣	1.5	8	109.68	13.71	20.57
13	泳池补水	450	m^3	10%		1.5	10	45.00	4.50	6.75
14	桑拿浴	434	人	150	L/人次	1.	12	65.10	5.43	8.14
15	健身中心	200	位	40	L/人次	1.5	12	16.00	1.33	2.00
16	员工餐厅	310	位	25	L/人次	1.5	12	23.25	1.94	2.91
17	车库冲洗水	5062	m^2	2	L/(m^2・次)	1	8	10.12	1.27	1.27
18	冷却循环水补水	1644	m^3/h	15%		1	16	246.59	15.41	15.41
19	未预见水量	/		15%		/	/	111.14	7.82	13.94
20	共计							1098.69	75.37	122.28

会议中心冷水用水量 **表 2**

编号	名称	数量	单位	用水标准	单位	小时变化系数 K	使用时间 H(h)	最大日用水量 Q_d(m^3/d)	平均时用水量 Q_h(m^3/h)	最大时用水量 Q_h(m^3/h)
1	会议厅	460	位	8	L/人次	1.5	4	7.36	1.84	2.76
2	餐饮	2675	位	50	L/人次	1.5	12	267.50	22.29	33.44
3	车库冲洗水	11200	m^2	2	L/(m^2・次)	1	8	22.40	2.80	2.80
4	未预见水量	/		15%		/	/	44.59	4.04	5.85
5	共计							341.85	30.97	44.85

2. 水源

市政自来水公司管网供水，供水压力 0.15MPa。

3. 系统竖向分区见表 3。

系统竖向分区 **表 3**

序号	区域层数	供水方式	最不利处 P1 静水压(MPa)	最有利处 P2 静水压(MPa)	备注
1	酒店公共部分地下一层(原水)	市政自来水直接供水	0.15	0.45	$0.15 \leqslant P \leqslant 0.45$
2	酒店公共部分一～六层(原水)	变频给水组	0.15	0.32	$0.15 \leqslant P \leqslant 0.45$
3	酒店洗衣房软化水(地下一层)	变频给水组	0.20	0.45	$0.15 \leqslant P \leqslant 0.45$
4	酒店公共部分净水(地下一层～四层)	变频给水组	0.20	0.45	$0.15 \leqslant P \leqslant 0.45$
5	酒店客房净水(地下一夹层～三层)	变频给水组	0.20	0.32	$0.15 \leqslant P \leqslant 0.45$
6	酒店客房净水(四～六层)	变频给水组	0.20	0.28	$0.15 \leqslant P \leqslant 0.45$
7	会议中心餐饮	变频给水组	0.20	0.30	$0.15 \leqslant P \leqslant 0.45$

4. 供水方式及给水加压设备

（1）供水方式：本工程地下层由市政自来水管网直接供水。酒店：原水给水系统，地上一层～六层由变频给水泵组供水；净水系统：地下一夹层～三层、四～六层分别各自由变频给水泵组供水；会议区：人防上部卫生间、厨房采用变频给水泵组其余由市政直接供水。供水区域静水压力 0.15MPa≤P≤0.45MPa，供水水压＞0.20MPa，采设置减压阀方式减压。

（2）加压设备（表 4）：

加压设备 **表 4**

供水系统	供水设备设置楼层	供水设备
酒店原水给水泵	地下二层酒店生活水泵房	Q=35m^3/h,H=40m,N=11kW(1 用 1 备)
酒店净化水处理反冲洗给水泵	地下二层酒店生活水泵房	Q=110m^3/h,H=25m,N=18.5kW(1 用 1 备)
酒店公共部分变频给水泵组(原水)(一～六层)	地下二层酒店生活水泵房	Q=10m^3/h,H=55m,N=7.5kW(2 用 1 备)
酒店公共部分变频给水泵组(净水)(地下一层～四层)	地下二层酒店生活水泵房	Q=22m^3/h,H=27m,N=4.0kW(2 用 1 备)
酒店客房变频给水泵组(净水)(地下一夹层～三层)	地下二层酒店生活水泵房	Q=20m^3/h,H=52m,N=7.5kW(3 用 1 备)
酒店客房变频给水泵组(净水)(四～六层)	地下二层酒店生活水泵房	Q=20m^3/h,H=65m,N=7.5kW(3 用 1 备)
酒店软化水泵	地下二层酒店生活水泵房	Q=40m^3/h,H=30m,N=7.5kW(1 用 1 备)
酒店洗衣软水变频给水泵组	地下二层酒店生活水泵房	Q=20m^3/h,H=35m,N=3.0kW(2 用 1 备)

5. 管材

（1）室内部分

生活冷、热水给水管采用薄壁不锈钢管，泵房内管道，生活泵进、出水管等采用法兰连接；给水支管：冷水管采用环压式连接。

（2）室外部分

给水管、消防给水管：管径大于或等于 DN100 采用球墨铸铁给水管，管径小于 DN100，采用热浸镀锌钢管，外设防腐层。

（二）热水系统

1. 热水用水量（表 5）：最高日：298.44m^3/d；最大时：40.73m^3/h。

热水用水量 **表 5**

编号	名 称	数量	单位	用水标准	单位	小时变化系数 K	使用时间(h)	最大日用水量 Q_d(m^3/d)	最大时用水量 Q_h(m^3/h)	设计小时耗热量(万 cal)	设计小时耗热量(kW)
1	标准双床房	237	套	160	L/(人・d)	3	24	75.84	9.48	52.14	606.42
2	大床房	105	套	160	L/(人・d)	3	24	33.60	4.20	23.10	268.67
3	非标套间	28	套	160	L/(人・d)	3	24	8.96	1.12	6.16	71.64
4	商务套间	26	套	160	L/(人・d)	3	24	8.32	1.04	5.72	66.53
5	双床套房	6	套	160	L/(人・d)	3	24	3.84	0.48	2.64	30.70
6	总统套房	1	套	160	L/(人・d)	3	24	0.64	0.08	0.44	5.12
7	酒店员工	403	人	50	L/(人・d)	3	24	20.15	2.52	13.85	161.12
8	餐饮区西餐厅	150	人	7	L/人次	1.5	12	3.15	0.39	2.17	25.19
9	餐饮区中餐厅	300	位	20	L/人次	1.5	12	18.00	2.25	12.38	143.93

续表

编号	名 称	数量	单位	用水标准	单位	小时变化系数 K	使用时间(h)	最大日用水量 Q_d(m^3/d)	最大时用水量 Q_h(m^3/h)	设计小时耗热量(万 cal)	设计小时耗热量(kW)
10	餐饮区风味餐厅	150	位	20	L/人次	1.5	12	9.00	1.13	6.19	71.96
11	餐饮区包厢	90	位	20	L/人次	1.5	12	5.40	0.68	3.71	43.18
12	洗衣房	189	kg	30	(L/kg 干衣)	1.5	8	54.84	10.28	56.55	657.75
13	桑拿浴	434	人	100	L/人次	1.5	12	43.40	5.43	29.84	347.03
14	健身中心	200	人	20	L/人次	1.5	12	4.00	0.50	2.75	31.98
15	员工餐厅	310	位	10	L/人次	1.5	12	9.30	1.16	6.39	74.36
16	共计							298.44	40.73	224.03	2605.58

2. 热源

酒店部分热水系统热媒为热水（高温）锅炉；会议中心餐饮热水采用太阳能+热水（高温）锅炉。其余部分卫生间为局部热水供应系统，采用容积式电热水器供应热水。

3. 系统竖向分区：同冷水系统。

4. 供水系统及热交换器

酒店、会议区餐厅厨房，酒店洗衣房、裙房 SPA 等、健身房、游泳池、客房卫生间洗浴采用集中热水供应系统。采用（立式）半容积式水-水加热器，设置热水循环泵保证供应热水水温。

热交换器参数见表 6。

热交换器参数 **表 6**

热交换器用途	热交换器设置楼层	热交换器型号及规格、数量
酒店公共部分(厨房、健身、SPA 康乐中心)	地下一层热交换器机房	ϕ1200，V=2.5m^3，F_i=12.2m^2，2 台
酒店洗衣房	地下一层热交换器机房	ϕ1200，V=1.5m^3，F_i=8m^2，2 台
酒店(地下一夹层～三层客房)	地下一层热交换器机房	ϕ1600，V=4.0m^3，F_i=15.5m^2，2 台
酒店(四～六层客房)	地下一层热交换器机房	ϕ1600，V=3.0m^3，F_i=15.5m^2，2 台
会议中心餐饮	地下一层热交换器机房	ϕ1600，V=5.0m^3，F_i=23m^2，2 台

5. 太阳能热水供水系统

由太阳能集热器、集热水罐、热媒循环泵、热水罐、热水循环泵及管道等组成，热水锅炉作为辅助热源设施供应职工餐厅热水，采用强制循环间接加热系统。

6. 冷、热压力平衡措施、热水温度的保证措施

冷、热水采用同源，变频给水泵组采用一频一泵配置热水、热回水管道设置为同程。

7. 管材

热水给水管、热回水管采用薄壁不锈钢管，环压连接。

（三）排水系统

1. 本工程室内污、废分流，设置环形、专用通气立管；酒店客房排水采用 WAB 特殊单立管排水系统（加强型旋流器）。特殊单立管排水系统设置 WAB 导流接头，底部应设大曲率 WAB 弯头接入汇流排水横管，并设辅助通气管。地下层卫生间污水集中至污水提升装置机房，排至室外污水管。污水经化粪池后，与废水

一并排至市政污水管；室外雨、污废分流，雨水管直接排入市政雨水管。

2. 采用的局部污、废水处理设施

餐饮厨房排水排至地下室隔油装置机房新鲜油脂分离器隔油后（自带排水泵）提升排至室外废水管。

3. 管材

室内部分：排水管采用机制排水铸铁管，法兰连接；雨水管均采用 HDPE 塑料排水管及配件，卡箍连接。

4. 室外部分：HDPE 双壁缠绕塑料排水管，弹性密封圈承插连接；排水窨井：塑料排水检查井。

二、消防系统

（一）消火栓系统

1. 消防用水量

室外消火栓消防用水量 40L/s，火灾延续时间 2h；室内消火栓消防用水量 20L/s，火灾延续时间 2h。

2. 消防水源

本工程市政自来水管道一路供水至地下室消防水池，消防水泵汲取消防水池内水源供至消防供水系统。

3. 系统分区及供水方式

本工程室内、外消火栓均采用临时高压系统，酒店区和会议区共用室内消火栓给水系统，为一个供水分区。室内、外消火栓水泵、室外消防稳压装置均设置在会议中心地下一层消防水泵内，室内消火栓消防稳压装置酒店屋顶层（最高层）。

4. 消火栓水泵等（参数）

室外消火栓系统水泵：Q=40L/s，H=38m，N=30kW（1 备 1 用）；

室外消火栓稳压装置（泵）：Q=1L/s，H=60m，N=1.5kW（1 备 1 用）、稳压罐有效容积 150L；

室内消火栓系统：Q=20L/s，H=70m，N=37kW（1 备 1 用）。

室内消火栓稳压装置（泵）：Q=1L/s，H=28m，N=0.75kW（1 备 1 用）、稳压罐有效容积 150L。

5. 室内消火栓系统 DN150，P=1.6MPa，2 套。

6. 管材：消防给水管：管径大于或等于 DN100 采用热浸镀锌钢管，机械沟槽式接口；管径小于 DN100 采用热浸镀锌钢管，丝扣接口。

（二）自动喷水灭火系统

1. 用水量

自动喷水灭火系统的用水量 35L/s，火灾延续时间 1h。

喷水强度：

（1）危险等级：酒店区仓库（仓库危险Ⅱ级）

设计喷水强度：12L/(min·m^2)，作用面积：200m^2，喷头工作压力：0.10MPa。

（2）危险等级：汽车库、商场等（中危险Ⅱ级）

设计喷水强度：8L/(min·m^2)，作用面积：160m^2，喷头工作压力：0.10MPa。

（3）危险等级：其余部分（中危险Ⅰ级）

设计喷水强度：6L/(min·m^2)，作用面积：160m^2，喷头工作压力：0.10MPa。

系统设计流量 Q=52L/s。

2. 消防水源

同消火栓系统。

3. 系统分区及供水方式

本工程自动喷水灭火系统采用临时高压系统，酒店区和会议中心为一个消防供水系统，自动喷水灭火系统水泵设置均设置在会议中心地下一层消防水泵内，其系统消防稳压装置酒店屋顶层（最高层），一个供水分区，均为湿式系统。消防泵加压供水至自动喷水灭火系统供水环网接入分设各区域附近湿时报警阀间供水管道供水。

4. 消防泵等参数

（1）自动喷水灭火系统水泵：Q=30L/s，H=80m，N=55kW（2备1用）。

消防稳压装置：Q=1L/s，H=35m，N=1.1kW（1备1用）、稳压罐有效容积150L。

（2）闭式喷头：除地下车库采用易熔合金闭式喷头外，其余部分均采用玻璃泡闭式喷头，所有喷头均为K=80，快速响应喷头，不得采用隐蔽型吊顶喷头。地下汽车库及无吊顶设备用房采用直立型喷头，厨房部位采用上下喷式喷头或直立型喷头；酒店客房采用边墙型标准、快速响应玻璃泡闭式喷头K=115。

温级：喷头动作温度除厨房、热交换机房等部位采用93℃级，其余均为68℃级（玻璃球）或72℃级（易熔合金）。

（3）湿式报警阀组：DN150，P=1.2MPa，15套。

5. 水泵接合器：自动喷淋系统DN150，P=1.6MPa，3套。

6. 管材：同室内消火栓系统。

（三）水喷雾灭火系统

锅炉房、柴油发电机房采用水喷雾灭火系统，就近设置雨淋阀站，由自动喷水灭火系统管网供水至雨淋阀站。喷雾强度采用20L/(min·m^2)，持续喷雾时间为0.5h，系统设计用水量27L/s，水雾喷头工作压力大于或等于0.35MPa。系统与自动喷水灭火系统合用消防水泵。系统控制方式：采用自动控制、手动控制和应急机械启动。

（四）气体灭火系统

地下一层变电所设置IG-541气体灭火系统。IG-541气体灭火系统灭火设计浓度为37.5%，当IG-541混合气体灭火剂喷放至设计用量的95%时，其喷放时间不应大于60s，且不应小于48s。灭火浸渍时间为10min。系统控制方式：采用自动控制、手动控制和应急机械启动。

三、工程特点及设计体会

1. 给水系统：本工程为五星级酒店及会议中心，给水系统考虑分质、分区供水：生活用水除供公厕、冷却水补充水外，其余部分用水需经水净化处理，洗衣房、厨房（部分）用水需经软化水处理。地下层由市政自来水管网直接供水。酒店：原水给水系统，地上一～六层由变频给水泵组供水；净水系统：地下一夹层～三层、四～六层分别各自由变频给水泵组供水（泵组均设置在会议区地下一层水泵房）；会议区：人防上部卫生间、厨房采用变频给水泵组，其余由市政直接供水。为考虑酒店客房舒适性，避免用水集中时，压力波动太大。厨房、酒店客房分别设置各自恒压变频给水泵组供水，变频给水泵组采用一泵一频配置，保证出水压力稳定。

2. 热水系统：酒店会议热水设太阳能集中热水系统，辅助热源为热水锅炉房，辅助热源为热水锅炉提供高温热水，冷、热水系统分区相同。

3. 排水系统：室内污、废分流，设置环形、专用通气立管；酒店客房排水采用WAB特殊单立管排水系统（加强型旋流器），以减小管井面积，提高通水能力。

4. 消防系统：由于为一路市政自来水水源，室内外消火栓系统、自动喷水灭火系统均采用临时高压，地下消防水池、消防水泵均设置在会议区地下室内；锅炉房、柴油发电机房采用水喷雾灭火系统，就近设置雨淋阀站，由自动喷水灭火系统管网供水至雨淋阀站：在地下一层变电所设七氟丙烷预制气体灭火系统；按照各功能不同，建筑灭火器危险等级、火灾类别分别设置建筑灭火器。

四、工程照片及附图

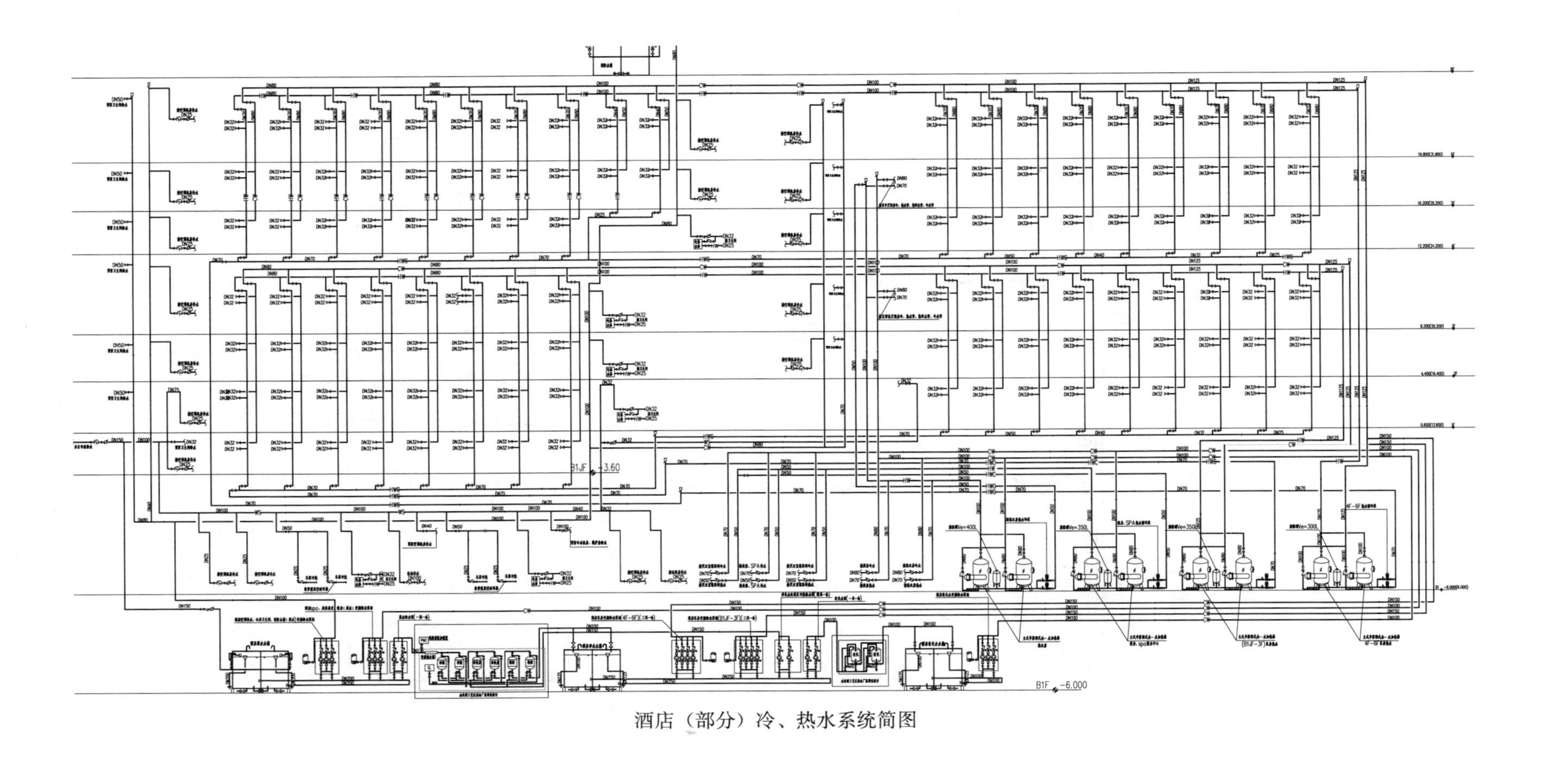

酒店（部分）冷、热水系统简图

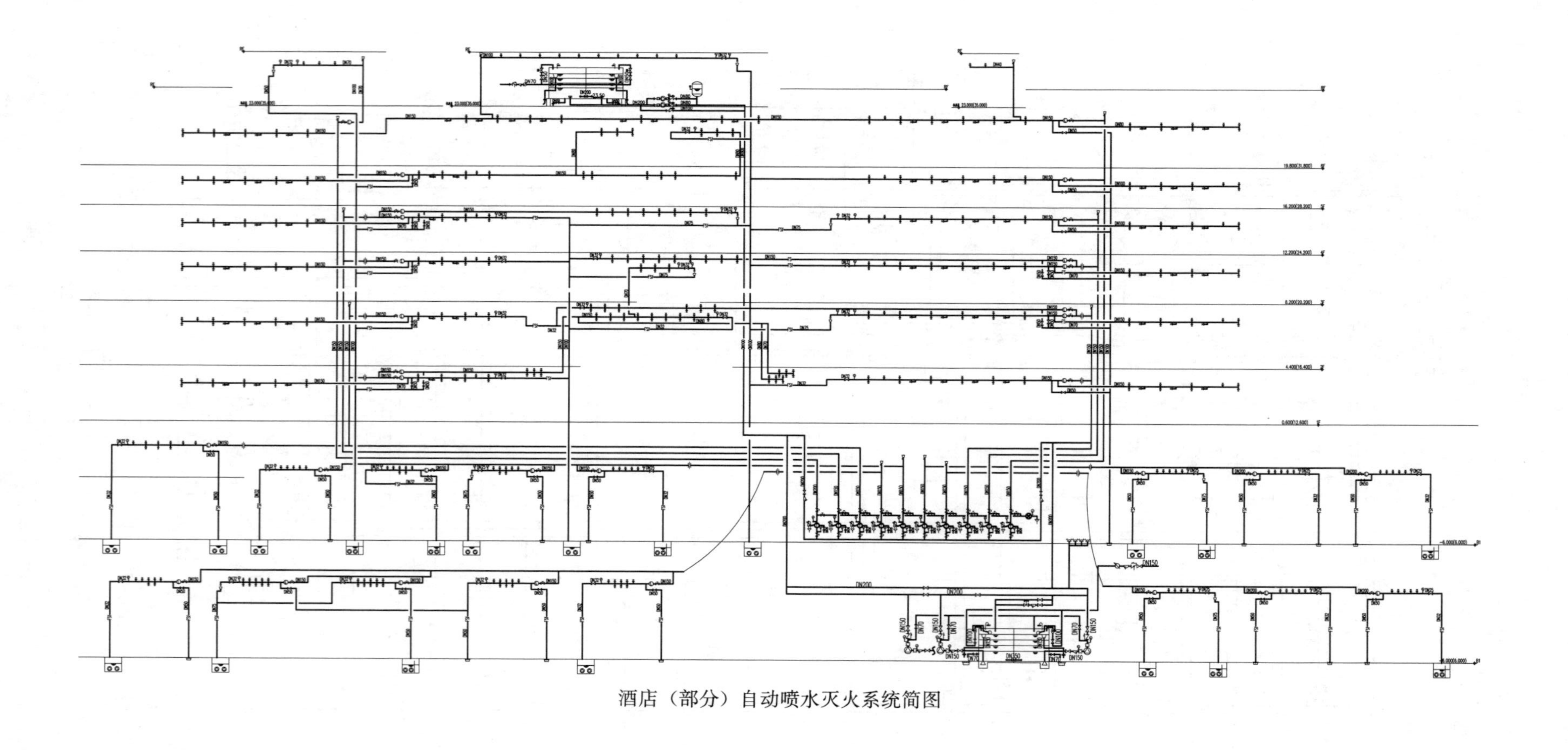

酒店（部分）自动喷水灭火系统简图

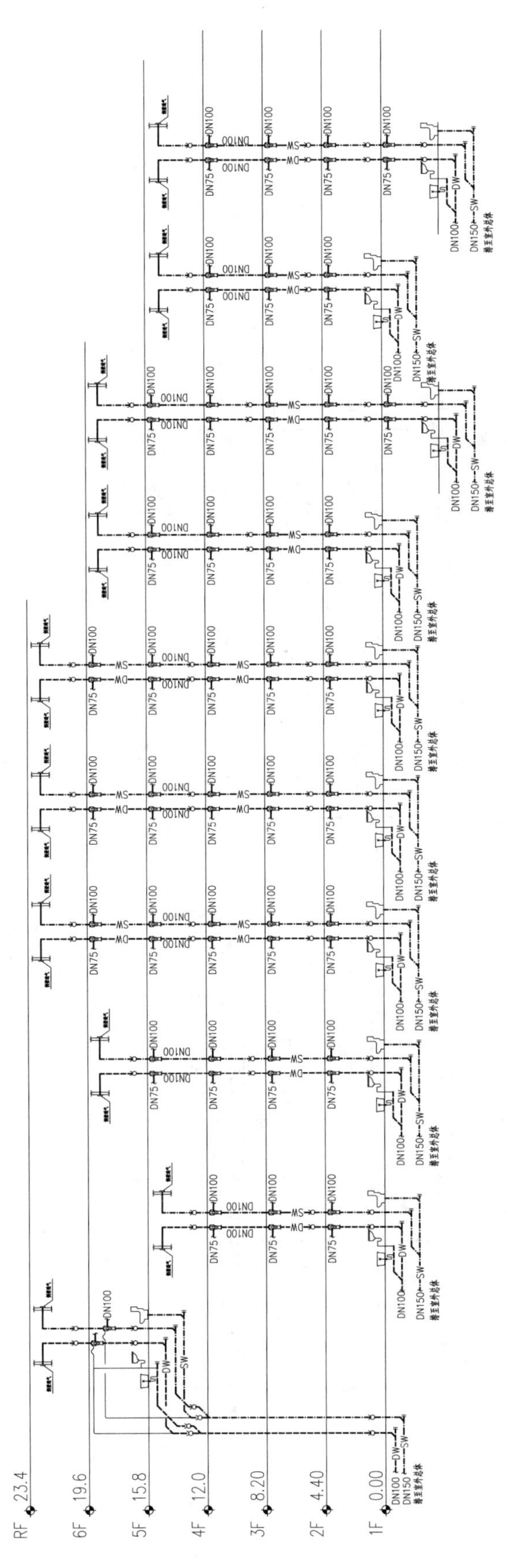

酒店（部分）污、废水系统简图

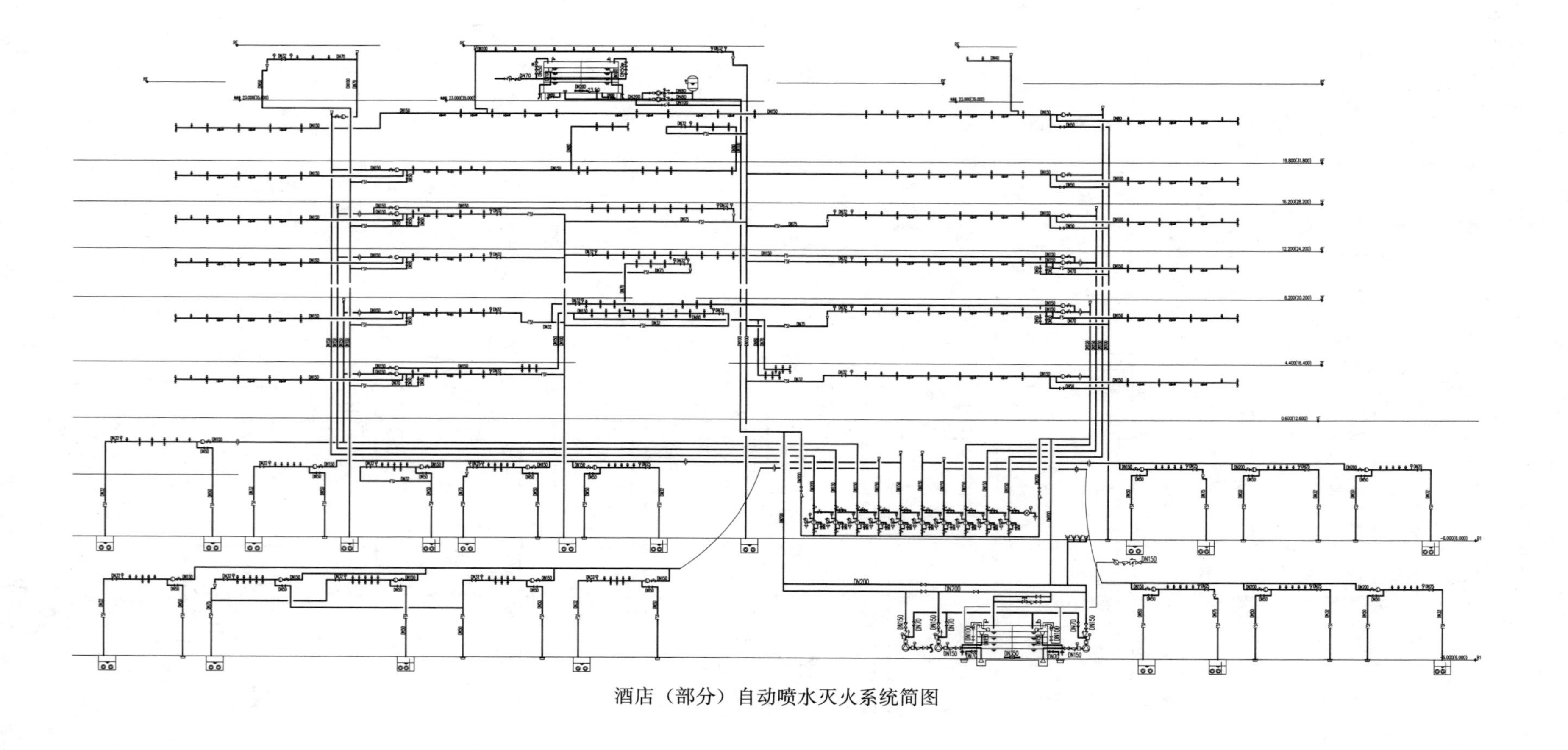

酒店（部分）自动喷水灭火系统简图

吴江宾馆改扩建工程

设计单位：同济大学建筑设计研究院（集团）有限公司
设 计 人：赵晖　韩欣洋　冯玮　黄倍蓉
获奖情况：公共建筑类　三等奖

工程概况：

吴江宾馆于20世纪90年代由同济大学建筑设计研究院设计，原建筑面积约3万m^2。本次改扩建工程拆除部分原有建筑，新扩建6万余平方米。项目位于江苏省吴江区。由客房楼、宴会楼、商旅会所、职工活动楼、变电所及已建餐厅和娱乐城等组成。地下1层，地上2～5层不等，总建筑高度不超过24m，为多层公共建筑。

商旅会所3层，建筑高度15.35m；宴会楼2层，建筑高度21.00m；客房楼5层，建筑高度19.60m；职工活动楼2层，建筑高度10.00m；变电所2层，建筑高度11.20m。分布如下图。商旅会所设有1层地下室，宴会楼和客房楼设有2层地下室（图1）。

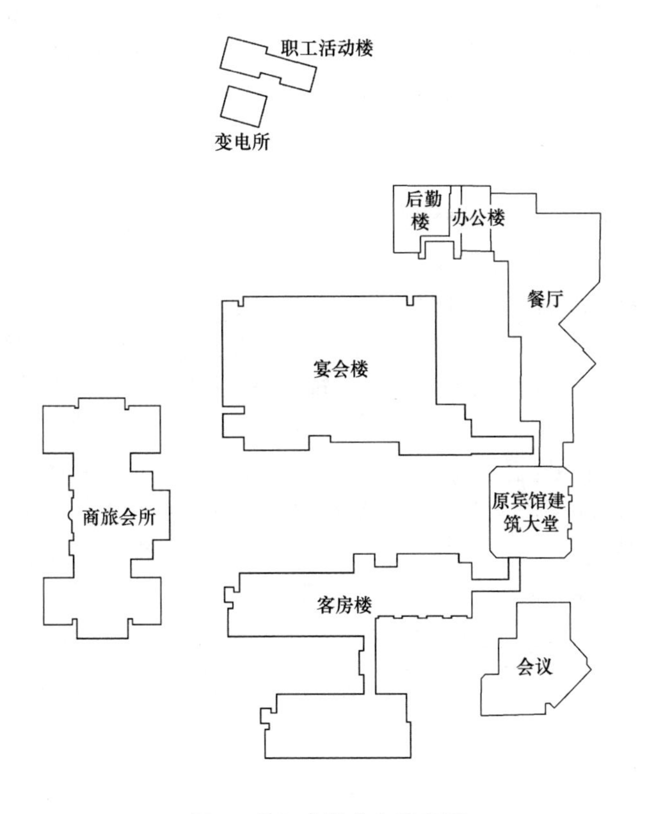

图1　吴江宾馆分布示意图

工程说明：

一、给水排水系统

主要系统包括：生活给水系统、生活热水系统、室内外排水系统、室内外消火栓系统、自动喷水灭火系统、建筑灭火器系统等。

（一）生活给水系统

本工程给水系统设计以安全、可靠、节能为原则，不同功能区域采用不同系统，将市政压力直接供水、变频压力供水、无负压变频供水三种方式有机结合。地下一层卫生间（不包括地下室康体区卫生间）生活用水、洗衣房补水、游泳池补水、生活水箱补水、消防水池补水及职工活动楼、变电所由市政给水管直接供应；客房楼、商旅会所生活用水采用1号恒压变频供水设备供应；宴会楼屋顶冷却塔补水、地下一层空调制冷机房补水采用3号恒压变频供水设备供应；除上述场所外的其他场所生活用水均采用无负压恒压变频供水设备。平时生活用水由市政给水管直接供应，当市政管网压力不足或市政停水时，生活用水由设在地下一层生活水泵房内的2号无负压恒压变频供水设备供应。

（二）生活热水系统

1. 本工程最高日热水量228.15m^3/d（60℃），最高时热水量28.49m^3/h（60℃）。生活热水采用集中热水供水系统，采用锅炉房提供的90℃热水作为热媒，各分区冷水经导流容积式水-水热交换器换热后供给热水，该系统使其热水供应系统水温始终保持在60℃以上区域进行供水，以避免军团菌滋生，杜绝军团菌的发生。

2. 在宴会楼屋面设有太阳能热水系统，对冷水进行预加热，加热后热水经水-水换热器再次加热后，用于宾馆的生活热水。通过太阳能系统的预加热，提供了冷水的供水温度，大大地减少了热水的制备耗能，降低了热水的制备成本。热水根据冷水压力不同，分区供给。热水系统采用机械循环，同程供回水。在洗衣房热水和游泳池池水由板式热交换器直接加热，以保证热水不同时段供水可靠性。

（三）室内外排水系统

1. 客房楼、商旅会所室内生活污、废水分流，其余单体室内生活污、废水合流。客房楼室内污、废水立管采用三立管系统（污水管、废水管和通气管），设专用通气管，其余单体室内污、废水立管采用伸顶通气。地下室有垃圾收集间、汽车库，这部分的排水主要是采用集水井和潜污泵，将污水提升排入基地内的污水管道。

2. 厨房采用地上隔油器预处理（由工艺设置在含油废水器具下），经收集后汇至地下一层隔油机房，经二次隔油处理后提升排至室外市政污水管网。餐厅备餐间、准备间污水盆下设地上隔油器进行隔油处理，车库内设置汽车隔油沉砂池隔油沉砂处理。

3. 锅炉排污水经室外锅炉排污降温池处理后排至室外市政污水管网，锅炉排污降温池冷却水采用市政河道水，利用未处理河道水注入锅炉排污降温池，降低锅炉高温排污水温度，节约了大量的生活用水。

4. 雨水采用重力流排水系统，屋面雨水设计重现期P=10年设计，5min降雨强度为397L/(s·hm^2)，地下车库坡道、下沉式庭院按重现期P=100年设计，5min降雨强度为573L/(s·hm^2)。地下室雨水经排污泵提升后排至室外雨水管网，室外地面雨水经雨水口或排水沟（主要设在地下室顶板上），由室外雨水管汇集，排至基地周边河道。

二、消防系统概述

（一）室内外消火栓系统

1. 本工程基地南侧市政道路下现有DN500给水管，基地从此管网接入DN150的引入管一根，供本工程消防用水，接入时设置防污隔断阀。室内消火栓系统用水量20L/s，火灾延续时间2h；室外消火栓系统用水量 30L/s，火灾延续时间 2h；自动喷淋系统用水量 50L/s，火灾延续时间 2h（按仓库危险级Ⅱ级，储物高度 3.0～3.5m 计）。

2. 本工程地下一层设有消防泵房，泵房内设有容积为 $720m^3$ 消防水池一只（分为两格），贮存有室内外所有消防水量，保证火灾延续时间 2h 内消防用水量。室内消火栓系统采用临时高压消防给水系统，在地下一层消防水泵房内设有室内消火栓供水泵两台（Q=20L/s，H=60m，1 用 1 备），供应本工程室内消火栓系统用水。室外消火栓系统采用低压消防给水系统，在地下一层消防水泵房内设有室外消火栓泵两台（Q=30L/s，H=30m，1 用 1 备）及 ZL-Ⅱ-X-A 型室外消火栓增压稳压设备，供应本工程室外消火栓系统用水。

3. 室外按规范设置室外消火栓，室外消火栓距建筑外墙不小于 5m，距道路不大于 2m，消火栓间距不大于 120m。

4. 在客房楼屋顶设备夹层内设置 $18m^3$ 消防水箱一只，在地下一层消防水泵房设置 ZL-I-Z-10 喷淋用增压稳压设备一套，满足本工程初期消防用水的需要。

（二）自动喷水灭火系统

1. 地下部分面积超过 $50m^2$ 和地上部分面积超过 $100m^2$ 的储藏室、库房按仓库危险Ⅱ级，储物高度 3.0～3.5m 设计，喷水强度为 $10L/(min \cdot m^2)$，作用面积 $200m^2$；宴会楼内高度在 8～12m 的场所按非仓库类高大净空设计，喷水强度为 $6L/(min \cdot m^2)$，作用面积 $260m^2$；地下一层汽车库按中危险Ⅱ级设计，喷水强度为 $8L/(min \cdot m^2)$，作用面积 $160m^2$；客房楼、商旅会所按轻危险级设计，喷水强度为 $4L/(min \cdot m^2)$，作用面积 $160m^2$；其余场所按中危险Ⅰ级设计，喷水强度为 $6L/(min \cdot m^2)$，作用面积 $160m^2$；因此，系统设计水量满足最不利点处作用面积内喷头同时开启总流量，系统最大流量为 50L/s。

2. 自动喷水系统采用临时高压消防给水系统（湿式系统）。在裙房地下一层消防水泵房内设有喷淋供水泵两台（Q=50L/s，H=80m，1 用 1 备），供应本工程室内喷淋系统用水。火灾时，发生后喷头玻璃球爆碎，向外喷水，水流指示器动作，向消防控制中心报警，显示火灾发生位置并发出声光等信号。系统压力下降，报警阀组的压力开关动作，并自动开启各自区域的喷淋泵。与此同时向消防控制中心报警。并敲响水力警铃向人们报警。喷淋泵在消防控制中心有运行状况信号显示。

（三）灭火器设置

1. 车库按 B 类火灾、中危险级设计，设置手提式磷酸铵盐干粉灭火器，单具灭火器最低配置基准为 55B，最大保护面积为 $1.0m^2/B$，最大保护距离为 12m。

2. 职工活动楼、变电所、地下室设备机房及屋面设备间按 A 类火灾、中危险级设计，设置手提式磷酸铵盐干粉灭火器，单具灭火器最低配置基准为 2A，最大保护面积为 $75m^2/A$，最大保护距离为 20m。

3. 其余按 A 类火灾、严重危险级设计，设置手提式磷酸铵盐干粉灭火器，单具灭火器最低配置基准为 3A，最大保护面积为 $50m^2/A$，最大保护距离为 15m。

4. 配电间及其他电气机房另设手提式磷酸铵盐干粉灭火器。

三、工程特点及设计体会

1. 本工程收取周边河道水，并结合室外景观水体设置微生态滤床（利用水生植物生物降解水中有机物和悬浮物）处理河道水，用于景观水体补水和室外绿化浇洒用水。在设计过程中，原本是想采用传统的水处理回用工艺：混凝、沉淀、过滤、消毒等，但是经现场考察后发现周边的河道水体略发黑发臭，有机物含量较高，针对这样的水体采用传统的回用水处理工艺不能有效地去除有机物。通过和景观专业的论证，最终结合室外景观水体设置微生态滤床，利用植物生物降解水中有机物和悬浮物处理河道水，既无污染地处理了河水，又依靠多种类水生植物美化了环境。

2. 锅炉排污水经室外锅炉排污降温池处理后排至室外市政污水管网，锅炉排污降温池冷却水采用市政河道水，利用未处理河道水注入锅炉排污降温池，降低锅炉高温排污水温度，节约了大量的生活用水。

四、工程照片及附图

吴江宾馆全景图片全景

门厅大堂

生活泵房

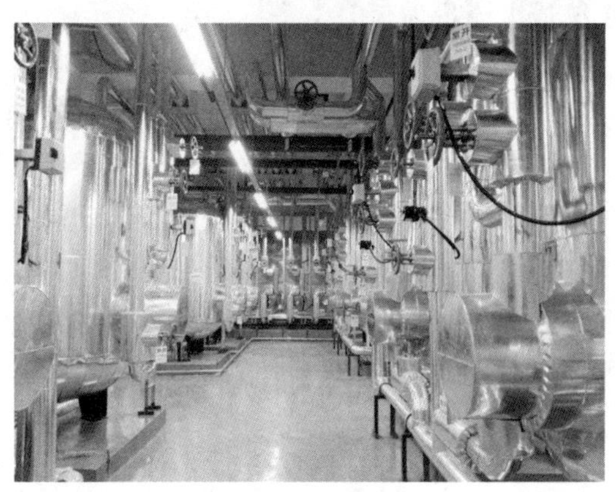

热水机房

消防泵房

太阳能热水

微生态滤床

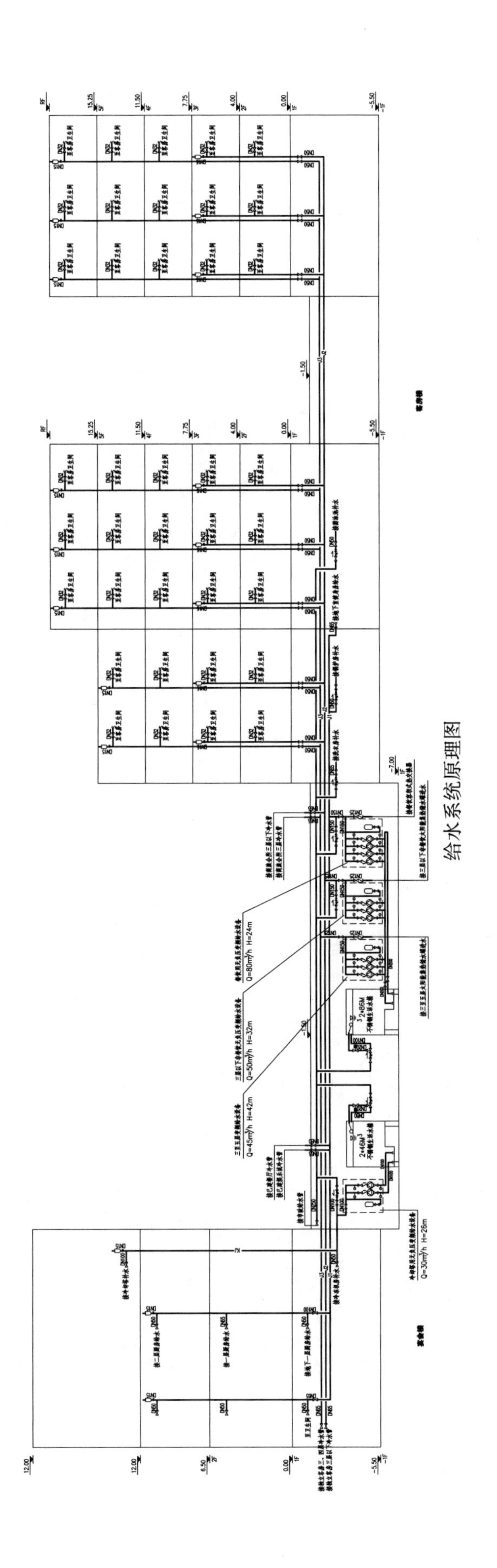

给水系统原理图

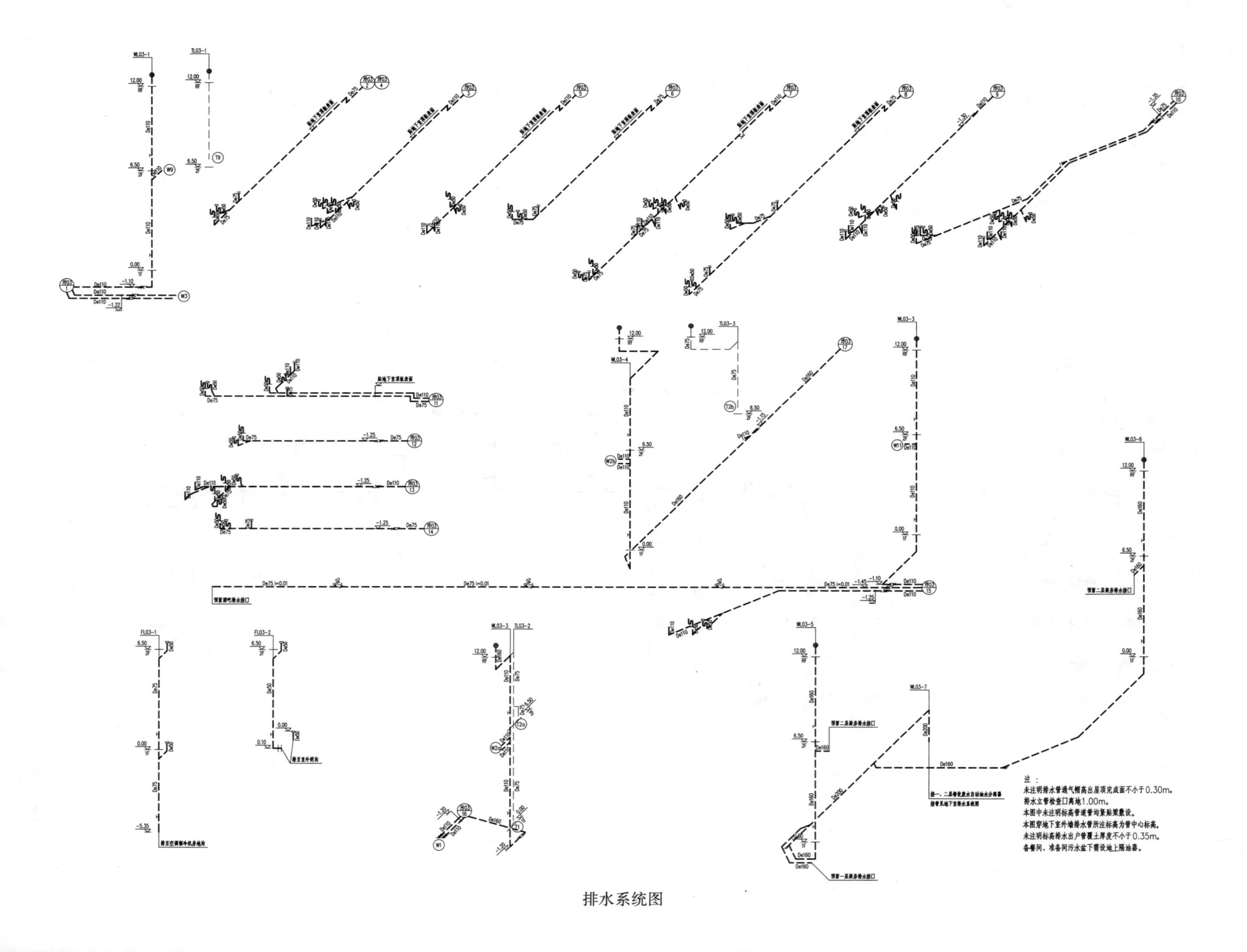
注：
未注明排水管通气帽高出屋顶完成面不小于0.30m。
排水立管检查口离地1.00m。
本图中未注明标高管道管均紧贴梁敷设。
本图穿地下室外墙排水管所注标高为管中心标高。
未注明标高排水出户管覆土厚度不小于0.35m。
备餐间、准备间污水盆下需设地上隔油器。

排水系统图

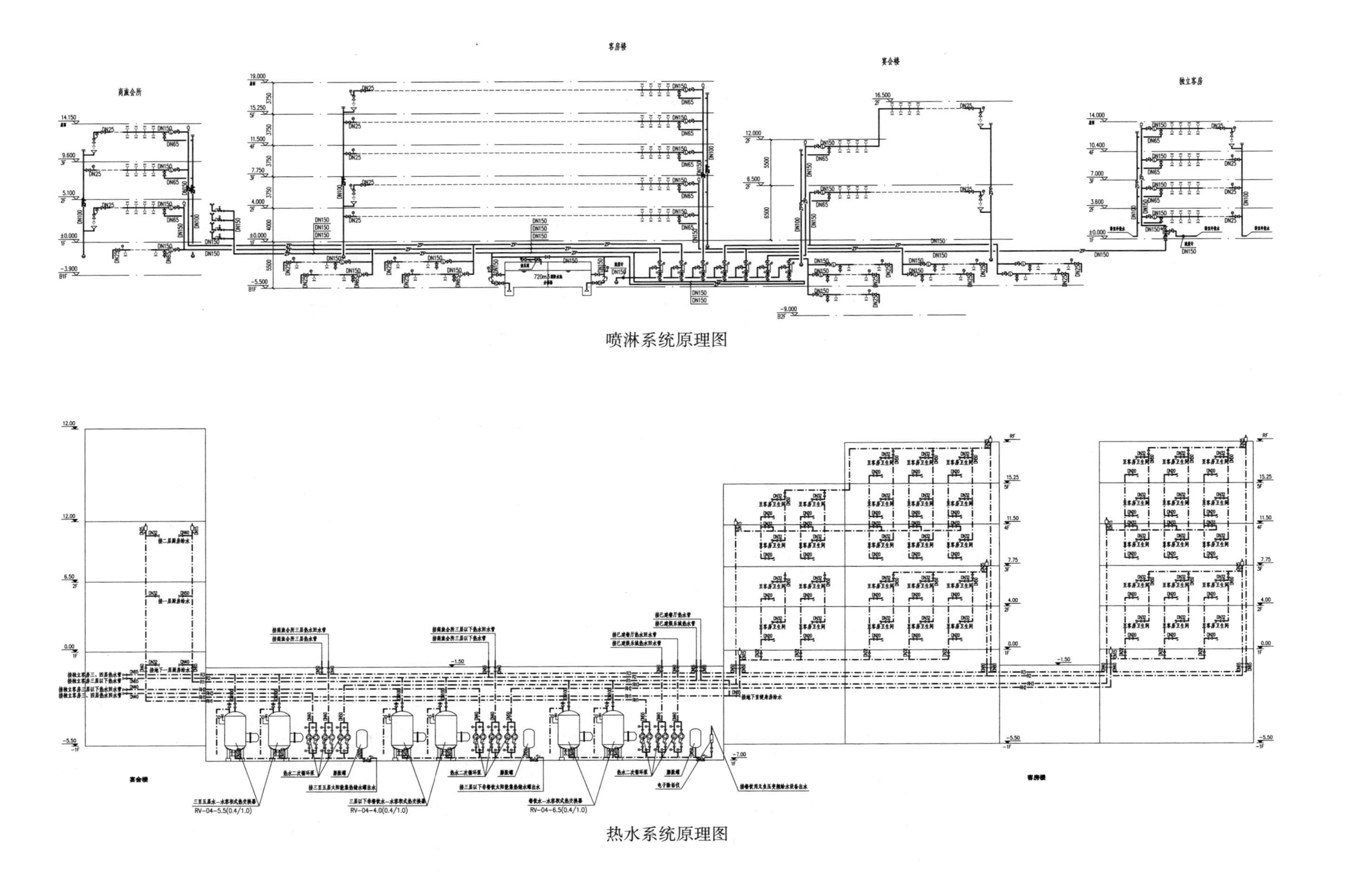

喷淋系统原理图

热水系统原理图

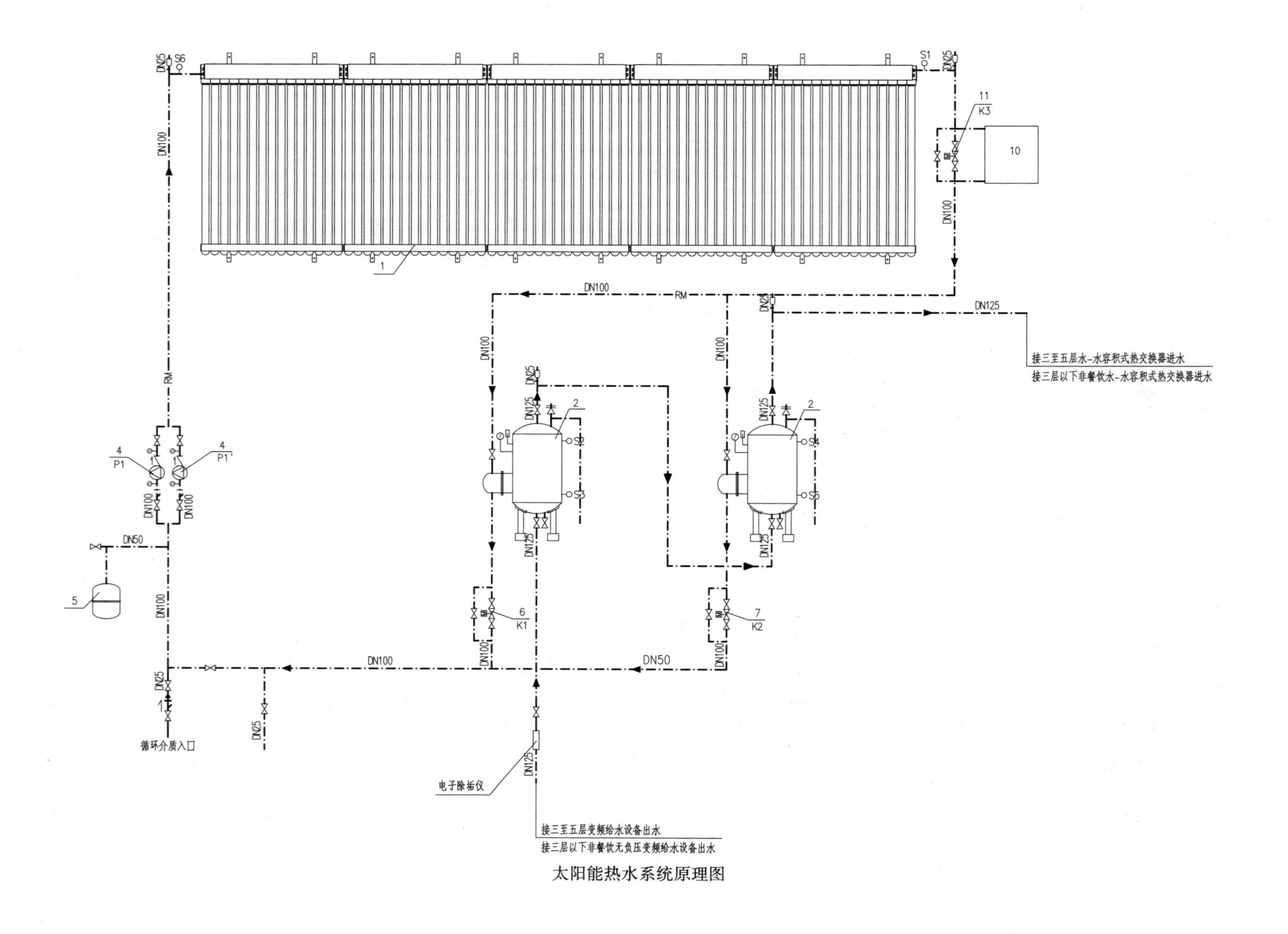
DN25
S6
S1
DN25
11
K3
10
DN100
1
DN100
RM
DN100
DN24
DN125
接三至五层水-水容积式热交换器进水
接三层以下非餐饮水-水容积式热交换器进水
RM
4
P1
4
P1'
DN100
DN100
DN50
5
DN100
DN25
DN125
2
S2
S3
DN125
DN100
DN125
2
S4
S5
DN125
6
K1
7
K2
DN100
DN100
DN50
DN100
DN25
1
循环介质入口
DN25
DN125
电子除垢仪
接三至五层变频给水设备出水
接三层以下非餐饮无负压变频给水设备出水

太阳能热水系统原理图

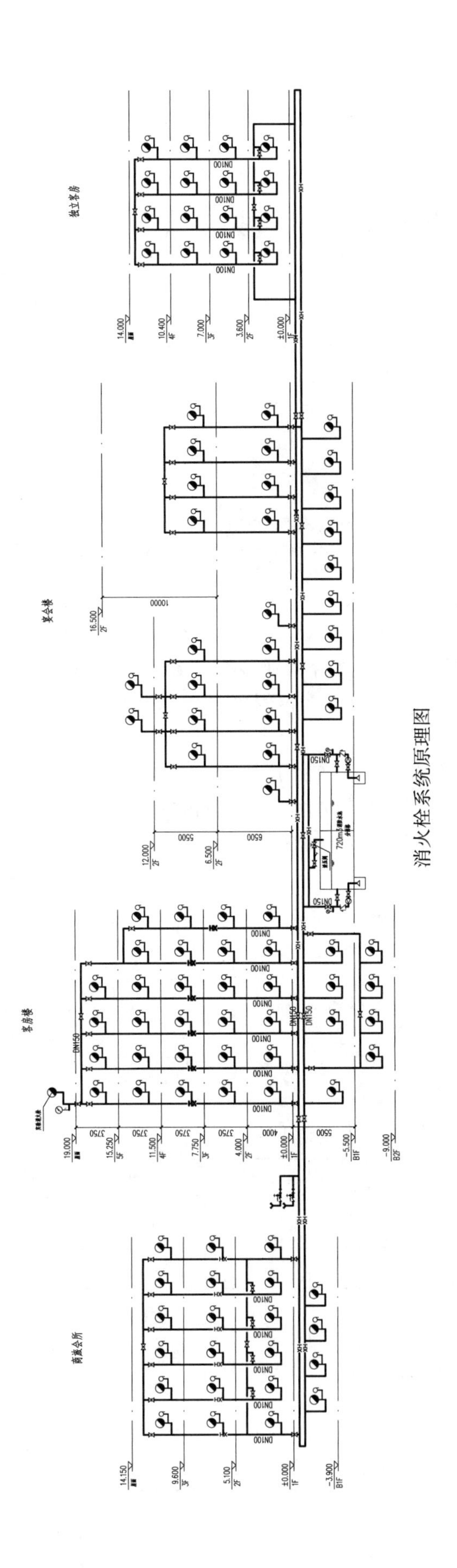
独立客房
宴会楼
客房楼
商务会所
14.000
10.400 4F
7.000 3F
3.600 2F
±0.000 1F
DN100
16.500
12.000
6.500
10000
5500
6500
DN150
19.000
15.250 5F
11.500 4F
7.750 3F
4.000 2F
±0.000 1F
-5.500 B1F
-9.000 B2F
3750
4000
5500
14.150
9.600 3F
5.100 2F
±0.000 1F
-3.900 B1F

消火栓系统原理图

中山远洋城 C 区城市综合体

设计单位： 广东省建筑设计研究院
设 计 人： 符培勇　金钊　徐晓川　李淼　孙国熠　曾俊湘　范建元　何俊鸿
获奖情况： 公共建筑类　三等奖

工程概况：

中山远洋城 C 区城市综合体项目基地位于中山市东区博览中心商务片区，西邻博览中心，北临城市主干道博爱六路，南邻兴文路，东临二十八号路，项目交通便捷。基地北侧可望紫马岭公园，南侧则可远眺五桂山脉，项目周边拥有优美自然环境和人文景观资源。

中山远洋城城市综合体是集高层办公楼、购物中心、室外商业步行街为一体的城市综合体。总建筑面积 270306.2m^2，其中办公楼建筑面积 59898.8m^2，室外商业步行街建筑面积 23994.7m^2，购物中心建筑面积 88906.5m^2；地下（不计容）建筑面积为 97506.2m^2；容积率 3.0，建筑密度 33%。地上 23 层，地下 2 层，建筑高度 99.7m。

办公楼双塔设置在靠近博爱六路的北侧，有效展示了项目的整体商务形象；购物中心设置在中、北部，面向博爱六路的出入口具有良好的昭示性，符合其成为城市级购物中心的定位；室外商业街步行街则位于基地的南侧，购物中心与商业步行街通过一条舒展流畅而富有动感的室内外相结合的商业动线贯穿起来，形成一个有机结合的大型商业中心。购物中心强大的人流吸引力，提升了室外商业街步行街的商业价值。

工程说明：

一、给水排水系统

（一）给水系统

1. 生活用水量（表 1）

生活用水量　　**表 1**

用水单位	用水定额	单位数量	用水时间 (h)	小时变化系数 K	平均时用水量 (m^3/h)	最大时用水量 (m^3/h)	最高日用水量 (m^3/d)	备注
商业	5L/(m^2·d)	7500m^2	12	1.5	31.3	46.9	375	
电影院	5L/(人·场)	1466 人·场	3	1.5	2.4	3.7	7.3	
餐饮	50L/人次	5168 人次	10	1.5	25.8	38.8	258.4	
办公	50L/(人·d)	5134 人	10	1.5	25.7	38.5	256.7	
泳池			16	1	1.9	1.9	30	
车库	2L/m^2	44755m^2	8	1	11.2	11.2	89.5	

续表

用水单位	用水定额	单位数量	用水时间(h)	小时变化系数K	平均时用水量(m^3/h)	最大时用水量(m^3/h)	最高日用水量(m^3/d)	备注
绿化及道路	2L/m^2	11526m^2	4	1	5.8	5.8	23.1	
不可预见水量					10.4	14.7	104	按最高日用水量的10%计
合计					114.5	161.5	1144	

2. 水源

本工程供水水源为市政自来水，从博爱路引 $DN200$ 供水管向室内用水点供水，水压约 0.24MPa。

3. 系统竖向分区

一期办公楼：属于建设单位出售型高层办公楼。

第一区：一～四层，由生活水泵房办公低区及商业街生活变频泵组供水。

第二区：五～十四层，由生活水泵房办公中区生活变频泵组供水。

第三区：十五层～屋顶，由生活水泵房办公高区生活变频泵组供水。

二期商业街：属于建设单位出售型多层商铺。

商业街供水区：一～三层，由生活水泵房办公低区及商业街生活变频泵组供水。

三期购物中心：属于建设单位引入大型商业管理单位经营。

购物中心供水区：一～五层，有生活水泵房购物中心专用变频泵组供水。

其中，购物中心的二、三层某超市按其管理需求，单独设置生活水箱及变频泵组。

4. 供水方式及给水加压设备

采用生活水箱—变频水泵组联合加压供水形式，变频泵组大小泵搭配，并配置气压罐。各分区加压设备参数如下：

第一区：

一期办公低区及二期商业街变频供水泵组

主泵 $Q=36m^3/h$，$H=55m$，$N=11kW$（3台，2用1备）

辅泵 $Q=10m^3/h$，$H=61m$，$N=5.5kW$（1台）；

三期购物中心变频供水泵组

主泵 $Q=36m^3/h$，$H=60m$，$N=11kW$（3台，2用1备）

辅泵 $Q=10m^3/h$，$H=65m$，$N=5.5kW$（1台）

超市专用变频供水泵组

主泵 $Q=12.5m^3/h$，$H=50m$，$N=5.5kW$（3台，2用1备）

第二区：

一期办公中区变频供水泵组

主泵 $Q=24m^3/h$，$H=98m$，$N=11kW$（3台，2用1备）

辅泵 $Q=6m^3/h$，$H=103m$，$N=5.5kW$（1台）；

第三区：

一期办公高区变频供水泵组

主泵 $Q=24m^3/h$，$H=134m$，$N=22kW$（3台，2用1备）

辅泵 $Q=6m^3/h$，$H=139m$，$N=7.5kW$（1台）。

5. 管材

水泵吸水管采用不锈钢管，卡压式连接。给水干立管、悬吊管及泵房内管道采用钢塑复合管，其质量必须符合《钢塑复合压力管》CJ/T 183 的行业标准，双热熔管件连接。室内给水支管采用 PP-R 管，热熔连接。室外埋地管采用钢丝网骨架 PE 管，电热熔连接。

（二）排水系统

1. 污废水系统

（1）排水系统形式

本工程室外采用雨水、污水分流制排水系统。室内采用污水、废水合流。

（2）透气管的设置方式

为保证室内卫生环境及降低排水噪声，塔楼客房卫生间排水立管设置专用通气立管，裙房公共卫生间设置专用通气立管和环形通气管。

（3）采用的局部污水处理设施

生活污水经化粪池处理后排入市政污水管道，厨房排水经隔油池处理后排入小区污水管道，锅炉房高温排水经降温罐处理后排入小区污水管道。

（4）管材

室内支管、立管、悬吊管、水平埋地出户管采用卡箍机制柔性排水铸铁管及其管件。地下室潜污泵排出管采用钢塑复合管。室外排水管道采用 HDPE 双壁波纹管，承插连接砂砾垫层基础。电梯基坑预埋排水管道采用柔性铸铁管。

2. 雨水系统

（1）排水系统形式

屋面雨水排放：塔楼采用重力雨水排水系统；裙楼采用重力雨水排水系统，局部采用虹吸排水。

小区雨水排放：室内外雨水经收集后分别排入兴文路和博爱路市政雨水管网（一期排入博爱六路）。

（2）设计降雨强度

中山市暴雨强度公式：$q=1383.269(1+0.4979\lg T)/[(t+3.67)^{0.5686}]$

屋面设计暴雨强度值：$q_5=6.07\text{L}/(\text{s}\cdot 100\text{m}^2)$，设计重现期为 10 年，总排水能力 50 年。

小区场地设计暴雨强度值：$q_{10}=4.22\text{L}/(\text{s}\cdot 100\text{m}^2)$ 重现期为 5 年，小区规划总用地面积 $S=57611\text{m}^2$，综合径流系数取 $\phi=0.90$，雨水总量 $Q=q\cdot S\cdot \phi=2188\text{L/s}$。

（3）管材

室内重力排水管采用 PVC-U 管，粘接。虹吸雨水管采用虹吸专用 HDPE 管，管道及管件满足《建筑排水用高密度聚乙烯（HDPE）管材及管件》CJ/T 250 要求。室外排水管道采用 HDPE 双壁波纹管，承插连接，砂砾垫层基础。

二、消防系统

本工程为一类高层综合建筑。设置的灭火系统有：室外消火栓系统、湿式自动喷水灭火系统、室内消火栓系统、消防水炮灭火系统、七氟丙烷气体灭火系统、灭火器配置。

本工程室内外消防用水量见表 2：

室内外消防用水量 **表 2**

名称	流量(L/s)	延续时间(h)	水 量(m^3)	备注
室外消火栓	30	3	324	不贮存
室内消火栓	40	3	432	

续表

名称	流量(L/s)	延续时间(h)	水　量(m^3)	备注
自动喷水(仅超市仓储区)	52	1.5	208.8	系统仅供水至超市及仓储区
自动喷水(其余)	30	1	108	项目其余区域
水炮	20	1	72	与自喷合用
合计			1072.8	

室内消防总用水量为：$V=432+208.8+108=748.8m^3$。本项目室外消防用水由市政管网供给，本项目室内消防水池设置 $800m^3$。

(一) 消火栓系统

从博爱路引 $DN200$ 供水管、兴文路引 $DN150$ 供水管，在室外形成 $DN150$ 的环网，室外消防用水由室外消火栓供给。

室内消火栓系统设计流量 40L/s，火灾延续时间 3h，一次火灾用水量 $432m^3$。室内消火栓系统分区如下：

第一区：地下二层～五层，由地下二层消防水泵内消火栓泵出水管减压供水；

第二区：六层及以上，由地下二层消防水泵内消火栓泵出水管直接供水。

室内消火栓系统加压泵设置于地下二层消防水泵房内，参数为 $Q=40$ L/s，$H=145$m，$N=132$kW（1用1备)。屋顶设置消火栓系统稳压装置，型号为 ZW（L)-Ⅰ-X-13。地下2层消防水池有效容积 $800m^3$，分为两格。屋顶消防稳压水箱有效容积 $18m^3$。各分区均设置3个 $DN150$ 一体式水泵接合器。消火栓系统采用内外壁热镀锌焊接钢管，管径小于或等于 $DN65$ 采用螺纹连，大于或等于 $DN80$ 采用卡箍或法兰连接。

(二) 自动喷水灭火系统

本工程超市仓储区域按仓库危险Ⅱ级，超市其余区域按中危险Ⅱ级，超市独立设置自动喷淋加压泵供水。除超市外的裙房和地下室按中危险Ⅱ级，塔楼按中危险Ⅰ级设置，使用项目自喷加压泵供水。

超市自动喷水灭火系统设计流量 52L/s，火灾延续时间 1.5h。

其余自动喷水灭火系统设计流量 30L/s，火灾延续时间 1h。

自喷系统分区与消火栓系统分区一致。

自动喷水灭火系统加压泵设置于地下二层消防水泵房内，超市自喷泵参数为 $Q=52$ L/s，$H=50$m，$N=37$kW（1用1备)；其余区域自喷泵参数为 $Q=30$L/s，$H=150$m，$N=75$kW。屋顶设置自动喷水灭火系统稳压装置，型号为 ZW（L)-Ⅱ-Z-A。厨房的喷头 93℃，顶棚内喷头 79℃，其余喷头 68℃。整个工程在地下一层、地下二层和屋顶报警阀间共设置报警阀 42 组。超市设置4个 $DN150$ 一体式水泵接合器，其余各分区均设置2个 $DN150$ 一体式水泵接合器。自动喷水灭火系统采用内外壁热镀锌焊接钢管，管径小于或等于 $DN65$ 采用螺纹连，大于或等于 $DN80$ 采用卡箍或法兰连接。

(三) 气体灭火系统

变配电室、IT 机房采用无管网柜式七氟丙烷全淹没式气体灭火系统。变配电室设计灭火浓度为9%，设计喷放时间不应大于 10s，灭火浸渍时间 10min；IT 机房设计灭火浓度为8%，设计喷放时间不应大于 8s，灭火浸渍时间 5min。系统的控制方式：自动、电气手动、机械应急手动三种启动方式。

(四) 消防水炮灭火系统

高度大于 12m 的中庭区域采用消防水炮保护，设计流量为 20L/s。单个水炮的流量为 5L/s，工作压力为 0.6MPa，火灾延续时间 1h。水炮与自喷共用水泵，在报警阀前分开。

(五) 灭火器配置

建筑物内各层均设置手提式磷酸铵盐干粉灭火器，酒店按A类严重危险级配置手提式磷酸铵盐干粉灭火器，保护距离 15m。地下室非车库区域按 A 类中危险级配置手提式磷酸铵盐干粉灭火器，灭火器最大保护距离为 20m。变、配电室按 E 类中危险级配置手提式磷酸铵盐干粉灭火器，灭火器最大保护距离为 24m。

三、工程特点及设计体会

中山远洋 C 区城市综合体给水排水专业设计内容为红线范围内的以下系统：生活冷水供水系统、污废水排水系统、雨水排水系统、室内消火栓系统、湿式自动喷水灭火系统、七氟丙烷气体灭火系统、灭火器配置。分三期建设，项目最高日生活用水量 $1144m^3/d$，最高日最大时用水量 $161.5m^3/h$。供水水源为市政自来水。本工程市政给水压力约 0.24 MPa，由市政给水管引一根 *DN*200 给水管向室内用水点供水。市政给水供至生活水泵房水箱（项目各地块合用一个生活水箱，便于管理），经加压、砂缸过滤、紫外线消毒后由生活变频水泵组供至各用水点。根据中山市自来水计价原则及业主相关要求，本项目设置独立的空调补水系统，最高日空调补水量 $180m^3$，贮水量 $200m^3$，独立设置空调补水水池未与消防水池合用，设置一组变频水泵用于空调补水。

中山远洋项目分三期规划建设，物业管理单位、产权单位较多，项目设计需要考虑后期管理、运营、计量等措施，按照项目只设 1 个生活总用水水箱，按业主需求，不同管理、产权单位分设变频加压供水设备，便于后期物业管理单位计量及维护。本项目为中山市火炬开发区地标性建筑，毗邻中山会展中心，引入多家国际连锁品牌餐饮单位，品牌餐饮需要设置独立污水、餐饮废水处理设施。本项目内设众多临街商铺，为保证后期业主招商的净高需求，各铺内喷淋管道均与结构专业配合，预埋套管敷设，保证商铺净高，效果良好。三期购物中心中庭处配合室内装修结合电子控制设置水幕景观，极大提升购物中心中庭的吸引力。

本项目购物中心 5 层屋面设置种植园林景观，屋面设置虹吸雨水系统保证下层购物中心净高，种植屋面雨水经暗敷雨水天沟及相关管道汇集后排入虹吸雨水沟，排入虹吸雨水系统。设计选用优质管材、节水型产品、节水龙头；满足降低噪音、美观、卫生、检修方便、布局灵活多变的要求。

四、工程照片及附图

办公楼外景

室外街外景

消防水泵

生活水泵

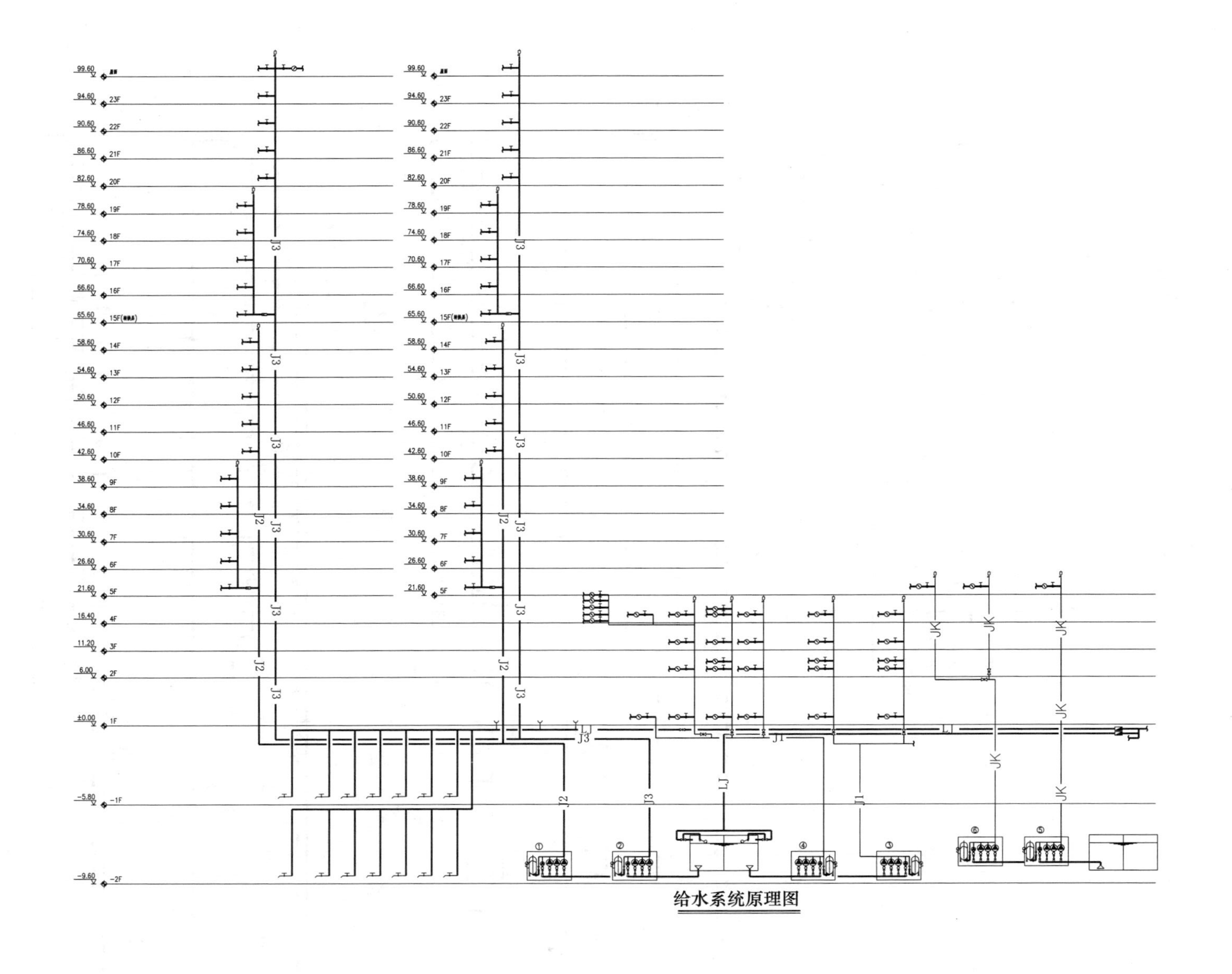
99.60
94.60 23F
90.60 22F
86.60 21F
82.60 20F
78.60 19F
74.60 18F
70.60 17F
66.60 16F
65.60 15F
58.60 14F
54.60 13F
50.60 12F
46.60 11F
42.60 10F
38.60 9F
34.60 8F
30.60 7F
26.60 6F
21.60 5F
16.40 4F
11.20 3F
6.00 2F
±0.00 1F
-5.80 -1F
-9.60 -2F
J1
J2
J3
JK
LJ

给水系统原理图

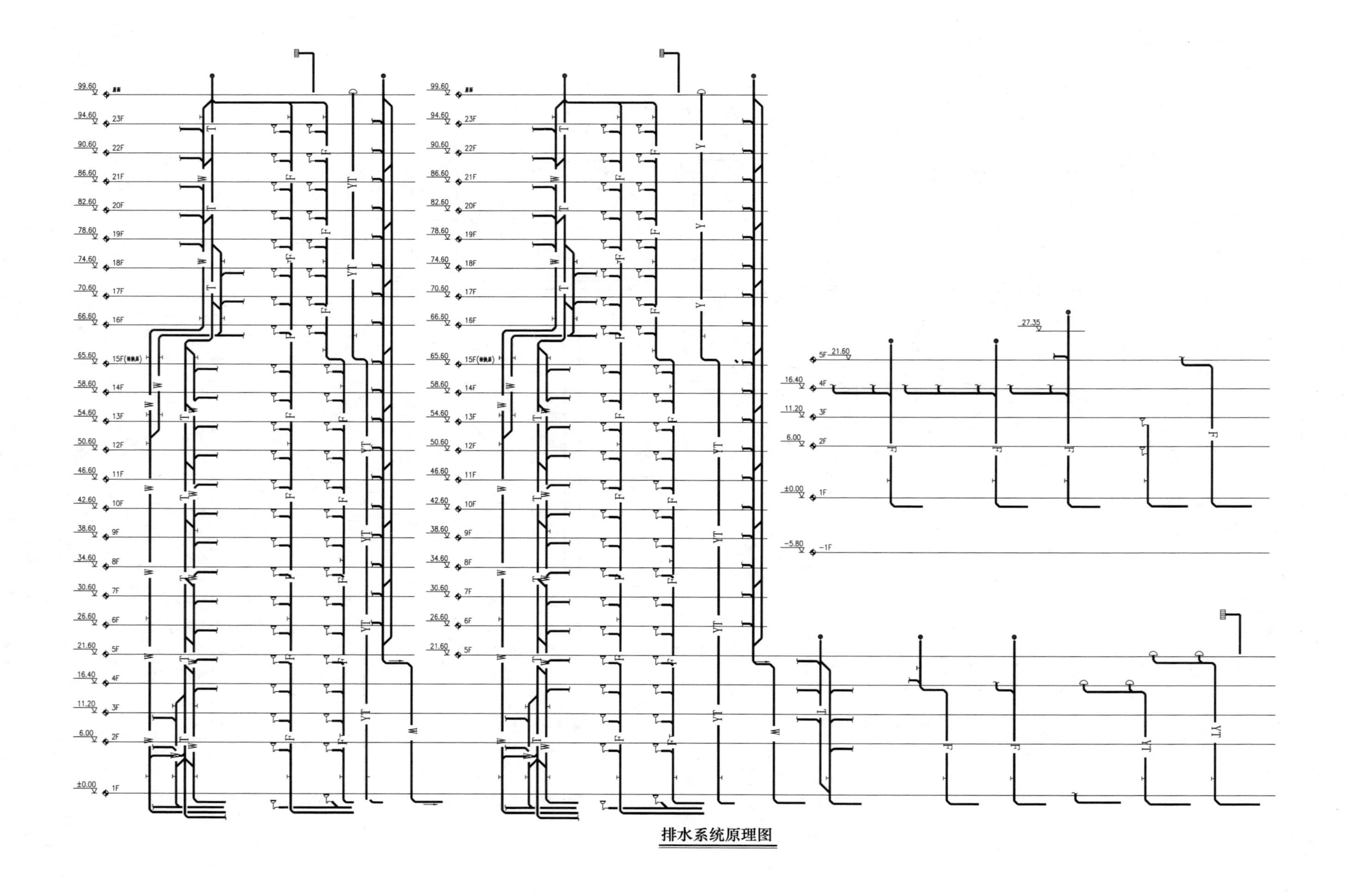

排水系统原理图

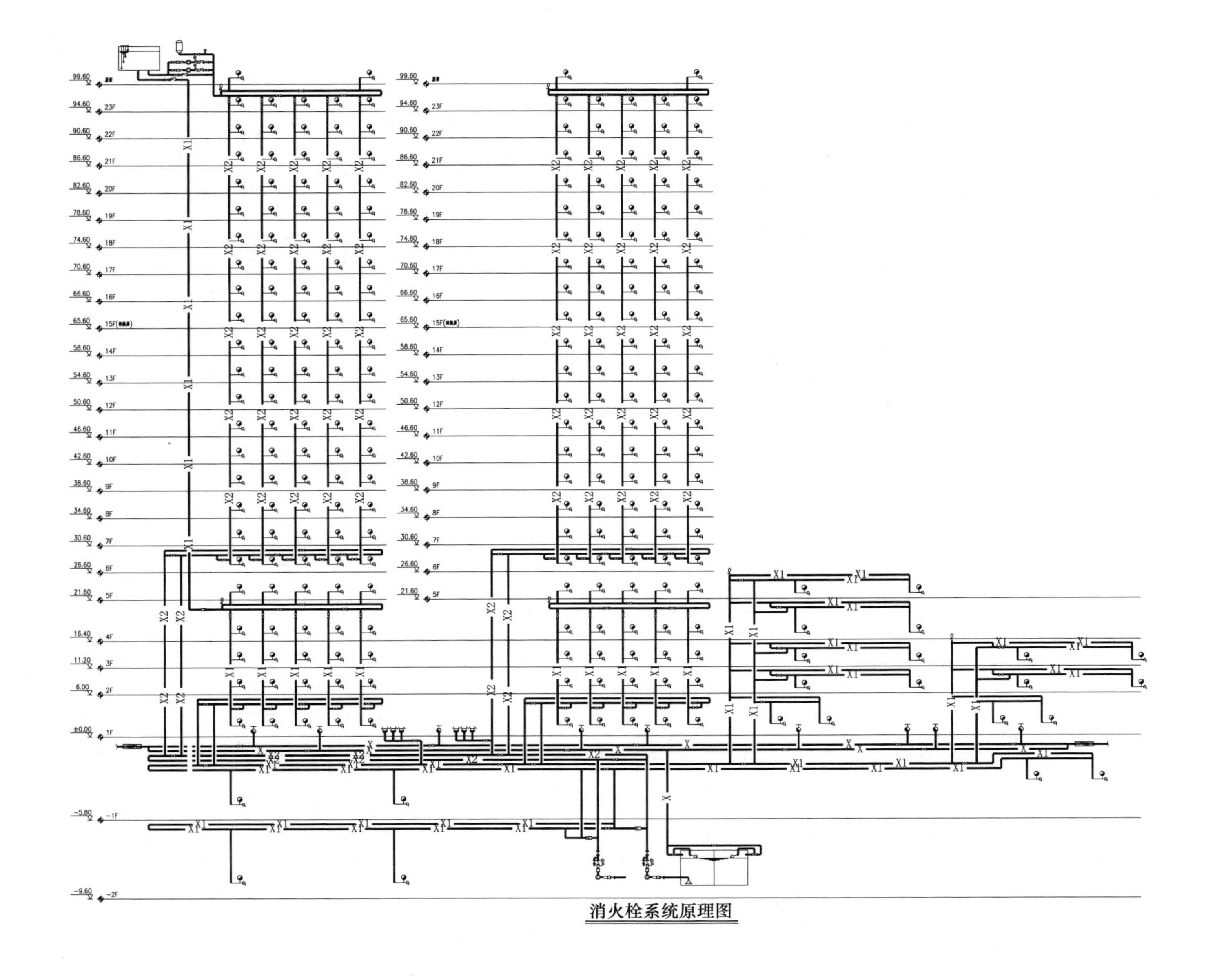
99.60
94.60 23F
90.60 22F
86.60 21F
82.60 20F
78.60 19F
74.60 18F
70.60 17F
66.60 16F
65.60 15F
58.60 14F
54.60 13F
50.60 12F
46.60 11F
42.60 10F
38.60 9F
34.60 8F
30.60 7F
26.60 6F
21.60 5F
16.40 4F
11.20 3F
6.00 2F
±0.00 1F
−5.80 −1F
−9.60 −2F
X
X1
X2

消火栓系统原理图

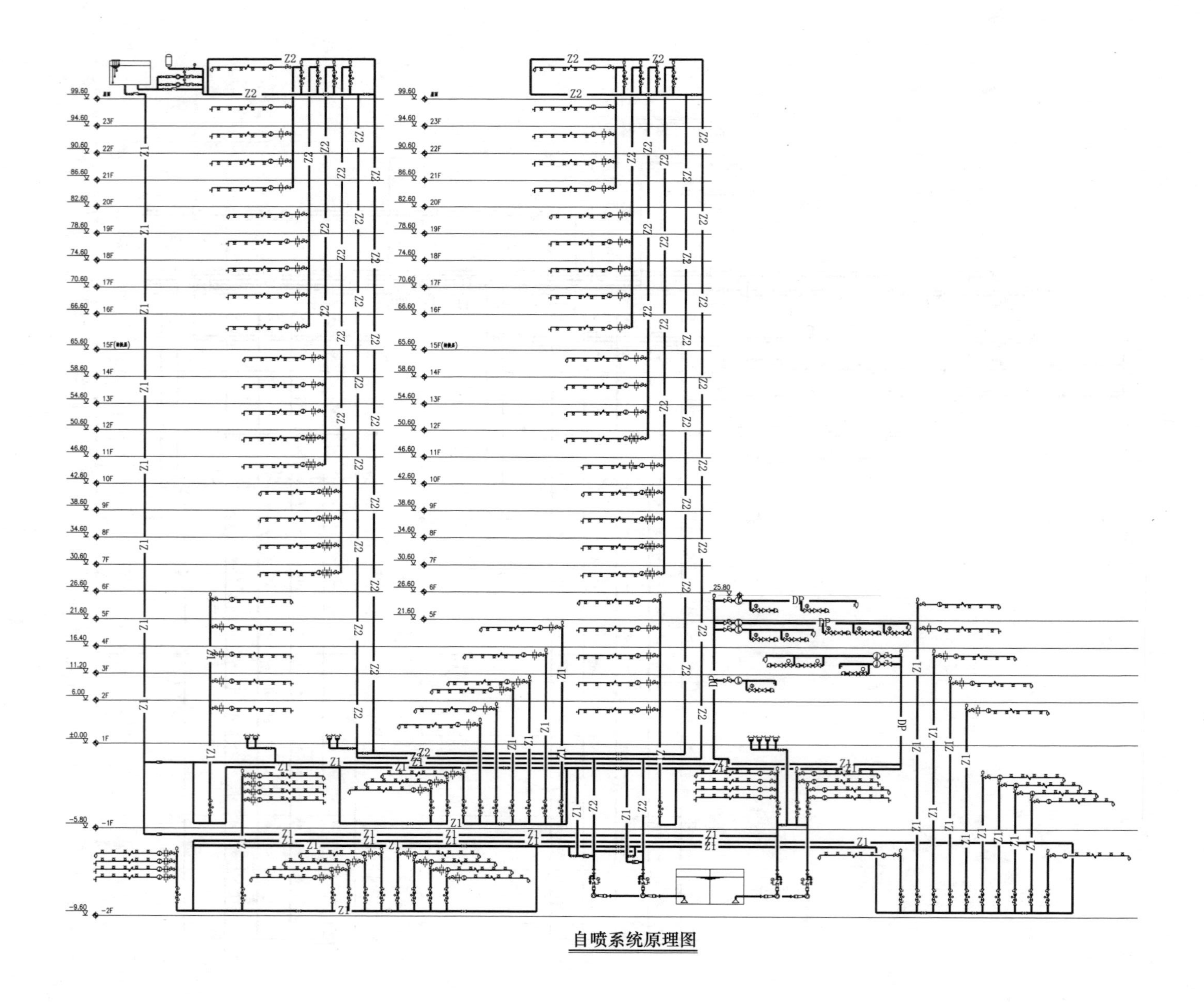
99.60
94.60 23F
90.60 22F
86.60 21F
82.60 20F
78.60 19F
74.60 18F
70.60 17F
66.60 16F
65.60 15F
58.60 14F
54.60 13F
50.60 12F
46.60 11F
42.60 10F
38.60 9F
34.60 8F
30.60 7F
26.60 6F
21.60 5F
16.40 4F
11.20 3F
6.00 2F
±0.00 1F
−5.80 −1F
−9.60 −2F
25.80
Z1
Z2
DP

自喷系统原理图

居住建筑篇

居住建筑类　一等奖

住宅园博1号

设计单位：厦门合立道工程设计集团股份有限公司
设 计 人：李益勤　邓妮　辜延艳
获奖情况：居住建筑类　一等奖

工程概况：

本工程住宅园博1号的01地块（总平图右侧为01地块，左侧为02地块；本文仅介绍01地块），其用地面积17070.525m^2，总建筑面积78593.608m^2，容积率为3.416。建筑层数为地上1～32层，地下1层；建筑高度为12.9～99.0m。地下室建筑面积为18556.36m^2，地下一层为设备用房及停车库（平战结合战时人防工程），夹层为车库，设备用房，会所。具体功能为：1号楼一层为架空活动，二～十八层为住宅；2、3号楼为4层住宅；7号楼一层为架空活动及有线电视机房，二～三十二层为住宅；8号楼一层为架空活动、消控室、物业用房，二～三十二层为住宅。1号、7号、8号楼为一类高层普通住宅，2号、3号楼为多层住宅，地下室为Ⅰ类车库。本工程总平面效果图如图1所示。

图1　工程总平面效果图

工程说明：

一、给水排水系统

（一）生活给水系统

1. 冷水用水量（表1）

冷水用水量 表1

单位名称	用水量标准	用水单位数	小时变化系数	使用时间
住宅	300L/d	1420人	2.5	24h
物业	30L/(d·人)	10人	1.2	10h
绿化浇洒	1.5L/(m^2·d)	6828m^2		3h
最高日用水量	480m^3/d			
最大时用水量	53m^3/h			
未预见用水	总量10%			

2. 水源

本工程给水由城市自来水供给，由两路市政给水管网设 *DN*200 管道引入小区内供水，并在区内形成环状供水管网，作为生活及消防的给水水源。采用消防与生活给水管道合并系统。本工程市政供水水压为0.31～0.36MPa，测试地面黄海标高3.500m。

3. 系统竖向分区（本加压设备含01地块和02地块）

生活给水系统在竖向上分为5区，分区原则为：各区最大用水点静压不大于0.35MPa。

第一区：地下室至四层，由市政自来水管采用下行上给方式直接供水。

第二区：五～十一层（1号、6号为七～十三层），由一套低区变频供水设备采用下行上给方式供水。当量1581.6，Q=12.4L/s，扬程为60m。

第三区：十二～十八层（1号、6号为十四～二十层），由一套中低区变频供水设备采用下行上给方式供水。当量1553，Q=12.2L/s，扬程为80m。

第四区：十九～二十五层（6号为二十一～二十七层），由一套中区变频供水设备采用下行上给方式供水。当量1436，Q=11.6L/s，扬程为101m。

第五区：二十六～三十二层（6号为二十八～三十二层），由一套高区变频供水设备采用下行上给方式供水。当量1404.8，Q=11.4L/s，扬程为122m。

4. 供水方式及给水加压设备

住宅生活给水加压供水分别由地下室的变频供水设备一次加压提升供给；两个地块加压部分最高日用水量为718m^3，设142m^{3}水箱。

5. 管材

生活水泵进出水管至分户水表前用内衬不锈钢复合钢管及配件，内衬不锈钢需满足食品级，管径小于*DN*100采用丝扣连接，管径大于或等于*DN*100采用沟槽式（卡箍）管接头及配件连接，管材及管件的压力等级为1.00MPa，住宅户用水表后的给水支管采用PPR给水管，热熔连接，管材及管件的压力等级为0.6MPa，内衬不锈钢复合钢管及PPR给水管应在厂家指导下安装，管件及管材应配套采用同一家产品。

（二）海水温泉给水系统

1. 海水温泉用水量（表2）

海水温泉用水量 表2

单位名称	用水量标准	用水单位数	小时变化系数	使用时间
住宅	500L/d	702户	4.8	24h
未预见用水	总量10%			
最高日用水量	386m^3/d			
最大时用水量	77.2m^3/h			
耗热量	2.1×10^{5}kcal/h			

2. 水源

本工程海水温泉给水由市政海水温泉供给，由市政给水管网设 *DN*100 管道引入区内供水。

3. 系统竖向分区（本加压设备含 01 地块和 02 地块）

海水温泉给水系统在竖向上分为 4 区，分区原则为：各区最大用水点静压不大于 0.35MPa。

第一区：一～七层（1 号、6 号为一～九层），由一套低区变频供水设备采用下行上给方式供水。每户流量按 0.5L/s，当量按 2.5 计，共 170 户，当量 425。Q=10.3L/s，扬程为 45m。

第二区：八～十六层（1 号、6 号为十～十八层），由一套中低区变频供水设备采用下行上给方式供水。每户流量按 0.5L/s，当量按 2.5 计，共 206 户，当量 515。Q=11.3L/s，扬程为 68m。

第三区：十七～二十四层（6 号为十九～二十六层），由一套中区变频供水设备采用下行上给方式供水。每户流量按 0.5L/s，当量按 2.5 计，共 168 户，当量 420。Q=10.2L/s，扬程为 95m。

第四区：二十五～三十二层（6 号为二十七～三十二层），由一套高区变频供水设备采用下行上给方式供水。每户流量按 0.5L/s，当量按 2.5 计，共 158 户，当量 395。Q=9.9L/s，扬程为 120m。

4. 供水方式及给水加压设备

住宅温泉给水加压供水分别由地下室的变频供水设备一次加压提升供给；设 111m^3 水箱。每户留 *DN*20 接口。

5. 热交换

本工程位于厦门著名的杏博湾海水温泉附近，温泉出水常年保持在 90℃以上，为天然海水温泉，属氯化钠泉，含有大量有益人体的微量元素，极具医疗、保健、养生等功效；为了提升项目的品质，经过协商引至本工程，海水温泉引至地块后温度降至 70℃左右。引至地块的海水温泉与会所泳池水进行热交换后调至 60℃（充分利用海水温泉的温度，达到节能的最大化），经调温后引至温泉水箱，而后经变频水泵加压供给用户。

6. 冷、热水压力平衡措施、热水温度的保证措施等

（1）本项目的温泉主要供给住宅内浴缸作为用户泡浴使用，用户可根据自身需要自行调节浴缸水温后使用。冷热水入户水表前均设置支管减压阀调整为同一压力值，保证冷热水压力的相对平衡。

（2）热水温度的保证措施，各个分区回水控制：当温度低于 43℃时温控阀开启。热泵控制：当温度低于 50℃时温度传感器控制热泵热水循环泵开启。当温度高于 60℃时温度传感器控制热泵热水循环泵关闭。热水管道及热水水箱均设置保温措施。

7. 管材

温泉给水系统第一区给水管采用 S5 系列（PN1.0MPa）PPH 管，第二区给水管采用 S3.2 系列（PN1.6MPa）PPH 管，第三、四、五区主管（立管及地下室管道、管件、阀门）采用钢衬 PP 化工防腐管道、管件及阀门，第二区、第三、四、五区入户支管采用原设计 S5 系列（PN1.0MPa）PPH 管。

（三）排水系统

1. 排水系统形式

室内排水系统污、废合流（其中海水温泉排水系统独立排放），室外排水系统采用雨、污分流。卫生间生活排水采用特殊单立管排水系统，多层建筑排水、厨房、阳台等排水采用单立管伸顶通气管系统。

2. 采用的局部污水处理设施

室内污废水经化粪池处理后，根据室外地势高差，采用自流排往市政污水管。

3. 管材

室内生活排水管及雨水管采用纳米聚丙烯（PP）超静音管，柔性承插连接。

（四）海水温泉排水系统

1. 排水系统形式

海水温泉排水系统独立排放，采用特殊单立管排水系统。

2. 采用的局部污水处理设施

排水经格栅、调节池、过滤设施等处理达排放标准后接入市政管道。

3. 管材

生活排水管采用纳米聚丙烯（PP）超静音管，柔性承插连接。

二、消防系统

（一）消火栓系统

1. 室内消火栓系统

室内消火栓用水量20L/s，火灾延续时间2h。地下室，1号楼，7号、8号楼一～十六层由减压后（减压后压力为0.90MPa）的低区消火栓环状管供给；其余由高区环状管供给。消火栓泵Q=20L/s，H=140m，地下室设319m^{3}消防水池，消防泵房黄海高程为－1.30m；8号楼屋顶设18m^{3}消防水箱及消防增压稳压设备，屋顶黄海高程为110.40m，室外设有两组室内消火栓水泵接合器，水泵结合器15～40m范围设置室外消火栓。室内消火栓系统管材均采用内外壁热镀锌钢管。

2. 室外消火栓系统

分别由两条不同市政路各引入一根DN200的给水管在小区内形成环状供水管网，作为本工程消防的给水。室外环状管上设置室外消火栓。室外环状消防管采用球墨铸铁管，承插连接。

（二）自动喷水灭火系统

自动喷水灭火系统用水量40L/s，火灾延续时间1h。系统竖向不分区，由设在地下室泵房内的喷淋泵供给。喷淋泵Q=40L/s，H=60m，室外设置三组喷淋水泵接合器，水泵结合器15～40m范围设置室外消火栓。地下室泵房内设置3个湿式报警阀，报警阀后按分区设置水流指示器供给各分区喷淋用水。地下室等无吊顶部分采用标准直立型喷头（型号为ZSTZ）；其余有吊顶部分均采用标准下垂型喷头（型号为ZSTX），当吊顶上方闷顶的净空高度超过800mm时应加设标准直立型喷头（型号为ZSTZ），向上安装的喷头溅自动喷水灭火系统的用水量、系统分区、自动喷水加压（稳压设备）的参数、喷水盘与顶板距离为100mm；向下安装的喷头应与吊顶平齐，并配装饰圈。室内自动喷水灭火系统管材均采用内外壁热镀锌钢管。喷淋设置范围为地下室及一层公共用房（可以用水灭火的地方）。

（三）水喷雾灭火系统

柴油发电机房及小型储油间采用水喷雾灭火系统保护。设计喷雾强度20L/(min·m)，系统响应时间≤45s，持续喷雾时间0.5h。与喷淋系统共用消防水池及水泵。水喷雾喷头采用高速离心雾化型喷头，最不利点喷头的工作压力为0.35MPa。喷头安装完毕应进行喷空试验，发现薄弱点时应做必要的调整。水喷雾灭火系统应设有自动控制、手动控制和应急操作三种方式。当接受火灾报警信号后，自动开启电磁阀，压力开关动作，启动喷淋水泵。系统的控制设备应具有下列功能：选择控制方式；重复显示保护对象状态；监控消防水泵启、停状态；监控雨淋阀启、闭状态；监控主、备用电源自动切换。

（四）气体灭火系统

地下室的变电所设置气溶胶全淹没灭火系统的灭火方式，灭火剂设计密度132g/m^3，喷射时间≤90s，喷口温度≤150℃。系统采用手动及自动控制方式。

三、工程特点及设计体会

（一）生活给水系统

1. 生活供水设备采用高效节能变频泵组，配小流量泵及稳压罐，主泵均为3用1备，且每台泵均配置变频器，交替并联运行，自动智能控制；泵组选择上首先满足节能要求，同时应保证系统对流量和压力的要求，满足住户的舒适度要求。

2. 噪声控制：本工程定位比较高，故对噪声控制比较严格。本工程给水泵组采用超静音水泵，并在水泵的进出水接头处加设橡胶软接头以降低振动，水泵与基础之间设橡胶隔振垫，同时在水泵出水管加设消声止回阀，防止水锤噪声；水泵压力稳定，减少可能出现的振动；水箱进水管控制压力，同时设消声筒。

3. 给水系统充分利用市政管网压力供水，水压不足部分采用变频恒压供水设备加压供应。给水系统分区合理，符合节水节能的设计要求。

4. 根据用水性质不同，本工程按功能、分区域设置独立的水表分别计量，这样便于有效管理及监视用水，避免渗漏及浪费用水等。

5. 本项目所有用水器具均采用节水型产品，公共卫生间优先采用节水型感应卫生器具。

6. 室外绿化优先采用滴灌等节水灌溉方式。

(二) 海水温泉给水

1. 充分利用海水温泉的温度，达到节能的最大化。

2. 温泉给水加压设备及系统降噪措施的标准均不低于生活给水系统（具体内容同生活给水系统）。

3. 因海水温泉极具腐蚀性，故本工程海水温泉部分选用的管材设备都要特别考虑防腐要求。如：水泵均采用钛合金水泵；热泵采用钛合金换热器，304 不锈钢机壳；管材管件选用耐腐蚀性的专用管材，并配专用管件。

4. 海水温泉给水管道采用耐腐蚀耐压管材，温泉给水系统第一区给水管采用 S5 系列（PN1.0MPa）PPH 管，第二区给水管采用 S3.2 系列（PN1.6MPa）PPH 管，第三、四、五区主管（立管及地下室管道、管件、阀门）采用钢衬 PP 化工防腐管道管件及阀门，第二区、第三、四、五区入户支管采用 S5 系列、（PN1.0MPa）PPH 管。

(三) 生活排水系统

1. 本工程排水系统采用雨污分流，污废合流制（其中海水温泉排水为独立的排水系统）。

2. 本工程高层建筑卫生间生活排水系统为特殊单立管排水系统，多层建筑、卫生间温泉排水、厨房排水、阳台排水采用伸顶通气排水系统。建筑底层卫生间排水管单独排出。

3. 充分考虑排水管道的通气排水能力，以及选用静音管材，尽量减少排水系统的噪声影响。

(四) 海水温泉排水系统

1. 本工程的海水温泉排水设置独立的排水系统（图 2），且经以下流程处理达排放标准后接入市政污水管道。

户内温泉排水→室外温泉废水管道→格栅→调节池→吸水池→过滤提升泵→毛发收集器→浅层过滤器→清水池→达标排放

↓

反洗水沉淀池兼收集池→污泥泵→板框压滤机→泥饼外运

图 2 海水温泉排水处理流程

2. 海水温泉排水管选用静音管材，尽量减少排水系统的噪声影响。

四、工程照片及附图

小区主入口

小区中庭俯瞰

地下室生活变频加压给水设备

消防泵

温泉泵房

海水温泉水箱

海水温泉废水处理过滤罐

海水温泉废水处理污泥

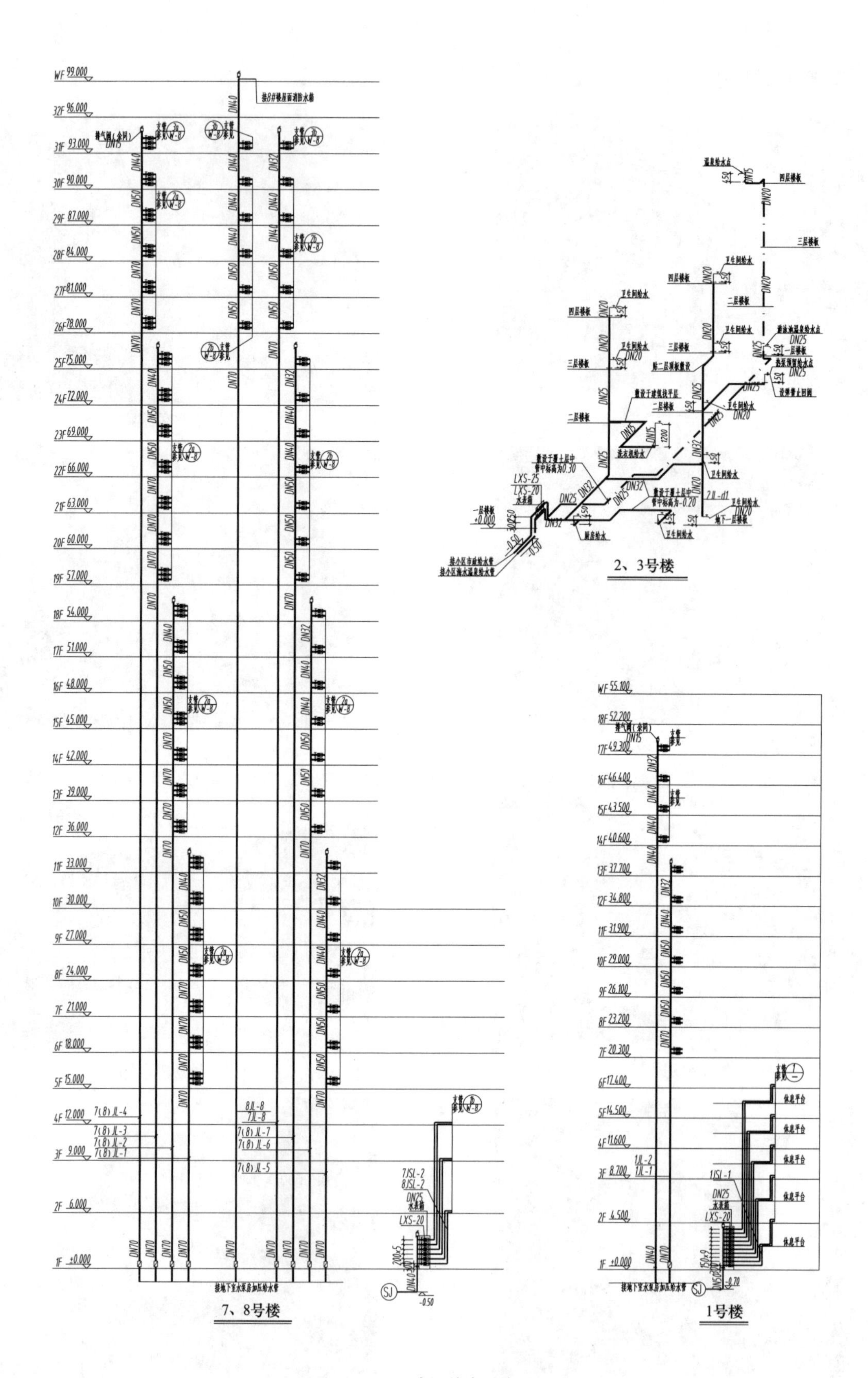

生活给水系统原理图

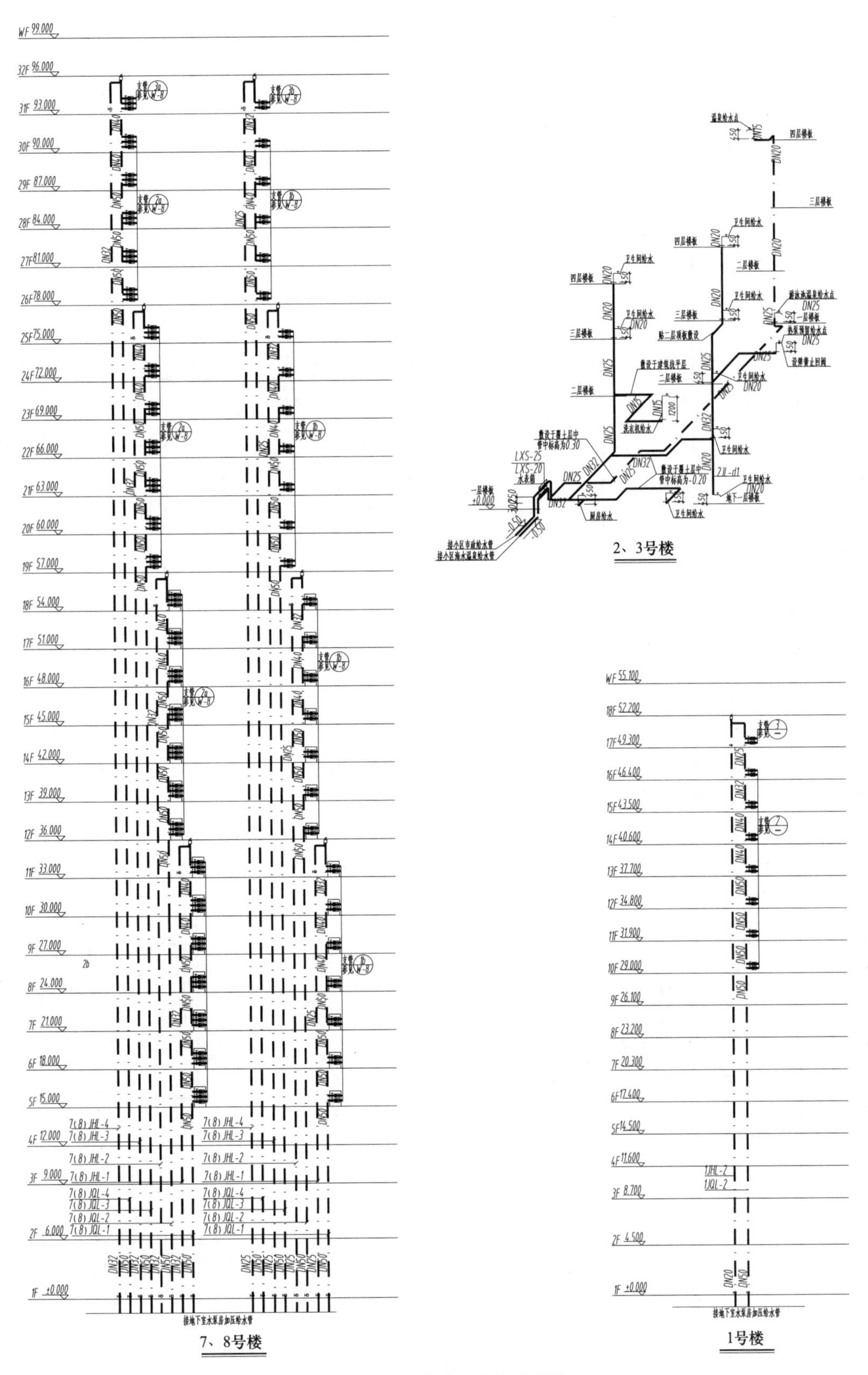

温泉给水系统原理图

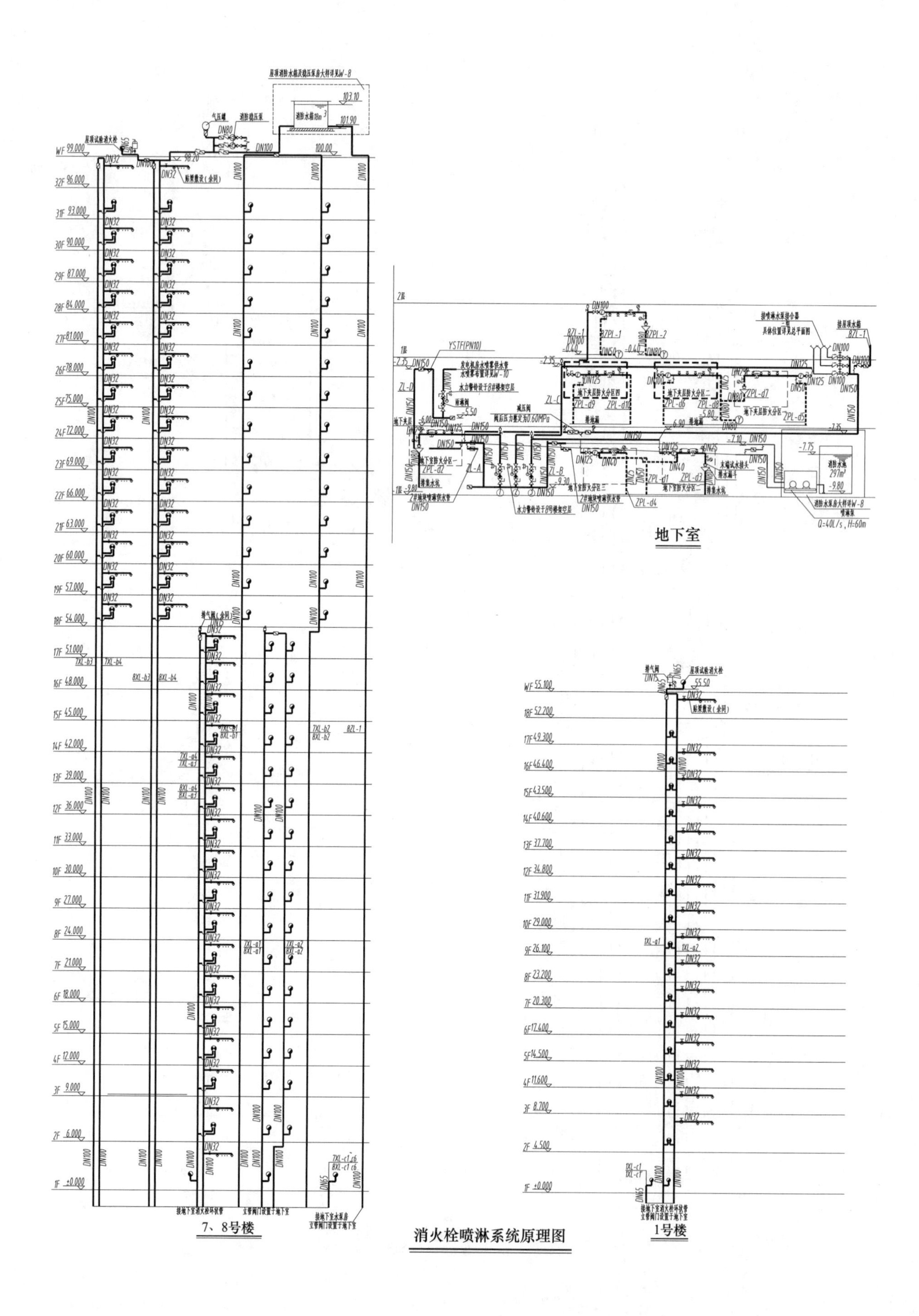

消火栓喷淋系统原理图

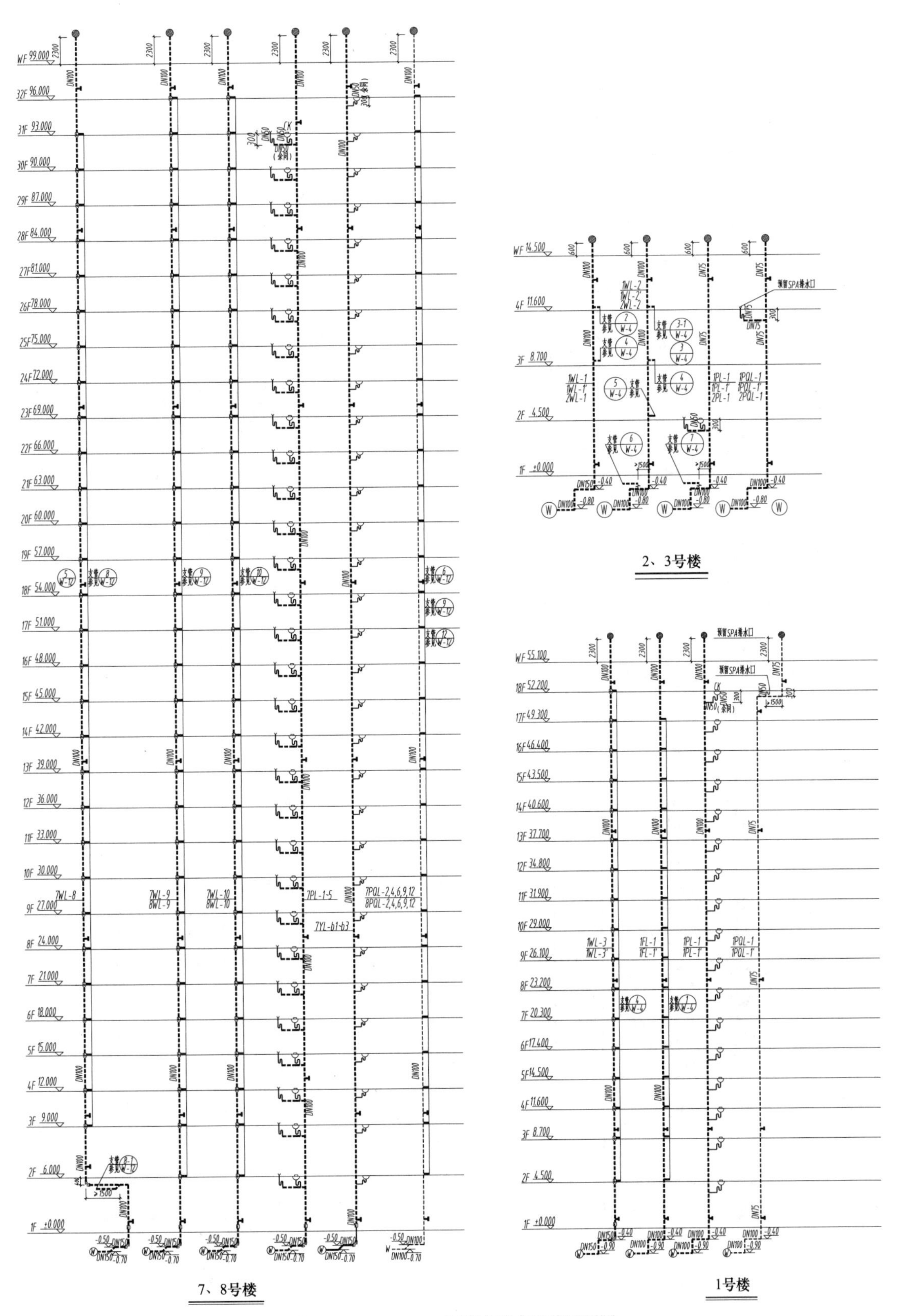

污废水排水系统原理图

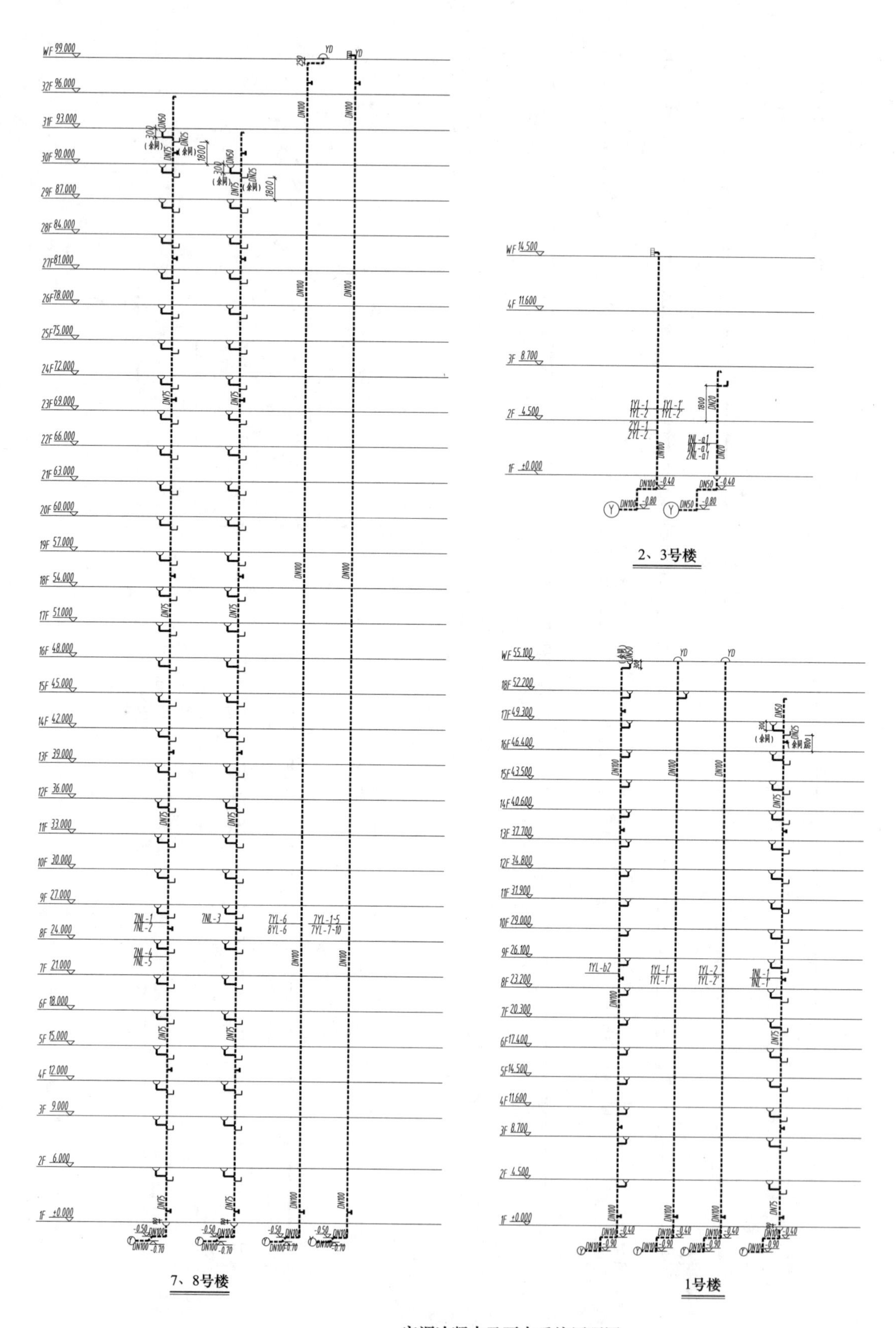

空调冷凝水及雨水系统原理图

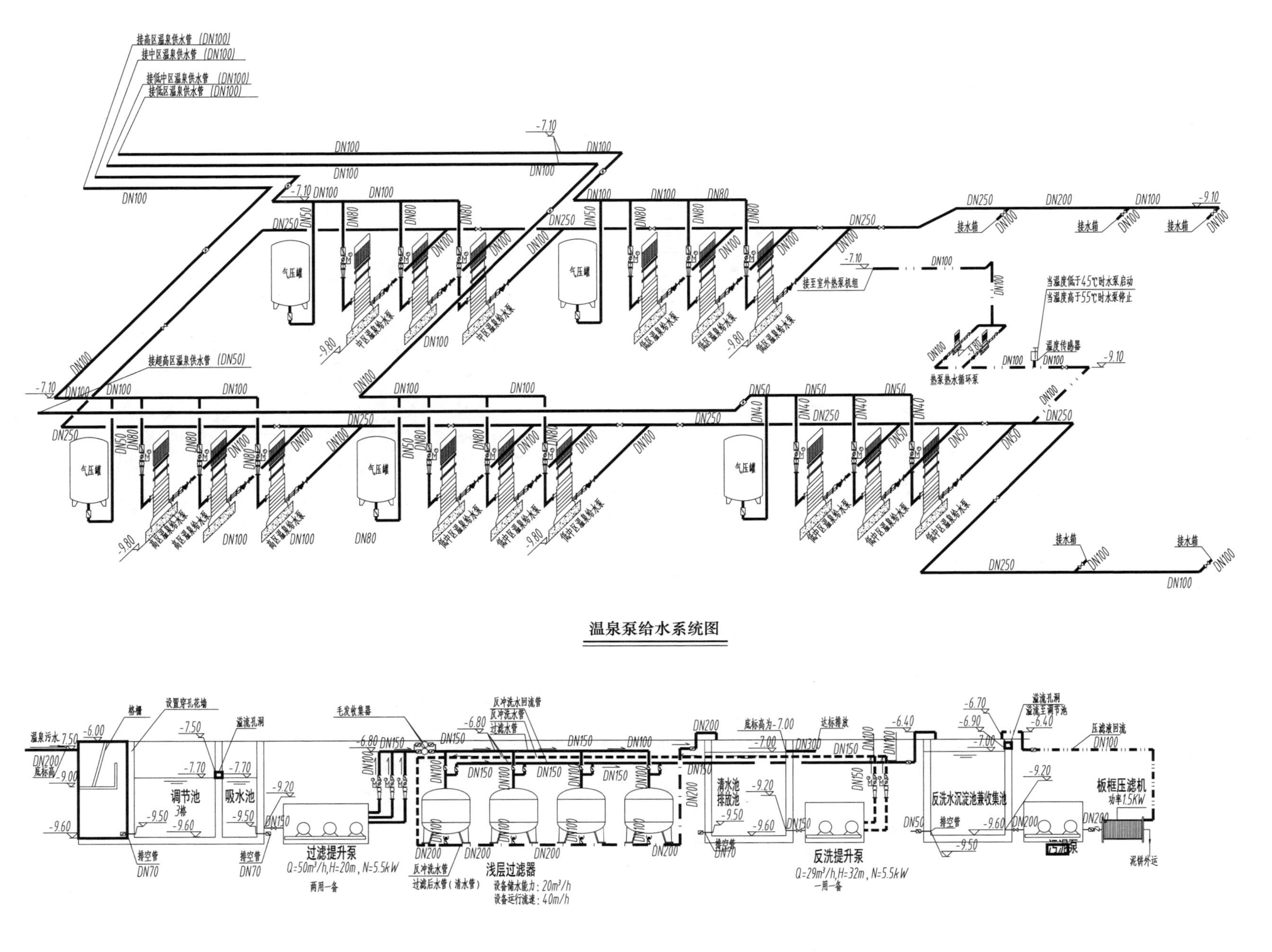

温泉泵给水系统图

温泉废水处理流程示意图

居住建筑类　二等奖

华为荔枝园员工宿舍

设计单位： 中国建筑设计研究院有限公司
设 计 人： 吴连荣　高东茂　宋晶　刘园园　郭汝艳　赵锂
获奖情况： 居住建筑篇　二等奖

工程概况：

基地位置：华为荔枝园员工宿舍位于深圳龙岗坂雪岗工业区，距华为基地大约 3km。东邻环城东路，南至发达路，西至杨美路，北面与某企业用地相邻。整个场地为中部高，四周低的地形，场地最大高差约 41m。各建筑单体±0.00 的高差约 27m。

工程规模：总用地面积为 198972.6m^2。总建筑面积 437391.8m^2，其中地上建筑面积 325384.6m^2，地下建筑面积 112007.2m^2。地上共 28 栋单体建筑，其中 18 栋高层宿舍，8 栋多层宿舍，1 栋会所，高层宿舍最高 29 层，总高度 99m；地下为普通停车库和设备用房，共 2 层。场地控制高程及各单体布置见缩略图 1：

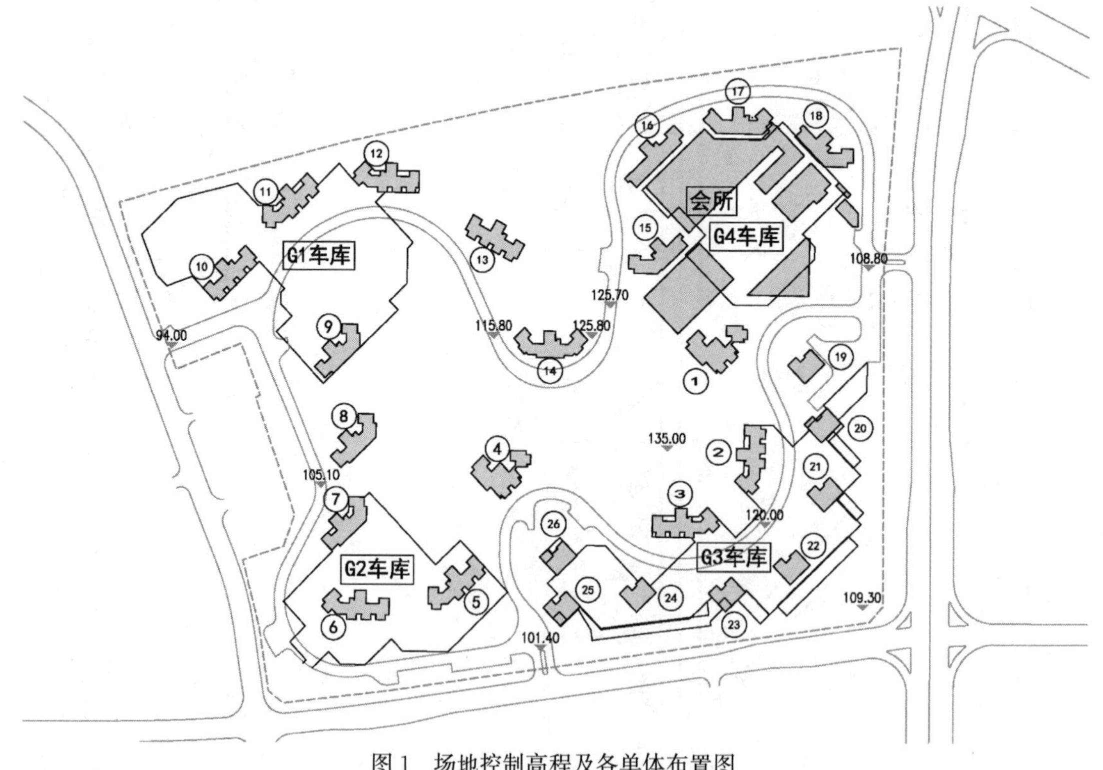

图 1　场地控制高程及各单体布置图

设计标准：本项目设计耐火等级为一级。抗震设防烈度为7度。

本工程已于2015年8月投入使用。

一、给水排水系统

（一）给水系统

1. 给水用水量

总用水量（包括中水）：最高日用水量：3543.4m^3/d，最大时用水量：429.3m^3/h；

生活用水量（不包括中水），最高日用水量：2648.3m^3/d，最大时用水量：245.4m^3/h。

2. 水源

（1）现状坂雪岗片区的市政供水压力高程仅为90m，设计用地最低点的高程94.00m，地下车库的最低点高程为95.50m，市政给水无法依靠自身的压力流入给水调节水箱，故需设置市政给水增压设施使市政给水能够满足华为荔枝园及东侧七万地块的用水要求。本工程在华为荔枝园区区域外设置调压泵站对市政给水的压力进行提升至供水压力高程仅为115m，以满足华为荔枝园及东侧七万地块的用水要求，接管点位于园区东侧的环城东路，管径为DN250。

（2）拟从发达路和杨美路分别引入一根DN250的市政给水管接入，市政给水管上设置控制阀，待远期市政供水压力达到116m高程时，市政给水将直接供水至调节清水池。在市政给水条件未完善前，由园区外调压泵站对市政给水的压力进行提升，接至调节清水池内。

3. 系统竖向分区

（1）管网系统竖向分区的压力控制参数为：各区最不利点的出水压力不小于0.1MPa，最低用水点最大静水压力不大于0.55MPa。

（2）低区：各员工宿舍及酒店式公寓一层以下由市政加压泵房内供水设备直接供给，一区：各员工宿舍及酒店式公寓二层室内地坪标高158m之间由一区变频供水系统供水，二区：室内地坪标高158～194m之间由二区变频供水系统供水，三区：室内地坪标高194～219m之间由三区变频供水系统供水，加压供水系统采用水箱—恒压变频加压供水设备。给水点处压力大于0.35MPa时，给水支管设可调式减压阀，阀后压力0.15MPa。

4. 供水方式及给水加压设备

（1）园区内给水系统由调节清水池及市政加压泵房组成。

（2）调节清水池位于华为荔枝园2号地下车库的东侧市政加压泵房内。调节清水池总容积为2000m^3，由2座容积为1000m^3的食品级不锈钢水箱组成，两个水箱间设置DN300的连通管。调节清水池内贮存两个地块的调节水量（按最高日用水量的20%计）、安全贮水量（按2h的最高日平均时流量计）及室外消防水量。

（3）市政加压泵房位于华为荔枝园2号地下车库的东侧。市政加压泵房内按地块分别设置市政加压泵组。市政加压泵组除满足各二级加压泵房的补水需求，还要满足高程130m以下的各用水点的水量、水压需求，另外需满足室外消防的需求。该泵组由给水泵及消防泵组成，给水泵、消防泵通过吸水干管从调节清水池内吸水。给水泵组采用变频泵。水泵扬程满足场地最高点（地面标高为130m处）的室外消火栓处供水压力从地面算起不小于0.10MPa。泵组均按规范要求设置备用泵。平时工况当清水池水位达到消防保护水位时，所有水泵均需停止运行；消防工况时所有水泵的运行不受保护水位的限制，当清水池水位达到最低时停生活泵，消防泵只能手动停泵。

（4）由市政加压泵房引出2根DN250的市政加压给水管经荔枝园园区南侧向东穿过环城东路接至七万地块（按七万地块设计单位所提资料预留）。由市政加压泵房引出2根DN250的市政加压给水管与本园区室外DN300环状市政加压给水管相连。

（5）室外给水管道为生活和室外消防共用管道系统。园区内分设4处二级加压泵房，泵房内设置调节水箱和变频供水设备为其服务区域加压给水。各加压泵房的位置、服务范围、水箱容积、分区数量等见表1。

给水系统各加压泵房服务范围、供水量、水箱设置 **表1**

泵房位置	服务范围	最高日用水量(m^3)	生活水箱容积(m^3)	分区数量
1号地下车库	8～13号楼	454.16	115	3
2号地下车库	4～7号楼	311.64	78	3
3号地下车库	2、3、19～26号楼	175.84	45	2
4号地下车库	1、14～18号楼	560.84	260(大于8h贮水量)	3

5. 管材选用

室外给水管道采用钢丝网骨架聚乙烯复合给水管，电热熔连接。室内给水立管，泵房内与加压供水设备连接部分采用表面硬膜防腐薄壁不锈钢管（牌号S30408），承插氩弧焊连接。室外埋地和嵌墙敷设部分的管材要求外覆塑保护层。

（二）热水系统

1. 热水用水量

最高日用水量为941.16m^3/d，最大时用水量为95.28m^3/h（60℃）。

2. 热源

（1）由燃气锅炉提供，燃气锅炉提供80℃供、60℃回的热媒水。燃气锅炉集中布置在用地范围内14号楼的地下锅炉房内，热媒管通过地下管廊分别供应至园区内各换热站。

（2）冷水计算温度取10℃。集中热水系统换热器出水温度60℃。

3. 系统竖向分区

同给水系统。

4. 热交换器

采用罐体为S31603不锈钢的半容积式热交换器。

5. 冷、热水压力平衡措施、热水温度保证措施等

（1）园区内分设4处换热站（贴邻二级加压泵房），站房内设置换热设备负责其服务区域的二、三区生活热水供给，各热交换站的服务范围同贴邻的二级加压泵房。每个供水区域内的热水供、回水管均尽量同程布置。集中生活热水的制备：由各区半容积式换热器制备出60℃的热水，供应各区生活热水。各区热交换器的水源压力与给水系统一致。

（2）集中热水系统采用干、立管全日制机械循环，机械循环系统保持配水管网内温度在50℃以上。温控点设在回水管道上，当温度低于50℃时，循环泵开启，当温度上升至55℃，循环泵停止。为保证系统循环效果，节水节能，采取的措施有：

1）供回水管道同程布置，避免管网短路。每组循环泵设2台，1用1备，交替运行。循环泵设于热交换间内。

2）卫生间热水立管尽量靠近用水点，使不循环部分的支管以最短距离接到用水点，减少支管的冷水放水量。

3）各栋建筑在室外共用总循环回水管道，每栋建筑内设循环泵，保持本楼的热水循环。

（3）集中热水系统为闭式，每个系统均设膨胀罐，吸纳部分热水膨胀量，超余部分通过安全阀排除。

(4) 会所设置独立的热交换站，供应浴室、洗衣房、厨房用热水，浴室采用带温度显示的混水开关淋浴器，双管供水。

(5) 各员工宿舍、酒店式公寓低区采用集中太阳能热水系统。低区热交换站设置在各单体建筑地下室，太阳能集热板设置在各宿舍、公寓屋面，由各单体建筑的最高给水分区为集热系统补水，补水管上设置水表及倒流防止器。集热系统采用强制循环、间接加热方式加热，与辅助热源分置，太阳能集热系统生产的热水作为热媒给热水系统的补水预热。采用闭式水罐作为热水箱，半容积热交换器供应热水。辅助热源为燃气锅炉制备的高温热水，系统配备智能化控制系统，保证合理使用辅助热源，并设置防过热措施。

6. 管材选用

室内给水立管，泵房内与加压供水设备连接部分采用表面硬膜防腐薄壁不锈钢管（牌号 S30408），承插氩弧焊连接。室外管沟内和嵌墙敷设部分的管材要求外覆塑保护层。

(三) 直饮水系统

1. 直饮水用水量

最高日用水量为 42.50m^3/d，最大时用水量为 4.30m^3/h（60℃）。

2. 系统竖向分区

同给水系统。

3. 供水方式及加压设备

(1) 园区内分设 4 处直饮水机房，机房内设置供水装置负责其服务区域的直饮水。各机房服务范围、供水量、净水箱容积等详见表 2。

直饮水系统各机房服务范围、供水量、水箱设置 **表 2**

机房位置	服务范围	最高日用水量(m^3)	原水水箱容积(m^3)	饮用水水箱容积(m^3)	产水量(m^3/h)	竖向分区数量
1 号地下车库	8～13 号楼	15.66	3.0	4.8	2.0	3
2 号地下车库	4～7 号楼	9.17	2.0	3.0	1.0	3
3 号地下车库	2、3、19～26 号楼	6.3	2.0	2.0	1.0	2
4 号地下车库	1、14～18 号楼	11.4	3.0	3.5	1.5	3

(2) 以市政自来水为原水。饮用净水核心处理单元为反渗透，并设置预处理，每天运行时间为 8～10h。

(3) 系统由供水变频加压泵兼作循环泵，循环流量由设在回水总管上的限流阀控制，保证 4h 全系统内水循环一次。限流阀设定定时开启时间为 8h。

(4) 直饮水机房内设置浓水收集箱及浓水回收泵。将深度净化处理系统排出的浓水排至浓水收集箱，通过浓水回收泵将浓水提升至对应区域的中水调节水箱。

4. 管材

采用食品级薄壁不锈钢管，牌号 S31603（00Cr17Ni14Mo2），承插氩弧焊连接。室外管沟内敷设和嵌墙安装部分的管材要求外覆塑保护层。浓水回收水管采用薄壁不锈钢管，牌号 S30408（0Cr18Ni9），承插氩弧焊连接。

(四) 中水系统

1. 中水原水量、回用水量、水量平衡

中水原水量为 1145.81m^3/d，中水回用系统最高日用水量为 995.60m^3/d。原水量为回用水量的 1.15 倍，两水量平衡。详见表 3、表 4。

中水原水量 表3

序号	用水项目	使用数量（计数单位）（人次/d或m^2）	用水量标准（L/人次（班、天、m^2））	使用时间(h)	小时变化系数	用水量		
						平均日（m^3/d）	最大时（m^3/h）	平均时（m^3/h）
一	公寓部分							
1.1	酒店式公寓	2236	168.00	24.00	2.00	375.65	31.30	15.65
	员工宿舍	7400	90.00	24.00	2.50	666.00	69.38	27.75
	合计					1041.65	100.68	43.40
	不可预见10%					104.16	10.07	4.34
	总计					1145.81	110.75	47.74

中水用水量 表4

序号	用水项目	使用数量（计数单位）（人次/d或m^2）	用水量标准（L/人次（班、天、m^2））	使用时间(h)	小时变化系数	用水量		
						最高日（m^3/d）	最大时（m^3/h）	平均时（m^3/h）
一	公寓部分							
1.1	酒店式公寓	2236	45	24	2.0	100.62	8.39	4.19
	员工宿舍	7400	60	24	2.5	444.00	46.25	18.50
1.2	商业配套	1500m^2	5L/(m^2·d)	12	1.2	7.80	0.78	0.65
	卫生服务	100	33	12	1.5	3.25	0.41	0.27
1.3	餐饮	1500	1	12	1.5	1.13	0.14	0.09
	餐饮服务人员	100	26	12	1.5	2.60	0.33	0.22
1.4	室外水景	700m^2	池容积的0.03	12	1.0	21.00	1.75	1.75
1.5	小计					580.40	56.29	23.92
二	物业管理部分							
2.1	办公人员	160	33	10	1.2	5.20	0.62	0.52
三	杂用							
3.1	车库冲洗	70000m^2	2L/(m^2·d)	4	1.0	140.00	35.00	35.00
3.2	绿化	71565m^2	2L/(m^2·d)	4	1.0	143.13	35.78	35.78
3.3	小计					283.13	70.78	70.78
四	合计					868.73	127.69	95.23
五	不可预见10%					86.87	12.77	9.52
六	总计					955.60	140.46	104.75

2. 系统竖向分区

同给水系统。

3. 供水方式及给水加压设备

中水原水为酒店式公寓及员工宿舍内的浴盆及淋浴等优质杂排水。经处理后的中水用于园区各建筑物内卫生间大小便器冲洗、车库地面冲洗、室外绿地浇洒、室外水景补水等。

中水从处理设备处理后的清水池经变频加压泵组接出，园区内敷设枝状中水管网，供给各区域水箱补水、室外绿化、浇洒道路用水、地下车库冲洗用水及低区其他用水。园区内分设 4 处二级加压泵房（服务范围同给水系统二级加压泵房），泵房内设置供水装置负责其服务区域的高区中水给水。

各供水区域服务范围、水箱设置见表 5。

中水系统各加压泵房供水区域服务范围、水箱设置　　表 5

泵房位置	服务范围	用水量	中水水箱	分区数量
		最高日(m^3/d)	容积(m^3)	
1 号地下车库	8～13 号楼	218.16	55	3
2 号地下车库	4～7 号楼	110.14	30	3
3 号地下车库	2、3、19～26 号楼	75.36	20	2
4 号地下车库	1、14～18 号楼	236.52	110(大于 8h 贮水量)	3

4. 中水处理站

在场地东北角、南侧及西北角分别设置一套地埋式中水处理设备，设备处理规模分别为 22m^3/h、10m^3/h 和 18m^3/h。处理后的中水水质应符合《城市污水再生利用城市杂用水标准》GB/T 18920、《城市污水再生利用景观环境用水水质》GB/T 18921 的规定，其中浊度、溶解性总固体、BOD_5、氨氮按严标准取值。各处理站处理水量及供水量详见表 6。

中水处理站供水区域及处理水量　　表 6

中水处理站序号	中水原水量(m^3/d)	日产中水量(m^3/d)	用途	处理站内变频供水设备供水参数		站房位置
				设计流量(m^3/h)	设计扬程(m)	
1 号	391.84	356.22	8～13 号宿舍冲厕、1 号地下车库冲洗、室外绿化	54	45	场地西北出口附近
2 号	212.65	193.32	2～7 号、19～26 号宿舍冲厕，2、3 号地下车库冲洗，室外绿化，水景补水	54	55	场地南出口附近
3 号	488.53	444.12	1、15～18 号公寓冲厕，4 号地下车库冲洗，室外绿化	72	60	场地东北角

中水处理工艺流程如图 2 所示：

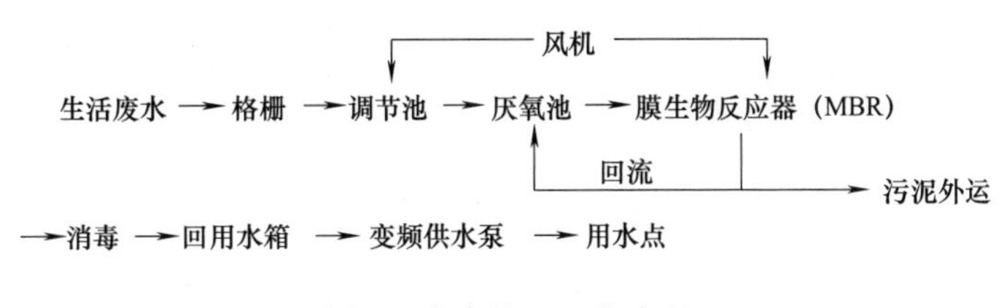

图 2　中水处理工艺流程

5. 管材

室外埋地中水管道采用钢丝网骨架聚乙烯复合管，电熔连接。室内中水管立管，泵房内与加压供水设备连接部分采用内外热镀锌钢管，大于或等于 *DN*100 采用沟槽柔性连接，小于 *DN*100 采用丝扣连接。入户水表后采用无规共聚聚丙烯（PP-R）管，S4 系列，热熔连接。

（五）空调冷却水循环系统

设计参数：湿球温度 27.9℃，冷却塔进水温度 37℃，出水温度 32℃。循环冷却水量 4300m^3/h，补水量 64.5m^3/h。循环利用率为 98.5%。

冷却塔及补水：空调用冷却水由 2 台 1200m^3/h 和 3 台 1000m^3/h 的超低噪声横流开式冷却塔冷却后循环使用。冷却塔放置在冷冻机房附近地面与五台冷冻机为对应关系。共用一组冷却水泵，塔的进、出水管上装设电动阀，与冷冻机联锁控制。冷却塔的补水由室外一区自来水直接供给，并在补水管上设置倒流防止器及水表。各冷却塔集水盘间的水位平衡通过设集水盘连通管保持。

（六）排水系统

1. 本工程排水系统采用污、废分流的排水方式，污水均排入市政污水管网。

2. 排水透气管采用专用透气、环形透气及伸顶透气相结合的形式。

3. 污水排水系统：首层以上排水均采用重力流排入室外检查井，首层以下污水排至污水集水坑经潜污泵提升排出室外，汇集后经化粪池处理排入市政污水管网。

4. 废水排水系统：室内±0.000 以上宿舍、公寓各层卫生间盥洗废水回收至中水处理站，用做中水原水。采用重力流，经汇集后排入中水处理站的调节池，经生化处理后回用，地下部分废水经废水集水坑中潜污泵提升排入室外污水管网。

5. 排水系统管材采用柔性机制铸铁管。

（七）雨水系统

1. 会所屋面雨水采用 87 型斗内排水系统，排至室外雨水系统。降雨历时：T=5min，设计重现期 P=10 年。在屋面女儿墙上设溢流口，超设计重现期的雨水通过溢流口排除。溢流口和排水管系的总排水能力按 50 年重现期设计。

2. 局部下沉入口最低部位设置雨水截流沟，汇集到雨水泵坑后提升排出，排水能力按设计重现期 P=50 年设计。各车库入口均有雨棚，在入口附近设置截流沟，截流漂进或汽车带进的少量雨水，直接排入室外雨水管道。

3. 管材：采用给水用 PVC-U，承压 1.6MPa，弹性密封圈承插连接。

二、消防系统

本工程设有消火栓系统、自动喷水灭火系统、气体灭火系统、大空间自动扫描灭火装置系统、推车式及手提式灭火器。

室外消防系统采用低压制，在红线内给水环管上接出室外地上式消火栓，供城市消防车吸水，向着火建筑加压供水灭火。消火栓距道路边小于或等于 2.0m，距建筑物外墙大于或等于 5.0m。

室内消防用水总量 576m^3，贮存于 4 号车库消防水池内。

14 号楼屋顶设置消防系统高位消防水箱，有效贮水容积为 18m^3，水箱间设一套自动喷水灭火系统稳压装置。

（一）消火栓系统

1. 本工程室内消防用水量标准为 40L/s，室外消防用水量标准为 30L/s。火灾延续时间 3h。

2. 整个园区为一个消火栓供水系统，竖向通过可调减压阀分为高、低区，高区：室内地坪标高为 162m 以上各楼层，低区：室内地坪标高为 162m 以下各楼层。设一组消火栓泵供水，消火栓泵设 2 台，互为备用

（每台泵流量 0～40L/s，扬程 160m）。

3. 屋顶消防水箱贮存消防水量 $18m^3$，水箱底与最不利消火栓几何高差大于 7m，灭火初期的消防用水由高位消防水箱保证。消火栓栓口压力超过 0.50MPa 时，采用减压稳压型消火栓。

4. 室外需设 3 个 *DN*150 水泵接合器，本系统结合室外消火栓布置在每栋楼附近设置地上式水泵接合器，位于室外消火栓 15～40m 范围内，供消防车向室内消火栓系统补水用。

5. 火灾时按动消火栓箱内的消防按钮，启动消防泵并向控制中心发出信号。消火栓泵在消防控制中心和消防泵房内可手动启、停。水泵启动后，便不能自动停止，消防结束后，手动停泵。

6. 管材：采用内外壁热镀锌无缝钢管，丝扣或沟槽连接。机房内管道及阀门相接的管段采用法兰连接。

（二）自动喷水灭火系统

1. 本工程除地下车库按中危险Ⅱ级设计，其余均按中危险Ⅰ级设计。消防水量为 40L/s，火灾延续时间为 1h。

2. 除面积小于 $5m^2$ 的卫生间以及不宜用水扑救的消防控制中心、设备用房等处外均有自动喷水灭火系统保护。

3. 采用湿式自动喷水灭火系统。

4. 本系统分区同消火栓系统，设 2 台自动喷水泵，互为备用（每台泵流量 0～40L/s，扬程 170m）。

5. 平时系统压力由 14 号楼屋顶水箱和自动喷水灭火系统增压稳压设备维持。增压稳压装置的压力开关可自动启动自动喷水系统加压泵。增压泵平时运转由压力控制器控制，压力控制器设 3 个压力控制点：增压泵停、启泵压力和自动喷水系统加压泵启泵压力。平时增压稳压设备所处位置的系统压力（P_1＝0.16MPa）由增压稳压设备维持，由于泄露等原因，系统压力下降到 P_{s1}＝0.26MPa 时，一台稳压泵（1 用 1 备，自动切换）自动启动，系统压力上升至 P_{s2}＝0.31MPa 时停泵。发生火灾时，系统压力由 P_{s1} 下降到 P_2＝0.23MPa 时，同时接收到自动喷水系统的综合信号反馈，消防控制中心判定确认火灾后自动启动一台自动喷水系统加压泵（1 用 1 备，互备自投，并具有低速自动巡检功能，消防加压供水时工频运行，自动巡检时变频运行）并发出声光警报；自动喷水系统加压泵启动后稳压泵停泵，之后由手动恢复控制功能。

6. 室外需设 3 个 *DN*150 水泵接合器，本系统结合室外消火栓布置在每栋楼附近设置地上式水泵接合器，位于室外消火栓 15～40m 范围内，供消防车向自动喷水灭火系统加压补水用。

7. 报警阀按楼座分散设置，每个报警阀控制喷头数量不超过 800 个。报警阀组的压力开关均可自动启动喷洒水泵。水泵也可在控制中心和泵房内手动启、停。喷洒泵开启后只能手动停泵。

8. 每个防火分区及每层均设水流指示器及信号阀，其动作均向消防中心发出声光信号。并在靠近管网末端设试水装置。供水动压大于 0.4MPa 的配水管上水流指示器前加减压孔板，其前后管段长度不宜小于 5*DN*（管段直径）。

9. 采用玻璃球喷头。吊顶下为装饰型，无吊顶的场所为直立型喷头。公共娱乐场所、中庭环廊及仓储用房采用快速响应玻璃球喷头，其他均采用标准玻璃球喷头。除公寓内边墙型喷头的流量系数 k＝115 外，其余喷头的流量系数 k＝80。温级：厨房内灶台上部为 93℃，厨房内其他地方为 79℃，其余均为 68℃。

10. 管材：采用内外热浸镀锌无缝钢管，小于或等于 *DN*80 为丝扣连接。大于或等于 *DN*100 为沟槽连接。机房内管道及与阀门相接的管段采用法兰连接。喷头与管道采用锥形管螺纹连接。

（三）气体灭火系统

1. 本工程在地下变配电室、弱电机房设置七氟丙烷气体灭火系统。变配电机房集中区域采用组合分配式系统（有管网），其他分散布置的强弱电机房采用预制式系统（无管网）。灭火设计浓度：9%，设计喷放时间小于或等于 8s。灭火剂浸渍时间：10min。

2. 本工程七氟丙烷气体灭火系统设自动、手动和机械应急三种启动方式：

(1) 自动控制：在防护区域内设有双探测回路，当某一个回路报警时，系统进入报警状态，警铃鸣响；当两个回路都报警时设在该防护区域内外的蜂鸣器及闪灯动作，通知防护区内人员疏散，关闭空调、防火阀和防护区的门窗；再经过 30s 延时或根据需要不延时，控制盘将启动气体钢瓶组上释放阀的电磁启动器，或启动对应氮气小钢瓶的电磁瓶头阀，气体释放后，设在管道上的压力开关将灭火剂已经释放的信号送回控制盘或消防控制中心的火灾报警系统。而保护区域门外的蜂鸣器及闪灯，在灭火期间一直工作，警告所有人员不能进入防护区域，直至确认火灾已经扑灭。

(2) 手动控制：用人工直接拉动拉杆或用远距离人工手拉盒拉动缆绳来启动人工拉杆释放启动器以实现钢瓶启动的方式。

(3) 当自动控制和手动控制均失灵时，可通过操作设在钢瓶间中钢瓶释放阀上的手动启动器和区域选择阀上的手动启动器，来开启整个气体灭火系统。

(四) 大空间自动扫描灭火装置系统

1. 设置部位：31 号楼（会所）入口大堂中庭。

2. 系统设计参数：每个装置 5L/s，最大保护区域同时作用 3 个装置，炮口工作压力 0.6MPa，设计流量 15L/s，作用时间 1h。

3. 装置设计参数：标准流量：5～10L/s，炮口标准工作压力：0.60MPa，最大安装高度：6～20m，接管管径 *DN*25，自动扫描微型消防炮保护半径 20m，水平旋转角度 360°，竖向旋转角度－90°～15°。

4. 系统形式：与自动喷水灭火系统合用一套供水系统，每个防火分区单独设置水流指示器和模拟末端试水装置。管道系统平时由 14 号楼屋顶消防水箱内的消防水箱及增压稳压装置稳压。

5. 系统动作和信号

(1) 大空间自动扫描灭火装置系统与火灾自动报警系统及联动控制系统综合配置，红外探测组件探测到火灾，确认火灾后自动启动装置完成扫描定位，打开微型炮口上的电磁阀并输出信号给联动柜，同时自动启动加压泵进行喷水灭火。火灾熄灭后，装置自动复位。

(2) 炮口上的电磁阀同时具有消防控制室手动强制控制和现场手动控制。

(3) 消防控制室能显示红外探测组件的报警信号，信号阀、水流指示器、电磁阀的状态和信号。

(五) 灭火器配置

车库按中危险级 B 类配置手提贮压式磷酸铵盐干粉灭火器，在每个消火栓箱处和距消火栓 12m 处各配置 4 具 89B（5kg 充装量）灭火器；配电室按中危险级 E 类配置推车式磷酸铵盐干粉灭火器。其余按严重危险级 A 类配置手提贮压式磷酸铵盐干粉灭火器，每个消火栓箱内配置 3 具 3A（5kg 充装量）灭火器。

灭火器放置在消火栓箱内或消火栓箱旁的专用灭火器箱内。

(六) 消防排水

消防电梯底坑设集水坑，有效容积 $2m^3$，设流量不小于 10L/s 的潜水泵排水。消防结束后，地下层的潜水泵均可兼有排出消防水的功能。

三、工程特点及设计体会

本项目用地为山地，中间高四周低，地形高差大。给水排水专业除了要关注各单体的±0.00 的绝对标高和建筑高度，还要重点关注场地的坡向、坡度、山地特有的护坡和挡土墙，哪些位置设有排水明沟，哪些位置狭窄（影响管路敷设），场地周边市政给水、雨、污水接口的位置、管径、标高等。在方案设计阶段，根据地形划分好雨、污水的汇集区域，绘制整个区域的室外给水排水管道，以便于总图专业提前进行初步管线综合，及早发现并解决瓶颈问题。由于本项目给水排水系统多、分区多，场地内岩石多，开挖困难，故园区内设置了综合管沟来解决各单体之间的管道联络问题。

本项目为设计总承包项目，设计师的角色定位是多元的，不仅要完成本身承担的设计任务，还要为甲方的正确决策提供技术支持，为甲方编制招标使用的技术规格书，还要做好设计分包的组织、协调和审核的工作，还要对施工单位的深化图进行技术审核……总之，设计师要对整个项目设计工作的计划、质量、品质等负全责。虽说增加了成倍的工作量，但给了自己快速成长的机会。

四、工程照片及附图

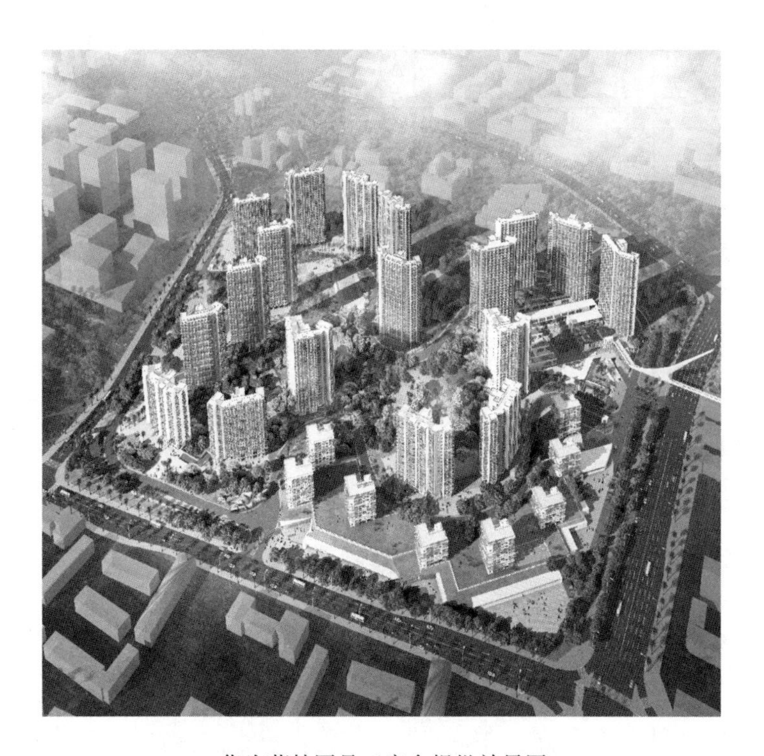

华为荔枝园员工宿舍报批效果图

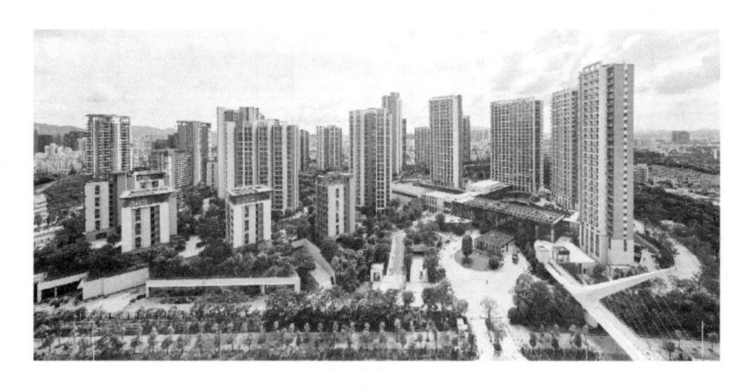

华为荔枝园员工宿舍东侧照片

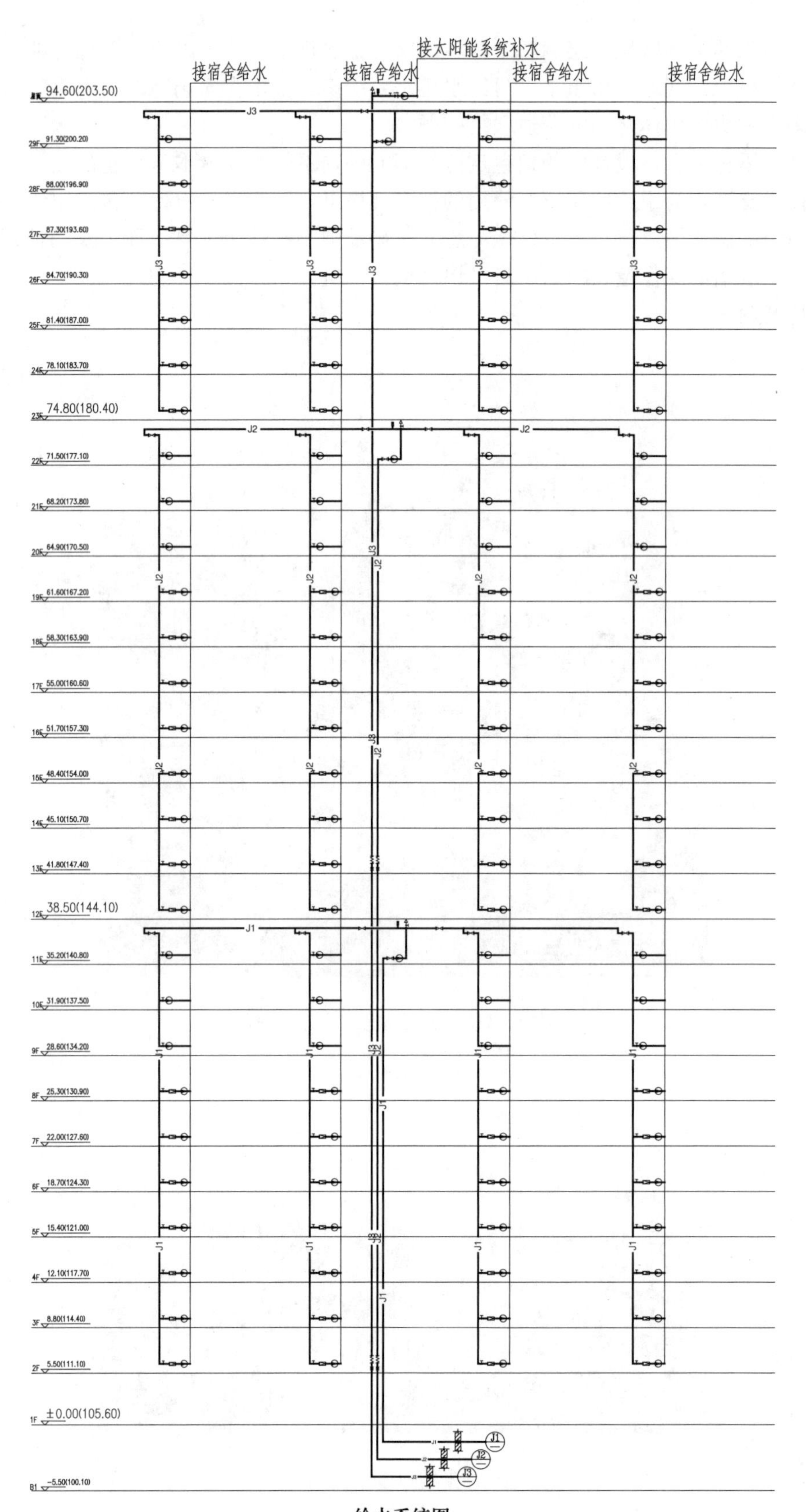
接太阳能系统补水
接宿舍给水
接宿舍给水
接宿舍给水
接宿舍给水
94.60(203.50)
74.80(180.40)
38.50(144.10)
±0.00(105.60)
J3
J2
J1

给水系统图

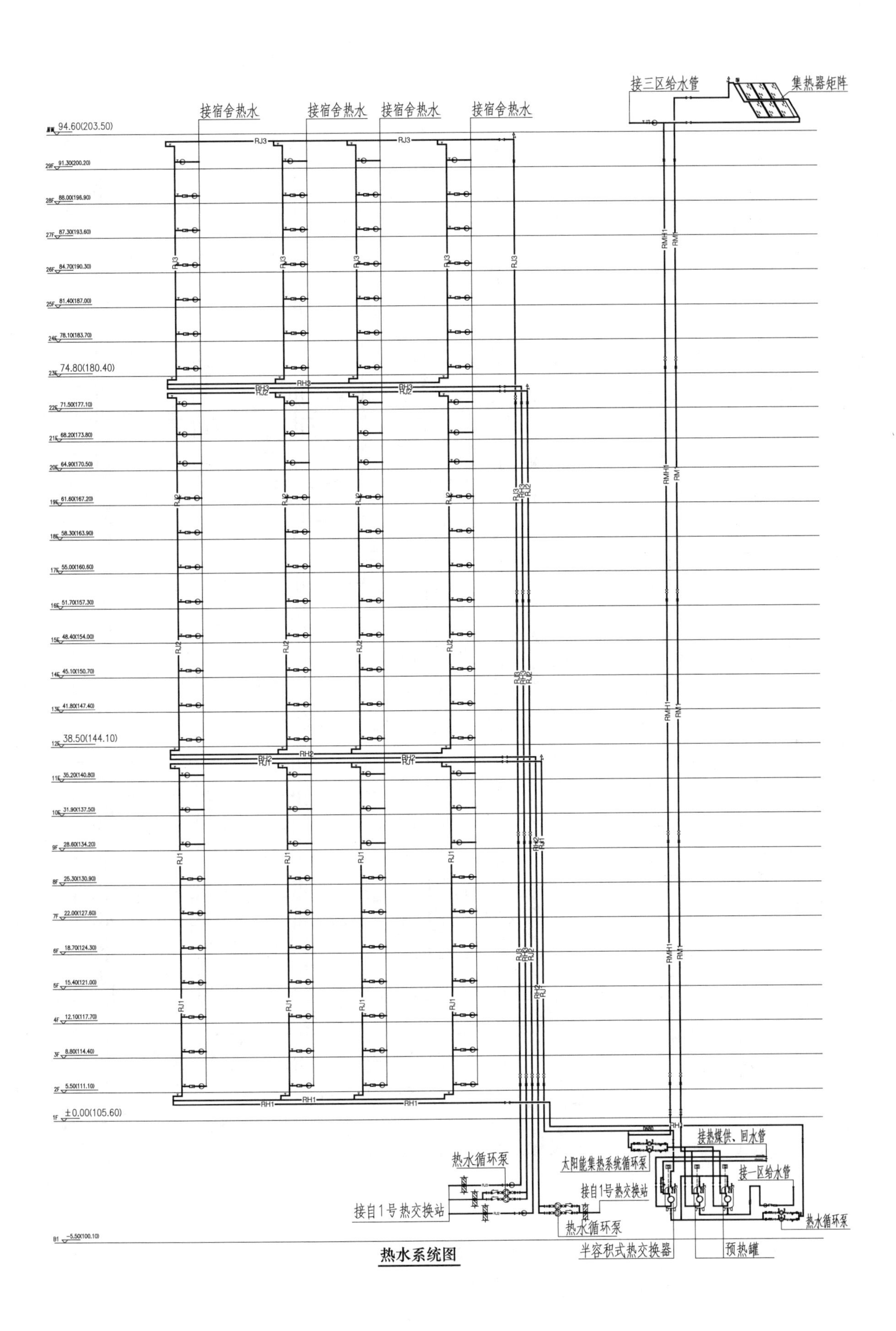
接宿舍热水
接宿舍热水
接宿舍热水
接宿舍热水
接三区给水管
集热器矩阵
94.60(203.50)
74.80(180.40)
38.50(144.10)
±0.00(105.60)
RJ3
RH3
RJ2
RH2
RJ1
RH1
RMH1
RM1
热水循环泵
接自1号热交换站
太阳能集热系统循环泵
接热媒供、回水管
接一区给水管
接自1号热交换站
热水循环泵
热水循环泵
半容积式热交换器
预热罐

热水系统图

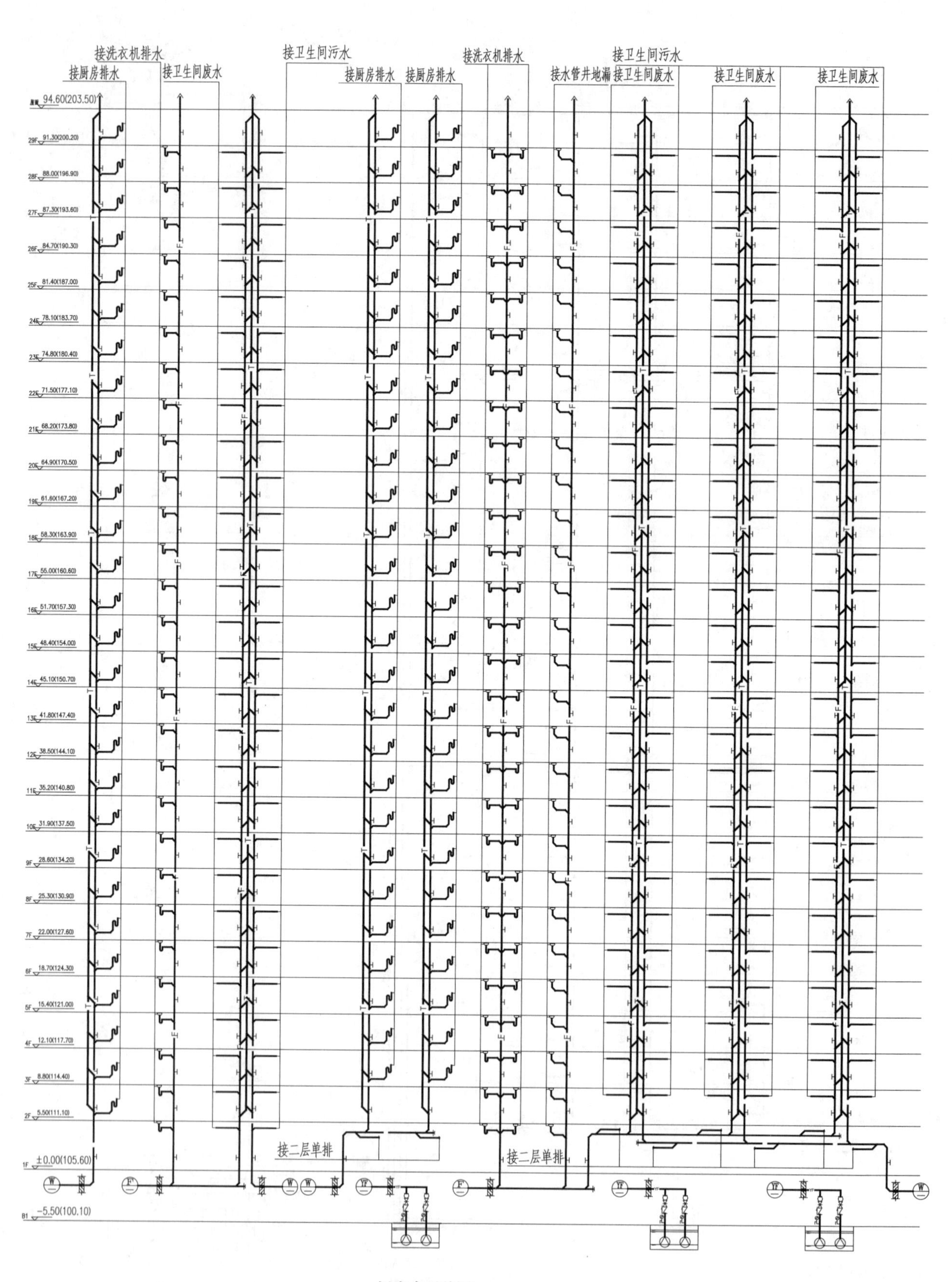
接洗衣机排水
接厨房排水
接卫生间废水
接卫生间污水
接厨房排水
接厨房排水
接洗衣机排水
接卫生间污水
接水管井地漏
接卫生间废水
接卫生间废水
接卫生间废水
94.60(203.50)
±0.00(105.60)
接二层单排
接二层单排
-5.50(100.10)

污废水系统图

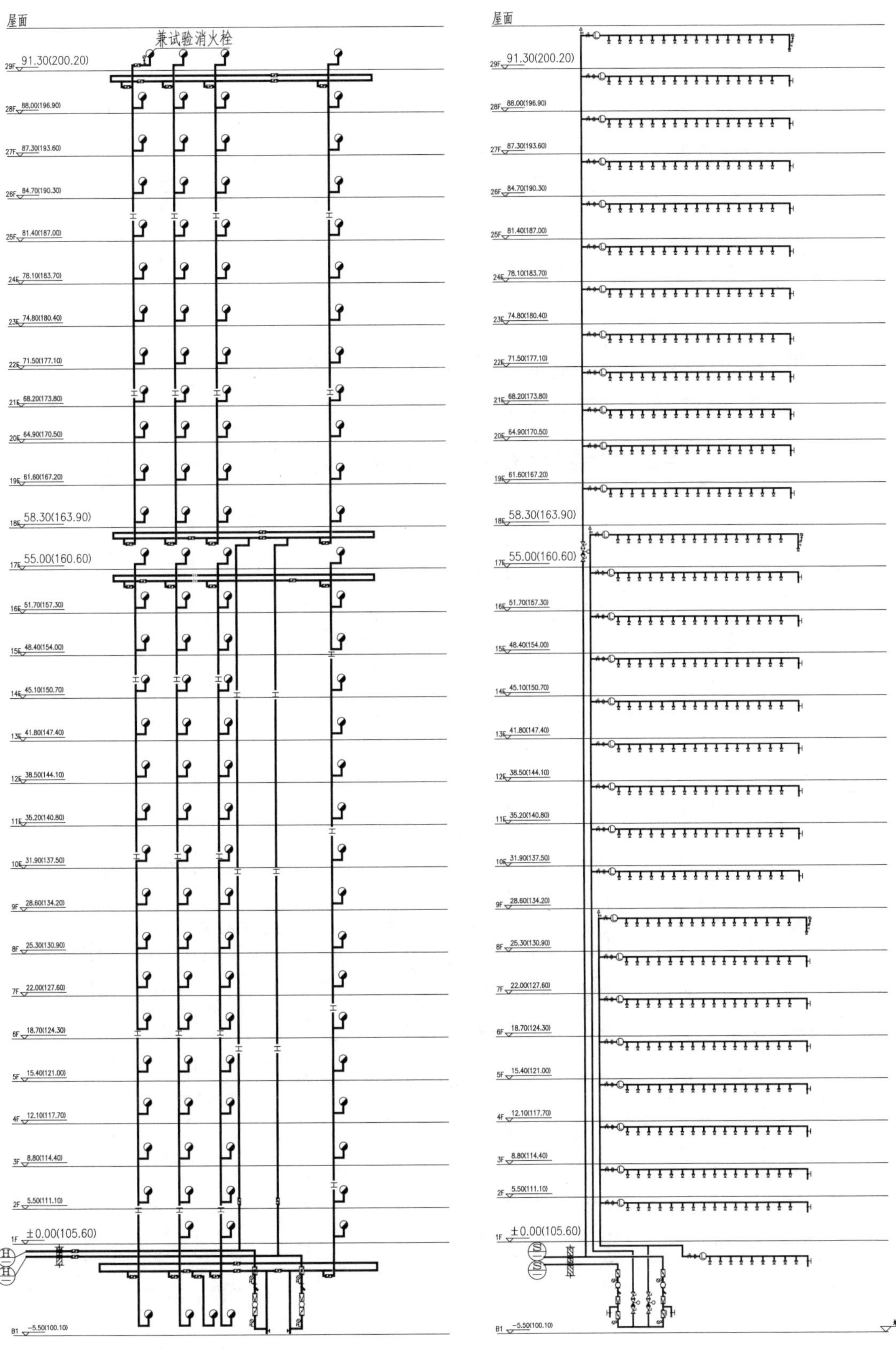

消火栓系统图

自动喷水灭火系统图

注：

地下一层~十层及十八到二十六层采用减压稳压消火栓。

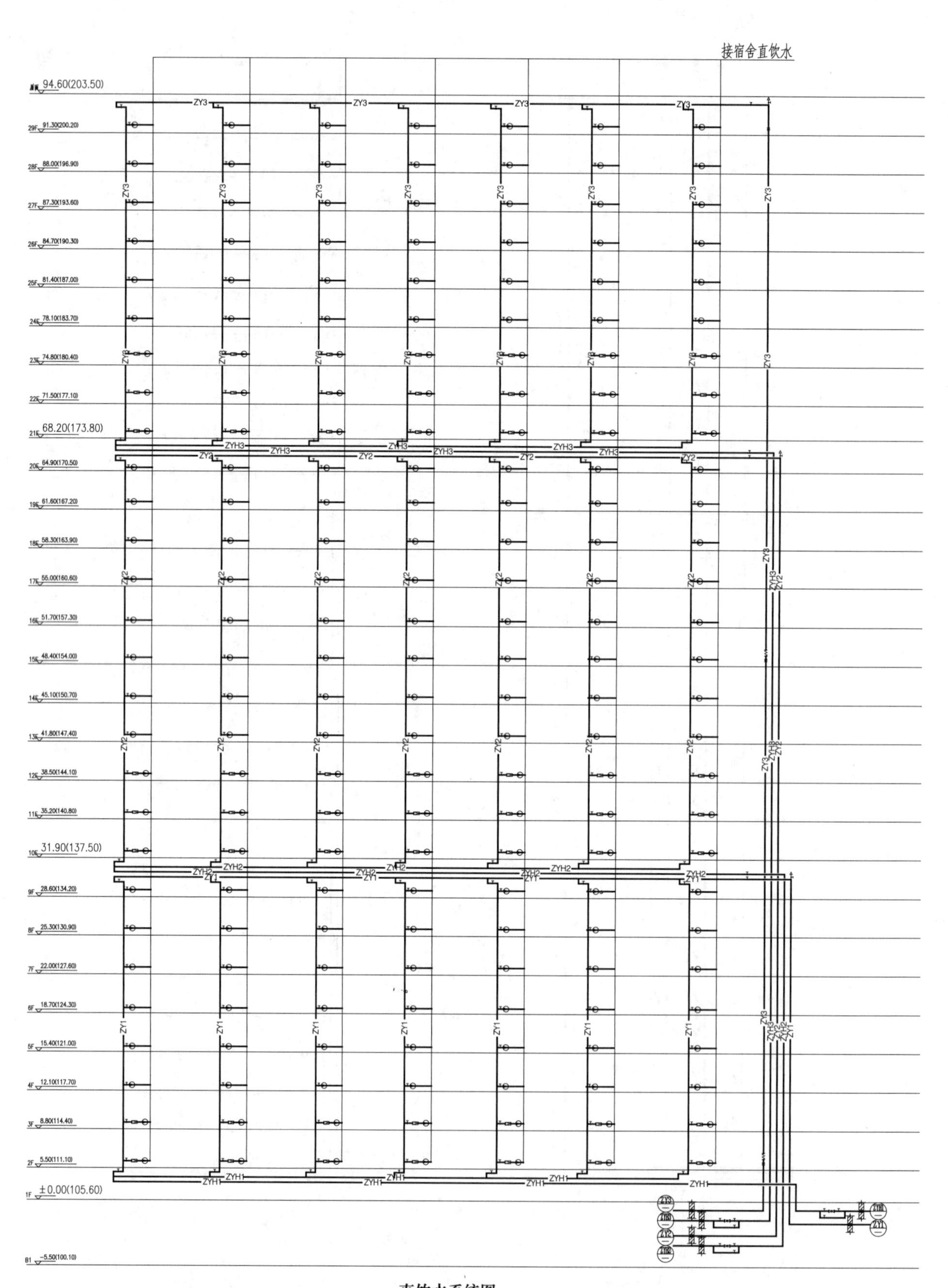
接宿舍直饮水
94.60(203.50)
68.20(173.80)
31.90(137.50)
±0.00(105.60)
ZY3
ZY2
ZY1
ZYH3
ZYH2
ZYH1

直饮水系统图

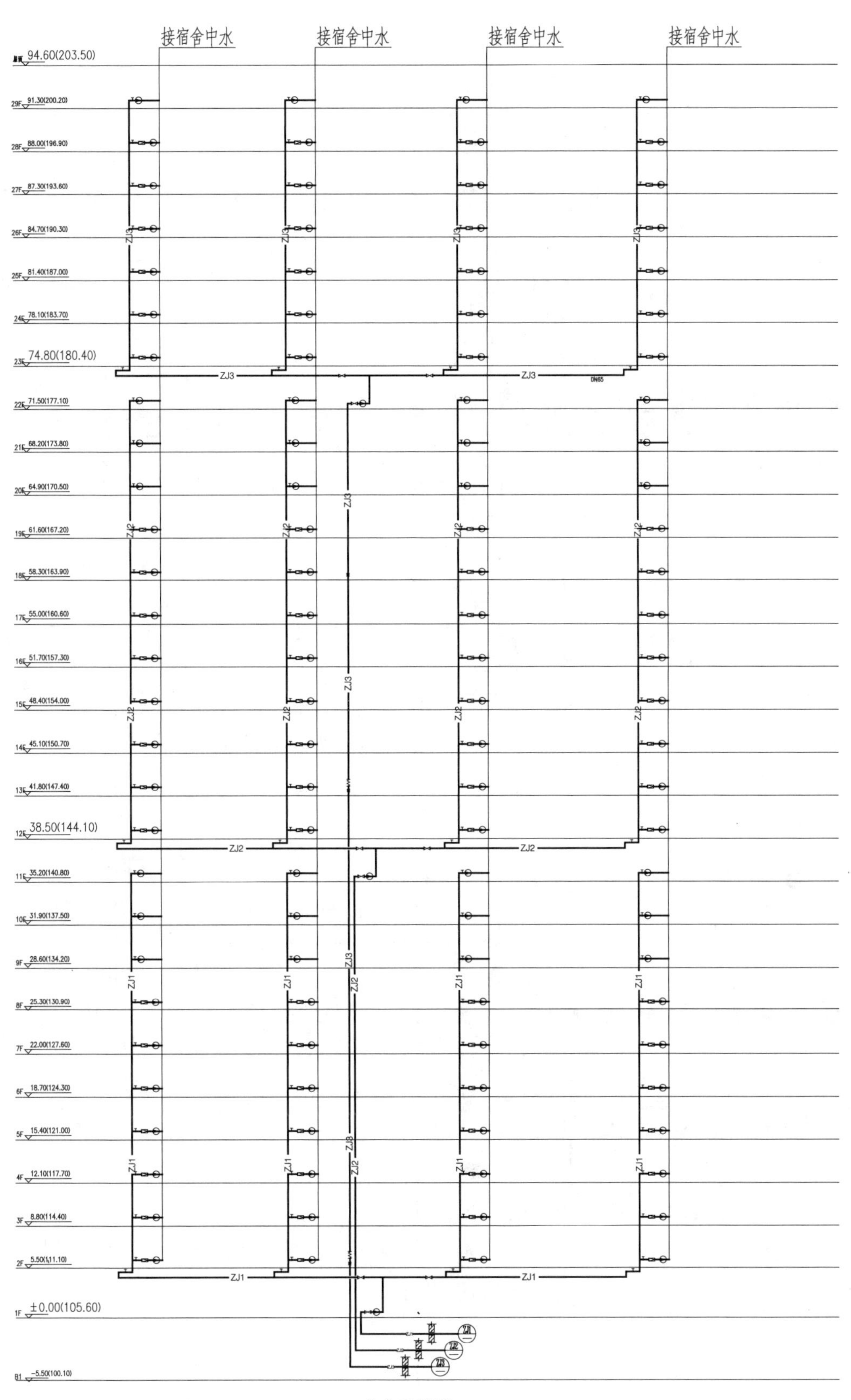

接宿舍中水
接宿舍中水
接宿舍中水
接宿舍中水
94.60(203.50)
74.80(180.40)
38.50(144.10)
±0.00(105.60)
ZJ3
ZJ2
ZJ1

中水系统图

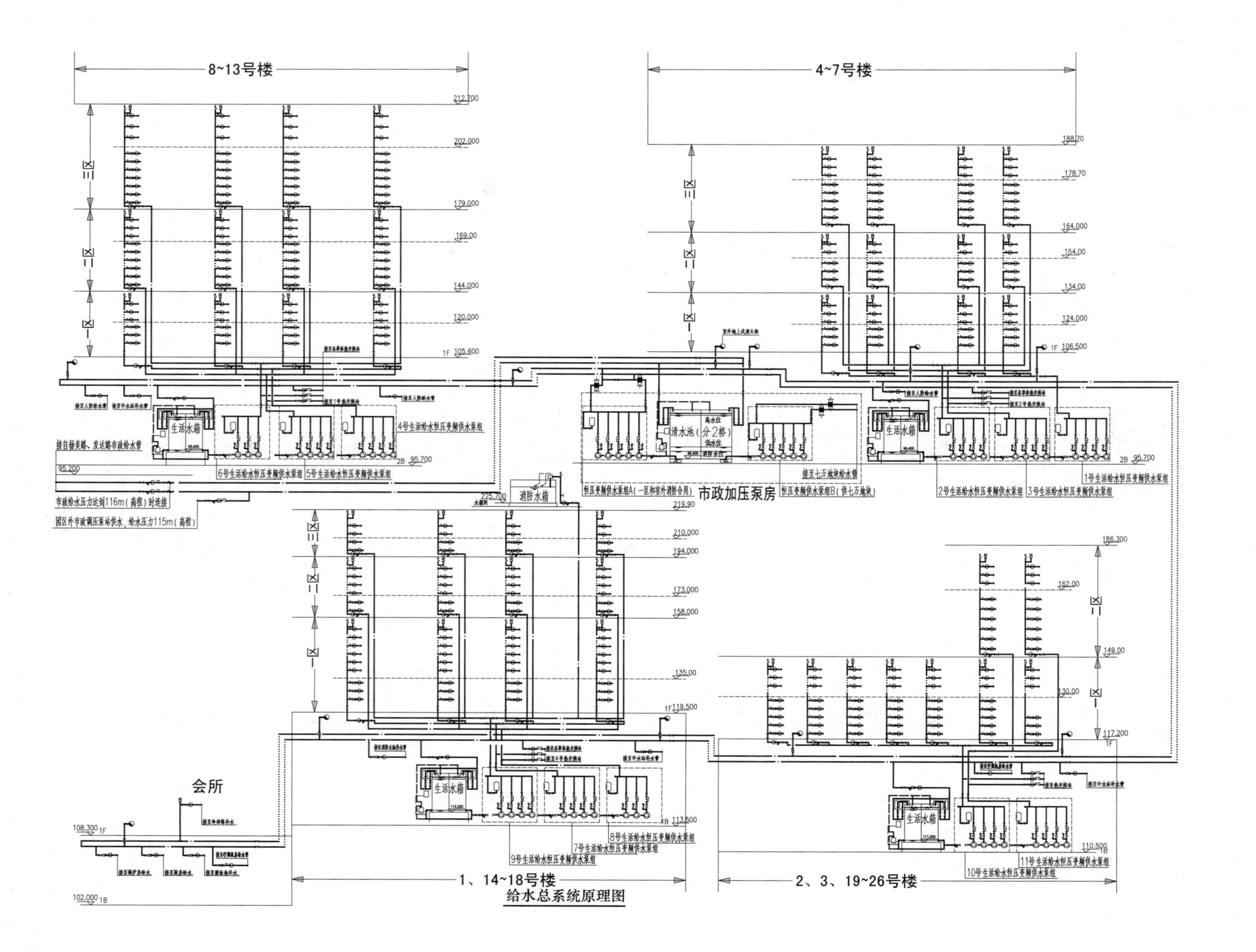
8~13号楼
4~7号楼
4号生活给水恒压变频供水泵组
6号生活给水恒压变频供水泵组
5号生活给水恒压变频供水泵组
接自杨美路、发达路市政给水管
市政给水压力达到116m（高程）时连接
园区外市政调压泵站供水，给水压力115m（高程）
消防水箱
清水池（分2格）
恒压变频供水泵组A（一区和室外消防合用）
恒压变频供水泵组B（供七万地块）
接至七万地块给水管
市政加压泵房
2号生活给水恒压变频供水泵组
3号生活给水恒压变频供水泵组
1号生活给水恒压变频供水泵组
生活水箱
会所
9号生活给水恒压变频供水泵组
7号生活给水恒压变频供水泵组
8号生活给水恒压变频供水泵组
10号生活给水恒压变频供水泵组
11号生活给水恒压变频供水泵组
1、14~18号楼
2、3、19~26号楼

给水总系统原理图

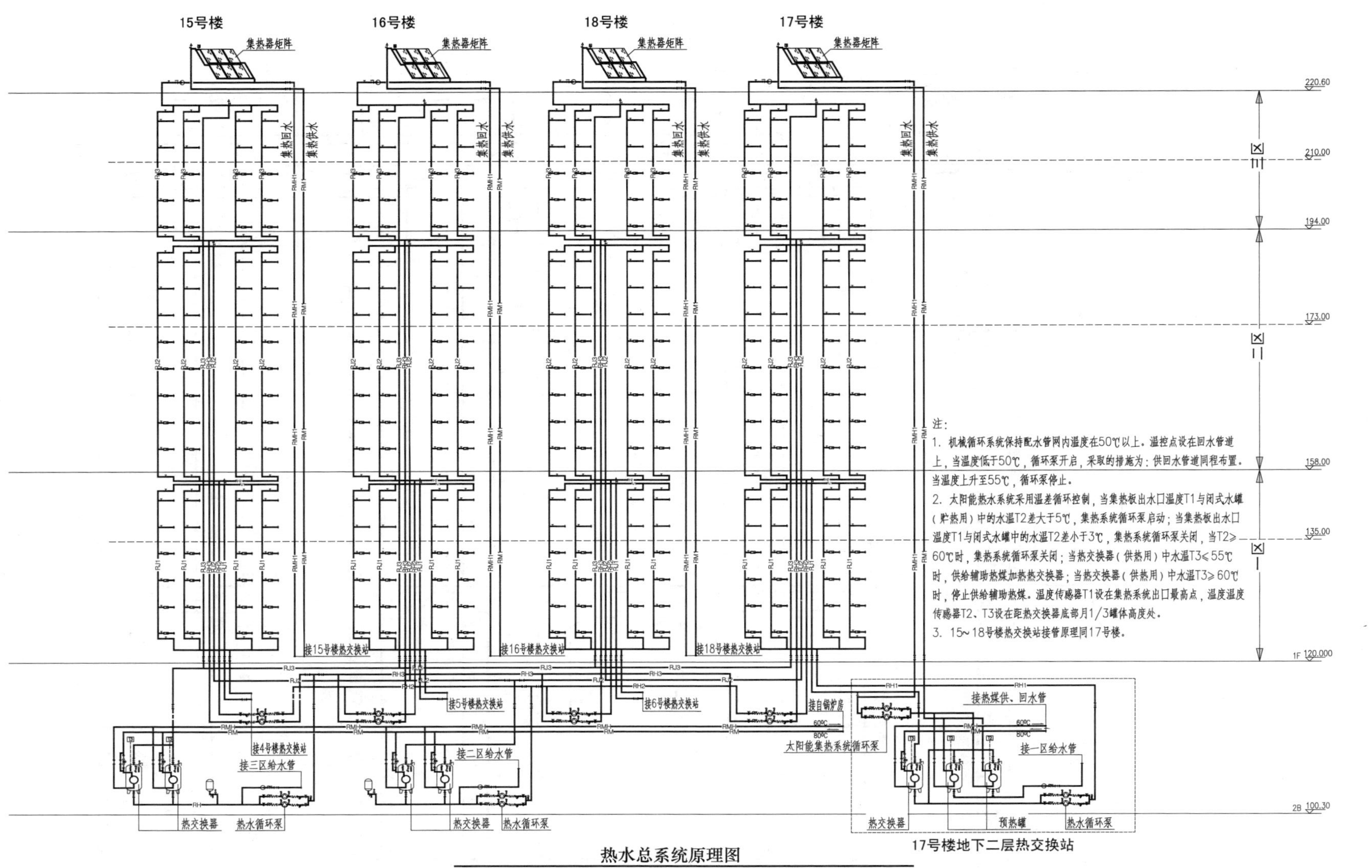

热水总系统原理图

注：其他区域热水总系统参照此图，热水系统分区同各区域给水系统。

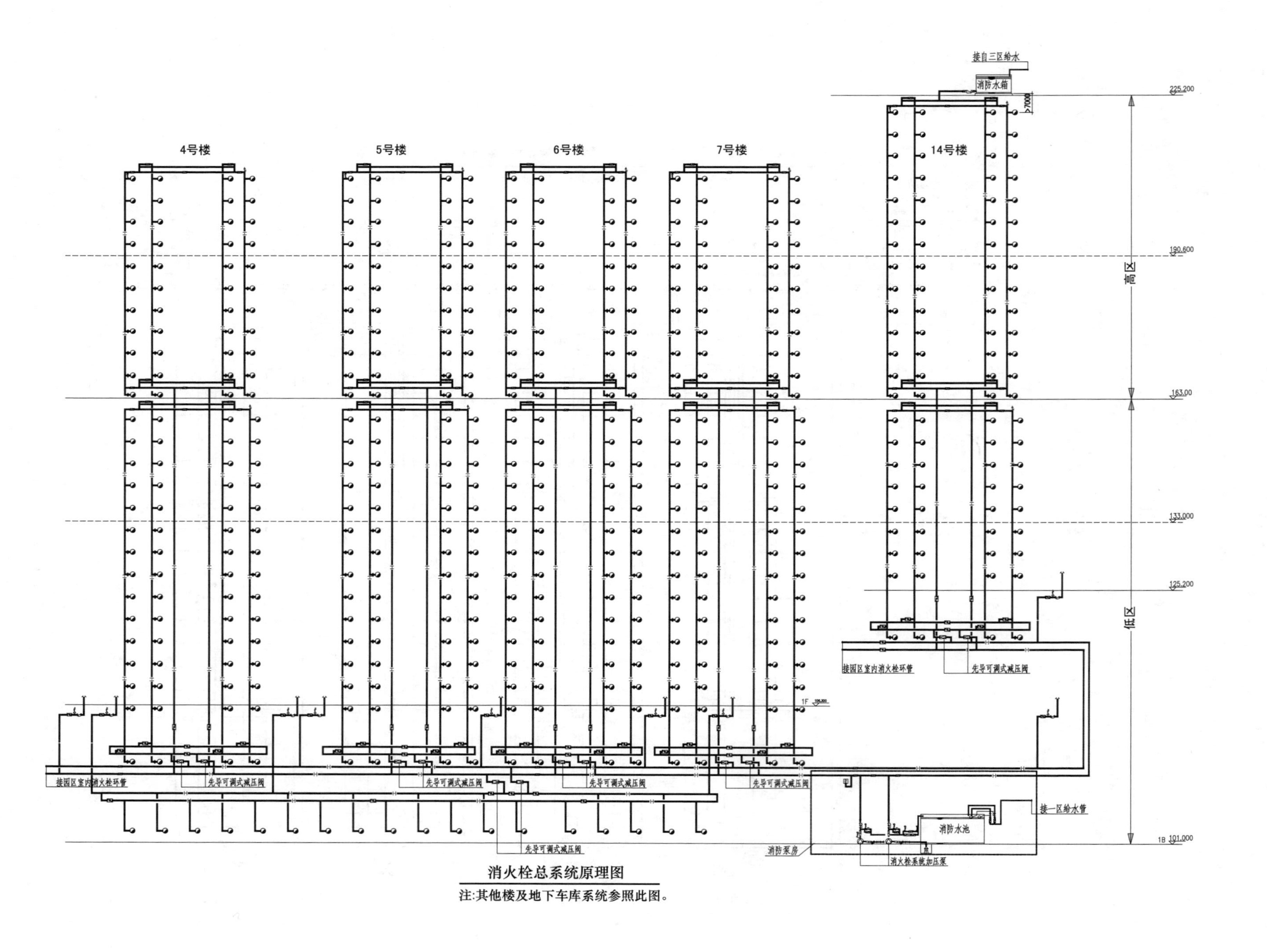

消火栓总系统原理图

注:其他楼及地下车库系统参照此图。

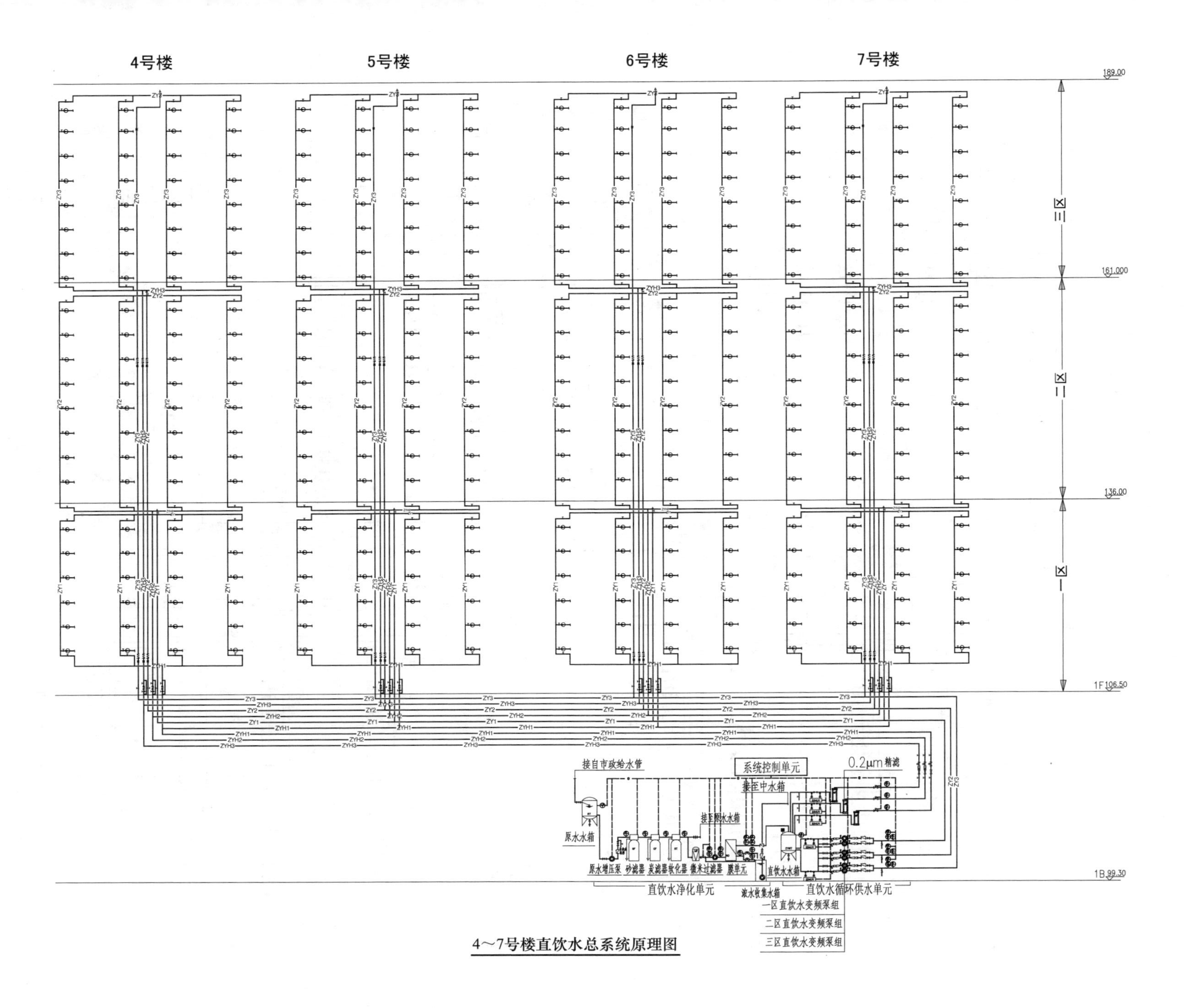

4~7号楼直饮水总系统原理图

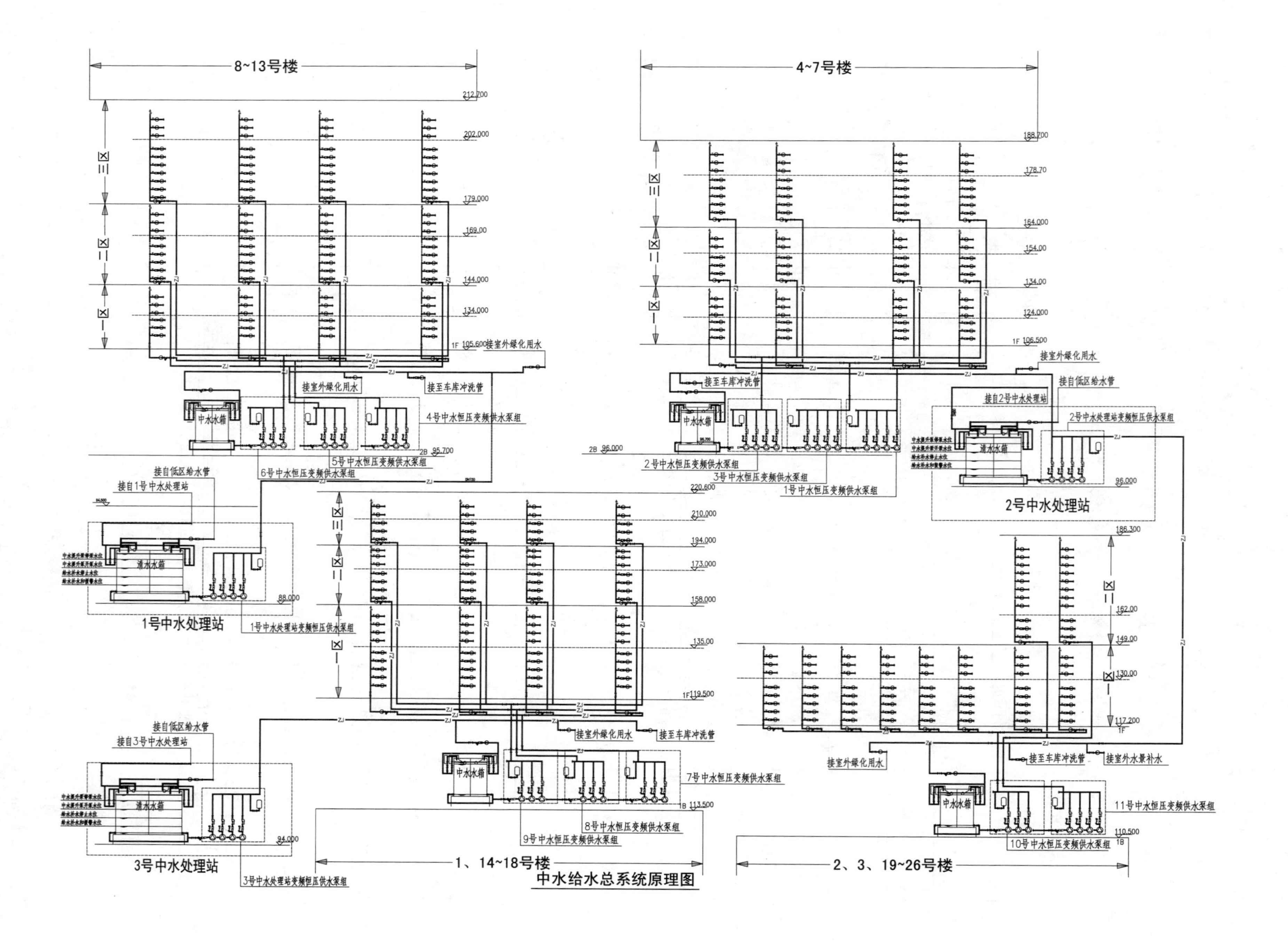
8~13号楼
4~7号楼
接室外绿化用水
接至车库冲洗管
4号中水恒压变频供水泵组
5号中水恒压变频供水泵组
6号中水恒压变频供水泵组
2号中水恒压变频供水泵组
3号中水恒压变频供水泵组
1号中水恒压变频供水泵组
接自低区给水管
接自2号中水处理站
2号中水处理站变频恒压供水泵组
2号中水处理站
接自1号中水处理站
1号中水处理站
1号中水处理站变频恒压供水泵组
接自3号中水处理站
3号中水处理站
3号中水处理站变频恒压供水泵组
7号中水恒压变频供水泵组
8号中水恒压变频供水泵组
9号中水恒压变频供水泵组
10号中水恒压变频供水泵组
11号中水恒压变频供水泵组
接室外水景补水
1、14~18号楼
2、3、19~26号楼

中水给水总系统原理图

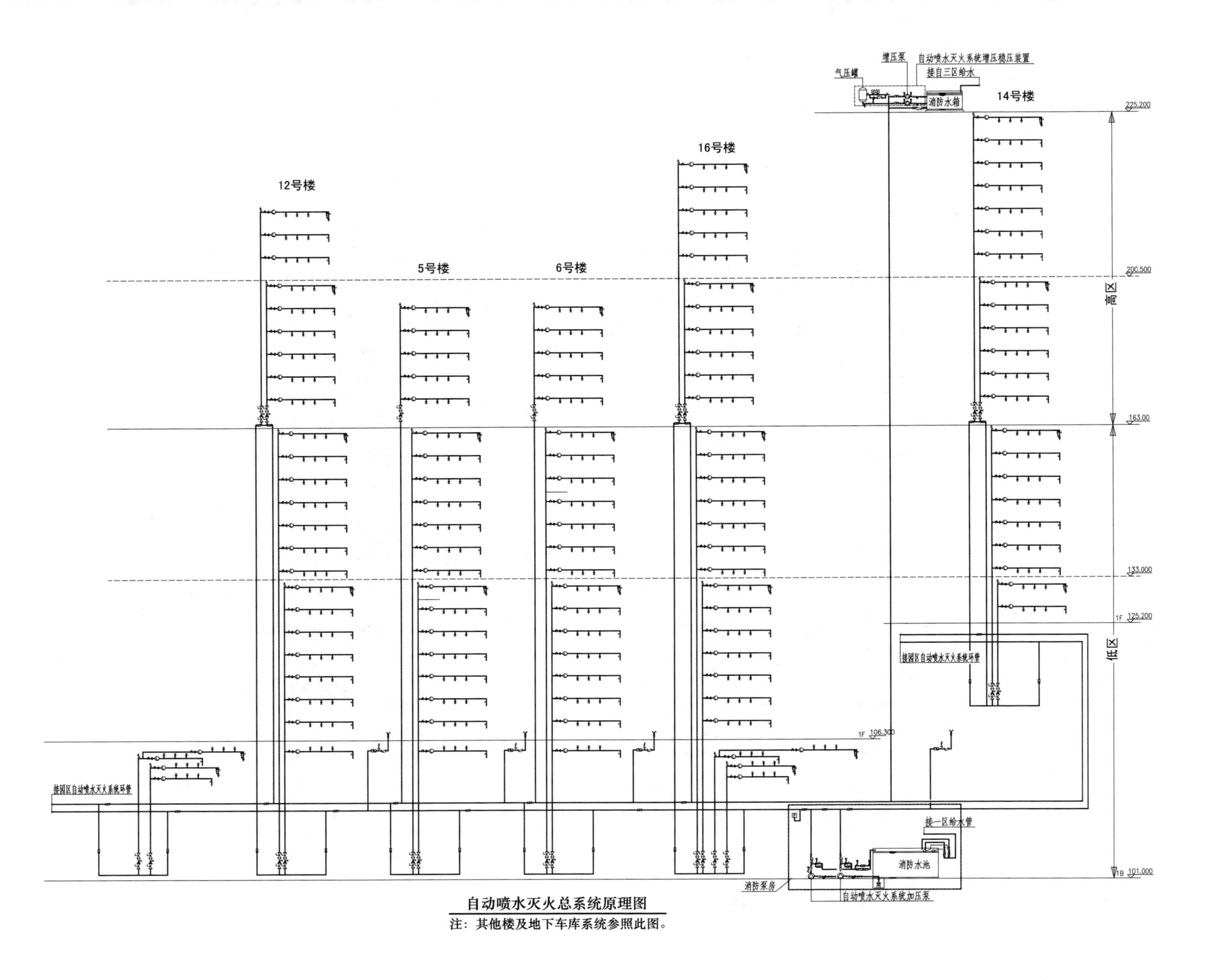

自动喷水灭火总系统原理图

注：其他楼及地下车库系统参照此图。

会所
G4车库
G3车库
G2车库
G1车库
108.80
109.30
120.00
135.00
125.70
125.80
115.80
101.40
105.10
94.00
1
2
3
4
5
6
7
8
9
10
11
12
13
14
15
16
17
18
19
20
21
22
23
24
25
26

工业建筑篇

工业建筑类　一等奖

博世北京力士乐新工厂

设计单位：中衡设计集团股份有限公司
设 计 人：薛学斌　程磊　杨俊晨　史宁　郁捷
获奖情况：工业建筑类　一等奖

工程概况：

本项目是德国博世集团北京力士乐项目，位于北京经济技术开发区泰河一街二号，北临泰河一街，西临博兴一路，东临新凤河路，南面为泰河二街。主要是生产减速机产品的机械加工厂房，新建建筑包括201、202厂房，203，205，206，207为附属用房，204危险品库、207，217门卫房。全厂占地面积80480.8m^2，总建筑面积为70418.81m^2。该项目主体建筑为两层，局部三层办公，耐火等级为二级的丁类厂房。

本工程设计2012年1月10日至2012年2月22日，于2013年1月31日竣工验收陆续投入使用。

工程说明：

一、给水排水系统

（一）给水系统

1. 全厂用水量详见表1，水质水压要求见表2。

全厂用水量　　表1

用水性质	用水定额	使用单位数量	使用时间(h)	小时变化系数	最高日用水量(m^3/d)	最大小时用水量(m^3/h)
生产和办公区生活用水	50L/(人・班)	1325	24	3.0	66.25	8.28
餐厅	20L/人次	1325	4	2.0	26.5	13.25
淋浴用水	60L/人次	1325	3		79.5	26.5
汽车	300L/(辆・班)	20			6	
生产工艺用水			24	2	12.5	1.0
循环冷却补水1	1.5%Q_h	Q_h=1200 m^3/h	24		432	18
循环冷却补水2	1.5%Q_h	Q_h=100 m^3/h	24		36	1.5

续表

用水性质	用水定额	使用单位数量	使用时间(h)	小时变化系数	最高日用水量(m^3/d)	最大小时用水量(m^3/h)
绿化	4L/(m^2·d)				水量计入未预计部分	
生活用水量小计					178.25	48.03
生产用水量小计					480.5	20.5
未预计水量	10				17.8/48	4.8/2.0
生活用水量总计					196.05	52.83
生产用水量总计					528.5	22.5

水质水压要求 **表 2**

项目 \ 用水种类	生产用水	生活用水
水质要求	自来水	自来水
水温	常温	常温
水压	0.25MPa	0.30MPa 左右

根据表 1，本项目生活最大小时用水量 52.83m^3，日用水量 196.05m^3。生产最大小时用水量 22.5m^3，日用水量 528.5m^3。

2. 水源

本工程厂区的生活用水采用市政自来水，消防水池补水、冷却塔补水和生产用水均采用中水系统。从厂区北面泰河一街和南面泰河二街的市政自来水给水管上各引入一条 *DN*200 给水管道，北面的一路进水管上设一个 *DN*80 的生活水表和一个 *DN*150 的消防水表，南面的另一路进水管上设一个 *DN*150 的消防水表。在红线内连成环状。环状管网上每隔 100～120m 设置室外消火栓供火灾时消防取水。另外从市政中水管上引入一路 *DN*100 的中水管道，设一个 *DN*80 的水表接至消防水池、冷却塔补水箱等。

3. 竖向系统分区

本工程为多层建筑，为充分利用市政余压，一层采用市政直供，二层及以上采用加压变频供水。

4. 供水方式及给水加压设备

在 PK205 设备房中一期已设一个 20m^3 的成品不锈钢拼装生活水箱和一套变频加压生活供水设备（Q=30.0m^3/h，H=50m），和一个 135m^3 的成品不锈钢拼装中水水箱和一套变频加压中水供水设备（Q=45m^3/h，H=50m）。二期增设一个 50m^3 的成品不锈钢拼装生活水箱和一套变频加压生活供水设备（Q=45.0m^3/h，H=50m）。

5. 管材

给水管道：室外生活给水管道球墨给水铸铁管；室内生活给水管道 ϕ100 以上采用不锈钢管，焊接法兰连接；ϕ100 及以下采用薄壁不锈钢管，卡压连接。

生活水箱：生活水箱材质采用不锈钢材料。

(二) 热水系统

1. 厂区热水用水量详见表 3。

热水用水量（60℃） 表 3

用水性质	热水用水定额	使用单位数量	使用时间(h)	小时变化系数	最高日用水量(m^3/d)	最大小时用水量(m^3/h)
生产和办公区生活热水	5L/(人·班)	1325	24	3.0	6.625	0.828
餐厅热水	7L/人次	1325	4	2.0	9.275	4.625
集中淋浴热水	40L/人次	1325	3		53.0	17.7
热水用水量小计					68.9	23.153

本项目浴室、卫生间和厨房设置集中热水供应系统，60℃热水最大小时用水量为 8.6m^3，配太阳能热水系统及容积式热交换器三台，每台容积式热交换器 V=3.0m^3，系统设热水循环泵两台，流量为 1.0L/s。扬程 20m 水柱，温度控制启停。热水供应温度为 60℃。部分卫生间热水则采用分散式电热水器提供，每个卫生间设置 40L1.5kW 电热水器一台。

2. 热源

本工程热水采用太阳能及其辅助加热系统，在厂房屋顶设置 240 块太阳能板，每块 2.37m^2，共 568m^2，每天产热水约 36m^3，辅助加热热源为厂区高温热水锅炉。

3. 竖向系统分区

本工程淋浴和厨房均采用加压变频供水，热水系统与冷水同源供应。

4. 热交换器

太阳能热水系统设置容积式热交换器四台，每台容积式热交换器 V=9.0m^3，共 36m^3，每个型号为 RV-04-9（0.6/1.0），V=9m^3，S=21.4m^2；辅助加热供水设置容积式热交换器两台，每台容积式热交换器 V=7.0m^3，共 14m^3，每个型号为 RV-04-7（0.6/1.0），V=7m^3，S=19.7m^2。

5. 冷、热水压力平衡措施、热水温度的保证措施等

（1）热水供应分区同生活冷水分区，并适当加大热水供水管径，采用低阻力损失的容积式热交换器，使得在用水点的冷热水出水水压基本相同。

（2）本工程热水为提高用水的舒适性，尽量缩短热水的出水时间，供水管道设置支管回水方式，即热水循环支管从卫生间末端用水点接出，再至热水循环主管，保证了末端用水点水温，该循环方式也最大限度地达到节约用水的目的，基本没有冷水的浪费；同时热水主管尽量做到同程布置，合理规划热水管线路径。

6. 管材

热水管道：室内热水管道 ϕ100 以上采用不锈钢管，焊接法兰连接；ϕ100 及以下采用薄壁不锈钢管，卡压连接。

7. 容积式热交换器：热交换器材质采用不锈钢材料。

（三）中水系统

1. 中水回用水量详见表 4。

中水用水量 表 4

用水性质	热水用水定额	使用单位数量	使用时间(h)	小时变化系数	最高日用水量(m^3/d)	最大小时用水量(m^3/h)
生产工艺用水			24	2.0	12.5	1.0
循环冷却补水 1	1.5%Q_h	Q_h=1200 m^3/h	24	1.0	432	18

续表

用水性质	热水用水定额	使用单位数量	使用时间(h)	小时变化系数	最高日用水量(m^3/d)	最大小时用水量(m^3/h)
循环冷却补水2	1.5%Q_h	Q_h=100 m^3/h	24	1.0	36	1.5
绿化	4L/(m^2·d)	23144m^2	8	1.0	92.6	11.6
热水用水量小计					537.1	32.1

2. 竖向系统分区

项目为多层建筑，分为一个加压区。

3. 供水方式及给水加压设备

绿化浇灌采用市政中水直供，冷却塔补水及生产用水采用加压变频供水。在PK205设备房中设置一个135m^3的成品不锈钢拼装中水水箱和一套变频加压中水供水设备（Q=45m^3/h，H=50m）。

4. 水处理工艺流程图

中水水源引自市政中水管和本工程的雨水收集处理回用水，雨水收集处理流程详见后面流程图（附图）。

5. 管材

中水管道：室内热水管道ϕ100以上采用不锈钢管，焊接法兰连接；ϕ100及以下采用薄壁不锈钢管，卡压连接。

绿化冲洗水管：钢丝网骨架HDPE复合管（PE100，PN1.6），电热熔连接。

（四）排水系统

1. 排水系统形式

本工程采用雨污分流、污废合流的排水形式。

2. 透气管的设置方式

本工程排水设置专用透气立管及环形透气管，以更好地保证排水顺畅。

3. 采用的局部污水处理设施

（1）根据当地环保部门要求，本工程室外无化粪池。

（2）厨房排水单独收集，经隔油器处理后排入室外污水管道，隔油池为埋地式油水分离器OGA，处理量为80m^3/d。

（3）PK204的垃圾房、废水处理间及油品储存库有含油废水排出，故室外设置埋地式油水分离器OGA，处理量为20m^3/d。

（4）锅炉房的锅炉有高温废水排放，高温废水井室外排污降温池降温处理后排入室外污水管道。

4. 雨水系统排放形式

主要大型厂房钢结构屋面和主要办公区混凝土屋面排水采用虹吸式雨水排放系统，暴雨重现期按50年设计，并设置溢流排水系统满足暴雨强度100年雨水排水。一些小型屋面或小型雨棚采用重力雨水排水系统。

5. 雨水收集回用系统

本项目室外设置两处雨水回收收集及其回用系统，每处500m^3。室外雨水收集储水采用PP塑料模块拼装式埋地蓄水池，每处单独设置雨水处理及变频加压设备，供至室外中水供水管网，供本项目冷却塔补水、绿化浇灌、景观补水等用水。

6. 管材

(1) 污水管：室外采用 HDPE 双壁缠绕管，弹性密封承插连接；室内采用 PVC-U 排水管，胶水粘接，胶水需由管材生产厂家配套提供。

(2) 雨水管：室外采用 HDPE 双壁缠绕管，弹性密封承插连接；室内采用镀锌内涂塑钢管，丝接和卡箍连接；虹吸雨水系统采用 HDPE 排水管。

(五) 生产工艺用水系统

本工程厂房生产工艺用水共有三各系统，分别为生产工艺用纯水系统、普通工艺给水系统和工艺循环冷却水系统。

1. 工艺纯水系统

(1) 本项目厂区内设有生产工艺用纯水系统，生产工艺纯水在厂区内的用水点位很多，故纯水管在厂区内设置成几个环状管网，在管网上每隔 6m 设置一个预留 $DN25$ 的接口，也方便后期工艺调整，方便用水连接。

(2) 在 PK205 设备房内设置纯水处理设备，生产纯水用量约 $8m^3/h$，精度为 2.0US/cm。水源为加压后的自来水，经处理后进入纯水贮水箱，纯水贮水箱为 $6m^3$，然后变频加压供至厂房生产用水。

(3) 工艺纯水系统管道考虑设置回流管道，以保证管道内的纯水不因长时间不流动造成水质的污染。工艺纯水系统均采用薄壁不锈钢管，卡压连接。

2. 普通工艺给水系统

项目厂区内设有普通工艺生产给水系统，水源来自设备房内加压变频供水机组，设置原则和管道均与纯水系统相同。

3. 工艺冷却水系统

本项目厂区内设有工艺冷却水系统，用于设备的换热。工艺冷却水循环量约 $400m^3/h$，设计在厂区内形成环状供水。防止后期管道在厂房内乱接乱拉，管道在厂区设计成几个环状布置，在环状网上每隔 6m 设置冷却水供水和回水接头。同时部分车间的工艺冷却循环系统不能出现断水，故此处的冷却水系统和消防系统采用管道连通，设置常闭阀门，在冷却水系统出现故障断水时，打开阀门利用消防系统的水进行工艺紧急冷却。

4. 综合管架

厂房内给水、通风、动力等各种工艺管道很多，如果不综合考虑布置，则厂房内管线会非常杂乱，故在厂房内设置综合管架，所有工艺管线全部敷设在综合吊架上，厂房内各种管线排布非常整齐。

(六) 循环冷却水系统

1. 空调冷却循环水系统

据暖通专业所提资料，一期设空调冷冻机组所需冷却水量 $Q=2000m^3/h$，二期设空调冷冻机组所需冷却水量 $Q=1200m^3/h$，一层冷冻机房内共设置冷却水循环泵九台（CWP1-1～9），8 用 1 备，每台型号为 $Q=420m^3/h$，$H=25m$，$N=55kW$。

2. 空压机冷却循环水系统

根据暖通专业的资料，共设置四台空压机和三台干燥机，共 850kW 负荷，采用水冷系统。所需冷却水温度与冷冻机相同，但考虑到所需压力比较大，故独立设置冷却水循环泵。设置冷却水循环泵三台（CWP3-1～3），2 用 1 备，变频控制，每台型号为 $Q=60m^3/h$，$H=40m$，$N=11kW$。

3. 工艺冷却循环水系统

根据业主提供的工艺资料，工艺所需冷却水温度与冷冻机相同，但到所需压力比冷冻机系统大，故独立设置冷却水循环泵。设置冷却水循环泵三台（CWP2-1～3），2 用 1 备，变频控制，每台型号为 $Q=200m^3/$

h，$H=40m$，$N=55kW$。

4. 冷却塔设置

为节省用水，将冷却水循环使用，仅补充少量蒸发及飞溅损失。三种冷却水系统水温相同，故合用屋顶冷却塔，冷却水温为 $t_1=32℃$，$t_2=37℃$，$\Delta t=5℃$。本设计选用超低噪声方型阻燃型逆流工冷却塔，按湿球温度 28.3℃、进水温度 37℃、出水温度 32℃，冷却塔设于 PK205 屋顶，共九台，每台流量 $Q=400m^3/h$。

5. 冷却水处理

为防止经多次循环后的水质恶化影响冷凝器传热效果，并设全自动过滤器连续处理一部分循环水以去除冷却过程中带入的灰尘及除垢仪产生的软垢。系统还设有杀菌消毒投药装置。

6. 冷却循环水补水

冷却水补水采用中水和本工程雨水收集回用补水，通过变频加压泵组，从水箱处抽水提升后经软水装置处理成软水，然后供至冷却塔集水盘补水。本设计中冷却塔集水盘为深水型集水盘。

二、消防系统

（一）消火栓系统

1. 消火栓系统用水量

本工程为两层丁类厂房，局部设有三层的办公楼，办公区面积超过 $3000m^2$，故室外消火栓用水量为 25L/s，室内消火栓用水量为 15L/s，或者延续时间为 2.0h，室内外一次灭火用水量为 $288m^3$。

2. 竖向系统分区

本工程为多层建筑，消火栓系统设置一个加压分区。

3. 消火栓泵及稳压设备的参数

室外消火栓采用两路市政供水直供。消防泵房设室内消火栓主泵两台，一电一柴，1 用 1 备，供应室内消火栓用水量。泵组供水流量为 15L/s，扬程 55m。设稳压泵两台和有效容积为 $9m^3$ 的气压罐。稳压泵流量为 5L/s，扬程 60m，两只 ϕ2200×3500mm 的气压罐。

4. 水池、水箱的容积及位置

消防水池储水量为 $900m^3$。位于 PK205 一层。消防泵房内设置消火栓和喷淋稳压泵及气压罐，其调节水量分别为：喷淋 $6.6m^3$，消火栓 $9m^3$，不设置屋顶高位消防水箱。

5. 水泵接合器的设置

本工程室内消火栓系统未设置水泵接合器。

6. 管材

室外消火栓给水采用球墨给水铸铁管，内搪水泥外浸沥青，橡胶圈接口。室内消火栓系统小于 *DN*100 管道采用热浸镀锌钢管（Sch40），丝接或法兰连接；大于或等于 *DN*100 管道采用热浸镀锌无缝钢管（Sch30），卡箍连接。

（二）自动喷水灭火系统

1. 自动喷水灭火系统的用水量

本工程自动喷水灭火系统设计水量为 110L/s。其中办公区按中危险Ⅰ级考虑，设计水量为 21L/s，喷水强度为 $6L/(min \cdot m^2)$，作用面积 $160m^2$，每个喷头最大保护面积为 $12.5m^2$。喷头感温级别：办公区 68℃，厨房 93℃。喷淋用水引自区域喷淋环管，设独立的报警阀和水流指示器。生产区按《建筑设计防火规范》GB 50016—2014 要求可不设自动喷淋系统，现根据博世要求，生产区设置自动喷淋，设计水量为 110L/s，喷淋用水引自区域喷淋环管，并设独立的报警阀和水流指示器。仓库区内设有单双排货架，仓库高度为 11.000m，货架储物高度约 8.5m，根据《自动喷水灭火系统设计规范》GB 50084—2001（2005 年版）规定：仓库喷水强度为 $18L/(min \cdot m^2)$，作用面积 $200m^2$，持续喷水时间 1.5h。货架内设置货架喷头。设计水量为 105L/s。

2. 系统分区

本工程为多层建筑，消火栓系统设置一个加压分区。

3. 自动喷水加压泵及稳压设备的参数

按博世要求，系统泵房设喷淋主泵三台，一电两柴，1 用 2 备，其中两台柴油泵均为备用泵，流量为 110L/s，扬程为 90m，以及喷淋气压稳压设施一套。

4. 喷头选型

办公区及走道喷头：动作温度 68℃，$K=80$，其中厨房动作温度 93℃；生产区喷头：动作温度 74℃，$K=160$；仓库区喷头：动作温度 74℃，$K=160$；货架内喷头：动作温度 74℃，$K=115$。

5. 报警阀的数量、位置

办公区、生产区、仓库区等各分区分别设置报警阀，报警阀设置在厂房设备机房内，水力警铃引至经常有人的区域。本工程共设置报警阀 19 组。

6. 水泵接合器的设置

自动喷水灭火系统管路设置消防水泵接合器 8 套。

7. 管材

室内自动喷水灭火系统小于 $DN100$ 管道采用热浸镀锌钢管（Sch40），丝接或法兰连接；大于或等于 $DN100$ 管道采用热浸镀锌无缝钢管（Sch30），卡箍连接。

三、工程特点及设计体会

（一）标志性意义

1. 本项目为“世界 500 强公司”德国博世集团在北京投资的新项目，严格按照德国标准建造，施工图的图纸绘制深度和精细化要求极高，在设计过程中与德方的专业工程师直接交流对接，也学到了很多国外的先进经验和做法，为后续其他相关项目的设计积累了非常宝贵的经验。

2. 本项目要求为中英文双语出图，同时也要求设计师与德方人员直接面对面交流、会议等讨论技术问题，对于年轻的设计师的外语口语以及对外交流都起到了很好的锻炼作用。

3. 本项目设计师按照国外设计师负责制的要求来工作，不仅要完成精细化很高的施工图纸，还有配合业主完成招标清单的编制、协助招标、施工样品确认、定期到工地服务、项目竣工验收和后期维保服务，基于业主信任，设计师参与了整个项目全生命周期的相关工作，基本达到目前住房城乡建设部推广的设计师负责制的相关工作要求。

（二）采用的先进技术及效果

本项目设计过程中充分考虑了建筑全寿命周期内的节能、节材、节水和环境保护等，体现经济效益、社会效益和环境效益的统一。

1. 采用的先进技术

（1）雨水收集及利用系统；

（2）特殊的工艺循环冷却水系统；

（3）太阳能热水及其辅助加热系统（获得实用新型专利）；

（4）虹吸雨水排放系统技术；

（5）挂墙式坐便器的固定方式及节水型洁具的应用（获得实用新型专利）；

（6）小型机器人进行室外雨污水管道内部安装检查。

2. 工程效果

（1）经济效益

1）室外设埋地塑料模块雨水收集回用系统两处，每处设置储水模块 $V=500m^3$，处理后供绿化浇灌及景观补水用。每年为厂区节约绿化浇灌用水约 $6000m^3$。

2）本工程均采用节水型洁具，其中坐便器采用挂墙式，洗脸盆龙头和小便器均为感应式，每年为厂区节约生活用水约20%。

3）本项目采用分区供水，1层及以下采用市政直供，2层及以上采用变频供水，变频恒压供水设备压力调节精度需小于0.01MPa。配备水池无水停泵，小流量停泵控制运行功能，以达到节水节能。

（2）社会效益

设计阶段从方案到扩初、施工图中对项目综合的角度采用了较多因地制宜、节水节能经济的给水排水系统，例如雨水收集回用系统、太阳能热水系统等。

（3）环境效益

本项目在设计之初便综合考虑把对周边环境的影响尽量降到最低，在设计过程中采用以下几种方式降低噪声、污水、雨水等对周边环境的影响。

1）本工程冷却塔采用低噪声型，噪声控制在55dB以下，减小对周围环境噪声的影响。

2）本项目厨房废水经隔油处理后排入污水管网，厂区所有污水全部排至市政污水管网，最终排至污水处理厂处理达标后排放。

3）本项目设置雨水收集回用系统两处，每处设置储水模块 $V=500m^3$，减少暴雨是对周边雨水管网的压力，同时节约市政自来水。

（三）技术特点

本工程设计过程中在以下几个方面解决了一下实际应用中存在的难题，并在使用过程中得到了验证。

1. 挂墙式坐便器的固定方式（图1）。挂式坐便器均自带水箱专用金属框架，当该框架固定于实墙时，一般不会产生问题；当水箱位于装饰板内时，则往往因设备固定不合理而产生排水接驳管断裂等问题。对此，我们提出了一种特殊加固方式，并获得了实用新型证书。

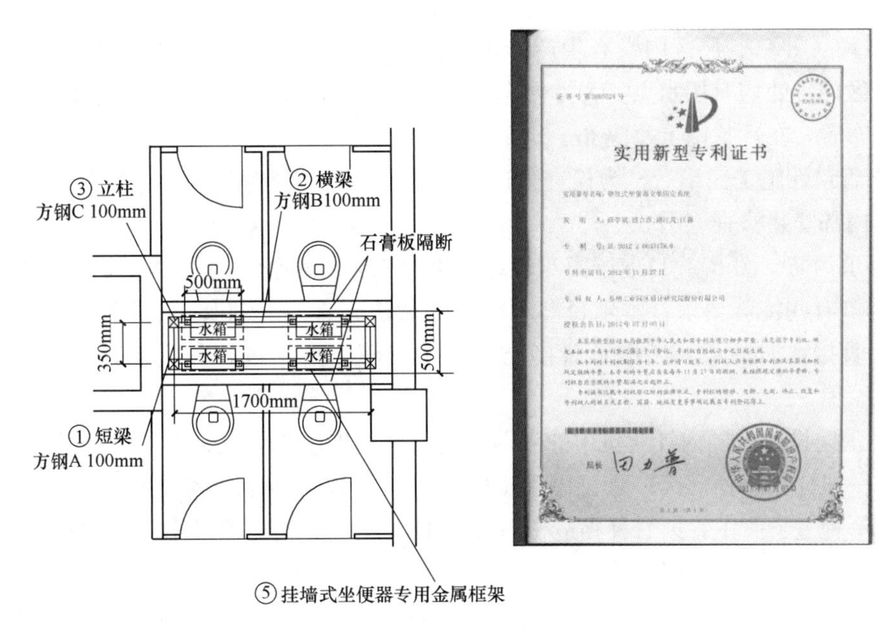

图1 挂墙式坐便器的固定方式（一）

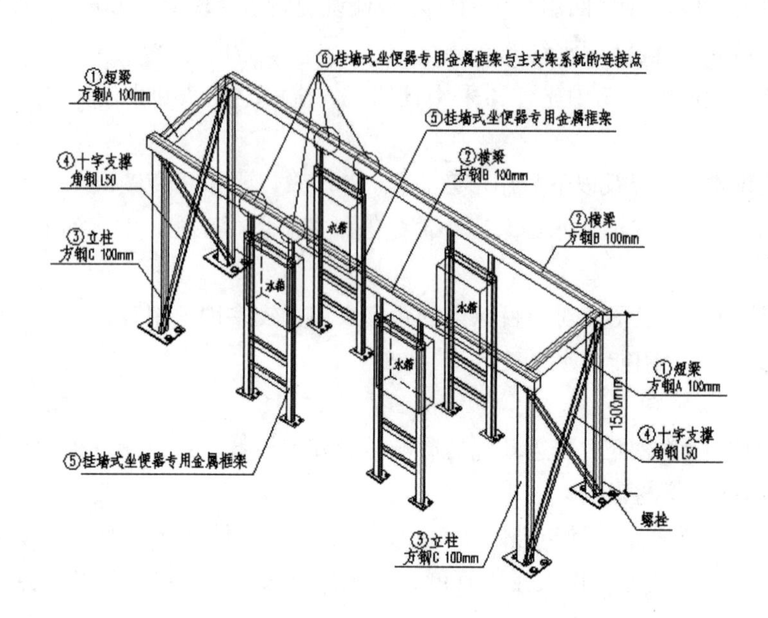

图 1　挂墙式坐便器的固定方式（二）

2. 设紧急制冷装置的太阳能热水系统。本工程集中洗浴采用太阳能热水预热加燃气热水炉辅助加热方式。德方对于太阳能热水系统的安全性有很高要求，该系统设有紧急制冷系统，用于太阳能系统热媒温度过高，这在国内已建太阳能热水系统中很少见（图 2）。

3. 本项目厂区内设有工艺冷却水系统，工艺冷却水循环量约 520m^3/h，在厂区内形成环状供水（图 3）。冷却水系统设置电导度自动控制系统控制冷却水自动排放和补水；冷却塔集水盘设置电加热系统，防止冬天结冰冻裂设备；屋顶冷却塔设置钢平台，方便冷却塔和冷却水管道的安装和检修，并且对不同类型和型号的冷却塔使用没有限制。

4. 工艺管道布置（图 4）。厂区内设有生产给水系统、纯水系统、工艺冷却水系统等工艺给水系统。各种工艺给水管在厂区内各处均有用水点，为方便车间工艺布置，防止后期管道在厂房内乱接乱拉，管道在厂区设计成几个环状布置，在环状网上每隔 6m 设置接头。

5. 室外雨污水管道在施工完毕后，为检查管道是否接错，防止管内杂物未清理干净，采用小型机器人进行室外雨污水管道内部安装检查（图 5）。

6. 工艺排风管道消防（图 6）。目前国内对于厂房生产工艺排风管内部的消防，一般没有明确的灭火要求，仅对厨房排烟罩有些特殊要求。本项目参考德国的做法，在工艺排风管内设置了自动喷水灭火系统，在原有湿式系统上直接增加一路水流指示器接至工艺排风管喷淋系统，其优点是大大提高了其厂房的安全性。

7. 分散数据间消防设计。国内针对集中的强弱电间，一般采用气体灭火系统，而对于每层的分散数据服务间的消防设计，一般分为两种，其一是仅设手提式灭火器，其余不作任何设施；其二是采用高压细水雾。上述两种方式，第一种过于简单，第二种则造价过高。本项目业主提出了采用闭式水雾喷头的要求（图 7），在原有湿式系统上直接连接特殊的闭式喷头。若发生火灾，喷头开放直接喷水雾。它最大的优点是其对压力要求并不太高，仅需 0.3～0.35MPa 即可。此类喷头国内尚不能生产。由于分散式服务间面积均很小，故设置此类喷头对整个系统设计参数影响不大，个别项目仅需增加些系统设计压力即可。

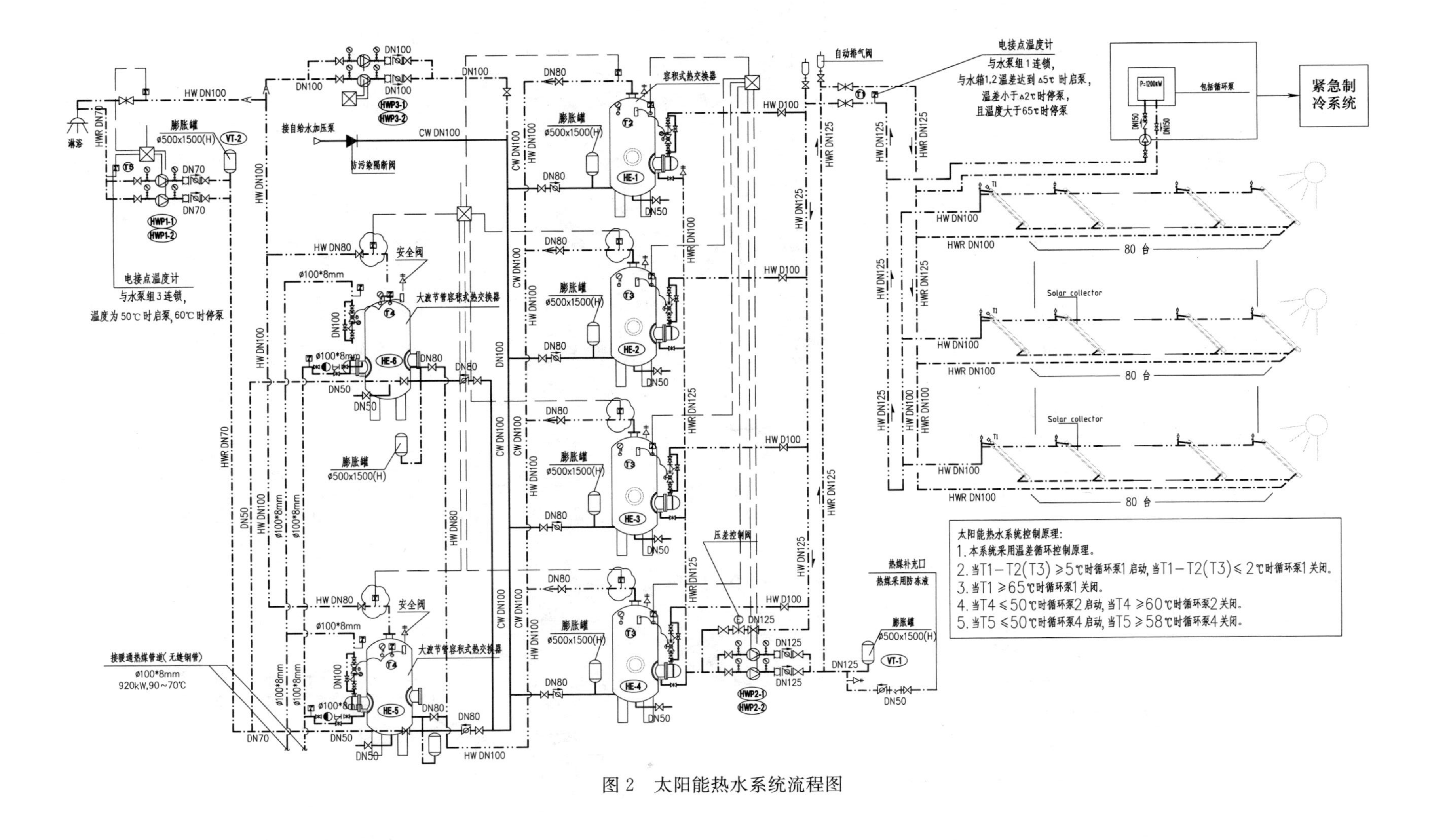

图2 太阳能热水系统流程图

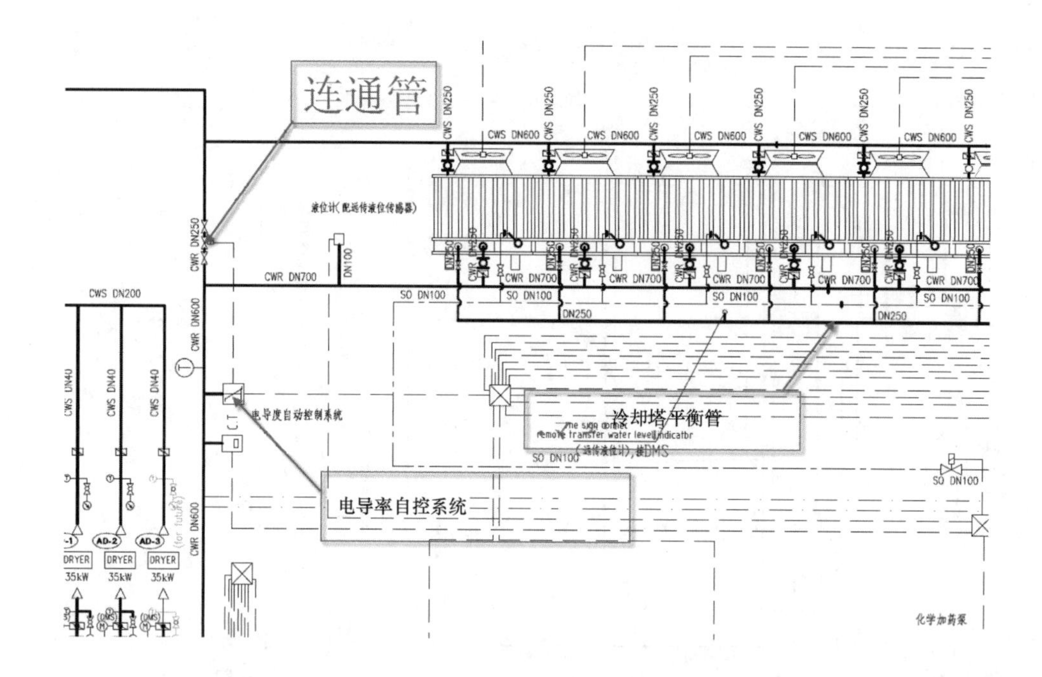

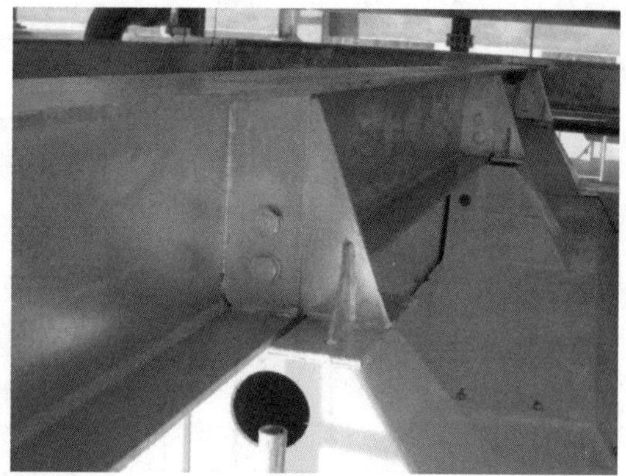

图 3 工艺冷却水系统

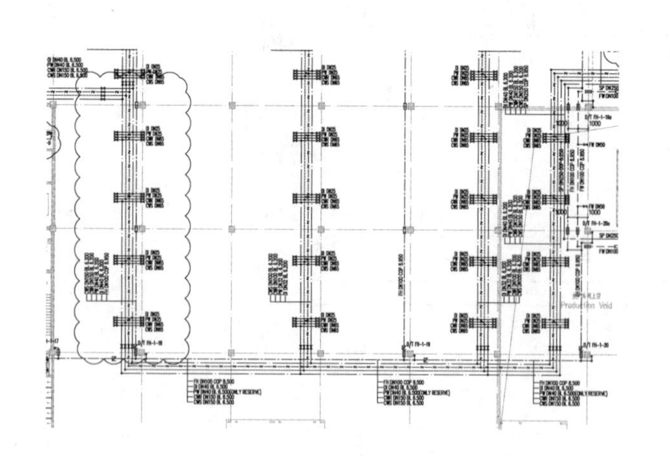

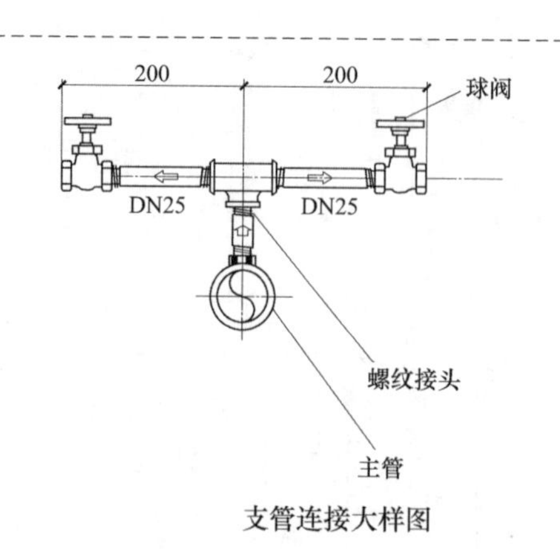

图 4 工艺管道布置图

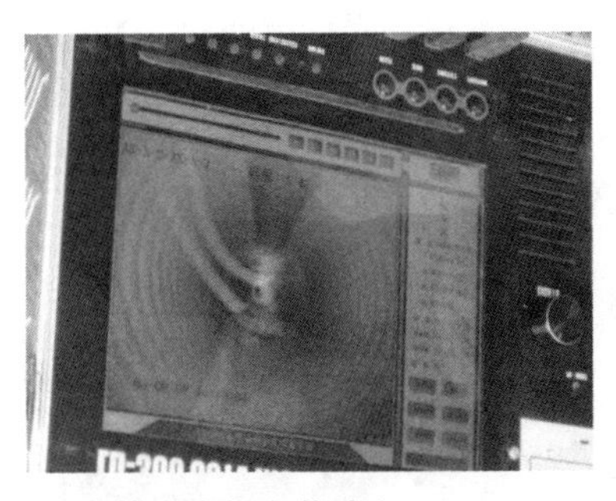

图5　小型机器人进行室外雨污水管道内部安装检查

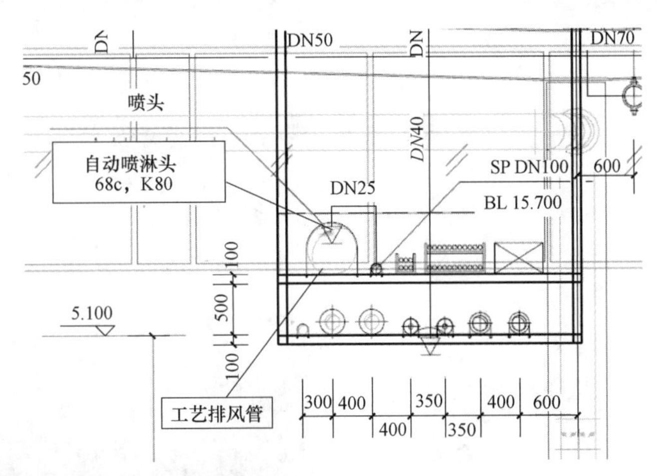

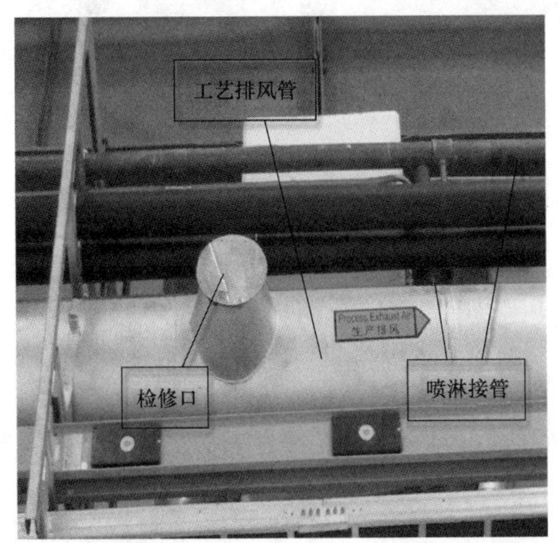

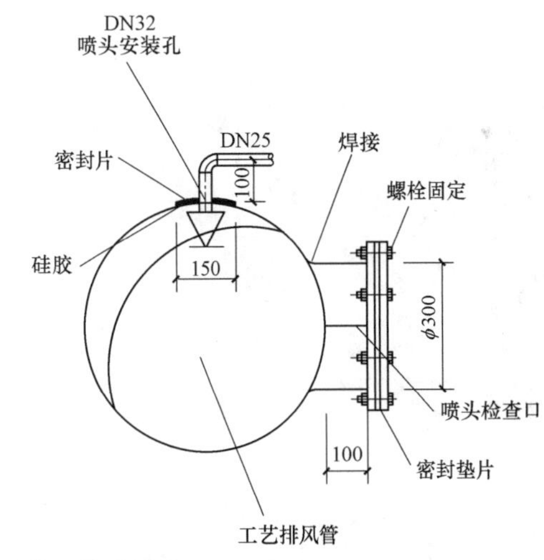

图6　工艺排风管道消防

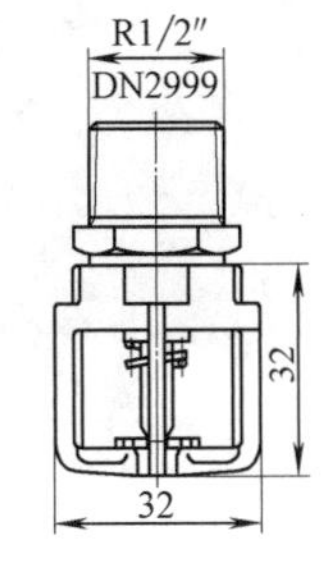

图7　闭式水雾喷头

四、工程照片及附图

厂房外立面

厂房外立面

厂房外立面

厂区效果图

厂房综合管架（一）

厂房综合管架（二）

排烟管内喷淋系统

消防泵房

纯水机房

冷却循环水泵房

生活供水泵房

冷却塔及其钢平台

屋顶太阳能板

屋顶景观及排水设置

室外雨水收集

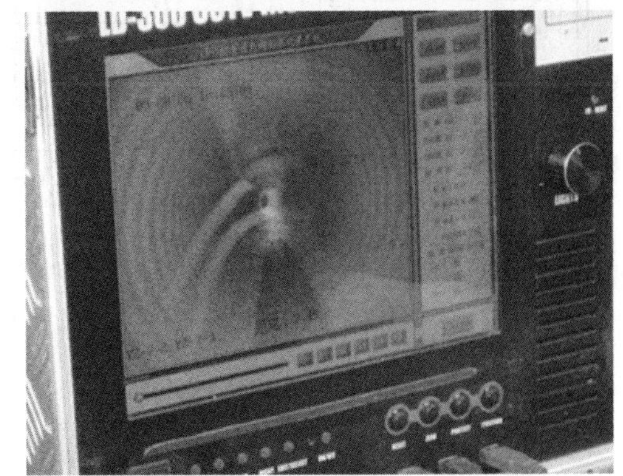

管道机器人监测装置

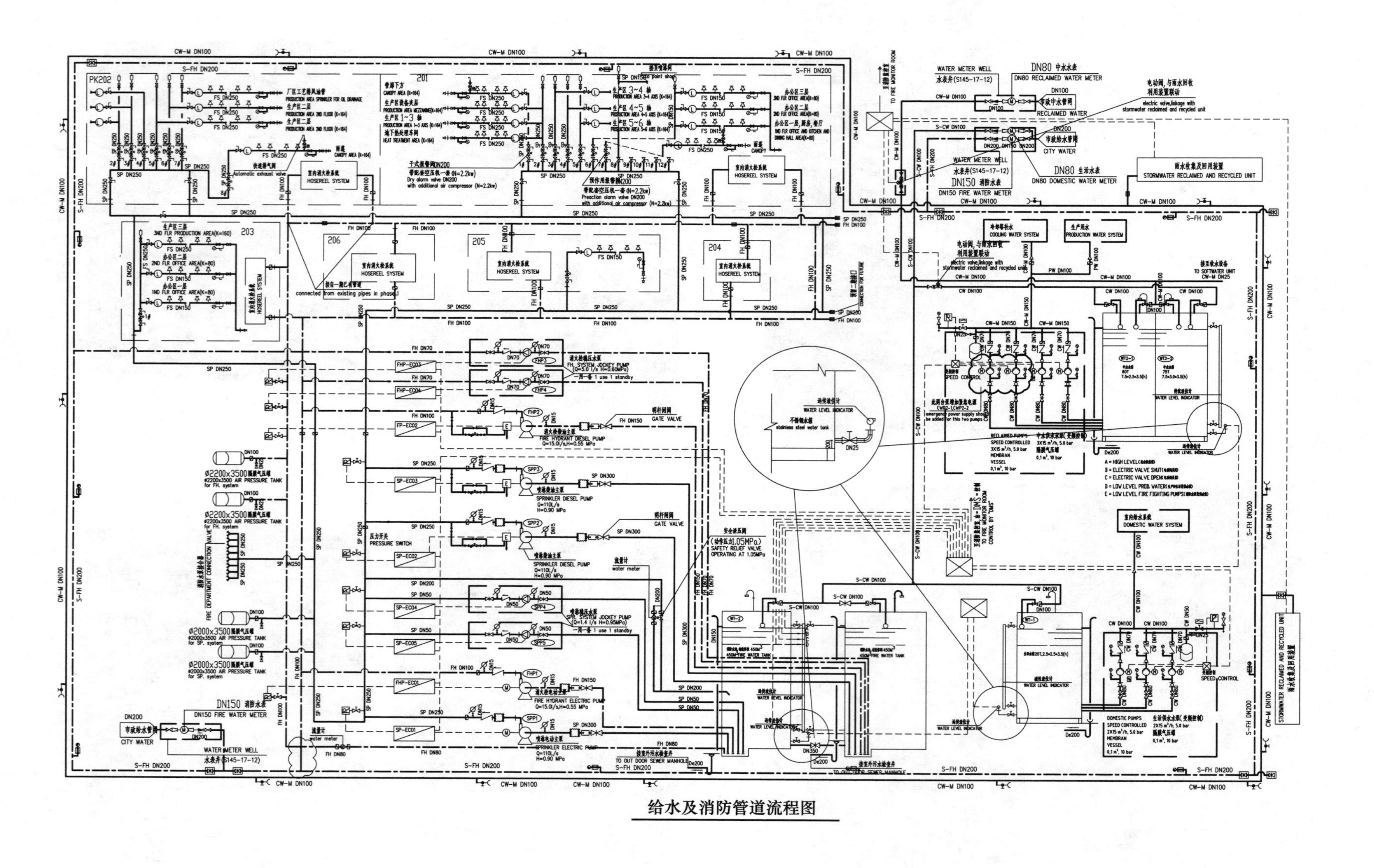

给水及消防管道流程图

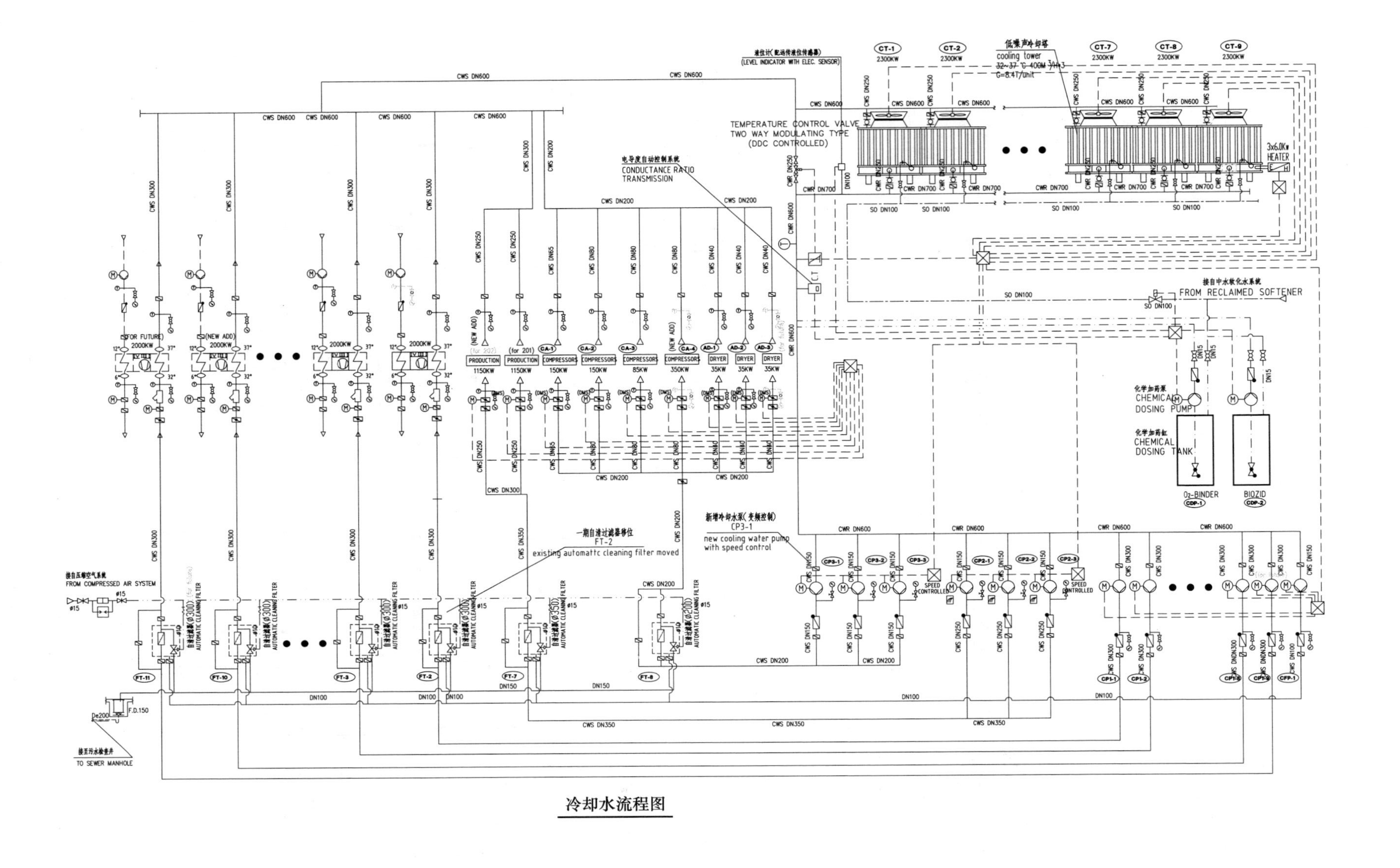
液位计(配远传液位传感器)
(LEVEL INDICATOR WITH ELEC. SENSOR)
低噪声冷却塔
cooling tower
TEMPERATURE CONTROL VALVE
TWO WAY MODULATING TYPE
(DDC CONTROLLED)
3x6.0Kw HEATER
电导度自动控制系统
CONDUCTANCE RATIO
TRANSMISSION
接自中水软化水系统
FROM RECLAIMED SOFTENER
化学加药泵
CHEMICAL DOSING PUMP
化学加药缸
CHEMICAL DOSING TANK
O2-BINDER
BIOZID
新增冷却水泵(变频控制)
CP3-1
new cooling water pump
with speed control
一期自清过滤器移位
FT-2
existing automattc cleaning filter moved
接自压缩空气系统
FROM COMPRESSED AIR SYSTEM
接至污水检查井
TO SEWER MANHOLE
SPEED CONTROLLED

冷却水流程图

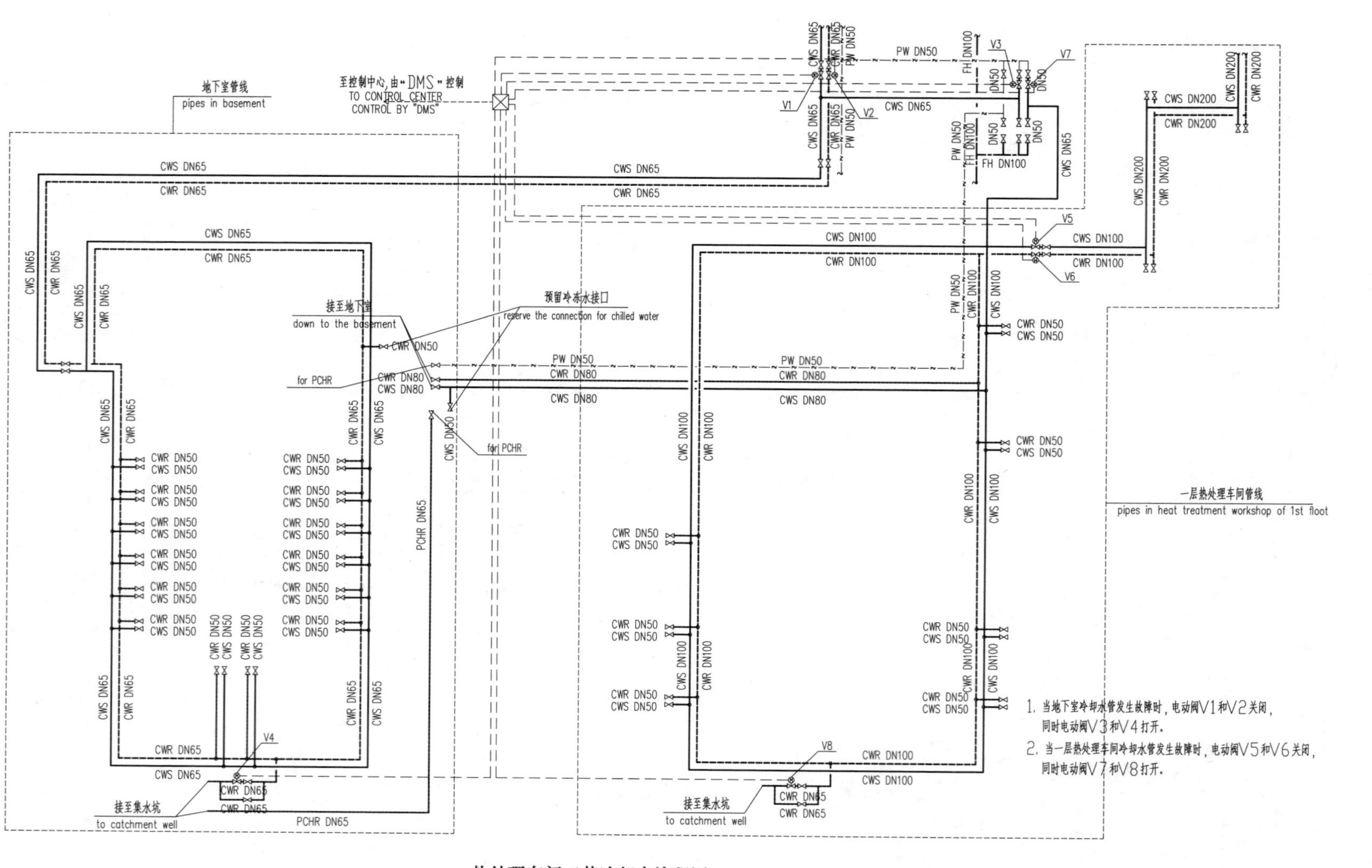

热处理车间工艺冷却水流程图

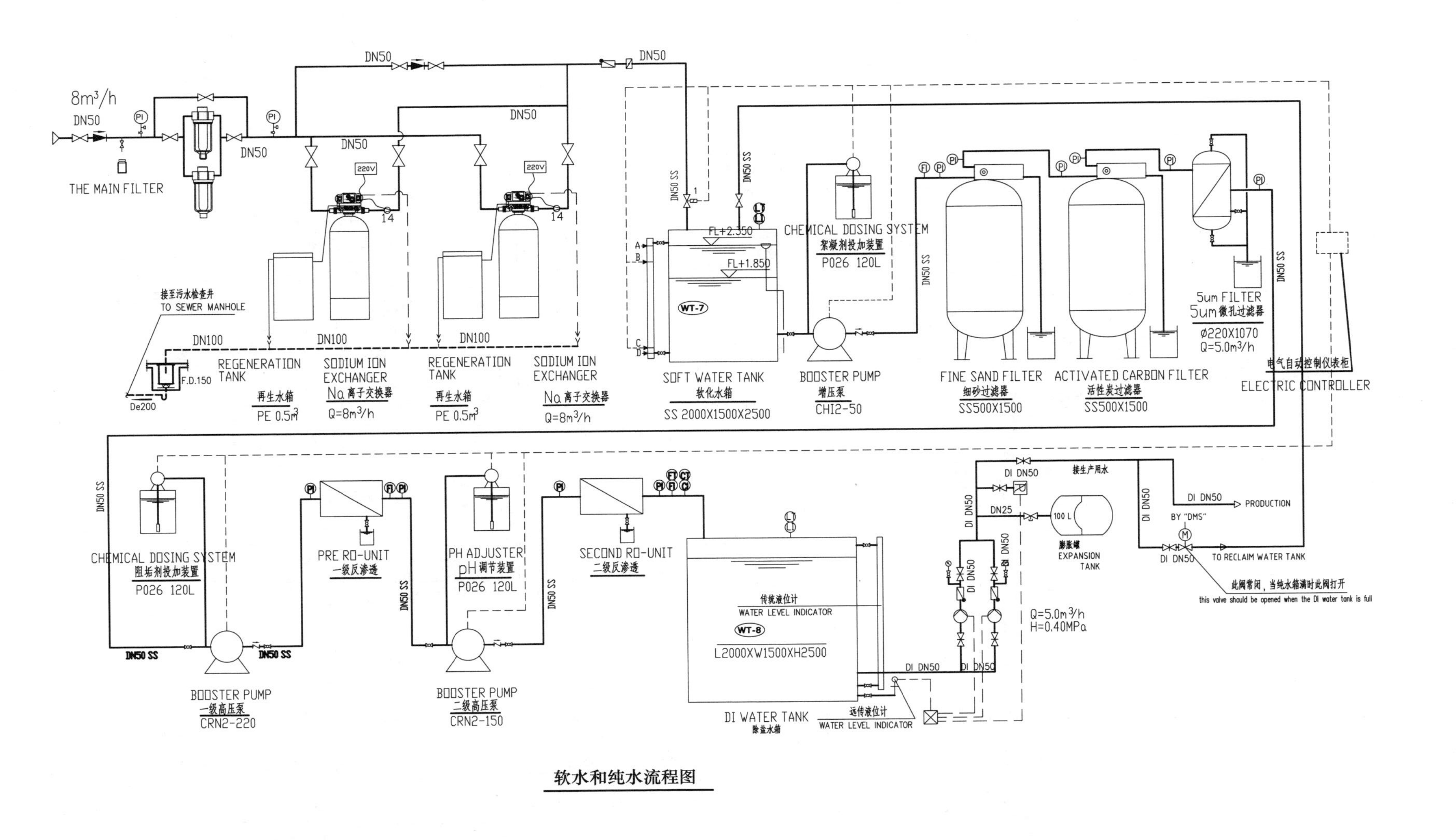
8m³/h
DN50
THE MAIN FILTER
接至污水检查井
TO SEWER MANHOLE
F.D.150
De200
DN100
REGENERATION TANK
再生水箱
PE 0.5m³
SODIUM ION EXCHANGER
Na 离子交换器
Q=8m³/h
220V
14
SOFT WATER TANK
软化水箱
SS 2000X1500X2500
WT-7
FL+2.350
FL+1.850
DN50 SS
CHEMICAL DOSING SYSTEM
絮凝剂投加装置
P026 120L
BOOSTER PUMP
增压泵
CHI2-50
FINE SAND FILTER
细砂过滤器
SS500X1500
ACTIVATED CARBON FILTER
活性炭过滤器
SS500X1500
5um FILTER
5um 微孔过滤器
Ø220X1070
Q=5.0m³/h
电气自动控制仪表柜
ELECTRIC CONTROLLER
CHEMICAL DOSING SYSTEM
阻垢剂投加装置
P026 120L
BOOSTER PUMP
一级高压泵
CRN2-220
PRE RO-UNIT
一级反渗透
PH ADJUSTER
pH 调节装置
P026 120L
BOOSTER PUMP
二级高压泵
CRN2-150
SECOND RO-UNIT
二级反渗透
传统液位计
WATER LEVEL INDICATOR
WT-8
L2000XW1500XH2500
DI WATER TANK
除盐水箱
远传液位计
WATER LEVEL INDICATOR
Q=5.0m³/h
H=0.40MPa
DI DN50
DN25
接生产用水
100 L
膨胀罐
EXPANSION TANK
DI DN50
PRODUCTION
BY "DMS"
TO RECLAIM WATER TANK
此阀常闭，当纯水箱满时此阀打开
this valve should be opened when the DI water tank is full

软水和纯水流程图

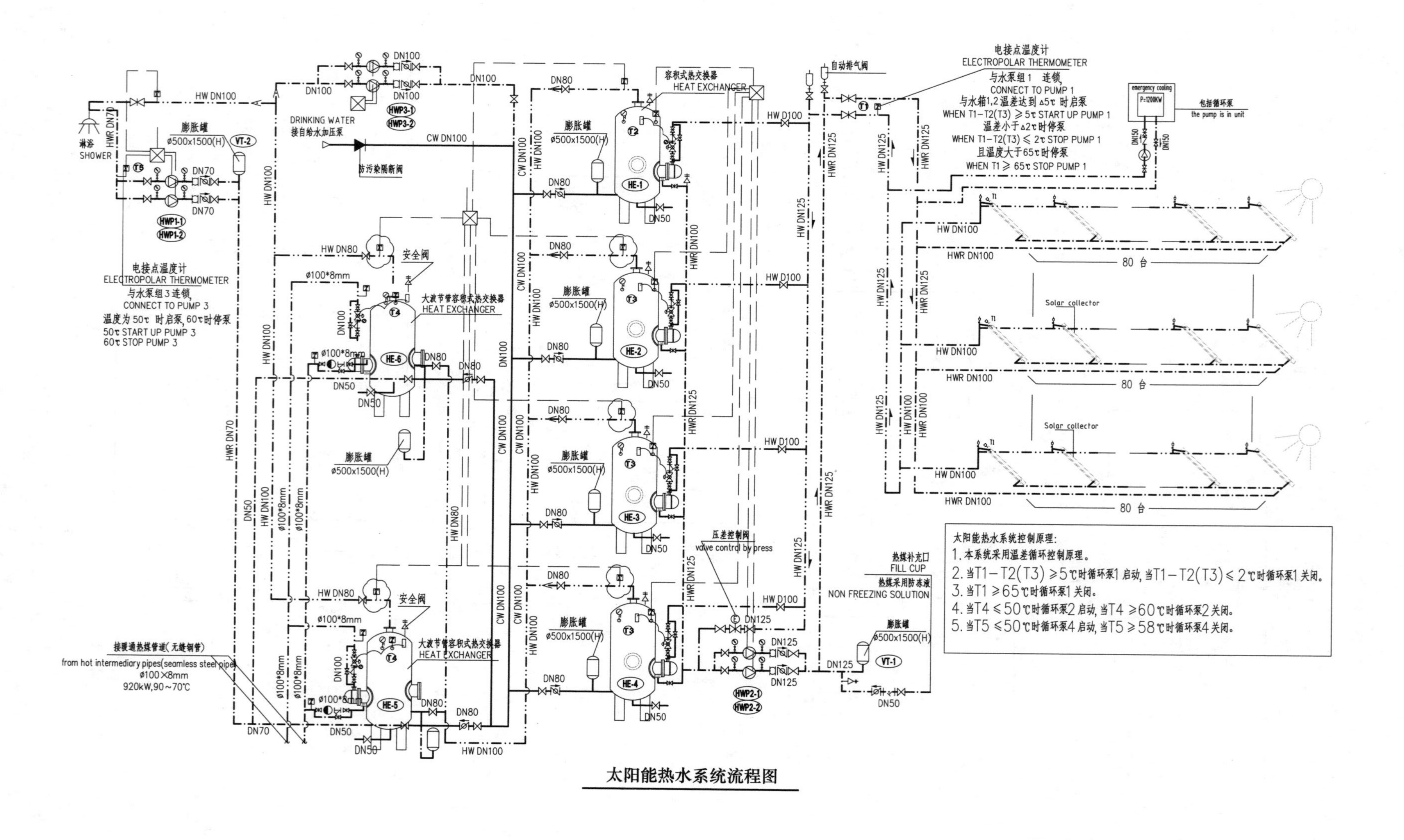
太阳能热水系统控制原理:
1. 本系统采用温差循环控制原理。
2. 当T1－T2(T3) ≥5℃时循环泵1 启动, 当T1－T2(T3) ≤ 2℃时循环泵1 关闭。
3. 当T1 ≥65℃时循环泵1 关闭。
4. 当T4 ≤50℃时循环泵2 启动, 当T4 ≥60℃时循环泵2 关闭。
5. 当T5 ≤50℃时循环泵4 启动, 当T5 ≥58℃时循环泵4 关闭。
电接点温度计
ELECTROPOLAR THERMOMETER
与水泵组1 连锁
CONNECT TO PUMP 1
与水箱1,2温差达到 Δ5℃ 时启泵
WHEN T1-T2(T3) ≥5℃ START UP PUMP 1
温差小于Δ2℃时停泵
WHEN T1-T2(T3) ≤ 2℃ STOP PUMP 1
且温度大于65℃时停泵
WHEN T1 ≥ 65℃ STOP PUMP 1
电接点温度计
ELECTROPOLAR THERMOMETER
与水泵组3 连锁
CONNECT TO PUMP 3
温度为 50℃ 时启泵, 60℃时停泵
50℃ START UP PUMP 3
60℃ STOP PUMP 3
接驳通热媒管道(无缝钢管)
from hot intermediary pipes(seamless steel pipe)
ø100×8mm
920kW,90～70℃
容积式热交换器
HEAT EXCHANGER
大波节管容积式热交换器
HEAT EXCHANGER
膨胀罐
ø500x1500(H)
安全阀
自动排气阀
压差控制阀
valve control by press
热媒补充口
FILL CUP
热媒采用防冻液
NON FREEZING SOLUTION
DRINKING WATER
接自给水加压泵
防污染隔断阀
淋浴
SHOWER
Solar collector
80 台
emergency cooling
包括循环泵
the pump is in unit

太阳能热水系统流程图

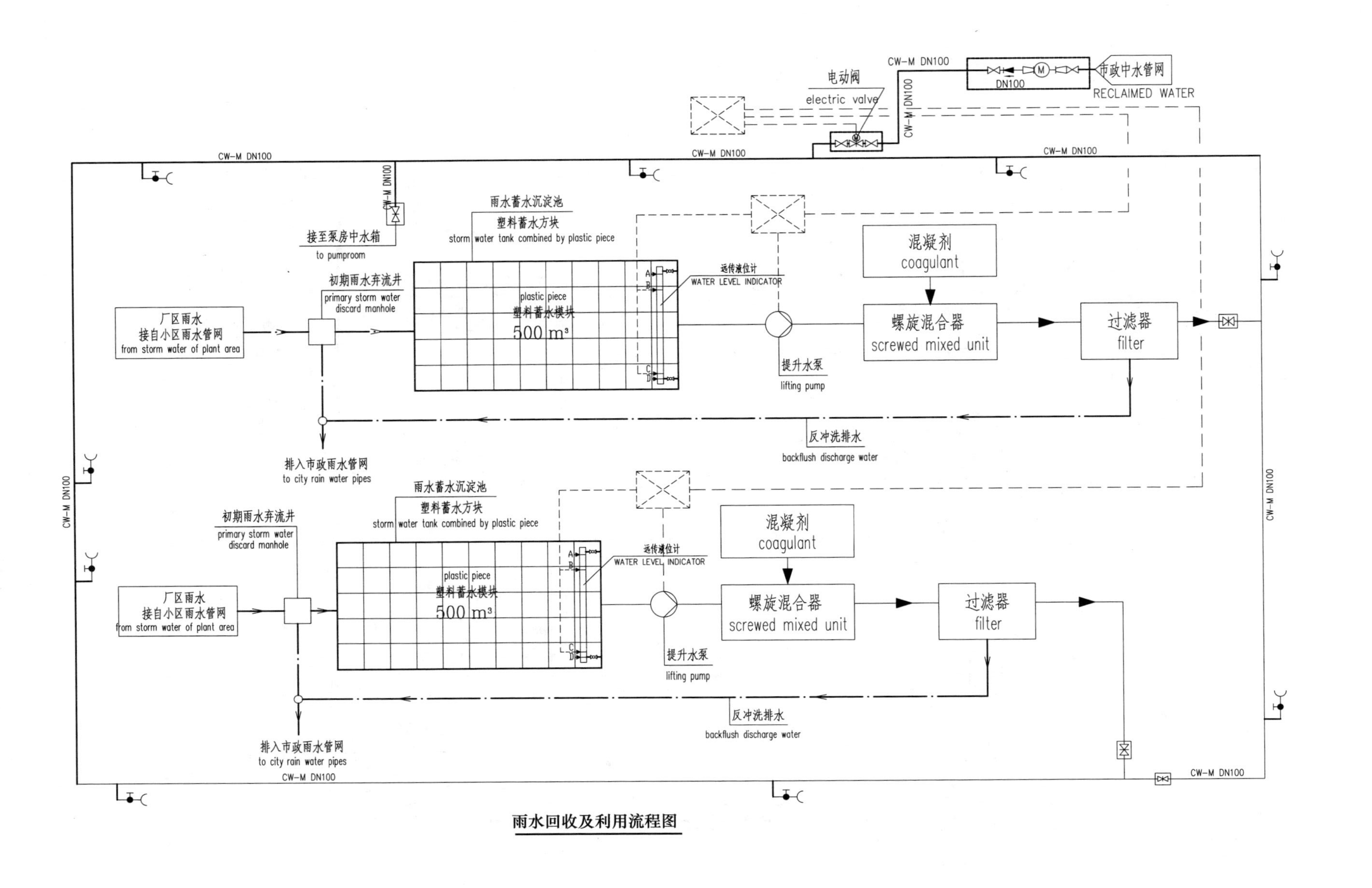
电动阀
electric valve
CW-M DN100
DN100
市政中水管网
RECLAIMED WATER
接至泵房中水箱
to pumproom
雨水蓄水沉淀池
塑料蓄水方块
storm water tank combined by plastic piece
初期雨水弃流井
primary storm water discard manhole
厂区雨水
接自小区雨水管网
from storm water of plant area
plastic piece
塑料蓄水模块
500 m³
远传液位计
WATER LEVEL INDICATOR
混凝剂
coagulant
螺旋混合器
screwed mixed unit
过滤器
filter
提升水泵
lifting pump
反冲洗排水
backflush discharge water
排入市政雨水管网
to city rain water pipes

雨水回收及利用流程图

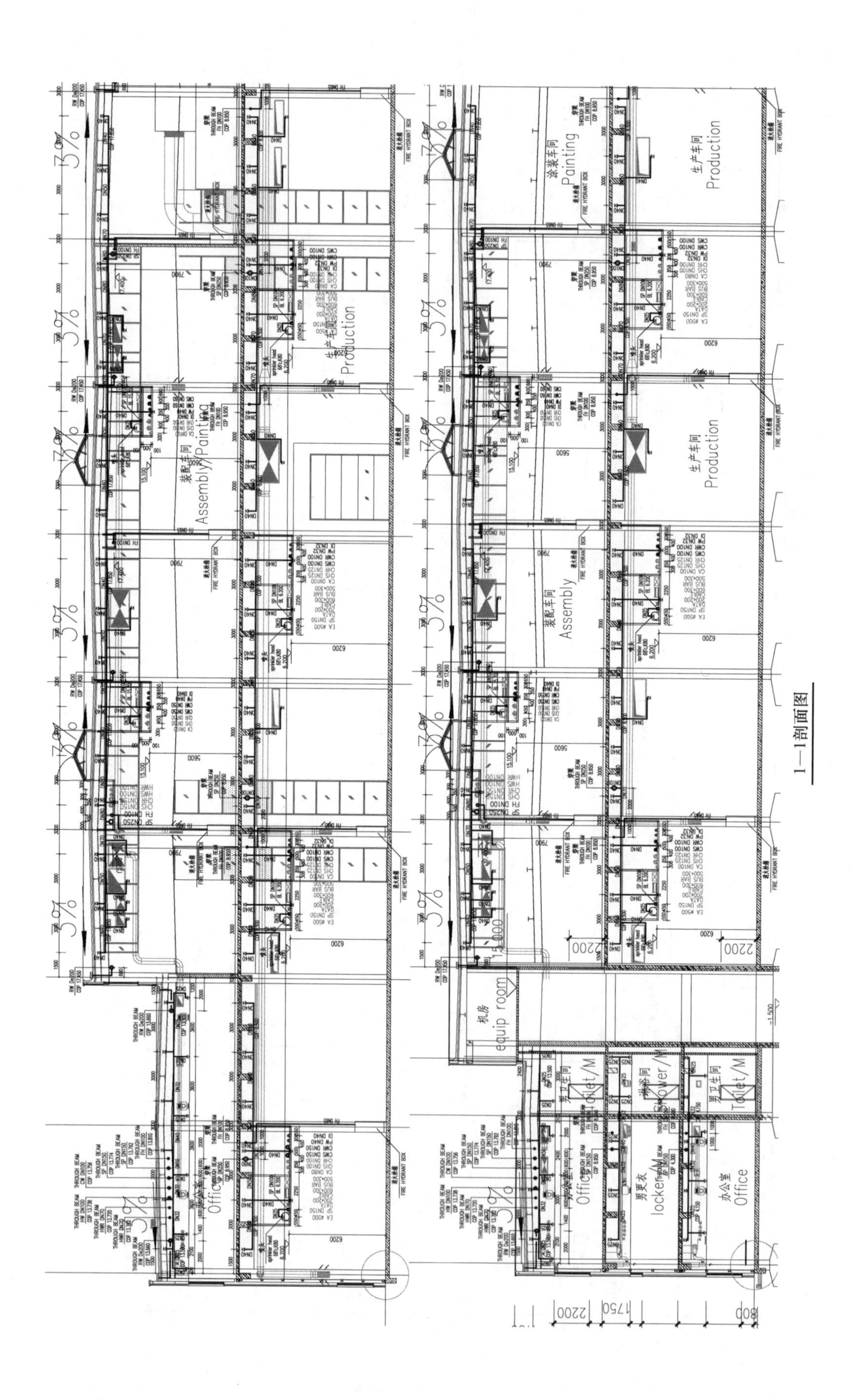
生产车间
Production
装配车间
Assembly
涂装车间
Painting
机房
equip room
男卫生
Toilet/M
淋浴
Shower/M
男更衣
locker/M
办公室
Office
FIRE HYDRANT BOX
THROUGH BEAM
3%
7900
6200
5600
2200
1750
800

1—1剖面图

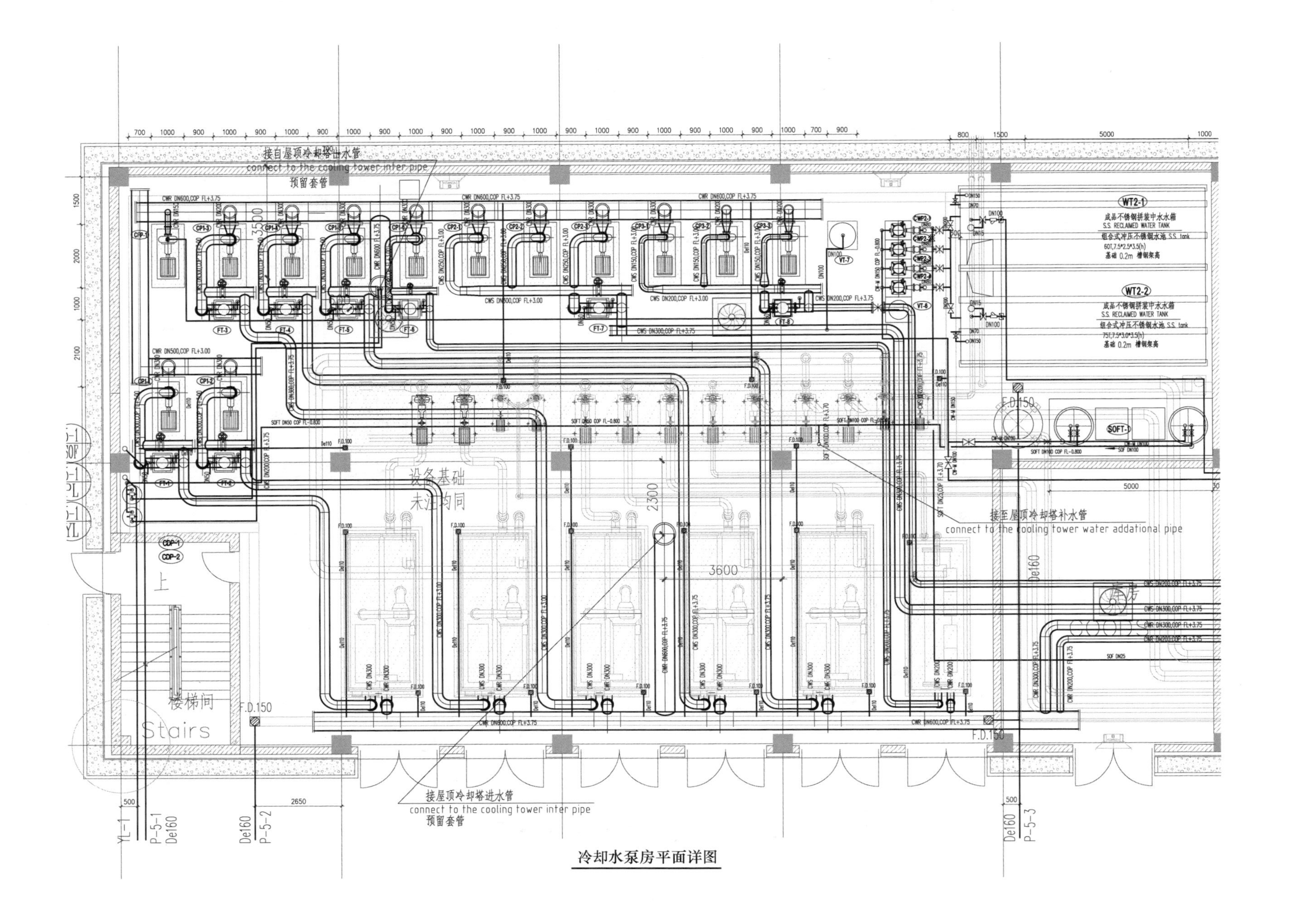
接自屋顶冷却塔出水管
connect to the cooling tower inter pipe
预留套管
WT2-1
成品不锈钢拼装中水水箱
S.S. RECLAIMED WATER TANK
WT2-2
成品不锈钢拼装中水水箱
S.S. RECLAIMED WATER TANK
设备基础
未注均同
接至屋顶冷却塔补水管
connect to the cooling tower water addational pipe
楼梯间
Stairs
接屋顶冷却塔进水管
connect to the cooling tower inter pipe
预留套管

冷却水泵房平面详图

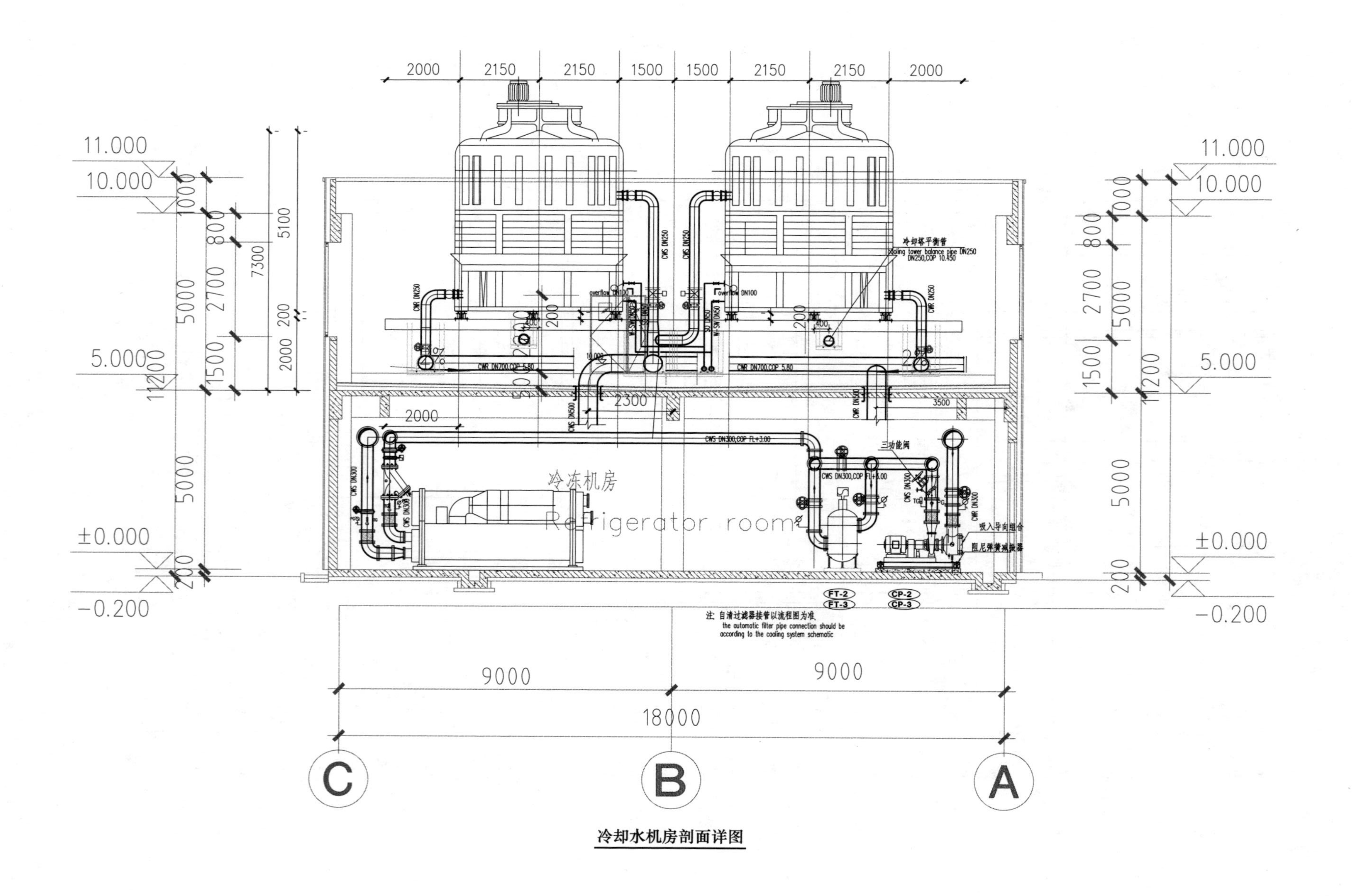
冷冻机房
Refrigerator room
冷却塔平衡管
三功能阀
吸入导向组合
阻尼弹簧减振器
注：自清过滤器接管以流程图为准。
the automatic filter pipe connection should be according to the cooling system schematic
11.000
10.000
5.000
±0.000
-0.200
9000
18000
C
B
A

冷却水机房剖面详图

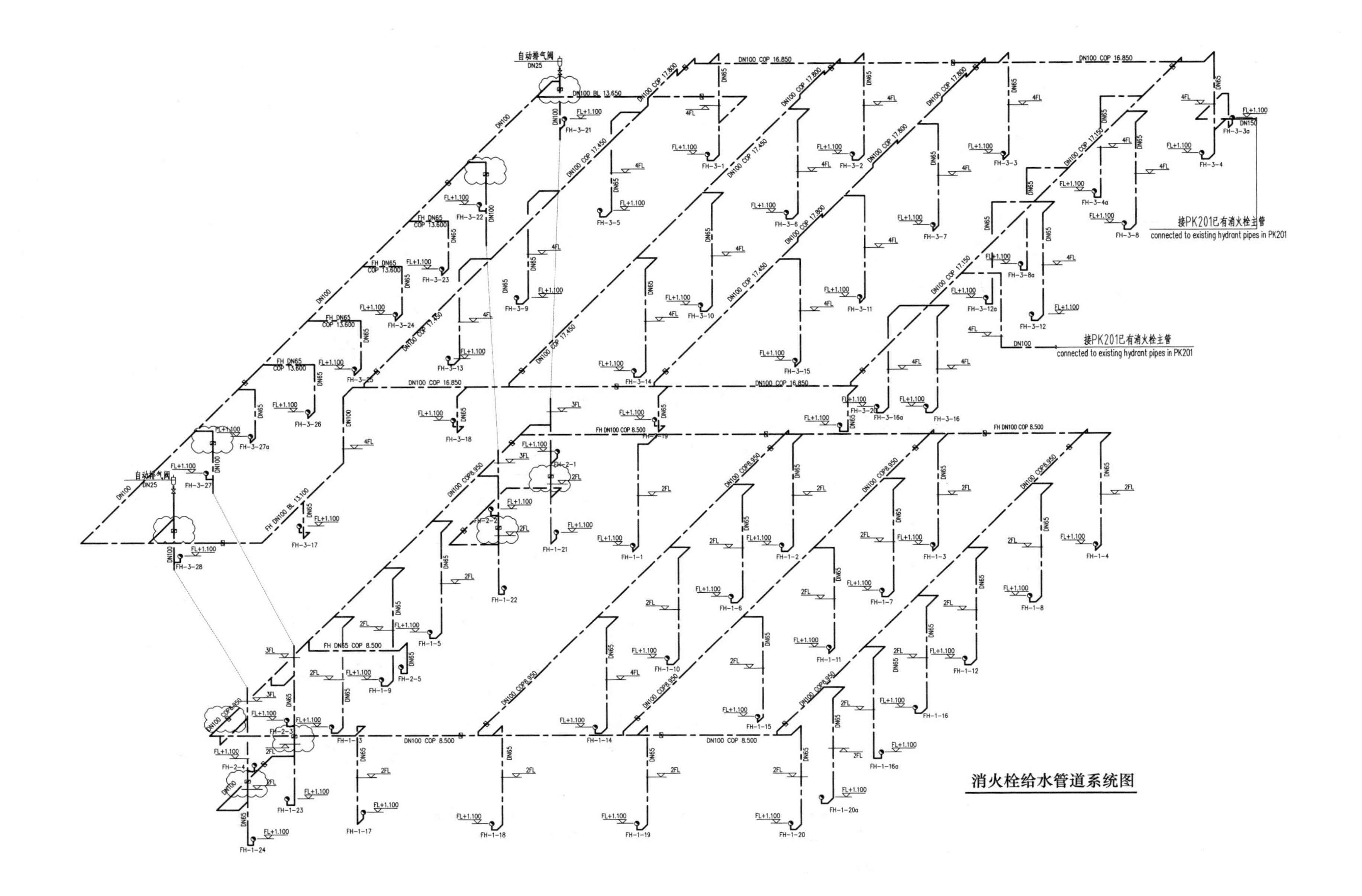
自动排气阀
DN25
接PK201已有消火栓主管
connected to existing hydrant pipes in PK201
接PK201已有消火栓主管
connected to existing hydrant pipes in PK201
自动排气阀
DN25

消火栓给水管道系统图

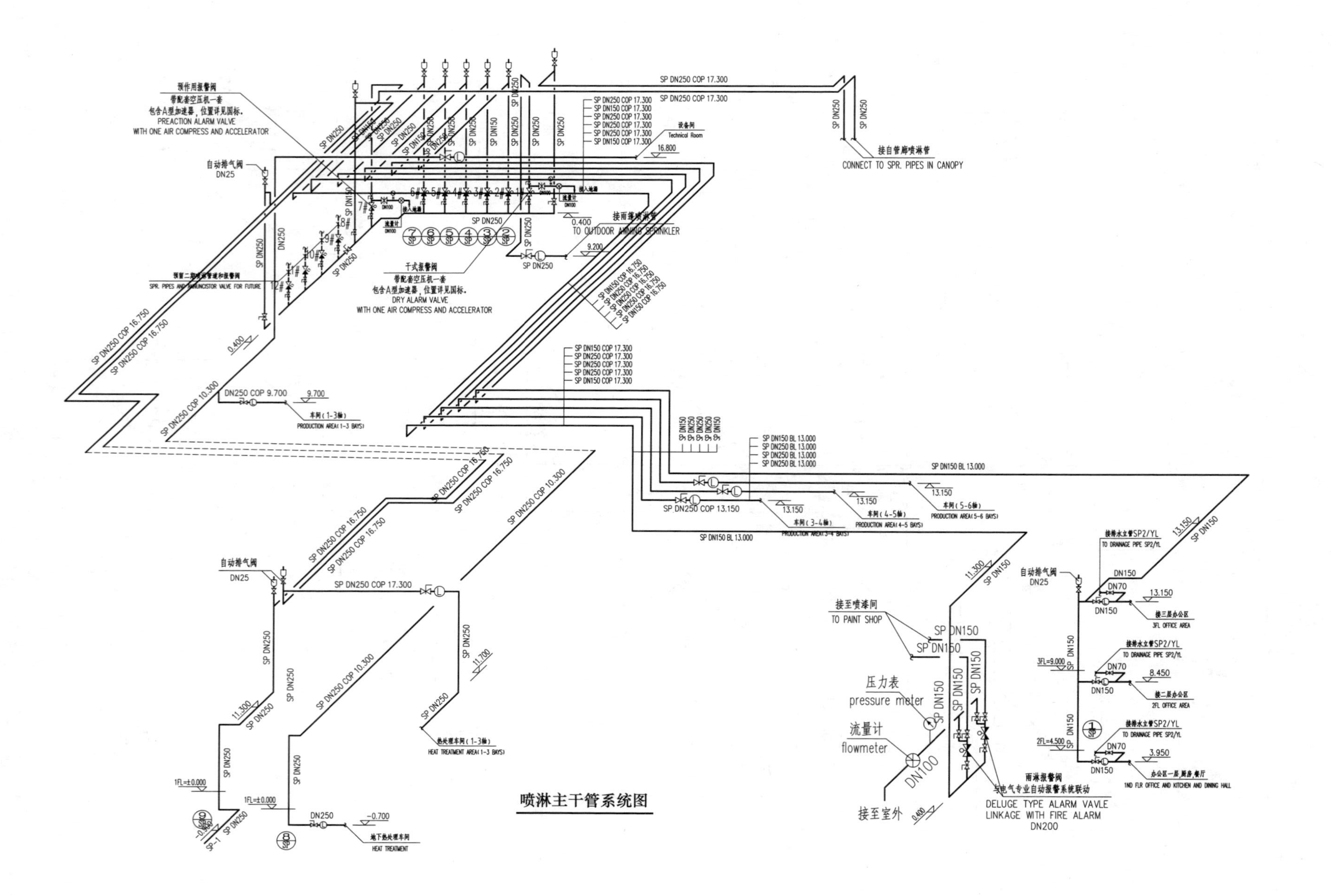
预作用报警阀
带配套空压机一套
包含A型加速器，位置详见国标。
PREACTION ALARM VALVE
WITH ONE AIR COMPRESS AND ACCELERATOR
自动排气阀
DN25
SP DN250 COP 17.300
SP DN250 COP 17.300
SP DN250 COP 17.300
SP DN150 COP 17.300
SP DN250 COP 17.300
SP DN250 COP 17.300
SP DN250 COP 17.300
SP DN150 COP 17.300
设备间
Technical Room
16.800
接自管廊喷淋管
CONNECT TO SPR. PIPES IN CANOPY
接雨篷喷淋管
TO OUTDOOR AWNING SPRINKLER
0.400
9.200
SP DN250
干式报警阀
带配套空压机一套
包含A型加速器，位置详见国标。
DRY ALARM VALVE
WITH ONE AIR COMPRESS AND ACCELERATOR
SPR. PIPES AND ANNUNCIATOR VALVE FOR FUTURE
SP DN250 COP 16.750
SP DN250 COP 16.750
SP DN250 COP 10.300
DN250 COP 9.700
9.700
车间（1-3轴）
PRODUCTION AREA(1-3 BAYS)
SP DN150 BL 13.000
SP DN250 BL 13.000
SP DN250 BL 13.000
SP DN250 BL 13.000
SP DN250 COP 13.150
13.150
车间（3-4轴）
车间（4-5轴）
PRODUCTION AREA(4-5 BAYS)
车间（5-6轴）
PRODUCTION AREA(5-6 BAYS)
SP DN150 BL 13.000
11.300
SP DN150
SP DN250 COP 17.300
11.700
热处理车间（1-3轴）
HEAT TREATMENT AREA(1-3 BAYS)
1FL=±0.000
DN250
-0.700
地下热处理车间
HEAT TREATMENT
喷淋主干管系统图
接至喷漆间
TO PAINT SHOP
SP DN150
压力表
pressure meter
流量计
flowmeter
DN100
接至室外
雨淋报警阀
与电气专业自动报警系统联动
DELUGE TYPE ALARM VAVLE
LINKAGE WITH FIRE ALARM
DN200
接排水立管SP2/YL
TO DRAINAGE PIPE SP2/YL
DN70
DN150
13.150
接三层办公区
3FL OFFICE AREA
3FL=9.000
8.450
接二层办公区
2FL OFFICE AREA
2FL=4.500
3.950
办公区一层_厨房_餐厅
1ND FLR OFFICE AND KITCHEN AND DINING HALL

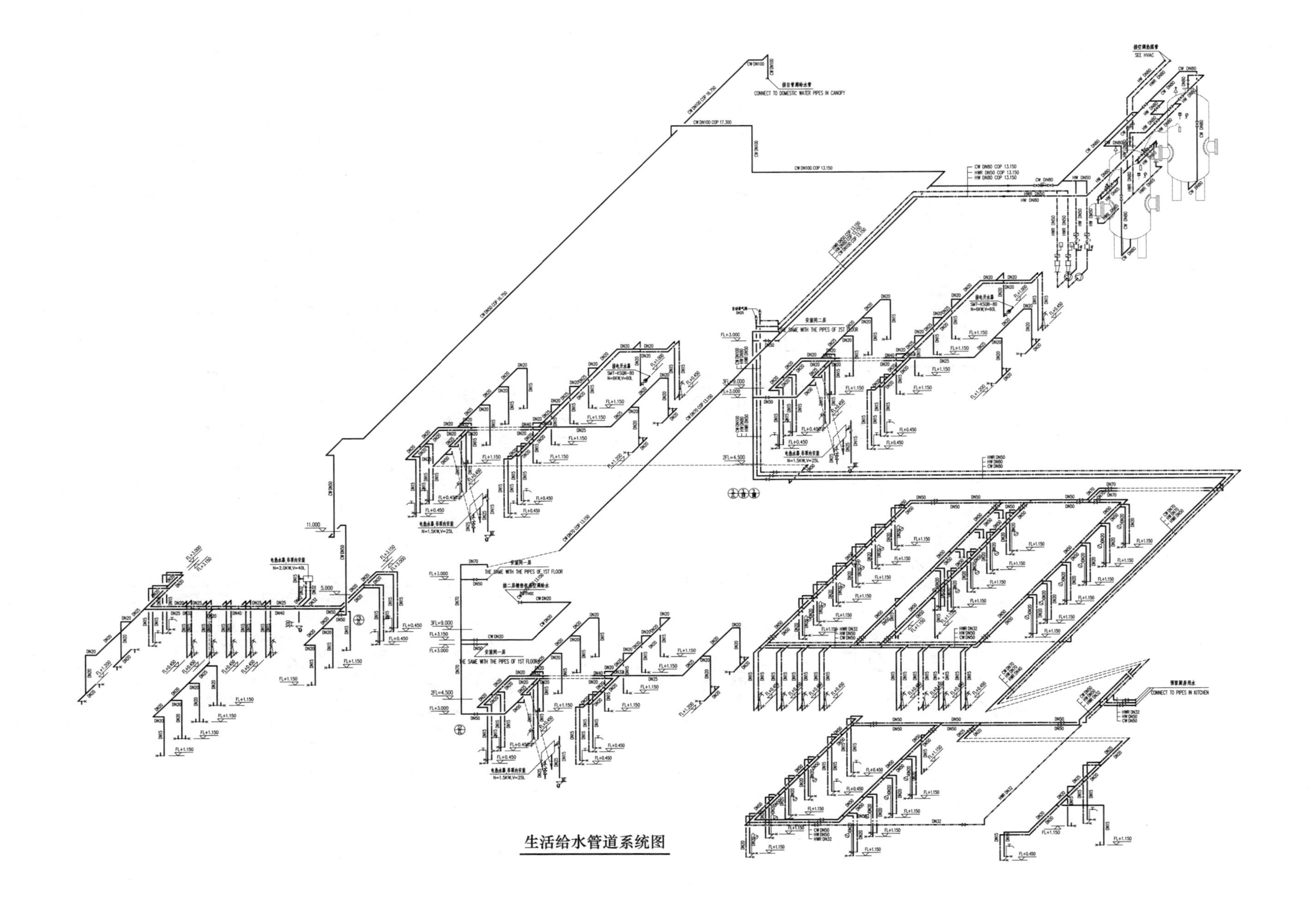
CONNECT TO DOMESTIC WATER PIPES IN CANOPY
SEE HVAC
THE SAME WITH THE PIPES OF 1ST FLOOR
CONNECT TO PIPES IN KITCHEN
生活给水管道系统图

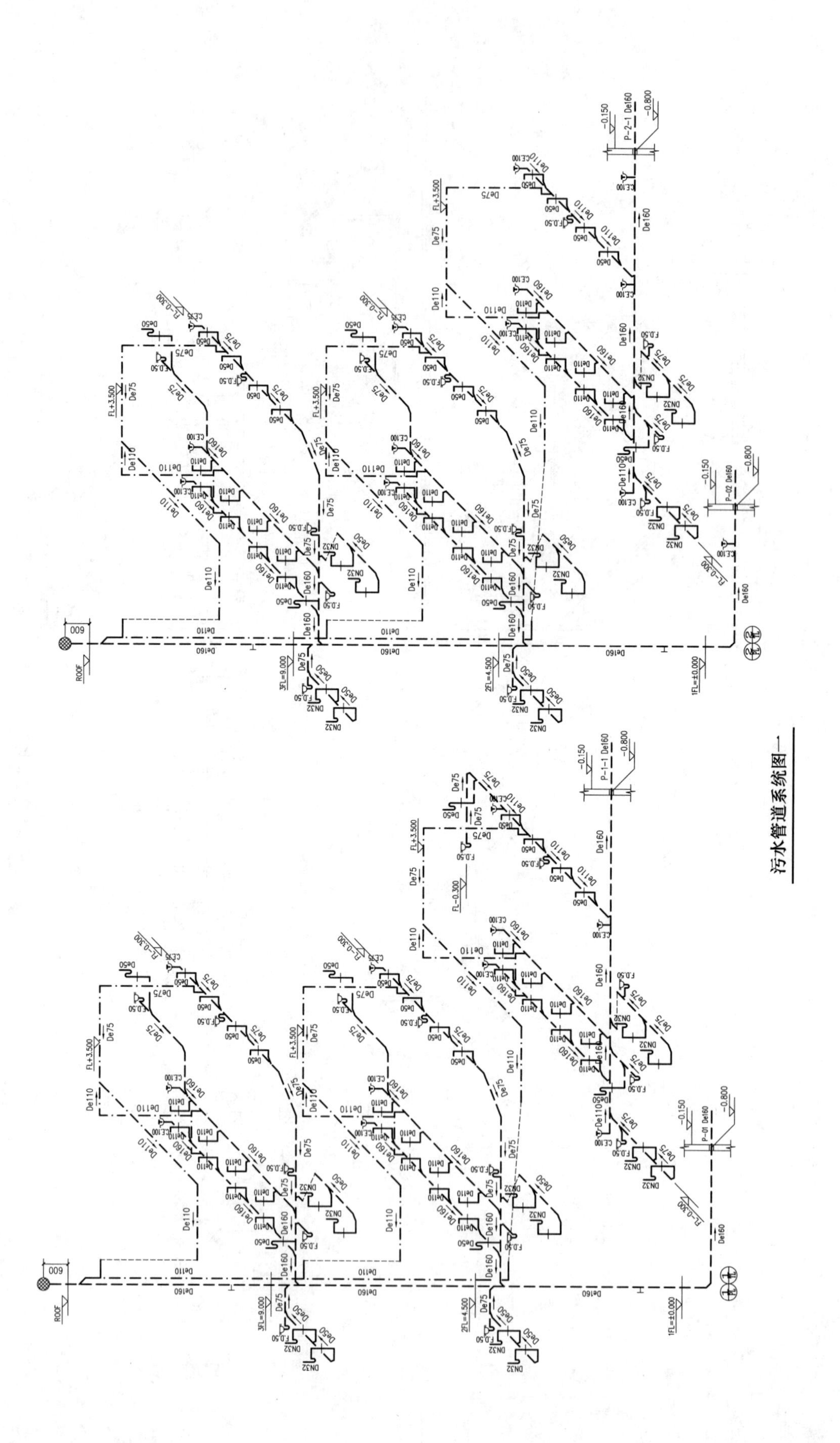

污水管道系统图一

柬埔寨威尼顿（集团）有限公司易地技术改造项目

设计单位：广州市设计院
设 计 人：郑宇明　丰汉军　陈红超　邹玉麟　唐德昕
获奖情况：工业建筑类　一等奖

工程概况：

威尼顿集团是广州卷烟一厂与柬埔寨当地企业合资成立的集团，是柬埔寨境内最大的卷烟生产企业之一。为扩大生产规模、提高生产品质、改善生产环境、创造全新品牌形象，集团期望在有限的建设条件下，在柬埔寨金边建设新厂区。该项目于2011年开始设计，秉承"可持续发展""生态优先"的设计原则，各专业在设计中密切配合，根据项目现场市政设施不完善和缺乏相关基础资料的特殊状况，本专业通过反复比选，选择了一套既节能环保又节省投资的给水排水设计方案，整个项目达到生活生产用水自给自足，污水零排放标准。

柬埔寨的自然条件是：约一半国土被森林覆盖，国土几乎都处在湄公河流域（其上游是中国境内的澜沧江）。湄公河流域位于亚洲热带季风区的中心，年均气温为24℃；5月～10月为雨季，受印度洋西南季风影响，潮湿多雨，多引发洪涝灾害；11月～次年4月为旱季，受大陆东北季风影响，干燥少雨。

该项目位于柬埔寨王国金边市20km处，东面距金边机场17km，属于典型的热带海洋性季风气候，场地具有雨洪防灾要求。用地面积：221309.02m^2，建筑总面积：44463.3m^2。本工程一期包括联合厂房（局部2层）、成品辅料仓（2层）、动力中心（2层）、1个烟叶仓（1层）与零件库（2层）、业务用房楼（2层）给水设备房各一栋（1层）；二期包括职工食堂、职工宿舍、6个烟叶仓（层数未定）与1个印刷厂（层数未定）；建筑物建筑高度在6.600～24.100m范围内。目前已经建成联合工房、成品辅料仓、动力中心、烟叶仓、业务用房、给水设备房、办公楼。

项目用地位于平原地带，周边为大片农田和自然村落。东边毗邻一织袜厂。市政设施尚不完善，城市自来水和排水设施尚未建设，但可提供电力。规划借鉴柬埔寨传统建筑吴哥王宫规划的水系布局和建造方式，在厂区围墙内侧设置环绕一周护城河，承担汇集雨水、向各方迅速排水、增强安保的多重作用。厂区中心区设置中央水景，由南湖、北湖两部分组成，湖水为周边建筑提供良好的视野环境，也成为厂区与生活区的界面划分。给水排水设计正是巧妙利用这两个景观湖采用分质集水的方式，使之成为解决生产生活用水的贮存地，虽然两湖引进水的来源均为雨水，但雨水的引如部位不同，因而水质也不同，承载屋面雨水的南湖（4万m^3）水清洁度高；承接地面雨水的北湖（1.25万m^3）水质相对较差；分质贮原水的目的是：保证较低的水处理成本和预特殊天气时避免无水可用，最大限度降低对生产的影响；同时两湖还兼备雨季汇水调蓄池功能，根据气象预报通过事前人工控制调节湖水贮存量，可起防洪调蓄作用，极大保证生产用地安全。

根据柬埔寨一年旱涝分明，旱季无雨，且蒸发量大；雨季降雨充沛，常形成洪涝灾害，呈较纯自然状态这一自然状况，且所在区域基本无市政设施、无完整气象设计的基础资料条件、柬埔寨也无相应的设计规范，怎样应对旱季供水水源储蓄、保证生产用水自给自足、防止雨季雨水猛烈造成的洪涝灾害影响生产、避免无水可用造成停产的经济损失是给水排水设计的首要任务。本工程经过厂方现场观测数据（一个旱季的观察时间），得到一些粗略的蒸发量和降雨量综合统计数据，统计结果显示：贮水池在旱季每月的蒸发厚度与降雨厚度之差约为 20cm，经水量平衡计算，预估需在雨季贮存 5 万 m^3 水量可安全度过整个旱季。同时本设计根据柬埔寨现场考察的相关情况，对整个项目的给水排水、雨水贮存利用及调蓄、污水零排放进行了探索性设计。经过一年多（至 2016 年）的运行，效果良好，印证且达到了预期设计目的，为将来其他行业在柬埔寨地区作设计提供了设计借鉴，为我国向国外投资建厂提供了一些可供参考的设计经验。

工程说明：

一、给水排水系统

（一）给水系统

1. 冷水用水量（表 1、表 2）

生产生活用水 **表 1**

用水名称	用水定额	数量	用水时间(h)	平均时用水量(m^3/h)	小时不均匀系数	最大时用水量(m^3/h)	最高日用水量(m^3/d)
生产人员用水	0.1m^3/(人·d)	600 人	8	7.5	2.5	18.8	60.0
厂内常驻人员	0.3m^3/(人·d)	20 人	24	0.3	2.5	0.6	6.0
生产用水	1500m^3/万大箱	15 万大箱/年	8	11.2	1.2	12.9	89.6
工作时间空调用水量			8	40	1.0	40	320.0
非工作时间空调用水量			16	10	1.0	10	160
未预见用水	15%			8.1		10.1	8.1
合计				72.0		87.4	643.7

雨水用水量 **表 2**

用水名称	用水量标准(m^3/(m^2·d))	数量(m^2)	用水时间(h)	平均时用水量(m^3/h)	小时不均匀系数 K	最大时用水量(m^3/h)	最高日用水量(m^3/d)
绿化用水量	0.002	38630	8	9.7	1.0	9.70	77.30
不可预见用水	15%			1.40	1.0	1.40	11.10
合计				11.10		11.10	88.40

2. 水源

柬埔寨当地无相应的设计规范，现场无市政给水排水设施，给水排水问题需自行解决，经与甲方协商，本设计参照我国现行国家规范进行设计，生活、生产用水自给自足，以贮存雨水作为生活、生产用水的来源。

由于当地无市政给水排水设施及相应的气象设计资料，本工程在与甲方反复讨论研究生产用水规律的基础上按以下原则设计：

（1）由于该项目无市政水源，仅靠收集雨水作为生活生产用水的原水，鉴于当地泥土为黏土，经过这些土质所收集的雨水很浑浊，难沉淀，因此对水源原水水质的控制直接影响后续水处理成本和出水的质量，结合建筑设计屋面倾斜度较大速排雨水、不易积尘、周边自然环境较好的特点，本设计将雨水收集系统分为天面雨水收集系统和地面雨水收集系统两部分，将作为原水贮存的景观水池分为大小不同的两个湖，天面雨水收集系统收到的雨水排入大的南景观湖（4 万 m^3），作为生活生产用水的原水水源，水质清洁；地面雨水收集系统收到的雨水排入小的北景观湖（1.25 万 m^3），作为生活生产用水的原水的备用水源，两湖均兼有作防洪调蓄功能。雨水经处理达标后作为生活及生产用水。

（2）生活生产污水合用 1 套收集系统，用埋地式污水处理设备生化处理消毒后作为绿化用水，多余部分外排。

（3）由于当地无相关的气象设计资料，故本设计参照广州的气象资料进行设计，屋面雨水排水设计降雨强度按广州百年一遇降雨强度 q=785L/(s·hm^2) 设计；室外雨水设计重现期 3 年，按广州地区 5min 强度 q=477L/(s·hm^2) 设计。

（4）雨水收集及使用平衡计算：

柬埔寨旱季为 11 月至次年 4 月，总降雨量为 314.8mm。厂区总用地面积 221309.02m^2，绿地面积 27838.45m^2。旱季降雨量很小，可忽略不计。按完全不收集绿地雨水计算，旱季总共可收集到雨水量为 (221309.02－27838.45)×314.8/1000＝60904.5m^3。

雨季为每年 5 月至 10 月，总降雨量为 1077mm，雨季总共可收集雨水量为 221309.02×1077/1000＝238349.8m^3。

厂区每日用水量为 643.7m^3/d，每个月工作 22d，则旱季总用水量为 643.7×22×6＝84968.4m^3。雨季总用水量同旱季。全年总用水量为 169936.8m^3。

根据现场水池水位实测数据，旱季平均每月下降水位 20cm，南湖和北湖总水面面积 9700m^2，则旱季湖面总损失水量为 9700×20×6/100＝11640m^3。雨季蒸发量小于旱季，按旱季蒸发量估算。

全年用水量平衡按最不利的旱季损失量计算：60904＋238349.8－11640×2＝287613.8m^3，可收集利用雨水量远大于全年成产生活用水量 84968.4×2＝169936.8m^3。

因此只要解决旱季的用水要求即可保证全年的生产用水安全。

旱季用水量缺口为 60904－11640－84968＝－35704.4m^3，考虑不可利用水深和一定安全系数，并贮存一定量的消防用水，旱季储水量按 50000m^3 设计。

雨水调蓄可根据现场实际情况及当地气象预报，人工抽排湖水控制。

3. 竖向系统

本工程给水管网供水压力约 0.45MPa，给水系统竖向不分区。

4. 供水方式及给水加压设备

本工程全部采用变频加压供水。

生活给水加压设备：

主泵：Q=44m^3/h，H=45m，N=11kW，2 用 1 备；

辅泵：Q=6m^3/h，H=61m，N=2.2kW，1 用 1 备；

气压罐：ϕ600×1800

绿化给水加压设备：

主泵：Q=15m^3/h，H=20m，N=4kW，两用。

5. 管材

管材由国内出口至柬埔寨。

室内生活冷水支管采用不锈钢管，压力等级：1.0MPa；

室外埋地给水管采用孔网钢带聚乙烯复合管。

(二) 热水系统

本项目没有建设热水系统。

(三) 中水系统

将收集的生活污废水经过埋地污水处理站处理后，消毒回用绿化用水。

(四) 排水系统

1. 排水系统形式

本工程室内生活污、废水采用合流制，室外采用雨、污分流制。室内±0.000以上废水重力自流排入化粪池处理后再排入室外污水管，二期厨房污水需经隔油池处理后排入室外污水管网。

室内污水收集后经小区污水管网有组织排入地埋式污水处理站处理消毒后，收集至清水池，作为绿化用水使用。

由于这是工业设计，有些工艺排水温度很高，甲方要求作防潮保温处理，但受当地条件限制，没有适合的保温材料，设计中采用了土法上马的形式，即大管套小管，中间填充沙子，这样也起到了良好的效果，相比从我国购买保温材料再运输至柬埔寨这种方式节约了不少成本。

屋面雨水采用重力流排水系统，采用87型铸铁雨水斗，接至首层后排至雨水收集管网。

2. 通气管的设置方式

卫生间设伸顶通气管。

二、消防系统

(一) 消火栓系统

厂区内单体共用消防水池及消防水泵房，设于单独设置的给水设备房内。

室外消火栓用水量为40L/s，火灾延时3h，室外消火栓由设于给水设备房内的室外消火栓泵供水，每栋建筑物内的室内消火栓管网各自形成环状管网，由室内消火栓泵以双管向环状管网供水。

1. 室外消火栓系统40L/s，室内消火栓系统10L/s，火灾延续时间3h。

2. 消火栓系统竖向不分区。

3. 室外消火栓泵组

主泵：Q=40L/s，H=90m，N=55kW，1用1备；

稳压泵：Q=5L/s，H=78，N=5kW，1用1备；

气压罐：ϕ800×1800。

室内消火栓泵组：

主泵：Q=10L/s，H=68m，N=18.5kW，1用1备；

稳压泵：Q=5L/s，H=78，N=5kW，1用1备；

气压罐：ϕ800×1800。

4. 消防水池设置于单独设置的给水设备房内，有效水容积1350m^3；屋顶水箱设置于动力中心屋面，有效容积18m^3。

5. 室外设SS100地上式消火栓，按间距不大于120m布置，距消防水泵接合器不大于40m。室外消火栓的设置详见给水排水总平面图，其安装详国标图集01S201（选用SS100/65型，下设DN100管）。

6. 消火栓给水管采用内外喷涂大红色阻燃环氧树脂钢管，压力等级为1.6MPa，小于DN100采用螺纹连接，大于或等于DN100采用沟槽式连接。

(二) 喷淋系统

1. 一期仓库储物堆高小于或等于3.0m，设置预作用自动喷水灭火系统，按仓库危险Ⅰ级设计。喷水强度为 8L/（min·m），喷头保护面积 11.5m；每个预作用报警阀控制的喷头数不超过 800 个，系统作用面积 160m，设计流量 25L/s。

2. 喷淋系统竖向不分区。

3. 自动喷水加压设备（稳压设备参数）

主泵：Q=25L/s，H=60m，N=30kW，1 用 1 备

稳压泵：Q=1.1L/s，H=70m，N=4.0kW，1 用 1 备

气压罐：ϕ800×1800

4. 仓库按无吊顶设计，采用直立型喷头，喷头流量系数 K80，动作温度 T=68℃。所有喷头均采用快速响应喷头。

5. 预作用报警阀设于仓库的楼梯间内。火警发生时，由报警阀信号管上的压力开关输送信号至消防控制中心。

6. 喷淋管网在室外各设两组 SQD-100 消防水泵接合器，供消防车向喷淋系统供水。

7. 喷淋给水管采用内外喷涂大红色阻燃环氧树脂钢管，压力等级为 1.6MPa，管径小于 DN100 采用螺纹连接，大于或等于 DN100 采用沟槽式连接。

（三）水雾灭火系统

本项目没有设置水雾灭火系统。

（四）气体灭火系统

1. 本建筑变配电房、网络电信机房设置 S 型热气溶胶预制灭火系统，系统设计按照《气体灭火系统设计规范》GB 50370—2005 进行。

2. 变配电房的 S 型热气溶胶的灭火设计密度为 140g/m。网络电信机房的 S 型热气溶胶的灭火设计密度为 130g/m。在通信机房、电子计算机房等防护区，灭火剂喷放时间不应大于 90s，喷口温度不应大于 150℃；在其他防护区，喷放时间不应大于 120s，喷口温度不应大于 180℃。

（五）消防水炮灭火系统

本项目没有设置消防水炮灭火系统。

三、工程特点及设计体会

（一）设计特点

1. 生活生产用水自给自足，污水零排放。

柬埔寨当地无相应的设计规范，现场无市政给水排水设施，给水排水问题需自行解决，经与甲方协商，本设计参照我国现行国家规范进行设计，生活、生产用水自给自足，以贮存雨水作为生活、生产用水的来源，污水实行零排放。

2. 降雨强度无明确资料，设置雨水调蓄措施防止内涝。

由于柬埔寨当地无详细的气象记录资料和暴雨计算公式，仅能按能够提供一个每月雨量记录表，雨量计算存在不确定性，若计算雨量偏小，则会引起屋面及地面雨水排水不及时的状况，所以设置适当雨水调蓄设施，缓解高峰雨水径流，防止地面积水，起到防洪及保障生产区域安全作用。

3. 贮存雨水作为供水水源。

给水方面无可靠水源供给，无法打井取水，仅靠雨季收集到的雨水贮存于景观池中作为供水水源，而且当地没有可引用相关的气象数据，只能通过一年的现场蒸发量观察数据，估算景观池中应贮存 5 万 m^3 存水量方可满足旱季期间连续生产用水要求（含自然蒸发量）。

4. 屋面雨水与地面雨水分开收集储存，为后续给水处理提供优质水源。

根据柬埔寨的现场考察情况，当地土质为细小黏土，溶于水中很难沉淀，当地收集地面雨水的水塘水质较浑浊。鉴于这种情况，若屋面雨水与地面雨水收集到同一湖中，湖水必然会受到地面黏土的污染，给后续

给水处理增加成本。本设计从实际出发，提出将景观湖由原来的一个大湖改为容积不等的两个湖（南湖可存4万 m^3 水量、北湖可存1.25万 m^3 水量）；南湖负责收集屋面雨水，北湖负责收集地面雨水。景观湖作抬高防护处理，防止地面泥土直接冲刷进入湖内，湖底先铺垫沙层，然后底部及壁进一步采用湿砌石片处理，防止黏土污染水源。整体设计思路是：旱季，南湖作为生活、生产用水的主供应水源，如遇南湖贮存用水不够用时，再启动北湖备用水源，但后续的给水处理应根据实际水质增加絮凝剂投加量等相应跟进措施；雨季，两湖均有调蓄雨水作用，在雨季来临之际，采用人工方法打开转换阀，降低湖水贮存量，为厂区迅速排洪提供调蓄空间。两湖挖出的土方用于抬高地块的±0.00标高，防止雨季洪水倒灌（场地平整土方缺乏）。

5. 雨水收集与调蓄措施及其管网设计。

建筑屋面坡度采用10°～20°，有利于迅速排出热带季风带来的大量降水，不积尘，减少雨水随风压产生倒灌的几率，同时有利于收集洁净的天面雨水。地面上两套雨水管网，一套收集天面雨水，一套收集地面雨水，并污水管网严格分开。为防止当地暴雨强度过大引起地面积水、倒灌厂区引起生产安全事故，在建筑物的四周采用下凹式地面设计，使道路及屋面溢流的雨水能迅速排至下凹地面处缓冲排出。收集屋面雨水的集水井采用良好密封措施，集水井井面高出凹地、稍高于室外道路标高，防止凹地雨水污染较清洁的屋面雨水。

6. 消防水池贮存部分生活原水作为安全水量。

给水设备房中的消防水池除贮存消防用水外，亦贮存部分生活用水原水，以备旱季缺水时取用，降低旱季断水的可能性。水池中的水定期进行循环处理，保证水质符合消防水质要求。

7. 给水处理和污水处理所产生的污泥合并处理，节省了机房设计和用地空间，优化总图布局。

8. 生产废水处理再利用措施。

生产排出的部分废水温度较高，COD和BOD浓度超出排放标准，需经过降温和厌氧预处理后，再合并生活污水排入地埋式污水处理站合并处理，处理后的达标中水用于厂区绿化，实现了水循环再利用和污水零排放的设计理念，最大限度减少污染物排放，有力保护了当地环境。

9. 结合当地实际情况，拓展设计思路。

针对柬埔寨当地工业比较落后、建材品种单一的特点，设计中也采用了一些就地取材，土法上马的设计思路，既节约了成本，也有效地解决了实际问题。例如：为防止地面回潮，埋地的冷凝管线需做保温处理，当地保温材料采购困难，设计中采用了大管套小管、中间填充细沙的方法来解决这一问题。

（二）技术经济指标

根据甲方提供的生产技术资料及要求，生产人员生活用水量按100L/（人・d）计，常住人员按300L/（人・d）计，生产用水按1500m^3/万大箱计，年产量15万大箱（年工作日251d，每日工作时间8h），生活及生产用水水质标准按我国自来水水质标准《生活饮用水卫生标准》GB 5749—2006。

生产用水、生活用水、空调用水通过变频给水设备抽取贮存于清水池中的清水，输送至各个用水点。总日用水量为604m^3/d，最大时用水量为88m^3/h（不含绿化用水量），生产用水工作压力0.3MPa。绿化采用污水处理后的回用水，总用水量88.4m^3/d。

（三）体会

这是一项涉外工程设计，在整个给水排水设计过程中我们始终坚持经济可行、节水、节能、节材、节地、绿色环保、可持续发展的理念，在缺乏设计资料情况下，通过运用现场实测数据，市场调研等多种手段和方法，克服各种困难，充分结合当地的市场状况，与甲方通力合作，探索出一条既远远高出柬埔寨当地设计水平，又能与当地实际情况灵活结合的有效可行设计之路。目前，企业已正常运营了几年，效果良好，为我国企业向国外进军树立了良好的形象。

四、工程照片及附图

厂区俯视图

厂区正视面图

南湖（天面雨水收集）

北湖（地面雨水收集）

联合工房侧面图

消防泵组

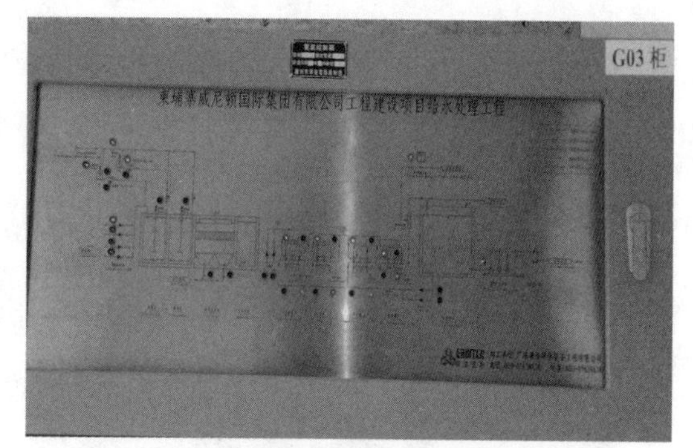

给水处理界面控制

斜管沉淀池

格栅

生活给水处理过滤装置

生活水处理加药装置

污泥脱水压滤机

道路检查井

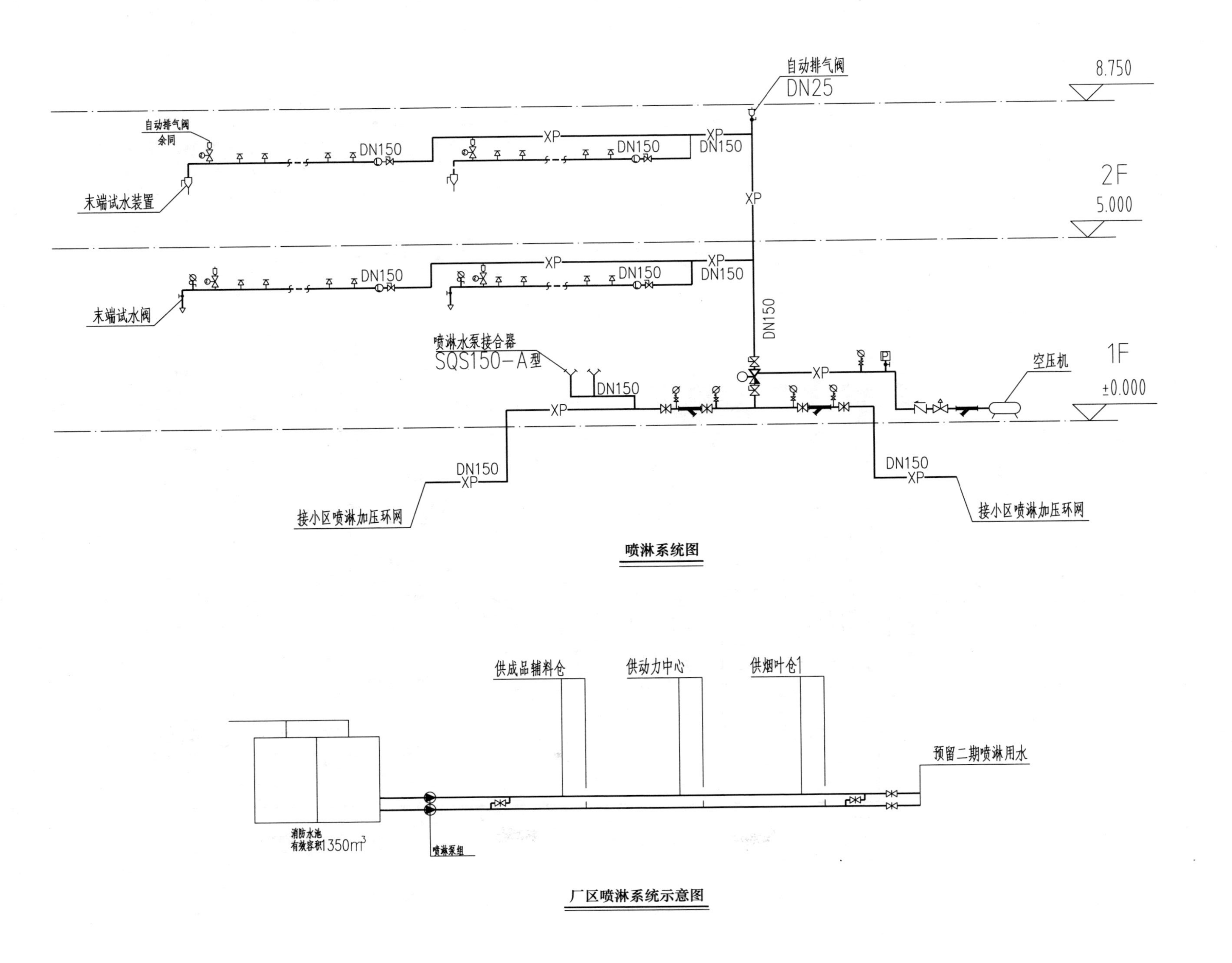

喷淋系统图

厂区喷淋系统示意图

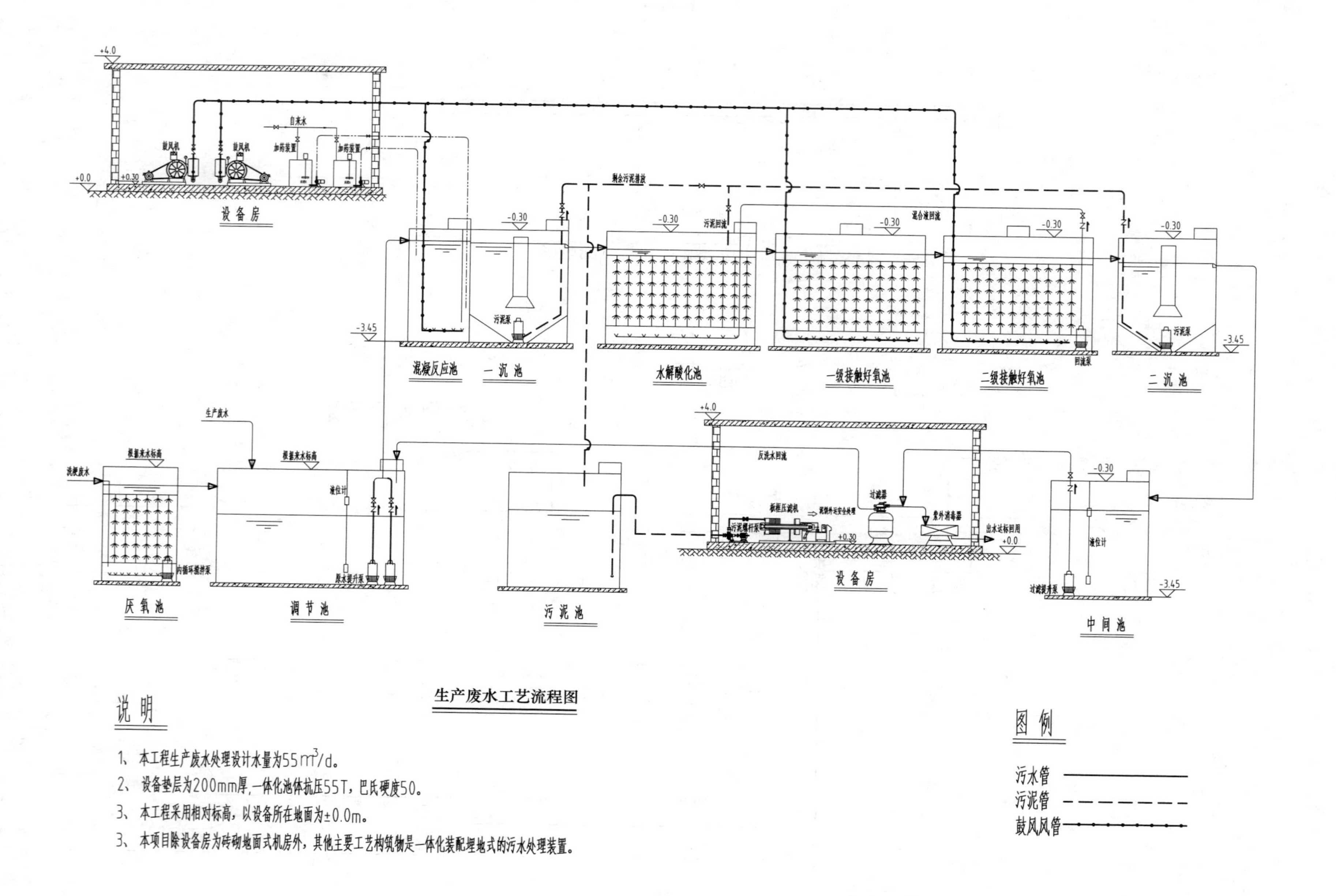

生产废水工艺流程图

说明

1、本工程生产废水处理设计水量为55m^3/d。

2、设备垫层为200mm厚,一体化池体抗压55T，巴氏硬度50。

3、本工程采用相对标高，以设备所在地面为±0.0m。

3、本项目除设备房为砖砌地面式机房外，其他主要工艺构筑物是一体化装配埋地式的污水处理装置。

图例

污水管 ————

污泥管 – – – –

鼓风风管 —•—•—

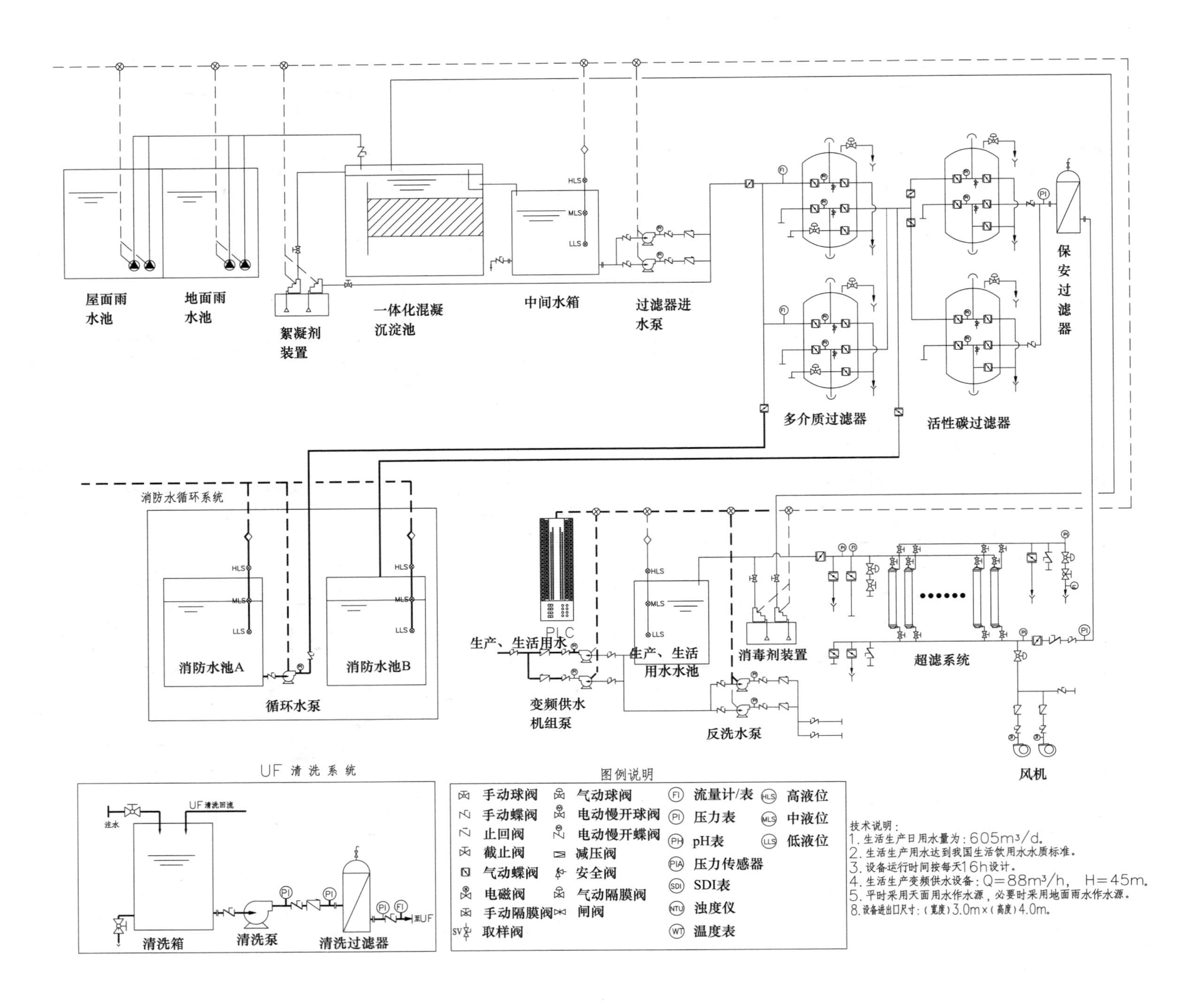

屋面雨水池
地面雨水池
絮凝剂装置
一体化混凝沉淀池
中间水箱
HLS
MLS
LLS
过滤器进水泵
多介质过滤器
活性碳过滤器
保安过滤器
消防水循环系统
消防水池A
消防水池B
循环水泵
PLC
生产、生活用水
变频供水机组泵
生产、生活用水水池
消毒剂装置
反洗水泵
超滤系统
风机
UF清洗系统
UF清洗回流
注水
清洗箱
清洗泵
清洗过滤器
至UF
图例说明
手动球阀
手动蝶阀
止回阀
截止阀
气动蝶阀
电磁阀
手动隔膜阀
取样阀
气动球阀
电动慢开球阀
电动慢开蝶阀
减压阀
安全阀
气动隔膜阀
闸阀
流量计/表
压力表
pH表
压力传感器
SDI表
浊度仪
温度表
高液位
中液位
低液位
技术说明：
1. 生活生产日用水量为：605m³/d。
2. 生活生产用水达到我国生活饮用水水质标准。
3. 设备运行时间按每天16h设计。
4. 生活生产变频供水设备：Q=88m³/h，H=45m。
5. 平时采用天面用水作水源，必要时采用地面雨水作水源。
8. 设备进出口尺寸：(宽度)3.0m×(高度)4.0m。

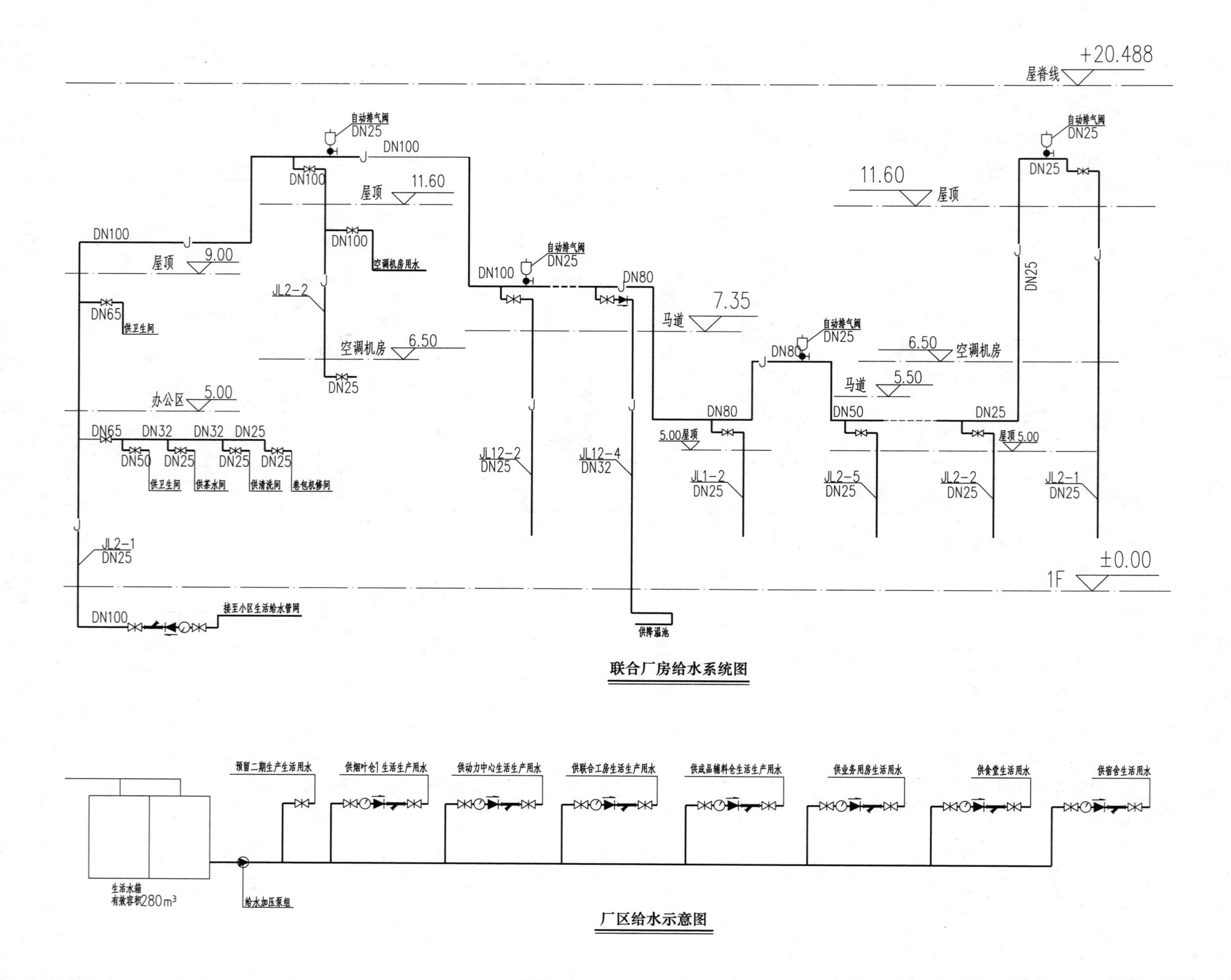

联合厂房给水系统图

厂区给水示意图

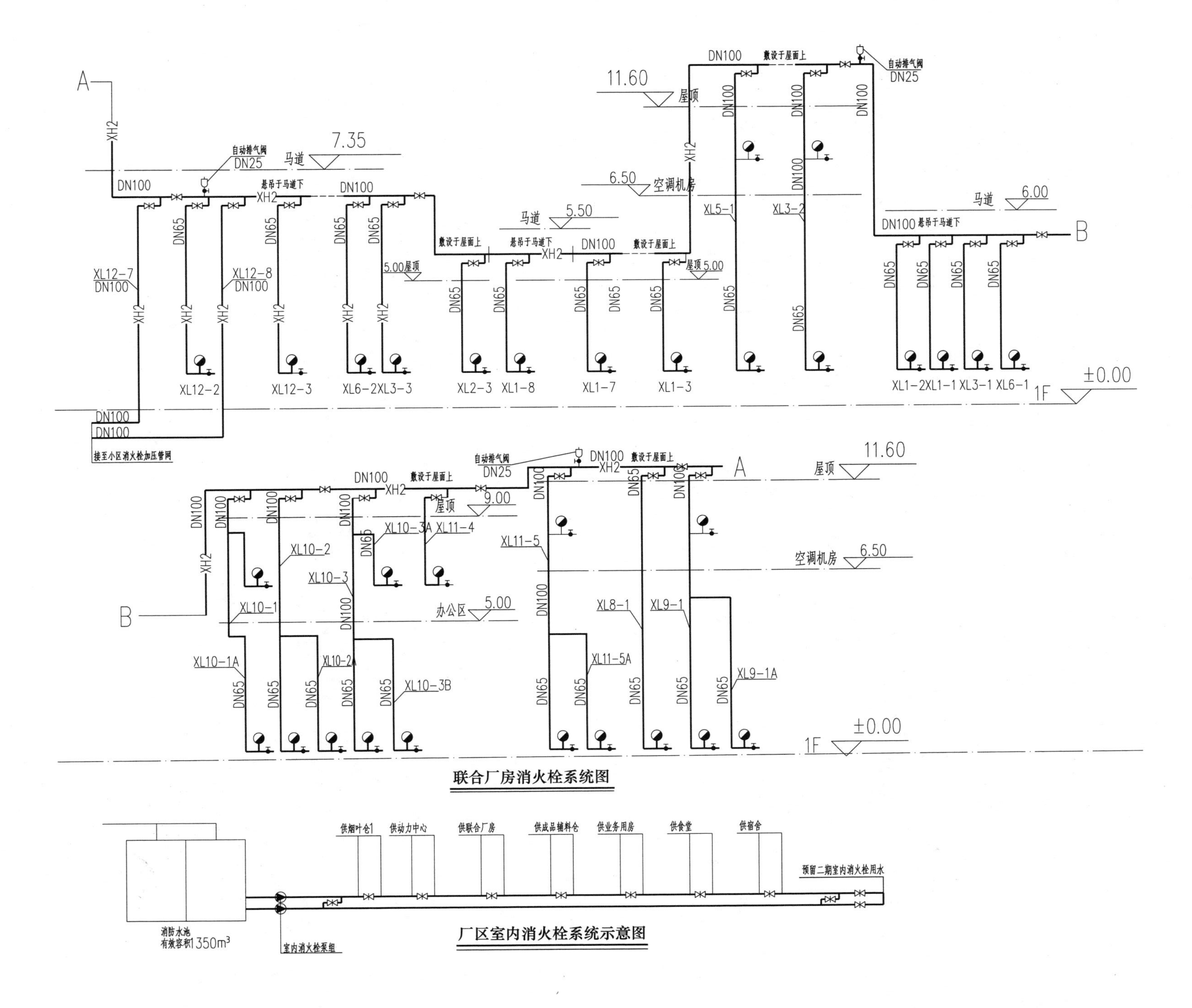

联合厂房消火栓系统图

厂区室内消火栓系统示意图